AF892391

Handbuch für Technisches Produktdesign

Andreas Kalweit, Christof Paul, Sascha Peters, Reiner Wallbaum
Herausgeber

Handbuch für Technisches Produktdesign

Material und Fertigung
Entscheidungsgrundlagen für Designer und Ingenieure

Springer VDI

IMPRESSUM

Herausgeber:
Dipl.-Ing. (FH), Dipl.-Des. Andreas Kalweit,
Dipl.-Des. Christof Paul,
Dr. phil. Dipl.-Ing. Dipl.-Des. (BA) Sascha Peters,
Reiner Wallbaum

Autor (Text):
Dr. phil. Dipl.-Ing. Dipl.-Des. (BA) Sascha Peters

Autoren (Grafiken/ Bilder):
Dipl.-Ing. (FH), Dipl.-Des. Andreas Kalweit,
Dipl.-Des. Christof Paul,
Reiner Wallbaum

Andreas Kalweit
Konkordiastraße 58
40219 Düsseldorf
andreas@andreaskalweit.com

Christof Paul
Brunnenstraße 23
40223 Düsseldorf
christof@uniteddesignworkers.com

Dr. Sascha Peters
Tempelherrenstraße 15
10961 Berlin
peters@haute-innovation.com

Reiner Wallbaum
Brunnenstraße 23
40223 Düsseldorf
reiner@uniteddesignworkers.com

Herausgeber und Verlag danken den Sponsoren für die Unterstützung bei der Veröffentlichung des Werkes.

ISBN 978-3-642-02641-6
e-ISBN 978-3-642-02642-3
DOI 10.1007/978-3-642-02642-3
Springer Heidelberg Dordrecht London New York

Die Deutsche Bibliothek verzeichnet diese Publikation in der Deutschen Nationalbibliografie; detaillierte bibliografische Daten sind im Internet über http://dnb.d-nb.de abrufbar.

Dieses Werk ist urheberrechtlich geschützt. Die dadurch begründeten Rechte, insbesondere die der Übersetzung, des Nachdrucks, des Vortrags, der Entnahme von Abbildungen und Tabellen, der Funksendung, der Mikroverfilmung oder Vervielfältigung auf anderen Wegen und der Speicherung in Datenverarbeitungsanlagen, bleiben, auch bei nur auszugsweiser Verwertung, vorbehalten. Eine Vervielfältigung dieses Werkes oder von Teilen dieses Werkes ist auch im Einzelfall nur in den Grenzen der gesetzlichen Bestimmungen des Urheberrechtsgesetzes der Bundesrepublik Deutschland vom 9. September 1965 in der jeweils geltenden Fassung zulässig. Sie ist grundsätzlich vergütungspflichtig. Zuwiderhandlungen unterliegen den Strafbestimmungen des Urheberrechtsgesetzes.

© Springer-Verlag Berlin Heidelberg 2012

Die Wiedergabe von Gebrauchsnamen, Handelsnamen, Warenbezeichnungen usw. in diesem Buch berechtigt auch ohne besondere Kennzeichnung nicht zu der Annahme, dass solche Namen im Sinne der Warenzeichen- und Markenschutz-Gesetzgebung als frei zu betrachten wären und daher von jedermann benutzt werden dürften.

Einbandentwurf: eStudioCalamar Girona | Berlin
nach Vorschlägen von www.uniteddesignworkers.com
Layout/ Satz: www.uniteddesignworkers.com, Düsseldorf

Gedruckt auf säurefreiem Papier

Springer ist Teil der Fachverlagsgruppe Springer Science+Business Media (www.springer.com)

GELEITWORT

Interdisziplinarität schafft Innovationen

Die deutsche und europäische Hochleistungsmedizin genießt weltweit einen hervorragenden Ruf. Grundlage hierfür ist ihre Innovationsfähigkeit. Wichtige Entwicklungen der letzten Jahrzehnte stammen aus Deutschland, wie beispielsweise die Endoskopie, der Ballonkatheter und nicht zuletzt die Mikrotherapie. Auf dem Weltmarkt Gesundheit haben unsere Produkte gute Chancen, denn unsere Medizin hat hochwertige Ware zu bieten und der Bedarf danach wächst rasant. Wir sollten gerade diese Innovationsstärke erhalten und fördern, damit nicht auch künftig medizinische Neuerungen, wie die oben genannten, hier entwickelt werden, aber anderswo vermarktet. Jeder profitiert von Investitionen in die medizinische Forschung, denn letztlich sind wir alle irgendwann Patienten. Aber finanzieller Aufwand allein reicht nicht aus. Notwendig ist auch eine Vernetzung der verschiedenen Fachdisziplinen. Die Interdisziplinarität ist das Modell der Zukunft.

Viele Ideen und Innovationen verdanken ihre Entstehung dem Austausch von Wissen. Der neue Blick auf das eigene Fachgebiet und die Verbindung mit fachfremden Methoden führen oft fast automatisch zu innovativen Techniken. Auch die Verbindung von Medizin und Design bietet diese Chance. Wurden in der Vergangenheit medizinische Geräte meist nach funktionalen Gesichtspunkten entworfen, hat man heute die positive Wirkung des Designs entdeckt.

Design als strategisches Instrument und Wirtschaftsfaktor in einem Unternehmen kann einen Stellenwert einnehmen, der neue Entwicklungspotenziale aus den verschiedenen Disziplinen zusammenführend erschließen kann. Patienten können durch freundliche Form und Farbgebung beruhigt werden. Monströse Apparaturen sind oft schlecht handhabbar, können Angstgefühle hervorrufen und werden zunehmend aus modernen Praxen verschwinden, da sich mittlerweile hierfür eine Wahrnehmung entwickelt hat. So ergibt sich, bei gleicher Technik, aber anderem Erscheinungsbild, ein nicht zu unterschätzender Wettbewerbsvorteil. Es geht also nicht nur um Abbau von Ängsten. Qualitativ hochwertiges und ergonomisches Design ist zusätzlich im Hinblick auf die Benutzerfreundlichkeit und einfache Handhabbarkeit sehr wichtig, da die Behandlungsqualität erhöht werden kann. Auch die Wahl des Materials kann den positiven Einfluss des Design steigern. Zum Einsatz sollten vor allem Stoffe kommen, die den Körper des Patienten nicht zusätzlich belasten. Außerdem kann die verstärkte Verarbeitung von wiederverwertbaren Materialien in der Medizin, aber nicht nur dort, sondern auch in allen anderen Lebensbereichen, wesentlich zur Entlastung der Umwelt beitragen.

Prof. Dr. Dietrich Grönemeyer

Vorsitzender des Wissenschaftsforums Ruhr e.V.

VORWORT

Innovationen sind zum entscheidenden Schlüssel für Unternehmen in einer post-industriellen Gesellschaft geworden. Marktfähige Produkte entstehen heute aus einer Synthese von technologischem Wissen einerseits und der Fähigkeit zur frühzeitigen Identifikation sozioökonomischer Trends andererseits. Die Schnittstelle zwischen Design und Technik hat sich zum Inkubator für Produktideen entwickelt, von dem bedeutende Innovationsimpulse ausgehen.

Jede Produktentwicklung verlangt von den beteiligten Disziplinen umfangreiches Fachwissen. Kenntnisse über Materialien und Fertigung sind zentrale Themen, die vom Designer bis zum Ingenieur vorausgesetzt werden. Das vorliegende »Handbuch für Technisches Produktdesign« befasst sich mit diesen zwei Themenfeldern. Vertreter kreativer Disziplinen werden umfassend über technologisches Wissen zu den bedeutendsten Werkstoffgruppen und Produktionsmöglichkeiten informiert. Wichtige Zusammenhänge werden anschaulich und wissenschaftlich fundiert in Form eines umfassenden Nachschlagewerks aufbereitet. Die Informationen sind zahlreichen Veröffentlichungen entnommen und wurden um die Erfahrungen der Herausgeber ergänzt. Das Wissen ist dabei in einer Art präsentiert, die die Denkweise von Designern und Ingenieuren anspricht und unterstützt. Eine schnelle und umfassende Informationsaufnahme der technologischen Rahmenbedingungen für einen Produktentwurf wird auf diese Weise in kürzester Zeit möglich.

Das Buch gibt Anstoß, um über den eigenen Horizont hinauszublicken, kreativ mit Materialien und Fertigungsmethoden umzugehen, Belange anderer Disziplinen besser zu verstehen und der Forderung nach Innovation gerecht zu werden. Die umfangreiche und übersichtliche Sammlung von Informationen erweitert den Möglichkeitsspielraum bei der Produktentwicklung. Weitreichende Innovationen und wirtschaftlich erfolgreiche Produkte werden ebenso gefördert wie eine effiziente Kooperation zwischen Designern und Technologen.

Wir wünschen allen Lesern viel Freude bei einer Entdeckungsreise durch die Welt der Werkstoffe und Produktionstechniken und viel Erfolg bei der Umsetzung der gewonnenen Erkenntnisse im interdisziplinären Innovationsprozess!!

Die Herausgeber
August 2011

INHALT

Bild: Projekt AirJelly von Festo AG & Co. KG

EINLEITUNG
Die Revolution der Materie

Die Digitalisierung der Produktwelt ist in vollem Gange. Unser Leben findet in vielen Bereichen im virtuellen, im entmaterialisierten Raum statt und lässt eine große Distanz von den Dingen, vom Gegenständlichen erkennen. Mit den neuen elektronischen Medien, den digitalen Finanzströmen, der allgegenwärtigen Verfügbarkeit von Informationen scheint das Ende der guten alten mechanisierten Welt vorprogrammiert. Doch wenn man die steigende Bedeutung neuer Werkstoffe in den letzten Jahren verfolgt, scheint das Materielle mit voller Wucht zurückzukehren. Ein Paradoxon? Oder gar ein nächster Schritt in der Entwicklung unserer Produktwelten, die eine neue Qualität von Werkstoffen erforderlich macht?

Bild: Lichtdurchlässiger Beton macht surreales Kinoerlebnis möglich./ Foto: Dr. Sascha Peters

Denn das, was die Labors der Forschungseinrichtungen derzeit ausspucken, hat neben der materiellen Komponente nach einem mechanischen Verständnis auch immer eine virtuelle, weil intelligente, eine smarte Seite. Textilien reagieren auf Temperaturunterschiede und verändern ihre Form; Stein wird Durchlässigkeit für Lichtstrahlung und macht Bildsequenzen zu einem surrealen Filmerlebnis, und elektroaktive Polymere dehnen sich im elektrischen Feld und werden als »morphing materials« in Zukunft Form und Eigenschaften von Flugobjekten in der Luft beeinflussen *KUN 6.3*. Die neue Materie, nennen wir sie »reaktiv«, enthält unsichtbare Zusatzfunktionen, die sich erst in der eigentlichen Anwendung dem Nutzer erschließen. Beeindruckende Zukunftsvisionen werden möglich. Das längst überholte Verständnis von Materialität und die virtuelle Entmaterialisierung unserer Produktwelt scheinen von einer neuen Werkstoffkultur revolutioniert zu werden.

Und bei dieser Revolution wird Designern und Architekten eine besondere Bedeutung beigemessen. Denn wer sonst sollte einer unsichtbaren Funktion eine sinnvolle Anwendung geben und in die Wahrnehmung des Nutzers bringen. Yvonne Chan Vili war zum Beispiel eine der ersten, die die Möglichkeiten von Textilien mit eingewebten Drähten aus Formgedächtnislegierungen (FGL) *MET 5.2* für Raumteiler und Wandbehänge untersuchte. FGL-Materialien speichern Forminformationen in ihrem molekularen Gefüge. Bei niedrigen Temperaturen können sie scheinbar plastisch verformt werden. Nach Erwärmung nehmen die Drähte ihre ursprüngliche Form wieder an und sorgen für die Ausrichtung des textilen Gewebes. Daher eignen sich FGL-Textilien (shape memory textiles) bei starker Sonneneinstrahlung für eine automatische Verdunkelung von Räumen und die Erzeugung eines besonderen Licht- und Schattenspiels.

Bild: Wassersensitiver Beton./ Quelle: solidpoetry.com

Die niederländischen Gestalter Frederik Molenschot und Susanne Happle gehen sogar noch einen Schritt weiter. Mit einer besonderen Oberflächenbeschichtung geben sie Betonsteinen *MIN 4.8* bei Regen eine florale Ornamentik. Das natürliche Nass enthüllt versteckte Dekorationen auf öffentlichen Plätzen und Fußwegen und sorgt für eine neue Zeichensprache urbaner Qualität. Nachdem die Neuentwicklung mit Namen »Solid Poetry« bei Droog Design auf der Mailänder Möbelmesse in 2006 präsentiert wurde, ist jetzt das erste Bauvorhaben mit Blumenbeton in Eindhoven realisiert.

Auf Designer warten aber noch ganz andere reaktive Leckerbissen. Das Werkstoffinnovationszentrum Innovathèque aus Paris hat in der Ausstellung »Caméléon« in 2009 eine ganze Reihe dieser Materialien zusammengestellt. Zu sehen waren: Kunststoffe mit thermochromen Eigenschaften, die unter Temperatureinfluss die Farbe wechseln und den Eisgenuss in einem Kunststoffgefäß zu einem Farbenspiel werden lassen; Paneele die den Fußabdruck hell erleuchten lassen; Kunstleder, das bei Dehnung die Farbe wechselt oder Kunststoffe, die Wasser absorbieren und sich dabei ausdehnen. Sehr interessant für den Modebereich sind auch thermisch sensitive Anzugsstoffe, die einen leichten Farbstich unter Wärmeeinfluss und somit eine variable Ästhetik erzeugen können. Der Stoff wurde jüngst von einem bekannten Modelabel genutzt, um seiner Herrenkollektion eine besondere Note zu geben.

Bild: thermochrome Kaffeetasse

Vor allem in der modernen Architektur spielen Glasfassaden eine immer wichtigere Rolle. Profitiert man im Winter von viel Licht und Wärme, kehrt sich die Durchlässigkeit für Strahlung im Sommer ins Gegenteil um. Abhilfe versprechen hier Verbundgläser mit thermotropen Eigenschaften, die abhängig von der Lichteinstrahlung ihre Transparenz und Reflexionseigenschaften reversibel verändern können. Das Fraunhofer IAP in Potsdam arbeitet derzeit an thermotropen und hochreaktiven Gießharzen, die für die Herstellung dieser Fenster benötigt werden und die Reflexion von Solarstrahlung bewirken. Unsichtbar und ohne aufwändige Steuerung! Die Revolution der Materie hat gerade erst begonnen.

Produktentwickler, Designer und Architekten sind aufgerufen, sich das Neue zunutze zu machen und die technischen Potenziale in sinnvolle Produktwelten zu überführen, als eine Art Demonstration gegen die Entmaterialisierung unseres Lebens (Peters 2009).

Die Bedeutung von professionellen Kreativen für technische Innovationsprozesse

Die Frage nach der Bedeutung von Design und den Einflüssen kreativer Dienstleistungen auf Wirtschafts- und Innovationsprozesse ist so alt wie die Professionen selber. Daran hat sich auch in den letzten Jahren wenig geändert, obwohl Publikationen, Konferenzen und Diskussionsrunden die typischen Fragestellungen immer wieder diskutieren. »Welchen Anteil hat Design am Erfolg von Innovationen?«, »Wie lässt sich die Qualität von Kreativleistungen messen?«, »Was dürfen diese kosten und wie kann man sie steuern?«. Das Unbehagen gegenüber Vertretern kreativer Disziplinen, gegenüber Designern, Werbern und Architekten, ist tief verwurzelt in einer Gesellschaft, deren wirtschaftlicher Erfolg seit jeher auf den Fundamenten technologischer Exzellenzen basiert (Peters 1/2008). Jüngster Beleg für die Situation ist die Berichterstattung zur jährlich stattfindenden Los Angeles Design Challenge, zu deren Anlass die in Kalifornien ansässigen Designstudios der Automobilkonzerne mit großem Aufwand zukunftsweisende Mobilitätskonzepte entwickeln. Wurde in 2006 der Artikel über die Beiträge zu natürlich abbaubaren Fahrzeugkarossen und ressourcenschonenden Antrieben von einem der hiesigen Blätter mit dem Titel »Ideen für den Komposthaufen« versehen (Grünweg 2006), so sprach man im Vorjahr gar vom »Amoklauf der Designer« (Kramper 2005). Also alles beim Alten? Die Kreativen, die Spinner, die Gestörten... (Lotter 2007). Sie haben anscheinend keinen Platz in unseren Strukturen, die auf sicheres Wachstum und die Wahrung von Statussymbolen ausgelegt sind (Peters 2/2008).

Bild rechts: Volkswagen Konzept ‚»Slipstream«, Design Challenge anlässlich der LA Auto Show 2007./ Quelle: Volkswagen AG

Doch seit etwa 2 Jahren ist das Gefüge in Bewegung. Aufgeschreckt durch eine Reihe von Innovationsstudien (Booz 2006), in denen den deutschen Unternehmen, die Fähigkeit abgesprochen wird, technologische Neuerungen in marktfähige und gewinnbringende Produkte zu überführen, erhält die Diskussion um die Bedeutung professioneller Kreativer für Innovationsprozesse neues Futter. Hybrid-Motor, MP3-Format, Computer: Die Liste revolutionärer deutscher Erfindungen ist lang; doch die wirtschaftlicher Misserfolge ist es ebenso. Deutschland ist zwar das Land der Erfinder und nimmt bei den Patentanmeldungen im internationalen Vergleich einen Spitzenplatz ein (Peters 2/2007). Doch seitdem belegt ist, dass die Anzahl von Patenten nicht mehr gleichzeitig mit wirtschaftlichem Erfolg einhergeht, suchen Unternehmer und Politiker nach neuen Indikatoren. Denn auch die deutsche Wirtschaft kann es sich nicht länger erlauben, zwar revolutionäre Technologien wie das MP3 Format oder den GRM-Effekt, die Grundlage zur Speicherung großer Datenmengen auf Festplatten, hervorzubringen, die Vermarktung aber anderen Volkswirtschaften zu überlassen. Denn während sich das deutsche Fraunhofer-Institut, als Entwickler der MP3-Technologie, über Patent-Lizenzeinnahmen in Millionenhöhe freut, kassiert ein amerikanischer Computerkonzern Milliarden.

Es reift die Erkenntnis, dass es nicht mehr ausreicht, Technologien und Werkstoffe mit Funktionalitäten im Promillebereich hinter dem Komma hervorzubringen. Die Menschen in den westlichen Nationen haben alles, was sie zum Leben brauchen und sehnen sich nach Produkten, die ihre Bedürfnisse befriedigen, noch bevor sie in der Lage sind, diese in Worte zu kleiden. Personen zur Frühindikation von gesellschaftlichen Entwicklungen sind demnach gefragt, die ob ihrer Ausbildung und Denkweise eine Fähigkeit mitbringen, die Vertretern technologischer Disziplinen in der Regel verborgen bleibt. Technik- und Detailverliebtheit sind gar Hemmschuhe für den Produkterfolg (Bochumer Institut für angewandte Innovationsforschung, 1/2007). Das Verständnis für die Wünsche des Kunden und die frühzeitige Ausrichtung von Produktentwicklungen auf die Bedürfnisse des Marktes sind vielmehr die heutigen Indikatoren für den Erfolg. Eine Gleichberechtigung zwischen technologischen und kreativen Disziplinen ist daher erforderlich, die den marktzugewandten Disziplinen wie Design, Marketing und Architektur eine größere Bedeutung im Innovationsprozess beräumt (Peters 2004, Peters 2009).

Die Reaktionen auf diesen Sachverhalt sind bemerkenswert: So erkennt die Wirtschaftsförderung die professionellen Kreativen nicht mehr nur als Standortfaktor sondern auch als wichtige Komponente und Impulsgeber im Innovationsprozess. Nicht ohne Grund fragt auch die Konferenz »creative industries – made by design«, ob nach dem »Technology-Push« jetzt der »Kreativ Pull« kommt und sich somit der traditionelle Innovationsprozess umkehrt. Denn sind die kreativen Disziplinen meist erst am Ende einer Produktentwicklung gefragt, um einem technischen Produkt eine oberflächliche »Aufhübschung« zu geben und für den Markt vorzubereiten, wird von den Innovationsanalysten eine zentralere Bedeutung kreativer Disziplinen gefordert. Frühzeitig in Innovationsprozesse integriert, können insbesondere Designer bei der Entwicklung des Anwendungszusammenhangs für neue Produkte ein Wörtchen mitsprechen, so die Theorie. Sie sind es, die schlummernde Bedürfnisse beim Kunden wecken und den technologischen in einen emotionalen Mehrwert überführen (Peters 1/2007).

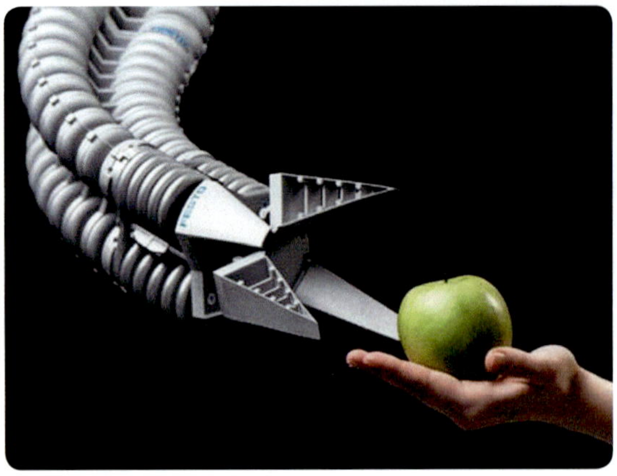

Bild: Bionischer »Handling-Assistent« bietet eine dritte Hand oder ermöglicht Arbeitsvorgänge in Gefahrenbereichen oder komplexen Situationen./ Foto: Festo

Bild: Funktionsweise und Struktur des Handling Assistenten sind durch einen Elefantenrüssel inspiriert. Als Basistechnologie dienen Mechatronik und Pneumatik. Generative Fertigungsverfahren ermöglichen die Herstellung./ Foto: Festo

In der Praxis machen einige aktuelle Entwicklungen Mut, dass sich tatsächlich nachhaltig etwas an der Wertstellung kreativer Disziplinen ändert. Das traditionelle Innovationsverständnis bricht auf! So bedienen sich Forscher den Fähigkeiten von Designern, um Anwendungsszenarien für neue Technologien zu konzipieren. Ein Beispiel ist der Löschroboter OLE, der von Designern aus Magdeburg als Einsatzgebiet für eine Laufmaschine des Fraunhofer IFF entwickelt wurde. Autonome Roboter sollen zur Überwachung von Waldflächen eingesetzt werden, um Brände zu verhindern und gefährliche Situationen für den Menschen auszuschließen. Die Wissenschaftler waren begeistert, denn ihre Entwicklung wurde mit diesem klaren Bild in der ganzen Welt diskutiert.

Ein anderes Projekt setzte gar die Robotertechnologie zum Rückbau von Plattenbauten in den ostdeutschen Gebieten ein. Damit reagieren die Kreativen auf die Tendenz sinkender Bevölkerung und auf eine Entwicklung, die weder von Bauwirtschaft noch von der Industrie bislang in größerem Umfang Berücksichtigung findet.

Eine weitere Tendenz wird bei den Produzenten deutlich. Unternehmen wie Bayer, BASF oder Degussa richten ihre Kommunikation gezielt auf die »Kreativen Klassen« aus und werben um die Aufmerksamkeit für ihre Materialien. Offensichtlich ist die Erkenntnis gereift, dass es Designer und Architekten sind, die in den Entwicklungsprozessen meist die Entscheidung über die Auswahl von Werkstoffen treffen und nicht mehr nur Konstrukteure und Ingenieure. Dies hängt zum einen mit dem Arbeitskräftemangel in den technischen Disziplinen zusammen, durch den Unternehmen gezwungen sind, auch Engineeringleistungen von Designern abzurufen. Zum anderen sehen Produzenten professionelle Kreative zunehmend als Ihre Ansprechpartner an, wenn es darum geht, den Markt für technische Innovationen zu entwickeln und aus einer Erfindung ein marktfähiges Produkt zu machen. So ist Bayer MaterialScience seit 2004 mit einem Creative Center den zukünftigen Kunden von Kunststoffen auf der Spur, und das fächerübergreifend. Die Zukunftsanwendungen in der Bauindustrie, Robotik, Logistik und die Bereiche Optik und Licht sind dabei Scoutingfelder, in denen deutliche Entwicklungssprünge erwartet werden. Durch Vernetzung von Designern, Architekten, Trendforschern und Technologen werden hier Zukunftsszenarien entwickelt.

Bild: Fahrzeug mit transparenter Karosserie (Quelle: Bayer MaterialScience, Rinspeed AG, Frank M. Rinderknecht)

Ein weiteres Beispiel für die steigende Bedeutung von Designern im Innovationsprozess ist die Entwicklungsgeschichte des Stuhls »Myto«, den Konstantin Grcic für die BASF AG entworfen hat. Ziel war es, die Funktionsweise eines Zusatzes für PBT *KUN 4.1.12* zur Verbesserung der Fließfähigkeit bei der Verarbeitung deutlich werden zu lassen. Das dies mit einem Möbelentwurf eines bekannten Designers geschah war ein Novum in der Materialszene und zeigt das Umdenken vieler Materialproduzenten in der Kommunikation ihrer eigenen Produkte.

Bild: Freischwinger MYTO (Quelle: Konstantin Grcic)

»70 % aller neuen Produkte basieren auf neuen Materialien!«: So lautet das Ergebnis einer Studie (Höcker 2007), in der Werkstoffe zum »Motor für Innovationen« erhoben werden. Das Thema gewinnt immer mehr an Bedeutung und die Kenntnis um Materialität und Verarbeitung wird zum Schlüssel-KnowHow für Designer und Architekten. Dass diese Entwicklung den Kreativen durchaus bewusst ist, spiegelt sich vor allem an der erfolgreichen Etablierung zahlreicher Datenbanken, Messen, Publikationen und Wettbewerben wider. Aber auch die Kreativdienstleister selber werden mehr und mehr zu Innovatoren für neue Materialien. So machte die Designerin Alexa Lixfeld mit einer besonderen Beschichtung die Verwendung von Beton für dünnwandiges Geschirr erst möglich *MIN 4.8*.

Bild: Geschirr aus Beton (Quelle: Alexa Lixfeld)

Und die Ideen für den traditionellen Bauwerkstoff scheinen nicht auszugehen. Denn auch der ungarische Architekt Aron Losonczi experimentierte bereits 2005 mit Beton und machte ihn durch Integration von Glasfasern durchlässig für Licht und Schatten *MIN 6.1*. Damit löste er einen Trend in der Zementindustrie aus, der eine Vielzahl von Nachahmerprodukten zur Folge hatte.

Die Entwicklungstätigkeit von Designern und Architekten ist aber nicht nur auf den Werkstoffbereich begrenzt. Neuerdings gehen auch vollkommen neuartige Fertigungsverfahren auf professionelle Kreative zurück. So entwickelte der Architekt Oskar Zieta ein freies Aufblasverfahren für metallische Möbel mit individuellem Charakter oder für Leichtbaukonstruktionen (Brückenelemente, Hausfassaden). Da er keinen Abnehmer für seine Technologie fand, vermarktet er das Ganze jetzt einfach selbst.

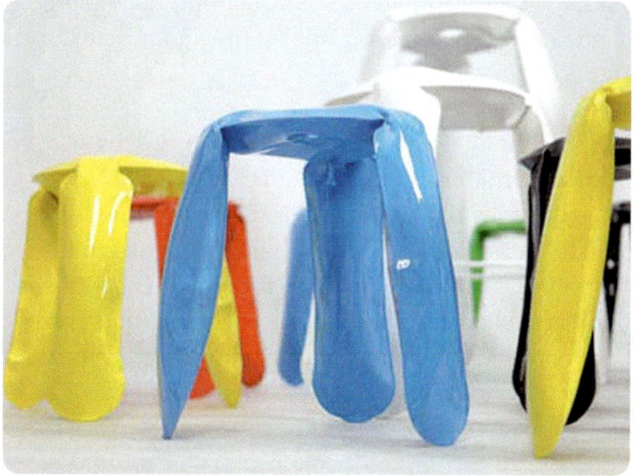

Bild: Freie Innenhochdruckumformung (Quelle: Oscar Zieta)

Einen ähnlichen Weg gingen die Verantwortlichen von designtoproduction mit dem »ZipShape«, einem Verfahren zum einfachen Biegen von Holzflächen, das ohne komplizierte Formwerkzeuge auskommt HOL 3.6.

Wir sind Zeuge einer Entwicklung, die vor Jahren noch undenkbar gewesen wäre und an deren Ende vielleicht die Aussöhnung zwischen den kreativen und technischen Disziplinen steht, zwischen Design und Engineering. Es bewegt sich etwas, im Land der Ideen...

Low Tech meets High Tech – Das Jahrzehnt der Materialien

Er sieht aus wie ein ganz normaler Flieger. Mit wenigen Handgriffen faltet Takuma Toda ein Blatt Papier zu einem funktionstüchtigen Flugobjekt. Lediglich der Name »Orispace« und die Ähnlichkeit zur Form des amerikanischen Space Shuttles deuten darauf hin, dass es sich um etwas Besonderes handeln könnte. Der Vorsitzende der Origami Airplane Association hat eine Vision, die auf den ersten Blick völlig absurd erscheint. Er will seinen Papierflieger aus der Raumstation ISS werfen und sicher auf der Erde landen lassen. Jedes Kind weiß doch, dass Materie beim Eintritt in die Atmosphäre verglüht. Doch was zunächst erstaunlich klingt, kann der Japaner ganz einfach erklären. Die langsame Sinkgeschwindigkeit bei einer Flugdauer von 3 Tagen bewirke nur wenig Reibung, so dass die Wärmeentwicklung deutlich geringer ausfallen wird als beim Space Shuttle. Verwendung findet zudem ein Papier aus langen Zuckerrohr-Fasern, das sehr viel schwerer und stärker ist als normales Büropapier und nach einer chemischen Behandlung der thermischen Belastung standhalten wird.

Dass wir einem Papierflieger den Flug durchs All gar nicht zugetraut hätten, liegt auf der Hand. An dem Projekt lässt sich aber eine Tendenz ableiten, die man aktuell in vielen Produktbereichen erkennen kann. Neben High-Tech-Innovationen in Feldern wie der Robotik oder Bionik werden bewährte Konstruktionen und Materialien genutzt und in fachfremden Kontexten zu neuen Anwendungen entwickelt. Einfache, aber intelligente Lösungen stehen auf Augenhöhe zu technisch hochkomplexen Produkten.

Bild: Roboterquallen AquaJelly (Quelle: Festo)

Während Festo die Entwicklung quallenartiger Robotersysteme (»AquaJelly«) mit autonomer Schwarmintelligenz verkündet, wird die Verwendung eines Segels zum Antrieb von Frachtschiffen als revolutionäre Innovation gefeiert (SkySails®).

Bild: Frachtschiff mit Luftsegel (Quelle: SkySails)

Da treffen sich Experten zu einer Fachkonferenz und diskutieren über die Nachhaltigkeit des natürlichen aber antiken Bauwerkstoffs Lehm. Zeitgleich lässt das steigende Umweltbewusstsein die Forderung nach biologisch abbaubaren Kunststoffen Realität werden, die man »einfach« so auf den Komposthaufen werfen kann. Verbundwerkstoffe wie Hylite® oder Hybrix® finden Einsatz im Flugzeugbau, können aber auch bei der Anfertigung von Koffern und zum Aufziehen von Bildern genutzt werden. Und für die Zukunft ist die Verwendung recyclebarer Platinen aus Zellulose in der Elektroindustrie geplant. Der Unterschied zwischen »high tech« und »low tech« scheint als Qualitätsmerkmal nicht mehr zu funktionieren. Eine Erkenntnis, die sich branchenübergreifend durchzusetzen scheint.

Denn auch Designer und Architekten lassen derzeit eine ausgesprochene Ambivalenz in ihren Arbeiten erkennen: zwischen sehr simplen Konzepten und hochkomplexen Produkten. Ein Paradebeispiel für die neue Einfachheit ist das »100-Dollar-Laptop« des Designers Yves Béhar. Angetrieben von einem Seilzuggenerator und einer Handkurbel soll dieses die digitale Wissensvermittlung für Kinder auch in den entlegendsten Gegenden dieser Welt gewährleisten. »One Laptop per Child« lautet der eingängige Titel des Projekts. Dass die Kinder mit dem Rechner dann erst mal vornehmlich spielen, war wohl zu erwarten, ändert aber am Prinzip nichts.

Bild: 100-Dollar-Laptop (Quelle: Yves Béhar)

Einfache und nachvollziehbare Lösungen haben wieder Platz gefunden in einer Gesellschaft, die nach Verlagerung ganzer Industriebereiche in Billiglohnländer das Gefühl für die Entstehungsprozesse von Produkten und die Möglichkeit zur individuellen Einflussnahme auf Form und Materialität, auf Farbe und Charisma verloren hat. Längst vergessene Herstellungstechniken erleben aktuell in der »NeoCraft«-Bewegung eine Renaissance. Und die Verwendung herkömmlicher Materialien in vollkommen neuen Kontexten wandelt unsere Umwelt in riesige Möglichkeitsräume. Pflaster werden zu Schmuckstücken, Laternen erhalten ein flauschiges Textilkleid und Hotels wirken wie monolithische Eiswürfel.

Bild: Laterne mit Textilkleid (Quelle: Friederike Kersten)

Der Flagship-Store des Labels Freitag® ist gar nur aus verrosteten Containern zusammengesetzt und ragt mit einem besonderen Markenversprechen in den Züricher Himmel empor.

Bild: Freitag® Flagship-Store in Zürich

Dass sich hinter einfachen Lösungen häufig langjährige Entwicklungen verbergen, zeigen nicht erst die Angebote selbsthaftender Textilien (Gecko Multifix®) TEX 6.7, die seit einigen Monaten am Markt verfügbar sind. Offensichtlich wird dies vor allem bei Produkten aus so genannten »smart materials«, bei denen man die Funktionskomplexität von außen gar nicht mehr erkennen kann. Elektrisch leitfähige Textilien machen den mobilen Mediengenuss möglich (»wearable computers«); thermochrome Beschichtungen FLU 3.3 sorgen für Sonnenstrahlen reflektierende Glasfassaden und für optimale klimatische Bedingungen im Innenraum.

Materialität bedeutet heute also Hochtechnologie und Einfachheit zugleich. Alles scheint möglich in einer Zeit der großen Umbrüche und riesigen Herausforderungen. »Low Tech meets High Tech«: Die nächste Dekade gehört den Material- und Technologieinnovationen sowie Designern und Architekten, die es verstehen, Werkstoffe auf intelligente Weise einzusetzen (Peters 3/2008).

Technologie-KnowHow wird Schlüsselqualifikation für professionelle Kreative

Innovationen sind zum entscheidenden Schlüssel für Unternehmen in einer post-industriellen Gesellschaft geworden. Marktfähige Produkte entstehen heute aus einer Synthese von technologischem Wissen einerseits und der Fähigkeit zur frühzeitigen Identifikation sozioökonomischer Trends andererseits. Die Schnittstelle zwischen Design und Technik hat sich zum Inkubator für Produktideen entwickelt, von dem bedeutende Innovationsimpulse ausgehen. Damit es zu einer effizienten Kooperation bei der Produktentwicklung kommt, benötigen die beteiligten Disziplinen umfangreiches Fachwissen. Vor allem die Kenntnisse über Materialien und Fertigung sind zentrale Themen, die von Designer und anderen professionellen Kreativen mittlerweile vorausgesetzt werden.

Dass dies der Kreativbranche auch bewusst ist, erkennt man am steigenden Interesse für technische Themen. Und auch die Design-Ausbildung kommt in Bewegung. An vielen Hochschulen wurden in den vergangenen Jahren Programme und Professuren an den Schnittstellen zwischen Kreation und Technologie eingerichtet (z. B. UDK Berlin, HfG Offenbach). Die Kreativbranche bereitet sich also auf einen Veränderungsprozess vor, der auf die steigende Bedeutung kreativer Disziplinen für die Industrieunternehmen zurückzuführen ist. Technologie-KnowHow wird für die Kreativbranche mehr und mehr zu einem entscheidenden Wettbewerbsfaktor.

Mit dem vorliegenden »Handbuch für Technisches Produktdesign« sollen die Vertreter kreativer Disziplinen umfassend über technologisches Wissen zu den bedeutendsten Werkstoffgruppen und Produktionsmöglichkeiten informiert werden. Wichtige Zusammenhänge sind anschaulich und wissenschaftlich fundiert in Form eines Nachschlagewerks aufbereitet. Die Informationen werden dabei in einer Art präsentiert, die die Denkweise von Designern und Ingenieuren anspricht und unterstützt. Eine schnelle und umfassende Informationsaufnahme der technologischen Rahmenbedingungen für einen Produktentwurf wird auf diese Weise in kürzester Zeit möglich. Das Buch gibt Anstöße, um über den eigenen Horizont zu blicken, auf ungewöhnliche Art und Weise mit Materialien und Fertigungsmethoden umzugehen, Belange anderer Disziplinen besser zu verstehen und der Forderung nach Innovation gerecht zu werden. Die umfangreiche und übersichtliche Sammlung von Informationen erweitert den Möglichkeitsspielraum bei der Produktentwicklung. Weitreichende Innovationen und wirtschaftlich erfolgreiche Produkte werden ebenso gefördert wie eine effiziente Kooperation zwischen Designern und Technologen. Wir wünschen allen Lesern viel Freude bei einer Entdeckungsreise durch die Welt der Werkstoffe und Produktionstechniken und viel Erfolg bei der Umsetzung der gewonnenen Erkenntnisse im interdisziplinären Innovationsprozess!

EIN
Literatur

[1] **Booz Allen Hamilton:** Innovationsstudie - Global Innovation 1.000, 12/2006.

[2] **Grünweg, T.:** Ideen für den Komposthaufen. Hamburg: Spiegel online, 30.10.2006.

[3] **Höcker, H.:** Werkstoffe als Motor für Innovationen - Gibt es eine Kluft zwischen Werkstoffentwicklung und Umsetzung in innovative Produkte?, 2008.

[4] **Kramper, G.:** Amoklauf der Designer. Hamburg: Stern online, 30.11.2005.

[5] **Lotter, W.:** Die Gestörten. brand eins 5/2007. Hamburg: brand eins Verlag.

[6] **Peters, S.:** Modell zur Beschreibung der kreativen Prozesse im Design vor dem Hintergrund ingenieurspezifischer Semantik, Dissertation: Universität Duisburg-Essen, 7/2004.

[7] **Peters, S.:** Kreative Industrien als Impulsgeber für eine erfolgreiche Innovationskultur. Keynote-Vortrag, Tagung: Erfolgsfaktor: Design & Engineering, Stuttgart. 15.02.2007.

[8] **Peters, S.:** Die Macht der Materialien. form 217, Leitartikel im Material-Sonderheft, Basel: Birkhäuser Verlag, 2007.

[9] **Peters, S.:** Nanotechnologie und Produktdesign, Essay im Buch »Nano Architektur - Anwendungen von Nanomaterialien in Design und Architektur«, Basel: Birkhäuser Verlag 2008.

[10] **Peters, S.:** Das Jahrzehnt der Materialien - Vom Technologie- zum Innovationsstandort dank professioneller Kreativer, Vortrag zur Konferenz: Creative Industries - Made by Design, Welterbe Zollverein, Essen, 16.10.2008.

[11] **Peters, S.:** Smarte Materialien – High Tech meets Low Tech. form 223, Leitartikel im Material-Sonderheft, Basel: Birkhäuser Verlag, 2008.
Peters, S.: Revolution der Materie. form 226, Leitartikel im Material-Sonderheft, Basel: Birkhäuser Verlag, 2009.

[12] **Peters, S.:** Die Bedeutung von Designern für technische Innovationsprozesse. 3. Symposium Industrie Design Dresden, 17./18.04.2009.

Bild: Bearbeitungsoberfläche eines Frästeils aus Aluminium

MET
METALLE

Abkantbank, Amboss, Anker, Antenne, Armatur, Armreif, Axt, Backform, Baggerarm, Bahnwaggon, Batterie, Beil, Besteck, Bleischürze, Bohrer, Bohrinsel, Bolzen, Bolzenschneider, Brieföffner, Brillengestell, Brücke, Büchse, Bügeleisen, Campingkocher, Computerchip, Container, Dachbelag, Dampfmaschine, Dart, Degen, Diskus, Dolch, Dosenöffner, Drahtbürste, Drehverschluss, Drehmaschine, Dreirad, Druckkessel, Düse, Eisenbahnwaggon, Eisenwolle, Elektromagnet, Elektrozaun, Fahrradrahmen, Federgabel, Feile, Felge, Fenstergriff, Flaschenöffner, Fräser, Füllfeder, Gabel, Gabelstapler, Gastank, Gasturbine, Gartenzaun, Gelenkprothese, Gepäckträger, Getreidesilo, Getriebe, Gewehr, Gewinde, Gewindestange, Gitter, Glocke, Golfschläger, Granate, Grillrost, Gully, Gürtelschnalle, Haarspange, Haarnadel, Hammer, Handschelle, Hantel, Harpune, Heftklammer, Heftzwecke, Heizkörper, Hochspannungsmast, Hubwagen, Hufeisen, Imbuss, Implantat, Käsereibe, Kanaldeckel, Kanone, Karabinerhaken, Karosserie, Kartoffelmesser, Kartusche, Kelch, Kette, Kessel, Kerzenständer, Klangkugel, Kleiderhaken, Klettergerüst, Knochennagel, Kochplatte, Konservendose, Korkenzieher, Kran, Krawattennadel, Kronkorken, Küchenwaage, Kühlschlange, Kugellager, Kufe, Kupplung, Lanze, Lampenschirm, Laternenpfahl, Lavinenschutz, Leiterbahn, Löffel, Lüfterrad, Manschettenknopf, Maschendraht, Medaille, Meißel, Messer, Messschieber, Messschraube, Mistgabel, Motorblock, Münze, Nadel, Nagel, Nasenring, Niete, Nockenwelle, Nussknacker, Öllampe, Orgelpfeife, Panzertür, Pfanne, Pigment, Pinzette, Pistole, Planierraupe, Pleuel, Pokal, Posaune, Presse, Propeller, Prothese, Pumpengehäuse, Quirl, Rasierklinge, Rakete, Reflektor, Regenrinne, Reibe, Reißverschluss, Rohrsystem, Rolltreppe, Rutsche, Säbel, Sägeblatt, Satellit, Saxophon, Scharnier, Schaufel, Schere, Schiene, Schild, Schlüssel, Schmuck, Schneepflug, Schneeschippe, Schranke, Schraube, Schraubendreher, Schraubschlüssel, Schraubstock, Schubkarre, Schusswaffe, Schutzhelm, Schutzschild, Schwert, Sense, Sicherheitsnadel, Sieb, Skalpell, Skulptur, Solarpanel, Spaten, Speer, Speiche, Spindel, Spirale, Spritzgusswerkzeug, Spule, Stacheldraht, Strahltriebwerk, Straßenschild, Stromkabel, Suppenkelle, Tanker, Taschenmesser, Thermoskanne, Toaster, Topf, Treppengeländer, Tresor, Triangel, Triebwerk, Trompete, Türklinke, Turbinenschaufel, Uhrwerk, Unterlegscheibe, Unterwasserseeboot, Ventil, Ventilator, Vogelkäfig, Wagenheber, Walze, Wälzlager, Wärmeschutzschicht, Wärmetauscher, Wäschetrommel, Wasserhahn, Wasserturbine, Wippe, Wohnmobil, Wok, Xylofon, Ytterbium, Zahnersatz, Zahnfüllung, Zahnrad, Zange, Zinnsoldat, Zylinder

Der Zustand eines aufgeblasenen Körpers ist aus dem Sport- und Freizeitsektor bei Fußbällen oder Luftmatratzen schon lange bekannt. In der Regel kommen Kunststoffe zum Einsatz, die über elastische Eigenschaften verfügen und den Eindruck von Flexibilität vermitteln. Dass sich dieser auch mit üblicherweise festen Materialien realisieren lässt, ist zunächst erstaunlich, zeigt aber, welch vielfältige Eigenschaften Metalle aufweisen können. Der polnische Architekt Oskar Zieta hat in 2008 mit seinem freien Aufblasverfahren (FIDU) für Aufsehen gesorgt und Möbel entstehen lassen mit einem freien und individuellen Charakter. Mittlerweile bieten andere Hersteller Produkte mit aufgeblasenen Geometrien an.

Bild: Produkte hergestellt mit dem FIDU-Verfahren von Oskar Zieta. FOR 7.4.

Dies ist nur ein Beispiel von vielen, das zeigt, wie durch Weiterentwicklungen im Bereich der Verarbeitung immer wieder neue Anwendungsoptionen für Metalle erschlossen werden. Die logische Kopplung von technologischem Fortschritt und Produktinnovation ist evident und kann schon seit etwa 10.000 Jahren beobachtet werden. Damals wurden im nördlichen Persien auf dem Gebiet des heutigen Iran die ersten metallurgischen Verfahrensprinzipien entdeckt. In primitiven Holzöfen schmolz man ***Malachit***, ein kupferhaltiges Mineral, und goss erste Gegenstände und Waffen aus dem metallischen Werkstoff. Durch Handel und Auswanderungen verbreiteten sich die Schmelztechniken zunächst unter den Hochkulturen des Zweistromlandes. Über Ägypten und Nordafrika sowie Vorderasien und Griechenland kamen die Technologien schließlich nach Spanien und ins mittlere Europa. Die kulturelle Entwicklung menschlicher Zivilisation ist folglich eng mit technologischen Neuerungen gerade im Bereich der Metallurgie verbunden. Das gesellschaftliche Fundament basiert förmlich auf den Gebrauchsoptionen metallischer Werkstoffe. So wird die militärische Überlegenheit der alten Römer mit dem systematischen Einsatz von Waffen aus Eisen zu einer Zeit begründet, in der andere Völker immer noch das weichere Bronze, eine Kupfer-Legierung MET 3.3.2, verwendeten.

Bild: Edelstahlfassade des »Neuen Zollhofes« im Düsseldorfer Hafen./ Architekt: Frank O. Gehry/ Foto: Dr. Sascha Peters

Die nächsten Entwicklungsschritte von Metallen konzentrierten sich auf Eisenwerkstoffe. So war die wirtschaftliche Erschließung des amerikanischen Kontinents gekoppelt an die Entdeckung einer Möglichkeit zur Stahlproduktion. Die ersten Eisenbahnen wurden gebaut. Sie ermöglichten den schnellen und unkomplizierten Transport von Gütern von der Ostküste bis tief in den mittleren Westen. Zudem führte die Entwicklung von Stahlbeton MIN 4.8 zum Bau von sehr hohen Gebäuden und Wolkenkratzern in Städten mit einer schnell steigenden Bevölkerungsdichte (z. B. New York). Immer vielfältigere Legierungsformen MET 1.1 der Metalle und die Entdeckung neuer Elemente in der ersten Hälfte des 19. Jahrhunderts brachten weitere Erfindungen hervor und beschleunigten die zivilisatorische Entwicklung bis in unsere heutige Gesellschaft. Obwohl die Bedeutung metallischer Werkstoffe seit dem Aufkommen keramischer und polymerer Werkstoffe leicht rückläufig zu sein scheint, zeigen aktuelle Fortschritte, dass das Gebrauchspotenzial metallischer Werkstoffe noch immer nicht vollständig ausgeschöpft ist. Besonders hervorzuheben seien an dieser Stelle die Entwicklungsfortschritte schichtweise generativer Verfahren zur Herstellung individuellen Zahnersatzes MET 3.4.1, die Qualifizierung hochfester MMC (Metal Matrix Composites VER 1) oder die seit nunmehr einer Dekade entwickelte Option zum Schäumen von Metallen MET 5.1. Im Hochtemperaturbereich versucht man durch die Entwicklung von Superlegierungen MET 3.3.6 neue Optionen für die Luft- und Raumfahrt zu schaffen. Weitere Entwicklungspotenziale bestehen für Formgedächtniswerkstoffe MET 5.2 und metallische Gläser MET 5.3. In Dimensionen weniger Nanometer weisen Partikel metallischer Werkstoffe wie Gold, Silber oder Titan ganz herausragende Eigenschaften auf. Sie wirken antibakteriell, kratzfest oder geruchshemmend und werden in Zukunft eine große wirtschaftliche Bedeutung für die High-Tech-Industrie einnehmen MET 5.4, BES 10 Metamaterialien werden Objekte in Zukunft unsichtbar erscheinen lassen. Obwohl die Bedeutung metallischer Werkstoffe in den letzten Jahren zugunsten von Kunststoffen und Materialverbünden nachgelassen hat, teilt man in der Wissenschaft traditionell immer noch die Werkstoffe in die Hauptgruppen »Metalle«, »Nichtmetalle« und »Verbundwerkstoffe« ein.

Einteilung der Werkstoffe

METALLE	Eisenwerkstoffe	Stähle	z.B. Bau-, Vergütungs-, Einsatz-, Werkzeugstahl
		Guss-Werkstoffe	z.B. Stahlguss, Gusseisen, Temperguss
	Nichteisen-Metalle	Schwermetalle Dichte größer als 5kg/dm³	z.B. Gold, Platin, Palladium, Silber, Kupfer, Zink, Blei
		Leichtmetalle Dichte kleiner als 5kg/dm³	z.B. Aluminium, Magnesium, Titan
HALB-METALLE	können durch elektrischen Leitfähigkeit und Aussehen nicht den Metallen oder den Nicht-Metallen zugeordnet werden, z.B. Bor, Silizium, Germanium, Arsen, Selen		
NICHT-METALLE	Naturwerkstoffe		z.B. Marmor, Ton, Holz
	Synthetische Werkstoffe		z.B. Kunststoffe, Keramik
VERBUND-WERKSTOFFE	Faserverbundwerkstoffe		z.B. Stahlbeton, faserverstärkte Kunststoffe
	Schichtverbundwerkstoffe		z.B. Bimetall, Verbundplatten, Verbundrohre

Abb. 1: nach [8]

MET 1
Charakteristika und Materialeigenschaften

Mit einem Anteil von 75 % weisen die meisten Elemente im Periodensystem (PSE) metallische Charakteristika auf. Die Eigenschaften von Metallen und das entsprechende Verhalten während der Verarbeitung sind auf den kristallinen Aufbau und die in der Struktur frei beweglichen Elektronen zurückzuführen.

MET 1.1
Zusammensetzung und Struktur

Vergrößert man mit einem Mikroskop die Bruchstellen von metallischen Werkstoffen deutlich, so lassen sich einzelne Körner erkennen, die einer räumlichen Ordnung folgen und ein regelmäßiges Gefüge bilden. Die Anordnung erfolgt auf Basis eines *Raum-* oder *Kristallgitters* (Hornbogen 2002).

Atomarer Aufbau von Metallen (Kugelmodell)

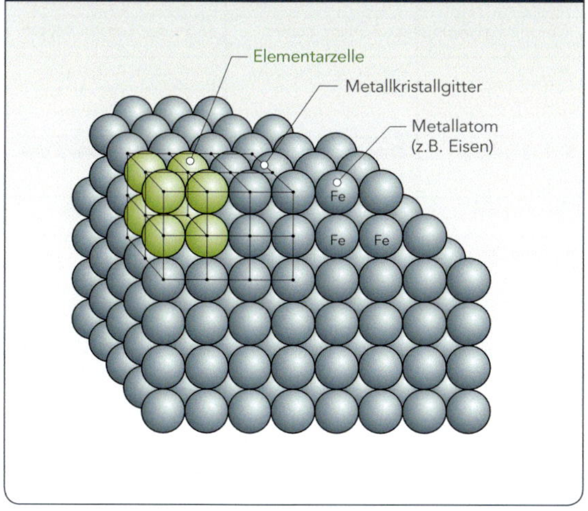

Abb. 2: nach [8]

Ein Werkstoff mit einer unregelmäßigen und willkürlichen Anordnung von Molekülen und Atomen wird als *amorph* bezeichnet. Hierzu zählen beispielsweise Glas GLA 1.1, Flüssigkeiten und Kunststoffe KUN 1.1, die sich daher klar von der Gruppe der Metalle abgrenzen lassen.

Die *Kristallstruktur* von Metallen wird auf atomarer Ebene durch die Zusammenhaltskräfte zwischen den einzelnen Teilchen bestimmt. Die *metallische Bindung* entsteht während der Metallgewinnung durch Erstarrung aus der Schmelze. Metallatome neigen zur Abgabe von negativ geladenen Elektronen. *Metallionen* mit positiver Ladung bilden sich, die durch dazwischen liegende, frei bewegliche Elektronen zusammengehalten werden. Die metallische Kristallstruktur mit hoher Festigkeit entsteht, wobei die *Elektronenwolke* die Weiterleitung von Wärme und elektrischen Strömen fördert. In der Werkstoffkunde wurden die drei Grundgittertypen *kubisch-raumzentriert* (krz), *kubisch-flächenzentriert* (kfz) und *hexagonal* (hdp) identifiziert, wonach sich die einzelnen Metalle in ihrer Kristallstruktur unterscheiden lassen.

Gitteraufbau der Metalle

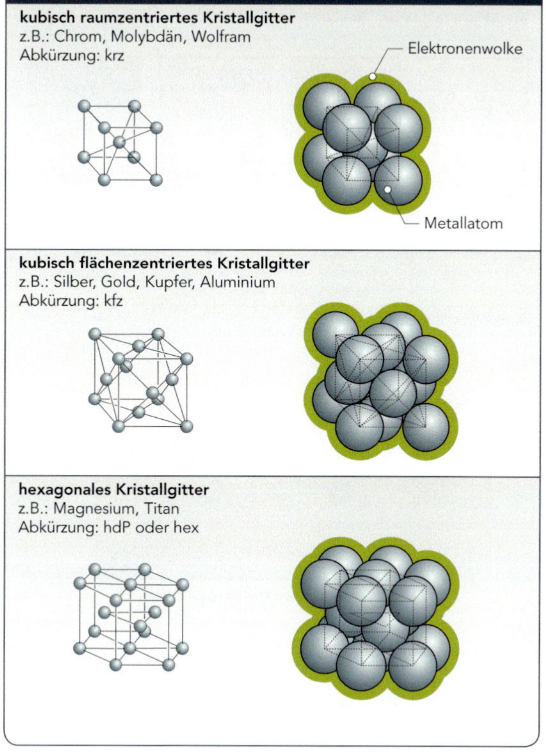

Abb. 3: nach [18]

Während der Abkühlung der Metallschmelze geht das flüssige Material nicht plötzlich in einen starren Zustand über. Vielmehr ist ein sich langsam abzeichnender Verdichtungsprozess erkennbar. *Kornbildung* und Kristallgitterentstehung lassen sich entlang des Erstarrungsprozesses in vier Phasen aufteilen (Dobler et al. 2003):

1. Die erste Abkühlungsstufe ist gekennzeichnet durch eine langsamer werdende Bewegung der frei in der Schmelze vorliegenden Metallatome.

2. Die Bildung von Kristallen setzt bei der für jedes Metall spezifischen Erstarrungstemperatur (Eisen: 1536 °C) ein. Metallatome ordnen sich entsprechend eines Gittertyps an. Erste Verbünde entstehen, und Kristallisationskeime bilden sich.

3. Ausgehend von der ersten Keimbildung wachsen die Kristallstrukturen durch die immer weiter fortschreitende Anordnung von Einzelatomen an. Die Kristalle oder Körner werden größer und stoßen bei geringer werdender Schmelze an ihren Grenzen aneinander. Die Temperatur bleibt während dieses Prozesses konstant. Restatome zwischen den *Korngrenzen*, die in keine Kristallstruktur aufgenommen werden konnten, setzen sich als Fremdatome zwischen die Kornstruktur und bilden so genannte Korngrenzen.

4. Nachdem alle Atome in der Gefügestruktur angeordnet sind und nicht mehr frei beweglich in der Schmelze vorkommen, nimmt die Temperatur durch Wärmeentzug schnell ab. Das Metall ist vollkommen erstarrt. Korngrenzen haben sich vollständig ausgebildet.

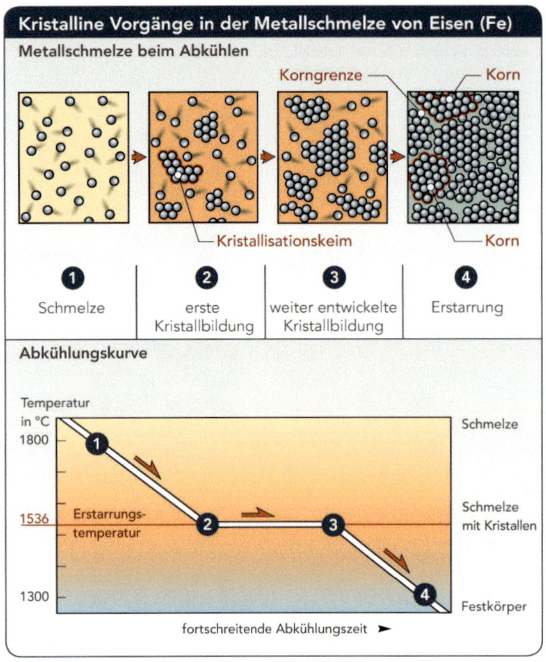

Abb. 4: nach [8]

Die Werkstoffeigenschaften werden durch die Eigenheiten des kristallinen Aufbaus beeinflusst. So weist beispielsweise ein Werkstoff mit einem feinen Gefüge und kleinen Korngrößen höhere Festigkeitswerte und eine günstigere Dehnfähigkeit auf als Strukturen mit grober Körnung. Zur Verbesserung der Bearbeitung oder Steigerung der Festigkeitseigenschaften kann die Gefügestruktur durch eine nachträgliche Wärmebehandlung (Glühen) beeinflusst werden.

Glühen
ist ein Verfahren zur Wärmebehandlung metallischer Werkstoffe. Das Material wird langsam bis auf seine Glühtemperatur erwärmt, auf dieser gehalten und anschließend langsam abgekühlt.

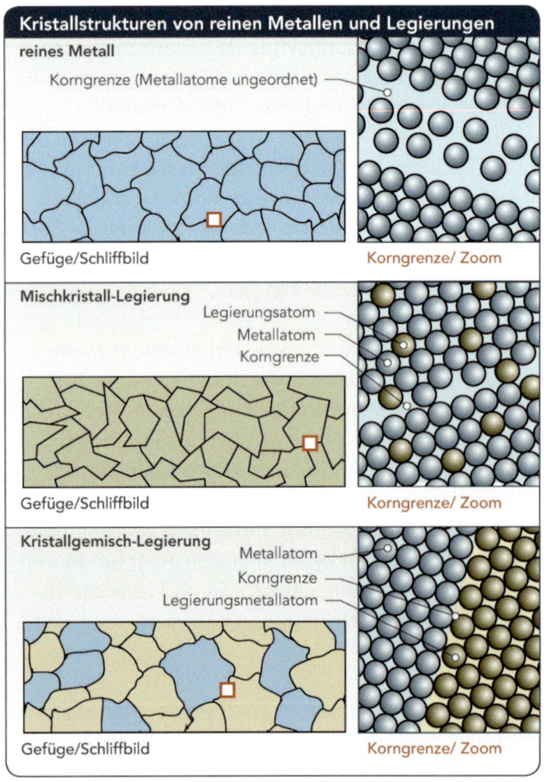

Abb. 5: nach [8]

Des Weiteren bewirkt eine umformende Bearbeitung (z. B. Walzen) unter Wärme oder das Zulegieren anderer Werkstoffe Veränderungen der Eigenschaften. ***Legierungen*** sind folglich Mischungen zwischen Metallen oder auch Metallen mit Nichtmetallen. Schon früh hatte man erkannt, dass sich die Eigenschaften metallischer Werkstoffe durch Zulegieren anderer Bestandteile optimieren lassen. So weisen Legierungen ein in manchen Merkmalen verbessertes oder sogar vollkommen andersartiges Eigenschaftsprofil auf als der Ausgangswerkstoff. Alle Metalle sind schmelzbar und können im flüssigen Zustand miteinander vermischt werden. Legierungen sind härter als das reine Metall, korrosionsbeständiger oder warmformbeständiger; Eigenschaften also, die für technische Anwendungen besonders benötigt werden. Daher werden heute in der Hauptsache Legierungen verarbeitet. Der reine metallische Werkstoff kommt nur selten zum Einsatz.

Beispiele für einige Legierungen

Name	Bestandteile	Anwendungsbeispiele
Amalgam	Quecksilberlegierung	Zahnfüllung
Aluminiumlegierung	Aluminium, Kupfer	Fahrräder, Fenster, Möbel
Bronze	Kupfer mit Zinn oder Zink	Denkmäler, Architektur, Siebdrähte, Armaturen, Glocken, Medaillien
Britannia-Metall	Zinn, Antimon	Tafelgeschirr, Kunstgegenstände
Constantan®	Kupfer, Nickel	Schaltkreise, Münzen
Duralumin®	Aluminium, Kupfer, Magnesium, Mangan, Silizium	Transportbehälter, Konstruktionsteile
Invar	Eisen, Nickel	Bimetalle, Uhren
Messing	Kupfer, Zink	Schmuck, Musikinstrumente, Armaturen im Sanitärbereich
Neusilber	Kupfer, Nickel, Zink	Kontaktverbinder in der Elektroindustrie, Feinmechanische Geräte, Untergrundmaterial für Besteck
Lötzinn	Blei, Zinn	Lötmaterial in der Elektroindustrie
Rotguss	Kupfer, Zinn, Zink, Blei	Gleitlager
Silberlot	Kupfer, Zink, Silber	Lötverbindungen von Kupferrohren
Silumin	Aluminium-Silizium-Legierung	Motor- und Fahrzeugbau
Widia	Wolfram, Kobalt, Titan Kohlenstoff	Werkzeugschneidplatten, Bauteile in der Umformtechnik
Weißgold	Gold, Palladium, Kupfer, Zink	Schmuck, Kunst
Zinnbronze	Kupfer, Zinn	Glocken, Zahnräder, Turbinen

Abb. 6

Bild: Glühende Bramme./ Foto: Stahl-Zentrum

Für Schmuck wäre zum Beispiel 100%iges Reingold *MET 3.4.1* überhaupt nicht zu verwenden, da es weich und extrem dehnbar ist. Aus diesem Grund wird es mit Kupfer und Silber auflegiert. Die rötlich-gelbe Goldlegierung 333 besteht beispielsweise zur Hälfte aus Kupfer und zu einem Sechstel aus Feinsilber. 935er Silber *MET 3.4.2* wird wegen der guten Verarbeitungsqualitäten gerne für Korpuswaren eingesetzt. Zur Beschreibung der Zusammensetzung einer Legierung sind in der werkstoffwissenschaftlichen Bezeichnung die einzelnen Bestandteile und ihre Anteile in Prozent aufgeführt. So enthält Messing CuZn28 zum Beispiel 72% Kupfer und 28% Zink.

Bild: Schiffsmodell aus 935er Silber./ Produzent: Koch & Bergfeld Silbermanufaktur F. Blume GmbH

MET 1.2 Physikalische Eigenschaften

Insbesondere die physikalischen Eigenschaften metallischer Werkstoffe und Legierungen werden durch die Besonderheit und Stärke der metallischen Bindung beeinflusst. Bedingt durch die frei beweglichen, delokalisierten Elektronen der ***Metallbindung*** (Elektronengas), sind Metalle gute Leiter für Wärme und elektrischen Strom. Kupfer und Silber sollten in diesem Zusammenhang als die Metalle mit den besten leitenden Eigenschaften besondere Erwähnung finden. Im Vergleich weisen nichtmetallische Werkstoffe, wie Glas oder Kunststoffe sehr schlechte Leiteigenschaften auf.

Elektrische und thermische Leitfähigkeit einiger Metalle

Metall	elektrische Leitfähigkeit	thermische Leitfähigkeit
Aluminium	$37{,}7 \cdot 10^6$ S/m	204 W/mK
Blei	$4{,}8 \cdot 10^6$ S/m	34,7 W/mK
Chrom	$6{,}7 \cdot 10^6$ S/m	94 W/mK
Eisen (Fe)	$10{,}5 \cdot 10^6$ S/m	81 W/mK
Gold	$45{,}2 \cdot 10^6$ S/m	310 W/mK
Kupfer	$58{,}0 \cdot 10^6$ S/m	384 W/mK
Magnesium	$22{,}2 \cdot 10^6$ S/m	172 W/mK
Silber	$61{,}4 \cdot 10^6$ S/m	407 W/mK
Titan	$2{,}5 \cdot 10^6$ S/m	15,5 W/mK
Wolfram	$18{,}5 \cdot 10^6$ S/m	130 W/mK
Zinn	$8{,}7 \cdot 10^6$ S/m	65,7 W/mK

Abb. 7: nach [10]

Weitere typische physikalische Eigenschaften sind der metallische Glanz (im polierten Zustand) und die gute Reflexionsfähigkeit für Licht, die hohen Schmelzpunkte sowie die durch die komprimierte Atompackung hervorgerufene meist hohe Dichte und Festigkeit. Maßabweichungen durch thermische Längenausdehnung sollten vor allem dann berücksichtigt werden, wenn bei der Bearbeitung metallischer Werkstoffe hohe Wärmebelastungen zu erwarten sind (z.B. beim Schweißen), aber dennoch präzise Maße mit hohen Toleranzen eingehalten werden sollen. Die Schmelzpunkte von Metallen sind im Vergleich zu anderen Werkstoffen sehr hoch und liegen für besonders hochtemperaturbeständige Superlegierungen bei Werten über 1.500°C. Einige Metalle wie Stahl- oder Eisenwerkstoffe besitzen magnetische Eigenschaften.

MET 1.3
Mechanische Eigenschaften

Die mechanischen Eigenschaften von Metallen sind differenziert in ihrer ***Elastizität*** und ***Plastizität*** herauszustellen. Dabei verhalten sich einige Werkstoffe wie ***Federstahl*** rein elastisch. Dies bedeutet, dass nach einer Formveränderung durch Einwirken einer äußeren Kraft der Werkstoff wieder seine ursprüngliche Gestalt annimmt.

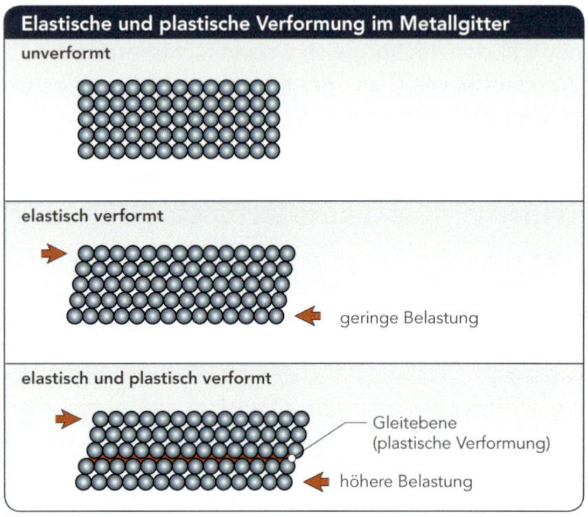

Abb. 8

Andere Metalle wie Blei weisen ein rein plastisches Verhalten auf. Der Werkstoff wird bleibend verformt und federt nicht zurück. Die meisten Metalle und Legierungen sind durch ein kombiniertes elastisch-plastisches Verhalten geprägt. Bei geringer Krafteinwirkung werden zunächst elastische Änderungen erkennbar, die mit größer werdender Belastung in einer plastischen Verformung münden. Auf kristalliner Ebene ist zunächst nur ein leichtes Rücken der Atome auszumachen. Erst bei größeren Kräften wird eine ständige Verschiebung ganzer atomarer Lagen erreicht, womit das Bauteil in der Regel bleibende Schäden aufweist.

MET 1.4
Chemische Eigenschaften

Neben den außerordentlichen physikalischen weisen Metalle in aller Regel auch gute chemische Eigenschaften auf. Sie können eine gute bis sehr gute Beständigkeit gegen atmosphärische Einflüsse oder chemische Substanzen aufweisen, was unter dem Begriff ***Korrosionsbeständigkeit*** zusammengefasst wird. Die rein mechanische Interaktion einer metallischen Oberfläche mit der Umgebung wird als ***Verschleiß*** bezeichnet und zählt nicht zur ***Korrosion*** (Bargel, Schulze 2004). Während unlegierte Eisenwerkstoffe unter Einfluss von Feuchte oxidieren und Rost bilden, verfügen vor allem Kupfer- oder Aluminiumwerkstoffe über eine gute Korrosionsbeständigkeit. Hohe Temperaturen regen die Ausprägung von Oxidschichten an. ***Edelmetalle*** wie Gold, Silber oder Platin oxidieren nicht und erhalten den charakteristischen metallischen Glanz, was sie für Schmuckstücke seit jeher besonders beliebt macht. Der Name »edel« ist aus dieser besonderen Eigenschaft abgeleitet. Um die Beständigkeit von wenig edlen Metallen und Legierungen zu verbessern (z. B. unlegierte Stähle), können sie mit korrosionsbeständigeren Werkstoffen wie Chrom oder Nickel beschichtet oder legiert werden.

Einige Metallwerkstoffe und -legierungen wirken sich negativ auf die Umwelt und gesundheitsschädlich auf den menschlichen Organismus aus. Zu diesen zählen beispielsweise Blei, Cadmium und Quecksilber. Das Einatmen von Feinstaub aus Blei oder von Quecksilberdämpfen sollte vermieden werden. Vollkommen unbedenkliche Metalle sind Aluminium, Eisen oder Stahl.

MET 2
Prinzipien und Eigenheiten der Metallverarbeitung

Nahezu alle heute bekannten Fertigungstechnologien sind auf Grund der vielfältigen Anwendungsoptionen für Metalle und deren Legierungen in den letzten beiden Jahrhunderten entwickelt worden. Neben den detaillierten Erläuterungen der einzelnen Verfahren in den Technologie-Kapiteln wird nachfolgend ein Überblick über die bestehenden Bearbeitungsmöglichkeiten gegeben.

Bild: Materialabtrag beim Fräsen.

Aufbereitung und zerspanender Materialabtrag

Metallische Werkstoffe sind als Halbzeuge in Form von Profilen, Platten, Rohren, Bändern, Stäben, Stangen oder als Drahtmaterial im Handel erhältlich. Diese müssen für die Weiterverarbeitung meist vorbehandelt werden. Es stehen eine Vielzahl vor allem spanabhebender Verfahren TRE 1 wie Sägen, Fräsen, Drehen, Räumen und Schleifen oder ätzende Substanzen (z. B. verdünnte Schwefelsäure) zur Verfügung, um die Metalloberflächen von unschönen Korrosionsschichten zu befreien und einen Zuschnitt in den gewünschten Maßen zu realisieren. Zudem werden die Oberflächen für die Beschichtung oder Veredelung mit Material abtragenden Verfahren vorbereitet (z. B. Sandstrahlen) TRE 1.1, oder es wird eine Endbearbeitung durch Polieren bzw. Läppen durchgeführt TRE 1.10.

Urformen und Umformen

Neben der Option zur Formgebung metallischer Bauteile durch eine zerspanende, Material abhebende Bearbeitung stehen gießtechnische Verarbeitungsmethoden zur Verfügung, mit denen metallische Werkstoffe direkt aus der Schmelze in die endformgenaue Kontur überführt werden können. Hier eignet sich das Sand- FOR 1 und Feingießen FOR 1.3 für die Einzelfertigung komplexer Formgeometrien. Druck- FOR 1.4 und Stranggießen FOR 1.7 sind Verfahren der Massenproduktion. Außerdem kann, ausgehend von Metallpulvern, eine Formgebung innerhalb der pulvermetallurgischen Prozesskette durch Sintervorgänge FOR 2 erfolgen.

Auf Grund der plastischen Verformungsmöglichkeiten haben sich für Metalle eine Reihe umformender Technologien entwickelt. So können Metalle durch Biegen FOR 9, Ziehen FOR 8 und Drücken FOR 7 verformt werden. Druckumformtechnologien wie Walzen, Fließ- oder Strangpressen und Schmieden FOR 6 dienen vor allem zur Weiterverarbeitung metallischer Bauteile in großen Serien. In den letzten Jahren wurden neue Techniken entwickelt, die besondere Potenziale für den Gestaltungsbereich aufweisen. So ist es mittlerweile möglich, metallische Blechteile aufzublasen und komplexe Formgeometrien sehr effizient herzustellen FOR 7.4.

Eine andere interessante Technologie ist das Explosionsformen FOR 7.6. Die Schockwellen einer Sprengstoffdetonation werden auf ein Bauteil übertragen und verformen selbst hochfeste Werkstoffe in Bruchteilen einer Sekunde. Da die Umformkräfte nicht wie beim Tiefziehen durch die Größe der Presse begrenzt werden, gibt es fast keine Einschränkung bei den maximalen Bauteilabmaßen. Auf Grund der Möglichkeit zur freien Formgebung wurden generative Verfahren wie das Lasersintern, das Lasermelting FOR 10.3 oder das 3D-Printing FOR 10.6 zur Verarbeitung von Metallpulvern qualifiziert. Diese Techniken werden seit gut 15 Jahren unter den Begriffen Rapid Prototyping oder Rapid Tooling FOR 10.1 zusammengefasst.

Fügen

Schweißen und Löten FUE 5, FUE 6 sind die für Metalle üblichen Fügeverfahren zur Herstellung unlöslicher Verbindungen. In jüngster Vergangenheit konnte zudem die Klebetechnologie für eine Vielzahl von Anwendungen entwickelt werden und die das Bauteil thermisch belastenden Verfahren teilweise ersetzen. Spezielle Klebstoffe mit zum Beispiel Elektrizität leitenden Eigenschaften werden derzeit entwickelt. Lösliche Verbindungen werden in aller Regel mit Schrauben, Nieten oder Passfedern hergestellt.

Beschichtung und Veredelung

Zur Verbesserung der optischen Eigenschaften, der ästhetischen Qualität, der Korrosionseigenschaft und des Verschleißschutzes werden metallische Werkstoffe beschichtet. Die hierfür zur Verfügung stehenden Verfahren reichen vom einfachen Spritz- und Tauchlackieren BES 1.1, BES 1.2, BES 1.3 über das elektrostatische Pulverbeschichten BES 4.3, Wirbelsintern BES 4.4 und Auftragschweißen bis hin zu CVD-, PVD- und galvanischen Verfahren zum Aufbringen besonders dünner Beschichtungen BES 6. Diese Techniken haben sich zudem für die Erzeugung von Nanobeschichtungen mit kratzfesten, schmutzabweisenden, elektrisch leitenden, antibakteriellen oder geruchshemmenden Eigenschaften bewährt BES 10, MET 5.4. Außerdem können die Eigenschaften der Oberflächenrandzone durch Diffusionsvorgänge optimiert werden. Hier sind vor allem das Aufkohlen, Glühen, Härten, Vergüten, Nitrieren, Phosphatieren und Chromatisieren zu nennen BES 7.

Härten
ist eine Technik zur Wärmebehandlung metallischer Werkstoffe, durch die insbesondere Bauteile aus Stahl widerstandsfähiger und verschleißfester gemacht werden. Das Verfahren besteht aus den drei Prozessschritten: Erwärmen, Abrecken und Anlassen. Diese Abfolge wird in der Stahlindustrie auch Vergüten genannt.

Abschrecken
bezeichnet das rasche Abkühlen eines auf Härtetemperatur gebrachten Bauteils mit Öl, Wasser oder Luft. Dies bringt eine Veränderung der Gefügestruktur mit sich, die den Werkstoff härter aber auch spröder werden lässt.

Anlassen
Durch die sich anschließende Erwärmung auf eine Temperatur unterhalb der Härtetemperatur werden innere Spannungen abgebaut und die Sprödigkeit verringert. Dabei ist nur mit einer geringfügigen Abnahme der Materialhärte zu rechnen. Die Technik wird auch nach dem Mundblasen von Glaskörpern GLA 2.1.4 *angewendet, um ungünstige Spannungen in der Gefügestruktur und die damit einhergehende Gefahr des Glasbruchs zu verringern.*

MET 3
Vorstellung einzelner Metallsorten

Metalle werden auf Grund der großen Bedeutung der Eisenlegierungen in ***Eisen***- und ***Nichteisenwerkstoffe*** eingeteilt. Eisenwerkstoffe sind Eisenguss- und Stahllegierungen, deren Hauptbestandteil Eisen ist. Nichteisenmetalle werden unterteilt in Leichtmetalle mit einer Dichte von unter 5 kg/dm³ und Schwermetalle mit einer Dichte von mehr als 5 kg/dm³. Als ***Edelmetalle*** werden metallische Werkstoffe bezeichnet, die besonders widerstandsfähig sind und in der atmosphärischen Umgebung nur unwesentlich oxidieren oder anlaufen. Sie weisen eine geringe Neigung zur chemischen Reaktion mit Säuren, Basen oder Salzen auf. Zu Ihnen zählen Silber, Gold und die Metalle der Platingruppe. ***Gold*** ist das edelste Metall. Es lässt sich lediglich mit Königswasser, einem Gemisch aus Salpeter- und Salzsäure, lösen. Edelmetalle und deren Legierungen werden wegen ihres metallischen Glanzes und der guten Hautverträglichkeit vielfach als Schmuckwerkstoffe genutzt und zählen zu den Schwermetallen (Brepohl 1998).

Die Eigenschaft zur Leitung elektrischen Stroms ist ein charakteristisches Merkmal, mit dem sich Metalle von Nichtmetallen unterscheiden. Das Eigenschaftsprofil von Halbmetallen befindet sich in einem dazwischen liegenden Grenzbereich. Sie weisen eine nur geringe Leitfähigkeit auf, die mit zunehmender Erwärmung allerdings gesteigert werden kann. Durch die gezielte Einlagerung von Fremdatomen (Dotierung) können sie als Leiter genutzt werden. Die große technische Bedeutung von Silizium *MET 3.5* für die Halbleiterindustrie ist vor diesem Hintergrund zu verstehen.

Die Kurznamen von Leicht- und Schwermetallen (außer Aluminium) bestehen aus Informationseinheiten zur chemischen Zusammensetzung, zum Gießverfahren sowie Angaben zum Werkstoffzustand oder zur Festigkeit. Des Weiteren werden Werkstoffnummern benutzt, die Tabellenbüchern entnommen werden können. Die Bezeichnung von Aluminiumwerkstoffen weicht ein wenig ab. Es wird zwischen Aluminiumhalbzeugen und -gussteilen unterschieden. Der Werkstoffzustand bzw. Gusszustand ist gesondert ausgewiesen.

Die Bezeichnung von Edelmetalllegierungen erfolgt nach dem Gehalt der edlen Komponente in Promille. Darüber hinaus existieren Sonderbezeichnungen für Silber und Gold, die in den Materialkapiteln vorgestellt werden. Das Bezeichnungssystem von Stahlwerkstoffen wird im Abschnitt Eisenwerkstoffe erläutert *MET 3.1*.

Bezeichnungssystem von Leicht- und Schwermetallen

Gießverfahren (Bsp.)		Zusammensetzung von Legierungen (Bsp.)	
GS	Sandguss	CuZn33	33% Zink (Zn), Rest Kupfer (Cu)
GD	Druckguss	ZnAl4Cu3	4% Aluminium (Al), 3% Cu, Rest Zn
GK	Kokillenguss	CuAl8Fe	8% Aluminium (Al), Eisen (Fe) nicht angegeben, Rest Cu
GC	Strangguss		
Werkstoffzustand (nur Cu+Leg.; Bsp.)		**Zugfestigkeit R_m (Bsp.)**	
		F13	R_m = 13 x 10 = 130 N/mm²
D	gezogen	R450	R_m = 450 N/mm²
Kurznamen (Bsp.)		**Erläuterung**	
CuZn37-R450		Kupfer (Cu)-Zink (Zn)-Legierung mit 37% Zink, R_m = 450 MPa (N/mm²)	
GS-CuZn33Pb2		Sandguss (GS), Kupfer (Cu)-Zink (Zn)-Legierung mit 33% Zinn und 2% Blei (Pb)	

EN AW-Al Cu4Mg1-H14 – Aluminium (Al) – Knetlegierung
EN: Europäische Norm; A: Aluminium (A); W: Halbzeug (W); Al: Aluminium; Cu4Mg1: Legierungselemente; H14: Werkstoffzustand

EN AC-Al Si9Mg K F – Aluminium (Al) – Gusslegierung
EN: Europäische Norm; A: Aluminium (A); C: Gussstück (C); Al: Aluminium; Si9Mg: Legierungselemente; K: Kokillenguss; F: Gusszustand

Abb. 9: nach [8]

MET 3.1
Eisenwerkstoffe

Die Nutzung von Eisenwerkstoffen machte den Menschen wesentlich mehr Schwierigkeiten als die Verwendung der weicheren Metalle Gold, Silber, Kupfer, Blei oder Zinn. Die Eisenzeit setzte deshalb erst im zweiten Jahrtausend vor Christus ein. Die bis dahin vorrangig verwendete Bronze wurde nach und nach durch das wesentlich härtere Eisen ersetzt. Vor allem die Römer setzten bei ihrer Waffenproduktion auf den Werkstoff und wurden zur technisch weit überlegenen Militärmacht. Die Roheisengewinnung erfolgte in primitiven, mit Holzkohle befeuerten Öfen.

Mit Beginn der industriellen Revolution seit dem 18. Jahrhundert konnte durch Optimierung der Schmelztechnologie und Ersetzen der Holzkohle durch Steinkohle und Koks die wirtschaftliche Bedeutung von Eisen enorm gesteigert werden. Die gezielte Verwendung von Eisenwerkstoffen machte in der Folge den Bau von Eisenbahnen und Schienenstrecken, von Hochhäusern und Brücken sowie großvolumigen Frachtschiffen erst möglich. Vor allem die Kombination der Materialien Stahl und Glas ermöglichte im Bereich der Gestaltung und Architektur völlig neue Möglichkeiten und erlaubte den Bau überdachter Einkaufspassagen (z. B. Galleria Vittorio Emanuele II in Mailand) oder lichter Ausstellungshallen wie dem Kristallpalast zur ersten Weltausstellung 1851 in London.

Bild: Dachkonstruktion./ Olympiagelände in Montreal

Da Eisenlegierungen und Stahl sehr preisgünstig verarbeitet, die Eigenschaften anwendungsspezifisch durch Zulegieren oder Wärmebehandlung beeinflusst und die Rohstoffe aus Eisenschrott leicht zurückgewonnen werden können, sind Eisen- und Stahlerzeugnisse heute die wichtigsten Metallwerkstoffe in der Industrie überhaupt. Sie kommen bei über 90% aller Metallanwendungen auf der ganzen Welt zum Einsatz. In den letzten Jahren ist durch die steigende Bedeutung von Umweltaspekten aber eine zunehmende Ablösung von Eisen- und Stahlerzeugnissen durch leichtere Bauteile aus Kunststoffen, Magnesium und Aluminium oder Verbundkonstruktionen zu erkennen.
Reines Eisen hat eine Dichte von 7,85 g/cm^3 und schmilzt bei Temperaturen über 1.539°C. Es wird heute durch Reduktion des Eisenoxids aus Erzen mit Kohlenstoff im ***Hochofen*** gewonnen. Diese bis zu 50 Meter hohen Türme werden in abwechselnden Schichten mit Eisenerz und ***Koks*** befüllt und von unten befeuert. Die Lagen sinken im Ofen ab, werden durch die aufsteigenden, heißen Dämpfe getrocknet, erwärmt und reduziert. Am Ende des 8 Stunden dauernden Vorgangs wird das flüssige Eisen abgeführt.

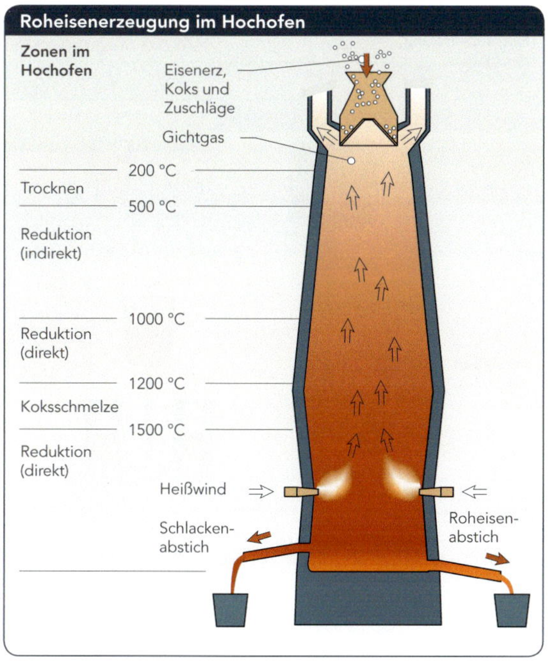

Abb. 10: nach [8]

Im Hochofen erzeugtes Roheisen enthält eine ganze Reihe von Fremdelementen wie Kohlenstoff, Silizium, Mangan, Phosphor oder Schwefel. Es weist durch den enthaltenen Kohlenstoff eine gegenüber Reineisen reduzierte Schmelztemperatur von 1.450°C auf. Zudem ist es hart und spröde und daher für die Weiterverarbeitung nur wenig geeignet. Eine der Hauptaufgaben eines Stahlwerks ist es daher, die störenden Stoffe zu entfernen und den Eisenwerkstoff durch gezielte Zuführung von Legierungselementen auf die konkrete Anwendung auszulegen. Auf Grund der vielfältigen Anwendungsmöglichkeiten von Eisenwerkstoffen, werden heute tausende unterschiedlicher Stahl- und Eisenerzeugnisse angeboten. Alleine in Deutschland sind es mehr als 7.500 Sorten (Peters, Struhk 2008). Das Verfahren, mit dem Fremdbestandteile aus dem Eisen entfernt werden, ist unter der Bezeichnung ***Frischen*** bekannt (Bargel, Schulze 2004). Insbesondere der Kohlenstoffgehalt wird reduziert, da er für die Verarbeitungseigenschaften von Eisenwerkstoffen entscheidend ist. Stahl enthält zwischen 0,06% und 2,06% Kohlenstoff. Es lässt sich sehr gut schmieden und umformend bearbeiten. Deshalb werden Stähle auch als ***Knetlegierungen*** bezeichnet. Bei ***Gusseisenlegierungen*** übersteigt der C-Gehalt die Grenze von 2,06%. Sie sind leicht zu vergießen und hart aber auch spröde. Der weitaus größte Teil der Eisenproduktion wird zur Rohstahlerzeugung genutzt. Bei Frischen unterscheidet man ***Sauerstoffaufblas-*** und das ***Elektrolichtbogenverfahren***.

Das ***Aufblasverfahren*** kommt vor allem zur Herstellung unlegierter Stähle im Anschluss an einen Hochofenprozess zum Einsatz. Auch kann ein geringer Anteil Eisenschrott der Schmelze beigemengt werden. Sauerstoff wird in das flüssige Roheisen geblasen und bewirkt eine Reaktion mit den unerwünschten Bestandteilen der Metallschmelze. Die Masse beginnt wegen des Aufsteigens der durch die Reaktion aufsteigenden Gase zu kochen. Durch Zuführung von Kalk werden diese an der Oberfläche in einer flüssigen Schlacke gebunden. Diese lässt sich leicht vom Stahlmaterial trennen. Während des Blasprozesses oxidiert der größte Teil des Kohlenstoffs (C) zu Kohlenmonoxid (CO) und Kohlendioxid (CO^2). Die Gase verflüchtigen sich über die Abzugseinheit und der Kohlenstoff-Gehalt sinkt in der Folge auf weniger als 0,05%. Vor dem Abgießen des Stahls können die für den jeweiligen Einsatzfall benötigten Eigenschaften durch Zugabe entsprechender Legierungselemente beeinflusst werden. Die Effekte der einzelnen Legierungs- und Begleitelemente auf das Eigenschaftsprofil des Stahls können der Tabelle auf der folgenden Seite entnommen werden.

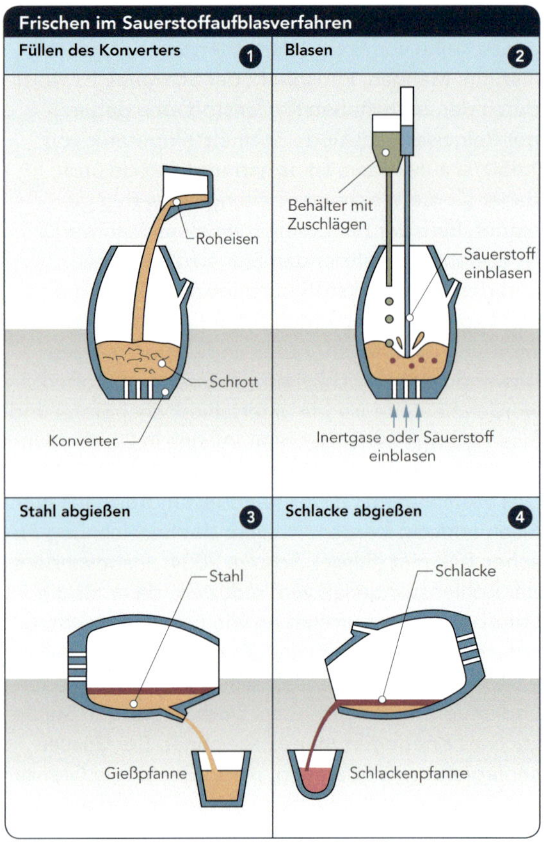

Abb. 11: nach [8]

Eisenschwamm
ist ein festes Produkt der Direktreduktion. Die Reduktion des Eisenerzes mit den Gasen Kohlenstoffmonoxid und Wasserstoff ergibt ein schwammartiges Produkt mit großem Porenvolumen. Eisenschwamm weist eine hohe Reinheit auf und wird im Elektrolichtbogenofen weiterverarbeitet. Es lassen sich qualitativ sehr hochwertige Stahlsorten herstellen.

Das ***Elektrolichtbogenverfahren*** dient in der Hauptsache zum Einschmelzen von Stahl- und Eisenschrott. Zudem wird auf in Schachtöfen produzierten ***Eisenschwamm*** zurückgegriffen. Elektroden ragen in das Kesselinnere und erzeugen auf elektro-induktivem Weg die Energie zum Schmelzen der Ausgangsmaterialien. Da Temperaturen von annähernd 3.500 °C erreicht werden können, eignet sich die Technologie auch zur Verarbeitung von Edelstahlresten und Legierungsmetallen mit besonders hohen Schmelztemperaturen wie Wolfram oder Molybdän. Wie beim Blasverfahren wird Kalk zur Schlackenbildung beigeführt. Auf Grund der guten Steuerbarkeit des Verfahrens und der Möglichkeit zur Einstellung der Schmelztemperaturen lassen sich mit dem Elektrostahlverfahren nahezu alle Stahlsorten herstellen.

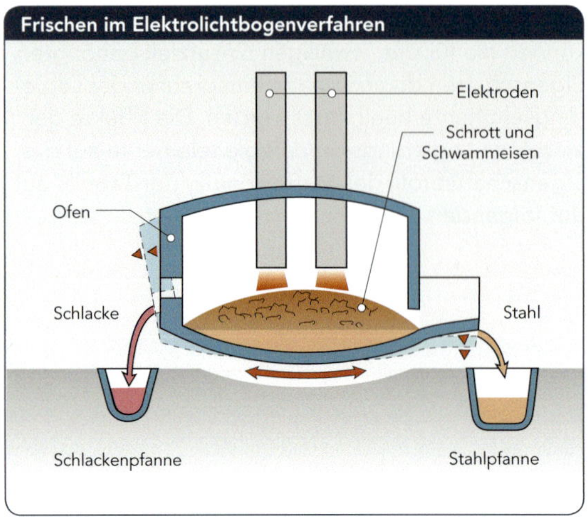

Abb. 12: nach [8]

Zur Optimierung der Materialeigenschaften wird der Stahl nach dem Frischen in der Regel einer Nachbehandlung unterzogen. Hier haben sich Vakuumbehandlungen, Umschmelz- und Spülverfahren entwickelt, um die Bildung eines homogenen Materialgefüges zu unterstützen, Blasenbildung durch Gaseinschlüsse zu vermeiden und letzte Verunreinigungen zu beseitigen.

Die Stahlproduktion wird mit dem Abgießen des flüssigen Werkstoffs zu Stranggussprofilen oder einzelnen Blöcken abgeschlossen. Das ***Blockgießen*** wurde in den letzten Jahrzehnten auf Grund der erzielbaren feineren Gefügestrukturen beim Stranggießen allerdings bis auf wenige Ausnahmen nahezu vollständig ersetzt. Lediglich großvolumige Schmiedeteile werden noch im Block vergossen. Die stranggegossenen Profile können mit umformenden Technologien wie Ziehen, Walzen, Strangpressen und Schmieden zu Halbzeugen und fertigen Bauteilen verarbeitet werden.

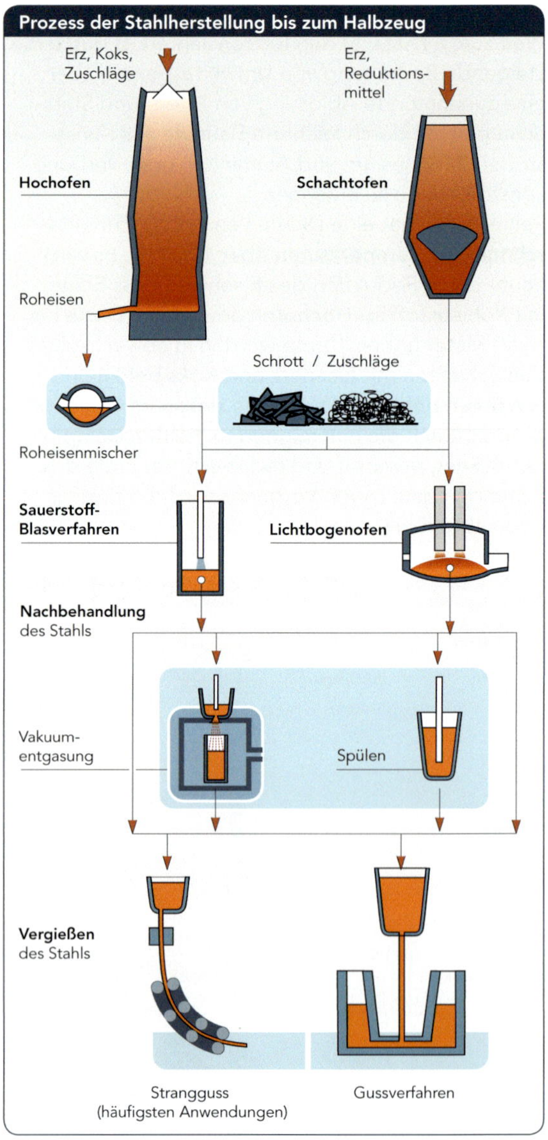

Abb. 13: nach [8]

Legierungs-/Begleitelemente bei Gusseisen und Stählen	
Legierungselemente Wirkung	**Legende:** ↑ Erhöht ↓ Reduziert
Al - Aluminium ↑ Eindringen von Stickstoff, Zunderbeständigkeit ↓ --	
Be - Beryllium ↑ Ausscheidungshärtung ↓ Zähigkeit	
Cr - Chrom ↑ Härte, Zug-, Warm- und Verschleißfestigkeit, Korrosionsbeständigkeit ↓ In geringem Maße die Dehnung	
Co - Cobalt ↑ Härte, Warmfestigkeit, Schneidhaltigkeit ↓ Bei höheren Temperaturen Kornwachstum	
Cu - Kupfer ↑ Witterungsbeständigkeit, Festigkeit ↓ Bruchdehnung	
Mn - Mangan ↑ Zugfestigkeit, Durchhärtbarkeit, Zähigkeit (bei geringem Mn-Anteil) ↓ Zerspanbarkeit, Kaltformbarkeit, Grafitausscheidung bei Grauguss	
Mo - Molybdän ↑ Zugfestigkeit, Warmfestigkeit, Schneidhaltigkeit, Durchhärtung ↓ Anlasssprödigkeit, Schmiedbarkeit (bei höherem Mo-Anteil)	
Ni - Nickel ↑ Festig- und Zähigkeit, Durchhärtbarkeit, Korrosionsbeständigkeit ↓ Wärmedehnung	
V - Vanadium ↑ Härte, Warmfestigkeit, Dauerfestigkeit ↓ Empfindlichkeit gegen Überhitzung	
W - Wolfram ↑ Härte, Zugfestigkeit, Warmfestigkeit, Schneidhaltigkeit ↓ Dehnung (in geringem Maße), Zerspanbarkeit	
Begleitelemente/ Nichtmetallische Wirkung	
C - Kohlenstoff ↑ Härte und Festigkeit (max. 0,9%), Härtbarkeit, Rissbildung (Flocken) ↓ Schmelzpunkt, Dehnung, Schweiß- und Schmiedbarkeit	
H_2 - Wasserstoff ↑ Alterung durch Versprödung, Zugfestigkeit ↓ Kerbschlagzähigkeit	
N_2 - Stickstoff ↑ Versprödung, Austenitbildung ↓ Alterungsbeständigkeit, Tiefziehfähigkeit	
P - Phosphor ↑ Zug- und Warmfestigkeit, Korrosionswiderstand ↓ Kerbschlagzähigkeit, Schweißbarkeit	
S - Schwefel ↑ Zerspanbarkeit, Sprödigkeit ↓ Kerbschlagzähigkeit, Schweißbarkeit	
Si - Silizium ↑ Zugfestigkeit, Dehngrenze, Korrosionsbeständigkeit ↓ Bruchdehnung, Schweißbarkeit, Zerspanbarkeit	

Abb. 14: nach [2,20]

Einteilung der Eisenwerkstoffe	
Stähle	**Kohlenstoffgehalt [%]**
Baustähle (unlegiert)	0,17...0,5
Einsatzstähle (unlegiert)	0,1...0,9
Vergütungsstähle (unlegiert)	0,2...0,6
Werkzeugstähle (unlegiert)	0,5...1,4
Werkzeugstähle (legiert)	0,2...2,06
Gusswerkstoffe	
Gusseisen mit Lamellengrafit (GJL)	2,6...3,6
Gusseisen mit Kugelgrafit (GJS)	3,2...4,0
Temperguss (entkohlend geglüht; GJMW)	0,5...1,7 getempert 2,5...3,5 ungetempert
Temperguss (nicht entkohlend geglüht; GJMB)	2,0...2,9
Stahlguss (GS)	0,15...0,45

Abb. 15: nach [8]

Bild unten: Hochofen 5 Rogesa, Dillingen./ Foto: Stahl-Zentrum

Bilderleiste unten: Gießerei./ Fotos: Die Küpper-Gruppe

MET 3.1.1
Eisenwerkstoffe – Gusseisen

Eisengusslegierungen verdanken ihren Namen der Technik, die ihrer Formgebung zugrunde liegt. Der flüssige Werkstoff wird in eine Form gegossen und ist nach der Erstarrung in der Regel nur noch durch Zerspanung bearbeitbar.

Gefüge von Gusseisenwerkstoffen

Werkstoff	Gefüge	Erscheinung Kohlenstoff / Eigenschaften	Zugfestigkeit	Grafitzementit	Streifenzementit
Gusseisen mit Lamellengrafit	0,1 mm 	grobblätterig Gute Gleit- und Dämpfungseigenschaften, unter Druck belstbarer als unter Zug, sehr kostengünstig	100...350 N/mm²	●	●
		feinblätterig	400... 900 N/mm²	●	●
Gusseisen mit Kugelgrafit	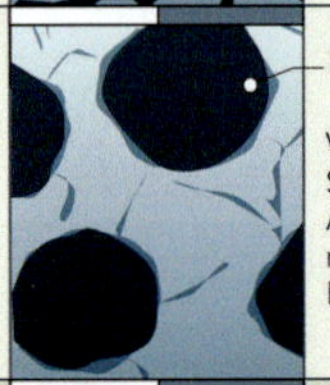	kugelig Vergleichbar mit Stahlwerkstoffen, Anwendung mit hoher Beanspruchung	100...350 N/mm²	●	●
Schwarzer Temperguss		flockig Beinhaltet 3% Kohlenstoff, Silizium und Mangan, Zugeigenschaften wie Gusseisen, dünnwandige Teile mit komplizierter Form umsetzbar	300... 800 N/mm²	●	●
Unlegierter Stahlguss		grobkörnig, spröde, hohe Gießtemperatur, 2% Schwindung, spätere Wärmebehandlung meist notwendig	380... 600 N/mm²		●

Abb. 16: nach [8]

Eigenschaften

Gusseisen enthält 2,06 % bis 6,67 % Kohlenstoff und weist sehr gute Fließeigenschaften auf. Es kann daher besonders gut gießtechnisch verarbeitet werden, ist spröde und wegen des hohen Kohlenstoffgehalts äußerst hart. Gusseisenwerkstoffe rosten unter Einfluss von Feuchtigkeit und sind sehr empfindlich für Schlagbeanspruchungen. Man unterscheidet Gusseisen mit Lamellengrafit (Grauguss), Gusseisen mit Kugelgrafit, Temperguss und Stahlguss.

Die Einlagerung des Kohlenstoffs als ***lamellen-*** oder ***blattartige Gefügestruktur*** bewirkt gute Gleiteigenschaften. Gusseisen mit Lamellengrafit weist zudem eine hohe Zähigkeit und ein ausgezeichnetes Dämpfungsvermögen auf. Allerdings wirken die stäbchenförmigen Lamellen bei Zugbelastung als Kerben, so dass diese Art des Gusseisens nur eine sehr niedrige Zugfestigkeit aufweist. Die Widerstandsfähigkeit gegenüber Druck ist um den Faktor 4 höher. Auf Grund der grau erscheinenden Bruchstellen ist die Bezeichnung »***Grauguss***« weit geläufig.

Kugelförmige Grafitstrukturen im Eisengefüge bewirken eine Festigkeitssteigerung. Das Eigenschaftsprofil von Gusseisen mit Kugelgrafit liegt daher nahe an dem von Stahlwerkstoffen.

Temperguss beinhaltet neben 3 % Kohlenstoff noch Silizium und Mangan. Die Festigkeitswerte liegen zwischen denen von Grauguss und Gusseisen mit Kugelgrafit.

Unter den Eisengusswerkstoffen nimmt Stahlguss eine Sonderrolle ein. Dieser ist in Formen gegossener Stahl mit einem Kohlenstoffgehalt zwischen 0,15 % und 0,45 %. Er verbindet die hohe Härte und Zähigkeit von Stählen mit den sehr guten Verarbeitungseigenschaften von Gusseisen. Der Werkstoff kommt dort zum Einsatz, wo Härte und Festigkeit von Grau- oder Temperguss nicht mehr ausreichen (Peters, Struhk 2008).

Bild: Kanalisationsdeckel aus Gusseisen, New York./ USA

Verwendung
Die gute gießtechnische Verarbeitbarkeit ermöglicht den Einsatz von Eisengusswerkstoffen zur Herstellung von Bauteilen mit komplexen Formgeometrien. Sie haben daher schon seit dem 19. Jahrhundert für technische Komponenten eine große Bedeutung. Grauguss wird als Gehäuse- und Maschinenbettmaterial und zur Herstellung von Kanaldeckeln verwendet. Für dünnwandige Gussteile mit komplizierten Formen hat sich Temperguss bewährt. Gusseisen mit Kugelgrafit wird wegen der hohen Festigkeit für Anwendungen mit hohen Schwingbeanspruchungen wie Kurbelwellen, Zahnräder oder Pumpengehäuse eingesetzt. Stahlguss kommt dort zum Einsatz, wo Härte und Festigkeit von Grau- oder Temperguss nicht mehr ausreichen. Typische Verwendungsbeispiele sind Schiffspropeller, Turbinen- und Motorgehäuse oder Kranhaken.

Bild: Blasstahlwerk./ Foto: Stahl-Zentrum

Verarbeitung
Der hohe Kohlenstoffgehalt bewirkt das ausgezeichnete Fließverhalten von Gusseisen. Zudem ist Gusseisen leicht zerspanend zu bearbeiten (z. B. Bohren). Umformende Bearbeitungen sind jedoch nur mit extremem Aufwand möglich. Die Schweißbarkeit ist eingeschränkt.

Wirtschaftlichkeit
Eisengusswerkstoffe sind sehr preiswert herzustellen und zu verarbeiten. Vor allem Grauguss ist einer der preisgünstigsten Werkstoffe überhaupt.

Alternativmaterialien
Stahlwerkstoffe, kohlefaserverstärkte Kunststoffe, Leichtbaumetalle wie Aluminium oder Magnesium

MET 3.1.2
Eisenwerkstoffe – Stahl

Stahlerzeugnisse sind heute die wichtigsten Metallwerkstoffe in der Industrie. Die Höhe der Stahlproduktion eines Landes wird daher gerne als Indikator für dessen wirtschaftliches Wachstum verwendet. Lag die weltweite Rohstahlproduktion im Jahr 1990 noch bei etwa 770 Millionen Tonnen, erreichte sie in 2005 einen Wert von 1.132 Millionen Tonnen. Die Volksrepublik China war mit 349,4 Millionen absoluter Spitzenreiter unter den stahlproduzierenden Ländern.

Eigenschaften
Stahl enthält weniger als 2,06 % Kohlenstoff (Bargel, Schulze 2004) und wird entsprechend den für den jeweiligen Anwendungsfall erforderlichen Eigenschaften mit Legierungselementen wie Mangan, Chrom, Nickel, Kobalt, Wolfram, Molybdän oder Vanadium auflegiert oder einer Wärmebehandlung unterzogen. Somit nimmt der Werkstoff ein breites Eigenschaftsprofil ein. Stahl verfügt in der Regel über eine hohe Zähigkeit. Die Dehnbarkeit nimmt mit abnehmendem Kohlenstoffgehalt zu. Durch Chrom wird er beständiger gegen Korrosion, verschleißfester und härter. Allerdings nimmt die Dehnfähigkeit deutlich ab. Vanadium macht Stahl dauerfest und weniger spröde, und Wolfram verschafft ihm eine hohe Warmfestigkeit. Die Durchhärtung und Zähigkeit wird durch Beimischung von Mangan als Legierungselement erhöht, jedoch sinken die Verarbeitungsqualitäten bei der zerspanenden Bearbeitung ebenso wie der Grad der Verformbarkeit bei niedrigen Temperaturen. Durch das Beimischen von Silizium kann die Zerspanbarkeit dann wieder gesteigert werden (Peters, Struhk 2008).

Übersicht der wichtigsten Stahlsorten	
Unlegierte Stähle	
Grundstähle	Grundstähle
Qualitätsstähle	Allgemeine Baustähle; Stähle mit C-Gehalt < 0,12%; Einsatzstähle mit C-Gehalt bis 0,25%; Nitrierstähle; Vergütungsstähle mit C-Gehalt von 0,2%... 0,65%; Stähle mit C-Gehalt ≥ 0,55%; Stähle mit höherem P- und S-Gehalt (z.B. Automatenstähle)
Edelstähle	Stähle mit besonderen physikalischen Eigenschaften; Bau-, Maschinenbau und Behälterstähle mit < 0,5% C; Maschinenbaustähle mit ≥ 0,5% C; Bau-, Maschinenbau und Behälterstähle mit besonderen Anforderungen; Werkzeugstähle
Legierte Stähle	
Qualitätsstähle	Stähle mit besonderen physikalischen Eigenschaften; Stähle für verschiedene Anwendungsbereiche
Edelstähle	Werkzeugstähle, wie z.B. Kaltarbeitsstähle, Warmarbeitsstähle, Schnellarbeitsstähle; Chemisch beständige Stähle Bau-, Maschinen- und Behälterstähle

Abb. 17: nach [2]

Insbesondere die Korrosionsbeständigkeit von Stahlwerkstoffen kann durch Zulegieren von Chrom, Nickel oder Silizium entscheidend verbessert werden. Viele Edelstähle MET 3.1.3 rosten nicht und können in feuchter oder steriler Umgebung eingesetzt werden. Im Gestaltungsbereich wird Stahl aber gerade wegen seiner Neigung zur Korrosion und zur Bildung von Rost verwendet. Hier sind Skulpturen, Bildhauereien und Installationen im architektonischen Bereich zu nennen, die erst nach einer gewissen Zeit ihre eigentliche Erscheinung (***Patina***) erhalten.

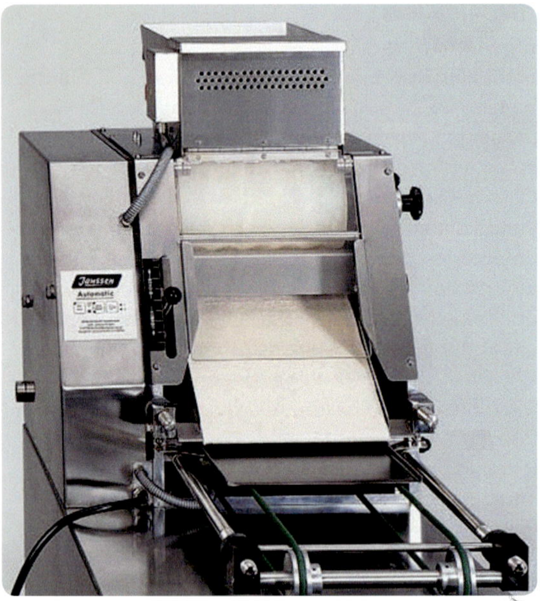

Bild: Einsatz von Edelstahl in der Nahrungsmittelindustrie, Gebäckformmaschine./ Fa. NFF Janssen, Krefeld

Durch die Vielzahl der möglichen Legierungszusammensetzungen kann ein Stahlwerkstoff fast exakt auf seinen Anwendungsfall eingestellt werden. Je nach Gehalt von Legierungselementen spricht man von unlegiertem, niedrig legiertem oder hoch legiertem Stahl. Niedrig legiert ist er dann, wenn die Summe der Legierungsbestandteile die 5 % Prozent-Marke nicht übersteigt. Enthält ein Stahl von einem bestimmten Legierungselement mehr als 5 %, gilt er als hoch legiert. Um die Vielzahl der Stahlwerkstoffe besser unterscheiden zu können, hat sich ein Ordnungssystem etabliert, in dem sowohl die unlegierten als auch die legierten Stahlsorten in Grund-, Qualitäts- und Edelstähle eingeteilt werden.

Grenzwerte der Legierungelemente bei unlegiertem Stahl									
Al	0,30%	Cu	0,40%	Nb	0,06%	Se	0,10%	Ti	0,05%
Bi	0,10%	Mn	1,65%	Ni	0,30%	Si	0,60%	V	0,10%
Co	0,30%	Mo	0,08%	Pb	0,40%	Te	0,10%	W	0,30%

Abb. 18: nach [8]

Bild: Cortenstahl, Ausstellungspark MANNUS in Arnsberg./ banz+riecks architekten

Grundstähle enthalten nur wenige Stahlveredler. Sie werden auf einfache Weise hergestellt, sind preiswert und für keine Wärmebehandlung vorgesehen. Daher weisen sie nur mäßige Gebrauchseigenschaften auf und sind nur bei geringen Beanspruchungen einsetzbar. Im Gegensatz dazu werden Edelstähle durch eine spezielle Zusammenstellung eben für diese hochwertigen Einsatzfälle ausgelegt. Sie sind hochrein, enthalten zum Teil einen großen Anteil an Legierungselementen und sind für die Wärmebehandlung bestimmt. Anschließend weisen Edelstähle in aller Regel eine hohe Zähigkeit und Härte auf. Qualitätsstähle liegen in ihrem Anwendungsprofil zwischen den Grund- und Edelstählen. Vom Gesetzgeber sind keine Anforderungen an Reinheit oder an das Verhalten bei einer Wärmebehandlung vorgeschrieben.

Verwendung

Stahl kommt nahezu in allen Technologie- und Lebensbereichen zur Anwendung. Daher haben sich neben der Einteilung entsprechend der Menge beigemischter Legierungsbestandteile zahlreiche Bezeichnungen entwickelt, die den Einsatzzweck der unterschiedlichen Stahlsorten ausdrücken. Demnach teilt man Stähle in die Hauptgruppen Bau-, Konstruktions- und Werkzeugstähle ein.

An ***Baustähle*** werden vielfältige Anforderungen gestellt. Sie finden im Baugewerbe und im Fahrzeug-, Schiffs- oder Maschinenbau Verwendung und sollten eine hohe plastische Verformbarkeit bei schlagartiger Beanspruchung aufweisen, gut zu verarbeiten, warmfest, korrosions- und hitzebeständig sein und je nach Einsatzzweck über eine gute Leitfähigkeit für Wärme verfügen. Zu den Baustählen zählen beispielsweise Hochbau-, Spann-, Draht- und Schienenstähle.

Einsatz-, Nitrier- und Vergütungsstähle sind Konstruktionswerkstoffe, die sich im Besonderen für eine Wärmebehandlung eignen. ***Einsatzstähle*** sind Werkstoffe mit geringem Kohlenstoffgehalt, deren Randzone gehärtet wird (Aufkohlen). Auf Grund der hohen Verschleißfestigkeit wird diese Stahlsorte häufig zur Fertigung von Zahnrädern verwendet.

Nitrierstähle eignen sich auf Grund der verschleißfesten Oberfläche besonders für stark beanspruchte Bauteile. Die Festigkeitssteigerung wird durch Einbringen von Stickstoff in die Randzone erzielt.

Die hohen Festigkeitswerte und die große Zähigkeit erhalten ***Vergütungsstähle*** durch eine Kombination aus Härten und anschließendem Anlassen bei Temperaturen zwischen 500 °C und 700 °C. Vergütungsstähle werden in der Hauptsache für Bauteile eingesetzt, die einer hohen dynamischen Beanspruchung ausgesetzt sind (z. B. Walzen, Wellen, Achsen).

Kohlenstoffgehalt verschiedener Stähle

Stähle	Kohlenstoffgehalt [%]	Beispiele
Baustähle (unlegiert)	0,17...0,5	S185, S235JR, S355J2G4
Einsatzstähle (unlegiert)	0,1...0,9	C10E, C15E
Vergütungsstähle (unlegiert)	0,2...0,6	C22, C35E, 28Mn6
Werkzeugstähle (unlegiert)	0,5...1,4	C45U, C105U
Werkzeugstähle (legiert)	0,2...2,06	45NiCrMo16, X37CrMoV5-1

Abb. 19:

Werkzeugstähle werden, wie der Name schon sagt, hauptsächlich zur Anfertigung von Werkzeugen wie Druck- und Spritzgussformen oder Schmiedegesenken verwendet. Man teilt sie entsprechend ihrer Eignung für die unterschiedlichen Temperaturbereiche in Kalt-, Warm- und Schnellarbeitsstähle ein.

Kaltarbeitsstähle können bei Temperaturen bis 200 °C eingesetzt werden und eignen sich daher für Schneid- und Tiefziehwerkzeuge und Formen für niederschmelzende Materialien. Beispiele sind 145 Cr 6 für Reibbahlen oder Chromstahl X 210 Cr 12 für Schnittwerkzeuge. Übersteigen die Temperaturen die Marke von 200 °C deutlich, wird auf einen Warmarbeitsstahl zurückgegriffen (z. B. X 30 W Cr V 5 - 3 oder X 40 Cr Mo V 5 - 3). Sie sind warmfest, sehr zäh und werden für die spanlose Formgebung von Metallwerkstoffen verwendet. Typische Anwendungen sind Gießkokillen, Pressstempel oder Schmiedegesenke.

Zerspan- und Umformwerkzeuge bestehen meist aus ***Schnellarbeitsstähle***, die auf Grund ihrer chemischen Zusammensetzung bis zu einer Temperatur von 600 °C verwendbar sind. Sie haben die höchste Wärme- und Anlassbeständigkeit aller Stahlwerkstoffe, so dass hohe Schnittgeschwindigkeiten und Schneidleistungen erzielt werden können. In der Kennung deuten die Buchstaben HS auf einen Schnellarbeitsstahl hin. Die Zahlen geben den Anteil der Legierungselemente Wolfram (W), Molybdän (Mo), Vanadium (V) und Kobalt (Co) in Prozent an. HS 18-1-2-5 enthält beispielsweise 18 % W, 1 % Mo, 2 % V und 5 % Co.

Darüber hinaus existieren Stähle für Sonderanwendungen mit entsprechenden Eigenschaften. Hierzu zählt beispielsweise ***Federstahl***, ein sehr flexibles Material mit hoher Wechselbeständigkeit und Dauerfestigkeit. Er besteht meist aus Edelstahl und ist in Form von Blechen oder als Draht auf dem Markt erhältlich.

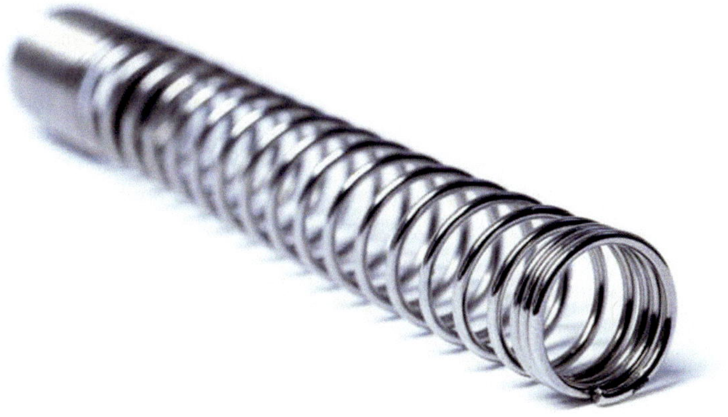

Bild: Feder aus Federstahl, verchromt.

Warmgewalzte Stähle nach DIN EN 10089 (für vergütbare Federn)

Stahlsorte	$R_{p0,2}$ (min)	R_m	Bruchdehnung A (min)	Brucheinschnürung Z (min)
38 Si 7	1150 MPa	1300... 1600 MPa	8 %	35 %
56 Si 7	1300 MPa	1450... 1750 MPa	6 %	25 %
55 Cr 3	1250 MPa	1400...1700 MPa	3 %	20 %
56 SiCr 7	1350 MPa	1500... 1800 MPa	6 %	25 %
51 CrV 4	1200 MPa	1350...1650 MPa	6 %	30 %
46 SiCrMo 6	1400 MPa	1550...1850 MPa	6 %	35 %
52 SiCrNi 5	1300 MPa	1450... 1750 MPa	6 %	35 %
52 CrMoV 4	1300 MPa	1450... 1750 MPa	6 %	35 %

Abb. 20: nach [24]

Verarbeitung

Die handwerkliche Bearbeitung von Stahl gestaltet sich auf Grund der meist größeren Härte im Vergleich mit anderen Werkstoffen als schwierig. Alle Stahlsorten sind unter dem Einfluss von Wärme umformend zu verarbeiten, wozu eine entsprechende Ausstattung benötigt wird. Werkstoffe mit niedrigem Kohlenstoffgehalt lassen sich einfacher plastisch verformen. Nach der Kaltumformung ist allerdings mit erhöhten Festigkeitswerten zu rechnen, die Dehnbarkeit nimmt ab. Durch Wärmebehandlungen (z. B. Härten, Vergüten MET 2, BES 7) können die Festigkeitswerte entscheidend verbessert werden. Leider nimmt die Verarbeitbarkeit danach ab. Die Schweißeignung wird von den Legierungselementen und dem Kohlenstoffgehalt bestimmt. Die für die einzelnen Stahlwerkstoffe entsprechenden Bearbeitungsmöglichkeiten sind wegen der Vielfältigkeit der Fachliteratur zu entnehmen.

Aufkohlen
ist ein Anreichern der Stahloberfläche mit Kohlenstoff, um diese härter zu machen.

Stahl kann auf einfachem Wege durch eine Wärmebehandlung gefärbt werden. Da lediglich Temperaturen zwischen 220 °C und 300 °C erforderlich sind, ist dies für kleine Bauteile sogar im heimischen Ofen möglich. Dieser ist auf die für die entsprechende Farbigkeit benötigte Temperatur vorzuwärmen. Das Stahlbauteil oder -halbzeug wird anschließend so lange im Ofen gelagert, bis sich die Anlauffärbung gebildet hat. Verunreinigungen und Oxidschichten sind vor der Wärmebehandlung von den Oberflächen zu entfernen. Hierzu kann es geschliffen oder mit stark verdünnter Schwefelsäure gereinigt werden. Auf der von der Oxidschicht (z. B. Zunder) gereinigten Materialoberfläche perlen beim abschließenden Spülen keine Wassertropfen mehr ab. Weitere Wärmebehandlungsverfahren sind im Kapitel Diffusionsschichten BES 7 zusammengefasst.

Zunder *nennt man die Korrosionsschicht auf Metalloberflächen, die durch Einwirkung des oxidierenden Gases Sauerstoff entsteht.*

Anlassfarben (Glühtemperaturen und erzielbare Farbigkeit)

Farben	Temperatur
Weißgelb	200 °C
Strohgelb	222 °C
Gelbbraun	240 °C
Braunrot	250 °C
Pupurrot	270 °C
Violet	280 °C
Dunkelblau	290 °C
Hellblau	320 °C
Blaugrau	340 °C
Grau	360 °C

Abb. 21: nach [36]

Neben der thermischen Behandlung kann eine schwarze Färbung auch auf chemischem Weg erfolgen. Die von der Oxidschicht befreiten Stahlteile werden hierzu in ein Wasserbad getaucht, in dem auf 3,5 Liter Wasser 6 Teelöffel ***Natriumthiosulfat*** gelöst wurden. Der Tauchvorgang sollte so lange wiederholt werden, bis sich die Schwarzfärbung eingestellt hat. Zum Schluss wird mit kaltem Wasser abgespült.

Bild: Zunderschicht auf Stahl.

Wirtschaftlichkeit und Handelsformen

Stahl gehört zu einem der preisgünstigsten Werkstoffe mit einem breiten Anwendungsspektrum. Das Recycling ist unkompliziert. Stahlwerkstoffe sind in nahezu allen Handelsformen von Voll- über Rohr- und Hohlprofilen, U- und T-Trägern bis hin zu Blechen, Bändern und Drähten auf dem Markt erhältlich.

Handelsformen von Stahlwerkstoffen

Form	Bezeichnungsbeispiele
Stabstähle 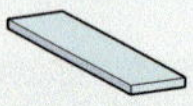	Flach DIN 174 – 40x4 – X6CrNiMoTi17-12-2 Blanker Flachstahl, 40 mm breit, 4 mm dick, aus rostfreier Stahl
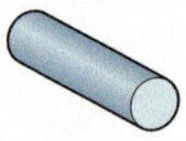	Rund DIN 670 – 50 – 9S20+C Blanker Rundstahl, Ø50 mm, ISO-Toleranzfeld h8 aus Automatenstahl 9S20, kaltverformt
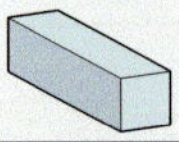	Vierkant DIN 1014 – 6 – C60 Warmgewalzter Vierkantstahl mit 6 mm Seitenlänge aus Werkzeugstahl
Formstähle 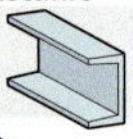	U-Profil DIN 1026 – U60 – S355 U-Profil mit 60 mm Höhe aus Stahl S355
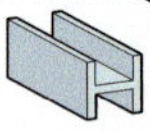	I-Profil DIN 1025 – IPB100 – S275 I-Träger (oder Doppel-T-Träger), 100 mm hoch, aus Stahl S275
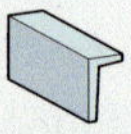	L-Profil EN 10056 – 150x10x8 – S355 Ungleichschenkeliger Winkel, Schenkel 150 mm und 10 mm, Schenkeldicke 8 mm, aus Stahl S355
Hohlprofile, Rohre 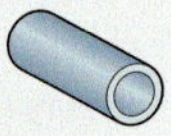	Rohr DIN 2391 – 12x1 – S355J2G3 Nahtloses Präzisionsrohr, Außen-Ø 12 mm, Wanddicke 1 mm, aus Stahl S355J2G3
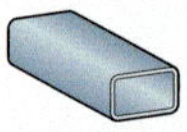	Rohr DIN 2906 – 800x100x10 – S235JRG1 Rechteckiges Vierkantrohr, Aussenmaße 100 mm x 800 mm, Wanddicke 10mm, aus Stahl S235JRG1
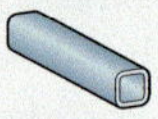	Hohlprofil EN 10210 – 70x70x6 – S355J2H, Quadratisches Hohlprofil, 70 mm breit, Wanddicke 6 mm, verzinkt, aus Stahl S355J2H
Bleche, Bänder 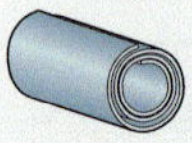	Blech EN 10130 – 3 – DC05 – Bm Kaltgewalztes Blech aus weichen Stählen, 3 mm dick, beste Oberfläche, matte Ausführung
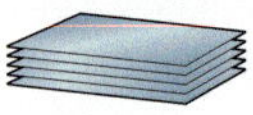	Blech EN 10029 – 6x3000x4500 – S355J2+N Warmgewalztes Stahlblech, 6 mm dick, 3000 mm breit, 4500 mm lang, aus S355J2+N
Drähte 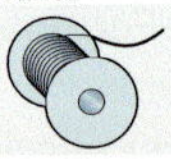	Draht DIN 2077 – 50CrV4G25 warmgewalzter, runder Federstahl, Ø5 mm, aus 50CrV4, geglüht
	Draht DIN 2077 – 50CrV10 Warmgewalzter, runder Federdraht, Ø10 mm, aus 50CrV

Abb. 22: nach [8]

Bezeichnung von Stahlwerkstoffen

Das Bezeichnungssystem von Stählen lässt die Klassifizierung des Werkstoffs nach Verwendungszweck und Eigenschaften, chemischer Zusammensetzung und Werkstoffnummern zu. Außerdem existieren Markennamen oder historisch etablierte Bezeichnungen (z. B. St52, Invar), was die Schwierigkeit zur eindeutigen Kennzeichnung erkennen lässt.

Bezeichnung von Stählen nach Verwendung und Eigenschaft

Aufbau eines Kurznamens: **S 235 J2G3**

Hauptsymbole (Bsp.)		Zusatzsymbole (Bsp.)					
Kennbuchstabe Verwendung	Streckgrenze R_e	Zusätze, Gruppe 1					Zusätze, Gruppe 2
		Kerbschlagarbeit in Joule (J) 27J	40J	60J	Prüftemp. in °C		
D Flachstähle/ Kaltumformen	Zahl für Mindeststreckgrenze in N/mm²					**M** thermomechanisch gewalzt	**C** besonders gut kalt umformbar
E Maschinenbau		JR	KR	LR	+20	**N** normalgeglüht	**L** für niedrige Temperaturen
H Flacherzeugnisse aus höherfesten Stahl		JO	KO	LO	0		
		J2	K2	L2	-20	**Q** vergütet	**H** für Hohlprofile
L Leitungsrohre		J3	K3	L3	-30		
P Druckbehälter		J4	K4	L4	-40	**G** andere Merkmale	**T** für Rohre
R Schienen		J5	K5	L5	-50		**W** wetterfest
S Stahlbau		J6	K6	L6	-60		

Erläuterung zu S 235 J2G3:

Stahl für den Stahlbau **(S)**, Mindeststreckgrenze von R_e=**235** N/mm²
Kerbschlagarbeit von 27 J bei -20 °C **(J2)**, vollberuhigter Stahl **(G3)**

Weiteres Beispiel E 360 C:

Stahl für den Maschinenbau **(E)**, Mindeststreckgrenze R_e= **360** N/mm²
besonders gut kalt umformbar

Abb. 23: nach [8]

Klassifizierung nach Verwendungszweck und Eigenschaften

Die Bezeichnung setzt sich aus Haupt- und Nebenbezeichnung zusammen. Das Hauptsymbol gibt die Stahlgruppe und die mechanische Eigenschaft mit dem Wert der Streckgrenze, das Nebensymbol die Kerbschlagzähigkeit sowie besondere Eigenschaften an.

Klassifizierung nach chemischer Zusammensetzung

Diese Art der Stahlbezeichnung lässt Rückschlüsse auf die Zusammensetzung des Werkstoffs zu. Im Klassifizierungssystem wird zwischen unlegierten Stählen mit einem Mangangehalt von weniger als 1 %, legierten- und hoch legierten Stählen sowie Schnellarbeitsstählen unterschieden.

Klassifizierung nach Werkstoffnummer

Neben den vorgestellten Bezeichnungsoptionen existieren Werkstoffnummern, die eine Klassifizierung mit Hilfe von Tabellenbüchern möglich machen.

Alternativmaterialien

Kohlefaserverstärkte Kunststoffe, Eisengusswerkstoffe, Leichtbauwerkstoffe wie Aluminium oder Magnesium

Kurznamen von Stählen (4 Gruppen)

1 Unlegierte Stähle mit Mangangehalt < 1% (außer Automatenstähle)

Hauptbuchstabe/ Zahl	Zusatzsymbole und Bedeutung	
C **Kennzahl** (Kohlenstoffgehalt) Kennzahl = 100 multipliziert mit Kohlenstoffgehalt in %	**E** maximaler Schwefelgehalt **R** Bereich des Schwefelgehaltes **C** Eignung zum Kaltumformen	**G** besondere Merkmale **S** für Federn **U** für Werkzeuge **W** für Schweißdraht **D** zum Drahtziehen

Beispiel: C80U
unlegierter Stahl mit einem Mangangehalt < 1%, einem Kohlenstoffgehalt von 0,8% (100 · 0,8% = **80**), **U** = für Werkzeuge

2 Legierte Stähle
Gehalt jedes Legierungselementes < 5% (außer Schnellarbeitsstähle),
unlegierte Stähle mit Mangangehalt > 1%,
unlegierte Automatenstähle

Bestandteile Kurzname:
- Kennzahl für den 100fachen Kohlenstoffgehalt (C)
- chemischen Symbolen der Legierungselemente
- Faktoren multipliziert mit Gehalten der Legierungselemente

(siehe nebenstehende Tabelle)

Multiplikationsfaktoren

Legierungselement	Faktor
Si, Co, Cr, W, Ni, Mn *(Merke: »**Sie**, **Co**nrad **Cr**amer **W**usste **Ni**e **M**a**n**gan«)*	4
Al, Cu, Mo, Ta, Ti, V, Pb	10
C, N, P, S	100
B	1000

Beispiel: 16MnCr5
legierter Einsatzstahl mit **16**/100 = 0,16% C und **5**/4 = 1,25% Magan (**Mn**)
Chrom (**Cr**)-Gehalt ist nicht angegeben

3 Hochlegierte Stähle (X)/ Gehalt jedes Legierungselementes > 5%

Bestandteile Kurzname:
- Kennbuchstaben »X« für »hochlegierte« Stähle
- Kennzahl für den 100fachen Kohlenstoffgehalt (C)
- chemische Symbole der Legierungselemente
- Gehalten der Legierungselemente (Angaben in %)

Beispiel: X38CrMoV5-3
hochlegierter Stahl (**X**) mit **38**/100 = 0,38% Kohlenstoff (C),
5% Chrom (**Cr**), **3**% Molybdän (**Mo**) und ein wenig Vanadium (**V**)

4 Schnellarbeitsstähle (HS)

Bestandteile Kurzname:
- Kennbuchstaben »HS« für Schnellarbeitsstähle
- Gehalten der Legierungselemente in Reihenfolge W, Mo, V, Co (Angaben in %)

Beispiel: HS10-4-3-10
Schnellarbeitsstahl (**HS**) mit
10% Wolfram (W), **4**% Molybdän (Mo), **3**% Vanadium (V), **10**% Cobalt (Co)

Abb. 24: nach [8]

Werkstoffbezeichnung von Stählen und Gusseisen

Werkstoffnummern der Stähle

1.__.____

- Werkstoff-Hauptgruppe (1 für Stahl)
- Stahlgruppennummer (2 Ziffern)
- Block 2 ... 4 Ziffern
  Ziffer 1,2: Zählnummer
  Ziffer 3: Gewinnungsverfahren
  Ziffer 4: Behandlungszusand

Beispiel: **1.0144** (Kurzname S275J2+N)
1 für Stahl, 01 für Baustahl mit Rm<500 N mm-2, Zählernummer 44
(Der Nummernschlüssel kann Tabellenbüchern entnommen werden)

Werkstoffnummern der Gusseisenwerkstoffe

__-J_ ____

- Normsystem
- Gusseisen und Graphitform
- Hauptmerkmal
- 2 Werkstoffkennziffern
- Anforderungen

Beispiel: Werkstoffnummer **EN-JL1050** (Kurzzeichen EN-GJL-300)
Europäsche Norm (EN), Gusseisen (J) mit Lamellengraphit (L), Hauptmerkmal: 1 Zugfestigkeit, Werkstoffkennziffer 06, keine Anforderungen (0)
(Der Nummernschlüssel kann Tabellenbüchern entnommen werden)

Abb. 25: nach [8]

MET 3.1.3
Eisenwerkstoffe – Edelstahl

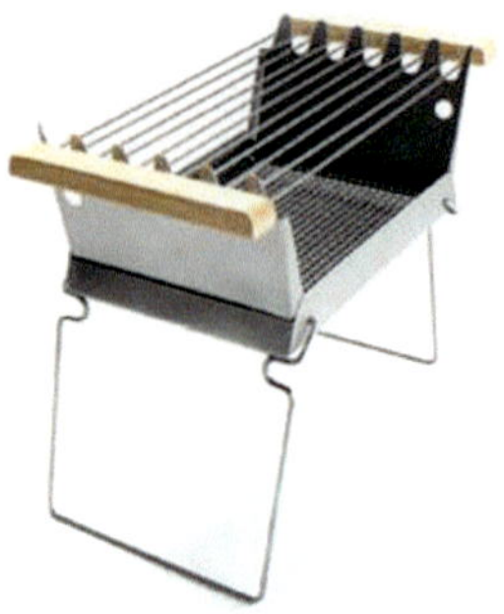

Bild: Klappgrill aus Edelstahl./ Hersteller: Ledder Werkstätten/ Foto: Bastian Heßler/ Design: UNITEDDESIGNWORKERS.com

Die Gebäude des kanadischen Architekten Frank O. Gehry sind keine gewöhnlichen Häuser, sondern wirken auf Grund ihrer außergewöhnlichen Formenvielfalt fast wie Skulpturen im Raum. Charakteristisch sind kippende Räume, gebrochene Geometrie, umgekehrte Formen und Rundungen in allen Variationen. Um seine Formensprache nach außen hin noch viel deutlicher zur Geltung zu bringen, setzt Gehry häufig auf das Element der Lichtreflexion und stattet seine Entwürfe mit Metallfassaden aus. Beste Beispiele sind das Guggenheim Museum in Bilbao oder die Walt Disney Concert Halle in Los Angeles. Um die Fassaden vor Korrosion zu schützen, verwendet der Kanadier gerne Edelstahl wie beim Neuen Zollhof in Düsseldorf. Diese Stahlsorte ist hochfest, witterungsbeständig und rostet nicht. Sie eignet sich daher für Außenanwendungen wie Balkonberüstungen, Schornsteine und Stadtmöbiliar (Parkbänke, Haltestellen für Bus und Bahn).

Eigenschaften

Wissenschaftlich korrekt ist unsere Vorstellung von Edelstählen jedoch nicht, denn es existieren für besondere Anwendungen auch edle Stahlsorten, die chemisch wenig beständig sind und auch rosten können. In der Fachliteratur werden Stahlwerkstoffe daher dann als Edelstähle bezeichnet, wenn sie einen hohen Reinheitsgrad besitzen und durch genaue Einstellung des Eigenschaftsprofils für eine besondere Wärmebehandlung und spezielle Anwendungen vorgesehen sind. Edelstähle sind hart und zäh und eignen sich für hochbeanspruchte Bauteile.

Bild unten: Kinderbesteck »Baba« aus 18/10 Edelstahl./ Design: Claudia Christl./ Produzent: Wilkens

Sie enthalten weniger als 0,035 % Schwefel und Phosphor, können mit Nickel, Titan oder Molybdän legiert oder mit Stahlveredlern in ihren Qualitäten optimiert werden. Kennzeichnend ist ein hoher Chromgehalt, der in der Regel einen Anteil von 10 % übersteigt. Nichtrostende Edelstähle enthalten zudem meist mehr als 2,5 % Nickel und weniger als 1,2 % Kohlenstoff. Edelstahloberflächen sind korrosions- und hitzebeständig, hygienisch, leicht zu reinigen, optisch ansprechend und daher für Anwendungen in der Küche, im Sanitärbereich und für die Innenarchitektur sehr geeignet. Auch spiegelnde Oberflächen können hergestellt werden, so dass Edelstahl selbst bei Schmuckstücken Verwendung findet.

Bild: Erscheinung von Edelstahl./ Spülbecken von bulthaup

Verwendung

Edelstähle sind überaus vielfältig anwendbar. Typische Anwendungen reichen von Produkten mit hoher Witterungsbeständigkeit für den Außenbereich, über Messer und Bestecke im Haushalt, bis hin zu medizintechnischen Produkte. Darüber hinaus finden Edelstähle bei Sportartikeln Verwendung und werden zu Bauteilen für Pumpen, Duschkabinen oder Wasseraufbereitungsanlagen verarbeitet, wo die hohe Korrosionsbeständigkeit besonders geschätzt wird. Aus Edelstahl sind beispielsweise Armaturen, Wasserkocher, Spülbecken, chirurgische Instrumente, Zapfanlagen, chemische Apparate, Silos für den Agrarbereich, Kaffeemaschinen, Weinbaupfähle, Leitern im Schwimmbad, Öfen, Kessel und Waschmaschinen.

Verarbeitung
Die Bearbeitung von Edelstählen ist auf Grund der hohen Festigkeit schwer. Bleche können gewalzt, tiefgezogen und gebogen werden. Für die Oberflächenbehandlung kommen Schleif- und Poliertechniken zur Anwendung. Grob gebürstete Edelstahlflächen sind im Möbelbereich sehr beliebt. Die zerspanende Bearbeitung ist meist nur mit scharf geschliffenen Werkzeugen aus hochlegiertem Schnellarbeitsstahl oder Hartmetall möglich. Es existieren auch Edelstahlwerkstoffe, die sich sehr gut schweißen lassen.

Wirtschaftlichkeit und Lieferformen
Wegen der hohen Werkstoffkosten werden in aller Regel nur Edelstahlbleche verarbeitet und als Verkleidung für günstige aber nicht korrosionsbeständige Materialien verwendet. Nickel und Chrom sind die Legierungselemente, deren Anteil die Kosten für Edelstähle in die Höhe treiben. Edelstähle werden in der Regel als Blechmaterial angeboten. Typische Edelstahlsorten sind: X20Cr13, X2CrNi12, X5CrNi18-10, X8CrNiS18-9, X5CrNiMo17-12-2, X15CrNiSi25-21, X6CrNiTi18-10, X6Cr17. Das X in der Bezeichnung bedeutet, dass es sich um einen hochlegierten Stahl mit Legierungselementen von mehr als 5 % handelt. Die Zahl dahinter gibt den mit 100 multiplizierten Kohlenstoffgehalt an. Darauf folgen die Legierungselemente mit dem jeweiligen Anteilen in Prozent. X5CrNi18-10 enthält also, 5 % Kohlenstoff, 18 % Chrom und 10 % Nickel.

Alternativen
Beschichteter Stahl (z. B. verchromt), Nickel- und Titanlegierungen, Bronzen

Bild unten: »Edelstahlseife«. Durch Waschen unter kaltem Wasser werden unangenehme Gerüche (z. B. von Knoblauch, Zwiebeln, Fisch, Benzin) durch eine chemische Reaktion schonend und hautfreundlich beseitigt.

MET 3.2
Nichteisenleichtmetalle

MET 3.2.1
Aluminiumlegierungen

Aluminium ist ein sehr leichtes Metall und daher für Flug- und Fahrzeugbau von besonderem Interesse. 1994 war der Automobilhersteller Audi einer der ersten, der in einem Serienfahrzeug eine Aluminiumkarosserie einsetzte. Die ersten A4-Modelle liefen vom Band, und es war noch sehr schwierig, den Werkstoff komplikationsfrei zu verarbeiten, da beim Schweißen starker Verzug auftrat. Heute werden die Techniken beherrscht und Aluminium hat sich zu einem der bedeutendsten technischen Materialien überhaupt entwickelt.

Die Aluminiumerzeugung ist sehr energieaufwendig. Für die Herstellung einer vergleichbaren Menge Kupfer wird etwa nur ein 1 % dieser Energie benötigt. Ein Teil der Aluminium produzierenden Industrie hat sich daher in den letzten Jahren auf Island fokussiert, wo Erdwärme und Wasser für die Stromerzeugung in großer Menge vorhanden sind. Die Energiekosten sind für die wirtschaftliche Aluminiumgewinnung so entscheidend, dass es sich rechnet, den Rohmaterial Bauxit zur Energiequelle zu bringen. Mittlerweile machen Aluminiumprodukte etwa 20 % des gesamten isländischen Exportvolumens aus. 2002 hat die isländische Regierung sogar dem Bau der größten Aluminiumhütte Europas zugestimmt. Die Energie soll aus einem Staudamm kommen, der das Schmelzwasser des Gletschers Vatnajökull auffängt. Was ein Segen für die Wirtschaft zu sein scheint, wird langsam zu einer Bedrohung für die einzigartige Natur einer Atlantikinsel.

Ein Großteil der deutschen Aluminiumproduktion wird daher in Deutschland bereits seit Jahren aus recyceltem Sekundäraluminium gewonnen. Für die Aufbereitung aus Schrott fällt etwa nur 10 % der Energiemenge der Erstgewinnung an.

Eigenschaften
Neben Magnesium und Titan gehört Aluminium mit einer Dichte von lediglich 2,7 kg / dm^3 zur Gruppe der Leichtmetalle. Es ist das am häufigsten vorkommende Metall in der Erdkruste. Etwa 7,5 % des Krustenmaterials bestehen aus Aluminium. Der Name ist vom lateinischen Begriff »alumen« abgeleitet, einem seit dem Altertum bekannten Material (Kaliumaluminiumsulfat) zum Gerben von Leder. ***Reinaluminium*** weist nur wenige Spuren anderer Elemente auf. Es hat einen Reinheitsgrad zwischen 98 % und 99,9 %, ist weich und hat nur eine geringe mechanische Festigkeit allerdings bei hoher chemischer Beständigkeit. Diese Aluminiumsorten finden im Verpackungswesen, bei Küchengeräten oder im chemischen Apparatebau Anwendung. Charakteristisch ist die weiß-silbrige Farbe.

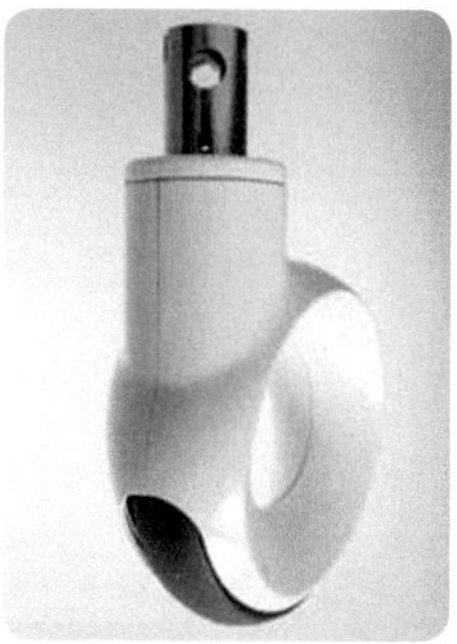

Bild: Das Gehäuse besteht aus einem tragenden Aluminiumdruckgusskörper, in dem die technischen Komponenten integriert sind./ Fotos: rhombus

Seit 2008 ist ein Aluminiumblech »Luminal« mit nachleuchtenden Eigenschaften auf dem Markt. Der Effekt ist nach Abschalten des Lichts ungefähr eine Stunde festzustellen, so dass Decken- und Wandverkleidungen aus dem Blech vor allem an öffentlichen Orten dazu beitragen, Unfälle und Paniken zu vermeiden. Zudem hilft das Material, Energiekosten zu senken. Die Bleche sind nicht brennbar und erfüllen die Brandschutzklasse A 1.

An der Luft bildet Aluminium eine dünne Oxidschicht auf der Oberfläche aus. Sie schützt das Metall vor Korrosion und Verwitterung. Aluminium leitet Wärme und elektrischen Strom gut. Es ist geschmacksneutral und für den Kontakt mit Lebensmitteln zugelassen. Da dünne Al-Folien nur wenig durchlässig sind für Gase, werden sie gerne zur Frisch-Aufbewahrung und zum Transport von Lebensmitteln verwendet. Neben Reinaluminium unterscheidet man Reinstaluminium mit einem Reinheitsgrad zwischen 99,9 % und 99,99 %.

Um die sehr guten Eigenschaften von Aluminium, also geringe Dichte bei sehr hoher Korrosionsbeständigkeit und guter elektrischer Leitfähigkeit, für technische Anwendungen nutzen zu können, werden verschiedene Legierungselemente wie Magnesium, Kupfer, Mangan und Zink zugeführt, die die mechanische Festigkeit erhöhen. Außerdem verbessern Zusätze die Verarbeitbarkeit von Aluminiumwerkstoffen. So können ***Al-Knetlegierungen*** besonders gut bei niedrigen Temperaturen verformt werden. ***Al-Gusslegierungen*** weisen durch Zusatz von 5-20 % Silizium oder 1-3 % Magnesium sehr gute Gießeigenschaften auf.

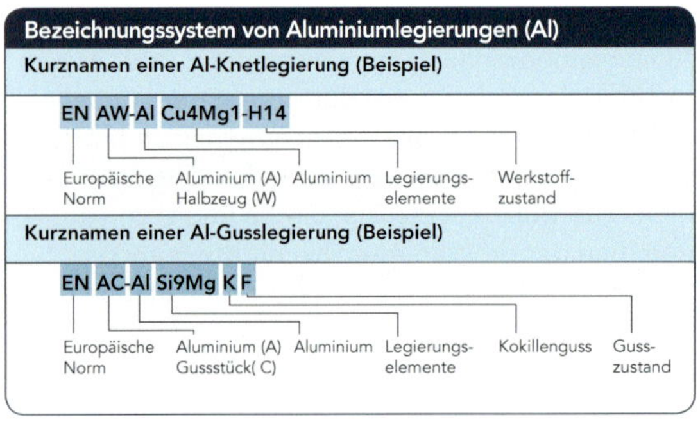

Abb. 26: nach [8]

Verwendung
Das Eigenschaftsprofil, im Besonderen das geringe Gewicht bei gleichzeitig guter Festigkeit, macht Aluminium zu einem der bedeutendsten Werkstoffe für den Leichtbau in der Fahr- und Flugzeugindustrie. Im Sport-, Camping- und Freizeitbereich finden sich viele Gebrauchsgegenstände und Sportgeräte aus Aluminium, die die Belastungen des menschlichen Körpers so gering wie möglich halten. Weitere Anwendungen liegen im Sanitär- und Architekturbereich. Die guten Eigenschaften zum Leiten elektrischen Stroms machen Aluminium für die Elektroindustrie interessant. Bei Überlandleitungen hat es Kupfer als Werkstoff weitestgehend ersetzt. Wegen der Undurchlässigkeit für Sauerstoff werden Nahrungs- und Genussmittel mit Aluminiumfolien vor frühzeitigem Verderb geschützt. Das Leichtmetall hat eine große Bedeutung für den Behälter- und Apparatebau und wird wegen der guten Chemikalienbeständigkeit in der chemischen Industrie verwendet. Die gute Witterungsbeständigkeit, das geringe Gewicht und die leichte Verarbeitbarkeit machen ihn für das Baugewerbe geeignet. Gebürstete Aluminiumoberflächen sind im Möbel- und Accessoiresbereich seit einigen Jahren beliebt. Im optischen Bereich werden Al-Oberflächen auf Grund ihres hohen Reflexionsvermögens als Spiegelelemente oder für Scheinwerfer verwendet. Radfahrer schätzen das geringe Gewicht eines Aluminiumrahmens.

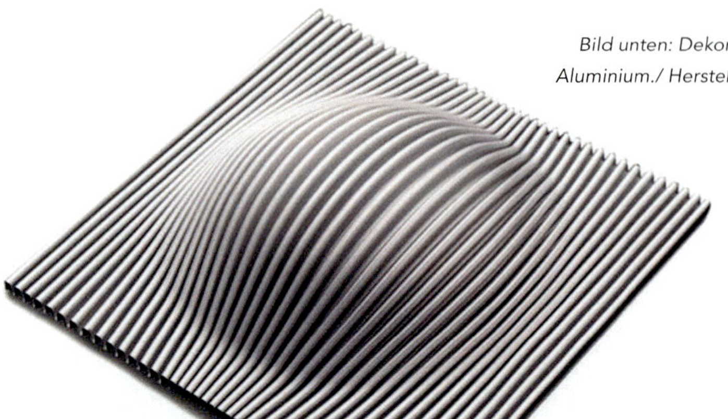

Bild unten: Dekorblech aus Aluminium./ Hersteller: Fielitz

Verarbeitung
Aluminiumlegierungen lassen sich in der Regel sehr leicht umformen, biegen, pressen und schmieden. Bei Treibarbeiten mit dem Hammer sollte die hohe Rückfederung des Werkstoffs berücksichtigt werden. Scharf gebogene Kanten reißen leicht ein. Daher sollte möglichst gegen die Walzrichtung des Blechmaterials gearbeitet werden. Al-Gusslegierungen können mit den üblichen Gießtechniken Sand-, Druck-, Fein-, Band- und Kokillengießen formgebend verarbeitet werden. Bei der zerspanenden Bearbeitung werden gute Ergebnisse mit hoher Schnittgeschwindigkeit und großem Spanwinkel erzielt. Eine Schmierung und Kühlung mit Bohremulsion oder Seifenwasser ist vorteilhaft. Da beim Zerspanen die Gefahr von Aufbauschneiden droht, ist Schleifen nur mit speziellen Schleifscheiben möglich. Vor dem Löten bzw. Schweißen müssen Aluminiumformteile von ihrer Oxidationsschicht befreit und die Neubildung verhindert werden. Hierzu kommen Flussmittel und Spezial-Lote zum Einsatz. Beim Schweißen ist die Verwendung eines Schutzgases wie Argon oder Helium zu empfehlen. Einfache Verbindungen können auch beim Kleben erzeugt werden. Hier eignen sich Reaktionsklebstoffe auf der Basis von Epoxidharz, Polyurethan oder Cyanacrylat ganz besonders. Stabilere Klebungen ergeben sich durch leichtes Aufrauen der Klebefläche. Aluminiumoberflächen können leicht geschliffen und poliert werden. Der entstehende Glanz wird nach der Bearbeitung mit einem Klarlacküberzug fixiert. Für farbige Oberflächen wird häufig das Anodisieren BES 6.5 verwendet, bei dem eine Korrosionsschicht elektrolytisch aufgebracht wird. Eloxalschichten lassen sich mit dem Laser gravieren.

Wirtschaftlichkeit und Handelsformen
Aluminiumprofile werden direkt aus der Schmelze erzeugt und sind in den unterschiedlichsten Formen auf dem Markt erhältlich. Außerdem können Bleche und Drähte günstig erworben werden. Der Preis von Aluminium liegt volumenbezogen etwa um den Faktor 1,5 über dem von Stahl. Bei den Aluminiumlegierungen werden Al-Knetlegierungen und Al-Gusslegierungen unterschieden (Bargel, Schulze 2004).

Alternativmaterialien
Titan, Magnesium, faserverstärkte Kunststoffe (z. B. GFK), Stahl

MET 3.2.2
Nichteisenleichtmetalle – Magnesiumlegierungen

Magnesium ist der leichteste metallische Werkstoff, dessen technisches Potenzial auf Grund der hohen chemischen Reaktivität jedoch noch nicht vollends ausgeschöpft ist. Nur etwa 100.000 Tonnen pro Jahr werden für Konstruktionszwecke verwendet (Ilschner, Singer 2005). Der Name des Werkstoffs geht auf die Region Magnesia (heute Magnisia) in Griechenland zurück, wo Mitte des 18. Jahrhunderts Kalzium- und Magnesiumsalze entdeckt wurden. Allerdings begann die technische Verwertung des Werkstoffs erst gegen Ende des 19. Jahrhunderts. Es ist das achthäufigste Element der Erde und hat ein Vorkommen von etwa 2 % in der Erdkruste.

Eigenschaften
Verglichen mit Aluminium ist Magnesium ein relativ weiches Material mit einem silberweißen Glanz. In der Luft reagiert es direkt mit Sauerstoff und bildet eine weißlichgraue und poröse Oxidschicht. Die hohe Reaktivität des Werkstoffs ist jedem aus dem Chemieunterricht bekannt, wo Magnesium im Experiment mit einer sehr hellen, weißen Flamme verbrannt wird. Das herausragende Charakteristikum des Leichtmetalls ist sein geringes Gewicht. Mit einer Dichte von nur 1,74 kg/dm^3 erreicht es den Wert von Aluminium nur etwa zu einem Drittel. Gleiches gilt für die elektrische Leitfähigkeit im Vergleich zu Kupfer. Die niedrigen Festigkeitswerte und der mäßige chemische Widerstand von Magnesium können durch Zulegieren von Aluminium oder anderen Legierungselementen verbessert werden.

Verwendung
In den letzten Jahren ist Magnesium als Leichtbauwerkstoff für die Fahrzeug- und Luftfahrtindustrie ins Interesse zahlreicher Entwicklungsprojekte gerückt. Das geschätzte Gesamtpotenzial von 50 kg bis 80 kg pro Kraftfahrzeug wird aber noch nicht erreicht. Dies hängt mit den schlechten mechanischen Eigenschaften zusammen. Durch Zulegieren von Aluminium, Mangan, Silizium oder Zink werden die Werte verbessert, wodurch Magnesiumgusslegierungen heute schon in Leichtbaukonstruktionen zu Motorhauben, Heckklappen, Türmodulen, Felgen oder Karosserieelementen verarbeitet werden oder im Motorbau Verwendung finden (Weißbach 2004). Zudem werden sie für Gehäuse im Elektronikbereich eingesetzt. Wegen seiner hohen Reaktivität wird Magnesium für Blitzlichter und Leuchtmunition verwendet. Die praktisch unbegrenzte Verfügbarkeit und gute Recyclingfähigkeit machen das Leichtmetall für Anwendungen im Maschinen- und Fahrzeugbau geeignet. Forscher der Leibniz Universität Hannover haben in 2007 sich selbst auflösende Nägel und Schrauben aus Magnesium für die Knochenchirurgie entwickelt. Vorteil gegenüber Produkten aus Titan ist, dass diese vom Körper rückstandslos abgebaut werden.

Als Mineral ist Magnesium zudem wichtig für den menschlichen Organismus. Ein Mangel kann zu Depressionen, Muskelkrämpfen und Herzrhythmusstörungen führen. Die natürliche Aufnahme über die Nahrung (Spinat, Nüsse) kann durch Magnesiumtabletten ergänzt werden.

Verarbeitung
Magnesium kann gut zerspant und sehr gut vergossen werden. Etwa 90 % der Magnesiumformteile werden im Druckgussverfahren verarbeitet. Die hohen Fließgeschwindigkeiten gestatten deutlich geringere Wandstärken im Vergleich zu Aluminium. Die durch die hohe Affinität zum Sauerstoff bestehende starke Oxidationsneigung bedingt allerdings für Gießvorgänge ein Auflegieren des Werkstoffs. Daher sind besondere Mg-Gusslegierungen entwickelt worden. Magnesium kann mit doppelt so hohen Schnittgeschwindigkeiten zerspant werden wie Aluminium. Das Umformen des Werkstoffs ist mit unterschiedlichen Presstechniken ebenso möglich wie durch Walzen oder Schmieden. Stranggepresste Magnesiumprofile haben in zahlreichen Gebrauchsgegenständen Verwendung gefunden. Zum Schweißen von Magnesiumlegierungen ist das WIG-Schweißen oder das Gasschmelzschweißen üblich.

Vor allem Magnesiumlegierungen eignen sich für die Verarbeitung in Thixoverfahren zur Herstellung komplexer Metallbauteile. Die Formgebung findet im teilflüssigen, also thixotropen Zustand bei niedrigem Druck statt FOR 1.2.1.

Wirtschaftlichkeit und Handelsformen
Die Kosten für Magnesium liegen höher als die von Aluminium, fallen aber wesentlich geringer aus als die für Titan. Magnesiumprofi le stehen in unterschiedlichen Querschnittsformen als Blech, Band und Rohr oder in verschiedenen Drahtquerschnitten zur Verfügung.

Alternativmaterialien
Aluminium, Titan, faserverstärkte Kunststoffe

Bild: Kurbelgehäuse der Motorsäge durch Magnesiumdruckguss./ Foto: STIHL AG & Co. KG

MET 3.2.3
Nichteisenleichtmetalle – Titanlegierungen

Titandioxid wurde erstmals im englischen Cornwall 1789 nachgewiesen. Unabhängig davon entdeckte der deutsche Chemiker Heinrich Klapproth 1795 das Leichtmetall und benannte das neue Element nach den Titanen, riesigen Gestalten der griechischen Mythologie. Der Titananteil der Erdkruste liegt etwa bei 0,5 %. Das Metall gilt mit seinen Legierungen als der jüngste unter den klassischen metallischen Konstruktionswerkstoffen. Seine Herstellung gelang erstmals 1910. Während der Koreakrise in den 50er Jahren erlangte der Werkstoff Bedeutung für den militärischen Flugzeugbau (Ilschner, Singer 2005).

Implantate aus Titan
Die hohe Verschleißfestigkeit und gute Körperverträglichkeit macht ihn als Werkstoff für Implantate unentbehrlich.

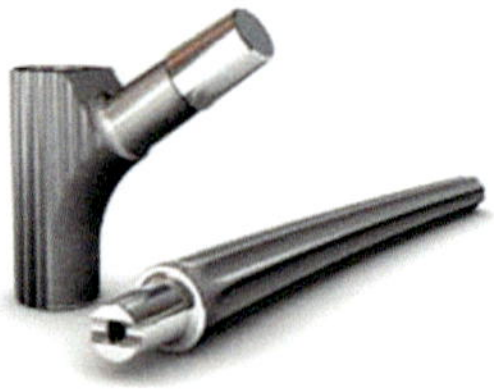

Bild: Implantate für Hüftgelenke aus Titan./ Hersteller: Peter Brehm GmbH

Eigenschaften
Reintitan verfügt über ähnliche Festigkeitswerte wie Stahl, ist aber um 40 % leichter. Das macht den Werkstoff neben Aluminium und Magnesium als typisches Material für Leichtbauanwendungen besonders geeignet. Seine gute thermische Belastbarkeit und Hitzebeständigkeit sind herauszustellen. In reiner Form (99,2 %) hat Titan eine silberweiße Erscheinung. Es ist chemisch gesehen als unedel zu betrachten, bildet aber schnell eine gut schützende Oxidschicht, mit der die hohe Korrosionsbeständigkeit und Resistenz gegenüber chemischen und atmosphärischen Einflüssen erklärt werden kann. Zudem weisen Titanwerkstoffe eine geringe Wärmeausdehnung und niedrige elektrische Leitfähigkeit auf. Am häufigsten wird der Werkstoff Titan in Legierungen mit Aluminium, Zinn, Molybdän oder Zirkonium eingesetzt (Peters, Legens, Kumpfer 1998).

Bild: Guggenheim-Museum in Bilbao von Frank O. Gehry, Außenhülle des Gebäudes besteht aus gebogenen Titanplatten./ Foto: Dr. Sascha Peters

Verwendung
Wegen der hohen Herstellungskosten werden Titanlegierungen für Anwendungen verwendet, bei denen der Werkstoff auf Grund seiner Eigenschaften konkurrenzlos ist. So bieten seine hohen Festigkeitswerte im Verbund mit der guten thermischen Beständigkeit und geringen Dichte ideale Voraussetzungen für den Einsatz im Flugzeugbau und in der Raumfahrt. Gegenwärtig werden 90 % der Titanherstellung in diesem Bereich verwendet. Überschallflugzeuge bestehen zu einem großen Anteil aus dem Leichtmetall. Die hohe Verschleißfestigkeit und gute Körperverträglichkeit macht ihn als Werkstoff für Implantate, Prothesen und Knochennägel besonders geeignet. Gelenkprothesen aus Titan weisen eine sehr hohe Lebensdauer auf. Ein weiteres Anwendungsfeld ist die Schmuckherstellung. Zudem werden Titanlegierungen als Leichtbauwerkstoffe für Sportgeräte, Notebooks und Kameras eingesetzt. Der Vorteil des Materials für Brillengestelle ist offensichtlich. Titan kann die Witterungsbeständigkeit und Festigkeit von Kunststofffolien erhöhen und die Korrosionseigenschaften von Apparaten in der chemischen Industrie verbessern. Hier dient es beispielsweise zur Auskleidung von Säurebehältern. Titanbeschichtungen erhöhen bei Gläsern die Eigenschaften zur Wärmedämmung GLA 4.5. Als weißes Pigment und Färbemittel für Kunststoffe, Papiere oder Lacke kommen Titanoxide schon seit Jahrzehnten zum Einsatz. In Dimension weniger Nanometer weisen TiO_2-Partikel schmutzauflösende, geruchsneutralisierende und deodorierende Wirkungen auf. Zudem blocken sie UV-Strahlen in Sonnencremes und Holzschutzmitteln MET 5.4.

Verarbeitung
Titan ist ein sehr zäher Werkstoff und daher nur schwer zerspanbar. Zur Kaltumformung (z. B. Tiefziehen FOR 7.1, Biegen FOR 9, Abkanten) muss die Elastizität des Materials (Neigung zur Rückfederung) sowie die Rissempfindlichkeit berücksichtigt werden. Die Umformung sollte daher unter Einfluss von Wärme bei Temperaturen zwischen 150 °C bis 450 °C erfolgen (Merkel, Thomas 2003). Gewalzt oder geschmiedet werden Titanwerkstoffe bei Temperaturen von etwa 800 °C. Über 950 °C wird das Metall spröde. Warmumformungen und Schweißen sind daher schwierig. Lediglich Edelgasschweißverfahren lassen sich problemlos anwenden (Seidel 2005). Wegen der hohen Reaktivität der Titanschmelze und der hohen Verarbeitungstemperaturen haben Gießverfahren für die Formteilherstellung keine große Bedeutung. Glänzende Metalloberflächen ergeben sich nach der Behandlung mit einem Gemisch aus Salpeter- und Flusssäure (1 Teil 30 %ige wässrige HNO_3 und 4 Teile 40 %iger HF). Titanwerkstoffe lassen sich ausgezeichnet polieren.

Wirtschaftlichkeit und Handelsformen
Die Gewinnung von Titan ist kostspielig, obwohl die Vorkommen durchaus reichhaltig sind. Der Werkstoff ist massebezogen etwa 10 Mal teurer als Aluminium.

Alternativmaterialien
Aluminium, Magnesium, faserverstärkte Kunststoffe

MET 3.3 Nichteisenschwermetalle

MET 3.3.1 Nichteisenschwermetalle – Kupferlegierungen

Kupfer gilt als erster Werkstoff der Menschheitsgeschichte. Er wurde bereits vor ungefähr 9.000 Jahren in der Steinzeit verwendet und zu Gegenständen geformt. Im Gebiet Vorderasiens und um das östliche Mittelmeer nutzten die ersten Hochkulturen den Werkstoff zur Herstellung von Waffen, Münzen und zum Bau von Denkmälern. So bestand der Koloss von Rhodos aus dem zyprischen Erz »aes cyprium«, wie die Römer den Werkstoff nannten (Seidel 2005). Heute kommen im technischen Bereich neben reinem Kupfer (bis zu einem Anteil von 99,3 % Cu) vor allem Kupferlegierungen wie Neusilber (Kupfer-Zink-Nickel Legierung *MET 3.3.4*), oder Messing (Kupfer-Zink Legierung *MET 3.3.3*) zur Anwendung. Unter ***Bronzen*** *MET 3.3.2* versteht man Kupfer-Zinn-Legierungen mit einem Kupferanteil von mindestens 60 %.

Bild: Kupferverkleidung – Polizeiwache in München./ Foto: KM Europa Metal AG, Osnabrück

Eigenschaften

Mit einer Dichte von 8,92 g/cm³ zählt Kupfer zu den Schwermetallen. Im Vergleich weist Magnesium beispielsweise nur einen Dichtewert von 1,74 g/cm³ auf und ist damit 5mal leichter. Nach Silber und Gold hat Kupfer die beste elektrische Leitfähigkeit und ist ein sehr guter Wärmeleiter. Der Werkstoff kann zudem sehr gut gedehnt werden. Reines Kupfer ist hellrot, oxidiert aber schnell mit der in der Luft enthaltenen Kohlensäure und bildet dabei eine hellgrüne Schicht aus basischem Kupferkarbonat (Bargel, Schulze 2004). Die grüne Patina auf dem Dach des Bremer Rathauses zum Beispiel ist ein klassisches Indiz für die Verwendung von Kupferblech, einem der traditionellsten Werkstoffe überhaupt. Diese ist als eine Art Schutzschicht zu verstehen, woraus sich die hohe Beständigkeit gegenüber Feuchtigkeit und Meerwasser erklärt. Je nach Art der Kupferlegierung kann die Oxidschicht auch eine Färbung zwischen rötlichem Braun und bläulichem Grün annehmen. Gegenüber Sauerstoff, wässrigen Lösungen, schwefelfreien Ölen und anderen organischen Stoffen besitzt das Schwermetall eine gute Korrosionsbeständigkeit. Schwefelhaltige Substanzen greifen Kupfer in der Regel an (Beispiel: vulkanisiertes Gummi). Für die Lagerung von Fruchtsäften und Weinen ist wegen der enthaltenen Essigsäure Kupfer nicht geeignet. Der Schmelzpunkt des Werkstoffs liegt bei einer Temperatur von 1.083 °C. Die Festigkeitswerte des Materials sind abhängig von den jeweiligen Legierungsbestandteilen. Reinkupfer hat im Vergleich zu seinen Legierungen die geringste Festigkeit. Die Zufuhr von Wärme reduziert diese bei allen Kupfersorten.

Verwendung

Das Haupteinsatzgebiet für Kupferlegierungen (70 %) sind Anwendungen in der Elektrotechnik (z. B. Platinen, Spulen, Generatoren, Computerchips). Darüber hinaus wird der Werkstoff auch für Frei- und Oberstromleitungen genutzt, wo neben der guten Leitfähigkeit auch die vergleichsweise hohen Festigkeitswerte von Kupfer ausgenutzt werden. Die guten Wärmetransporteigenschaften machen den Werkstoff für Heizanlagen und Wärmetauscher besonders geeignet. Für Kühlschlangen (z. B. in Kühlschränken) ist darüber hinaus die Beständigkeit des Eigenschaftsprofils von Kupferwerkstoffen auch bei niedrigen Temperaturen wichtig. Die sehr gute Beständigkeit gegen Feuchte wird im Baugewerbe und im Sanitärbereich genutzt. Die gesundheitliche Unbedenklichkeit und die Eigenschaft zur Hemmung des Wachstums bestimmter Bakterien machen Kupfer für Rohrleitungssysteme im Bereich der Trinkwasserversorgung und für den Kesselbau in Brauereien geeignet. Außerdem wirken sich die desinfizierenden Eigenschaften positiv auf die Nutzung von Kupferlegierungen für Türklinken und Fenstergriffe aus. Die Ausbreitung von Keimen wird behindert. Auf Grund der sich langsam bildenden hellgrünen Patina des Werkstoffs ist dieser vor allem auch im Kunstgewerbe beliebt. Die gute Färbbarkeit wird als architektonisches Gestaltungsmittel genutzt. Auch in der Münzherstellung werden Kupferlegierungen häufig verwendet. Die goldfarbene 1 Euro-Münze besteht beispielsweise aus einer Kupfer-Zink-Aluminium-Zinn-Legierung. Emailliertes Kupfer wird auch im Schmuckbereich verwendet.

Oxidation
ist eine chemische Reaktion und beschreibt nicht nur die Bildung von Oxiden (Verbindungen mit Sauerstoff), sondern auch Reaktionen, bei denen Wasserstoffatome einer Verbindung entzogen (reduziert) werden.

Grünspan
ist giftiges Kupferacetat und bildet sich durch eine Reaktion von Essigsäure mit Kupfer

Bild: Kupferrohr./ Foto: KM Europa Metal AG, Osnabrück

Bild: Kupferblech./ Foto: KM Europa Metal AG, Osnabrück

Patina

Die Patina, die insbesondere durch Oxidation auf Metallen entsteht, bildet einen Versiegelungs-Schutz, z. B. wie bei dieser ornamentverzierten Kupferfassade in Boston, USA.

Verarbeitung

Die Zähigkeit von Kupferwerkstoffen beeinflusst die zerspanende Bearbeitung eher negativ. Der Werkstoff neigt zum Schmieren, kann aber geschliffen und poliert werden. Glänzende Kupferoberflächen müssen vor Oxidationsvorgängen mit einem Lacküberzug geschützt werden. Da geschmolzenes Kupfer zur Aufnahme von Gasen wie Sauerstoff neigt und zudem ein schlechtes Formfüllungsvermögen aufweist, ist der Werkstoff nur sehr schwer vergießbar. Als Gießwerkstoff kommen daher nur Kupferlegierungen in Frage (z. B. Bronze-Kupfer-Zinn-Legierung). Spanlose Umformprozesse (Drücken, Walzen) sind unproblematisch möglich. Eine Umformung bis zu einer Temperatur von maximal 350 °C ist zu empfehlen, da bei größerer Erwärmung die Gefahr zum Bruch sprunghaft ansteigt. Besonders hervorzuheben ist die sehr gute Tiefziehbarkeit von Kupferblechen. Drähte können bis zu einem Durchmesser von 0,1 mm kalt gezogen werden. Die Biegetechnologie ist weitestgehend komplikationsfrei anwendbar. Das Fügeverfahren für Kupferbauteile ist das Löten. Es kann sowohl weich als auch hart gelötet werden. Zudem lässt sich Kupfer vor allem unter Schutzgas (WIG, MIG) schweißen. Klebeverbindungen entstehen am günstigsten unter Verwendung von Epoxidharz- oder Cyanacrylatklebern.

Auf Grund der hohen Reaktivität mit oxidierenden Säuren lässt sich eine Färbung von Kupferoberflächen mit relativ einfachen Mitteln dauerhaft bewerkstelligen. Die dafür notwendigen Chemikalien sind in Apotheken oder Drogerien frei erhältlich. Eine gleichmäßige Schicht und Verfärbung (Patina) wird durch Tauchen des Kupferbauteils in die für die gewünschte Oberflächenfarbe erforderliche chemische Substanz erreicht. Behältnisse aus Porzellan, Glas oder Polyurethan und eine entsprechende Schutzbekleidung für den Werkstattbereich (Handschuhe, Schutzbrille) sind empfehlenswert.

Vor der Behandlung ist der Kupferwerkstoff von Verunreinigungen auf der Oberfläche zu befreien. Dies kann spanend durch einfaches Schleifen oder aber durch Einsatz stark verdünnter Schwefelsäure oder eines Flussmittels wie beim Löten FUE 6 erfolgen. Sobald beim abschließenden Spülen keine Wassertropfen mehr abperlen, kann von einer vollständig gereinigten Kupferoberfläche ausgegangen werden.

Bild: Kupferkabel.

Bild: Gefärbtes Kupferrohr durch Oberflächenbehandlung.
Bild unten: Fitting aus Kupfer, hergestellt durch Innenhochdruckformen (Rohrkuppe muss noch abgetrennt werden).

Nach Sprenger, Struhk 2004 wird für das Färben in den gewünschten Farbtönen Grün, Braun oder Schwarz folgende chemische Behandlung empfohlen:

Grünspan:
3 Teile Kupfercarbonat, 1 Teil Ammoniumchlorid (Salmiak), 1 Teil Kupferacetat, 1 Teil Weinstein und 8 Teile Essigsäure (Essigessenz) mischen und mit Pinsel oder Tuch auf das Metall auftragen. Nach einigen Tagen bildet sich die grüne Oberflächenschicht. Grünspaneffekte können auch mit fertigem Patiniermittel (siehe Index) und anschließender Nachbehandlung erzeugt werden. Eine preiswertere Alternative ist der Saft des Dosensauerkrauts.

Braun:
2 Teelöffel Kalischwefelleber (Kaliumsulfid) in 4,5 Litern heißem Wasser lösen. Das zu färbende Teil dann solange in die Lösung tauchen, bis sich der gewünschte Farbton eingestellt hat. Abschließend mit kaltem Wasser abspülen.

Schwarz:
1 Teelöffel Kalischwefelleber (Kaliumsulfid) und gut 1/4 Teelöffel Ammoniakwasser in 1 Liter kaltem Wasser lösen. Das Werkstück eintauchen, bis sich der gewünschte Farbton eingestellt hat.

Wirtschaftlichkeit und Lieferformen

Kupferdraht ist in Durchmessern von bis zu 0,1 mm erhältlich. Weitere typische Kupferhalbzeuge sind nahtlos gezogene Rohre, gewalzte Bänder und Bleche. Auch Bronzen werden als Rohre, Stangen und Bleche angeboten. Chile ist das Land mit der größten Kupferproduktion weltweit. Auf Grund des stark gestiegenen Werkstoffpreises wird Kupfer in zunehmendem Maße recycelt. Das Preisniveau ist höher im Vergleich zu Stahlwerkstoffen und vergleichbar mit Aluminium.

Alternativen

Edelstahl, Silber für besondere elektrische Leitungen, Chrombeschichtungen

MET 3.3.2
Nichteisenschwermetalle – Bronzelegierungen

Das schon vor etwa 3.500 Jahren bekannte Bronze, das einer ganzen kulturellen Epoche, der Bronzezeit (2.000 - 1.000 v. Chr.), seinen Namen gab, ist ein Legierungsprodukt aus etwa 80 % bis 90 % Kupfer und Zinn und war die erste vom Menschen gezielt genutzte Legierung. Waffen und Werkzeuge aus Bronze verdrängten in dieser Zeit auf Grund der höheren Festigkeit die bis dahin aus Stein und Kupfer gefertigten Werkzeuge. Ein damaliges Zentrum für Handel und Verarbeitung lag in der Stadt Brindisi im südlichen Italien. Die Bezeichnung Bronze geht auf den lateinischen Ortsnamen »Brundisium« zurück.

Eigenschaften
Heute werden alle Kupferlegierungen mit einem Kupfergehalt von mehr als 60 % als Bronzen bezeichnet. Nach dem Hauptlegierungselement unterscheidet man die typische Zinnbronze als Legierung aus Kupfer und Zinn, Aluminiumbronze aus einer Verbindung von Kupfer und Aluminium und Rotguss als Mehrstoffbronze aus Kupfer, Zinn und Zink. Zinn verschafft der Bronze höhere Festigkeitswerte und Verschleißeigenschaften im Vergleich zu reinem Kupfer. Aluminiumbronze als Legierungsprodukt ist darüber hinaus zäh und besonders korrosionsbeständig. Rotguss hat vor allem gute Gleiteigenschaften. Des Weiteren sind Bronzen mit den Legierungselementen Silber, Beryllium, Mangan, Silizium und Phosphor in Anwendung (Shackelford 2005, Seidel 2005).

Bild: Denkmal aus Gussbronze.

Verwendung
Bronzen werden wegen der warmbraunen Patina seit jeher zur Herstellung von Kunstgegenständen, Denkmälern und Skulpturen genutzt. Ein prominentes Beispiel sind die Bremer Stadtmusikanten, die von Gerhard Marcks 1953 gegossen wurden und einen Platz direkt neben dem Rathaus gefunden haben. Angeblich soll das Umfassen der Beine des Esels direkt oberhalb der Knöchel Glück bringen. Auf Grund des hohen touristischen Interesses ist die Patina an diesen Stellen verschwunden. Da der Werkstoff auch für Medaillen für sportliche Auszeichnungen Verwendung findet, wird er oftmals fälschlicherweise den Edelmetallen zugeordnet. Im Bereich der Innenarchitektur erleben Bronzen neben anderen Kupferlegierungen derzeit eine Renaissance. Wegen der guten Dämpfungseigenschaften werden Glocken zu einem Großteil aus Bronze hergestellt. Technische Anwendung findet die Zinnbronze auf Grund ihrer Verschleißfestigkeit als Lagerwerkstoff in Pumpen. Weitere Produktbeispiele sind Membrane, Federn und Siebdrähte. Rotguss wird für Gleitanwendungen in Getrieben und als Armaturwerkstoff, Aluminiumbronze wegen seiner Korrosionsbeständigkeit vor allem in der chemischen Industrie und für Schiffsschrauben verwendet.

Bild: Bremer Stadtmusikanten./ Foto: Dr. Sascha Peters

Verarbeitung
Eine zerspanende Bearbeitung von Bronzelegierungen ist möglich, wohingegen sich die Umformbarkeit in der Regel auf die Kaltverformung beschränkt. Zinnbronzen werden in der Hauptsache gießtechnisch (Sand-, Strang- oder Schleuderguss) verarbeitet. Dabei muss ein Schwindmaß zwischen 0,75 % und 1,5 % berücksichtigt werden (Beitz, Grote 2001). Schweißen lassen sich Bronzen nur eingeschränkt, löten hingegen gut.

Wirtschaftlichkeit und Handelsformen
Kupfer-Zinn-Legierungen sind in Form von Blechen, Bändern, Stangen und Rohren auf dem Markt erhältlich. Obwohl Bronzen die Festigkeitswerte von nicht rostenden Stählen erreichen, müssen die deutlich höheren Kosten beachtet werden.

Alternativmaterialien
Edelstahl, Bronzen, Silber für besondere elektrische Leitungen

Zamak ist die Bezeichnung für Zinklegierungen mit den Bestandteilen Zink, Aluminium, Magnesium und Kupfer. Da sie sämtlich 4% Aluminium enthalten, ist auch der Begriff »**ZnAl4%-Familie**« üblich.

MET 3.3.3
Nichteisenschwermetalle – Messinglegierungen

Messing ist ein Legierungsprodukt aus Kupfer und aus bis zu 45% Zink. Es wurde bereits im 3. Jahrtausend vor Christus in der Umgebung des antiken Babylons zur Herstellung von Schmuck und anderen Gegenständen mit ästhetischer Qualität verwendet. Es ist die in der Technik am häufigsten genutzte Kupferlegierung. Etwa 70 verschiedene Messingsorten sind bekannt, zu denen beispielsweise ***Gelb-*** und ***Rotmessing*** sowie das ***Gold***- bzw. ***Rottombak*** gehören.

Bild: Trompete aus Messing.

Eigenschaften
Messing ist härter als Kupfer, weniger fest als Bronze und zeichnet sich durch gute Korrosionsbeständigkeit und leichte Verform- und Spanbarkeit aus. Wie Kupfer verfügt Messing über gute Eigenschaften zur Leitung von elektrischem Strom und Wärme und weist eine gute Korrosions- und Witterungsbeständigkeit auf. Die einzelnen Messinglegierungen unterscheiden sich im Wesentlichen durch den Zinkanteil, der in der Nomenklatur besonders hervorgehoben wird (z.B. CuZn37 mit einem Zinkanteil von 37%). Früher hatte Messing eine eigene Bezeichnung (Ms) mit Betonung auf den Kupfergehalt, so dass für das Beispiel auch der Name Ms 63 kursiert. Bei einem hohen Kupferanteil wirkt Messing goldbraun und variiert mit dessen Abnahme bis ins goldgelbe. Hervorzuheben ist die besondere Klangqualität des Werkstoffs, die es für Musikinstrumente besonders geeignet macht.

Messing wiegt pro Kubikzentimeter etwa 8,3 g und schmilzt bei Temperaturen zwischen 900°C und 925°C. Messingsorten mit einem Kupferanteil von mehr als 70% werden Tombak oder Goldmessing genannt.

Verwendung
Die hohe Witterungsbeständigkeit in Kombination mit einer hohen Verschleißfestigkeit macht Messinglegierungen vor allem für das Baugewerbe (z.B. Rohrsysteme, Badinstallationen, Armaturen) interessant. Auf Grund der Ähnlichkeit mit Gold kommt Messing aus Kostengründen für Beschläge, Dekorbleche und Schmuckerzeugnisse zum Einsatz. Zudem werden Blechblasinstrumente aus dieser Kupferlegierung hergestellt. Weitere Anwendungen sind Heizungen in Fahrzeugen, Münzen, Patronenhülsen, Uhrengehäuse und korrosionsfeste Teile der optischen Industrie. Die gute Umformbarkeit macht es auch für die militärische Munitionsherstellung besonders geeignet. Zum Löten von Kupferlegierungen oder Schweißen von Stahl kommen ***Lotmessinge*** zum Einsatz. Sie enthalten 40–43% Zink sowie Zinn- und Mangan-Anteile.

Verarbeitung
Messing ist einfacher zu zerspanen als reines Kupfer. Der Zusatz von 1% – 3% Blei verbessert diese Eigenschaft. Hier bietet die Legierung CuZn39Pb2 (39% Zink, 2% Blei) die besten Werte, die nur noch von Aluminiumlegierungen übertroffen wird (Bargel, Schulze 2004). Beim Messingbohren ist Vorsicht geboten, da der Bohrer völlig unerwartet plötzlich tief ins Material gezogen werden kann. Bohrer und Sägen sollten hinterschliffen sein. Eine Umformung von Messingbauteilen ist unproblematisch (z.B. Tiefziehen, Drücken, Walzen, Prägen, Biegen). Zum Schweißen sollte das WIG-Verfahren FUE 5.4 bevorzugt werden. Messing lässt sich leicht löten und kann besser geschweißt werden als Kupfer. Der Werkstoff ist gut schleif- und polierbar. Wie die Bronzen kann auch Messing gießtechnisch verarbeitet werden. Die chemische Färbbarkeit ist mit den unter Kupfer genannten Möglichkeiten möglich.

Wirtschaftlichkeit und Handelsformen
Die üblichen auf dem Markt erhältlichen Messinghalbzeuge sind gezogene Profile, Drähte und Bleche. Die Kosten für Messing liegen höher als für die edlen, nicht rostenden Stahlsorten. Gängige Messingsorten für die Drahtherstellung sind CuZn15 oder CuZn30.

Alternativmaterialien
Edelstahl, Bronzen, Gold im Schmuck- und Dekorbereich, Titannitrid-Beschichtung mit goldähnlichen Reflexionseigenschaften

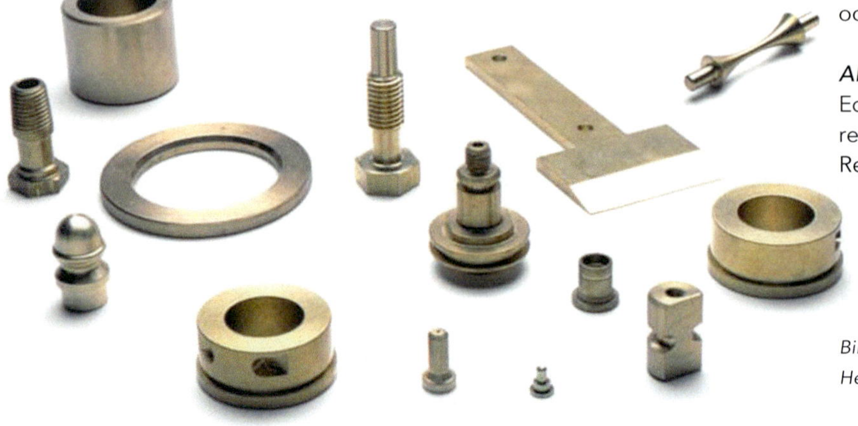

*Bild: Dreh- und Frästeile aus Messing./
Hersteller: Weber-CNC-Bearbeitung/ Foto: Bastian Heßler*

MET 3.3.4
Nichteisenschwermetalle – Zinklegierungen

Die zackenförmige Erstarrung der Materialoberfläche gab dem Nichteisenmetall Zink seinen Namen. Laut einer Studie der US-amerikanischen Bergbaubehörde verbraucht ein Mensch etwa 331 kg des Metalls in seinem Leben (Lefteri 2004). Und dabei sind nicht nur der industrielle und häusliche Gebrauch gemeint. Als Spurenelement für den Stoffwechsel des Menschen wirkt sich Zink positiv auf die Funktionsfähigkeit unseres Immunsystems aus.

Bild: Modelleisenbahn durch Zinkdruckguss./
Foto: Jacques B./ Initiative Zink

Eigenschaften
Zink ist ein bläulich weißes, recht sprödes Schwermetall, dessen Vorkommen nach Aluminium und Kupfer an dritter Stelle aller Nichteisenmetalle steht. Es weist eine hohe Festigkeit und Härte sowie eine sehr gute elektrische Leitfähigkeit auf. Der Werkstoff zählt zu den nur wenig edlen Metallen. In der normalen Luftatmosphäre bilden sich fest haftende Oxidschichten. Zink ist mit anderen Metallen wie Aluminium oder Kupfer leicht zu legieren (Riehle, Simmchen 1997). Messing ist ein Legierungsprodukt aus Zink und Kupfer. Auf Grund der hohen Reaktivität darf der Werkstoff nicht in Kontakt mit Lebensmitteln kommen. Zinkoxiddämpfe sind in geringem Maße toxisch (grippeartige Symptome).

Bild: Zinkdruckguss mit einer Chrom-Nickel-Oberfläche für das Fronthaubensymbol der Marke Maybach./
Foto: DaimlerChrysler AG, Mercedes Car Group

Verwendung
Zink wird zu 32 % als Beschichtungswerkstoff zur Verbesserung der Korrosionseigenschaften und als Rostschutz für Eisenwaren und Stahl eingesetzt (nach WirtschaftsVereinigung Metalle 2004). 24 % der Zinkproduktion in Deutschland sind Halbzeuge wie Dachrinnen, Fassaden und Dachelemente, die aus Zinkblech bestehen. Typische Anwendungen für verzinkte Bauteile sind Chassis von LKW, Karosseriebleche, Straßenmöblierung (Leitplanken, Laternenmasten, etc.) und Bauanwendungen (Träger, Geländer, Tore). Weiterhin sind Rohre, Drähte oder Bänder häufig verzinkt. Im Haushaltsgerätemarkt finden sich darüber hinaus zahlreiche Anwendungen. Auf Grund der niedrigen Schmelztemperaturen eignet sich das Metall hervorragend für die gießtechnische Formgebung. Es gewährleistet somit die günstige Herstellung von Gegenständen und Bauteilen aus Metall mit komplexen Formgeometrien, z. B. Türklinken, Gerätebau und Spielzeuge. Darüber hinaus findet Zink im Elektronikbereich und bei der Herstellung von Trockenbatterien Verwendung.

Verarbeitung
Komplexe Formgeometrien aus Zinklegierungen werden üblicherweise im Druckguss mit hohen Stückzahlen erstellt. Wegen des niedrigen Schmelzpunktes können sie zudem im Kokillenguss verarbeitet werden. Der Werkstoff lässt sich sowohl kalt als auch warm umformen. Bei etwa 100 °C ist das Metall leicht zu schmieden. Die bekannten Fügetechnologien sind anwendbar. Beim Löten können Zinn- oder Kadmiumlote verwendet werden. Zink kann poliert und geschliffen werden. Ein Farbauftrag ist möglich. Die Beschichtung mit Zink erfolgt durch Tauchvorgänge in das flüssige Metall (Feuerverzinken) oder im galvanischen Prozess BES 6.3. Außerdem kann es durch Spritzverzinken aufgebracht werden.

Wirtschaftlichkeit und Handelsformen
Zink ist ein relativ preiswerter Werkstoff. Je nach Zinkgehalt werden Zinkerzeugnisse in 5 Sorten unterteilt: Z1 – 99,995 %, Z2 – 99,99 %, Z3 – 99,95 %, Z4 – 99,5 %, Z5 – 98,5 % (Wendehorst 2004). Für das Bauwesen sind gewalzte Flacherzeugnisse aus ***Titanzink***, einem legierten Zink, als Band, Blech oder Streifen erhältlich. Das Material wird auch als Folienmaterial vertrieben.

Alternativmaterialien
Aluminiumlegierungen beim Druckguss, thermoplastische Kunststoffe für den konventionellen Spritzguss

Bild: Spielzeugauto mit Karosserie durch Zinkdruckguss.

MET 3.3.5
Nichteisenschwermetalle – Zinnlegierungen

Als eines der Hauptlegierungselemente von Bronze ist die Bedeutung von Zinn seit der Antike mit der Anwendungsvielfalt dieser speziellen Kupferlegierung als Gebrauchsgegenstand oder Waffe unmittelbar verbunden. Da das Vorkommen im Mittelmeerraum sich als unbedeutend erwies, wurden schon früh Handelsrouten nach Südengland und Nordpersien erschlossen. Einige Historiker führen sogar den Trojanischen Krieg um etwa 1.000 vor Christus auf die Notwendigkeit eines freien Zugangs zu Rohstoffen aus Vorderasien zurück.

Bild: Weißblechdosen und Kanister mit Zinnbeschichtung./ Foto: HUBER VERPACKUNGEN GmbH & Co. KG

Eigenschaften
Zinn ist ein sehr weiches und dehnbares Schwermetall mit einem silbrig weißen Glanz, das sich mit dem Fingernagel ritzen lässt. Es hat einen auffallend niedrigen Schmelz- aber einen hohen Siedepunkt. Durch seine Oxidschicht ist es gegenüber Luft, Wasser und organischen Säuren mit niedrigen Konzentrationen beständig, womit seine gute Wetterresistenz zu begründen ist. Zinnlegierungen sind ungiftig und in Kontakt mit Lebensmitteln unproblematisch. Der Zerfall des Materials bei tiefen Temperaturen wurde im Mittelalter als »***Zinnpest***« bezeichnet.

Bild: Blechdose mit Zinnbeschichtung auf der Außenseite.

Verwendung
Zinn hat als Beschichtungsmaterial für Konservendosen (***Weißblech***) oder Backformen in der Lebensmittelindustrie eine große Bedeutung. Zum einen ist der Kontakt mit Lebensmitteln unbedenklich, zum anderen dient es der Optimierung der Korrosionsbeständigkeit und Härte der Blechdose. Darüber hinaus werden Zinnüberzüge auch zur Verbesserung der optischen Qualität genutzt. Bei der Herstellung von Flachglas schwimmt die Glasmasse bis zur Erstarrung auf einer flüssigen Zinnschmelze (Floatverfahren *GLA 2.1.1*). Im Kunsthandwerk findet es auf Grund der leichten Verarbeitbarkeit reges Interesse. Beispielsweise wird Zinnblech schon seit Jahren bei der Herstellung von Orgelpfeifen verwendet. Früher war das Vergießen des Werkstoffs zur Herstellung von Zinnsoldaten in der heimischen Umgebung gerade bei Kindern und Jugendlichen beliebt. Auch das Lametta für den Christbaumschmuck wird aus Zinn gefertigt. Darüber hinaus wird der Werkstoff als Legierungselement in einer Vielzahl von Anwendungen genutzt. Zinnlegierungen kommen bei der Herstellung transparenter Displays zur Anwendung und werden als Desinfektionsmittel eingesetzt. Die 1-Euro Münze enthält etwa 1 % Zinn. Auf Grund der hohen Lichtbrechung wird Zinndioxid bei der Herstellung optischer Geräte verwendet.

Verarbeitung
Zinn lässt sich wegen des niedrigen Schmelzpunktes sehr gut gießen. Hier ist vor allem die Druckgusstechnik *FOR 1.4* für die Erstellung komplexer Formgeometrien geeignet. Darüber hinaus wird es als Lötmaterial (Weichlot) verwendet. Der Werkstoff lässt sich sehr gut zu dünnem Folienmaterial verformen und auswalzen (z. B. ***Lametta***). Charakteristisch für umformende Verarbeitungen wie etwa das Biegen von Stangenmaterial ist ein eigenartiges Geräusch, das auch unter dem Namen »***Zinngeschrei***« bekannt ist. Es ist auf Reibungsvorgänge im kristallinen Bereich zurückzuführen. Beschichtungen aus dem Werkstoff, z. B. für Blechdosen in der Lebensmittelindustrie, werden durch Tauchprozesse (Feuerverzinnen *BES 1.3*) oder über die Galvanik meist auf Eisen oder Kupfer aufgebracht.

Wirtschaftlichkeit und Handelsformen
In den letzten Jahren sind die Preise für Zinnlegierungen auf Grund steigender Nachfrage vor allem aus China stetig gestiegen. Es ist in Form von Drähten, dünnen Blechen und Rohren auf dem Markt erhältlich. Zinn wird in den 5 Reinheitsklassen Sn 99,9; Sn 99,75; Sn 99,5; Sn 99 und Sn 98 hergestellt (Merkel, Thomas 2003). Folien dienen dem Isolierzweck und werden zum Löten verwendet.

Alternativmaterialien
Zink für Beschichtungen, Aluminium im Bereich des Folienmaterials

MET 3.3.6
Nichteisenschwermetalle – Nickellegierungen

Der Name »Nickel« stammt von Bergkobolden, die einer Sage folgend Kupfer in das bis dahin wertlose Metall verwandelten. ***Kupfernickel*** wurde als falsches Kupfer bezeichnet, und es war lange Zeit nicht bekannt, dass es sich bei dem Material nicht um eine Kupferlegierung sondern um ein eigenständiges Metall handelt. Obwohl Funde aus dem antiken Griechenland zeigen, dass Nickel und seine Legierungen bereits vor etwa 4.000 Jahren verarbeitet wurden, setzte die industrielle Verwertbarkeit erst mit dem von Farraday 1843 entwickelten Verfahren zur galvanischen Vernickelung ein.

Eigenschaften
Nickel ist ein silberweißes, sehr zähes aber durchaus dehnbares Metall mit hohem Schmelzpunkt (1.453 °C) und hoher Temperaturbeständigkeit. Seine Eigenschaften sind mit Kupfer vergleichbar. Die Härte liegt aber um einiges höher. Es kommt in der Natur meist in gebundener Form mit Kobalt vor. Beide zählen zu den Schwermetallen. In einem aufwändigen Verfahren wird Nickel aus dem Erz gewonnen und zur Steigerung von Festigkeit, Elastizität, Wärme- und Korrosionsbeständigkeit mit Chrom, Mangan, Magnesium oder Aluminium auflegiert. Bei vielen Menschen bewirken Nickellegierungen allergische Reaktionen.

Verwendung
Die besonders hohe Korrosions- und Wärmebeständigkeit von Nickellegierungen sind die im industriellen Kontext am häufigsten genutzten Eigenschaften. So dient Nickel vor allem als Legierungselement in der Stahlproduktion (Ilschner, Singer 2005) und für Kupferlegierungen zur Erhöhung der Festigkeit. Als galvanisch aufgebrachter Beschichtungswerkstoff optimiert Nickel die mechanischen Eigenschaften von Bauteiloberflächen. Nickellegierungen sind daher häufig in Gasturbinen, Panzerplatten und Feuerwaffen vorzufinden. Außerdem ist der Werkstoff für den Bau chemischer Anlagen von Bedeutung und wird in Batterien verwendet. Die gute Korrosionsbeständigkeit macht Nickellegierungen auch für die Münzherstellung interessant. Im Flugzeug- und Raketenbau werden so genannte ***Superlegierungen*** mit extremer Temperaturwechselbeständigkeit auf Nickel-Basis hergestellt. Bekannte Handelsnamen dieser hochwarmfesten Nickellegierungen sind Inconel® (Nickel-Chrom-Eisen), Hastelloy® (Nickel-Molybdän- Eisen-Chrom) oder Udimet® (Nickel-Molybdän-Eisen-Chrom-Aluminium-Titan-Kobalt) (Heubner, Klöwer 2002).

Verarbeitung
Nickel kann mit umformenden Verfahren (Stanzen, Walzen) sehr gut kalt verarbeitet werden. Ein günstiger Temperaturwert für die Warmumformung zum Pressen oder Schmieden liegt bei etwa 1.100 °C. Ein zerspanender Materialabtrag sollte nach Abkühlung erfolgen, da das Material in weichem Zustand eine hohe Zähigkeit aufweist. Als Fügetechniken können neben den üblichen Lötverfahren auch das Press- und Schmelzschweißen eingesetzt werden. Nickellegierungen lassen sich gießen. Filigrane Strukturen werden bei den Superlegierungen üblicherweise im Feinguss erzeugt.

Wirtschaftlichkeit und Handelsformen
Der hohe Preis von Nickellegierungen kann auf die komplexe Gewinnung aus Metallerzen zurückgeführt werden. Er liegt aufs Volumen bezogen etwa beim vierfachen des Preises von Titanwerkstoffen. Superlegierungen sind in großformatigen Blechen oder als Schmiedestücke verfügbar.

Alternativmaterialien
Edelstahl, Superlegierungen auf Basis von Eisen oder Kobalt, Chromlegierungen

Bild: Nickellegierung im Mittelteil der 1-Euro Münze.

MET 3.3.7
Nichteisenschwermetalle – Bleilegierungen

Der niedrige Schmelzpunkt von Blei (327 °C) macht seit dem Altertum eine relativ unkomplizierte Herstellung und Gewinnung aus Erzen möglich. Somit gehört Blei zu einem der ältesten Metallwerkstoffe schlechthin. Es wurde bereits vor ungefähr 5.000 Jahren im alten Ägypten gewonnen und erlangte vor allem im Bereich des östlichen Mittelmeers eine hohe Bedeutung. Im Mittelalter war es das Hauptmaterial zur Fassung von Kirchenfenstern und wurde lange Zeit für Dacheindeckungen, Rohre und als Geschossmaterial verwendet. Besonders bekannt sind die Bleiverliese im mittelalterlichen Dogenpalast in Venedig.

»Bleistift«
Der Name des Bleistifts geht auf die Tatsache zurück, dass man im Mittelalter noch mit einer in einen Holzschaft eingepressten Mine aus Blei und Silber geschrieben hat. Auf Grund der unkomfortablen Härte dieser Legierung stieg man im 18. Jahrhundert auf Grafit MIN 4.5.2 *um.*

Eigenschaften
Blei hat eine graue Farbigkeit und zählt zu einem der weichsten Schwermetalle. Nach einem Schnitt glänzen die Bearbeitungsflächen, laufen aber nach kürzester Zeit in der Luft bläulich an. Die sich bildenden Oxidschichten verleihen dem Werkstoff einen guten Korrosionsschutz. Blei kann weder in Schwefel- noch in Flusssäure gelöst werden. Das Material ist leicht verformbar, was mit der hohen Dehnbarkeit bei gleichzeitig geringerer Elastizität zu erklären ist. Auf Grund der hohen toxischen Gefahr von Bleidämpfen und -verbindungen kommt der Werkstoff nicht mehr für Gebrauchsgegenstände im Haushaltsbereich in Frage. Der Kontakt mit der Haut oder mit Lebensmitteln sollte vermieden werden. Bleiabfälle müssen gesondert entsorgt werden.

Bild: Fassade aus Blei./ Foto: banz+riecks architekten

Weichblei
unlegiertes Blei

Feinblei
Blei mit einer Reinheit von 99,9 %

Hartblei
Blei mit erhöhter Festigkeit durch Zulegieren von Antimon

Verwendung
Wegen der guten Beständigkeit gegenüber starken Säuren wird Blei in der chemischen Industrie für den Apparate- und Behälterbau eingesetzt. In die Herstellung von Batterien fließt ungefähr die Hälfte der Bleiproduktion überhaupt. Da sich Kohlensäure und Luft mit Blei zu einer unlöslichen Schutzschicht aus Bleikarbonat verbinden, wird der Werkstoff für unterirdische Kabel und zur Ummantelung von Seeleitungen verwendet. Die lange Zeit bei Trinkwasserleitungen üblichen Bleirohre sind auf Grund der toxischen Gefahren allerdings seit etwa 3 Jahrzehnten nicht mehr im Gebrauch. Blei verfügt über ausgezeichnete Eigenschaften zum Schutz gegen Röntgenstrahlung und Radioaktivität. Der Werkstoff wird daher für Bleischürzen im medizinischen Umfeld, zur Abschirmung von radioaktivem Müll und für Kathodenstrahlröhren bei Bildschirmen eingesetzt. Wegen der hohen Dichte benutzen Taucher Bleigewichte, um den Auftriebskräften der Ausrüstung entgegenzuwirken. Der Werkstoff kommt außerdem im Audiobereich zur Klangbeeinflussung zur Anwendung (Shackelford 2005). Bleilegierungen werden zur Herstellung von Farbpartikeln genutzt und haben bei der Glasverarbeitung einen hohen Stellenwert. ***Bleiweiß*** ist das weiße Pigment mit der höchsten Deckkraft. Das rote Farbpigment ***Mennige*** wird auch für den Rostschutz verwendet. Lange Zeit war Blei das bedeutendste ***Antiklopfmittel***, um frühzeitiges Entzünden des Kraftstoffgemisches während der Verdichtung im Motor zu verhindern. Seit Mitte der neunziger Jahre wurde es durch das ungiftige ***Methyltertiärbutylether*** (MTBE) ersetzt.

Verarbeitung
Blei lässt sich einfach zerspanend und umformend verarbeiten. Auf Grund der leichten Dehnbarkeit und des hohen Formänderungsvermögens kann das Material leicht zu Blechen gewalzt und zu Rohren gepresst werden. Es sind jedoch keine feinen Drähte ziehbar. Der Werkstoff lässt sich sowohl schweißen als auch löten und kann vergossen werden. Bleibeschichtungen werden elektrolytisch, im Tauchverfahren oder durch thermisches Spritzen (Flammspritzen) aufgetragen.

Handelsformen
Bleibleche werden in den gewalzten Sorten ***Hüttenblei*** und ***Feinblei*** in Dicken zwischen 0,5 mm und 15 mm in Form von Tafeln oder streifenförmig als Rollen vertrieben. Sie dienen zum Schutz vor radioaktiver Strahlung und Röntgenstrahlung. Auch Bleirohre werden für Entwässerungsanlagen immer noch angeboten. Im Baugewerbe wird ***Bleiwolle*** zum dauerhaften Abdichten der Übergänge von Metallarbeiten zum Mauerwerk oder von Muffenverbindungen genutzt (Wendehorst 2004). Bleiwolle ist in Verpackungseinheiten zu 25 kg über den Fachhandel erhältlich. Es hat unabhängig von seiner Anwendung eine nahezu unbegrenzte Lebensdauer.

Alternativmaterialien
Kupfer- und Zinklegierungen

MET 3.3.8 Nichteisenschwermetalle – Chromlegierungen

Chrom wurde zuerst als Bestandteil des Rotbleierzes im Ural entdeckt. Seit 1770 war es als Farbpigment im Einsatz. Ende des 18. Jahrhunderts wurde Chromgelb zur Modefarbe. Vor diesem Hintergrund wird die Namensgebung des Metalls als Ableitung vom griechischen Begriff für Farbe »chroma« schnell verständlich.

Bild: Chrombeschichtung.

Eigenschaften

In reinem Zustand ist Chrom ein zähes, sehr hartes aber elastisches Schwermetall. Es ist gegenüber atmosphärischen Einflüssen besonders beständig und oxidiert weder an der Luft noch im Wasser. Somit sind Chromverbindungen für die Verwendung als Beschichtungswerkstoff zum Schutz vor Rost und zur Verbesserung der Festigkeit besonders wertvoll. Zudem ist die silberweiße, leicht bläulich glänzende Erscheinung unter optischen Aspekten sehr interessant. Chromhaltige Abwässer und Abgase belasten die Umwelt und erhöhen das Lungenkrebsrisiko.

Verwendung

Auf Grund der starken Sprödigkeit kommt Chrom nicht als klassischer Werkstoff zum Einsatz, ist aber eines der wichtigsten Gebrauchsmetalle. Dies liegt an der Möglichkeit zur Verbesserung der Korrosionsbeständigkeit von Stahlwerkstoffen mit Chrombeschichtungen (z. B. Chromstahl, Chromnickelstahl). Zudem optimiert das Zulegieren von Chrom die mechanischen Eigenschaftswerte von Eisenwerkstoffen und Edelstählen in Bezug auf Festigkeit und Härte (Bargel, Schulze 2004). Die Verbesserung der Hitze- und Anlaufbeständigkeit von niedrig legierten Stählen kann durch Einbringen von Chrom in das Gefüge der Randzone erfolgen (Chromatisieren BES 7). Stark glänzende Chromoberflächen sind vor allem für dekorative Anwendungen bekannt. Die einfache Reinigung macht die mit Chrom überzogenen Bauteile für Armaturen im Bad, als Griffe oder Fahrradteile interessant. Außerdem werden Chromverbindungen zum Färben von Textilien oder als Farbpigmente eingesetzt.

Verarbeitung

Die Verarbeitungsmöglichkeiten sind in der Hauptsache auf die üblichen Beschichtungs- und Legierungstechnologien beschränkt. Bis zu 0,5 mm dicke Überzugsschichten können durch galvanisches Abscheiden (Hartverchromen) aufgebracht werden und eine Steigerung der Verschleißfestigkeit von Bauteilen und Werkzeugen bewirken. Das Glanzverchromen dient zur Erzeugung dekorativer Oberflächen. Im PVD- oder CVD-Verfahren BES 6.1, BES 6.2 werden Chromschichten von Dicken zwischen 0,3 µm und 6 µm aufgebracht. Durch die Galvanik BES 6.3 werden Cr-Überzüge erzeugt.

Alternativmaterialien

Nickel-, Kupfer- und Titanlegierungen

Bild: Mehrzweckstuhl »parlando« mit Chromgestell./ Hersteller: drabert GmbH/ Foto: Volker Bültmann, Petershagen/ Design: A. Kalweit, A. Pankonin, R. Wallbaum

MET 3.4
Edelmetalle

MET 3.4.1
Edelmetalle – Gold

Gold, Silber und Kupfer begleiten als Werkstoffe die kulturelle Entwicklung des Menschen seit der frühen Antike. Vor allem Gold hatte wegen seiner edlen Erscheinung für die unterschiedlichen Völker und Gesellschaften eine besondere Bedeutung. Während der lateinische Sprachraum den gelben Glanz des Metalls mit dem Licht der Morgenröte (lateinisch »aurora«) verband und ihm den Namen »aurum« verlieh, betonte der indogermanische Kulturkreis das leichte gelbe Schimmern des Werkstoffs (indogermanisch: »ghel«). Im alten Ägypten galt Gold als göttliches Element. Die Leichname der Pharaonen wurden mit Goldmasken geschmückt, um deren Unsterblichkeit zu bewirken. In der Grabkammer von Tutanchamun fand man 1922 neben der Mumie drei Särge aus massivem Gold mit einem Gewicht von 108 kg sowie den Thronsessel mit einer kompletten Goldbeschichtung (Ägyptisches Museum, Kairo). Heute finden winzige Goldpartikel in Nanogröße auch Verwendung zur dekorativen Färbung von Glas sowie zur Reinigung der Luft von Schadstoffen und leicht flüchtigen Verbindungen MET 5.4.

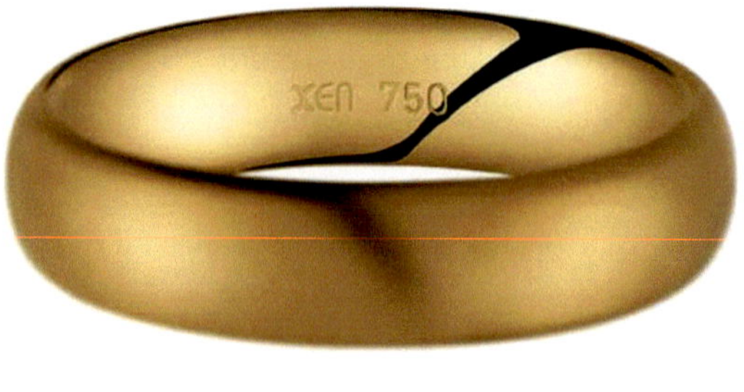

Bild: Goldring von Xen./ Foto: Xen GmbH

Eigenschaften
Gold ist ein weicher und extrem dehnbarer Werkstoff mit einer hohen Dichte. Aus einem Gramm des Metalls lässt sich ein etwa 3 Kilometer langer Draht herstellen. Neben Kupfer ist es das einzige Metall mit einer farbigen Erscheinung. Die besonders edle Materialoberfläche läuft weder in Luft noch unter Wasser an und ist resistent gegen chemische Substanzen. Nach Kupfer und Silber gehört Gold zu den besten Leitern für Wärme und elektrischen Strom. Es ist zudem das einzige Metall, das in elementarer Form in der Natur vorkommt und auf Grund seines Glanzes leicht zu erkennen ist. Allerdings weist es stets Verunreinigungen mit anderen metallischen Elementen wie Silber, Kupfer oder Quecksilber auf.

Reines Gold wird heute durch eine Aufeinanderfolge zweier Verfahrensschritte gewonnen. Bei der Amalgierung wird durch die Verwendung von ***Quecksilber*** ungefähr 2/3 des Goldes aus dem Gesteinsfund herausgelöst. Die restliche Herauslösung erfolgt in einer ***Cyanidlaugerei***. Auf Grund des extrem weichen Zustandes reinen Goldes und des großen Wertes wird der Werkstoff häufig mit Silber oder Kupfer legiert. ***Rotgold*** enthält einen hohen Anteil Kupfer, ***Gelbgold*** ungefähr gleiche Mengen Silber und Kupfer. ***Weißgold*** ist ein Legierungsprodukt aus Gold, Palladium, Kupfer und Zink.

Die Zusammensetzungen und Mischungsverhältnisse sind dabei gesetzlich geregelt. Der Goldgehalt wird in Promille angegeben. Beispielsweise besteht die Goldlegierung 333/000 zu einem Drittel aus dem wertvollen Edelmetall. Die gebräuchlichen Legierungen sehen eine Staffelung in die Mischungsverhältnisse 333/000, 585/000 und 750/000 vor. Münzen werden in aller Regel aus 900/000 Gold hergestellt und sind mit 10 % Kupfer auflegiert. Ausnahme ist beispielsweise der australische »Nugget« der zu 99,95 % aus nahezu reinem Gold besteht. Neben dem Mischungsverhältnis ist seit dem Mittelalter zur Bezeichnung einer Goldlegierung auch die Maßeinheit des ***Karat*** (abgekürzt: kt) üblich. Dabei wird die Gehaltsangabe nicht in tausend Teile sondern in 24 Karate aufgeteilt. Reines Gold entspricht demzufolge einem Wert von 24 Karaten. Die 333/000 Goldlegierung kommt 8 Karaten gleich. Die Bezeichnung stammt vom Samen des Johannisbrotbaums, mit denen in der Antike Edelsteine und –metalle abgewogen wurden.

Die Angabe des Goldpreises erfolgt in Bezug auf eine ***Feinunze***. Dies ist eine Mengenbezeichnung und entspricht einem Gewicht von 31,1035 Gramm Feingold.

Goldlegierungen und Erscheinung

Farbe	Gewichtsanteile auf 1000 Anteile			Dichte	Schmelzpunkt
	Feingold	Feinsilber	Kupfer		
Goldlegierungen 750/000					
hellgelb	750	125	125	15,4 kg/dm³	895 °C
rötlichgelb	750	83	167	15,2 kg/dm³	882 °C
orangerot	750	36	214	15,0 kg/dm³	880 °C
hochrot	750	0	250	14,8 kg/dm³	890 °C
Goldlegierungen 585/000					
hellgelb	585	294	166	13,7 kg/dm³	857 °C
orangegelb	585	138	277	13,3 kg/dm³	867 °C
rötlichgelb	585	104	311	13,2 kg/dm³	885 °C
orangerot	585	60	355	13,1 kg/dm³	907 °C
Goldlegierungen 333/000					
blassgrün	333	533	134	12,0 kg/dm³	866 °C
strohgelb	333	267	400	11,3 kg/dm³	856 °C
rötlichgelb	333	167	500	11,1 kg/dm³	904 °C

Abb. 27

Verwendung
Zu einem Anteil von ungefähr 60 % werden die Goldvorräte zur Herstellung von Schmuck oder Luxusgütern verwendet. Des Weiteren dienen Goldbarren zur Währungssicherung, Geldanlage sowie Münzherstellung. Bekannte Goldmünzen sind

der »Krügerrand« oder der »Maple Leaf« (jeweils 1 Unze). Vor allem im Altertum und Mittelalter wurde Blattgold zur Beschichtung von Rahmen, Skulpturen, Büchern, Ikonen und Stuck verwendet. Dieses hat heute etwa eine Dicke von 0,000003 mm (Laska, Felsch 1992). In der Dentaltechnik wird Gold als Zahnersatz und zur Füllung kariöser Stellen eingesetzt. Im Elektronikbereich kommt Gold wegen der guten Leitfähigkeit für Elektrizität vor allem als Werkstoff für schaltende Kontakte zur Anwendung. Für Produkte der optischen Industrie wird das wertvolle Edelmetall wegen der Eigenschaft zur Reflexion von UV-Strahlung und energiereichem Licht bei hochwertigen Spiegeln, zur Produktion von Sonnenschutzgläsern oder Reflektoren für Satelliten genutzt. In der Raumfahrt sind wichtige Bauteile zur Verhinderung von Korrosion mit Gold beschichtet.

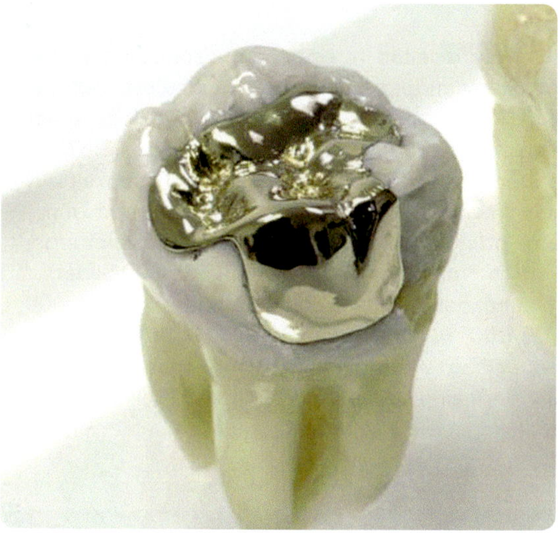

Bild: Goldinlay.

Verarbeitung

Die umformende Bearbeitung von Gold ist wegen des hohen Formveränderungsvermögens unkompliziert. Es kann hervorragend zu Folien mit einer Dicke von bis 0,1 µm ausgewalzt und zu feinem Drahtmaterial verarbeiten werden und ist schmiedbar. Bauteilvergoldungen werden durch elektrolytisches Abscheiden erzeugt. Ein zerspanender Materialabtrag ist bei der Schmuckherstellung üblich. Auf Grund der Kostbarkeit des Edelmetalls werden die abfallenden Späne gesammelt und können eingeschmolzen werden. Zum Fügen wird die Löttechnik verwendet. Oberflächen aus Gold können poliert und geschliffen werden. Eine genaue Beschreibung der handwerklichen Techniken des Goldschmieds findet man in entsprechender Fachliteratur (Brepohl 1998). Jüngst konnte Goldpulver auch durch Lasersintern verarbeitet werden.

Wirtschaftlichkeit und Handelsformen

Gold ist sehr selten und wird zu einem hohen Preis gehandelt. Die Deutsche Bank rechnete aus, dass das gesamte verfügbare Gold der Erde (153.000 Tonnen) zusammengeschmolzen einen Würfel mit einer Kantenlänge von lediglich 20 Metern ergeben würde. Obwohl die Schwankungen beim Goldpreis in der Regel moderat sind, ist in den letzten Jahren ein steter Anstieg zu beobachten.

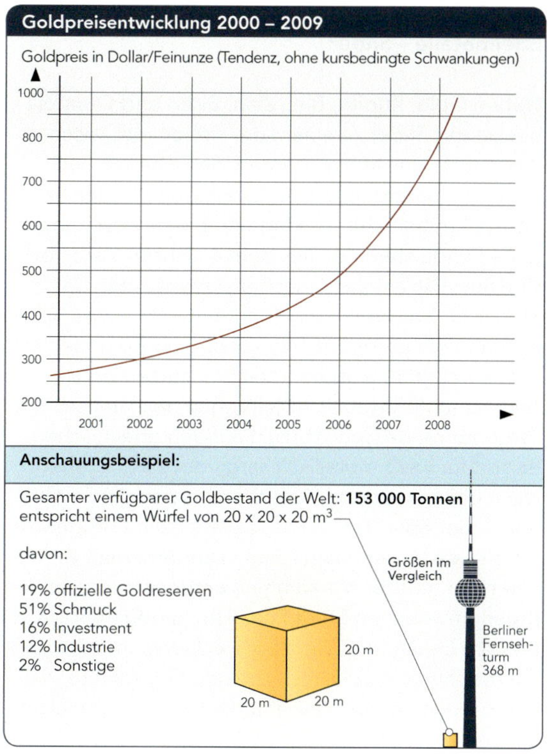

Abb. 28: nach [FAZ, 20. November 2005, Nr. 46]

Die größten Goldvorkommen befinden sich in Witwatersrand im Süden Afrikas. Weitere Förderregionen sind in den USA, Australien und China zu finden. Die gesamte Weltjahresproduktion lag in 2000 für Gold bei 2.568 Tonnen. In Europa haben die rumänischen Goldvorkommen eine nach wie vor hohe Bedeutung. Wegen der hohen Kosten ist die Recyclingrate von Goldwerkstoffen sehr hoch. Etwa 90 % der Goldabfälle und des Altgoldes wird recycelt. Das Edelmetall ist auf dem Markt in Form von Drähten sowie als Folien-, Blatt- oder Blechmaterial erhältlich.

Alternativmaterialien

Silber und Platin für die Schmuckherstellung, Palladium in der Dentaltechnik, Titannitrid-Beschichtung mit goldähnlichen Reflexionseigenschaften

Bild: Goldmünzen./ »Krügerrand«

MET 3.4.2
Edelmetalle – Silber

Neben Gold, Kupfer, Blei, Zinn, Eisen und Quecksilber gehört Silber zu einem der sieben metallischen Werkstoffe der Antike, deren Eigenschaften nachhaltig die gesellschaftliche Entwicklung bis hin in unsere heutige Zeit geprägt und beeinflusst haben. Erste Funde stammen aus dem 4. Jahrtausend vor Christus. Die antiken Griechen verwendeten das Metall zur Konservierung von Wein. Der Name Silber stammt vom germanischen »silabra« oder gotischen »silubr« ab. Romanische Sprachen nutzen zur Bezeichnung des Metalls Ableitungen des lateinischen »argentum«, dessen Wurzeln auf den griechischen Begriff für weiß-metallisch »argyros« zurückgehen. Nach der Entdeckung Amerikas wurden große Mengen Silber über den Rio de la Plata nach Europa verschifft, was Argentinien seinen Ländernamen verlieh. Eines der größten Vorkommen entdeckte man in der sagenumwobenen Stadt Potosí im heutigen Bolivien. Weitere bekannte Silberstädte in Lateinamerika sind die mexikanischen Orte Taxco und Guanajuato, die sich zu touristischen Anziehungspunkten entwickelt haben.

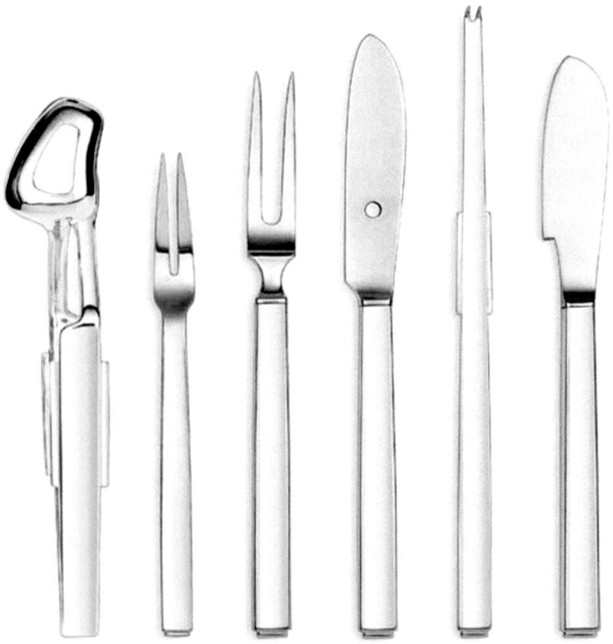

Bild unten: Feinschmeckerbesteck aus 925/000 Sterlingsilber (Entwurf für die Marke Wilkens)./ Design: Claudia Christl

Eigenschaften

Silber kommt in der Natur 20 Mal häufiger vor als Gold. Als Edelmetall ist es in der normalen Luftatmosphäre korrosionsbeständig und verfügt über eine weiß glänzende Oberfläche. Schwefelige Verunreinigungen der Luft bewirken allerdings ein braunes bis schwarzes Anlaufen (Silbersulfidschicht), was eine Reinigung dekorativer Oberflächen aus Silber von Zeit zu Zeit erforderlich macht. Das Edelmetall ist weich und daher leicht verformbar, weshalb es seit jeher für die Schmuckherstellung verwertet wird. Das Metall ist darüber hinaus der beste Leiter für Wärme und Strom. Zudem ist Silber nach Gold der dehnbarste Werkstoff überhaupt und kann zu bläulich-grün schimmerndem ***Blattsilber*** gewalzt werden. Es hat von allen Materialien die besten Reflexionseigenschaften für Strahlungen (z. B. Licht oder Wärme).

Silber wird selten in reiner Form verarbeitet, sondern meist mit anderen Werkstoffen auflegiert. Das zur Schmuckherstellung beliebte Sterling-Silber ist ein Legierungsprodukt aus 7,5 % Kupfer und 92,5 % Silber. Der Kupferanteil bewirkt eine Festigkeitssteigerung. Weitere Legierungsmetalle sind Zinn, Zink oder Nickel. Der Silbergehalt von Legierungen wird in Promille angegeben (z. B. 925/000 Silber). Weitere handelsübliche Legierungen sind 800/000, 835/000, 900/000 oder 935/000 Silber. Der als ***Neusilber*** MET 3.3 bezeichnete Werkstoff ist kein Silber sondern eine Legierung aus Kupfer, Nickel und Zink. Man kennt die Kupferlegierung auch unter dem Namen »***Alpaca***«.

Silberlegierungen

Gewichtsanteile auf 1000 Anteile			**Dichte**	**Schmelzpunkt**
Feingehalt	Feinsilber	Kupfer		
950/000	950	50	10,40 kg/dm³	914 °C
935/000	935	65	10,32 kg/dm³	896 °C
925/000	925	75	10,30 kg/dm³	896 °C
900/000	900	100	10,23 kg/dm³	875 °C
835/000	835	165	10,16 kg/dm³	838 °C
800/000	800	200	10,14 kg/dm³	820 °C
Email-Silber für Emaillierungen				
970/000	970	30	10,40 kg/dm³	940 °C

Abb. 29

Eine alte Maßeinheit zur Angabe des Silbergehaltes ist das Lot. Reines Silber wird mit der Bezugsgröße 16 gekennzeichnet. Zahlen zwischen 8 und 15 geben auf alten Schmückstücken den entsprechenden Silberanteil an. Ein 8-lotiges Besteck besteht zur Hälfte aus Silber. 14-lotiges Silber entspricht der heute üblichen Angabe von 875/000.

Verwendung
Silber ist von allen Edelmetallen das am häufigsten verwendete. Die optischen Qualitäten machen es für Schmuckstücke, hochwertige Bestecke und Porzellan sowie Münzen besonders geeignet. Darüber hinaus findet es wegen seines hervorragenden Eigenschaftsprofils zur Leitung von elektrischem Strom Verwendung in der Schwach- und Starkstromtechnik. Hierfür werden in der Regel Silber-Verbundwerkstoffe verarbeitet. Zur Herstellung von Produkten mit hochwertigen Spiegeloberflächen (z. B. Christbaumkugeln) und Wärme reflektierenden Fenstern wird Silber wegen seiner extrem guten Reflexionseigenschaften eingesetzt. Weitere Anwendungsfelder liegen im Bereich chirurgischer Instrumente, in der Dentaltechnik und Fotochemie. Im letzteren wird die hohe Lichtempfindlichkeit des Materials für die Fotoerstellung genutzt. Als Fäden in antimikrobiellen Textilien eingebracht, hemmt es die Ausbreitung von Keimen und Gerüchen. So wurde ein Strumpf entwickelt, der vor Infektionen schützen soll. Dieser ist insbesondere für Diabetiker interessant, bei denen das Fußgewebe durch die Krankheit oftmals stark in Mitleidenschaft gezogen ist. Im Kühlschrankinnern verhindern Beschichtungen aus nanoskaliertem Silber *MET 5.4* durch Unterbrechung des Stoffwechsels von Bakterien und Schimmelpilzen deren Wachstum und Vermehrung nachhaltig.

Verarbeitung
Auf Grund seiner hohen Dehnfähigkeit lässt sich Silber sehr gut umformend bearbeiten und kann gegossen werden. Es ist gut schmiedbar und wird leicht zu Folienmaterial ausgewalzt oder zu Drähten gezogen. Silber kann zu Münzen geprägt und in Form von Stabmaterial und Blechen leicht gebogen werden. Die zerspanende Bearbeitung ist unproblematisch. Silberoberflächen können poliert werden. Löten ist die vorwiegende Fügetechnologie bei der Schmuckherstellung. Bestecke werden auf elektrolytischem Weg mit Silber beschichtet.

Schwarz angelaufenes Silber kann mit folgender Lösung schonend gereinigt werden:

85 g Thioharnstoff, 10 ml konzentrierte Essigsäure (Essigessenz), 5 ml Tensid (Netzmittel) in 1 l Wasser lösen und Bauteil eintauchen bis Verunreinigungen verschwunden sind.

Auch der umgekehrte Weg ist zur Erzielung einer alten oder antiken Erscheinung möglich. Hierzu können Bauteile aus Silber in folgenden Lösungen eingetaucht werden. Der entsprechende Farbeffekt stellt sich nach Einwirken der Substanzen ein:

Braun:
100 g Kupfersulfat und 50 g Ammoniumchlorid (Salmiak) gelöst in einem Liter 15 %iger Essigsäure

Altsilber:
5 g Schwefelleber und 10 g Ammoniumkarbonat in einem Liter destillierten Wasser lösen und Silberteil bei etwa 80 °C eintauchen. Eine grau-blau-braune Färbung der Vertiefungen stellt sich ein. Die größeren Flächen und Erhöhungen können blank poliert werden.

Wirtschaftlichkeit und Handelsformen
Silber ist wesentlich preisgünstiger als Gold und Platin und wird daher im Schmuckbereich häufig bevorzugt. Reines Silber wird in Form von Barren, Blechen und Drähten gehandelt. Die Recyclingrate von Silber liegt bei über 90 %. Die größten Vorkommen liegen in Mexiko, Peru, Australien und China.

Alternativmaterialien
Gold und Platin für die Schmuckherstellung, Kupfer für Anwendungen im elektrischen Bereich

Bild unten: Besteck aus Alpaca

MET 3.4.3
Edelmetalle – Platin

Platin wurde bereits von den Indianern Südamerikas als Werkstoff genutzt. Spanische Goldsucher entdeckten es bei Stämmen im heutigen Kolumbien und brachten das Metall nach Europa. Das damals gefundene Material konnte jedoch zunächst nicht verarbeitet werden und galt als unedel. Der Export war sogar zunächst verboten, um das Fälschen von Goldmünzen zu verhindern. Platin galt als minderwertig und wurde wegen seiner grauweiß glänzenden Erscheinung mit Silber in Verbindung gebracht. Die Spanier nannten es »platina« die Verniedlichung bzw. Verkleinerung des spanischen Begriffs für Silber »plata«.

Eigenschaften
Platin ist ein sehr widerstandsfähiges und schweres Edelmetall mit der drittgrößten Dichte aller bekannten Elemente. Vergleichbar mit anderen Edelmetallen ist die hohe Beständigkeit gegenüber chemischen und atmosphärischen Einflüssen. Es verhält sich dabei ähnlich wie Gold. Im polierten Zustand verfügt Platin über einen weißen Glanz, was es für Produkte mit optischen Qualitäten interessant macht. Mit ***Palladium***, ***Iridium***, ***Rhodium***, ***Ruthenium*** und ***Osmium*** bildet es die Gruppe der ***Platinmetalle***.

Reines Platin ist für die Schmuckherstellung zu weich und wird daher auflegiert. Häufig findet Platin 960 (96 % Platin) Verwendung.

Bild links: Platin-Spannring® (Pt 950) , Niessing, Vreden
Bild unten: Platinring (Pt 950) mit einem Aquamarin./ Meister, Radolfzell und Wollerau (Schweiz)/ Fotos: Platin Gilde International (Deutschland) GmbH

Verwendung
Als Material zur Herstellung von Schmuckstücken wird Platin seit kurzem wieder häufiger verwendet, da es nur wenig anläuft und besonders haltbar ist. Es ist für Edelsteinfassungen besonders geeignet. Darüber hinaus findet Platin im Bereich elektrischer und medizinischer Geräte zahlreiche Anwendungen (z. B. Herzschrittmacher) und wird für Zahnimplantate eingesetzt (Münch 2000). In Russland prägte man lange Zeit Rubelmünzen aus dem Werkstoff. Eichmaße wie das »***Pariser Urmeter***« oder der »***Prototyp-Kilogramm***« bestehen zu einem großen Anteil aus dem Edelmetall. Dabei wurden die hohe Härte und die besondere Temperaturstabilität einer Legierung aus Platin und Iridium als Werkstoff genutzt. Der edle Werkstoff hat stark absorbierende Eigenschaften, wodurch er für moderne Drei-Wege-Katalysatoren über eine hohe Bedeutung zur Umwandlung von Abgasen verfügt. In Glasapparaturen werden Stromleitungen aus Platin eingeschmolzen. Außerdem werden Platinwannen und -tiegel in der Glasindustrie zum Schmelzen und Gießen von Spezialgläsern und zur Herstellung von Glasfasern GLA 4.7 eingesetzt.

Bild: Platinnugget./ Foto: Platin Gilde International (Deutschland) GmbH

Verarbeitung
Platin ist dehnbar und lässt sich hervorragend umformend bearbeiten. Die Materialdicke kann beim Walzen und Ziehen um bis zu 90 % reduziert werden, was die Verarbeitung zu Drähten und Folien unterstützt. Bei Umformarbeiten haben sich ***Bienenwachs*** oder ***Wollfett*** als Schmiermittel bewährt. Zum Fügen sollten Schweißverfahren bevorzugt werden. Wegen der hohen Schmelztemperaturen ist die gießtechnische Formgebung bei einer Reihe von Platinlegierungen eher problematisch. Schleifen und Polieren von Platinoberflächen sind üblich. Matte Oberflächen erzielt man durch Bürsten oder Strahlen.

Wirtschaftlichkeit und Handelsformen
Platin ist ein relativ kostbares Material und teurer als Silber. Es ist als Halbzeug in Form von Drähten, Folien und Gitternetzen erhältlich.

Alternativmaterialien
Gold und Silber in der Medizintechnik, Palladium für katalytische Funktionen

MET 3.5
Halbmetalle – Silizium

Mit einem Anteil von etwa 26 % in der äußeren Erdkruste ist Silizium das zweithäufigste Element der Erde. Es kommt allerdings nicht in reiner Form vor, sondern tritt in der Natur ausschließlich in gebundener Form als Oxid auf. Mit Sauerstoff chemisch zu Siliziumdioxid (SiO_2) gebunden, ist es der Hauptbestandteil vieler Gesteinsformen wie Sandstein *MIN 4.4.2*, Schiefer oder Ton *MIN 4.1.6*. Außerdem bestehen die Halbedelsteine Amestyst, Onyx, Achat, Rauch- oder Rosenquarz *MIN 4.5.1* vorwiegend aus SiO_2. Der Name des Elements wurde nach seiner Entdeckung 1822 durch Jöns Jakob Berzelius folgerichtig vom lateinischen Begriff für Kieselstein »silex« abgeleitet. Wegen seiner großen Bedeutung für die Chipherstellung ist ein ganzes Tal in Kalifornien, das »Silicon Valley«, nach dem Werkstoff benannt.

Bild: Solarzellen auf einer Fertigungshalle./ Fotos: banz+riecks architekten

Eigenschaften
Die Eignung für die Halbleiterindustrie hängt mit der besonderen Eigenschaft des Halbmetalls zusammen, die elektrische Leitfähigkeit durch die Einlagerung von Fremdatomen (Dotierung) wie Bor, Phosphor oder Arsen gezielt zu verändern. Auf diese Weise können leitende und nicht leitende Bereiche erzeugt werden, was für die Herstellung von elektronischen Schaltungen von besonderem Wert ist. Hierzu ist hochreines Silizium erforderlich, das in aufwändigen chemischen Prozessen bei Temperaturen von über 2.000 °C aus Siliziumdioxid reduziert wird. Elementares Silizium ist hart und spröde, hat eine grauschwarze Färbung und weist nach zerspanender Bearbeitung eine metallisch glänzende Oberfläche auf. Wird die Silizium-Sauerstoff-Verbindung SiO_4 polymerisiert, erhält man Silikon, einen der wichtigsten überaus hitzebeständigen Kunststoffe.

Verwendung
Neben seiner Verwendung als Legierungselement für Stahlwerkstoffe oder Schleif- und Poliermittel ist Silizium in hochreiner kristalliner Form der bedeutendste Werkstoff für die Halbleiterindustrie und Mikroelektronik. Zur Herstellung von Computerchips, Dioden, Transistoren oder Widerständen wird elementares Silizium in sehr dünnen Schichten verwendet. Aktuelle Forschungsarbeiten beschäftigen sich mit der Entwicklung von nur wenigen Mikrometer großen Bauelementen für die Mikroelektronik und Mikrosystemtechnik. Anwendungsgebiet ist insbesondere die Medizintechnik, wo miniaturisierte Systeme beispielsweise für die mikroinvasible Chirurgie benötigt werden. Flexible und ultradünne Speicherchips werden in Zukunft die Herstellung intelligenter und flexibler Etiketten oder »smart clothes«, also von Bekleidung mit Zusatzfunktionen wie beispielsweise integrierten Messsystemen ermöglichen. Erste mobile Kommunikationsanwendungen sind bereits auf dem Markt erhältlich.

Ein weiterer großer Anwendungsbereich ist das Gebiet der Fotovoltaik zur Herstellung von Solarzellen (Hilleringmann 1999). Siliziumdioxid (SiO_2) ist darüber hinaus der bedeutendste Rohstoff für die Glasherstellung *GLA 3*. Ein weiterer zukünftiger Anwendungsbereich wird in der Verwendung von Silizium als Sprengstoff gesehen. Wissenschaftler der Technischen Universität München haben entdeckt, dass poröses Silizium unter Einwirkung von Laserstrahlung sehr explosiv sein kann. Bei den Versuchen konnte die Detonationsenergie von TNT oder Dynamit übertroffen werden. In gebundener silikatischer Form ist Silizium sehr wichtig für den menschlichen Organismus. Ein Mangel kann zu Störungen im Knochenwachstum führen.

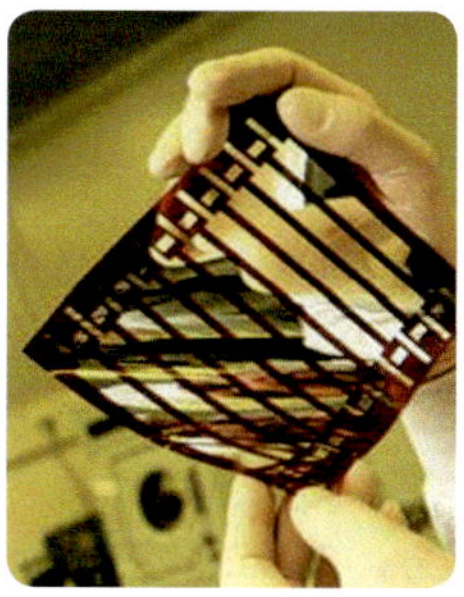

Bild: Organische Solarzellen. Im Gegensatz zu den heute verbreiteten Siliziumzellen können organische Solarzellen auf Folien gedruckt werden. Daher sind sie flexibel und wesentlich leichter. Eine weitere Stärke dieser Technologie sind die sehr niedrigen Herstellungskosten./ Foto: Siemens Pressebild

Verarbeitung
Etwa 0,5 mm dicke Siliziumscheiben (***Wafer***) werden standardmäßig durch mehrere Schneid-, Schleif- und Läppvorgänge aus monokristallinem Silizium hergestellt. Die einzelnen Prozessschritte können mit Ultraschall unterstützt werden. Die Weiterbearbeitung erfolgt mittels geeigneter Ätz- und Polierverfahren. Zur besseren Handhabung werden die dann nur noch mehrere Zehntel Millimeter dicken Siliziumschichten auf Folien laminiert.

Wirtschaftlichkeit und Handelsformen
Reines Silizium ist im Handel sowohl in Pulverform als auch in größeren Stücken erhältlich. Waferscheiben haben einen Durchmesser von bis zu 300 mm. Derzeit wird an einer produktionstechnischen Prozesskette zur Herstellung von Wafern mit einem Durchmesser von 450 mm geforscht. Nach erfolgreicher Qualifizierung der hierfür benötigten Technologien könnten Wafer zu niedrigen Preisen für Computerchips und Solarzellen produziert werden und die derzeitigen Engpässe ausgleichen.

MET 4
Eigenschaftsprofile der wichtigsten Metallwerkstoffe

Einige Industrie-Metalle in der Übersicht

Metall	Farbe	Eigenschaften	Verwendung
Aluminium (Al)	hellgrau-silber	Leichtmetall, gut dehnbar, hohe Leitfähigkeit für Wärme und Elektrizität, Chemikalienbeständigkeit	Leichtbau in der Fahr- und Flugzeugindustrie, Sport-, Camping-, Freizeit-, Sanitär- und Baubereich
Antimon (Sb)	zinnweiß glänzend	Spröde, geringe Härte, guter Leiter	Legierungsmetall: Erhöhung der Härte und Gussfähigkeit
Beryllium (Be)	stahlgrau	Leichtmetall, hart und spröde	als Legierungen mit Kupfer oder Nickel: Uhrenfedern
Blei (Pb)	blau glänzend/ oder grau	Sehr weich, gute Beständigkeit gegenüber starken Säuren	Batterien, Schutz gegen Röntgenstrahlen, Apparate- und Behälterbau, Kabelummantelung
Kupfer-Zinn-Legierungen (z.B. Bronze)	rot-gelb (je nach Legierungs-anteil)	Bronze: Legierungen aus Kupfer (mind. 60%) mit Zinn, Zink oder Aluminium Rotguss: Kupfer bis zu 11% Zinn, bis zu 9 % Zink, bis zu 7% Blei und bis zu 2,5% Nickel Aluminiumbronze: 20% Aluminium beigemischt	Kunstgegenstände, Denkmäler, Skulpturen, Innenarchitektur, Lagerwerkstoff, Glocken, Membrane, Federn, Siebdrähte, Armaturwerkstoff, Schiffsschrauben
Cadmium (Cd)	silberweiß glänzend	Bildet an Luft dünne Oxidschicht, Dämpfe sind giftig, Legierzusatz: senkt Schmelzpunkt, erhöht Dehnbarkeit	Legierungen
Chrom (Cr)	glanz silber	Als Legierungszusatz: erhöht Zugfestigkeit, Härte, Warm-, Verschleißfestigkeit, Korrosionsbeständigkeit	Möbel, Beschläge, Fahrzeuge
Eisen (Fe) (Fe-Legierung z.B. Stahl)	silberweiß glänzend (rein)	Oft in Legierungen mit z.B. Chrom, Silicium, Nickel, Mangan, Kohlenstoff, Wolfram	Bau von Häusern, Schiffen, Autos, Maschinen, Werkzeugen
Gold (Au)	gelb bis weiss glänzend	Weich, sehr dehnbar. Dünne Goldfolie lässt Licht grün durchscheinen.	Schmuck, Elektronik, Zahnmedizin, optische Industrie (reflektiert UV-Strahlung, energiereiches Licht)
Iridium (Ir)	silberweiß glänzend	Extrem hart und korrosionsfest, hoher Schmelzpunkt, hohe Dichte	Legierung mit Metallen wie Gold und Osmium, Zündkerzen im Elektronikbereich
Kupfer (Cu)	rötlich	Weiches, sehr dehnbares Schwermetall, zweitbester elektrischer Leiter, desinfizierende Eigenschaften	Elektrotechnik (z.B. Platinen, Spulen, Generatoren, Lötkolben, Computerchips), Heizanlagen und Wärmetauscher, Rohrleitungen, Münzen
Magnesium (Mg)	grau	Leichtestes Metall, unedles Leichtmetall mit hoher chemischer Reaktivität	Leichtbauwerkstoff für Fahrzeugbau und Luftfahrt, Gehäuse im Elektronikbereich, Medikamente
CuZn-Legierungen (z.B. Messing)	gelbsilber	Leitet elektrischen Strom und Wärme, gute Korrosions- und Witterungsbeständigkeit	Rohrsysteme, Armaturen, Beschläge, Dekorbleche, Schmuck, Heizungen in Fahrzeugen, Münzen, Uhr-gehäuse, korrosionsfeste Teile/optischen Industrie.
Neusilber	silberweiß	Hart aber elastisch, Legierung aus 50...67% Kupfer, 10...25% Nickel und 12...26% Zink, Nickel verleiht Legierung seine Farbe	Elektronikfedern in Relais, Reisverschlüsse, Bestecke, (Handelsnamen sind Argentan, Alfenide, Alpaca, Christofle, Pakfong, Hotelsilber, Platinin...)
Nickel (Ni)	silber-weiß glänzend	Sehr hohe Korrosions- und Wärmebeständigkeit, sehr dehnbar und zäh, gut polierbar, Nickel kann Allergien auslösen, Staub gilt als krebs-erregend	Legierungen (z.B. Edelstahl, Neusilber, Nickelweiß-gold, aber auch für galvanische Oberflächen), Gasturbinen, Panzerplatten, Feuerwaffen, Batterien, Münzen, Flugzeug- und Raketenbau
Osmium (Os)	silber-glänzend	Schwerste aller Metalle, macht Legierungen besonders hart	Industrie-Katalysatoren, Kontrastmittel (Elektronenmikroskop)
Quecksilber (Hg)	grau-silber	Halbedles Schwermetall, bei Raumtemperatur flüssig, Dämpfe sind giftig	Thermometer, Dental-Amalgam, Schmuck-Amalgam
Palladium (Pd)	silber-weiß	Edelmetall, gut formbar	Katalysatoren, Elektrotechnik, Legierungen (z.B. Weißgold)
Platin (Pt)	silbergrau glänzend	Edelmetall, sehr zäh und schwer, hohe Beständigkeit gegenüber chemischen und atmosphärischen Einflüssen	Schmuck, medizinische Geräte, elektronische Geräte, Katalysatoren.
Rhodium (Rh)	silberweiß glänzend	Gut verformbar, gutes Reflexionsvermögen, chemische Beständigkeit	Katalysatoren, Legierungsbeimischung, Spiegel-beschichtung
Ruthenium (Ru)	silberweiß grau (matt)	Hart, hohe Schmelztemperatur, chmisch Resistent	Katalysatoren, galvanische Oberflächen, Sonderlegierungen
Silber (Ag)	silber-weiß	Sehr dehnbares, weiches Edelmetall, beste elektrische Leiteigenschaften	Schmuck, Münzmetall, elektrische und medizinische Geräte, Fotochemie, hochwertige Spiegeloberfläche
Titan (Ti)	rau/matt: grau poliert: silber glänzend	Ca. 40% leichter als Stahl bei ähnlicher Festigkeit, gute thermische Belastbarkeit und Hitzebeständigkeit, bildet schützende Oxidschicht, Schutz vor Korrosion, chemischen und atmosphärischen Einflüssen	Medizintechnik, Fahrzeug- und Luftfahrtindustrie, Gelenkprothesen, Schmuck, Sportgeräte, Laptops, Kameras, Auskleidung von Säurebehältern, weißes Pigment/Färbemittel für Kunststoffe/Papiere/Lacke.
Tantal (Ta)	hellgrau glänzend	Schwermetall, hohe Schmelztemperatur	Kondensatoren, Ofenauskleidungen, Laborartikel der chemischen Industrie.
Wolfram (W)	silber	Höchste Schmelz- und Siedetemperatur aller Metalle, Wolfram erhöht Härte, Zug-, und Warmfestigkeit	Glühdraht in Lampen, legierte Stähle.
Zink (Zn)	bläulich-weiß	Sprödes Schwermetall, witterungsbeständig	Legierungsmetall (für Messing, Tombak, Neusilber), Beschichtungswerkstoff
Zinn (Sn)	silberglänzend	Schwermetall, weich, dehnbar	Lötzinn (Beimischung von Blei), Legierungszusatz, Beschichtung Konservendosen (Weißblech)

Abb. 30: in Anlehnung an [8]

Einige Industrie-Metalle in der Übersicht

Metall	Dichte ρ (kg/dm³)	Schmelzpunkt ϑ_s bei 1,013 bar (°C)	Wärmeleitfähigkeit λ bei 20°C (W/m·k)	Längenausdehnungskoeffizient 0…100°C α_1 (1/°C oder 1/K)·10^{-6}	E-Modul E (N/mm²)
Aluminium (Al)	2,7	659	204	23,8	70 000
Antimon (Sb)	6,69	630,5	22	10,8	–
Beryllium (Be)	1,85	1 280	165	12,3	–
Blei (Pb)	11,3	327,4	34,7	29,0	ca. 18 000
Kupfer-Zinn-Legierungen (z.B. Bronze)	7,4…8,9	900	46	17,5	–
Cadmium (Cd)	8,64	321	9,1	30,0	–
Chrom (Cr)	7,2	1 903	69	8,4	289 000
Eisen (Fe) (Fe-Legierung z.B. Stahl)	7,85 (unleg. Stahl)	1 500	81 (Fe) 48…58 (unleg. Stahl)	11,9 (unleg. Stahl)	196 000 (Fe) 210 000 (unleg. Stahl)
Gold (Au)	19,3	1 064	310	14,2	82 000
Iridium (Ir)	22,4	2 443	59	6,5	–
Kupfer (Cu)	8,96	1 083	384	16,8	100 000… 130 000
Magnesium (Mg)	1,74	ca. 650	172	26,0	> 40 000
CuZn-Legierungen (z.B. Messing)	8,4…8,7	900…1 000	105	18,5	–
Neusilber	ca. 8,4	960	–	–	–
Nickel (Ni)	8,91	1 455	59	13,0	214 000
Osmium (Os)	22,5	3 050	–	–	551 000
Quecksilber (Hg)	13,5	- 39	10	180,0 (Volumenausdehnungskoeffizient)	–
Palladium (Pd)	12,0	1 552	–	–	–
Platin (Pt)	21,5	1 769	70	9,0	172 000
Rhodium (Rh)	12,4	1 963	–	–	–
Ruthenium (Ru)	12,4	2 250	–	–	–
Silber (Ag)	10,5	961,5	407	19,3	–
Titan (Ti)	4,5	1 670	15,5	8,2	116 000
Tantal (Ta)	16,6	2 996	54	6,5	> 150 000
Wolfram (W)	19,27	3 390	130	4,5	406 000
Zink (Zn)	7,13	419,5	113	29,0	–
Zinn (Sn)	7,29	231,9	65,7	23,0	> 40 000

MET 5
Besonderes und Neuheiten im Bereich der Metalle

MET 5.1
Metallschaum

Schon in den 40er Jahren des letzten Jahrhunderts wurde die Idee für einen neuen Werkstoff geboren, der zum einen die hohe Steifigkeit von Metallen und zum anderen die Leichtigkeit eines ***Naturschwamms*** aufweisen sollte. Seit dieser Zeit konnte mit einer Vielzahl von Forschungsprojekten der Ansatz des Metallschaums weiterentwickelt werden. Die neuen Werkstoffe, die in offen- oder geschlossenporiger Form für eine Vielzahl von Metallen wie Kupfer, Aluminium, Zink, Zinn und Magnesium bereits vorliegen oder erfolgreich erprobt wurden, versprechen vor allem im Bereich der Gestaltung völlig neuartige Anwendungsmöglichkeiten.

Bild: Aluminiumschaum zwischen Plattenmaterial – hierdurch entsteht eine leichte Gesamtplatte.

Eigenschaften
Der große Vorteil von Metallschäumen ist das sehr gute Verhältnis zwischen Festigkeit und Masse. Trotz der offenen Struktur und geringen Dichte, die je nach Art und Komplexität der Schaumgeometrie nur 90 % des Wertes vergleichbaren Vollmaterials ausmacht, wird eine hohe Steifigkeit erzielt. Metallschäume weisen gute Dämpfungseigenschaften auf und haben schall- und wärmeabsorbierende Eigenschaften. Die dreidimensionale Struktur ist in ihrer Erscheinung vergleichbar mit natürlichen Schwämmen oder Korallen. Die Dichte von ***Aluminiumschäumen*** ist so gering, dass Bauteile aus dem Material in Wasser schwimmen.

Verwendung
Metallische Schaumstrukturen haben in der letzten Dekade Anwendungsmöglichkeiten im Automobilbereich zum Beispiel zur Versteifung von Cabriolets oder in der Luft- und Raumfahrtindustrie erschlossen. Die guten Dämpfungseigenschaften werden für den Aufprallschutz, das geringe Gewicht bei gleichzeitig hoher Steifigkeit für LKW-Aufbauten, Straßenbahnwagen und Aufzüge genutzt. Interessant sind auch die Potenziale für den Strahlungs- und Schallschutz. Darüber hinaus verspricht man sich von der Biokompatibilität und Elastizität des Werkstoffs für die Medizintechnik weitere Einsatzfelder. Mit ihren großen Oberflächen werden sie in Katalysatoren und Wärmetauschern verwendet. So wird beispielsweise an der Qualifizierung von Aluminiumschäumen für Zahnimplantate geforscht. Die knochenähnliche Porosität würde ein gutes Verwachsen mit biologischem Gewebe ermöglichen. Weitere Anwendungsoptionen liegen in der Architektur, wo Eigenschaften zur Absorption von Wärme und Schall in Kombination mit auffälligen ästhetischen Qualitäten für Fassaden und Dächer besonders geschätzt werden. Aus dem Designbereich und der Innenarchitektur sind Lampen und Raumteiler aus Metallschäumen bekannt.

Verarbeitung
Metallschäume können mit allen üblichen Verfahren mechanisch bearbeitet werden (z. B. Drehen, Fräsen). Da meist endformnahe Bauteile erstellt werden können, ist eine umformende Bearbeitung in der Regel nicht notwendig. Sandwichstrukturen aus einem Schaumkern und äußeren Metallblechen können auf einfache Weise umgeformt werden. Metallschäume sind mit dem Laser schweißbar und lassen sich verkleben. Schraubverbindungen werden unter Zuhilfenahme von eingeschäumten Buchsen hergestellt (Banhardt, Ashby, Fleck 2002). Die Arbeiten zu Aluminiumschaum-Spritzschichtverbunden wurden 2004 mit einem Forschungspreis bedacht.

Wirtschaftlichkeit und Handelsformen
Heute unterscheidet man zwischen Metallschäumen mit einer geschlossen- oder offenporigen Struktur. Während geschlossenporige Schäume unter Verwendung von Treibmitteln entstehen FOR 3, werden offenporige Strukturen entweder durch Gießen oder Sintern erzielt. Bei der sintertechnischen Prozesskette wird zunächst ein Kunststoffschwamm mit einer Metallpulver-Binder-Suspension beschichtet, dann der Schaum bei 300 °C entbindert und anschließend das Metall gesintert. Übrig bleibt eine je nach Dichte auch luftdurchlässige Metallschaumstruktur mit viel feineren Strukturen als dies beim Gießprozess möglich wäre. Die weiteren Vorteile sind, dass die Geometrie des Kunststoffschwamms vor dem Sinterprozess frei gewählt werden kann. Verbundmaterialien aus Metallschaum, -blechen oder -profilen können am Markt (z. B. bei der Gleich GmbH) bezogen werden. Offenporige Metallschäume produziert die Hollomet GmbH auf Basis der sintertechnischen Prozesskette aus nahezu jeder Legierung. Eine neue Anlagentechnik machen weitaus größere Formate möglich als die bei anderen Herstellern. Zudem bietet Hollomet auch Bauteile aus Hohlkugelstrukturen an. Platten aus geschlossenporigem Aluminiumschaum sind auf dem Markt zum Beispiel bei Alulight verfügbar. Zincopor hat sich auf die Herstellung von Zinkdruckgussbauteilen mit geschäumter Innenstruktur spezialisiert.

Alternativmaterialien
Metallwabenstrukturen, Hölzer, besonders steife Kunststoffschäume

MET 5.2
Formgedächtnislegierungen (shape memory alloys)

Der Formgedächtniseffekt wurde erstmals 1932 an einer Gold-Kadmium-Legierung durch den Schweden Arne Ölander erfolgreich erprobt. 1956 hat man ähnliches Materialverhalten bei einer Kupfer-Zink-Legierung entdeckt. Seitdem sind die metallischen Werkstoffe unter den Bezeichnungen Formgedächtnislegierungen, ***Memory-Metalle*** oder ***Shape Memory Alloys*** bekannt.

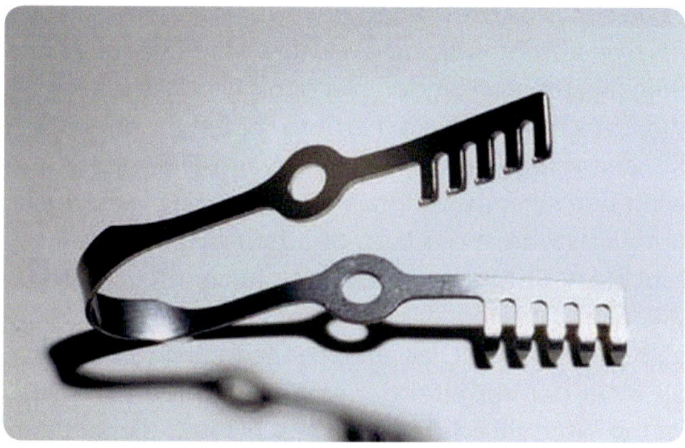

Bild: Fettspreizer aus morymetall./ Foto: Memory-Metalle GmbH

Eigenschaften

Formgedächtnislegierungen speichern Forminformationen in ihrem molekularen Gefüge. Zu diesen zählen Legierungen aus Nickel und Titan, die auch unter den Bezeichnungen Nitional, Tini-Alloy oder Livewire bekannt sind, oder Legierungen aus Kupfer und Zink (NiTi, CuZn, CuZnAl, CuZnNi weiterhin FeNiAl, AuCd) (Gümpel 2004). Bei tiefen Temperaturen kann die Metalllegierung scheinbar plastisch verformt werden. Nach Erwärmung über die Umwandlungstemperatur des Gefüges nimmt diese ihre ursprüngliche Form wieder ein. Dabei kann zwischen dem Einweg-Memory-Effekt, der eine einmalige Rückbesinnung auf die ursprüngliche Form meint, und dem Zweiweg-Memory-Effekt, der mehrfache Formwechsel möglich macht, unterscheiden werden (Merkel, Thomas 2003). Der Temperaturbereich, in dem Memorymetalle auf der Basis einer Nickel-Titan-Legierung ihr besonderes Eigenschaftsprofil ausspielen, liegt zwischen -35 °C und +85 °C. Formgedächtnislegierungen können große Kräfte in mehreren 100.000 Bewegungszyklen ohne Ermüdung übertragen. Vor allem Nickel-Titan-Legierungen MET 3.3.6 sind zudem biokompatibel und extrem korrosionsbeständig.

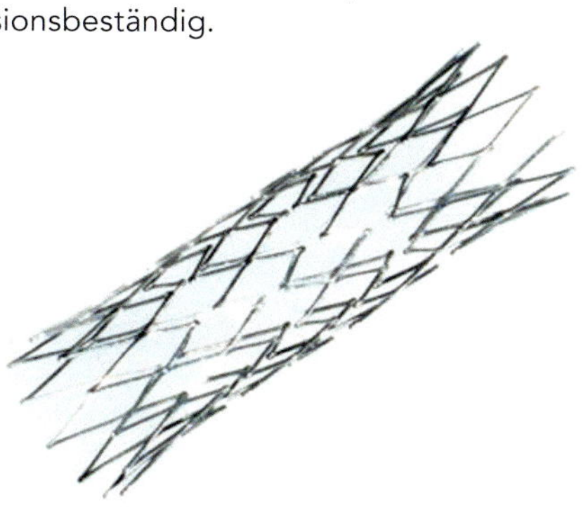

Bild oben: Stent aus Memorymetall.

Verwendung

Memorymetalle kommen insbesondere dort zum Einsatz, wo Bewegungen in einem begrenzten Raum ermöglicht werden sollen. Ein Beispiel hierfür ist die Ansteuerung zum Aufstellen von Sonnensegeln in der Raumfahrt. Auf Grund der guten Biokompatibilität einiger Formgedächtnislegierungen wird auch an Anwendungen in der Medizintechnik gearbeitet. Ein Beispiel ist eine an der RWTH Aachen entwickelte miniaturisierte Blutpumpe. In komprimierter Form wird diese mittels eines Katheders in ein Blutgefäß nahe dem Herzen geführt. Die Wärme des Blutes genügt, um den Memory-Effekt auszulösen und die Pumpe in ihre wirksame Form zu entfalten. Die US-Navy entwickelt derzeit ein Tarnkappen-U-Boot, das durch unscheinbare Schwingungen einer aus einer Nickel-Titan-Legierung bestehenden Schwanzflosse angetrieben werden soll. Weitere Anwendungsbereiche sind Stellvorrichtungen in industriellen Anwendungen oder beispielsweise in Waschmaschinen (Peters 2010).

Verarbeitung

Vor dem Hintergrund des beschriebenen Effekts ist die umformende Bearbeitung die wohl am häufigsten durchgeführte. Die weiteren Möglichkeiten zur Verarbeitung werden durch die in den jeweiligen Legierungen enthaltenen Elemente beeinflusst.

Wirtschaftlichkeit und Handelsformen

Formgedächtnislegierungen sind als Bleche und Bänder, in Form von Federn und Klammern oder als Drahtmaterial im Handel erhältlich. Nickel-Titan-Legierungen haben die beste Marktpräsenz. Die üblichen Handelsformen von NiTi sind Drähte mit einem Durchmesser zwischen 0,018 mm und 5 mm, Rohre mit Außendurchmessern von 0,2 mm bis 4,52 mm, Bänder in Stärken von 0,013 mm bis 0,41 mm und Bleche mit maximalen Abmaßen von 95 x 400 mm^2 (Ritter 2007). Die Herstellung von Nickel-Titan-Legierungen ist nicht gerade kostengünstig und übersteigt die bereits hohen Kosten der Rohstoffe. Daher sind diese im Vergleich zu Thermobimetallen wesentlich unwirtschaftlicher. Preiswerter sind Kupfer-Zink-Legierungen. Allerdings verfügen diese nicht über eine besondere Ausprägung des Formgedächtniseffektes. Nickel-Titan-Legierungen sind auch in geringen Mengen auf dem Markt verfügbar.

Alternativmaterialien

Thermobimetalle für Stellelemente

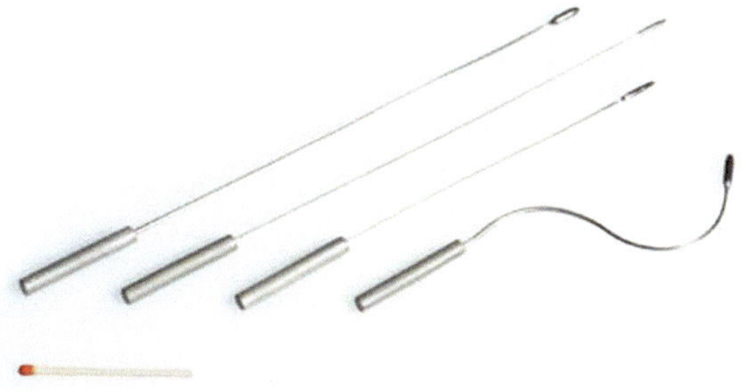

Bild oben: Koronarsonden aus Memorymetall.
Bilder rechts: Draht aus Memorymetall formt sich zu einer Büroklammer/ Alle Fotos: Memory-Metalle GmbH

Photosensitive Formgedächtniskunststoffe *sind Polymerwerkstoffe, bei denen eine Formveränderung mit Licht einer bestimmten Wellenlänge fixiert werden kann. Die ursprüngliche Geometrie lässt sich anschließend durch Beleuchtung mit Strahlung einer anderen Wellenlänge wiederherstellen. Anwendungspotenziale werden für intelligente Nahtwerkstoffe in der Medizin gesehen.*

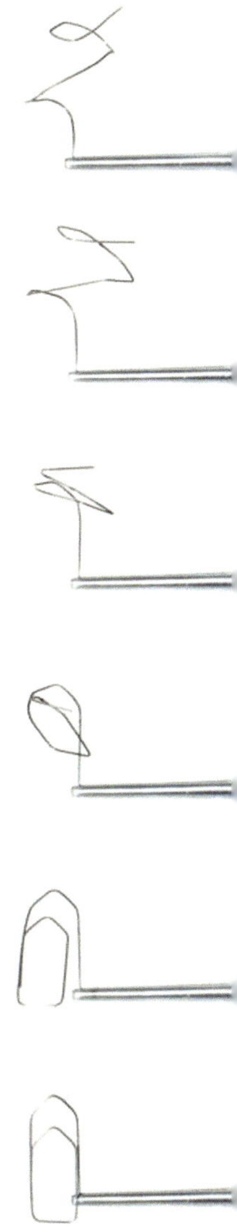

MET 5.3
Metallische Gläser (amorphe Metalle)

Seit Ende der sechziger Jahre ist bekannt, dass durch sehr schnelles Abkühlen einer Schmelze metallische Gläser mit einem amorphen Gefüge und hervorragenden mechanischen Eigenschaften entstehen (Haasen 1994).

Liquidmetal®
steht für eine innovative Produktpalette amorpher Metalllegierungen mit einer außergewöhnlichen Molekularstruktur. Sie vereinen die Qualitäten von Metallen und Kunststoffen miteinander, sind abriebfest, biokompatibel, leichtgewichtig und können mit den für die Kunststoffverarbeitung typischen Techniken wie Spritzgießen verarbeitet werden.

Eigenschaften

Die besonderen Eigenschaften gehen auf die für Metalle ungewöhnliche, nicht strukturierte Anordnung der Atome zurück, was allgemein mit dem Begriff »amorph« MET 1.1 beschrieben wird. Metallische Gläser auf der Basis von Aluminium oder Titan haben geringe Dichten, sind hochfest und weisen eine sehr gute Härte auf. Zudem sind sie extrem korrosionsbeständig und besitzen hohe Zugfestigkeit und Elastizität, womit der Unterschied zu üblichen Gläsern begründet ist. Sie sind lichtundurchlässig und wenig spröde. Die besonderen Fähigkeiten zur Leitung elektrischer Ströme lassen amorphe Metalle auf Veränderungen magnetischer Felder reagieren, was sie zum Empfang von Funkwellen befähigt. Metallische Gläser sind bis zu Temperaturen von 500 °C stabil. Bei höheren Werten streben diese nach Rückkehr in die energetisch günstigere kristalline Struktur (Entglasung).

Verarbeitung

Die Herstellung metallischer Gläser erfolgt durch Aufspritzen eines Strahls auf ein schnell rotierendes Rad aus einem besonders wärmeleitenden Werkstoff. Es entstehen Bänder mit einer Dicke von bis zu 100 Mikrometern. Diese können als Funkempfänger oder zur Abschirmung gegen magnetische Felder eingesetzt werden. Mit dem Laserstrahl oder durch Aufdampfvorgänge können Glasstrukturen in die oberen Bereiche von Metalllegierungen eingebracht werden und dort die Korrosionseigenschaften und Festigkeiten verbessern. Schneidende Bearbeitungsprozesse oder thermische Fügeverfahren sind nicht ohne weiteres auf metallische Gläser anwendbar. Eine Alternative zur Verarbeitung bietet die Pulvermetallurgie (Kretschmer, Kohlhoff 1995).

Alternativmaterialien

Titan- oder hochfeste Stahllegierungen

MET 5.4
Nanopartikel

Gold, Silber, Titan – Materialien, aus denen früher vor allem Schmuck gemacht wurde, spielen heute für die High-Tech-Industrie und Designer eine immer größere Rolle. Auf molekularer Ebene weisen ihre Strukturen mit Dimensionen im Bereich weniger Nanometer so herausragende Eigenschaften auf, dass man sie für die unterschiedlichsten Funktionen nutzen kann.

Ein ***Nanometer*** ist der milliardste Teil eines Meters. In dieser Größenordnung erweisen sich zum Beispiel Partikel aus Titandioxid als wahre Multitalente. Seit Jahrzehnten ist der Werkstoff als klassischer Weißmacher für Lacke, Farben, Papier, Fasern und Kunststoffe bekannt MET 3.2.3. ***Nano-Titandioxid*** wirkt nun schmutzauflösend, neutralisiert Gerüche und Giftstoffe in der Luft, deodoriert Textilien und blockt UV-Strahlung in Sonnenschutzmitteln. Bereits 2001 brachte der Glashersteller Pilkington das erste selbstreinigende Glas auf den Markt und gilt damit als einer der Vorreiter der ***Nanotechnologie***. Dieses ist mit Titandioxid-Partikeln beschichtet, die unter Tageslicht die chemische Bindung organischer Schmutzpartikel zerstören. Weil sich auf dieser Schicht keine Tropfen bilden, verteilt sich Wasser als hauchdünner Film auf der Oberfläche und fließt ab GLA 6.3.

Titandioxid-Partikel bekämpfen aber nicht nur Schmutz, sondern auch in der Luft befindliche Schadstoffe wie Nikotin oder Formaldehyd. Erste Anwendungen sind mit Titandioxid ausgestattete Tapeten, Paravents und Teppiche (z. B. duraAir®). Eine ähnliche Wirkung hat auch die Alpina-Wandfarbe AirClean. Sie nutzt die Fähigkeiten von Titandioxid zur ***Raumluftverbesserung***: Unter Einwirkung von Licht werden Schadstoffe wie Fettsäure (Küchengerüche) oder Stickoxide (Abgase von Verbrennungsvorgängen) abgebaut und in unbedenkliche Stoffe umgewandelt. Die Wirkung des Ergebnisses eines Forschungsprojekts mit dem Fraunhofer WKI bleibt jahrelang erhalten (Peters 3/2007). Aus dem Baugewerbe ist die Einbindung von Titandioxid-Partikeln bei Gipsbauplatten MIN 4.1.3 bekannt (Ritter 2007).

In mehreren großen Städten (z. B. Mailand) hat man bereits versucht, die schadstoffabsorbierende Wirkung der Partikel im Straßenasphalt für die Reinigung der Außenluft nutzbar zu machen. Eingebracht in Holzschutzmittel kann Nano-Titandioxid außerdem das Ausbleichen und Vergilben reduzieren. In Kunststofffolien soll es Lebensmittel vor schädlicher UV-Strahlung schützen (Hartmann 2006).

Bild: Fassadenelement proSolve370e® mit luftreinigender Titandioxidbeschichtung./ Quelle: elegant embellishments ltd.

Nanosilber MET 3.4.2 wird insbesondere wegen seiner antibakteriellen Wirkung für medizinische Komponenten wie Skalpelle oder Implantate verwendet. Die in die Oberfläche integrierten ***Silberionen*** töten auch solche Keime ab, die gegen Antibiotika resistent sind, und verhindern so lebensbedrohliche Infektionen. Einer der Spezialisten auf dem Gebiet ist das Unternehmen Bio-Gate, das unterschiedliche Materialien mit ***nanoskaligem Silber*** ausstattet, um einen langfristigen Schutz gegen Bakterien und andere Krankheitserreger zu erreichen. In 2008 wurde das Fraunhofer ICT für den antibiotischen Einsatz von Nano-Silber in Dispersionsfarben ausgezeichnet. Die Farben verhindern nachhaltig die Schimmelbildung und töten den multiresistenten Krankenhauskeim Staphylococcus aureus ab (Peters 2010).

Nanopartikel des Edelmetalls Gold MET 3.4.1 können in Wasser aufgelöst werden. Je nach Partikelgröße stellen sich Flüssigkeiten in roter, purpurner oder blauer Farbe ein, mit denen Glas zu dekorativen Zwecken beschichtet werden kann (Kölbel 2007). In 2008 hat ein australisches Wissenschaftlerteam aus Brisbane den luftreinigenden Effekt von Nanotitandioxid auch für winzige Goldpartikel in den Beschichtungen von mittelalterlichen Glasfenstern in Kirchen nachgewiesen. Unter bestimmten Lichtbedingungen wird ein Magnetfeld erzeugt, das Schadstoffe in der Luft und flüchtige Verbindungen aus Farben oder Reinigungsmitteln zersetzt.

Der Krankenhauskeim Staphylococcus aureus verursacht allein in Deutschland jährlich 30.000 Infektionen und fordert rund 1.500 Todesopfer.

Zur Erzeugung eines transparenten Kratz- und Korrosionsschutzes für Metalloberflächen greifen Forscher auf ***nanokristalline Silizium-Partikel*** zurück BES 10. In einem Aufdampfprozess entstehen verschleißarme Schichten aus Siliziumoxid SiO_x, in die die Nanopartikel eingebracht sind. Diese sind sehr viel härter als normales SiO_2 und schützen metallische Bauteile vor Schäden durch mechanische Belastungen.

Carbon Nanotubes (CNT) MIN 6.3 sind ein weiteres Paradebeispiel der Nanotechnologie. Ebenso wie Diamanten setzen sie sich aus Kohlenstoff zusammen, sind extrem belastbar, fünfmal stabiler als Stahl und leiten elektrischen Strom so gut wie Kupfer. Mit Kohlenstoff-Nanoröhren lassen sich hochbelastbare Kunststoffe für Sportgeräte und dynamisch belastete Leichtbauteile wie Windräder herstellen. Die Endprodukte werden leichter und widerstandsfähiger.

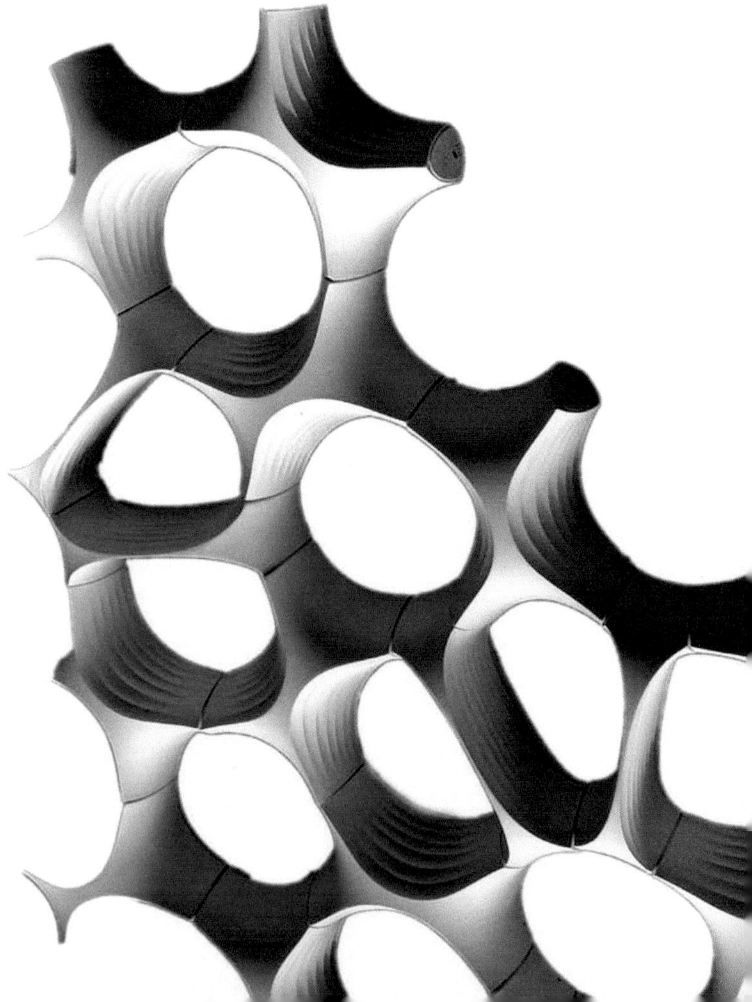

MET
Literatur

[1] **Banhardt, J.; Ashby, M. F.; Fleck, N. A.**: Cellular Metals and Metal Foaming Technology. Tagungsband der 2. Internationalen Tagung 18.-20.6.2001, Bremen.

[2] **Bargel, H.-J.; Schulze, G.**: Werkstoffkunde. Berlin, Heidelberg: Springer Verlag, 8. Auflage, 2004.

[3] **Beitz, W; Grote, K.-H.**: Dubbel - Taschenbuch für den Maschinenbau. Berlin, Heidelberg: Springer Verlag, 20. Auflage, 2001.

[4] **Berns, H.**: Hartlegierungen und Hartverbundwerkstoffe. Berlin, Heidelberg: Springer Verlag, 1998.

[5] **Berns, H.**: Stahlkunde für Ingenieure. Berlin, Heidelberg: Springer Verlag, 2. Auflage, 1993.

[6] **Brepohl, E.**: Theorie und Praxis des Goldschmieds. München, Wien: Fachbuchverlag Leipzig im Carl Hanser Verlag, 13. Auflage, 1998.

[7] **Bürgel, R.**: Handbuch Hochtemperatur-Werkstofftechnik. Braunschweig, Wiesbaden: Vieweg Verlag, 2. Auflage, 2001.

[8] **Dobler, H.-D.; Doll, W.; Fischer, U.; Günter, W.; Heinzler, M.; Ignatowitz, E.; Vetter, R.**: Fachkunde Metall. Haan-Gruiten: Verlag Europa-Lehrmittel, 54. Auflage, 2003.

[9] **Easterling, K.**: Werkstoff im Trend. Berlin: Verlag Technik, 1997.

[10] **Fischer, U.; Gomeringer, R.; Heinzler, M.; Kilgus, R. (...)**: Tabellenbuch Metall. Haan-Gruiten: Verlag Europa-Lehrmittel, 43. Auflage, 2005.

[11] **Gümpel, P.**: Formgedächtnislegierungen. Renningen: Expert-Verlag, 2004.

[12] **Haasen, P.**: Physikalische Metallkunde. Berlin, Heidelberg: Springer Verlag, 3. Auflage, 1994.

[13] **Hartmann, U.**: Faszination Nanotechnologie. München: Elsevier, 2006.

[14] **Heinzler, M.; Kilgus, R.; Näher, F.; Paetzold, H.; Röhrer, W.; Schilling, K.**: Tabellenbuch Metall. Haan-Gruiten: Verlag Europa-Lehrmittel, 40. Auflage, 1997.

[15] **Heubner, U.; Klöwer, J.**: Nickelwerkstoffe und hochlegierte Sonderstähle. Renningen: Expert-Verlag, 3. Auflage, 2002.

[16] **Hilleringmann, U.**: Silizium-Halbleitertechnologie. Stuttgart: B.G. Teubner Verlag, 2. Auflage, 1999.

[17] **Hornbogen, E.**: Werkstoff – Aufbau und Eigenschaften von Keramik-, Metall-, Polymer- und Verbundwerkstoffen. Berlin, Heidelberg: Springer Verlag, 7. Auflage, 2002.

[18] **Hornbogen, E.; Warlimont, H.**: Metallkunde – Aufbau und Eigenschaften von Metallen und Legierungen. Berlin, Heidelberg: Springer Verlag, 3. Auflage, 1996.

[19] **Ilschner, B.; Singer, R.F.**: Werkstoffwissenschaften und Fertigungstechnik. Berlin, Heidelberg: Springer Verlag, 4. Auflage, 2005.

[20] **Kiessler, H.**: Kleine Stahlkunde für den Maschinenbau. Düsseldorf: Verlag Stahleisen, 3. Auflage, 1992.

[21] **Kretschmer, T.; Kohlhoff, J.**: Neue Werkstoffe – Überblick und Trends. Berlin, Heidelberg: Springer Verlag, 1994.

[22] **Laska, R.; Felsch, C.**: Werkstoffkunde für Ingenieure. Braunschweig, Wiesbaden: Vieweg Verlag, 1992.

[23] **Lefteri, C.**: Metall – Material, Herstellung, Produkte. Ludwigsburg: avedition, 2004.

[24] **Merkel, M.; Thomas, K.-H.**: Taschenbuch der Werkstoffe. München, Wien: Fachbuchverlag Leipzig im Carl Hanser Verlag, 2003.

[25] **Münch v., W.**: Werkstoffe der Elektrotechnik. Stuttgart: B.G. Teubner Verlag, 8. Auflage, 2000.

[26] **Ostermann, F.**: Anwendungstechnologie Aluminium. Berlin, Heidelberg: Springer Verlag, 1998.

[27] **Peters, M.; Legens, C.; Kumpfert, J.**: Titan und Titanlegierungen. Weinheim: Wiley VCH, 1998.

[28] **Peters, S.**: Nützliche Teilchen. Form 214, Basel: Birkhäuser Verlag, 3/2007.

[29] **Peters, S.; Struhk, C.**: modulor – material total. Berlin, 2008.

[30] **Peters, S.**: Material Revolution – Nachhaltige Materialien und Multifunktionswerkstoffe für Design und Architektur. Basel, Berlin, Boston: Birkhäuser Verlag, 2010.

[31] **Riehle, M.; Simmchen, E.**: Grundlagen der Werkstofftechnik. Stuttgart: Deutscher Verlag für Grundstoffindustrie, 1997.

[32] **Ritter, A.**: Smart Materials in Architektur, Innenarchitektur und Design. Basel: Birkhäuser Verlag, 2007.

[33] **Ruge, J.; Wohlfahrt, H.**: Technologie der Werkstoffe. Braunschweig, Wiesbaden: Vieweg, 6. Auflage, 2001.

[34] **Seidel, W.**: Werkstofftechnik. München, Wien: Carl Hanser Verlag, 6. Auflage, 2005.

[35] **Shackelford, J.F.**: Werkstofftechnologie für Ingenieure. München: Parson Studium, 6. Auflage, 2005.

[36] **Sprenger, T.; Struhk, C.**: modulor – material total. Berlin, 2004.

[37] **Wegst, C.; Wegst, M.**: Stahlschlüssel. Marbach: Stahlschlüssel Verlag Wegst, 20. Auflage, 2004.

[38] **Weißbach, W.**: Werkstoffkunde und Werkstoffprüfung. Wiesbaden: Vieweg Verlag, 15. Auflage, 2004.

[39] **Wendehorst, R.**: Baustoffkunde. Hannover: Curt R. Vincentz Verlag, 26. Auflage, 2004.

Bild: Turnschuh adidas »a³«. Extrem belastbare und superweiche Zwischensohle aus Elastollan® (thermoplastisches Polyurethan-Elastomer)./ Hersteller und Foto: BASF Polyurethanes GmbH

KUN
KUNSTSTOFFE

Abdichtfolie, Abdeckhaube, Ampel, Angelrute, Angelschnur, Arbeitsplatte, Armatur, Aufkleber, Badewanne, Batteriekasten, Becher, Behälter, Benzinschlauch, Beschichtung, Besteckgriff, Bilderrahmen, Billardkugel, Blisterverpackung, Blumenkasten, Blumensteckschwamm, Blumentopf, Bodenbelag, Brillenglas, Brillengestell, Büroartikel, Bürste, Campinggeschirr, CD, Computergehäuse, Computertastatur, Dachfolie, Dachrinne, Dämmplatte, Dichtung, Drahtisolation, Drehverschluss, Dübel, Dunstabzugshaube, Duschvorhang, DVD, Eierbecher, Einweggeschirr, Eiskübel, Fassadenverkleidung, Feder, Feuerzeug, Fensterprofil, Filmdose, Filmspule, Filter, Fischereinetz, Flasche, Flugzeuginnenverkleidung, Flugzeugmodell, Förderband, Frischhaltefolie, Frisierhaube, Fußball, Gardinenrolle, Gartenmöbel, Gefrierbeutel, Gemüseschale, Getränkekasten, Gleitlager, Gummistiefel, Haarspange, Handtasche, Handygehäuse, Hartschalenkoffer, Heizungsgebläse, Hochsprungstange, Hundenapf, Imprägniermittel, Inliner, Isolierrohr, Joghurtbecher, Kabelanschluss, Kabelführung, Kabelummantelung, Kaffeefilter, Kamm, Kammerazubehör, Karosserie, Kassettengehäuse, Kindermöbel, Klarsichthülle, Klebefolie, Klebstoff, Kleiderbügel, Klemmleiste, Knopf, Kolbenring, Kontaktlinse, Kopfhörerbügel, Kosmetikdose, Kreditkarte, Kühlschrankinnenbehälter, Kugelschreibergehäuse, Kunstblume, Kunstrasen, Kunstleder, Lampenschirm, Laufrollen, Leiterplatte, Leuchtreklame, Lichtdach, Linse, Lüfterrad, Lüftungssystem, Luftballon, Luftmatratze, Lupe, Mikrowellengeschirr, Modelleisenbahn, Modeschmuck, Motorradhelm, Motorhaube, Müllcontainer, Musikinstrument, Obstschale, Ohrenstäbchen, Pfannengriff, Plane, Propeller, Protektor, Pumpengehäuse, Puppe, Radkappe, Reflektor, Regenmantel, Reifen, Rohrleitung, Rolladenprofil, Rollschuhstopper, Salatschale, Schallplatte, Schallschutz, Schalthebel, Scharnier, Schaumstoffmatratze, Scheinwerfergehäuse, Schirm, Schlauch, Schlitten, Schnappverschluss, Schneidebrett, Schrumpffolie, Schrumpfschlauch, Schuhabsatz, Schuhsohle, Schuhspanner, Schutzverglasung, Segelboot, Segel, Sicherheitskleidung, Silofolie, Sitzsack, Sitzschale, Spielzeug, Sommerskipiste, Spoiler, Sprungmatte, Spulenkörper, Staubsaugerteil, Starkstromisolator, Stecker, Steckdose, Stoßstange, Stuhl, Surfbrett, Tastatur, Telefongehäuse, Teppichgewebe, Tischdecke, Tischplatte, Tischtennisball, Toilettensitz, Tonband, Trafogehäuse, Tragetasche, Transportkasten, Treibstofftank, Trennwand, Tube, Türfüllung, Türgriff, Uhrenglas, Unterwasserscheinwerfer, Ventilator, Verbandkasten, Verbundfolie, Verkehrsschild, Verpackung, Verschlussstopfen, Verteilerdose, Videokassette, Wärmflasche, Wäscheklammer, Wäschekorb, Warndreieck, Warnsignal, WC-Spülkasten, Werbebanner, Werkzeuggriff, Wohnwagenverglasung, Würfel, Zahnbürste, Zahnersatz, Zahnrad, Zeichengerät, Zelt, Zierprofil, Zündkerzenstecker

Anders als Metalle, Keramiken oder Hölzer sind synthetische Werkstoffe künstlich hergestellte Materialien, die dank ihres sehr großen Anwendungsspektrums und der wirtschaftlichen Verarbeitung weit verbreitet sind. Wurden die ersten Kunststoffe im 19. Jahrhundert noch aus Naturprodukten wie Kautschuk oder Zellulose gewonnen, ist heute Erdöl der Hauptrohstoff für die Produktion von Kunststoffen. Die Möglichkeit zur fast beliebigen Einstellung der Materialeigenschaften hat den synthetischen Werkstoffen den Einzug in nahezu alle Lebens- und Technologiebereiche ermöglicht. Von der Arbeitsschutzbrille bis hin zur Zahnbürste ersetzten sie die bis dahin üblichen Materialien und eröffneten zum Teil vollkommen neue Verwendungsfelder. Für manche gelten Kunststoffe gar als »Rückgrat der technisierten Zivilisation« (Phantastisch Plastisch 1995), ohne die Wohlstand in den Industrienationen nicht möglich gewesen wäre.

Ende der sechziger Jahre war der Wunsch nach gesellschaftlicher Veränderung groß. Konservative Wertvorstellungen wurden abgelehnt, eine freie Lebensentfaltung bevorzugt. Aufblasbare Möbel aus Kunststoff oder mit Styroporkugeln gefüllte Sitzsäcke entsprachen diesem Zeitgeist. Der Mensch sollte durch die Form eines Möbelstücks nicht in eine vorbestimmte Haltung gezwungen werden, sondern vielmehr das Sitzmöbel sich an den menschlichen Körper anpassen.

Bild: Aufblasbare Möbel aus PVC Kunststoff als Ausdruck der Protesthaltung gegen konservative Lebensentwürfe gegen Ende der 60er Jahre. »Blow Inflatable Armchair«, 1967, von P. Lomazzi, D. D'Urbino, J. De Pas, Produziert durch Zanotta S.p.A., Italien

Das positive Image dieser Werkstoffgruppe in unserer heutigen Zeit wurde den Kunststoffen aber nicht immer zuteil. Noch in den sechziger Jahren galten synthetische Materialien als ideale Grundlage, um durch die nahezu unendliche Freiheit in Formgebung und Farbigkeit der Protesthaltung gegenüber konservativen Lebensentwürfen Ausdruck zu verleihen. Die Verwendung von Kunststoffen hatte ihren ersten Höhepunkt erreicht. Ab den ausgehenden 70er Jahren waren sie allerdings unter dem Sammelbegriff »Plastik« als billig, minderwertig und umweltschädlich verschrien. Erst die Entwicklung synthetischer Hochleistungswerkstoffe (Fluorpolymere KUN 4.1.9), die Einführung eines konsequenten Abfallrecyclings und der hochwertige Einsatz von Kunststoffen mit transluzenten Eigenschaften für Möbel, Haushaltsgeräte und Gebrauchsgegenstände in den 90er Jahren führte zu einer wieder positiven Einstellung gegenüber dieser Werkstoffgruppe. Das Entwickeln und Arbeiten mit Kunststoffen im Design wird dabei nicht mehr nur an formalästhetischen Qualitäten festgemacht, sondern wirft Fragen nach den Werkstoff-Kreisläufen KUN 2.3 auf. Das Bild der mit Einweggeschirr gefüllten, überquellenden Mülltonnen konnte revidiert werden.

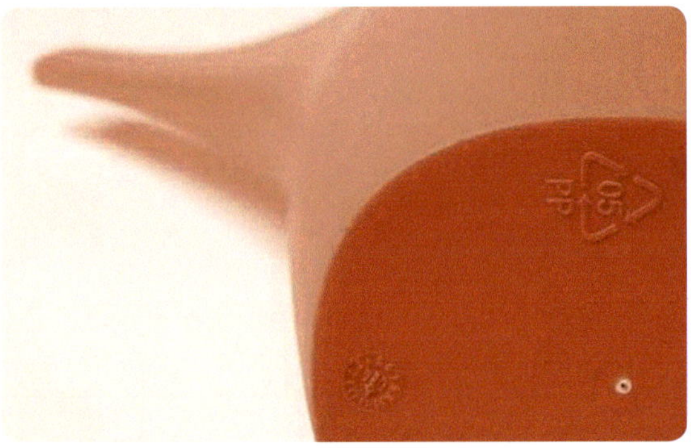

Bild: Kennzeichnung recyclingfähiger Kunststoffe.

Tatsächlich lassen sich in den letzten 150 Jahren eine ganze Reihe von Beispielen finden, die zeigen, dass der Einsatz von Kunststoffen die bisherige Sicht auf ein Produkt und seine Gebrauchsfunktionen revolutionierte.

Schon 1870 versuchten die Brüder Hyatt mit ihrer Erfindung einer Billardkugel aus Zelluloid KUN 4.1.13, der Gefährdung der Elefanten als Quelle für Elfenbein entgegen zu wirken (Emsley 2006). 1907 entdeckte der Belgier Leo Hendrik Baekeland sowohl den duroplastischen Werkstoff Phenolharz KUN 4.2.3, als auch ein Verfahren zum Verpressen dieses neuen Materials unter Hitze. Der unter dem Handelsnamen Bakelit® vertriebene Kunststoff trat für den Haushaltsgerätebereich in Konkurrenz zu Porzellan, Metall, Glas und Keramik. Auf Grund seiner schlechten Leitfähigkeit setzte er sich bei Thermoskannen und Bügeleisen, wegen der schweren Zerbrechlichkeit für Küchenwaagen und Gehäusen von Küchengeräten durch. Nach dem zweiten Weltkrieg machte der Chemiker Tupper durch die Erfindung eines luftdichten Verschlusses aus Polyethylen KUN 4.2.5 von sich hören und wurde zum weltweit bedeutendsten Produzenten für Lebensmittelverpackungen.

Ab 1930 entwickelten sich Polyvinylchlorid KUN 4.1.5 und Polystyrol KUN 4.1.3 zu den wichtigsten Isolations- und Kabelmantelmaterialien für die Elektro- und Kommunikationstechnologie. PVC hat sich ab den 50er Jahren in der Produktion von Schallplatten durchgesetzt. Für die Speicherung von Daten auf CD und DVD werden seit den 90er Jahren Polycarbonat KUN 4.1.4 oder Polymethylmethacrylat KUN 4.1.7 verwendet.

Bild: Verwendung von Kunststoffen für Sportgeräte./ Hersteller: LORCH-Boards/ Foto: Garzke/Franova/ Design: UNITEDDESIGNWORKERS.com

Vor allem im Sport haben synthetische Werkstoffe zu einer enormen Leistungssteigerung beigetragen. Der erste Kunststoff-Skischuh aus Polyurethan KUN 4.2.5 kam 1969 auf den Markt. Er wog nur 2 Kilogramm, war wesentlich bequemer als seine Vorgänger und verringerte vor allem das Unfallrisiko. Die Leichtigkeit und Elastizität moderner Sportschuhe förderte darüber hinaus die Leistungsfähigkeit der Sportler bei Laufwettbewerben. Besonders seien an dieser Stelle die Entwicklungen im Stabhochsprung genannt. Waren um 1940 noch Bambus- oder Holzstangen im Einsatz, so machte erst die Verwendung von Stabhochsprungstäben aus glasfaserverstärktem Epoxidharz KUN 4.2.2 Sprünge über die Marke von 6 Metern möglich.
Im industriellen Bereich kann vor allem die Verwendung von Kunststoffen beim Bau von Kraft- und Nutzfahrzeugen herausgestellt werden. Wurden im Automobilbau noch vor Jahren vorwiegend metallische Werkstoffe verwendet, führte der Einsatz synthetischer Materialien zu einer Gewichtsverringerung und optimierte den Kraftstoffverbrauch nachhaltig. Ein Mittelklassewagen enthält mittlerweile bis zu 150 kg Kunststoffe.
Der nächste Evolutionsschritt bei den synthetischen Werkstoffen sieht die Entwicklung funktionaler Polymere vor. Dies sind Kunststoffe, die entgegen ihrer traditionellen Qualitäten als Isolatoren auch Eigenschaften zur Leitung elektrischer Ströme und Wärme vorweisen können (Eibeck 2005). Während die thermische Leitfähigkeit die Kühlung von Prozessoren über die Gehäusewandung von elektrischen Komponenten beschleunigen soll, werden mit elektrisch leitfähigen Polymerwerkstoffen neue Anwendungen in den Bereichen Funketiketten zur Vereinfachung logistischer Prozesse (RFID) oder Licht emittierender Oberflächen (OLED) ermöglicht KUN 6.1. Weiterhin zählen zu den Funktionspolymeren auch solche mit transparenten Eigenschaften.

KUN 1
Charakteristika und Materialeigenschaften

Die besonderen Eigenschaften künstlicher Werkstoffe gehen auf ihren speziellen Produktionsprozess zurück, bei dem auf molekularer Ebene organische Kohlenwasserstoffverbindungen scheinbar beliebig zusammengesetzt werden. Grad und Art der molekularen Vernetzung sowie der chemische Aufbau sind dabei entscheidend für das spätere physikalische, mechanische und chemische Verhalten. Die große Anzahl existierender Kunststoffe mit unterschiedlichen Eigenschaftsprofilen basiert auf den vielfältigen Variationsmöglichkeiten in der Herstellung.

KUN 1.1
Zusammensetzung und Struktur

Als Ausgangsstoffe für die Gewinnung von Kunststoffen dienen Erdöl, Erdgas oder Kohle, in denen sich Kohlenwasserstoffe hoch konzentriert haben (Schwarz 2002). Erdöl hat nach wie vor die höchste Bedeutung. In chemischen Anlagen werden zunächst einzelne Grundmoleküle gleicher Struktur (***Monomere***) synthetisch isoliert. Die eigentliche Herstellung der künstlichen Werkstoffe erfolgt durch Verknüpfung einer Vielzahl dieser Monomere zu faden- und kettenartigen Makromolekülen, den ***Polymeren***. Zu den wichtigsten Monomeren zählen Ethylen, Propylen, Vinylbenzol (Styrol), Vinylchlorid, Formaldehyd, Tetrafluorethylen, Vinylacetat und Methylmethacrylat (Hellerich, Harsch, Haenle 2001).

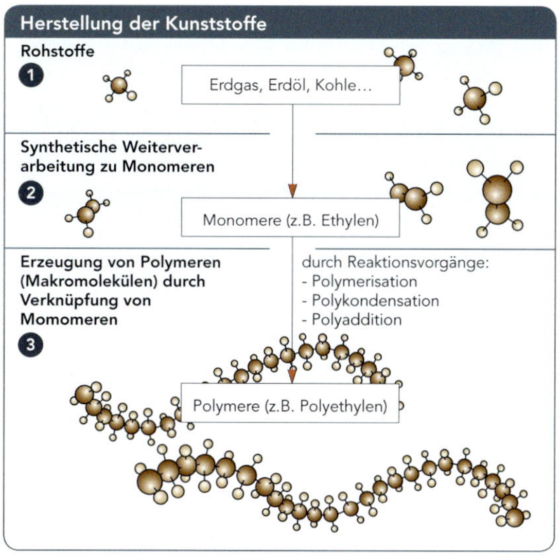

Abb.1: nach [6, 16]

Es existieren die drei Reaktionsmechanismen Polymerisation, Polykondensation und Polyaddition, durch die makromolekulare Strukturen auf Basis von Monomeren entstehen können:
Die ***Polymerisation*** bezeichnet den Vorgang der fadenförmigen Aneinanderreihung durch eine ausgelöste Kettenreaktion zwischen reaktionsfähigen Monomeren und Auflösung der Mehrfachbindung unter Einfluss von Katalysatoren. Dabei können sowohl Monomere gleicher Zusammensetzung

(Homopolymerisation) als auch zwei oder mehrere Monomere unterschiedlicher Struktur (Co-Polymerisation) zur Reaktion gebracht werden.

griech.:
durus – hart
therma – Wärme

Polymerisation
Ungesättigte Moleküle (Monomere) verknüpfen sich zu Makromolekülen (Polymeren). Beispiele: PE-HD, PE-LD.

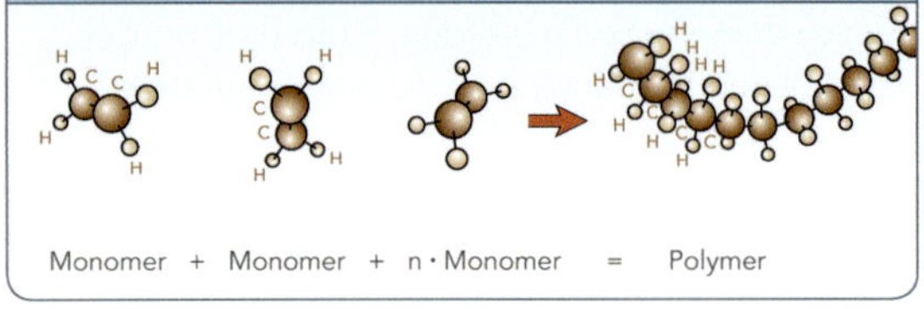

Abb.2: nach [4, 6, 40]

Polykondensation ist die stufenweise Verbindung einer Vielzahl von Monomeren zweier unterschiedlicher Strukturformen zu einem engmaschig vernetzten Makromolekül unter Abspaltung von Molekülen niederer Komplexität wie beispielsweise Wasser (H_2O).

Bild: Fahrradschlauch-Armreif aus Gummi (PFFFT)./ Design: Fabian Seibert/ www.suelzkotlett.de

Polykondensation
Zwei unterschiedliche Moleküle verbinden sich zu Makromolekülen unter Abspaltung von Nebenprodukten (z.B. Wasser).
Beispiele für Polykondensate: Polyester, Silicone, Melaminharze.

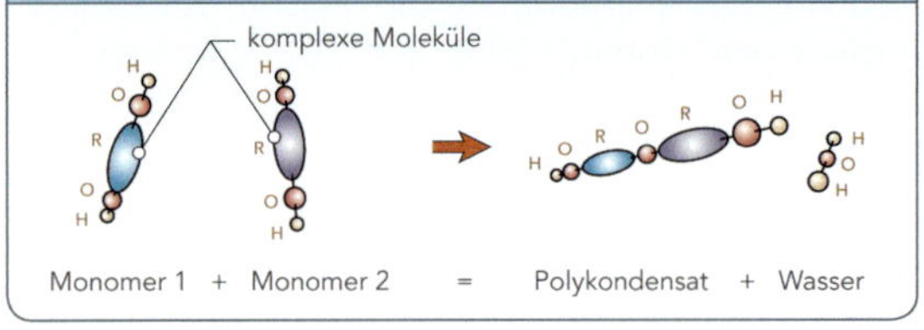

Abb.3: nach [4, 6, 40]

Bei der ***Polyaddition*** werden weit- oder engmaschige Polymerstrukturen durch wechselseitige Anlagerung verschiedener Monomere auf intermolekularer Ebene unter Platzwechsel von Wasserstoffatomen erzeugt. Beispielsweise gehen Polyurethane und Epoxidharze auf diesen Reaktionstyp zurück.

Latex
oder Naturkautschuk ist der milchige Saft tropischer Kautschuk liefernder Pflanzen.

Polyaddition
Zwei unterschiedliche Moleküle verbinden sich zu Makromolekülen ohne Abspaltung von Nebenprodukten.
Beispiele für Polykondensate: Epoxydharze, Polyurethane.

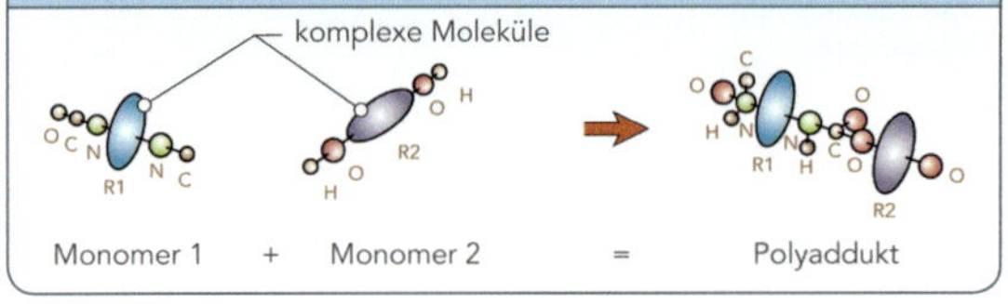

Abb.4: nach [4, 6, 40]

Bild: Tastatur aus elastischem Silikon.

KUN 1.2 Einteilung der Kunststoffe

An Hand der innermolekularen Struktur und der daraus resultierenden Eigenschaften unterteilt man Kunststoffe in Thermoplaste, Duroplaste und Elastomere. Die Bezeichnung folgt den bei der Erwärmung erkennbaren Unterschieden im mechanischen Verhalten (Braun 2003, Retting 1991, Shackelford 2005).

Thermoplaste sind Makromoleküle mit einer fadenförmig verschlungenen, aber unvernetzten Polymerstruktur. Sie sind bei Raumtemperatur hart und meist spröde, lassen sich aber nach Erwärmung plastisch verformen. Bei starker Wärmezufuhr ist sogar mit einer Verflüssigung zu rechnen, da Verknüpfungspunkte zwischen den einzelnen Molekülfäden fehlen. Nach Überschreitung eines definierten Temperaturbereichs zersetzen sich Thermoplaste oder beginnen zu brennen.

Thermoplaste
Eigenschaften: warmumformbar, schweißbar, wiedereinschmelzbar.
Aufbau: Kettenmoleküle ohne Vernetzung.

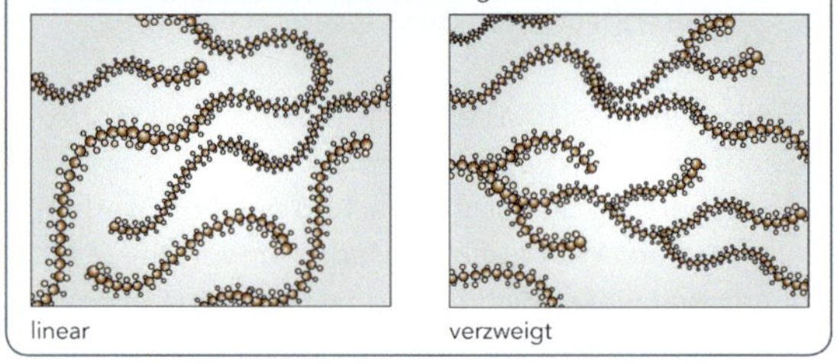

Abb.5: nach [6, 16]

Die Mehrzahl der bekannten Kunststoffe ist der Gruppe der Thermoplaste zuzurechnen (z. B. Polystyrol, Polypropylen, Polyethylen). Dies hängt vor allem mit der guten Bearbeitbarkeit zusammen. Thermoplaste lassen sich nach Erwärmung verformen, sind schweißbar und werden meist durch Spritzgießen FOR 1.2 oder Extrudieren FOR 4 zu Halbzeugen und Formteilen in großen Stückzahlen verarbeitet. *Elastomere* (z. B. Silikone, Kautschuk) sind auf Grund ihrer weitmaschig vernetzten Molekularstruktur elastisch verformbar. Die Anzahl der Vernetzungspunkte bestimmt den Härtegrad bei Druckbeanspruchung. Nach Rücknahme einer Krafteinwirkung bildet sich die Verformung zurück. Daher sind Elastomere nicht bleibend verformbar. Auch bei Erwärmung verändert sich ihr Zustand nur unwesentlich, wodurch Fügevorgänge durch Wärmezufuhr wie beim Schweißen nicht ausgemacht werden können. Elastomere sind daher nicht schmelzbar und unlöslich.

Elastomere

Eigenschaften: elesatisch verformbar, nicht schweißbar.

Aufbau: Kettenmoleküle sind weitmaschig vernetzt.

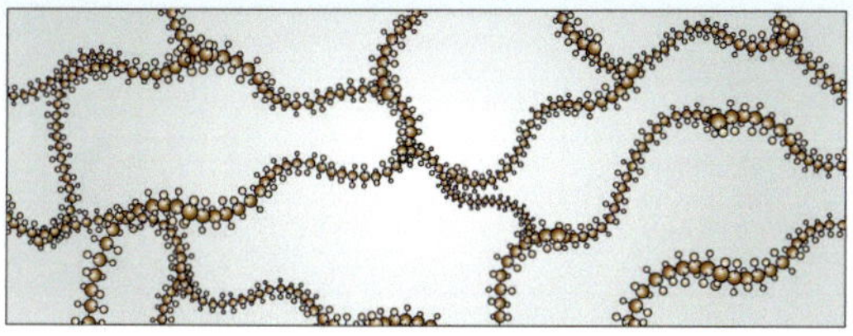

Abb.6: nach [6, 16]

Die Eigenschaften von ***Duroplasten*** (z. B. Phenolharze, Aminoplaste) sind auf ihre engmaschige und stark vernetzte Polymerstruktur zurückzuführen. Eine Verschiebung der Molekülketten bei Erwärmung ist nahezu ausgeschlossen, da sie sich gegenseitig behindern. Duroplaste können nach der Formgebung lediglich zerspanend bearbeitet werden. Thermisches Verformen, Schmelzen oder Aufquellen sind ausgeschlossen. Typische Vertreter sind beispielsweise Epoxidharze, bei denen die Aushärtung und Formgebung aus den beschriebenen Gründen durch die Zusammenführung der zwei Komponenten meist erst am Einsatzort erfolgt.

Duroplaste

Eigenschaften: nicht umformbar, nicht schweißbar.

Aufbau: Kettenmoleküle sind engmaschig vernetzt.

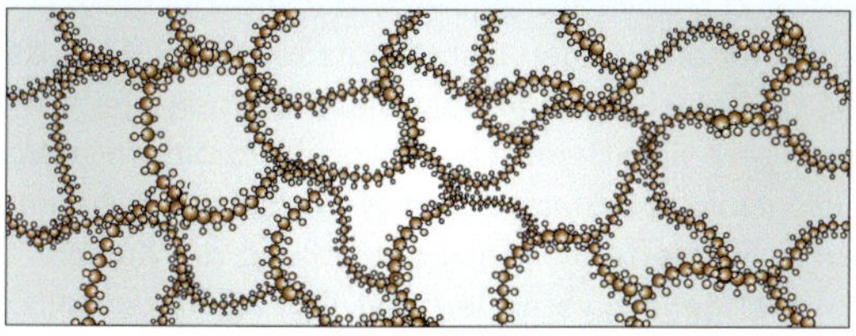

Abb.7: nach [6, 16]

KUN 1.3
Physikalische Eigenschaften

Neben den Verhaltensmustern der unterschiedlichen Kunststofftypen unter Wärmeeinwirkung lassen sich weitere charakteristische Eigenschaften finden, mit denen synthetische Werkstoffe von anderen Materialgruppen abgegrenzt werden können.

Bezeichnend für Kunststoffe ist ihre geringe Dichte. Sie liegt zwischen 0,9 und 2,2 g/cm^3 und damit unter der metallischer Leichtwerkstoffe oder anderer anorganischer Materialien. Da sie aber vergleichsweise dennoch gute mechanische Eigenschaften aufweisen, haben sich Kunststoffe als alternative Leichtbaumaterialien für die Automobil- und Luftfahrtindustrie durchsetzen können.

Bei der Verwendung im industriellen Bereich sind vor allem die im Vergleich zu Metallen geringe Wärmeleitfähigkeit und die Strom isolierenden Eigenschaften von Kunststoffen entscheidende Kriterien. Dies ist auf die sehr niedrige Anzahl freier Elektronen in den molekularen Strukturen synthetischer Werkstoffe zurückzuführen, weswegen sie für Kabelummantelungen und Einhäusungen elektrischer Geräte besonders geeignet sind. Die guten Wärmedämmungseigenschaften machen vor allem Schaumstoffplatten für das Baugewerbe bestens geeignet. Thermoplastische Kunststoffe sind in einem engen Temperaturbereich stabil und schmelzen schon bei niedrigen Werten. Tiefe Temperaturen ändern die Gebrauchseigenschaften von Duroplasten kaum, bei Thermoplasten muss mit einer Versprödung gerechnet werden.

Thermische Eigenschaften

Material	Wärmeleitfähigkeit λ
Polyethylen (PE-LD... PE-HD)	$\lambda \approx$ 0,3... 0,42 W/mK
Polypropylen (PP)	$\lambda \approx$ 0,22 W/mK
Polystyrol (PS)	$\lambda \approx$ 0,17 W/mK
Geschäumtes Polystyrol (EPS)	$\lambda \approx$ 0,003 W/mK
Quarzporzellan (C110)	$\lambda \approx$ 1... 2,5 W/mK
Ferrit bzw. Eisen (Fe)	$\lambda \approx$ 50 W/mK
Aluminium (Al)	$\lambda \approx$ 204 W/mK
Kupfer (Cu)	$\lambda \approx$ 384 W/mK

Abb.8: nach [4]

Wie andere Nichtleiter neigen Kunststoffe bei Reibung zu elektrostatischer Aufladung. Dies hat die Anziehung von Staub zur Folge und kann bei einer Funkenentladung Brände und Explosionen auslösen. Je nach Anwendungsfall müssen daher leitende Substanzen beigemischt oder antistatische Beschichtungen aufgebracht werden.

Das akustische Verhalten ist für geschäumte und kompakte Kunststoffe sehr unterschiedlich. Während eine dichte Struktur die Schallausbreitung fördert, sind offenporige Schaumstoffe schallabsorbierend. Die Reflexion von Schallwellen ist auf Grund der geringen Masse von Kunststoffen nahezu ausgeschlossen.

Entscheidend für die Verwendung synthetischer Werkstoffe ist insbesondere die Möglichkeit zur Erzielung hervorragender Oberflächenqualitäten. Dies ist darauf zurückzuführen, dass sich die Oberflächenstruktur formgebender Werkzeuge (z. B. Spritzgießen) nahezu direkt auf das Material übertragen lässt. Sie kann je nach Kunststoffsorte von glatt glänzend bis matt diffus eingestellt werden. Außerdem ist mit amorphen synthetischen Werkstoffen (z. B. PMMA KUN 4.1.7) eine nahezu glasklare Transparenz erzielbar. Teilkristalline Kunststoffe sind in ihrer Erscheinung opak oder milchig. Durch Zusatz von Farbpigmenten können Kunststoffe beliebig eingefärbt werden. Dies ist sowohl deckend, durchscheinend als auch transparent möglich.

Bild: Kunststoffe können beliebig eingefärbt werden; Plexiglas®, satiniert, transparent und farbig./ Evonik Röhm GmbH

KUN 1.4 Mechanische Eigenschaften

Je nach Kunststoffsorte können die mechanischen Eigenschaften sehr unterschiedlich ausfallen und auf den jeweiligen Anwendungsfall eingestellt werden. Die Festigkeitswerte sind im Vergleich deutlich niedriger als bei Metallen, können aber durch Faserzusätze KUN 1.6 entscheidend verbessert werden (Moser 1992). Nach Einbettung von Glas- oder Kohlenstofffasern sind sogar Werte erzielbar, die die mechanische Festigkeit von Stählen übersteigt. Die weiteren Einflüsse auf das Eigenschaftsprofil von Kunststoffen können nachfolgender Tabelle entnommen werden.

Einflüsse von Fasern auf die Eigenschaften von Kunststoffen

Eigenschaften	Einfluss
Steifigkeit, Festigkeit, Kerbempfindlichkeit, Wärmeformbeständigkeit	steigt
Kriechneigung, Zähigkeit, Wärmeausdehnung, Schwindungsneigung	sinkt

Abb.9: nach [4]

Weitere Charakteristika künstlicher Werkstoffe sind ihre guten Gleit- und Antihafteigenschaften, wodurch die Verwendung beweglicher Bauteile ohne Schmierung möglich ist. Dies trifft vor allem auf technische Kunststoffe wie Polyacetal (POM) KUN 4.1.5 oder Polyamid (PA) KUN 4.1.6 zu, bei denen die Kombination selbstschmierender Eigenschaften und hoher Verschleiß- und Schlagfestigkeit Anwendungen unter dynamischer Belastung rechtfertigen (Domininghaus 1999). Auf Grund der geringen ***Laufgeräusche*** sind diese Materialien besonders für Zahnräder geeignet.

Durch Wärmezufuhr wird die Dehnbarkeit vor allem thermoplastischer Werkstoffe gesteigert. Die gute Fließfähigkeit dieser Gruppe synthetischer Materialien macht eine kostengünstige Verarbeitung und Formgebung möglich.

KUN 1.5
Chemische Eigenschaften

Kunststoffe zeichnen sich durch gute Korrosionsbeständigkeit aus. Anders als bei Metallen müssen synthetische Werkstoffe zum Schutz gegen Witterungs- und Umwelteinflüsse weniger stark geschützt werden. Kunststoffe werden daher häufig zur Beschichtung von wenig widerstandsfähigen Werkstoffen verwendet. Die Chemikalienresistenz liegt für die meisten Sorten meist höher als bei Edelstählen. Allerdings sind synthetische Werkstoffe anfällig gegenüber Lösungsmitteln.

Charakteristika und Verwendung von Kunststoffen

Eigenschaften	Verwendungsbeispiel	
geringe Dichte, bis ca. 1,5 kg/dm³	Verpackungen, Raumfahrt, Fahrzeugbau, Flugzeugbau, Leichtbauteile, Ventilatoren	
hart und fest	Maschinenteile, Getriebe	
weich und elastisch	Fahrzeugreifen, Federteile	
gut form- und bearbeitbar	Gehäuse, Chassis	
isolierend: - elektrisch - wärmedämmend - schalldämmend	Werkzeuggriffe, Elektrobauteile, Stecker, Wärmedämmung, Becher, Schaumstoffplatten	
witterungsresistent chemikalienbeständig	Chemiebehälter, Rohre, Armaturen, Bedienelemente, Beschichtungen, Gartengeräte, Fahrzeugbau	

Abb.10: nach [6]

KUN 1.6
Additive und Faserzumischung

Die Eigenschaften polymerer Werkstoffe lassen sich durch Beimischen von Zusätzen und Hilfsstoffen wie Stabilisatoren, Weichmachern, Füllstoffen, Farb- und Treibmitteln sowie durch Fasermaterialien zum Teil ganz erheblich verbessern. Die Beimischung von Zuschlagstoffen und Additiven wird in der Kunststofftechnik als ***Compoundierung*** bezeichnet.

Während Stabilisatoren die Witterungsbeständigkeit erhöhen, können Lichtschutzmittel den Einfluss von UV-Strahlungen auf die Materialeigenschaften verringern. Die Beimischung von Treibmitteln ist Voraussetzung zur Herstellung synthetischen Schaumstoffs. Füllstoffe dienen zur Streckung der Kunststoffmenge und verändern das Eigenschaftsprofils. Weichmacher sind die größte Gruppe unter den Additiven. Sie werden zugesetzt, um der Sprödigkeit einiger Kunststoffe entgegenzuwirken, die Neigung zum Bruch bei mechanischer Belastung zu verringern und die plastische Verformbarkeit zu verbessern. Insbesondere zur der Herstellung der weichen Variante von Polyvinylchlorid (PVC) KUN 4.1.5 kommen Weichmacher besonders häufig zum Einsatz. Bei Phthalaten (Weichmacher) werden seit einiger Zeit krebserregende und gesundheitsgefährdende Risiken diskutiert (Emsley 2006). Daher sollte auf den Gebrauch von Weich-PVC für Kinderspielzeug u.ä. verzichtet werden.

Dies trifft vor allem auf die Möglichkeit der Einbettung von Fasern zu, die grundsätzlich für jeden Kunststoff existiert. Sie sind die Festigkeit steigernde Komponente von ***Faserverbundwerkstoffen*** VER. Als Resultat entstehen Konstruktionswerkstoffe, die die positiven Eigenschaften (z. B. geringe Dichte) und die leichte Verarbeitbarkeit von Kunststoffen mit der hohen Festigkeit des Fasermaterials vereinen. Nachteilige Charakteristika werden durch das Profil des jeweiligen Partners überdeckt. Ein Faseranteil von 30–50 % ist durchaus üblich. Man unterscheidet ***Endlos-***, ***Lang-*** und ***Kurzfasern***.

Während Endlos- und Langfasern in Kombination mit duroplastischen Reaktionsharzen angewendet werden, sind Kurzfasern zur Verstärkung thermoplastischer Kunststoffe im Einsatz. Hinweise zur Dimensionierung von Faserverbundkunststoffen werden in Michaeli et al. 1995 gegeben.

Prinzip der Faserverstärkung

Durch eine Faserverstärkung können Kunststoffe verstärkt werden und somit auf die technischen Anforderungen angepasst werden.

Material	**Glasfaser** +	**Kunststoff** =	**Glasfaserverstärkter Kunststoff (GFK)**
Eigenschaft	hochfest + spröde	zäh nicht fest	= hochfest, zäh
Fasernrichtung	**Ausrichtung in einer Achse**		**Beliebige Ausrichtung**

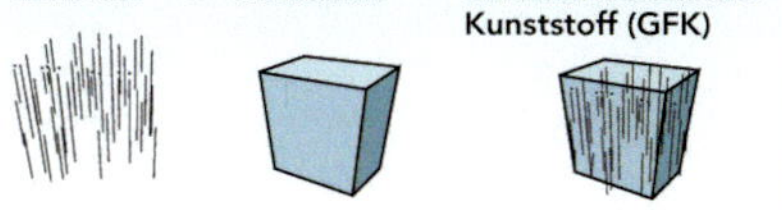

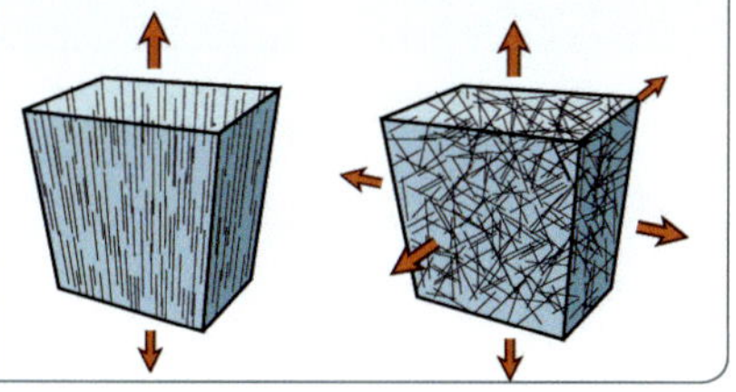

Abb.11: nach [6]

Auf Grund der guten mechanischen Eigenschaften und des niedrigen Preises sind ***Glasfasern*** *GLA 4.7* das wichtigste Fasermaterial zur Verstärkung von Kunststoffen. Sie verfügen über hohe Zugfestigkeit (bis 2400 N/mm^2) und geringe Dichte (etwa 2,6 g/cm^3). Die Sprödigkeit wird im Verbund durch die Zähigkeit des Kunststoffes ausgeglichen. Glasfasern liegen für eine Verarbeitung in Form von Rovings (grobes Gewebe), Gelegen, Matten, Strängen oder Faserrollen vor. Verbundwerkstoffe mit Glasfasern werden als »***GFK***« oder glasfaserverstärkte Kunststoffe bezeichnet.

Aramidfasern haben etwa die gleiche Festigkeit wie Glasfasern, sind aber sehr viel dehnfähiger und damit zäher *TEX 4.4.2*. Zudem sind sie nur schwer entflammbar, schmelzen nicht und sind bis zu einer Temperatur von 160 °C formbeständig. Sie werden zur Vermeidung von Splitterungen für schlag- und stoßbeanspruchte Bauteile im Flugzeugcockpit oder in schusssicheren Westen verwendet. Mit Aramidfasern verstärkte Verbundwerkstoffe sind kostspielig und unter der Abkürzung »***RFK***« im Markt erhältlich. DuPont vertreibt sie unter dem Handelsnamen Kevlar®.

Da sich faserverstärkte Kunststoffe wegen der Materialmischung nur schwer recyceln lassen, werden zur Verbesserung des Eigenschaftsprofils immer häufiger ***Pflanzenfasern*** (Flachs, Hanf, Kokos, Bambus, Holz) genutzt. Diese weisen zwar keine so hohen Festigkeiten wie Kohlenstoff-, Glas- oder Aramidfasern auf, sind aber leichter zu entsorgen, geräusch- und wärmedämmend und atmungsaktiv. Anwendungsbeispiele sind Schutzhelme oder Pkw-Innenverkleidungen.

Einflüsse von Füllstoffen auf die Kunststoffeigenschaften

Form des Füllstoffs:	Fasern						Platten			Kugeln						
Füllstoff / **Eigenschaften**	Cellulose	C-Fasern	Textilglas	Synthesefasern	Whiskers	Wollastonit	Glimmer	Grafit	Talkum	Glaskugeln	Kalciumkarbonat	Kaolin	Metalloxide	Sand-/Quarz	Silika	Ruß
Zugfestigkeit		↗	↑				↗		●	↗						
Druckfestigkeit			↗						↗	↗	↗			↗		
E-Modul		↑	↑		↗	↑	↑		↗	↗	↗		↗	↗	↗	↗
Schlagzähigkeit	↗	↘	↗	↑	↘	↘			↘	↘		↘	↘	↘	↘	↗
Abriebverhalten		↗					↗	↗	↗			↗				
Wärmeleitfähigkeit (°C)		↗				↗		↗	↗		↗			↗	↗	↗
Wärmestandfestigkeit (°C)		↑	↑			↗	↗		↗		↗	↗	↗			
Wärmebeständigkeit (°C)						↗	↗		↗			↗	↗	↗	↗	↗
thermische Ausdehnung (°C)			↗		↗		↗		↗			↗	↗	↗	↗	
elektrische Leitfähigkeit			↗					↗								↗
elektrischer Widerstand						↗	↑		↗			↑	↗	↗		
chemische Beständigkeit						↗	↗		●	↗		↗				
Extrusionsgeschwindigkeit							↗				↗	↗				
Abrasion in Maschinen	●		↘	●	●			●	●	●	●			↘		●
Schwindung		↗	↗			↗	↗	↗	↗	↗	↗	↗	↗	↗	↗	↗
Kostenreduzierung (€)	↗		↗			↗	↗	↗	↗	↗	↑	↗		↑	↗	

Verbesserung sehr gut: ↑ gut: ↗ keine Veränderung: ● schlechter: ↘

Abb.12: nach [40]

Lieferformen von Fasermaterialien

Je nach Anwendungsfall und Verarbeitungsmethode sind unterschiedliche Faserformen auf dem Markt erhältlich:

Lieferformen von Fasermaterialien

Roving
(Faserstrang aus vielen Einzelfilamenten)

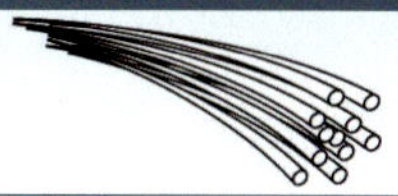

Vlies
(nicht orientierte Fasern)

Gewebe

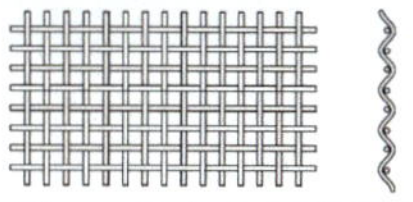

Geflecht (Litze)

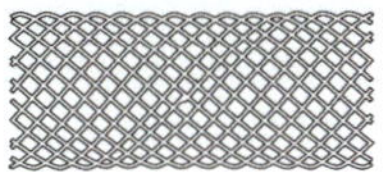

Gelege (mit Wirkfäden)

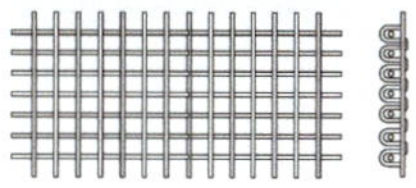

Abb.13: nach [27]

Mit ***Rovings*** werden Faserstränge bezeichnet, die aus parallel nebeneinander liegenden, nicht miteinander versponnenen Fasern bestehen. Diese weisen einen Durchmesser von etwa 1 mm auf und finden in der ***Faserwickeltechnik*** *KUN 2.2* häufig Verwendung. Das Auseinanderziehen oder die Verstreckung wirken sich während der Verarbeitung positiv auf das Ergebnis aus.

Bild unten rechts: Surfbrettfinne aus GFK.

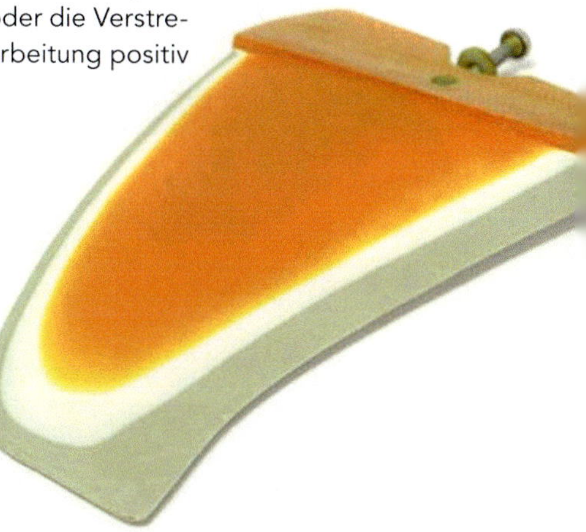

Vliese sind Matten aus völlig ungeordneten, wirr zusammengelegten Fasern, die auch unter der Bezeichnung ***Wirrglas*** bekannt sind. Die Verarbeitung ist einfach. Jedoch sind die erreichbaren Festigkeitswerte eher niedrig.

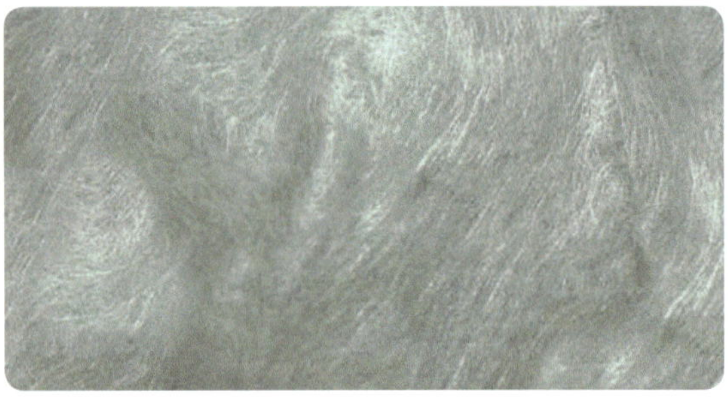

Bild: Glasfaservlies.

Die teuren ***Kohlenstofffasern*** werden für spezielle Einsatzfälle im Flugzeugbau oder in der Raumfahrt verwendet, wo die Festigkeitswerte von Glas- oder Aramidfasern nicht mehr ausreichen. Kohlefasern weisen Zugfestigkeiten bis 3.600 N/mm^2 auf, wodurch beispielsweise der Bau von Tragflügelprofilen mit sehr geringen Bauhöhen für Segelflugzeuge möglich ist. Kohlenstofffaserverstärkte Kunststoffe sind unter dem Namen »***CFK***« bekannt.

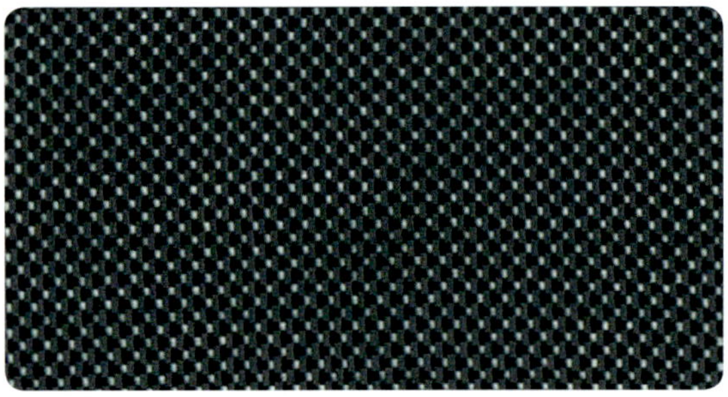

Bild: Kohlenstofffasern (Karbonfasern)

Bild unten: Die oben gezeigten GFK-Hauben im fertigen Zustand./ TÜNKERS Maschinenbau GmbH/ Foto: Herf & Braun Design: UNITEDDESIGNWORKERS.com

Bei ***Gewebe*** oder ***Geflecht*** sind die Faserstränge miteinander in geordneter Form verwoben. Auf Grund der universellen Einsetzbarkeit und der leichten Verarbeitung sind Gewebe die am häufigsten genutzte Faserform. Auch komplizierte Formgeometrien lassen sich realisieren. Selbst beim Handlaminieren können enge Wölbungen sehr gut angepasst werden.

Bild: Glasfasergewebe.

Bild: Glasfaserverstärkte Kunststoffhaube.

Ein ***Gelege*** ist eine Zwischenform zwischen einem Roving und einem Gewebe. Die einzelnen Faserstränge sind parallel in einzelne Schichten gelegt und werden lediglich mit dünnen Fäden zusammengehalten.

Vor allem beim ***Handlaminieren*** KUN 2.2 können Gelege im Vergleich zu Rovings leichter positioniert und verarbeitet werden. Mehrere Verstärkungsrichtungen sind erzielbar.

Von ***Prepags*** spricht man, wenn die beschriebenen Faserformen nicht trocken, sondern schon mit einem Spezialharz imprägniert bezogen werden. Die Aushärtung des Fasermaterials erfolgt unter Wärmezufuhr.

KUN 2
Prinzipien und Eigenheiten der Kunststoffverarbeitung

Mit der Einteilung der Kunststoffe in Thermoplaste, Elastomere und Duroplaste wurden die wesentlichen Unterschiede in der Verarbeitung vor dem Hintergrund des unterschiedlichen Verhaltens bei Erwärmung bereits beschrieben. Die Formgebungsmöglichkeiten sind sehr stark mit diesen Eigenschaften verbunden.

Bindenähte

Beim Gießen thermoplastischer Kunststoffe muss auf die Bildung von Bindenähten geachtet werden. Diese entstehen während der Formfüllung, wenn das plastifizierte Material auf Grund von Durchbrüchen oder Innenstrukturen getrennt wird und hinterher wieder zusammenfließt. Die Schmelzfronten haben sich in der Zwischenzeit auf molekularer Ebene bereits orientiert und können keine homogene Struktur mehr bilden. Bindenähte stellen Bauteilschwachstellen dar, an denen das Material unter Belastung schnell nachgibt und reißt. Eine intelligente Positionierung des Angusskanals beim Formenbau kann Länge und Anzahl von Bindenähten reduzieren helfen. Eine Verfestigung der betroffenen Stellen durch lange Abkühlzeiten kann die negativen Auswirkungen von Bindenähten verringern.

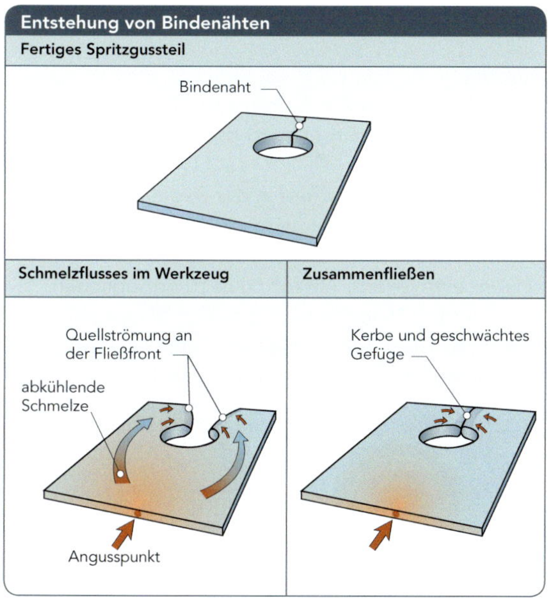

Abb.14: nach [4]

Bild: Unschöne Bindenähte im sichtbaren Bereich der Bauteiloberfläche, Anguss ist hier im Bild unten rechts.

Formen

Thermoplaste bieten auf Grund der Verflüssigungsmöglichkeit unter Wärme die besten Verarbeitungsoptionen. ***Spritzgießen*** FOR 1.2 und ***Extrusion*** FOR 4.1 sind die üblichen Verfahren zur Massenproduktion von Kunststoffbauteilen. Granulat oder Pulver wird als Ausgangsstoff unter hohen Temperaturen plastifiziert und in Formen gespritzt bzw. gepresst oder in einem Extruder zu Halbzeugen, Platten oder Folien geformt. Weitere Massenverfahren zur Formgebung thermoplastischer Kunststoffe sind das ***Blasformen*** FOR 5.3, ***Pressen*** FOR 6.4 oder das ***Schleuder-*** und ***Rotationsgießen*** FOR 1.6. Duroplastische Formmassen werden durch Pressformen FOR 6.4 verarbeitet.

Die meisten synthetischen Werkstoffe können auch zu ***Polymerschäumen*** FOR 3 geschäumt werden. Hier sind vor allem die Kunststoffe PE, PP, PS oder PUR zu nennen. Zur Herstellung von Bauteilen in kleinen und mittleren Stückzahlen steht das ***Polymer-*** FOR 1.8 oder ***Vakuumgießen*** FOR 1.5 zur Verfügung.

Elastomere und ***duroplastische*** Formmassen können nur vor der eigentlichen polymeren Vernetzung formgebend verarbeitet werden. Eine nachträgliche Verflüssigung durch Erwärmung ist nicht möglich. Die Grundwerkstoffe werden in eine Form gegossen oder als Festmassen in die gewünschte Geometrie gepresst (z. B. Pressformen) und abschließend ausgehärtet.

Umformen

Lediglich thermoplastische Kunststoffe können unter Einbringung von Wärme umgeformt werden. Die Werkstoffe werden hierzu bis zum Erweichen erhitzt. Platten oder Stabmaterial werden durch Warmumformen vor allem dann bearbeitet, wenn eine zweidimensionale Bauteilgeometrie erforderlich ist oder Formveränderungen durch einfaches Biegen möglich ist. Die Herstellung der Werkzeugform ist bei diesen Verfahren preisgünstig. Der Herstellungsprozess von Folien in ***Walzwerken*** unter Druck und Wärme wird ***Kalandrieren*** FOR 4 genannt (Nentwig 1994). Wenn hohe Stückzahlen die Werkzeugkosten rechtfertigen, kann bei einfachen Geometrien (z. B. Joghurtbecher) das ***Thermoformen*** FOR 7.1, ***Tiefziehen*** FOR 7.1 oder ***Blasformen*** FOR 5.3 auch in drei Dimensionen erfolgen (Ruge, Wohlfahrt 2001).

Umformtemperaturen verschiedener Kunststoffe

Material	Umformtemperaturbereich
ABS	100 … 150 °C
Celluloseacetobutyrat (CAB)	180 … 200 °C
Polycarbonat (PC)	150 … 210 °C
Polyethylen (PE)	140 … 160 °C
Polyethylenterephthalat (PET)	120 … 160 °C
Polymethylmethacrylat (PMMA)	130 … 170 °C
Polypropylen (PP)	155 … 200 °C
Polystyrol (PS)	130 … 200 °C
Polyvinylchlorid (PVC-hart)	90 … 150 °C

Abb. 15: nach [3, 46]

Zerspanende Bearbeitung

Eine spanabhebende Bearbeitung thermoplastischer und duroplastischer Kunststoffe ist möglich, jedoch nur in wenigen Fällen sinnvoll und problemlos realisierbar. Durch schlechte Wärmeleitung kommt es bei der Zerspanung von Thermoplasten an der Bearbeitungsstelle schnell zu einem Wärmestau, der ein Schmelzen und Schmieren des Materials zur Folge hat. Eine kontrollierte Bearbeitung ist dann nur noch selten möglich und bedarf einer Zwischenkühlung. Duroplaste lassen sich nach der Aushärtung meist nur mit gehärteten Werkzeugschneiden TRE zerspanend bearbeiten.

Fügen

Zur Herstellung von Fügeverbindungen an thermoplastischen Bauteiloberflächen lassen sich verschiedene Schweißverfahren nutzen. An dieser Stelle seien vor allem das ***Warmgas-***, ***Heizelemente-*** und ***Vibrationsschweißen*** FUE 5.8, FUE 5.9, FUE 5.10 genannt. Duroplaste und Elastomere können nur geklebt, jedoch nicht geschweißt werden. Klebeverbindungen thermoplastischer Bauteile werden meist mit physikalisch abbindenden Klebstoffen (z. B. Lösungsmittel- oder Kontaktklebstoffe), solche an duroplastischen und elastomeren Werkstoffen mit chemisch abbindenden Klebern (z. B. Zweikomponenten Epoxidharzkleber) hergestellt (Potente 2004).

Aufbringen selbstklebender Folien
Die saubersten Ergebnisse erzielt man durch Nassverklebung. Infolge der geringen Anfangshaftung auf der feuchten Fläche kann die Folie nachjustiert werden, was gerade bei großen Formaten Vorteile mit sich bringt. Da die verbleibende Restfeuchtigkeit im Laufe der Zeit nach außen diffundiert und verdunstet, bildet sich die volle Klebkraft erst nach einigen Tagen aus.

Beschichtung und Veredelung

Mit Kunststoffen lassen sich qualitativ sehr hochwertige Oberflächengüten erzielen, da sie sich im formgebenden Prozess ziemlich genau der Struktur der Werkzeugform anpassen. Nach der Formgebung können Kunststoffe leicht lackiert, bedruckt oder galvanisch metallisiert werden BES 6. Metallisierte Kunststoffoberflächen sind vor allem aus den Reflektoren von Autoscheinwerfern bekannt. Weitere Veredelungstechniken für Kunststoffoberflächen sind das Prägen, Strahlen und Polieren (Knappe, Laml, Heuel 1992).

Beispiele für Verarbeitungsverfahren

Fertigungsverfahren	Thermoplaste	Duroplaste	Elastomere
Urformen			
	Spritzgießen Gießen Pressen Kalandrieren Sintern	Schichtpressen von härtbaren Formmassen Laminieren mit Glasfaserverstärkung	Spritzgießen Pressvulkanisation
Umformen, unter Wärmeeinfluss			
	Abkanten Biegen Prägen Tiefziehen	Duroplaste und Elastomere lassen sich nicht umformen	
Trennen			
	spanende Formgebung		
Fügen			
	Kleben		
	Schweißen	Duroplaste und Elastomere sind nicht schweißbar	

Abb.16: nach [50]

KUN 2.1
Herstellung einer Silikonform

Da Silikonformen häufig im Modellbau Verwendung finden und auch den Abguss von Kunststoffbauteilen in der Einzelproduktion oder Kleinserie im Designbereich möglich machen, wird im Folgenden die Vorgehensweise zur Anfertigung kurz erläutert.

Die Herstellung einer ***Silikongießform*** setzt das Vorhandensein eines Urmodells voraus. Dieses kann mit konventionellen Verfahren wie Fräsen manuell, z. B. aus Holz, hergestellt werden oder in Form eines ***Rapid Prototyping Modells*** FOR 10 vorliegen. Bevorzugt wird die ***Stereolithographie*** FOR 10.2 verwendet, was allerdings dreidimensionale Produktdaten erforderlich macht.

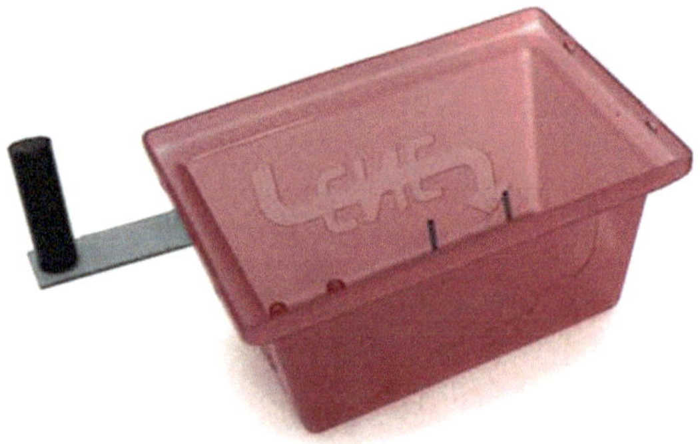

Bild: Basismodell im STL-Verfahren aufgebaut mit angeklebtem Angusskanal aus Kunststoffhalbzeugen./ Foto: CNC-Speedform AG

Schritt 1:
Bevor das ***Urmodell*** in Silikon abgegossen werden kann, muss es gesäubert und getrocknet werden. Obwohl Silikon KUN 4.2.6 auf Grund selbst trennender Eigenschaften in der Regel nicht am Urmodell kleben bleibt, wird die Aufbringung eines ***Trennmittels*** (z. B. ***Silikonöl*** oder ***Vaseline***) empfohlen, um eine leichte Ausformung zu ermöglichen. Vor allem bei Modellen aus porösen Materialien (z. B. Holz, Gips, Ton, Stein) verhindert es das Eindringen des Silikons in die offene Struktur.

Schritt 2:
Anschließend wird mit einem Klebeband die Trennebene der späteren Silikonformhälften am Modell gekennzeichnet und das Urmodell in einem Gießrahmen fixiert.

Schritt 3:
Bei der Anmischung der Silikonformmasse ist darauf zu achten, dass keine Luftblasen entstehen, da sonst mit Einbußen bei der Oberflächenqualität gerechnet werden muss. Luft kann mit einem Vakuumgerät oder in einer ***Vakuumkammer*** entfernt werden.

Schritt 4:
Das Eingießen der vorbereiteten Mischung in den Gießrahmen erfolgt langsam von unten nach oben, damit sich keine Lufteinschlüsse ergeben.

Schritt 5:
Nach Aushärtung der Silikonformmasse wird der Gießrahmen entfernt und das Silikon entlang der Trennebene mit einem scharfen Messer oder Skalpell aufgeschnitten. Das Urmodell kann in der Regel problemlos entnommen werden.

Schritt 6:
Angusskanal und ***Entlüftungskanäle*** werden anschließend so festgelegt, dass eine gleichmäßige Befüllung der Silikonform mit Gießmassen wie ***Polyurethan*** KUN 4.2.5 oder ***Epoxidharz*** KUN 4.2.2 ohne Lufteinschlüsse möglich ist. Abgüsse erfolgen unter Vakuum FOR 1.5.

Durch das geringe Schwindmaß des Silikons von weniger als 0,1 % ist die Anfertigung sehr maßgenauer Abgüsse möglich. Neben Bauteilen aus Kunststoff werden Silikonformen auch zur Herstellung von Modellen aus Gips, Beton oder Wachs verwendet.

Bild: Abguss in einer Silikonform./ Foto: CNC-Speedform AG

KUN 2.2
Verfahren zur Herstellung faserverstärkter Kunststoffe

Neben den konventionellen Verfahren zur Verarbeitung synthetischer Werkstoffe stehen zur Herstellung faserverstärkter Bauteile verschiedene Techniken zur Verfügung, deren Prinzipien sich hinsichtlich des erreichbaren Fasergehalts, der verarbeitbaren Faserlängen und der Verlegeart unterscheiden.

Kurze Fasern bis zu einer Länge von einem Millimeter werden zur Anfertigung kleiner Bauteile mit niedrigen Festigkeitswerten zunächst in die Kunststoffmasse eingemischt. Anschließend erfolgt die Formgebung durch ***Spritzgießen*** oder ***Pressformen***. Zu beachten ist, dass sich im Vergleich zum Ausgangsmaterial verändernde Fließverhalten bei Faserzumischung ergeben. Beim Pressformen sind durch Einlegen in Harz getränkter Fasermatten auch mittelgroße Bauteilgeometrien erzielbar.

Das gebräuchlichste und einfachste Verfahren zur Herstellung großvolumiger und verstärkter Kunststoffteile ist das ***Handlaminieren***. Eine Werkzeugform wird als Grundlage für das händische Andrücken einzelner in Harz getränkter Faser- und Gewebeschichten mit einer Rolle benutzt. Zur Herstellung hochfester Bauteilwände muss nach Auflegen der einzelnen Faserschichten ein gleichmäßiger Harzauftrag mit dem Pinsel erfolgen. Handlaminieren wird beispielsweise zur Herstellung von Bootsrümpfen oder Flügelkomponenten für Segelflugzeuge oder Windkraftanlagen angewendet. Faseranteile zwischen 40–45 % sind möglich.

Das ***Faserharzspritzverfahren*** dient zur Anfertigung großer Bauteile in kleinen bis mittleren Serien. Einem manuell geführten Spritzgerät wird ein Faserstrang zugeführt, auf die gewünschte Länge zerkleinert und durch Druckluft in einer flüssigen Kunststoffmasse aus Harz, Binder und Beschleuniger auf ein Formwerkzeug geblasen. In diesem Verfahren werden ausschließlich ***Polyesterharze*** KUN 4.2.1 verarbeitet. Typische Anwendungen sind Badewannen, Dachstrukturen oder die Wandung von Schwimmbecken.

Ein automatisierbares Verfahren zur Produktion hochfester Rohre oder Tanks in großen Stückzahlen ist das ***Nasswickeln***. Faserstränge werden durch ein mit aushärtbarem Flüssigkunststoff gefülltes Tränkbad gezogen, saugen sich voll und werden auf einem sich drehenden Hohlkörper aufgewickelt. Unter Zufuhr von Wärme härten die Fasern aus, wodurch rotationssymmetrische Bauteilgeometrien entstehen. Eine kostengünstige Produktion kann durch Erhöhung der Wickelgeschwindigkeit unter Nutzung eines Ringfadenauges erreicht werden. Durchmesser von bis zu 60 cm sind herstellbar (Schwarz et al. 2002).

Bild: Infrarotunterstütztes Wickeln eines thermoplastischen Prepregs, Produktionstechnik für faserverstärkte Kunststoffe./ Foto: Adelheid Peters, Fraunhofer-Institut für Produktionstechnologie IPT

Im ***Rotations-*** oder ***Schleudergießverfahren*** FOR 1.6 werden unter Ausnutzung der Fliehkräfte rotationssymmetrische Hohlkörper wie Rohre mit Faserunterstützung hergestellt. Fasermatten werden in eine Schleudertrommel eingelegt und Harz, Härter und Beschleuniger über eine Einspritzvorrichtung zugeführt. Die Zentrifugalkräfte bewirken die gleichmäßige Verteilung der Kunststoffmasse während der Aushärtung. Es lassen sich Bauteile mit gleichmäßigen Wanddicken und glatter Außenfläche herstellen.

Zur Massenproduktion von Halbzeugen und profilierten Platten aus faserverstärktem Material stehen Anlagen zur Verfügung, die kontinuierliches ***Laminieren*** ermöglichen. Harz- und Faserschichten werden zusammengeführt und beidseitig mit Trennfolien umschlossen. Anschließend wird das Schichtpaket einem Aushärtofen zugeführt und kann dort unter Verwendung von Profilwerkzeugen zu Bahnen mit speziellen Strukturgeometrien verfestigt werden.

Ein Verfahren für die großindustrielle Herstellung von endlosfaserverstärkten Kunststoffprofilen ist das ***Strangziehen***, das man auch unter dem Namen »***Pultrusion***« kennt. Das Fasermaterial wird durch ein Harzbad gezogen, mit Kunstharz getränkt und nach einer Reihe von Vorformschritten, in denen das Fasermaterial der endgültigen Form angenähert wird, bei Temperaturen zwischen 100-200 °C gehärtet. Mit dem Verfahren sind Profile mit einem Faservolumenanteil von bis zu 80 % herstellbar, die sich durch eine extrem hohe axiale Steifigkeit auszeichnen (Witt 2006). Die so genannten ***Pultrudate*** werden beispielsweise als großflächige Verkleidungselemente eingesetzt. Auch beim Brückenbau fanden sie 2008 eine erste Verwendung.

Bild: Stuhl aus faserverstärktem Kunststoff./ Design: Verner Panton/ Panton Chair/ Entwurf 1959-60/ Hersteller: Vitra

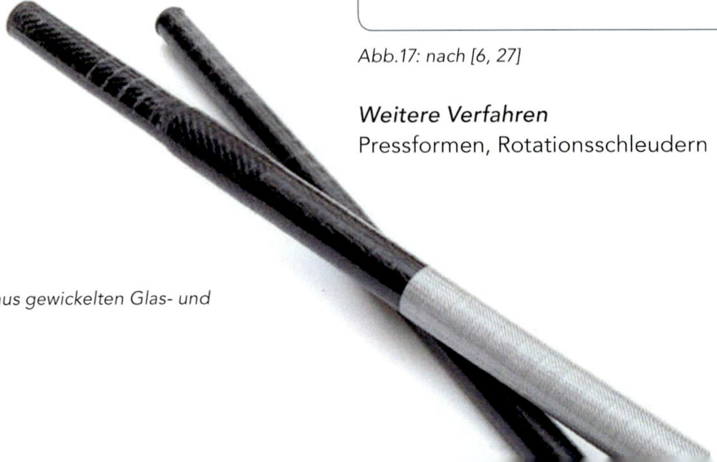

Bild: Mast für Surfsegel aus gewickelten Glas- und Kohlenstofffasern.

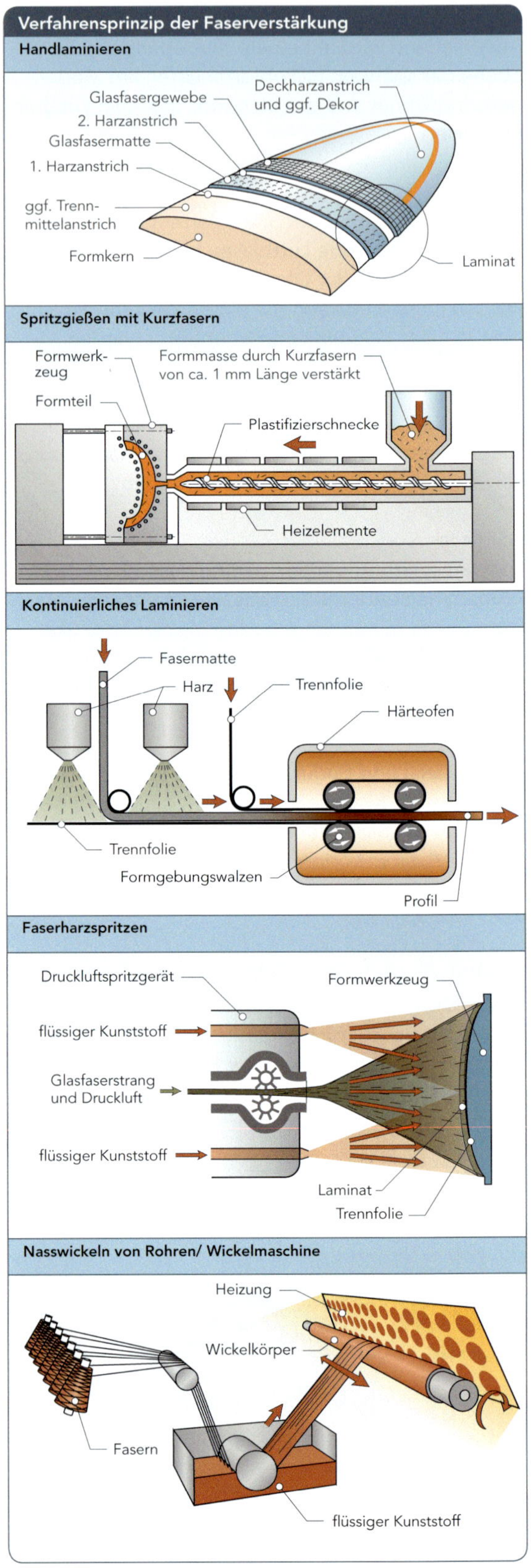

Abb.17: nach [6, 27]

Weitere Verfahren

Pressformen, Rotationsschleudern

KUN 2.3
Kunststoffrecycling

Der schlechte Ruf von Kunststoffen als Materialien mit hoher Umweltbelastung konnte durch Umsetzung eines konsequenten Abfallrecyclings und durch Denken in Werkstoffkreisläufen in den neunziger Jahren ins Positive gekehrt werden. Betrachtet man die gesamte Wertschöpfungskette eines Produktes unter Berücksichtigung aller Umwelteinflüsse, wie Energie- und Ressourcennutzung, Klimaveränderung, Wasser- und Bodenschädigung sowie Abfallerzeugung und -beseitigung, schneiden Kunststoffe vielfach günstiger ab als einige konkurrierende Materialien wie Hölzer, Gläser oder Metalle.

Dies hängt mit den besonderen Eigenschaften von Kunststoffen zusammen, durch die Gewichtsreduzierungen oder die Integration vieler Funktionen in einem Bauteil ermöglicht werden (z. B. durch Schnapphaken FUE 1.2).
Eine Optimierung der Energie- und Ressourcennutzung beim Transport, in der Produktion und Konstruktion ist vor allem mit Kunststoffen möglich.

Entsorgungsmethoden für Kunststoffe und Stoffkreisläufe

Wiederverwertung	Produktrecycling	Produkt wird wiederverwendet für gleiche für den gleichen oder anderen Zweck
	Stoffrecycling	Materialien werden als Regenerate oder Regranulate wiederaufbereitet
		Materialien werden chemisch recycelt durch Stoffumwandlung (Pyrolyse, Solvolyse u.a.)
	Energierecycling	Materialien werden verbrannt
Endlagerung	Deponierung	biologisch abbaubare Materialien werden kompostiert
		nicht abbaubare Materialien werden endgelagert

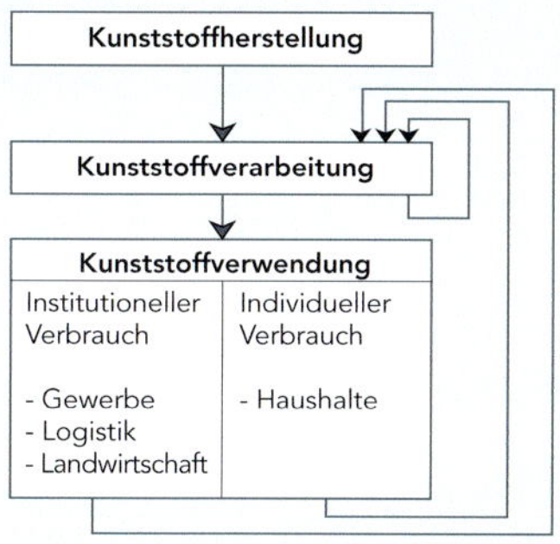

Abb.18: nach [40]

Darüber hinaus lassen sich Kunststoffe auf vielfältige Weise der Wiederverwertung zuführen. An erster Stelle ist die erneute Verwendung einzelner Bauteile oder Produktgruppen zu nennen (z. B. Pfandflaschen oder Getränkekästen in der Lebensmittelindustrie). Die zweite Stufe sieht das Recycling von Abfällen vor. Die letzte Möglichkeit der Verwertung von Kunststoffabfällen bildet die Verbrennung mit dem Ziel der Energiegewinnung. An dieser Stelle ist zu erwähnen, dass nur etwa 5 % der Weltölproduktion zur Kunststoffherstellung verwendet und fast 90 % direkt zur Energiegewinnung verfeuert werden.

Heizwerte verschiedener Kunststoffarten sind in nachfolgender Tabelle in einer vergleichenden Gegenüberstellung zu konventionell zur Energiegewinnung eingesetzten Werkstoffen dargestellt.

Kunststoffsorten, Brennstoffe und Heizwerte

Polymere (Auswahl)	Brennstoff (Beispiel)	Heizwert
ABS, ASA, EVA, Olefinkautschuk, Polyolefine, PS	Benzin, Heizöl, Erdgas	> 10 kWh/kg
A/MMA, LCP, PA, PBT, PC, PEC, PEEST, PEI, PPS, PPSU, PPT, PVAL	Steinkohle, Heizöl (leicht)	> 7...10 kWh/kg
CSF, PBI, PES, PET, PUR, PVC, Stärke, Zellulose	Papier, Holz, Braunkohle	> 4...7 kWh/kg
E/TFE, PVC-C, MF, UF, VDC/VC, VF	Rohbraunkohle, Sägespäne	> 1,5...4 kWh/kg
FEP, PCTFE, PFA	(keine)	< 1,5 kWh/kg

Abb.19: nach [40]

Beim Kunststoffrecycling unterscheidet man zwischen der Umschmelzung von Abfällen thermoplastischer Werkstoffe in Kunststoffgranulate und der chemischen Stoffumwandlung in deren Grundbestandteile. Recyclatgranulate können den Produktionsprozessen erneut zugeführt werden. Diese Form der Werkstoffwiederverwendung ist jedoch auf thermoplastische Kunststoffe beschränkt, da die Plastifizierung unter Wärmezufuhr leicht möglich ist. Elastomere und Duroplaste können durch Umschmelzen nicht aufbereitet werden. Hier wird auf die chemische Stoffumwandlung verwiesen. Außerdem können Duroplastrecyclate zerkleinert und als Füllstoffe der Wiederverarbeitung zugeführt werden.

Die Qualität des Kunststoffrecyclats und die Möglichkeit zur Rückführung in den Produktionsprozess werden vor allem durch die sortenreine Trennung des Abfalls bestimmt. Eine Vermischung verschiedener Kunststoffsorten macht die Wiederverwendung lediglich in Form von Polymerblends KUN 4.1.13 möglich. Die Entwicklung neuer Aufbereitungsverfahren bietet in der jüngeren Vergangenheit aber auch die Möglichkeit, nicht getrennte Abfälle aus Kunststoffen, Papier, Holz und Metallen zu dickwandigen Produkten wie Bänken, Pfählen, Pfosten oder Spielplatzgeräten zu verarbeiten. Die Werkstoffabfälle werden dafür grob vorsortiert, zerkleinert und in einem Walzenextruder je nach Bestandteilen bei Temperaturen zwischen 140 °C und 180 °C zu einer teigigen Masse plastifiziert. Diese lässt sich in Werkzeugformen abkühlen. Es können Bauteile in den unterschiedlichsten Formgeometrien hergestellt werden (Lefteri 2001).

Bild: Verbundschaum mit Elastoflex® W Bindemittelsystemen: klein gehäckselter Schaum (u.a. aus Schnittverlusten aus der Schaumfertigung) wird wieder zu Formteilen verpresst./ Hersteller und Fotos: BASF Polyurethanes GmbH

Zur chemischen Stoffumwandlung von Kunststoffabfällen kommen die Verfahren ***Hydrolyse*** und Pyrolyse zur Anwendung. Innerhalb des Hydrolyseprozesses werden unter Wasserdampf Schaumstoffe oder geschäumte Bauteile aus Polyurethan sowie Bodenbeläge, technische Teile oder Textilien aus Polyamid und Polyesther in ihre Ausgangsprodukte zurückgeführt.
Durch ***Pyrolyse*** werden Kunststoffabfälle unter Sauerstoffabschluss bei Temperaturen zwischen 400 °C und 800 °C in die petrochemischen Bestandteile zerlegt. Es entsteht ein hochreines Heizgas, das im Haushalt oder zur Beheizung von Wohnräumen verwendet werden kann. Der Heizwert von Pyrolyseprodukten ist höher als bei einer einfachen Verbrennung von Kunststoffabfällen in einer Müllverbrennungsanlage.

Bild: Der Bürostuhl der italienischen Firma Marconi S.A.S. wurde zum »Kunststoff-Recycling-Produkt des Jahres« gekürt. Das Besondere an dem Bürostuhl: Alle innen liegenden Konstruktionsteile sind vollständig aus Recyclingkunststoff gefertigt. Sie stammen aus Verpackungen, die Verbraucher in der »Gelben Tonne« oder dem »Gelben Sack« gesammelt haben. Der Fuß des Stuhls besteht komplett aus recyceltem glasfaserverstärktem Polyamid (PA). Das Produkt kann vollständig wiederverwertet werden./ Foto: © Marconi S.A.S.

Im Zusammenhang mit der Verwertung von Kunststoffabfällen bleibt zu erwähnen, dass seit einigen Jahren an der Entwicklung von ***Biokunststoffen*** KUN 6.3 gearbeitet wird, die in natürlicher Umgebung kompostiert werden können. Man verspricht sich von diesen Materialien ganz neue ökologische Entsorgungsmöglichkeiten. Die Vision eines geschlossenen Stoff- und CO_2-Kreislaufs scheint mit diesen neuen Entwicklungsansätzen möglich.

Bild: PET-Flaschen aus automatischer Wertstoffsortierung – Der Markt für Verpackungen aus Polyethylenterephthalat wächst und damit auch der Bedarf an hochwertigen Verwertungsverfahren./ Foto: Thomas Mayer, © Der Grüne Punkt – Duales System Deutschland GmbH

Bild: Recyclingkunststoffe können für zahlreiche Bauelemente (z. B. Profile für Fensterrahmen, Plattenwerkstoffe) eingesetzt werden. Die Recyclingprodukte genügen den hohen deutschen Qualitätsanforderungen./ Foto: Thomas Mayer, © Der Grüne Punkt – Duales System Deutschland GmbH

KUN 3
Kunststoffgerechte Konstruktion

Auf Grund der besonderen Eigenschaften polymerer Werkstoffe bei der Verarbeitung lassen sich folgende Hauptregeln für die fertigungs-, werkstoff- und beanspruchungsgerechte Bauteilkonstruktion zusammenfassen. Die Hinweise sind hinsichtlich der wichtigsten Verarbeitungstechniken Spritzgießen, Pressen und Blasformen geordnet (Bonten 2003):

Kunststoffgerechte Konstruktion

Regel	Zweck	Verfahren
geringe Wandstärken (abhängig von Fließfähigkeit des Kunststoffs)	schnellere Aushärtung und damit geringe Zykluszeit	S, P
konstante Wandstärken (Vermeidung von Masseanhäufung)	Vermeidung von Verzug und Lunkern (durch gleichmäßige Abkühlung und Schwindung	S, P, B
Radien an Ecken und Kanten	gute Entformung, guter Schmelzfluss (bessere Ausformung, Verringerung von Kerbspannungen	S, P, B
fertigungsgerechte Rippen	Vermeidung von Einfallstellen auf der Gegenseite	S, P
fertigungsgerechte Entformungsschrägen	gute Entformbarkeit, Oberflächengüte	S, P, B
Hinterschnitte vermeiden	Werkzeugkosten nicht unnötig erhöhen	S, P (B)
Anspritzpunkt günstig positionieren (wenn möglich nicht auf Sichtflächen)	günstige Fließwege, Vermeidung bzw. Minimierung von Bindenähten	S, B
Trennfugen günstig positionieren	optisch günstig gestalten, Werkzeugkonzept vereinfachen	S, P, B
Verringerung bzw. Vermeidung von Nacharbeit	Kosten reduzieren	S, P, B
ebene Flächen (großflächig oder dünnwandig) vermeiden	Vermeidung von Verzug bzw. Verwerfungen	B

S = Spritzgießen (behälter- und gehäuseartige, flächige, komplexe Produkte)
P = Pressformen (eher flächige Produkte)
B = Blasformen (behälterartige Produkte, Hohlkörper)

Abb.20

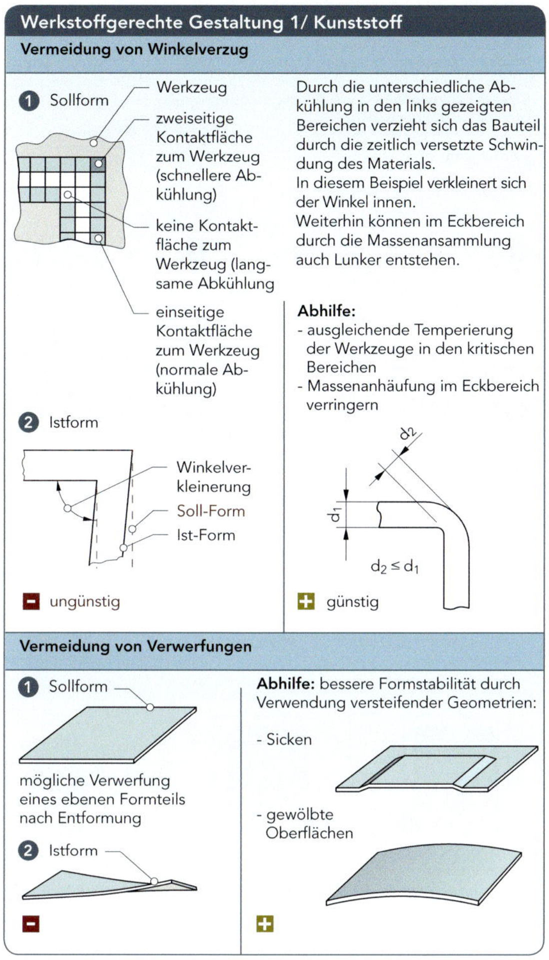

Abb.21: nach [4, 11, 14, 28]

Bild: Kunststoffrippen auf der Innenseite.

Bild: Einfallstellen auf der Außenseite. Dieses Bauteil wird anschließend mit einem weiteren, weichen Material umspritzt, so dass die Einfallstellen kaschiert werden.

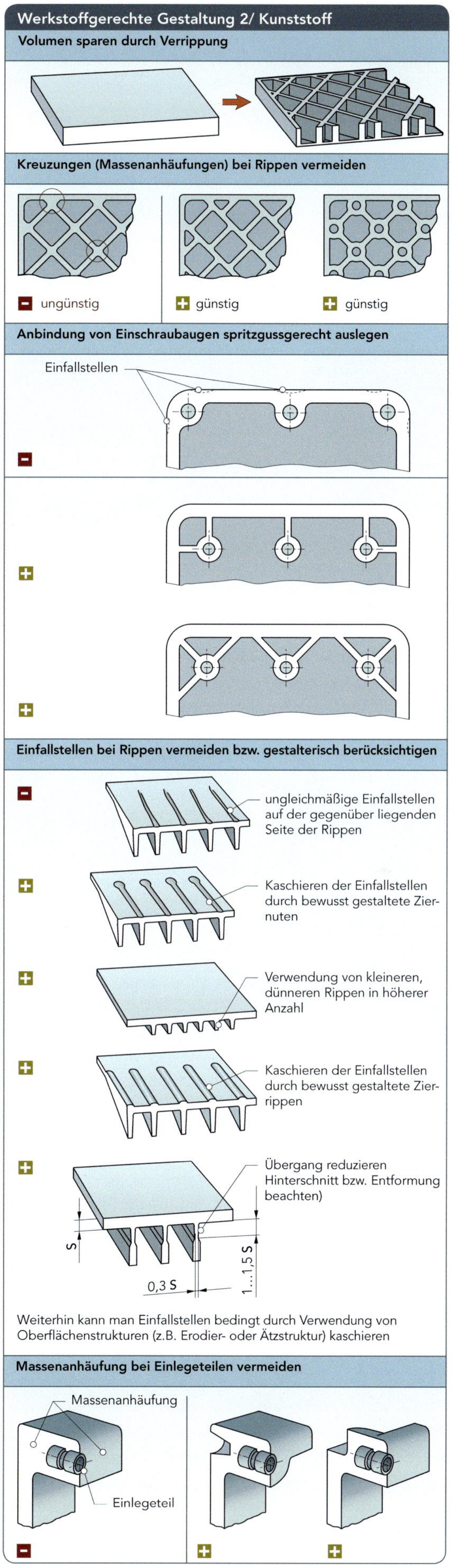

Abb.22: nach [4, 11, 14, 28]

Anguss

Der Anguss ist die Stelle, an der die Polymerschmelze unter hohem Druck in die Werkzeugkavität geleitet wird. Durch seine Positionierung lässt sich die Fließrichtung der Schmelze beeinflussen. Da der Anguss nicht zum eigentlichen Bauteil gehört, wird der überstehende Kanal anschließend entfernt.

Einfallstellen

Aufgrund unterschiedlicher Abkühlungsgeschwindigkeiten können an Stellen mit starker Materialanhäufung (z.B. an Kreuzungspunkten von Verstärkungsrippen) Einfallstellen auf der Rückseite entstehen.

Hinterschnitt
Mit Hinterschnitt wird eine besondere Formteilgeometrie bezeichnet, die sich ohne Schieber oder Kerne nicht entformen lässt. Je mehr Hinterschnitte ein Bauteil enthält, desto komplexer und kostenintensiver ist das Werkzeug zu seiner Herstellung.

Zwangsentformung
Die Möglichkeit zur Zwangsentformung eines Werkstücks mit Hinterschnitt ergibt sich insbesondere dann, wenn ein elastischer Werkstoff verwendet wird.

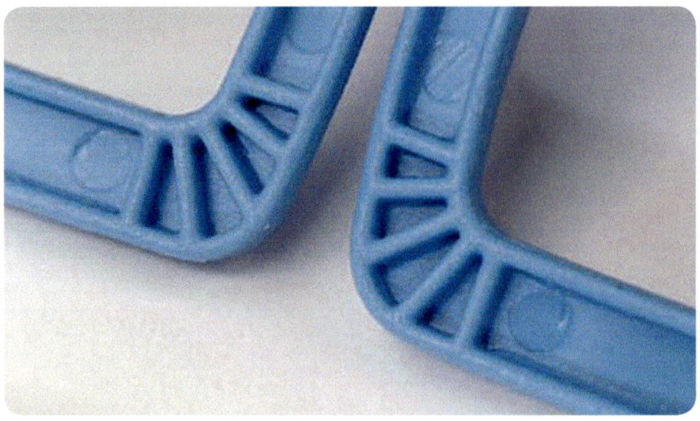

Bild: Versteifungsrippen auf der Bauteilunterseite vermeiden Materialanhäufungen./ Hersteller: Froli

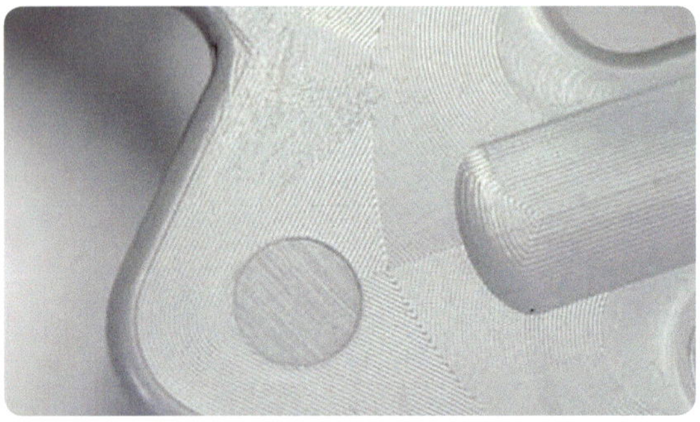

Bild: Kunststoffteile werden nach dem Spritzgießen mit Auswerfern aus der Spritzgießform geworfen. Die Auswerfer sollten nicht auf sichtbare Flächen ansetzen, da diese dort kreisrunde Abdruckstellen hinterlassen./ Hersteller: Froli

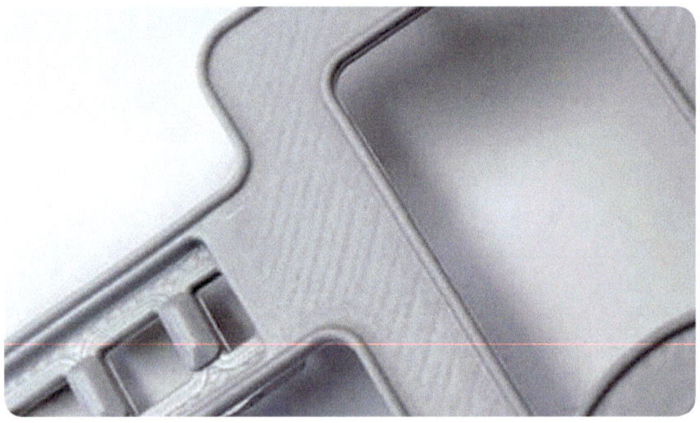

Bild: Sichtflächen auf Kunststoffteilen sind meist mit einer Struktur versehen. Auf den nicht sichtbaren Oberflächen können Frässpuren sichtbar bleiben, um die Kosten des Formenbaus gering zu halten.

Bild: Mit einfachen Spritzgießwerkzeugen können Schnapphaken zur Verbindung von Bauteilen gefertigt werden. Der Hinterschnitt im Schnapphaken wird durch eine Öffnung ermöglicht, durch die das Werkzeug (»Schieber«) den Haken formen kann./ Beispielteile: Froli

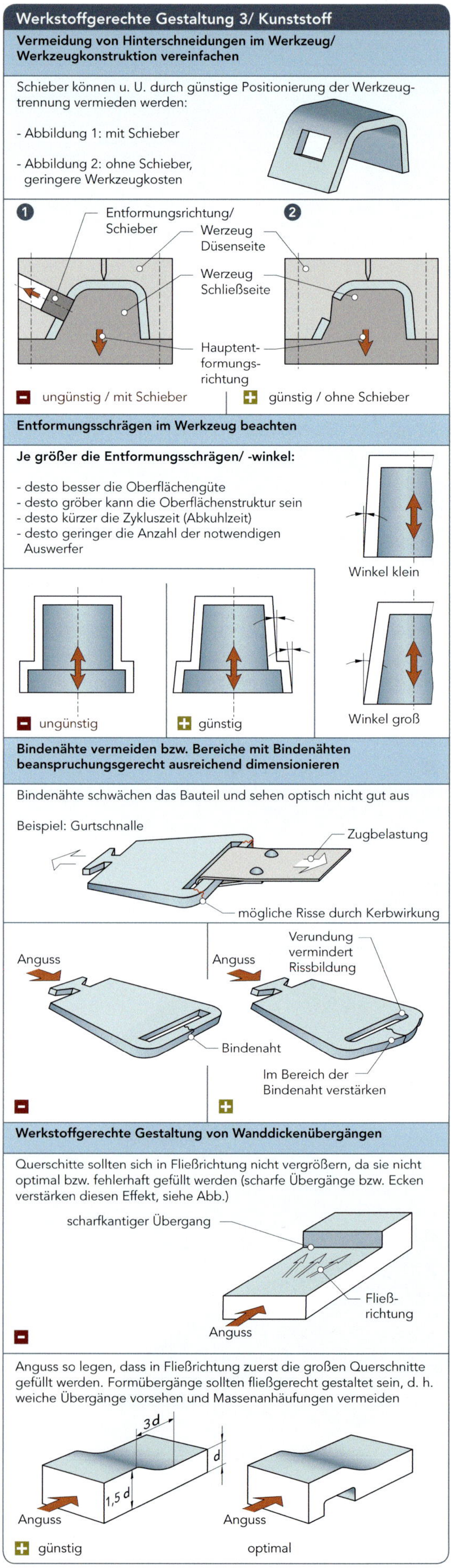

Abb.23: nach [4, 11, 14, 28]

Entgraten
ist die Bezeichnung für das Entfernen unsauberer oder scharfer Kanten aus optischen und sicherheitstechnischen Gründen. Es kommen sowohl mechanische, thermische als auch elektrochemische Techniken zur Anwendung.

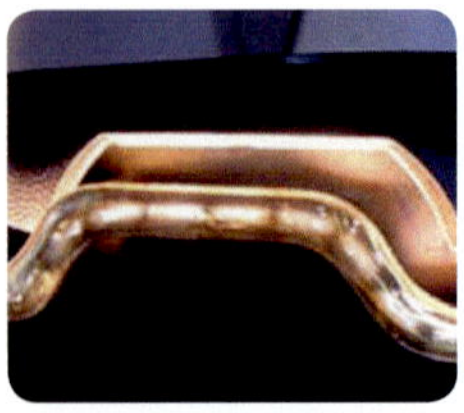

Bild: Thermisches Entgraten eines Kunststoffbauteils./ Foto: Heraeus, Hanau

KUN 4
Vorstellung einzelner Kunststoffe

KUN 4.1
Thermoplaste

KUN 4.1.1
Thermoplaste – Polyethylen (PE)

Das Polyethylen ist eines der wichtigsten und gebräuchlichsten Polymere überhaupt (Shackelford 2005) und zählt zur Gruppe der ***Polyolefine*** (Ethylen, Propylen- und Buthylenpolymere). Es wurde bereits 1898 vom Chemiker Hans von Pechstein entdeckt, konnte aber erst seit den 50er Jahren des 20. Jahrhunderts wirtschaftlich hergestellt werden.

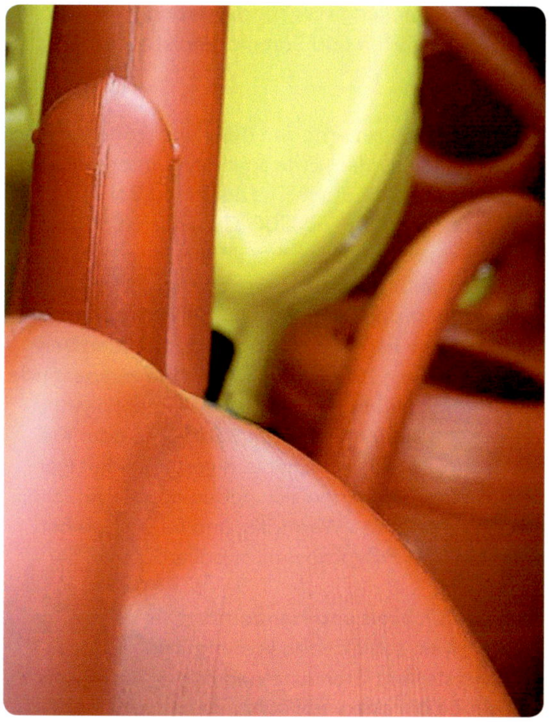

Bild: Gießkanne aus PE.

Eigenschaften

Der Kunststoff ist ein teilkristalliner Thermoplast mit einem hohen Anteil fadenförmiger Makromoleküle in einer kristallinen Struktur und regelmäßigen Anordnung. Dadurch weist der Werkstoff gute mechanische Eigenschaften auf, ist bis zu einer Temperatur von etwa 80 °C formstabil, relativ steif und besitzt eine hohe Reißdehnung. Polyethylen ist resistent gegen Wasser, Nahrungsmittelsäfte und Säuren und lässt sich kostengünstig und vielfältig verwenden. Zudem verfügt der Kunststoff über sehr gute Elektroisolationseigenschaften. Grundsätzlich unterscheidet man Polyethylen hoher (***PE-HD***; High Density) und niedriger Dichte (***PE-LD***; Low Density). Die mechanischen Eigenschaften verbessern sich mit steigender Dichte und höherem Kristallanteil. Ungefärbtes Polyethylen (PE-HD) ist milchig-weiß und matt. Polyethylen (PE-LD) ist transparent.

Verwendung

Die 1949 entwickelte Tupperware® zur wasserundurchlässigen Aufbewahrung von Lebensmitteln ist eine in der breiten Bevölkerung bekannte Anwendung von Polyethylen. Typische Bauteile aus PE-HD sind des Weiteren Fässer, Flaschen, Verschlusskappen, Getränkekästen, Eimer oder Abwasserrohre. Polyethylen niedriger Dichte wird vor allem zur Herstellung von Schrumpffolien für Verpackungen, Tuben, Säcken, Tragetaschen oder Abdeckfolien verwendet. Für Anwendungen im elektrischen Bereich (z. B. Starkstromleitungen) wird der Werkstoff auf chemischem Weg oder unter Einsatz von Strahlungen stärker vernetzt (***PE-X***). Teilkristallines Polyethylen kann polarisiert werden und piezoelektrische Funktionen aufweisen. Diese werden zum Beispiel für Sensoren benötigt.

Verarbeitung

Polyethylen lässt sich sehr einfach verarbeiten. Die üblichen Formgebungsverfahren sind das Spritzgießen und Extrudieren sowie das Vakuum- und Blasformen. Die Biegbarkeit verbessert sich mit steigender Dichte. PE lässt sich zerspanend bearbeiten, wobei wegen der Gefahr der Überhitzung auf eine schnelle Wärmeabfuhr zu achten ist. Der Werkstoff weist eine sehr niedrige Oberflächenenergie auf und kann deshalb erst nach Vorbehandlung (Sandstrahlen, Beflammen oder Behandlung mit Chromschwefelsäure) bedruckt oder beklebt werden.
Zum Schweißen eignen sich Warmgas-, Reibungs- und Heizelementeschweißen. Daher wird auf Klebeverbindungen in aller Regel verzichtet. Reaktionskleber auf Epoxi- oder Cyanacrylatbasis sind aber dennoch vorhanden (Sprenger, Struhk 2004). PE-LD eignet sich als Beschichtungsmaterial für Rohre, Kühlschrankeinleger und Spülmaschinenteile. Aufgebracht wird das Material durch Wirbelsintern bei etwa 220 °C (Hellerich, Harsch, Haenle 2001).

Wirtschaftlichkeit und Handelsformen

Polyethylen ist ein preiswerter synthetischer Werkstoff und als Granulat oder Pulver sowie in Form von Platten, Rohren, Stäben, Blöcken oder als Folienmaterial erhältlich.

Alternativmaterialien

PP, PS, PVC, ABS, SAN, Aluminiumfolien zur Verpackung von Lebensmitteln, EVOH, EVA

Bild: Flaschen aus PE./ 1983/ Design: Juris Mednis

KUN 4.1.2
Thermoplaste – Polypropylen (PP)

Wie Polyethylen gehört auch das Polypropylen mit seinen thermoplastischen Eigenschaften zur Gruppe der Polyolefine. Seine Produktion gelang erstmals 1954 durch das Unternehmen Montecatini. Es wurde 1957 von der Hoechst AG auf den Markt gebracht. Giulio Natta und Karl Ziegler erhielten 1963 für Ihre Entdeckungen auf dem Gebiet der produktionstechnischen Herstellung der Polyolefine PP und PE den Nobelpreis für Chemie (Emsley 2006).

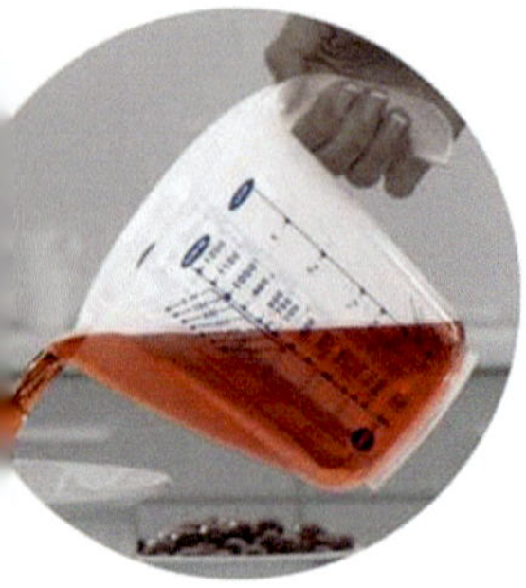

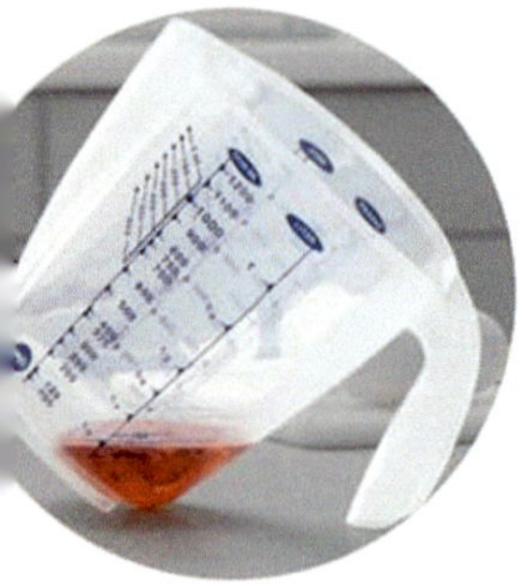

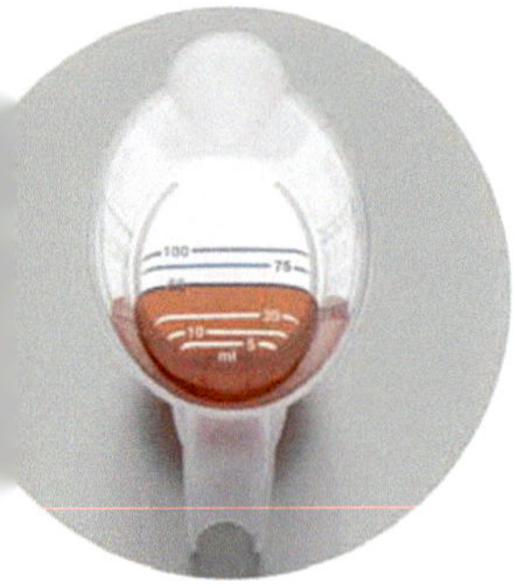

Bilder: »SUPERLINE« Messbecher aus PP mit Siebdruck bedruckt./ Fotos oben: EMSA GmbH

Eigenschaften

Polypropylen gilt mit einer Dichte von 0,9 g/cm^3 als leichtester aller synthetischen Werkstoffe. Durch den großen Anteil kristalliner Struktur (60–70 %) weist der Kunststoff eine hohe Steifigkeit, Festigkeit und Härte auf, ist sehr zäh und etwa bis zu einer Temperatur von 110 °C formstabil. Polypropylen ist der härteste aller Polyolefinpolymere (PE, PP, PVC). Es besitzt eine hohe Hitzebeständigkeit, Kratz- und Reibungsfestigkeit. Durch seine gute Beständigkeit gegenüber Chemikalien, Säuren und Laugen ist kaum ein Unterschied zum Eigenschaftsprofil von Polyethylen auszumachen. Auch die elektrischen Eigenschaften sind mit denen von PE vergleichbar. Polypropylen hat eine weißlich-matte und halbdurchsichtige Erscheinung. Abfälle aus dem Werkstoff sind leicht zu recyceln.

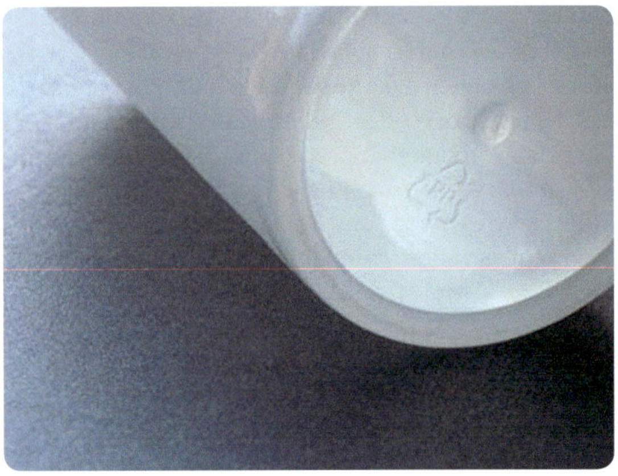

Bild: Trinkbecher aus PP.

Bilder: »LEO« Blumengießer aus PP, stapelbar. Im Gegensatz zu der Gießkanne auf der vorherigen Seite benötigt diese wesentlich weniger Platz in der Lagerhaltung./ Fotos: EMSA GmbH

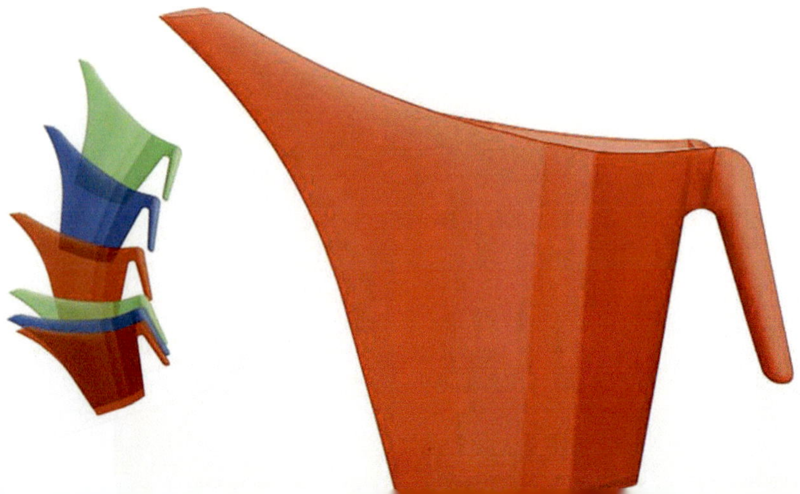

Verwendung

Polypropylen ist wärmebeständiger als Polyethylen. Deshalb wird es vorzugsweise zur Herstellung von Haushaltsgeräten, Innenteilen von Geschirrspülern und kochfesten Platten für die Küche verwendet. Weitere Anwendungsbeispiele sind Spielzeug, Koffer, Flaschenverschlüsse, Schuhabsätze oder Kassettenhalterungen. Kunststoffteile im Innenraum von Automobilen gehören ebenso zum Gebrauchsspektrum des Werkstoffs wie Armaturen und Rohrleitungen für das Bauwesen. Auf Grund seiner guten Isolationseigenschaften wird der Werkstoff auch zur Ummantelung von Kabeln, Drähten und als Isolierfolie verwendet. Zudem findet Polypropylen in Möbeln und Sportartikeln häufig Verwendung. In den 90er Jahren überzeugten die von Authentics aus PP hergestellten Produkte durch ihre ästhetische Qualität, wodurch hochwertige Verwendungsmöglichkeiten erschlossen wurden. Außerdem hat sich der Werkstoff zur Herstellung von Teppichgrundgeweben, künstlichem Rasen und Sommerskipisten bewährt.

Verarbeitung

Die Bearbeitungsmethoden des Kunststoffs ähneln dem von Polyethylen. Eine spanlose Umformung von Polypropylen, z. B. durch Tiefziehen, ist bei Temperaturen zwischen 160–200 °C möglich (Schwarz 2002). Darüber hinaus können PP-Formteile mittels Spritzgießen, Extrudieren, Stranggießen oder Blasformen produziert werden. Die Verarbeitungstemperaturen liegen bei diesen urformenden Verfahren zwischen 220 °C und 270 °C. Die zerspanende Bearbeitung ist ebenso möglich. Wie bei Polyethylen muss die Oberfläche zum Bedrucken oder Kleben chemisch oder mechanisch vorbehandelt werden. Zum Fügen haben sich neben der Klebetechnik das Heizelemente-, Warmgas- und Reibschweißen durchgesetzt. Polypropylen ist polierbar.

Wirtschaftlichkeit und Handelsformen

Polypropylen zählt zu den kostengünstigen Massenkunststoffen. Granulate und Pulver aus PP sowie Halbzeuge in Form von Folien, Platten, Stangen, Profilen und Stangen sind auf dem Markt erhältlich.

Alternativmaterialien

PE, PS, PVC, ABS, SAN, Aluminiumfolien zur Verpackung von Lebensmitteln, EVOH

Bild: »CLIP & CLOSE« Frischhaltedose aus PP mit separater Silikondichtung./ Foto: EMSA GmbH

KUN 4.1.3
Thermoplaste – Polystyrol (PS)

Bereits 1835 entdeckte Eduard Simon das Prinzip der Polymerisation, als es ihm gelang, Styrol aus der Rinde des Styraxbaumes zu destillieren. Der Grundstein für die Entwicklung thermoplastischer Kunststoffe war gelegt. Die industrielle Produktion von Polystyrol begann in Deutschland im Jahr 1930 in den Werken der I.G.-Farben-Industrie in Ludwigshafen. Ein weiterer Meilenstein in der Entstehungsgeschichte des Werkstoffs ist die Entdeckung eines Aufschäumverfahrens von Polystyrol zu Styropor® im Jahr 1949. Die Verwendung von Polystyrolschaum bei der Bergung eines Frachters im Hafen von Kuweit im Jahre 1963 brachte Styropor® erstmals ins Rampenlicht. Der Durchbruch zur industriellen Nutzung war vollzogen (Kreutz, Scholte 2004).

Bild: Joghurtbecher aus PS.

Eigenschaften

Polystyrol eignet sich zur Herstellung qualitativ hochwertiger und glatt glänzender Oberflächen mit hoher chemischer Beständigkeit gegenüber Flüssigkeiten. Der Werkstoff ist hart und steif, aber auch spröde und schlagempfindlich. Er weist im Gegensatz zu den Polyolefinen PP und PE keinen kristallinen Anteil auf. Die Witterungsbeständigkeit des Kunststoffs ist als gering zu bewerten, weshalb sich der Werkstoff nicht für Außenanwendungen eignet. Polystyrol vergilbt. Zur Verbesserung der Eigenschaften von reinem PS, vor allem zur Beseitigung der Sprödigkeit, kann die Ausgangsmasse mit Zusätzen wie Butadien und/oder Acrylnitril gemischt werden. Es entstehen modifizierte Polystyrolsorten wie ***Styrol-Acrylnitril-Copolymer*** (***SAN***), ***Acrylnitril-Butadien-Styrol-Polymere*** (***ABS***), ***Acrylnitril-Styrol-Acrylester-Polymere (ASA)*** und ***schlagfestes Polystyrol (SB)*** (Schaumburg 1997). Sie weisen im Vergleich zum Ausgangsmaterial eine höhere Festigkeit, Kratzbeständigkeit, Härte und Zähigkeit auf. PS-S ist ein relativ neues Styrolpolymer mit einem teilkristallinen Anteil, einer sehr hohen Wärmeformbeständigkeit und für die Elektroindustrie geeignetem Eigenschaftsprofil. Mit diesen besonderen Qualitäten tritt es in Konkurrenz zu anderen technischen Kunststoffen wie PBT oder PA (Hellerich, Harsch, Haenle 2001). Sie weisen im Vergleich zum Ausgangsmaterial eine höhere Festigkeit, Kratzbeständigkeit, Härte und Zähigkeit auf.

Styropor® ist geschäumtes Polystyrol mit geringer Dichte und Festigkeit aber sehr guten Wärmeisolationseigenschaften. Der Werkstoff reagiert sehr empfindlich auf mechanische Belastungen. Verschiedene Schäumverfahren haben sich entwickelt, mit denen Styroporsorten KUN 4.4 unterschiedlicher Dichtewerte hergestellt werden können:

- PS-Partikelschaum (15–50 kg/m^3)
- Styrofoam-Extrusionsschaum (60–200 kg/m^3)
- Strukturschaum (0,5–0,9 g/cm^3)

Bild: PS-Schaum als Modellbaumaterial.

Verwendung

Joghurtbecher oder Wegwerfgeschirr sind Beispiele für die Verwendung von Polystyrol, die jedermann bekannt sind. Wegen der geringen Kosten werden viele Massenartikel bis zu einem Gewicht von 10 kg aus dem Werkstoff hergestellt. Hier sind Spielzeuge, Haushaltsgegenstände, Blumentöpfe, Schreibgeräte, Uhren, Verpackungen für Medikamente und Kosmetika sowie Bauteile mit hoch glänzenden Oberflächen zu nennen.

Bild: Becher aus PS./ Foto: PAPSTAR

Die modifizierten schlag- und wärmefesteren Polystyrene ABS und SAN kommen vor allem für höher belastete Produkte und Bauteile zur Anwendung. Beispiele sind Telefongehäuse, Kühlschrankeinsätze, Staubsaugergehäuse, Wandverkleidungen, Kassettenhüllen, Stabmixer oder Gartentische. Ein prominentes Beispiel für den Einsatz von ABS sind Lego®-Bausteine.

PS-Schaum/ Styropor® wird als Formteil oder Flockenmaterial vor allem zur Verpackung stoßempfindlicher Güter (z. B. Elektronikgeräte) verwendet. Außerdem finden PS-Schaumkugeln als Füllmaterial für Möbel (z. B. Sitzsäcke) Anwendung. PS-Hartschaumplatten dienen zur Anfertigung großvolumiger Anschauungs- und Volumenmodelle im Architekturbereich und werden auf Grund ihrer guten Isolationseigenschaften zur Schall- und Wärmedämmung im Baugewerbe eingesetzt. Außerdem wird PS-Schaum auf Grund seiner dämmenden Fähigkeiten im Fahrzeugbau verwendet.
Als umweltfreundlicher und natürlich abbaubarer Ersatzwerkstoff für PS-Schaum wurde vor einigen Jahren Papierschaum PAP 5.5 entwickelt und erfolgreich im Markt eingeführt.

Bild: Modellflugzeug aus PS-Schaum.

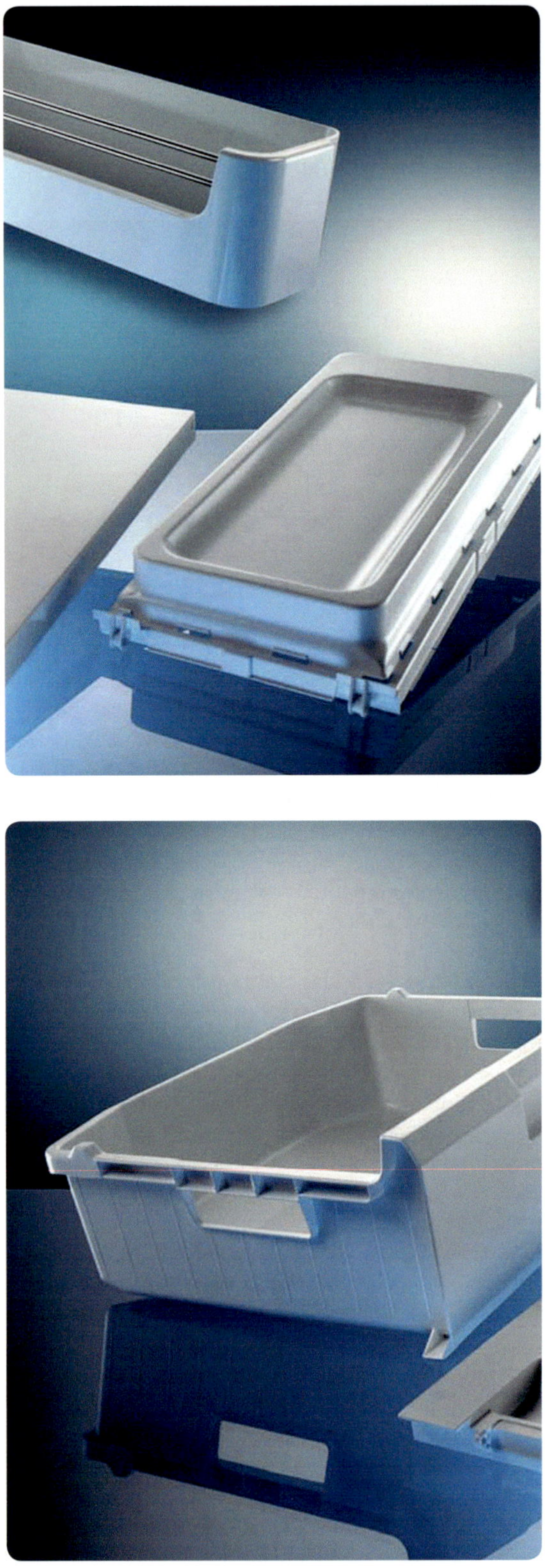

Bild: Schubladen und Kühlschrankeinsätze aus PS./ Foto: BASF SE

Verarbeitung
Reines Polystyrol lässt sich sehr gut spritzgießen. Auf Grund von Orientierungen in Richtung der Fließrichtung kann allerdings eine Beeinträchtigung der mechanischen Festigkeit quer dazu auftreten. Die modifizierten Sorten werden vorzugsweise mittels Extrusion zu Profilen oder Plattenmaterial konfektioniert. Eine spanlose Umformung zu Becher- und Tellerformaten ist bei Temperaturen zwischen 150 °C und 200 °C im Tiefziehverfahren und Thermoformen möglich. Dünnwandige Bauteilgeometrien werden spritz- oder extrusiongeblasen. Alle Polystyrensorten können zerspanend bearbeitet und zugeschnitten werden. Klebeverbindungen zwischen PS-Oberflächen sind mit Lösungsmittelklebstoffen wie Dichlormethan herstellbar. Bauteile aus Polystyrol können mit anderen Materialien durch Polymerisations- (z. B. Cyanacrylatkleber) oder Kontaktklebstoffen gefügt werden. Polyurethankleber stehen darüber hinaus für Bauteile aus ABS zur Verfügung. Wegen der sehr guten Klebbarkeit der Polystyrene wird nur in Ausnahmefällen auf Ultraschallschweißen zurückgegriffen. Die Oberflächenqualität des Werkstoffs kann auf einfache Weise durch Polieren oder Schleifen gewährleistet werden. Sieb- und Tampondruck sind für Polystyrene anwendbar. Außerdem können ABS-Oberflächen galvanisch mit Metall beschichtet werden.

Hartschaumplatten aus Polystyrol lassen sich mit einem Cutter oder einer Band-, Kreis- oder Thermosäge TRE 1.4, TRE 2.3 bearbeiten. Unebenheiten und Ausbrüche werden im Allgemeinen mit Spachtelmasse beseitigt. Eine Oberflächenendbearbeitung ist mit mittelfeinem Schleifpapier möglich. Styropor reagiert empfindlich auf Lösungsmittel, so dass zum Kleben von Werkstoffoberflächen aus geschäumtem Polystyrol Dispersionsklebstoffe (Styroporkleber) oder Kontaktklebstoffe auf Kautschukbasis empfohlen werden.

Wirtschaftlichkeit und Handelsformen
Polystyrol zählt zu den preiswertesten Kunststoffen. Es ist als Granulat zur Weiterverarbeitung im Spritzguss- und Extrusionsverfahren erhältlich. Darüber hinaus werden Halbzeuge und Profile (Rohre, Stäbe, Blöcke, Platten, Folien) vertrieben. Styropor-Hartschaumplatten sind mit Dichten zwischen 20 kg/m³ und 200 kg/m³ auf dem Markt erhältlich.

Alternativmaterialien
PP, PE-HD, PA, PBT, PVC, Papierschaum als Ersatz für Styropor

KUN 4.1.4
Thermoplaste – Polycarbonat (PC)

Die Bayer AG meldete den von Hermann Schnell erstmals am 28. Mai 1953 hergestellten Werkstoff Polycarbonat noch im gleichen Jahr zum Patent an und vertreibt das seit 1956 großtechnisch produzierte Material unter dem Handelsnamen Makrolon®. Zeitgleich zu den Arbeiten von Schnell wurde der Werkstoff bei General Electric eher zufällig als zähe Masse in einer Vorratsflasche entdeckt und kam 1958 unter der Marke Lexan® auf den Markt.

Eigenschaften
Polycarbonate sind amorphe Thermoplaste mit einer auch bei großen Materialdicken lichtdurchlässigen, glasklaren Transparenz und guten optischen Qualitäten. Sie besitzen eine hohe Schlagfestigkeit und sehr gute Formstabilität in einem weiten Temperaturspektrum. Darüber hinaus weist der Werkstoff gute elektrische Isolationseigenschaften und eine gute Beständigkeit gegenüber Witterungseinflüssen und Wärme auf. Ein nahezu gleich bleibendes Eigenschaftsprofil, auch bei sich verändernden Temperaturen, ermöglicht den Einsatz des Werkstoffs von -150 °C bis +135 °C. Die guten mechanischen Eigenschaften können für hohe Beanspruchungen durch Einbetten von Fasern (z. B. Glasfasern) verbessert werden. Faserverstärkte Varianten können teilweise bis zu einer Temperatur von 145 °C verwendet werden.

Bild: CDs aus Polycarbonat.

Verwendung
Klares Polycarbonat mit einer Lichtdurchlässigkeit von 80–90 % wird für unzerbrechliche Verglasungen von Wohnwagen und landwirtschaftlichen Fahrzeugen, Schutzhelme, Sportbrillen, Visiere oder Sicherheitsgläser verwendet. Wegen seiner guten Lebensmittelverträglichkeit kommt der Werkstoff auch zur Herstellung von Nahrungsmittelverpackungen zur Anwendung. Ein großer Teil der Produktion von Polycarbonat geht in die Herstellung von CDs und DVDs.

Weitere anschauliche Anwendungsfelder sind Schreib- und Zeichengeräte, Staubsaugergehäuse, Küchengeräte, Füllfederhalter und optische Geräte.

Die guten mechanischen und elektrischen Eigenschaften machen Polycarbonat für Radio- und Fernsehgehäuse und als Konstruktionswerkstoff für die Elektroindustrie interessant (z. B. Trafogehäuse, Schalter, Stecker, Kontaktleisten, Leuchtstoffröhrensockel). In der Lichttechnik wird PC als Abdeckung für Leuchten und Blinker verwendet. Aus dem Werkstoff werden auch Schrumpf- und Isolierfolien sowie Klebebänder gefertigt. Wegen der einfachen Verarbeitbarkeit wird der Werkstoff auch im Modellbau eingesetzt. Bautechnische Anwendungen sind Brückenbrüstungen, Verglasungen im Dachbereich oder Panzergläser. In hochwertigen Automobilen sparen leichte Scheiben aus Polycarbonat Energie und sorgen für mehr Fahrdynamik. Die erste vollständig transparente Fahrzeugkarosserie wurde 2007 für das ConceptCar eXasis entwickelt. Auch Dachelemente olympischer Sportstätten in Peking wurden mit Polycarbonatplatten ausgestattet.

Bild: eXasis ConceptCar./ Rinspeed AG, Frank M. Rinderknecht

Verarbeitung
Polycarbonat kann bei Temperaturen zwischen 250 °C und 300 °C durch Spritzgießen oder Extrusion formgebend verarbeitet werden (Keim 2006). Das Vakuumformen von Folien ist bei etwa 180 °C möglich. Hohlkörper werden durch Blasformen erzeugt. Der Werkstoff ist einfach zu zerspanen und kann mit Sägen zugeschnitten werden. Warmumformen ist zwischen 180 °C und 210 °C möglich. Fügeverbindungen werden zwischen löslichen Kunststoffen mit Lösungsmittelklebstoffen wie Dichlormethan hergestellt. Für Paarungen mit nicht löslichen Materialien (z. B. Metall, Stein, Keramik) steht Silikonkautschuk zur Verfügung. Polycarbonate können auch geschweißt werden (Heizelementeschweißen). Für größere Teile wird vorzugsweise Warmgasschweißen angewendet. PC-Werkstoffe sind metallisierbar und können sowohl transparent als auch deckend gefärbt werden.

Handelsformen
Halbzeuge können in Form von Rohren, Stangen, Profilen und Folien bezogen werden. Platten werden in der Regel mit Schutzfolien geliefert.

Alternativmaterialien
PET, PBT, POM, PMMA (Acrylglas)

Bild: Teesieb aus PC./ Hersteller: Bodum

KUN 4.1.5
Thermoplaste – Polyvinylchlorid (PVC)

Bevor 1935 die Massenproduktion von Polyvinylchlorid in den Werken der I.G.-Farben-Industrie in Wolfen und Bitterfeld aufgenommen wurde, waren die ersten Produktionsanlagen schon Ende der 20er Jahre in den USA in Betrieb. Heute ist PVC hinter PE und PP der thermoplastische Kunststoff mit der drittgrößten Bedeutung. 2003 lag die weltweite PVC-Produktion bei 26.500.000 Tonnen, etwa ein Viertel des gesamten Kunststoffmarktes. Unzählige Zusatzstoffe und Additive machen PVC zu einem Allround-Werkstoff.

Eigenschaften

Die großen Produktionsmengen von Polyvinylchlorid sind zum einen auf die geringen Herstellungskosten zurückzuführen. Zum anderen verdankt der Werkstoff seine hohe Bedeutung seiner Funktion als Speicher- und Auffangmedium für Chlor. Polyvinylchloride sind amorphe Thermoplaste mit sehr guter chemischer Beständigkeit. PVC-Bauteile lassen sich glasklar ausführen und sowohl transparent als auch gedeckt einfärben. Im Vergleich zu anderen Massenkunststoffen ist PVC auf Grund des hohen Chlorgehalts schwer zu entflammen. Ursprünglich hart und spröde, wird die Zähigkeit des Werkstoffs mit Weichmachern variiert und auf den Anwendungsfall eingestellt (Peters, Struhk 2008).

Bild: Schwimmball aus PVC.

Die auf dem Markt erhältlichen Spezifikationen werden in ***Hart-*** und ***Weich-PVC*** unterteilt. Die harte Variante (***PVC-U*** (unplasticized) enthält keine Weichmacher und zeichnet sich durch hohe Festigkeit, Steifigkeit und Härte sowie eine hervorragende Widerstandsfähigkeit gegenüber chemischen Substanzen aus. Die elektrischen Isolationseigenschaften übertreffen die der weichen Variante. Der Werkstoff ist bis zu einer Temperatur von 60 °C einsetzbar. Bei tiefen Temperaturen ist mit Versprödung zu rechnen.

Kennwerte von PVC-U und PVC-P

Eigenschaft	PVC-U	PVC-P
Dichte ρ [10^3 kg · m^{-3}]	1,38…1,39	1,20…1,35
Glastemperatur T_g [°C]	70…80	-5…-20
Wärmeleitfähigkeit λ [W · m^{-1} · K^{-1}]	0,170	0,151…0,174
Lin. Wärmeausdehnungskoeffizient α [10^{-6} K^{-1}]	70…80	200
Dauergebrauchstemperatur [°C]	65	60
Spez. Durchgangswiderstand ρ_D [Ω · cm]	1015	1011…1015
Oberflächenwiderstand R_0 [-]	13	13
Zugfestigkeit σ_M [MPa]	50…60	13…35
Bruchdehnung ε_B [%]	10…100	195…375
Elastizitätsmodul E_t [MPa]	2000…3000	2,9…37

Abb. 24: nach [25]

Das Einbringen von Weichmachern (z. B. Phtalate) verschafft PVC-P (plasticized) gummielastische Eigenschaften und vergrößert somit das Anwendungsspektrum für entsprechende Einsatzfälle (z. B. Schläuche, Luftmatratzen). Die Dämpfwirkung des Materials ist sehr groß. Allerdings gehen mit der Erweiterung des Profils geringere thermische und chemische Beständigkeiten einher. Da Phthalate in Weich-PVC nicht fest eingebunden sind, dünsten sie aus und lösen sich beim Kontakt mit Flüssigkeiten oder Fetten. Sie stehen im Verdacht, Unfruchtbarkeit, Übergewicht und Diabetes hervorzurufen, und sind daher für Babyartikel und Kinderspielzeug verboten und für den Lebensmittelbereich gänzlich ungeeignet. Daher werden Mesamol oder Hexamol als phthalatfreie Weichmacher seit einiger Zeit verwendet. Durch Hautkontakt mit dem Ausgangswerkstoff Vinylchlorid in der Produktion und Einatmen giftiger Dämpfe, z. B. nach einem Brand, ergeben sich zudem gesundheitsschädliche Risiken. Eine Reihe von Weichmachern ziehen Hunde und Nagetieren an, so dass bei freiliegenden Elektrokabeln aus PVC-P im Haushalt oder im Motorraum langfristig mit Schäden zu rechnen ist.

Verwendung
Wegen der schweren Entflammbarkeit werden PVC-Werkstoffe vor allem im Baugewerbe für Fensterrahmen, Rollläden und Dachrinnen eingesetzt. Hart-PVC kommt darüber hinaus für Rohrleitungen, im Maschinen- und chemischen Apparatebau, in der Verpackungsindustrie und in der Foto- und Medizintechnik zur Anwendung. Außerdem wird es im Elektrobereich für Verteilerkästen und Kabelführungen eingesetzt. Typische Produktbeispiele der weichen Spezifikation PVC-P sind transparente Schläuche, Kabel- und Leitungsisolationen, Dichtungen, Bodenbeläge, Kunstleder, Schwimmspielzeuge, Regenbekleidung, Sandalen, Badelatschen, Schutzhandschuhe oder Tischdecken im Haushalt. PVC-Folien werden in der Verpackungsindustrie eingesetzt und finden Anwendung im Foto-Bereich und in der Medizintechnik. »d-c-fix®« ist eine bekannte Marke für eine PVC-Dekorfolie im Möbelbereich.

Früher aus PVC hergestellte transparente Flaschen, Einwegbecher und Blisterverpackungen wurden weitestgehend durch PET ersetzt. Als Alternative für PVC-Fußbodenbeläge werden zunehmend Holz und Kork verwendet. Hartschäume aus PVC sind im Bootsbau und für Rotorblättern von Windkraftanlagen in der Anwendung.

Verarbeitung
PVC-U kann spritzgegossen, extrudiert, geschäumt oder gesintert. Für Hohlkörper kommen außerdem das Blasformen und Tauchgießen in Fragen. Die weiche PVC-Variante kann durch Flammspritzen, Tauchen und Streichen beschichtet werden. PVC-U lässt sich gut schäumen. Die spanlose Umformung von Hart-PVC ist bei Temperaturen von etwa 130 °C möglich (z. B. Biegen, Tiefziehen). Die Umformbarkeit bei Temperaturen über 140 °C ist stark eingeschränkt. Eine zerspanende Fertigung entfällt bei PVC-P völlig. PVC-U Bauteile lassen sich aber mit den konventionellen Techniken zerspanend bearbeiten. Dünne Folien können mit dem Cutter geschnitten werden. Ritzbrechen ist bei dickeren Platten möglich, da PVC-hart relativ kerbempfindlich ist (Peters, Struhk 2008). Polyvinylchloride sind sehr gut schweißbar (z. B. Warmgas-, Reib-, Ultraschallschweißen). Zum Kleben stehen Kunststoffkleber und spezielle Kontaktkleber zur Verfügung. Für PVC-PVC Paarungen eignen sich auch besondere Kleblacke. Klebverbindungen für technische Anwendungen zwischen PVC und einem anderen Werkstoff werden mit Lösungen von chloriertem PVC oder Zwei-Komponenten-Klebstoffen auf Polyester-, Polyurethan- oder Epoxidharzbasis erzeugt. Für kleinflächige Verbindungen kann auch ein Sekundenkleber Verwendung finden. PVC-Oberflächen lassen sich im Siebdruckverfahren bedrucken. Das Wirbelsintern BES 4.4 wird gerne zur Beschichtung von Bauteilen mit PVC-Pulver angewendet.

Wirtschaftlichkeit und Handelsformen
Den geringen Herstellkosten von Polyvinylchlorid stehen umweltbelastende Eigenschaften und somit Folgekosten für die Entsorgung gegenüber. Es sollte daher stets die Verwendung von Alternativmaterialien geprüft werden. PVC ist in Form von Platten, Profilen, Folien, Blöcken, Stangen und Hartschäumen erhältlich. PVC-P gibt es in vielfältigen Folienformaten.

Alternativmaterialien
PP, PE, PS-SB, EVA, PTFE, PET, PUR-Beschichtung für Textilien, Linoleum als Bodenbelag

Bild: Schlauch aus PVC mit Gewebeverstärkung.

KUN 4.1.6
Thermoplaste – Polyamid (PA)

Die Vorarbeiten zur Entdeckung des synthetischen Werkstoffs Polyamid gehen auf W. H. Carothers zurück, der 1929 eine Forschungsgruppe bei Du Pont de Nemours (USA) leitete. Bereits 1930 wurde eher zufällig ein synthetisches, seidenähnliches Fasermaterial entdeckt. Der patentrechtliche Schutz von Polyamid 6.6 erfolgte 1935. Die Markteinführung unter dem Markenamen Nylon® (PA66) im Jahr 1938 wurde von einer groß angelegten Werbekampagne in den USA begleitet. Innerhalb von 4 Tagen konnten 6 Millionen Paar Nylon-Strümpfe verkauft werden. In Deutschland wurde eine Lücke im Patent genutzt und der Werkstoff unter dem Namen Perlon® (PA6) auf den Markt gebracht.

PA 6.10
Das Polyamid 6.10 mit Markennamen Ultramid Balance geht zu gut 60% auf Sebacinsäure zurück, die aus Rizinusöl gewonnen wird. PA 6.10 weist eine relativ geringe Dichte auf, ist dimensionsstabil und hat eine gute Kaltschlagzähigkeit.

Eigenschaften
Der Aufbau von Polyamidfasern ähnelt dem natürlicher Eiweißstoffe wie Seide TEX 4.2.2. Sie weisen allerdings bessere mechanische Eigenschaften und eine höhere Reiß- und Scheuerfestigkeit auf. Als Werkstoff ist Polyamid abriebfest, thermisch und chemisch beständig, lichtstabil und hält auch hohen Stoßbelastungen stand. Charakteristisch für das Material ist seine milchig-weiße Erscheinung. Wegen der Neigung zur Aufnahme von Wasser müssen Längenänderungen berücksichtigt werden. Die elektrischen Isolationswerte sind abhängig vom Wassergehalt. Für Anwendungen im Maschinenbau und in der Feinwerktechnik wurden die teilkristallinen Polyamide PA6, PA66, PA11, PA12 und PA610 entwickelt. Diese weisen auch bei tiefen Temperaturen eine gute Zähigkeit auf und können dynamisch hoch beansprucht werden. Auch unter Langzeitbeanspruchung zeigen Polyamide kaum Ermüdungserscheinungen. Herausragend ist das gute Dämpfungsvermögen der Werkstoffgruppe.

Verwendung
Auf Grund des hervorragenden Eigenschaftsprofils sind Polyamide als Leichtbau- und Konstruktionswerkstoffe in nahezu allen technischen Bereichen zu finden. Maschinenelemente wie Laufrollen, Zahnräder oder Gleitlager mit sehr leisen Laufeigenschaften werden aus dem Werkstoff hergestellt.

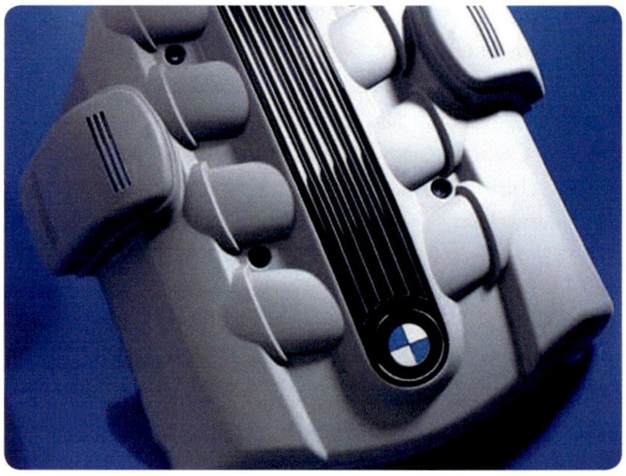

Bild: Mit ihrer zunehmenden Leistungsfähigkeit halten Kunststoffe immer stärker Einzug in Bereiche mit sehr hoher Temperaturbelastung, wo sie Anwendungen aus Metall ersetzen. Im Automobil-Motorraum treten Betriebstemperaturen von 180...200 °C auf, wofür der Kunststoff Ultramid® A3WG10 entwickelt wurde, einen Compound der auf PA66 mit 50% Glasfasern basiert./ Foto: BASF SE

Eingesetzt im Motorraum bieten Polyamidbauteile Möglichkeiten zur Minderung des Fahrzeuggewichts. Präzisionsbauteile für den Elektronikbereich und in der Feinwerktechnik mit Isolationseigenschaften werden aus Polyamiden gefertigt. Die geringe Gas- und Dampfdurchlässigkeit macht den Werkstoff darüber hinaus für Lebensmittelverpackungen geeignet. Transparente Nylonfäden werden zu Dekorationszwecken verwendet. Ein bedeutendes Anwendungsgebiet für Polyamidfasern ist die Textilindustrie TEX 4.4.1. Weitere Verwendung finden Polyamidfasern als Puppenhaar, für Angelschnüre und Fischereinetze.

Verarbeitung
Polyamide sind teilkristalline Thermoplaste, die sehr gut spritzgegossen werden können. Profile entstehen nach Extrusion. Hohlkörper werden durch Blasformen erzeugt. Für großvolumige Tanks kommt auch das Rotationsformen bzw. der Schleuderguss zur Anwendung. Die zerspanende Bearbeitung durch Drehen oder Fräsen ist unkompliziert. Als umformende Verarbeitung ist das Strangpressen zu nennen. Das Kleben von Polyamidbauteilen ist schwierig. Zum Schweißen können das Warmgas- und Heizelementeschweißverfahren genutzt werden. Die Qualität einer Polyamidoberfläche lässt sich leicht mit feinem Schleifpapier optimieren. PA-Beschichtungen für metallische Bauteile zum Schutz gegen Korrosion werden mittels Wirbelsintern und Flammspritzen erzeugt. Bei einigen Polyamidsorten können Metallüberzüge galvanisch aufgebracht werden.

Alternativmaterialien
ABS, PP, PBT, POM

KUN 4.1.7
Thermoplaste – Polymethylmethacrylat (PMMA)

PMMA konnte zum ersten Mal 1933 durch den Chemiker Otto Röhm in Darmstadt hergestellt werden. Im Volksmund werden für den Kunststoff vor allem die Bezeichnung ***Acrylglas*** oder der Markenname ***Plexiglas*** verwendet. Zurückzuführen ist der Werkstoff auf Entdeckungen aus dem Jahr 1872. Seit seiner Promotion im Jahr 1901 war Röhm der Idee eines Gummiersatzes aus Kunststoff auf der Spur. Seine Forschungsleistungen wurden 1937 auf der Weltausstellung in Paris mit einer goldenen Medaille ausgezeichnet. Aktuell arbeiten Wissenschaftler an einer Möglichkeit, PMMA durch Enzyme aus Zucker oder Alkholen zu erzeugen. In diesem Zusammenhang wurde eine Forschergruppe 2008 für den Evonik Forschungspreis nominiert.

Bild: Fahrradleuchte.

Eigenschaften
Polymethylmethacrylat (PMMA) lässt sich auf Grund seines Eigenschaftsprofils zwischen einer zähen und biegsamen Glassorte und einem steifen Kautschuk einordnen. Es ist lichtdurchlässig, hat eine hohe Brillanz und weist eine hervorragende Witterungsbeständigkeit gegenüber chemischen Einflüssen auf. Mit einer Dichte von 1,18 g/cm³ ist Acrylglas nur halb so schwer wie normales Fensterglas, weshalb es sich für vielfältige Anwendungen im optischen Bereich hervorragend eignet. Zu beachten ist die Gefahr des Zerkratzens der Oberfläche. Vorteilhaft ist im Vergleich zu Glas das Fehlen scharfkantiger Splitter bei Bruch. Die Gebrauchstemperaturen reichen bis zu Werten von 65 °C. PMMA-Sondervarianten können bis zu 95 °C eingesetzt werden. Von Acrylgläsern gehen keine toxischen Gefahren aus. Sie sind daher für den Kontakt mit Lebensmitteln zugelassen. Recycling ist möglich.

Verwendung
Wegen der hervorragenden optischen Eigenschaften und einer Lichtdurchlässigkeit von 92 % eignet sich der Werkstoff zur Herstellung von Brillengläsern, Lupen, Projektoren, Prismen, Uhrgläsern und Linsen. Weitere typische Einsatzfelder sind Dachverglasungen, durchsichtige Rohrleitungen, Werbeschilder, Schreib- und Zeichengeräte. Aus dem Haushalts- und Sanitärbereich sind Schüsseln, Bestecke, Waschbecken, Duschkabinen oder Badewannen bekannt. Die guten elektrischen Eigenschaften werden für Leuchtenabdeckungen, Lampenfassungen oder Schalttafeln genutzt. Als Werkstoff für den Modellbau ist Acrylglas nicht mehr wegzudenken. Bei Musikinstrumenten wird PMMA zur Herstellung von Tasten verwendet. Außerdem ist Polymethyl-methacrylat für Schutzverglasungen geeignet.

Verarbeitung
Die Verarbeitung von PMMA-Werkstoffen zu Formteilen kann durch Polymer- oder Spritzgießen, im Schleuderguss oder durch Extrusion erfolgen. Acrylglas lässt sich darüber hinaus mit allen zerspanenden Verfahren bearbeiten. Die Umformung von Plattenmaterial ist bei Temperaturen zwischen 130 °C und 180 °C möglich. PMMA ist sehr gut klebbar. Bei Verwendung von Polymerisationsklebstoffen auf Acrylatbasis entstehen nahezu unsichtbare Klebenähte. Leichte Kratzer können mit Polierpasten entfernt werden. Zur Beseitigung tiefer Kratzspuren empfiehlt sich die Verwendung wasserfesten Schleifpapiers unterschiedlicher Körnung (320-400-600-1.000).

Handelsformen
Niedermolekulare PMMA-Sorten sind als Pulver oder Granulat erhältlich und können gießtechnisch verarbeitet werden. Hochmolekulares Acrylglas ist nur als Halbzeug in Form von Platten, Blöcken, Rohren, Stangen oder Lichtleitfasern erhältlich.

Alternativmaterialien
Glas, PC, PS, PVC, PET

Bild: Schutzbrillengläser aus PMMA./ Hersteller: UVEX

KUN 4.1.8
Thermoplaste – Polyoxymethylen/ Polyacetal (POM)

Hinter der Abkürzung »POM« verbirgt sich der seit 1959 auf dem Markt befindliche, synthetische Werkstoff Polyoxymethylen, der auch als ***Polyformaldehyd*** oder Polyacetal bekannt ist. Er wurde unter dem Namen Delrin® zunächst von DuPont vertrieben. Weitere Marken wie Hostaform®, Kermatal®, Sniatal® oder Ultraform® kamen von anderen Herstellern hinzu.

Eigenschaften
Die sehr guten mechanischen Gebrauchseigenschaften des Thermoplasts gehen auf den kristallinen Anteil von etwa 70 %–75 % zurück. Neben den guten Werten für Steifigkeit und Festigkeit sind die chemische Resistenz gegenüber Kraftstoffen, Ölen und Lösungsmitteln sowie die guten Federungseigenschaften besonders herauszustellen. Der niedrige Reibwiderstand und die hohe Abrieb-, Verschleiß- und Ermüdungsfestigkeit machen Polyacetal vor allem als Lager- und Zahnradwerkstoff geeignet. Die hohe Maßhaltigkeit ist ideal für Präzisionsbauteile. Der Werkstoff weist eine hohe Formstabilität bei hohen Temperaturen von über 100 °C auf und besitzt gute isolierende Eigenschaften gegenüber elektrischen Strömen. Einsatzfälle bis zu Temperaturen von -40 °C sind denkbar. Der Kunststoff ist milchig-weiß bis grau, kann aber gefärbt werden. Häufig wird das Eigenschaftsprofil durch Einbettung von Fasersträngen verbessert. Unter Sonneneinstrahlung ist eine Versprödung von POM-Bauteilen festzustellen.

Verwendung
Die Anwendungsbeispiele für Polyacetal liegen meist im technischen Bereich, wo die teils hervorragenden mechanischen Eigenschaften voll ausgeschöpft werden können. So werden neben Zahnrädern, Lüfterrädern, Ventilkörpern, Schnappverbindungen und Gleitlagern Bauteile für Uhrwerke, für die Feinwerktechnik und für Messgeräte hergestellt.

Bild: Zugentlastung für Kabel aus POM.

Das weitere Produktspektrum des Werkstoffs reicht von Griffen, Scharnieren, Gardinenhaken und Tankdeckeln bis zu Rollschuhstoppern, Reißverschlüssen, Spielzeugen und Klammern für Hosenbeine. Im Möbelbereich wird POM für Beschläge, Scharniere und Türgriffe verwendet. Wegen seiner Formstabilität auch bei hohen Temperaturen findet der Werkstoff außerdem bei Espressomaschinen Anwendung.

Verarbeitung
Polyacetal lässt sich sehr einfach blasformen und zu Profilen wie Stangen oder Rohren extrudieren. Durch Spritzgießen können Wandstärken von 0,1 mm für Gehäuseteile aller Art (Büromaschinen, Kameras, Elektrogeräte) erreicht werden. Bei glasfaserverstärkten POM-Varianten ist ein etwa 20 % höherer Einspritzdruck an der Maschine einzustellen. Die umformende Formgebung ist für POM eher unüblich. Gute Fügeverbindungen können durch das Warmgas-, Heizelemente- und Reibungsschweißen unter Ultraschall erzeugt werden. Kleben ist schwierig, da Polyoxymethylen zu den Kunststoffen mit niedriger Oberflächenenergie zählt. Um die Haftung des Klebstoffs zu erhöhen sollte die Oberfläche zum Beispiel durch Beflammen vorbehandelt werden (Hellerich, Harsch, Haenle 2001). Dann sind Zweikomponentensysteme für die Klebeverbindung geeignet.

Bild: Spielzeug aus POM./ Foto: BASF SE

Handelsformen
Wie bei allen Thermoplasten üblich wird auch POM in Form von Granulaten weiter verarbeitet. Halbzeuge wie Stangen, Platten, Blöcke, Tafeln und Rohre sind auf dem Markt erhältlich.

Alternativmaterialien
PA, PTFE, PET, PBT

KUN 4.1.9
Thermoplaste – Ethylenvinylacetat (EVA)

Der Thermoplast Ethylenvinylacetat ist einer der bedeutendsten Werkstoffe zur Herstellung von Frischhaltefolie aller Art. Diesen besonderen Einsatzzweck verdankt das Material seiner Eigenschaft, auch noch bei niedrigen Temperaturen stark zu schrumpfen, eine Qualität also, die vor allem für das luftdichte Aufbewahren von Lebensmitteln in Gefriertruhen wichtig ist.

Eigenschaften
Mit Ethylenvinylacetat (EVA) wird eine Gruppe von Copolymeren bezeichnet, die durch Polymerisation von Ethylen und Vinylacetat entstehen. Daher sind auch noch andere Schreibweisen wie Ethylen/Vinylacetat, Ethylvinylacetat oder E/VA im Umlauf. Obwohl die Kettenmoleküle starke Verzweigungen aufweisen, ist die Struktur nur an wenigen Stellen kristallin. Daher sind Ethylenvinylacetate thermoplastisch und lichtdurchlässig. Dichte und Eigenschaften richten sich vor allem nach dem Vinylacetatgehalt (VA). Bei geringem Anteil VA ist der Werkstoff im Vergleich zu PE-LD lichtdurchlässiger, zäher, flexibler und formstabiler unter Wärme. Ein größerer Vinylacetatgehalt reduziert die Festigkeit, Steifigkeit und Beständigkeit gegenüber chemischen Stoffen. Bei einem VA-Anteil von über 30 % ist die Flexibilität des Polymerwerkstoffs fast kautschukähnlich. Die Eigenschaften gleichen dann weichem Polyvinylchlorid (PVC-P). Gleichzeitig steigen Reiß- und Stoßfestigkeit sowie Lichtdurchlässigkeit und Glanz. Das Adhäsionsvermögen nimmt zu, so dass sich EVA mit hohem Vinylacetatgehalt für Beschichtungen und als Klebstoff eignet. Der thermoplastische Werkstoff ist bei Temperaturen zwischen -50 °C und +60 °C dauerhaft anwendbar. Das Aufnahmevermögen für anorganische Füllstoffe wie Ruß, Kreide oder Glimmer ist gut.

Verwendung
Das typische Anwendungsfeld für Ethylenvinylacetat ist der Verpackungsbereich. Im Haushalt findet es überall dort Einsatz, wo etwas bei tiefen Temperaturen gelagert werden soll (z. B. Tiefkühlkost, Eiswürfel). Auf Grund einer kautschukähnlichen Flexibilität ist EVA vor allem auch für Schuhsohlen oder falt- und formbare Spielzeuge geeignet. In der Elektroindustrie wird das Polymermaterial für Kabelummantelungen und -beschichtungen verwendet. Weitere Anwendungsbeispiele sind Verschlüsse, Dichtungen, die Buchbindung, Landwirtschaftsfolien, flexible Rohre oder Zwischenschichten in Sicherheitsgläsern. Mit einem Vinylacetatgehalt von 70-95 % eignet sich EVA auch als Klebstoff und ist Bestandteil in Pulverbeschichtungen, Emulsionsfarben und Poliermitteln (Peters, Struhk 2008). In der Photovoltaik wird das Material zur Einbettung von Solarzellen verwendet.

Verarbeitung
Die Techniken zur Verarbeitung von EVA sind mit denen von PE-LD vergleichbar. Spritzgießen ist bei Temperaturen zwischen 175 °C und 220 °C, die Extrusion bei 140 °C-180 °C möglich. Auch zum Blasformen von Hohlgeometrien kann der Polymerwerkstoff Verwendung finden. EVA-Folienmaterial lässt sich leicht bedrucken. Es kann zudem gut heiß gesiegelt und geklebt werden. Als Fügeverfahren eignen sich das Warmgas-, Reibungs- und Heizelementeschweißen.

Bild: Surfbrett-Standflächenbelag aus EVA mit unterschiedlichen Oberflächen./ Quelle: Lorch-Boards/ Design: UNITEDDESIGNWORKERS.com

Wirtschaftlichkeit und Handelsformen
EVA ist als Granulat, Dispersion oder Folienmaterial erhältlich. Halbzeuge existieren in Schlauchform oder als flexible Rohre.

Alternativmaterialien
PVC-P, PE-LD

KUN 4.1.10
Thermoplaste – Fluorpolymere

Fluorpolymere sind eine Gruppe technischer Kunststoffe, deren außergewöhnliche Eigenschaften auf die Polymerisation unter Einwirkung von Fluor zurückgehen. Die Herstellung von Fluorpolymeren gelang erstmals in der Mitte der 30er Jahre. Der Vertreter mit der größten Bedeutung ist ***Polytetrafluorethylen*** (***PTFE***), das unter den Handelsnamen ***Teflon***® oder Hostaflon® vertrieben wird. Weitere Fluorpolymere sind ***Perfluorethylenpropylen-Copolymer*** (***FEP***) oder ***Polychlortrifluorethylen*** (***PCTFE***).

Eigenschaften
PTFE ist ein hochtemperaturbeständiger, unbrennbarer Kunststoff mit der höchsten Chemikalienresistenz aller synthetisch hergestellten Werkstoffe. Die extremen Eigenschaften der Fluorpolymere gehen auf eine feste Atombindung und einer verschraubten Molekularstruktur mit einem hohen kristallinen Anteil zurück. Der Einsatzbereich von PTFE reicht von –269 °C bis +280 °C. Bei höheren Temperaturen erweicht der Werkstoff lediglich, schmilzt aber nicht und ist unbrennbar. Anders als FEP, das ab einer Temperatur von 360 °C wie ein Thermoplast verarbeitet werden kann, zählt PTFE nur bedingt zu den thermoplastischen Werkstoffen (Schwarz 2002). Trotz der hohen Temperaturstabilität besitzt der Werkstoff nur geringe Festigkeit und Härte, ist weich und biegsam, aber auch äußerst gleitfähig. Die isolierenden Eigenschaften gegenüber elektrischen Strömen sind hervorragend. PTFE verfügt über eine undurchsichtige, milchig-weiße Erscheinung. FEP und PCTFE ähneln in ihren Eigenschaftsprofilen PTFE, haben aber nur eine untergeordnete Bedeutung.

Bild: Jacke aus GoreTex®.

Verwendung
Wegen der hohen chemischen Beständigkeit ist Polytetrafluorethylen ein Hochleistungskunststoff mit idealen Eigenschaften für die Verwendung in Laborumgebungen. Weitere industrielle Verwendungsbereiche sind Lager, O-Ringe, Dichtungen, elektrische Hochtemperaturisolierungen und chemisch beanspruchte Rohrleitungen. Außerdem werden PTFE-Werkstoffe für Antihaft-Beschichtungen bei Haushaltsgeräten und technischen Teilen verwendet. Geschäumtes Filmmaterial mit mikroporöser Oberflächenstruktur wird im Textilbereich für wasserabweisende und gleichzeitig luftdurchlässige Kleidungen angewendet (z. B. ***GoreTex***®). FEP findet Einsatz im chemischen Apparatebau und der Medizintechnik. Der Anwendungsbereich von PCTFE liegt in der Reaktortechnik.

Verarbeitung
Die Verarbeitung fluorhaltiger Kunststoffe ist sehr schwierig und kostenintensiv. Da Polytetrafluorethylen nahezu unschmelzbar ist, kann es nur fast ausschließlich durch die sintertechnische Verfahrenskette *FOR 2* verarbeitet werden. Im Gegensatz dazu lässt sich FEP und auch PCTFE bei hohen Temperaturen spritzgießen. Die zerspanende Bearbeitung durch Drehen, Fräsen oder Bohren ist bei allen Fluorpolymeren möglich, wird aber wegen der hohen Materialkosten in der Regel vermieden. Die Herstellung von Klebe- und Schweißverbindungen ist ebenso unüblich. Durch Wirbelsintern aufgebrachte FEP-Beschichtungen werden für den Korrosionsschutz eingesetzt. Die Verschleißverhalten metallischer Bauteile kann durch Aufsintern mit PTFE verbessert werden.

Wirtschaftlichkeit und Handelsformen
Die hohen Kosten und aufwändige Verarbeitung macht die Materialgruppe nur für Spezialanwendungen geeignet. Als Pulver auf dem Markt erhältliche Werkstoffe bilden den Ausgangspunkt für die sintertechnische Verarbeitung.

Alternativmaterialien
Polyimide

KUN 4.1.11
Thermoplaste – Polyester

Zur Gruppe der linearen Polyester zählen ***Polybutylenterephthalat*** (*PBT*) sowie ***Polyethylenterephthalat*** (*PET*) mit Handelsnamen wie Vestodur®, Arnite® oder Ultradur®. PET wurde erstmals 1966 von Akzo eingeführt. PBT kommt wegen der leichteren Verarbeitung durch Spritzgießen insbesondere als Konstruktionswerkstoff in der Automobilindustrie zum Einsatz.

Eigenschaften
Polyester sind teilkristalline Thermoplaste mit guten mechanischen Eigenschaften, auch bei Temperaturen von über 100 °C. Vergleichbar mit der Oberflächenfarbigkeit von POM oder PA, besitzen sie eine elfenbeinartige, milchigweiße Erscheinung. Darüber hinaus ist auch die Verarbeitung für glasklare Anwendungen möglich. PBT und PET sind abriebfest, besitzen hohe Festigkeit und Steifigkeit, gute Gleit- und Isolationseigenschaften und eine sehr hohe Maßbeständigkeit, was sie vor allem für die Anfertigung von Präzisionsbauteilen geeignet macht. Die chemische Beständigkeit gegenüber Lösungsmitteln und Treibstoffen ist gut, jedoch reagieren lineare Polyester empfindlich auf heißes Wasser, Dampf, starke Säuren und Laugen.

Bild: Wasserflasche aus PET.

Verwendung
Eines der Hauptverwendungsgebiete für Polyester mit ihren ausgezeichneten isolierenden Eigenschaften ist der elektronische Bereich. Die gute Maßhaltigkeit macht PBT und PET darüber hinaus für Präzisionsbauteile in der Feinmechanik geeignet. Typische Anwendungen sind Elektrowerkzeuggehäuse, Motorenteile, Zahnräder, Stecker, Spulenkörper oder Platinen.

Besonders bekannt ist die spritzgeblasene PET-Kunststoffflasche. Im Vergleich zur Glasflasche ist sie wirtschaftlicher herzustellen, verfügt über ein geringeres Gewicht und kann recycelt werden. Insgesamt weisen PET-Flaschen über die gesamte Lebensdauer eine sehr gute Umweltbilanz auf und sind um ein Viertel energieeffizienter als Behältnisse aus einem anderen Material (Emsley 2006). Polyesterfasern im Textilbereich sind knitterfrei, reißfest, witterungsbeständig und nehmen nur sehr wenig Wasser auf *TEX 4.4.3*. Formteile und Folien aus PET sind zudem unbedenklich als Verpackungen im Lebensmittelbereich einsetzbar. Weitere Anwendungsfelder sind Haushaltsgeräte, Surfsegel, Kunstrasen oder Kreditkarten. Zudem kommt Polytetrafluorethylen als Festschmierstoff *FLU 2.5* zum Einsatz.

Ein neuer Freischwinger aus PBT wurde Ende 2007 von dem Designer Konstantin Grcic präsentiert. Er verwendete Polybuthylenterephthalat mit Markennamen »Ultradur high speed®«, eine Neuentwicklung von BASF. Dieses enthält ein Additiv aus Nanopartikeln *MET 5.4* mit Größen zwischen 50 bis 300 Nanometern, die das Fließverhalten des erhitzten Kunststoffs insofern verändern, dass sich selbst dünnwandige Bauteile mit einem hohen Anteil an Verstärkungsmaterialien herstellen lassen. Bei konventionellen Faserzusätzen wie Glasfasern war dies bislang nicht ohne weiteres möglich (Edelmann 2007).

Verarbeitung
PET wird vorzugsweise im Spritzguss verarbeitet. Halbzeuge wie Folien, Profile oder Platten entstehen durch Extrusion. Das Umspritzen von Metallbauteilen mit Polyesterkunststoffen ist möglich. Fügeverbindungen können geschweißt (Heißgas-, Reib-, Ultraschallschweißen) oder geklebt (z. B. Reaktions- oder Cyanacrylatklebstoffe) werden. Zur Verbesserung der Verarbeitbarkeit sind Polymerblends aus PET und PMMA, PBT oder PSU erhältlich. Auf Grund des günstigeren Abkühlverhaltens kann PBT besser im Spritzguss verarbeitet werden als PET. Polyester lassen sich einfärben.

Handelsformen
Halbzeuge aus PET oder PBT sind in Form von Rohren, Profilen, Tafeln oder Folien erhältlich.

Alternativmaterialien
PA, POM, PC, Glas, PMMA, Biopolymer PLA

Bild: Surfsegel aus Polyestermaterial.

KUN 4.1.12
Thermoplaste – Zelluloseester

Unter Zelluloseester werden alle Kunststoffe zusammengefasst, deren molekularer Aufbau auf ***Zellulose*** und nicht, wie bei den meisten anderen Kunstoffen, auf Erdöl zurückzuführen ist. Als natürliche Faser ist Zellulose ein wesentlicher Bestandteil von Baumwolle, Laub- oder Nadelhölzern. Sie neigt auf Grund ihrer besonderen Wasserstoffbrückenbindung zur Kristallisation und Bildung linearer Makromoleküle.

Eigenschaften
Die auf Zellulose basierenden Kunststoffe sind transparente bis durchsichtige Thermoplaste mit einer Lichtdurchlässigkeit von nahezu 90%. Je nach Anwendung kann die Oberfläche eine glasklare, matt transluzente oder natürlich strukturierte Erscheinung aufweisen. Da das Zellulosemolekül sehr steif ist, richtet sich das Eigenschaftsprofil der Zelluloseester vor allem nach der Menge der enthaltenen Weichmacher. Mit zunehmendem Anteil nehmen die Wärmefestigkeit ab und die Fließfähigkeit zu. Die Qualität der Verarbeitbarkeit wird deutlich verbessert. Auf Grund der Eigenschaft zu starker Wasseraufnahme sind die auf Zellulose basierenden Kunststoffe antistatisch und daher nicht Staub anziehend. Sie neigen im Gebrauch zu einem selbstständig polierenden Effekt. Die wichtigsten Zelluloseester sind ***Zelluloseacetat (CA)***, ***Zellulosetriacetat (CTA)*** und ***Zelluloseacetobutyrat (CAB)***. Diese sind beständig gegen Fette, Öle, Kraftstoffe oder schwache Säuren und können bis zu einer Temperatur von etwa 100 °C verwendet werden. Sie sind allerdings nicht für den Kontakt mit Lebensmitteln zugelassen.

Bild: Griff eines Schraubendrehers aus Zelluloseester.

Verwendung
Eine der Hauptanwendungen von Zelluloseestern sind isolierende Werkzeuggriffe. Hierzu werden sie entweder auf das metallische Bauteil aufgeschrumpft oder umspritzt. Da Zelluloseester nur schwer entflammbar sind, werden sie zudem für Sicherheitsfilme und Sicherheitsgläser verwendet. Weitere typische Anwendungen sind Hammerköpfe, Griffe von Schreibgeräten, Gehäuse in der Fernmeldetechnik, Brillenfassungen, Taucherbrillen, Kfz-Lenkradummantelungen, Lampenschirme, Zahnbürstenstiele, Schablonen oder Spielzeuge. CA-Folien werden in Handydisplays oder Flachbildschirmen verarbeitet. Im Textilbereich sind die Werkstoffe als Acetatfasern bekannt und kommen mit ihrem mattedlen Glanz vor allem als Kunstseiden zur Anwendung. Die geringe Neigung zur Wasseraufnahme macht CA-Fasern für Regenschirme geeignet. Neben dem Textilbereich wandert ein Großteil der Acetatfaserproduktion in die Herstellung von Zigarettenfiltern.

Verarbeitung
CA und CAB lassen sich sehr gut spritzgießen oder strangpressen. Folien und Platten werden mit Breitschlitzdüsen extrudiert. CTA wird in der Regel zu Folienmaterial vergossen. Eine spanlose Umformung erfolgt im Temperaturbereich zwischen 160 °C und 180 °C. Für große Behälter mit gleichmäßiger Wandstärke ist das Rotationsgießen geeignet (Hellerich, Harsch, Haenle 2001). Zelluloseester können eingefärbt werden. Beschichtungen an metallischen Bauteilen werden durch thermisches Spritzen oder Umspritzen (z. B. Griffe von Schraubendrehern). Unlösliche Verbindungen lassen sich mit Klebalacken oder 2-Komponentenklebstoffen erzeugen. Zur Veredelung können Zelluloseesteroberflächen bedruckt, lackiert oder metallisiert werden. Auch Heißprägen ist üblich. Die Kratzfestigkeit kann durch einen dünnen Silikonfilm erhöht werden. Für den Korrosionsschutz werden Metalle in der Wirbelsintertechnologie nach Erwärmung auf über 300 °C mit Zelluloseesterpulver beschichtet (Peters, Struhk 2008).

Handelsformen
Die Folie ist das typische Halbzeug, in denen Zelluloseester vertrieben werden. Auch Rohre aus CAB sind auf dem Markt erhältlich.

Alternativmaterialien
PE, PC, PVC, PMMA

KUN 4.1.13
Thermoplaste – Polyimide

Polyimide (z. B. ***Polyetherimid* - *PEI*, *Polyamidimid* - *PAI***) sind Hochleistungswerkstoffe für Anwendungsfälle unter hohen Temperaturen, die erstmals 1963 am Markt eingeführt wurden.

Eigenschaften
Die durch Polykondensation hergestellten Kunststoffe können sowohl thermo- als auch duroplastische Eigenschaften aufweisen. Im Vergleich mit anderen thermoplastischen Kunststoffen sind sie die Werkstoffe mit der höchsten mechanischen Warmfestigkeit, wodurch eine Verwendung zwischen -240 °C und +260 °C möglich ist ist (Hellerich, Harsch, Haenle 2001). Darüber hinaus zeichnen sich Polyimide durch hohe Steifigkeit, hohe Verschleißfestigkeit, gute elektrische Eigenschaften und gute Gleiteigenschaften aus. Sie sind chemisch beständig gegen Lösungsmittel, Fette, Öle, Kraftstoffe, verdünnte Säuren und Laugen. Auffällig ist zudem die schwere Entflammbarkeit. Bei der Verbrennung kommt es nur zu geringer Rauchentwicklung. Die äußere Erscheinung von Polyetherimid (PEI) ist gekennzeichnet durch eine bernsteinähnliche Transparenz.

Verwendung
Auf Grund der hohen Werkstoffkosten werden Polyimide lediglich in Bereichen verwendet, in denen sich das Eigenschaftsprofil besonders vorteilhaft ausnutzen lässt. Die hohe Beständigkeit gegen Strahlungen macht eine Verwendung in Kernanlagen möglich. Polyimide werden darüber hinaus wegen ihrer guten Festigkeit bei hohen Temperaturen und ihrer geringen Wärmedehnung in Verbrennungsmotoren und Düsentriebwerken für die Luft- und Raumfahrt eingesetzt. Die schwere Entflammbarkeit macht den Werkstoff zudem für Teile im Flugzeuginneren geeignet. Weitere typische Verwendungen sind Kochgeräte für Mikrowellenherde, Motorenteile für Kraftfahrzeuge oder Turbinenschaufeln. Polyimid-Schaumstoffe werden zur Schalldämmung im hohen Temperaturbereich verwendet. Außerdem kommen sie in Lacken für Flugzeugrümpfe zur Anwendung.

Verarbeitung
Thermoplastische Polyimide wie PAI und PEI lassen sich durch Spritzgießen bei hohen Temperaturen um 350 °C zu komplexen Formteilen und durch Extrusion zu Profilen und Folien verarbeiten. Zudem kann PEI durch Spritzblasen geformt und geschäumt werden. Die Verarbeitbarkeit wird durch Zumischung von niedrig schmelzenden technischen Thermoplasten (z. B. PA oder PC) verbessert. Neben Spritzgießen und Extrudieren bietet die sintertechnische Prozesskette eine Alternative zur Verarbeitung von Polyimiden mit duroplastischen Eigenschaften.
Der pulverförmige Ausgangswerkstoff, der je nach Anwendungszweck mit Zusatzstoffen ergänzt werden kann, wird dabei in Formen gepresst. Kleinformatige Bauteile können auf diese Weise kostengünstig in hohen Losgrößen gefertigt werden. Die Presslinge verlangen anschließend keinerlei Nachbearbeitungsaufwand. Die zerspanende Bearbeitung von Polyimid-Halbzeugen ist mit Hartmetall-Werkzeugen möglich. Für Fügeverbindungen stehen Epoxid- und Phenolharzklebstoffe zur Verfügung. Metallbauteile können durch Wirbelsintern beschichtet werden.

Eltimid®
Kurzzeitig hält das Polyimid mit Markennamen Eltimid® Temperaturspitzen von bis zu 400 °C aus. Die extreme Temperaturbeständigkeit macht den Hightech-Kunststoff vor allem für den Bereich der Luft- und Raumfahrt interessant und lässt ihn in Konkurrenz treten zu Aluminium oder Keramiken.

Bild: Polyimid in Lacken auf Flugzeugrumpf / PEI wird wegen der hohen Temperaturfestigkeit und geringen Rauchgasbildung beispielsweise bei der Innenausstattung von Flugzeugen eingesetzt.

Wirtschaftlichkeit und Handelsformen
Trotz ihres hohen Preises haben sich Polyimide zu einem wichtigen Material für Hochtemperaturanwendungen entwickelt. Profile und Folien sind erhältlich.

Alternativmaterialien
PTFE, Epoxidharze

KUN 4.1.14
Thermoplaste – Polymerblends

Die Bezeichnung »blends« stammt aus dem Englischen und bedeutet Mischung. Demnach sind Polymerblends Mischungen verschiedener Kunststoffe, durch deren unterschiedliche Eigenschaften Werkstoffe mit besonderen Profilen gewonnen werden können. Auf Grund der meist nur eingeschränkten Möglichkeit zur sortenreinen Trennung der unterschiedlichen thermoplastischen Werkstoffe vor der Wiederverwertung stehen recyclierte Kunststoffgranulate meist nur in Form von Kunststoffgemischen als thermoplastische Blends zur Verfügung (KUN 2.3 zum Kunststoffrecycling).

Eigenschaften

Ein häufig verwendetes Polymerblend trägt den Handelsnamen Bayblend®, eine Mischung aus der Polystyrol-Sorte ABS und Polycarbonat (PC). Das preiswerte ABS weist in der Regel eine nur mäßige Wärmeformbeständigkeit auf, was durch Zumischung von PC ausgeglichen wird (Wärmeformbeständigkeit des Blends bis 120 °C). Polycarbonat bildet die Stabilität gebende Matrix, in die ABS-Komponenten eingelagert werden VER. Bayblend® ist eine der wenigen Polymermischungen, bei denen neben der bloßen Addition der Vorzüge der Basiswerkstoffe auch ein Synergieeffekt erzielt wird. Die hohen Zähigkeitswerte unter Schlagbeanspruchung werden von keinem der beiden Partner auch nur annähernd erreicht. Der Werkstoff weist eine matt glänzende und kratzfeste Oberfläche mit hohen Härtewerten auf, ist zudem witterungsbeständig und vergilbt nicht. Die mechanischen Eigenschaften können durch Zumischung von kurzen Glasfasern verbessert werden.
Terblend® N, eine Mischung aus der Polystyrol-Sorte ABS und Polyamid PA, bietet gegenüber Blends mit Polycarbonat Gewichtsvorteile und muss nicht mehr lackiert werden.

Eine weitere preiswerte Polymermischung mit ähnlichen Eigenschaften wie Bayblend®, also hoher Wärmeformbeständigkeit und guter Maßhaltigkeit, ergibt sich durch Zumischung von hochschlagfestem Polystyrol (HI-PS) und Polyphenylenoxid (PPO). Die Verarbeitbarkeit in der Schmelze wird auf diese Weise verbessert. Unterschiedliche Anteile an Polystyrol führen zu einer großen Anzahl unterschiedlicher Güteklassen, die dem jeweiligen Anwendungsfall angepasst werden können.

Mischbarkeit verschiedener Kunststoffe

Werkstoff	Mischbarkeit mit:										
PMMA	ABS	PC	PMMA	PVC	SAN	PS	PA	PE-HD	PE-LD	PET	PP
PC	PC	PET	PMMA	ABS	SAN	PVC	PA	PE-HD	PE-LD	PP	PS
ABS	ABS	PMMA	SAN	PC	PVC	PET	PA	PE-HD	PE-LD	PP	PS
SAN	ABS	PMMA	SAN	PC	PVC	PA	PE-LD	PE-HD	PET	PP	PS
PVC	PMMA	PVC	SAN	ABS	PC	PA	PE-HD	PE-LD	PET	PP	PS
PET	PC	PET	ABS	PA	PS	PE-HD	PE-LD	PMMA	PP	PVC	SAN
PS	PS	PMMA	PA	PET	ABS	PC	PE-HD	PE-LD	PP	PVC	SAN
PA	PA	PET	PS	ABS	PC	PE-HD	PE-LD	PMMA	PP	PVC	SAN
PE-HD	PE-HD	ABS	PA	PC	PE-LD	PET	PMMA	PP	PS	PVC	SAN
PE-LD	PE-LD	ABS	PA	PC	PE-HD	PET	PMMA	PP	PS	PVC	SAN
PP	PP	ABS	PA	PC	PE-HD	PE-LD	PET	PMMA	PS	PVC	SAN

sehr gut ▬ ▬ ▬ ▬ ▬ ▬ schlecht

Abb. 25 nach [40]

Verwendung

Die vorgestellten Mischungen sind als undurchsichtige, hellgraue Technik-Thermoplaste mit ausgewogenem Verhältnis der Eigenschaften und des Kostenfaktors bekannt. Sie kommen vor allem in der Gehäusetechnik, für Fernsehkomponenten oder Kfz-Teile zur Anwendung. PPO-Blends sind vor allem für Komponenten von Wasch- und Geschirrspülmaschinen, Pumpengehäuse oder Bauteile im Heißwasserbereich geeignet.

Verarbeitung

Die Verarbeitung von Polymerblends richtet sich nach den Eigenschaften der einzelnen Komponenten. In der Regel werden Formteile im Spritzguss erstellt.

Bild links: Für die Verkleidung der neuen Daytona 675 verwendet der britische Motorradhersteller Triumph Terblend® N (ABS/PA) der Styrolution GmbH. Der Spezialkunststoff weist gleichzeitig eine geringe Dichte und eine hohe Zähigkeit auf. Dadurch ermöglicht er die Produktion von dünneren und damit leichteren Bauteilen. Triumph hat so das Gesamtgewicht der Maschine deutlich reduziert. Dank der guten Wärmeformbeständigkeit von Terblend® N ließ sich die Verkleidung auch in der Nähe des Motors und des Auspuffes anbringen. So erhält die Daytona 675 ihre charakteristisch schmale Silhouette./ Foto: Triumph Motorcycles Ltd.

KUN 4.2
Duroplaste

KUN 4.2.1
Duroplaste – Polyesterharze

Polyesterharze entstehen durch Polykondensation. Es wird zwischen gesättigten und ungesättigten (UP) Sorten unterschieden. Während die gesättigten Polyesterharze als Grundstoff für synthetische Fasern TEX 4.4 dienen, eignen sich ungesättigte Harze zur Verwendung für technische Werkstoffe. Polyesterharze wurden in den USA bereits 1937 auf den Markt gebracht. In Deutschland sind sie seit Anfang der 1950er Jahre erhältlich. Typische Markennamen sind Alpolit® oder Palatal®.

Eigenschaften
Ungesättigte Polyester (*UP*) sind farblose und glasklare Duroplaste mit glänzender Oberfläche. Die flüssige Ausgangsmasse muss für die technische Nutzung ausgehärtet und vernetzt werden. Hierfür werden polymerisierbare Lösungsmittel (z. B. Styrol), Katalysatoren und Beschleuniger beigemischt. Nach der Aushärtung ist erneutes Plastifizieren unmöglich. Der Vernetzungsprozess kann durch Zuführung von Wärme verkürzt werden. Je nach gewählter Mischung sind hartspröde oder zähelastische Polyestersorten einstellbar. Eine Faserzumischung (z. B. Kurzglasfasern, Aramidfasern) kann die mechanischen Eigenschaften verbessern. Ungefüllte Polyesterharze sind von etwa 120 °C bis 140 °C dauerhaft temperaturbeständig. Faserzusätze vergrößern den Einsatzbereich bis zu Temperaturen von 150 °C. Hervorzuheben sind die hohen Festigkeits- und Steifigkeitswerte, die gute Maßgenauigkeit in der Verarbeitung, die schwere Entflammbarkeit und die chemische Beständigkeit gehärteter Polyesterharze gegenüber Wasser, Alkohol, Kraftstoffen, verdünnten Säuren und Laugen. Die gute Haftfähigkeit macht die Harze als Füllwerkstoff geeignet. Je nach Wahl des Härters sind Polyesterharze auch für Anwendungen im Lebensmittelbereich zugelassen.

Verwendung
Ungesättigte Polyesterharze dienen als Formmasse im Bereich der Elektrotechnik zur Herstellung von Steckerverbindungen, Zündverteilern, Sicherungen und Isolationsteilen. Mit Fasern verstärkt, werden sie als Hauptbestandteil, Halbzeug oder Füllmaterial für Bedachungen, Verkehrsschilder, Treibstofftanks, Propeller, Angelruten, Schutzhelme, Rettungsinseln, Motorhauben, Rümpfe für Boote und Segelflugzeuge oder Sportgeräte genutzt. Polyesterharze bilden die Grundlage für Verbundwerkstoffe mit Kohlenstoff- und Aramidfasern in der Raumfahrt und im Flugzeugbau. Im Baugewerbe dienen Polyestergießharze zur Herstellung von Gießharzbeton MIN 4.8 und Betonbeschichtungen. Sie werden als Spachtelmassen verwendet und kommen als Reaktionslacke und Klebstoffe zum Einsatz.

Verarbeitung
Duroplastische Polyesterharze werden in zähflüssigem, nicht vernetztem Zustand in Formen gegossen und können gepresst werden. Beim Gießen muss eine starke Schwindung von 7 %–10 % berücksichtigt werden. Nach der Aushärtung ist eine zerspanende Bearbeitung mit gehärteten Werkzeugen möglich. Zur Herstellung faserverstärkter Bauteile kommt das Handlaminieren, Wickel- oder Spritzverfahren zur Anwendung. Die umformende Bearbeitung ist auf die vom Hersteller angegebene Verarbeitungsdauer kurz vor Beendigung des Vernetzungsprozesses beschränkt. Mit Polyesterharzen können metallische und nichtmetallische Bauteile geklebt oder Beschädigungen an Polyesterbauteilen beseitigt werden. Ein abschließendes Schleifen und Polieren bearbeiteter Oberflächen ist üblich.

Alternativmaterialien
Epoxidharze, Aminoplaste, Phenolharze, Polyurethanharze

Bild: Schiffsrumpf und -deck aus Polyester (GFK).

Bild: Surfbrett aus Polyester (GFK).

KUN 4.2.2
Duroplaste – Epoxidharze (EP)

Die Entwicklung von Epoxidharzen geht auf die Arbeiten des deutschen Chemikers Schlack und des Schweizers Castan zurück. Die ersten EP-Harze wurden 1946 in Basel großtechnisch hergestellt.

Eigenschaften

Epoxidharze sind farblose Werkstoffe mit gelblicher Transparenz. Im Vergleich zu anderen Gießharzen weisen sie die beste Haltbarkeit und Formbeständigkeit auf. Die Vielfalt der unterschiedlichen Epoxidharzsorten geht auf die steuerbaren Reaktionsbedingungen durch Beimischung unterschiedlicher Mengen von Härtern, Verdünnern und Lösungsmitteln zurück. Die grundsätzlich guten mechanischen Eigenschaften von Festigkeit, Korrosions- und Wärmebeständigkeit können durch Zugabe von Aramid- oder Glasfasern entscheidend verbessert werden. Vor allem nach Einbettung von Kohlenstofffasern sind sehr hohe Festigkeits- und Steifigkeitswerte zu erzielen. Die Stoßempfindlichkeit ist gering. Darüber hinaus weisen Epoxidharze gute elektrische und isolierende Eigenschaften auf, weshalb sie für den Einsatz im Bereich der Elektrotechnik besonders geeignet sind. Gesundheitsschutzmaßnahmen müssen bei der Verarbeitung beachtet werden.

Bild: Carving-Ski »FreeX« – Obergurt aus epoxidharzgetränkten Carbon-Kevlarfasern, Untergurt aus GFK auf Epoxidharzbasis und »Nanocarbon« (BASE ISO 4400)./ Hersteller: Lorch-Boards Deutschland, Küchler Sport GmbH/ Design: UNITEDDESIGNWORKERS.com

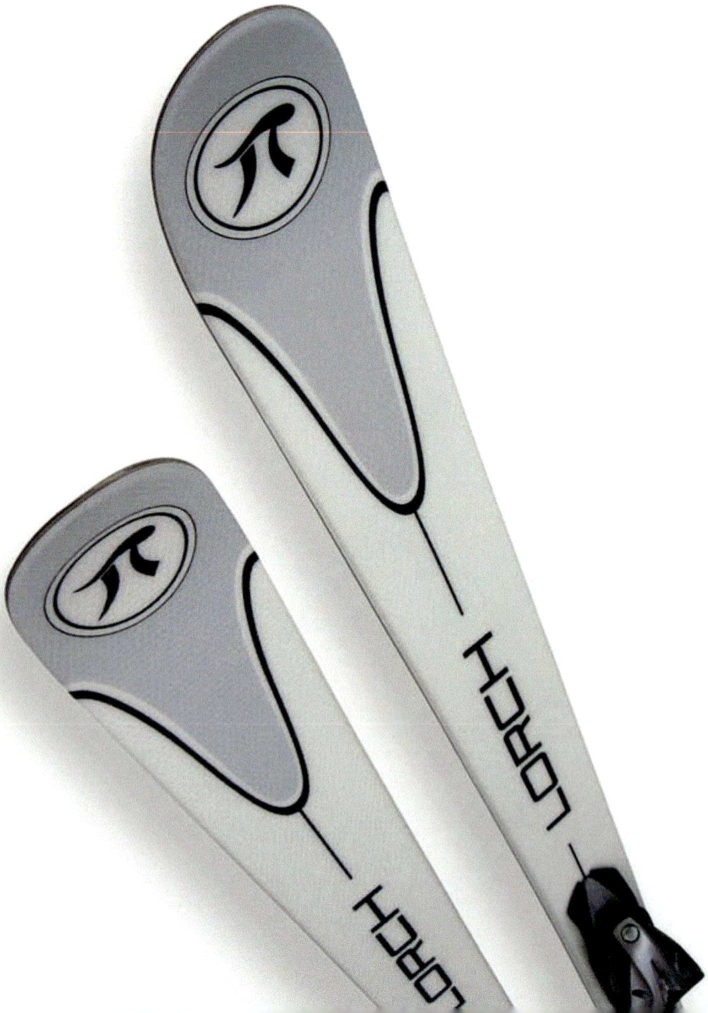

Verwendung

Gießwerkstoffe auf Epoxidbasis werden wie andere Harze zur Einbettung und Isolierung von Bauteilen mit elektrischen Funktionen eingesetzt. Darüber hinaus dienen sie zur Herstellung von Gießereimodellen (z. B. Kerne zum Sandgießen) oder Werkzeugen für die umformende Metallbearbeitung. Neben Polyesterharzen werden sie als Grundmaterial für Verbundwerkstoffe, zur Herstellung von Sportbooten und Fahrradrahmen, im Flugzeugbau und für Kfz-Teile im Motorraum eingesetzt.
Epoxid-Pulverschmelzlacke dienen als Oberflächen- und Korrosionsschutz. Außerdem finden ***EP-Polymerbeton*** MIN 4.8 und ***EP-Klebmörtel*** MIN 4.7 im Baugewerbe Verwendung. Hartschäume auf Epoxidbasis werden zum Schallschutz, zur Wärmedämmung und beim Fassadenbau verwendet. EP-Harze kommen bei Altbausanierungen zum Einsatz und werden zur Herstellung von Bodenbeschichtungen genutzt.

Bild: Ruderboote aus Verbundwerkstoffen auf Epoxidharzbasis.

Verarbeitung

Epoxidharze lassen sich ausgesprochen gut vergießen (z. B. Sandguss, Kokillenguss). Auffällig ist der geringe Schwund während der Vernetzung. Die Härtedauer kann durch Zusätze sowie eine entsprechend hohe Umgebungstemperatur verkürzt werden. Wegen der starken Klebeneigung sollten Formteile vor dem Gießen mit Trennmitteln (z. B. Silikonlösung) überzogen werden. Der Zeitraum, in dem EP-Gießharze noch umformend bearbeitet werden können, also noch nicht völlig ausgehärtet sind, wird vom Hersteller angegeben. Danach sind lediglich zerspanende Bearbeitungen mit Hartmetallwerkzeugen möglich, wodurch allerdings die Qualität der glänzenden Oberfläche gemindert wird. Abschließendes Polieren ist daher meist erforderlich. Vor allem metallische Bauteiloberflächen können mit Klebstoffen auf Basis von Epoxidharzen für Leichtbauanwendungen gefügt werden.

Wirtschaftlichkeit und Handelsformen

Epoxidharze sind in Form von Gießharzen und als Granulat erhältlich und relativ teuer.

Alternativmaterialien

Polyesterharze, Aminoplaste, Phenoplaste

KUN 4.2.3
Duroplaste – Phenolharze (PF)

Die Entwicklung eines Verfahrens zur Herstellung von hitzebeständigem und lösungsmittelresistentem Phenolharz aus der Kondensation von Phenol mit Aldehyd stellte Anfang des 20. Jahrhunderts einen Meilenstein in der Geschichte der Kunststoffe dar. Der Belgier Leo Hendrik Baekeland entwickelte ein Hitze-Druck-Verfahren in seiner Garage in Yonkers (New York) und meldete das Prinzip des »Bakelizer«, einem mit Druck beheizten und luftdicht verschließbaren Kessel, 1907 in den USA als Patent an. Der Werkstoff wurde unter dem Handelsnamen Bakelit® in der ganzen Welt bekannt und war der erste industriell hergestellte Kunststoff überhaupt.

Eigenschaften
Phenolharz ist ein gelblicher, steiffester Werkstoff mit sehr guten elektrischen Isolationseigenschaften, der zudem eine gute chemische Beständigkeit aufweist. Die mechanischen Eigenschaften des Materials werden durch Füllstoffe (z. B. Gesteins- oder Holzmehl, Grafit, Glas- oder Zellulosefasern) positiv beeinflusst, weswegen Phenolharze in der Regel verstärkt in Form von ***Pressmassen*** erhältlich sind. Je nach Zusätzen ist eine Typnummerierung zwischen 00 (ohne Füllstoff) und 99 (Glasfasern) üblich. Die Gebrauchstemperaturen reichen bis 150 °C. Sie sind beständig gegen Öle, Fette, Benzin und Alkohol, reagieren aber empfindlich auf heißes Wasser und starke Säuren. Phenolharze sind gekennzeichnet durch einen starken Eigengeruch und für den Lebensmittelbereich nicht freigegeben.

Verwendung
Nach seiner Entdeckung war Bakelit in den dreißiger Jahren des 20. Jahrhunderts ein beliebter Werkstoff für Gehäuse und Griffe elektrischer Geräte. Er setzte sich als ideales Material für Thermoskannen und Bügeleisen durch. Heute finden Phenolharze vor allem Verwendung im Bereich der elektrischen Industrie als Isolatoren, Leiterplatten, Stecker, Ummantelungen oder Fassungen. Für den Fahrzeugbau werden Bremsbeläge, im Bereich des Haushalts Besteckgriffe, Toilettensitze, Telefone oder Sicherheitskästen aus dem Material gefertigt. Als flammhemmendes Bindemittel kommen Phenolharze in Hartfaserplatten und Schaumstoffen zur Anwendung. Zudem können sie zu Polymerbeton MIN 4.8 verarbeitet werden. Außerdem kommen Phenoplaste in Form von Lackharzen zur Anwendung.

Verarbeitung
Phenoplaste sind leicht pressbar. Die üblichen formgebenden Verfahren sind neben dem Pressen das Spritzpressen und Spritzgießen. Umformungen des duroplastischen Werkstoffs sind nicht möglich. Zerspanende Verfahren kommen nur selten zur Anwendung und beschränken sich auf das Entgraten von Formpressmassen oder dem Zuschnitt von Plattenmaterial mit Dicken von weniger als 1 mm. Fügeverbindungen werden durch Kleben hergestellt. Typische Klebstoffe sind Epoxid-, Phenol- oder Polyesterharzkleber. Bauteile aus Phenolharzen können galvanisch beschichtet werden.

Handelsformen
Insbesondere Phenolharz-Pressmassen sind auf dem Markt erhältlich.

Alternativmaterialien
Polyesterharze, Aminoplaste, Epoxidharze

Bilder unten: Doppelabdeckung und Drehschalter aus Bakelit./ Foto: Manufactum

KUN 4.2.4
Duroplaste – Aminoplaste

Aminoplaste ist der Oberbegriff für eine Gruppe duroplastischer Werkstoffe, die aus der Polykondensation von Harnstoffen mit Formaldehyd entstehen. Sie sind vor allem unter dem Handelsnamen ***Melaminharze*** bekannt und wurden in den 30er Jahren von Unternehmen wie Henkel, American Cynamid und Ciba entwickelt.

Eigenschaften
Melaminharze sind hochfest, chemikalienbeständig und besonders hitzeresistent. Darüber hinaus besitzen sie eine hohe Verschleißfestigkeit und Härte, weshalb sie besonders für strapazierfähige und kratzfeste Oberflächen geeignet sind. Aminoplaste sind nahezu farblos und können daher problemlos hell eingefärbt werden. Sie werden fast ohne Ausnahme mit Füllstoffen wie Gesteinsmehl, Textil-, Glas- oder Holzfasern eingesetzt, die die mechanischen Eigenschaften nachhaltig beeinflussen. Melaminharze können bis zu einer Temperatur von 130 °C verwendet werden. Pressmassen in unterschiedlichen Typenklassen sind je nach Füllstoff in Anwendung. Glasfaserverstärktes Melaminharz weist das beste Eigenschaftsprofil auf. Aminoplaste sind beständig bei Kontakt mit Benzin, Alkohol, Öl oder schwachen Säuren. Laugen und starke Säuren greifen den Werkstoff an.

Verwendung
Obwohl Melaminharze zu den ältesten Kunststoffen zählen, werden sie noch heute zur Herstellung von Küchengeräten, leichtem Campinggeschirr und Schraubverschlüssen für kosmetische Produkte verwendet. Das Hauptanwendungsgebiet ist aber die Holzindustrie, wo Melaminharze als Bindemittel und Leime zur Herstellung von Holzwerkstoffen wie Sperrholz, Spanplatten und Kunstharzpressholz HOL 3.5.1 genutzt wird. Weitere aktuelle Anwendungen im Bereich der Elektroindustrie sind Schalter, Stecker und Steckdosen. Außerdem finden Melaminharze Einsatz im Packmittelbereich.

Verarbeitung
Wie die Gruppe der Phenoplaste werden Aminoplaste durch Pressen oder Spritzgießen verarbeitet. Darüber hinaus können Formprofile durch Strangpressen erstellt werden. Umformende Bearbeitung ist nicht möglich. Zerspanende Verfahren werden nur selten angewendet. Klebeverbindungen lassen sich unter Verwendung von Epoxid-, Phenol- oder Polyesterharzklebern erzeugen. Für duroplastische Werkstoffe wurden für lösbare Verbindungen selbstschneidende Schrauben entwickelt.

Alternativmaterialien
Polyesterharze, Phenolharze, Epoxidharze

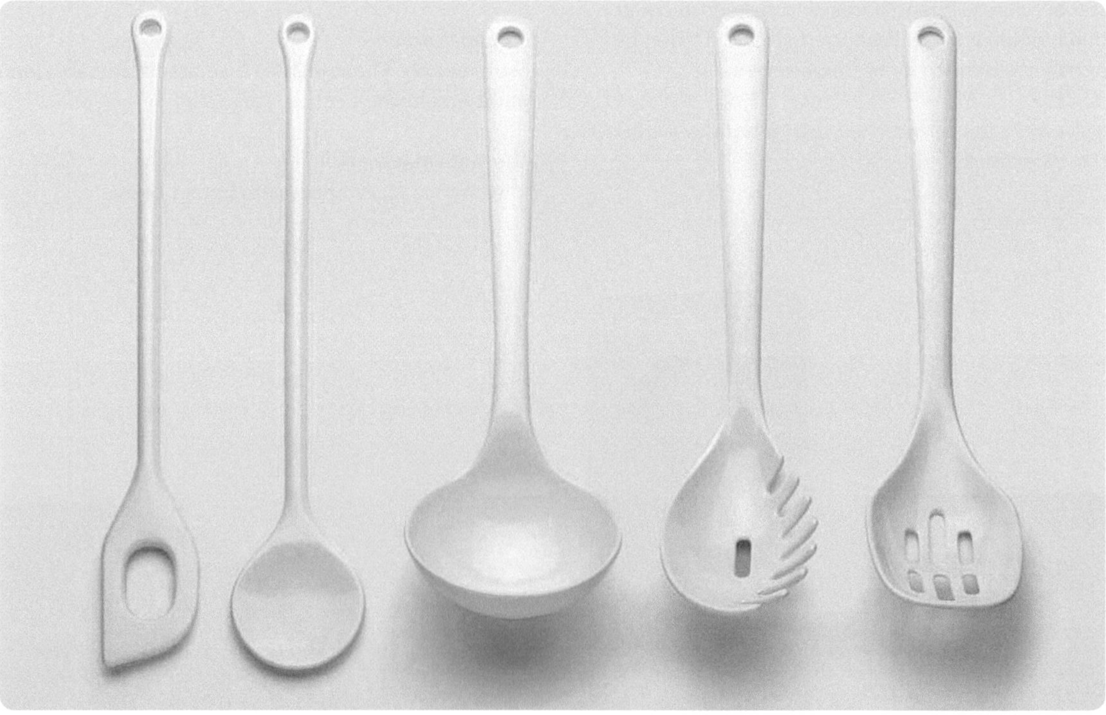

Bild: Kochlöffel aus Melamin./ Foto: Manufactum

KUN 4.2.5
Duroplaste/Elastomere – Polyurethan (PUR)

Die Entdeckung von Polyurethan geht auf den Chemiker Otto Bayer zurück. Ihm gelang es bereits 1937, ein Verfahren zur Herstellung des Werkstoffs zu entwickeln und patentrechtlich zu schützen. Dieses geht auf eine Polyaddition zurück. 1941 folgte eine Produktionstechnik zur Erzeugung von PUR-Schaumstoffen. Die großtechnische Herstellung des Werkstoffs setzte aber erst nach dem 2. Weltkrieg ab 1951 ein.

Eigenschaften
Polyurethane sind transparentgelbe Werkstoffe. Sie existieren in Form duroplastischer Gießharze oder PUR-Elastomere. Je nach Sorte können mit PUR-Gießharzen hart- bis weichelastische Oberflächen mit gummiartigen Eigenschaften hergestellt werden. Auf dem Markt erhältlich sind sowohl lufttrocknende Einkomponenten-Systeme als auch Reaktionssysteme aus zwei Komponenten. Polyurethan besitzt eine gute Chemikalienresistenz und ist beständig gegenüber schwachen Säuren und Laugen. Unter Witterungseinflüssen muss mit Vergilben der Materialoberfläche gerechnet werden. Daher werden ***PUR-Gießharze*** in der Regel stark eingefärbt. Harte PUR-Harze sind bis zu einer Temperatur von 130 °C stabil, verfügen über eine hohe mechanische Festigkeit bei ausgesprochen geringem Abrieb. Durch Beimischung metallischer Pulver können die mechanischen Qualitäten nochmals verbessert werden. Harte Polyurethanharze lassen sich selbst im Maschinenbau verwenden. Die Dichte von elastomeren PUR-Gießharzen liegt bei etwa 1,2 g/cm^3. Sie sind hochverschleißfest, enorm stoßdämpfend und bis zu einer Temperatur von 80 °C einsetzbar. Neben den duroplastischen Gießharzen existieren auch thermoplastische PUR-Elastomere mit transluzent, bräunlicher Struktur, die sich durch Spritzgießen oder Extrudieren verarbeiten lassen (Peters, Struhk 2008).

PUR-Schaumstoffe gibt es als Hart- und Weichschaumstoffe mit offen- bzw. geschlossenporiger Oberfläche KUN 4.4. Integralschäume bezeichnen in diesem Zusammenhang Werkstoffe mit porösem Kern und dichter Randzone ohne Lufteinschlüsse. Plattenmaterial aus Polyurethanhartschaum ist im Vergleich zu Styropor wesentlich dichter, beständiger und zudem schwerer zu entflammen.

Bild: Flachleiter mit einer Ummantelung aus PUR./ BASF Polyurethanes GmbH

Verwendung
Ein englisches Unternehmen hat jüngst ein Kondom aus einem PUR-Elastomer auf dem Markt, das doppelt so reißfest sein soll wie die handelsüblichen Produkte aus Latex und wesentlich dünner herzustellen (Emsley 2006). Das Beispiel zeigt, welch großer Verwendungsbereich für Polyurethanwerkstoffe besteht, der sich ständig weiter entwickelt. Traditionell ist der Werkstoff in der Schaumstoffherstellung bekannt geworden. Etwa 90 % der weltweiten Polyurethanproduktion werden nach wie vor dafür verwendet. Im Designbereich haben elastomere PUR-Gießharze als Formmaterial für Kleinserien eine große Bedeutung. Hella Jongerius, Designerin der holländischen Gruppe Droog Design FOR 1.8, konnte in den letzten Jahren zahlreiche Produktbeispiele auf Basis dieses Werkstoffs entwickeln. Darüber hinaus werden PUR-Hartschäume zur Herstellung von Anschauungs- und Volumenmodellen in den frühen Phasen der Produktentwicklung verwendet. Im Baugewerbe kommen PUR-Schäume zur Wärmedämmung und Schallisolation zum Einsatz.

Für die Möbelindustrie sind Weichschaumstoffe eine wichtige Grundlage zur Herstellung von Sitzkissen, Matratzen, Polsterungen und Schlafmöbeln. Mit Etwa 3,8 Millionen Tonnen stellen sie den wesentlichen Anteil des weltweiten Polyurthanverbrauchs dar. Das Material eignet sich außerdem sehr gut für die Umschäumung von Metallbauteilen. Mit Polyurethanharzen werden außerdem Textilien wasserdicht beschichtet. Im Pkw-Innenraum übernimmt PUR-Integralschaum stoßdämpfende Funktion (z. B. Umhüllung von Lenkrädern). Elastomere aus Polyurethan werden beispielsweise zur Herstellung von Reifen verwendet. PUR-Schläuche mit Spiraldrahtarmierung sind wesentlich abriebfester als andere Schlauchalternativen und werden daher für den Transport rieselfähiger Feststoffe an Silofahrzeugen verwendet. Thermoplastische PUR-Elastomere eignen sich insbesondere für Sportartikel wie Skischuhe, Fahrradsattel, Rollschuhrollen oder Sohlen von Laufschuhen. Moderne Fußbälle werden nahezu vollständig aus PUR gefertigt. Und auch die äußere Schicht einer Bowlingkugel besteht aus dem Kunststoff.

Bild: Umschäumtes Metallprofil aus PUR.

Bild: Türinnenverkleidung des Mercedes SLK aus Polyurethan-Gießhaut (Elastoskin® I). Geruchsarm, geringe Fogging- und Emissionswerte, leicht zu verarbeiten und umweltschonend./ Hersteller und Fotos: BASF Polyurethanes GmbH

Ein relativ neuartiger Werkstoff auf PUR-Basis ist unter der Marke Technogel® auf den Markt gekommen. Bei der glibberartigen Masse handelt es sich um ein hochflexibles Material auf Basis eines Elastomers mit einem extrem geringen Vernetzungsgrad. Dieses eignet sich insbesondere für Dämpfungsaufgaben bei Möbeln, Schuhen, Fahrradsätteln oder orthopädischen Anwendungen. Da bei der Herstellung keine kritischen Additive oder Weichmacher verwendet werden, bleiben die Eigenschaften über viele Jahre stabil, was die Phantasie von Produktentwicklern und Gestaltern seit einiger Zeit freien Lauf lässt. So wurde das Material bereits erfolgreich in Fahrzeugstudien und im Möbelbereich verwendet. Und durch die herausragenden optischen Qualitäten ist der Werkstoff auch für Lichtobjekte geeignet.

Verarbeitung

Gießharze werden in der Regel geschäumt oder vergossen. Sie weisen ein Schwindmaß von nur 0,5 % auf. PUR-Elastomere mit thermoplastischen Eigenschaften können im Spritzguss oder durch Extrusion formgebend verarbeitet werden. Besonderer Vorteil des Werkstoffs ist, dass sich beim Spritzgießen auf Grund der hohen Elastizität leichte Hinterschneidungen ohne Schieber realisieren lassen. Die zerspanende Bearbeitung (z. B. Fräsen, Schleifen) von Polyurethanhartschaumplatten für den Modellbau ist möglich. Beim Zuschnitt sollte mit scharfen Werkzeugschneiden gearbeitet werden. Fügeverbindungen lassen sich durch Kleben oder Schweißen herstellen. Der Werkstoff verfügt über eine natürliche Klebekraft, weshalb er auch als Klebstoff für die Schuh-, Bekleidungs- und Bauindustrie geeignet ist.

Bild: Concept-Car von Bayer MaterialScience / Rinspeed AG, Frank M. Rinderknecht

Wirtschaftlichkeit und Handelsformen

PUR ist als Gießharz und in Form von Halbzeugen wie Stangen und Profilen auf dem Markt erhältlich. Schaumstoffe aus PUR zählen zu den preiswertesten Werkstoffen überhaupt. Hartschaumplatten werden in verschiedenen Dichten vertrieben.

Alternativmaterialien

Silikone, Polyestergießharze, Epoxidharze, Gummi-Elastomere

Bild links: Stuhl von Werner Aisslinger.

KUN 4.3
Elastomere

KUN 4.3.1
Elastomere – Gummi-Elastomere

Naturkautschuk (Latex)
Der erste elastische Naturwerkstoff wurde bereits von den Indianern des südamerikanischen Kontinents entdeckt. Den Rohstoff bildet der milchige Saft »Latex« des tropischen Kautschukbaums oder anderer Kautschuk liefernde Pflanzen. Sein Name geht auf den indianischen Begriff für »Tränender Baum« (cao = Baum; ochu = Träne) zurück, da zur Latex-Gewinnung die Rinde V-förmig angeritzt wird und der Saft am Baum heruntertropft. Anschließend wird die gewonnene Milch mit Ammoniak stabilisiert, durch Zentrifugieren oder Verdampfen eingedickt und für die industrielle Nutzung aufbereitet. Die elastischen Eigenschaften von Naturgummi sind hervorragend und können in einem weiten Temperaturbereich selbst bei besonders niedrigen Werten von bis zu -60 °C genutzt werden. Es ist jedoch zu berücksichtigten, dass sich Latex unter UV-Strahlung oder bei Kontakt mit Fetten auflösen kann. Zudem sind allergische Reaktionen bei Hautkontakt bekannt. Heute findet man Kautschuk-Plantagen in fast allen tropischen Gebieten Afrikas, Asiens und Südamerikas. Die größten Produzenten sind Thailand, Indonesien und Malaysia.

Bild: Naturkautschukproduktion in Thailand./ Foto: Dr. Sascha Peters

Verwendung
Latex wird als Grundlage zur Kaugummiherstellung verwendet. Außerdem ist er als natürliches Elastomer in Kondomen, Handschuhen, Luftballons und Kleidungsstücken enthalten. Der aus Latex gewonnene Gummi wird auch als Naturkautschuk (NR) bezeichnet. Synthetisch erzeugt ist er wesentlicher Bestandteil von Reifenmischungen, Scheibenwischern, Transportbändern und Riemen. Der Werkstoff kann seit der Entwicklung des ***Dunlop-Verfahrens*** im Jahr 1928 geschäumt werden. ***Latexschaum*** ist eines der wichtigsten Materialien zur Herstellung von Matratzen. Es verfügt über eine besonders hohe Punktelastizität für sehr gute Körperanpassung und hohen Liegekomfort. Eine weitere industrielle Nutzung sind ***Latexfarben*** mit Wasser abdichtenden Eigenschaften. Sie sind für Wände in feuchten Räumen und Bädern geeignet.

Gummi-Elastomere
Knapp 40 % der gesamten Gummiproduktion wird durch Naturkautschuk abgedeckt. Der Rest sind synthetisch erzeugte Kautschuksorten wie Nitril- (NBR), Chloropren- (CR) oder Butylkautschuk (IIR). Sie sind den natürlichen Sorten ähnlich, weisen aber optimierte Merkmale auf, die sie für einige Anwendungen besonders geeignet machen. Der Großteil wird für die Reifenproduktion verwendet. Die Produktionsverfahren gehen allesamt auf Charles Goodyear zurück. Er entwickelte Mitte des 19. Jahrhunderts ein Vulkanisationsverfahren und stellte es 1851 auf der Weltausstellung in London vor. Dabei wird natürlicher Latex zwischen 130-140 °C mit Schwefel (bis 2 %) vernetzt, wodurch sowohl Festigkeit als auch chemische Widerstandsfähigkeit gesteigert werden. Durch Variation des Schwefelgehalts lässt sich die Elastizität einstellen. Hartgummi enthält einen hohen, Weichgummi einen niedrigen Schwefelanteil. Die Werte für Festigkeit und Abriebhärte können durch Beimengung von Füllstoffen wie Kreide, Ruß oder Talkum verbessert werden. Je nach Verwendungszweck werden zudem Weichmacher, Pigmente oder Mittel für den Alterungsschutz beigemischt. Die Auswahl des geeigneten Gummi-Elastomers erfolgt meist vor dem Hintergrund der Hitzebeständigkeit für den jeweiligen Einsatzfall.

Klassifizierung von Elastomeren nach Hitze- und Ölbeständigkeit

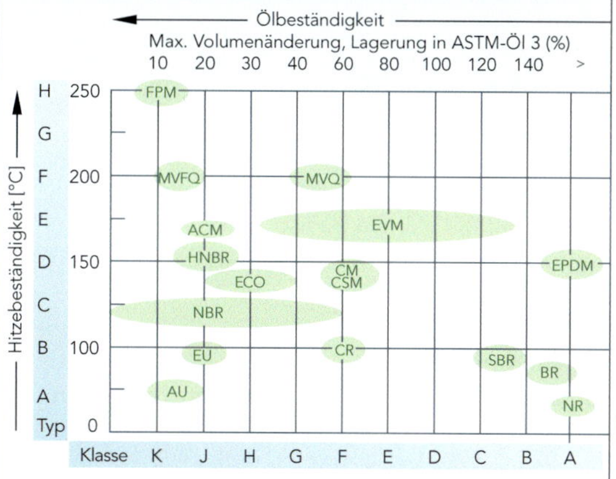

Klassifizierung/ Aufbau		Beispiele
R	Kautschuk mit ungesättigten Kohlenwasserstoffketten	BR (Butadien-Kautschuk), CR (Chloropren-Kautschuk), HNBR (Hydrierter NBR-Kautschuk), NBR (Nitril-Butadien-Kautschuk), NR (Naturkautschuk), SBR (Styrol-Butadien-Kautschuk), ...
M	Kautschuk mit gesättigten Kohlenwasserstoffketten	ACM (Polyacrylat-Kautschuke), CM (Chlorierter PE-Kautschuk), CSM (Chlorsulfonierter PE-Kautschuk), EPDM / EPM (Ethylen-Propylen-(Dien)-Kautschuk), FPM (Propylen-Tetrafluorethylen-Kautschuk)
O	Kautschuk mit C-O Bindung in Hauptkette	ECO (Epichlorhydrin-Homopol.-, Copol.- Kautschuk), GPO (Propylenoxid-Kautschuk)
Q	Silikon-Kautschuk	MFQ, MPVQ (Fluor-Silikon-Kautschuk), MVQ (Methyl-Vinyl-Silikon-Kautschuk), MQ
U	Polyurethan (PU)-Kautschuk	AU, EU
T	Kautschuk mit Schwefel in Hauptkette	Polysulfid-Kautschuk

Abb. 26 nach [40]

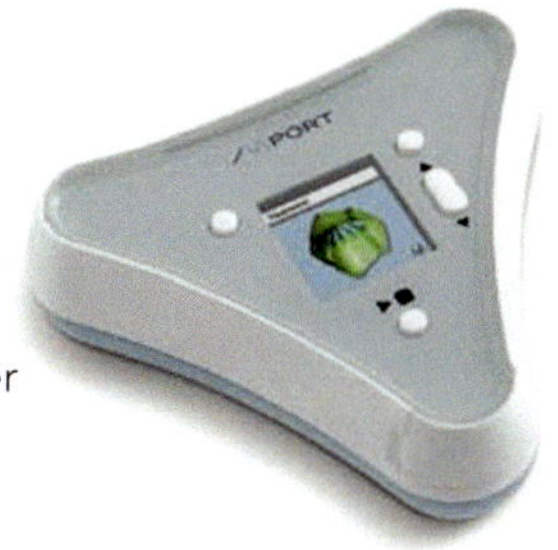

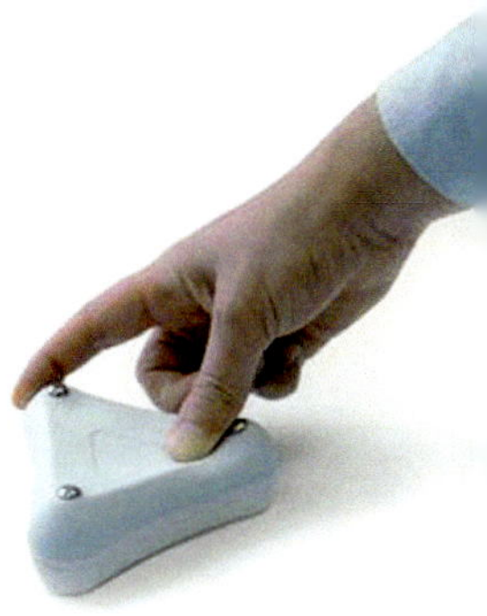

Bilder: Medizinprodukt »viport« mit Gummiunterseite.
Der elastische Werkstoff passt sich der Körperkontur an./
Design: www.UNITEDDESIGNWORKERS.com/
Hersteller: Energy Lab Technologies GmbH

Bild: »Suba-Seal«-Wärmflasche aus Naturkautschuk./ Foto: Manufactum

Styrol-Butadien-Kautschuk (SBR)

SBR ist eine preiswerte Gummisorte mit ausgezeichneter Abriebfestigkeit und guter Wärme- und Alterungsbeständigkeit. Es ist bis zu einer Temperatur von 110 °C einsetzbar und verfügt über ein gutes elektrisches Isolationsvermögen. Die Elastizität ist im Vergleich zum Naturkautschuk als ungünstiger zu bewerten. Das Eigenschaftsprofil ist stark von den Füll- und Verstärkungsstoffen sowie Weichmachern abhängig.

Verwendung
Auf Grund der hohen Verschleißfestigkeit und Kältebeständigkeit wird der Großteil der SBR-Produktion zur Herstellung von Reifen für Pkw und Lkw verwendet. Weitere Einsatzbereiche sind Fußbodenbeläge, Draht- und Kabelisolierungen, Dichtringe und Papierbeschichtungen. Außerdem werden Moos- und Schaumgummi aus SBR hergestellt.

Bild: Verschiedene Schaumstoffmatten aus NR.

Isoprenkautschuk (IR)

Diese Gummisorte ist ein synthetischer Nachbau des natürlichen Kautschuks (NR) mit einem ähnlichen Eigenschaftsprofil. Sie besitzt jedoch eine bessere Elastizität und ist für Temperaturen zwischen -50 °C und +70 °C verwendbar.

Verwendung
Für Isopren-Kautschuk kommen ähnliche Anwendungsfelder wie für Naturkautschuk in Betracht. Zudem wird der Werkstoff zur Reifenherstellung und als Isolationsmaterial eingesetzt. Weitere Anwendungen sind Gummifedern oder Schläuche.

Chloroprenkautschuk (CR)

Im Vergleich zu NR, SBR oder IR verfügen Chloroprenkautschuke über eine bessere Beständigkeit gegen Witterungseinflüsse und Chemikalien. Sie sind zudem schwer entflammbar und können bei hohen Temperaturen bis zu 110 °C dauerhaft eingesetzt werden. Eine kurzzeitige Anwendung ist bis zu 130 °C möglich. Die bessere Wärmebeständigkeit wird allerdings mit einer geringeren Elastizität bei niedrigen Temperaturen erkauft. CR-Kautschuke können gefärbt werden.

Verwendung
Neben den für Elastomere üblichen Anwendungsgebieten wie Kabelummantelungen, Faltenbälge oder Dichtungselemente werden Chloroprenkautschuke vor allem für Schutzanzüge TEX 6.1 und Schuhsohlen verwendet.

Bild: Geschäumte Polsterung der Innenseite eines Hüftgurtes (Surftrapez).

Nitrilkautschuk (NBR)

NBR-Kautschuke weisen eine hohe Abriebfestigkeit und Witterungsbeständigkeit auf, sind aber weniger elastisch als Naturkautschuke. Die gute Stabilität bei Kontakt mit Ölen, Treibstoffen, Fetten und heißem Wasser macht den elastomeren Werkstoff insbesondere für Dichtungen geeignet. Auf Grund seiner Polarität weisen Nitrilkautschuke eine gute elektrische Leitfähigkeit auf, weshalb sie für isolierende Anwendungen nicht in Frage kommen.

Verwendung
Nitrilkautschuke sind die wichtigsten Dichtungswerkstoffe für Kraftfahrzeuge und Maschinen aller Arten. Außerdem dienen sie zur Herstellung von Schläuchen für hydraulische und pneumatische Anlagen, Dichtringen, Reibbelägen und Pumpenmembranen. NBR-Kautschuke werden auch im Lebensmittelbereich verwendet.

Butylkautschuk (IIR)

Kennzeichnend für Butylkautschuke sind ihre ausgezeichnete Chemikalien- und Witterungsbeständigkeit, ihre geringe Gasdurchlässigkeit und ihre gute Isolationseigenschaft vor elektrischen Strömen. Die Festigkeitswerte lassen sich durch Zusätze wie Ruß positiv beeinflussen. Butylkautschuk kann gut verarbeitet werden.

Verwendung
Seine geringe Durchlässigkeit für Gase macht den Werkstoff zur Herstellung von Stopfen zur Verpackung pharmazeutischer Produkte geeignet. Außerdem werden Butylkautschuke für Heißwasserschläuche und Dachabdeckungen im Baugewerbe eingesetzt.

Bild: Moosgummi aus SBR.

Acrylatkautschuk (ACM)

ACM-Kautschuke zeichnen sich im Vergleich zu Naturkautschuk durch eine hohe Wärmebeständigkeit aus, die eine kurzzeitige Verwendung bis etwa 170 °C ermöglicht.

Verwendung
Typische Verwendungen sind wärmebeständige Dichtungen und O-Ringe.

Ethylen-Propylen-Kautschuk (EPM)

EPM-Kautschuke weisen eine hohe Witterungsbeständigkeit auf und sind vor allem stabil gegen heiße Waschlaugen. Allerdings bereiten EPM Probleme bei der Verarbeitung. Die Verwendung im Temperaturbereich von -40 °C bis +130 °C ist möglich.

Verwendung
Hauptverwendungsgebiete sind Dichtungen für Wasch- und Spülmaschinen und für Fenster im Kfz-Bereich. Anwendungen aus der Schuhindustrie sind ebenfalls bekannt.

Fluorkautschuk (FKM)

Diese Kautschuksorte besitzt eine hohe Wärmestabilität und Beständigkeit gegenüber Ölen und Treibstoffen. Kurzfristig können sie bis zu Temperaturen von 250 °C verwendet werden.

Verwendung
Die FKM-Elastomergruppe wird für Spezialdichtungen bei hohen Temperaturen genutzt.

Polynorbonenkautschuk (PNR)

PNR-Gummi lässt sich sehr gut mit Weichmachern füllen, weshalb er zu sehr weichen Bauteilen verarbeitbar ist. Die Wärmebeständigkeit fällt im Vergleich zu Naturkautschuk (NR) jedoch geringer aus.

Verwendung
Typische Anwendungen für PNR-Kautschuke sind weiche Beschichtungen oder Moosgummi.

Bild: Tasche aus CR

Physikalische und mechanische Eigenschaften einiger Elastomere

	Zugfestigkeit	Elastizität	Verschleißbeständigkeit	Wetter- und Ozonbeständigkeit	Wärmebeständigkeit	Kälteflexibilität	Gasdurchlässigkeit	Dauergebrauchstemperatur [°C]*
NR	↑	↑	⇒	↓	↓	↑	↘	100
BR	↓	↑	↑	↓	↓	↑	↘	100
CR	↗	↗	↗	↘	↘	⇒	↗	120
SBR	↗	↘	↗	↓	↘	↗	↘	110
IIR	↘	↓	↘	⇒	⇒	⇒	↑	130
NBR	↗	↘	⇒	↓	↘	↘	↗	120
EPDM	⇒	⇒	↘	↑	↗	↗	⇒	140
CSM	⇒	↓	⇒	↑	⇒	↘	↗	130
EAM	⇒	↓	↘	↑	↗	↘	↗	170
ACM	⇒	↓	↘	↗	↗	↓	⇒	160
ECO	⇒	⇒	↘	↗	⇒	⇒	↗	130
AU	↑	↗	↑	↗	⇒	↘	↗	130
MVQ	↘	↗	↓	↑	↑	↑	↓	200
FKM	⇒	↓	↘	↑	↑	↓	↗	210
FVMQ	↘	⇒	↓	↑	↗	↗	↓	180

↑ Sehr gut ↗ gut ⇒ befriedigend ↘ ausreichend ↓ schlecht

Abb. 27 nach [40]

Verarbeitung
Im Gegensatz zu thermoplastischen Werkstoffen werden Gummi-Elastomere nicht in Granulate als Ausgangsstoffe für Produktionsprozesse überführt, sondern vor der eigentlichen polymeren Vernetzung formgebend verarbeitet. Die Grundwerkstoffe werden in die gewünschte Geometrie gegossen oder gepresst und dadurch vulkanisiert. In diesem Prozess ist eine Faserbeimischung möglich. ***Latexschaum*** entsteht nach Gießen der Ausgangsmaterialien durch Formen und Vulkanisieren unter heißem Wasserdampf. Auf Grund der weitmaschigen Struktur der Elastomere ist eine Umformung unter Wärme und ein Fügen durch Schweißen nicht möglich. Elastomere werden selten geklebt. Die Einfärbung vor der polymeren Vernetzung ist mit Hilfe von Pigmenten möglich. Elastomere lassen sich nicht recyceln.

Handelsformen
Für den Modellbau ist Latex als zähflüssige Masse im Baumarkt erhältlich. Die größten Naturkautschukproduzenten sind heute Thailand, Indonesien und Malaysia (Erhebung aus dem Jahr 2005). Die synthetischen Kautschuke stehen in unterschiedlicher Spezifikation in den üblichen Halbzeugformen sowie als Schläuche und Schaumstoffe auf dem Markt zur Verfügung.

Alternativmaterialien
Silikone, PUR-Elastomere

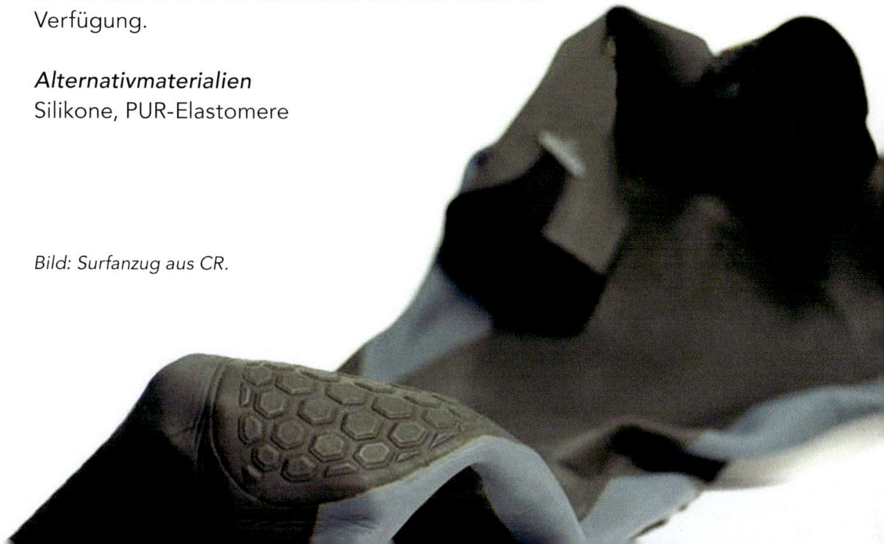

Bild: Surfanzug aus CR.

Bild: O-Ringe aus Acrylatkautschuk.

Bild: Griffe aus Zellkautschuk (Moosgummi)./ Foto: Wilhelm Köpp Zellkautschuk GmbH, Aachen

KUN 4.3.2
Elastomere – Silikone

Bild: Griff eines Rasierers aus Silikon.

Anders als bei der Vielzahl der existierenden Kunststoffe dient nicht Erdöl als Ausgangsstoff für die Herstellung von Silikonwerkstoffen, sondern Silizium.

Eigenschaften
Silikone sind Hochleistungswerkstoffe mit hohen Werkstoffkosten. Auffällig ist das äußerst hydrophobe, d.h. wasserabweisende Verhalten (Kohaupt 1989). Die Materialauswahl je Einsatzfall muss folglich mit dem komplexen Eigenschaftsprofil begründet werden. Man unterscheidet Silikonelastomere, Silikonharze und Silikonöle bzw. -fette.

Die Elastizität von Silikonkautschuk ist vergleichbar mit natürlichem Gummi und kann durch entsprechende Mischung hartelastisch bis weichgummielastisch eingestellt werden. Weitere Besonderheiten liegen in der Beständigkeit des Werkstoffs unter hohen Temperaturen. Silikonkautschuk ist dauerhaft bis 180 °C und kurzzeitig bis 220 °C einsetzbar und schwer entflammbar. Selbst bei sehr niedrigen Temperaturen von -40 °C ist das Material noch elastisch. Es ist wasser- und klebstoffabweisend und besitzt die von allen elastomeren Werkstoffe beste chemische Resistenz. Silikonkautschuke sind gute Isolatoren und physiologisch unbedenklich. Die auf dem Markt erhältlichen Sorten weisen in den meisten Fällen eine milchig-weiße transluzente Oberfläche auf. Aber auch Varianten mit blauer, gelber und roter Transparenz sind erhältlich. Außerdem unterscheidet man bei Raumtemperatur vulkanisierende von heißvulkanisierenden Silikonkautschuken mit größerer Wärmeformbeständigkeit.

Duroplastische Silikonharzmassen sind hervorragende elektrische Isolatoren und auch bei hohen Temperaturen (bis 300 °C) beständig. Sie haben eine hohe Oberflächenhärte und brennen nicht. Silikonöle können mit sehr guten Schmiereigenschaften und geringer Schaumbildung in einem weiten Temperaturbereich Verwendung finden.

Verwendung
Für den Designbereich von besonderem Interesse sind Silikonkautschuke als Modellbauwerkstoff für Formen zur Herstellung von Funktionsmodellen und Kleinserien im Vakuumguss FOR 1.5. Im Bereich der Gießtechnologie (z. B. Kokillenguss, Polymerguss) dienen Silikonspray, -fette und -folien als Trennmedien, um ein Verkleben des Gießwerkstoffs mit dem Formmaterial zu verhindern und eine leichte Entformung zu gewährleisten. Im Baugewerbe wird kalt vulkanisierendes Silikonkautschuk als Fugenfüllmasse, als Dichtwerkstoff für Tür- und Fensterrahmen und zur Versiegelung von Wanddurchbrüchen eingesetzt. Silikonschläuche haben Eingang gefunden in die chemische Industrie sowie den Flugzeugbau. Auf Grund der physiologischen Unbedenklichkeit und einfachen Formbarkeit wird in der Medizin ***Silikongel*** als Brustimplantat eingesetzt und Silikonkautschuk zu künstlichen Herzklappen und Babyschnullern verarbeitet. Schichtpresswerkstoffe aus Silikonharzen mit stark isolierenden Eigenschaften werden in der Elektrotechnik verwendet. Typische Anwendungen sind Dichtungen, Elektrostecker oder Kabelisolationen. Im Textilbereich findet Silikon als Material für hitzebeständige Beschichtungen zahlreiche Anwendungen. Es macht Textilien luftundurchlässig und erhöht die Beständigkeit vor ultravioletten Strahlen.

Bild: Küchenhelfer aus Silikon./ Cook Line

Die Zumischung von Silikonen bei der Farbenherstellung ermöglicht die Fertigung von Isolierlacken und wasserabweisenden Innenraumfarben. Silikon-Lackharze bilden außerdem die Grundlage für hochtemperaturbeständige Lacke, die eine Verwendung (z. B. Ofentüren, Blechschornsteine) bis 500 °C ermöglichen. Der Anatom Gunther von Hagen nutzte in der Ausstellung »Körperwelten« Silikonharz dazu, den menschlichen Körper zu konservieren.

Neben der Funktion als Trenn- KUN 2.1, Gleit- und Schmiermittel FLU 2.4 kommt Silikonöl zum Beispiel auch bei der Erzeugung magnetorheologische Flüssigkeiten zur Anwendung. Zudem wird es als Poliermittelzusatz bei Autolacken eingesetzt und ist Bestandteil von Metallputzmitteln und Druckfarben.

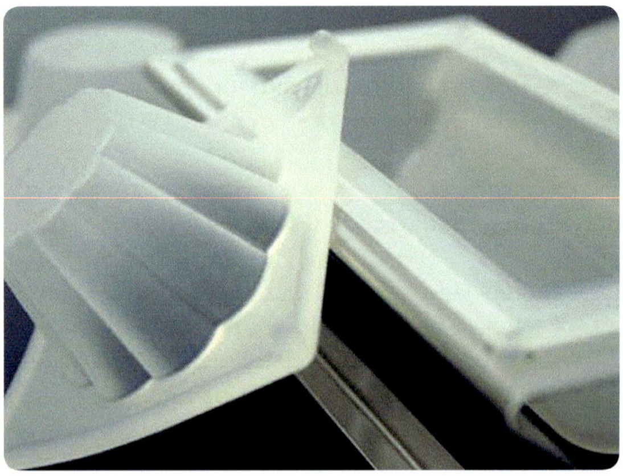

Bild: Backform aus Silikon./ Hersteller: RBV Birkmann

Verarbeitung
Als Konstruktionswerkstoffe werden Silikone in der Regel gießtechnisch verarbeitet. Nach der Aushärtung lassen sich Silikonkautschuke einfach zuschneiden. Weich elastische Sorten können nur schwer präzise zerspanend bearbeitet werden. Hartelastische Schichtwerkstoffe aus Silikonharz werden einfach gefräst oder gebohrt. Zum Fügen nichtmetallischer Werkstoffe werden witterungsbeständige Klebstoffe auf Silikonbasis verwendet. Die Beschichtung textiler Stoffe erfolgt in Tauchprozessen BES 1.3.

Alternativmaterialien
PUR-Elastomere, Gummi-Elastomere

KUN 4.3.3
Elastomere – Thermoplastische Elastomere (TPE)

Thermoplastische Elastomere vereinen die mechanischen Eigenschaften von Elastomeren mit der guten Verarbeitbarkeit von Thermoplasten.

Eigenschaften
TPE-Elastomere werden unter Wärme plastisch und nehmen nach Abkühlung ihr ursprüngliches elastisches Verhalten an. Die elastischen Eigenschaften gehen auf Festigkeit bildende, physikalische Vernetzungen in einer weitmaschigen chemischen Bindung zurück. TPE-Werkstoffe sind deshalb hoch verschleißfest und weisen eine gute chemische Beständigkeit auf. Verformungsprozesse können nahezu beliebig häufig wiederholt werden, so dass selbst Materialabfälle ohne Eigenschaftseinbußen wieder verwertbar sind.

Bild: Hochdehnbare und reißfeste Folie aus Elastollan® (TPU – Thermoplastisches Polyurethan-Elastomer)./ Hersteller und Foto: BASF Polyurethanes GmbH

Die Reste werden gemahlen und dem neuen Material beigemischt. Je nach Herstellungsweise unterscheidet man Sorten auf Basis von Block-Copolymeren (z. B. ***TPE-U*** – Polyurethan oder ***TPE-S*** – Styrol) und Elastomerblends (***TPE-V***, ***TPE-O***). Während bei den Block-Polymeren die harten und weichen Phasen in einem Makromolekül als Block segmentiert sind, bestehen Elastomerblends aus einer thermoplastischen Matrix mit eingelassenen elastischen Partikeln. Die Einsatztemperaturen liegen je nach Sorte zwischen -60 und +120 °C.

Verwendung
TPE-S wird vorzugsweise zur Herstellung von Sportartikeln verwendet. Auf Grund der guten Haptik ist mit Kork gefülltes TPE ohne Zusatz von Weichmachern zur Fertigung von Griffen von Skistöcken beliebt. Darüber hinaus werden Skischuhe, Schuhsohlen, Tauchausrüstungen und Beläge für Hochleistungssportbahnen mit dem Werkstoff hergestellt. Weitere Verwendungsgebiete sind Tür-, Abfluss- und Rohrdichtungen, Installationsteile für das Baugewerbe, Faltenbälge, Staubkappen, Schläuche oder Feder- und Dämpfungselemente für den Fahrzeugbau. Im industriellen Bereich werden schwingungs- und vibrationsmindernde Elemente, Kabelummantelungen, Rollen, Zahnräder oder Dichtungen aus TPE-Werkstoffen hergestellt.

Verarbeitung
Thermoplastische Elastomere lassen sich wirtschaftlich durch Spritzgießen und Extrudieren verarbeiten. Darüber hinaus können Formgeometrien mit den meisten TPE-Sorten durch Extrusionsblasen hergestellt werden. Eine Warmumformung ist bei TPE-S möglich. Geschweißt werden thermoplastische Elastomere lediglich auf Basis von Elastomerblends. Klebeverbindungen sind eher unüblich. Durch Beimischung von Farbpigmenten können TPE beliebig gefärbt werden.

Bild unten: Skistockgriff aus TPE.

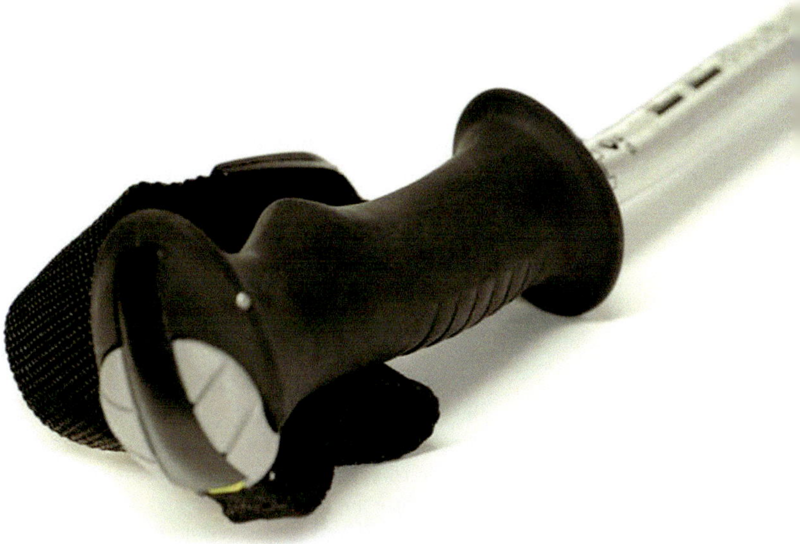

KUN 4.4 Polymerschäume

Schaumstoffe werden seit Jahrzehnten für Polsterungen von Möbeln, als Grundwerkstoff zur Herstellung von Matratzen und als Pack- und Dämmwerkstoff verwendet.

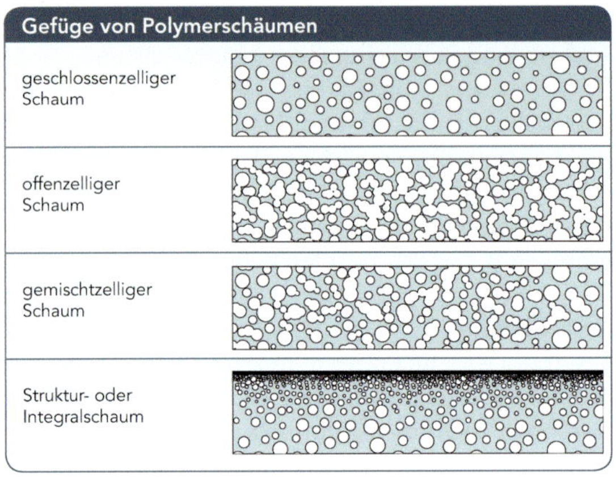

Abb. 28: nach [8]

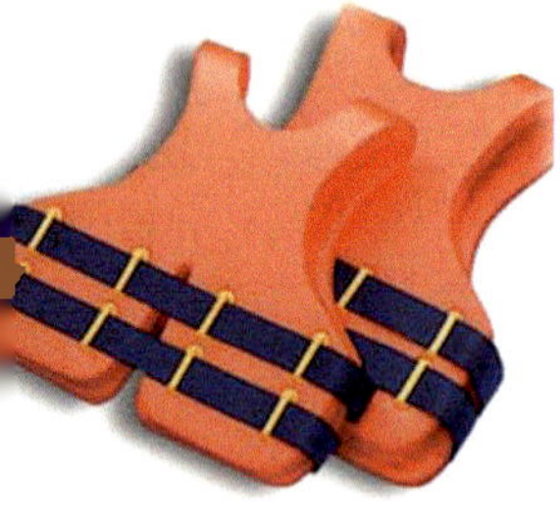

Bild: Schwimmweste aus PE-Schaum./ Foto: Wilhelm Köpp Zellkautschuk GmbH, Aachen

EPP-Schäume
Immer häufiger werden Polymerschäume auch aus expandiertem Polypropylen hergestellt. Ein Vorteil ist das gute Rückstellvermögen, was EPP-Schäume insbesondere für Sitzgelegenheiten und Transportverpackungen geeignet macht.

Eigenschaften

Polymerschäume sind Werkstoffe mit einer zelligen Struktur und offenen oder geschlossenen Poren. Sie sind von spröd-hart bis zäh-elastisch einstellbar. Aus nahezu jedem Kunststoff, egal ob Duroplast oder Thermoplast, lassen sich Schaumstoffe herstellen. Die größte Bedeutung haben PE, PP, PVC oder ABS für den Thermoplastschaumguss (TSG) FOR 1.2 und Reaktionsschäume auf PUR-Basis. Der Schäumvorgang ist das Ergebnis des Einschlusses oder der Freisetzung von Gasen durch chemische Reaktion, der Einmischung von Gasen oder der physikalischen Ausgasung von Treibmitteln FOR 3. Die synthetischen Ausgangsstoffe werden zu Weichschaumstoffen mit flexiblen Eigenschaften, zu Hartschäumen mit fester Formgeometrie oder zu Struktur- und Integralschäumen verarbeitet. Während Weich- und Hartschäume eine homogene Verteilung der Poren und Hohlräume aufweisen, sind Integral- und Strukturschäume gekennzeichnet durch einen leichten Kern mit poriger Struktur und fester Außenhaut. Die Dichte eines geschäumten Werkstoffs ist wesentlich niedriger als die ungeschäumten Materials. Schaumstoffe verhalten sich stoß- und schallabsorbierend und weisen wärmeisolierende Eigenschaften auf. Offenzelligkeit wird in der Regel bei weichen Schaumstoffen angestrebt. Geschlossene Poren reduzieren die Wärmeleitfähigkeit von Hartschäumen, steigern aber deren Festigkeit (Saechtling, Oberbach 2001). Integralschäume besitzen eine hohe Steifigkeit.

Verwendung

Schaumstoffe auf PS-Basis (Styropor) werden oft als Verpackungsmaterial oder in Form von Kugeln zur Füllung für Polstermöbel verwendet. Außerdem wird Plattenmaterial im Bauwesen zur Wärmedämmung verarbeitet. Weiche PUR-Schaumstoffe dienen vor allem zur Stoßdämpfung. Deshalb werden sie für Sportschuhsohlen, Fahrradsattel, Kopfstützen und Lenkradumhüllungen verwendet. Harte PUR-Schaumstoffe dienen zur Isolation (z. B. Türen und Wandungen von Kühlschränken) oder werden zum Zweck des Leichtbaus zur Fertigung von Sportgeräten, Fenstern oder Karosseriebauteilen für den Kfz-Bereich und im Flugzeugbau eingesetzt. Integral- und Strukturschäume auf Basis von thermoplastischem Schaumguss (TSG) werden für großvolumige Bauteile im Möbelbereich, Sportgeräte oder Gehäuse elektrischer Geräte (z. B. Computer oder Kopierer) verwendet.

Bild: Isolierung für Rohre aus PE-Schaumstoff.

Verarbeitung

Polymerschaumstoffe werden entweder direkt zu Plattenmaterial geschäumt oder mit Treibmitteln versetzt. Sie werden in Form gespritzt bzw. extrudiert und anschließend zu den gewünschten Formgeometrien geschäumt. Platten aus Hartschaumstoff lassen sich zerspanend bearbeiten und mit Band-, Kreis- oder Thermosägen zuschneiden. Die Oberfläche kann mit Schleifpapier bearbeitet werden. Das Kleben von Schaumstoffen ist eher unüblich. Es stehen aber für unterschiedliche Polymerschäume Kontakt- bzw. Dispersionsklebstoffe sowie Zweikomponentengemische zur Verfügung. TSG-Bauteile können unter Wärmeeinfluss umgeformt werden.

Handelsformen

Schaumstoffe werden in vielen Abmaßen und Stärken als Plattenmaterial vertrieben. Thermoplastische Schaumstoffe weisen Dichtewerte zwischen 12–300 g/cm^3 auf. Die Kombination hoher Steifigkeit mit geringer Dichte wird bei Sandwichplatten genutzt. Diese im Ausstellungs- und Werbebereich verwendeten Verbundmaterialien bestehen meist aus einem Polyurethanschaumkern KUN 4.2.5, der mit einer Papier- oder Kartonlage kaschiert wird. Dadurch entstehen überaus leichte und großflächige Formate mit hoher Steifigkeit (Peters, Struhk 2008).

Alternativmaterialien

Zelluloseflocken zur Wärmedämmung

KUN 4.5
Faserverstärkte Kunststoffe

Eigenschaften

Das mechanische Eigenschaftsprofil von Kunststoffen in Bezug auf Festigkeit, Steifigkeit und Härte kann durch Einbettung von Fasern entscheidend verbessert werden. Vor allem faserverstärkte Kunststoffe auf Basis duroplastischer Harze treten in Konkurrenz zu Metallen und ermöglichen auf Grund ihres geringen Gewichts Leichtbaukonstruktionen und die Verwendung in für Kunststoffe unüblichen Bereichen. Insbesondere Glas-, Aramid- und Kohlenstofffasern *KUN 1.6* haben sich in den unterschiedlichsten Anwendungsbereichen durchgesetzt. Dabei wird die Verwendung von Pflanzenfasern unter Umweltgesichtspunkten für einige Produktgruppen immer interessanter (Hanf, Kokos, Holz). Vor allem naturfaserverstärktes Polypropylen ist eine kostengünstige Alternative zu technischen Kunststoffen wie ABS, POM oder PA, da es effizient im Spritzguss verarbeitet werden kann und vergleichbare Materialeigenschaften aufweist.

Bild: naturfaserverstärktes Polymer (linke Seite), Baumwolle und Flachs eingebettet in Matrix (rechte Seite).

Verwendung

Glasfaserverstärkte Kunststoffe haben sich für Bauteile und Leichbaukonstruktionen mit mittleren Beanspruchungen in Konkurrenz zu metallischen Werkstoffen durchgesetzt. Anwendungsbereiche sind beispielsweise Kfz-Karosserieteile wie Motorhauben, Bootsrümpfe, Segelflugzeuge, Dachsegmente für das Baugewerbe oder Verkehrsschilder. Die wesentlich höheren Kosten der Kohlenstoff- oder Karbonfasern rechnen sich vor allem dann, wenn hoch beanspruchte Bauteile mit geringem Gewicht benötigt werden. Verwendungsgebiete für CFK-Bauteile sind daher der Flugzeugbau, die Raumfahrt, Sportgeräte oder Schutzhelme. Der Strukturmassenanteil von CFK-Strukturen liegt beispielsweise beim A 380 bereits bei 22 % (Ehrenstein 2006).

Eine Einteilung der Verwendungsbereiche scheint vor allem vor dem Hintergrund der Faserlängen interessant. Kurzfasern kommen zur Herstellung hoch beanspruchter Bauteile im Kunststoffspritzguss zum Einsatz. In der Regel liefert der Hersteller bei Verwendung thermoplastischer Kunststoffe das Granulat mit beigemischtem Fasermaterial gleich mit.

Für den Leichtbau großflächiger Bauteile werden Langfasern zur Verstärkung in das Kunststoffmaterial eingebracht. Der Rumpf von Sportbooten, Konstruktionselemente von Segelflugzeugen, Sportgeräte und Schutzhelme sind Anwendungsbeispiele. Endlosfasern werden durch Nasswickeln zu Bauteilen wie Treibstofftanks, selbsttragenden Rohren, Kühltürmen oder Windkraftanlagen verarbeitet (Franck 2000).

Verarbeitung

Die Verfahren zur Herstellung von Bauteilen aus faserverstärkten Kunststoffen, wie z. B. das Handlaminieren von Faserschichten, das Faserharzspritzen von Langfasern, das Nasswickeln von Endlosfasern oder das Rotationsschleudern, wurden bereits im Kapitel »Prinzipien und Eigenheiten der Kunststoffverarbeitung« erläutert *KUN 2*. Die Formgebung von Bauteilen aus thermoplastischen Kunststoffen mit Kurzfaserverstärkung erfolgt im Spritzguss oder durch Extrusion. Warmumformung oder Schweißen sind im Prinzip möglich. Für Bauteile aus mit Endlosfasern verstärkten duroplastischen Harzsystemen ist dies nach der Vernetzung nicht mehr möglich. Die spanabhebende Bearbeitung faserverstärkter Bauteile ist unüblich. Der beim Schleifen anfallende Faserstaub besteht aus kleinsten Partikeln (Filamenten), die bei Hautkontakt Juckreiz auslösen und eingeatmet Krebs erregen können.

Handelsformen

Fasermaterialien sind als Rovings, Vliese, Matten, Gewebe und Geflechte sowie als Lang- und Endlosfasern erhältlich. Kurzfasern (bis zu 5 mm) werden den Kunststoffmassen meist schon vor dem Vertrieb zugesetzt. Faserverstärkte Profile kann man sich in vielen Varianten beschaffen. Rohre und Stäbe aus glasfaserverstärktem Kunststoff sind im Modellbau beliebt.

Alternativmaterialien

Teilchenverstärkte Kunststoffpressmatten, Teilchenverstärkung bei Spritzgussbauteilen mit komplizierter Formgeometrie, Eigenverstärkte Thermoplaste

Bild unten: Schutzhelm aus »Duroplast-BioShield®«, Bei duroplastischen Werkstoffen werden Pflanzenfasern in Pressverfahren in eine stabile, biopolymere Matrixverbindung eingebettet./ Fotos: Schuberth Head Protection Technology GmbH

KUN 4.6
Teilchenverstärkte Kunststoffe

Neben der Möglichkeit zur Einbettung von Fasern können die mechanischen Eigenschaften von Kunststoffen durch Verstärkung mit Teilchen und kleinen Partikeln verbessert werden. Beispiele sind Polymerbeton oder Kunststoff-Pressmassen.

Eigenschaften

Polymerbeton ist ein Verbundwerkstoff aus einem synthetischen Bindemittel (z. B. Epoxid- oder Polyesterharz, Phenolharz) und eingelagerten mineralischen Füllstoffen wie Granitsplitt, Korund, Basalt oder Quarzsand MIN 4.1.1.
Die Zusammensetzung kann je nach Beanspruchung und gewünschter Bauteilgeometrie gewählt werden. Polymerbeton weist eine hohe Druck- und Abriebfestigkeit auf, ist zudem korrosions- und witterungsbeständig und wiegt nur halb so viel wie normaler Beton. Die geringe Anzahl von Poren garantiert glatte Oberflächen und eine sehr geringe Neigung zur Wasseraufnahme. Bauteile aus Polymerbeton sind daher unempfindlich gegen Frost und zudem chemikalienresistent. Sie weisen in der Regel eine lange Lebensdauer auf und können recycliert dem Produktionsprozess wieder zugeführt werden.

Kunststoff-Pressmassen bestehen aus einer thermoplastischen (z. B. PA, POM) oder duroplastischen Masse (Polyesterharz, Phenole), in die feste Füllstoffpartikel wie Glasstaub oder Gesteinsmehl eingebunden sind. Die Teilchenzusätze bewirken eine höhere Festigkeit und Formstabilität bei Belastung.

Verwendung

Im Maschinenbau wird Polymerbeton zur Herstellung von Maschinengestellen eingesetzt. Durch die Möglichkeit der Einbettung von Führungen oder Gewinden im Gießprozess kann eine unkomplizierte und kostengünstige Fertigung mit hoher Maßgenauigkeit erzielt werden. Darüber hinaus wird Polymerbeton im Baugewerbe als besonders witterungsbeständiges Material, vor allem bei Sanierungen, genutzt. Er ist ein idealer Werkstoff für die Amphibienhaltung, da er von den Tieren als Gehfläche angenommen wird.
Pressmassen aus synthetischen Materialien werden zur Anfertigung hochfester Gehäusekomponenten im Bereich der Elektrotechnik verwendet.

Verarbeitung

Mit Partikeln verstärkte Kunststoffe werden gießtechnisch oder in Pressen verarbeitet. Die zerspanende Bearbeitung ist nach der Formgebung ebenso ungewöhnlich wie die Verwendung von Fügeverfahren, da sich die Option zur Einbettung von weiteren Komponenten während des Gießens ergibt. Die Oberflächen von Bauteilen aus Polymerbeton oder Pressmassen können auf Grund der guten Qualität mit Farbe beschichtet werden.

Alternativmaterialien

Beton, Granit für Polymerbeton, CFK oder GFK für Kunststoff-Pressmassen

Bilder: Scan- und Fräseinheit »Cercon brain« für Zahnersatz von DeguDent GmbH. Von berührungsfreier Abtastung des Wachsmodells, Generierung eines entsprechenden Datensatzes bis zum Fräsen des Rohlings./ Foto: DeguDent GmbH

Bilder: Um eine hohe Präzision der »Cercon brain« zu erreichen, besteht der Gerätesockel aus Mineralguss RHENOCAST® (Polymerbeton). Der Mineralguss-Sockel hat Infrastruktur-, Präzisions- und Verbindungsteile eingegossen und zeichnet sich durch gute Dämpfung, hohe Steifigkeit, thermische Stabilität, Korrosionsbeständigkeit und Maßgenauigkeit aus./ Hersteller und Fotos: SCHNEEBERGER AG

KUN 5
Eigenschaftsprofile der wichtigsten Kunststoffe

Einige Kunststoffe in der Übersicht	
Thermoplaste	**Verwendung**
Polyethylen (PE-LD)	Schrumpffolien, weiche und elastische Elemente, Müllsäcke, Dichtungen, Manschetten
Polyethylen (PE-HD)	Hohlkörper (Flaschen) im Blasformverfahren, dimensionsstabile, chemikalienbest., kochfeste Spritzgussteile
Polypropylen (PP)	Interieur Automobilbau, Fahrradhelme, Kammgarn, Armaturen, Fittings, Verschlüsse, Behälter, Gehäuse
Polystyrol (PS)	Dämmstoffe, Verpackungen, stabile, dünnwandige und formstabile Spritzguss- und Tiefziehteile
Polycarbonat (PC)	CD´s, Schalenkoffer, Gehäuse, transparente und sehr schlagzähe Bauteile mit günstigem Brandverhalten
Polyvinylchlorid (PVC-U)	Isolationsmaterial, selbstverlöschende, chemikalienbest. Bauteile mit hoher Härte und geringer Zähigkeit
Polyamid 6 (PA 6)	Synthesefaser für die Textilindustrie, zäh, abriebfest, z.B. für Laufrollen, Kettenräder, Borsten
Polymethylmethacrylat (PMMA)	Lichtleiter, Linsen, kratzfeste und witterungsbeständige Sichtscheiben und Lampengläser
Polyoxymethylen/ Copolymer (POM)	Gehäuse, Beschläge, Griffe, Bauteile mit hoher Härte, Steifigkeit und hoher Maßbeständigkeit
Polytetrafluorethylen (PTFE)	Compound für Dichtringe, Bauteile mit hoher chemischer Beständigkeit aber geringer Festigkeit
Polyethylenterephthalat, kristallin (PET)	Verpackungen, Textilfaser, abriebfeste und maßstabile Bauteile
Zelluloseester (CA)	Isolierende Werkzeuggriffe, Hammerköpfe, Griffe von Schreibgeräten, Brillenfassungen, schwer entflammbar
Polyimid (PI)	Strahlungsbeständige, hochtemperaturfeste Bauteile, mechanische Festigkeit, Luft- u. Raumfahrt, Mikrowellenherd
Polymerblend, z.B. PC+ABS-Blend	Über weiten Temperaturbereich hochschlagzähe Gehäuseteile, Armaturenbrett
Styrol-Acrylnitril (SAN)	Haushaltsartikel, Gebrauchsgüter, witterungsbeständige Teile mit hoher Härte und Festigkeit
SAN mit Acrylester (ASA)	Sportartikel, Gebrauschsgüter, zähe und steife Gehäuse und Abdeckungen für Außenanwendungen
Acrylnitril-Butadien-Styrol (ABS)	Schlagzähe Gehäuse, Abdeckungen und Bedienelemente mit guter Oberfläche (verchromen)
PUR-Elastomer harte Einstellung (TPU)	Verschleißfeste Bauteile, wie bspw. Laufrollen, elastische Kupplungselemente, hohes Rückstellvermögen
PUR-Elastomer weiche Einstellung (TPU)	Weiche und sehr elastische Manschetten, Dämpfungselemente, Laufrollen, Dichtungen
Duroplaste	**Verwendung**
Polyesterharz (UP)	Steckerverbindungen, hitzebeständige und elektrisch isolierende Griffe, Bedachungen, Verkehrsschilder, Treibstofftanks, Propeller, Angelruten, Schutzhelme, Rettungsinseln, Rümpfe für Boote und Segelflugzeuge
Epoxidharz (EP)	Grundmaterial für Verbundwerkstoffe, Sportboote, Steinböden, Flugzeugbau, Kfz-Teile im Motorraum
Phenolharz (PF)	Holzfaserplatten, Gehäuse und Griffe elektrischer Geräte, Thermoskannen, Isolatoren, Leiterplatten, Stecker, Fassungen, Besteckgriffe, Toilettensitze, Telefone, Sicherheitskästen, Dämmplatten,
Aminoplaste (UF/MF)	Küchengeräte, leichtes Campinggeschirr, Schalter, Steckdosen, Bindemittel für Sperrholz und Spanplatten
Polyurethan Integral-Hartschaum (PUR IHS 22K)	Gehäuse, Integralhartschaum für große Bauteile mit unterschiedlichen Wandstärken
Elastomere	**Verwendung**
Latex	Gummisteifel, Gebrauchsgegenstände, Grundlage Kaugummiherstellung, Kondome, Handschuhe, Luftballons
Styrol-Butadien-Kautschuk (SBR)	Transportbänder, Reifenmischungen, Kabelummantelung, Schläuche und Profile, Moos- und Schaumgummi
Isoprenkautschuk (IR)	Folien für die Architektur, Gummifedern, Lkw-Reifen
Chloroprenkautschuk (CR)	Neopren®,Faltenbälge, Achsmanschetten, Kühlwasserschläuche, Dachbeläge, Förderbänder, Schutzkleidung
Nitrilkautschuk (NBR)	Handschuhe, O-Ringe, Wichtigster Dichtungswerkstoff im Automobil- und Maschinenbau, Schläuche
Butylkautschuk (IIR)	Kabelisolierungen, Reifenschläuche, Innenliner von Reifen, gasdichte Membranen, Pharmastopfen, Dachbeläge
Acrylatkautschuk (ACM)	Hohe Wärmebeständigkeit, Beständig gegen Öl, Ozon und UV-Strahlung, Dichtungen im Motor und Getriebe
Ethylen-Propylen-Kautschuk (EPM)	Außenteile Automobilbau, Moosgummi-Dichtungsprofile, Schläuche, Kabelummantelungen, Folien
Fluorkautschuk (FKM)	Spezialdichtungen bei hohen Temperaturen
Polynorbonenkautschuk (PNR)	weiche Walzenbeläge, Moosgummi
Silikon	Gebrauchsgegenstände, Dichtungen, Schläuche, Elektoisolierungen, nicht haftende Transportbänder

Abb. 29

Einige Kunststoffe in der Übersicht								
Thermoplaste	**Dichte** (kg/dm³)	**Zug-E-Modul** (N/mm²)	**Streck-spannung** (N/mm²)	**Reißdehnung** (%)	**Längenaus-dehnungs-koeffizient** (10^{-6}/K)	**Wärmeleit-fähigkeit** (J/m·k)	**Verarbeitungs-schwindung** (%)	**minimale und maximale Anwendungstem-peratur** (°C)
PE-LD	0,919	200	9	>400	230	0,3	1,5…3,0	-80…70
PE-HD	0,963	1350	30	>400	120…150	0,42	2,0…5,0	-80…90
PP	0,902	1200	32	700	100…200	0,22	1,0…2,5	0…105
PS	1,05	3200	55	3	80	0,17	0,4…0,7	na…70
PC	1,20	2400	63	>80	70	0,21	0,7…0,8	-100…125
PVC-U	1,38	3000	58	15	80	0,15	0,5…1,0	-30…60
PA 6	1,14	1500…3000	50...80	70…200	70…100	0,23	0.8…2,0 tr.	-40…90
PMMA	1,19	3200	73	3,5	80	0,19	0,3…0,8	na…80
POM	1,41	3000	64	30	110	0,31	1,6…2,8	-50…90
PTFE	2,16	420	10	350	130…200	0,24	–	-200…260
PET	1,40	2800	80	70	70	0,24	1,3…2,0	-50…100
CA	1,22…1,35	–	–	–	–	–	0,4…0,7	–
PI	1,43	3000…3200	75…100		50…60	0,29…0,35	0,1…0,5	–
PC+ABS-Blend	1,15	2200	55	85	70	0,20	–	-50…90
SAN	1,08	3900	84	4	70	0,17	0,4…0,6	na…85
ASA	1,07	2600	56	15	80…110	0,17	0,4…0,7	-20…90
ABS	1,05	2400	50	20	80…110	0,17	0,4…0,8	-30…80
TPU	1,23	250	55	400	140	0,22	–	-20…80
TPU	1,22	10	55	700	200	0,19	–	-20…80
Duroplaste								
UP	1,5…2,0	14000…20000	30	0,6…1,2	20…40	0,70	0,3…0,8	150
EP	1,5…1,9	21500	30…40	4	11…35	0,88	0,0…0,5	130
PF	1,4…1,9	5600…12000	25	0,4…0,8	30…50	0,35	0,2…0,8	110
UF/MF	1,5…2,0	–	–	–	–	–	0,2…1,2	–
PUR IHS 22K	0,6	950	21	7	73	0,09		-40…70
Elastomere								
Latex	–	–	–	–	–	–	–	–
SBR	–	–	–	–	–	–	–	-40…100
IR	–	–	–	–	–	–	–	-50…70
CR	–	–	–	–	–	–	–	-40…110
NBR	–	–	–	–	–	–	–	-30…100
IIR	–	–	–	–	–	–	–	-40…130
ACM	–	–	–	–	–	–	–	-25…150
EPM	–	–	–	–	–	–	–	-40…130
FKM	–	–	–	–	–	–	–	-20…200
PNR	–	–	–	–	–	–	–	–
Silikon	1,1…1,3	–	–	–	–	–	–	-100…180

Abb. 30

KUN 6
Besonderes und Neuheiten im Bereich der Kunststoffe

KUN 6.1
Elektrizität leitende Kunststoffe (Polymerelektronik)

Von der Entwicklung elektrisch leitender Kunststoffe verspricht man sich für die Zukunft die Herstellung immer kleinerer und schnellerer Prozessoren sowie hauchdünner Bildschirme auf Folienmaterial für mobile Kommunikationslösungen. Seit Mitte der 80er Jahre ist bekannt, dass Kunststoffe unter bestimmten Bedingungen Halbleitereigenschaften einnehmen können. Für diese Entdeckung haben der Amerikaner Heeger, der Japaner Shirakawa und der Neuseeländer MacDiarmid im Jahr 2000 den Nobelpreis erhalten. Der gesamte Bereich ist auch unter dem Begriff »Polymerelektronik« bekannt.

Eigenschaften
Für polymerelektronische Anwendungen benötigt man auf der einen Seite ein Material, das einfach zu verarbeiten ist. Dafür kommen lösliche Kunststoffe als Grundbausteine in Frage. Zusätzlich muss eine Elektrizität leitende Komponente integriert werden, da konventionelle Polymere wie PET vor allem als gute Isolatoren gelten. Anders als bei herkömmlicher Elektronik, die mit Silizium als halbleitender Komponente arbeitet ↗ MET 3.5, wurden für die Polymerelektronik leitfähige (z. B. ***Polyanilin***, ***Polyacetylen***) und halbleitende (z. B. ***Polythiophen***) Polymere entwickelt, die in Verbindung mit isolierenden Komponenten (z. B. PET) zu elektronischen Schaltungen und ***Polymer-Chips*** zusammengesetzt werden können.

Verwendung
Anfang 2005 kam die mit 600 kHz bislang schnellste integrierte Schaltung aus Kunststoff auf den Markt. In Zukunft sollen Waren mit intelligenten Etiketten gekennzeichnet werden können, womit sich logistische Prozesse im Einzelhandel extrem vereinfachen lassen. Barcodes sollen ersetzt und die Lagerhaltung, Lieferung und Kennzeichnung, auch aus einem gewissen Abstand, per Funk ermöglicht werden (***RFID – Radiofrequenz-Identifikation***). Funkgesteuerte Kassenscanner würden den Einkauf von Lebensmitteln und anderen Waren beschleunigen. Darüber hinaus wird eine Verwendung im Diebstahlschutz, für elektronische Wasserzeichen und Eintrittskarten gedacht. Eingebracht unter die Haut, könnten RFID-Chips das Öffnen von Haustür und Auto vereinfachen und zu einem individuellen Wegbegleiter des Menschen werden.
Doch nicht nur im Handels- oder Sicherheitsbereich wird über den Nutzen der Polymerelektronik nachgedacht. Auch in der Unterhaltungselektronik wurden die großen Potenziale elektronischer Kunststoffe erkannt. So sollen Kunststoffe, die unter Strom gesetzt leuchten, in Zukunft die Flüssigkeitskristall-Technik ersetzen und Handydisplays oder Computerflachbildschirme zu sehr niedrigen Preisen ermöglichen. Leitende Kunststoffe werden schon heute in organischen LED verwendet. Auf Grund der einfachen Herstellbarkeit großflächiger Kunststoffschichten wird an lichtemittierende Tapeten als weiteres Anwendungsgebiet gedacht.

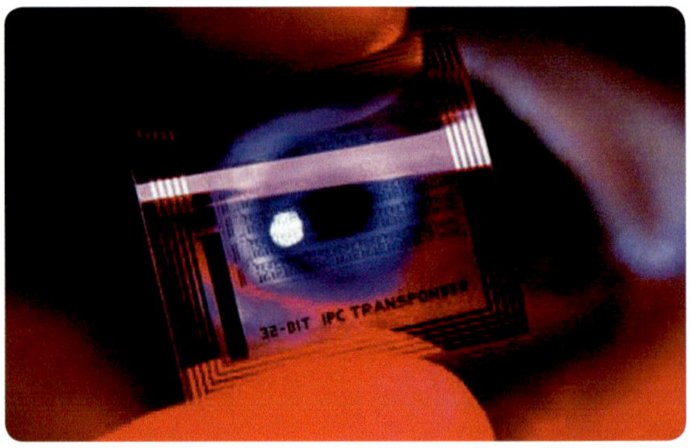

Bild: Integrierte Schaltung für intelligente Etiketten./ Foto: Siemens Pressebild

Verarbeitung
Unter Verwendung konventioneller Druckverfahren (z. B. Tintenstrahldrucker, Offsetdruckmaschinen) gelang es vor kurzem, Leiterbahnen aus flüssigen Polymeren mit einem Abstand von 50 Mikrometern auf Folienmaterial aufzubringen. Das Bedrucken erfolgt unter kostenintensiven Reinraumbedingungen. Für die Zukunft steht als Vision eine simple Drucktechnologie im Raum, mit der das Bedrucken von ***Polymerschaltungen*** analog dem Druck von Zeitungspapier mit ähnlichem Kostenaufwand erfolgen kann. Für den Bereich der Computerdisplays wird davon ausgegangen, dass sich Polymerschaltungen auf biegsame Folien aufbringen lassen und der Computer somit zu einem mobilen Begleiter werden kann.

KUN 6.2
Biokompatible Kunststoffe

Ein weiterer Zukunftsbereich für die Entwicklung synthetischer Werkstoffe ist die Biokompatibilität. Geeignete Polymere werden zur hygienischen Herstellung medizintechnischer Produkte (z. B. Spritzen) oder für Lang- und Kurzzeitimplantate (z. B. ***künstliche Blutgefäße, künstliche Herzklappen, Nahtmaterial, Knochennägel***) eingesetzt. Die klinische Anwendung synthetischer Werkstoffe begann schon in den 1950er Jahren. Eher zufällig hatte man nach dem 2. Weltkrieg festgestellt, dass Kunststoffsplitter zerborstener Flugzeugkanzeln im Körperinneren überlebender Piloten keinerlei chronische Reaktionen hervorgerufen hatten.

Eigenschaften
Die meisten Polymere, die sich heute in klinischem Einsatz befinden und zur Gruppe der biokompatiblen Kunststoffe zusammengefasst werden, kommen aus dem Bereich der industriellen Massenproduktion und sind ursprünglich für einen ganz anderen Anwendungskontext entwickelt worden (z. B. Polymethylmethacrylat – Plexiglas; Polyamide – Nylonstrümpfe).
Für die medizinische Verwendung müssen die Kunststoffe in erster Linie biokompatible Eigenschaften aufweisen. Dies bedeutet, dass im menschlichen Körper keine Infektionen oder abstoßende Reaktionen erfolgen dürfen. Die Abgabe von Fremdstoffen durch den Kunststoff ist ebenso zu vermeiden. Auf den Zusatz von Additiven wie Weichmachern oder Stabilisatoren muss daher in der Regel verzichtet werden. Eine weitere Voraussetzung ist die Möglichkeit zur kontrollierten Herstellung in steriler Umgebung. Biokompatible Kunststoffe müssen ausreichend hohe mechanische Festigkeiten aufweisen und die Stabilität über die vollständige Lebensdauer gewährleisten.

Eigenheiten und Profile einzelner biokompatibler Kunststoffe werden im Detail bei Wintermantel, Ha 1998 und Schmidt 1999 beschrieben.

Verwendung
Typische Anwendungen biokompatibler Kunststoffe sind Gelenkpfannen für Hüft- und Knieprothesen, der Sehnen- und Bänderersatz, künstliche Herzklappen und Blutgefäße, Gefäßimplantate, Zahnersatz, Kontaktlinsen oder Brustimplantate. Biologisch abbaubare Polymere werden in den biologischen Kreislauf des Körpers aufgenommen und zerfallen in ihre Bestandteile. PUR gehört beispielsweise zu den biologisch abbaubaren Werkstoffen. Daher werden selbstauflösendes Nahtmaterial oder Dialysemembrane häufig aus Polyurethan hergestellt. ***Polylactid*** wird zur Herstellung von Knochennägeln, Schrauben und Implantaten verwendet. Bioabbaubare Kunststoffe können in Zukunft das Nachwachsen ganzer menschlicher Organe ermöglichen. Da in 6–10 % aller Fälle Entzündungen auftreten, ist ihre Verwendung noch mit Risiken behaftet.

Eine weitere Vision für die Verwendung biokompatibler Kunststoffe sind mikroskopisch kleine U-Boote, die das Gefäßsystem des Menschen im Körperinneren observieren und Zellen und Gefäße selbstständig heilen. Hierzu müssten sie mit künstlicher Intelligenz ausgestattet werden. Erste Entwicklungsansätze sind bereits bekannt.

Verarbeitung
Eine Hauptvoraussetzung für die Verwendung biokompatibler Kunststoffe ist die Verarbeitbarkeit mit konventionellen Verfahren wie Spritzgießen, Extrudieren und Blas- und Warmformen. Die Sterilisation biokompatibler Bauteile kann durch den Einsatz von Strahlung, Dampfeinwirkung oder Verwendung chemischer Substanzen erfolgen.

Alternativmaterialien
Titan- und Kobaltlegierungen, Biokeramiken wie Bioglas oder Hydroxylapatit

Bild: Modulare Revisionsstützpfanne aus biokompatiblem Kunststoff (PE/Weiß) zur rekonstruktiven Versorgung ausgedehnter Pfannendefekte./ Hersteller: Peter Brehm GmbH

KUN 6.3
Biokunststoffe

Erst seit einigen Jahren wird an der Entwicklung von Biokunststoffen (engl. bioplastics) als Verpackungsmaterial gearbeitet. Sie kommen normal in den Hausmüll und zerfallen in natürliche und ungiftige Ausgangsbestandteile. Mikroorganismen wie Pilze, Bakterien oder Enzyme sind an der ***Kompostierung*** beteiligt. Übrig bleiben lediglich Wasser, Kohlendioxid und eine ***Biomasse***, die von der Natur verwertet werden kann.

Bild: Verpackung aus biologisch abbaubarem Copolyester Ecoflex®./ Foto: BASF SE

Bild: Kompostierbare Kunststofftasche aus nachwachsendem Rohstoff »MaterBi«./ biomasse GmbH

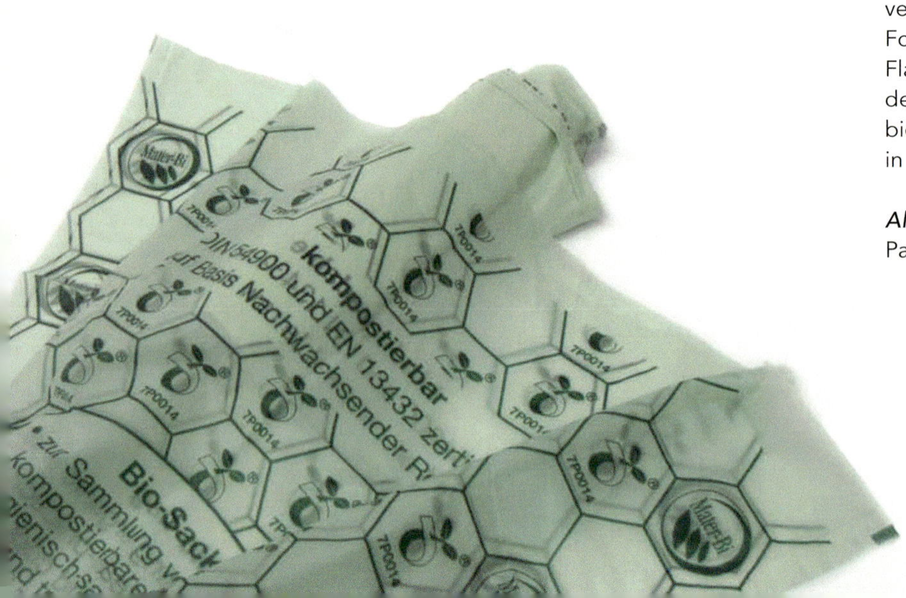

Eigenschaften

Da Thermoplaste (z. B. PE, PS, PP, PVC) den mengenmäßig größten Anteil bei der Herstellung von Verpackungen einnehmen, steht der Wunsch nach Substitution dieser petrochemisch hergestellten Werkstoffe durch Biokunststoffe im Blickpunkt. Der Ausgangsrohstoff Erdöl soll in einer Vielzahl der Entwicklungsansätze durch Stärke, Zellulose PAP 1.1 oder Zucker ersetzt werden. Die thermoplastische Stärke liegt dabei mit einem Marktanteil von 80 % aller bislang auf dem Markt erhältlichen Biokunststoffe an erster Stelle. ***Kunststoffblends*** aus thermoplastischer Stärke und einem wasserabweisenden, biologisch abbaubaren polymeren Bestandteil wie Polyester, Polyvinylalkohol oder Polyurethane bilden die zweite Gruppe der bedeutenden Biokunststoffe. Milchsäure ist ein weiterer Ausgangsrohstoff zur Herstellung kompostierbarer Polymere.
In diesem Kontext wird häufig ***Polylactid*** (***PLA***) auf der Basis von Glucose genannt, womit durchsichtige Bauteile wie Trinkbehälter hergestellt werden können. Ein weiteres interessantes Material, das von Bakterien aus Stärke oder Zucker hergestellt und biologisch abgebaut werden kann, ist ***Polyhydroxybuttersäure*** (***PHB***). Sie ist mechanisch stabil und kann glasklare Filme bilden. In Zukunft sollen Pflanzen zur Herstellung von PHB-Granulat genutzt werden. Die südamerikanische Zuckerindustrie plant die erste großindustrielle Herstellung dieses Kunststoffs.

Als weiterführende Literatur für den Bereich der Biokunststoffe empfiehlt sich Lörcks 2003 oder Tänzer 1999.

Verwendung

Die Hauptverwendungsgebiete für Biokunststoffe liegen im Bereich der Verpackungsindustrie. Tragetaschen, Behältnisse für Pflanzen, Obst- und Gemüseschalen, Einweggeschirr, Dosen, Joghurtbecher, Flaschen oder Folienverpackungen sind beispielhafte Anwendungen.

Verarbeitung

Biokunststoffe können auf den jeweiligen Einsatzfall und das jeweilige Verarbeitungsverfahren eingestellt werden. Somit stehen für sie die gleichen Fertigungsverfahren zur Verfügung wie für konventionelle thermoplastische Polymere. Es können Folienmaterialien, Spritzgussbauteile, tiefziehbare Flachfolien oder extrudierte Profile hergestellt werden. Die erste größere Anlagen zur Herstellung von biologisch abbaubarem Polylactid (PLA) wurde 2002 in den USA in Betrieb genommen.

Alternativmaterialien

Papierschaum

KUN 6.4
Hochtemperaturbeständige Kunststoffe

Derzeit wird ein feuerfester, keramisierbarer polymerer Werkstoff entwickelt, der sich bei normalen Temperaturen so verhalten und verarbeiten lassen soll, wie ein konventioneller Kunststoff. Steigt die Außentemperatur beispielsweise durch einen Brand über einen gewissen Grenzwert, erhält der Kunststoff die Eigenschaften einer feuerfesten und harten Keramik und seine Flexibilität geht verloren.

Verwendung
Feuerfeste Kunststoffe sollen in Zukunft für den Brandschutz in Gebäuden und Fahrzeugen eingesetzt werden. Ein Beispiel sind Kabelummantelungen von elektrischen Leitungen. Damit lassen sich die Kosten für Feuerschäden reduzieren. Anwendungen werden derzeit erprobt.

Alternativmaterialien
Keramikbeschichtungen, Email, hochtemperaturbeständige Metalllegierungen

Bild: Kabelummantelung von elektrischen Leitungen aus hochtemperaturbeständigem Kunststoff.

KUN
Literatur

[1] **Ashby, M.; Johnson, K.**: Materials ans Design. Oxford: Butterworth-Heinemann, 3. Auflage, 2004.

[2] **Bargel, H.-J.; Schulze, G.**: Werkstoffkunde. Berlin, Heidelberg: Springer Verlag, 8. Auflage, 2004.

[3] **Beitz, W; Grote, K.-H.**: Dubbel - Taschenbuch für den Maschinenbau. Berlin, Heidelberg: Springer Verlag, 20. Auflage, 2001.

[4] **Bonten, C.**: Kunststofftechnik für Designer. München, Wien: Carl Hanser Verlag, 2003.

[5] **Braun, D.**: Kunststofftechnik für Einsteiger. München, Wien: Carl Hanser Verlag, 2003.

[6] **Dobler, H.-D.; Doll, W.; Fischer, U.; Günter, W.; Heinzler, M.; Ignatowitz, E.; Vetter, R.**: Fachkunde Metall. Haan-Gruiten: Verlag Europa-Lehrmittel, 54. Auflage, 2003.

[7] **Domininghaus, H.**: Die Kunststoffe und ihre Eigenschaften. Düsseldorf: VDI-Verlag, 5. Auflage, 1999.

[8] **Eckhard, M.; Ehrmann, W.; Hammerl, D.; Nestle, H.; Nutsch, T.; Nutsch, W.; Schulz, P.; Willgerodt, F.**: Fachkunde Holztechnik. Haan-Gruiten: Verlag Europa-Lehrmittel, 19. Auflage, 2003.

[9] **Edelmann, T.**: Fließende Formen. Design Report 11/2007. Leinfelden-Echterdingen: Blue C. Verlag.

[10] **Ehrenstein, G.**: Faserverbundkunststoffe. München, Wien: Carl Hanser Verlag, 2006.

[11] **Ehrenstein, G.W.**: Mit Kunststoffen konstruieren. München, Wien: Carl Hanser Verlag, 2. Auflage, 2001.

[12] **Eibeck, P.**: Entwicklung funktionaler Polymere. Franfurt a.M.: Konferenzbeitrag »Material Vision - Neue Materialien für Design und Architektur«, 10.-11.11.2005.

[13] **Emsley, J.**: Sonne, Sex und Schokolade – Chemie im Alltag. Weinheim: Wiley-VCH, 2. Auflage, 2006.

[14] **Erhard, G.**: Konstruieren mit Kunststoffen. München, Wien: Carl Hanser Verlag, 1993.

[15] **Flemming, M.; Ziegmann, G.; Roth, S.**: Faserverbundbauweisen – Fertigungsverfahren mit duroplastischer Matrix. Berlin, Heidelberg: Springer Verlag, 1999.

[16] **Franck, A.**: Kunststoff-Kompendium. Würzburg: Vogel Fachbuchverlag, 5. Auflage, 2000.

[17] **Greif, H.; Limper, A.; Fattmann, G; Seibel, S.**: Technologie der Extrusion. München, Wien: Carl Hanser Verlag, 2004.

[18] **Hellerich, W.; Harsch, G.; Haenle, S.**: Werkstoff-führer Kunststoffe. München, Wien: Carl Hanser Verlag, 8. Auflage, 2001.

[19] **Keim, W.**: Kunststoffe – Synthese, Herstellungsverfahren, Apparaturen. Weinheim: Wiley-VCH, 2006.

[20] **Knappe, W.; Lampl, A.; Heuel, O.**: Kunststoff-Verarbeitung und Werkzeugbau. München, Wien: Carl Hanser Verlag, 1992.

[21] **Kohaupt, B.**: Chemie für Techniker und Ingenieure. Darmstadt: Hoppenstedt Technik Tabellen Verlag, 4. Auflage, 1989.

[22] **Kreutz, E.; Scholten, U.**: Die Kunststoffmacher. (Ausstellungskatalog), Düsseldorf: Kunst-Museums-Verein, 2004.

[23] **Lefteri, C.**: Plastics – materials for inspirational design. Hove, East Sussex: RotoVision, 2001.

[24] **Lörcks, J.**: Biologisch abbaubare Kunststoffe. Hrsg. Fachagentur Nachwachsende Rohstoffe e.V., 2003.

[25] **Merkel, M.; Thomas, K.-H.**: Taschenbuch der Werkstoffe. München, Wien: Fachbuchverlag Leipzig im Carl Hanser Verlag, 2003.

[26] **Michaeli, W.**: Einführung in die Kunststoffverarbeitung. München, Wien: Carl Hanser Verlag, 4. Auflage, 1999.

[27] **Michaeli, W.**: Werkstoffkunde 2 – Kunststoffe, Verarbeitung und Eigenschaften. Aachen: Institut für Kunststoffverarbeitung an der RWTH Aachen, 3. Auflage, 1993.

[28] **Michaeli, W.; Brinkmann, T.; Lessenich-Henkys, V.**: Kunststoff-Bauteile werkstoffgerecht konstruieren. München, Wien: Carl Hanser Verlag, 1995.

[29] **Michaeli, W.; Huybrechts, D.; Wegener, M.**: Dimensionierung von Faserverbundwerkstoffen. München, Wien: Carl Hanser Verlag, 1995.

[30] **Moser, K.**: Faser-Kunststoff-Verbund. Düsseldorf: VDI-Verlag, 1992.

[31] **N.N.**: Phantastisch Plastisch. (Ausstellungskatalog), hrsg. vom Kunst-Museums-Verein (Düsseldorf), München: Verlag für Messepublikationen, 1995.

[32] **Nentwig, J.**: Kunststoff-Folien - Herstellung, Eigenschaften, Anwendung. München, Wien: Carl Hanser Verlag, 1994.

[33] **Niesing, B.:** Licht aus Plastik. Fraunhofer-Magazin 4/2008; München: Fraunhofer-Gesellschaft.

[34] **Ortega, S.:** Biopolymere in technischen Anwendungen. Vortragsveranstaltung „Technische Halbzeuge aus Biopolymeren", Mannheim, 13.6.2008.

[35] **Peters, S.; Struhk, C.:** modulor – material total. Berlin, 2008.

[36] **Potente, H.:** Fügen von Kunststoffen. München, Wien: Carl Hanser Verlag, 2004.

[37] **Retting, W.:** Mechanik der Kunststoffe. München, Wien: Carl Hanser Verlag, 1991.

[38] **Ritter, A.:** Smart Materials in Architektur, Innenarchitektur und Design. Basel: Birkhäuser Verlag, 2007.

[39] **Ruge, J.; Wohlfahrt, H.:** Technologie der Werkstoffe. Braunschweig, Wiesbaden: Vieweg Verlag , 6. Auflage, 2001.

[40] **Saechtling, H.; Oberbach, K.:** Kunststoff Taschenbuch. München, Wien: Carl Hanser Verlag, 28. Ausgabe, 2001.

[41] **Schaumburg, H.:** Polymere. Stuttgart: Teubner, 1997.

[42] **Schmidt, R.:** Werkstoffverhalten in biologischen Systemen. Berlin, Heidelberg: Springer Verlag, 2. Auflage, 2004.

[43] **Schwarz, O.:** Kunststoffkunde. Würzburg: Vogel Verlag, 6. Auflage, 2002.

[44] **Schwarz, O.; Ebeling, F.W.; Lüpke, G.; Schelter, W.:** Kunststoffverarbeitung. Würzburg: Vogel Verlag, 9. Auflage, 2002.

[45] **Shackelford, J.F.:** Werkstofftechnologie für Ingenieure. München: Parson Studium, 6. Auflage, 2005.

[46] **Sprenger, T.; Struhk, C.:** modulor – material total. Berlin, 2004.

[47] **Tänzer, W.:** Biologisch abbaubare Polymere. Weinheim: Wiley-VCH Verlag, 1999.

[48] **Wagner, V.:** Neue Materialien – Smart, Clean and Ecoefficient. ReThinking Business Konferenz #2, Essen, 22.11.2007.

[49] **Wintermantel, E.; Ha, S.-W.:** Biokompatible Werkstoffe und Bauweisen, Leipzig: Springer Verlag, 1998.

[50] **Witt, G.:** Taschenbuch der Fertigungstechnik. München, Wien: Fachbuchverlag Leipzig im Carl Hanser Verlag, 2006.

[51] **Zangh, Q; Neese, B.; Chu, B.; Lu, S.-G.; Wang, Y.; Furman, E.:** Large Electrocaloric Effect in Ferroelectric Polymers Near Room Temperature. American Association for the Advancement of Science: Science 8 2008, Bd. 321., S. 821.

Bilder: Silikonskulpturen »Lichtring« und »Lichtwesen« von Jürgen Reichert./ Foto: J. Reichert

Sie haben die Idee – BASF den richtigen Kunststoff

Die designfabrik™ der BASF in Ludwigshafen berät Industriedesigner und Ingenieure bei der Wahl des geeigneten Materials. In Sachen Funktion, Anmutung, Oberfläche und Farbe, aber auch wenn es um das richtige Fertigungsverfahren oder die kunststoffgerechte Gestaltung geht, sind die Designer vor Ort die geeigneten Ansprechpartner.

Extrem belastbare und weiche Zwischensohle aus Elastollan®

Beim Thema Design scheiden sich oft die Geister. Nicht nur, was den Geschmack betrifft. Industriedesigner und Ingenieure können leicht aneinander vorbei reden. Im deutschen Sprachgebrauch bedeutet das Wort Design eher Formgebung und betrifft die äußere Gestalt. Im Englischen hingegen reicht der Begriff „design" weiter und umfasst auch die technische Umsetzung, also die Konstruktion. Designer sind heute mehr denn je gefragt im Sinne der englischen Wortbedeutung, Gestaltung und Technik zu verschmelzen. Zwischen diesen beiden Polen, also zwischen dem rein äußeren und dem konstruktiven Design, bewegen sich die Aufgaben der designfabrik™ der BASF.

Die designfabrik™ steht als Plattform Industriedesignern und Ingenieuren offen, die Unterstützung im Umgang mit BASF-Materialien benötigen.

Im Gespräch: Die designfabrik™ der BASF steht als Serviceplattform allen Kunden offen, die als Industriedesigner Beratung im Umgang mit BASF-Kunststoffen benötigen.

Je früher die Zusammenarbeit zwischen Designer und technischem Entwickler beginnt, umso schneller kann das neue Produkt in den Markt eingeführt werden. Die BASF-Designer sprechen sowohl die Sprache des Designers im Kundenunternehmen als auch die der Materialexperten und Techniker, und können so Vorstellungen übersetzen.

Die Beratung umfasst ein breites Werkstoffspektrum, das aus technischen Kunststoffen, Styrolkunststoffen und Polyurethanen besteht. Dieses Portfolio dient als Inspirationsquelle für neue Produkte und unterstützt bei der Auswahl des geeigneten Materials und Fertigungsverfahrens. Die BASF-Ingenieure beraten bei der Entwicklung einer kunststoffgerechten Gestaltung, und die Designer der designfabrik™ bei den Wünschen rund um die Themen Anmutung, Farbe, Oberfläche und Funktion. Und schließlich sind die BASF-Simulationsspezialisten in der Lage, mit Hilfe des umfangreichen BASF-Simulationswerkzeugs Ultrasim™ das Füllverhalten und die Belastbarkeit des Objekts vorherzusagen und zu optimieren.

Die Unterstützung durch die BASF kann dabei von der ersten guten Idee bis zur Serienfertigung reichen. Am Ende des Prozesses stehen Produkte, die sich vor allem durch das bessere Design, aber auch durch die Eigenschaften und die Anmutung der eingesetzten Materialien von ähnlichen Produkten gleicher Leistungsfähigkeit im Wettbewerb differenzieren.

Produkte aus der designfabrik™

Das erste überregional bekannt gewordene Projekt aus der designfabrik™ war die Entwicklung des Stuhls MYTO, des ersten Freischwingers aus thermoplastischem Kunststoff, der in einem Stück gefertigt ist, seit dem legendären Panton-Chair. Entstanden ist MYTO zusammen mit Konstantin Grcic.

Der Vollkunststoff-Freischwinger MYTO von Konstantin Grcic ist eines der bekanntesten Projekte der Designfabrik.

Bereits hier konnten das Ingenieurwissen über Kunststoffverarbeitung und das Konzept des Designers erfolgreich verbunden werden: Der besonders fließfähige Kunststoff aus dem BASF High Speed-Sortiment und die Verarbeitungskenntnisse der BASF halfen Grcic, genau das Objekt zu entwickeln, das ihm von der Gestaltung, aber auch von der Leistungsfähigkeit und der Herstellbarkeit vorschwebte. Heute gehört der von der italienischen Firma Plank gefertigte Stuhl unter anderem zur Sammlung des Museum of Modern Art in New York.

Zusammen mit dem renommierten Royal College of Art in London begann die designfabrik™ Anfang 2009 ein weiteres Projekt: Der sehr vielseitige Kunststoff Ultradur® sollte den Studenten und Dozenten Inspiration für neue Designideen geben. Nach einigen Wochen intensiver Arbeit sind überraschende Konzepte und Prototypen entstanden, darunter eine Hochleistungstischleuchte mit sichtbaren Gasfedern, ein farbig kodiertes modulares Kabelstecksystem und ein Induktionsbügeleisen. Besonders ragte der Faltstecker des koreanischen Designstudenten Min-Kyu Choi heraus, der eine schlanke, faltbare Version des schweren und großen britischen Drei-Pin-Steckers aus Ultradur® präsentierte und dafür 2010 den begehrten Brit Insurance Design of the Year Award erhielt.

Preisgekrönter Prototyp eines Faltsteckers aus dem technischen Kunststoff Ultradur® – entstanden aus einem Designprojekt mit dem Royal College of Art, London.

Eines der neuesten Projekte ist das Steckbesteck JOIN von ding3000 und Konstantin Slawinski aus dem speziell für Lebensmittelanwendungen zugelassenen Polyamid Ultramid® A3EG6 FC.

Das Steckbesteck Join von ding3000 ist Gebrauchs- und Unterhaltungsgegenstand in einem, gefertigt aus einem Polyamid, das speziell für den Kontakt mit Lebensmitteln optimiert wurde.

Nicht nur zum Essen dient das Design-Besteck: Es ist gleichzeitig Geduldspiel, Konversationsgegenstand und Tischdekoration. Hier hat das CAE-Wissen der BASF zur zügigen Entwicklung des Produkts entscheidend beigetragen, indem an einem virtuellen Prototyp die stabilste Gestalt ermittelt und erprobt wurde. Das gewählte Spezialpolyamid sowie der Farbzusatz sind nicht nur lebensmittelrechtlich zugelassen, sondern auch schlagzäh, hitzebeständig, und spülmaschinenfest. Durch das stabile, leicht einfärbbare Material konnte das Besteck deutlich filigraner ausfallen als viele herkömmliche Kunststoffbestecke.

Aber nicht nur auf dem konstruktiv-technischen Sektor unterstützt die designfabrik™ ihre Kunden: Entstanden aus dem historischen Farbenlabor der BASF, verfügt die designfabrik™ auch über eine profunde Farb-Expertise: Die Colorthek enthält 20.000 Musterplättchen, die in Kombination mit verschiedenen Oberflächentexturen von glänzend über matt bis geriffelt zu den unterschiedlichsten Farbeindrücken führen. Darunter finden sich mehr als 1.700 Weißtöne, die sich als Reaktion auf den Trend bei weißer Ware und in der Unterhaltungselektronik in den letzten Jahren entwickelt haben.

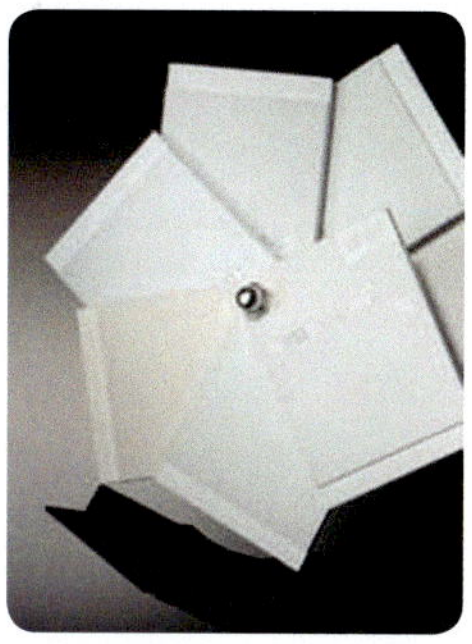

Weiß ist eine Trendfarbe, vor allem in der Unterhaltungselektronik; aber weiß ist nicht gleich weiß, wie die 1.700 Weißtöne der designfabrik™ zeigen.

Konkrete Produktentwicklung

Träger bekannter Namen – neben Konstantin Grcic auch Stefan Diez, Werner Aisslinger, Tom Dixon, Karim Rashid, Clemens Weißhaar und Dieter Rams – haben inzwischen Kontakt zur designfabrik™ auf dem Industrieareal der BASF in Ludwigshafen. In den meisten Fällen führen die Kooperationen jedoch nicht zu kultverdächtigen Produkten mit Star-Design und der Strahlkraft eines MYTO. Vielmehr werden hier zusammen mit Industriedesignern und Ingenieuren Produkte entwickelt, die eine konkrete Aufgabe lösen und dabei auch höchsten Anforderungen an Gestaltung, Oberfläche und Emotion genügen.

BASF SE
designfabrik™
67056 Ludwigshafen
E-Mail: designfabrik@basf.com
www.designfabrik.basf.de

BASF
The Chemical Company

Anzeige

frolexus_Bettsysteme – auffallend anders
Ein guter Tag braucht eine gute Nacht. frolexus_Bettsysteme setzen Maßstäbe für spürbar mehr Komfort. FROLI stellt Bettsysteme mit flexibler Federung aus Kunststoff her und hat damit den Weltmarkt revolutioniert. Hausausstellung und Verkauf.
SOFT
frolexus
HARD
Bettsysteme | Bed Systems
frolexus
by Froli
Designpreis Deutschland 2012 NOMINEE
interzum award 2011
iF product design award 2009
reddot design award honourable mention 2008
FROLI Kunststoffwerk | Liemker Straße 27 | 33758 Schloß Holte-St. | Telefon 05 207-95 00-0 | www.froli.com

Anzeige

Neue Möglichkeiten durch Cera-Shibo Systemtechnologie

Unverwechselbare Produktidentitäten

Für eine erfolgreiche Vermarktung von Produkten in der Automobil-, Haushaltswaren- und Elektroindustrie nehmen ein ästhetisches Design und die Funktionalität von Oberflächen einen immer höheren Stellenwert ein. Die weltweit agierende Unternehmensgruppe Eschmann Textures ist seit mehr als 30 Jahren verlässlicher Partner kreativer Lösungen für alle Anforderungen moderner Oberflächenstrukturierung.

***Cera-Shell**: für eine sich stetig weiterentwickelnde Produktumgebung mit hohen Ansprüchen an Flexibilität, Qualität und Wirtschaftlichkeit.*

Alle namhaften Automobilisten sowie führende Unternhehmen für Consumerprodukte gehören zu unseren Kunden. Mit eigens von Eschmann Textures entwickelten Verfahren helfen wir, unverwechselbare Produktidentitäten bei immer kürzeren Projektzeiten und hohem Kostendruck zu realisieren. Neue flexible Möglichkeiten bietet dabei die von uns entwickelte **Cera-Shibo Systemtechnologie** - von ersten Prototypen bis hin zur Serienfertigung!

Bisher unerreichte Wiedergabegenauigkeit

Die innovative Werkzeugtechnologie **Cera-Shell** stößt in neue Dimensionen für die hochwertige und gleichzeitig günstige Fertigung von TPO-Folien im IMG-Verfahren und die Erzeugung von PUR-Sprühhäuten vor. Nahezu alle Strukturvorlagen können mit einer bisher unerreichten Wiedergabegenauigkeit abgeformt und in die Produktion übertragen werden.

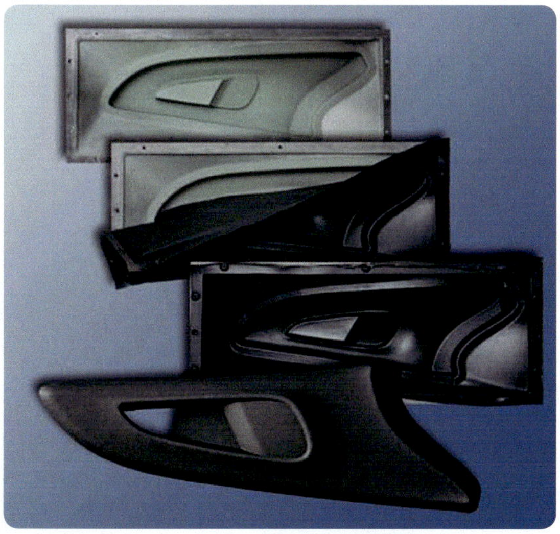

***Cera-Shell**: Kurze Projektzeiten, neue Designmöglichkeiten und wirtschaftlichere Fertigung gegenüber konventionellen Techniken.*

Optimale Glanzgradreduzierung

Cera-Mat ist ein von Eschmann Textures entwickeltes, flexibles Beschichtungsverfahren, mit welchem die Oberflächenanmutung von Bauteilen deutlich verbessert wird. Insbesondere sind deutlich reduzierte Glanzgrade bis nahezu Lackanmutung darstellbar – ohne das die Grundstruktur von Oberflächen dadurch verändert wird. Herkömmliche Prozesse zur Reduzierung von Glanzgrad (z. B. PVD / CVD Schichten, Strukturüberlagerungen o. Ä.) können durch Cera-Mat ergänzt oder vollständig ersetzt werden.

***Unterschiedliche Anmutung**: Zwei gleiche Bauteile mit unterschiedlicher Wirkung. Das untere Bauteil (mit Cera-Mat) mutet schon auf den ersten Blick hochwertiger und eleganter an.*

Cera-Coat rundet das neue Leistungsportfolio ab. Dieses Verfahren wird für technische Anwendungen und flexible Oberflächengestaltung eingesetzt. Cera-Coat ist dazu geeignet, B-Surface Beschichtungen zu ermöglichen, um z. B. Wandstärken oder Rippenkonturen anzupassen; Füll- und Wärmeleiteigenschaften zu verbessern und somit im laufenden Betrieb Kosteneinsparungspotentiale zu eröffnen.

Unsere **Cera-Shibo Werkstoffe** sind hervorragend für Laserbearbeitungen geeignet und einsetzbar für: Blasformen, Schäumen, EPP Verarbeitung, Kunststoffspritzgießen, IMG Thermoformen, PUR (IMC) Sprühhäute, Rapid Prototyping, ... und vieles mehr!

ESCHMANN TEXTURES INTERNATIONAL GMBH
Otto-Neumeister-Straße 17
74196 Neuenstadt a. K.
Tel.: +49 (0) 7139 / 93 16 0
Fax. +49 (0) 7139 / 93 16 20
info@eschmanntextures.de / www.eschmanntextures.de

ESCHMANN TEXTURES

Mittels innovativer Verfahren stellen wir sicher, dass festgelegte Oberflächenstrukturen durch die Werkzeugkonzeption, Materialauswahl und andere Einfluss nehmende Parameter ihre Identität nicht verlieren.

Bild: Solid Color Ensemble./ Foto: Dibbern

KER
KERAMIKEN

Abgassensor, Abreißring, Abrichter, Aschenbecher, Auflaufform, Blumentopf, Blumenvase, Bodenfliese, Bremsscheibe, Brenndüse, Brenner, Brennhilfsmittel, Brennraumisolation, Chemiepumpen, Computerchipträger, Dachziegel, Destillationskolonne, Dichtscheibe, Drucksensor, Druckwalze, Düse, Elektroherdschalter, Erkundungssatellit, Fadenführung, Fassung, Feuerfeststein, Filterelemente, Geschirr, Gleitring, Halbleiterträger, Heizleiterträger, Hitzeschild, Hochleistungspumpe, Hüftgelenkskugel, Hülse, Isolationsschicht, Isolierstab, Kachel, Kaffebecher, Kaffeeservice, Kanalklinker, Katalysatorträger, Klemmenleisten, Klinker, Kloschüssel, Kochfeld, Kolben, Kondensator, Krug, Kühlkörper, Kugellager, Laborgefäß, Laborgerät, Lampensockel, Langstabisolator, Laufbuchse, Lochziegel, Mahlbehälter, Mauerziegel, Messerklinge, Mittelohrimplantat, Mosaik, Ofenfenster, Ofenfliese, Ofenschieber, Panzerplatte, Pflasterziegel, Pinzette, PKW-Katalysator, Portliner, Porzellanfolie, Präzisionskugel, Reibschale, Röhrensockel, Römertopf, Röntgenstrahldetekor, Rohrleitung, Sanitärkeramik, Säurepumpe, Schale, Schaltergrundplatte, Schere, Schleifpapier, Schleifscheibe, Schneidplatte, Schneidwerkzeug, Schornsteinziegel, Schutzrohr, Sicherungshalter, Spülbecken, Spulenkörper, Strahldüse, Substratplatte, Suppenschale, Tasse, Teekanne, Teller, Terrakotta, Thermoelementschutzrohr, Tiegel, Töpferware, Trinkbecher, Turbinenschaufel, Vakuumgefäß, Ventil, Vollziegel, Wälzlager, Wälzkörper, Wandfliese, Wärmetauscher, Wärmetrockner, Waschbecken, Wellenschutzhülse, Wirbelersatz, Zahnersatz, Zahnfüllung, Ziehstein, Zündkerze, Zylinderauskleidung

»Scherben bringen Glück!« lautet ein Sprichwort, das einen festen Platz in der deutschen Sprache gefunden hat. Dass mit Scherben ursprünglich aber nicht der Teil eines gebrochenen Gefäßes gemeint war, sondern vielmehr die gebrannte, verfestigte keramische Masse als solches bezeichnet wurde, ist häufig nicht bekannt. Das Sprichwort geht darauf zurück, dass Menschen der Frühantike in keramischen Behältnissen, den Scherben, Nahrungsmittel über einen längeren Zeitraum lagern konnten. Der Besitz sicherte die Lebensgrundlage im Winter und in Dürreperioden. Keramiken standen für Wohlstand und gehörten zu den ersten Handelswaren. Die leichte Verfügbarkeit und die einfache Verarbeitung plastischer Tonmassen machten das Material zum ersten von Menschenhand genutzten Werkstoff. Die ältesten Funde reichen 20.000 Jahre zurück. Vor allem die Erfindung der Töpferscheibe im 4. Jahrtausend vor Christus und die Entdeckung des Porzellans im 9. Jahrhundert zählen zu den bedeutenden Meilensteinen in der frühen Entwicklungsgeschichte der keramischen Werkstoffgruppe. Da die Rezeptur chinesischen Porzellans über Jahrhunderte verborgen blieb, sprach man im 16. und 17. Jahrhundert auf dem europäischen Kontinent auf Grund der besonderen optischen Qualitäten auch vom »weißen Gold«.

Bild: Solid Color Teller./ Foto: Dibbern

Entwicklungshistorie technischer Keramiken

20.000 v. Chr.	20.000 v. Chr. erste Keramikfiguren, keramischer Brand
	1400 v. Chr. griechische Töpferei
500 v. Chr.	750 v. Chr. Dachziegel
0	um Chr. Geburt Massenherstellung (erste technische Keramik) Fensterscheiben aus rohem Glas
1400	14.-15. Jh. Destillierkolbenaufsätze aus Keramik
1700	17.-18. Jh. Apothekergefäße aus Fayence
	1708 Joh. Friedrich Böttger europäisches Porzellan
1750	1774 erste Keramikprothese durch Duchâteau
1800	1808 erste Porzellanzähne durch den Zahnarzt Zonzi in Paris
	um 1820 erste Schamotteproduktion in England
1850	1845 Walzen von Flachglas
	um 1850 Großproduktion von Glockenisolatoren
1900	um 1900 erste künstl. keramische Schleifmittel (Siliziumkarbid)
	um 1900 Entdeckung des Statits und erste Zündkerzen aus Porzellan
	1917 Entwicklung von Sillimanit in den USA für Zündkerzen
1930	um 1930 erste Großproduktion von Oxidkeramik durch Siemens
	1930 in Deutschland wird Sintertonerde für Zündkerzen entwickelt
	1932 Entwicklung des Aluminiumoxidimplantats
	um 1935 erste Versuche mit Rutilkeramik
	1936 keramische Radioröhren
1950	um 1950 erste Permanentmagnete aus Oxidkeramik auf der Basis von Ferriten
	um 1950 erste Varisatoren aus Silizium
	1951 erste temperaturabhängige Übergangswiderstände
1960	1959 Floatglasverfahren, Spritzgießen
	1969 Gelenkprothesen aus Al_2O_3-Keramik (USA)
	1988 Keramische Supraleiter

Abb. 1: nach [6]

Am Grundprinzip der Herstellung keramischer Bauteile hat sich seit der Antike praktisch nichts verändert. Man nehme Ton, Lehm und Wasser, mische das Ganze miteinander, forme daraus die gewünschte Bauteilgeometrie, trockne die Masse über einige Stunden und brenne sie abschließend bei hohen Temperaturen. Fertig ist das keramische Bauteil. Neben dem klassischen Gebrauch in Lagerung, Bauwesen (z. B. Mauerziegel, Dachziegel, Kachel) und Haushalt (z. B. Geschirr, Töpfe) haben Keramiken den Sprung zum High-Tech Werkstoff geschafft und ihr Anwendungspotenzial auf die technischen Bereiche ausgedehnt. Besonders in den letzten 50 Jahren ist die Bedeutung von Industriekeramiken enorm gestiegen. Metalle wurden in einer Vielzahl von Anwendungen durch leichtere keramische Werkstoffe ersetzt. Wiesen die natürlichen Rohstoffe Ton, Kaolin, Sand und Feldspat noch den Nachteil starker Verunreinigungen auf, so ergab sich durch Herstellung hochreiner synthetischer Rohstoffpulver die Möglichkeit, die Eigenschaften keramischer Bauteile maßgeschneidert auf jeden Anwendungsfall einzustellen und das besondere Eigenschaftsprofil optimal zu nutzen.

Die zum Teil hervorragenden Eigenschaften, wie große Härte, sehr gute Isolationsfähigkeit, hoher mechanischer Widerstand, beachtliche chemische Resistenz und hohe Schmelztemperatur, machen Keramiken für eine Vielzahl von Anwendungsbereichen geeignet (Hornbogen 2002). Bereits zu Beginn des 20. Jahrhunderts wurden Zündkerzen KER 2.7 und Behältnisse für den Chemiebereich und die Feuerfestindustrie unter Zuhilfenahme keramischer Materialien erzeugt. Spezielle Isolationswerkstoffe KER 4.4 gesellten sich mit der Verbreitung des Rundfunks in den 20er Jahren des vorigen Jahrhunderts hinzu. Porzellanisolatoren wurden für den Hochspannungsbereich entwickelt. In den 60ern konnte durch die Entwicklung des Tonerdeporzellans MIN 4.1.6 eine deutliche Steigerung der Festigkeit erreicht werden, was zu einer beträchtlichen Gewichtsreduzierung führte. Im Niederspannungsbereich werden Sicherungsgehäuse und Lampensockel aus Silikatkeramiken KER 4.1 hergestellt. Ein Verfahren zur synthetischen Herstellung von biokompatiblem Aluminiumoxid KER 4.5 macht seit den 70er Jahren die Implantation keramischer Hüftgelenke möglich. Die Entwicklung eines keramischen Supraleiters im Jahr 1988, der es erlaubt, elektrische Ströme widerstandsfrei zu leiten und somit Leitungsverluste zu minimieren, stellt einen der letzten Meilensteine in der Entwicklung technischer Keramiken dar.

Schusssichere Platten, Hitzeschilder des Spaceshuttles, Turbinenschaufeln für Turbolader, Rotoren für Hochleistungspumpen, Bremsscheiben für den Airbus, Ventile für Verbrennungsmotoren, Fadenführungen für Textilherstellungsmaschinen, Ziehsteine für die Drahtherstellung, Pinzetten und Skalpelle im medizinischen Bereich oder Oberflächen, an denen Schmutz und Feuchtigkeit wie von Geisterhand abperlen, sind weitere Anwendungsbereiche, aus denen keramische Werkstoffe nicht mehr wegzudenken sind.

Das Entwicklungspotenzial der so genannten Funktionskeramiken ist allerdings noch lange nicht vollständig erschlossen. Eine Vielzahl von Forschungsvorhaben auf dem Gebiet deuten auf weitere mögliche Entwicklungssprünge hin. Durch Weiterentwicklung keramischer Verbundmaterialien (z. B. ***Keramik-Faserverbunde CMC*** KER 2.3.1) verspricht man sich für die Zukunft, noch weitere Anwendungsbereiche zu erschließen (Krenkel 2003). Auch in der Nanotechnologie haben Keramiken ihren Platz gefunden. Durch Einbringen von Silikatnanopartikeln in die Oberfläche eines Lacks lässt sich beispielsweise seine Kratzfestigkeit um den Faktor 3 erhöhen BES 10 (Wagner 2007).

Bild: »Spirit«, Geschirr aus Porzellan./ Rosenthal AG

Vorbild Lotusblüte – Die sich selbst reinigende Keramikoberfläche

Dachziegel gehören zu den klassischen Keramikprodukten. Das Unternehmen Erlus Baustoffe kopierte jetzt das Prinzip der Lotusblume und übertrug es auf die Struktur einer Dachziegel. Wasser und Schmutz, Moose und Algen perlen einfach von den mikrostrukturierten Oberflächen ab. Für die Selbstreinigung ist allerdings eine Mindesttemperatur von 10 °C, eine Dachneigung von 20° und ein Lichteinfall von 30 % des Tageslichts erforderlich. Die Weltneuheit ist seit Mai 2004 unter dem Namen »Lotus« auf dem Markt. Erforderlich war eine Entwicklungszeit von 7 Jahren.

Bild: Oberflächenstruktur der Dachziegel.

Bild: Zirkondioxid-Keramikmesser./ Foto: Manufactum

KER 1
Charakteristika und Materialeigenschaften

Der Begriff Keramik ist abgeleitet vom griechischen »keramos«, was Tonerde oder aus Ton gebranntes Material bedeutet. Das im angelsächsischen Sprachgebrauch verwendete »ceramics« geht noch weiter und schließt die Materialgruppen Glas ↗ *GLA*, Email ↗ *BES 1.4*, Gips ↗ *MIN 4.1.3* und Zement ↗ *MIN 4.6* ein. Tatsächlich gibt es keine klare Definition für die Werkstoffgruppe. Vielmehr ist Keramik ein Sammelbegriff für Bauteile und Produkte, die aus einer nichtmetallischen und anorganischen Masse oder einem Pulver bei Raumtemperatur geformt werden und unter Wärmezufuhr bei hoher Temperatur ihre Festigkeit erhalten.

KER 1.1
Einteilung keramischer Werkstoffe

Vor dem Hintergrund des Fehlens einer eindeutigen Definition für Keramiken ist eine Einteilung der verschiedenen keramischen Werkstoffe schwierig. So haben sich im Laufe der Zeit eine ganze Reihe unterschiedlicher Gesichtspunkte herauskristallisiert, nach denen die Charakterisierung erfolgen kann.

Die anschaulichste Einteilung erfolgt mit Blick auf die möglichen Anwendungsgebiete keramischer Werkstoffe. Begriffe wie ***Hochleistungskeramik***, ***Konstruktionskeramik***, ***Baukeramik***, ***Geschirrkeramik***, ***Feuerfestkeramik***, ***Schneidkeramik*** oder ***Biokeramik*** deuten das große Anwendungspotenzial der Materialgruppe an.

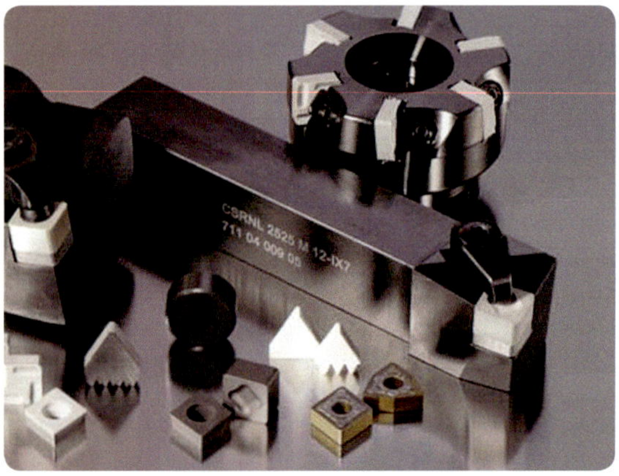

Bild: Wendeschneidplatten aus Hochleistungskeramik./ Foto: CeramTec AG

Allerdings eignet sich diese Einteilung auf Grund der zum Teil starken Überschneidungen nur bedingt dazu, ein Verständnis für das gesamte Profil und die vielfältigen Eigenheiten keramischer Werkstoffe aufzubauen.

Die Charakterisierung in dichte oder poröse Keramiken stellt den Grad der Porosität und die Neigung zur Aufnahme von Wasser heraus. Sie gibt einen ersten Einblick in Eigenschaftsunterschiede keramischer Bauteile, die sich durch den Herstellungsprozess und die Mischung der keramischen Rohmaterialien variieren lassen. Dichte Keramiken werden während der Formgebung stark komprimiert (Pressen) und bei hohen Temperaturen gebrannt bzw. gesintert. Die dichten Strukturen gehen vor allem auf in der Rohmasse enthaltene Magerungs- und Verdichtungsmittel zurück. Beispiele sind Porzellan ↗ *KER 4.1* oder Steinzeug ↗ *MIN 4.1.6, KER 4.2*. Zur Herstellung poröser Keramiken wird auf die entsprechenden Zusätze verzichtet. Wasserdurchlässige offene Poren entstehen. Die ***Wasseraufnahmefähigkeit*** (***WAF***) eines keramischen Bauteils beschreibt das Gewichtsverhältnis von in Wasser getränkter und bei 110 °C getrockneter Keramik (Frotscher 2003). Der Wert ist vor allem dann wichtig, wenn die Auswahl keramischer Baustoffe je nach Frostneigung und der Gefahr des Zerfrierens getroffen werden muss.

Wasseraufnahme (WAF) unterschiedlicher Keramiken

Gefüge	Grobkeramik	Feinkeramik
porös	> 6 % (z.B. Terrakotta)	> 2 % (z.B. Steingut)
dicht	< 6 % (z.B. Klinker)	< 2 % (z.B. Porellan)

Abb. 2: nach [6]

Mit Blick auf die Gefügestruktur und Aufbereitungsqualität des Rohmaterials werden Keramiken auch in Feinkeramiken mit einem homogenen und Grobkeramiken mit einem heterogenen Gefüge unterschieden. Die Korngröße von ***Feinkeramiken*** liegt bei Werten unterhalb von 0,1 mm, während die von ***Grobkeramiken*** diesen Richtwert überschreiten (Jacobs 2005). Zu Feinkeramiken zählen beispielsweise Irdenwaren wie Blumentöpfe mit einer porösen Struktur, Steingut, Porzellan oder Gebrauchsgeschirr sowie Steinzeug. Aber auch keramische Bauteile für Sanitäranwendungen und technische Bereiche gehören zu den feinen Keramiken. Grobkeramiken sind beispielsweise Terrakotta, Dach- und Mauerziegel oder Baukeramiken. Zudem sind feuerfeste Steine den groben Keramiken mit heterogenem Gefüge zuzuzählen.

Gefügestruktur von Grob- und Feinkeramik

Abb. 3: nach [10]

Auch die Anzahl der einzelnen Komponenten in der Rohmasse kann herangezogen werden, um Keramiken zu charakterisieren. So bestehen ***Einstoffsysteme*** aus nur einem, ***Zweistoffsysteme*** aus zwei die Keramik bildenden Bestandteile. Porzellan gehört zu den ***Dreistoffsystemen*** und setzt sich aus Kaolin, Quarz (Siliziumdioxid SiO_2) und Feldspat zusammen.

Einteilung nach keramischen Erzeugnissen			
Grobkeramik	Korngröße > 0,1 mm (mit bloßem Auge erkennbar)		
poröser Scherben/ fargig		**dichter Scherben/ farbig**	
z.B. Terrakotta, Ziegel, Schamotte		z.B. Klinker, Steinzeugrohre	
Feinkeramik	Korngröße <0,1 mm (mit bloßem Auge nicht erkennbar)		
poröser Scherben		**dichter Scherben**	
weiß	**farbig**	**weiß**	**farbig**
Steingut	**Irdenware**	**Porzellan**	**Steinzeug**
z.B. Sanitärkeramik, Wandfliesen	z.B. Töpferware, Blumentöpfe	z.B. Geschirr, Kaffeeservice	z.B. Töpferware, Blumentöpfe
(immer glasiert, da wasserdurchlässig)		(wasserundurchlässig)	(wasserundurchlässig)

Abb. 4: nach [6, 9]

Die am häufigsten verwendete Charakterisierung teilt Keramiken entsprechend ihrer chemischen Zusammensetzung in Silikatkeramiken sowie Oxid- und Nichtoxidkeramiken ein. Die technische Bedeutung keramischer Werkstoffe ist zu einem Großteil der zweit- und letztgenannten Gruppe vorbehalten.

Silikatkeramiken KER 4.1 sind die ältesten Vertreter keramischer Werkstoffe. Sie werden seit tausenden von Jahren vom Menschen verwendet. Die Anwendungen reichen von Einsätzen im Baugewerbe (Dachziegel, feuerfeste Steine KER 4.2) über Töpferwaren wie Blumentöpfe oder MIN 4.1.6 Ofenkacheln bis hin zu Geschirr und Hochleistungssilikatkeramik KER 4.4 für die chemische Industrie und die Elektrotechnik. Silikatkeramiken gehen meist auf natürliche Rohstoffe wie Tone, Lehm oder Magnesiumverbindungen zurück. Die ***Plastizität***, also ***Bildsamkeit***, wird durch die Teilchengröße der Bestandteile, den Anteil plastischer Komponenten und den Feuchtigkeitsgehalt beeinflusst.
Während Kaolin, Lehm MIN 4.4.3 und Talk die Bildsamkeit, also die Möglichkeit zur plastischen Formgebung, unterstützen, verhalten sich Bestandteile wie Quarzit, Feldspat oder Sand unplastisch. Die unplastischen ***Magerungsmittel*** Schamotte, Sand, Stroh oder Feldspat fördern die Trocknung und verringern die Schwindung während des Ausbrennens. Kalk, Bor-, Blei- und Eisenverbindungen sind ***Flussmittel***, senken die Schmelztemperatur und unterstützen die Bildung dichter Strukturen. Je nach Anwendungsfall unterscheidet man zwischen fetten (stark plastischen) oder mageren (unplastischen) Tonmischungen.

Übersicht wichtiger keramischer Rohstoffe	
Bezeichnung (Anteil im Rohstoffgemisch/ Versatz)	**Legende:** ■ Eigenschaften
Feltspat/ Kalifeldspat (mit 5…25% Versatz für Steingut und Porzellan) ■ Es ist ein unplastischer Rohstoff, der die Brenntemperatur herabsetzt und ein breites Brennintervall bewirkt. Er bildet die Glasphase und fördert Sintern. Er erhöht die Transparenz bei Porzellan.	
Feuerfester Ton ■ Der feuerfeste Ton ist gut plastisch und hat eine graue Brennfarbe. Er wird für feuerfeste Produkte (Gießereien) verwendet. Der Hauptbestandteil sind Tonminerale mit 33…37% Al_2O_3.	
Kalkspat/ $CaCO_3$ (mit 5% Versatz für Silikatsteine) ■ Es ist ein unplastischer Rohstoff, der mit Ton und Quarz zu einem glasigen Bindemittel reagiert und dabei die Festigkeit wie auch die Schwindung erhöht und die Porosität vermindert.	
Kaolin (geschlämmt) (mit 50% Versatz für Porzellan) ■ Kaolin (in der Apotheke auch Bolus Alba oder Pfeifenerde genannt) ist mäßig plastisch, gut gießfähig und weiß-gelblich brennend. Der Hauptbestandteil ist Kaolinit.	
Kaolin (roh) ■ Rohes Kaolin ist weniger plastisch und enthält viel Quarz und Feltspat. Es hat in der Industrie weniger Bedeutung als geschlämmter Kaolin und wird für Wandfliesen und Brennkapseln verwendet.	
Quarz (mit 95% Versatz für Silikatsteine) ■ Der Quarz ist ein unplastischer Rohstoff. Er verringert das Schwinden des Bauteils beim Trocknen und Brennen, erhöht aber die Festigkeit bei einem Versatz von 20…50% für Steingut und Porzellan und bei 95% für Silikatsteine.	
Steingutton (mit 50% Versatz für Steingut) ■ Der Ton ist gut plastisch, gießfähig, hochsinternd und weißbrennend.	
Titanoxid TiO_2 ■ Es ist ein unplastischer Rohstoff, der als Trübungs- und Färbungsmittel bei der Herstellung von Glasuren Verwendung findet.	
Ziegelton/ Ziegellehm (mit 80% Versatz für Ziegelerzeugnisse) ■ Der Ton ist mäßig bis gut plastisch und rotbrennend. Bei niedrigen Temperaturen ist er schon weich.	
Zinnoxid SnO_2 ■ Es ist ein unplastischer Rohstoff der als Trübungs- und Färbungmittel bei der Herstellung von Glasuren Verwendung findet.	

Abb. 5: nach [6, 15]

Für den technischen Bereich haben insbesondere die silikatkeramischen Werkstoffe mit einem unbedeutenden Tonanteil und einer dichten Struktur eine hohe Bedeutung erlangt. Sie werden auf Grund der geringen Wärmedehnung und der guten dielektrischen Eigenschaften vor allem zum Bau von Isolatoren und Kondensatoren eingesetzt. Beispiele für silikatische Hochleistungswerkstoffe KER 4.4 sind (Merkel, Thomas 2003):

- ***Cordieritkeramik*** (MgO-Al_2O_3-SiO_2)
- ***Lithiumkeramik*** (Li_2O-Al_2O_3-SiO_2)
- ***Steatitkeramik*** (MgO-SiO_2)

Bild: Keramische Isolatoren./ Foto: Argillon GmbH

Oxidkeramiken KER 4.5 KER 4.6 gehen zu mehr als 90 % auf Metalloxide zurück. Die Rohstoffe werden dabei auf synthetischem Weg erzeugt. Ergebnis des künstlichen Herstellungsprozesses sind Werkstoffe mit einem hohen Reinheitsgrad, die bei hohen Sintertemperaturen zu technischen Bauteilen mit gleichmäßigen Gefügen und sehr guten mechanischen Eigenschaften verarbeitet werden können. Somit haben sich die Oxidkeramiken zu den technisch wichtigsten keramischen Werkstoffen entwickelt. Die erste großtechnische Produktion von ***Aluminiumoxid*** KER 4.5 begann 1930 durch Siemens in Berlin. Seit dieser Zeit ist Al_2O_3 auf Grund der hohen Druckfestigkeit, Härte und Temperaturstabilität (Seidel 2005) einer der wichtigsten keramischen Werkstoffe überhaupt. Fadenführungen für Textilmaschinen, Schneidplatten von Fräswerkzeugen, Dichtscheiben und Kugellager sind bevorzugte Einsatzfälle. Neben dem Aluminiumoxid hat sich das ***Zirkondioxid*** ZrO_2 KER 4.6 als weitere wichtige Oxidkeramik im Markt etabliert. Es wird vorzugsweise für Schneidwerkzeuge, Ventile oder als Lagerwerkstoff verwendet. Weitere Oxidkeramiken sind ***Magnesiumoxid*** MgO, ***Aluminiumtitanat*** Al_2TiO_5 oder ***Mischoxidkeramiken***, die beispielsweise aus unterschiedlichen Verhältnissen von Aluminiumoxid und Zirkondioxid gemischt werden. Ein übliches Verhältnis besteht aus 20 % ZrO_2 und 80 % Al_2O_3 (Jacobs 2005).

Oxidkeramiken (Beisp.)

Produktnamen	Zusammensetzung
Aluminiumoxid, Tonerde, Korund	Al_2O_3
Magnesiumoxid, Magnesia, Periklas	MgO
Berylliumoxid	BeO
Thoriumoxid	ThO_2
Urandioxid	UO_2
stabilisiertes (od. teilstab.) Zirkonoxid	Zr_2O_2 (stab. mit Y_2O_3, MgO, CaO)
Nickelferrit	$NiFe_2O_4$
Bariumtitanat	$BaTiO_3$

Abb. 6: nach [21]

Zur Gruppe der ***Nichtoxidkeramiken*** KER 4.7, KER 4.8 zählen alle keramischen Werkstoffe auf Basis von Karbiden, Nitriden, Siliziden und Boriden, die genauso wie Oxidkeramiken synthetisch hergestellt werden. Sie sind vor allem gekennzeichnet durch sehr gute mechanische Eigenschaften (z. B. hohe E-Moduli KEN) und sehr hohe Temperaturfestigkeiten. Ebenso sind die hohen Härtewerte und die gute Korrosionsbeständigkeit herauszustellen. Das hervorragende Eigenschaftsprofil kann mit dem hohen Anteil kovalenter Bindungen der karbidischen und nitridischen Kristallstrukturen erklärt werden. Im Vergleich ist die Bindung oxidischer Keramiken in der Hauptsache ionisch geprägt. Der Herstellungsprozess gestaltet sich daher wesentlich aufwändiger und komplizierter. Die Rohstoffe müssen sehr fein gemahlen und bei Temperaturen von über 2.000 °C in einer absolut sauerstofffreien Umgebung gebrannt werden. Zu den wichtigsten Vertretern mit Bedeutung für den technischen Bereich zählen ***Siliziumnitrid*** (Si_3N_4 – KER 4.8) sowie ***Siliziumkarbid*** (SiC – KER 4.7). Weitere Vertreter sind z. B. ***Aluminiumnitrid*** (AlN) oder ***Borkarbid*** (B_4C).

Anwendungsbereich der Hochleistungskeramik

Einsatzgebiete	Bauteile	Werkstoffe
Allgemeiner Maschinenbau	Gleitringe, Dichtscheiben, Wälzkörper, Hülsen, Führungselemente, Plunger und Kolben, Kugellager	Aluminiumoxid, Al_2O_3 teilstabilisiertes Zirkondioxid, ZrO_2
Motorenbau	Turboladerrotoren Ventile Portliner Katalysatorträger Abgassensoren Zündkerzenisolatoren	Siliziumnitrid, Si_3N_4 Siliziumkarbid, SiC Siliziumnitrid Aluminiumtitanat, Al_2TiO_5 Zirkondioxid Aluminiumoxid
Turbinenbau	Wärmedämmschichten	teilstabilisiertes (Y_2O_3, CeO) Zirkondioxid
Verfahrenstechnik, Fertigungstechnik	Düsen und Führungen für Drahtzug Schneidwerkzeuge Strahldüsen Schleifscheiben Fadenführer Messerklingen Druckwalzen Panzerungen	Aluminiumoxid Zirkondioxid Aluminiumoxid Siliziumnitrid kubisches Bornitrid, CBN polykristalliner Diamant, PKD Siliziumkarbid Borkarbid, B_4C Aluminiumoxid Aluminiumoxid Siliziumkarbid Aluminiumoxid Aluminiumoxid Zirkondioxid Zirkondioxidschichten Aluminiumoxid
Hochtemperaturtechnik	Brenner, Schweißdüsen Tiegel, Auskleidungen	Aluminiumoxid
Medizintechnik	Implantate (Hüftgelenke, Dentalbereich)	Aluminiumoxid

Abb. 7: nach [2]

Ausgewählte Nichtoxidkeramiken

Produktnamen	Zusammensetzung
Siliziumkarbid	SiC
Siliziumnitrid	Si_3N_4
Titankarbid	TiC
Tantalkarbid	TaC
Wolframkarbid	WC
Borkarbid	B_4C
Bornitrid	BN
Grafit	C
Aluminiumnitrid	AlN

Abb. 8: nach [21]

Auch im Bereich keramischer Werkstoffe bedingen Anwendungen unter Extrembedingungen wie Sportfahrzeuge oder in der Luft- und Raumfahrt Eigenschaften, die lediglich durch eine Kombination von keramischem Ausgangsmaterial und Faserverstärkung zu erzielen sind. Die Verstärkung bewirkt neben der extremen Temperaturstabilität außerdem ein langsames duktiles, quasi metalltypisches Materialversagen. Das für Keramiken typische plötzliche Eintreten eines Sprödbruchs bei Überbelastung wird auf diese Weise vermieden. Für ***faserverstärkte Keramiken*** muss mit hohen Verarbeitungskosten gerechnet werden, die die Werkstoffe nur für Sonderanwendungen erschwinglich werden lassen.

KER 1.2
Bindungstyp und Eigenschaftsprofil

Die besonderen Eigenschaften technischer Keramiken gehen auf einen speziellen Zusammenhalt dieser Werkstoffe auf atomarer Ebene zurück. Während die Atomrümpfe bei Metallen durch metallische Bindung MET 1.1 zusammengehalten werden und die metallischen Eigenschaften (z. B. thermische und elektrische Leitfähigkeit) auf das Vorhandensein einer frei beweglichen Elektronenwolke zurückzuführen sind, werden keramische Werkstoffe durch eine Mischform ionischer und kovalenter Bindung charakterisiert (Meier 1993).

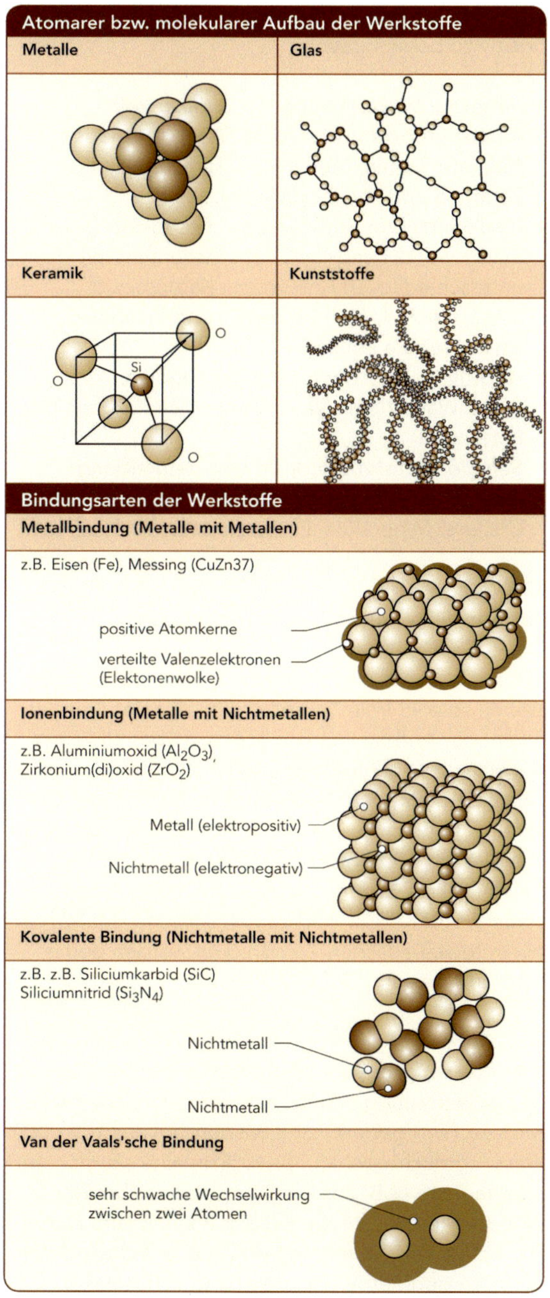

Abb. 9: nach [14]

Die *ionische Bindung* ist durch den Elektronenübergang zwischen einem metallischen und einem nichtmetallischen Atom geprägt (z. B. Al_2O_3 - Aluminium/Sauerstoff, ZrO_2 - Zirkondioxid/Sauerstoff). Bei der ***kovalenten Bindung*** teilen sich Nichtmetallatome gemeinsame Elektronenpaare (z. B. SiC, Si_3N_4). Die Bindungskräfte keramischer Werkstoffe sind weitaus stärker als bei metallischen Werkstoffen. Zuordnung, Abstand und geometrische Anordnung benachbarter Atome sind genau fixiert, so dass vor allem technische Keramiken hohe Härtewerte, hohe E-Moduli und meist auch eine sehr gute Korrosionsbeständigkeit aufweisen.

Sie sind überwiegend elektrisch isolierend, extrem temperaturbeständig und feuerfest, weisen einen hohen Schmelzpunkt auf und sind zudem durch eine geringe Wärmedehnung gekennzeichnet.

Keramische Eigenschaften im Vergleich

Eigenschaften	Klassische Keramik	Al_2O_3-Keramik	ZrO_2-Keramik	Fe-Metalle	Kunststoffe
Festigkeit	→	↗	↑	↑	↓
Härte	↗	↑	↗	↗	↓
Zähigkeit	↘	↘	↗	↑	↑
elektrische Leitfähigkeit	↘	↓	↘	↑	↘
Hochtemperaturbeständigkeit	↗	↑	→	↘	↓
chemische Widerstandsfähigkeit	↗	↑	↑	↓	↗

↑ Sehr hoch ↗ hoch → mittel ↘ niedrig ↓ sehr niedrig

Abb. 10: nach [15]

Die Struktur keramischer Werkstoffe ist lichtundurchlässig, verschleißfest und zeichnet sich durch eine geringe Dichte aus. Im Vergleich zu Kunststoffen, deren Eigenschaftsprofil durch eine mehr oder weniger starke Vernetzung fadenförmiger Monomere auf makromolekularer Ebene zurückgeht, liegt die Wärmebeständigkeit keramischer Werkstoffe um ein Vielfaches höher. Auch das Fehlen plastischer Verformbarkeit, das Metalle und vor allem Kunststoffe auszeichnet, kann mit den Besonderheiten der Mischform aus ionischer und kovalenter Bindung erklärt werden. Nachteilig wirken sich diese allerdings bei Überbelastung aus. Deutet sich das Materialversagen von Metallen und Kunststoffen bereits eine gewisse Zeit vor dem Bruch durch plastische Verformung an, neigen spröde Keramiken bei Überbeanspruchung zu einem plötzlichen Materialbruch. Keramiken fehlt die Fähigkeit, Spannungsspitzen abzubauen (Ilschner, Singer 2005).

KER 2
Prinzipien und Eigenheiten der Verarbeitung von Keramiken

Im Laufe der Zeit haben sich sowohl handwerkliche als auch industrielle Verarbeitungsverfahren etabliert, die für die Gestaltung und Entwicklung von Bauteilen und Produkten aus keramischen Werkstoffen von Bedeutung sein können. Die Prozesskette zur Herstellung von Keramiken setzt sich dabei aus folgenden Verfahrensschritten zusammen:

- Aufbereitung der Rohstoffe und Mischen der Ausgangsmaterialien
- Erzeugung eines Formteils (***Grünling***) auf Basis des Ausgangsmaterials (***Tonmasse***, ***Pulver***, ***Suspension***) mit oder ohne Verwendung von Flüssigkeit bei niedrigen Temperaturen
- ***Brandvorbereitung*** und Trocknung der keramischen Formlinge
- Verdichten der Formlinge unter Einwirkung hoher Temperaturen (***Brand***, ***Sintern***)
- Nachbereitung und Veredelung

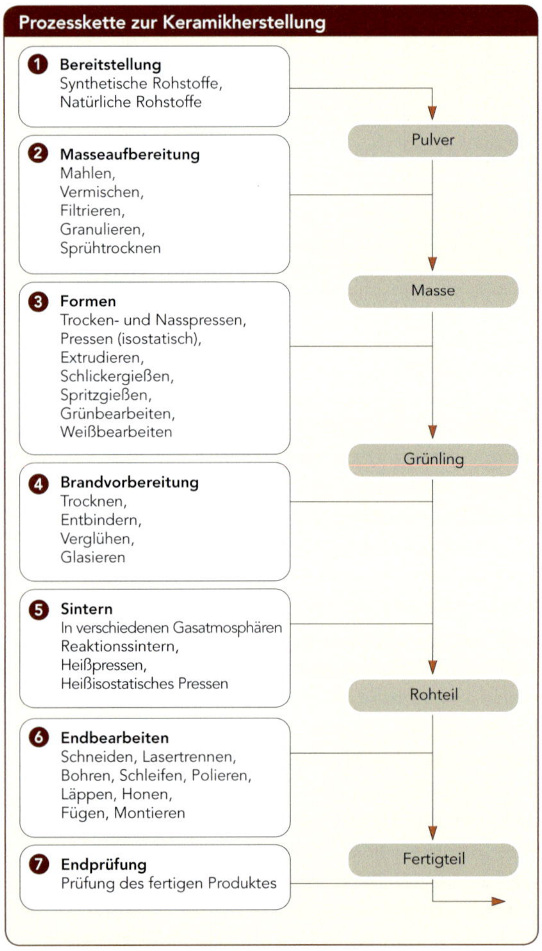

Abb. 11: nach [9]

Der handwerkliche keramische Prozess ist fokussiert auf den Bereich silikatkeramischer Erzeugnisse, bei dem sich auf der Grundlage plastischer Tonmassen sehr leicht keramische Formteile erzeugen lassen. Technische Keramiken wie Oxid- und Nichtoxidkeramiken werden in der Regel unter Verwendung synthetisch erzeugter und aufbereiteter Pulver hergestellt.

Schwund
Durch hohe Temperaturen beim Brennvorgang werden flüchtige Stoffe entfernt. Dadurch rücken die Masseteilchen näher zusammen, und es kommt zum sogenannten Trockenschwund. Der Schwund ist werkstoff- und verfahrensabhängig.

KER 2.1
Aufbereitung der Ausgangsmaterialien

Neben der Verwendung natürlicher Tonmassen oder synthetisch erzeugter keramischer Pulver ist für die Aufbereitung der Rohstoffe und Ausgangsmaterialien im Besonderen von Interesse, welche Verfahren zur Formgebung des Grünlings verwendet werden. Das Gießen macht beispielsweise die Bereitstellung einer Suspension erforderlich, während für das Trockenpressen die Umsetzung eines Granulats notwendig ist. Die einzelnen Rohstoffe werden gemahlen, mit Wasser verschlemmt oder in Form von Granulat zur Verfügung gestellt. Zudem werden organische und anorganische Additive zugesetzt, um die Bauteileigenschaften sowie die Verarbeitung positiv zu beeinflussen:

- Mittel zur Verbesserung der ***Bildsamkeit***: Aluminiumoxidmonohydrat, Dextrin, Gelatine, Alginate, Lignin, Methyl- und Ethylzellulose, Paraffine und Polyvinylalkohol.
- ***Bindemittel*** zur Erhöhung der Festigkeit: Marmor-, Portland- und Tonerdezement mit unterschiedlichen Anteilen an Kalziumoxid, Siliziumdioxid, Aluminiumoxid und Eisenoxid sowie weitere Binder.
- ***Additive*** zur Verbesserung der Gießfähigkeit: Soda, Wasserglas, Natronlauge, Salmiakgeist oder Pottasche.
- ***Schmiermittel*** zur Reduzierung der Reibung während der Formgebung: Ölsäure, Mineralöle, Dispersionen, Wachse.

KER 2.2
Formen silikatkeramischer Tonmassen

Für die Formgebung silikatkeramischer Tonmassen stehen sowohl freie Techniken wie das Handmodellieren, der Aufbau von Hohlkörpern über einzelne Wülste oder die Montage noch nicht getrockneter Tonplatten als auch Werkzeuge zur Verfügung (Cosentino 1999, Frotscher 2003). In diesem Zusammenhang ist die ***Töpferscheibe*** das wohl bekannteste Hilfsmittel zur Erzeugung rotationssymmetrischer keramischer Körper. Nicht symmetrische Hohlkörper mit unterschiedlichen Wanddicken werden durch Treiben erzeugt.

Das Gießen in feste Formen stellt eine Technik im Handwerk dar, die vor allem im industriellen Kontext große Bedeutung erlangt hat. Beim ***Schlickergießen*** wird zur Formgebung eine Suspension aus Ton und Wasser (Feuchtegehalt 30–40 %) in eine saugfähige, poröse Form (z. B. aus Gips) gegossen. Über die Wandung entweicht die Flüssigkeit langsam. Die Trocknung der Tonmasse bewirkt eine ***Schwindung*** der Formgeometrie. Zur Erstellung von Hohlkörpern wird der überflüssige ***Schlicker*** ausgegossen. Bei keramischen Vollkörpern muss auf Grund der Schwindung nachgegossen werden.

Bei einem Restfeuchtegehalt von 12–15 % und einer Trocknungsdauer von meist mehreren Stunden bis zu einigen Tagen, abhängig von der Dicke des

Scherbens, kann das Formteil ohne ***Deformationsgefahr*** entnommen werden.

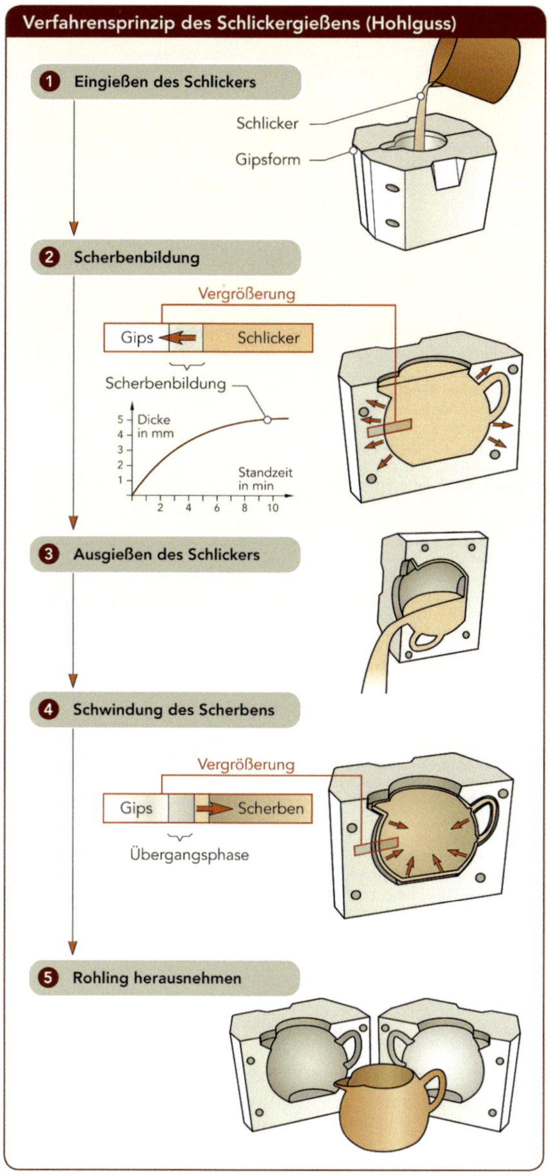

Abb. 12: nach [6]

Weitere wichtige Verfahren zur Formgebung silikatkeramischer Tonmassen sind das Strangpressen *FOR 6.6* unter Verwendung von Matrizen, das Pressen in feste und flexible Werkzeugformen *FOR 6.4*, das Drehen (z. B. auch ***Eindrehen***) sowie das ***Quetschformen***, womit vor allem Blumentöpfe industriell geformt werden.

Formgebungsverfahren	
handwerkliche Formgebung	
freie Techniken	Handformung (Modellieren, Wülsten, Montage)
mit Werkzeug	Drehen, Treiben
industrielle Formgebung	
Schlickergießen	Vollgießen, Hohlgießen, Kombiguss
Pressen	Feuchtpressen, Stampfen, Heißpressen, Expolsivformung, Isostatikpressen
Bildsame Formgebung	Strangformung, Drehformung, Spritzformung

Abb. 13: nach [6]

Handwerkliche und industrielle Fliesenherstellung

Am Beispiel des Herstellungsprozesses von Kacheln und Fliesen wird deutlich wie sich die Produktion silikatkeramischer Erzeugnisse von der Anwendung handwerklicher Fertigkeiten hin zu industriellen Verfahren entwickelt hat. Im Handwerk werden Rahmen als Grundlage zur Herstellung der Fliesenform genutzt, welche mit Ton gefüllt werden. Nachdem das Material sauber eingepasst ist, erfolgt die Trocknung. Ein Veredelungsprozess (z. B. Glasieren) schließt sich meist an. In einem Ofenprozess wird die keramische Fliese abschließend verfestigt.

Bei der industriellen Fliesenherstellung wird im Kern die Technik des Pressens zum Formen und Verdichten der Grünlinge genutzt. Zunächst wird die Pressform mit einer Tonmasse oder einer Pulversuspension befüllt. Durch gegenseitiges Verschieben von Ober- und Unterstempel erfolgt das Verdichten des Presslings zur gewünschten Formgeometrie. In einem kontinuierlichen Prozess wird der Grünling zyklisch entnommen und dem Hochtemperaturprozess zugeführt. Die Pressform kann erneut genutzt werden.

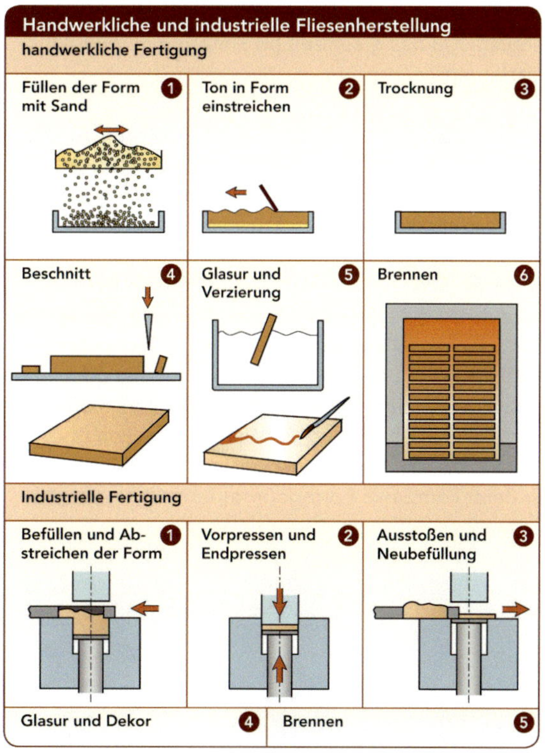

Abb. 14: nach [6]

Bild: Bemalte Fliese.

KER 2.3
Formen pulverbasierter keramischer Ausgangsmassen

Trockenpressen:

Füllstellung: Mit Pressgranulat gefüllte Form (3fach).

Pressstellung: Oberteil taucht ein in Unterteil.

Ausstoßstellung: Füllschuh schiebt gepresste Teile nach vorne ab.

Fotos: Verband der Keramischen Industrie e.V.

In der Prozesskette zur Herstellung technischer Keramiken kommen nach Erzeugung und Aufbereitung des Keramikpulvers für die Formgebung zahlreiche Techniken zur Anwendung. Das einfachste Verfahren ist das Pressen des Ausgangsmaterials zu einem Formling. Der noch nicht verfestigte, ungesinterte Pressling wird in der Fachsprache meist ***Grünling*** genannt. Unterschieden wird zwischen Trocken- und Nasspressen. Das ***Trockenpressen*** kommt in der Regel in der Produktion hoher Stückzahlen zur Anwendung. Der Feuchtegehalt des Ausgangsmaterials beträgt weniger als 7 %. Es kann eine gute Reproduzierbarkeit erreicht und eine automatisierbare Prozesskette realisiert werden. ***Feuchtpressen*** bei einem Wassergehalt der Ausgangsstoffe von mehr als 12 % kommt zum Einsatz, wenn komplexe Formgeometrien und eine gleichmäßige Dichteverteilung im Bauteil von Bedeutung sind. Zur Erzeugung komplizierter Bauteilformen wird auch das ***heißisostatische Pressen*** FOR 2 verwendet. Im Gegensatz zum uniaxialen Pressen wirkt der Druck über eine Flüssigkeit von allen Seiten gleichzeitig, so dass Bauteile mit einer gleichmäßigen und vor allem hohen Dichte hergestellt werden können. Unter ***Heißpressen*** versteht man die Erzeugung von Pressteilen und das gleichzeitige Sintern in nur einem Verfahrensschritt.

Neben dem Pressen (z. B. Strangpressen) bilden das Spritz-, Druck- und Schlickergießen weitere Fertigungsverfahren zur Massenproduktion von Formteilen in der keramischen Prozesskette. Gießbarem keramischen Schlicker sind organische Zusätze von mehr als 30 % zugesetzt. Um das Pressen des Pulvers durch die Düse zu ermöglichen, liegt der Anteil organischer Hilfsstoffe beim Spritzgießen zwischen 40 % und 50 %. Die Beimischung von Ölen oder Wachs als Gleitmittel verbessert die gleichmäßige Dichtbarkeit und Porosität. Wanddicken von über 10 mm können rissfrei ausgebrannt werden. Für äußerst komplexe Formgeometrien steht auch das Extrusionsverfahren FOR 4 zur Verfügung.

Bild: Foliengießen./ Foto: Verband der Keramischen Industrie e.V.

Vor- und Nachteile üblicher Formgebungsverfahren

Formgebungsverfahren	Legende: + Vorteile − Nachteile
Druckguss (im Vergleich zum Schlickerguss)	+ Dieses Verfahren ermöglicht eine schnelle Scherbenbildung, hat eine sehr geringe Trockenschwindung und einen geringen Platzbedarf, gute Maßhaltigkeit. Keine Trocknung der Werkzeugformen notwendig. − Dieses Verfahren hat aufwendige Werkzeuge und damit einhergehend sind relativ hohe Stückzahlen notwendig.
Extrudieren	+ Dieses Verfahren ermöglicht eine kontinuierliche Produktion mit hoher Fertigungskapazität von großen Bauteillängen bei kostengünstiger Herstellung. − Bauteile benötigen eine gewisse Trocknungszeit. Oberfläche mit deutlichen Texturen.
Folienguss	+ Dieses Verfahren ermöglicht eine kontinuierliche Produktion mit hoher Fertigungskapazität bei guter Maßgenauigkeit. Auch bei dünnen Folien. − Dieses Verfahren lässt nur eine beschränkte Bauteilgeometrie zu und die Bauteile benötigen eine gewisse Trocknungszeit.
Isostatisches Pressen	+ Dieses Verfahren ermöglicht eine hohe Dichte ohne Abbildung von Texturen an der Oberfläche. Keine Dichtegradienten. − Dieses Verfahren lässt nur geringe Taktzeiten zu.
Nasspressen/ Feuchtpressen (im Vergleich zum Trockenpressen)	+ Dieses Verfahren ermöglicht komplizierte Bauteilgeometrien. − Bauteile benötigen eine gewisse Trocknungszeit. Größere Toleranzen.
Schlickerguss	+ Mit diesem Verfahren lassen sich komplexe Bauteile mit geringem Materialaufwand, sowohl in dünnwandiger als auch in unsymmetrischer Bauweise herstellen. − Dieses Verfahren hat eine problematische Formherstellung und eine eingeschränkte Formtoleranz. Es lässt nur raue Oberflächen zu und bedingt eine hohe Maßtoleranz. Komplizierte Rheologie.
Spritzguss	+ Dieses Verfahren ermöglicht komplexe Geometrien mit engen Toleranzen und einer guten Reproduzierbarkeit bei hohen Stückzahlen. Ermöglicht eine hohe Oberflächengüte und Konturschärfe. − Dieses Verfahren hat aufwendige Werkzeuge und einen hohen Werkzeugverschleiß bei begrenzter Bauteilgröße. Ausbrennen notwendig.
Trockenpressen	+ Dieses Verfahren ermöglicht einen automatischen Prozessablauf bei guter Reproduzierbarkeit, guter Maßhaltigkeit und kostengünstigen hohen Stückzahlen. − Dieses Verfahren lässt nur eine beschränkte Bauteilgeometrie zu und hat aufwendige Werkzeuge und Pulveraufbereitung.

Abb. 15: nach [9]

Foliengießen bezeichnet ein Verfahren zur Herstellung keramischen Folienmaterials mit einer Dicke zwischen 0,25 mm und 1 mm.

Verfahrensprinzip des Foliengießens

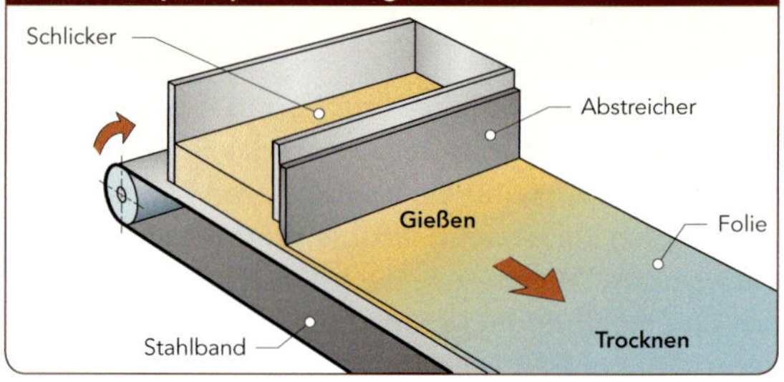

Abb. 16

Schlicker wird kontinuierlich durch einen Spalt auf ein über Rollen angetriebenes Stahlband gegossen und anschließend mit Warmluft getrocknet. Die flexible ***Grünfolie*** kann am Ende des Bandes aufgewickelt oder direkt weiter verarbeitet werden. Die endgültige Aushärtung erfährt die Folie am eigentlichen Einsatzort in einem Ofenprozess.

KER 2.4 Brandvorbereitung

Vor der Hochtemperaturbehandlung werden Verunreinigungen und Bindemittel entfernt, die beim anschließenden Sintern die Bildung eines gleichmäßigen Gefüges verhindern und Mikrorisse fördern würden. Gleiches gilt für die in der keramischen Masse enthaltene Feuchtigkeit. Zur Vermeidung unschöner Risse oder gar des Bruches eines ganzen Scherbens werden vor dem Brand die geformten Keramikteile über längere Zeit getrocknet. Dies ist vor allem dann wichtig, wenn zur Verbesserung der Plastizität während der Formgebung Wasser beigemischt wird. Der Feuchtegehalt eines Grünlings vor dem Brand ist erfahrungsgemäß auf einen Wert zwischen 2% bis 5% zu reduzieren. Durch die Abgabe von Wasser an die Umgebung ist während der Trocknung mit einer Schwindung zu rechnen, die für maßhaltige Keramikbauteile vor der Formgebung einzurechnen ist.

Unterschiedliche Trocknungsgeschwindigkeiten können auch während des Trocknungsprozesses zu unerwünschten Rissen führen. Vor allem bei komplexen Konturen mit unterschiedlichen Wandstärken muss daher auf eine gleichmäßige Trocknung Wert gelegt werden. Schneller trocknende Kleinteile wie Griffe oder Henkel und dünnwandige Profile werden aus diesem Grund meist über längere Zeit mit feuchten Tüchern umwickelt oder mit Wasser besprüht.

Trocknungsrisse

Rissform		Ursache
Randriss		zu großer Dickenunterschied (Wandung dünner als Boden)
Bodenrandriss		zu großer Dickenunterschied (Wandung dicker als Boden)
Bodenriss		Boden nicht gleichmäßig getrocknet
Haarriss		Schwindungskoeffizienten unterschiedlich

Abb. 17: nach [6]

KER 2.5 Hochtemperaturprozess

Die Formteile oder Grünlinge werden in einer abschließenden Hochtemperaturbehandlung verfestigt, die letztendlichen Eigenschaften des keramischen Bauteils entstehen. Porenräume werden reduziert, die Dichte steigt, und die einzelnen Keramikpartikel sintern bei Temperaturen von etwa 70% der Schmelztemperatur zusammen. Während die Temperaturen des Brenn- bzw. Sintervorgangs bei silikatkeramischen Ausgangswerkstoffen zwischen 800 °C und etwa 1.500 °C liegen, erreichen diese zur Erzeugung technischer Keramiken (Oxid- und Nichtoxidkeramiken) Werte von bis zu 2.000 °C. Zur Erzielung besonderer Eigenschaften und für spezielle Anwendungsfälle sind auch Sintertemperaturen von über 2.200 °C möglich. Die Sintertemperatur und somit der Energiebedarf können durch Beimischung von Flussmitteln verringert werden.

Auf Grund der Verkleinerung der Porenräume ist während des Sinterns mit einer weiteren Schrumpfung der Bauteilmaße von 10% bis 25% zu rechnen.

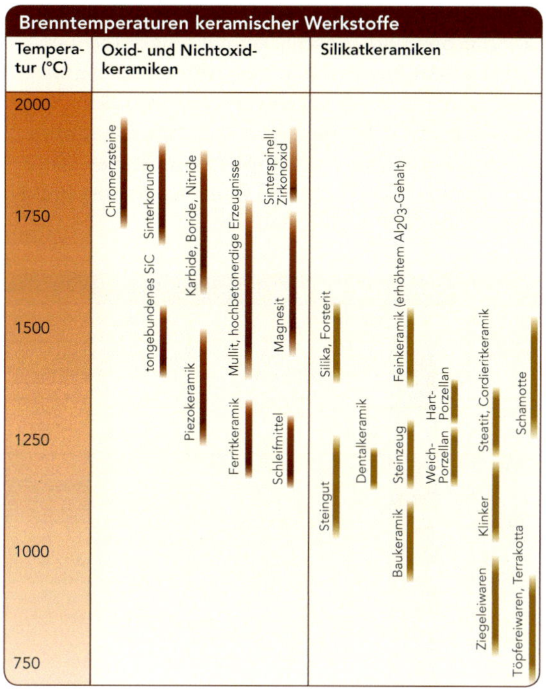

Abb. 18: nach [1]

KER 2.6 Oberflächenveredelung

Bild: Waschbecken mit schmutzabweisender Spezialglasur KeraTect®./ Foto: Keramag AG

Maßgenauigkeit und Oberflächenqualität technischer Produkte aus Oxid- und Nichtoxidkeramiken können durch nachträgliches Polieren, Nassschleifen mit Diamant-Schleifscheiben oder durch Bearbeitung mit Ultraschall und Laser gewährleistet werden. Auch das Honen oder Läppen ist üblich. Wegen der hohen Härtewerte ist die Endbearbeitung jedoch kostenintensiv, so dass die nach dem Brand vorliegenden Bauteilmaße meist für die spätere Anwendung schon festliegen.

Vor allem zur optischen Oberflächenveredelung stehen darüber hinaus weitere Techniken der Dekoration zur Verfügung. Mit ***Dekor*** ist in diesem Zusammenhang ein formalästhetischer Schmuck, ein Muster oder eine Verzierung gemeint. Dekor lässt sich bei keramischen Bauteilen auf drei unterschiedlichen Arten bewerkstelligen.

Die einfachste Form ist das mechanische Dekor. Von Hand oder mit speziellen Werkzeugen werden meist vor dem Brand in den weichen Scherben ***Facettierungen***, ***Inkrustierungen***, ***Kerben*** oder ***Reliefabdrükke*** eingebracht. Zudem können gebrannte Keramiken durch Einlegearbeiten und Aufmodellierungen zusätzlich verziert werden.

Bild: Mechanisches Dekor.

Das Aufbringen von Farben bildet die zweite Möglichkeit zur dekorativen Oberflächenveredelung keramischer Oberflächen. Man unterscheidet zwischen Kalt- und Brandfarben. ***Kaltfarben*** werden nach, ***Brandfarben*** vor dem Brand aufgetragen. Brandfarben sind Tonschlicker mit eingemischten Farbpigmenten, die durch den Wärmeeinfluss im Brennofen mit der Keramik verschmelzen. ***Scharffeuerfarben*** auf der Basis von Kobaltaluminat oder -silikat erhöhen neben der optischen Qualität einer keramischen Oberfläche die Chemikalienbeständigkeit und Haltbarkeit des Bauteils.

Pigmente für Kalt- und Brandfarben

Farbton	Kaltfarben	Brandfarben
Schwarz	Teer, Kohlenstoff, Ruß Eisenoxid, Bitumen	Eisenoxidschwarz, Glanzkohlenstoff
Weiß	Gips, Kreide, Anhydrit, Kaolinit	Kreide, Mergel, Talkweiß
Rot	Eisenoxid, Zinnober, Mennige	Eisenoxidrot
Gelb	Goethit, gelber Ocker, Jarosit, Auripigment	*durch Mischung bzw. Kombination von Pigmenten können z.B. Erdfarbtöne, fleischfarbene Töne und Gelbtöne erzeugt werden.*
Grün	Malachit, Kupferhydroxidchlorid	
Blau	Kobaltaluminat, Azurit, Ägyptisch Blau	

Abb. 19: nach [6]

Bild: »Cassini« Aufsatzwaschtisch.
Die präzise Trennung der beiden Glasurfarben ist das Resultat aus einem intensiven Entwicklungsprozess, der das Zusammenspiel von Glasur- und und keramischem Brennverhalten in Einklang bringt./
Foto: Keramag AG

Neben mechanischem Dekor und Farbpigmenten kann die Oberfläche keramischer Bauteile durch das Aufbringen von Glasuren veredelt werden. ***Glasuren*** sind dünne, auf den Scherben aufgeschmolzene Glasschichten mit Dicken von 0,15 mm bis 0,4 mm, die die Keramikoberfläche glätten und gegen Wasser und anderen Flüssigkeiten abdichten. Außerdem wird die Widerstandsfähigkeit des keramischen Behältnisses gegen mechanische Beanspruchung erhöht und die chemische Resistenz verbessert. Dies ist vor allem für technische Anwendungen wie Kanalisationsrohre, Fliesen oder chemische Laborbehältnisse von Bedeutung. Hier kommen die Keramiken nahezu ausschließlich mit glasierter Oberfläche zur Anwendung, da Lebensdauer und Wirtschaftlichkeit des Bauteils durch die Oberflächenveredelung erhöht werden.

Bild: Der Stil chinesischer Porzellanmalerei kommt in der Vasenleuchte von Garpa zu neuer Blüte./
Foto: Studio Heiner Orth

Glasuren setzen sich aus den drei Bestandteilen ***Glasbildner***, ***Flussmittel*** und ***Stabilisatoren*** zusammen (Cosentino 1999). Siliziumdioxid zählt zu den bekanntesten Glasbildnern. Flussmittel setzen die Schmelztemperatur des Glasbildners herab, damit nicht Gefahr besteht, dass der Scherben schmilzt und seine Form verliert. Die Verwendung von Stabilisatoren (z. B. Magnesium-, Natrium-, Kalium- oder Bleioxid) verhindert das Ablaufen der Glasur von der Tonoberfläche während des Brandes.

Die Aufbringung einer Glasur kann auf verschiedene Arten erfolgen. Die Rohstoffe werden zunächst in Trommelmühlen zu Feinstpartikeln gemahlen und in Wasser zu einem Schlicker gemischt. Dieser wird in ein Behältnis gefüllt und kann mit Pinsel, Spritzpistole oder durch Eintauchen und Sieb- bzw. Stempeldruck auf die meist schon vorgebrannte Keramikoberfläche aufgebracht werden. Eine spezielle Technik des Glasurauftrags ist die ***Anflugglasur***. Gasförmige Verflüchtigungen von Blei-, Bor- und Natriumoxid werden genutzt, um Beschichtungen auf den keramischen Scherben zu bringen. Beim ***Salzglasieren*** wird feuchtes Salz in den Ofen geworfen, sobald dieser die Spitzentemperatur für den Brand von Steinzeug erreicht hat. Natriumoxid setzt sich frei, welches mit dem Siliziumoxid des Tons eine Verbindung eingeht und eine glasartige Schicht bildet. Das Salzglasieren ist eine für die Veredelung von Kanalisationsrohren vorzugsweise verwendete Technik.

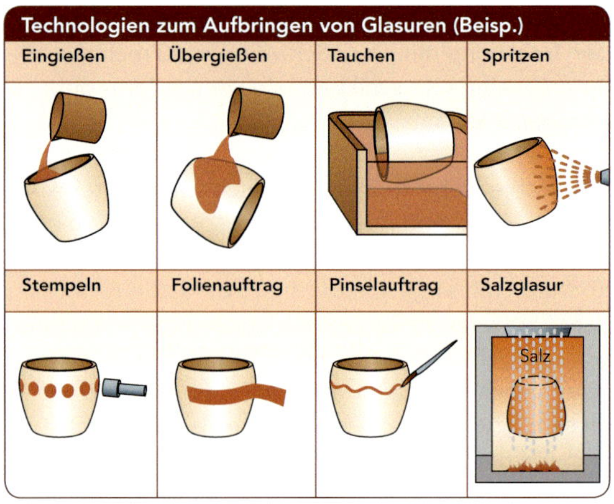

Abb. 20: nach [6]

Je nach Zeitpunkt des Glasurauftrags, unterscheidet man bei der Lage der Glasur zwischen Unter-, Inglasur- und Aufglasurdekoration. Der Auftrag von ***Unterglasuren*** erfolgt auf den gebrannten Scherben. Der optische Effekt setzt erst nach Aufbringung einer Überglasur ein. ***Inglasuren*** werden nach dem ersten Glattbrand aufgetragen. Sie vermischen sich mit der noch ungebrannten Glasur und bieten besondere Einfärbungen. Auch ***Aufglasuren*** werden auf die glatt gebrannte, schon glasierte Keramik aufgetragen und bewirken eine höhere Haltbarkeit.

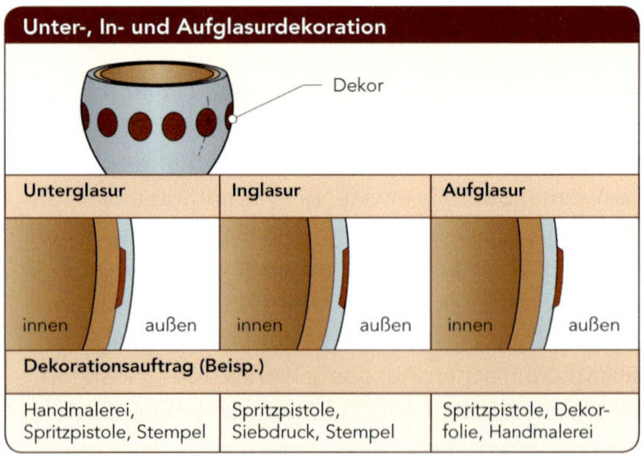

Abb. 21: nach [6]

KER 2.7
Fügen keramischer Bauteile

Die wirtschaftlichen und bearbeitungsspezifischen Anforderungen an technische Bauteile mit keramischen Eigenschaften bedingen in einer Vielzahl von Fällen, dass die Formgeometrie aus keramischen Einzelkomponenten zusammengesetzt werden müssen. Fügeverbindungen werden erforderlich, um Kombinationen aus unterschiedlichen Materialien herstellen zu können. Insbesondere sind Werkstoffverbünde aus Keramik und Metall zu nennen, wodurch sich die Vorzüge beider Materialgruppen nutzen lassen.

Stoffschlüssige Verbindungen können einfach unter Nutzung von Epoxid- oder Cyanacrylatkleber erzeugt werden. Auch flexible Klebstellen durch Silikonkleber sind möglich. Darüber hinaus sind Löten und Schweißen Techniken, mit denen sich Metall-Keramikverbindungen herstellen lassen.

Im Bereich formschlüssiger Verbindungen wird in der Regel mit den Verfahren ***Eingießen***, ***Einsintern*** oder ***Kitten*** gearbeitet. Letzteres meint Steckverbindungen, bei denen der verbliebene Spalt zwischen den Fügepartnern mit einer Kittmasse (z. B. Zement zur Anfertigung von Isolatoren) gefüllt und ausgehärtet wird. Als Beispiel sei an dieser Stelle der ***Langstabisolator*** genannt.

Kittverbindung

Beispiel: Armaturverbindung eines Langstabilisators

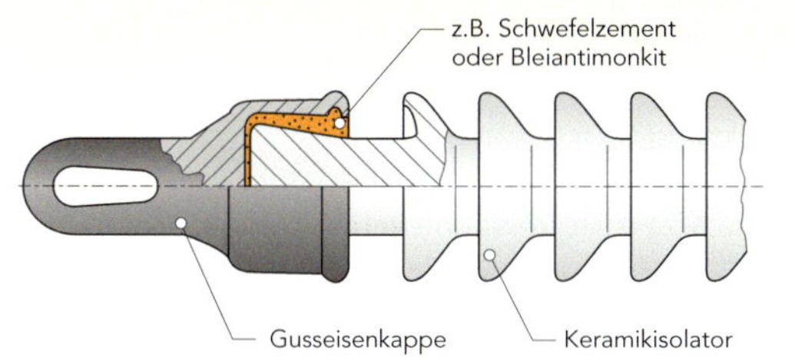

Abb. 22: nach [3]

Kraftschlüssige Verbindungen können durch Klemmen, Schrumpfen oder Schrauben hergestellt werden. Zum ***Einschrumpfen*** werden die erwärmten Bauteile zunächst zusammengesteckt, wobei das Metallbauteil stets außen angeordnet werden sollte. Die Fügeverbindung entsteht durch Schrumpfen während der Abkühlung. Schraubverbindungen werden beispielsweise zur Befestigung keramischer Schneidplatten an Drehmeißeln verwendet.

Eines der wohl bekanntesten Produktbeispiele, das auf einer Kombination unterschiedlicher Fügetechniken basiert, ist die ***Zündkerze***. Hier muss zuerst die feste Verbindung zwischen keramischem Isolator und metallischem Kerzengehäuse (Abb. 24, Detail A) erzeugt werden. Außerdem ist eine leitende Verbindung zwischen Mittelelektrode und Anschlussbolzen sicherzustellen (Abb. 24, Detail B). Die erstgenannte Fügeverbinung entsteht durch eine Kombination aus Form- und Kraftschluss. Der Isolator wird in das erwärmte Gehäuse eingeschrumpft und mit Hilfe einer Bördelung verklemmt. Die Befestigung der Mittelelektrode in der verjüngten Spitze des Isolators wird durch Einbringen einer Glasschmelze als Kittmasse erzielt, die die Enden von Mittelelektrode und Anschlussbolzen umfließt und verankert (Boretius, Lugscheider, Tillmann 1995).

Fügeverfahren für keramische Bauteile

Füge-verfahren	Materialkombination Keramik mit: Kera-mik	Me-tall	Kunst-stoff	Füge-zusätze	Anwendungs beispiele
Kraftschlüssig					
Schrauben	●	●	●	Schrauben, Muttern	Waschbecken
Klemmen	●	●	●	–	
Einschrumpfen		●		–	Ventilführung
Stoffschlüssig					
Kleben	●	●	●	Kleber	Kupplungsteile
Vulkanisieren		●	●	Kautschuk	Gleitringe
Laminieren	●			–	Multilager
Löten		●		Lot	Elektronikbauteile
Schweißen		●		Metall	Elektronikbauteile
Formschlüssig					
Eingießen		●	●	–	Auskleidung
Einsintern		●		–	Welle mit Nabe
Kitten	●	●	●	Kitt	Stabilisatoren

Abb. 23: nach [15, 19]

Fügestellen am Beispiel des Aufbaus einer Zündkerze

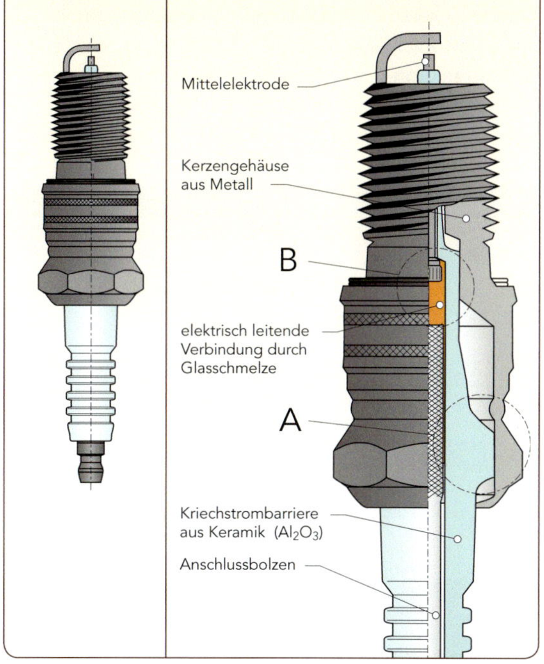

Abb. 24: nach [3]

Bild: Zündkerze.

Schweißen von Keramiken

Grundsätzlich lassen sich stoffschlüssige Verbindungen sowohl zwischen Keramik- und Keramik- als auch zwischen Keramik- und Metalloberflächen erzeugen. Voraussetzung ist ein vergleichbarer Ausdehnungskoeffizient. Die Werkstoffe werden unter Wärme und/oder Druck derart vereint, dass sich ein kontinuierlicher innerer Aufbau ergibt.

Keramiken löten

Auch mit der Löttechnik können stoffschlüssige Verbindungen bei den Werkstoffpaarungen Keramik/ Metall und Keramik/ Keramik hergestellt werden. Die Keramikoberflächen werden zunächst metallisiert. Beim Löten entsteht dann eine flüssige Phase, die nach Abkühlung den festen Verbund bewirkt.

Das Metallisieren kann mit dem 2008 entwickelten Keramiklot Ceralink wegfallen. Dieses wird mit dem Laser lokal aufgeschmolzen und verbindet so bei idealer Benetzung die beiden Keramikoberflächen, ohne große Wärmemengen in den Werkstoff einzuleiten.

KER 3
Keramikgerechte Gestaltung

Aus den beschriebenen Eigenschaften technischer Keramiken und den Bedingungen der sintertechnischen Herstellung lassen sich eine ganze Reihe von Grundregeln ableiten, deren Einhaltung den optimalen Einsatz keramischer Werkstoffe gewährleistet. Da die Einschränkungen in Bezug auf die Gestaltung von Pressteilen im Kapitel Pulvermetallurgie *FOR 2* beschrieben werden, sind an dieser Stelle konstruktive Hinweise gegeben, die sich aus den werkstoffspezifischen Eigenheiten ergeben (Spur 1989, Tietz 1994):

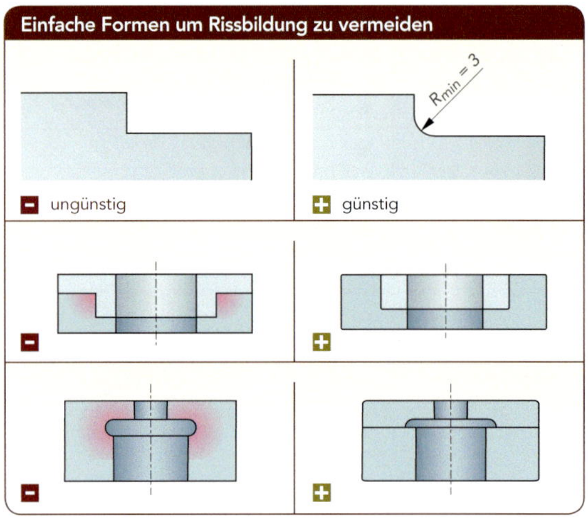

Abb. 25: nach [25]

Gerade für keramische Bauteile sind einfache Formen ohne Hinterschneidungen und Absätze zu wählen, da Bauteilkanten eine mögliche Rissbildung fördern. Um Spannungen zu vermeiden, sind Innenradien stets abzurunden und harte Kanten zu vermeiden.

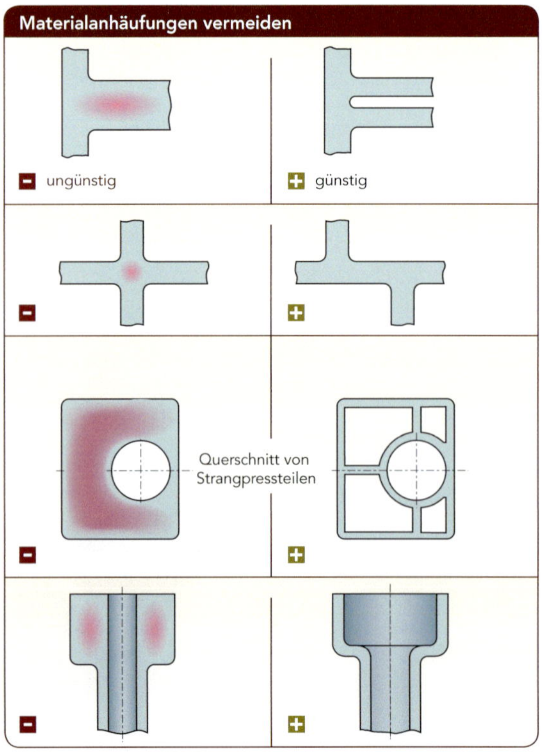

Abb. 26: nach [25]

Keramische Bauteile sind während des Sinter- oder Ofenprozesses hohen thermischen Belastungen ausgesetzt. Um die Bildung von Spannungen und Rissen zu vermeiden, muss auf gleichmäßige Aufheiz- und Abkühlgeschwindigkeit Wert gelegt werden. Auf Materialanhäufungen, unterschiedliche Materialdicken und in einem Knoten zusammenlaufende Rippen sollte verzichtet werden.

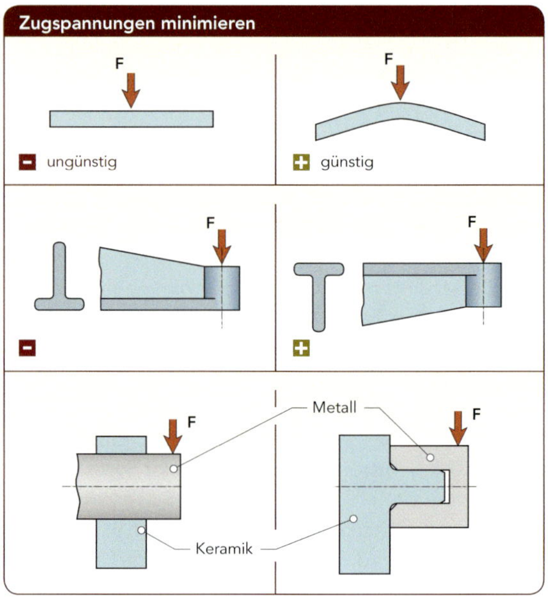

Abb. 27: nach [25]

Keramische Werkstoffe weisen eine geringe Festigkeit gegenüber Zugspannungen auf. Daher sollten Zugbeanspruchungen vermieden werden. Bei zu erwartenden hohen Druckspannungen sind Vorwölbungen vorzusehen.

Biegebeanspruchungen sollten dort ansetzen, wo starke Materialquerschnitte und Verrippungen auf Druck beansprucht werden. Durch außen angeordnete metallische Bauteile oder Hülsen können Zugspannungen minimiert werden (siehe Abb. 31).

Da während des Herstellungsprozesses keramischer Bauteile starke Maßabweichungen durch Schwindung zu erwarten sind, ist eine Nachbearbeitung in der Regel unvermeidlich. Die Formgeometrien sind so auszulegen, dass der Aufwand zur Nachbearbeitung minimiert werden kann. Zu bearbeitende Flächen sind anzuheben und Werkzeugausläufe vorzusehen. Eine Reduzierung kann auch durch Aussparungen erzielt werden.

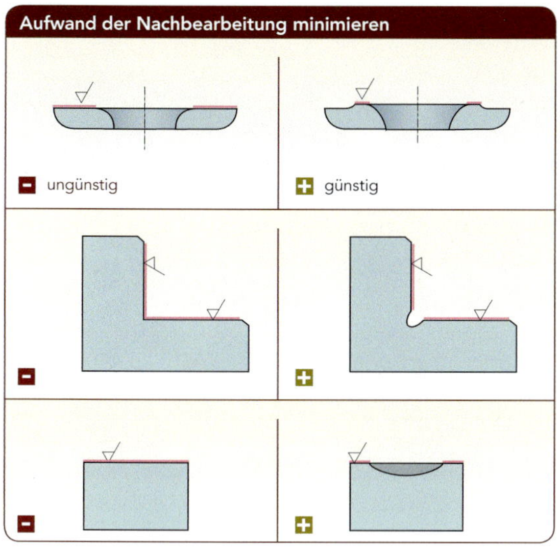

Abb. 28: nach [25]

Formschlüssige Verbindungen sind kraftschlüssigen vorzuziehen.

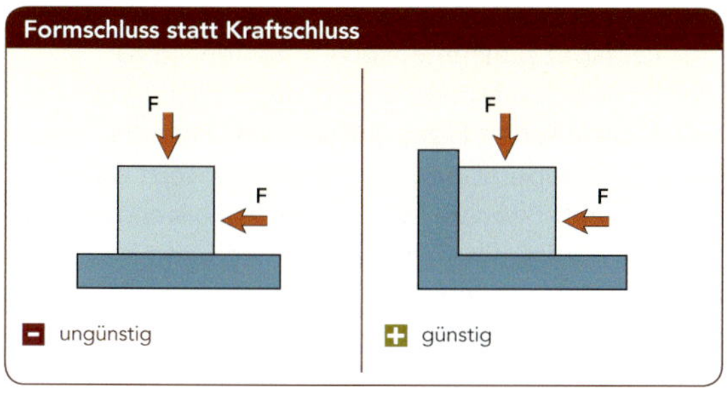

Abb. 29: nach [25]

Fügeverbindungen unter Nutzung von Gewinden sind für keramische Bauteile nur bei sehr geringen Belastungen vorstellbar. Gewindespitzen sollten gerundet und Ausläufe vorgesehen werden.

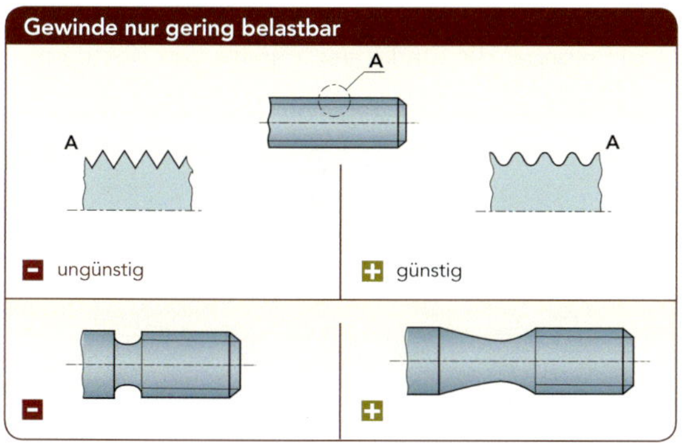

Abb. 30: nach [21]

Bild rechts: »Cassini« Aufsatzwaschtisch mit Relief.
Das eingearbeitete Relief im Rand des Aufsatzwaschtisches erfordert außerordentliches handwerkliches Geschick in der Modellierung und stellt höchste Ansprüche an die anschließende industrielle Fertigung, die die hohe und gleichbleibende Qualität garantiert./ Foto: Keramag AG

Die zu fügenden Materialien sollten ähnliche Wärmeausdehnungskoeffizienten aufweisen, damit bei Temperaturschwankungen keine zusätzlichen Zugspannungen entstehen. Federnde oder elastische Elemente können förderlich sein, um einer Rissbildung vorzubeugen.

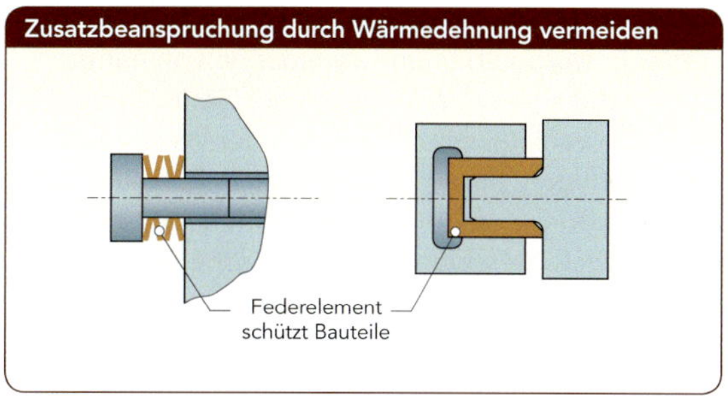

Abb. 31: nach [25]

Sind bei der späteren Nutzung des keramischen Bauteils Schlag- oder Stoßbeanspruchungen zu erwarten, sollte die Krafteinleitung auf einer möglichst großen Fläche erfolgen. Kurzzeitige Überlastungen können leicht zum Werkstoffversagen führen. Elastische, federnde Stützmaterialien können zur Dämpfung vorgesehen werden.

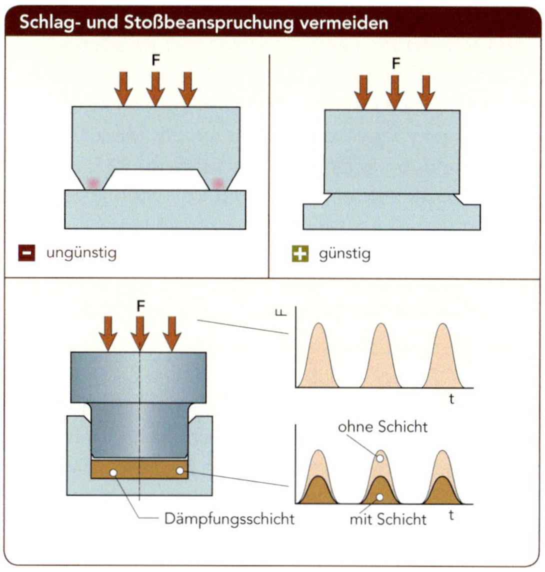

Abb. 32: nach [25]

KER 4
Vorstellung einzelner keramischer Werkstoffe

KER 4.1
Silikatkeramik – Porzellan

Porzellan gilt als edelster aller keramischen Werkstoffe. Er wurde über eine Zeitspanne von nahezu 2.000 Jahren von den Chinesen aus Steinzeug entwickelt. Obwohl neueste Funde aus der West-Chou-Kultur belegen, dass die Kenntnis der Porzellankeramik bereits im 8. Jahrhundert vor Christus bestand, entsprechen die weißen und durchscheinenden keramischen Erzeugnisse erst seit dem 9. Jahrhundert unserer heutigen Vorstellung von Porzellan. Eine Blüte erlebte der Werkstoff in der Ming-Dynastie des 15. Jahrhunderts. Mittelpunkt der Porzellanproduktion mit etwa 3.000 Brennöfen war damals die Stadt Ching-tê-chên. Nach Europa kam der Werkstoff durch die Entdeckungsreisen von Marco Polo erst im 14. Jahrhundert. Da die Chinesen die Rohstoffzusammensetzung und Herstellungsmethoden lange Zeit geheim hielten, misslangen zahlreiche Versuche, Porzellan in Europa nachzubilden. Vor allem im 16. und 17. Jahrhundert wurde Porzellan als »weißes Gold« gehandelt und in großen Mengen aus China importiert. Der Begriff ist wahrscheinlich auf das lateinische »porcella« für Perlmuschel zurückzuführen. Die Erfindung des europäischen Porzellans wurde lange Zeit dem Alchimisten Johann Friedrich Böttger zugesprochen, der am 28. März 1709 seine Erfindung in Dresden vermeldete. Aktuellen Erkenntnissen folgend, muss die wertvolle Entdeckung aber seinem Meister Ehrenfried Walther von Tschirnhaus zugesprochen werden. Er war es, der bereits 1708 die richtige Mischung für das »weiße Gold« unter Beimengung weißer Tonerde (Kaolin) aus dem sächsischen Erzgebirge entdeckte. Bevor die Rezeptur publik gemacht werden konnte, verstarb der Naturwissenschaftler aber und Böttger ging als Schwindler in die Geschichtsschreibung ein. Seit dieser Zeit wurden zahlreiche Porzellanmanufakturen aufgebaut. Eine der berühmtesten war die in Meißen. Die gekreuzten Schwerter wurden zum Markenzeichen.

Eine Besonderheit ist schwarzes Porzellan. Rosenthal ist weltweit das einzige Unternehmen, das schwarzes Porzellan produziert. Es ist sowohl in der Masse als auch in der Glasur durch Metalloxide gefärbt. Ein so kostbares Porzellan wie Porcelaine noire ist nicht für die Spülmaschine und Mikrowelle geeignet.

Bild: »TAC«, schwarzes Porzellan./ Hersteller: Rosenthal AG

Eigenschaften
Porzellan wird aus rein natürlichen, tonmineralhaltigen Rohstoffen hergestellt und weist einen dichten, weißen und transluzent durchscheinenden Scherben auf. Da sich porzellankeramische Erzeugnisse aus den drei Bestandteilen Kaolin, Quarz und Feldspat zusammensetzen, zählen sie zu den Dreistoffsystemen. Im Vergleich zu anderen silikatkeramischen Erzeugnissen wird Porzellan bei höheren Temperaturen gebrannt und weist dementsprechend höhere Härtewerte auf als andere Gebrauchskeramiken. Wegen der höheren Festigkeit sind selbst Porzellanbehältnisse mit einem dünnen Scherben bereits stabil. Porzellan wirkt wie andere Keramiken isolierend gegen elektrischen Strom, ist unempfindlich gegenüber thermischer Wärmeeinwirkung und weist eine geringe Wärmedehnung auf. Zudem ist der Werkstoff korrosionsbeständig und gegenüber einer Vielzahl von Chemikalien resistent. Der Kaolinanteil in der Porzellanrezeptur beeinflusst die Temperaturwechselbeständigkeit und Resistenz gegen äußere Einflüsse (Korrosion). Der Zusatz von Quarz wirkt sich positiv auf die Festigkeit aus, während Feldspat die Stärke der Transparenz bestimmt.

Bild: Kollektion »Free Spirit«, Geschirr aus Porzellan./ Design: Robin Platt/ Hersteller: Rosenthal AG

Die unterschiedlichen Porzellansorten teilt man nach Brenntemperaturen in ***Weichporzellan*** (1.200–1.320 °C) und ***Hartporzellan*** (1.340–1.410 °C) ein. Während die europäische Variante zum Hartporzellan zählt, gilt das chinesische Porzellan mit einem niedrigen Kaolinanteil von 20–40 % und hohen Feldspatgehalt als typisches Weichporzellan. Weichporzellan ist deutlich zerbrechlicher als die harte Variante, allerdings stehen zur Dekoration reichhaltigere Farben und Möglichkeiten zur Verfügung. Neben diesen Hauptgruppen sind im Laufe der Zeit in den verschiedenen Ländern zahlreiche Porzellansorten unterschiedlicher Rezepturen entdeckt und entwickelt worden.

Porzellansorten	
Hartporzellan	- sehr hohe Härte der Glasur und des Scherbens, - Feldspatglasur und hoher Kaolinanteil (50%) - die hohe Glattbrandtemperatur beschränkt die Farbauswahl für die Unterglasurdekoration
Frittenporzellan	- gehört eher zur Weichporzellangruppe, - geringere Festigkeit als Hartporzellan, - größere Farbauswahl für Unterglasurdekoration, da geringere Glattbrandtemperatur, - zur Verblendung von Zahnersatz und Bijouteriewaren
Seladon-Porzellan	- gehört zur Hartporzellangruppe, - grünliche Tönung (Jadeton) durch Untermischung von Chromverbindung
Marmorporzellan	- im Scherben ungleich gefärbt (Marmor-Effekt), - jedes Stück ist einzigartig durch unterschiedliche Farbstruktur
Rosa-Porzellan	- entsteht durch Vermischung mit bestimmten Mangansalzen oder Goldverbindungen
Biskuitporzellan	- meistens Weichporzellan, - unglasiert gebrannt, - raue Oberfläche, aber wasserdicht, - für Plastiken geeignet
Elfenbeinporzellan	- echtes Elfenbeinporzellans weist Farbunterschiede auf, (Farbe entsteht durch Einbrennung und nicht durch Färbung)
Braunesporzellan	- für Koch,- Brat- und Backgeschirre, - Färbung durch Beimischung von Metalloxyden oder es wird Ton verwendet, der sich beim Brennen braun färbt - gehört zur Hartporzellangruppe
Kobaltporzellan	- Kobaltoxid wird mit Glasfritte (Glasur) vermengt, auf glattgebranntes, weißes Porzellan aufgebracht und ein zweites Mal gebrannt (Sinterdekor), - höherer Preis, da höherer Ausschuss, - erkennt man an unsauberem, verschwommenem Übergang von dekorierter und undekorierter Fläche
Schwarzes Porzellan	- gehört zur Hartporzellangruppe, - schwarze, nichttransparente Färbung, - nicht spülmaschinenfest
Knochenporzellan (Bone China)	- Weichporzellan (durch geringen Kaolinanteil), - 50...60% Knochenasche ohne Phosphate, 15...30% mineralisches Pegmatit und Kaolin, - geringere Festigkeit als Hartporzellan, - größere Farbauswahl für Unterglasurdekoration, da niedrigere Glattbrandtemperatur
allgemeine Eigenschaften	- Druckfestigkeit etwa 5 Tonnen pro cm^2, - hitzeunempfindlich, - hohe elektrische Isolierfähigkeit (elektrische Durchschlagsfestigkeit: 40 000 V bei 2,5 cm Dicke; Verwendung für Isolatoren), - Härte 8 in der Härteskala (Mohs), - korrosionsbeständig, - alterungsbeständig - chemische Beständigkeit

Abb. 33: nach [5]

Verwendung

Porzellan wird auf Grund seiner optischen Qualität bereits seit Jahrhunderten zur Anfertigung von Kunstwerken, Schmuckstücken und Luxusartikeln verwendet. Die hohe Hitzebeständigkeit und die glatte, dichte sowie gegen mechanische Beanspruchungen widerstandsfähige Oberfläche machen den Werkstoff zur Herstellung hochwertigen Geschirrs besonders geeignet. Ein weiterer Anwendungsbereich ist der Sanitärbereich. In der Technik kommt Hartporzellan im Elektrobereich vor allem als Isolator (z. B. groß dimensionierte Widerstände) und auf Grund der guten Beständigkeit gegenüber Laugen und Säuren in der chemischen Industrie für Laborgeräte und -behältnisse zum Einsatz. Hier hat allerdings Aluminiumoxid *KER 4.5* in den letzten Jahren zahlreiche Porzellananwendungen ersetzt. Zu den wichtigen technischen Porzellanen zählen das preiswerte ***Quarzporzellan*** und das vergleichsweise teure ***Tonerdeporzellan***, das unter Freiluftbedingungen dem Quarzporzellan überlegen ist.

Bild: Porzellan-Schalen »Tectonics«, ein spezielles Plasma-Vakuum-Verfahren ermöglicht das dünne Beschichten mit einer besonderen Titanverbindung./ Design: Cairn Young/ Hersteller: Rosenthal AG

Die Transparenz von Bauteilen aus technischem Porzellan ist gering, so dass diese an der Grenze zum Feinsteinzeug stehen. Zur Erzielung der notwendigen Oberflächenqualität werden technische Artikel in der Regel glasiert.

Verarbeitung

Der erste Schritt in der Prozesskette (siehe folgende Seite) zur Herstellung von Porzellanartikeln besteht in der Aufbereitung und Zusammensetzung der Ausgangsrohstoffe. Entsprechend den zu erzielenden Eigenschaften und den zur Verfügung stehenden Formgebungsverfahren werden zum Gießen teilflüssige Porzellanmassen, zur Verarbeitung durch Drehen plastische Ausgangsmassen (Wassergehalt 20 %) und für die Verarbeitung in Pressen Gemische aus Granulaten (Wassergehalt 1–2 %) verwendet. Vollautomatiersierte Fertigungseinheiten nutzen zur Formgebung auch die Spritzgießtechnik und das heißisostatische Pressen.

Die Lampenentwürfe »14 %« von Laura Strasser veranschaulichen die Eigenschaften von Porzellan bei der Verarbeitung sehr deutlich.

Bild: 14 % Porzellandeckenlampe, 2008 Design/ Foto: Laura Straßer

Die Aufbereitung der teilflüssigen und plastischen Massen beginnt mit dem Mahlen von Quarz und Feldspat zu Pulvermischungen, die anschließend mit dem in Wasser aufgeschlämmten Kaolin zu einer Masse verrührt werden. In Filterpressen wird anschließend unter Druck das überflüssige Wasser je nach benötigtem Flüssigkeitsanteil abgepresst und die Porzellanmasse zur Formerstellung bereitgestellt. Teller und Tassen werden gedreht, Kannen, Dosen und Platten in ovale oder viereckige Formen gegossen.

Nach der Formgebung werden die rohen, gerade getrockneten und in diesem Zustand noch sehr zerbrechlichen Porzellanrohlinge bei etwa 900–1.000 °C vorgebrannt (***Glühbrand***), damit eine für die weitere Bearbeitung entsprechende Festigkeit entsteht. Dabei entweicht das Wasser, eine gewisse Porosität bleibt zur Aufnahme von Glasuren und Farbpartikeln erhalten. Anschließend können die Bauteile mit den unterschiedlichen Glasuren dekoriert werden KER 2.6. Weißes Porzellan wird in der Regel zweimal glasiert. Damit die Farben auf der Oberfläche festschmelzen, werden Porzellanartikel insgesamt dreimal gebrannt. Bei schwierigen Dekoren kann die Anzahl der Brennvorgänge auch darüber liegen.

Die handwerkliche Erstellung von Kunstartikeln aus Porzellan beginnt mit der Anfertigung eines Tonmodells, von dem ein Abguss erstellt wird. Der Abguss dient zur Anfertigung eines Gipsmodells, das wiederum als Grundlage für die Herstellung der Werkzeugform aus Gips, Kunstharzstoffen oder Metallen dient. Durch Verwendung des entstandenen Werkzeugs können die eigentlichen Porzellanstücke geformt oder gegossen werden. Da das Gipsmodell die Grundlage der eigentlichen Formgebung bildet, sollte die Herstellung mit besonderer Sorgfalt und höchster Präzision erfolgen. Dabei muss die Schrumpfung des Materials um rund 14 % beim Glatt- und Glasurbrand einkalkuliert werden (Schmid 2009).

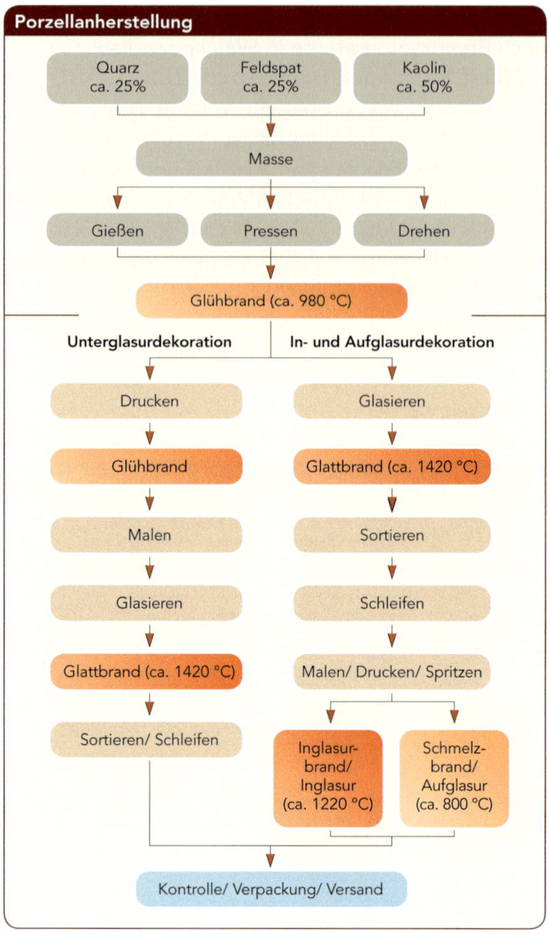

Abb. 34: nach [5]

Wirtschaftlichkeit

Zur Bewertung der Wirtschaftlichkeit von Artikeln aus Porzellan sollten die Kosten im Werkzeugbau berücksichtigt werden. Die Anfertigungskosten von Werkzeugformen zur Herstellung eines Tafel- oder Kaffeeservice aus Porzellan betragen beispielsweise etwa eine halbe Millionen Euro.

Alternativmaterialien

Glas- und Hochleistungssilikatkeramik für technische Anwendungen, Steinzeug, Töpferware, Steingut

Bild: 14 % Porzellandeckenlampe, 2008 Design/ Foto: Laura Straßer

KER 4.2
Silikatkeramik – Steinzeug und keramische Baustoffe

Steinzeug

Wie Porzellan weist Steinzeug eine dichte und wasserundurchlässige Struktur auf, was auf eine ähnliche chemische Zusammensetzung zurückzuführen ist. Das Chinesische macht daher keinen Unterschied zwischen den beiden Keramiken und verwendet nur die eine Bezeichnung »ciqi«. Neben der hohen Festigkeit sind vor allem die gute Chemikalienbeständigkeit und Säureresistenz hervorzuheben. Steinzeug wird in der Regel mit salz- oder porzellanähnlichen Glasuren überzogen und auch als »kochfeste« Ware bezeichnet. Zur Gruppe der dichten silikatkeramischen Werkstoffe gehören auch ***Klinker*** und ***Fliesen***. Klinker sind besonders frostbeständig und druckfest.

Ziegelerzeugnisse

Silikatkeramiken mit poröser Struktur werden auf Grund der geringen Dichte und dem sich daraus ergebenden geringen Gewicht in Form von Ziegelerzeugnissen seit jeher im Bauwesen verwendet. Allgemein wird zwischen ***Mauerziegeln*** mit einem Hohlraumgehalt von unter 15 % und ***Langlochziegeln*** mit einem höheren Lochanteil unterschieden. Es existieren Hohlraumgeometrien parallel und senkrecht zur Auflagefläche.

Ziegelerzeugnisse (nach DIN 105)

Vollziegel/Mauerziegel (MZ)		
Als Vollziegel bezeichnet man einen massiven Ziegel, oder aus Gründen der Gewichtsreduktion gelochte Ziegel, deren Lochanteil nicht höher als 15 % der Auflagefläche ist.		
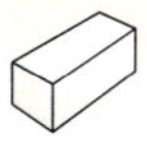 Vollziegel/ ungelocht	 Vollziegel/ gelocht	 Vollziegel/ gelocht
Langlochziegel (LLz)		
Langlochziegel haben Lochungen, die parallel zur Auflagefläche laufen.		
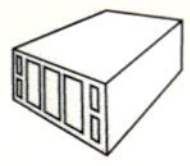 Langlochziegel mit 1 Lochreihe in den zu vermörtelnden Flächen	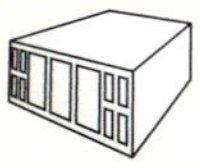 Langlochziegel mit 2 Lochreihen in den zu vermörtelnden Flächen	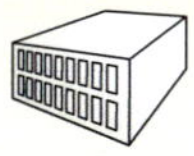 Langlochziegel mit Lochreihen, die über die ganze Ziegelbreite vermörtelt werden können
Hochlochziegel (HLz)		
Hochlochziegel haben Lochungen, die senkrecht zur Auflagefläche laufen. Der Lochanteil ist höher als 15 % der Auflagefläche. Es wird zwischen Lochungsart A und B unterschieden.		
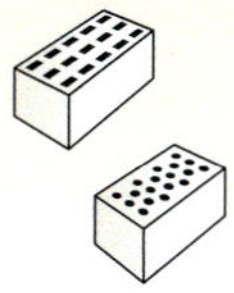 Hochlochziegel/ Lochung B	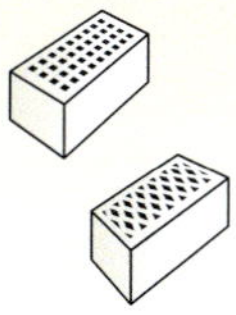 Hochlochziegel/ Lochung A	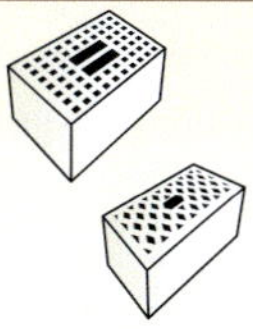 Hochlochziegel/ Lochung A mit Griffleisten

Abb. 35: nach [DIN 105]

Kennwerte keramischer Baustoffe

Kenngröße	Lochziegel	Mauervollziegel	Klinkererzeugnisse
Rohdichte [kg/dm^3]	0,4…1,4	1,8	1,8…2,25
Porosität [%]	20…50	bis 20	0…4
Wärmeleitfähigkeit [W/(m·K)]	0,13…0,33	0,46…0,69	0,8…1,16
Druckfestigkeit [N/mm^2]	5…15	10…25	30…50
Zugfestigkeit [N/mm^2]	2…5	2…5	5…10
Biegefestigkeit [N/mm^2]	5…10	5…10	10…30
E-Modul [N/mm^2]	5 000…20 000	5 000…20 000	30 000…70 000

Abb. 36: nach [15]

Feuerfeste Steine

Auch feuerfeste Steine sind den keramischen Baustoffen zuzuordnen. Sie werden zum Mauern von Öfen jeglicher Art verwendet (z. B. Hochöfen, Müllverbrennungsanlagen) und weisen einen Schmelzpunkt von über 1.500 °C sowie eine hohe Temperaturwechselbeständigkeit auf. Die Hauptbestandteile sind Al_2O_3 (Tonerde) und SiO_2 (Kieselerde). ***Schamotte***, ***Silica*** oder ***Magnesit*** zählen zu den feuerfesten Steinen.

Verwendung

Typische Verwendungen feiner Steinzeugstrukturen sind Fliesen oder Klinker. Wegen der hohen Widerstandsfähigkeit gegenüber Chemikalien wird Steinzeug in der chemischen Industrie zur Lagerung und zum Transport von Säuren eingesetzt. Anwendungsbeispiele sind Kreiselpumpen, Rohrleitungen, Rührwerke oder Säuretransportbehältnisse. Klinker kommen auch beim Bau von Abwasseranlagen zur Anwendung.

Ziegelerzeugnisse wie ***Vollziegel*** werden zur Herstellung von Mauerwerken, Lochziegel für die Wärmedämmung und als Untergrund für Lagerstätten eingesetzt. Die Struktur von Dachziegeln muss neben einer geringen Dichte auch Anforderungen in Bezug auf Frostbeständigkeit und Wasserundurchlässigkeit erfüllen.

Verarbeitung

Steinzeugerzeugnisse werden aus fetten, das heißt stark plastischen Tonmassen, bei Temperaturen von über 1.200 °C gebrannt. Die hochdichte Struktur von Klinker entsteht durch Brennen bei sehr hohen Temperaturen. Feuerfeste Schamotte wird zwischen 1.320 °C und 1.540 °C gebrannt. Die Lehm und Ton enthaltenden Massen für Ziegelerzeugnisse werden meist bei unter 1.000 °C verfestigt.

Wirtschaftlichkeit und Handelsformen

Keramische Baustoffe und Steinzeugerzeugnisse sind preiswert und in den unterschiedlichsten Formaten auf dem Markt erhältlich (Wendehorst 2004).

Alternativmaterialien

Porzellan, Irdenware, Beton, Polymerbeton

KER 4.3
Silikatkeramik – Irdenware

Die Irdenware ist ein weiterer typischer Vertreter silikatkeramischer Werkstoffe, zu denen auch das ***Steingut*** und die ***Töpferware*** zu zählen sind.

Eigenschaften

Charakteristisch für Irdenware ist die Porosität des Scherbens. Sie weist somit wasserdurchlässige und -saugende Eigenschaften auf und ist nach dem Brand feuerfest. Während Steingut einen weißen Scherben bildet, ist Töpferware meist durch eine intensive Farbigkeit geprägt. Die Farben sind abhängig von den in der Ausgangsmasse enthaltenen Metalloxiden und können zudem durch die Brenntemperatur zwischen gelborange und rotbraun eingestellt werden.

Verarbeitung

Die Brenntemperaturen von Töpferware liegen zwischen 700 °C und 1.000 °C, die von Steinguterzeugnissen zwischen 1.100 °C und 1.280 °C. Durch Beimischung von Feldspat vor dem Brand kann die Dichte des Scherbens erhöht werden. Bis zu einer Temperatur von 1.000 °C bleibt die Keramikstruktur offenporig und wasserdurchlässig. Darüber ist eine Verglasung festzustellen. Um niedrig gebrannte Töpferware mit einer wasserundurchlässigen Oberfläche zu versehen, muss diese glasiert werden. Ob es sich bei einer Keramik um Irdenware oder Steinzeug bzw. Porzellan handelt, ist leicht festzustellen. Das geschlossenporige Steinzeug klingt beim Anschlagen. Im Vergleich zu Irdenware kann zudem die Glasur bei Steinzeug/ Porzellan nicht absplittern, da sie fest mit dem Untergrund verbunden ist.

Bild: »Flow by Hadi Teherani«, Sanitärkeramik und Badmöbel./ Foto: Keramag AG

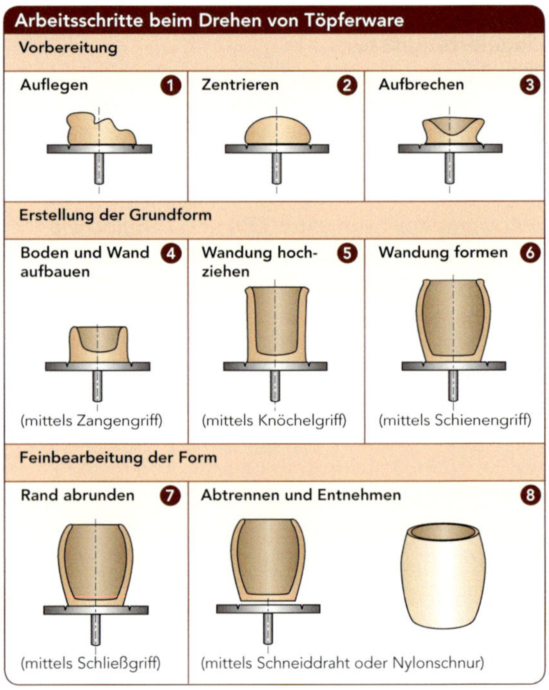

Abb. 37: nach [6]

Verwendung

Irdenware ist insbesondere aus dem Töpferhandwerk bekannt. Hierzu zählen beispielsweise Geschirr, Blumentöpfe oder Ofenfliesen. Sehr prominente Beispiele sind die optisch ansprechenden wasserdurchlässigen Terrakotten. Glasierte Tongefäße kommen traditionell an Feuerstellen zum Einsatz. Wegen der niedrigen Beständigkeit gegen Frost werden Steinguterzeugnisse nur im Hausinnern verwendet. Typische Anwendungsbeispiele sind Einrichtungen im sanitären Umfeld (Sanitärkeramik), Wandplatten oder Filterelemente.

Wirtschaftlichkeit

Irdenware wird heute zum großen Teil in hohen Stückzahlen maschinell produziert. Ist eine hochwertige Qualität nicht zwingend erforderlich, wird Steingut dem Porzellan auf Grund der einfacheren Verarbeitung, den niedrigeren Brenntemperaturen sowie der Vielzahl der deckenden farbigen Glasuren meist vorgezogen.

Alternativmaterialien

Porzellan, Steinzeug

KER 4.4
Hochleistungssilikatkeramik

Steatit

Ein Beispiel für eine Hochleistungssilikatkeramik ist Steatit, das zu etwa 75–90 % aus ***Speckstein*** *MIN 4.1.2* besteht. Bereits im Mittelalter fand man heraus, dass Speckstein zwar bei Raumtemperatur leicht zu bearbeiten ist, sich aber Härte und Widerstandsfähigkeit durch einen Brand bei 1.000 °C enorm steigern lassen. Seit dieser Zeit wurden aus dem Werkstoff Kanonenkugeln gefertigt. Mit der Entwicklung der Gasbeleuchtung erlangte Speckstein eine größer werdende Bedeutung für technische Anwendungen und wurde zur Herstellung von Brennern genutzt. Der keramische Werkstoff Steatit entstand durch die Notwendigkeit der Verwertung der großen pulverförmigen Abfallmengen, die bei der Gasbrennerproduktion anfielen. Neben Speckstein bilden Ton, Talk und Flussmittel die weiteren Komponenten.

Nach dem Brand ist Steatit ein porzellanähnliches, natürliches Magnesiumsilikat mit einem dichten weißgrauen Scherben. Der Talkanteil sorgt für die Gleitfähigkeit der Masse zur Herstellung auch komplizierter Bauteilgeometrien im formgebenden Pressvorgang. Das beigesetzte Flussmittel beeinflusst die besonderen elektrischen Eigenschaften. Es wird zwischen ***Normal-***, ***Sonder-*** und ***Hochfrequenzsteatit*** unterschieden. Hochfrequenz- und Sondersteatite weisen einen niedrigen Verlustfaktor beim Transport elektrischer Ströme auf. Steatit ist sowohl mechanisch als auch thermisch hoch belastbar, formstabil bis ca. 1.000 °C und zudem ein guter Wärmeisolator.

Cordierit

Neben den technischen Porzellanen und Steatit sind vor allem die Cordieritkeramiken als bedeutende Vertreter silikatkeramischer Werkstoffe zu nennen. Cordierit ist ein Magnesiumaluminiumsilikat, das durch Sintern von Speckstein oder Talkum unter Beimischung von Ton, Kaolin, Schamotte und Korund entsteht.

Die Keramikgruppe weist eine gute mechanische Festigkeit bei geringer Wärmedehnung auf und ist besonders gekennzeichnet durch eine hohe Temperaturwechselbeständigkeit. Cordieritkeramiken können sowohl ein poröses als auch dichtes Gefüge einnehmen.

Verwendung

Die sehr guten isolierenden Eigenschaften von Silikatkeramiken wie Steatit oder Cordierit werden im Niederspannungsbereich vor allem für Geräte im Haushalt und für Maschinen in Industrie und Handwerk genutzt (z. B. Sicherungsgehäuse). Steatit ist darüber hinaus aus dem Bereich der Lichttechnik bekannt, wo das Material für Lampensockel verwendet wird. Cordieritteile werden auch in der Wärmetechnik verwendet und für Heizungen und Wäschetrockner produziert. Steatitanwendungen sind beispielsweise Sicherungshalter, Heizleiterträger, Klemmenleisten oder Röhrensockel. Cordieritkeramik wird als Isolierkörper für elektrische Durchlauferhitzer, Heizleiterrohre, Brenndüsen, Funkenschutzkammern oder Pkw-Katalysatoren verwendet.

Verarbeitung

Hochleistungssilikatkeramiken ermöglichen eine preisgünstige Herstellung bei Einhaltung enger Maßtoleranzen. Zur Formgebung wird überwiegend das Trockenpressen genutzt. Die Verfestigung erfolgt bei Temperaturen zwischen 1.300 °C und 1.400 °C (Bargel, Schulze 2004).

Alternativmaterialien

technisches Porzellan, verschiedene Oxid- und Nichtoxidkeramiken

Bild unten: Lampenfassungen aus Steatit.

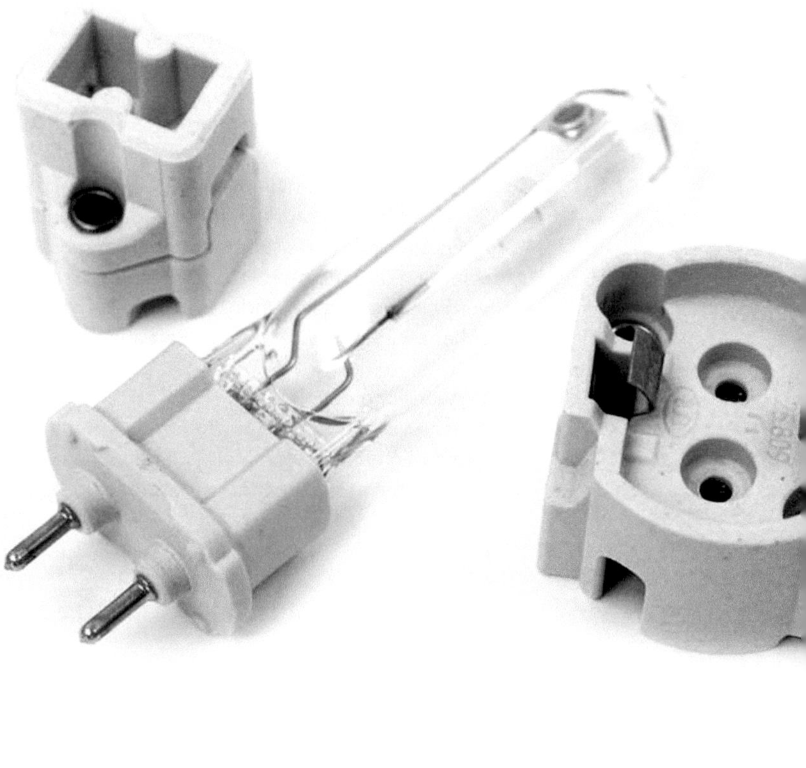

KER 4.5
Oxidkeramik – Aluminiumoxid

Aluminiumoxid Al_2O_3 ist der wichtigste oxidkeramische Hochleistungswerkstoff. Bereits in den 30er Jahren des 20. Jahrhunderts wurde an zahlreichen Anwendungen für die Oxidkeramik experimentiert. Hier hatten vor allem deutsche Wissenschaftler und Industrielle eine Vorreiterrolle eingenommen. Schon 1932 fand es wegen seiner biokompatiblen Eigenschaft als Implantatwerkstoff erstmals Verwendung.

Bild: Keramische Schneiden aus Alumiumoxid für den Textilmaschinenbau./ Foto: CeramTec AG

Bild: Komponenten für Hüftgelenkprothesen aus Aluminiumoxid./ Foto: CeramTec AG

Eigenschaften
Aluminiumoxid ist ein keramischer Werkstoff mit weißlich-grauer Farbigkeit und einer fast einzigartigen Kombination aus hervorragenden mechanischen, chemischen, thermischen und elektrischen Eigenschaften. Vor allem die hohe Härte, die Temperaturbeständigkeit, die sehr hohe Druck- und Verschleißfestigkeit sowie die sehr gute Korrosionsbeständigkeit und Chemikalienresistenz werden für zahlreiche industrielle Anwendungsbereiche genutzt. Hinzu kommen die guten Isolationseigenschaften und die geringe Neigung zur thermischen Ausdehnung, was den Werkstoff besonders für Komponenten im Verbrennungsbereich von Fahrzeugen geeignet macht. Allerdings reagiert Al_2O_3 sehr empfindlich auf schnelle Temperaturwechsel. Keramiken mit Aluminiumoxidanteilen zwischen 80 % und 99 % haben sich für die unterschiedlichen Anwendungen in der Vergangenheit durchsetzen können. Für die Elektroindustrie wirkt sich die im Vergleich zu anderen Industriekeramiken hohe Wärmeleitfähigkeit als sehr vorteilhaft aus.

Bild unten: Zündkerze, Isolator aus Aluminiumoxid.

Verwendung
Im technischen Bereich wird Aluminiumoxid mengenmäßig am häufigsten als Isolationsmaterial für Zündkerzen in Verbrennungsmotoren eingesetzt. Weitere Anwendungen im Maschinen- und Anlagenbau sind verschleißfeste Bauteile und Komponenten wie beispielsweise Fadenführer für die Textilindustrie sowie Dichtelemente. Im Bereich der Elektronik wird die Oxidkeramik auf Grund ihrer sehr guten isolierenden Eigenschaften als Isolationsbauteil und Trägerwerkstoff für Computerchips verwendet. Für Anwendungen der chemischen Industrie wird vor allem die gute Korrosionsbeständigkeit genutzt. Die hochtemperaturbeständigen Eigenschaften machen den Werkstoff für Brennerdüsen und zur Aufnahme von Heizleitern geeignet. Es ist zudem ein wichtiges Fasermaterial zur Herstellung von Keramik-Faserverbunden (CMC) VER 2.3.1 und Keramikpapier PAP 5.6. Wegen der sehr guten Biokompatibilität hat Aluminiumoxid sogar einen Platz im medizinischen Bereich zur Herstellung von Implantaten gefunden KER 6.2 (Peters, Klocke 2003). Hier zählen künstliche Hüftgelenke zu den prominentesten Anwendungsbeispielen.

Aluminiumoxid			
Verwendung (Beisp.) Hüftgelenkprothesen, Zündkerze, Führungselemente, Laufbuchsen…			
Eigenschaften			
Härte	↑	Warmfestigkeit	↗
Druckfestigkeit	↑	thermische Ausdehnung	↘
Verschleißfestigkeit	↑	Korrosionsbeständigkeit	↗
Temperaturbeständigkeit	↗	Biokompatibilität	↑
Isolationsverhalten	↗		
↑ Sehr gut	↗ gut	↘ gering	↓ sehr gering

Abb. 38: nach [9]

Verarbeitung
Die Herstellung von Bauteilen aus Aluminiumoxid erfolgt innerhalb der keramischen Prozesskette. Verschiedene Pressverfahren existieren, um das Pulvermaterial in die gewünschte Ausgangsform zu bringen. Anschließend wird der Grünling bei Temperaturen zwischen 1.600 °C und 1.700 °C gesintert. In jüngster Vergangenheit wurden neue Sinterverfahren entwickelt, mit denen hochfeste und bruchsichere keramische Bauteile gefertigt werden können. Auch wird Lasersintern FOR 10.3 zur Verarbeitung von Al_2O_3 bereits eingesetzt.

Wirtschaftlichkeit und Bezeichnungen
Die verschiedenen Aluminiumoxid-Werkstoffe werden mit ihrem Al_2O_3-Anteil angeben. Es sollte allerdings beachtet werden, dass sich trotz gleichem Aluminiumoxidgehalt die mechanischen Eigenschaften herstellerbedingt wegen differierender Pulverrezepturen unterscheiden können. Typische Sorten enthalten 94 %, 96 %, 98 % und 99,7 % Al_2O_3.

Alternativmaterialien
Zirkondioxid, Siliziumkarbid, Siliziumnitrid, Bornitrid zur elektrischen Isolation, Hochleistungssilikatkeramiken. Titanlegierungen, Zirkondioxid, Hydroxylapatit, Bioglas, Biokunststoffe für Implantate

KER 4.6
Oxidkeramik – Zirkondioxid

Neben Aluminiumoxid (Al_2O_3) konnte sich Zirkondioxid (ZrO_2) als die Oxidkeramik mit der zweitgrößten technischen Bedeutung in den letzten Jahren etablieren. Der Werkstoff ist auch unter dem Namen »***Zirkoniumoxid***« bekannt, wird aber umgangssprachlich »***Zirkonoxid***« genannt.

Eigenschaften
Zirkondioxid zeichnet sich aus durch sehr hohe Festigkeiten und eine besonders gute Zähigkeit. Von allen keramischen Hochleistungswerkstoffen weist es die niedrigste Wärmeleitfähigkeit auf, deren Wert zudem von der Temperatur fast unabhängig bleibt. Die Wärmedehnung ist mit der von Gusseisen vergleichbar. Weitere herausragende Eigenschaften sind eine hohe Korrosionsbeständigkeit und Verschleißfestigkeit, die Zirkondioxid in Verbindung mit den hervorragenden tribologischen (***Tribologie***= griech.: Reibungslehre) Eigenschaften besonders geeignet für den Einsatz als Lagerwerkstoff macht. Die hervorragenden Eigenschaften gelten allerdings nicht für reines Zirkondioxid. Erst die Stabilisierung mit Zusätzen wie Magnesiumoxid (MgO), Yttriumoxid (Y_2O_3) oder Kalziumoxid (CaO) macht es für technische Anwendungen geeignet (Bargel, Schulze 2004). Insbesondere Zirkondioxid mit einer tetragonalen Kristallstruktur zeichnet sich wegen seines sehr feinen Gefüges durch außerordentlich hohe mechanische Festigkeit aus, die es auch als ***Knochenersatzwerkstoff*** geeignet macht.

Zirkondioxid			
Verwendung (Beisp.) Gleitlager, Schneidwerkzeuge, Gleitlager, Ventile, Kolben...			
Eigenschaften			
mechanische Festigkeit	↗	Temperaturbeständigkeit	↑
Verschleißfestigkeit	↑	erzielbare Oberflächengüte	↑
Zähigkeit	↑	Korrosionsbeständigkeit	↗
↑ Sehr gut	↗ gut	↘ gering	↓ sehr gering

Abb. 39: nach [9]

Verwendung
Insbesondere zur Herstellung von hochtemperaturbeständigen Gleitlagern für den Maschinenbau hat Zirkondioxid eine bedeutende Rolle erlangt. Positiv wirkt sich die mit Stahl oder Gusseisen vergleichbare Wärmedehnung aus. Weitere Verwendungsgebiete sind wie bei Aluminiumoxid Fadenführungen in textiltechnischen Anlagen und medizintechnische Produkte wie Skalpelle oder Pinzetten. Für Messer und Schneiden ist der Werkstoff vor allem dann geeignet, wenn der Einsatzfall hohe Kantenfestigkeit, gute Korrosionsbeständigkeit und elektrisch isolierende Eigenschaften erforderlich macht. Wegen der niedrigen Reibung bei Kontakt mit metallischen Materialien wird Zirkondioxid auch häufig für Drahtführungen genutzt.

Dank seiner hohen Zähigkeit findet es bei der Herstellung von Kolben für Verbrennungsmotoren Verwendung. Außerdem ist die Oxidkeramik auf Grund des hohen Schmelzpunkts ein idealer Werkstoff für den Bau von Raketenteilen.

Verarbeitung
Bauteile aus Zirkondioxid werden in der üblichen keramischen Prozesskette KER 2 ergestellt. Die zur Formteilerstellung genutzten Verfahren sind das Trockenpressen, Spritzgießen, Extrudieren oder Schlickergießen. Die herausragenden mechanischen Eigenschaften sind vor allem auf die beim abschließenden Sintern erzielbaren feinkristallinen Gefügestrukturen zurückzuführen. Neben den üblichen Sinterverfahren kann seit 2006 auch das Lasersintern angewendet werden. Sehr gute Oberflächenqualitäten lassen sich durch Polieren und Läppen erzielen. Laserstrahlung und Ultraschall unterstützen die üblichen spanabhenden Nachbearbeitungsverfahren. Zirkondioxid hat sich für die Herstellung dünner keramischer Beschichtungen im SolGel-Verfahren BES 7 bewährt.

Wirtschaftlichkeit und Bezeichnungen
Da Zirkondioxid die beschriebenen Qualitäten erst durch eine Stabilisierung mit unterschiedlichen Zusätzen erfährt, sind folgende Varianten auf dem Markt erhältlich:

- ***teilstabilisiertes Zirkondioxid*** *(PSZ)*
- ***vollstabilisiertes Zirkondioxid*** *(FSZ)*
- mit MgO teilstabilisiert (Mg-PSZ)
- mit Y_2O_3 vollstabilisiert (Y-FSZ)
- ***tetragonales Zirkondioxid*** (TZP)

Alternativmaterialien
Aluminiumoxid, Siliziumkarbid, Siliziumnitrid, Hochleistungssilikatkeramiken

Bild: Anspitzer aus Hochleistungskeramik (Zirkondioxid)./ Design und Projektleitung: Prof. Dipl.-Des. Andreas Kramer – Hochschule für Künste Bremen/ Prof. Dr.-Ing. Georg Grathwohl – Universität Bremen

KER 4.7
Nichtoxidkeramik – Siliziumkarbid

Nichtoxidkeramiken gehen auf die Bildung von Boriden, Karbiden oder Nitriden zurück. Der wichtigste nichtoxidkeramische Werkstoff ist das Siliziumkarbid (SiC). Erst seit Ende der siebziger Jahre ist rein gesintertes SiC auf dem Markt erhältlich. Zu den ersten verfügbaren Siliziumkarbiden zählten drucklos gesintertes SSiC, heißgepresstes HPSiC und heißisostatisch verdichtetes HIPSiC (Boretius, Lugscheider, Tillmann 1995).

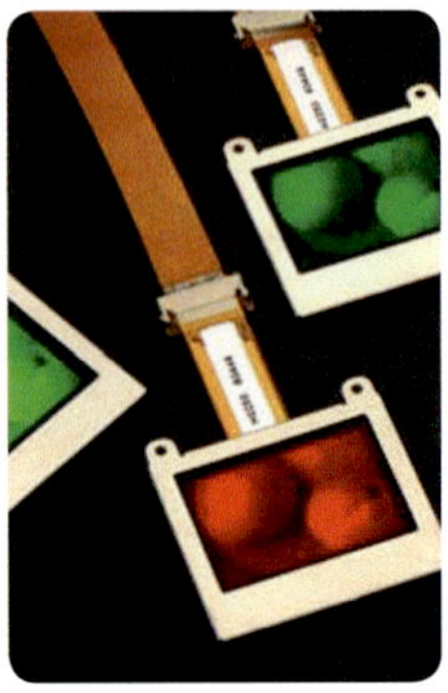

Bild: Organische Leuchtdioden-Displays (OLED-Displays *KUN**). Sie zeichnen sich durch besonders hohe Brillanz und Helligkeit aus./ Foto: Siemens Pressebild*

Eigenschaften

Die mechanischen Eigenschaften von Siliziumkarbid zeichnen sich allesamt durch hohe Temperaturbeständigkeit aus. Während Metalle nur bis 1.000 °C verwendet werden können, reichen die Einsatzbereiche von Siliziumkarbiden bis zu Temperaturen von 1.400 °C. Herausragend sind auch die hohe Wärmeleitfähigkeit, sehr hohe Festigkeit und Härte, eine sehr gute Temperaturwechselbeständigkeit sowie die geringe Wärmedehnung. Siliziumkarbid ist extrem korrosionsbeständig und zeichnet sich durch hohe Chemikalienbeständigkeit aus. In seiner reinsten Form ist es farblos. Durch den Restkohlenstoff ist technisch verwendetes SiC aber meist grünlich-schwarz eingefärbt. Mit zunehmender Reinheit verläuft die Farbigkeit in ein Flaschengrün.

Bild: Keyboard mit blauen LED-Leuchten./ Hersteller: ACCESS

Verwendung

Die hohe Temperaturfestigkeit macht Siliziumkarbid für feuerfeste Anwendungen (z. B. Heizleiter) oder als Isolator von Brennelementen in Kernreaktoren besonders geeignet. Darüber hinaus ist die Verwendung für sowohl chemisch beanspruchte als auch hochtemperaturbelastete Gleitlager ein weiteres wichtiges Einsatzgebiet. Beispiele sind hoch beanspruchte Chemie- oder Wasserpumpen. Der Werkstoff wird auch für Brennerdüsen und Wärmetauscher von Verbrennungsmotoren und Gasturbinen eingesetzt.

Da sich die Nichtoxidkeramik aus einer chemischen Verbindung von Silizium und Kohlenstoff aufbaut, kann Siliziumkarbid auch als Halbleiter in der Elektroindustrie genutzt werden. Hier sind insbesondere hochtemperaturbeständige Schaltkreise und Sensoren zu nennen. Außerdem wird es zur Herstellung blauer LED verwendet. SiC mittlerer Qualität wird zu Schleifpapier verarbeitet. Fasermaterial aus Siliziumkarbid ist einer der gängigsten Werkstoffe zur Herstellung von Keramik-Faserverbunden (CMC) VER 2.3.1.

Siliziumkarbid			
Verwendung (Beisp.) Isolatoren, LED, Gleitlager, Brennerdüsen, Ofenrollen ...			
Eigenschaften			
Härte	↑	Temperaturbeständigkeit	↑
Verschleißfestigkeit	↑	Wärmeausdehnung	↘
Chemikalienfestigkeit	↑	elektrische Leitfähigkeit	↗
↑ Sehr gut	↗ gut	↘ gering	↓ sehr gering

Abb. 40: nach [9]

Verarbeitung

Siliziumkarbid wird nach der Verdichtung in der Regel bei Temperaturen zwischen 1.900 °C und 2.200 °C, hochreines Siliziumkarbid bei Temperaturen über 2.300 °C versintert. Das drucklos gesinterte Siliziumkarbid SSiC entsteht beispielsweise aus feinstgemahlenem SiC-Pulver, das mit Sinteradditiven versetzt, im Trockenpressverfahren geformt und bei über 2.000 °C unter Verwendung eines Schutzgases gesintert werden muss. Ohne Schutzgasumgebung würde der Werkstoff oxidieren, also verbrennen bzw. SiO_2 bilden. Für die Endbearbeitung von Siliziumnitridkeramik eignen sich spanabhebende Verfahren wie das Läppen, Schleifen, Polieren und Honen. Der Läppprozess kann durch Ultraschallschwingung vereinfacht werden. Auch die Laserstrahlung eignet sich zum Schneiden bzw. zum Abtragen von Siliziumkarbiden.

Wirtschaftlichkeit und Bezeichnungen

Auf Grund der sehr hohen Verarbeitungstemperaturen ist die Herstellung von Formteilen aus Siliziumkarbid kostspielig. Folgende Varianten werden vertrieben:

- ***Direkt gesintertes Siliziumkarbid*** *(SSiC)*
- ***Heißgepresstes Siliziumkarbid*** *(HPSiC)*
- ***Heißisostatisch gepresstes Siliziumkarbid*** *(HIPSiC)*
- ***Reaktionsgesintertes Siliziumkarbid*** *(RBSiC)*
- ***Reaktionsgesintertes siliziuminfiltriertes Siliziumkarbid*** *(SiSiC)*

Alternativmaterialien

Siliziumnitrid, Zirkondioxid, Hochleistungssilikatkeramiken

KER 4.8
Nichtoxidkeramik – Siliziumnitrid

Innerhalb der Gruppe der Nichtoxidkeramiken zählt das Siliziumnitrid Si_3N_4 zum bedeutendsten Vertreter. Vergleichbar mit der Entwicklungshistorie des Siliziumkarbids wurden die Potenziale dieses Konstruktionswerkstoffs in den siebziger Jahren erforscht. Erste Nutzungen sind seit etwa einem Vierteljahrhundert vor allem für Hochtemperaturanwendungen aus dem Elektronikbereich bekannt. Auf Grund seiner herausragenden Qualitäten tritt der Werkstoff heute in Konkurrenz zu Metallen. Daher wird Siliziumnitrid auch als »Stahl unter den Hochleistungskeramiken« bezeichnet.

Eigenschaften
Das Profil von Siliziumnitrid setzt sich aus einer Kombination hervorragender Materialeigenschaften zusammen, die nahezu von keinem anderen keramischen Werkstoff erreicht werden. Im Einzelnen sind dies hohe Härte, Zähigkeit und Festigkeit (vor allem Druckfestigkeit) auch bei extremen Temperaturen. Auffällig sind zudem die sehr hohe Verschleißfestigkeit, die heranreicht an die von Diamanten, sowie die außergewöhnliche Korrosionsbeständigkeit. Bauteile aus Siliziumnitrid sind fast so leicht wie Aluminium, was dem halben Wert von Stahl entspricht. Die Eigenschaftswerte sind stabil auch bei hohen Temperaturen zwischen 1.100 °C und 1.400 °C und raschen Temperaturwechseln. Zudem weist der Werkstoff günstige Gleiteigenschaften auf. Siliziumnitride haben eine mittlere Wärmeleitfähigkeit und dehnen sich unter Wärme nur wenig aus. Negativ auf die Verwendungsmöglichkeiten wirkt sich das spröde Bruchverhalten aus, das zu plötzlichem Materialversagen führen kann.

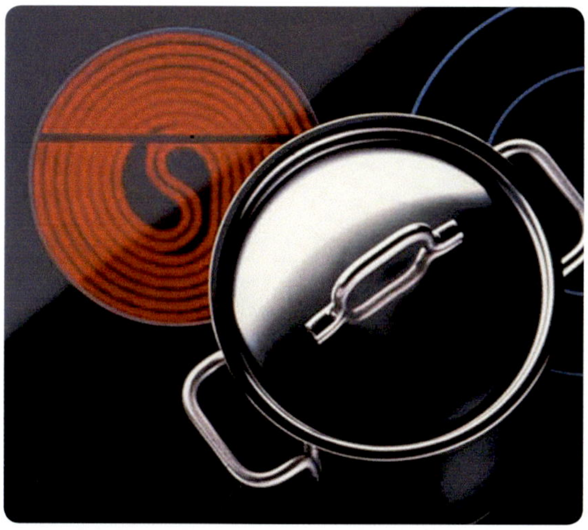

Bild: Kochplatten aus Siliziumnitrid./ Foto: SCHOTT AG

Verwendung
Siliziumnitrid wird als Hochtemperaturwerkstoff für Schweißdüsen und Brenner sowie als Isolierwerkstoff in der Elektroindustrie eingesetzt. Auch bei dynamischen Prozessen hoch belasteter bewegter Maschinenbauteile und bei der Motorenentwicklung findet der Werkstoff Verwendung. Hier sind vor allem Gleit- und Kugellager, Mahlkugeln, Rollen und auf Fliehkraft beanspruchte Bauteile zu nennen.

Siliziumnitrid lässt extreme Temperaturwechselbeanspruchung zu, wodurch es für Heizsysteme im Industrie- und Haushaltsbereich (z. B. Kochplatten) und für Hochtemperaturgasturbinen besonders geeignet ist. Wegen der Beständigkeit gegen viele Nichteisen-Metallschmelzen wird es in der Halbleiterherstellung auch als Tiegelmaterial verwendet.

Siliziumnitrid			
Verwendung (Beisp.) Schweißdüsen, Brenner, Kochplatten, Gleitlager, Kugellager...			
Eigenschaften			
Härte	↑	Zähigkeit	↗
Verschleißfestigkeit	↑	Temperaturbeständigkeit	↑
Druckfestigkeit	↑	Gleiteigenschaften	↗
↑ Sehr gut	↗ gut	↘ gering	↓ sehr gering

Abb. 41: nach [9]

Verarbeitung
Wie bei Siliziumkarbid kann die Herstellung von Siliziumnitrid lediglich auf synthetischem und somit künstlichem Weg erfolgen. Die Formteilerstellung von Si_3N_4 basiert auf einem Pulvergemisch aus Siliziumnitrid und Sinterhilfsmitteln. In der Regel findet der kostenintensive Sintervorgang zwischen 1.700 °C bis 1.900 °C unter Schutzgas und bei hohem Druck statt. Das Ausgangsmaterial wird verdichtet, und es entsteht ein vernetztes Gefüge mit den beschriebenen Eigenschaften. Durch Nachsintern lassen sich Festigkeit und Oxidationsbeständigkeit verbessern, wenn Additive wie Magnesiumoxid (MgO), Yttriumoxid (Y_2O_3) oder Aluminiumoxid (Al_2O_3) in der Pulveraufbereitung beigemischt werden (Tietz 1994). Wie für andere technische Keramiken haben sich spanabhebende Techniken (z. B. Honen, Läppen, Schleifen, Polieren) für die Nachbearbeitung bewährt. Durch Verwendung von Diamantwerkzeugen lässt sich eine hohe Oberflächengüte mit sehr genauen Endmaßen erzielen. Ultraschall- und laserunterstützte Verfahren sind in den letzten Jahren hinzugekommen (Zablocki 1998).

Wirtschaftlichkeit und Bezeichnungen
Die Produktion von Bauteilen aus Siliziumnitrid ist wegen der notwendigen hohen Sintertemperatur und des hohen Drucks kostenintensiv. Je nach Herstellungsprinzip werden folgende Varianten unterschieden:

- *Direkt gesintertes Siliziumnitrid* (SSN)
- *Gasdruckgesintertes Siliziumnitrid* (GSSN)
- *Heißgepresstes Siliziumnitrid* (HPSN)
- *Heißisostatisch gepresstes Siliziumnitrid* (HIPSN)
- *Reaktionsge bundenes Siliziumnitrid* (RBSN)
- *Nachgesintertes RBSN* (SRBSN)

SSN und GSSN sind die kostengünstigsten Varianten. Sie weisen allerdings vergleichsweise geringere Festigkeiten auf.

Alternativmaterialien
Siliziumkarbid, Zirkondioxid, Hochleistungssilikatkeramiken

KER 4.9
Keramische Beschichtungen

Die Verschleiß- und Korrosionsfestigkeit metallischer Werkstoffe lässt sich durch Aufbringung keramischer Beschichtungen verbessern. Dabei schafft erst der Metall/Kermik-Verbund für spezielle Anwendungsfälle die Möglichkeit einer wirtschaftlichen Formteilproduktion in Verbindung mit den notwendigen Materialeigenschaften.

Eigenschaften
Die Schichten werden auf Bauteilen aus Stahl oder Aluminium aufgebracht, steigern die chemische Beständigkeit und verringern die mechanische Reibung sowie den Verschleiß. Außerdem isolieren sie gegen elektrischen Strom und wirken wärmedämmend. Dabei übertreffen keramische Schichten meist die Härte und Verschleißfestigkeit von Hartchrombeschichtungen. Zirkondioxid (ZrO_2) und Aluminiumoxid (Al_2O_3) sind die wichtigsten Beschichtungswerkstoffe. Dicken bis zu 300 Mikrometern sind üblich. Darüber hinaus gehende Werte bis in den Millimeterbereich sind ebenfalls möglich. Zur Erzielung besonderer Eigenschaftsprofile werden verschiedene Beschichtungswerkstoffe kombiniert.

Bild: Wendeschneidplatten aus Hochleistungskeramik./ Foto: CeramTec AG

Verwendung
Keramische Beschichtungen steigern die Verschleißbeständigkeit vor allem von thermisch hoch belasteten Bauteilen wie Gasturbinenschaufeln. Außerdem tragen sie durch längere Maschinenlaufzeiten zur Kostensenkung bei und steigern die Produktqualität. Weitere Verwendungsgebiete sind die Wärmedämmung, der Strahlenschutz sowie die Elektroisolation. Mit Keramik beschichtete Bauteile werden in der Raumfahrt, im Flugzeugbau, im elektronischen Bereich sowie in Energie- und Chemieanlagen verwendet.

Verarbeitung
In der Regel erfolgt die Aufbringung der keramischen Schichten durch thermisches Spritzen BES 4.1. Vor allem wird das Plasmaspritzen mit im Vergleich zu alternativen Verfahren hohen Austrittsgeschwindigkeiten häufig bevorzugt. Schichtdicken von weniger als 10 Mikrometern können durch PVD- oder CVD-Verfahren BES 6.2 aufgebracht werden. Für eine gute Haftung des keramischen Werkstoffs ist die Vorbereitung des Haftgrunds unabdingbar. Verunreinigungen werden entfernt, die Oberfläche aufgeraut. Je nach Anwendungsfall ist zudem eine Nachbearbeitung der Keramikschicht notwendig. Die Verarbeitungseigenschaften der einzelnen keramischen Werkstoffe und die Anwendungsbereiche werden in Tietz 1994 beschrieben.

Wirtschaftlichkeit
Keramische Beschichtungen verlängern die Standzeit (Lebensdauer) metallischer Bauteile, verringern die Wartungskosten erheblich und senken die Häufigkeit von Betriebsausfällen.

Alternativmaterialien
Molybdän oder Nickel-Chrom Legierungen für den Gleit- und Verschleißschutz, Zinn- und Aluminiumlegierungen, Polyamid für den Korrosionsschutz

KER 5
Eigenschaftsprofile der wichtigsten Keramiken

Keramische Werkstoffe in der Übersicht (nach DIN V ENV 12212)								
Bezeichnung (Typ)	**Verwendung** (Beisp.) Werkstoffe nach DIN V ENV 12212 (über elektrotechnische Anwendungen nach DIN EN 60672 hinaus)	**Dichte** [kg/dm³]	**E-Modul** [N/mm²]	**Härte (HV)** [10³ N/mm²]	**min. Biegefestigkeit** [N/mm²]	**Längenausdehnungskoeffizient** im Bereich α_1 30…1000°C [$10^{-6}\cdot 1/K$]	**Wärmeleitfähigkeit** λ bei 20…100°C [W/m·K]	**max. Anwendungstemperatur**, [°C]
Aluminiumoxid 80% (Al_2O_3)	Zündkerze, Kolben, Wellen, Lager, Führungselemente, Laufbuchsen	>3,2	200 000	12… 15	200	6… 8	10… 16	1 400… 1 500
Aluminiumoxid >99% (Al_2O_3)	Hüftgelenkprothesen	3,75… 3,94	300 000… 380 000	17… 23	300	7… 8	19… 30	1 400… 1 700
Aluminiumtitanat (AlTi)	Hüftgelenkprothesen, Gießdüsen, Ofenschieber, Verschlusselemente, Tiegel, Zylinderauskleidungen	3,0… 3,7	10 000… 30 000	–	25… 40	5,0	1,5… 3	900… 1 600
Aluminiumnitrid (AlN)	Gehäuse, Kühlkörper	3,0	320 000	11	200	4,5… 5	>100	1 750
Zirkonoxid/ teilstabilisiert (PSZ)	hochbelastbare Maschinenbauelemente	5… 6	1,2… 3	12… 20	500… 1 000	9… 13	1,2… 3	900… 1 500
Siliziumnitrid/ gesintert (SSN)	Schweißdüsen, Brenner , Pumpenbauteile, Ventilbauteile	3… 3,3	250 000… 330 000	4… 18	300… 700	2,5… 3,5	15… 45	1 750
Siliziumnitrid/ reaktionsgebunden (RBSN)	Filtertechnik, Formenbau	1,9… 2,5	80 000… 180 000	8… 10	80… 330	2,1… 3	4… 15	1 100
Siliziumnitrid/ heißgepresst (HPSN)	Fadenführer, Rollen, fliehkraftbeanspruchte Bauteile, Düsen	3,2… 3,4	290 000… 320 000	15… 16	300… 600	3,0… 3,4	15… 40	1 400
Siliziumkarbid/ drucklos gesintert (SSiC)	Dichtungen in Chemiepumpen, Hochtemperaturbrennerdüsen	3,08… 3,15	370 000… 450 000	25… 26	300… 600	4… 4,8	40… 120	1 400… 1 750
Siliziumkarbid/ siliziuminfiltriert (SiSiC)	Gleitringe, Dichtungen, Wälz- und Rollenlager, (höchste Präzision möglich)	3,08… 3,12	270 000… 350 000	14… 25	180… 450	4,3… 4,8	110… 160	1 380
Siliziumkarbid/ heißgepresst (HPSiC)	extrem belastete Präzisionsbauteile	3,16… 3,2	440 000… 450 000	14… 29	500… 800	3,9… 4,8	80… 145	1 700
Borkarbid (B_4C)	ballistische Schutzausrüstungen, Verschleißschutz	2,5	390 000… 440 000	30… 40	400	6	28	700… 1 000
Grauguss (EN-GJL-200)	(hier zum Vergleich)	7,85	200 000	–	180	12,0	–	–

Keramische Werkstoffe in der Übersicht (nach DIN EN 60672)							
Bezeichnung (Typ)	**Verwendung** Werkstoffe nach DIN EN 60672 (speziell keramische Werkstoffe für die Elektrotechnik)	**Dichte** [kg/dm³]	**min. Biegefestigkeit/ unglasiert** [N/mm²]	**Längenausdehnungskoeffizient** im Bereich 30…100°C [$10^{-6}\cdot 1/K$]	**Längenausdehnungskoeffizient** im Bereich 30…600°C [$10^{-6}\cdot 1/K$]	**Wärmeleitfähigkeit** λ bei 20…100°C [W/m·K]	**Temperatur** für Durchgangswiderstand MΩcm [°C]
Quarzporzellan/ plastisch verformt (C 110)	Elektrotechnik, Chemietechnik, Maschinbau	2,2	20	3… 6	4… 7	1… 2,5	350
Tonerdeporzellan (C 120)	Isolatoren (Hoch- und Niederspannung) auch für größere Abmessungen	2,3	90	3… 6	4… 7	1… 2,6	350
Steatit (C 220)	Isolatoren (Hoch- und Niederspannung) für die Elektrowärmetechnik	2,6	120	7… 9	7… 9	2… 3	530
Titandioxid (C 310)	Kondensatoren (Hochfrequenztechnik)	3,5	70	6… 8	–	3… 4	–
Cordierit/ dicht (C 410)	Feuerfeste Keramik, Bauteile in der Wärmetechnik	2,1	60	1… 3	2… 4	1,5… 2,5	400
Berylliumoxid/ dicht (C 810)	Isolierbauteile, Vakuumgefäße	2,8	150	5… 7	7… 8,5	150… 220	900
Magnesiumoxid/ porös (C 820)	Schmelztiegel, Isolierbauteile	2,5	50	8… 9	11… 13	6… 10	1 000
Zirkondioxid (C 830)	Katalysatorträger, Hochtemperatur-Isolierteile, Messerklingen Ziehwerkzeuge, Messsonden	5,0	150	8… 9	10… 12	1,2… 3,5	350

Abb. 42: nach [11]

KER 6
Besonderes und Neuheiten im Bereich keramischer Werkstoffe

KER 6.1
Keramikschaum

Eigenschaften
Schäume aus keramischen Werkstoffen bilden meist die Struktur von Polymerschaumstoffen ab und verbinden dabei die Stoff- und Lichtdurchlässigkeit von Schwammstrukturen mit der Festigkeit und Temperaturbeständigkeit von Keramiken.

Keramikschaum			
Verwendung (Beisp.) Wärmedämmung, Rußfilter, Leichtbauelemente, Leuchten...			
Eigenschaften			
Biegefestigkeit	↑	thermische Ausdehnung	↓
Druckfestigkeit	↗	Korrosionsbeständigkeit	↗
Temperaturbeständigkeit	↑	Gewicht/ Dichte	↘
Kratzfestigkeit	↑		
↑ Sehr gut	↗ gut	↘ gering	↓ sehr gering

Abb. 43: nach [11, 24]

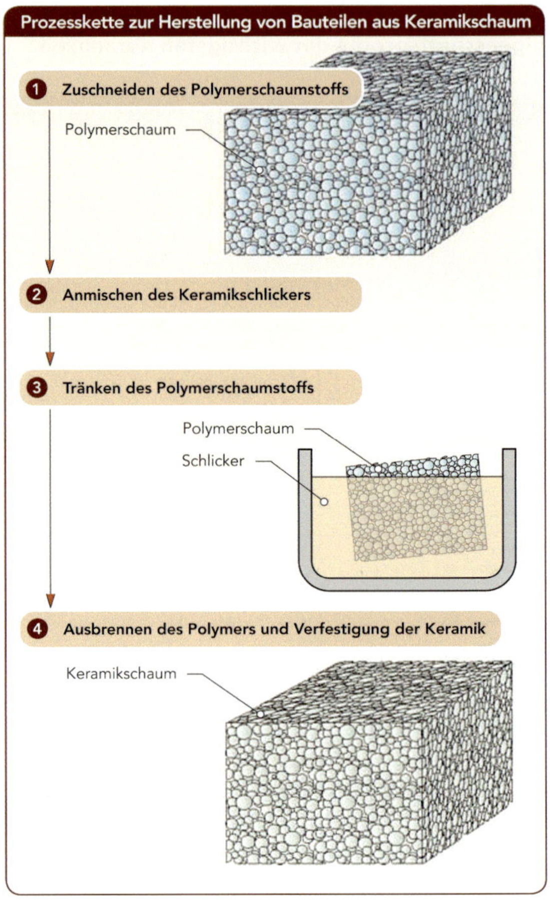

Abb. 44

Verwendung
Keramikschäume bieten wegen ihrer thermisch isolierenden Eigenschaften vor allem Potenziale zur Wärmedämmung von Gebäuden. Darüber hinaus reicht der Einsatzbereich des Schaummaterials bis hin zur Adsorption und Filterung von Umweltschadstoffen (z. B. Dieselrußfilter). Bislang werden Keramikschäume für den Leichtbau verwendet. Erste Ansätze zur Nutzung des Werkstoffs im Möbel- und Designbereich (z. B. Leuchten) sind bereits auf dem Markt. Hierfür werden vor allem die sich aus der Lichtdurchlässigkeit ergebenden optischen Qualitäten genutzt.

Verarbeitung
Es sind mehrere Verfahrensvarianten zur Herstellung von Keramikschäumen bekannt. Die einfachste Form nutzt einen Polymerschaumstoff, mit dem zunächst die Formgeometrie der gewünschten Bauteilform erstellt wird. Anschließend wird der Schaum in einen Keramikschlicker getränkt. Während des abschließenden Ofenprozesses brennt der Kunststoff aus, die Keramik verfestigt sich. Übrig bleibt eine keramisierte Schaumstoffstruktur geringer Dichte aber hoher Festigkeit.

Eine weitere Möglichkeit sieht die Einbindung einer treibfähigen und Schaum bildenden Substanz in die keramische Ausgangsmasse vor. Während des Erhitzens beginnen die Lösungsmittel in der Substanz zu kochen und bilden Luftblasen, die in der Keramikstruktur bei weiterer Steigerung der Temperatur fixiert werden.

Bild: Bodenleuchte »Lazy« aus Keramikschaum./ Design: ZOONdesign – Andreas Robertz

Alternativmaterialien
Metallschaum im Leichtbau, Mineralwolle, Glasschaum und Faserstrukturen als Dämmmaterial

KER 6.2
Biokeramiken

Unter der Bezeichnung »***Biokeramiken***« werden alle biokompatiblen keramischen Werkstoffe zusammengefasst, die natürliches Gewebe und Knochen im und am menschlichen Körper ersetzen oder für eine gewisse Dauer ergänzen können. Vor allem aus der Dentalmedizin sind keramische Werkstoffe in Form von künstlichen Gebissen, mit Glaskeramik gefüllten Zementen oder Porzellankronen seit langem bekannt. Zu den bedeutendsten biokeramischen Vertretern zählen Aluminiumoxid, Zirkondioxid, Hydroxylapatit und Bioglas GLA 6.1.

Biokeramiken / Anwendungen

Werkstoff	Anwendungsgebiete in der Medizintechnik
Aluminiumoxid (Al_2O_3)	Hüftgelenksimplantate, Gesichtschirurgie, Dental- und Mittelohrimplantaten
Bioaktive Gläser und Glaskeramiken	Knochen- und Wirbelersatzwerkstoff, orthopädische Implantate, Prothesen
Hydroxylapatit	Knochen- und Wirbelersatzwerkstoff, Implamtate in Dentaltechnik, orthopädische Implantate, Ohrimplantate (Füllen von Rissen und Löchern im Knochen)
Zirkondioxid (ZrO_2)	Hüftgelenksersatz, Werkstoff für stark beanspruchte Implantate, Zahnersatz

Abb. 45: nach [28]

Aluminium- und Zirkondioxid

Hochreines und dichtes Al_2O_3 wird schon seit 1974 in Form von Kugeln für ***Hüftgelenkprothesen*** verwendet. Die Einsatzhäufigkeit im medizinischen Bereich, in der Zahnmedizin und Gesichtschirurgie verdankt Aluminiumoxid der hohen Korrosions- und Abriebbeständigkeit, sowie der hohen Festigkeit und Biokompatibilität. Auffällig ist vor allem die geringe Menge von Abriebpartikeln im Vergleich zu metallischen Paarungen, was für Hüftgelenkimplantate von besonderer Bedeutung ist. Seit Mitte der neunziger Jahre wird verstärkt auch Zirkondioxid für Hüftgelenkprothesen verwendet. Gegenüber Aluminiumoxid weist ZrO_2 eine höhere Zug- und Biegefestigkeit auf und ist zudem zäher. Weitere Anwendungen werden in Zukunft für den Schulter-, Knie- oder Fingergelenkersatz wahrscheinlich.

Vergleich der Eigenschaften von ZrO_2, Al_2O_3 und Knochen

Eigenschaften	ZrO_2-TZP	Al_2O_3 (<99%)	Knochen
Dichte [g/cm^3]	6,08	3,98	1,7…2,0
Druckfestigkeit [N/mm^2]	2000	4000…5000	130…180
Zugfestigkeit [N/mm^2]	650	350	60…160
Biegefestigkeit [N/mm^2]	900	400…560	100
Bruchzähigkeit [MN/m$^{3/2}$]	9	4…6	2…12
Elastizitätsmodul [kN/mm^2]	210	380…420	3…30

Abb. 46: nach [28]

Hydroxylapatit

Hydroxylapatit (HA) wird den Kalziumphosphaten zugeordnet und ähnelt in seiner chemischen Zusammensetzung dem Aufbau menschlicher Knochen und Zähne (Shackelford 2005). Als Knochenersatz hat sich der Werkstoff bewährt. Vor allem ein rasches Anwachsen natürlichen Gewebes wird durch die spezifische Struktur gefördert. Verbindungen mit hoher Festigkeit können entstehen. Im Vergleich zu metallischen Implantaten verläuft der Heilungsprozess wesentlich schneller. Hydroxylapatit kommt als Festkörper (z. B. Mittelohrimplantat), als Füllmaterial für Knochendefekte oder als Beschichtung im klinischen Bereich zum Einsatz.

Verarbeitung

Neben der normalen sintertechnischen Prozesskette werden zur Herstellung von Implantaten und Knochenersatz verstärkt schichtweise generative Verfahren wie das Laserintern und das 3D-Printing untersucht. Vor dem Hintergrund der Möglichkeit zur individuellen Herstellung der Formteile werden große Potenziale gesehen. Darüber hinaus wirkt sich die Porosität generativ erstellten Knochenersatzes positiv auf das Anwachsen menschlichen Gewebes aus (Peters, Klocke 2003).

Alternativmaterialien

Biokompatible Kunststoffe, Titan- oder Kobaltlegierungen, Bioglas

Bild: Zahnersatz aus Keramik.

KER 6.3
Biomorphe Keramik

Die ***Bionik*** hat sich in den letzten Jahren von einer Ideenfindungsmethode zur Erschließung neuer Produktkonzepte nach dem Vorbild der Natur zu einer eigenen Disziplin entwickelt, die systematisch die Ergebnisse biologischer Evolution untersucht und in innovative Produkte überführt.

Die Nutzung der Oberfläche der ***Haifischhaut*** zur Verbesserung der Strömungseigenschaften von Bootsrümpfen oder die Verwendung des ***Lotusblumeneffektes*** zur ***Selbstreinigung*** von Fahrzeugen oder Dachziegeln *KER* sind die prominentesten Beispiele für die Potenziale, die sich durch Betrachtung biologischer Zusammenhänge und Überführung in technische Systeme erschließen lassen. Weitere Innovations- und Optimierungspotenziale werden durch bionische Zusammenhänge in den nächsten Jahren erwartet.

Bild: Struktur eines Blatts.

Verwendung
Biomorphe Keramiken sollen in Zukunft im Bereich der Isolation, als Filtersysteme oder Katalysatoren eingesetzt werden. Einige Anwendungsbeispiele mit hochtemperaturbeständigen SiC- oder Al_2O_3-Keramiken wurden bereits vorgestellt. Durch die Kombination von pflanzlicher Struktur und keramischem Eigenschaftsprofil werden für die Zukunft zahlreiche Anwendungsoptionen vorhergesagt.

Die Ansätze zur Entwicklung biomorpher Keramiken sind ein weiteres Beispiel dafür, wie die Ergebnisse natürlicher Evolution technische Systeme verbessern können. Unter biomorpher Keramik werden Werkstoffe verstanden, deren struktureller Aufbau dem zellularen Gewebe von Pflanzen und Hölzern ähnelt. Ziel einer Vielzahl von aktuellen Forschungsvorhaben ist es, fragil wirkende, natürliche Strukturen mit den hervorragenden Eigenschaften von Keramiken zu kombinieren.

Verarbeitung
Zur Herstellung biomorpher Keramiken wird das Porenkanalsystem der zellularen Struktur von Pflanzen oder Hölzern genutzt, das in der Natur für den Transport von Wasser und Nährstoffen zuständig ist. Beim ***Bio-Templing*** karbonisieren die biologischen Grundmoleküle von Holz (Zellulose, Hemizellulose, Lignin *HOL 5.1*) zunächst in einem Hochofenprozess bei etwa 1.800 °C zu einer reinen Kohlenstoffstruktur. Damit es bei der Zersetzung unter Wärme (***Pyrolyse***) nicht zur Verbrennung bzw. Oxidation kommt, erfolgt der Umwandlungsprozess in einer Stickstoffatmosphäre unter Ausschluss von Sauerstoff. Anschließend wird die Kohlenstoffstruktur mit flüssigem Silizium bei 1.600 °C infiltriert. Das Porenkanalsystem saugt sich voll, und das Silizium verbindet sich mit dem Kohlenstoff innerhalb von 4 Stunden zu Siliziumkarbid. Da in den Porenkanälen nicht reagiertes Silizium übrig bleibt, entsteht ein hochfester Si/SiC-Verbundwerkstoff. Der Vorgang kann mit einer Versteinerung der Holzstruktur verglichen werden.

Alternativmaterialien
Keramikschaum

KER 6.4
Porzellanfolien

Die Porzellanfolie ist ein keramisches Folienmaterial, das im angelieferten Zustand flexibel ist wie Papier und sehr leicht verformt werden kann. Nach der Formgebung werden die Geometrien in einem Brennvorgang bei Temperaturen zwischen 1.220 °C und 1.280 °C fixiert und der Grünzustand der Folie in die hochfeste, weiß transparente Porzellanstruktur mit hoher Temperaturbeständigkeit und guten Chemikalienresistenz überführt. Der Werkstoff wirkt elektrisch isolierend und weist eine geringe Wärmeleitfähigkeit auf.

Zur Herstellung des Folienmaterials wird Porzellanmasse mit Bindern und Weichmachern versetzt und in einem patentierten Verfahren dünn auf eine flexible Kunststofffolie aufgebracht.

Verwendung
Porzellanfolien sind auf Grund der vielfältigen Verarbeitungsmöglichkeiten besonders für den Gestaltungs- und Designbereich interessant. So kann das Material im rein formalästhetischen Bereich für Schmückstücke oder auf Grund der optischen Qualität für Beleuchtungssysteme eingesetzt werden. In der Technik sind Porzellanfolien für die elektrische Isolation oder Wärmeleitung geeignet.

Bild: Leuchte aus Porzellanfolie./ Design: Johanna Hitzler/ Foto: Kerafol GmbH

Bild rechts: Tools aus Porzellanfolie./ Design: Marion Höchtl/ Foto: Kerafol GmbH

Bild unten: Figuren aus Porzellanfolie./ Design: Johanna Hitzler/ Foto: Kerafol GmbH

Verarbeitung
Der Werkstoff lässt sich wie Papier und Karton biegen oder falten und kann mit konventionellen Scheren oder scharfen Klingen geschnitten werden. Mit Stempeln aus Metall, Holz oder Gips lässt sich das Folienmaterial stanzen und prägen, wobei Mindestradien von 4 mm zu beachten sind. Nach Bestreichen mit Wasser ist eine einfachere Verarbeitbarkeit beim Prägen und Biegen zu erwarten. Klebeverbindungen können durch Pressen aufgerauter und angefeuchteter Oberflächen entstehen, die nach dem Brand Schattierungen mit interessanten optischen Eigenschaften entstehen lassen. Auch das Bedrucken und Glasieren von Porzellanfolie ist möglich. Bei der Formgebung muss für das abschließende Sintern ein Schwindmaß von 14 % bis 18 % eingerechnet werden.

Bild: Schale aus Porzellanfolie./ Design: Judith Marks/ Foto: Kerafol GmbH

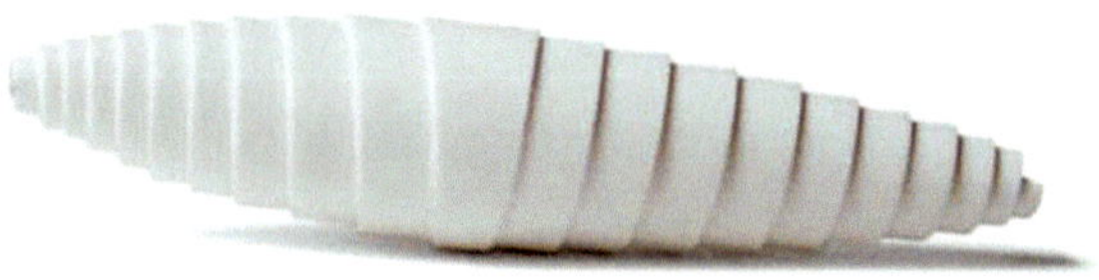

Bild: Schmuck aus Porzellanfolie./ Design: Christine Conrad/ Foto: Kerafol GmbH

Handelsformen
Im deutschsprachigen Raum ist das Unternehmen Kerafol® als Hersteller für Weichporzellanfolien bekannt. Die Porzellanfolie Keraflex® ist weltweit patentiert. Das sich im Grünzustand befindliche Material ist in Dicken zwischen 0,5 mm bis 1,0 mm erhältlich.

Keramikpapier
In einem ähnlichen Kontext ist das Verwendungspotenzial von Keramikpapier PAP 5.6 zu verstehen. Dieses besteht aus gebrochenen Aluminiumoxidfasern und kann wie gewöhnliches Papier gefaltet und geschnitten werden. Nach dem Brennvorgang erhält das Material keramische Eigenschaften und ist kratzfest und besonders temperaturbeständig. Da es sich um einen noch jungen Werkstoff handelt, sind die Verwendungspotenziale noch nicht vollkommen erschlossen. Der Einsatz als flammhemmende Schicht für Holz ist ebenso denkbar wie die Möglichkeit zur Reparatur von Ofenkammern.

KER
Literatur

[1] **Bargel, H.-J.; Schulze, G.**: Werkstoffkunde. Berlin, Heidelberg: Springer Verlag, 8. Auflage, 2004.

[2] **Beitz, W; Grote, K.-H.**: Dubbel - Taschenbuch für den Maschinenbau. Berlin, Heidelberg: Springer Verlag, 20. Auflage, 2001.

[3] **Boretius, M.; Lugscheider, E.; Tillmann, W.**: Fügen von Hochleistungs-Keramik. Düsseldorf: VDI-Verlag, 1995.

[4] **Cosentino, P.**: Handbuch der Töpfertechniken. Berlin: Urania-Ravensburger Verlag, 1999.

[5] **Friedl, H.**: Warum? Weshalb? Wieso? 100 Fragen über Porzellan. Marktredwitz: Selbst-Verlag, 11. Auflage, 1983.

[6] **Frotscher, S.**: DTV-Atlas – Keramik und Porzellan. München: Deutscher Taschenbuch Verlag: 2003.

[7] **Hornbogen, E.**: Werkstoff – Aufbau und Eigenschaften von Keramik-, Metall-, Polymer- und Verbundwerkstoffen. Berlin, Heidelberg: Springer Verlag, 7. Auflage, 2002.

[8] **Ilschner, B.; Singer, R.F.**: Werkstoffwissenschaften und Fertigungstechnik. Berlin, Heidelberg: Springer Verlag, 4. Auflage, 2005.

[9] **Informationszentrum Technische Keramik im Verband der Keramischen Industrie e.V.**: Brevier Technische Keramik. Nürnberg: Fahner Verlag, Verband der Keramischen Industrie e.V., 4. Auflage, 1999.

[10] **Jacobs, O.**: Werkstoffkunde. Würzburg: Vogel Buchverlag, 2005.

[11] **Kollenberg, W.**: Technische Keramik – Grundlagen, Werkstoffe, Verfahrenstechnik. Essen: Vulkan-Verlag, 2004.

[12] **Krenkel, W.**: Keramische Verbundwerkstoffe. Weinheim: Wiley VCH, 2003.

[13] **Leydecker, S.**: Nano Materialien in Architektur, Innenrichtung und Design. Basel: Birkhäuser Verlag, 2008.

[14] **Maier, H.R.**: Werkstoffkunde II, Keramik – Leitfaden technische Keramik. Aachen: Lehrstuhl und Institut für Keramische Komponenten im Maschinenbau, RWTH Aachen, 3. Auflage, 1993.

[15] **Merkel, M.; Thomas, K.-H.**: Taschenbuch der Werkstoffe. München, Wien: Fachbuchverlag Leipzig im Carl Hanser Verlag, 2003.

[16] **Michalowsky, L.**: Neue keramische Werkstoffe. Leipzig, Stuttgart: Deutscher Verlag für Grundstoffindustrie, 1994.

[17] **Peters, S.; Klocke, F.**: Potenziale generativer Verfahren für die Individualisierung von Produkten, in: Zukunftschance Individualisierung. Berlin, Heidelberg: Springer Verlag, 2003.

[18] **Ritter, A.**: Smart Materials in Architektur, Innenarchitektur und Design. Basel: Birkhäuser Verlag, 2007.
Schaumburg, H.: Polymere. Stuttgart: Teubner, 1997.

[19] **Schaumburg, H.**: Keramik. Stuttgart: B.G. Teuber Verlag, 1994.

[20] **Sentence, B.**: Atlas der Keramik. Berne: Haupt Verlag, 2004.

[21] **Shackelford, J.F.**: Werkstofftechnologie für Ingenieure. München: Parson Studium, 6. Auflage, 2005.

[22] **Schmid, P.**: Die Tücken der Reproduktion. form 226, Basel: Birkhäuser Verlag, 2009.

[23] **Spur, G.**: Keramikbearbeitung. München, Wien: Carl Hanser Verlag, 1989.

[24] **Stattmann, N.**: Ultralight - Superstrong: Neue Werkstoffe für Gestalter. Basel: Birkhäuser Verlag, 2003.

[25] **Tietz, H.-D.**: Technische Keramik – Aufbau, Eigenschaften, Herstellung, Bearbeitung, Prüfung. Düsseldorf: VDI Verlag, 1994.

[26] **Wagner, V.**: Neue Materialien – Smart, Clean and Ecoefficient. ReThinking Business Konferenz #2, Essen, 22.11.2007.

[27] **Wendehorst, R.**: Baustoffkunde. Hannover: Curt R. Vincentz Verlag, 26. Auflage, 2004.

[28] **Wintermantel, E.; Ha, S.-W.**: Biokompatible Werkstoffe und Bauweisen. Berlin, Heidelberg: Springer Verlag, 1998.

[29] **Zabloklicki, A. K.**: Laserunterstütztes Drehen von dichtgesinterter Siliciumnitrid-Keramik. Dissertation der RWTH-Aachen. Aachen: Shaker Verlag, 1998.

Bild: »Solid Color« Krüge./ Foto: dibbern

Bild: Furnier aus Zebrano.

HOL
HÖLZER

Alphorn, Altar, Angelrute, Architekturmodell, Axtstiel, Backgammonspiel, Balken, Baseballschläger, Baugerüst, Bauklotz, Beichtstuhl, Besenstiel, Betonschalung, Bettgestell, Biegeholz, Bilderrahmen, Bleistift, Blockflöte, Bogen, Bohle, Bohnenstange, Boot, Bootsinnenausbau, Bootsplanke, Bootssteg, Brett, Brücke, Bücherregal, Bühne, Bumerang, Buntstift, Butterfass, Campinganhänger, Cello, Dachbalken, Deichsel, Diele, Didgeridoo, Dübel, Einbaum, Essstäbchen, Fachwerk, Fahnenmast, Faserplatte, Fass, Fassadenelement, Fensterbrett, Fensterrahmen, Fensterladen, Feuerholz, Floß, Flöte, Flügel, Frühstücksbrett, Furnier, Futterkrippe, Galgen, Galionsfigur, Garderobe, Geige, Gehstock, Giebel, Gitarre, Griffelschachtel, Hängebrücke, Harfe, Harke, Hebel, Heugabel, Hocker, Holzeisenbahn, Holzhammer, Holzkeil, Holzlöffel, Holzpantoffel, Holzperle, Holzschmuck, Holzschnitt, Holzwolle, Hütte, Ikone, Innenausbauten, Intarsie, Jalousie, Käfig, Kamm, Karren, Kegel, Kelle, Keule, Kirche, Kirchenbank, Kirchturmuhr, Kiste, Klavier, Kleiderbügel, Klettergerüst, Kochlöffel, Kommode, Kontrabass, Korb, Korken, Kreisel, Krippe, Kruzifix, Kühlwaggon, Kugel, Kuckucksuhr, Kutsche, Ladeneinrichtung, Lanze, Latte, Laube, Lehnstuhl, Leiste, Leiter, Lineal, LKW-Aufbau, Maibaum, Marionette, Maske, Mast, Melkschemel, Mikado, Mühle, Nachtkästchen, Nähkästchen, Oboe, Obstkiste, Paddel, Palette, Palisade, Panflöte, Papier, Pappe, Paravent, Parkbank, Parkett, Pavillon, Pfahl, Pfeife, Pfeil, Pfeiler, Pforte, Pfosten, Planke, Pressspanplatte, Prothese, Pult, Puppenkopf, Rad, Räucherwerk, Regal, Reklametafel, Resonanzboden, Ruder, Ruderboot, Sarg, Schachfiguren, Schachbrett, Schale, Schaschlikstäbchen, Schaukelpferd, Schaukelstuhl, Schemel, Setzkasten, Schiffschaukel, Schiffsrahmen, Schiffstür, Schild, Schlitten, Schnitzerei, Schrank, Schreibtisch, Schuh, Schuhspanner, Schulbank, Segelschiff, Seifenkiste, Servierwagen, Ski, Skulptur, Spanplatte, Spazierstock, Speer, Spielzeug, Spindel, Spinnrad, Sportgerät, Staffelei, Staffelstab, Stall, Standuhr, Statue, Steckenpferd, Stelze, Stopfei, Stricknadel, Stuhl, Tabaksdose, Tafel, Teller, Tempel, Theke, Tisch, Tischlerplatte, Tür, Türzarge, Tor, Treppe, Trog, Trommel, Truhe, Vase, Vertäfelung, Viehtränke, Violine, Vogelhäuschen, Wandverkleidung, Wandschrank, Wäscheklammer, Wasserrad, Webstuhl, Werkzeuggriff, Wiege, Wippe, Xylophon, Zahnstocher, Zaun

Der Thonet-Stuhl von 1859 gilt als Prototyp des modernen Massenmöbels. Während andere Möbelfabrikanten Mitte des 19. Jahrhunderts noch versuchten, handwerkliche Einzelfertigungsprozesse für die Fabrikation zu etablieren, gelang es M. Thonet, das Bugholzverfahren im Möbelbau zu nutzen. Buchenholzstäbe wurden unter Dampfeinsatz und Druck in geschwungene Formen gebracht ↗HOL 2.3*. Das Ergebnis war eine revolutionierende Einfachheit und Eleganz in der Formgebung sowie eine bis dahin unbekannte Exaktheit in der Ausführung. Mit über 100 Millionen verkaufter Exemplare wurde der Thonet Stuhl eines der ersten in Masse gefertigten Produkte weltweit.*

Bild: Wiener Cafe Stuhl (Nr. 18) aus Bugholz./ Hersteller: Gebrüder Thonet (Werksdesign)

Bild: »slowwood«, Sessel aus Nussbaum-Furnierholz./ Design: UNITEDDESIGNWORKERS.com

Holz ist ein natürliches und lebendiges Material, das in Natur und Umwelt einen ganz besonderen Stellenwert einnimmt. Die menschliche Gesellschaft nutzt den Rohstoff seit Urzeiten zur Energiegewinnung und als Baumaterial. Er bildet die Grundlage der Papierherstellung und ist Basismaterial für eine ganze Reihe chemischer Prozessketten. Auf Grund seiner warmen Ausstrahlung und seines individuellen Charakters ist Holz ein beliebtes Material für Wohnraumeinrichtungen und den Möbelbau. Edle Holzarten bieten Möglichkeiten zur Schaffung besonderer Atmosphären, was den Werkstoff für Luxusgegenstände, Innenverkleidungen von hochpreisigen Automobilen oder Yachten stets geeignet gemacht hat. Seine klanglichen Qualitäten erklären die Anwendung im Bereich der Musikinstrumente.

Die leichte Verarbeitbarkeit und das überaus große Angebot an unterschiedlichen Holzarten ↗HOL 4 sind die Gründe dafür, warum gerade Architekten, Designer und Möbelbauer den Werkstoff häufig für Ihre Entwürfe verwenden. Allerdings hat der Raubbau am Naturprodukt Holz in den tropischen Regionen der Erde dazu geführt, dass gerade diese Berufsgruppen ein besonderes Verantwortungsgefühl für den Rohstoff entwickelt haben und seltene Holzarten nur mit Vorsicht verwenden.

Die Umweltproblematik in Verbindung mit dem hohen Gebrauchswert lässt in den nächsten Jahren ein großes Entwicklungspotenzial für Holzersatzwerkstoffe erwarten ↗HOL 5.1, HOL 5.2, um auch in Zukunft eine bewusste und umweltverträgliche Nutzung der lebendigen Eigenschaften des Materials für Gestalter zu ermöglichen.

Vom Aussterben bedrohte Holzarten wie Pockholz, Afrormosia und Rio-Palisander sind in der internationalen Naturschutzbestimmung ***CITES*** gelistet. Im Abstand von zwei Jahren werden die Listen überarbeitet und die Aufnahme oder Streichung von einzelnen Baumsorten diskutiert (Jackson, Day 2003).

In Anhang I der CITES-Bestimmungen sind die direkt vom Aussterben bedrohten Arten aufgeführt. Jeglicher Handel mit diesen Hölzern, ihren Samen und aus ihnen erstellten Produkten ist verboten. Anhang II bezieht sich auf gefährdete Holzsorten. Legal erworbene Bestände dürfen nur mit schriftlicher Genehmigung exportiert werden. Ebenso ist für die Einfuhr eine Genehmigung erforderlich. Möchte ein Ursprungsland eine bestimmte Holzart schützen, kann es die Aufnahme in den Anhang III beantragen. Das Land erhält dann die Möglichkeit zur Kontrolle der Ausfuhr.

HOL 1
Charakteristika und Materialeigenschaften

HOL 1.1
Holzarten und deren Einteilung

Auf der Erde existieren etwa 60.000 Holzgewächse, von denen rund 10.000 in ihren Eigenschaften näher untersucht sind (Spring, Glas 2005) und etwa 300 gewerblich genutzt werden. Die einzelnen Holzsarten werden in Nadel- und Laubhölzer unterteilt.

Nadelholz stammt von zapfentragenden Bäumen, deren Vorkommen zu einem großen Teil auf der nördlichen Hemisphäre liegt. Entwicklungsgeschichtlich gesehen sind Nadelhölzer älter als Laubhölzer. Ihre Struktur ist daher einfacher aufgebaut. Das Holz zählt zu den Weichhölzern, ist hell gefärbt und preiswerter als Laubholz. Es wird daher überwiegend als Bauholz, für Schreinerarbeiten und in der Papierherstellung verwendet (Jackson, Day 2003). Die bekanntesten Nadelhölzer sind Tanne, Fichte, Kiefer, Lärche, Eibe, Wacholder oder Douglasie.

Die Struktur von ***Laubhölzern*** ist im Vergleich zu der von Nadelhölzern wesentlich komplexer. Auffallend ist die Gefäßstruktur, die sich durch kleine Löcher im Holzquerschnitt manifestiert. Laubhölzer sind wesentlich härter als Nadelhözer. Eine Ausnahme bildet Balsa HOL 4, das botanisch zwar zu den Harthölzern zählt, aber das weicheste aller Holzarten ist. Weitere typische Laubhölzer sind Ahorn, Birke, Eiche, Kastanie, Palisander, Ebenholz, Nussbaum, Buche, Esche, Kirsche, Teak oder Linde.

Aus dem Blickwinkel der europäischen Holzindustrie existiert noch die Nomenklatur der *Tropenhölzer*. Diese ist jedoch nicht alternativ, sondern vielmehr als ergänzende Bezeichnung zu Nadel- und Laubhölzern zu verstehen. Gemeint sind Holzarten mit meist sehr gutem Eigenschaftsprofil aus den tropischen oder subtropischen Regionen (z. B. Mahagoni, Abachi). Einige Tropenhölzer weisen bessere mechanische Eigenschaften auf als die in Europa üblichen Hölzer, sind beständiger gegen Witterungseinflüssen, Pilz- und Insektenbefall und auf Grund ihrer optischen Qualitäten (Farbigkeit, Maserung) beliebt. Ihre Verwendung steht jedoch seit den 1970er Jahren stark in der Kritik.

HOL 1.2
Zusammensetzung und Struktur

Als Naturprodukt hat Holz eine enorm hohe Komplexität im Aufbau. Die Materialeigenschaften der einzelnen Holzarten werden daher nicht nur von der jeweiligen Zusammensetzung bestimmt, sondern hängen von der Anordnung und Ausrichtung der einzelnen Holzelemente, Gewebe und Zellen, als dem kleinstem Element, ab.
Im Aufbau besteht Holz je nach Holzart zu 38–51 % aus *Zellulose* und zu 24–40 % aus zelluloseähnlichen Stoffen. Mit 18–30 % bildet *Lignin* den verholzenden und verfestigenden Anteil im Zellulosegerüst (Eckhard et al. 2003).

Die *Entlignifizierung* von Holz ist daher die Grundlage der modernen technischen Zellstoffverfahren zur Produktion des Ausgangsmaterials für die Papierindustrie PAP 1.1. Bei Nadelhölzern ist der Ligninanteil höher als bei Laubhölzern. Neben den Hauptbestandteilen enthält Holz einige Begleit- und Inhaltsstoffe (ca. 6 %) wie Harze, Wachse, Fette, Stärke, Zucker, Phenole, Ligane, Chinone oder Sterine (Wendehorst 2004). Gerbstoffe schützen das Holz vor Pilzbefall und bewirken eine dunkle Färbung bei der Verkernung. Laubhölzer enthalten in der Regel mehr ***Gerbstoffe*** als Nadelhözer und sind daher beständiger (z. B. Kernholz der Eiche).

Aufbau / Stammquerschnitt

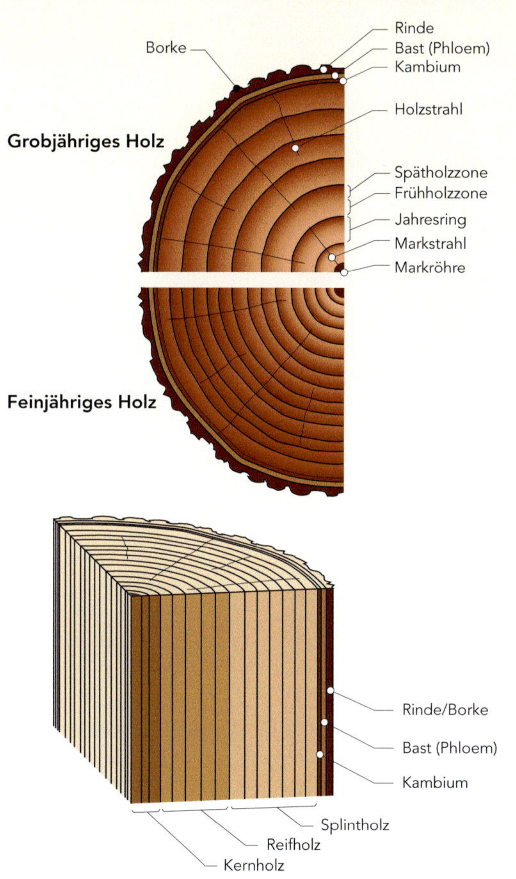

Abb. 1

Die Eigenschaften der Hölzer werden durch die Art des natürlichen Wachstums bestimmt, das je nach Jahreszeit und Klimazone sehr unterschiedlich ausfallen kann. So weisen die sich im Frühjahr bildenden Holzzellen eine geringere Dichte auf als die der späteren Monate und sind leichter und heller in ihrer Erscheinung. Aus den Veränderungen im Wachstum über das Jahr hinweg resultieren die für Bäume charakteristischen Ringe. Hinzu kommt das Phänomen, dass sich die Eigenschaften über das Lebensalter verändern. Optische Qualitäten erhält das Holz insbesondere durch den Faserverlauf, wonach es mal gefleckt, mal gewellt, geaugt oder gestreift sein kann.

Holz, ein ökologischer Rohstoff
Mit seinem natürlichen Lebenszyklus ist Holz ein natürlich regenerierbarer Rohstoff und anderen Materialien in vielen Dingen überlegen. Lediglich Wasser und Sonne werden als Energiequellen für das Wachstum benötigt. Holz lässt sich leicht und energiesparend bearbeiten und ist recycelbar. Somit zählt es zu einem der ökologisch wertvollsten Werkstoffe.

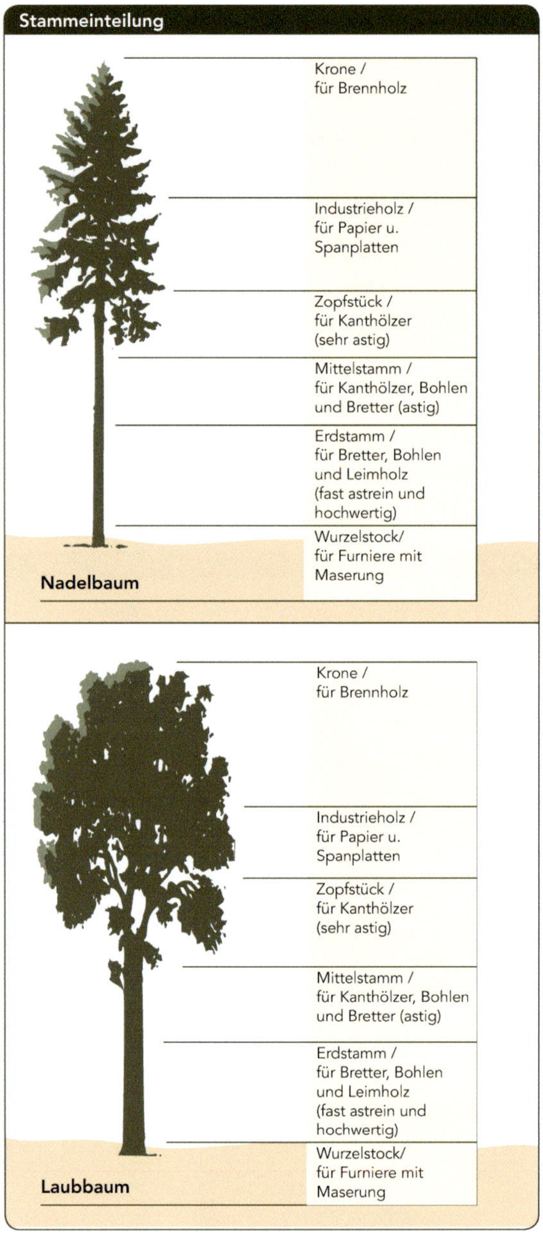

Abb. 2: nach [29]

Das wertvollste Material für die Holz gewinnende Industrie liegt im Bereich des inneren ***Kernholzes***. Es ist sehr kompakt, haltbar und dunkel verfärbt, da die Poren und Gefäße, die ehemals zum Transport von Flüssigkeit dienten, über die Jahre durch Partikel verstopft und undurchlässig wurden. Im Vergleich dazu ist das Material aus dem Bereich der äußeren Schichten, auch ***Splintholz*** oder ***Weichholz*** genannt, weicher und heller als das der inneren Bereiche. Typische Kernholz- oder Hartholzbäume sind Lärche, Kirschbaum, Kiefer, Wacholder, Eibe, Eiche, Ulme, Mahagoni, Palisander und Teak. Eine nur schwache Verkernung zeigen die Weichholzbäume Tanne, Erle, Fichte, Birke und Rotbuche. Die Mittelachse des Stammes, die so genannte ***Markröhre***, wird bei der Holzgewinnung ausgespart. Sie besteht aus meist abgestorbenen Zellen, die häufig von Pilzen befallen sind.

Auf Fehler in der Holzstruktur wie ***Ästigkeit***, ***Maserungen*** und Risse sowie so genannte ***Harzgallen*** (mit Harz gefüllte Hohlräume) muss bei der Holzverarbeitung besonders geachtet werden.

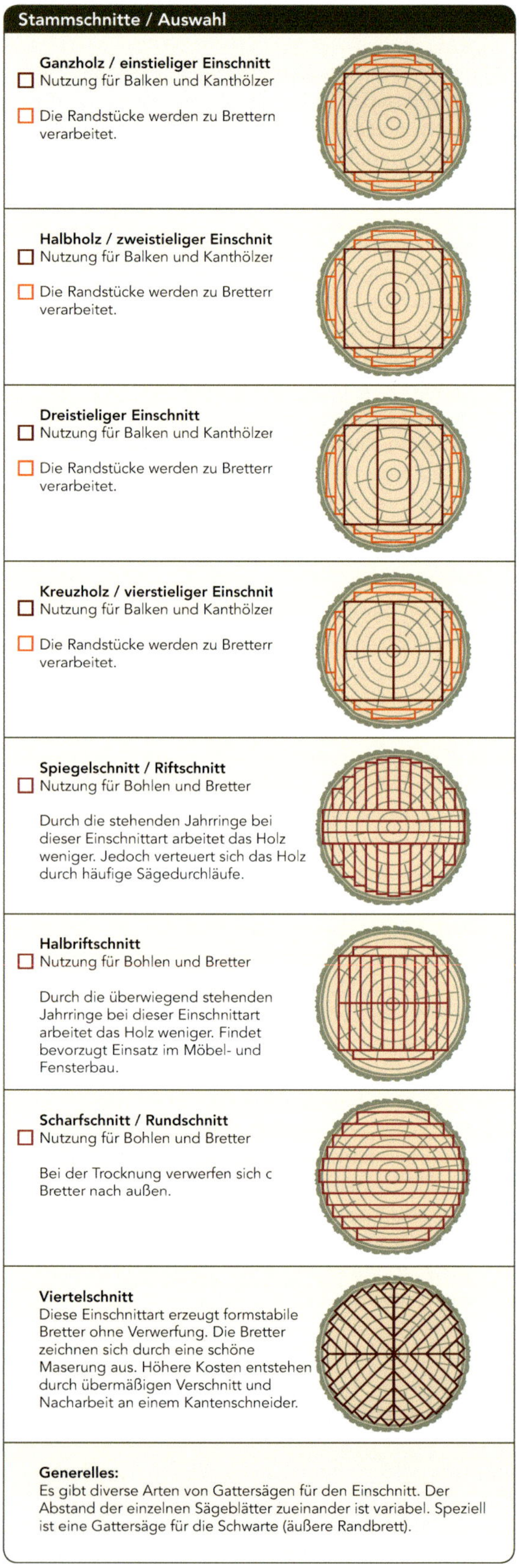

Abb. 3: nach [6, 25]

Schnittholz
Schnittholz wird durch Sägen parallel zur Stammachse hergestellt. Es kann scharfkantig geschnitten sein, aber auch Baumkanten haben.

Schnittholz wird wie folgt unterteilt:
Balken,
Kanthölzer,
Kreuzhölzer,
Bretter,
Bohlen,
Latten

HOL 1.3
Physikalische Eigenschaften

Die physikalischen und mechanischen Eigenschaften von Holz werden entscheidend von der Rohdichte, dem Feuchtigkeitsgehalt und der Richtung des Faserverlaufs bestimmt. Holz ist ein anisotropes Material. Parallel zur Faser, also in Richtung der Baumachse, weist es die besten Eigenschaften auf. In radialer und tangentialer Richtung nimmt die Qualität ab.

Die kapillar poröse Struktur des Holzwerkstoffs bewirkt eine leichte Flüssigkeitsauf- und abnahme. Neben dem Faserverlauf ist daher der Feuchtigkeitsgehalt für das Eigenschaftsprofil von großer Bedeutung. In trockenem Zustand werden erwartungsgemäß die besten mechanischen Resistenzen erzielt. Durch die hygroskopische Eigenschaft kann jedoch der Feuchtegehalt nur schwerlich konstant gehalten werden. Abhängig vom Flüssigkeitshaushalt der Umgebung ändert er sich, bis eine Homogenisierung mit dem Umgebungszustand erreicht ist: Das Holz arbeitet. Die mechanischen Eigenschaften können dadurch sehr differenzieren, weshalb eine genaue Kenntnis der Veränderungsprozesse besonders wichtig ist (Niemz 1993).

Verformung durch Schwindung

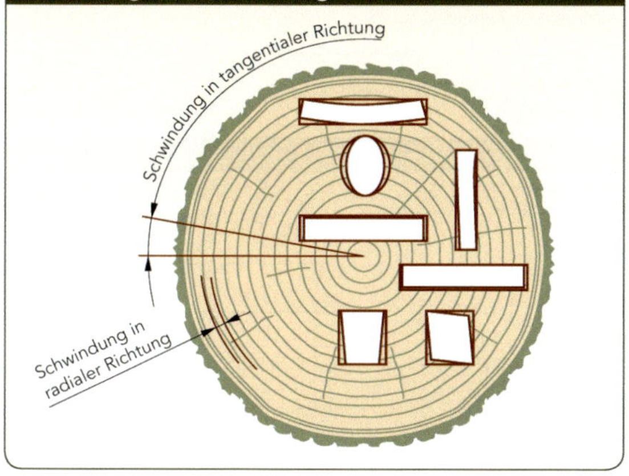

Abb. 4: nach [25]

Mit zu- oder abnehmendem ***Feuchtigkeitshaushalt*** sind zudem Volumenänderungen zu beachten (***Quellen*** oder ***Schwinden***). Diese finden bis zur ***Fasersättigungsgrenze*** statt, die bei etwa 30% liegt. Über diesem Wert bleibt das Volumen konstant. Die Änderungen erfolgen sowohl in radialer (2–4%) als auch in tangentialer Richtung (1,5–2%). In Faserrichtung kann das ***Arbeiten*** des Holzes vernachlässigt werden. Verformungen und Risse während des Trocknungsprozesses sind auf unterschiedliche Volumenveränderungen in tangentialer und radialer Richtung zurückzuführen. Hölzer sind also besonders dann bei der Verarbeitung beliebt, wenn das Maß der Ausdehnung in diese beiden Richtungen ähnlich stark ausfällt. Hier zeigt ***Mahagoni*** hervorragende Eigenschaften.

Mit Hilfe einer Hochtemperaturbehandlung, bei der das Holz bis auf 250°C erhitzt wird, kann Rohholz in seinen Eigenschaften gezielt positiv beeinflusst werden. Die hervorgerufene Veränderung im Aufbau der Zellwände bewirkt eine Verringerung der Feuchtigkeitsaufnahme. Das »Arbeiten« des Holzes wird nahezu verhindert, was eine hohe Materialbeständigkeit und verbesserte Verschleißeigenschaften mit sich bringt.

Die Rohdichte einer Holzart (Verhältnis von Masse zu Volumen) ist abhängig von seiner Porosität, also von Anzahl und Größe der Lufteinschlüsse, sowie von der eingeschlossenen Flüssigkeitsmenge. Es kann bei gleicher Holzart daher auf Grund des sich ändernden Flüssigkeitshaushaltes zu unterschiedlichen Dichtewerten kommen. Haltbarkeit und Dichte eines Holzes stehen in engem Zusammenhang. Je höher die Rohdichte, desto dauerhafter und härter ist das Holz. Zu den besonders widerstandfähigen Holzsarten zählen Eiche, Mahagoni und Buche.

Holzfeuchte bei verschiedenen Bauten

Wassergehalt	Bauwerk/ Bauteilen
30%	Bauten mit direktem Wasserkontakt (Wasserbauwerke)
25...30%	sehr feuchte Bauten (Tunnel, Stollen ...)
18...25%	Objekte im Aussenbereich (Baugerüst, Straßenmöbel...)
16...20%	offene Bauten mit Überdachung
13...17%	geschlossene Bauten
12...14%	geschlossene Bauten mit temporärer Beheizung
10...12%	geschlossene Bauten mit dauernder Beheizung

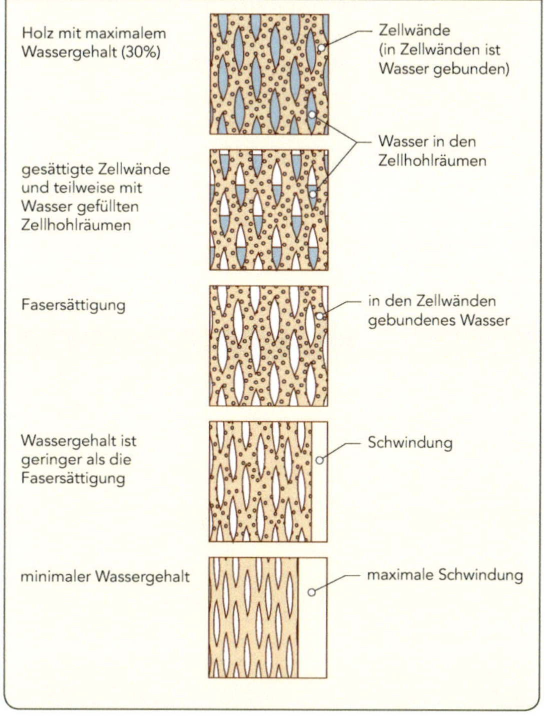

Abb. 5: nach [6]

Bild: Nahaufnahme von verwitterten, gebrochenen Holzfasern.

Auch bezüglich der ***Entflammbarkeit*** sind unterschiedliche Charakteristika zwischen den einzelnen Holzsorten festzustellen. Eine gute Entflammbarkeit geht einher mit einer niedrigen Rohdichte und qualifiziert diese Holzarten als besonders geeigneten Brennstoff. Eine schlechte Entflammbarkeit weist andererseits jedoch auf einen hohen Gebrauchsnutzen als Baustoff hin. Durch eine spezielle Oberflächenbehandlung mit chemischen Substanzen lässt sich die Entflammbarkeit von Holz beeinflussen.

Brandverhalten und Entflammbarkeit von Hölzern

hoch ← Entflammbarkeit	→ niedrig
trockenes Holz	feuchtes Holz
geringe Holzrohdichte	hohe Holzrohdichte
Holz mit Rinde und Ästen	Holz ohne Rinde
rissige, rauhe Holzoberfläche	glattes, geschliffenes Holz
vertikale Holzstücke	horizontale Holzstücke
kleine Holzstücke	große Holzstücke

Entflammbarkeit von Hölzern

leicht entflammbar	weniger leicht entflammbar	schwer entflammbar
Pappel, Kiefer, Tanne, Weide, Erle und fast alle Nadelbäume	Buche, Kastanie, Mahagoni…	Ebenholz, Steineiche, Buchs, Lärche…

Abb. 6: nach [25]

Die Eigenschaften von trockenem Holz zur Leitung von Wärme und Elektrizität sind als schlecht zu bewerten, steigen jedoch mit zunehmender Holzfeuchte. Holz ist folglich ein sehr guter Wärmeisolator mit einer im Vergleich zu anderen Materialien sehr niedrigen ***Wärmeleitzahl*** (siehe Abb. 7). Das natürliche Material wird daher vielfach zur Wärmedämmung im Fußbodenbereich eingesetzt. Bei der Auswahl der entsprechenden Holzart ist zu beachten, dass mit steigender Rohdichte die Wärmedämmeigenschaften abnehmen.

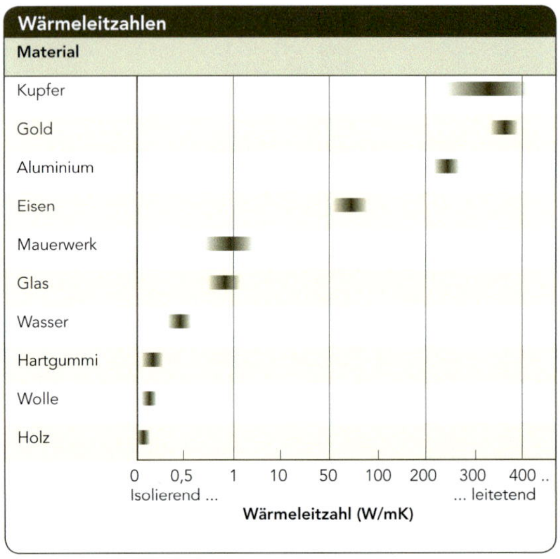

Abb. 7: nach [29]

HOL 1.4
Mechanische Eigenschaften

Die mechanischen Eigenschaften von Holz werden von der Faserrichtung bestimmt. Parallel zur Faser fallen sowohl Zug- als auch Druckfestigkeit höher aus als in Querrichtung. Ein weiterer wichtiger Einflussfaktor neben der Dichte, den Wachstumsverhältnissen (Standort, Klima) und der Astigkeit ist der Flüssigkeitsgehalt. Die Festigkeit sinkt ganz entscheidend mit steigender Feuchte. Daher werden die Festigkeitswerte immer mit Bezug zur Holzfeuchte angegeben.

Festigkeitswerte einiger Holzarten bei 12% Holzfeuchte

Holzarten	Zugfestigkeit längs	Zugfestigkeit quer	Druckfestigkeit längs	Druckfestigkeit quer	Biegefestigkeit quer
Ahorn	82	—	49	—	95
Buche	135	—	60	—	120
Eiche	90	4,0	53	11,0	91
Esche	160	7,0	48	11,0	102
Fichte	90	2,7	43	5,8	66
Kiefer	104	3,0	47	7,7	87
Lärche	107	2,3	47	5,0	96
Nussbaum	100	3,5	48	12,0	119
Rotbuche	130	7,0	53	9,0	105

Angaben in N/mm²

Abb. 8: nach [16]

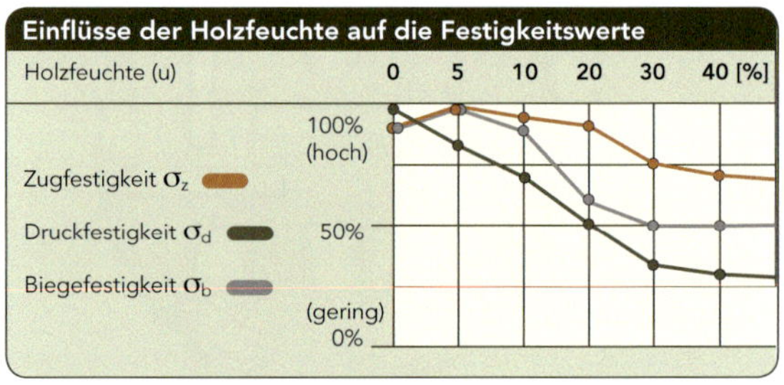

Abb. 9: nach [16]

Festigkeit	Darstellung	Beschreibung
Biegefestigkeit	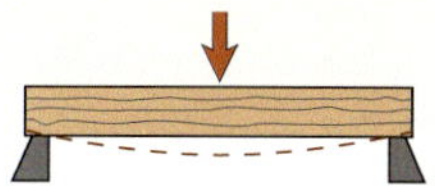	**biegsam:** z.B. Kiefer, Tanne, Esche… **nicht biegsam:** alle Harthölzer
Schlagfestigkeit	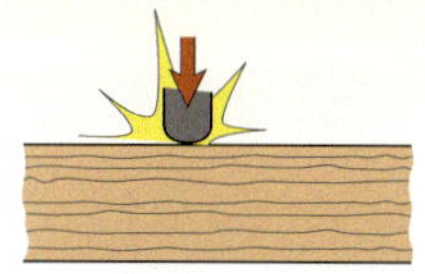	**wird beeinflusst durch:** - Holzart - Größe - Schlagrichtung - Werkstoffdichte, - Feuchtigkeit im Holz
Abriebfestigkeit	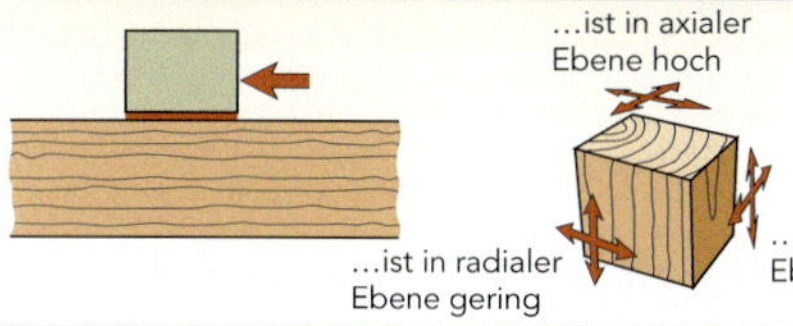	
Spaltfestigkeit	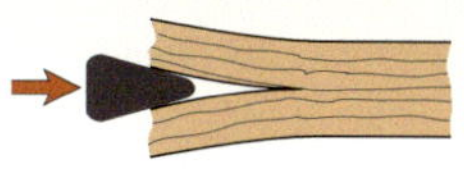	**leicht spaltbar:** grünes Holz **spaltbar:** Kastanie, Lärche, Tanne… **schwer spaltbar:** Ulme, Ahorn **spaltbar (splittert):** Esche
Schnitt-/Scherfestigkeit	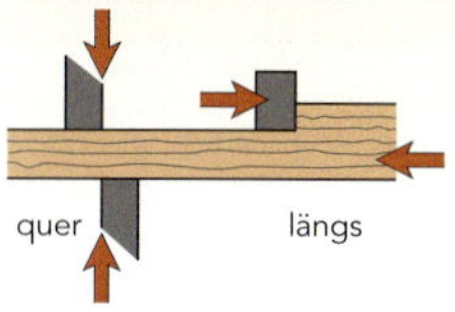	… ist quer zur Faser hoch … ist längs zur Faser klein
Zug- und Druckfestigkeit	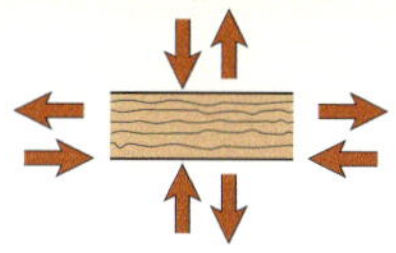	**wird beeinflusst durch:** - Holzart - Faserverlauf - Ästigkeit - Feuchtigkeit - Temperatur
Torsionsfestigkeit	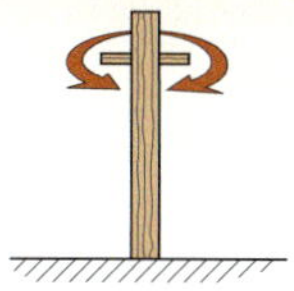	**wird beeinflusst durch:** - Querschnittsform und -größe - Holzart - Faserverlauf - Ästigkeit - Feuchtigkeit
Knickfestigkeit	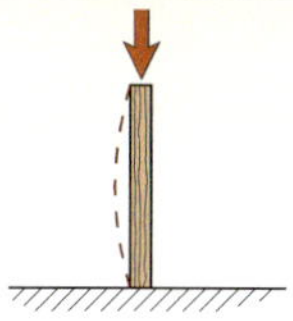	**Sonderfall der Druckfestigkeit. Sie wird beeinflusst durch:** - Schlankheitsgrad - Querschnittsform - Art der Einspannung - Holzart - Feuchtigkeit

Abb. 10: nach [6, 25]

Ebenso wird das E-Modul von der Holzfeuchte beeinflusst. Weitere Einflussfaktoren sind die Holzart sowie Richtung und Dauer der Krafteinwirkung. Mit steigendem Feuchtegehalt ist die Neigung zur Verformung größer, während das E-Modul KEN bei zunehmender Dichte ansteigt. Der Einfluss der Temperatur auf die Festigkeitswerte kann im Bereich zwischen -30 °C und +30 °C vernachlässigt werden (Merkel, Thomas 2003).

Einige Hölzer (z. B. Esche, Kiefer) weisen eine hohe Biegsamkeit und Bruchfestigkeit auf. Diese Eigenschaften werden vor allem zur Herstellung von Produkten und Gegenständen mit freier Formgebung oder Krümmung im Möbelbereich, für Musikinstrumente und Sportgeräte genutzt. Da sich Holz nach Beendigung einer Krafteinwirkung wieder seiner Ausgangsform anpasst, muss die gewünschte Formveränderung konserviert werden. Der Biegeprozess kann durch Erweichung der Zellwände unter Dampfeinwirkung vereinfacht werden HOL 2.3.

Die Härte eines Holzes gibt dessen Abriebfestigkeit an und meint den Widerstand vor Eindringen von Fremdkörpern (z. B. Nägel, Hobel) und Schmutzpartikeln in die Holzoberfläche. Die Grobporigkeit einer Holzoberfläche ist mitentscheidend für die Schmutzaufnahme und lässt Parkettböden schneller verschmutzen. Sie hat Einfluss auf die Wahl der Bearbeitungstechnik und des Werkzeugs. Wie bei den Festigkeitswerten ist die Härte von der Holzfeuchte, Rohdichte und Faserrichtung abhängig. Sie sinkt mit zunehmendem Flüssigkeitsgehalt.

Härte von Hölzern

Grundprinzipien	Härte nach Brinell in [N/mm^2], quer zur Faser
• Je härter die Hölzer, desto schwerer • Kernholz ist härter als Splintholz • Trockene Hölzer sind härter als grüne Hölzer • Je faseriger die Hölzer, desto härter • Je gefäßreicher die Hölzer desto weicher. • Die härtesten Hölzer lassen sich am besten schleifen und polieren.	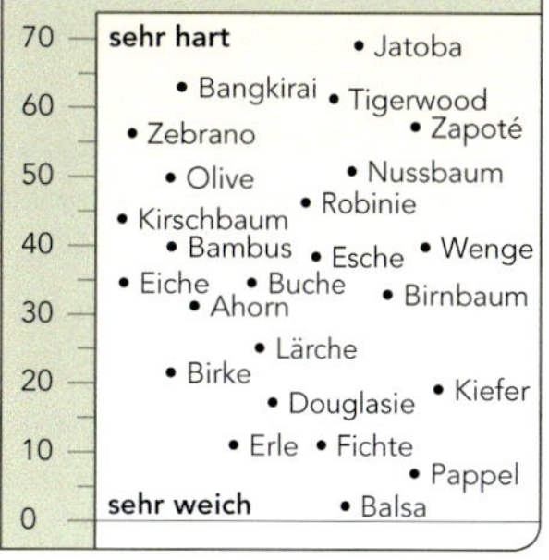

Abb. 11: nach [25]

Bild: Woodon® 3D-Furnier./ Hersteller: REHOLZ®

HOL 2
Prinzipien und Eigenheiten der Holzverarbeitung

Sowohl bei der Einzelanfertigung als auch der Massenproduktion von Holzerzeugnissen unterscheidet man grundsätzlich drei Hauptarbeitsgebiete. In der Phase der Materialaufbereitung wird das Holz gesäubert, abgerichtet und auf die notwendigen Maße zugeschnitten.

Bild: Schnitt durch einen Holzstamm.

Je nach Bedarf werden Bohrungen angebracht und Kanten vorbereitet. Der zweite Schwerpunkt der Holzverarbeitung besteht im Fügen der einzelnen Bausteine zu einem Produkt. Dabei gibt es Möglichkeiten zur Herstellung lösbarer und unlösbarer Verbindungen, deren Erstellung und mechanische Eigenschaften durch konstruktive Maßnahmen unterstützt und optimiert werden können. Die Oberflächenbehandlung steht im Mittelpunkt des dritten Verarbeitungsgangs. Hier werden alle Tätigkeiten und Prozesse zusammengefasst, die mit der Veredelung und Eigenschaftsoptimierung von Holzoberflächen im Zusammenhang stehen (Jackson, Day 1998).

Bild: Holzschreibtisch mit Intarsien.

HOL 2.1
Materialaufbereitung

Zur Materialaufbereitung von Holz stehen eine Reihe von Werkzeugen und Hilfsmittel zur Verfügung, die für den Umgang mit den besonderen Holzeigenschaften spezielle Eigenheiten aufweisen (Vigue, Maschek-Schneider 2002; Jeremy 1997).

Übersicht der Verarbeitungsmittel
Werkzeuge zum ...
Anreißen Reißnadel, Bleistift, Streichmaß, Körner, Spitzbohrer, Ellipsenzirkel, Stangenzirkel, Holzzirkel
Bohren und Schrauben Verschiedene Arten und Größen von Hand- und maschinellen Bohrwerkzeugen: Reibahle, Schneckenbohrer, Bohrwinde, div. Bohrer, div. Senker, Handbohrmaschine, Schraubendreher, Akkuschrauber, Ständer-Astlochbohr-, elektr. Handbohr-, Wand-Astlochbohr-, Dübellochbohr-, Lochreihenbohr-, Langlochbohrmaschine
Feilen, Raspeln, Glätten und Schleifen Verschiedene Arten und Formen von Feilen und Raspeln: Holzraspel, Feile, Ziehklinge, Rundfeile, Schabhobel, Schleifpapier, Stahlwolle, Schwingschleifmaschine, elektr. Schleifbock, Band-, Kanten-, Scheiben-, Zylinder-, Breitband- und Handbandschleifmaschine, Winkelschleifer
Fräsen Tisch-, Kantenober-, Ober-, Lamellofräsmaschine, Umleimerfräse, Kunststoff- und Furnierfräse, Kittfräse
Hobeln Verschiedene Arten, Formen und Größen von Hobeln: Hobeleisen, Raubank, Fug-, Schlicht-, Metall-, Sims-, Falz-, Kehl-, Nut-, Profil-, Feder-, Ziehklingen-, Schiff-, Schabhobel, Hirnholz-, Grat-, Schrupp- und Putzhobel, Abrichthobel- und Dickenhobelmaschine, elektr. Handhobel
Messen Gliedermaßstab, Rollmaßband, Messuhr, Schlauchwaage, Schlagschnur, Gehrungsmaß, Stellschmiege, Messschieber, Wasserwaage, div. Winkelmaße, Rachenlehre, elektr. Messzeuge, Laserentfernungsmessgerät
Nageln und Herausziehen Verschiedene Arten und Formen von Hämmern und Zangen: Zimmermanns-, Klauen-, Holz-, Kunststoffhammer, Ziegenfuß, Brecheisen, Nagelversenker, Kneifzange, Kombizange, Seitenschneider
Sägen Verschiedene Arten und Formen von Sägen: Gestell-, Gehrungs-, Fein-, Hand-, Bügel-, Spann-, Laub-, Handstich-, Schitter-, Furnier-, Rücken-, Stich-, Absatz-, Schweif-, Grat, Tisch-, Band-, Trenn-, Blockbandsäge. Fuchsschwanz, elektr. Kreis- und Formatsäge, elektr. Stichsäge, Kapp-Tischkombikreissäge, elektr. Tauchsäge und Schattenfugensäge
Spannen und Klemmen Verschiedene Arten, Formen und Größen von Zwingen und Klammern: Schraubzwinge, Spannknecht, Bandzwinge, Kantenzwinge, Hebelleim zwinge, Stahlfeder, Gehrungszwinge, Spannschraube, Hilfsspannstock, Kanten- und Fugenleimpresse, Leimklammer, pneumtische und hydraulische Spannwerkzeuge
Stemmen Verschiedene Abmessungen und Formen von Stech-, Loch- und Hohlbeiteln, Schreinerklüpfel

Abb. 12: nach [6, 25]

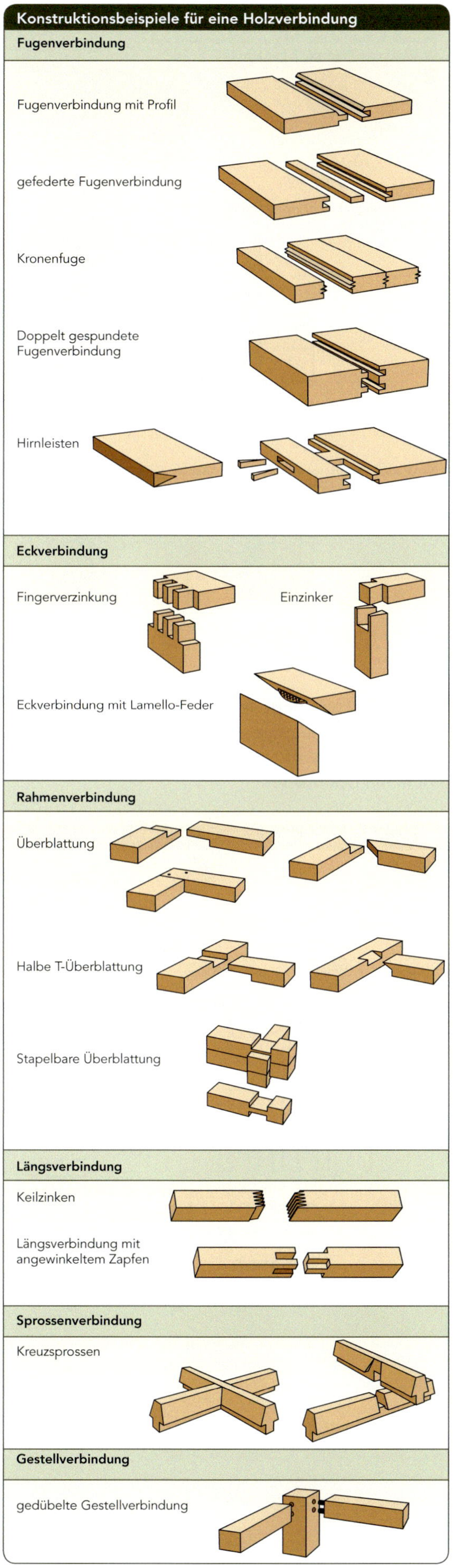

Abb. 13: nach [6, 25]

HOL 2.2
Fügen von Holz

Beim Fügen einzelner Holzbauteile muss je nach Anwendung entschieden werden, ob als Ergebnis eine lösbare oder unlösbare Verbindung geschaffen werden soll. Während bei lösbaren Verbindungen Verbindungsmittel wie Schrauben und Nägel verwendet werden, geht die dauerhafte Fixierung einer Holzkonstruktion auf Leime oder Kleber zurück (Jackson, Day 1997). Als Innovationen in diesem Bereich sind »***WoodWelding***« bzw. »***Woobration***« zu nennen, die in der Schweiz zwischen 2002 und 2008 entwickelt wurden. Mit den Techniken ist es möglich, Holzbauteile dauerhaft unter Nutzung von Ultraschall- bzw. Vibrationsenergie zu verschweißen, ohne die konventionellen Bindemittel und Kleber zu verwenden.

Bild: Eckverbindung durch Zinken.

Bild: Fügeverbindung eines Holztisches./ Foto: Garpa

Holzverbindungen müssen auf die verwendeten Profile und Abmaße abgestimmt und für den entsprechenden mechanischen Einsatzfall ausgelegt sein. Um einen Überblick über die Vielzahl der Verbindungen zu geben, sind links die möglichen Konstruktionsarten unterteilt in sechs Hauptgruppen aufgeführt. Die Darstellungen sollen als Anregung zur individuellen Anpassung verstanden werden. Sie zeigen nur einen kleinen Teil aller Möglichkeiten und informieren über die vorhandenen Prinzipien.

Bild: Hocker aus schichtverleimtem Nussbaumholz gedrechselt./ Design: Ray Eames/ 1960 für Time Life Building in New York entworfen/ Hersteller: Vitra

Nicht lösbare Holzverbindungen

Zur Herstellung nicht lösbarer Holzverbindungen stehen in der Holzverarbeitung hauptsächlich Leime oder Kleber zur Verfügung, deren Verwendung keine nachteiligen Gefügeveränderungen der beteiligten Materialpaarungen (Holz mit Holz, Holz mit Kunststoffen, Metallen, Keramik, Stein oder Glas) bewirken. Kleber sind meist flüssige organische Stoffe. Leime werden mit Wasser als Verdünnungs- und Lösungsmittel versetzt (Dunky, Niemz 2002).

Bild: Schnitt durch eine WoodWelding-Verbindung./ Foto: WoodWelding SA

Bild: Dübel nach einem Zugversuch./ Foto: WoodWelding SA

Klebstoffe

Leime/natürlich	**Glutinleime:** - Fugen sind elastisch - nicht feuchtigkeit- und wärmebeständig - nur für trockene Innenräume geeignet **Kaseinleime:** - Fugen sind elastisch - feuchtigkeits- und schimmelbeständig - nicht geeignet für freibewitterte Bauteile - Festigkeit so hoch wie bei Kunstharzleimen
Leime/synthetisch	**Montageleime:** - für Holzverbindungen **Furnierleime:** - generell für Furniere **Mischleime:** - feuchtigkeits-und witterungsbeständig - für Innenbauteile und Möbel **Lackleime:** - lösen Nitrolackschichten an - lösen Kunstharzlacke nicht an **Phenolharzleime:** - wasser-, koch-, tropen- und wetterbeständig **Harnstoffharzleime:** - nicht wasser-, koch- und wetterbeständig - kurzzeitig feuchtigkeitsbeständig - wird von Tischlern für das Furnieren gewählt **Melaminharzleime:** - beständig gegen kaltes und warmes Wasser
Kleber	**Epoxidharz-Kleber:** - hohe Festigkeit und Elastizität - relativ hoher Preis **Polychloropren-Kleber (Neoprenkleber):** - Ankleben von Kanten - Furnieren von Rundungen/kleineren Flächen - Verkleben von Holz mit Metall, Kunststoff, Gummi und Leder **Polyurethan-Kleber:** - für Beschichtung mit PVC-Folien - feuchtigkeits- und wärmebeständig - Verkleben von Kunststofffolien mit Trägerplatten **Schmelz-Kleber:** - Aufleimen von Kanten aus Furnieren, Kunststoff oder Vollholz - feuchtigkeitsbeständig

Abb. 14: nach [6]

Die »WoodWelding« Technologie bietet eine weitere Möglichkeit, um Holzbauteile mittels Ultraschallenergie FUE 5.9 zu verbinden. Dabei wird ein thermoplastisches Verbindungselement, z. B. ein Kunststoffdübel, an der Verbindungsstelle in Schwingung versetzt und verflüssigt. Unter geringem Druckaufwand dringt der Kunststoff in die offenporöse Struktur des Trägermaterials ein und erstarrt. Ergebnis ist eine hoch belastbare Verbindung, die gegenüber Leim- und Klebeverbindungen einen erheblichen Zeit- und Kostenvorteil mit sich bringt. Im Vergleich bietet das Verfahren auch Vorteile in Bezug auf Witterungs- und Vibrationsbeständigkeit.

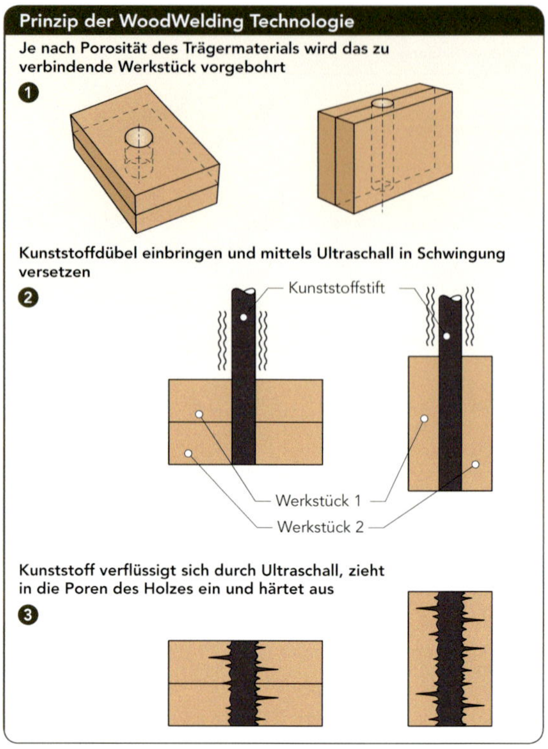

Abb. 15: nach [WoodWelding SA]

Lösbare Holzverbindungen

Für lösbare Verbindungen stehen die handelsüblichen Mittel zur Verfügung. Die nachfolgende Grafik gibt einen Überblick.

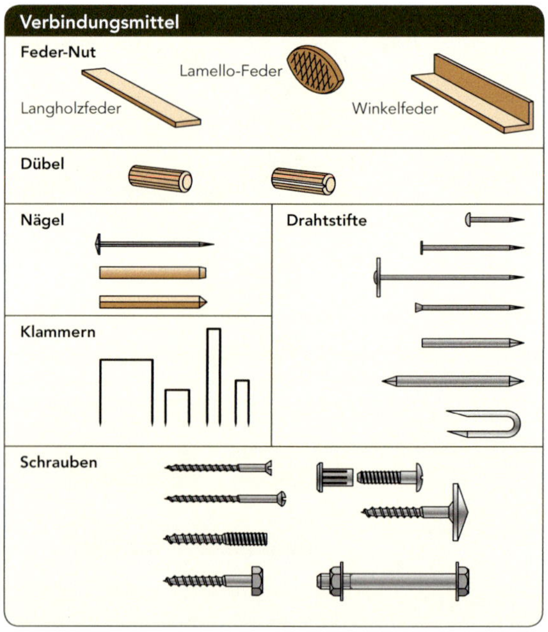

Abb. 16: nach [6]

HOL 2.3
Biegen von Holz

Das Biegen von Holz bietet eine sehr gute Möglichkeit zur Herstellung von Freiformflächen im Möbel- oder Schiffsbau. Durch Biegung wird zudem die Strukturfestigkeit von Holz erhöht.

Während dünnes Holz ohne Vorbehandlung gebogen werden kann, ist für dicke Holzprofile und zur Erzielung starker Biegungen die Einwirkung von Wasserdampf erforderlich. Unter Dampf erweichen die Holzfasern. Das Holzteil wird um eine Form gebogen und mit einem Haltebügel fixiert. Dieser presst die äußeren Fasern zusammen und verhindert lokales Ausreißen. Damit nach Entfernen der Haltebügel das Holzbauteil in der gewünschten Form verbleibt, ist je nach Holzart und Dicke des Profils ein Trockungsprozess von bis zu einer Woche erforderlich.

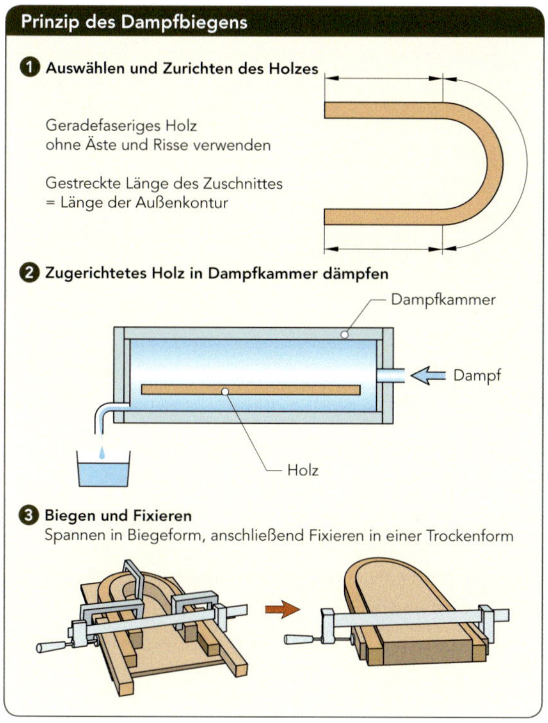

Abb. 17: nach [11]

Dünne Holzstreifen und Furniere lassen sich auch in trockenem Zustand biegen. Zur Herstellung einer begogenen Geometrie werden mehrere Schichten um eine oder mehrere Formen gebogen und mit Befestigungszwingen angepresst. Damit das ***Schichtholz*** HOL 3.3.3 die Form dauerhaft annimmt, muss es mit Holzleim fixiert werden. Hier bietet sich die Verwendung von ***Harnstoffharzleim*** an. Dieser bindet langsam ab und ermöglicht somit eine präzise und saubere Fixierung der einzelnen Schichten.

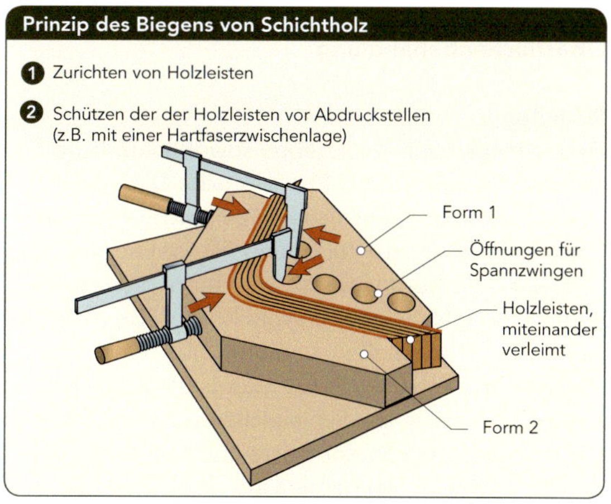

Abb. 18: nach [11]

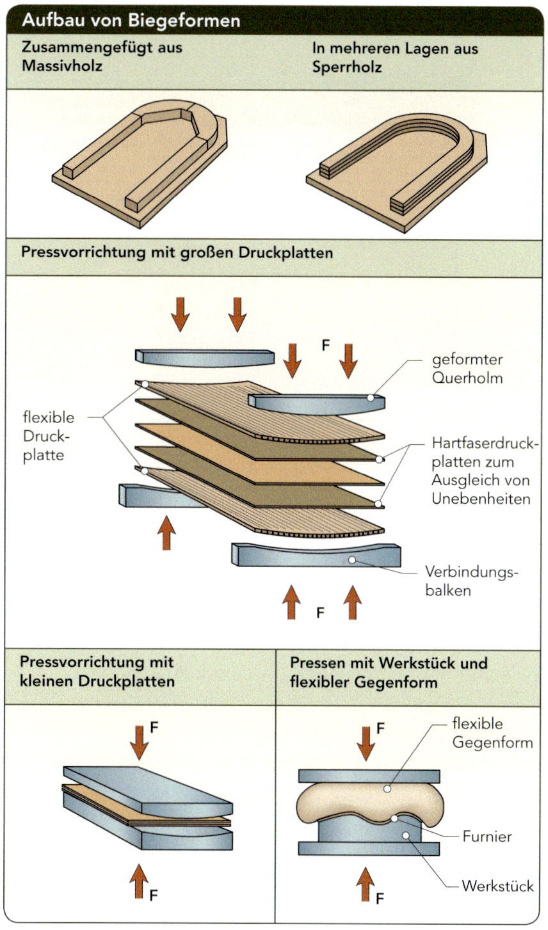

Abb. 19: nach [11]

Papierkorb aus Bugholz./ Foto: Manufactum

Zum Holzbiegen wurden auch Möglichkeiten ohne Nutzung aufwändiger Formwerkzeuge entwickelt. Bekannt ist vor allem das einseitige Anschlitzen von Faserplatten. Beim Zip-Shaping werden in gegenüberliegende Oberflächen Kerben eingefräst und durch Zusammenpassen der beiden Holzplatten die gewünschte Krümmung erzeug HOL 3.6.

Bild rechts: Paimio Chair aus geformtem Sperrholz und laminierter, massiver Birke./ Hersteller: Huonekalu-ja Rakennustyötehdas Ab, Finnland/ Design: Alvar Aalto

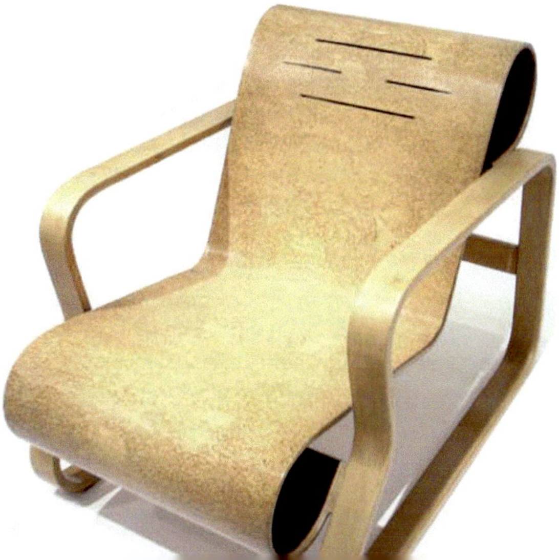

HOL 2.4
Oberflächenbehandlung

Schleifen

Zum Schleifen von Holz stehen sowohl natürliche Schleifmittel wie Granit MIN 4.2.1 oder Diamant MIN 4.5.2 als auch künstliche Schleifmittel wie Siliziumkarbid KER 4.7 zur Verfügung. Sie befinden sich zerkleinert als Korngemisch in Schleifpapier/-gewebe und Schleifscheiben. Sowohl Korngröße als auch Härte der Scheiben TRE 1.2 zählen als Kriterien für die Wahl der für einen Anwendungsfall optimalen Lösung. Die Härte der Schleifscheibe ergibt sich aus der Kombination von Kornhärte und Kornbindung, die Güte eines Schleifpapiers aus der Unterlage, der Art der Verleimung und dem Schleifkorn.

Körnung / Verwendung

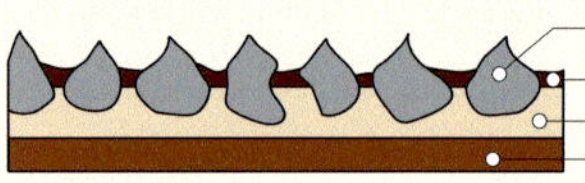

Körnung	Nummer der Körnung	Anwendung
grob	6, 8, 10, 12, 14, 16, 20, 24	grobe Sonderschleifarbeiten
mittel	30, 36, 46	**Entfernen** von Leim, Lack und Anstrich
	54, 60, 70, 80, 90	**Vorschleifen** von gehobelten und furnierten Flächen
fein	100, 120, 150, 180	**Feinschliff**
sehr fein	220, 240, 280, 320, 400	Schleifen von Spachtel, Lack
	500, 600, 800	feine Sonderschleifarbeiten

Abb. 20: nach [6]

Bild: Schleifpapier.

Grundieren

Holz wird grundiert, um eine Verfestigung und Füllung der an der Oberfläche befindlichen Holzporen zu bewirken und eine Grundlage für den Verbund zwischen Holzoberfläche und Lack zu schaffen.

Oberflächenveredelung

Holzoberflächen können zur Veredelung auf Hochglanz poliert werden. Um gleichmäßige Ergebnisse zu erzielen, müssen die Holzporen zuerst mit Füllstoffen geschlossen werden (Grundierung). Diese bestehen aus einer Kombination von Bindemitteln (z. B. Öl) und Kleinstpartikeln wie ***Reismehl*** oder ***Bimssteinpulver***. Durch Tränken von Holz in Kunstharz kann darüber hinaus vor der Weiterverarbeitung eine Eigenschaftsoptimierung erreicht werden.

Holz färben

Es gibt verschiedene Möglichkeiten, die Holzfarbe und somit die Erscheinung von Holz zu verändern. Durch Bleichmittel wie ***Wasserstoffperoxid***, ***Oxal-*** oder ***Zitronensäure*** lassen sich Holzwerkstoffe aufhellen.

Beizen TRE 3.4 bedeutet die Veränderung der Holzfarbigkeit unter Einsatz farbgebender Flüssigkeiten und Chemikalien. Dazu muss die Holzoberfläche vor dem Auftrag gesäubert und geschliffen werden. Harzreste sind zu entfernen.

Um ein ansprechendes Ergebnis zu erzielen, sollten manche Holzarten vorgebleicht werden.

Auswahl von Holzbehandlungsmitteln:

Alkydharzlack
- Inhaltsstoffe: Hergestellt aus Alkydharzen (synthetische hydrophobe Polymere).
- Vorteile: Einfache Verarbeitung und gute Dauerhaftigkeit. Zusätzlich eine gute Abriebfestigkeit und Auswahl von transparenten Farben.
- Nachteile: Hoher Anteil des Lösungsmittels (50%). Langsame Trocknung.
- Anwendung: Eignet sich sowohl für Innen- und Außenanwendungen, Nassbereich.

Biolack/ Ökolack
- Inhaltsstoffe: Hergestellt auf Basis natürlicher Öle (Leinöl), Baumharzen und Lösungsmitteln.
- Vorteile: Einfache Verarbeitung und gute Dauerhaftigkeit. Meistens aus nachwachsende Rohstoffen.
- Nachteile: Hoher Anteil des Lösungsmittels (60%). Langsame Trocknung.
- Anwendung: Eignen sich nur für Innenanwendungen.

Biolasuren/ Ökolasuren
- Inhaltsstoffe: Hergestellt auf Basis natürlicher Öle (bspw. Leinöl), pflanzlicher Wachse und Lösungsmitteln.
- Vorteile: Einfache Verarbeitung und ermöglicht den Austausch von Feuchtigkeit im Holz. Gute Dauerhaftigkeit. Meistens aus nachwachsenden Rohstoffen.
- Nachteile: Besteht aus einem hohen Anteil an Lösungsmitteln.
- Anwendung: Eignen sich sowohl für Innen- und Außenanwendungen, Nassbereich.

DD-Lack/ Polyurethanlack
- Inhaltsstoffe: Hergestellt aus Alkyd- und Polyesterharz, Isocyanate und Lösungsmittel.
- Vorteile: Hohe Dauerhaftigkeit und Abriebfestigkeit.
- Nachteile: Hoher Anteil des Lösungsmittels. Langsame Trocknung.
- Anwendung: Klarlack eignet sich nur für Innenanwendungen, wobei sich pigmentierter Lack sich für Außenanwendungen und den Nassbereich eignet.

Holzöl
- Inhaltsstoffe: Hergestellt auf Basis natürlicher Öle (bspw. Leinöl), pflanzlicher Wachse und Lösungsmitteln.
- Vorteile: Einfache Verarbeitung und ermöglicht den Austausch von Feuchtigkeit im Holz. Gute Dauerhaftigkeit. Meistens aus nachwachsenden Rohstoffen.
- Nachteile: Besteht aus einem hohen Anteil aus Lösungsmitteln.
- Anwendung: Eignet sich nur für Innenanwendungen.

Lasuren
- Inhaltsstoffe: Hergestellt aus synthetischen/ pflanzlichen Ölen und Lösungsmitteln.
- Vorteile: Einfache Verarbeitung und ermöglicht den Austausch von Feuchtigkeit im Holz. Gute Dauerhaftigkeit.
- Nachteile: Besteht aus einem hohen Anteil an Lösungsmitteln.
- Anwendung: Eignen sich sowohl für Innen- und Außenanwendungen, Nassbereich.

Nitrolack
- Inhaltsstoffe: Hergestellt aus Nitrocellulose, Alkydharze und Lösungsmittel.
- Vorteile: Einfache Verarbeitung und trocknet schnell. Günstig.
- Nachteile: Hoher Anteil des Lösungsmittels (ca. 80%). Leicht entflammbar.
- Anwendung: Eignet sich für Innenanwendungen und nur bedingt für den Nassbereich.

SD-Lack
- Inhaltsstoffe: Hergestellt aus Nitrocellulose, Melaminharz und Harnstoff.
- Vorteile: Einfache Verarbeitung und trocknet schnell. Hohe Dauerhaftigkeit.
- Nachteile: Hoher Anteil des Lösungsmittels (ca. 80%). Leicht entflammbar und Abspaltung von Formaldehyd.
- Anwendung: Eignet sich für Innenanwendungen und nur bedingt für den Nassbereich.

UV-Lack
- Inhaltsstoffe: Hergestellt aus Acrylat.
- Vorteile: Gute Dauerhaftigkeit und hohe Abriebfestigkeit. Der Lack ist schwer entflammbar und hat einen geringen Anteil Lösungsmittel.
- Nachteile: Bei der Aushärtung entstehen hohe Energiekosten. Bei der Aushärtung kann es zu Hautreizungen kommen. Nicht alle Farbtöne sind mit UV-Lacken machbar. UV-Lack rauht das Holz auf.
- Anwendung: Eignet sich für Innenanwendungen und nur bedingt für den Nassbereich.

Wachs auf Wasserbasis
- Inhaltsstoffe: Hergestellt aus synthetischen bzw. natürlichen Wachsen.
- Vorteile: Einfache Verarbeitung und geringer Lösungsmittelanteil.
- Nachteile: Nach der Trocknung muss das Bauteil poliert und gelegentlich nachgewachst werden.
- Anwendung: Eignet sich nur für Innenanwendungen.

Wachs auf Basis von Lösungsmittel
- Inhaltsstoffe: Hergestellt aus synthetischen bzw. natürlichen Wachsen.
- Vorteile: Einfache Verarbeitung und schnelle Trocknung.
- Nachteile: Nach der Trocknung muss das Bauteil poliert und gelegentlich nachgewachst werden.
- Anwendung: Eignet sich nur für Innenanwendungen.

Wasserlack
- Inhaltsstoffe: Hergestellt als Dispersion mit Acrylat und Wasser.
- Vorteile: Einfache Verarbeitung, hohe Dauerhaftigkeit und hohe Abriebfestigkeit.
- Nachteile: Besteht aus einem geringen Anteil Lösungsmittel und vergilbt nicht als Klarlack. Schwer entflammbar. Wasserlack rauht das Holz auf.
- Anwendung: Klarlack eignet sich nur für Innenanwendungen, wobei sich pigmentierter Lack sich für Außenanwendungen/ Nassbereich eignet.

Legende:
Inhaltsstoffe | Vorteile | Nachteile | Anwendung/ Eignung

Abb. 21: nach [3, 30]

Ein weiteres Verfahren zur Veränderung der Holzfarbigkeit ist das ***Mattieren***. Während der dünne Auftrag von Überzugsmitteln wie Schelllackmattierungen oder Harzlacke eine matte bis leicht glänzende, offene Oberfläche bewirkt, erreicht man durch den Auftrag mehrerer Schichten beim Lackieren geschlossene Oberflächenstrukturen und nach Möglichkeit auch Hochglanzeffekte. Als Lackauftragstechniken sind Spritzen *BES1.1*, elektrostatisches Lackieren *BES 1.2*, Tauchen *BES 1.3* oder Gießen verbreitet.

Bild: Bootsdeck mit witterungsbeständiger Oberflächenbehandlung.

Lasuren bieten gegenüber konventionellen Lacksystemen eine Reihe von Vorteilen. Nach der Behandlung scheinen Farbe und Textur des Holzes noch durch. Darüber hinaus sind sie wasserabweisend, lassen aber dennoch Feuchtedifferenzen zu. Das Atmen des Holzes wird ermöglicht. Auf Wasser basierende Lasuren sind besonders umweltfreundlich und sehr witterungsbeständig.

Holzschutz

Als natürliches Material ist Holz dem Befall von Pilzen und Insekten sowie unterschiedlichen Witterungen und Feuchtigkeitsschwankungen ausgesetzt. Zum Schutz vor Veränderung der mechanischen und optischen Eigenschaften dienen ***Holzschutzmittel***, die sowohl vorbeugend als auch bei Schädlingsbefall bekämpfend eingesetzt werden können. Um eine Überbelastung durch Holzschutzmittel zu vermeiden, sollte die Intensität einer Behandlung stets auf den Beanspruchungsfall abgestimmt und entsprechend dosiert werden. Bezüglich der Zusammensetzung, des Anwendungsbereiches und der Wirkung lassen sich vier Hauptgruppen unterscheiden:

- wasserlöslich zur Vorbeugung
- Emulsion zur Vorbeugung
- organisch zur Vorbeugung oder kurativen Behandlung
- Präparate für Spezialanwendungen

In neuesten Entwicklungen werden die Potenziale von Titandioxid-Nanopartikeln *MET 5.4* zum Block von UV-Strahlung genutzt. Eingebracht in Holzschutzmittel können diese die Neigung zum Ausbleichen bzw. Vergilben deutlich reduzieren (Hartmann 2006).

Aktiver ***Insektenbefall*** lässt sich auch durch Heißluft bei 55 °C oder mit Begasungsverfahren bekämpfen. Wirkungen und Anwendungsbereiche der einzelnen Holzschutzmittel können der Fachliteratur entnommen werden (Eckhard et al. 2003, Hein 1998, Kempe 2004, Zujest 2003).

Konstruktive Holzschutzmaßnahmen
Die Holzkonstruktion sollte mit einer Überdachung gestaltet sein, die einen ausreichenden Schutz vor direkten Wettereinflüssen bietet.
Horizontale Flächen, die direkt der Witterung ausgesetzt sind und auf denen Wasser stehenbleiben kann, sind zu vermeiden.
Waagerecht verbautes Holz ist mit einer Schräge von ca. 15° zu versehen, um das Wasser ungehindert abfließen zu lassen.
Kanten und Ecken sollten mit einem kleinem Radius versehen sein.
Stehendes Wasser auf Holzkonstruktionen/Holzflächen ist zu vermeiden. Demnach folgt, dass auch Zapflöcher anzubohren sind.
Schraubenlöcher sind abzudecken.
Um das Ablaufen von Wasser zu beschleunigen ist das Gestalten von Tropfnuten sinnvoll.
Im Holz können Äste zu Spannungen führen, die wiederum zu Rissbildungen neigen. Hier kann Wasser eindringen.
Die Gestaltung einer Holzkonstrunktion muss so ausgelegt sein, dass das Holz ungehindert arbeiten kann.
Wegen der Kapillarwirkung in den Zellzwischenräumen kann Holz Feuchtigkeit aufnehmen. Dies ist durch waagerechte/senkrechte Sperrschichten zu vermeiden.
Für den Spritzwasserschutz ist die Holzkonstruktion so auszulegen, dass ein ausreichender Abstand zum Erdreich vorhanden ist.
Die Holzkonstuktion sollte so ausgelgt sein, dass ausreichend Luft zirkulieren kann.

Abb. 22: nach [8]

Bild: Lasiertes Holz.

Insekten- und Pilzbefall sowie faulendes Holz lässt sich zur Verwendung am Bau oder bei Garten- und Stadtmobiliar auch präventiv durch konstruktive Maßnahmen vermeiden. Die Beachtung einiger Regeln (siehe Abb.22) verhindert die übermäßige Aufnahme von Feuchtigkeit sowie eine permanente Durchnässung des natürlichen Werkstoffs. Als Faustregel gilt, dass der Feuchtegehalt im Holz nicht dauerhaft über 20 % liegen darf.

Bild: Wohnhaus mit Holzschindelfassade./ banz+riecks architekten

HOL 3
Holzwerkstoffe

HOL 3.1
Massivhölzer

Massivholz (auch Vollholz genannt) wird durch Quer- oder Längsschnitte direkt aus Rohholz gewonnen und ist in Eigenschaft und Farbigkeit weitgehend mit dem natürlichen Ausgangsmaterial vergleichbar. Es ist im Handel in konfektionierten Standardmaßen erhältlich.

Bild: Schale aus Vollholz.

Übersicht gängiger Profilformen

Profile für Wand, Decke und Boden
Beispiel: Stabprofil

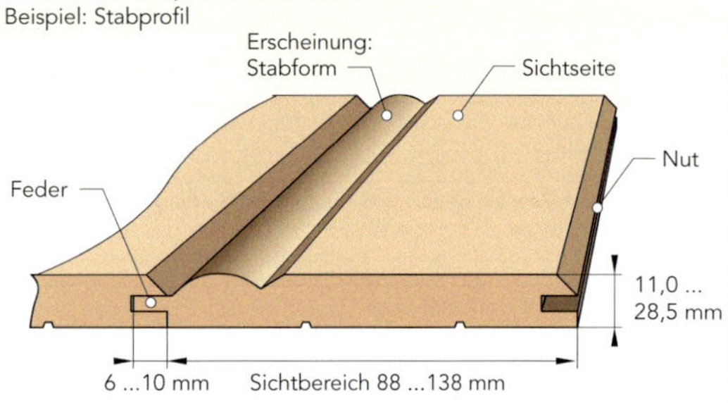

Bezeichnung	Querschnitt	Verwendung
Schattennutprofile (30°)		Verkleidung von Wand, Decke, Fassade
Softlineprofil (Rundprofil)		
Landhausprofil		
Stabprofil		
Blockhausprofil		
Akustikprofil		
Fasebrett (Faseprofil)		
Stulpschalung	 gespundet  gefalzt	
Schweinsrücken-profil		
Hobeldiele		Fußboden
Rauhspund		
Rahmen, Rahmenholz	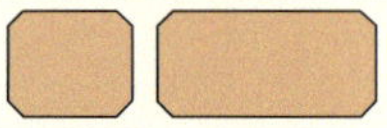	Rahmen-konstruktionen, Möbelbau und viele Heimwerker-arbeiten
Glattkantbrett, scharfkantig oder gefast		
Balkonprofil		Balkon und Brüstung
Latte		Unter-konstruktionen
Sonderprofile	Abhängig von Menge sind Spezial- oder Sonderprofile möglich	

Abb. 23: nach [29]

Das Arbeiten mit Massiv- bzw. *Vollholz* bedeutet für die verschiedenen Anwendungsgebiete die Weiterverarbeitung vorkonfektionierter Profile der Holz verarbeitenden Industrie. Vollholz ist beliebt, weist jedoch auf Grund der hygroskopischen Eigenschaften einige Nachteile auf. Durch Astansätze oder das natürliche Wachstum hat es zwar besondere ästhetische Qualitäten, unter Festigkeitsgesichtspunkten ist es aber für Anwendungen im Baugewerbe nicht immer geeignet. Daher werden im Bauwesen Massivholzplatten mehrschichtig gefügt oder als Hohlkastenprofile für Leichtbauanwendungen und zur Wärme- und Schalldämmung ausgeführt.

Unter der Bezeichnung »Konstruktionsvollholz« (KVH) ist außerdem ein spezielles Bauholz für den sichtbaren (KVH Si) und nicht sichtbaren (KVH NSi) Einbau auf dem Markt verfügbar. Dieses ist nach Festigkeit sortiert, technisch getrocknet und kalibriert und weist daher in einem definierten Bereich konstante Qualitätseigenschaften auf. Die Holzfeuchte liegt beispielsweise bei 15 % (± 3 %), also im Bereich des späteren Einbauzustandes, so dass Arbeiten des Holzes nahezu ausgeschlossen ist. Durch leichtes Hobeln wird die Maßhaltigkeit nach dem Trocknen sogar noch erhöht.

Bei Kauf und Verwendung vorkonfektionierter Ware ist zu berücksichtigen, dass die Standards und Maßangaben länder- oder regionenspezifisch differieren. Die Unterschiede zwischen dem metrischen und angelsächsischen System sind plausibel. Weitere sollten für die Regionen Skandinavien, Russland und Europa berücksichtigt werden.

Durch Wärme- und Druckbehandlung oder Einwirken verschiedener Substanzen können die Gebrauchseigenschaften von Holzwerkstoffen gezielt verändert werden. Neben unbehandeltem Massivholz sind daher auch Vollhölzer auf dem Markt erhältlich, deren spezifische Eigenschaften für spezielle Anwendungen (z. B. feuerbeständig) angepasst wurden.

Bild unten: Tablett aus Massivholz./ Foto: Bastian Heßler/ Design: UNITEDDESIGNWORKERS.com

Begriffe der Sägewerkprodukte	
Balken	Ein Balken zeichnet sich durch ein quadratisches oder rechteckiges Querschnittsverhältnis von bis zu 1:2 aus; Kantenlänge min. 20 cm
Bauholz	An mindestes zwei Seiten beschnitten
Bohlen	Bretter mit einer Stärke von >3,5 cm
Bretter	Der Querschnitt ist flach und rechteckig mit einer Stärke von bis zu 3,5 cm; Das Verhältnis der Breite ist ein Vielfaches zur Stärke
Dimensionsware	Einschnitt spezifiziert nach Anforderungen des Käufers
Ganzholz	Eine Schnittart für Balken und Kanthölzer, die beim Einschneiden des Stammholzes den **ganzen** Kern behält 
Halbholz	Eine Schnittart für Balken und Kanthölzer, die beim Einschneiden des Stammholzes im Kern **halbiert** ist 
Kanthölzer	Quadratisches oder rechteckiges Schnittholz mit einer Kantenlänge von min. 6 cm
Kreuzholz	Eine Schnittart für Balken und Kanthölzer, die beim Einschneiden des Stammholzes im Kern **geviertelt** ist 
Latten	Schnittholz mit einer maximalen Breite von 8 cm und einer Querschnittsfläche von bis zu 32 cm^2
Rundschwarten	Brett mit einer Breitseite aus Waldsaum 
Vorratskantholz	Handelsübliche Abmessungen von Bauholz

Abb. 24: nach [29]

Pressvollholz ist ein Werkstoff aus Laubhölzern, dessen Strukturen unter Einwirkung von Wärme (etwa 160 °C) und hohen Drücken verdichtet wurden, so dass Rohdichten von bis zu 1.400 kg/m^3 entstehen. Das Material ist hochfest und findet selbst beim Bau von Maschinen Verwendung.

Durch Dampfbehandlung HOL 2.3 und anschließendes Stauchen entstehen ***Formvollhölzer*** mit eingebrachter Biegung. Sie werden zur Herstellung gekrümmter Bauteile im Möbel- und Bootsbau genutzt.

Tränkvollhölzer sind Holzwerkstoffe, deren mechanische und elektrische Eigenschaften durch Tränken in Holzschutzmitteln, Paraffin oder Wachs entscheidend verbessert werden. Neben erhöhten Werten bei Dichte, Festigkeit und Härte weisen sie hervorragende Reibeigenschaften und veränderte elektrische Charakteristika auf. ***Kunstharzgetränktes Vollholz*** ist weitgehend verzugsfrei und lässt sich gut bearbeiten. Es wird für Parkettböden, bei der Bleistiftherstellung und beim Modellbau eingesetzt.

Durch thermisches Vergüten oder Baden in heißem Öl werden insbesondere die Quell- und Schwindeigenschaften optimiert. Infolge der Wärmebehandlung verändert sich der Zellaufbau so sehr, dass Wasseraufnahme und Ausgleichsfeuchte entscheidend verringert werden. Quell- und Schwindverhalten reduzieren sich um etwa 50 %, so dass sich Ölvollhölzer steigender Beliebtheit erfreuen. Außerdem verlieren Bakterien und Holz abbauende Pilze ihre Nahrungsgrundlage. Thermisch modifiziertes Holz (Thermoholz) ist daher resistenter gegenüber Schädlingsbefall und geeigneter für den Einsatz im Außenbereich. Es tritt seit Mitte der neunziger Jahre in Konkurrenz zu den typischen für Außenanwendungen üblichen Tropenhölzern wie beispielsweise Teak. Man findet thermisch vergütetes Holz heute schon häufig bei Fassadenverkleidungen, im Garten- und Landschaftsbau (z. B. Terrassen) und in Wellnessbereichen (Peters, Struhk 2008).

Bild: Bleistift aus getränktem Vollholz.

Bild: Wiener Cafe Stuhl (Nr. 180) aus Bugholz, schwarz gebeizt./ Hersteller: Gebrüder Thonet (Werksdesign)

Die Nutzung und Bearbeitung von Vollholz hat folgende Nachteile:

1. Die Herstellung von großflächigen Bauelementen durch Zusammensetzen aus kleinen Profilen ist sehr zeitaufwändig.
2. Die Festigkeitswerte und Eigenschaftsprofile orientieren sich stark an der Faserrichtung.
3. Natürliches Holz arbeitet auf Grund der Veränderungen im Feuchtegehalt. Die Maßhaltigkeit kann negativ beeinflusst werden.

Für die Herstellung von Deckfurnieren eignet sich vor allem Buchen-, Birken- und Ahornholz.

Hinzu kommen Kosten- und Verfügbarkeitsgründe, die die Entwicklung von Holzwerkstoffen als Plattenmaterialien mit sich brachte. Im Handel sind sehr unterschiedliche Formate erhältlich, die sich hinsichtlich ihres Aufbaus, ihrer Struktur und ihres Eigenschaftsprofils stark voneinander unterscheiden. Im Groben gliedert man die Vielzahl der verfügbaren Holzwerkstoffe in Furniere, Lagenholz, Verbundplatten und Holzspan- sowie Holzfaserplatten.

Bild: »slowwood«, Sessel aus Nussbaum-Furnierholz./ Design: UNITEDDESIGNWORKERS.com

HOL 3.2 Furniere

Furniere zählen zu den ältesten bekannten Holzwerkstoffen überhaupt. Es sind dünne Holzblätter, die durch Schälen oder Messern vom Baumstamm getrennt werden. Bereits vor rund 5.000 Jahren hatte man im alten Ägypten die Notwendigkeit zur effizienten Nutzung von edlen Hölzern erkannt. Die Ägypter schnitten Holz in feine Brettchen und furnierten Möbel für repräsentative Zwecke damit. Einen Hinweis für die antike Nutzung von Furnieren fand man Anfang des 20. Jahrhunderts im Grab Tutanchamuns. Der Begriff »Furnier« wird aber erst seit 400 Jahren verwendet. Er ist vom französischen Wort »fournir« abgeleitet, was »bestücken« bedeutet (Peters, Struhk 2008). Furniere werden heute zu dekorativen Zwecken eingesetzt und sind Ausgangsstoffe für die Herstellung von Lagenholz HOL 3.3 und anderen Verbundkonstruktionen.

Fotos: Buchenfurniere in einer Presse zur Herstellung eines Schichtholzseitenteils./ Becker KG

Einteilung und Eigenschaften

Je nach Art der Anwendung unterscheidet man ***Deck-***, ***Absperr-*** und ***Unterfurniere***. Im Zusammenhang mit ihrer Herstellung wird von Schäl-, Messer- und Sägefurnieren gesprochen. Furniere weisen im Wesentlichen die Eigenschaften der Hölzer auf, aus denen sie erzeugt wurden. Deckfurniere finden meist als Dekoroberfläche bei Möbeln Verwendung oder werden bei der Herstellung von Holzplatten zur Erhöhung der Festigkeit eingesetzt. Absperrfurniere werden auf Holzplatten aufgeleimt und wirken dem Arbeiten des Holzes (Quell- und Schwindvorgänge) entgegen. Um die Anfälligkeit zur Rissbildung der Deckfurniere bei noch vorhandenen Spannungen im Holz zu verringern, werden Unterfurniere unter den Deckfurnieren aufgebracht. Die Oberflächengüte kann durch die zusätzliche Absperrfunktion des Unterfurniers verbessert und stabilisiert werden.

Herstellung
Für die Herstellung von Schälfurnieren wird der Baumstamm gekocht, die Rinde abgelöst und das Rundholz drehbar eingespannt. Anschließend rotiert der Stamm und Messer werden seitlich gegen das Holz bewegt, was ein Band mit Dicken von wenigen Zehntel- bis hin zu einigen Millimetern erzeugt. Im Gegensatz zum Schälvorgang bleibt beim Messern bzw. Sägen des Holzes die natürliche Maserung erhalten. Der Herstellungsprozess für Messerfurniere ist mit dem Hobeln vergleichbar. Parallel zur Stammachse wird das Werkzeug durch das Holz gezogen und trennt das Holzblatt ab. Das Holz für die Furnierherstellung zu Sägen ist die älteste aller Techniken. Vorteil ist, dass die natürliche Farbe des Holzes erhalten bleibt. Zur Herstellung von hochwertigen Furnieren aus Edelhölzern kommt daher in der Regel nur das Sägeverfahren in Frage. Sägefurniere sind rissfrei und eignen sich besonders für die Herstellung von Musikinstrumenten und für Restaurationsarbeiten. Bei die Verwendung ist allerdings die relativ große Dicke von Sägefurnieren zu beachten (Peters, Struhk 2008).

Verarbeitung
Furnieren bedeutet das Aufbringen von Furnierschichten auf Werkstoffplatten oder Vollholz. Die Furniere werden zugeschnitten und je nach Leimart warm oder heiß unmittelbar nach dem Auflegen aufgepresst. Entsprechende Pressen sowie Leimauftragsmaschinen und Roller sind hierzu verfügbar. Bei Vollholz, Sperr- und Spanplatten muss immer beidseitig in gleichen Dicken furniert werden, da sich sonst das Material auf Grund ungleicher Spannungen verbiegen kann. Die Faserrichtung der Furniere sollte zudem beim Aufleimen auf Sperrholz immer quer zur Faserrichtung des Trägermaterials liegen. Bei Vollholz ist eine Harmonisierung der Faserrichtungen anzustreben.

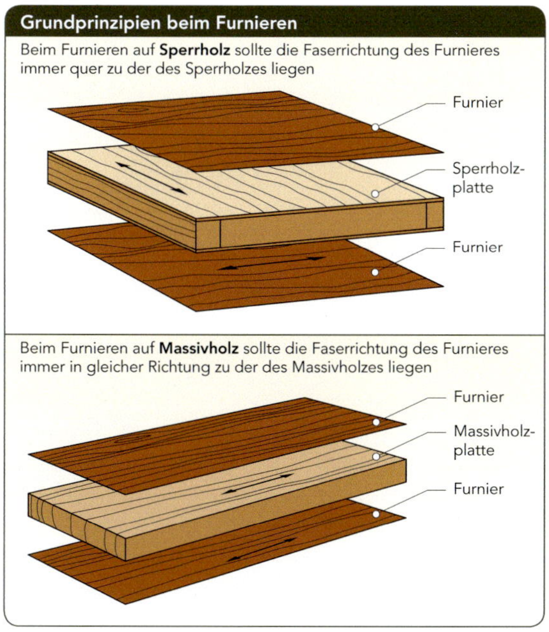

Abb. 25

Verwendung
Neben der üblichen Form der Verwendung von Furnieren als Dekor- und Absperrschicht kann die Nutzung in Verbindung mit Kunststoffschäumen eine Gewichtsreduzierung von Holzprodukten gewährleisten. Furniere werden hierzu auf einen Holzrahmen aufgebracht und stellen die Seitenwände des dreidimensionalen Gebildes dar. Über spezielle Öffnungen werden die Zwischenräume mit Kunststoff ausgeschäumt. Auf diese Weise lassen sich beispielsweise Stühle mit sehr geringem Gewicht aus einer Kombination von Holzeindruck und Kunststoffschaum herstellen.

Handelsformen von Furnieren

Schälfurniere:	0,5–4 mm
Messerfurniere:	0,4–1,90 mm
Sägefurniere:	1–5 mm
Deckfurniere:	0,5–0,75 mm (Laubholz)
	0,85–1 mm (Nadelholz)
Absperrfurniere:	1,5–3,5 mm
Unterfurniere:	0,65–0,8 mm

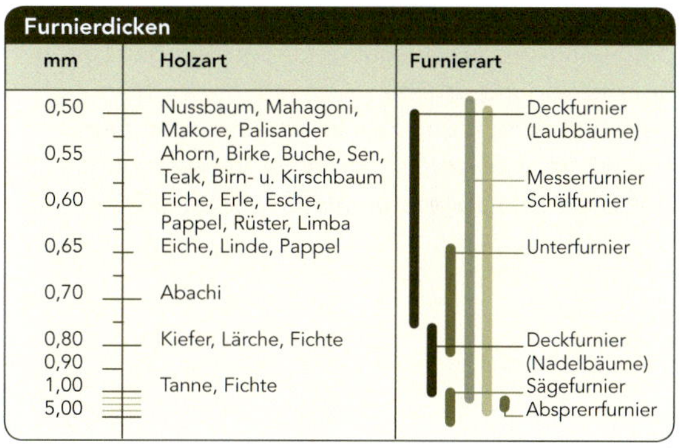

Abb. 26: nach [6]

Bild: Sitzschalen aus Formholz mit unterschiedlichen Edelholz-Deckfurnieren.

Bild: Wasserfestes Formholz Becker belmadur®./ Foto: Becker KG

HOL 3.2.1
Besondere Furniere

Kunstfurniere

Kunstfurniere mit besonderer Maserung entstehen durch radiale Zuführung der Schälmesser im Herstellungsprozess wie bei einem Bleistiftspitzer. Sie weisen besondere Muster auf und werden zur Erzielung ungewöhnlicher grafischer und optischer Qualitäten eingesetzt. Kunstfurniere können auch durch Zusammensetzen einzelner Furniere mit auffallenden natürlichen Strukturen oder durch Löchern bei anschließendem Schließen der Durchlässe mittels Bedampfung hergestellt werden (Stattmann 2000).

Bild: Decoflex-Furnier, Echtholz-Furnier auf Spezial-Papierträger./ Foto: modulor

Biegefurniere

Verleimt man Papier auf beiden Seiten mit sehr dünnen, etwa 0,1 mm dicken Furnieren, lässt sich die entstandene Verbundkonstruktion in Faserrichtung bis zu sehr kleinen Radien (bis zu 5 mm) biegen. Im Modellbau ermöglichen Biegefurniere die Herstellung filigraner Strukturen. Hergestellt werden sie vor allem in Japan. Rechtwinklig zur Faser bleibt die Steifigkeit des Ausgangsfurniers bei geringerer Splitterneigung erhalten. Obwohl die Verleimung zwischen Furnier und Papierträger wasserunempfindlich ist, wird jedoch von einer Verwendung im Außenbereich abgeraten (Peters, Struhk 2008).

HOL 3.3
Lagenholz

Werden einzelne Furnierschichten zu Platten oder Formplatten verleimt, bezeichnet man den entstehenden Werkstoff als ***Lagenholz***. Dieses weist durch Vermeidung von Wuchsfehlern infolge der Schichtung, durch die Verdichtung während der Herstellung sowie durch den Einfluss des Leims größere Festigkeiten und bessere Eigenschaften als Vollholz auf. Für die Verleimung wird Harnstoffharzleim, Phenolharzleim oder Melaminharzleim verwendet. Bei Lagenholz unterscheidet man ***Furnierplatten*** (Sperrholz), ***Schichtholz*** und ***Kunstharzpressholz***. Für Ihre Herstellung werden in 85 % aller Fälle in Europa Laubhölzer wie Birke, Buche oder Pappel verwendet. Vor allem in Nordamerika bilden Nadelhölzer wie Douglasie oder Kiefer einen höheren Anteil (Ambrozy, Giertlová 2005).

Handelsformen und Holzarten

Die äußeren Schichten müssen stets eine identische Ausrichtung im Faserverlauf aufweisen. Daher sind Furnierplatten immer in einer ungeraden Anzahl und einer Mindestzahl von 3 Furnierschichten erhältlich (3, 5, 7, 9 oder 11). Die Plattendicken reichen von 4 mm bis 12 mm. Standardmaße in Länge und Breite zwischen 1.220 mm und 3.050 mm können bezogen werden.

Verwendung

Verwendung finden Furnierplatten im Möbelbau sowie in der Baubranche, sowohl für den Innen- als auch für den Außenbereich. Außensperrholzplatten werden unter Nutzung wasserfester Leime hergestellt. Diese können aber nicht verhindern, dass das Holz auf lange Frist verrottet. Im industriellen Bereich werden Furnierplatten auch als Konstruktionselemente eingesetzt (z. B. Kühlräume).

Bild: Schubladenschrank aus Sperrholz.

HOL 3.3.1
Lagenholz – Furnierplatten (Sperrholz)

Zur Herstellung von Furnierplatten werden Schälfurniere zugeschnitten und unter Einwirkung von Druck und Wärme kreuzweise miteinander verleimt.

Aufbau einer Furnierplatte (FU)

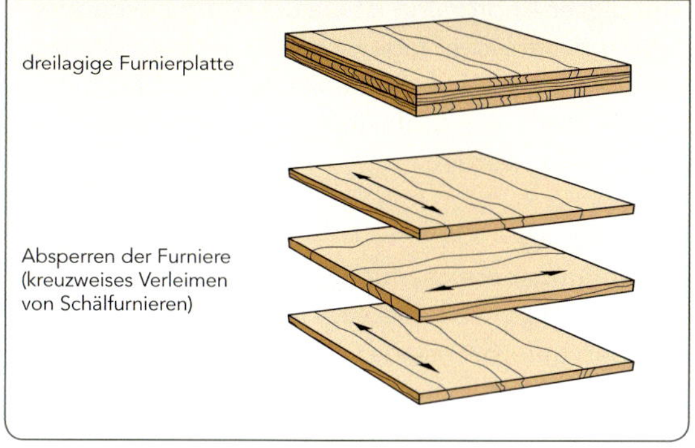

Abb. 27: nach [6]

Eigenschaften
Durch die Neuanordnung einzelner Holzstreifen werden die nachteiligen Eigenschaften von Naturholz (Faserrichtung, Risse, Äste) vermieden. Vor allem das Arbeiten des Holzes (unerwünschte Formveränderung) wird über gegenseitiges Sperren (daher der Name »Sperrholz«) verhindert. Die Neigung zu Verzug ist gering, wodurch ausgezeichnete Werte bei der Maßhaltigkeit, auch bei klimatischen Veränderungen, erzielt werden können. Auf Grund der Zugabe von Leim und der Anordnung der geschälten Furniere sind Furnierplatten sehr fest und lassen sich mit den gleichen Werkzeugen und Maschinen bearbeiten wie die für Vollholz.

Handelsformen und Holzarten
Die äußeren Schichten müssen stets eine identische Ausrichtung im Faserverlauf aufweisen. Daher sind Furnierplatten immer in einer ungeraden Anzahl und einer Mindestzahl von 3 Furnierschichten erhältlich (3, 5, 7, 9 oder 11). Lagenholz in Holzarten wie Limba, Rotbuche, Gabun, Fichte, Kiefer, Pappel ist verfügbar.

Verwendung
Verwendung finden Furnierplatten im Möbelbau sowie in der Baubranche, sowohl für den Innen- als auch für den Außenbereich. Sie werden zudem als Konstruktionselemente in besonderen industriellen Sparten eingesetzt (z. B. Kühlräume).

HOL 3.3.2
Lagenholz – Besondere Furnierplatten

Durch die Art der Verleimung, der Anordnung der einzelnen Furniere und der Beschaffenheit der Oberfläche können Furnierplatten für einen speziellen Anwendungsfall vorbereitet und hergestellt werden. So sind Platten mit Oberflächen zur Schalldämmung und Schusshemmung, zum Schutz vor Insektiziden und mit besonderen Eigenschaften für die Verwendung in der Baubranche auf dem Markt erhältlich. Furnierplatten können bezüglich ihrer Erscheinung spezielle Veredelungen (z. B. Lackierungen) erfahren oder für eine besondere Verwendung ausgelegt werden. So können sowohl Platten mit feuerfesten Eigenschaften als auch mit Antirutsch- oder wasserabweisenden Beschichtungen hergestellt werden. Für Designer und Entwickler von besonderem Interesse sind ***Multiplex***- und ***Baufurnierplatten***.

Baufurnierplatten
Durch Tränken in Kunstharz weisen Baufurnierplatten (***BFU-Platten***) eine höhere Festigkeit, vor allem gegen Biegung, als konventionelle Furnierplatten auf. Wegen ihrer hohen Verschleißresistenz sind sie insbesondere für Anwendungen im Bau- und Transportwesen geeignet.

Bild: Schallabsorbierende Holzplatten, Spanplatte mit gelochter Beschichtung.

Multiplexplatten
Multiplexplatten sind Furnierplatten mit einer großen Anzahl von Furnierlagen.

Bild: Tisch aus Multiplex.

Auf Grund der Dicke von bis zu 80 mm werden sie insbesondere im Modell- und Werkzeugbau als auch für die Möbelherstellung verwendet. In Zukunft soll Multiplex auch als Material für Dämmplatten genutzt werden. Multiplexplatten sind in folgenden Dicken erhältlich: 15, 18, 20, 22, 25, 30, 35, 40, 50 ... 80 (Wittchen, Josten, Reiche 2006).

HPL-Platten (high pressure laminate)

HPL (high pressure laminate) sind Schichtwerkstoffe aus Schälfurnieren, die unter Einwirkung eines Kunstharzes verpresst werden. Die Holzwerkstoffplatten weisen eine hohe Steifigkeit auf und sind hochfest. Da sich durch Kombination verschiedener Furnierarten alle gängigen Edelhölzer nachstellen lassen, wirkt sich das Verfahren ressourcenschonend auf den Bestand tropischer Holzarten aus. HPL haben einen natürlichen Echtholz-Charakter. Die Oberflächen können von seidig glänzend bis matt strukturiert veredelt werden. Außerdem sind Schichtstoffplatten mit echten Metalloberflächen aus Aluminium, Edelstahl und Kupfer am Markt verfügbar. Typische Anwendungsfelder sind der Laden- und Messebau, die Möbelproduktion, der Schiffsbau, die Display-Gestaltung und Türenverkleidungen. HPL-Schichtwerkstoffe können mit konventionellen Techniken wie Fräsen, Sägen und Bohren bearbeitet werden. Empfohlen ist hier die Verwendung hartmetallbestückter Schneidwerkzeuge. Zum Verkleben eignen sich Epoxid-Reaktions- und Neopren-Kontaktkleber. HPL-Platten sind in Standardformaten von maximal 3.050 x 1.220 x 1,0 mm^3 lieferbar. Sie werden mit einer Schutzfolie vertrieben.

HOL 3.3.3
Lagenholz – Schichtholz

Anders als bei Furnierplatten, die aus kreuzweise verleimten Einzelfurnieren bestehen, sind bei Schichtholz die Lagen überwiegend gleichgerichtet.

Eigenschaften
Sinn dieser Anordnung ist die Erzielung besonders guter mechanischer Eigenschaften in Faserrichtung. Lediglich bis zu 15 % der Furnierlagen dürfen zur Stabilisierung der Zugfestigkeit in Querrichtung ausgerichtet werden.

Verwendung
Anwendungsbereiche für Schichtholz sind vor allem dort zu finden, wo hohe Zug- und Biegebeanspruchungen gefordert sind (z. B. Modellbau, Sportgeräte).

Handelsformen
Schichtholz ist in Dicken von 4–100 mm erhältlich und kann mit den in der Holzbearbeitung üblichen Werkzeugen und Maschinen bearbeitet werden.

Bild: Massivholz in Schichten verleimt, Detailansicht./ Weltstadthaus in Köln, Peek & Cloppenburg/ Architektur von Renzo Piano

Bild: Innenansicht des Weltstadthauses in Köln. Durch die gespannte Form der Holzträger wird die geschwungene und elegante Glasfassade ermöglicht./ Weltstadthaus in Köln, Peek & Cloppenburg/ Architektur von Renzo Piano

HOL 3.3.4
Lagenholz – Besonderes Schichtholz

In den letzten Jahren hat die Verwendung neu entwickelter Schichthölzer wie *LVL* und *PSL* auf Grund der guten Eigenschaftsprofile und der guten Verfügbarkeit an Bedeutung gewonnen. Sie zählen zu den ***Engineered Wooden Products***, einer Gruppe von Holzwerkstoffen, die für den Ersatz von Vollholz entwickelt wurden HOL 5.2.

HOL 3.3.5
Lagenholz – Kunstharzpressholz

Durch Verpressen von Holzfurnieren (z. B. Rotbuche) unter hohem Druck und hoher Temperatur und Zugabe von Polymerharz (8 %–30 %) können die Festigkeitseigenschaften von Lagenholz soweit verbessert werden, dass es als Ersatzwerkstoff für Metalle genutzt werden kann.

Eigenschaften
Das stabilisierende und dichtende Harz durchtränkt die Holzstruktur und bewirkt, dass die Poren geschlossen und die Zellwände dauerhaft und sicher miteinander verbunden werden. Zudem ist Kunstharzpressholz wasserabweisend, beständig gegen Öle und schwache Säuren und lässt sich gut bearbeiten. Durch die Verwendung von Harz ist das Holz bräunlich eingefärbt und weist auf Grund der Verpressung eine glatte Oberfläche auf.

Verwendung
Die Verwendung von Kunstharzpressholz ist besonders interessant bei technischen Produkten, die neben hohem Druck und hoher Verschleißfestigkeit ein geringes Gewicht sowie dämpfende Eigenschaften aufweisen müssen.

Bild: Snowboard aus Kunstharzpressholz./ Hersteller: Lorch

Einsatzfelder sind beispielsweise der Flugzeug- und Automobilbau. Kunstharzpressholz wird zur Erstellung von Sportgeräten (Ski- und Snowboardkerne) und im Modellbau genutzt. Außerdem findet es bei der Installation schusssicherer Türen und von Trennwänden Verwendung. In Schreinereien werden Schablonen für die zerspanende Bearbeitung aus Kunstharzpressholz hergestellt (Eckhard et al. 2003).

Handelsformen
Plattendicken sind erhältlich von 4–100 mm.

HOL 3.4
Verbundplatten

Als Verbundplatten wird Sperrholz bezeichnet, das sich aus einer Mittellage und mindestens 2 Absperrdecklagen zusammensetzt. Die Decklagen können aus sehr unterschiedlichen Materialien bestehen. Sie sind so ausgerichtet, dass sie eine Sperrfunktion gegenüber dem Kern einnehmen.

In der Anwendung haben ***Tischlerplatten*** und ***Sperrholz-Türblätter*** die größte Bedeutung. Während bei Tischlerplatten die Mittellage aus miteinander verleimten Stäben oder Leisten besteht, die über quer aufgebrachte Furnierplatten abgesperrt werden, weisen Türblätter im Kern eine Füllmasse, eingeschlossen in einem umlaufenden Rahmen, auf.

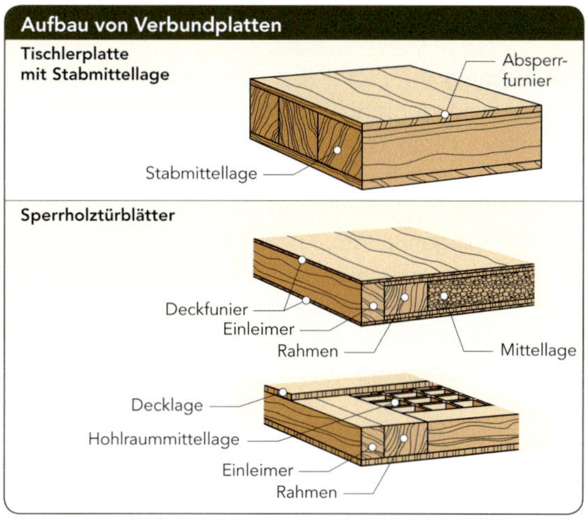

Abb. 28: nach [6]

Eigenschaften
Die Neigung von Holz zu arbeiten und sich zu verziehen fällt bei Tischlerplatten durch das kreuzweise Absperren der einzelnen Schichten in alle Richtungen gleichmäßig gering aus, so dass eine gute Maßhaltigkeit erreicht wird. Die Platten lassen sich leicht bearbeiten und furnieren und weisen ein geringes Gewicht auf. In Richtung des Faserverlaufs der Mittelschicht verfügen Tischlerplatten über eine hohe Biegefestigkeit.

Türblätter unterscheiden sich hinsichtlich der Art ihrer Herstellung, der verwendeten Füllmasse und des Aufbaus der Deckschicht. Sie haben in der Regel ein geringes Gewicht und können mit konventionellen Holzwerkzeugen bearbeitet werden.

Handelsformen und Holzarten
Sowohl Deck- als auch Mittellagen von Verbundplatten können je nach Einsatzfall aus mehreren Materialien bestehen. Zudem sind unterschiedliche Formate auf dem Markt erhältlich.

Tischlerplatte
Dicken: – 13, 16, 19, 22, 25, 30, 38, 42, 44 mm
Formate: – 1.250 x 1.730 mm^2, 1.850 x 5.200 mm^2
Holzarten der Mittellage:
– Fichte, Kiefer, Abachi, Okoume, Limba
Holzarten der Decklage:
– Buche, Birke, Pappel, Limba, Okoume, Abachi, Ilomba

Sperrholz-Türblätter
Dicken: – 38, 40 mm
Hohlraummittellage:
– Pappe-/Papierwaben
– Holzfaserplattenstreifen, Leisten
oder Füllstoffe:
– Hohlfaserdämmplatten, Korkplatten, Schaumstoff
Decklage: – Furnierplatten, dünne Spanplatten, dünnes MDF

Verwendung
Verwendungsgebiete für Verbundplatten sind der Möbelbau, Türen, Böden oder Innenausbauten. Darüber hinaus kommen sie im Boots- und Schiffsbau zur Anwendung. Beispiele aus dem Fahrzeugbereich sind Campinganhänger, Kühlwaggons, LKW-Aufbauten oder Verkleidungen für Schienenfahrzeuge. Auch bei der Herstellung von Schildern und Reklametafeln und in der Verpackungsindustrie wird häufig auf Verbundplatten zurückgegriffen.

Bild: Verbundplatte mit Wabeneinlage./ Foto: Westag & Getallit AG

HOL 3.4.1
Besondere Verbundplatten

In den 80er Jahren wurde in Deutschland untersucht, ob schnell nachwachsender Flachs als Ersatzwerkstoff für Holz als Mittellage in Verbundplatten genutzt werden kann. Bei den damals entwickelten Flachssandwichplatten wurde die Mittellage mit Deckschichten aus MDF oder Pressspan verleimt. Das Entwicklungsvorhaben wurde allerdings in Deutschland eingestellt, so dass man heute dieses Plattenmaterial aus Frankreich oder Rumänien importieren muss.

HOL 3.5
Holzspan- und Holzfaserplatten

Holzspan- oder -faserplatten bestehen aus Spänen oder Fasern, die unter Einwirkung von Wärme mit einem Kunstharzbinder verpresst werden. Als Rohstoffe kommen Abfallholz und preisgünstige Holzarten zum Einsatz. Die Dichte des Werkstoffs wird durch die Höhe des Druckes im Herstellungsprozess bestimmt.

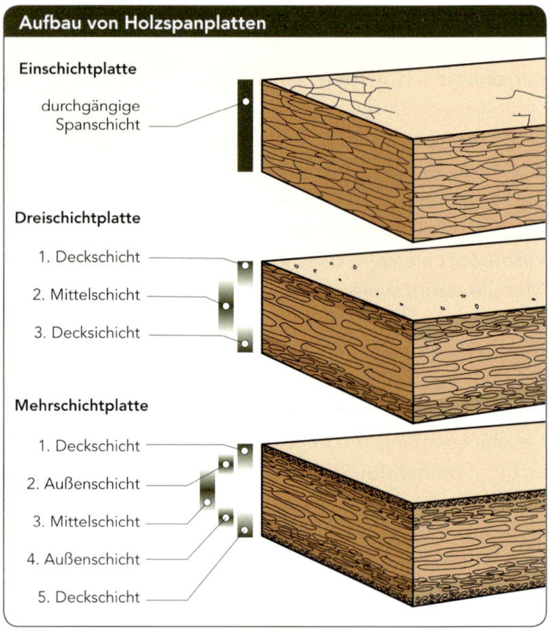

Abb. 29: nach [6]

Eigenschaften
Auf Grund der nicht orientierten Anordnung der Späne und Fasern ist bei Holzspan- oder -faserplatten eine weitaus höhere Formstabilität zu erkennen als bei Sperrholzplatten. Die mittlere Dichte des Werkstoffs lässt sich durch den Pressdruck zwischen 450 kg/m^3 und 750 kg/m^3 einstellen. Durch die Einlagerung der Holzbestandteile in Harz sind die Werkstoffe resistent gegen Schimmel und Pilzbefall. Darüber hinaus können weitere Zusätze (z. B. Zement) das Eigenschaftsprofil erheblich verändern. Es existieren feuchtgeschützte und schwer entflammbare Varianten. Weiterhin gibt es auch biegbare Faserplatten HOL 3.6.
Holzspan- und -faserplatten lassen sich mit den üblichen Werkzeugen bearbeiten. Sie können sowohl furniert als auch lackiert und beschichtet werden.

Bild: Biegbare Holzspanfaserplatte.

Handelsformen und Holzarten
Span- oder Faserplatten sind in Formaten bis 5,40 m in der Länge und 2 m in der Breite auf dem Markt erhältlich. Die Holzarten Kiefer, Tanne, Fichte, Pappel, Erle, Birke und Buche werden zu Platten verarbeitet.

Bild: Holzspanfaserplatte mit Nut und Feder.

Verwendung
Auf Grund des kostengünstigen Herstellungsprozesses und des breiten Verwendungsspektrums werden Holzspan- und -faserplatten äußerst rentabel im Möbel- und Baubereich eingesetzt. Typische Anwendungen in Innenausbauten sind Trennwände, Türen und akustisch wirksame Deckenverkleidungen. In zunehmendem Maße werden die Werkstoffplatten auch für Fußböden verwendet.

HOL 3.5.1
Besondere Holzspan- und -faserplatten

Mitteldichte Faserplatte (MDF)
Zur Herstellung von MDF-Platten werden Holzfasern geringwertiger Hölzer (meist Nadelholz) bei mittleren Drücken und unter Wärme mit einem synthetischen Klebstoff verpresst. Die Platten weisen in allen Richtungen ein homogenes Gefüge auf und können leicht bearbeitet werden, sind aber spröde. Die Dichte beträgt 450 kg/m^3 bis 800 kg/m^3 bei einer glatten, lackierbaren Oberfläche. Anwendungsgebiete sind beispielsweise die Herstellung von Bilderrahmen und Möbeln (Schrankwände), Fußbodenplatten, Winddichtschichten im konstruktiven Holzbau sowie Akustik- und Verkleidungselemente im Innenausbau. MDF-Platten werden auch gerne für die Anfertigung von Messeständen verwendet. Nachteilig wirkt sich aus, dass das Plattenmaterial nicht wasserfest ist, quillen kann und im schlechtesten Fall zerfasert. Besonders vorbehandelte Platten sind feuerfest und resistent gegen Schädlingsbefall. MDF-Platten sind in Dicken von 6–100 mm erhältlich. Durchgefärbtes MDF wird in lichtechten Farben (Rot, Gelb, Grün, Blau, Orange, Braun, Schwarz) angeboten. Der durchgefärbte Faserwerkstoff eignet sich hervorragend zur dreidimensionalen Bearbeitung.

Bild: Bilderständer aus schwarzem MDF./ Hersteller: Ledder Werkstätten für BOESNER/ Design: UNITEDDESIGNWORKERS.com

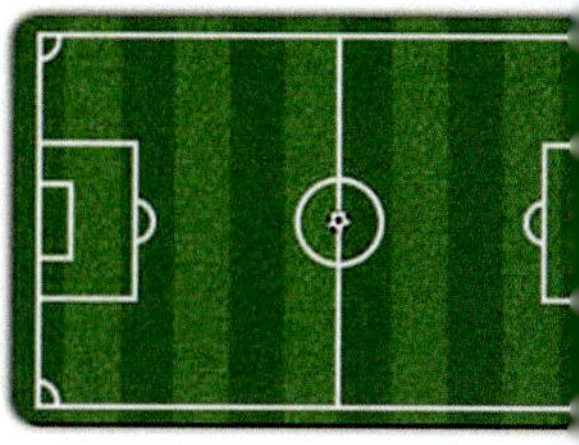

Bild: Frühstücksbrettchen, Resopal®-Schichtstoffplatte. Das Dekor aus bedruktem Papier ist mit Melaminharz verpresst./ Hersteller: REMEMBER®-Products

Hartfaserplatte (HDF)
Im Vergleich zu MDF- sind HDF-Platten stärker verdichtet und weisen daher eine Rohdichte auf, die über einem Wert von 800 kg/m³ liegt. Sie sind dadurch stabiler, fasern an den Rändern weniger stark aus und sind beständiger gegen Feuchte. Der Herstellprozess ist jedoch kostenintensiver, so dass HDF-Platten vor allem für dünnwandige Profilen eingesetzt werden, für die MDF-Platten nicht die erforderliche Stabilität mitbringen. Die erhältlichen Formate sind in der Regel nicht dicker als 10 mm. Die Standardmaße betragen 1.250 x 2.500 mm². Es sind aber auch Breiten von bis zu 2.050 mm und Längen von 5.200 mm erhältlich. Zur Steigerung der Härte und zur Erzielung abriebfester und wasserabweisender Eigenschaften werden Hartfaserplatten mit Kunstharz und Öl imprägniert. Sie sind preiswert und finden vor allem im Möbelbau Anwendung. Im Bauwesen werden Hartfaserplatten als Wand-, Decken- und Dachtafeln eingesetzt und für den Innenausbau verwendet (Ambrozy, Giertlová 2005).

Poröse Holzfaserplatten (SB)
Holzweichfaserplatten sind porös und wirken feuchtigkeitsregulierend, schallschluckend und wärmedämmend. Sie werden vor allem aus Nadelhölzern hergestellt, und ihre Rohdichte liegt zwischen 0,13 kg/dm³ und 0,30 kg/dm³. Durch Beimischung von Aluminiumsulfat oder Weißleim können die Eigenschaften optimiert und verändert werden. In Bitumen getränkt, sind sie sehr dauerhaft und nahezu verrottungsfest. Durch die feinstrukturierten Oberflächen können Holzweichfaserplatten gut beschichtet, lackiert und tapeziert werden. Die porösen Werkstoffplatten werden für Dach-, Decken- und Wandkonstruktionen verwendet. Wegen der guten schalldämmenden Eigenschaften sind sie als Zwischenschicht für Treppen und Fußböden besonders geeignet (Peters, Struhk 2008).

Bild: Beschichtete Reliefplatten.

Beschichtete Holzplatten
Für dekorative Zwecke existieren eine Vielzahl von beschichteten (z. B. mit Kunststoff) Holzfaserplatten BES 2.2 Randspalte*. Die Oberflächen können mit unterschiedlichen Materialien beschichtet werden oder verschiedenfarbig strukturiert sein.*

OSB-Platten (Oriented Strand Board)
OSB-Platten bestehen aus bis zu 80 mm langen und 1 mm flachen Spänen (»strands), die in der Ebene einer Platte (»board«) orientiert sind. Die Entwicklung dieses Produktes stammt aus Nordamerika, wo Nutzung und Aufkommen von starken Nadelhölzern aus Naturwäldern durch die Etablierung großflächiger Nationalparks an Grenzen gestoßen sind. Daher wurde versucht, Plattenmaterialien zu konzipieren, mit denen unter Ausnutzung von Resthölzern ein großflächiger Verbau möglich erscheint HOL 5.2. OSB-Platten bestehen meist aus 3 bis 5 miteinander verleimten Schichten langer und flächiger Holzspäne. Sie lassen sich wie Vollholz schrauben, nageln und bohren, haben ein vergleichsweise geringes Gewicht und sind ähnlich biegesteif wie MDF. Die Platten sind in Dicken von 8 mm bis 22 mm und mit Rohdichten zwischen 600-700 kg/dm³ erhältlich. Sie werden zur Füllung von Wandkonstruktionen und für Fußbodenbeläge verwendet und kommen immer häufiger auch im Innenausbau zur Anwendung. In Deutschland werden derzeit OSB-Platten aus Buchenholz entwickelt. Dieses kann durch die Forstindustrie in großen Mengen bereitgestellt werden und bietet durch seine gleichmäßige Struktur und Dichte Vorteile gegenüber den sonst üblichen Nadelhölzern. Auf Grund der fehlenden Jahresringe zerfallen die Späne bei der Trocknung und Beleimung kaum.

Bild: OSB-Platten.

Für die unterschiedlichen Anwendungsqualitäten wurden 4 OSB Typen genormt (Norm EN 300):

OSB/1	Platten für allgemeine Zwecke und den Innenausbau im Trockenbereich
OSB/2	Platten für tragende Zwecke im Trockenbereich
OSB/3	Platten für tragende Zwecke im Feuchtbereich
OSB/4	hochbelastbare Platten für tragende Zwecke im Feuchtbereich

Formspanholz

Spanholz kann auch während der Verarbeitung als breiiges Gemisch aus Spänen und Kunstharz in dreidimensionale Formen eingebracht werden. Die so entstehenden Produkte werden in aller Regel wie im Kunststoffspritzguss hergestellt. Innenverkleidungen von Fahrzeugen können auf diese Weise ebenso entstehen wie Gehäuse für Haushalts- und

Bild: Becher aus spritzgegossenem Formspanholz.

Mineralisch gebundene Spanplatten

Durch die Bindung der Holzspäne mit Zement wird ein witterungsbeständiges Plattenmaterial für Außenanwendungen erzeugt. Dieses ist mit einer Rohdichte von 1,25 kg/dm³ jedoch ungewöhnlich schwer und als Holzwerkstoff fast gar nicht mehr zu erkennen. Mineralisch gebundene Spanplatten haben eine raue Oberfläche und sind grau gefärbt. Sie nehmen nur wenig Feuchtigkeit auf. Das für Holz typische Arbeiten ist nahezu ausgeschlossen. Der Werkstoff ist insbesondere für Feuerfestanwendungen geeignet.

HOL 3.6
Biegbare Werkstoffplatten

Um Biegungen zu erzielen, sind mittlerweile eine ganze Reihe unterschiedlicher Holzwerkstoffe und -systeme auf dem Markt erhältlich. Die notwendige Flexibilität bieten vor allem Sandwichstrukturen spezieller Holzsorten wie beispielsweise das Holz des Kapokbaumes aus Westafrika. Des Weiteren können gebogene Formgeometrien durch Verwendung einseitig geschlitzter Faserplatten erzielt werden. Auch sind flexible Gewebestrukturen aus Buche oder Koto bekannt, die auf der Rückseite mit Holzstäbchen verstärkt werden. ZipShape ist eine neue Konstruktionsweise für gebogene Holzflächen, die ganz ohne aufwändige Formwerkzeuge auskommt.

Bild: ZIPShape - Kerben werden in Platte gefräst./ Foto: schindlersalmerón

Bild: ZIPShape Detailansicht./ Foto: schindlersalmerón

Eigenschaften

Flexible Holzsandwichstrukturen bestehen aus 3 bis 5 kreuzweise verleimten Furnierschichten, die in Parallelrichtung zur Maserung leicht zu biegen sind. Sie sind etwa 5–15 mm dick (z. B. Marke: Flexyply®) und eignen sich sehr gut zur Herstellung von Produkten mit geformten Flächen in zwei Dimensionen. Eine Neuentwicklung mit Markenname Woodon® besteht aus einem 5-Schichten-Furnier-Sandwich, das sich vor allem für dreidimensionale Formgeometrien eignet. Auch die Herstellung kugeliger Formen mit Radien von bis zu 300 mm bei Materialdicken zwischen 2 mm und 25 mm ist möglich, was das Anwendungsspektrum von Hölzern extrem vergrößert.

Bild unten: Stuhl im ZIPShape Verfahren hergestellt./ Foto: schindlersalmerón

Bild: Gubi-lounge chair und Gubi-lounge table aus REHOLZ® 3D-Furnier./ Hersteller: Gubi/ Design: Komplot Design

Bilder oben: Schale aus 3D-Furnier./ Hersteller: REHOLZ®

Das einseitige Schlitzen von Faserplatten mit dem Handelsnamen Topan® (HDF, MDF) bietet eine weitere sehr ökonomische Form, eine bis zur Biegsamkeit mögliche Flexibilität zu erzielen. Anwendung finden Platten mit Dicken von 6–9,5 mm, in die über die gesamte Länge im Abstand weniger Millimeter Schnitte eingebracht sind. Nach ähnlichem Prinzip funktioniert die ZipShape-Konstruktion, die zudem ein Biegen ohne Formlehren ermöglicht. In gegenüberliegende Platten werden trapezförmige Kerben so eingefräst, dass sie sich nur zu einer Zinkung fügen lassen, wenn sie in die gewünschte Form gebogen werden. Zur automatisierten Berechnung der Kerbgeometrien für die gewünschten Krümmungen wurde ein parametrisches Modell entwickelt. ZipShape ist prinzipiell für alle Plattenwerkstoffe geeignet. Um besonders enge Biegeradien realisieren zu können, wird ein elastisches Kernmaterial mit zugfesten Deckfurnieren kombiniert.

Bild: Einseitig geschlitzte Faserplatten in verschiedenen Farben.

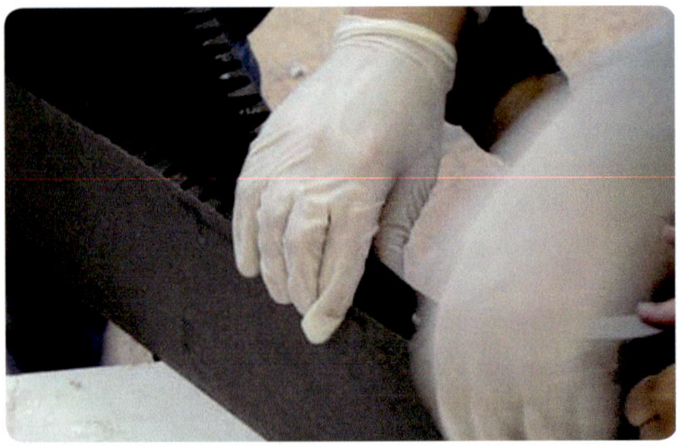

Bild: Montage der ZIPShape Teile

Bietet der Einsatz von Sandwichstrukturen noch die Möglichkeit zu einer sehr freien Formgebung ohne notwendige Verleimung, ist dies bei der Verwendung geschlitzter oder verzinkter Holzplatten unabdingbar. Um ein optisch ansprechendes Ergebnis zu erzielen, werden zwei Platten stirnseitig aufeinander gepresst und miteinander verleimt. Sie verbleiben solange in diesem Zustand, bis der Leim (z.B. PU-Leim) ausgehärtet und die Formstabilität erreicht ist.

Verwendung

Verwendungsgebiete für biegbare Holzwerkstoffplatten sind Bootssitze, Inneneinrichtungen, Musikinstrumente, Architekturmodelle, Möbel und Ausstellungsutensilien. 3D-Furniere werden hauptsächlich für Sitzmöbel, im Automobil-Interieur und zur Beschichtung von Gehäusen verwendet.

Bild: links – durch starke Verformung beschädigtes Furnier/ rechts – Woodon®, hergestellt aus 3D-Furnier bei gleichem Verformungsgrad./ Hersteller: REHOLZ®

HOL 4
Vorstellung einzelner Holzarten

Europäische Nadelhölzer (NH)	
Holzart (Kurzzeichen) Rohdichte bei 15% Holzfeuchte	**Legende:** Eigenschaften / Erscheinung/ Farbe / Dauerhaftigkeit/ Beständigkeit / Anwendung/ Eignung / Besonderheit
Eibe (TXBC) 0,66 g/cm³ 	Die Eibe ist ziemlich hart, sehr fest und schwer, dabei zäh und elastisch. Sie ist einfach zu bearbeiten und lässt eine gute Oberflächenbehandlung zu. Das Holz besitzt keine Harzkanäle. Es schwindet wenig. Gute Dimensionsstabilität. Der Splint ist gelblichweiß und der Kern rötlich. Die Farbe geht von rotbraun bis orangebraun. Das Holz dunkelt stark nach. Das Holz der Eibe ist witterungsfest und gegen Pilz- und Insektenbefall beständig. Das Holz findet Verwendung bei Drechsel-, Schnitzerei- und Bildhauerarbeiten. Es eignet sich nur bedingt für Deckfurniere. Die Eibe (Taxus) ist ein immergrünes Schnittgehölz. Sie wird auch als Hecke eingesetzt. Pflanzenteile der Eibe enthalten giftige Substanzen (Taxane/ für Menschen und Tiere). Schwarz gebeizt gilt sie auch als »deutsches Ebenholz«. Es ist ein sehr dekoratives Holz (besonders die Knollenmaserung).
Fichte (PCAB) 0,47 g/cm³ 	Die Fichte ist weich bis mittelhart und verhältnismäßig leicht. Sie ist elastisch bis fest und weniger biegsam. Die Fichte ist einfach zu bearbeiten, schwindet wenig, gut zu beizen und zu imprägnieren. Gute Dimensionsstabilität. Der Splint und Kern ist gelblich- bis rötlichweiß. Später gelblichbraun. Das Holz der Fichte ist nur bedingt witterungsfest und nicht gegen Pilz- und Insektenbefall beständig. Das Holz findet Verwendung bei Tischler- und Bautischlerarbeiten. Bei der Papierherstellung, als Industrieholz oder als Schälfurnier. Das Holz der Fichte ist eines der wichtigsten Bauhölzer. Das Holz scheint nach der Verarbeitung (gehobelt) seidig glänzend. Es kommen Harzgallen vor.
Kiefer (PSNY) 0,52 g/cm³ 	Die Kiefer ist verhältnismäßig hart und sehr fest, dabei aber leicht und elastisch. Die Kiefer ist einfach zu bearbeiten, schwindet wenig und ist gut zu trocknen. Vor dem Beizen ist die Kiefer zu entharzen. Gute Dimensionsstabilität. Der Splint ist gelblich- bis rötlichweiß. Der Kern ist dunkler. Das Holz dunkelt stark nach. Das Holz der Kiefer ist bedingt witterungsfest und das Splintholz nicht gegen Pilz- und Insektenbefall beständig. Das Holz findet Verwendung bei Möbel- und Bautischlerarbeiten. Es eignet sich für Fuß- und Parkettböden, Furniere oder Sperrholz. Weiterverarbeitung zu allgemeinen Holzwerkstoffen. Die Kiefer (Föhre, Rotholz, Forche) scheint nach der Verarbeitung (gehobelt) mattglänzend mit wachsartiger Oberfläche. Da die Kiefer sehr harzig ist, kommen häufig Harzgallen vor.
Kiefer, Weymouths- (PNST) 0,40 g/cm³ 	Das Holz ist weich, verhältnismäßig leicht und elastisch. Sie ist einfach zu bearbeiten, schwindet wenig und ist gut zu trocknen. Die Weymouthskiefer lässt sich nur schwer beizen und imprägnieren. Gute Dimensionsstabilität. Der Splint ist weiß bis hellgelb. Der Kern gelbbraun. Das Holz dunkelt stark nach. Die Weymouthskiefer ist bedingt witterungsfest und nicht beständig gegen Pilz- und Insektenbefall. Das Holz findet bedingt Verwendung bei Tischler- und Bautischlerarbeiten. Weiterverarbeitung zu Sperrfurnieren oder als Modellholz. Spielzeug. Die Weymouthskiefer (Strobe) ist ein immergrüner Baum. Die Weymouthskiefer scheint nach der Verarbeitung (gehobelt) matt glänzend. Das Holz ist sehr harzig.
Kiefer, Zirbel- (PNCM) 0,42 g/cm³ 	Das Holz ist weich und leicht, verhältnismäßig elastisch und fest. Sie ist einfach zu bearbeiten und ist gut zu trocknen. Die Zirbelkiefer lässt sich schlecht beizen und imprägnieren. Gute Dimensionsstabilität. Der Splint ist gelblichweiß. Der Kern rötlichbraun. Das Holz dunkelt stark nach. Die Zirbelkiefer ist bedingt witterungsfest und wenig beständig gegen Pilz- und Insektenbefall. Das Holz findet Verwendung bei Innenkonstruktionen, Vertäfelungen und Möbel. Weiterverarbeitung zu Fuß- und Parkettböden. Modellholz. Spielzeug. Die Zirbelkiefer (Arbe, Arve, Zirbe, Zirbel) scheint nach der Verarbeitung (gehobelt) mattglänzend. Sie hat viele Harzkanäle. Das Astholz ist weich.
Lärche (LADC) 0,59 g/cm³ 	Die Lärche ist verhältnismäßig hart und fest, dabei mittelschwer und elastisch. Sie ist einfach zu bearbeiten, schwindet wenig und ist gut zu trocknen. Die Lärche lässt sich nur bedingt beizen und imprägnieren. Gute Dimensionsstabilität. Der Splint ist gelblichweiß bis gelb. Der Kern ist rötlichbraun. Das Holz dunkelt stark nach. Die Lärche ist bedingt witterungsfest aber unter Wasser sehr dauerhaft. Gegen Pilz- und Insektenbefall wenig anfällig. Das Holz findet Verwendung bei Innen- und Außenkonstruktionen, im Möbelbau oder bei Deck- und Sperrfurnieren. Die Lärche scheint nach der Verarbeitung (gehobelt) mattglänzend. Das Holz der Lärche ist kaum harzig. Der Geruch des Holzes ist angenehm aromatisch. Das Lärchenholz besitzt eine lebhafte Zeichnung. Dauerhaft auch im Erdboden.
Tanne (ABAL) 0,47 g/cm³ 	Die Tanne ist weich und dabei verhältnismäßig leicht und elastisch. Geringe Festigkeit. Sie ist einfach zu bearbeiten, schwindet wenig und ist gut zu trocknen. Die Tanne lässt sich gut beizen und imprägnieren. Gute Dimensionsstabilität. Der Splint und Kern ist cremigweiß bis hellbraun. Die Tanne ist bedingt witterungsfest und nicht beständig gegen Pilz- und Insektenbefall. Das Holz findet Verwendung bei Tischler- und Bautischlerarbeiten. Bei der Papierherstellung, als Industrieholz oder als Schälfurnier. Weiterverarbeitung zu allgemeinen Holzwerkstoffen. Die Tanne scheint nach der Verarbeitung (gehobelt) mattglänzend. Das Holz ist nicht harzig. Der Geruch des Holzes wird als unangenehm wahrgenommen. Ziemlich Dauerhaft auch bei ständiger Nässe und Feuchte.

Europäische Laubhölzer (LH)/ 1	
Holzart (Kurzzeichen) Rohdichte bei 15% Holzfeuchte	**Legende:** Eigenschaften / Erscheinung/ Farbe / Dauerhaftigkeit/ Beständigkeit / Anwendung/ Eignung / Besonderheit
Berg-Ahorn (ACPS) 0,61 g/cm³ 	Der Berg-Ahorn ist ziemlich hart und mittelschwer, dabei fest, zäh und elastisch. Er ist gut zu bearbeiten und lässt eine gute Oberflächenbehandlung zu. Lässt sich gut biegen, gut polieren, beizen und durchfärben. Das Holz neigt zum Reißen und ist langsam zu trocknen. Es schwindet wenig. Gute Dimensionsstabilität. Das Holz ist weiß bis gelblichweiß. Das Holz des Ahorn ist nicht witterungsfest und anfällig für Pilz- und Insektenbefall. Ahorn findet Verwendung bei Holzwaren, Haushaltsgeräten oder Musikinstrumenten. Es eignet sich für Furniere. Der Ahorn scheint nach der Verarbeitung (gehobelt) seidig glänzend. Nur vom nordamerikanischen Zucker-Ahorn wird der Saft für den Ahornsirup gewonnen.
Birke (BEPU) 0,65 g/cm³ 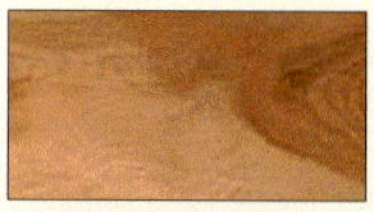	Die Birke ist hart und schwer, dabei fest, zäh und elastisch. Das Holz der Birke schwindet wenig und trocknet mäßig. Es ist gut zu bearbeiten und lässt eine gute Oberflächenbehandlung zu. Gute Dimensionsstabilität. Der Splint ist gleichmäßig gelblichweiß bis rötlichweiß. Das Holz dunkelt stark nach. Das Holz der Birke ist nicht witterungsfest und stark anfällig für Pilz- und Insektenbefall. Birke findet Verwendung bei der Konstruktion von Möbeln, Holzgegenständen oder bei Fuß- und Parkettböden. Es eignet sich für Furniere. Die Birke scheint nach der Verarbeitung (gehobelt) mattglänzend. Die Birke gehört zu den schnellwachsenden Gehölzen. Wegen seiner geringen Tragkraft kann Birkenholz kaum als Bauholz verwendet werden.
Birnbaum (PYCM) 0,74 g/cm³ 	Der Birnbaum ist hart und schwer, dabei zäh und wenig elastisch. Er ist bedingt gut zu bearbeiten und lässt eine gute Oberflächenbehandlung zu. Das Holz neigt zum Reißen und ist deshalb langsam zu trocknen. Im trockenen Zustand aber sehr formstabil. Gute Dimensionsstabilität. Der Splint ist blassgrau bis rötlich. Splint und Kern weisen keinen Unterschied auf. Das Holz dunkelt rotbraun nach. Das Holz des Birnbaums ist nicht witterungsfest und anfällig für Pilz- und Insektenbefall. Birnbaum findet vielfältige Verwendung bei der Konstruktion von Möbeln, Holzgegenständen oder beim Innenausbau. Wenn Birnbaum schwarz gebeizt ist, wird es auch als Ersatz für das kostenintensive Ebenholz verwendet. Durch Dämpfen wird die Farbe des Holzes rötlich dunkel.

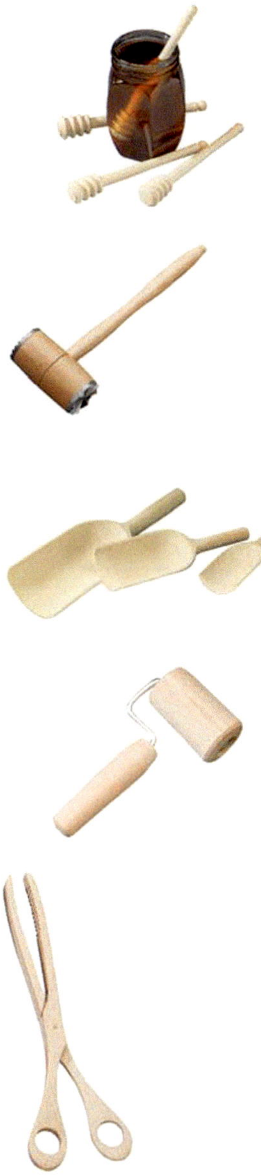

Bild: Haushaltsprodukte aus Holz./ Hersteller: Birkmann

Balsaholz

ist ein besonders leichtes und weiches Holz aus den tropischen Regionen des amerikanischen Kontinents. Es wird gerne als Kernmaterial von Sandwichplatten mit wärmedämmenden Eigenschaften verwendet *VER 2.1.5.* *Die Rohdichte liegt je nach Holzfeuchte lediglich zwischen 0,1-0,2 g/cm³.*

Europäische Laubhölzer (LH)/ 2

Holzart (Kurzzeichen) Rohdichte bei 15% Holzfeuchte	**Legende:** Eigenschaften; Erscheinung/ Farbe; Dauerhaftigkeit/ Beständigkeit; Anwendung/ Eignung; Besonderheit
Eiche, Stiel- (QCXE) 0,67 g/cm³ 	Die Eiche ist hart, sehr fest und mittelschwer. Das Holz schwindet wenig, ist elastisch und gut zu bearbeiten. Die Oberfläche läßt sich mit allen Methoden/ Mitteln nur bedingt gut behandeln. Sie trocknet langsam und hat eine gute Dimensionsstabilität. Der Splint ist grauweiß und der Kern hell lederbraun. Das Holz dunkelt stark nach. Das Kernholz ist sehr witterungsfest und beständig gegen Pilz- und Insektenbefall. Das Splintholz dagegen ist sehr anfällig. Das Holz findet Verwendung bei Innen- und Außenkonstruktionen, als Bauholz, beim Möbelbau, Sperrfurnieren oder Parkett. Die Stieleiche (Deutsche Eiche, Sommereiche) wird auch an der Oberfläche mit Ammoniak »geräuchert«. Dadurch verfärbt sie sich dunkel. Das Holz scheint nach der Verarbeitung (gehobelt) seidigmatt glänzend. Für Fässer, die zur Reifung von Cognac, Rotweinen oder Whiskey hergestellt werden, wird allerdings die Weißeiche verwendet.
Erle, Grau- (ALIN) 0,53 g/cm³ 	Die Erle ist weich und leicht. Das Holz schwindet wenig, ist gut zu trocknen und leicht zu bearbeiten. Die Oberfläche lässt sich mit allen Methoden/ Mitteln gut behandeln. Sie hat eine gute Dimensionsstabilität. Der Splint ist rötlichbraun. Das Holz dunkelt bräunlich nach. Das Holz ist nicht witterungsfest und sehr anfällig für Pilz- und Insektenbefall. Das Holz der Erle findet Verwendung beim Möbelbau, Sperrfurnieren, Holzwerkstoffen oder für Musikinstrumente. Die Grau-Erle wir oft als Ersatz für Edelhölzer wie Nussbaum, Kirschbaum und Mahagoni eingesetzt. Die Oberfläche lässt sich hervorragend polieren und beizen. Das Holz scheint nach der Verarbeitung (gehobelt) mattglänzend. Die Erle wächst vorwiegend an den Ufern von Gewässern und in Feuchtgebieten.
Esche (FXEX) 0,69 g/cm³ 	Die Esche ist hart, fest, schwer, zäh und elastisch. Das Holz schwindet wenig, ist bedingt gut zu trocknen und gut zu bearbeiten. Die Oberfläche lässt sich mit allen Methoden/ Mitteln gut behandeln. Sie hat eine gute Dimensionsstabilität. Der Splint und Kern ist weißgelb. Das Holz dunkelt bräunlich nach. Das Holz ist kaum witterungsfest und nicht beständig gegen Pilz- und Insektenbefall. Das Holz der Esche findet Verwendung beim Bau von Sportgeräten, Deckfurnieren, als Klangholz für Musikinstrumente, für Werkzeugstiele oder für großflächige Wand- und Deckenverkleidungen. Die Esche mit welliger Zeichnung wird Wellenesche genannt. Das Holz scheint nach der Verarbeitung (gehobelt) mattglänzend.
Buche, Rot- (FASY) 0,69 g/cm³ 	Die Rot-Buche ist hart, fest und schwer. Das Holz ist gut zu bearbeiten, schwindet sehr stark, neigt zum Reißen und muss langsam getrocknet werden. Die Oberfläche lässt sich mit allen Methoden/ Mitteln gut behandeln. Geringe Dimensionsstabilität. Das Splintholz ist rötlichweiß. Das Holz dunkelt gelbbraun nach. Das Holz ist nicht witterungsfest und anfällig für Pilz- und Insektenbefall. Rotbuche neigt zur Verstockung. Das Buchenholz findet Verwendung beim Innenausbau, als Biegeholz, beim Möbelbau, Parkett, Sperrholz, Treppenbau und allerlei Gebrauchsgegenständen. Ebenso als Holz für Werkzeug-, Maschinen- und Karosseriebau. Die Rot-Buche (Blutbuche, Abart) ist durch Dämpfen gut biegbar. Hierbei entsteht der charakteristische tiefere Rotton. Das Holz scheint nach der Verarbeitung (gehobelt) matt. Die Buche hat beim Verbrennen einen sehr hohen Heizwert.
Buche, Hain- (CPBT) 0,77 g/cm³ 	Die Hainbuche ist sehr hart, schwer und zäh. Das Holz ist schwer zu bearbeiten und schwindet beim Trocknen stark. Neigt zu Rissbildungen. Die Oberfläche lässt sich mit allen Methoden/ Mitteln gut behandeln, bedarf aber großer Sorgfältigkeit. Der Splint und Kern ist gelblichweiß bis hellgrau. Das Holz ist nicht witterungsfest und anfällig für Pilz- und Insektenbefall. Hainbuche neigt zur Verstockung. Die Hainbuche findet aufgrund des sehr hohen Abnutzungswiderstandes Verwendung beim Möbelbau, für Werkzeugstiele, bei mechanisch belasteten Bauteilen im Instrumentenbau (Klavier) oder bei Sportgeräten. Die Hainbuche (Weißbuche) vergilbt bei starkem Lichteinfall. Das Holz scheint nach der Verarbeitung (gehobelt) schwach glänzend. Bei der Verwendung von Nägeln und Schrauben ist ein Vorbohren notwendig.
Kirschbaum (PRAV) 0,60 g/cm³ 	Der Kirschbaum ist verhältnismäßig hart, mittelschwer, fest und zäh. Das Holz ist gut zu bearbeiten, schwindet und reißt wenig. Die Oberfläche lässt sich mit allen Methoden/ Mitteln gut behandeln. Bedingt gute Dimensionsstabilität. Der Splint ist rötlichweiß und das Kernholz dunkler bis leicht grünstichig. Das Holz dunkelt rötlichbraun nach. Das Holz ist bedingt witterungsfest und anfällig für Pilz- und Insektenbefall. Das Holz des Kirschbaumes findet Verwendung beim Innenausbau, beim Möbelbau, Furnieren, Gebrauchsgegenständen, bei Musikinstrumenten, Kunstgegenständen oder bei Schiffseinrichtungen. Der Kirschbaum (Vogel-Kirsche, Süss-Kirsche) blüht in der Zeit von April und Mai. Das Holz scheint nach der Verarbeitung (gehobelt) seidenmatt. Beim feuchten Holz kann es in Verbindung mit Eisenbauteilen zu Verfärbungen kommen.
Linde (TIXX) 0,56 g/cm³ 	Die Linde ist weich, leicht, zäh und verhältnismäßig elastisch und biegsam. Das Holz ist gut zu bearbeiten, schwindet wenig aber nicht gut zu trocknen. Die Oberfläche lässt sich mit allen Methoden/ Mitteln gut behandeln. Gute Dimensionsstabilität. Der Splint und Kern ist weißgelb bis blaßrötlich. Kern manchmal grünlich getönt. Das Holz ist bedingt witterungsfest, wenig dauerhaft und anfällig für Pilz- und Insektenbefall. Das Holz der Linde findet Verwendung bei Sperrfurnieren, als Blindholz, bei Schnitz- und Drechslerarbeiten, in der Zellstoffindustrie, bei Spielwaren oder als Holzwolle. Die Linde scheint nach der Verarbeitung (gehobelt) mattglänzend.
Nussbaum (JGRG) 0,68 g/cm³ 	Die Nussbaum ist hart, schwer, fest, zäh und sehr elastisch. Das Holz ist bedingt gut zu bearbeiten, schwindet wenig und ist langsam zu trocknen. Die Oberfläche lässt sich mit allen Methoden/ Mitteln bedingt gut behandeln. Gute Dimensionsstabilität. Der Splint ist weißgrau und der Kern ist graubraun bis rötlich. Das Holz ist bedingt witterungsfest und nicht beständig gegen Pilz- und Insektenbefall. Das Holz des Nussbaumes findet Verwendung beim Möbelbau, beim Innenausbau, als Parkett, als Deckfurnier oder bei Gebrauchsgegenständen. Der europäische Nussbaum hat im Vergleich zum Amerikanischen teilweise einen »wilden« Maserwuchs. Nach der Verarbeitung (gehobelt) mattglänzend. Bei Feuchtigkeit in Verbindung mit Eisenbauteilen kommt es zu blaugrauen Verfärbungen.
Pappel, Grau- (POCN) 0,50 g/cm³ 	Die Grau-Pappel ist sehr weich und ein wenig porös. Das Holz ist einfach zu bearbeiten, schwindet wenig und ist nur bedingt gut zu trocknen. Die Oberfläche lässt sich mit allen Methoden/ Mitteln bedingt gut behandeln. Gute Dimensionsstabilität. Der Splint ist weißlich bis weißgrau und der Kern ist braun-rötlich. Das Holz ist nicht witterungsfest und anfällig für Pilz- und Insektenbefall. Das Holz der Pappel findet Verwendung als Industrieholz, als Sperrfurnier, Spanplatten, als Blindholz oder bei der Papierherstellung. Die Pappel ist ein schnellwachsender Baum. Er sollte nur mit scharfen Werkzeugen bearbeitet werden. In Pappelplantagen wird der gewonnene Rohstoff zu Holzpellets verpresst und zur Energiegewinnung genutzt.
Platane (PLXH) 0,60 g/cm³ 	Die Platane ist schwer, verhältnismäßig hart, fest, zäh und elastisch. Das Holz ist nur bedingt gut zu bearbeiten und zu trocknen. Es schwindet stark und hat eine schlechte Dimensionsstabilität. Die Oberfläche lässt sich gut behandeln. Der Splint ist weißlich bis blaßrötlich und der Kern ist hellbraun. Das Holz dunkelt nach. Das Holz ist kaum witterungsfest und anfällig für Pilz- und Insektenbefall. Das Holz der Platane findet Verwendung für Innenkonstruktionen, für den Massivholzmöbelbau oder als Deckfurnier. Die Platane hat eine sehr dekorative Maserung. Auffällig ist, dass die Borke jährlich in dünnen Platten vom Stamm abblättert und ein weißlich-grüner Stamm zum Vorschein kommt. Das Holz scheint nach der Verarbeitung (gehobelt) mattglänzend.
Ulme, Feld- (ULMI) 0,68 g/cm³ 	Die Ulme ist schwer, verhältnismäßig hart und fest. Das Holz ist schwer zu bearbeiten und schwindet mäßig. Es ist langsam zu Trocknen und neigt zum Reißen. Die Oberfläche lässt sich gut behandeln und das Holz hat eine gute Dimensionsstabilität. Der Splint ist gelblichweiß und der Kern ist hellbraun bis braun. Das Holz ist nicht witterungsfest und anfällig für Pilz- und Insektenbefall. Das Holz der Feldulme findet Verwendung beim Möbelbau, als Furnier, bei Sportgeräten, als Parkett oder als Vollholz bei Treppen oder bei Gebrauchsgegenständen. Die Feldulme (Rüster, Rotulme) hat eine dekorativen Maserung. Das Holz scheint nach der Verarbeitung (gehobelt) matt bis glänzend. Die Festigkeitseigenschaften der Ulme sind vergleichbar mit der der Eiche oder Buche.

Außereuropäische Nadelhölzer (NH)

Holzart (Kurzzeichen) Rohdichte bei 15% Holzfeuchte	**Legende:** Eigenschaften · Erscheinung/ Farbe · Dauerhaftigkeit/ Beständigkeit · Anwendung/ Eignung · Besonderheit
Cedar, Western Red (THPL) 0,37 g/cm³ 	Die Red Cedar ist weich, fest und spröde. Das Holz ist gut zu bearbeiten und schwindet gering. Gute Dimensionsstabilität. Gut zu imprägnieren. Der schmale Splint ist braunstreifig weiß. Der Kern ist rotbraun und dunkelt ein wenig nach. Das Holz der Red Cedar ist witterungsfest und beständig gegen Pilz- und Insektenbefall. Die Western Red Cedar findet Verwendung bei Innen- und Außenkonstruktionen, Türen, Toren oder Fensterbau, Sperrholz. Red Cedar (Rotzeder, Riesen-Lebensbaum) ist ein immergrüner Baum. Das Holz ist sehr leicht und hat eine hohe Lebensdauer. Durch den hohen Säureanteil im Holz verfärbt sich das Holz bei der Verwendung von Eisennägeln schwarz. Es sollten hier verzinkte Bauteile verwendet werden.
Douglasie (PSMN) 0,51 g/cm³ 	Die Douglasie ist hart und fest. Das Holz ist gut zu bearbeiten und schwindet gering. Es kommt nach der Bearbeitung/ Behandlung zu nachträglichem Austreten von Harz. Douglasie ist nicht einfach zu imprägnieren. Gute Dimensionsstabilität. Der Splint ist weiß bis gelblichbraun. Der ist Kern gelblichbraun und dunkelt bis rotbraun nach. Das Holz der Douglasie ist nur bedingt witterungsfest und auch nur bedingt gegen Pilzbefall. Douglasie findet Verwendung bei Innen- und Außenkonstruktionen, Möbel, Vertäfelungen, Parkett. Es eignet sich für Furniere. Es ist in Deutschland für tragende Konstruktionen als Bauholz zugelassen. Die Douglasie (Oregon pine) ist ein schnellwachsender immergrüner Baum und kann in Europa Höhen von bis zu 60 Meter erreichen. Wegen der guten Maserung/ Holzbild wird es oft für dekorative Zwecke verwendet.
Hemlock (TSHT) 0,49 g/cm³ 	Hemlock ist weich, nur bedingt fest und auch spröde. Das Holz ist gut zu bearbeiten, zu verleimen und lässt eine gute Oberflächenbehandlung (beizen, schleifen, polieren) zu. Es schwindet gering und ist schwer zu imprägnieren. Gute Dimensionsstabilität. Der schmale Splint ist gelblichgrau. Der Kern ist gelblichbraun und dunkelt ein wenig nach. Das Holz des Hemlock ist nicht witterungsfest und nicht beständig gegen Pilzbefall. Hemlock findet Verwendung bei Innenkonstruktionen, Saunabau, als Blindholz, bei Vertäfelungen oder für Verpackungen. Der Hemlock-Baum (Schierlingstannen) ist eine immergrüne Tanne und besitzt eine feine Struktur. Sie können bis zu 1000 Jahre alt werden.
Redwood (SESM) 0,43 g/cm³ 	Redwood ist weich, sehr fest und leicht. Das Holz ist gut zu bearbeiten und schwindet gering. Gute Dimensionsstabilität. Gut zu imprägnieren. Der schmale Splint ist weiß. Der Kern ist rötlich bis violett und dunkelt ein wenig nach. Das Holz ist witterungsfest und beständig gegen Pilz- und Insektenbefall. Kalifornischer Redwood findet Verwendung bei Innen- und Außenkonstruktionen. Redwood (Mammutbaum) ist ein immergrüner Baum. Gewaltig ist sein Stamm, der einen Durchmasser von 12 Metern und eine Höhe von 90 Metern erreichen kann. Der Küstenmammutbaum ist aufgrund seiner Abmessungen, Dauerhaftigkeit und Astreinheit eines der besten Nutzhölzer.

Bambus
zählt zur Familie der Süßgräser. Es erreicht riesige Dimensionen und kann bei einem Halmumfang von 80 cm bis zu 38 m hoch werden. Da sein Holz sehr leicht und gleichzeitig überaus zäh und hart ist, wird es als Bauwerkstoff, für Bodenbeläge und Haushaltsgegenstände verwendet.

Außereuropäische Laubhölzer (LH)/ 1

Holzart (Kurzzeichen) Rohdichte bei 15% Holzfeuchte	**Legende:** Eigenschaften · Erscheinung/ Farbe · Dauerhaftigkeit/ Beständigkeit · Anwendung/ Eignung · Besonderheit
Abachi/ Obesche (TRSC) 0,43 g/cm³ 	Abachi ist weich und mittelfest. Das Holz ist gut zu bearbeiten. Die Oberfläche lässt sich mit allen Methoden/ Mitteln gut behandeln. Gut zu beizen aber schwer zu imprägnieren. Gute Dimensionsstabilität. Der Splint ist gelblich bis gelblichbraun. Kernholz ist gegenüber dem Splint kaum differenzierbar. Das Holz des Abachi-Baumes ist nicht witterungsfest und anfällig für Pilz- und Insektenbefall. Abachi findet Verwendung bei Innen- und Außenkonstruktionen, Modellbau, Absperrfurnieren oder als Leisten. Es wird verwendet als Blindholz. Der Abachi-Baum ist ein hellfarbiges und weiches Laubholz und der weit verbreiteste und häufigste Baum Afrikas. Er ist leichter als die Pappel. Der Abachi-Baum ist schnell wachsend.
Afrormosia (PKEL) 0,69 g/cm³ 	Afrormosia ist hart, zäh und mittelschwer. Das Holz ist gut zu bearbeiten und schwindet wenig. Die Oberfläche lässt sich mit allen Methoden/ Mitteln gut behandeln. Gut zu beizen und zu polieren. Gute Dimensionsstabilität. Der Splint ist weiß bis hellgrau. Der Kern ist gelblichbraun bis oliv und dunkelt nach. Das Holz ist witterungsfest und hat eine hohe Widerstandsfähigkeit gegen Pilz- und Insektenbefall. Gerbsäurehaltig. Afrormosia findet Verwendung bei Innen- und Außenkonstruktionen, Parkett oder Furnieren. Das Holz der Afrormosia (Assamela) zählt zu den hochwertigen tropischen Laubhölzern und hat einen starken Wechseldrehwuchs. Das Holz hat eine feine poröse Oberfläche, das einen sehr dekorativen Charakter haben kann. Beim feuchten Holz kann es in Verbindung mit Metallbauteilen zu Verfärbungen kommen. *Der Handel mit diesem Holz ist genehemigungspflichtig.*
Afzelia/ Doussié (AFXX) 0,79 g/cm³ 	Afzelia ist verhältnismäßig hart und fest. Das Holz ist nur bedingt gut zu bearbeiten. Es ist spröde und schwindet wenig. Gute Dimensionsstabilität (bei sachgerechter Trocknung). Der Splint ist gelblichgrau und der Kern hellbraun bis rotbraun und dunkelt stark nach. Das Holz des Afzelia-Baumes ist witterungsfest und sehr beständig gegen Pilz- und Insektenbefall. Afzelia findet Verwendung bei Innen- und Außenkonstruktionen, Treppen, Fenster, Parkett oder Furnieren. Das Holz der Afzelia ist deutlich härter als Eiche oder Teak. Oberflächenbehandlungen zur Erhöhung der Widerstandsfähigkeit gegen Pilz- und Insektenbefall sind nicht notwendig. Die Oberflächenbehandlung sollte nur der Farberhaltung oder dem Schutz vor eindringender Feuchtigkeit dienen. Das Holz neigt zum Reißen und ist langsam zu trocknen.
Ebenholz/ Makassar-ebenholz (DSCL) 1,05 g/cm³ 	Ebenholz ist sehr hart und fest. Gute Dimensionsstabilität wegen der geringen Schwindungswerte. Die Oberflächenbehandlung ist nur bedingt gut. Der Splint ist gelblichweiß bis rötlich und der Kern braun bis tiefschwarz. Das Ebenholz ist witterungsfest und sehr beständig gegen Pilz-, Termiten- und Insektenbefall. Makassar-Ebenholz findet Verwendung für wertvolle Furniere, beim Möbelbau und dem hochwertigem Innenausbau. Bei Kunstgegenständen oder bei Musikinstrumenten. Der Export von Ebenhölzern unterliegt oft besonderen Bestimmungen. Bei der Verarbeitung kann es durch den Schleifstaub zu Reizungen der Haut kommen. Das Holz hat einen unregelmäßigen Faserverlauf. Das Ebenholz sollte mit scharfen Werkzeugen bearbeitet werden und selbst dann haben die Werkzeuge nur eine geringe Standzeit. Ebenholz schwimmt nicht.
Iroko/ Kambala (MIXX) 0,63 g/cm³ 	Iroko ist verhältnismäßig hart und fest, zäh und schwindet mäßig. Das Holz ist gut zu bearbeiten. Jedoch erschweren mineralische Einlagerungen die spanende Bearbeitung. Gute Dimensionsstabilität. Wachsig glänzende Oberfläche. Der Splint ist hellgelb bis grau und der Kern grüngelb bis olivbraun und dunkelt stark nach. Iroko ist witterungsfest und beständig gegen Pilz- und Insektenbefall. Das Holz des Iroko findet Verwendung bei Innen- und Außenkonstruktionen, Parkett, Furnieren, Pfosten, Türen und Treppen. Sowie als Konstruktionsholz bei besonderen Längen wie bei Tischen, im Bootsbau oder Ähnlichem. Iroko zählt zu den weit verbreitesten Baumarten Afrikas. Es ist aufgrund seiner Eigenschaften für viele technische Verwendungen ein Holz mit hoher Wirtschaftlichkeit. Bei der Verarbeitung kann es durch den Schleifstaub zu Hauteizungen kommen.

Außereuropäische Laubhölzer (LH)/ 2

Holzart (Kurzzeichen) Rohdichte bei 15% Holzfeuchte	**Legende:** Eigenschaften / Erscheinung/ Farbe / Dauerhaftigkeit/ Beständigkeit / Anwendung/ Eignung / Besonderheit
Limba (TMSP) 0,56 g/cm³ 	Limba ist verhältnismäßig hart, fest und elastisch. Es ist gut zu bearbeiten und die Oberfläche lässt sich mit allen Methoden/ Mitteln gut behandeln und besonders gut beizen. Limba schwindet mäßig und hat eine gute Dimensionsstabilität. Der Splint und Kern ist hellgelb und dunkelt nach. Das Holz ist nicht witterungsfest und nicht beständig gegen Pilz- und Insektenbefall (bei Befall braune Verfärbung). Limba findet Verwendung bei Innenkonstruktionen, Furnieren, Möbelbau oder als Sperholz. Der Limbabaum (Fraké, Afara, Akom, Ofram) scheint nach der Verarbeitung mattglänzend. Das Holz muss direkt nach dem Fällen bearbeitet werden. Natürliche Standorte des Limbabaumes sind die Savannen und Hochwälder westafrikanischer Staaten und werden dort intensiv gepflanzt.
Mahagoni, Echtes (SWMC) 0,60 g/cm³ 	Echtes Mahagoni ist hart, fest und hat ein geringes Schwindmaß. Das Holz ist gut zu bearbeiten und die Oberfläche lässt sich mit allen Methoden/ Mitteln sehr gut behandeln. Sehr gute Dimensionsstabilität. Der Splint ist hellgrau und der Kern rotbraun. Das Holz dunkelt nach. Das Holz ist witterungsfest und sehr beständig gegen Pilz- und Insektenbefall. Mahagoni findet Verwendung bei Innenkonstruktionen, im Schiffs- und Yachtbau, Fenster, Türen, Furnieren, oder beim Möbelbau. Ferner als edle Verpackung für Luxusgüter oder für Behältnisse zur Aufbewahrung von Präzisionsgeräten. Echtes Mahagoni (Swietenia) ist ein sehr langsam wachsender Baum aus der Regenwaldregion Mittel- und Südamerikas. Die technischen Eigenschaften machen das Echte Mahagoni zu einem der besten Hölzer weltweit.
Makoré (TGHC) 0,66 g/cm³ 	Makoré ist verhältnismäßig hart, sehr biegefest und elastisch. Es hat ein geringes Schwindmaß. Das Holz ist gut zu bearbeiten und die Oberfläche läßt sich mit allen Methoden/ Mitteln gut behandeln. Befriedigende Dimensionsstabilität. Der Splint ist graurosa und der Kern hellrot. Das Holz dunkelt nach. Das Holz ist witterungsfest und beständig gegen Pilz-, und Insektenbefall. Termitenfest. Makoré findet Verwendung bei Innenkonstruktionen, im Schiffsbau, Parkett, Furnieren, Sperrholz oder beim Möbelbau. Makoré (Macoré) ist mit Douka botanisch sehr nahe verwandt, so dass diese westafrikanischen Hölzer oft zusammen beschrieben werden. In Aussehen und Eigenschaften sind die beiden Hölzer weitgehend identisch und werden deshalb oft für den gleichen Verwendungszweck eingesetzt. Bei der Verarbeitung kann es durch den Schleifstaub zu Reizungen kommen.
Mansonia/ Bété (MAAL) 0,65 g/cm³ 	Mansonia ist verhältnismäßig hart, fest und sehr elastisch. Es schwindet mäßig. Das Holz ist gut zu bearbeiten und die Oberfläche lässt sich mit allen Methoden/ Mitteln gut behandeln. Befriedigende Dimensionsstabilität. Rissbildung möglich. Der Splint ist weißgrau und der Kern graubraun bis violett. Das Holz ist witterungsfest und beständig gegen Pilz-, und Insektenbefall. Termitenfest. Mansonia findet Verwendung bei Innenkonstruktionen, Parkett, Furnieren oder beim Möbelbau. Mansonia (Aprono, Koul, Ofun) hat ähnliche oder bessere Festigkeitseigenschaften als Birke oder Rot-Buche. Besonders bei dynamischen Belastungen. In Europa wird es oft als Ersatz von Nussbaum verwendet. Mansonia ist aber härter und fester. Bei der Verarbeitung kann es durch den Schleifstaub zu Reizungen kommen. Bei Nägeln und Schrauben ist vorzubohren.
Padouk, Afrikanisches (PTXX, AF) 0,80 g/cm³ 	Afrikanisches Padouk ist sehr hart, sehr schwer und sehr elastisch. Es schwindet wenig. Das Holz und die Oberfläche lässt sich mit allen Methoden/ Mitteln nur bedingt gut bearbeiten und behandeln. Der Splint ist weißlichgelb und der Kern hell- bis dunkelrot. Das Holz ist witterungsfest und sehr beständig gegen Pilz-, und Insektenbefall. Padouk findet Verwendung bei Parkett, bei Furnieren, Intarsien, beim Bau von Musikinstrumenten, bei Gebrauchsgegenständen oder beim Möbelbau und auch bei Schwerkonstruktionen. Afrikanisches Padouk (Aprono, Koul, Ofun) zählt zu den farbigsten und technisch hochwertigsten Hölzern. Generell unterscheidet man die Padouk-Hölzern in Gruppen mit rotem Kernholz (Afrikanisches Padouk) und in die mit bräunlicher Färbung.
Palisander, Ostindischer (DLLT) 0,85 g/cm³ 	Ostindischer Palisander ist sehr hart, fest und schwindet wenig. Das Holz ist gut mit scharfen Werkzeugen zu bearbeiten und die Oberfläche lässt sich wegen öliger Inhaltsstoffe nur bedingt gut behandeln. Gute Dimensionsstabilität. Neigt zu Rissbildung. Der Splint ist gelblich und der Kern violettbraun. Das Holz ist witterungsfest und mäßig beständig gegen Pilz-, und Insektenbefall. Palisander findet Verwendung bei Furnieren, Intarsien, beim Bau von Musikinstrumenten, Vertäfelungen oder beim Möbelbau. Als Vollholz findet es nur Verwendung bei produkten mit geringen Abmessungen: Griffe, Klangholz. Ostindischer Palisander (Jacarandá) bleicht bei Sonneneinwirkung aus. Bei der Verarbeitung kann es durch Schleifstaub und Sägespänen zu Reizungen kommen.
Ramin (GYBN) 0,65 g/cm³ 	Ramin ist verhältnismäßig hart, ziemlich fest und schwindet mäßig. Das Holz ist gut zu bearbeiten und die Oberfläche lässt sich gut behandeln und beizen. Befriedigende Dimensionsstabilität. Der Splint ist gelblich und der Kern gelblich bis hellbraun. Das Holz dunkelt schwach nach. Das Holz ist nicht witterungsfest und anfällig für Pilz-, und Insektenbefall. Ramin findet Verwendung beim Innenausbau, Furniere, Sperrholz, bei Musikinstrumenten und Gebrauchsgegenständen. Ramin ist ein schnell trocknendes Holz und wir dennoch technisch getrocknet um auch Risse zu vermeiden und Bläuegefahr zu unterbinden. Durch das Besprühen von Schutzmitteln kann es zu Verfärbungen kommen. Es hat ähnliche Festigkeitswerte wie Birkenholz und Ahorn. Bei Nägeln und Schrauben ist vorzubohren.
Meranti, Dark Red (SHDR) 0,71 g/cm³ 	Dark Red Meranti ist verhältnismäßig hart, fest, zäh und gut zu trocknen. Das Holz ist gut zu bearbeiten (Verleimung etwas erschwert) und die Oberfläche lässt sich gut behandeln. Auffallend gut beizen und lackieren. Gute Dimensionsstabilität. Der Splint ist gelblichgrau und der Kern blaßrosa bis rotbraun. Das Holz ist relativ gut witterungsfest und im frischen Zustand anfällig für Pilz-, und Insektenbefall. Meranti findet Verwendung als Ausstattungsholz beim Innenausbau, Furniere, Sperrholz, beim Möbelbau, bei Gebrauchsgegenständen, Fenster, Türen oder Bootsbau. Bei dem Holz der Gattung Shorea, aus den asiatischen Tropenwäldern, werden vier Namensgruppen (Meranti, Lauan, Seraya, Rotes Balau) verwendet. Dark Red Meranti gehört zu den dunklen Hölzern. Weitere sind: White M., Yellow M. und Light Red M.
Niangon (HEXN) 0,63 g/cm³ 	Niangon ist mittelschwer und gut zu trocknen. Das Holz ist nur befriedigend zu bearbeiten und die Oberfläche lässt sich trotz des Fettgehalts gut behandeln. Gute Dimensionsstabilität. Der Splint ist weißlich bis rötlichgrau und der Kern hell- bis dunkelrotbraun. Das Holz ist gut witterungsfest und beständig gegen Pilz-, und Insektenbefall. Niangon findet Verwendung bei Innen- und Außenkonstruktionen, beim Möbelbau, Parkett, Fenster, Türen oder Bootsbau. Niangon hat ähnliche Festigkeitseigenschaften wie Eiche, Sipo, Iroko. Bei Nägeln und Schrauben ist vorzubohren. Beim feuchten Holz kann es in Verbindung mit Eisenbauteilen, Kupfer und Messing zu Verfärbungen kommen. Das Holz hat teilweise eine fettige Beschaffenheit, welches eine sorgfältige Bearbeitung beim Schleifstaub und Verleimung voraussetzt.
Sapelli (ENCY) 0,65 g/cm³ 	Sapelli ist ziemlich hart, fest, zäh und elastisch. Es schwindet mäßig. Das Holz ist nur befriedigend gut zu bearbeiten. Die Oberfläche lässt sich sehr gut behandeln. Hat nur eine befriedigende Dimensionsstabilität und Rissbildung ist möglich. Der Splint ist hellgrau bis gelbweiß und der Kern rosafarben. Das Holz dunkelt nach. Das Holz ist bedingt gut witterungsfest und mäßig beständig gegen Pilzbefall aber beständig gegen Insektenbefall. Sapelli findet Verwendung bei Innen- und Außenkonstruktionen, Parkett, Furniere oder Bootsbau. Sapelli (Sapelli-Mahagoni) hat einen scharfen pfefferartigen Geruch und ein sehr dekoratives Holzbild. In Verbindung mit Metallbauteilen kann es zu blauen Verfärbungen und bei der Verarbeitung kann es durch Schleifstaub zu Hautreizungen kommen.
Zebrano (MBXX) 0,78 g/cm³ 	Zebrano ist hart, fest und spröde. Es schwindet mäßig. Das Holz ist bedigt gut zu bearbeiten. Die Oberfläche lässt sich gut beizen und lackieren und im allgemeinen gut behandeln. Befriedigende Dimensionsstabilität und Rissbildung ist möglich. Der Splint ist weißlich-grau und der Kern hellgrau-braun gestreift. Das Holz dunkelt nach. Das Holz ist witterungsfest und beständig gegen Pilz-, und Insektenbefall. Zebrano findet Verwendung beim edlen Möbelbau, als Ausstattungsholz, Parkett, Intarsien, Furniere und Vertäfelungen oder Bootsbau. Bei Gebrauchsgegenständen, Sportgeräten und für Werkzeuggriffe. Das Holz der Zebrano-Bäume (Zebraholz, Zingana) zählt zu den dekorativsten und luxuriösesten Hölzern Afrikas. Der Baum wird bis zu 40 Meter hoch.

Außereuropäische Laubhölzer (LH)/ 3	
Holzart (Kurzzeichen) Rohdichte bei 15% Holzfeuchte	**Legende:** Eigenschaften · Erscheinung/ Farbe · Dauerhaftigkeit/ Beständigkeit · Anwendung/ Eignung · Besonderheit
Sipo (ENUT) 0,59 g/cm^3 	Sipo ist verhältnismäßig hart. Das Holz ist gut zu bearbeiten und die Oberfläche lässt sich mit allen Methoden/ Mitteln gut behandeln. Das Holz besitzt nur eine geringe Festigkeit, schwindet mäßig und hat eine bedingt gute Dimensionsstabilität. Der Splint ist hellgrau bis rötlich. Der Kern ist hellbraun bis braun und dunkelt nach. Das Holz des Sipo-Baumes ist witterungsfest und beständig gegen Pilz- und Insektenbefall. Sipo findet Verwendung bei Innen- und Außenkonstruktionen, beim Bootsbau, Fensterbau, Furnieren, Spielzeug, Kunstgewerbe, Möbelbau, als Wandelemente oder als Sperrholz. Das Sipo (Sipo Mahagoni) zählt aufgrund seines dekorativen Aussehens und den guten Eigenschaften zu den wichtigsten Nutzhölzern der Welt. Wie das Amerikanische Mahagoni kann es besonders vielseitig verwendet werden.
Teak (TEGR) 0,69 g/cm^3 	Teak ist hart, fest und sehr elastisch. Das Holz ist gut zu bearbeiten die Oberfläche lässt sich aber nur bedingt gut behandeln. Es schwindet sehr wenig und hat eine sehr gute Dimensionsstabilität. Der Splint ist gelblichweiß bis grau und der Kern ist gelbbraun. Teak dunkelt nach. Das Teak-Holz ist witterungsfest und beständig gegen Pilz-, Termiten- und Insektenbefall. Ebenso gegen Bohrmuscheln. Teak findet Verwendung bei Innen- und Außenkonstruktionen, beim Bootsbau, Fensterbau, Furnieren oder beim Möbelbau. Bei der Verarbeitung von Teak-Holz kann es durch den Schleifstaub zu Reizungen der Haut und der Schleimhäute kommen. Bei der Verwendung von Nägeln und Schrauben ist ein Vorbohren notwendig. Teak ist mit seinen Festigkeitseigenschaften ähnlich der Eiche und besonders geeignet für konstruktive Anforderungen bei Maßhaligkeit und bei Außenanwendungen.
Wenge (MTLR) 0,88 g/cm^3 	Wenge ist hart, fest und elastisch. Das Holz ist gut zu bearbeiten die Oberfläche lässt sich aber nur bedingt gut behandeln. Es schwindet wenig und hat ein gute Dimensionsstabilität. Neigt zu Splitterbildung. Der Splint ist gelblichweiß und der Kern ist braun. Wenge dunkelt nach. Das Holz der Wenge ist witterungsfest und beständig gegen Pilz- und Insektenbefall. Wenge findet Verwendung bei Innen- und Außenkonstruktionen, beim Möbelbau, Furnieren, Parkett oder Treppenbau. Die Wenge wird bis zu 20 Meter hoch. Bei der Verarbeitung von Wenge kann es durch den Schleifstaub zu Reizungen der Haut kommen. Ebenso kann ein Splitter zu Hautentzündungen führen. Bei der Verwendung von Nägeln und Schrauben ist ein Vorbohren notwendig.

Abb. 30-36: nach [6]

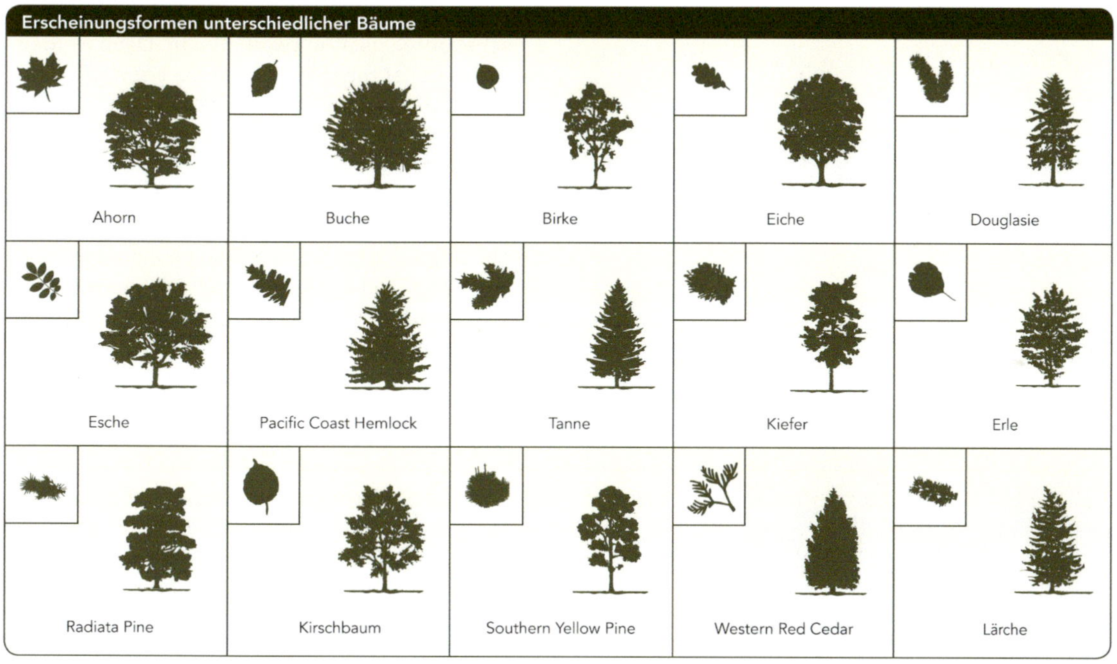

Abb. 37

Kokos

Die Kokospalme wird 20-40 Meter hoch und gehört zur Familie der Palmengewächse. Das Holz ist sehr holzig und wird für Accessoires wie Schalen oder Schnitzarbeiten verwendet. Der niederländische Hersteller Kokoshout bietet Multiplexplatten (Cocodots®), die aus einer Kokosholzoberfläche und einem dimensionsstabilen MDF-Kern bestehen. Anwendungsfelder sind Böden, Möbel und ganze Innenausbauten.

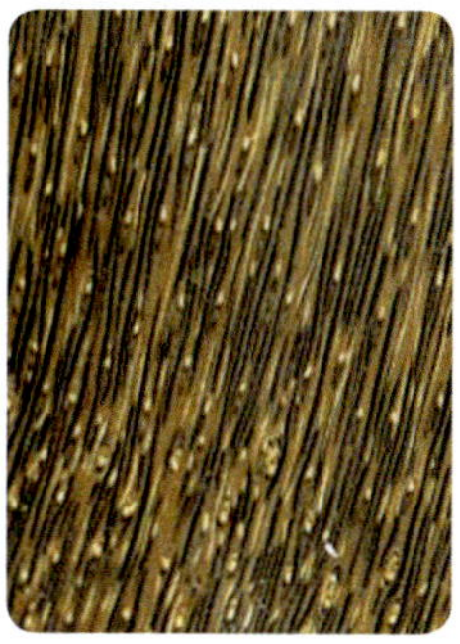

Bild: Schale aus Kokosholz.

HOL 5
Ersatzholzarten und Besonderes im Bereich der Hölzer

HOL 5.1
Flüssigholz

Bei Flüssighölzern handelt es sich um in den letzten Jahren entwickelte Verbundwerkstoffe, die mit den konventionellen Verfahren der Kunststofftechnologie Extrudieren, Spritzgießen oder Schäumen verarbeitet werden können. Sie weisen ähnliche mechanische und thermische Eigenschaften wie natürliches Holz auf und kommen daher als Ersatzwerkstoff in Frage. Flüssigholz bietet zudem den Vorteil, dass auch Produkte mit sehr komplizierten Formgeometrien hergestellt werden können, die bislang in Holz nicht denkbar waren.

Bild: Spritzgegossenes Uhrengehäuse aus Flüssigholz./ Hersteller: Arboform®

Man unterscheidet Flüssighölzer, die zu 100% aus nachwachsenden Rohstoffen bestehen (z. B. Marken: Arboform®, Fasalex®) und Flüssighölzer als Verbundmaterial aus Kunststoff und Holz (z. B. Marke: Werzalit®). Hauptbestandteile sind »Holzabfälle« wie beispielsweise Lignin HOL 1.1, das durch Fotosynthese in jeder verholzenden Pflanze gebildet wird und in der Papierproduktion als Nebenprodukt anfällt. Bei Flüssigholz der Marke Arboform® dient dieses als Matrixwerkstoff, was mit Naturfasern wie beispielsweise Holz, Flachs, Hanf oder Chinaschilfgras vermischt wird, um ein Granulat zur Weiterverarbeitung zu gewinnen.
Zur Herstellung von Fasalex® werden neben Holzabfällen auch natürliche pflanzliche Materialien wie Sägemehl, Reisschale oder Kokosfasern als Basisstoffe genutzt. Natürliche Stärke (z. B. Mais) und biologisch abbaubare oder umweltschonende Kunststoffe runden die Rezeptur ab.
Werzalit® besteht aus Holzpartikeln und Polypropylen KUN 4.1.2 als Binder. Im Gegensatz zu den beiden erstgenannten Flüssighölzern, die in Granulatform erhältlich sind, wird zur Herstellung von Produkten aus Werzalit im Fertigungsprozess zunächst der Kunststoff geschmolzen. Dann werden die Holzpartikel zugeführt und in die Form gepresst. Auch Halbzeuge aus Werzalit® sind erhältlich.

Eigenschaften
Da keine Faserrichtungen auszumachen sind, weist Flüssigholz im Gegensatz zu natürlichem Holz eine gleichmäßige Eigenschaftsverteilung auf. Am Ende der Nutzung können Flüssigholz-Produkte verbrannt oder kompostiert werden, ohne dass sich schädliche Stoffe freisetzen. Ein Vorteil von Flüssigholz gegenüber synthetischen Kunststoffen ist der geschlossene CO_2-Kreislauf, da die Ausgangsmaterialien vollständig aus nachwachsenden Rohstoffen gewonnen werden. Weitere Besonderheiten von Flüssigholz sind die geringe Wärmeausdehnung, der geringe Formschwund und eine hohe Steifigkeit, was das Material für die Erstellung von Präzisionsbauteilen besonders geeignet macht. Durch Veränderung der Rezeptur können Flüssighölzer wasserfest gemacht werden.

Verwendung
Typische Verwendungen sind Formteile als Kunststoffersatz wie beispielsweise Computer, Fernseh- oder Handygehäuse und Produkte, die eine holzähnliche Haptik benötigen (z. B. im Möbel- oder Accessoirebereich). Aber auch für den Automobilinnenausbau ist die Verwendung von Flüssigholz auf Grund der nahezu identischen Eigenschaften zum natürlichen Holz als Trägermaterial für Furniere denkbar. Da Flüssigholz-Produkte sich in wenigen Stunden in Wasser zersetzen und somit kompostieren lassen, verfügt das Material außerdem über Potenziale im Gartenbau und in der Verpackungsindustrie.

HOL 5.2
Engineered Wood Products

Mit dem Begriff »Engineered Wood Products« werden Holzwerkstoffe bezeichnet, die Vollholz im Baugewerbe als lasttragende Werkstoffe ersetzen können. Beispiele sind Funierschichtholz, Scrimber sowie Span- und Furnierstreifenholz. Die Materialien dieser Gruppe sind in den 90 er Jahren entwickelt worden, um der gestiegenen Nachfrage nach Holzwerkstoffen nachzukommen (Dunky, Niemz 2002).

Eigenschaften

Engineered Wood Products werden in sehr großen Abmaßen als stab- und plattenförmige Werkstoffe produziert und sind kurzfristig lieferbar. Sie weisen hohe Festigkeiten auf, da Holzfehler im endlosen Fertigungsprozess vermindert werden. Späne und Furnierstreifen werden mit Phenolharzen verklebt und sind daher beständig gegen Wasser und Feuchtigkeit. Die Belastbarkeit ist abhängig von der Faser- und Produktionsrichtung und liegt in der Regel über der von Vollholz.

Einteilung der Holzwerkstoffe

Werkstoffe aus ...	Bezeichnung	Kurzform
Vollholz	- Massivholzplatten - Laminiertes Holz - Brettschichtholz - Kreuzbalken	
Furnieren	- Furnierstreifenholz (Parallel Strand Lumber) - Funierschichtholz - Sperrholz	PSL LVL
Spänen	- Spanplatte - Spanstreifenholz (Laminated Strand Lumber) - Oriented Strand Board - Strangpressplatte - Spezialplatten - Scrimber	FPY LSL OSB
Fasern	- Mitteldichte Faserplatte - Harte Holzfaserplatte - Holzfaserdämmplatte	MDF HFH HFD
Verbundenen Werkstoffen (Verbundwerkstoff)	- Trägersysteme (I-Beams) - Parkett-Verbundplatten - Stabsperrholz - Sperrtüren - Stäbchensperrholz	ST STAE

Abb. 38: nach [18, 30]

Furnierschichtholz
(Laminated Veneer Lumber - LVL)

LVL sind Holzwerkstoffe, die aus mehreren Lagen faserparallel verklebter, 3,2 mm dicker Nadelholz-Furniere bestehen. Bei speziellen Furnierschichthölzern sorgt die kreuzweise Anordnung für den Ausgleich produktionsbedingter Schwachstellen. Als Platten- oder Balkenmaterial findet es im Brücken- und Treppenbau Verwendung. Auch Hohlprofile zur Verminderung des Materialeinsatzes für Leichtbaukonstruktionen sind auf dem Markt erhältlich. Furnierschichtholz zählt zur Baustoffklasse B2 und ist normal entflammbar.

Scrimber

Dieser Holzwerkstoff entsteht durch Verleimen zerquetschter Rundhölzer unter Druck und Wärme. Da die Ausgangsmaterialien sehr lang sind, weisen Scrimber hohe Festigkeitswerte und eine hohe Steifigkeit auf.

Structural Veneer Lumbar - SVL

SVL-Holzwerkstoffe sind aus 2 bis 2,5 mm starken Furnierschichten der Oregon Pine aufgebaut und wurden ursprünglich für den konstruktiven Baubereich entwickelt. Heute finden die hochdekorativen Platten auch im Möbel- und Innenausbau Verwendung. Als Arbeitsplatte kommen in der Regel 40 mm dicke, massive SVL-Platten in Frage. Für den Möbelbau eignen sich aber auch SVL-Werkstoffe mit einem MDF-Kern. Die wasserfesten Qualitäten werden insbesondere in Feuchträumen und für Außenanwendungen genutzt.

Spanstreifenholz
(Laminated Strand Lumber – LSL)

Langspan- oder Spanstreifenholz ist ein platten- oder balkenförmiger Holzwerkstoff, der aus sehr langen (30 cm) und 25–40 mm breiten Spänen verklebt wird. LSL weist eine hervorragende Formstabilität auf und ist mit konventionellen Techniken zu verarbeiten. Er kann als Spezialprodukt von OSB HOL 3.5.1 verstanden werden. Die Anwendungsgebiete sind im Innenausbau und konstruktiven Holzbau zu finden. Ihre Abmaße liegen bei maximal 2.440 x 10.700 mm^2, die Plattendicken zwischen 32–89 mm (Ambrozy, Giertlová 2005).

Furnierstreifenholz
(Parallel Strand Lumber – PSL)

Der Markenname Parallam® steht für ein Furnierstreifenholz, das seine hervorragenden Eigenschaften aus der Verleimung einer Vielzahl von 3,2 mm dicken, 25 mm breiten und 2,6 m langen Streifen erhält. Durch die Erhitzung mit Mikrowellen entsteht eine feste Masse, die ähnlich wie bei Strangprofilen fortlaufend verpresst und abschließend in die gewünschten Formate geschnitten wird. Das Baumaterial weist hohe Festigkeitswerte bei weitgehend standardisierter Qualität auf. Balken sind bis zu einer Länge von 20 m erhältlich. Anwendung findet Furnierstreifenholz sowohl im Wohninnen- als auch im Außenbereich als Pfosten, Stützen oder Säulen. Auch für Bodenbeläge ist Parallam® geeignet.

Bild: Parallam®.

HOL 5.3
Kork

Kork mit der Größe eines Zuckerwürfels enthält rund 60 Millionen Luftzellen.

Die portugiesischen Korkeichenwälder können jährlich 4,8 Millionen Tonnen CO_2 aufnehmen. Das entspricht dem Jahresausstoß von etwa 1,6 Millionen Pkw.

Kork ist ein pflanzliches Gewebe aus lufthaltigen Zellen mit einem weichen und warmen Charakter. Er wird vornehmlich aus der Rinde der Korkeiche gewonnen, die besonders in Portugal und Spanien verbreitet ist. Die nachwachsende Rinde wird alle 8–12 Jahre geschält, zum Trocknen etwa ein halbes Jahr gelagert und danach zu verschiedenen Formaten verarbeitet. Korkeichen erreichen im Durchschnitt ein Lebensalter von 150 Jahren. Erst ab einem Lebensalter von 30 Jahren wird das erste Mal mit dem Schälen begonnen.

Eigenschaften
In den Zellulosewänden des Korks ist das Wasser abweisende und abdichtende ***Suberin*** eingelagert. Das Material ist daher leichter als Wasser, undurchlässig für Flüssigkeiten und Gase, wärme- und schalldämmend und ein schlechter Leiter für Elektrizität. Des Weiteren weist Kork sehr gute Elastizitätseigenschaften auf, ist zudem verschleiß- und feuerfest und gut bearbeitbar, wodurch er schon seit der Antike als Rohstoff verwendet wird. Auf Grund der chemischen Inaktivität ist die Neigung zur Fäulnis nahezu ausgeschlossen.

Für das Verschließen von Weinflaschen hat Kork einen ganz erheblichen Nachteil. Er ist nicht vollständig geschmacksneutral. Mikroorganismen in den feinen Poren produzieren den Stoff Trichloranisol, der im Wein als schimmlig-muffiger Geschmack wahrgenommen wird. Bereits eine kleine Menge genügt, um einen Wein ungenießbar zu machen. Obwohl der Korkgeschmack nach längerer Flaschenlagerung in nur 3-10 % aller Fälle auftritt, werden seit einiger Zeit Gegenmaßnahmen erforscht. Eine Möglichkeit ist beispielsweise eine Nanobeschichtung, die alle Korkenarten zuverlässig vor Mikroorganismen schützt und die Extraktion in den Wein unterbindet. Die Beschichtung kann in jeder Korkproduktion durch Sprühen oder Tauchen aufgebracht werden.

Bild: Korken für Weinflaschen.

Verwendung
Kork findet in Bereichen Anwendung, in denen spezielle Funktionseigenschaften in Berührung mit Flüssigkeiten erreicht werden müssen (z. B. Flaschenkorken, Badematten, Schwimmgürtel). In der Antike schätzten die alten Griechen vor allem die Schwimmfähigkeit des Materials, während in der heutigen Zeit vorrangig die Verwendung auf die Dämm- und Isoliereigenschaften fokussiert ist (z. B. Wärme- und Schallisolierung beim Bau, Schutzhelme). Weitere Anwendungen sind Fußbodenbeläge, Tapeten und Schuhsohlen.

In den letzten Jahren ist Kork in der Produktion von Flaschenkorken immer mehr durch synthetische Stoffe ersetzt worden. Dies ist auf die geringeren Produktionskosten zurückzuführen. Vor allem aber konnte wegen des zunehmenden weltweiten Weinkonsums der Bedarf an Kork nicht mehr durch das natürliche Wachstum der Korkeichen gedeckt werden. In den letzten Jahren haben Designer Kork für sich entdeckt und gestalten Möbel, Lampen oder Vasen damit. Bekannt wurden vor allem Wandpaneele oder Waschbecken, bei denen das Material auf eine bislang ungewohnte Weise eingesetzt wurde.

Verarbeitung
Korkplatten werden durch das Verpressen von Korkschrot unterschiedlicher Korngröße unter Zusatz eines Bindemittels erstellt. Zunächst liegen Blöcke vor, die dann auf die erforderlichen Formate zugeschnitten werden. Der Werkstoff lässt sich mit konventionellen Techniken bearbeiten. Kleben ist als Fügetechnik durchaus üblich.

Handelsformen
Im Handel ist Kork als Plattenware, Blöcke oder Schüttgut (Korkschrot) erhältlich. Für Korkböden eignen sich Platten mit Dicken zwischen 4-8 mm. In 2007 wurde erstmals ein Verbundmaterial aus Naturkork und einem Bindemittel unter der Bezeichnung ***Kork-Polymer-Komposite (CPC)*** VER 2.2.2 auf dem Markt präsentiert. Der neue Verbundwerkstoff ist thermoverformbar und weist eine erhöhte Wasserdampfdurchlässigkeit auf, was ihn für den Einsatz in modernsten Sportartikeln und orthopädischen Produkten qualifiziert.

HOL 5.4
Rindentuch

Rindentuch ist ein seit 2003 mit den Markennamen BarkCloth® und BarkTex® auf dem Markt erhältliches, innovatives Material zur Anwendung im Bekleidungs- und Möbelbereich. Es wird in Uganda aus der Rinde des wildwachsenden Mutuba-Feigenbaums erzeugt. Im Rahmen bundesdeutscher Entwicklungshilfe gestartet, steht das Unternehmen mittlerweile auf eigenen Füßen und sichert hunderten afrikanischen Familien die Existenz. In 2005 erklärte die UNESCO den handwerklichen Herstellungsprozess zum Weltkulturerbe (Peters 2010).

Eigenschaften

Vor der Anwendung macht die Struktur des Naturprodukts eine Konservierung notwendig. Die nachwachsende Rinde wird zunächst in Handarbeit mit Holzklöppeln mehrere Tage lang weich geklopft, bis sie schließlich zu einem flachen Tuch ausgetrieben ist. Eingebrachte Textiladditive bewirken eine Oberflächenversiegelung und schützen den Werkstoff vor äußeren Einflüssen und machen ihn abriebfest. Die Kombination aus dem archaischen Herstellungsprinzip, den Eigenheiten und dem Alter des Baums, dem Erntezeitpunkt der Rinde und der Verarbeitungsweise des Rindentuch-Herstellers lassen den Werkstoff in Farbigkeit (kräftiges Beige bis dunkles Braun) und Struktur (fein bis ledrig) als einzigartig und individuell erscheinen. Der ökologische Anbau und die handwerkliche Verarbeitung garantieren Schadstofffreiheit und eine günstige Umweltbilanz. Spezielle Ausrüstungen machen den Werkstoff schmutz- und wasserabweisend, feuer- oder reißfest und bewirken eine elastische und geschmeidige Struktur.

Bild: Kleidung aus BARKTEX®./ Hersteller: Fa. BARK CLOTH, Germany

Laminate des Materials werden durch Verpressen des Rindentuchs mit Phenol- und Aminoplastpapieren unter hohem Druck erzeugt. Im Gegensatz zu handelsüblichen Schichtstoffplatten weisen Rindentuch-Laminate fühlbare Oberflächenstrukturen auf, die einen individuellen und authentischen Charakter widerspiegeln.

Verarbeitung

Rindentücher und Laminate lassen sich leicht verarbeiten. Im Textil- und Modebereich sind die konventionellen Verarbeitungstechnologien einsetzbar. Für den Objektbereich ist die einfache dreidimensionale Verformbarkeit des Materials herauszustellen, so dass sich das Laminat selbst zur Erstellung von Zierleisten und kompliziert geformter Geometrien eignet.

Verwendung

Auf Grund der besonderen Struktur und natürlichen Erscheinung ist das Material vor allem für den Accessoire- und Modebereich interessant. Im Möbelbau können Laminate aus Rindentuch zu Tischplatten und Küchenfronten verarbeitet werden. Die lichte Transparenz macht den Werkstoff für Lichtsegel, Lampenschirme und Türverkleidungen besonders geeignet. Im Bühnenbau lassen sich durch den Einsatz von Rindentuch Spezialeffekte erzielen. Weitere Anwendungen im Innenraumbereich sind Paneele, Bespannungen offener Rahmen an Schiebetüren und Paravents, Raumteiler, Verdunkelungssysteme wie Jalousien und Rollos, Sonnensegel, textile Tapeten, Messebauwände oder Wandverschalungen. Schuhe, Kopfbedeckungen, Oberbekleidungen und Schmuck sind weitere Beispiele für das große Anwendungspotenzial des Werkstoffs im Bereich der Mode. Laminate lassen sich außerdem für den hochwertigen Innenausbau von Yachten und Automobilen verwenden.

Handelsformen

Für das jeweilige Anwendungsgebiet sind individuelle und maßgeschneiderte Handelsformen erhältlich. Jedes Rindentuch wird mit einem Zertifikat des ugandischen Herstellers versehen.

Bild: Portemonnaie aus BARK CLOTH®./ Hersteller: Fa. BARK CLOTH, Germany

Bild: Handygehäuse aus polymerverstärkten Rindentuchfasern./ Hersteller: Fa. BARK CLOTH, Germany

Bild: Hersteller ist die Planlicht GmbH aus der Schweiz. www.planlicht.com

HOL 5.5
Rattan

Rattan ist sehr beliebt bei der Herstellung von Korbwaren sowie Flecht- und Sitzmöbeln. Sie werden aus dem Stamm von Rotangpalmen hergestellt, die vor allem in Indonesien und Malaysia sowie auf den Philippinen kultiviert sind. Der Begriff »Rattan« stammt aus dem Malaiischen und beschreibt umgangssprachlich den gesamten Trieb oder nur ihre Außenhaut. Das poröse Innere wird als »Peddigrohr« bezeichnet, was vom niederdeutschen »paddik« für Pflanzenmark stammt.

Eigenschaften
Die Rotangpalme ist eine bis zu 200 m hohe Kletterpalme mit einem Stammdurchmesser von 0,3-10 cm. Ihre Farbe liegt zwischen gelb und ockerbraun mit grünlichen und grauen Tönen. Charakteristisch für das Material ist die besondere Elastizität und hohe Dichte, die auf die große Porosität im Triebinnern zurückzuführen ist. Daher lässt sich Rattan leicht biegen und flechten, was ihn insbesondere für die handwerkliche Verarbeitung geeignet macht. Knoten, Luftrisse und dunkle Flecken mit Spuren von Insektenfraß geben Rattanmöbeln eine individuelle Qualität. Darüber hinaus lässt sich Rattan hervorragend einfärben. Für Außenanwendungen ist das Material in den meisten Fällen jedoch nicht geeignet.

Querschnitt eines Rattanstabs

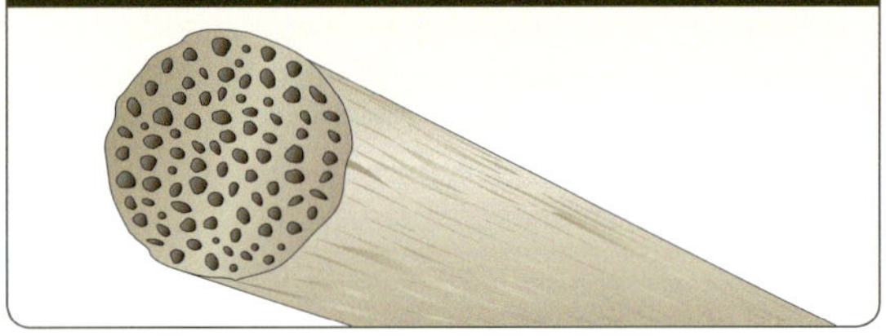

Abb. 39

Verwendung
Klassische Verwendungsgebiete für Rattan sind Körbe und geflochtene Sitzmöbel oder Liegen. Da Rattanholz bei Bruch nicht splittert sondern lediglich zerfasert, wird es auch in verschiedenen Kampfkünsten als Schlagstöcke eingesetzt. Diese weisen dann eine geringere Verletzungsgefahr auf. Weitere Rattanprodukte sind Spazierstöcke, Möbelgestelle und Teppichklopfer.

Bild: Korbware aus Rattan

Verarbeitung
Die am häufigsten angewendete Verarbeitungstechnik für Rattan ist das Flechten. Das Rohr wird zunächst gespalten und zu etwa 5 Meter langen Streifen mit glatter Außenseite geschnitten. Unter Feuchtigkeit und Dampf ist die Verarbeitung zu engen Geflechten am einfachsten. Auch die Anwendung von Heißluftpistolen ist durchaus üblich, um das Material geschmeidig zu machen. Im Verarbeitungsprozess sollte der Werkstoff häufiger nachgefeuchtet werden. Sattelseife verlängert die Verarbeitbarkeit deutlich. Gereinigt werden Rattanoberflächen mit einem feuchten Tuch. Zum Schutz sind sie meist mit einem farblosen Lack versehen. Da die Außenhaut der Triebe wasserabweisende Eigenschaft aufweist, ist das Beizen nur nach einer speziellen Vorbehandlung der Oberflächen möglich.

Handelsformen
Die Handelsformen von Rattanprodukten werden von der Farbe bzw. ihrer Dicke bestimmt. Peddigrohr hat in der Regel eine Stärke von unter 5 mm (Fadenpeddig: 1-3 mm; Stakenpeddig: 3,5-5 mm). Peddigstangen weisen einen Durchmesser von über 6 mm auf und sind bis zu einem Maß von etwa 20 mm erhältlich. Mit Peddigschienen werden flache Rattanprodukte bezeichnet, die eine ovale Form haben und zwischen 4 mm und 12 mm breit sind. Peddigbänder weisen noch größere Formate auf. Sie sind in Abmaßen von 8-18 mm erhältlich. Bei der Außenhaut unterscheidet man Stuhlflechtrohr (< 4 mm) und Wickelrohr (> 4 mm). Der Name »Wickelrohr« geht wahrscheinlich auf die Alphornfabrikation zurück. Da der natürliche Schutzmantel der Pflanze noch vorhanden ist, wird es zum Schutz um das Horn gewickelt. Stuhlflechtrohr ist außerdem in geflochtenem Zustand erhältlich (z. B. Joung-Geflecht). Für besondere Anwendungen wird Peddigrohr mit einer PVC-Beschichtung versehen.

Alternativmaterialien
Weiden, Bambus, Holzstäbe

HOL
Literatur

[1] **Ambrozy, H. G.; Giertlová, Z.:** Holzwerkstoffe – Technologie, Konstruktion, Anwendung. Wien: Springer-Verlag, 2005.

[2] **Bosshard, H.H.:** Holzkunde - Teil 1-3. Stuttgart: Birkhäuser Verlag, 1982.

[3] **Böttcher, P.:** Oberflächenbehandlung von Holz und Holzwerkstoffen. Stuttgart: Eugen Ulmer, 2004.

[4] **Crump, D.:** Behandlung von Holzoberflächen. Stuttgart: Urania, 2000.

[5] **Dunky, M.; Niemz, P.:** Holzwerkstoffe und Leime. Berlin, Heidelberg: Springer Verlag, 2002.

[6] **Eckhard, M.; Ehrmann, W.; Hammerl, D.; Nestle, H.; Nutsch, T.; Nutsch, W.; Schulz, P.; Willgerodt, F.:** Fachkunde Holztechnik. Haan-Gruiten: Verlag Europa-Lehrmittel, 19. Auflage, 2003.

[7] **Hartmann, U.:** Faszination Nanotechnologie. München: Elsevier, 2006.

[8] **Hein, J.T.:** Holzschutz - Holz und Holzwerkstoffe erhalten und veredeln. Tamm: Wegra Verlag, 1998.

[9] **Hoadley, R.B.:** Holz als Werkstoff. Ravensburg: O. Meier Verlag, 1990.

[10] **Jackson, A.; Day, D.:** Holzverbindungen. Stuttgart: Urania Verlag, 1997.

[11] **Jackson, A.; Day, D.:** Werkstoff Holz. Stuttgart: Urania Verlag, 2. Auflage, 2003.

[12] **Jackson, A.; Day, D.:** Handbuch der Holzverarbeitung. Stuttgart: Urania Verlag, 1998.

[13] **Jeremy, B.:** Arbeiten mit Holz. Stuttgart: Verlag Eugen Ulmer, 1997.

[14] **Kempe, K.:** Holzschädlinge. Stuttgart: Fraunhofer IRB Verlag, 3. Auflage, 2004.

[15] **Lefteri, C.:** Holz – Material, Herstellung, Produkte. Ludwigsburg: avedition, 2003.

[16] **Merkel, M.; Thomas, K.-H.:** Taschenbuch der Werkstoffe. München, Wien: Fachbuchverlag Leipzig im Carl Hanser Verlag, 2003.

[17] **Mönck, W.; Rug, W.:** Holzbau - Bemessung und Konstruktion. Berlin: Verlag Bauwesen, 14. Auflage, 2000.

[18] **Niemz, P.:** Physik des Holzes und der Holzwerkstoffe. Stuttgart: DRW-Verlag, 1993.

[19] **Peters, S.; Struhk, C.:** modulor – material total. Berlin, 2008.

[20] **Peters, S.:** Material Revolution – Nachhaltige Materialien und Multifunktionswerkstoffe für Design und Architektur. Basel, Berlin, Boston: Birkhäuser Verlag, 2010.

[21] **Scharf, A.:** Selbstkleber. In: Design-Report 4/2008, Leinfelden-Echterdingen: Konradin-Medien Verlag.

[22] **Spring, A.; Glas, M.:** Holz. München: Frederking & Thaler Verlag, 2005.

[23] **Stattmann, N.:** Handbuch Material-Technologie. Ludwigsburg: avedition, 2000.

[24] **Stattmann, N.:** Bio-Kunststoffe. In: Detail 5/2008, München: Institut für internationale Architektur-Dokumentation.

[25] **Vigue, J.; Maschek-Schneider, H.-J.:** Holz - Verarbeitung, Werkzeugkunde, Möbelentwürfe. Köln: DuMont monte Verlag, 2. Auflage, 2002.

[26] **Wendehorst, R.:** Baustoffkunde. Hannover: Curt R. Vincentz Verlag, 26. Auflage, 2004.

[27] **Wittchen, B.; Josten, E.; Reiche, T.:** Holzfachkunde. Wiesbaden: Teubner Verlag, 4. Auflage, 2006.

[28] **Zujest, G.:** Holzschutzleitfaden für die Praxis. Berlin: Verlag Bauwesen, 2003.

Literatur aus dem Internet:

[29] **Falger, U.; Mohr, A.; Arbeitskreis Massivholz:** Handbuch Massivholz, Hamburg.

[30] **Kruse, K.; Venschott, D.; Bundesforschungsanstalt für Forst- und Holzwirtschaft Hamburg:** Eigenschaften und Einsatzpotentiale neuer Werkstoffe im Bauwesen, Arbeitsbericht Nr. 2001/02, 5/2001.

Bild: Farbige Papiere.

PAP
PAPIERE

Abfahrtsplan, Album, Aktenordner, Ankunftsplan, Arbeitsmantel, Armreifen, Atlas, Aufbewahrungsbox, Aufkleber, Ausschreibung, Bericht, Beutel, Bibel, Bilderbuch, Bilderrahmen, Briefmarke, Briefpapier, Briefumschlag, Bristolkarton, Broschüre, Brötchentüte, Brotpapier, Bucheinband, Buntpapier, Büttenpapier, Chinapapier, Couchtisch, Damastgewebe, Dämmmaterial, Dokumententasche, Drachenpapier, Druckerpapier, Eintrittskarte, Einwegpalette, Elfenbeinkarton, Fachbuch, Fahrschein, Federpennal, Filterpapier, Flaschenregal, Flugticket, Flyer, Formular, Fotopapier, Gebrauchsanleitung, Geldschein, Geschäftsausstattung, Geschenkpapier, Gewebe, Glanzpapier, Graupappe, Grußkarte, Gutschein, Hadernpapier, Halskette, Heft, Hocker, Hygienepapier, Ingrespapier, Isolierpapier, Japanpapier, Kaffeefilter, Kalender, Kamiko, Kartenspiel, Kartonage, Kassenbeleg, Katalog, Kinderbuch, Kinderlaterne, Kissenbezug, Kladde, Klapphockerbespannung, Kleid, Kochbuch, Kohlepapier, Konfetti, Konstruktionszeichnung, Kontoauszug, Kopierpapier, Korb, Korbstuhl, Kordelgeflecht, Krepppapier, Küchenpapier, Kuvert, Lamellengewebe, Lampenschirm, Landkarte, Läufer, Lederpappe, Lesezeichen, Lexikon, Lichtobjekt, Lichtsäule, Löschpapier, Luftschlange, Magazin, Malbuch, Namensschild, Netztasche, Notizzettel, Ölpapier, Origami, Packpapier, Papierflieger, Papierkragen, Papiermaché, Papiermodell, Papierschnurgeflecht, Papiersessel, Pappbecher, Pappbett, Pappe, Pappliege, Pappregal, Pappsarg, Pappstuhl, Pappteller, Pappwabenplatte, Paravent, Pergamentpapier, Plakat, Poster, Postkarte, Postverpackung, Preisschild, Puppenwagen, Puzzle, Quittung, Raumteiler, Rechnung, Recyclingpapier, Reispapier, Rezept, Rollo, Schachtel, Schal, Schale, Schatulle, Schaukelstuhlbespannung, Schlauchgeflecht, Schmuck, Schreibblock, Seidenpapier, Serviette, Shifu, Skizzenbuch, Sparbuch, Speisekarte, Spielanleitung, Spielbrett, Stadtplan, Stapeldose, Strafzettel, Strickware, Tapete, Tasche, Taschenbuch, Taschentuch, Teebeutel, Teppichboden, Terminplaner, Ticket, Tischset, Toilettenpapier, Tonpapier, Tragetasche, Transparentpapier, Überhang, Umdruck, Umreifungsband, Umzugskarton, Urkunde, Vase, Velinpapier, Velourspapier, Verpackung, Visitenkarte, Vorhang, Wellpappe, Werbeprospekt, Zeichenkarton, Zeitung, Zeugnis, Zigarettenpapier

Der Name »Papier« geht auf ägyptischen ***Papyrus*** zurück, einer Faser, die schon 2.500 vor Christus von der Papyrusstaude, einer 1–3 Meter hohen Wasserpflanze, gewonnen und beim Bau sowie zur Beschriftung genutzt wurde. Mit dem aus Kalb- und Ziegenfell gewonnenen ***Pergament*** entwickelte sich am Ende der Antike ein Alternativmaterial. Die Verwendung von Papyrus blieb aber im mittelalterlichen Europa noch bis nach der Jahrtausendwende erhalten. Erst die Araber brachten ab dem 12. Jahrhundert über Nordafrika und Spanien eine Technik nach Europa, durch die Papier aus Leinen- und Baumwolllumpen hergestellt werden konnte. Im Herstellprozess ließ man die ***Hadern*** (***Lumpen***) zunächst anfaulen, um sie dann zu zerkleinern und unter Wasser zu zermahlen. Der ***Faserbrei*** (***Pulpe***) wurde anschließend mit Sieben geschöpft, gepresst und in der Luft getrocknet. Das Verfahren ging auf Entwicklungen aus dem alten China vor rund 2.000 Jahren zurück und verdrängte die Verwendung von Papyrus und Pergament völlig.

Bild: Werkzeuge für die Papyrusproduktion in Ägypten./ Foto: Dr. Sascha Peters

Bild: Papierfilter.

Eines der bekanntesten Pappmöbel, der Sessel »Little Beaver« des Architekten Frank O. Gehry, zeigt, dass Wellpappe neben der Verwendung als Pack- und Dämmmaterial noch weitere Anwendungsoptionen bietet.

Bild: Sessel mit Fußhocker aus Wellpappe./ Design: Frank O. Gehry/ »Little Beaver«/ Entwurf 1980/ Produziert durch Vitra

Der steigende Papierbedarf machte im 18. Jahrhundert die Entwicklung eines nachwachsenden Ersatzstoffes unabdingbar. Als Inspirationsquelle dienten einige Wespen- und Hornissenarten, die in der Lage waren, ihre Nester aus einem weißgrauen papierartigen Stoff zu bauen. Abgerissenes, meist schon verpilztes Totholz, wird zunächst zerkaut, um es dann mit Speichel zu binden. Das Prinzip war bereits in der Mitte des 17. Jahrhunderts bekannt, doch erst etwa 200 Jahre später wurden handwerkliche Verfahren entwickelt, die die Papierherstellung mit Holz und Rinde ermöglichte.

Im Laufe der Zeit ersetzten maschinelle Produktionsverfahren die ursprüngliche Papiermanufaktur. Zu den Meilensteinen zählen die Erfindung des »***Holländers***« (Mahlgerät) um 1670, der den Verfeinerungsprozess des Fasermaterials vereinfachte und entscheidend verkürzte, die Erfindung der ***Langsieb-Papiermaschine*** im Jahre 1798 und des Holzschliffs in der Mitte des 19. Jahrhunderts (Asunción 2003). Das traditionelle Papierhandwerk kommt heute nur noch bei der Herstellung hochwertiger Spezialpapiere für zum Beispiel Schullandkarten und Urkunden, oder bei der Unikatfertigung spezieller Produkte, wie Möbel und Gefäße, zur Anwendung (Digel 2002). Papiermaché (Meyer 1999 – PAP 5.2), die ***Buchbinderei*** (Zeier 2001, Zibell 2001), ***Origami*** (Kasahara 2001) oder Papiertextilien (Leitner 2005 – PAP 5.1) sind Themen, die insbesondere in Kunst und Design nach wie vor von Interesse sind. Jüngste Entwicklungen im Flugzeugbau PAP 5.4, in der Architektur PAP 5.3, im Modellbau FOR 10.4 und in der Verpackungsindustrie PAP 5.3 zeigen aber, dass das Verwendungspotenzial des Werkstoffs Papier trotz seiner fast 2.000 Jahre währenden Geschichte noch immer nicht völlig ausgeschöpft ist. Zukünftige Anwendungen für technische Papiere werden heute diskutiert. Neue Entwicklungen machen Papier zu einem High-Tech-Material PAP 5.4 – PAP 5.7.

Die klassische Papierproduktion ist heute vollkommen automatisiert und weltweit auf wenige Konzerne konzentriert. Hocheffiziente, automatisierte Fabrikationsanlagen werden eingesetzt, um den in den letzten Jahren extrem gestiegenen Papierbedarf zu decken. Verbrauchte im Jahr 1950 ein Deutscher noch 32 kg Papier, so waren es im Jahr 2005 schon 237 kg, also rund 600 g Papier täglich. Der Großteil des in Deutschland verarbeiteten Rohstoffs für die Papierindustrie wird importiert. Und das hat seinen guten Grund. Würde das gesamte notwendige Fasermaterial für die deutsche Papierindustrie in Deutschland angebaut, dann müsste eine Fläche von Bayern und Baden-Württemberg zusammen genommen vollständig mit Nadelwald-Monokulturen ohne Flächen anderer landwirtschaftlicher Nutzung überzogen sein (FÖP-Forum Ökologie und Papier). Diese Entwicklung konnte auch nicht durch einen verstärkten Einsatz digitaler Medien und Visionen wie das »Papierfreie Büro« aufgehalten werden.

PAP 1
Charakteristika und Herstellungsprozess

PAP 1.1
Zusammensetzung und Struktur

Papier ist ein flächiger Werkstoff und besteht aus Naturfasern, die in Verbindung mit Wasser eine Verfilzung und Eigenverklebung erfahren. Wasser schafft über die Ausbildung so genannter Wasserstoffbrückenbindungen zwischen den Fasern eine flexible aber feste Bindung. Diese bleibt bei normaler Luftfeuchtigkeit erhalten, löst sich jedoch bei ansteigendem Feuchtegehalt wieder auf. Feuchtes oder gar nasses Papier reißt dementsprechend schneller als trockenes.

Die zur Papierproduktion erforderlichen Fasern werden aus Hölzern, Pflanzen oder Lumpen gewonnen. Dabei gilt als Faustregel: Je länger die Fasern, desto besser die Qualität des Papiers. Im traditionellen Papierhandwerk werden daher eher Pflanzenfasern, in der Industrie aus Kostengründen ***Holzschliff*** und ***Zellstoff*** verarbeitet (Dardel 1998). Als Zellstofflieferanten kommen Nadelhölzer wie Fichte, Tanne und Kiefer oder Laubhölzer wie Birke, Buche oder Pappel in Frage. Andere Holzsorten werden auf Grund ihrer Faserstruktur oder ihres hohen Gebrauchswerts nicht verwendet. Mit Blick auf Kosten und Umwelt verarbeitet die Papier- und Zellstoffindustrie meist ***Tot***- und ***Schwachholz***, das beim Durchforsten von Wäldern anfällt, oder Nebenprodukte aus Sägewerken zu Fasermaterialien.

Man unterscheidet drei Hauptgruppen von Papieren:

1. Hadernpapiere und hadernhaltige Papiere,
2. holzfreie, aus Zellstoff hergestellte Papiere und
3. holzhaltige Papiere, die auf einer Mischung aus Holzschliff und Zellstoff basieren.

Hadernpapier aus Lumpenfasern weist die höchste Gebrauchs- und Verarbeitungsqualität auf. Es folgt das aus Zellstoff gefertigte Druckpapier. Die Qualität von aus gemischtem Holzschliff und Zellstoff bestehendem holzhaltigen Papier ist vom Mischverhältnis abhängig. Je mehr Holzschliff Papier enthält, desto geringer ist dessen Qualität. ***Zeitungspapier*** besteht beispielsweise aus bis zu 90 % holzhaltigem Material.

Hadernpapiere bestehen aus Fasern mit natürlichem pflanzlichen Ursprung, wie beispielsweise Hanf, Sisal, Flachs, Jute oder Baumwolle, die allgemein auch zur Textilherstellung genutzt werden (Leitner 2005). Also lag der Umkehrschluss nahe, Lumpen direkt zur Papierproduktion zu verwenden. So schrieb bereits Johann Wolfgang von Goethe auf Papier, dessen Qualität und Erscheinung jedoch nur schwer mit den heutigen, meist auf Zellstoff und Altpapier basierenden Papieren zu vergleichen ist. Hadernpapiere weisen auf Grund der im Vergleich zur Holzfaser größeren Faserlänge eine höhere Festigkeit und höhere Nässeunempfindlichkeit auf. Außerdem können sie leichter beschrieben werden. Ihr Preis liegt um ein Vielfaches über dem üblicher Papiere. Daher finden sie nur für spezielle Produkte mit hohen Qualitätsanforderungen Verwendung.

Ausgangsmaterial für ***holzfreie*** und ***holzhaltige Papiere*** ist Holz mit den Gerüstsubstanzen Zellulose (43-46%), Hemicellulose (27-37%) und Lignin (21-30%). Die ***Zellulosefasern*** bilden später das Fasermaterial eines Papierblattes. Der Unterschied zwischen holzfreiem und holzhaltigem Papier besteht darin, dass für holzfreies Papier in einem Zwischenschritt die Holzfasern in Zellstoff überführt werden. Unter Zuhilfenahme chemischer Prozesse werden Verhärtungen und Lignin HOL 5.1, als verholzender und verfestigender Anteil im Zellulosegerüst vollständig entfernt. Holzhaltiges Papier ist brüchig und vergilbt schneller, während holzfreies Papier auf Grund längerer und stabilerer Fasern häufiger recycelt werden kann. Jedoch ist die Verwendung von Chemikalien (z. B. Chlor) bei der Produktion von Zellstoff unter Umweltgesichtspunkten problematisch.

Mechanische und chemische Fasergewinnung

	Fasergewinnung Mechanisch/ Holzstoff	Fasergewinnung Chemisch/ Zellstoff
Ausgangsmaterial	Holz	Holz
Verarbeitung	wird unter Wasserzugabe zerrieben	wird in schwefelsalzhaltiger Lösung mehrstündig gekocht
Ergebnis	Holzstoff	Zellstoff
Vorteile	- hohe Ausbeute (für 1 kg Papier werden nur 1,1 kg Holz benötigt) - inländische Herstellung - gute Abdeckwirkung im Papier	- lange, stabile Fasern - für alle Papiersorten geeignet - bis zu sechs Mal wiederverwendbar
Nachteile	- hoher Energieverbrauch - brüchiges Papier - rasches Vergilben	- fast ausschließlich Importe - niedrige Ausbeute (für 1 kg Papier werden über 2 kg Holz benötigt) - großer Bleichaufwand

Abb. 1: nach [13]

Bild: Stuhl aus Wellpappe./ Design: Frank O. Gehry/ »WiggleSide Chair«/ Entwurf 1972/ Produziert durch Vitra

Karton
Die Herstellung von Karton basiert auf den gleichen Prinzipien wie beim Papier. In der Hauptsache liegt der Unterschied im Flächengewicht (Grammatur).
Papier hat ein Gewicht von maximal 150 g/m², über dieser Grenze wird es als Karton bezeichnet. Man unterscheidet zwischen ein- und mehrschichtigem Karton aus bis zu fünf Faserschichten.

Pappe
Bei einem Flächengewicht von über 300 g/m² spricht man von Pappe.

Für die Umwelt positiv zu bewerten ist allerdings die Tatsache, dass der Faserbedarf der deutschen Papierindustrie nur noch 35 % über natürliches und frisches Fasermaterial gedeckt wird. Der restliche Anteil geht auf Altpapier zurück, das im Vergleich zu Frischfasern zwar qualitative Nachteile, aber einen wesentlich geringeren Energie- und Wasserbedarf aufweist. Die Menge des Altpapiereinsatzes richtet sich nach der geforderten Papierqualität und dem zu erzielenden Weißheitsgrad, wobei das Altpapier auch unterschiedliche Qualitäten haben kann. Verpackungsmaterial besteht zu 90 %, Zeitungspapier zu 70 % aus Altpapier. Bei höherwertigem Druckpapier geht der Anteil auf bis zu 15 % zurück.

PAP 1.2
Herstellungsprozess von Papier

Sowohl die handwerkliche als auch die industrielle Papiererzeugung gehen auf die gleichen groben Verfahrensschritte zurück und unterscheiden sich prinzipiell nur hinsichtlich ihres Automatisierungsgrades. Faserstoffe werden mit Wasser gemischt, gemahlen und nach Verdünnung getrocknet und gestrichen (Asunción 2003).

Bild: Janus MK 2 Kalander./ Foto: Voith Paper

Im ersten Schritt der industriellen Papierproduktion wird Fasermaterial aufbereitet. Die zu erzielende Papierqualität bestimmt sowohl die Art des Faserstoffs als auch die notwendigen Verfahrensschritte. Holzschliff als Zwischenstoff geht auf das mechanische Zerfasern von Holz unter Wasserzufuhr zurück; Zellstoff wird über mehrstündiges Kochen in einer schwefelsalzhaltigen Lösung gewonnen. Während der Herauslösung der Fasern aus dem Holz bleibt in der Regel ein Restgehalt von ***Lignin*** übrig, der eine graue bis braune Färbung bewirkt.

Will man am Ende des Prozesses völlig weißes Papier erhalten, ist ein Bleichprozess erforderlich. Als traditionelles ***Bleichmittel*** gilt Chlor, das aber auf Grund giftiger Abwässer unter Umweltgesichtspunkten als höchst kritisch einzuschätzen ist. Daher werden in jüngerer Vergangenheit immer häufiger Ersatzstoffe wie ***Chlordioxid***, ***Wasserstoffperoxid***, Sauerstoff oder Ozon verwendet.

Völlig chlorfrei gebleichte Papiere erkennt man an Hand des Aufdrucks »***TCF***« (totally chlorine free), chlorarm behandelte Papiere werden mit »***ECF***« (elementary chlorine free) gekennzeichnet. Mit »***TEF***« (totally efluent free) werden Papierproduktionen mit einem geschlossenen Wasserkreislauf ohne Abwassererzeugung bezeichnet.

Altpapier kann für höherwertige Papiere mit hohem Weißheitsgrad nur dann verwendet werden, wenn in einem gesonderten Verfahrensschritt Druckstoffe und Farbreste entfernt werden. Die Technik nennt sich »***Deinking***« (von engl.: ink = Tinte, Druckfarbe) und bezeichnet einen Waschvorgang, in dem in einem Behälter Altpapierfasern mit Wasser, Natronlauge, Peroxid und Tensiden FLU 2.9 vermischt werden. Während die Altpapierfasern aufquellen, wird der Behälter unter Einbringen von Luft durchspült. Die Papierfasern werden ausgewaschen und von den wasserunlöslichen Druckfarben getrennt. Luftblasen lagern sich an die Farbpartikel an und befördern sie an die Oberfläche. Dort schwimmen sie dann in einem schwarzgrauen Schaum und können abgeschöpft werden.

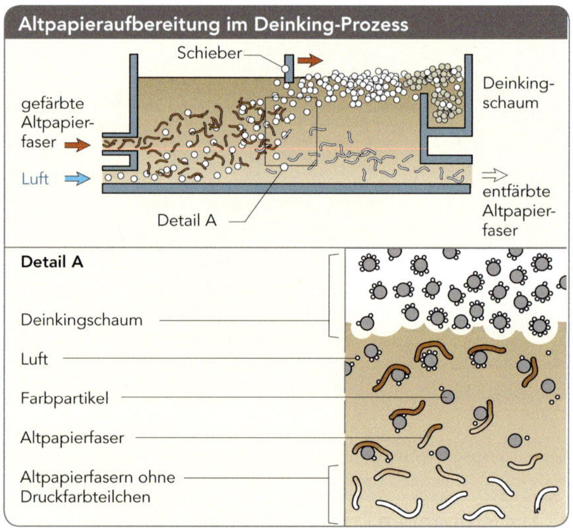

Abb. 2: nach [13]

Auf ähnliche Weise wird auch mit Folien kaschiertes Altpapier (oder auch Getränkepappkartons VER 2.4) für die Wiederverwendung aufbereitet. Im Innern eines großen runden Behälters befinden sich mittig am Boden Schermesser, die das Altpapier während des Wasch- und Quellprozesses vom Folienmaterial trennen. Auf Grund des geringeren spezifischen Gewichts schwimmt der Kunststoff nach oben und wird zusammen mit den Farbresten entsorgt.

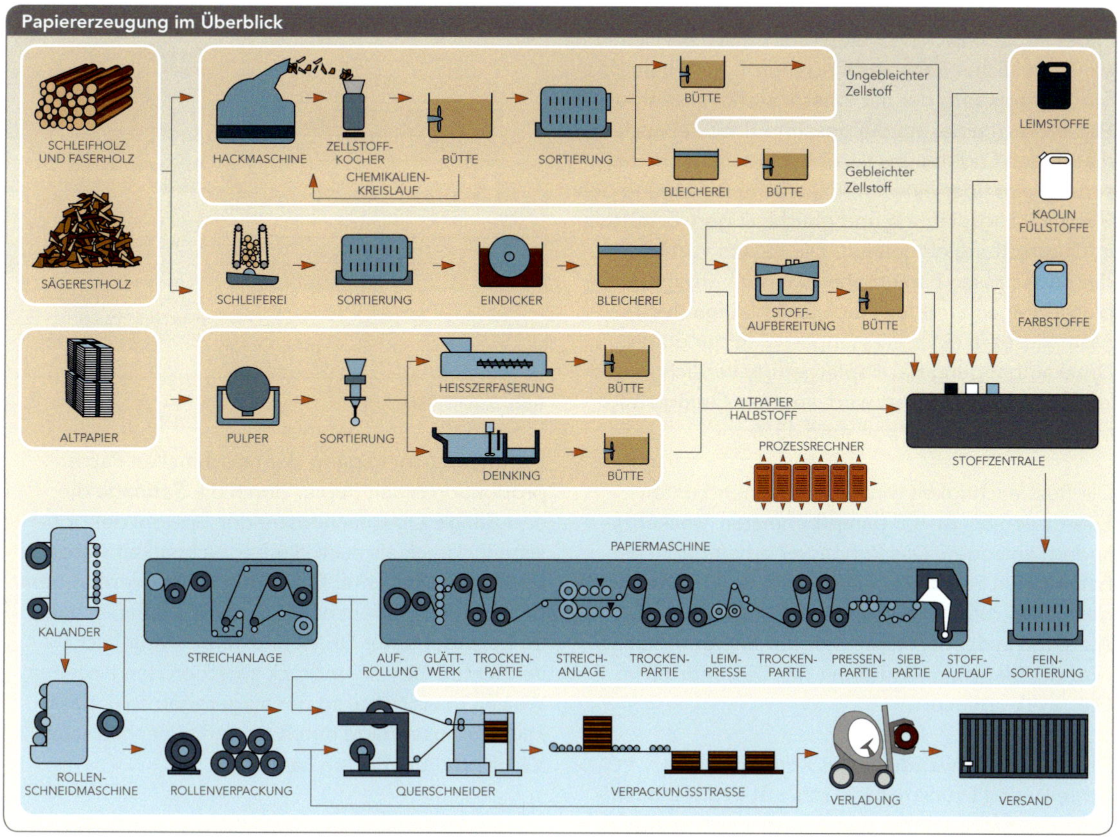

Abb. 3: nach [Vereinigung der Österreichischen Papierindustrie]

Die Aufbereitung der Fasermaterialien zu Holzschliff und Zellstoff ist der eigentlichen Papierproduktion vorgelagert und findet in gesonderten Fabrikationseinheiten statt. Die deutsche Papierindustrie importiert einen Großteil der notwendigen Fasermaterialien aus den USA, Kanada und Skandinavien, da der Bedarf nicht aus eigenem Waldbestand gedeckt werden kann. Den Papierfabriken stehen folglich Holzschliff, Zellstoff oder Altpapier als Ausgangsmaterialien zur Verfügung.

In der ***Stoffzentrale*** wird das Mischverhältnis zwischen den Ausgangsfasern Holzschliff, Zellstoff und Altpapier entsprechend der zu erzielenden Papierqualität und der Herstellungsrezeptur gesteuert. Bei Verwendung eines hohen Anteils an Altpapierfasern kann eine mindere Qualität durch Zugabe von Frischfasern ausgeglichen werden. ***Frischfasern*** weisen längere Faserstränge auf, wodurch eine höhere Reißfestigkeit des Papiers erzielt wird. Neben der Zusammensetzung des Fasermaterials wird in der Stoffzentrale die Beimischung von Zusätzen (etwa 10 % der Rohstoffmasse) reguliert. Mit Leim-, Füll- und Farbstoffen wird das Eigenschaftsprofil beeinflusst und Papier für den jeweiligen Verwendungszweck vorbereitet. Kunstharz und Leim machen es widerstandsfähiger gegen Flüssigkeiten. Sie sind somit für eine angemessene ***Tinten***- und ***Druckfarbenfestigkeit*** unabdingbar.

Mit ***Füllstoffen*** wie ***Talkum***, ***Kaolin*** (Porzellanerde) oder ***Kalziumkarbonat*** (Kreide oder Kalkstein) wird eine glatte und weiße Oberfläche erzielt. Die Partikel sind kleiner als die Faserstoffe und können sich in die Zwischenräume verteilen. Vertiefungen und Erhebungen werden ausgeglichen. Somit beeinflussen diese Zusatzstoffe die Dichte und Undurchsichtigkeit von Papier. Eine Verfärbung der natürlichen Fasermaterialien wird durch Farbstoffe reguliert.

Zusatzstoffe und ihre Wirkung

Polyethylenoxid (PEO) als Formationshilfe
- wirkungsvoller als die Naturprodukte
- unproblematisch in der Aufbewahrung und Anwendung
- Förderung von Wasserstoffbrücken
- bessere Faserverteilung
- besonders gut zum Schöpfen dünner Blätter

Stärke
- verbessert die Papiereigenschaften
- erhöht die Festigkeit, die Falz-, Abrieb- und Radierfestigkeit
- erhöht die Glätte und die Maßhaltigkeit (Feuchtdehnung)

Kalziumkarbonat ($CaCO_3$)
- schützt das Papier gegen schwefelige Säure aus der Luft
- Papier aus alkalisch aufgeschlossenen Zellstoffen hält in Verbindung mit Kalziumkarbonat viele Jahrhunderte

Kaolin (Porzellanerde)
- Füllstoff, der das Papier aufhellt und ihm die Transparenz nimmt

Fixiermittel
- notwendig für die Fixierung von Pigmenten beim Färben

Pottasche (K_2CO_3)
- alkalische Substanz zum Kochen von jeder Art von Pflanzenfasern zur eigenen Zellstoffherstellung

Abb. 4:

Mittel zum Färben von Papier (Asunción 2003):
- natürliche Farbstoffe (***Tee***, ***Kaffee***, ***Zwiebelschalen***)
- ***Papierfarbstoffe***
- Pigmente in Pulverform
- wasserlösliche Farben
- ***Textilfarben***
- sonstige Farbstoffe (***Anilinfarben***, ***Lederfarben***, ***Lebensmittelfarben***, Holzfarbe)

Die vermischten Bestandteile des Papiers werden in der Papiermaschine weiterverarbeitet, bis sich ein einheitlicher Faserverbund ergibt. Innerhalb des Stoffauflaufs wird der mit Wasser stark verdünnte ***Papierbrei*** (Pulpe) auf die gesamte Breite eines feinmaschigen Endlossiebs verteilt. Eine erste Entwässerung wird über eine kontinuierliche Bewegung des Siebs in Längsrichtung und gleichzeitigem Schütteln in Querrichtung eingeleitet. Die Fasern verfilzen in der noch nassen Papierbahn zu einer homogenen, blattförmigen Struktur. Nach Durchlaufen des Faservlieses in einer Pressenpartie, in der durch Druckaufbringung das Papiergefüge verdichtet und zunehmend entwässert wird, liegt ein Gefüge mit einem Trockengehalt von rund 45 % vor.

Die Restfeuchtigkeit wird faserschonend unter Einsatz von bis zu 100 dampfbeheizten Trockenzylindern entzogen. Das Rohpapier erhält dabei ein homogenes Feuchtigkeitsprofil mit einem Trockengehalt von rund 97 %. Vor dem abschließenden Aufrollen in der Schlusseinheit der Papiermaschine wird die Blattdicke und somit das Dickenprofil im Glättwerk optimiert.

Die spätere Verwendung des Rohpapiers als Schreib- und Druckmaterial schließt in der industriellen Papierproduktion den Veredelungsprozess des Streichens ein. ***Streichen*** bedeutet das maschinelle Aufbringen von Pigmenten, Bindemitteln und Hilfsstoffen. Das Papier soll eine vor allem weiße, glatte und glänzende Oberfläche erhalten, um eine gute Übertragung von Druckfarben zu gewährleisten. Kaolin, Titandioxid, Satinweiß und Kaliziumkarbonat stellen geeignete Pigmente dar. Als Bindemittel werden ***Latex***, ***Kasein*** und ***Sojaprotein*** verwendet. Hilfsmittelstoffe sind Dispergier- und Netzmittel, Konservierungsstoffe, Schaumverhinderer sowie pH-Einstellmittel (Schneidersöhne Forum 2000). Je nach Papierqualität, Verwendung und Streichverfahren kann der Strich einfach, zweifach oder dreifach aufgetragen werden. Hierzu steht der Streichmaschine ein Düsenwerk zur Verfügung, mit dem die Streichfarbe zunächst im Überschuss auf das Rohpapier aufgetragen wird, um es anschließend mit Messern gleichmäßig zu verteilen.

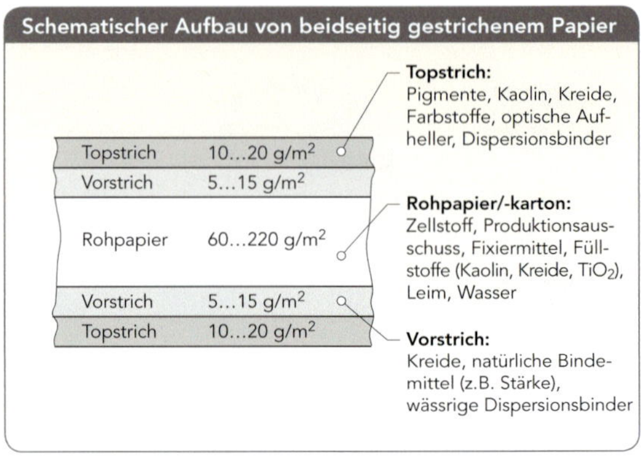

Abb. 5: nach [11]

Im letzten Arbeitsgang der maschinellen Papierproduktion erhält Papier durch die ***Satinage*** die endgültige Oberflächenstruktur. Sowohl der optische Eindruck als auch die Bedruckbarkeit werden verbessert; brillanter Glanz und Glätte werden dem Druckträger verliehen. Hierzu wird die Papierbahn im Kalander unter Druck und Temperatur leicht verdichtet. Der Liniendruck zwischen den einzelnen Walzen muss dabei so genau geregelt sein, dass keine ***Grausatinage*** durch zu starke mechanische Verdichtung auftreten kann.

Bild: Aufgerolltes Papier./ Foto: Voith Paper

Foto: modulor

Papier in der eigenen Manufaktur
(Dardel 1998, Digel 2002)

Bild: Schöpfprozess./ Foto: modulor

Grundlagen
Fasern aus Altpapier oder Stoffresten, Wasser, Hilfsstoff Gelatine

Ausrüstung
Schöpfrahmen mit Fliegengitter, Kunststoffwanne (5 cm größer als Schöpfrahmen), Handtücher, 2 Platten zum Pressen

Anleitung
1. Fasermaterial zerkleinern und mit Wasser (am besten in einem Mixer) zu einem homogenen Papierbrei vermischen. Der Faserbrei ist fertig, wenn keine Knäuel mehr sichtbar sind. Anschließend wird dieser in eine Wanne gekippt und so lange mit Wasser verdünnt, bis er in einer schöpffähigen Konsistenz vorliegt.

2. Mit einem flächigen Sieb aus Leisten und Fliegengitterdraht zügig ohne ruckartige Bewegungen durch die flüssige Masse gehen und somit Papier schöpfen. Abtropfen lassen und dann die gleichmäßig verteilte Papierschicht auf ein bereitliegendes Tuch stürzen (Gautschen). Das mit Papier bedeckte Tuch nun auf eine Platte legen und mit einem weiteren Tuch abdecken. Der Vorgang kann beliebig oft wiederholt werden, bis ein Stapel aus Papierlagen auf Tüchern entstanden ist.

3. Nun die zweite Platte auf den Papierstapel legen und ohne Wippbewegungen pressen, da sich ansonsten Risse in den noch nassen Papierlagen ausbilden könnten. Nach dem Pressvorgang sollte das obere Tuch entfernt und die weiteren Tücher mit dem Papier darauf einzeln für etwa einen Tag zum Trocknen aufgehängt werden. Ist der Trocknungsprozess abgeschlossen, können die Papierbahnen von den Tüchern abgezogen werden.

4. Da das Papier in diesem Zustand jede Flüssigkeit in sich aufsaugt, muss es zum Beschreiben abschließend gestrichen werden. Hierzu wird Gelatine mit einem Pinsel gleichmäßig aufgetragen. Das Papier abschließend trocknen lassen und mit einem Bügeleisen glätten.

PAP 1.3
Papiereigenschaften

PAP 1.3.1
Laufrichtung

Anders als bei handgeschöpften Papieren, bei denen die Fasern keine spezielle Ausrichtung aufweisen, erfahren die Fasern maschinell produzierten Papiers durch die sich während der Produktion ändernden Feuchtigkeits- und Temperaturwerte und die mechanische Belastung auf den Sieben und Walzen eine Ausrichtung in Laufrichtung der Papiermaschine. Diese hat zum Teil erhebliche Auswirkungen auf das Eigenschaftsprofil. Steifigkeit und Festigkeit sind in Laufrichtung meist höher, was bei der Weiterverarbeitung und beim Druck beachtet werden muss. In der Laufrichtung kann Papier leichter gefaltet werden, ist resistenter gegen Spannungen, lässt sich besser bedrucken und schrumpft weniger beim Trocknen (Asunción 2003). Feuchte- und Streckdehnung sind in Längsrichtung kleiner als quer zur Faser. Falze PAP 2.4 bilden sich in Laufrichtung glatter aus. Quer dazu neigen sie beim Knicken zur Rissbildung.

Die Einflüsse der Laufrichtung sollten bei den einzelnen Druckmedien wie folgt beachtet werden (Schneidersöhne Forum 2000):

Bücher
Laufrichtung des Papiers parallel zum Buchrücken
Offsetdruck
Laufrichtung parallel zur Achse des Druckzylinders
Abzugspapier
Laufrichtung senkrecht zur Zylinderachse
Umdruckpapier
Laufrichtung parallel zur Zylinderachse
Kopierpapier, Inkjetpapier
Laufrichtung senkrecht zur Trommel und Fixierstation

Da die Kenntnis der Laufrichtung eine wichtige Information für das Erreichen der erforderlichen Qualität bei der Weiterverarbeitung darstellt, wird die Laufrichtung von den Papierfabriken auf Wunsch auf den Riespaketen durch einen Pfeil gekennzeichnet. Darüber hinaus wird in Angeboten und Rechnungen die Bahnbreite unterstrichen. Die Faserausrichtung ist dann parallel zu der nicht unterstrichenen Seite zu verstehen (Beispiel: 21 cm x 29,7 cm). Nach DIN EN 644 wird ein Papierbogen als Schmalbahn bezeichnet, wenn die längere Seite parallel zur Faserrichtung zeigt. Als Breitbahn ist eine entgegengesetzte Orientierung zu verstehen.

Bei unklarem Faserverlauf können die in folgender Abbildung dargestellten Prüfungen zur Erfassung der Laufrichtung durchgeführt werden.

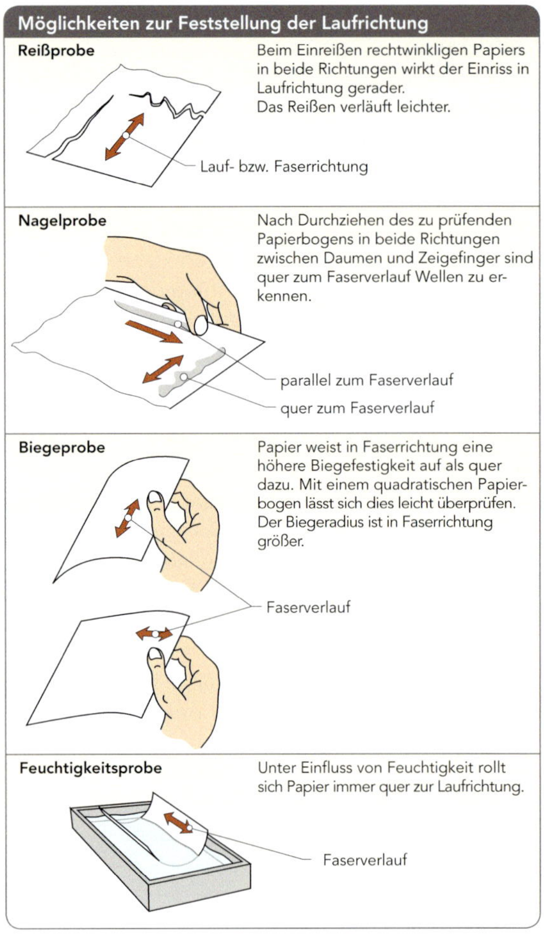

Abb. 6: nach [11]

PAP 1.3.2 Hygroskopie

Vergleichbar mit Holz HOL 1.3 wird auch das Eigenschaftsprofil von Papier durch Veränderung des Raumklimas (Temperatur, Luftfeuchtigkeit) beeinflusst. Papier, Pappe und Karton sind hygroskopisch. Abhängig vom Flüssigkeits- und Temperaturhaushalt der Umgebung wird Feuchtigkeit aufgenommen oder abgegeben, bis eine Homogenisierung mit dem Umgebungszustand erreicht ist. Viele Schwierigkeiten in der Verarbeitung von Papieren sind auf die Hygroskopie zurückzuführen. Deshalb sind die klimatischen Bedingungen bei der Weiterverarbeitung stets zu berücksichtigen. Folgende Schwierigkeiten können durch Klimabeeinflussung auftreten:

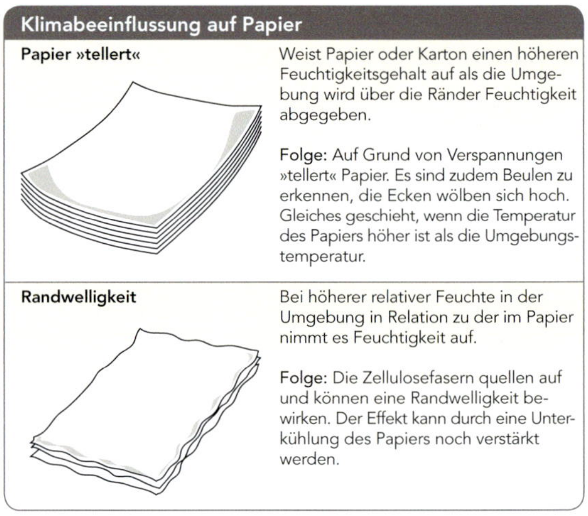

Abb. 7: nach [11]

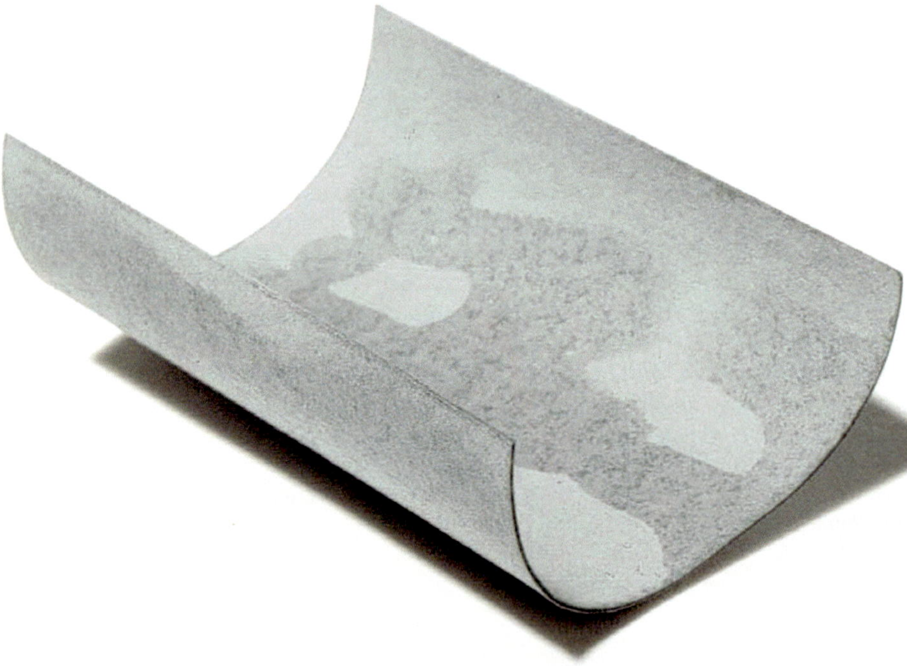

Bild: Feuchtes Papier./ Foto: modulor

PAP 1.3.3
Festigkeit

Eines der wichtigsten Merkmale von Papier, die insbesondere die Gebrauchseignung bestimmt, ist die Festigkeit. Sie wird durch die Art der Faser, die *Grammatur* (Flächengewicht), den Pressvorgang und die Menge des beigemischten Leims bestimmt. Leim verleiht Papier die notwendige Wasserfestigkeit.

PAP 1.3.4
Alterungsbeständigkeit

Das Jahr 1840 stellt ein wichtiges Datum in der Einschätzung der Alterungsbeständigkeit von Papieren dar. Der Holzschliff und die mit ihm verbundene Weiterverarbeitung und Leimung unter Verwendung von Alaun, Kaliumsulfat und Aluminiumsulfat wurde erfunden. Die Folge war ein ***saures Papier***, das unter dem Einfluss von Luftfeuchtigkeit Schwefelsäure bildet. Im Laufe der Zeit verfärbt es sich dunkel und wird zudem spröde und brüchig. Alte und kostbare Bücher müssen unter hohen Kosten restauriert werden.

Seit einigen Jahren werden die positiven Auswirkungen von Kalziumkarbonat genutzt, um Papiere vor den schädlichen Substanzen der Luft zu schützen. Papiere gelten als besonders alterungsbeständig, wenn (Schneidersöhne Forum 2000):

- sie einen PH-Wert zwischen 7,7 und 9,0 aufweisen,
- ein Kalziumkarbonatpuffer von mind. 3 % vorhanden ist,
- die Kappa-Zahl/ Oxidationsbeständigkeit (maximaler Gehalt an leicht oxidierbaren Materialien wie Lignin-/Holzfaserreste) unter 5 liegt,
- bzw. die Rezeptur ausschließlich auf gebleichtem Zellstoff basiert.

Die DIN 6738 regelt die Kennzeichnung der Lebensdauer von Papieren in so genannte Lebensdauerklassen:

LDK 24 – 85 .... mehrere 100 Jahre
LDK 12 – 80 .... einige 100 Jahre
LDK 6 – 70 .... mindestens 100 Jahre
LDK 6 – 40 .... mindestens 50 Jahre

Lediglich Papiere der LDK 24 – 85 werden als alterungsbeständig bezeichnet. Papiere, bei deren Herstellung Holzschliff oder Altpapier verwendet wurde, haben eine nur beschränkte Lebensdauer.

PAP 2
Prinzipien und Eigenheiten der Papierveredelung und -verarbeitung

Bild: Bedruckter Papierbecher./ Foto: PAPSTAR

PAP 2.1
Imprägnieren

Unter Imprägnieren versteht man das Tränken vc Papier in flüssigen Substanzen, mit dem Ziel, das Eigenschaftsprofil für eine gewünschte Anwendu zu optimieren. Öle oder ***Kunstharze*** FLU 2.6 bewi ken eine transparente Erscheinung. Außerdem kaı Imprägnieren mit ***Wachs*** FLU 2.7 oder ***Paraffin*** eine Undurchlässigkeit gegenüber wässrigen Flüssigkeiten bewirken.

PAP 2.2
Lackieren und Bedrucken

Durch Lackieren und Bedrucken können Färbungen und Zeichen auf Papier aufgetragen werden. Dabei kennt man eine ganze Reihe von Verfahren, die sich hinsichtlich des Verfahrensprinzips, des verwendeten Druck- und Lackstoffs und der einsetzbaren Papierart voneinander unterscheiden. Etwa ein Drittel aller Bogenoffsetdruckerzeugnisse werden lackiert. Hier hat man die Auswahl zwischen Druck-, UV-, Dispersions- und Effektlacken. Die Vor- und Nachteile, Anwendungsgebiete und Reflexionseigenschaften sind in nachstehender Tabelle aufgeführt. Ein Kennwert ist der Glanzpunkt. Dieser reicht von 0 (vollständig diffuse Reflexion, absolut matt) bis zu 100 (vollständig gerichtete Reflexion, absolut glänzend).

Papierlackarten

Lackart	Eigenschaften	Verwendung
Drucklack	farblose Lackschicht, wird mit Druckmaschine aufgebracht, kann partiell aufgetragen werden, Lack kann vergilben. **Glanzpunkt:** 60...70 GP	Schutzlackierung, für farbintensive Motive
UV-Lack	Trocknung schnell durch UV-Licht, sehr widerstandsfähig, lösemittelfrei, nicht geruchsfrei, auch partieller Farbauftrag möglich, Lack ist haptisch spürbar, höhere Kosten. **Glanzpunkt:** 80...95 GP	Verpackung, Mappen,
Dispersionslack	schnelle Trocknung, gute Matt- bzw. Glanzeffekte, gute Abriebfestigkeit, geschmacks- und geruchsneutral, keine Vergilbung, leichte Papiere (<90g/m²) können sich verziehen, lösemittelfrei. **Glanzpunkt:** 70...85 GP	Umschläge, umweltfreundliche Drucksachen, Karten
Drip-off-Lack (z.B. Effektlack)	partiell glänzende Bereiche auf matten Oberflächen möglich, höhere optische Tiefenwirkung Lacke mit besonderen Eigenschaften möglich (z.B. metallische Optik) **Glanzpunkt:** Glanz/ Matt	Verpackungen, Broschüren, Zeitschriften, Kataloge

Abb. 8: nach [12]

Paraffin
hat eine wachsartige Struktur mit wasserabweisenden und isolierenden Eigenschaften. Je nach Zusammensetzung schmilzt es bei Temperaturen zwischen 50–80 °C und kann mit Fett- und Wachsschmelzen vermischt werden.

*Bild: Bedruckte Verpackung für das Medizinprodukt »viport«./
Design: UNITEDDESIGNWORKERS.com/
Hersteller: Energy Lab Technologies GmbH*

Beim großflächigen Aufziehen auf Pappe ist der Gegenzug unverzichtbar.

Eine alternative Technik zum Bedrucken von Papier ist das ***Lasergravieren***. Die flexible und präzise Anwendung der Lasertechnik macht es möglich, die sensible Papieroberfläche in verschiedenen Tiefen abzutragen. Bilder und Schriften können somit in gestochener Schärfe und fühlbarer Feinheit in die Textur eingebracht werden, ohne die Rückseite eines Blattes zu verletzen. Das Verfahren eignet sich vor allem für Bilder, Logos und Schriftzüge. Anwendungsfelder sind hochwertige Drucksachen, wie Visitenkarten, Geschäftsausstattung, Mailings, Geschäftsberichte und Broschüren.

PAP 2.3 Kaschieren

Papiere, Pappen und Kartonagen können unter Zuhilfenahme von Klebstoffen oder doppelseitiger Klebefolie mit anderen Materialien kaschiert werden. Bei den Klebstoffen werden die zwei Hauptgruppen Kleister und Leime unterschieden. Während ***Kleister*** in der Regel aus pflanzlichen Stoffen hergestellt werden, haben ***Leime*** eine tierische oder synthetische Grundlage. Zu den im Papierhandwerk und für die Buchbindung verwendeten Klebstoffen zählen ***Methylzellulose***, ***Polyvinylacetat (PVA)***, Kleister aus Weizen- oder Reisstärke sowie Fertigkleister (LaPlantz 2000). Früher wurden Leime aus tierischen Abfällen wie Häuten, Knochen oder Knorpeln hergestellt. Heute befinden sich synthetische Leime wie ***Latex***, ***Tischlerleim*** oder ***Zelluloseleim*** in der Anwendung. ***Wachsleim*** ist eine Emulsion aus Wachs und Kasein. Er wird beispielsweise zur Leimung von Visitenkarten verwendet (Asunción 2003).

Bild: Kaschiertes Papier.

Differierende Ausdehnungskoeffizienten des Trägermaterials, des aufzuziehenden Papiers sowie des benutzten Klebstoffs können bei Schwankungen von Temperatur oder Feuchtigkeit unterschiedliche Verzugserscheinungen bewirken, die Verwerfungen zur Folge haben. Daher sollte mit sehr dicken und formstabilen Trägermaterialien gearbeitet werden. Die Technik des ***Gegenzugs***, was das beidseitige Bekleben von Papier idealerweise der gleichen Sorte und Stärke bedeutet, kann Verwerfungen und Verzug veringern bzw. vermeiden. Darüber hinaus sollte darauf geachtet werden, dass zwei zu verklebende Papiere die gleiche Laufrichtung PAP 1.3.1 aufweisen. Um nachträglichen Verzug zu verhindern, ist bei der Nutzung wasserhaltiger Klebstoffe darauf zu achten, dass das Material mit Kleber eingestrichen wird, das unter Feuchteeinfluss die stärksten Formveränderungen aufweist.

*Bild links: Hocker aus Wellpappe kaschiert mit UV-lackiertem, bedrucktem Papier, bis 200 kg belastbar./
Hersteller und Foto: REMEMBER®-Products*

PAP 2.4
Falzen

Falzen bezeichnet das Umlegen von meist schon bedrucktem Papier unter Pressdruck zu aufeinander folgenden Seiten eines Druckwerks (z. B. Flyer). Die äußere Seite eines Papiers wird dabei gespannt, während die innere eine Stauchung erfährt. In einem abschließenden Falt- und Schneidvorgang wird das Druckwerk auf ein endgültiges Format gebracht. Mit ***Falzbruch*** wird die beim Falzen entstehende Linie bezeichnet. ***Falzmarken*** sind Orientierungshilfen, an denen Druckwerke (z. B. Briefbögen) vor der Weiterverarbeitung gefaltet werden sollen.

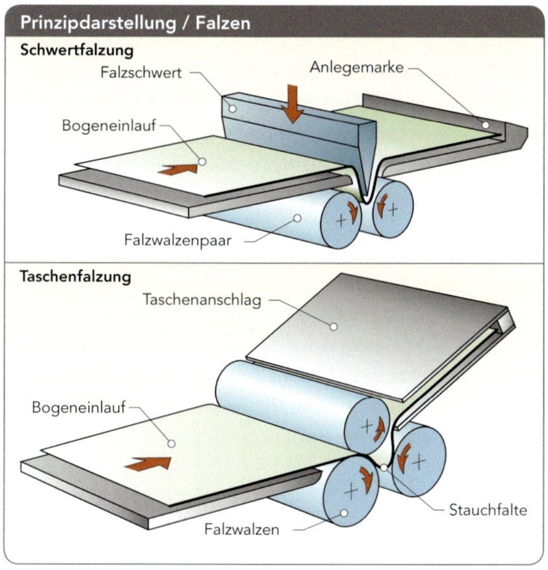

Abb. 8: nach [12]

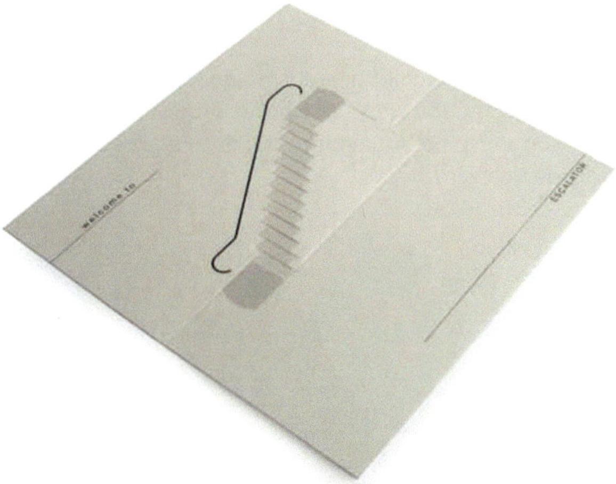

Bild: Gefalzte Karte./ Design: UNITEDDESIGNWORKERS.com

PAP 3
Vorstellung einzelner Papiere, Kartons und Pappen

Apfelpapier ist ein Papier, das zu 100 % auf den Resten der Apfelsaftproduktion basiert. Erfunden wurde der Herstellungsprozess 2006 von Alberto Volcan in Südtirol, der auf Grund des hohen Zellulosegehalts in den Apfelrückständen die Idee zu dem Produkt hatte. Die Bedruckbarkeit ist ähnlich wie bei normalem Druckerpapier, so dass das Papier schon heute als Druck- und Kopierpapier in öffentlichen Einrichtungen und als Verpackungsmaterial für Wellnessprodukte eingesetzt wird.

Bucheinbandpapier ist ein besonders steifes Papier, das aus qualitativ hochwertigen Zelluloselangfasern hergestellt ist und chlorfrei gebleicht wird. Neben den normalen Einbandpapieren sind für qualitativ hochwertige Bücher auch extrem haltbare Sorten am Markt verfügbar, deren Oberfläche mit einer speziellen Imprägnierung behandelt wurde. Beim Verkleben sollte besonderes Augenmerk auf die Laufrichtung des Materials gelegt werden (siehe PAP 1.3.1).

Bristolkarton, ursprünglich in der südenglischen Stadt Bristol gefertigt, ist ein weißer, glatter und sehr lichtbeständiger Karton und findet in der Architektur häufige Verwendung.

Bild: Weißer Bristolkarton./ Foto: modulor

Buntpapier ist der Sammelbegriff für alle Papiere, die einseitig mit Farbe bestrichen, bedruckt, bespritzt, lackiert, gemustert oder marmoriert werden.

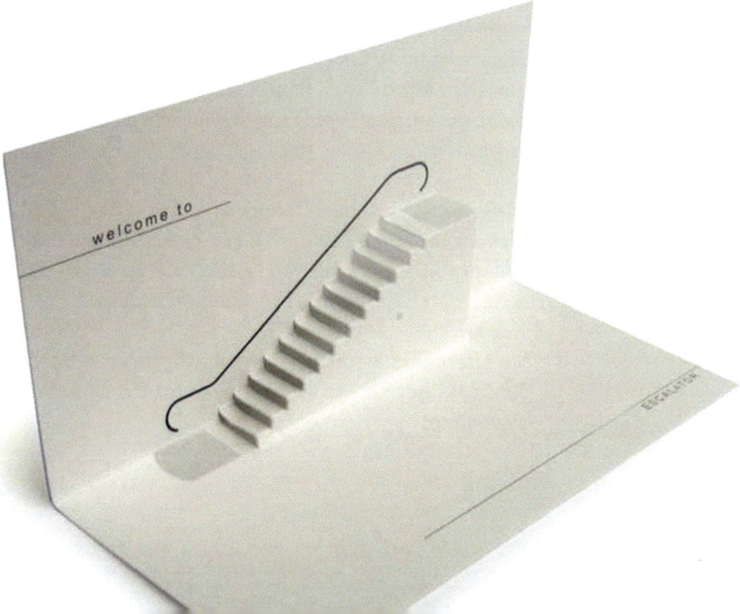

Büttenpapier ist ein besonders wertvolles, weil Blatt für Blatt einzeln geschöpftes Papier. Den Namen hat es von der Schöpfbütte, in der sich der aus gereinigten und zerfaserten Hadern (Lumpen) bestehende Papierbrei vor der Verarbeitung befindet. Es wird vor allem für Urkunden und Dokumente verwendet oder kommt bei der Herstellung von Papierschmuck zur Anwendung.

Bild: Büttenpapier./ Foto: modulor

Chinapapier zeichnet sich durch eine besondere Feinheit und Saugfähigkeit aus. Es wird heute noch traditionell aus dem Bast des Maulbeerbaums hergestellt, dessen Fasern hohe Stabilität und Geschmeidigkeit verleihen. Besonders geeignet ist das Papier für Radierungen, zur Wiedergabe von Holz- und Kupferstichen sowie zur Herstellung von Druckradien.

Bild: Chinapapier./ Foto: modulor

Dünndruckpapier kommt bei Druckmedien mit mehr als 1.000 Seiten zum Einsatz (z. B. Bibel, Gesetzestexte), um den Buchumfang zu beschränken. Die sehr dünnen Seiten werden in aller Regel leicht gefärbt, um ein Durchscheinen des Drucks zu verhindern.

Im Gegensatz zu den Dünndruckpapieren soll ***Dickdruckpapier*** Bücher mit geringen Seitenzahlen umfangreicher erscheinen lassen. Hierzu werden die Seiten durch lufthaltige Zusätze aufgelockert.

Als ***Elfenbeinkarton*** wird ein mehrfarbiger, lichtdurchlässiger Karton für Modelle und Drucksachen bezeichnet.

Fotokarton wird zu 100 % aus Altpapier hergestellt. Er ist matt, mit Farben durchtränkt, ist relativ lichtbeständig und eignet sich für den Modellbau und als Fotohintergrund.

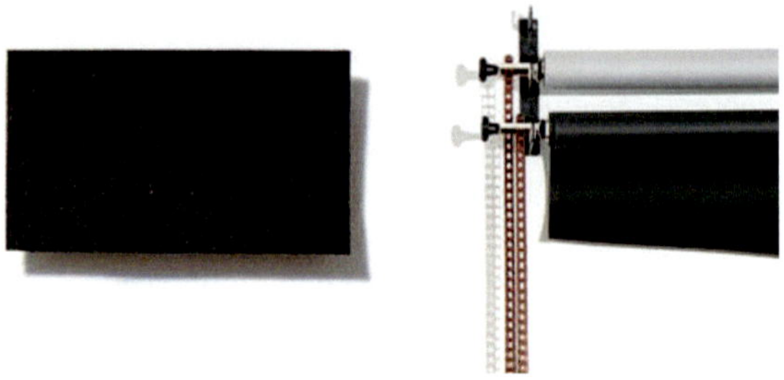

Bild: Schwarzer Fotokarton./ Foto: modulor

Glanzpapier ist Papier, das nach dem Trocknen noch einmal gepresst wird. Die Oberflächenstruktur wird verbessert und gefestigt. Falten werden geglättet. Der Arbeitsschritt ist auch unter dem Begriff »***Satinieren***« bekannt. In Einzelproduktionen kann zum Glätten auch ein Bügeleisen verwendet werden.

Grafitpapier dient der Übertragung von Schriften, Skizzen oder Zeichnungen auf fettfreien Werkstoffoberflächen (z. B. Porzellan, Holz). Es wird beispielsweise im Modellbau oder Textilbereich verwendet. Da Grafitpapier kein Wachs enthält, können die entstehenden Linien radiert, übermalt oder mit einem Tuch abgewischt werden.

Graupappe ist grau, biegsam und relativ zäh und für die meisten Papparbeiten als Standard bekannt.

Bild: Graupappe./ Foto: modulor

Aus reinem Holzschliff besteht ***Holzpappe***. Sie bricht deshalb leicht und weist eine hohe Saugwirkung auf, wodurch eine Vorleimung bei der Verarbeitung erforderlich wird.

Bild: Holzpappe./ Foto: modulor

Ingrespapier wurde nach dem französischen Maler Ingres benannt, der dieses Papier zu Zeiten des Klassizismus häufig verwendete. Es wird in der Regel für Kreide- oder Kohlezeichnungen benutzt und ist leicht gefärbt.

Japanpapier ist auf Grund der besonders langen (10 Mal länger als Holzfasern), zum Teil sichtbaren Fasern fast unzerreißbar, wodurch es für die Verwendung in Lampenschirmen und in Buchumschlägen sowie als Isolierpapier besonders geeignet ist.
Es wird noch heute von Papiermacherfamilien in Japan auf traditionelle Weise geschöpft. Durch den Verzicht von Chemikalien weisen Japanpapiere eine hohe Alterungsbeständigkeit auf und werden auch zur Restauration beschädigter Papiere und Bücher verwendet.

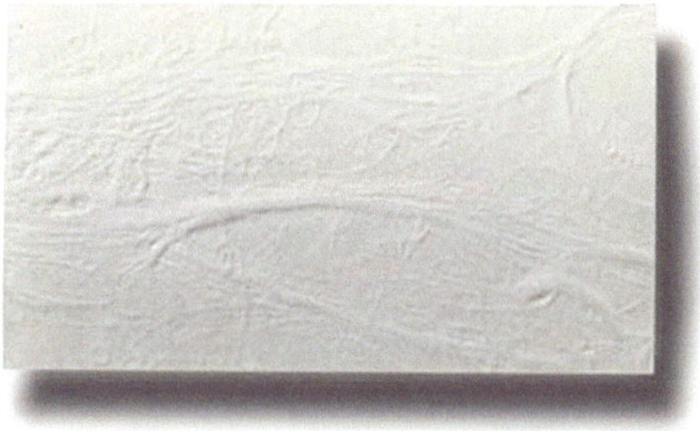

Bild: Lampenschirmpapier./ Foto: modulor

Kohlepapier ist mit Wachs beschichtet und wird zur Anfertigung von Durchschlägen auf mechanischen Schreibmaschinen genutzt.

Bild: Kohlepapier./ Foto: modulor

Innerhalb der Papiermaschine in enge Falten gelegtes *Krepppapier* ist extrem dehnbar und soll verpackte Güter vor Stößen schützen. Außerdem wird es häufig zu Dekorationszwecken verwendet.

Bild: Krepppapier./ Foto: modulor

Lederpappe verfügt über eine lederartige Anmutung, die aber nicht durch verarbeitetes Leder entsteht, sondern aus einer chemischen Behandlung von Holz resultiert. Sie wird vorwiegend zur Herstellung von Bucheinbänden und Ordnern verwendet.

Zur Erzielung einer hohen Saugfähigkeit wird *Lösch-* und *Filterpapier* ohne Füllstoffe PAP 1.2 hergestellt. Es wird meist aus einer Mischung von Zellstoff und Baumwollfasern gefertigt und ist geringfügig verleimt. Die guten Saugeigenschaften werden durch kurzzeitiges, grobes Mahlen des Fasermaterials erreicht.

Bild: Filterpapier.

Marmorpapier entsteht durch Tauchen von Papier in ein Wasserbad, auf dessen Oberfläche speziell aufbereitete Farben schwimmen. Das Papier nimmt diese auf, und es entstehen zufällige Muster und Strukturen. Marmorpapiere eignen sich als Einband- oder Geschenkpapiere und werden zum Beziehen von Schachteln oder Mappen verwendet.

Metallpapier ist einseitig hauchdünn mit Metall beschichtet und wird zum Aromaschutz von Kaffee, Tee oder Zigaretten oder zur Konservierung von Lebensmitteln als Verpackungsmaterial eingesetzt.

Naturpapiere werden nicht veredelt oder weiter verarbeitet. Sie sind folglich weder beschichtet noch gestrichen.

Bild: Naturpapier in verschiedenen Grammaturen.

Ölpapier (Wachspapier) dient zur Einwicklung von Bonbons und Brot sowie als wasserdichtes Papier für Trinkbecher und Milchbehälter. Der wasserabweisende und aromadichte Effekt wird durch Imprägnieren mit Wachs oder Paraffin erreicht. Als Packstoff kommt es ebenso zum Schutz von feuchtigkeitsempfindlichen Metalloberflächen in Frage.

Bild: Ölpapier./ Foto: modulor

Packpapier ist fest und wird zum Verpacken von Gegenständen verwendet. Da es keinen optischen Anforderungen genügen muss, wird es meist nicht gebleicht und ist in einem natürlichen Braunton erhältlich.

Bild: Packpapier./ Foto: modulor

Pergamentpapier ähnelt in Erscheinung und Konsistenz dem Pergament. Saugfähiges Rohpapier (z. B. aus Baumwollgewebe) wird zur Abdichtung der Oberfläche mit Schwefelsäure behandelt. Durch Pergamentieren kann Papier zudem transparent oder fettdicht gemacht werden. Zur Anwendung kommt Pergamentpapier vor allem als Packmittel für besonders fetthaltige Produkte.

Bild: Pergamentpapier./ Foto: modulor

Plotter- oder ***Inkjetpapier*** ist sehr glattes Papier mit besonders kurzen Trocknungszeiten. Für den Druck von Farbplots ist Plotterpapier meist einseitig beschichtet, um wasserunempfindlichen Druck zu gewährleisten.

Seidenpapiere weisen auf Grund der verwendeten Pflanzenfasern eine besondere Geschmeidigkeit und eine flächenbezogene Masse von unter 30 g/m^2 auf. Es wird zum Verpacken stoßempfindlicher Gegenstände (z. B. Früchte) oder für Briefumschläge verwendet.

Bild: Seidenpapier./ Foto: modulor

Silikonpapier wirkt klebstoffabweisend und wird daher als Abdeckschicht für selbstklebende Folien und Papiere verwendet. Es findet außerdem beim Arbeiten mit Kleistern oder Leimen Anwendung, um ungewünschtes Ankleben zu verhindern.

Für ***Teebeutelpapier*** werden vor dem Hintergrund der hohen thermischen Belastung Blattfasern einer speziellen Bananenart unter Zusatz von Edelzellstoff benutzt. Das Papier ist hochporös, nassfest und geschmacksneutral.

Bild: Teebeutel.

Bei der Herstellung von ***Transparentpapier*** wird Fasermaterial aus harten Zellstoffsorten oder Hadern lange und möglichst schonend gemahlen und gerührt, bis ein Gelee entsteht. Dieses wird dann getrocknet und abschließend gefärbt. Transparentpapier ist auf Grund dieses Prozesses weniger temperaturbeständig und reagiert stark auf Feuchtigkeitsveränderungen. Oberflächenleimung macht es beschreibbar, unempfindlich gegen Fingerabdrücke und radierfest, so dass es vor allem für technische Zeichnungen und Architekturentwürfe eingesetzt wird.

Bild: Cromático, Transparentpapier./ Foto: modulor

Tüll- bzw. ***Spitzenpapier*** entsteht durch Abpressen der Muster von Tüll- TEX 5 oder Spitzetextilien auf die Papieroberfläche. Eine besonders bekannte Anwendung für diese Papiersorte ist der Wärmeschutz des Kopfhaars bei der Erzeugung einer Dauerwelle.

Die Bezeichnung »Velin« wurde früher für zarte Tierhäute bester Qualität verwendet. Heute versteht man unter ***Velinpapier*** Papiere, auf denen innerhalb des Herstellungsprozesses keine Markierungen oder Zeichen aufgebracht werden und gegen das Licht einheitlich und glatt wirken.

Die samtweiche Erscheinung von ***Velourspapier*** wird erreicht durch feine Beschichtung von Papier mit Viskose. Es wird für Buchumschläge und zur Dekoration von Schachteln verwendet.

Bild: Velourspapier./ Foto: modulor

Vergépapier ist ein Papier mit einer gerippten Oberfläche. Beim Schöpfvorgang wird ein Sieb mit einem Netz aus vielen feinen, untereinander liegenden Stäben verwendet. In der Längsrichtung der Stäbe ist das Papier etwa 10 % weniger fest als quer dazu und reißt leichter.

Wellpappe ist ein braunes, vor Stößen schützendes Packmaterial, das zu 70 % aus Altpapier hergestellt wird. In der Regel unterscheidet man zwischen zweischichtiger und dreischichtiger Ausführung. Die zweischichtige Version besteht aus zwei Papierschichten, von denen eine in Welle gelegt ist. Bei der dreischichtigen Ausführung ist die Wellenlage von beiden Seiten eingeschlossen.

Bild: Wellpappe./ Foto: Ledder Werkstätten

Bild: Wellpappe./ Foto: modulor

Zeichenkarton ist weiß und zäh, hat eine glatte Oberfläche und eignet sich zum Zeichnen und Beschriften sowie zur Anfertigung kleiner Modelle.

Zigarettenpapier ist hauchdünnes, leichtes und ungeleimtes Papier, das einer Imprägnierung unterzogen wird, so dass es wie flammfestes Papier zwar glimmen kann, aber nicht brennt. Es wird meist aus Fasern von Stroh und Flachs gewonnen.

PAP 4
Papierformate und Maßeinheiten

In Deutschland werden Papiere seit 1922 in den einheitlichen Formaten nach DIN 476 in die Reihen A (Drucksachen, Briefbögen, etc.), B (Schnellhefter und Ordner) und C (Umschläge, um Reihe A zu verschicken) unter Angabe des Flächengewichts gehandelt. DIN D gibt Sonderformate an.

DIN-Formate (nach DIN EN ISO 216)

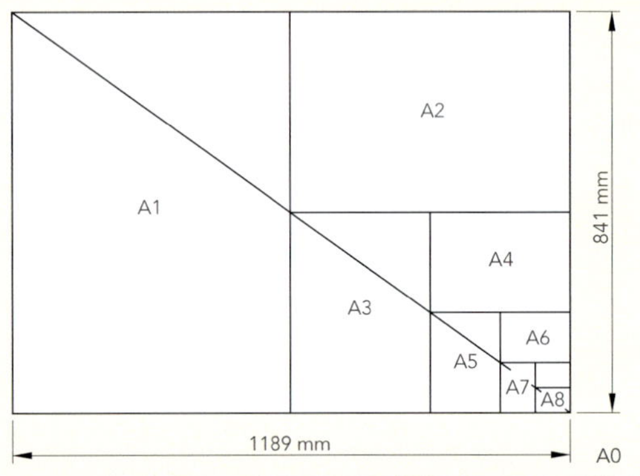

Abmaße der Zeichenblätter Reihe A (in mm):

DIN A0:	1189 x 841 (1 m^2)	Vierfachbogen (Plakate)
DIN A1:	841 x 594	Doppelbogen (Plakate)
DIN A2:	594 x 420	Einfachbogen
DIN A3:	420 x 297	Halbbogen
DIN A4:	297 x 210	Viertelbogen (Briefbogen)
DIN A5:	210 x 148	Blatt (Heft)
DIN A6:	148 x 105	Halbblatt (Postkarte)
DIN A7:	105 x 74	Viertelblatt
DIN A8:	74 x 52	Achtelblatt

Die Zusatzreihen B, C, und D:

DIN	B in (mm)	C in (mm)	D in (mm)
0	1414 × 1000	1297 × 917	1090 × 771
1	1000 × 707	917 × 648	771 × 545
2	707 × 500	648 × 458	545 × 385
3	500 × 353	458 × 324	385 × 272
4	353 × 250	324 × 229	272 × 192
5	250 × 176	229 × 162	192 × 136
6	176 × 125	162 × 114	136 × 96
7	125 × 88	114 × 81	96 × 68
8	88 × 62	81 × 57	68 × 48

Abb. 9

Die Zusatzreihen B, C und D gelten für Größen, welche direkt von der A-Reihe abhängig sind. So ergibt sich die B-Reihe aus dem geometrischen Mittel der Werte des entsprechend A-Formats und des nächst größeren. Die C-Reihe geht aus den geometrischen Mittelwerten der A- und B-Formate einer Klasse hervor. Die D-Serie berechnet sich als geometrisches Mittel aus A-Format und nächst kleinerem B-Format.

B1 berechnet sich aus DIN A1 und DIN A0 wie folgt:
$B1 = \sqrt{(594\,mm \times 841\,mm)} \times \sqrt{(841\,mm \times 1.189\,mm)}$
$= 707\,mm \times 1.000\,mm$

Für C4 bilden das A4/ B4-Format die Grundlage:
$C4 = \sqrt{(210\,mm \times 250\,mm)} \times \sqrt{(297\,mm \times 353\,mm)}$
$= 229\,mm \times 324\,mm$

D0 geht aus A0 (841 mm × 1.189 mm) und B1 (707 mm × 1.000 mm) wie folgt hervor:
$D0 = \sqrt{(841\,mm \times 707\,mm)} \times \sqrt{(1.189\,mm \times 1.000\,mm)}$
$= 771\,mm \times 1.091\,mm$

Ausgangsgröße des Deutschen Normausschusses war ein Rechteck mit einer Fläche von einem Quadratmeter, wobei die kleinere Seite des Bogens zur größeren im Verhältnis 1 zu Wurzel aus 2 (1,414...) steht. Die Formate sind also entweder doppelt oder halb so groß wie das benachbarte. Die Zahl gibt jeweils an, wie oft das Ausgangsformat A0 (841 x 1.189 mm^2) geteilt wurde. DIN A00 ist die Doppelte DIN A0 Größe.

In der B-Reihe werden die unbeschnittenen Formate zusammengefasst. Sie sind größer als die in DIN A definierten Größen, da erst nach dem Drucken, Falzen und Binden der Beschnitt erfolgt. So enthält die Reihe zum Beispiel Kuverts und Hüllen. Die C-Reihe liegt in der Größe zwischen der A- und der B-Reihe und enthält die gebräuchlichen Formate für Umschläge, Kuverts, Hüllen oder Mappen. Zu einem ungefalteten A4-Prospekt passt beispielsweise ein C4-Kuvert. Ein Printmedium mit Größe DIN A5 kann in ein C5-Kuvert eingesteckt werden.

Neben den Standardmaßen werden insbesondere in Kunst und Typographie einige alte Formate heute immer noch verwendet. In Deutschland sind folgende historische Formate bekannt (Schneidersöhne 2000):

I	Reichsformat	33 x 42 cm^2
II	Schulformat	34 x 43 cm^2
III	Propatria	36 x 45 cm^2
IV	Einhorn	38 x 48 cm^2
V	Register	40 x 50 cm^2
VI	Groß-Register	42 x 53 cm^2
VII	Median	44 x 56 cm^2
VIII	Groß-Median	46 x 59 cm^2
IX	Regal	48 x 64 cm^2
X	Groß-Regal	50 x 65 cm^2
XI	Imperial	54 x 68 cm^2
XII	Groß-Imperial	57 x 78 cm^2

Für handgeschöpfte ***Japanpapiere*** haben sich folgende Maße etabliert:

Shiroku-ban:
- 788 x 1091 mm^2
- 264 x 379 mm^2
- 191 x 259 mm^2

Kiku-ban:
- 636 x 939 mm^2
- 227 x 306 mm^2
- 151 x 227 mm^2

Weitere aus dem Papiermacherhandwerk bekannte Maßeinheiten für Papier sind das ***Blatt***, die ***Lage***, die ***Hand***, das ***Ries*** und der ***Ballen***:

Lage	5 Blatt
Hand	5 Lagen = 25 Blätter
Ries	20 Hände = 500 Blätter
Ballen	10 Riese = 5000 Blätter

PAP 5
Besonderes und Neuheiten im Bereich der Papiere

PAP 5.1
Papiertextilien

Kamiko bedeutet auf Deutsch »Papierhemd« und setzt sich aus den Worten »kami« für Papier und »koromo« für Mönchsgewand zusammen. Die Idee zur Verwendung des Werkstoffs Papier für Kleidungen kommt aus Japan, wo bereits vor Tausend Jahren ein buddhistischer Mönch das erste Papierhemd aus den Seiten alter Sutras (heilige Schrift Buddhas) herstellte.

Heute erfreut sich Papier im Design- und Modebereich zur Herstellung von Haute Couture immer stärkerer Beliebtheit. Zahlreiche Projekte sind aus den letzten Jahren bekannt, die meist auf der traditionellen Technik zur Herstellung eines ***Shifus*** (übersetzt: gewebtes Papiertuch) basieren.

Bild: Behandeltes Papier gehäkelt und eingefärbt./ Design und Foto: Marian de Graaff

Verarbeitung
Hochwertige, meist handgeschöpfte Papiere werden mit einer besonderen Falt- und Schneidtechnik zu endlosen Streifen geschnitten und an einem Spinnrad zu einem festen Papierfaden verdreht. Dieser lässt sich wie ein normales Textilgarn zu Geflechten, Geweben, Gestricken oder Maschenwerken weiter verarbeiten. Anregungen für den Entwurf von Papiertextilien und detaillierte Anleitungen für deren Herstellung gibt Leitner 2005.

Verwendung
Neben der Verwendung im Bereich der Mode können Papiergarne auch für Lichtobjekte, Taschen, Wandbespannungen, Raumteiler, Vorhänge, Kissenbezüge, Teppichböden oder Schmückstücke genutzt werden. Mit Papiergarnen lässt sich ein Koralleneffekt erzielen, der für Halsschmuck besonders geeignet erscheint. Auch im Möbelbereich sind zahlreiche Anwendungsbereiche für Papiergarne denkbar.

Handelsformen
Um der zeitaufwändigen Produktion des Ausgangsmaterials zu entgehen, haben sich in Europa einige Papierspinnereien etabliert, die industriell hergestellte Papiergarne, gezwirnte Papierschnüre und Papierbänder anbieten. Die Stärke des Garnmaterials wird in der Maßeinheit Nm (***Nummer metrisch***) angegeben. Diese zeigt an, wie viele Kilometer ein Kilogramm eines Garns ausmachen würde, wenn man es der Länge nach ausziehen würde. Dicke Garne haben also eine kleine, feines Garnmaterial eine große Maßeinheit. Folgende Garnqualitäten sind auf dem Markt erhältlich (Leitner 2005):

Papiergarne
Nm 0,16................ dicke Papierschnur auch eingefärbt erhältlich
Nm 0,8.................. robuste und dicke Papierschnur erhältlich in Strängen à 500 g oder auf Spulen
Nm 1,65................ mitteldickes Papiergarn
Nm 7,5.................. sehr dünn gedrehtes Papiergarn erhältlich in Weiß und Naturbraun

Gezwirnte Papierschnüre
Nm 0,36/4............ dicke, gezwirnte Papierschnüre aus vier eingedrehten Garnen in vielen Farben erhältlich
Nm 96/4................ fein, gezwirnte Papierschnüre erhältlich in Weiß und Naturbraun

Bild: Gezwirnte Papierschnüre./ Foto: Manufactum

Papierbänder
Papierraffia........... längsgefaltete, unregelmäßige Papierstreifen, vergleichbar mit dem Rohprodukt zur Papiergarnproduktion, starker Papiercharakter

PAP 5.2 Papier im Wohnbereich

Bild: Paravent aus Papier.

Neben der klassischen Verwendung als Tapeten finden Papiere und Kartonagen in Möbeln und Inneneinrichtungen immer stärkere Verwendung. Dabei sind Möbel aus Papier schon lange keine Neuheit mehr. Bereits 1851 stellten englische Industrielle auf der ersten Weltausstellung ein Verfahren vor, um mit Papier die Serienfertigung von Möbeln zu revolutionieren. Die Realisierung der Vision sollte jedoch erst in den 20er Jahren des 20. Jahrhunderts vollzogen werden. Auf Basis eines Patents von Marshall Burns Lloyd (1917) wurden unter dem Namen »*Lloyd Loom*« bis zu 10 Millionen Möbel als Ersatz für Korbmöbel vertrieben. Die noch heute produzierten Stühle, Bänke und Tische bestehen im Kern aus einem Metallgeflecht, das mit Papier umwickelt wird.

Bild: Papiergeflecht mit Drahtkern ist weicher als Rattan oder Weide, haltbarer, schont Kleider und knarrt nicht./ Loom Möbel »Swing Dining Chairs« von Garpa./ Foto: Garpa

In den 80er Jahren nutzte eine Vielzahl von Künstlern und Architekten der Postmoderne Papier und Karton, um die konventionellen Vorstellungen von Möbeln und Inneneinrichtungen neu zu interpretieren. Die Schweizer Architekten Stéphane Jaquenoud und Ralph Kaiser de Cossonay beispielsweise möblierten ein komplettes Hotel mit Möbeln aus Papier und demonstrierten damit die Möglichkeiten einer unkonventionellen Materialverwendung.

Papiermaché

Neben den Anwendungsmöglichkeiten von Papiertextilien im Interieurbereich hat sich des Weiteren Papiermaché für die Herstellung von Lampenschirmen, Vasen und Schalen bewährt. Papiermaché besteht aus Papier und einem Bindemittel. Der Begriff kommt aus dem Französischen und bedeutet »gekautes Papier«. Zwei Herstellungsmethoden können unterschieden werden (Meyer 1999):

Bei der ersten werden einzelne Papierstücke Lage für Lage auf einen Grundkörper geklebt bis eine stabile Formgeometrie entstanden ist. Als Grundkörper eignen sich zur Anfertigung runder Bauteile beispielsweise Luftballons. Für flächige Wandungen werden Drahtstrukturen verwendet.

Die zweite Herstellungsmethode ähnelt der klassischen Papierproduktion. Papier wird zerkleinert und mit Wasser und Bindemittel zu einem Faserbrei (*Pulpe*) gemischt. Dieser kann anschließend wie eine Formmasse verarbeitet werden. Nach dem Trocknungsprozess entstehen Formkörper mit guter Festigkeit.

Schadstoffreduktion durch Papier

Dass die Verwendung von Papier aber nicht nur ästhetischen Merkmalen genügt, sondern auch einen funktionalen Mehrwert in Innenräumen bieten kann, beweist die Entwicklung Schadstoff- und Umweltgifte absorbierender Papiere. Der Trend kommt aus Japan, wo bereits Möbel, Lampen und Jalousien aus keimfressendem Papier weit verbreitet sind und im Wohnbereich für ein gesünderes Klima sorgen. Neben der Verringerung unangenehmer Gerüche soll Papier gegen chemische Gifte wie Formaldehyde oder Lösungsmittel als auch gegen Naturgifte wie Kolibakterien oder Milzbranderreger wirken.

Die absorbierende Wirkung geht auf das so genannte »*Vitan-Papier*« zurück, das mit ungiftigem Nano-Titandioxid behandelt wird. Unter Lichteinfluss arbeitet Titanoxid als Katalysator und wandelt die Giftstoffe in unschädliche Substanzen wie Kohlendioxid und Wasser um MET 5.4. Am Institut für Werkstofftechnik der Universität Kassel wird die Verwendbarkeit für Möbel und sonstige Gegenstände aus »Vitan-Papier« getestet und die Tauglichkeit für den deutschen Markt geprüft.

Bild: Laterne aus Papier./ Foto: PAPSTAR

PAP 5.3
Papier in der Architektur

Obwohl die Papierherstellung schon seit nunmehr 2.000 Jahren bekannt ist, entwickeln sich immer neue Einsatzzwecke für den vielseitigen Werkstoff. Neben den Möglichkeiten zur Aufnahme von Bild und Text sowie den vielfältigen Anwendungen im Textilbereich und in der Architektur, haben sich in den letzten Jahren eine Reihe technischer Applikationen ergeben. In diesen werden die Potenziale des Werkstoffs im Hinblick auf Leichtbaukonstruktionen ebenso genutzt wie die Qualitäten einer guten Umweltverträglichkeit und Möglichkeiten zur Wiederaufbereitung. Unterschiedliche Papierstrukturen haben sich in den verschiedenen Technikbereichen bewährt. So werden Wabenelemente sowohl im Messe- und Ladenbau verwendet als auch beim Flugzeug- und Automobilbau eingesetzt. Darüber hinaus findet Papiervlies zum Beispiel Einsatz im Baugewerbe als Untergrund für Putzschichten oder als saugfähige Zwischenschicht in Hygieneprodukten. Keramikpapier ist ein neuer Werkstoff mit Potenzialen in Hochtemperaturanwendungen. Letztlich hat sich Papierschaum zu einem besonders beliebten und recyclingfähigen Verpackungsmaterial entwickelt.

Die in den letzten Jahren spektakulärste Verwendung von Papier in der Architektur fand im Rahmen der EXPO 2000 statt.
Der japanische Architekt Shigeru Ban konzipierte einen völlig aus Papier und Pappe bestehenden Ausstellungspavillon (Länge: 89 m, Breite: 42 m), mit dem sein Land auf der Weltausstellung repräsentiert wurde. Die Konstruktion aus Papprollen und Presspappe trug ein mit 35 m Spannweite gekrümmtes flächiges Tragwerk, dass mit einer Membranhaut aus Textilien und Papierkunststoff überdacht war.
Als Beispiel für einen ökologischen Einsatz von Baumaterialien wurde nach der EXPO das Gebäude komplett recycelt und der Bauwerkstoff als Fasermaterial der Papierindustrie zugeführt.

Feuerschutz aus Altpapier
Neben der Beeinflussung der visuellen Erscheinung architektonischer Gebäude durch die Verwendung von Papier kann Zellulose auch als feuerfestes Dämmmaterial verwendet werden und somit krebserregenden Spritzasbest ersetzen. Vor diesem Hintergrund hat die Fraunhofer-Gesellschaft in Zusammenarbeit mit dem freien Erfinder Wolfgang Christ ein hitzebeständiges Dämmmaterial entwickelt, das in der Hauptsache aus Zellulosefasern besteht. Die Fasern sind in ein feuerfestes Kristallgitter mineralischer Komponenten eingelassen. Im Brandfall schmelzen die mineralischen Bestandteile und ummanteln die Altpapierfasern. Eine stabile Wärmeisolierung entsteht. Das Dämmmaterial kann unter Beimischung von Bindemitteln auch im Spritzverfahren direkt auf Bauteile aufgetragen werden und gleichzeitig Stahlträger vor Rost schützen.

Bild: Japanischer EXPO Pavillon mit Dachkonstruktion aus Papier, Hannover 2000, Architektur Shigeru Ban Architects, Tokyo/ Foto: Hiroyuki Hirai, Tokyo

PAP 5.4
Technische Papiere – Faserwabenstrukturen

Ungewöhnlich, aber unter Gewichtsaspekten sinnig, ist die Verwendung von Papier in der Flugzeugindustrie. So werden mittlerweile sowohl Einrichtungsgegenstände im Flugzeuginnern als auch ganze Wandbereiche auf Basis der ***Wabensandwichbauweise*** konstruiert und gefertigt. Neben dem Gewichtsersparnis liefert der Werkstoff auch die für die Luftfahrt erforderliche schwere Entflammbarkeit.

Sandwichaufbau mit Wabenkern

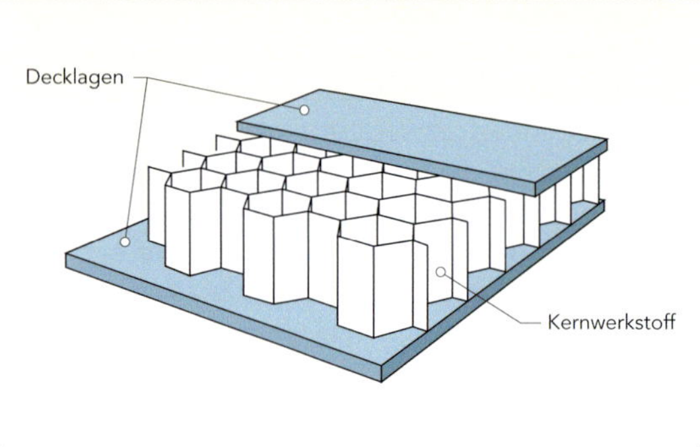

Abb. 10

Eigenschaften

Die Materialeigenschaften von Faserwabenstrukturen basieren allesamt auf den Vorteilen seines Sandwichaufbaus. Zwischen zwei dünnen Decklagen wird ein leichtes aber druckfestes Kernmaterial eingebracht, wodurch minimales Gewicht bei großer Wandstärke erreicht werden kann. Die besten Qualitäten weisen Aramid-Wabenkernen auf, die auf Grund ihrer Ähnlichkeit zur Struktur einer Bienenwabe auch »***Honeycomb***« oder »***Honeycell***« genannt werden. In der Zwischenlage befindet sich Nomex®-Papier, ein Werkstoff aus in hitzebeständigem Phenolharz getränktem Aramid *TEX 4.4.2*. Die extrem zug- und reißfeste Faserstruktur stammt aus der Weltraumforschung und wird von zwei Decklagen aus Glasfaserprepags *GLA 4.7* nach außen vor Druckbeanspruchungen geschützt. Aramid-Waben weisen eine hohe mechanische Festigkeit, Steifigkeit, Vibrations- und Ermüdungsbeständigkeit auf, sind chemikalienbeständig und können sehr gut verklebt *FUE 4* werden.

Verwendung

Insbesondere zur Versteifung großflächiger Kunststoffbauteile können die Eigenheiten von Aramid-Waben genutzt werden. Dies macht sie unter anderem für Flugzeugtragflächen, Schiffsrümpfe und LKW-Aufbauten geeignet. Selbst im Baubereich und in Dachstrukturen haben Wabenstrukturen neue Anwendungsfelder erschlossen. Pappwabenstrukturen finden auf Grund ihrer wärmedämmenden Eigenschaften zudem Verwendung in Türfüllungen, Wandverkleidungen und beim Wohnmobilbau. Raumteiler sind ebenso typische Anwendungsfelder wie der Möbel-, Messe- und Ausstellungsbau. Pappwabenstrukturen werden für Kulissen im Theater verwendet, in Tischplatten verbaut und bilden den Kern von Einwegpaletten. Sie finden darüber hinaus Verwendung bei der Herstellung von Akustikplatten *VER 2.1.10*.

PAP 5.5
Technische Papiere – Papiervlies

Papiervlies ist ein Vlieswerkstoff, der aus lose zusammenliegenden, nicht fest miteinander verbundenen Naturfasern besteht. Papiervlies unterscheidet sich von normalen Papieren durch längere Fasern. Es hat eine sehr geringe Dichte, ist wärmedämmend und äußerst saugfähig.

Verwendung

Ein Hauptverwendungsgebiet von Papiervlies ist der Filterbereich, in dem es als Grundlage zur Herstellung von Mundschutz zum Einsatz kommt. Im Baugewerbe unterstützt das Material die Ausbesserung von Putzoberflächenrissen und hilft bei der Schaffung glatter Untergründe für Tapeten und Anstriche. Außerdem wird unter Zuhilfenahme von Papiervlies Strukturputz erzeugt. Des Weiteren dient der Werkstoff in Hygieneprodukten und Windeln als stark saugfähige, aber gleichzeitig luftdurchlässige Materialschicht dem Weitertransport und der Konservierung von Flüssigkeiten.

Handelsformen

Papiervlies wird als Rollenware und in Form von Klebebändern auf dem Markt angeboten. Zu Renovierungszwecken sind spezielle Sorten samt Kleber erhältlich.

Bild: Pappwabenplatten./ Hersteller: Honicel

PAP 5.6
Technische Papiere – Keramikpapier

Keramikpapier ist ein innovatives Material mit außergewöhnlichen Qualitäten im Hochtemperaturbereich.

Eigenschaften
Der Werkstoff besteht in der Hauptsache aus Aluminiumoxidfasern und einem kleinen Bindemittelanteil. In nicht gehärtetem Zustand ist es so flexibel wie Papier, kann gefaltet und mit der Schere oder einem Cutter zugeschnitten werden. Keramikpapier weist eine hohe Beständigkeit gegen äußere Einflussfaktoren und eine hohe chemische Beständigkeit auf. Die sehr geringe Temperaturleitfähigkeit macht das Material sehr wertvoll für Wärmeisolierungen. Nach einem Brennvorgang geht das Material über in einen keramischen Werkstoff. Er ist dann für Einsatztemperaturen von bis zu 1.650 °C geeignet.

Verwendung
Die Anwendungspotenziale von Keramikpapier sind noch nicht vollständig erschlossen. Im industriellen Sektor wird das Material zur Auskleidung von Gießkokillen und Ofenkammern verwendet. Es eignet sich als Trennmedium beim Hartlöten und Schweißen und wird in Hochtemperatur-Staubfiltern verwendet. Eine weitere Anwendungsoption sind feuerhemmende Schichten für Holzwerkstoffe. Aus dem Gestaltungsbereich sind Origami-Strukturen aus Keramikpapier bekannt geworden.

Handelsformen
Keramikpapier ist in Dicken zwischen 0,8 mm und 6 mm und einer Breite von 600 mm erhältlich. Die Dichte liegt bei etwa 200 kg/m^3.

PAP 5.7
Technische Papiere – Papierschaum

Zur Verpackung von stoß- und erschütterungsempfindlichen Gütern wie Porzellan oder elektronischen Produkten werden in der Regel Packmittel oder Flocken aus Styropor KUN 4.1.3 verwendet. Diese stellen vor dem Hintergrund einer umweltverträglichen Entsorgung allerdings keine optimale Lösung dar. Papierschaumflocken aus nachwachsenden Rohstoffen sind seit einigen Jahren eine Alternative. Die so genannten »***Fluips***« sind zylinderförmige Flocken und bestehen aus Altpapier und ***Weizenstärke***. Sie werden ohne die Verwendung chemischer Treibmittel hergestellt und sollen ***Styropor*** als Verpackungsmaterial in der Zukunft ablösen.

Bild: Papierschaum.

Eigenschaften
Die Vorteile von Papierschaum liegen neben der Verwendung nachwachsender Rohstoffe und einfachem Recycling auch in dem wenig komplexen Produktionsprozess und der positiven Energiebilanz. Zudem weist Papierschaum in Schüttel- und Rütteltests ein günstigeres Dämpfungsverhalten als Styropor auf.

Herstellung und Verarbeitung
Bei der Herstellung wird Altpapier geschreddert, gemahlen und mit einem Volumenverhältnis von rund 50 % mit Weizenstärke gemischt und zu Granulat gepresst. Unter Druck und Wasserdampf wird das Granulat in einem Extruder FOR 4 geschäumt, über eine Düse zu einer langen Stange geformt und dann in einzelne Flocken geschnitten.
Das Spritzgießverfahren FOR 1.2 kommt zur Herstellung ganzer Formteile zur Anwendung. In der Schnecke wird das Papier-Stärke-Granulat zerkleinert und unter Wasserdampf in eine Form gespritzt, in der es innerhalb von 2 Sekunden aufschäumt.

Die Entsorgung von Flocken und Formteilen aus Papierschaum kann sowohl in der Bio- und Altpapiertonne als auch über den Komposthaufen geschehen. Papierschaumflocken fallen schnell zusammen, nehmen dadurch wenig Platz in Anspruch und können über die enthaltene Stärke den Kompostierungsvorgang sogar beschleunigen.

Verwendung
Als Verpackungsmaterial ist Papierschaum insbesondere für CD- und DVD-Trays bekannt geworden. Diese werden unter dem Markennamen paperfoam® von einem niederländischen Unternehmen vertrieben. Auch der berühmte MP3-Player eines amerikanischen Computerherstellers ist in einem solchen Packmittel vor Beschädigungen geschützt. Darüber hinaus findet Papierschaum als Dämmmaterial Verwendung. Und sogar als Katzenstreu soll es sich eignen.

PAP
Literatur

[1] **Asunción, J.**: Das Papierhandwerk. Bern, Stuttgart, Wien: Haupt Verlag, 2003.

[2] **Dardel, K.**: Kreatives Papierschöpfen. Bern, Stuttgart, Wien: Haupt Verlag, 2. Auflage, 1998.

[3] **Digel, M.**: Papermade. München: Mosaik Verlag, 2002.

[4] **Hartel, T.**: Papierschöpfen. Stuttgart: Urania Verlag, 2002.

[5] **Huber, R.**: Schutz oder Veredelung. Ein Spektrum der Drucklacke und ihr kreatives Potenzial. Minikonferenz: Versauen oder veredeln - Gemeinsam zum optimalen Druckprodukt. Bremen, 12.11.2007.

[6] **Kasahara, K.**: Origami. München: Augustus Verlag, 2001

[7] **LaPlantz, S.**: Buchbinden. Bern, Stuttgart, Wien: Haupt Verlag, 2. Auflage, 2000.

[8] **Leitner, C.**: Papiertextilien. Bern, Stuttgart, Wien: Haupt Verlag, 2005.

[9] **Meyer, H.**: Papiermaché. Bern, Stuttgart, Wien: Haupt Verlag, 2. Auflage, 1999.

[10] **N.N.**: Die Roten Seiten, Band 2 – Lexikon: Papier von A – Z. Schneidersöhne Forum, 2000.

[11] **N.N.**: Die Roten Seiten, Band 3 – Papier vor dem Druck. Schneidersöhne Forum, 2000.

[12] **N.N.**: Die Roten Seiten, Band 5 – Papier nach dem Druck. Schneidersöhne Forum, 2000.

[13] **N.N.**: Abfallvermeidung im Büro. Berlin: Berliner Stadtreinigungsbetriebe (BSR), 2002

[14] **Peters, S.**: Nanopapiere. form 224, Basel: Birkhäuser Verlag, 1/2009.

[15] **Reiner, M.; Reimer-Epp, H.**: 300 Papierrezepte. Bern, Stuttgart, Wien: Haupt Verlag, 2001.

[16] **Scharf, A.**: Schwarz, Klein, Stark – Kohlenstoffnanotubes. In: Design-Report 1/2008, Leinfelden-Echterdingen: Konradin-Medien Verlag.

[17] **Sprenger, T.; Struhk, C.**: modulor – material total. Berlin: 2004.

[18] **VDP (Verband deutscher Papierfabriken e.V.)**: Papier 2001 – Ein Leistungsbericht. Bonn, 2002.

[19] **Weber, T.**: Die Sprache des Papiers. Bern, Stuttgart, Wien: Haupt Verlag, 2004.

[20] **Zeier, F.**: Schachtel, Mappe, Bucheinband. Bern, Stuttgart, Wien: Haupt Verlag, 2001.

[21] **Zibell, M.**: Bücher binden und gestalten. Stuttgart: Urania Verlag, 2001.

Flachgelegt
gehöre ich
zum Altpapier.
Danke.

Anzeige

Sachsenröder

HIGHTECH-WERKSTOFFE

AUS PFLANZENFASERN

SAVUTEC®

SAVUTEC® / VULKANFIBER

DIE EXTREME NATURFASER

Grundstoff der Vulkanfiberprodukte sind Baumwollfasern. Sie gehören zu den nachwachsenden Rohstoffen. Aus den zu Rohpapier verarbeiteten Pflanzenfasern entsteht durch Pergamentierung die Vulkanfiber SAVUTEC®. Ein Material, das durch seine extreme Festigkeit und Vielseitigkeit begeistert.

GESADUR®

GESADUR® / DUROPLAST

DER NATÜRLICHE KUNSTSTOFF

In GESADUR® stecken über 50 % Naturfasern, die Sachsenröder zu einem homogenen Kunststoff auf der Basis hochverdichteter Duroplaste verarbeitet. Im Aushärtungsprozess bildet sich eine äußerst harte, tragfähige und doch flexible Struktur. GESADUR® wird vorzugsweise zur Herstellung von Lauf- und Stützrollen in der Kabelverseilindustrie eingesetzt.

Durch die außergewöhnlichen und sehr vielseitigen Produkteigenschaften werden die Werkstoffe bereits in zahlreichen Branchen eingesetzt. Aber viele weitere Anwendungsbereiche sind denkbar.

LEICHTBAU-TECHNOLOGIEN

SCHALLSCHUTZ

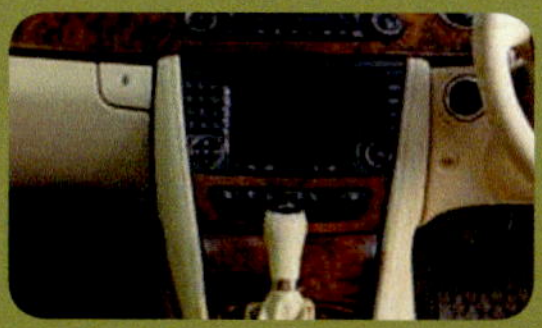

VERBUND-WERKSTOFFE

VERPACKUNGEN

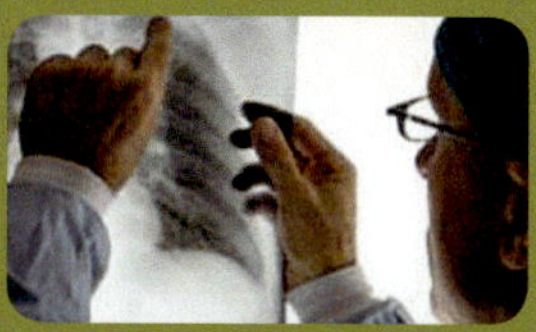

MEDIZINTECHNIK

MEHR INFORMATIONEN UNTER

www.sachsenroeder.com

www.innovationslabor-bl.de

Bild: »waterbubble«, Objekt aus Borosilikatglas./ Design: Sascha Peters

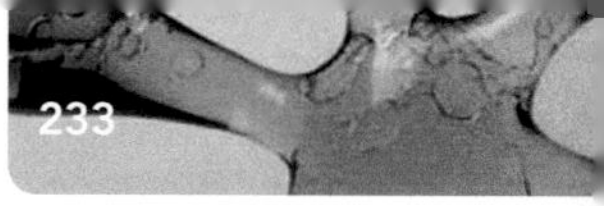

GLA
GLÄSER

Ampulle, Aquarium, Aschenbecher, Auflaufform, Badartikel, Bauglas, Becherglas, Bierglas, Bilderrahmen, Bildröhre, Bleiglas, Blumenvase, Borosilikatglas, Brandschutzglas, Brennglas, Brillenglas, Cocktailglas, Cognacschwenker, Dallglas, Dekorscheibe, Dessertschale, Destillierbrücke, Diatretglas, Display, Drahtglas, Duschkabine, Eierbecher, Einmachglas, Einscheibensicherheitsglas, Essigspender, Fernglas, Flachbildschirm, Flachglas, Flakon, Flasche, Flintglas, Fluoridglas, Fußbodenbelag, Gasmessglocke, Geschirr, Gewächshaus, Glasauge, Glasbaustein, Glasdach, Glasfaserkabel, Glasfaservorhang, Glasfassade, Glasfilter, Glasfolie, Glashaus, Glaskeramik, Glaskolben, Glaskrug, Glasmalerei, Glasmöbel, Glasperle, Glasrohr, Glasstatue, Glastisch, Glastür, Glasvorhang, Glaswolle, Glühbirne, Grappaglas, Hängewand, Herdinnenscheibe, Implantat, Innendekoration, Isolierglas, Jalousie, Kaffeekocher, Kaffeeglas, Kameraobjektiv, Kaminscheibe, Karaffe, Käseglocke, Kelch, Kerzenständer, Knochenersatz, Kochplatte, Kristallglas, Kronglas, Kronleuchter, Kuchenform, Ladentheke, Lamellenfenster, Lampenschirm, Lautsprecher, Lavaglas, Leuchtreklame, Leuchtstoffröhre, Lichtstreuer, Likörglas, Linse, Longdrinkglas, Lupe, Marmeladendose, Messbecher, Messkolben, Milchglas, Milchkanne, Mikrowellengeschirr, Mixer, Mobiltelefon, Murmel, Ofenglas, Opalglas, Ornamentglas, Panzerglas, PDA, Petrischale, Pilstulpe, Pipette, Plasmabildschirm, Präparateglas, Profilbauglas, Quarzglas, Reagenzglas, Rotweinglas, Rückspiegel, Rührstab, Salzstreuer, Schaufenster, Schaukasten, Scheinwerferschutzscheibe, Schlangenkühler, Schmuck, Schüssel, Seifenschale, Seitenspiegel, Sektflöte, Sektschale, Servierplatte, Sicherheitsglas, Signalleuchte, Solarzelle, Sonnenkollektor, Sonnenschutzglas, Sonnenbrille, Spiegel, Spielzeug, Springform, Spritze, Tafelglas, Teekanne, Teetasse, Teleskop, Teller, Temperglas, Textilfaser, Thermometer, Tiegel, Touchscreen, Trennwand, Treppengeländer, Trinkglas, Trinkschale, Überdachung, Uhrglas, Verbundglas, Verbundsicherheitsglas, Verkehrsleitanlage, Vitrine, Wandfliese, Wärmeschutzglas, Wasserglas, Wasserkocher, Weißweinglas, Weithalsgefäß, Whiskyglas, Windfang, Windschutzscheibe, Wintergarten, Zahnstift, Zeitschriftenhalter, Ziehglas, Zuckerdose

Wegen der unendlich großen Anzahl von Farbvariationen und optischen Effekten ist die Glasmurmel als Spielzeug für Kinder seit Jahrhunderten beliebt. Ihre Ursprünge reichen bis ins alte Ägypten. Nahezu jede einzelne Murmel scheint ein Unikat handwerklicher Kreativität und Präzision zu sein. Doch längst sind Produktionsverfahren im Einsatz, die eine massenhafte Herstellung von bis zu 15 Millionen Stück am Tag zu geringen Stückkosten gewährleisten. Als Ausgangsmaterial dienen zähweiche Glasstücke, die aus extrudierten Stäben geschnitten werden. Sie werden verwundenen Gewindewalzen zugeführt, von diesen zu Kugeln geformt und kühlen langsam ab. Die Bewegungen der Walzen sind in den Farbgebungen der Murmeln für allezeit festgehalten.

Bild: Glasmurmeln.

Glas ist ein Material, das bereits in der frühen Antike eingesetzt wurde. Älteste Funde liegen aus dem 7. Jahrtausend vor Christus vor. Mehr durch Zufall wurde Glas während der Herstellung von Töpferware beim Brennen kalkhaltigen Sandes als Glasur auf Keramiken entdeckt. Seit dieser Zeit hat der Werkstoff die gesellschaftliche Entwicklung des Menschen begleitet. Die Erfindung der Glasmacherpfeife FOR 5, die Entdeckung des Bleikristalls GLA 3.3 1676 in England und nicht zuletzt die Entwicklung des Floatverfahrens GLA 2.1.1 Ende der 50er Jahre des 20. Jahrhunderts stellen Meilensteine in der Historie der Werkstoffgruppe dar. Joseph von Fraunhofer (1787–1826), Otto Schott (1851–1935) GLA 3.2 und Carl Zeiss (1816–1888) haben die Glasforschung in Deutschland entscheidend beeinflusst. Noch heute sind Unternehmen nach ihnen benannt.

War bis zu Beginn des 19. Jahrhunderts der Glaswerkstoff noch sehr stark an die Architektur gekoppelt, so haben revolutionäre Entwicklungssprünge in den letzten 40 Jahren Glas zu einem Hochleistungswerkstoff mit teilweise herausragenden Eigenschaften werden lassen. Dies liegt nicht zuletzt an den Anforderungen, die durch die Automobilindustrie an den Werkstoff gestellt wurden. Spezielle Verbundgläser GLA 4.1 wurden entwickelt, die selbst den Eintritt von Kugelgeschossen zu überstehen vermögen oder hervorragende Brandschutzeigenschaften aufweisen. Aus dem Baugewerbe sind Gläser mit wärmedämmenden Eigenschaften GLA 4.2 und selbstreinigenden Strukturen GLA 6.3 bekannt. Und selbst als Bauwerkstoff wird Glas schon lange Zeit in Form von Glasbausteinen, Profilbaugläsern oder als geschäumtes Material GLA 4.6 verwendet. Spezielle Beschichtungen wie Low-E GLA 1.2 mit einer geringen Neigung zur Absorption von Energie, Schichten mit holografischen Strukturen oder elektrochromatischen Eigenschaften zur Abdunklung von Innenräumen erweitern das Anwendungsspektrum. Mittlerweile ist es möglich, mit Nanopartikeln Gläser farbig und dauerhaft kratz- und feuerfest in Dicken von wenigen Mikrometern zu beschichten.

Bild unten: Glasskulptur »Erlebnis«./ Design: Dr. Sascha Peters

Nicht zuletzt machte der Einsatz von Glasfasern GLA 4.7 die Übertragung digitaler Daten und somit die Entwicklung unserer modernen Informations- und Wissensgesellschaft erst möglich. Insbesondere trägt die Möglichkeit zur Herstellung von Dünngläsern GLA 6.2 für miniaturisierte Displays und Flachbildschirme den aktuellen Tendenzen und Innovationen im Bereich der mobilen Kommunikation Rechnung. Inzwischen hat Glas auch Eingang in die Hifi-Branche gefunden und wird in Form von Glasmembranen als Lautsprecher verwendet.

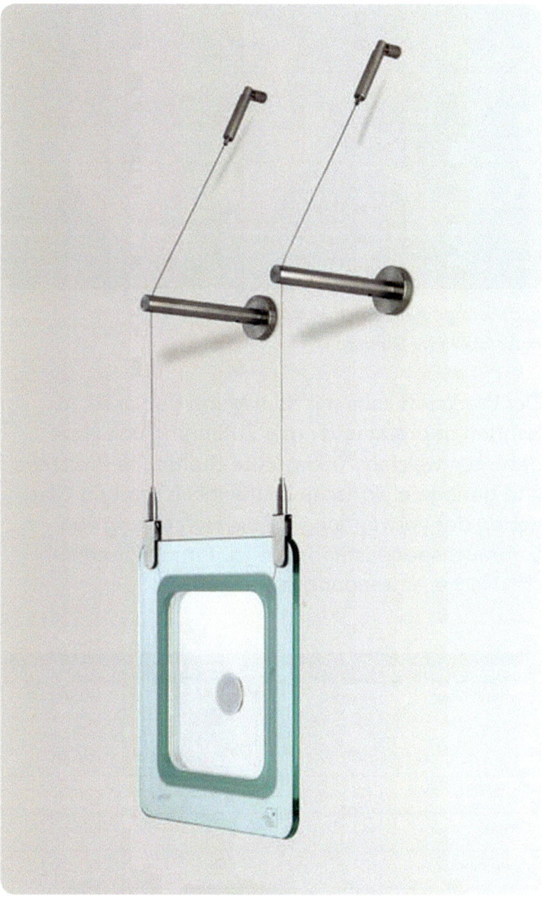

Bild: Glaslautsprecher./ Foto: Glas Platz GmbH & Co. KG

Die neuesten Entwicklungen im Bereich der Glaskeramiken zielen auf Anwendungen für stark auf Reibung beanspruchte Raketenspitzen, hochtemperaturwechselbeständige Gebrauchsgegenstände wie Geschirr oder Produkte mit dreidimensionaler Formgebung GLA 3.5. Neben den üblichen Glaswerkstoffen wird derzeit auch am Glaszustand für Metalle MET 5.3 oder an glasartigen Kohlenstoffen geforscht, die organische Eigenschaften aufweisen können.

Bild: Isolierglas »Pavina«./ Hersteller und Foto: Bodum

GLA 1
Charakteristika und Herstellung

Der Begriff »Glas« wurde abgeleitet vom germanischen »glasa«, was soviel wie das Glänzende oder Schimmernde bedeutet, und stand ursprünglich als Bezeichnung für ***Bernstein*** MIN 4.5.1.

GLA 1.1
Struktur und Eigenschaften von Gläsern

Tatsächlich ist Glas ein amorpher Werkstoff mit einem nicht strukturierten Netzwerk der beteiligten Atome (meist Silizium und Sauerstoff). Es entsteht bei schneller Abkühlung der anorganischen Schmelze ohne Bildung eines Kristallgitters. Man vergleicht den Vorgang auch mit dem Einfrieren eines Flüssigkeitszustandes, worauf die besonderen Glaseigenschaften, wie beispielsweise die Lichtdurchlässigkeit und Transparenz, zurückzuführen sind (Scholze 1988).

Bild: Glasscheiben.

Neben der hohen Transparenz ist die fehlende Kristallstruktur dafür verantwortlich, dass Glas keinen präzisen Schmelzpunkt aufweist. Vielmehr muss von einem Erweichungsbereich oder einem Schmelzintervall gesprochen werden, in dem der Werkstoff bei steigenden Temperaturen zunächst in einen weichen und dann langsam in einen flüssigen Zustand übergeht. Glas ist daher bei höheren Temperaturen leicht verformbar.

Bild: Formgebung durch Mundblasverfahren./ Foto: Glashütte Limburg

Der Werkstoff kann mit dem Mund geblasen, in Formen gepresst und unter Zuführung von Hitze gebogen werden FOR 5. Gute chemische Resistenz und geringe elektrische Leitfähigkeit machen Glas, neben der Verwendung für die Herstellung von Gebrauchsgegenständen, auch für technische und chemische Anwendungen geeignet.

Kenngrößen von Glas im Vergleich zu anderen Baustoffen

Kenngrößen	Dichte ρ [10^3 kg/m^3]	Elastizitätsmodul E [N/mm^2]	Temperaturausdehnungskoeffizient α [10^{-6}/K]
Kalk-Natronglas	2,5	70 000	9
Beton	2,5	20 000... 40 000	10...12
Aluminium	2,7	70 000	23
Baustahl	7,8	210 000	12

Abb. 1: nach [1]

Auf Grund der geringen Zugfestigkeit und Bruchdehnung ist der Werkstoff jedoch spröde, schlagempfindlich und leicht zerbrechlich. Die ***Ritzhärte*** von Glas liegt in der Mohs'schen Härteskala MIN 1.1 zwischen 5 und 7 (Renno, Hübscher 2000). Gläser dehnen sich unter Wärme nur wenig aus und weisen eine hohe Temperaturwechselbeständigkeit auf. Das Material wird daher häufig als Konstruktionswerkstoff verwendet.

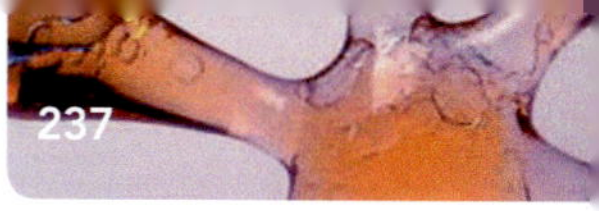

GLA 1.2
Besondere Kenngrößen für Glaswerkstoffe

Für Verglasungen ist die Kenntnis des Eigenschaftsprofils in Bezug auf Licht- und Wärmedurchlass, Wärmeleitung und Lichtreflexion von ganz entscheidender Bedeutung. Neben den üblichen Kenngrößen haben sich folgende Eigenschaftswerte zur Charakterisierung etabliert (Compagno 2002):

Die ***Lichtdurchlässigkeit*** τ_L (Transmission) gibt die Menge des sichtbaren Lichts in Prozent an, die eine Glasscheibe durchdringen kann und ist auf die Empfindlichkeit des menschlichen Auges bezogen.

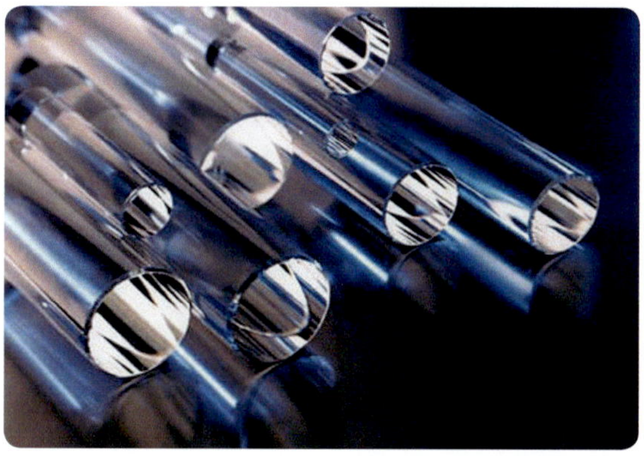

Bild: Hochtransparentes Glas, Ausgangsmaterial für Nebelscheinwerfer oder Beamerlinsen, Transmission größer 99 %./ Foto: SCHOTT AG

Die wichtigste Kennzahl ist der ***Wärmeverlustkoeffizient U-Wert*** (alt: k-Wert). Er charakterisiert eine Glasscheibe in Bezug auf ihre Wärmeisolationseigenschaften. Die Kenngröße gibt die Wärmeleistung an, die zur Aufrechterhaltung einer bestimmten Temperaturdifferenz pro Stunde erbracht werden muss. Einfache Glasscheiben weisen bei einer Dicke von 4 mm beispielsweise einen Wärmeverlustkoeffizienten von 5,8 W/m²K auf. Der Koeffizient fällt schon für Isoliergläser aus zwei normalen Scheiben auf einen Wert von 3 W/m²K. Je kleiner der Wert ausfällt, desto günstiger ist das Wärmedämmvermögen eines Werkstoffs.

Der ***b-Faktor*** (Shading Coefficient) quantifiziert den mittleren ***Durchlassfaktor*** der Sonnenenergie. Die Bezugsgröße ist der Gesamtenergiedurchlassgrad eines Isolierglases mit zwei Scheiben. Die Kenngröße wird insbesondere zur Berechnung der Kühllast eines Gebäudes herangezogen und ist beispielsweise zur Dimensionierung einer Klimaanlage wichtig.

Mit ***Emissivität*** wird die Fähigkeit einer Materialoberfläche beschrieben, Energie zu absorbieren und in Form von Strahlung wieder abzugeben. In der Regel weisen Gläser eine im Vergleich mit anderen Materialien hohe Emissivität auf.

»Low-E« ist eine Beschichtung mit einer besonders niedrigen Emissivität. Sie wirkt folglich der Eigenschaft von Gläsern zur Absorption von Energie entgegen und erzeugt eine hohe Wärmedämmung. Wärmestrahlen werden reflektiert. Der Innenraum von Gebäuden wird im Winter vor dem Austritt von Energie geschützt. Im Sommer wirkt der Effekt in die umgekehrte Richtung. Die Beschichtung ist für das sichtbare Licht durchlässig. Low-E-Beschichtungen werden weitestgehend für Isolier- und Schutzgläser verwendet.

Der ***g-Wert*** bezeichnet den Gesamtenergiedurchlassgrad und beschreibt die gesamte Energieabgabe einer Verglasung. Damit ist sowohl die Wärmestrahlung als auch die sekundäre Wärmeabgabe gemeint.

Mit dem ***Lichtreflexionsfaktor*** R_L wird der Anteil auftreffender sichtbarer Strahlung quantifiziert, der vom Glas nach außen reflektiert wird.

GLA 1.3
Einteilung der unterschiedlichen Glassorten

Zur Charakterisierung der unterschiedlichen Glaswerkstoffe hat sich, ähnlich wie bei den Keramiken, KER 1.1 kein einheitlicher Ansatz durchgesetzt. Es existieren mehrere Nomenklaturen nebeneinander, die eine Vergleichbarkeit der zahlreichen Glassorten erschweren. Während der Begriff »Bleiglas« GLA 3.3 die chemische Zusammensetzung betont, zielt die Bezeichnung »Floatglas« GLA 2.1.1 auf das Herstellungsverfahren. Bei Isolier- oder Strahlenschutzglas wird hingegen die Anwendung betont, womit die drei Haupteinteilungsraster bereits genannt wären.

Einteilung nach chemischer Zusammensetzung
Mit Blick auf die chemische Zusammensetzung haben sich für den Bereich der technischen Gläser sowohl oxidische- (z. B. ***Quarzglas***) als auch nicht oxidische Glassorten (z. B. ***Fluoridglas***) herauskristallisiert. Mit etwa 95 % der gesamten Glasproduktion nehmen die 3 Gruppen ***Kalknatronglas***, ***Bleiglas*** und ***Borosilikatglas*** die größte industrielle Bedeutung ein.

Bild: Glasskulptur aus Borosilikatglas./ Design: Dr. Sascha Peters

Den restlichen Anteil bilden Glaswerkstoffe mit speziellen Eigenschaften für besondere Anwendungen. Alumosilikatgläser sind beispielsweise hochtemperaturfest und werden im Kesselbau und für Verbrennungsrohre eingesetzt. Ist Glas in der Regel elektrisch nicht leitend, so finden ***Phosphatgläser*** meist auf Grund ihrer halbleitenden Eigenschaften Verwendung. ***Boratgläser*** enthalten nur wenig Siliziumdioxid und werden auch zum Löten von Metall, Glas oder Keramik eingesetzt. ***Glaskeramiken*** weisen eine hohe Temperaturwechselbeständigkeit auf, was sie z. B. für Weltraumteleskope, Kochfelder oder Ofenfenster besonders geeignet macht.

Einteilung nach Fertigungsprinzip und Lieferform
Neben der chemischen Zusammensetzung werden auch Herstellungsverfahren und Lieferform zur Charakterisierung verschiedener Hauptgruppen verwendet:

- Flachgläser
- Hohlgläser
- Glasrohre
- Schaumgläser
- Glaswolle
- Glasfasern
- Farbgläser

Etwa 25 % aller Glasprodukte entfallen auf Flachgläser (z. B. Gebäude- und Fahrzeugverglasungen). Hohlerzeugnisse wie Flaschen, Trinkgefäße, Laborgeräte oder Rohre nehmen einen Anteil von ungefähr 60 % der Weltproduktion ein. Etwa 5 % werden in Form von ***Glasfasern*** genutzt. Farbgläser sind unter Verwendung von Metalloxiden eingefärbt und absorbieren einen Teil des sichtbaren Lichts.

Einteilung nach Verwendung
Eine weitere häufig genutzte Nomenklatur für die verschiedenen Glassorten teilt diese entsprechend ihres Verwendungsgebietes ein:

- Verpackungs- und Wirtschaftsgläser
- Sicherheitsgläser
- Schutz- und Isoliergläser
- Baugläser
- optische Gläser
- Sondergläser

Mit Verpackungs- und Wirtschaftsgläsern sind Hohlerzeugnisse für die Getränke- und Kosmetikindustrie gemeint. Zu den Sicherheitsgläsern zählen das ***Einscheibensicherheitsglas (ESG)***, das ***teilvorgespannte Glas (TVG)***, das ***Verbund-Sicherheitsglas (VSG)*** sowie ***Panzer- und Drahtgläser***. ***Schutzgläser*** dienen zum Schall-, Strahlen- und Brandschutz und werden zur Wärmeisolierung eingesetzt. ***Glasbausteine***, ***Profilbaugläser***, ***Schaumglas*** oder ***Glaswolle*** werden zur Gruppe der Baugläser gezählt. Bei der Herstellung optischer Geräte finden insbesondere ***Blei-***, ***Kron-*** und ***Flintgläser*** Verwendung.

GLA 1.4
Zusammensetzung und Herstellung

Die Glaseigenschaften werden im Wesentlichen durch die chemische Zusammensetzung und die Wirkung der beigemischten Zusätze bestimmt. Bei den meisten Glaswerkstoffen bildet Siliziumdioxid SiO_2 (z. B. Quarzsand, Bergkristall) den Hauptbestandteil. Es ist für die Härte verantwortlich und beeinflusst somit die Festigkeitswerte. Darüber hinaus haben noch andere Oxide wie die von Bor, Arsen, Germanium und Phosphor die Fähigkeit, Glas zu bilden (Bargel, Schulze 2004). Die Beimischung von Flussmitteln wie Natriumkarbonat (Soda – Na_2CO_3) und Kaliumkarbonat (Pottasche – K_2CO_3) ist wichtig, um die zum Teil sehr hohen Schmelzpunkte der einzelnen Komponenten herabzusetzen. Kalziumkarbonatanteile (Kalk – $CaCO_3$) erhöhen die Härte und chemische Beständigkeit. Durch Zusetzen von Bor können die thermischen und elektrischen Eigenschaften verändert werden. Eine Färbung wird durch Beimischen der Glas bildenden Ausgangsrohstoffe mit Metalloxiden erreicht. Der in handelsüblichen Glasscheiben sichtbare leichte ***Grünstich*** geht beispielsweise auf Eisenoxide (Fe_2O_3) zurück, die in kleinen Mengen in Sand vorhanden sind. Manche Oxide können auch den Effekt einer ***Glasentfärbung*** bewirken (Lange 1993; Vogel 1993).

Die wichtigsten Glassorten

Kalknatronglas	Quarzglas	Alumosilikatglas
Bleiglas	Boratglas	Chalkogenidglas
Borosilikatglas	Phosphorglas	Fluoridglas

Wichtige Rohstoffbestandteile

Rohstoff	Erläuterung
Hauptrohstoff	Quarzsand (SiO_2)
Läutermittel, Schmelzbeschleuniger	Gasblasen und Inhomogenitäten in der Rohschmelze werden durch Läutern entfernt
Färbungsmittel	Dienen der Einfärbung des Glases (z.B. Cr_2O_3 für grüne Färbung oder CoO für blaue Färbung)
Trübungsmittel	Dient der Eintrübung des Glases, z.B. für opake Beleuchtungskörper

Abb. 2: nach [11]

Zur Herstellung von Glas werden die einzelnen Rohstoffe fein zerkleinert, gemischt und geschmolzen. Bei einer Temperatur von 900 °C beginnen die Komponenten zusammen zu backen, ab 1.500 °C entsteht eine klare und flüssige Schmelze. Der Abkühlvorgang hat entscheidenden Einfluss auf die charakteristischen Kenngrößen. Eine falsche Abkühlung kann lokale Kristallisationen hervorrufen, die eine Trübung in Folge des nicht erreichten Glaszustandes verursachen.

Zusätze und Eigenschaftsveränderung

Zusatz	Auswirkung
Bleioxid (PbO)	Erhöhung der Lichtbrechung und des elektrischen Widerstandes, Schutz vor radioaktiver Strahlung
Kalziumoxid (CaO)	Steigerung der chemischen Resistenz, Verringerung der Schmelzviskosität, Erhöhung der Entglasungsneigung
Aluminiumoxid (Al_2O_3)	Erhöhung der chemischen Beständigkeit, Verbesserung der thermischen und mechanischen Eigenschaften
Boroxid (B_2O_3)	Verbesserung der hydrolytischen Eigenschaften und thermischen Beständigkeit, Verringerung der Sprödigkeit, bessere Verarbeitungsmöglichkeit durch Herabsenkung der Viskosität
Bariumoxid (BaO)	Herabsetzung der Schmelztemperatur
Kaliumoxid (K_2O) Natriumoxid Na_2O	niedrige chemische Beständigkeit und Temperaturwechselbeständigkeit, geringe Isolationsfähigkeit, bessere Herstellungs- und Verarbeitungsmöglichkeiten durch breites Temperaturintervall im Verarbeitungsbereich

Abb. 3: nach [11]

Rohstoffe und Färbungseffekt

Färbungsmittel	Färbung
Eisenoxide (FeO)	grünblau (Flaschenglas)
Eisenoxide (Fe_2O_3)	gelbgrün bis braun, braunschwarz in Verbindung mit Braunstein
Kobaltoxide	blau, braun (auch zur Entfärbung)
Kupferoxide (z.B. CuO)	dunkelblau bis dunkelviolett oder rot (Kupferrubinrot)
Chromoxide (Cr_2O_3)	grün
Nickeloxide (z.B. NiO)	braun bis rotviolett (auch zur Entfärbung)
Manganoxide	braun bis violett
Uranoxide	leichtes gelb oder grün (Fluoreszenz unter UV Licht)
Schwefel	gelb
Schwefelkadmium	silber
Silber	silbriges gelb
Selen	rosa oder rot (Selenrubin)
Gold	rot (Goldrubin)

Abb. 4: nach [11]

Das Glas für diese Vase verdankt den lichtgrünen Schimmer den sogenannten »Seltenen Erden«, Metallen aus der dritten Gruppe des Periodensystems./ Foto: Manufactum

GLA 2
Prinzipien und Eigenheiten der Glasherstellung- und -verarbeitung

Bei der Glasherstellung werden je nach Verfahrensprinzip Techniken zur Flachglas- und Hohlglasherstellung unterschieden. In der Flachglasproduktion kommen heute 3 Verfahren zur industriellen Anwendung: das Gussverfahren, das Ziehverfahren und das Floatverfahren. Qualitativ hochwertige Hohlgläser werden nach wie vor traditionell mit dem Mund geblasen. Für die industrielle Hohlglasproduktion stehen maschinelle Blasverfahren, Pressen und Ziehverfahren für Glasrohre zur Verfügung.

Bild: Flachglas, Hochhausverglasung aus Floatglas.

Bild: Hohlglas, Isolierglas »Pavina«./ Hersteller: Bodum

GLA 2.1
Verfahren der Glasherstellung

GLA 2.1.1
Floatverfahren

Rund 95 % der gesamten Flachglasproduktion erfolgt mit Hilfe des Floatverfahrens. Diese Technik wurde in den 50 er Jahren von Pilkington in England entwickelt und ist seit 1962 im industriellen Einsatz. Heute gibt es weltweit etwa 250 Anlagen mit einer Länge von bis zu 1 km, in denen eine effiziente Produktion von Flachglas für Fenster-, Sicherheits- und Spiegelglas ermöglicht wird.

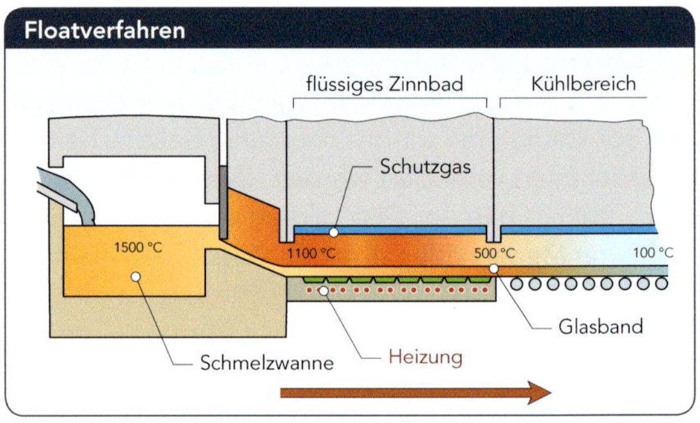

Abb. 5: nach [16]

In einem kontinuierlichen Prozess werden die Glasrohstoffe zunächst geschmolzen und bei Temperaturen von etwa 1.100 °C auf ein ***Zinnbad*** gegossen (Schmelzpunkt von Zinn: 238 °C). Auf Grund der geringeren Dichte schwimmt die Glasmasse auf dem flüssigen Metall. Dabei entsteht eine idealglatte Glasmasse mit feuerpolierter, leicht spiegelnder Oberfläche. Im weiteren Prozess werden unterschiedliche Temperaturbereiche durchlaufen. Das Glas kühlt sich langsam und spannungsfrei ab. Eine Schutzgasatmosphäre verhindert die Reaktion des Luftsauerstoffs mit dem flüssigen Zinn. Glasfehler (Vogel 1993) werden somit vermieden. Nach Abkühlung auf eine Temperatur von 600 °C wird das Glasband vom Zinnbad gehoben und in einem Kühlofen langsam und gleichmäßig abgekühlt. Es ist nun hart genug, um auf Rollen transportiert zu werden. Im Schwimmverfahren kann Floatglas in Dicken zwischen 0,4 mm und 25 mm und einer Breite von etwa 3 Metern hergestellt werden. Die Materialdicke richtet sich nach Menge, Geschwindigkeit und Viskosität der einlaufenden Glasmasse. Da die Glasoberflächen absolut planparallel zueinander liegen, ist eine Nachbearbeitung nicht erforderlich. Das Glas wird abschließend gewaschen und auf die benötigten Formate zugeschnitten.

Durch eingebundene Eisenoxide weist normales Floatglas eine leichte Grünfärbung mit reduzierter Lichtdurchlässigkeit auf. Weißglas ist Floatglas mit geringem Eisenanteil. Es ist durch bessere optische Qualitäten mit einer erhöhten Lichtdurchlässigkeit charakterisiert (Achilles et al. 2003).

Liefergrößen von Floatglas

Bandmaße max. [cm x cm]	Dicke [mm]	Dickentoleranz [mm]	Lichttransmission min. [%]
321 × 600	2	± 0,2	89
	3		88
	4		87
	5		86
	6		85
	8	± 0,3	83
	10		81
	12		79
	15	± 0,5	76
	19	± 1,0	72
	25		67

Kennwerte und Eigenschaften sind in der EN 572 Teil 2 festgelegt

Abb. 6: nach [1]

Bild: Normales Floatglas weist in der Regel eine leichte Grünfärbung auf.

GLA 2.1.2 Gussglasverfahren

Mit Hilfe der Gussglastechnik werden durchscheinende, jedoch blickdichte Flachgläser hergestellt. Die Lichtdurchlässigkeit liegt zwischen 50 % und 80 %. Zunächst werden in einer Wanne die Rohstoffe wie Quarzsand, Soda, Sulfat, Kalkstein und Kalkspat geschmolzen. Die Formgebung der flüssigen Glasmasse erfolgt zwischen mit Wasser gekühlten Formwalzen. Damit können sowohl glatte als auch strukturierte Glasoberflächen spannungsfrei hergestellt werden. Beschaffenheit und Ornamentik der Walzwerkzeuge werden auf die Flachglasoberfläche übertragen. Auch das Einwalzen von Drahteinlagen für Sicherheitsgläser ist möglich GLA 4.1. ***Gussglas*** ist in mehr als 50 Strukturen, unterschiedlichen Dicken und Farben verfügbar. Es wird z. B. für Türen, Raumteiler, Sanitärräume und Treppenhäuser verwendet.

Bild: Gussglasverfahren./ Foto: SCHOTT AG

Bild: Gussglas ist mit vielen unterschiedlichen Strukturen erhältlich./ Fotos oben: Joh. Sprinz GmbH & Co. KG

Bild: »Light«, mundgeblasene Gläser./ Foto: Dibbern

Überfangglas ist ein Flach- oder Hohlglas, das aus zwei oder mehreren Schichten besteht und verschiedene Farben haben kann. Durch Herausschleifen oder Ätzen kann ein farbiger Kontrast mit interessanten Strukturen entstehen.

Bild: »Cipriani« Vasen, mundgeblasenes Überfangglas (opal, klar, farbig)./ Foto: Dibbern

Bild: »Casablanca« Mundgeblasenes und handgeschliffenes Dreischichtenglas (Triplex: klar, opal, farbig)./ Foto: Dibbern

GLA 2.1.3 Ziehverfahren

Dieses Verfahren zur Herstellung von Flachglas wurde weitestgehend durch das Floatverfahren ver-drängt. Es wird in den westlichen Industriestaaten nur noch zur Herstellung von Dünngläsern GLA 6.2 mit einer Stärke von 0,2 mm bis 2 mm eingesetzt. Darüber hinaus kommen ***Ziehverfahren*** zur Produktion von Glasrohren und -profilen zur Anwendung.

Bei Flachglas wird im Produktionsprozess des Ziehglasverfahrens ein Glasband unter Zuhilfenahme einer feuerfesten Düse aus der Schmelze nach oben gezogen. Sich drehende Walzenpaare befördern die leicht verfestigte Glasmasse in einen 6–8 m hohen Kühlschacht, wo sie erstarrt. Die Dicke des Flachglases wird von der Ziehgeschwindigkeit bestimmt. Es entstehen beidseitig glatt polierte Flächen, die eine Nachbearbeitung nicht erforderlich machen. Auf dem Weg zur Abbrechbühne wird das Glas langsam und spannungsfrei abgekühlt. Für alle gezogenen Gläser ist eine optische Unruhe charakteristisch.

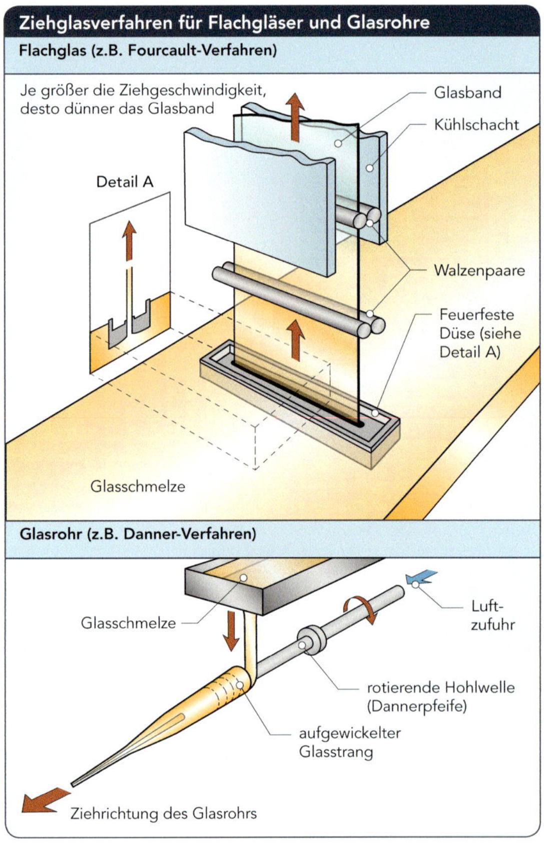

Abb. 7: nach [Informationsschrift der FLABEG GmbH, 16]

Ein häufig für die Herstellung von Glasrohren zur Anwendung kommendes Ziehverfahren ist das ***Danner-Verfahren***. Auf ein sich langsam drehendes, schräg angestelltes Tonrohr, die ***Dannerpfeife***, wird kontinuierlich Glasschmelze aufgetragen. Unter Zuführung von Luft wird die zähflüssige Masse am unteren Ende ausgezogen. Es entsteht eine Hohlgeometrie, die schließlich zu einem Rohr erstarrt (Pfaender 1997). Glasrohre für die chemische Industrie werden meist aus Borosilikatglas erzeugt.

GLA 2.1.4 Mundblasverfahren

Bereits in der Antike wurde menschliche Atemluft zur Herstellung von Hohlformen aus Glas genutzt GLA 5. Die Erfindung der ***Glasmacherpfeife***, etwa 2 Jahrhunderte vor Christus, brachte einen Entwicklungssprung für die Mundblastechnik. Die ***Glasbläserei*** war noch bis ins 19. Jahrhundert das bedeutendste Verfahren zur Herstellung von Glashohlformen, wurde aber durch industrielle Verfahren immer weiter verdrängt. Heute kommt das Mundblasen nach wie vor zur Herstellung hochwertiger Glasartikel aus Bleikristallglas GLA 3.3 oder Kalknatronglas GLA 3.1 zur Anwendung (Ebert, Heuser 2001). Für geringe Stückzahlen wird das Glas in Formen aus mit Wasser getränktem Holz oder Grafit geblasen. Die Glasoberfläche passt sich dabei der Struktur der Formwände an.

Bilder: Mundblasverfahren zur Herstellung hochwertiger Leuchten./ Foto: Limburger Glashütte

GLA 2.1.5 Maschinelle Blasverfahren

Bei den maschinell unterstützten Blasverfahren wird die menschliche Atemluft durch Pressluft ersetzt und pneumatisch gesteuert. Den industriellen Blastechniken ist eine Dreiteilung des Prozesses gemein. Zunächst wird ein ***Vorformling*** erstellt und dem Werkzeug entnommen. In der endgültigen Werkzeugform wird das Glas erneut erwärmt und dann in die gewünschte Formgeometrie geblasen. Man unterscheidet die drei Verfahrensvarianten ***Saug-Blasen***, ***Blas-Blasen*** und ***Press-Blasen*** (Nölle 1997).

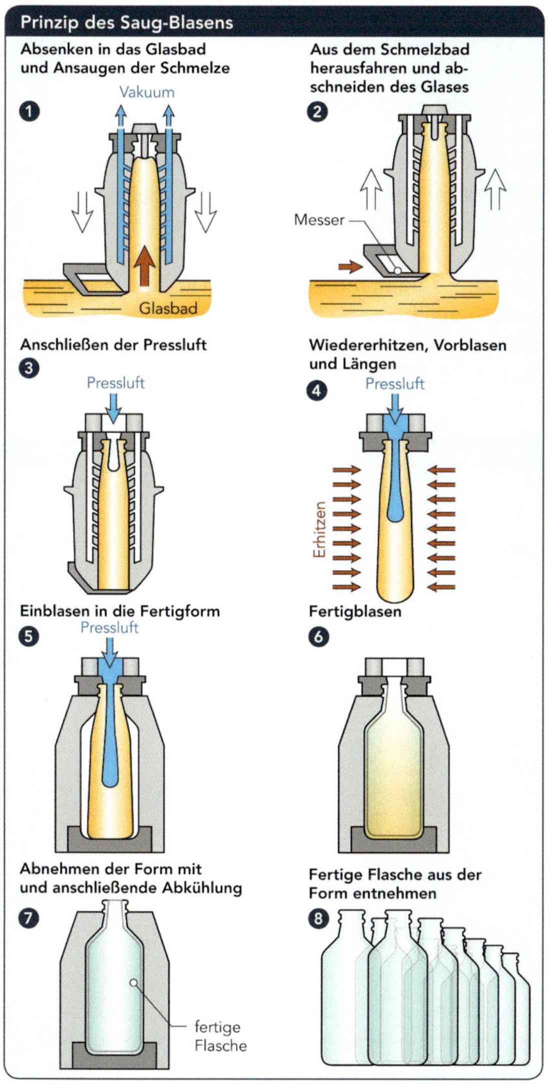

Abb. 8: nach [16]

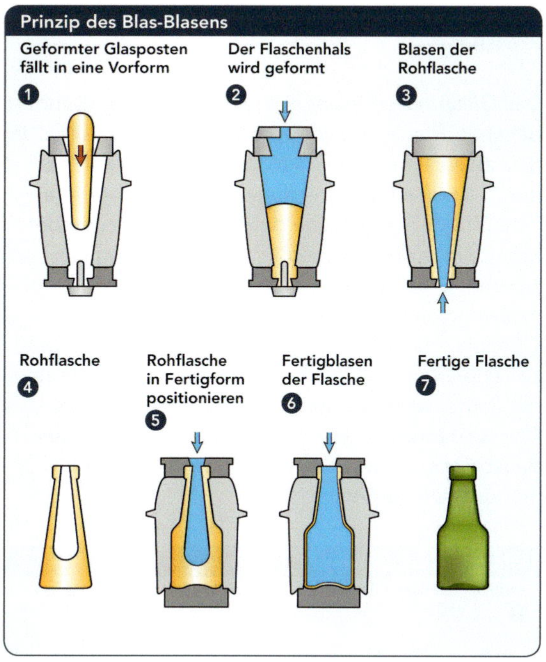

Abb. 9: nach [10]

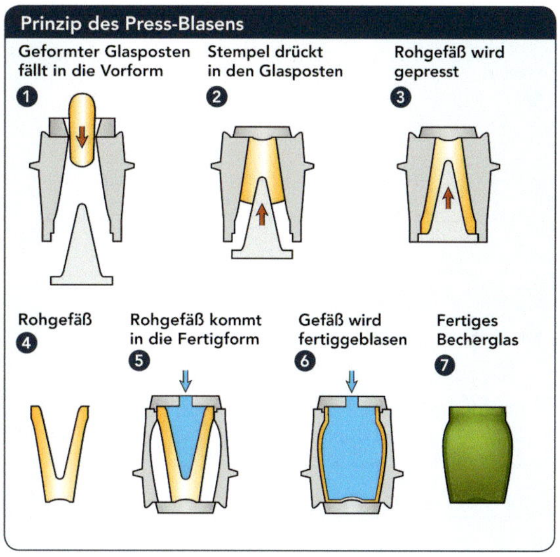

Abb. 10: nach [10]

Bild: Flaschen./ Foto: Heye Glas GmbH

Bild: Flaschenherstellung./ Foto: Heye Glas GmbH

GLA 2.1.6
Pressen

Das ***Glaspressen*** ist bereits seit dem 19. Jahrhundert bekannt. Die Glasschmelze wird bei etwa 1.200 °C in eine zweiteilige Form gedrückt und passt sich der durch das Werkzeug vorgegebenen Geometrie an. Eine Strukturierung kann durch die Oberfläche der Formteile in die Glasteiloberfläche übertragen werden. Durch ***Pressformen*** *FOR 6.4* werden dickwandige Formteile wie Bildschirme, Linsen, Einmach- und Brillengläser hergestellt. Der Abstand zwischen den zwei Werkzeugformhälften bestimmt die Bauteildicke. Ein Beispiel für die Anwendung des Pressverfahrens ist die Anfertigung von ***Hohlglasbausteinen***, die aus zwei Pressglashälften zusammengesetzt werden.

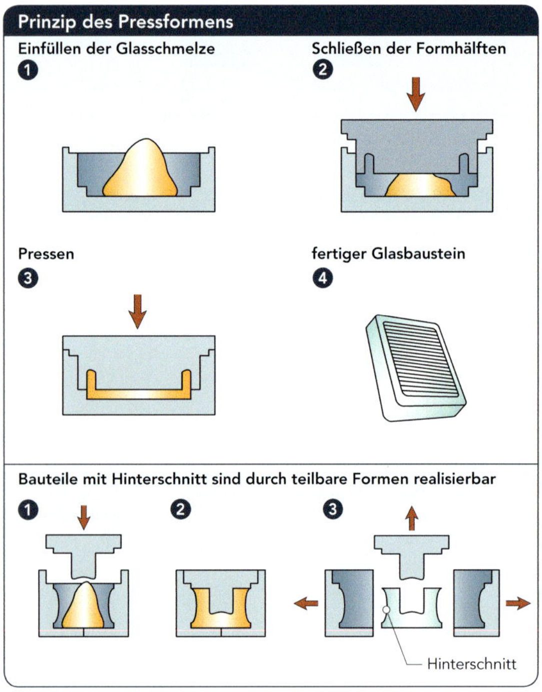

Abb. 11

Bild: Eierbecher »Gravity« aus Pressglas./ Hersteller: Leonardo/ Design: Henner Jahns, UNITEDDESIGNWORKERS.com

GLA 2.2
Prinzipien der Glasverarbeitung

GLA 2.2.1
Zerspanende Glasbearbeitung

Spanabhebende Verfahren, die man vor allem von der Holz- und Metallbearbeitung kennt, sind grundsätzlich auch zur Bearbeitung von Glas einsetzbar.

Bohrungen ab einem Durchmesser von 3 mm werden mit ***Diamantbohrern*** eingebracht. Dabei wird aber, anders als beim Bohren von Metall *TRE 1.7*, der Materialabtrag nicht durch das Entstehen von Materialspänen bewirkt. Vielmehr kommt es zum Ausriss vieler kleiner Glassplitter. Um Glasbruch zu vermeiden, ist die Kühlung des Materials mit Öl oder Wasser erforderlich. Für größere Bohrungen bis zu einem Durchmesser von 200 mm finden ***Rohrbohrer*** Verwendung. Das Bohrergebnis kann mit Hilfe von Schmirgelbrei *MIN 4.1.4* verbessert werden. Eine Alternative zur Verwendung von Bohrwerkzeugen mit festem Korn stellt das Wasserstrahlschneiden *TRE 2.2* dar, mit dem sehr flexibel auch unterschiedliche Öffnungsgeometrien in den Glaswerkstoff eingebracht werden können.

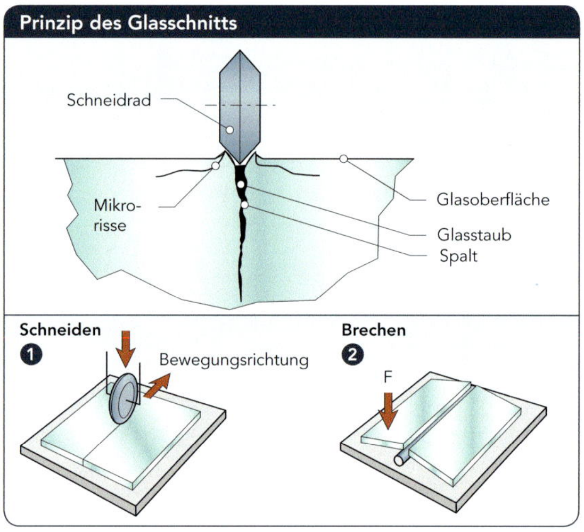

Abb. 12: nach [21, 25]

Zum Schneiden von Glas wird ein Schnittwerkzeug verwendet, das entweder mit einem Diamantkorn bestückt oder als Stahlrad ausgebildet ist. Beiden Schnittwerkzeugen ist gemein, dass sie bei Über-fahren der Glasoberfläche neben einer Rille auch eine dem Schnitt förderliche Spannung hinterlassen. Die Spannung ist Resultat der Ansammlung von Glasstaub im Spalt, der diesen aufkeilt und einen glatten Bruch des Glases bewirkt, sobald von der Rückseite ein geringer Druck aufgebracht wird. Das Schneiden mit Wasser- oder Laserstrahl bilden Alternativen zu den konventionellen Glasschneidtechniken. Auch Gläser bis zu Dicken von 80 mm können mit abrasivem Wasserstrahl problemlos bearbeitet werden.

Bild: Glasschneider.

Die nach einem Schnitt vorliegenden Glaskanten sind scharf und können Schnittverletzungen verursachen. Vor der Weiterverarbeitung oder dem Transport werden Schnittkanten daher meist einer Bearbeitung unterzogen. Hierfür kann eine Vielzahl von Verfahren eingesetzt werden. Zu diesen zählen ***Säumen***, ***Facettieren***, Polieren, Stoßen und Schleifen (Wörner et al. 2001).

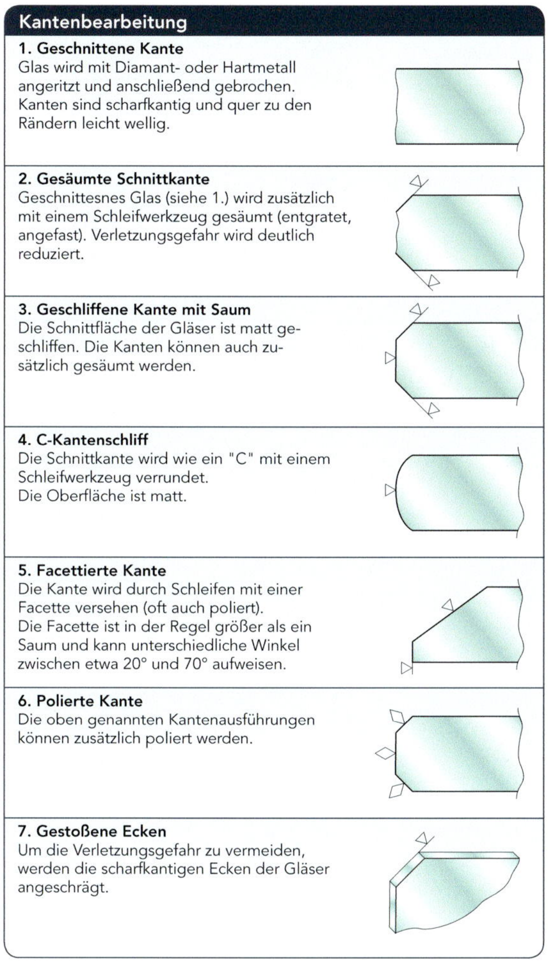

Abb. 13 nach [26]

Neben der Kantenbearbeitung von geschnittenem Flachglas wird das Schleifen auch zum Einbringen von Strukturen in Glasoberflächen verwendet und zählt zu den am häufigsten angewendeten Verfahren der Glasveredelung. Im ***Glasschliff*** unterscheidet man rau- und feinmatte sowie blanke Dekore. Der Schleifprozess ist über computergesteuerte Maschinen (CNC) automatisierbar, kann aber auch in Handarbeit erfolgen. Es kommen sowohl Diamantschleifscheiben als auch Korundschleifkörper zum Einsatz. Glas wird immer nass geschliffen, da es bei einer Trockenbearbeitung leicht zu Materialbruch kommen kann.

Auch die Gravur hat im Glasbereich eine große Bedeutung. Kleine rotierende Räder aus Kunststein, Kupfer oder Diamant werden genutzt, um einen Materialabtrag in der Glasoberfläche zu bewirken und Strukturen einzubringen.

Sand- oder Pulverstrahlverfahren *TRE 1.1* werden darüber hinaus zur Oberflächenstrukturierung von Glasbauteilen eingesetzt. Als Strahlmittel werden Quarzsand- oder Korundkörner verwendet. Nicht zu behandelnde Flächen werden mit Schablonen abgedeckt. Ähnliche Oberflächenstrukturen wie beim Sandstrahlen entstehen durch Ätzen *TRE 3*.

Ein weiteres Material subtrahierendes Bearbeitungsverfahren für den Werkstoff Glas ist das ***Glassägen***. Dafür haben sich Kunststein- und Diamant-Glassägen am Markt etabliert. Beide Werkzeuge besitzen keine Sägezähne, vielmehr werden schmale Rillen in das Glas geschliffen. Diamantsägen gestatten eine größere Vorschubgeschwindigkeit.

Hochwertige Glassorten mit besonderem Glanz werden unter Feuer poliert. Der glättende Effekt auf der Glasoberfläche erfolgt im plastisch-zähen Zustand nach Erwärmung auf Temperaturen zwischen 500 °C und 7.00 °C.

Bild unten: Facettierte Kanten von Glasscheiben.

GLA 2.2.2
Umformende Glasbearbeitung

Das gängigste umformende Bearbeitungsverfahren im Glasbereich ist das Biegen. In der Regel lassen sich alle Flachgläser, mit Ausnahme einiger Brandschutzgläser, bis zu einer Dicke von 10 mm biegend bearbeiten. Die Krümmung der Glasfläche erfolgt in ***Biegeöfen*** durch Senk- und Pressvorgänge bei Temperaturen von etwa 550–560 °C. Dabei wird die erweichte Glasscheibe langsam in eine Richtung gebogen. In speziellen Anlagen ist auch die Herstellung doppelt gekrümmter Scheiben oder das Biegen von Glasrohren möglich. Beim Biegen großflächiger Glasscheiben müssen Toleranzen von 2–7 mm eingerechnet werden (Achilles et al. 2003). Das Einbringen einer allseitigen Wölbung wird ***Bombieren*** genannt.

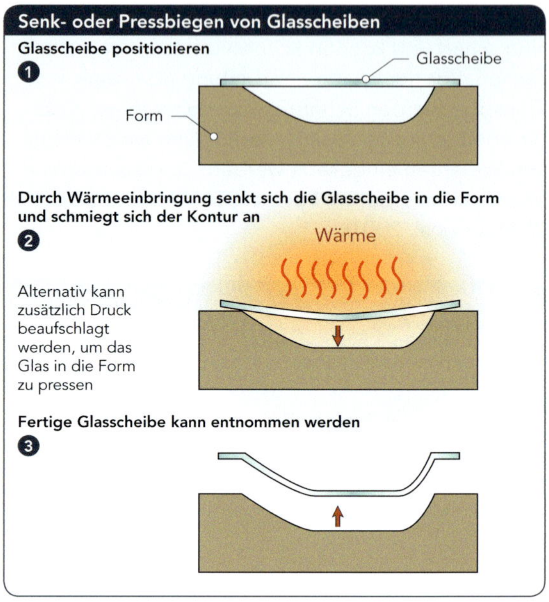

Abb. 14

Bild: Duschabtrennung aus gebogenem Glas./ Foto: Joh. Sprinz GmbH & Co. KG

Bild: Gebogene Glasscheiben./ Foto: Joh. Sprinz GmbH & Co. KG

GLA 2.2.3
Fügen

Zur Erzeugung von Verbindungen zwischen Glaselementen ohne störende Konstruktionselemente werden Glasscheiben entweder an den Rändern über ihre Erweichungstemperatur erhitzt und miteinander verschweißt, unter Zuhilfenahme einer dünnen Kupferschicht gelötet oder mit Klebesubstanzen geklebt (Wendehorst 2004).

Vor allem die Klebetechnik hat im Leichtbau in den letzten Jahren stetig an Bedeutung gewonnen. Zum Kleben von Glas sind UV- und Silikonkleber auf dem Markt erhältlich. Die Aushärtung der Klebemasse erfolgt im ersten Fall durch kurzzeitige Bestrahlung der Fügestelle mit ultraviolettem Licht. Dazu müssen die Glasteile fixiert werden. Auch sind Verbindungen aus Glas- und Metallbauteilen möglich. Ein typisches Anwendungsgebiet für UV-Klebeverbindungen ist der Bau von Glasmöbeln. Wegen der Feuchteempfindlichkeit von UV-Klebern ist das Verfahren für den Außenbereich allerdings nicht geeignet. Durch Spannungen auf Grund von Volumenänderungen beim Aushärten kann es zudem leicht zu Glasbruch kommen.
Die mit Abstand gängigste Methode zur Herstellung einer Klebeverbindung an Glasteilen und -halbzeugen geht auf zweikomponentige Silikonkleber FUE 4.1 zurück. Es entstehen wasserdichte und dauerelastische Verbindungen, die Belastungen und Verschiebungen des spröden Glasmaterials abfangen. Sie sind gegen UV-Strahlung beständig und können eingefärbt werden.

Die Befestigung von Flachglas in der Architektur kann unter Zuhilfenahme von Linien- und Punkthalterungen erfolgen. Diese sind so auszulegen, dass sie zum einen von außen eingeleitete Beanspruchungen auf das Glas ausgleichen und zum anderen einen dauerhaften Kontakt des Glases mit härteren Materialien verhindern.
Bei einer ***Linienlagerung*** werden die Anforderungen durch Elastomerprofile realisiert, die leichte Verdrehungen der Glasscheibe und Spannungsspitzen ausgleichen können. Die flexiblen Aufnahmen sind beim Fenster- und Fassadenbau in Aluminiumstrangpressprofilen integriert.
Punkthalterungen werden verwendet, um einen bestimmten Abstand und somit die ***Hinterlüftung*** zwischen Verkleidung und Bauuntergrund zu ermöglichen. Die einzelnen Scheiben werden mit vier oder sechs Haltern auf der Baukonstruktion angebracht. Eine Abfederung von Biegezugbeanspruchungen erfolgt durch schwarz eingefärbte Kunststoffeinlagen aus Polyamid (PA6), Polyoxymethylen (POM) oder Ethylen-Propylen-Dien-Copolymer (EPDM) (Wörner et al. 2001).

Bild: Linienhalterung für die Anbindung der Duschtrennwand an die Wand./ Foto: Joh. Sprinz GmbH & Co. KG

Bleiverglasung
wird aus Flachglasstücken zusammengesetzt. Die Glasstücke werden in H-förmige Bleiruten eingefasst und die Schnittpunkte der Ruten verlötet.

Bild: Punktgehaltenes Schiebetürsystem./ Foto: Manet Beyond Design GmbH

BackPlate
kann genutzt werden, um spannungsfreie Glas-Metall-Verbunde ohne Bohrung und Einspannung herzustellen (Hersteller: www.schott.de).

GLA 2.2.4
Oberflächenbehandlung und -beschichtung

In der langen Geschichte der Glasverarbeitung hat sich eine ganze Reihe von Techniken entwickelt, mit denen die optischen Qualitäten einer Glasoberfläche entscheidend verändert werden können. Man unterscheidet Mattiertechniken, Verfahren zum Farbauftrag und zur Erstellung von Spiegelflächen sowie Beschichtungstechniken wie das CVD- oder PVD-Verfahren. Die ***Sol-Gel-Technik*** ist eine chemische Methode zur Erzeugung dünner Glasschichten. Dicke Beschichtungen werden unter Verwendung von farbigem Glaspulver emailliert.

Zu den ***Mattierverfahren*** zählen das Sandstrahlen mit feinem Quarzsand, das Schleifen und das Ätzen.

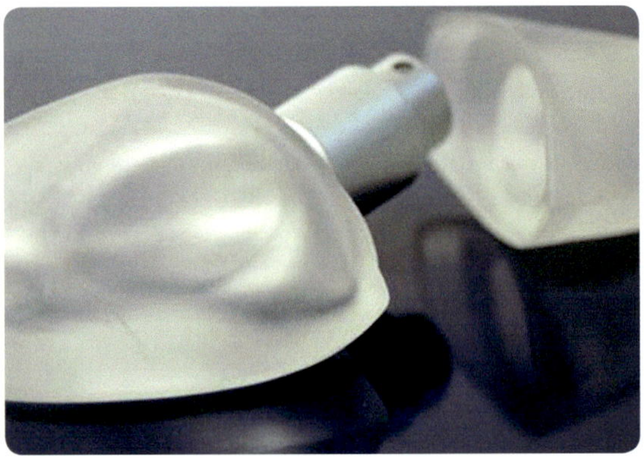

Bild: Mattierte Glasoberfläche durch Ätzen.

Während beim Ätzen fein abgestufte Mattierungen möglich sind, können durch Sandstrahlen und Schleifen je nach Korngröße auch grobe Strukturen tief in die Glasoberfläche eingebracht werden. Der Materialabtrag beim ***Glasätzen*** geht auf eine chemische Reaktion des Glaswerkstoffs mit Fluss- oder Salzsäure zurück. Für das partielle Mattieren werden die nicht zu bearbeitenden Oberflächen mit Lack oder einer Wachs- bzw. Harzschicht überzogen. Durch Verwendung reiner ***Flusssäure*** sind auch tiefe Strukturierungen in der Glasoberfläche möglich.

Bild: Dekoration einer Flasche durch Bemalen.

Seit einigen Jahren können dreidimensionale mattierte Strukturen mit dem Laser in einem Glasblock eingebracht werden. Der Laserstrahl wird in einem Punkt gebündelt und fährt die Kanten und für die Erkennbarkeit der Figur wichtigen Punkte ab.

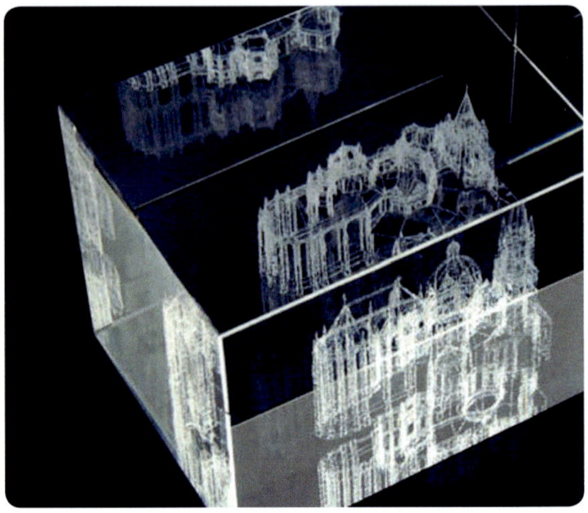

Bild: 3D-Struktur des Aachener Doms.

Die ***Glasmalerei*** ist das älteste Verfahren zur Einfärbung von Glasoberflächen. Genutzt werden Email-farben, die aus mit Farbpigmenten versetztem Glasstaub bestehen (Petzold, Pöschmann 1992; Eberle 2005). Diese werden in einer Flüssigkeit angerührt und mit einem Pinsel oder einer Spritzpistole auf die zu färbende Oberfläche aufgetragen. Anschließend wird die Paste bei Temperaturen zwischen 550 °C und 650 °C eingebrannt. Auch Gieß-, Walz- und Tauchverfahren sind für das Aufbringen der Farbe anwendbar BES 1.3.

Bild: Siebdruck auf Autoverglasung.

Eine weitere für den Glasbereich wichtige Technik ist der ***Siebdruck*** BES 1.4. Es können sowohl anorganische Emailfarben als auch organische Farbsysteme übertragen und bei entsprechenden Temperaturen eingebrannt werden. Vor allem zum Bedrucken von Flachgläsern bei Haushalts-, Büro- und Elektrogeräten hat der Siebdruck eine große Bedeutung erlangt. Neben der Anwendung im dekorativen Bereich wird die Technik zum Beschichten mit Leiterbahnen genutzt.

GLA 2.2.5
Herstellung von Spiegelflächen

Spiegelflächen entstehen durch Aufbringen eines ***Silberbelags***. Eine Lösung aus Silbersalz, Formalin und Zucker wird im Spritzverfahren auf die Glasoberfläche aufgetragen. Dort schlägt sich das Silber nieder und verbindet sich mit dem Glas. Ein anschließend aufgebrachter Kupferbezug und eine Decklackbeschichtung schützen die silbrige Spiegelfläche vor Witterungseinflüssen und mechanischen Beschädigungen. Das Silberspritzverfahren ist hochautomatisierbar und wird industriell in der Massenproduktion angewendet.

Neben diesen traditionellen Verfahren werden Techniken wie das ***PVD-Verfahren*** *BES 6.1* genutzt, um dünne Reflektionsschichten aus verschiedenen Metallen aufzudampfen oder zu sputtern. Im ***CVD-Verfahren*** *BES 6.2* wird Flachglas mit Metall (Titanoxide, Silber, Zinn) beschichtet, um die Eigenschaften zur Wärmedämmung und zum Wärmeschutz zu verbessern. ***Sol-Gel-Methoden*** dienen dem Auftrag dünner Funktionsschichten aus Glas durch chemische Reaktionen. Im ***Alkoxid-Gelverfahren*** wird beispielsweise Kieselglas unter Verwendung von Tetraethylorthosilikat (TEOS) erzeugt (Lohmeyer 2001).

Dünnfilmbeschichtungen für Glasoberflächen

Schichtarten	Beschreibung
Sonnenschutzschichten	Sonnenschutz durch reflektierende Metall- und Metalloxidschichten (z.B. Silber, Gold und Kupfer)
Wärmedämmschichten	Wärmeschutz durch reflektierende Metall- und Metalloxidschichten (z.B. Silber, Gold und Kupfer)
Antischmutzschichten	Beschichtungen verhindern ein Anhaften von Schmutzpartikeln
Transparente elektrisch leitfähige Schichten	elektrisch leitfähige, schaltbare elektrochrome Beschichtung (z.B. Indiumdioxid und Silber als Basis)
Entspiegelnde Schichten	Entspiegelung durch Metalloxidschichten mit hohem Brechungsindex (z.B. SiO2)
Verspiegelnde Schichten	Verspiegelung durch Beschichtungen auf Basis von Metallen (Ag, Al, Cr) mit absorptionsarmen Metalloxiden
Blockerschichten	Schichten zum Schutz vor äußeren, chemischen Einflüssen und zur Haftverbesserung
Beschichtungsverfahren: PVD-Verfahren, Magnetronsputtern (thermisches Bedampfen), CVD-Verfahren, Online- und Offline-Verfahren, Sol-Gel-Verfahren	

Abb. 15: nach [1]

Dickfilmbeschichtungen für Glasoberflächen

Schichtarten	Beschreibung
Dekorative Schichten	Farbauftrag durch Tauchen, Spritzen oder Siebdruck
Splitterbindende Schichten (Folien)	Splitterbindende Kunststofffolien kaschieren oder Laminieren, splitterbindende Acrylschicht durch Einlitern in geschlossene Form
Brandschützende Schichten	Brandschutzschichten durch Einlitern von Flüssigkeiten auf Basis von Acrylaten oder Wasserglas (Alkalisilikat)
Schallschützende Schichten	Schallschutzschichten durch Einlitern in geschlossene Form
Elektrisch leitfähige Schichten (Leiterbahnen)	Elektrisch leitfähige Schichten durch Siebdruck
Hydrophile Schichten	Schichtauftrag von Silanen durch Flammpyrolyse
Hydrophobe Schichten	Schichtauftrag von Siliziumverbindungen durch Sol-Gel-Verfahren
Amorphe Siliziumschichten	Schichtauftrag von Silianen oder Siliziumverbindungen durch plasmaunterstützendes CVD-Verfahren

Abb. 16: nach [1]

Einlitern
Einlitern ist das Einfüllen einer definierten Flüssigkeitsmenge.

Flammpyrolyse
Durch die Flammenpyrolyse einer siliziumorganischen Verbindung wird eine dünne, sehr dichte und fest haftende Silikatschicht auf der Oberfläche erzeugt. Diese Vorbehandlungsmethode eignet sich besonders für Metalle, Glas, Keramik und die meisten Kunststoffe und ist eine sehr effektive, zuverlässige und kostengünstige Alternative zu den anderen, meist sehr aufwändigen Vorbehandlungsmethoden.

Bild: Spiegeleffekte sind nicht immer erwünscht.

GLA 2.2.6 Entspiegelte Gläser

Entspiegelte Brillengläser verhindern die Entstehung von störenden Lichtreflexionen. Übliches Normalglas reflektiert etwa 8 % des eintreffenden Lichts. Bei entspiegeltem Glas geht der Anteil auf Werte zwischen 0,5 % (Marke: Luxar®) und 1 % (Marke: Amiran®) zurück.

Bild: Entspiegelte Brillengläser.

Schon 1935 wurde ein Verfahren zur ***Entspiegelung*** von Gläsern entwickelt. Mehrere hauchdünne Materialschichten (z. B. Magnesiumfluorid) werden unter Vakuum aufgedampft BES 6.1. Der Grad der Entspiegelung wird von der Qualität des Beschichtungsmaterials bestimmt. Heute werden meist Silizium- oder Titanoxide verwendet.

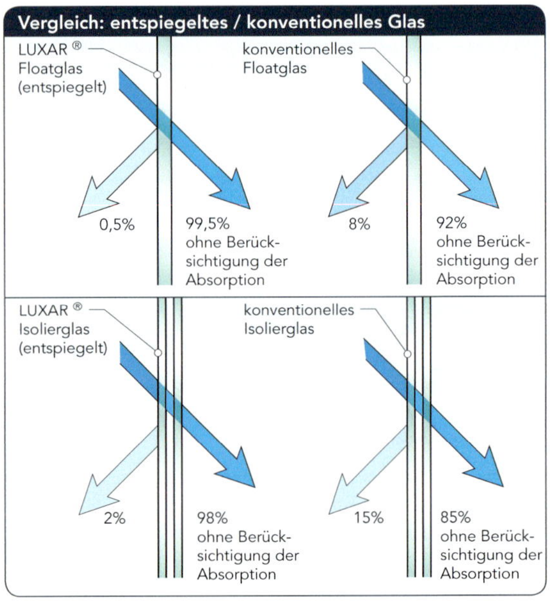

Abb. 17: nach [1]

Neue Entwicklungen machen die Herstellung entspiegelter Gläser auch durch Mikrostrukturierung der Glasoberfläche oder durch Sol-Gel-Beschichtung möglich. Entspiegeltes Glas wird z. B. für Glasfassaden, Türen, Bilderrahmen, Vitrinen, Schaufenster, Anzeigetafeln und Möbel aus Glas verwendet.

GLA 3
Vorstellung einzelner Glaswerkstoffe

GLA 3.1
Kalknatronglas

Kalknatronglas bildet die mengenmäßig größte Gruppe aller genutzten Glaswerkstoffe. Unter dem natriumhaltigen Glas versteht man normales Gebrauchsglas, dass schon zu Römerzeiten zur Anfertigung von Fenstern verwendet wurde.

Eigenschaften
Der Werkstoff setzt sich zu 70–75 % aus Siliziumdioxid (SiO_2), zu 4–10 % aus Kalziumoxid (CaO) und zu 15 % aus Natriumoxid (Na_2O) zusammen. Er gehört zur Gruppe der Alkali-Kalk-Gläser. Der Rezeptur werden einige weitere Zuschlagstoffe wie Magnesium- oder Aluminiumoxid zugesetzt. Kalk-natronglas weist gute mechanische Eigenschaften auf und zeichnet sich durch eine porenfreie, glatte Oberfläche und sehr gute Lichtdurchlässigkeit aus. Seine hohe chemische Resistenz gegen Flüssigkeiten und leichte Säuren macht ihn zur Abfüllung und geschmacksneutralen Lagerung von Lebensmitteln besonders geeignet. Die Erweichungstemperatur liegt bei etwa 700 °C. Kalknatronglasgefäße können zur Erwärmung von Nahrungsmitteln problemlos genutzt werden. Allerdings ist eine hohe Wärmedehnung zu beachten, die bei plötzlichen Temperaturwechseln zum Zerspringen des Glases führen kann. Als typischer Vertreter von Kalknatrongläsern zählt ***Kronglas*** zu den optischen Gläsern, weist aber anders als das Flintglas GLA 3.3 mit einem hohen Bleigehalt nur einen geringen Lichtbrechungsindex auf.

Bild: Getränkeflaschen.

Verwendung
Auf Grund der Unbedenklichkeit des Werkstoffs in Verbindung mit Lebensmitteln und seiner Lichtdurchlässigkeit werden die meisten Flaschen, Trinkgläser und dickwandigen Glasbehältnisse aus Kalknatronglas hergestellt. Im Bereich der Getränkeabfüllung verzeichnet man in den letzten Jahren eine Verdrängung des Glaswerkstoffs durch leichtere PET-Flaschen KUN 4.1.10, die zudem ein größeres Füllvolumen fassen können.

Kalknatronglas ist der klassische Werkstoff zur Fertigung von Flachgläsern wie Fensterscheiben oder Spiegelflächen. Der Werkstoff wird zur Massenproduktion von Glühbirnen, Leuchtkörpern und Scheinwerferglas verwendet. Kronglas dient zur Anfertigung von Brillengläsern und Linsen optischer Systeme wie Lichtmikroskope oder Teleskope.

Bild: Rohlinge für Brillengläser aus Kronglas./ Foto: SCHOTT AG

Verarbeitung
Die Gesamtheit aller Eigenschaften macht eine maschinelle Bearbeitung von Kalknatronglas möglich. Flachglas wird industriell unter Anwendung dreier unterschiedlicher Verfahren hergestellt. Zum einen steht seit fast einem halben Jahrhundert das Floatverfahren GLA 2.1.1 zur Verfügung. Darüber hinaus können flache Gläser durch Ziehen oder Walzen erzeugt werden. Die großindustrielle Flaschenproduktion erfolgt mit vollautomatisierten Blastechniken GLA 2.1.5. Mundgeblasene Glasbauteile aus Kalknatronglas sind nicht unüblich. Für die Herstellung von Haushaltsgläsern oder Glasbausteinen kommt das Pressen zur Anwendung GLA 2.1.6. Glasfasern aus Kalknatronglas werden durch Schleuderziehen oder Blasen erzeugt.

Alternativmaterialien
Polyethylenterephthalat (PET), Bleiglas/Flintglas für optische Anwendungen, Borosilikatglas für witterungsbeständige Anwendungen, Kunststoffgläser aus Acrylglas (PMMA) oder Polycarbonat (PC)

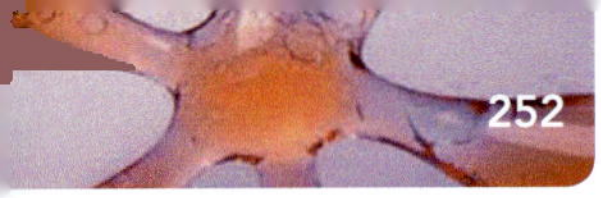

GLA 3.2
Borosilikatglas

Borosilikatglas wurde 1887 von Otto Schott und Ernst Abbe entwickelt und ist vor allem unter dem Handelsnamen Pyrex® (weitere: Jenaer Glas®, Duran® oder Solidex®) bekannt geworden. Es gehört seit den 1920ern neben Kalknatron- und Bleiglas zu den wichtigsten Glaswerkstoffen für technische Anwendungen. Namhafte Künstler und Gestalter wie Gerhard Marcks, Wilhelm Wagenfeld und Ilse Decho nutzten den Werkstoff für ihre Produktentwürfe und verhalfen ihm zu einer weiten Verbreitung. Bedingt durch die schlechte Ertragssituation und den zunehmenden Wettbewerbsdruck hat das Unternehmen Schott allerdings die Produktion von Borosilikatglas unter dem Handelsnamen Jenaer Glas® eingestellt.

Eigenschaften
Die Mischung aus 70–80 % Siliziumdioxid (SiO_2), etwa 7–15 % Boroxid (B_2O_3) und 2–7 % Aluminiumoxid (Al_2O_3) verschafft Borosilikatgläsern vor allem wegen des geringen Gehalts an Alkalimetalloxiden von 4–8 % hohe chemische Resistenz und Hitzebeständigkeit. Durch den Ersatz der Kalziumoxide durch Boroxide ist die Wärmedehnung im Vergleich zu Floatglas gering, weshalb der Werkstoff über eine gute Temperaturwechselbeständigkeit verfügt. Borosilikatgläser sind zudem wenig spröde und haben hervorragende stoßfeste Eigenschaften. Die maximale Einsatztemperatur z. B. von Jenaer Glas® liegt bei etwa 500 °C.

Bild unten: Teekanne »CHAMBORD« aus Borosilikatglas./ Hersteller: Bodum

Verwendung
Borosilikatglas gilt als universell verwendbarer Glaswerkstoff, wenn neben optischer Qualität und Transparenz vor allem gute chemische Resistenz, sehr hohe Hitzebeständigkeit bei vielfachem Temperaturwechsel gefragt ist. Im Haushalt wird Borosilikatglas beispielsweise als feuerfestes Glas für Backformen, Bratpfannen oder Glasteekannen verwendet. Ein weiteres großes Anwendungsgebiet ist die chemische Industrie. Der Werkstoff kommt in der chemischen Verfahrenstechnik ebenso zum Einsatz wie in Laboratorien zur Herstellung von Geräten, Reagenzgläsern, Kolben oder Glasrohrleitungen , Glasrohrleitungen oder Glasfiltern. Zudem werden Thermometer und Glühbirnen aus Borosilikatglas gefertigt.

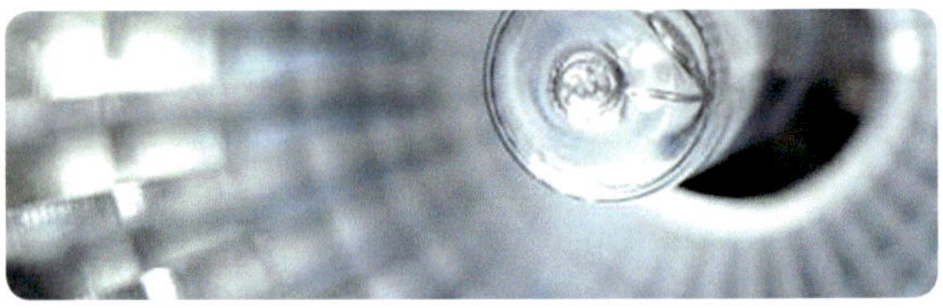

Bild: Halogenreflektor aus Borosilikatglas.

Auch für pharmazeutische Behältnisse wie Ampullen bietet es ein ideales Eigenschaftsprofil. In Form von Glasfasern GLA 4.7, KUN 1.6 findet das Material zur Verstärkung von Kunststoffen (GFK) und Textilien Verwendung. Die witterungsbeständigen Eigenschaften des Werkstoffs werden für Signalleuchten, Verkehrsleitanlagen und Fahrzeugscheinwerfer genutzt.

Verarbeitung
Die weite Verwendung von Borosilikatglas ist neben den guten Eigenschaften vor allem auch der einfachen Verarbeitbarkeit zu verdanken. Es lässt sich vor der Lampe (Brenner) blasen, weshalb es von Glaskünstlern und Kunsthandwerkern noch heute sehr beliebt ist. Die unterschiedlichsten Formen sind komplikationsfrei mit dem Mund zu blasen GLA 2.1.4.

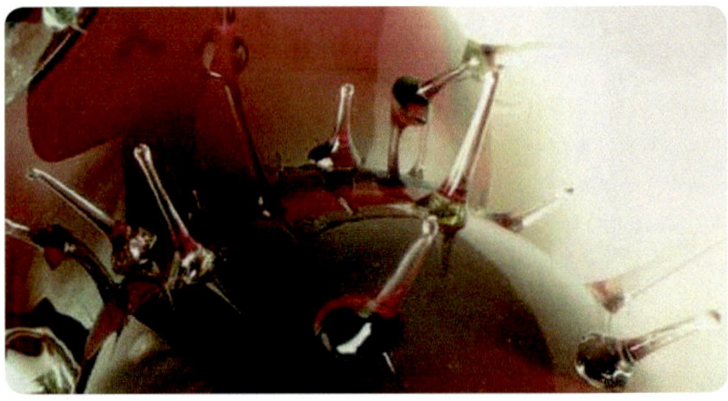

Bild: Mundgeblasene Glasskulptur aus Borosilikatglas./ Design: Dr. Sascha Peters

Wirtschaftlichkeit und Handelsformen
Borosilikat-Flachglas ist in Dicken von 3 mm bis 15 mm erhältlich. Die Scheiben können eine Länge von bis zu 3.300 mm und eine Breite von 2.200 mm aufweisen. Üblicherweise wird der Glaswerkstoff in Rohren vertrieben.

Alternativmaterialien
Kiesel- bzw. Quarzglas, Kalknatronglas für Glasfasern, Glaskeramik

GLA 3.3
Bleiglas

Bleiglas ist der dritte Vertreter der für die Industrie wichtigen Glaswerkstoffe. Zusammen mit Borosilikat- und Kalknatronglas deckt es etwa 95 % der weltweiten Glasproduktion ab.

Eigenschaften
Die Herstellung von Bleigläsern erfolgt auf Basis einer Rezeptur, in der im Vergleich zur Ausgangsmischung von Normalglas das Kalziumoxid (CaO) durch Bleioxid (PbO) ersetzt wird. Bleigläser sind leicht schmelzbar, haben eine vergleichsweise hohe Dichte, ein hohes spezifisches Gewicht und sind hervorragende Isolatoren von elektrischen Strömen. Nach einer EU-Richtlinie enthält echtes Bleiglas mindestens 18 % des Oxids. Bei dem zur Gruppe der Bleigläser gehörenden ***Bleikristallglas*** beträgt der Bleioxidanteil sogar mehr als 24 %. Es weist eine besondere optische Qualität auf, die durch einen hohen Brechungsindex und einen farblosen und klaren Glanz erzielt wird. ***Flintglas*** ist ein in der Optik häufig verwendeter Glaswerkstoff mit einem Bleioxidgehalt von mehr als 40 %.

Bild: Schleifen von Bleikristallglas./ Foto: F.X. Nachtmann Bleikristallwerke GmbH

Verwendung
Wegen der starken Lichtbrechung und den sehr guten optischen Qualitäten wird Bleikristall vorzugsweise geschliffen und nicht zuletzt wegen seines schönen Klangs zur Anfertigung wertvoller Luxusartikel verwendet. Hierzu zählen insbesondere hochwertige Trinkgläser, Karaffen, Schalen, Vasen, Kerzenständer und andere Ziergegenstände.

Gläser mit einem Bleioxidgehalt von mehr als 65 % werden für den Strahlenschutz (z. B. Röntgenstrahlung) eingesetzt, da sie schädliche Gammastrahlung absorbieren. Der zur Schmuckherstellung verwendete Edelsteinersatz ***Strass*** zählt ebenfalls zu den Bleigläsern.

Verarbeitung
Bleikristall lässt sich sehr gut schleifen, schneiden und gravieren, wodurch sich Oberflächenverzierungen in Gläsern und Kunstobjekten auf einfache Weise herstellen lassen. Hoch glänzende Bleikristallgläser werden feuerpoliert. Unter Zuhilfenahme von Farben können die optischen Qualitäten gesteigert werden. Hierzu wird die äußere Glasschicht gefärbt und anschließend geschliffen. Neben der handwerklichen Bearbeitung von Bleikristall haben sich auch industrielle Verfahren etabliert. Das Glas wird maschinell gepresst, anschließend in eine Form geblasen und die Oberflächenstruktur mit Fluorwasserstoff geätzt. Der Schleifvorgang entfällt. Die Herstellung von Glasröhren erfolgt in Ziehverfahren.

Wirtschaftlichkeit
Bleigläser sind in der Regel wesentlich teurer als andere für Trinkgefäße verwendete Glaswerkstoffe. Auf Grund der großen Quarzvorkommen und der für die Produktion der Rohstoffe (z. B. Pottasche) benötigten großen Holzmengen wird Bleikristall traditionell im Grenzgebiet zwischen Deutschland und Tschechien hergestellt und verarbeitet.

Alternativmaterialien
Kalknatrongläser, Kronglas für optische Anwendungen, Kunststoffgläser aus Acrylglas (PMMA) oder Polycarbonat (PC)

Bild: Glas aus Bleikristallglas./ Foto: F.X. Nachtmann Bleikristallwerke GmbH

GLA 3.4
Kieselglas (Quarzglas)

Kieselglas ist ein technisch genutzter Glaswerkstoff, der auch in der Natur vorkommt GLA 3.6. Die transparente Form ist auch als ***Quarzglas*** bekannt.

Eigenschaften
Quarz- bzw. Kieselglas basiert nahezu vollständig auf Siliziumdioxid SiO_2 (Quarzsand). Es enthält keine Beimischungen von Soda oder Pottasche, wodurch der Schmelzpunkt mit einem Wert von 1.723 °C sehr hoch ist (Scholze 1988). Der Werkstoff gehört zu den hoch belastbaren Gläsern. Er ist extrem druckfest, sehr hitzebeständig und verfügt über eine hohe Temperaturwechselbeständigkeit. Kieselglas ist bis zu Temperaturen von 900 °C einsetzbar. Kurzfristig hält der Werkstoff, dessen Erweichungstemperatur oberhalb von etwa 1.500 °C liegt, auch Werten von über 1.000 °C stand. Zudem ist die Wärmedehnung sehr gering. Hervorzuheben sind des Weiteren die gute Resistenz des Glaswerkstoffs gegen chemische Einflüsse und Substanzen sowie die Durchlässigkeit für UV-Strahlung.

Hartglas
ist chemisch resistent, thermisch beständig und weist eine hohe Erweichungstemperatur auf. Der thermische Längenausdehnungskoeffizient liegt unter 6 x 10^{-6} K^{-1}.

Bild unten: Dieser Gasofen ist mit thermisch und chemisch resistentem Hartglas ausgestattet. Alternativ hierzu wird häufig auch Quarzglas eingesetzt./ Entwicklung und Foto: MMID

Verwendung
Quarzglas wird auf Grund seiner besonderen Eigenschaften vor allem zur Herstellung von Laborgeräten und chemischen Apparaten verwendet. Darüber hinaus hat der Werkstoff in der Optik (z. B. für Laser) und in der Elektrotechnik Platz gefunden. Eine wichtige Anwendung ist der Einsatz in der Chipindustrie (Quarzglasprodukte wie im Bild, Halterung der Siliziumwafer) sowie für Linsensysteme in der Mikrolithografie (z. B. für die Belichtungstechnik zur Erzeugung feinster Chipstrukturen auf den Siliziumwafern).
Auf Grund des besonderen Eigenschaftsprofils und der hochtemperaturbeständigen Eigenschaften wurde Kieselglas für die Fenster des Space Shuttles genutzt, da diese beim Eintritt in die Erdatmosphäre besonders hohen Temperaturschwankungen ohne große Verformung standhalten mussten. Auch Ofenfenster werden aus Quarzglas gefertigt.

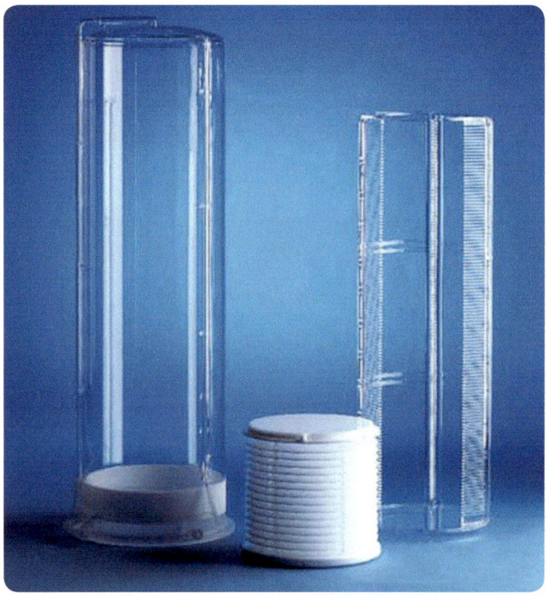

Bild: Chemisch reine, komplexe Quarzglasprodukte für die Chipfertigung./ Foto: Heraeus, Hanau

Verarbeitung
Kieselglas ist wegen seiner hohen Schmelztemperatur und der extremen Belastbarkeit des Werkstoffs sehr schwierig zu bearbeiten. Charakteristisch sind die muschelförmigen Bruchstellen. Für spezielle Anwendungen wird Quarzglas aus Bergkristall gewonnen.

Alternativmaterialien
Glaskeramik, Borosilikatglas

GLA 3.5
Glaskeramik

Die vom Unternehmen Schott ursprünglich für Weltraumteleskope entwickelte Glaskeramik ist vor allem unter dem Handelsnamen Ceran® bekannt. Sie wird seit 1973 für Kochflächen verwendet.

Eigenschaften

Glaskeramik ist weder ein typisches Glas mit amorpher, noch eine typische Keramik mit kristalliner Struktur. Sie wird vielmehr aus der Glasschmelze durch gezielte Steuerung einer Kristallisation gewonnen. Besonderheiten des Werkstoffs sind geringe Wärmedehnung und hohe Temperaturwechselbeständigkeit. Er ist feuerfest, weshalb er für den Brandschutz besonders geeignet ist. Glaskeramikoberflächen verfügen über eine extreme Härte, sind kratzfest, mechanisch hoch belastbar und verschleißfest. Sie können porenfrei hergestellt werden, wodurch eine rasche Entfernung von Schmutzpartikeln ermöglicht wird.

Bild: Ceran® Kochfläche.

Verwendung

Neben der Temperaturwechselbeständigkeit und kratzfesten Oberfläche sind Kochfelder aus Glaskeramik energiesparend einsetzbar. Da die Wärme auf Ceran®-Flächen direkt nach oben geleitet wird, ist die Anwärmzeit kurz. Dadurch kann eine Energieeinsparung von 10–15 % erzielt werden. Die seitlich neben der Kochfläche befindlichen Bereiche bleiben von der Erwärmung ausgeschlossen. Weitere Anwendungsbeispiele des Werkstoffs sind Sichtfenster für Kamine und Öfen, Kochgeschirr und die Außenverkleidung von Raumfahrzeugen. Für Astrospiegelträger wurde von Schott die Glaskeramik Zerodur® entwickelt. Eine seit 2004 auf dem Markt befindliche Variante dient zur Herstellung eines dreidimensional geformten Kamins. Er lässt nach allen Seiten das Erlebnis einer lodernden Flamme zu. Die Wärmequelle kann wieder ins Zentrum des Raumes wandern. Die entstehenden Abgase werden über eine Rohrleitung im Boden abgezogen.

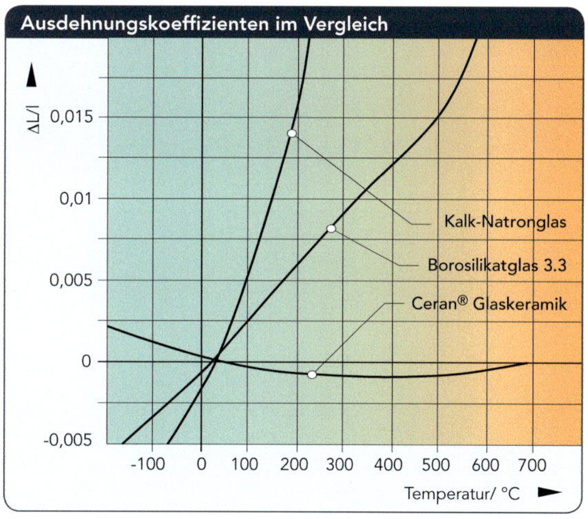

Abb. 18

Verarbeitung

Glaskeramik wird in einem zweistufigen Fabrikationsvorgang hergestellt. Die erste Phase unterscheidet sich nicht von der üblichen Prozesskette zur Produktion normaler Gläser. Der Schritt zu den besonderen Eigenschaften der Glaskeramik vollzieht sich durch anschließendes Keramisieren und Erhitzen auf Temperaturen von etwa 900 °C (Lohmeyer 2001). Der Werkstoff erhält eine gesteuerte Polykristallinität. Glaskeramik kann verspiegelt werden.

Alternativmaterialien

Kieselglas, Borosilikatgläser

Bild: Kamin mit Glaskeramikhaube. Entwicklung durch NOA in Zusammenarbeit mit Schott. Das Feuer ist mit einer großen, 3D-verformten Robax-Scheibe überzogen, die eine extrem niedrige thermische Ausdehnung besitzt./ Foto: NOA

GLA 3.6
Naturgläser

Natürliche Gläser können durch Auftreten unterschiedlicher Naturphänomene entstehen. ***Fulgurite*** gehen beispielsweise auf Blitzeinschläge in sandige Böden zurück. Obsidian und Bimsstein MIN 4.2.2 entstehen während der Erstarrung und Abkühlung von Lava nach Vulkanausbrüchen MIN. Auch Meteoriteneinschläge auf die Erdoberfläche können das Aufschmelzen von Gesteinsformationen bewirken und den glasigen Zustand von ***Tektiten*** durch schnelles Abkühlen hervorrufen. Darüber hinaus werden durch die bei einem Meteoriteneinschlag freigesetzte Energie ***diaplektische Gläser*** erzeugt. Die Gitterstruktur eines Kristalls wird dabei durch die entstehenden extremen Drücke in Form von Schockwellen zerstört und in eine ungeordnete, amorphe Anordnung überführt. Die Schockwellen nach unterirdischen Atombombenversuchen können ähnliche Auswirkungen haben. Diaplektische Gläser werden beispielsweise in der Umgebung des Nördlinger Ries gefunden, wo vor 15 Millionen Jahren ein Meteorit eingeschlagen ist.

Verwendung
Wurden Naturgläser in der Frühgeschichte des Menschen als Werkstoffe zur Herstellung von Waffen (z. B. Pfeilspitzen) und Werkzeugen genutzt, haben sie heute vor allem eine Bedeutung für die Erzeugung von Schmuckartikeln.

Zu den Naturgläsern zählen:
Blitzröhren, Blitzstein, Bimsstein, Brekzie, Darwinglas, diaplektische Gläser, Fulgurit, Gesteinsglas, Indochinite, Kieselglas, Köfelsit, Lechatelierit, Moldavite, Obsidian, Steinglas, Suevit (grau, rot), Tektit, Wüstenglas, Vulkanglas

Bild: Figur aus Obsidian.

GLA 3.7
Obsidian

Obsidian verdankt seinen Namen einem Römer namens Obsius, der das Naturglas aus Äthiopien nach Rom brachte. Kleine abgerundete Obsidian-Nuggets werden auch Apachentränen genannt. Der Fundort des Steins gibt der Sage nach die Stelle an, an der ein Indianer den Tod fand.

Eigenschaften
Obsidian ist ein natürliches Gesteinsglas, das nach vulkanischer Aktivität bei rascher Erstarrung gasarmer Lava entsteht. Während der kurzen Abkühlung der äußerst zähflüssigen Schmelze bilden sich keine Kristalle. Die wenigen flüchtigen Bestandteile wie Wasser oder Kohlendioxid werden in der Obsidianstruktur eingeschlossen. Besonders hervorzuheben sind die hohen Härtewerte und die optischen Qualitäten von Obsidian. Je nach enthaltenen Bestandteilen hat das Gesteinsglas eine schwarze, grünschwarze, rotbraune oder graue Oberfläche. Die optischen Eigenschaften reichen von undurchsichtig bis leicht durchschimmernd. Die schwarze Färbung geht auf kleine Mengen eingeschlossener Eisenoxide zurück, die vor allem in Hämatit- und Magnetitmineralen MIN 4.1.4 vorzufinden sind. Die Einlagerung von weißen Sphärolithen (Feldspat- oder Christobalithkristalle) bewirkt fleckige Oberflächeneffekte, weshalb man auch vom ***Schneeflockenobsidian*** spricht. Liegt eine Vielfarbigkeit vor, wird der Werkstoff mit ***Regenbogenobsidian*** bezeichnet. Die rote Variante nennt sich ***Mahagoni-Obsidian***.

Verwendung
In der Jungsteinzeit und frühen Antike wurden aus dem äußerst harten Obsidian Messerklingen und Beile gefertigt. Die besonderen optischen Qualitäten und die gute Haltbarkeit machten den Werkstoff vor allem im Zeitalter des Hellenismus und im römischen Kaiserreich zu einem begehrten Material für Schmuck und Kunstartikel. Im Hochland Mexikos nutzte die indianische Kultur Obsidian anstelle von Flint oder Hornstein zur Herstellung von Werkzeugen und Waffen. Heute werden ***Obsidianklingen*** in der Augenmedizin und Schönheitschirurgie bei komplizierten Operationen verwendet. Im Vergleich zum Laserschneiden entstehen deutlich weniger Fransen, was dem Heilungsprozess zugute kommt.

Verarbeitung
Bei der Einfassung als Schmuckstein ist besondere Sorgfalt geboten, da der Werkstoff trotz seiner hohen Härtewerte schnell splittert. Die Bruchstellen erinnern an die Oberfläche von Seemuscheln, weshalb man auch von einem muscheligen Bruch spricht MIN 1.2. Absplitterungen wurden früher durch leichte Schläge mit einem Hammer erzeugt und konnten als messerscharfe Klingen, Pfeilspitzen und Schaber eingesetzt werden. Eine Nachbearbeitung erfolgt mit den üblichen Schleifmitteln.

Handelsformen
Obsidian kommt in allen vulkanischen Gebieten vor. Abbaugebiete befinden sich in Teilen Nordamerikas, in Mexiko, Japan, Äthiopien, Island, Ungarn, Italien und in der Slowakei. Besonders auf dem Gebiet der sagenumwobenen Ruinenstätte Teotihuacán, etwa 60 Kilometer nördlich von Mexiko-Stadt, werden Kunstgegenstände heute noch handwerklich produziert und angeboten.

Alternativmaterialien
Diamanten in der Chirurgie, Edelsteine zur Schmuckherstellung

GLA 4
Spezialgläser

Bild: Metalleinlagen im Verbundglas./ Foto: INGLAS GmbH & Co. KG

GLA 4.1
Sicherheitsgläser

Sicherheitsgläser sind Flachgläser, die im Vergleich zu Normalglas eine höhere Stabilität aufweisen und splitterfrei brechen. Auf dem Markt haben sich für verschiedene Einsatzzwecke folgende Sorten etabliert (Achilles et al. 2003, Kaltenbach 2003, Schäffler 2000):

- Einscheibensicherheitsglas (ESG)
- teilvorgespanntes Glas (TVG)
- Verbund-Sicherheitsglas (VSG)
- begehbares Glas
- Panzerglas
- Drahtglas

Bild: Sicherheitsglas im Kfz-Bereich.

Zur Herstellung von ***Einscheibensicherheitsglas*** (ESG) wird Flachglas einem thermischen oder chemischen Härteprozess unterzogen. Beim thermischen Härten wird zunächst auf Temperaturen zwischen 650 °C und 700 °C erhitzt und anschließend mit kalter Pressluft abgeschreckt. Auf Grund unterschiedlich starker Abkühlung im Innern und am Rand des Glases entsteht ein Spannungsgefälle. Der chemische Härtprozess erfolgt im Salzbad. Dieser bewirkt einen Ionenaustausch, der in der dünnen Oberflächenschicht starke Druckspannungen erzeugt. Die Bruch- und Biegefestigkeit wird durch die eingebrachten Vorspannungen verbessert. Bei Überbeanspruchung löst sich die Spannung und das Glas zerfällt in eine Vielzahl kleiner Krümel. Die Verletzungsgefahr ist dadurch deutlich verringert.

Teilvorgespanntes Glas (TVG) entsteht durch eine langsamere Abkühlung im thermischen Herstellungsprozess von ESG. Es liegt eine im Vergleich geringere Vorspannung vor, die mit niedrigerer Festigkeit und Temperaturwechselbeständigkeit einhergeht. TVG bricht mit langen Rissen von Kante zu Kante. Eine Splitterung wird ebenfalls unterbunden.

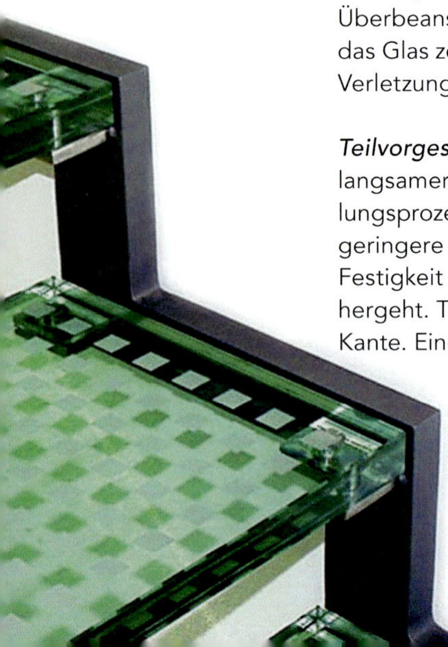

Bild links: Begehbares Glas./ Foto: Joh. Sprinz GmbH & Co. KG

Verbund-Sicherheitsglas (VSG) besteht aus zwei oder mehreren, meist gleichdicken Flachglasplatten (Float, TVG, ESG), die unter Zuhilfenahme einer oder mehrerer hochelastischer Kunststofffolien aus ***Polyvinylbutyral*** (PVB) unter Hitze und Druck fest miteinander verbunden werden. Dadurch erhält der Werkstoff eine hohe Temperaturwechselbeständigkeit sowie besondere schlagfeste und biegebruchsichere Eigenschaften. Bricht das Glas, so haften die einzelnen Stücke wie in einem Netz an der Folie. Schwere Verletzungen werden vermieden. Splitterungen können zudem durch einen asymmetrischen Aufbau des Glasverbundes klein gehalten werden. Für spezielle optische Eigenschaften werden Glasscheiben getönt oder mit Spiegelflächen versehen. Außerdem werden für Architekturanwendungen farbige Folien mit besonderen Effekten verwendet oder Dekorelemente wie Blattgold, Glasfasern oder Naturgeflechte im Zwischenraum fixiert (Dekorverbundglas). Auch die Integration von Einzelteilen wie Münzen, Zahnrädern oder Elektronikteilen ist bereits erfolgreich geglückt. VSG kann bis zu einer Temperatur von etwa 80 °C bedenkenlos eingesetzt werden. PVB-Folien wirken schalldämmend und absorbieren UV-Strahlung.

Begehbares Glas für gläserne Dächer, Treppen und befahrbare Podeste wird in einem Verbund aus drei Glasscheiben aufgebaut.

Bild: Begehbares Glas./ Foto: Joh. Sprinz GmbH & Co. KG

Der tragende Untergrund aus zwei VSG-Scheiben ist durch eine obenliegende TVG- oder ESG-Platte geschützt. Diese wird meist mit einer rutschhemmenden Beschichtung versehen. Um die Gefahr von Glasbruch bei Scheiben mit Bohrungen und Durchbrüchen zu vermeiden, werden sie in der Regel thermisch vorgespannt.

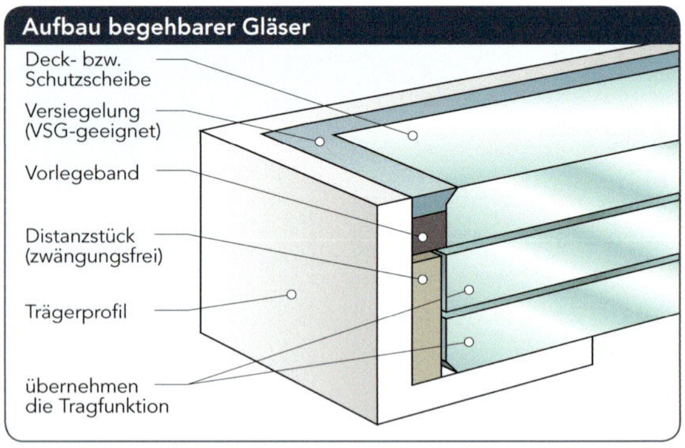

Abb. 19: nach [1, 19]

Panzergläser sind angriffshemmende Verbundgläser mit einer Dicke von 25 mm, die auch starken Beanspruchungen und Schüssen aus Handfeuerwaffen standhalten.

Die Belastbarkeit und Stabilität von Gussglasscheiben kann durch eine Drahteinlage gesteigert werden. Das metallische Netz verleiht *Drahtgläsern* besondere feuerfeste Eigenschaften (Brandschutzklassen G30, G60). Zudem werden die Glasstücke bei Bruch zusammengehalten und großflächige Ausbrüche verhindert. Drahtglas wird kostengünstig produziert und stellt eine Alternative zu Verbundglas und vorgespannten Gläsern dar. Der industrielle Fertigungsprozess zur Herstellung von Drahtgläsern ist bereits seit über hundert Jahren bekannt. Drahtgewebe werden im Walzverfahren in die zu einem Band gegossene, noch zähflüssige Glasschmelze kontinuierlich eingewalzt. Die Glasoberfläche wird im Gussglasverfahren GLA 2.1.2 strukturiert. Drahtglas ist nach der Herstellung nicht vollständig durchsichtig. Es kann aber nachträglich poliert werden.

Bild: Drahtglas.

Verwendung
Auf Grund ihrer hohen Festigkeit werden ESG, TVG und Verbundgläser als Konstruktions- und Bauwerkstoffe im Haushalt, in Labors und im Verkehrswesen eingesetzt. Vor allem liegen die Anwendungsfelder in Bereichen, in denen Personen vor Splitterungen und wegfliegenden Glasstücken geschützt werden müssen. Dies ist besonders bei der Verglasung von Fahrzeugen der Fall. Sekurit® ist ein bekannter Markenname eines Einscheibensicherheitsglases, den man besonders in Automobilen häufig vorfindet. Weitere typische Anwendungen sind Glastüren und Glaskonstruktionen im Innenausbau wie z. B. Windfanganlagen, Treppengeländer, Duschkabinen und Trennwände. Verbundgläser werden auch als Fassadengläser für Gebäude verwendet (Nijsse 2003). Hier sind Isolierverglasungen mit getönten Scheiben, Sicherheitsgläser mit absturzsicheren Eigenschaften und Dachverglasungen für besondere Belastungen zum Schutz vor Hagel oder Schnee zu nennen. Im Sportbereich werden die vorgestellten Glassorten für Glaswände zum Schutz von Zuschauern und Sportlern in Stadien verwendet. Insbesondere sind sie aus Eishockey-Arenen bekannt. Drahtgläser sind bereits seit 1894 bekannt und werden noch heute zum Schutz vor Brand und zur Einbruchsicherung eingesetzt. Besonders bei Dachverglasungen verhindert die Drahteinlage Verletzungen durch herabstürzende Bruchstücke.

Verarbeitung
Einscheibensicherheitsgläser lassen sich nach Einbringen der Vorspannung nicht mehr bearbeiten. Besonders empfindlich für Bruch sind Kanten und Ecken.
Verbundsicherheitsgläser weisen gegenüber vorgespannten Gläsern erhebliche Vorteile in der Bearbeitbarkeit auf. VSG kann gebohrt, geschnitten und geschliffen werden. Für Dachkonstruktionen wird Verbundglas auch gebogen.
Drahtgläser lassen sich mit üblichen Glasschneidern auf Maß bringen. Der Schnitt erfolgt immer von der Seite, von der die Drahteinlage in die Glasschmelze eingedrückt wurde. Um das Rosten der Metalldrähte zu vermeiden, müssen die Kanten nach einem Schnitt entweder versiegelt oder geschliffen werden. Drahtgläser sind mit Netzeinlagen unterschiedlicher Struktur und Maschengröße erhältlich.

Handelsformen
Drahtglas gibt es in Dicken von 7 mm und 9 mm. ESG-Glas wird mit Dicken von 4, 5, 6, 8, 10, 12, 15 und 19 mm angeboten. VSG-Glas ist ab einer Stärke von 6 mm erhältlich. Dekorverbundglas gibt es ab einer Dicke von 10 mm. Die üblichen Stärken von Drahtglas sind 7 mm und 9 mm.

Alternativmaterialien
Kunststoffgläser aus Acrylglas (PMMA) oder Polycarbonat (PC)

Bild: »Crashglas« – 3schichtiges Verbundglas mit einer Mittelschicht aus gebrochenem ESG. In der Architektur wird der Effekt der gleichmäßigen Bruchstruktur für optische Zwecke bewusst eingesetzt.

Bild: »Crashglas«./ Lichtkuppel in Bochum

GLA 4.2
Schutzgläser

Isolierglas dient vorwiegend der Wärmedämmung oder dem Schallschutz. Es besteht aus zwei oder drei parallel zueinander angeordneten Glasplatten. In den Zwischenräumen befindet sich getrocknete Luft oder Gas mit geringer Wärmeleitfähigkeit. Die Scheiben sind in einen Rahmen eingepasst und werden an den Rändern mit einer Masse fixiert und hermetisch abgedichtet. Um die Bildung von Wasserdampf und das Beschlagen der Scheiben zu vermeiden, sind Trocknungsmittel wie ***Silicagele*** oder ***Zeolithe*** MIN 4.1.2 in die Hohlräume eingebracht.

Erscheinung und Aufbau von Isolierglas

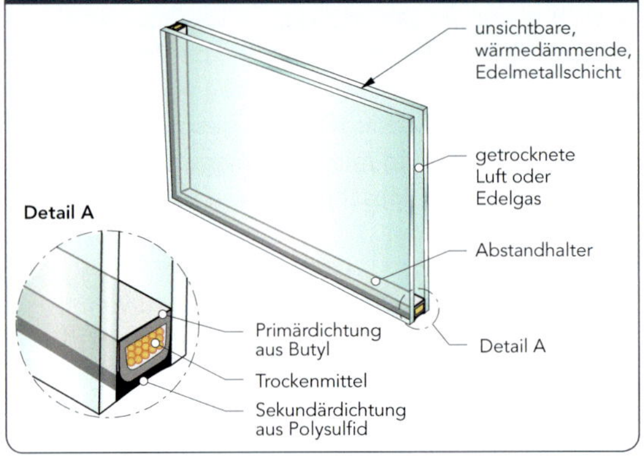

Abb. 20: nach [1]

Zur Kennzeichnung der Qualität eines Isolierglases dient der U-Wert (Wärmeverlustkoeffizient). Bestanden frühere Isoliergläser aus lediglich zwei normalen Glasscheiben und wiesen einen U-Wert von 3,0 W/m²K auf, so erreichen Isoliergläser mit einer Edelmetallbeschichtung heute bereits Werte von 1,8 W/m²K. Wird der Zwischenraum mit Edelgasen wie Argon oder Krypton befüllt, sind sogar Werte zwischen 0,9 und 1,6 W/m²K möglich. Der U-Wert von dreischeibigem Isolierglas mit Edelgasfüllung reduziert sich auf Werte zwischen 0,4 und 0,7 W/m²K.

Aufbau verschiedener Wärmeschutzverglasungen mit typischen Kennwerten

Aufbau außen innen	**Dicke** [mm]	**Beschreibung**	**U-Wert** [W/(m²K)] **Lichttransmission** [–] **g-Wert** [–]
	6	Einfachglas unbeschichtet	5,7 0,89 0,85
	6	Einfachglas, Zinnoxidschicht innen	3,6 0,75 0,70
	6/12/6	Zweischeiben-isolierglas	3,0 0,80 0,74
	6/8,5/5/8,5/5	Dreischeiben-isolierglas	2,2 0,72 0,70
	–	Wärmeschutzglas, Argon, SnO_2-Schicht	1,6 (1,8) 0,69 0,68
	6/14/6	Wärmeschutzglas, Argon, Ag-Schicht	1,3 (1,8) 0,69 0,60
	4/8/4/8/4	Wärmeschutzglas, Krypton, 2 Ag-Schichten	0,7 (2,2) 0,66 0,51
	6/20/35/35/6	Folienfenster, Luft, IR-refl.	0,6 0,56 0,40
	7/40/7	Lichtstreuendes Glas mit PMMA-Kapillareinlage	1,14 0,61 0,37

Abb. 21: nach [23]

Bild links und oben: Wärmeschutzverglasung.

Das vorgestellte Aufbauprinzip ist schon seit längerem im Gebrauch und erfüllt die herkömmlichen Anforderungen der Wärmedämmung und des Schallschutzes. Spezielle Beschichtungen oder Gasfüllungen wie Argon können vor allem die Schallschutzeigenschaften verbessern. Es werden auch Schallschutz-Verbundgläser verwendet, in die eine spezielle akustische PVB-Folie eingebracht ist. Diese wirkt als Dämpfer und verhindert die Übertragung von Schwingungen zwischen den zwei Glasscheiben. Isoliergläser zum Schutz vor Sonneneinstrahlung sind mit Gold, Silber, Kupfer oder Metalloxiden aus Titan, Chrom, Nickel bzw. Silizium beschichtet. Die Schichten reflektieren die Wärmestrahlung der Sonne, lassen aber das sichtbare Licht durch.

Durch ***Kapillareinlagen***, ***Sonnenschutzraster***, bewegliche ***Spiegelsysteme***, ***Prismenplatten***, ***Lamellen*** und Gewebe im Scheibenzwischenraum können ***Lichtlenkung*** und -***streuung*** gezielt beeinflusst werden (Compagno 2002, Kaltenbach 2003). Der Winkel ausfallender Lichtstrahlen wird gesteuert, ein richtungsselektierender Sonnenschutz ermöglicht. Für den Bereich des Lichtdesigns sind integrierte ***holografisch-optische Elemente*** (HOE) zur Lichtlenkung besonders geeignet. Sie zerlegen weißes Licht in seine Spektralfarben und sorgen somit für attraktive Farbeffekte.

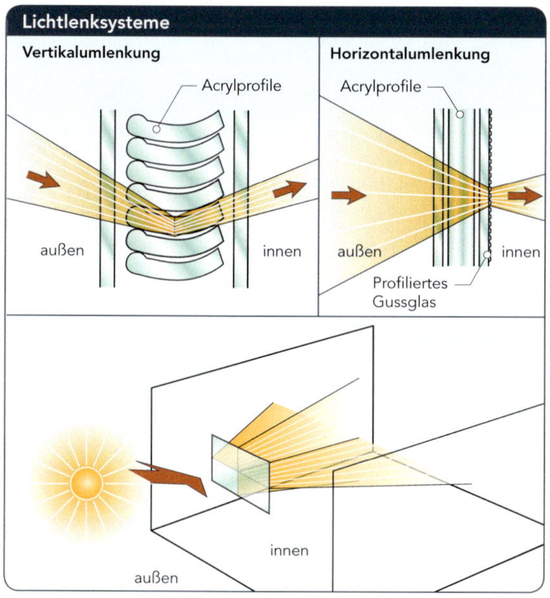

Abb. 22: nach [1]

Wärmeschutzgläser mit einer Eisenoxid-Beschichtung besitzen ein gutes Absorptionsvermögen für ultraviolette Strahlung. Zum Schutz vor radioaktiven Strahlen werden Glaswerkstoffe mit hohem Bleioxidgehalt verwendet GLA 3.3.

Brandschutzflachglas erfüllt die an Verglasungen für den Bau geschlossener Räumlichkeiten durch den Gesetzgeber formulierten Feuerwiderstandsklassen F und G. Gläser der Feuerwiderstandsklasse F schützen samt Rahmenkonstruktion, Befestigung und Dichtungsmaterialien vor dem Durchschlag von Flammen und Durchtritt von Brandgas sowie Wärmestrahlung. Außerdem entsprechen sie den Forderungen nach mechanischer Belastbarkeit und weisen eine Mindestfestigkeit auf. Brandschutzgläser der Feuerwiderstandsklasse G verhindern zwar das Durchtreten von Flammen und Brandgasen, behindern aber nur bedingt die Weiterleitung von Wärmestrahlung.

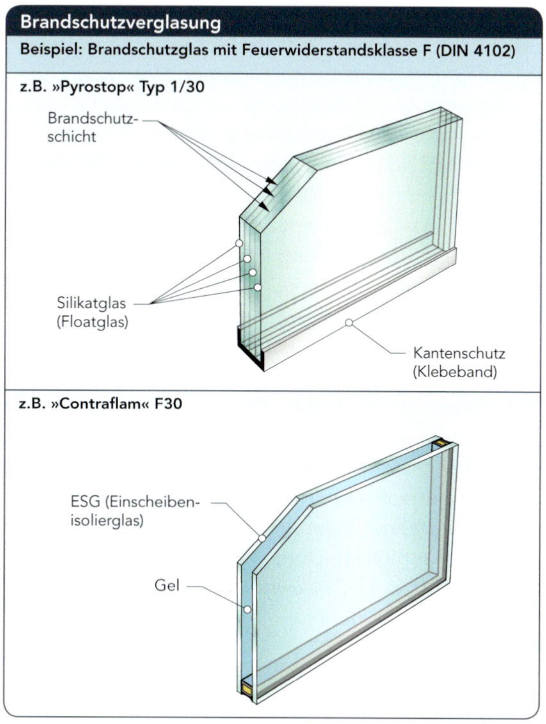

Abb. 23: nach [23]

Isolierglas

mit einer lichtstreuenden Kapillareinlage aus PMMA (Kapilux von Okalux) schafft eine ideale Lichtsituation. Tageslicht kann in einen Raum gestreut und ein Blendschutz erzeugt werden.

Bild: Die Sonnenschutzelemente aus Streckmetall finden in doppelschaligen Profilglasfassaden Platz und sind so bestens gegen Witterungseinflüsse und Schmutz geschützt. Die Systeme vereinen Sonnenschutz und Tageslichtqualität im Innern mit einem hochwertigen äußeren Erscheinungsbild./ Foto: INGLAS GmbH & Co. KG

Bild: Profilverglasung mit integriertem Sonnenschutz aus Streckmetall./ Foto: INGLAS GmbH & Co. KG

GLA 4.3
Bauglas – Glasbausteine

Glasbausteine in Form selbsttragender, wandbildender Hohlkörper wurden bereits in den 30er Jahren verwendet. Der Bauwerkstoff kam damit den Bestrebungen nach einer klaren, lichten Architektur ohne die im Jugendstil benutzte Ornamentik entgegen. Er schafft ein helles Arbeitsklima im Rauminnern und lässt Gebäudefassaden leichter erscheinen. Bei Glasbausteinen unterscheidet man Hohlglassteine und massive Betongläser.

Eigenschaften
Hohlglassteine werden aus zwei gepressten Hälften hergestellt und allseitig verschmolzen. Neben einer sehr guten Lichtdurchlässigkeit (etwa 80%) weisen sie auf Grund des eingeschlossenen Hohlraums hervorragende wärmeisolierende und schalldämmende Eigenschaften auf. Sie wirken zudem bei Brand feuerhemmend (Feuerwiderstandsklasse G60, G120, F60) und sind beständig gegen normale Witterungseinflüsse und Temperaturwechsel. Durch eine innenseitige Beschichtung können sie eingefärbt oder strukturiert werden. Die Hohlkörper werden auf einfache Weise ähnlich wie Keramikklinker verbaut und sind einzeln austauschbar. Da sie bei starker Belastung brechen können, werden beim Einpassen Dehnfugen vorgesehen.

Im Gegensatz zu den Hohlglassteinen bestehen ***Betongläser*** vollständig aus Glas. Auch sie werden im Pressverfahren erzeugt und sind in Dicken von 22–30 mm erhältlich. Durch die massive Struktur kann Betonglas als Decken- und Wandelement statisch belastet werden.

Verwendung
Glasbausteine werden für den Bau transparenter, lichtdurchlässiger Wände (z. B. Treppenhaus, Bad) eingesetzt und sind bei bestimmten Abmessungen auch für Verglasungen zugelassen. Sowohl lineare als auch gebogene Wandkonstruktionen sind möglich. Auch können Glasbausteine begehbar ausgelegt sein.

Zur Schaffung eines fast natürlichen Lichts für künstlerische Arbeiten im Innenraum wurde die Academie voor Beldende Kunsten in Maastricht nahezu vollständig mit Glasbausteinen bestückt. Auf Grund der besonderen Verwendung des Glasbausteins als Bauwerkstoff zählt das Gebäude der Kunsthochschule zu einem der prägnantesten Bauwerke dieser Art.

Bild: Glasbausteinwand.

Handelsformen
Glasbausteine werden in verschiedenen standardisierten Formaten aus Klar- oder Farbglas hergestellt. Das Angebot ist mittlerweile um Rechteck-, Kreis-, Rauten- und Dreiecksformen ergänzt.

Maße und physikalische Werte von Glasbausteinen (ungefärbtes Glas)

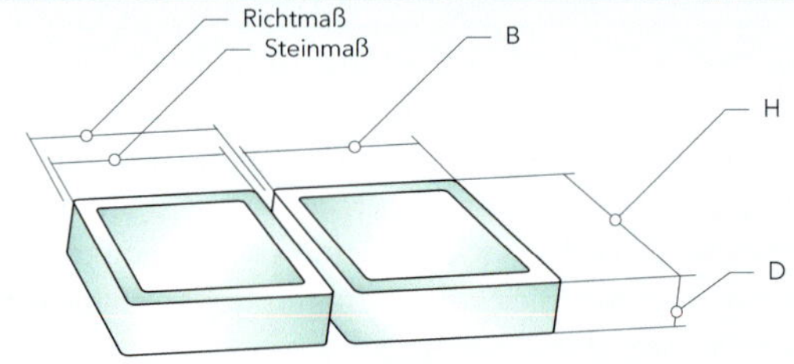

Richtmaß mm²	Steinmaß [B x H] mm²	Dicke [D] mm	Wärmedurchgangskoeffizient *U-Wert* 1) W/[m² × K]	bewertetes Schalldämmmaß R_w dB	Lichtdurchlässigkeit τ_L %
200 × 200	190 × 190	80	3,5 (mit Leichtmörtel: 3,1)	40	ca. 75
250 × 250	240 × 240	80		42	
250 × 125	240 × 115	80		45	
315 × 315	300 × 300	100		42	
315 × 210	300 × 196	100			

1) Rechenwert gemäß DIN 4108-4.

Abb. 25: nach [19]

Als Alternative zum Glas sind seit einiger Zeit auch Elemente aus Kunststoff auf dem Markt verfügbar. Bei der Verarbeitung kann auf Mörtel verzichtet werden. Polymersteine werden mit Kunststoff- oder Aluprofilen aufgebaut.

Alternativen
Profilbaugläser, lichtdurchlässiger Beton

GLA 4.4
Bauglas – Profilbaugläser

Neben Glasbausteinen gehören lichtdurchlässige Profilbaugläser zu den Bauwerkstoffen, die heute in vielen Bereichen eingesetzt werden.

Eigenschaften
Profilbaugläser werden gießtechnisch in einem kontinuierlichen Walzverfahren mit und ohne Drahteinlage hergestellt.

Eigenschaftswerte von Profilbaugläsern

Lichtdurchlässigkeit	Schalldämmung	Wärmedämmung
einschalig: ca. 89%	einschalig: ca. 23 dB	einschalig: U = 5,7
zweischalig: ca. 83%	zweischalig: ca. 39 dB	zweischalig: U = 2,7 zweischalig mit Beschichtung: U = 1,8

Abb. 26: nach [19]

Die Querschnittsform ist U-förmig ausgelegt und kann statisch hoch belastet werden. Lange Verglasungen sind daher auch ohne Pfostenprofile realisierbar. Es können Zwischenräume von bis zu 5 m überspannt werden (Lefteri 2002). Gegenüber Glasbausteinen bieten Profilbaugläser den Vorteil, dass sie unter Verwendung eines Rahmensystems aus Aluminium schnell und ohne hohen Aufwand zu großflächigen Wänden zusammengeschoben werden können.

Bild: Profilbauglas.

Zur Einpassung und Abdichtung des Glases in den Rahmen dient eine Dichtmasse. Eine Berührung von Glasscheibe und Metallrahmen sollte nach Möglichkeit vermieden werden, um eine Beschädigung des Glases zu vermeiden. Die Einzelelemente sind unter Verwendung der Rahmenkonstruktion nachträglich austauschbar. Defekte Teilkomponenten können somit repariert werden. Auch die Verwendung von klar durchsichtigen Bereichen oder Funktionselementen wie Lüftungen ist möglich.

Zur Erhöhung des Wärme- und Sonnenschutzes kann auf der Innenseite eine Funktionsbeschichtung aus Metalloxiden aufgebracht werden. Der Grad der Lichtdurchlässigkeit und der Effekt der Schall- und Wärmedämmung hängen aber vor allem von der Verlegeart und der Anzahl der verwendeten Schalen ab.

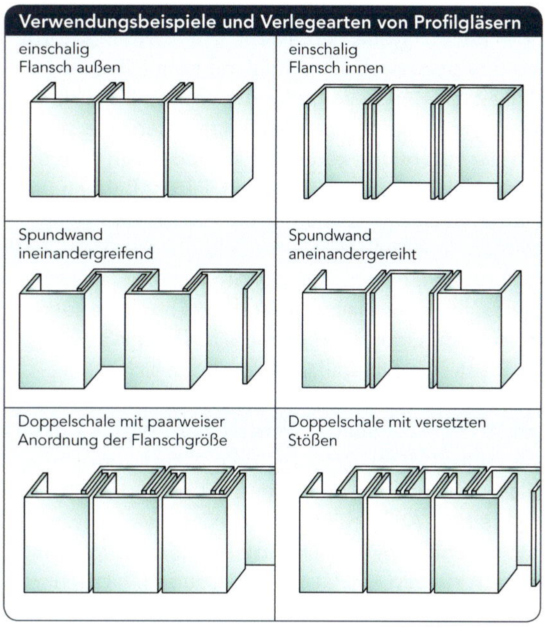

Abb. 27: nach [25]

Verwendung
Profilbaugläser können im Bauwesen für ganze Wandbereiche zur Innen- und Außenverglasung eingesetzt werden. Auch Dach- und Deckenkonstruktionen sind möglich.

Hoch beanspruchte Flächen erfordern eine Mindestdicke der Baugläser von 7 mm. Bei Dachverglasungen sollte auf eine Drahtverstärkung nicht verzichtet werden. In Sporthallen werden Profilbaugläser für ballwurfsichere Verglasungen verwendet.

Wirtschaftlichkeit und Handelsformen
Profilbaugläser sind sehr kostengünstig in verschiedenen Farben wie bronze, blau oder goldreflektierend erhältlich. Die Liefermaße liegen bei einer maximalen Länge von 7.000 mm und einer Breite von bis zu 498 mm.

Alternativen
Glasbausteine, lichtdurchlässiger Beton

GLA 4.5
Bauglas – Glaswolle

Glaswolle gehört neben Steinwolle zu den Mineralfaser-Dämmstoffen und besteht aus verfilzten Glasfasern.

Eigenschaften
Der Werkstoff wird aus den üblichen Glasrohstoffen oder Recyclingglas hergestellt. Die Ausgangsstoffe werden geschmolzen und auf mit hoher Geschwindigkeit rotierende Walzen gebracht, wo sie zerfasern. Unter Zuführung eines Bindematerials erstarren die Fasern und können anschließend in einem Härteofen zu Dämmstoffmatten, Filzen, Bahnen und Platten mit allseitig orientierten Fasern verarbeitet werden. Innerhalb dieses Produktionsprozesses wird eine große Luftmenge in der Struktur der Glaswolle gespeichert, weshalb der Werkstoff hervorragende isolierende Eigenschaften für Schall und Wärme aufweist. Alle Mineralfasern zeichnen sich durch gute Haltbarkeit aus. In der Regel wird Kalknatronglas GLA 3.1 verwendet. Eine bessere Witterungsbeständigkeit ist mit Borosilikatglas GLA 3.2 erreichbar. Glaswolle kann bis zu 50 Jahre in Gebäudewänden verbleiben. Außerdem ist eine Wiederverwertung nach Umbauten möglich. Abfälle aus Glaswolle sind einfach zu recyceln. Glaswolle ist zudem hitze- und feuerbeständig. Die Profile von Glas- und Steinwolle sind nahezu identisch. Sie unterscheiden sich lediglich durch die für die Herstellung genutzten Rohstoffe.

Verwendung
Dämmstoffe aus Glaswolle werden im Baugewerbe zur Isolierung von Gebäuden oder Dachböden gegen Kälte, Wärme, Lärm und Feuer verwendet. Hier sind vor allem Dachschrägen- und Leichtbauwände zu nennen.

Verarbeitung
Der Einsatz von Glaswolle im Bauwesen erfolgt normalerweise in Verbindung mit Gips oder Mörtel. Verbaut geht von den Fasern kein Gesundheitsrisiko aus. Bei der Weiterverarbeitung der Dämmwerkstoffe muss allerdings mit der Entstehung gefährlicher Feinstäube gerechnet werden. Glasfasern haben überwiegend eine mittlere Länge von einigen Zentimetern bei einem Durchmesser von 3–5 Mikrometern und können mit diesen Abmaßen nicht eingeatmet werden. Durch Konfektionierung können aber Kleinstpartikel freigesetzt werden, die Haut- und Augenreizungen, Allergien und Reizungen der Atemwege hervorrufen können. Auch Krebsrisiken werden seit Jahren diskutiert.
Kritische Fasern weisen einen Durchmesser von weniger als 3 Mikrometer bei einer Länge von weniger als 0,1 mm auf. Das Tragen von Schutzbrille und Staubmaske ist anzuraten.

Alternativmaterialien
Steinwolle, Dämmprodukte aus nachwachsenden Rohstoffen

Bild: Glaswolle.

GLA 4.6
Bauglas – Schaumglas

Ähnlich wie im Kunststoff-, Metall- und Keramikbereich MET 5.1, KER 6.1 sind auch unter den Gläsern geschäumte Werkstoffe (z. B. Handelsname Foamglas®) auf dem Markt erhältlich, die als Bauwerkstoffe eingesetzt werden.

Herstellung und Eigenschaften

Schaumglas wird aus natürlichen Rohstoffen hergestellt. In einem Schmelzprozess aus Sand, Kali-Feldspat, Kalziumkarbonat und Natriumkarbonat wird ein Glas mit genau definierten Eigenschaften gewonnen. Anschließend wird dieses Glas gemahlen, mit Kohlenstoff versetzt und in einem definierten Brennprozess im Ofen bei ca. 1.000 °C zum Aufschäumen gebracht. Dabei wird der Kohlenstoff zu CO und CO_2 oxidiert. Die so entstandene Zellstruktur ist geschlossen mit dünnen Zellglaswänden, die bei einem kontrollierten Abkühlungsprozess erhalten bleiben.

Schaumglas besitzt eine hohe Druckfestigkeit ist feuchtigkeits- und säurebeständig, dampfdicht und nicht brennbar. Der Werkstoff ist in die bevorzugte Baustoffklasse A1 (Euroklasse A) eingestuft. Anwendungen sind im Temperaturbereich von -260 °C bis +430 °C möglich (Beylerian, Dent 2005). Schaumglas ist sowohl ökologisch als auch gesundheitlich unbedenklich, kann recycelt und problemlos entsorgt werden. Bei der Herstellung können bis zu 60 % Recyclingglas verwendet werden.

Technische Daten Foamglas ® (nach www.foamglas.de)	
Anwendungstemperaturen	-260 °C… +430 °C
Wärmeausdehnungskoeffizient	$8{,}5 \times 10^{-6}$ K^{-1}
Wasseraufnahme	keine
Chemische Beständigkeit	säurebeständig, laugenbeständig abhängig von Temperatur und Konzentration
Ökologische Eigenschaften	umweltneutral und baubiologisch unbedenklich
Schmelzpunkt	> 1000 °C (DIN 4102-17)
Rohdichte	100 … 165 kg/m^3
Wärmeleitfähigkeit	0,038 … 0,050 W/(m × K)

Abb. 28: nach [19]

Verwendung

Platten aus geschäumtem Glas eignen sich auf Grund ihrer geringen Wärmeleitfähigkeit, Dampfdichtigkeit sowie ihrer Formstabilität besonders zur Dämmung von Kellerwänden, Bodenplatten und Fundamenten sowie für Flachdächer und Terrassen. Wegen der hohen Druckfestigkeit wird Schaumglas auch beim Bau von Parkdächern eingesetzt.
Für Anwendungen im Bereich von betriebstechnischen Anlagen stehen diverse Formstücke und Halbschalen zur Dämmung von Rohren und behälterförmigen Anlagenkomponenten zur Verfügung. Auswahlkriterium für den Einsatz von Schaumglas ist hierbei die hohe Temperaturbeständigkeit, Druckfestigkeit sowie die Anforderung an den Brandschutz.

Bild: FOAMGLAS®-Formteile werden aus natürlichen, nahezu unbegrenzt vorkommenden Rohstoffen (Sand, Dolomit, Kalk) hergestellt. Der Dämmstoff enthält keine ozonschädigenden Treibgase (FCKW/ H-FCKW usw.), Flammschutzmittel oder Bindemittel./
Fotos oben und rechts: Deutsche FOAMGLAS® GmbH

Verarbeitung

Die Bearbeitung von Schaumglas erfolgt mit handelsüblichem Werkzeug (Handsäge, Schleifbrett). Bei Über-Kopf-Arbeiten empfiehlt sich der Einsatz einer Schutzbrille. Schaumglasplatten können sowohl mittels Kaltkleber als auch unter Verwendung von Heißbitumen verlegt werden. Auf Grund der Wasserdampfdichtigkeit entfällt im Schichtenaufbau die ansonsten übliche Dampfbremse.

Wirtschaftlichkeit und Handelsformen

Schaumglas stellt mit seiner Langlebigkeit sowie seiner besonderen Materialeigenschaften eine wirtschaftliche Alternative gegenüber vielen preisgünstigen Dämmstoff-Produkten dar. Im Handel werden Platten oder Formteile in unterschiedlichen Abmessungen angeboten. Die Platten werden in Stärken ab 40 mm angeboten und haben eine Abmessung von 600 x 600 mm^2 bzw. 600 x 450 mm^2. Darüber hinaus gibt es werkseitig beschichtete BOARDs mit einer Abmessung von 1.200 x 600 mm^2. Bei der Beschichtung kommen Papier, Kunststoff oder Metallfolien je nach Anforderung zum Einsatz. (Scholz, Hiese 2003). Die produktspezifische Rohdichte liegt bei 100 bis 155 kg/m^3.

Alternativmaterialien

Polystyrol-Hartschaum (EPS/XPS), Polyurethan-Hartschaum (PUR/PIR), Keramikschaum

GLA 4.7
Glasfasern

Glasfasern sind dünne Fäden, die beim Auseinanderziehen von geschmolzenem Glas entstehen. Das Herstellungsprinzip ist schon lange bekannt. Im 19. Jahrhundert wurden bereits gelockte Glasfäden unter dem Begriff »Engelshaar« für die Weihnachtsdekoration genutzt. Heute haben Glasfasern eine große Bedeutung erlangt und werden zur Verstärkung von Kunststoffen und mineralischen Werkstoffen wie Beton beigemischt. Ein weiterer großer Verwendungsbereich ist die Licht- und Datenleitung.

Eigenschaften
Endliche Glasfasern mit guten isolierenden Eigenschaften entstehen unter Einwirkung von Fliehkräften im Schleuderverfahren mittels rotierender Scheiben oder im Düsenblasverfahren. Endlose Glasfasern werden durch Schleuderziehen direkt aus der Schmelze erzeugt und mit hoher Geschwindigkeit auf Trommeln gewickelt.

Glasfaserkabel sind flexible Hohlleiter, die nahezu vollständig aus Siliziumdioxid (Quarz) bestehen und einen Durchmesser von wenigen hundertstel Millimetern aufweisen. Die hochtransparente Faser ist mit einem Glas niedriger Lichtbrechung ummantelt. Lichtstrahlen werden durch Reflexion an den Grenzschichten der beiden Gläser kanalisiert und verlustfrei auch um Ecken herum übertragen. Der niedrige Brechungsindex im Glasmantel verhindert, dass Lichtstrahlen ausstrahlen und sich nebeneinander liegende Glasfaserkabel gegenseitig beeinflussen. Zur Weiterleitung digitaler Informationen werden elektrische Signalimpulse in Lichtwellen umgewandelt. Ist ein Lichtstrahl geschaltet, nimmt er den Wert »1« ein, bei fehlendem Licht wird eine »0« übertragen. Das Empfängergerät kann die digitalen Informationen lesen, sie in elektrische Impulse rückführen und somit die Aussendung von visuellen und auditiven Informationen ermöglichen (Eberlein 2003).

Glasfaser zur Lichtleitung

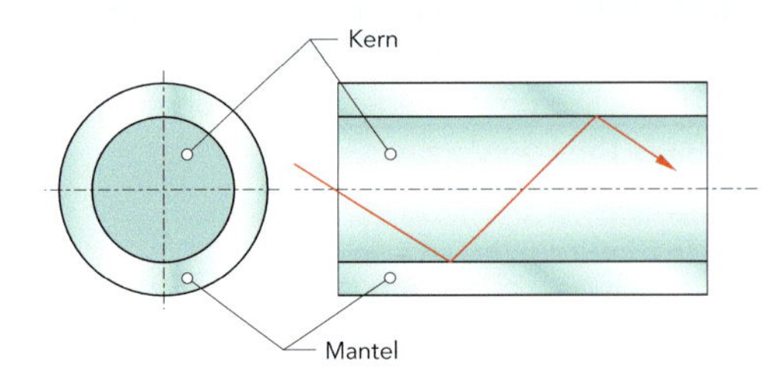

Abb. 29: nach [19]

Verwendung
Typische Verwendungsgebiete für Glasfasern sind Kabel zur Datenübertragung (Computer, Telefon) und flexible Leitungen für einen kontrollierten Lichttransport auch in schwer zugängliche Räume. Die besonderen optischen Effekte gehen nach Bestrahlung der Faserenden mit Leuchtdioden auf die Leitung von Lichtstrahlung innerhalb der Faser zurück. Das Licht tritt an Bruchstellen und Faserenden nach außen. Stoffe und Textilien werden zum Leuchten gebracht. In der Medizin werden Lichtleitfasern zur Ausleuchtung und Fotographie innerer Organe genutzt. Im Automobilbereich kann das Motorinnere mit Glasfaserkabeln auf Fehler untersucht werden.

Bild: Glasfasergewebe.

In Form von Vliesstoffen und Geweben dienen Glasfasern im textilen Bereich zur Wärme- und Schalldämmung. Ein weiteres klassisches Anwendungsgebiet ist die Verstärkung von Bauteilen aus Kunststoffen KUN 1.6. Beispiele hierfür sind Bootsrümpfe, Segelflugzeuge, Sportpfeile oder Kfz-Karosserieteile. Isolierglasfasern werden im Baugewerbe verbaut, Gewebe zum Feuerschutz in Tapeten und Vorhänge eingebracht. Zur Erhöhung der Festigkeit, Bruchdehnung und Schlagzähigkeit von Baumaterial für den Fassadenbau wird glasfaserbewehrtem Beton MIN 4.8, MIN 6.1 ein Glasfaseranteil von 5 % beigemischt. Gewebe und Vliese werden auch als Trägermaterial für Dichtungsbahnen beim Bau von Dächern verwendet. Außerdem kommen Glasfasern als Filtermaterial in der chemischen Industrie zur Anwendung.

Alternativmaterialien
Kohlenstoff-, Aramid- oder Naturfasern zur Verstärkung von Kunststoffen

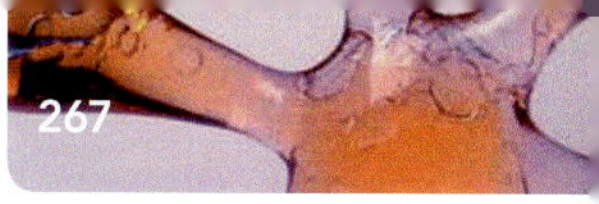

GLA 5
Eigenschaftsprofile wichtiger Glaswerkstoffe

Einige Glaswerkstoffe in der Übersicht		
Glas	**Eigenschaften**	**Verwendung**
Kalknatronglas	gute mechanische Eigenschaften, porenfreie und glatte Oberflächen, gute Lichtdurchlässigkeit, hohe chemische Resistenz gegen Flüssigkeiten und leichte Säuren, niedrige Temperaturwechselbeständigkeit, geringer Lichtbrechungsindex	Flaschen, Trinkgläser, Flachgläser, Fensterscheiben, Spiegelflächen, Glühbirnen, Scheinwerfergläser, Brillengläser, Glasbausteine
Borosilikatglas	hohe chemische Resistenz und Hitzebeständigkeit, geringe Wärmedehnung, gute Temperaturwechselbeständigkeit, stoßfest, maximale Einsatztemperatur liegt bei etwa 500°C, einfach zu verarbeiten	Kunsthandwerk, feuerfestes Glas, Backformen, Bratpfannen, Glasteekannen, Reagenzgläser, Kolben, Glasrohrleitungen, Thermometer, Glühbirnen
Bleiglas	leicht schmelzbar, im Vergleich zu anderen Glaswerkstoffen hohe Dichte und Gewicht, sehr gute elektrisch isolierende Eigenschaften, gute optische Qualität, lässt sich gut schleifen	wertvolle Luxusartikel (Trinkgläser, Karaffen, Schalen, Vasen, Kerzenständer), Strahlenschutzgläser, Strass (Edelsteinersatz) in der Schmuckherstellung
Kieselglas (Quarzglas)	hochbelastbar, sehr hoher Schmelzpunkt, sehr hitzebeständig (bis 900°C einsetzbar), extrem druckfest, geringe Wärmedehnung, gute chemische Resistenz	Ofenfenster, Laborgeräte und chemische Apparaturen, optische Gläser für Laseranwendungen
Glaskeramik	geringe Wärmedehnung, hohe Temperaturwechselbeständigkeit, feuerfest, extrem Hart, kratzfest, hoch belastbar und verschleißfest	Kochfelder, Sichtfenster für Kamine und Öfen, Kochgeschirr, Außenverkleidung von Raumfahrzeugen
Obsidian (Naturglas)	hohe Härte, besondere optische Qualitäten, vielfältige Erscheinungsformen	in der Jungsteinzeit und frühen Antike für Messerklingen und Beile, Schmuck- und Kunstartikel, Obsidianklingen (Augenmedizin und Schönheitschirurgie)

Abb. 30

Kenngrößen von Glas im Vergleich zu anderen Baustoffen			
Glas	**Dichte** ρ (kg/dm^3)	**E-Modul** E (N/mm^2)	**Längenausdehnungskoeffizient** 0…100°C α_l (1/°C oder 1/K)·10^{-6}
Kalknatronglas	2,5	70000	9
Stahl	7,9	210000	12
Aluminium	2,7	70000	23
Beton	2,5	20000…40000	10…12

Abb. 31: nach [1]

GLA 6
Besonderes und Neuheiten im Bereich der Gläser

GLA 6.1
Bioglas

Biogläser gehören zu den biokompatiblen Materialien, die für medizinische Anwendungen als Knochenersatz und Implantate genutzt werden.

Eigenschaften
Bereits 1968 entdeckten Wissenschaftler eine spezielle chemische Zusammensetzung, durch die Gläser eine Verbindung mit natürlichem Knochenmaterial eingehen können. Diese basiert auf den Komponenten SiO_2 (45 %), Na_2O (24,5 %), CaO (24,5 %) und P_2O_5 (6 %). Gegenüber anderen biokompatiblen Materialien ist für Biogläser die rasche und direkte ***Knochenanbindung*** herauszustellen, die sogar noch schneller erfolgt als bei ***Hydroxylapatit***. Allerdings weisen bioaktive Gläser nur geringe mechanische Festigkeiten auf, so dass sie für hoch belastete Implantate nicht in Frage kommen. Bioglas wird im Körper kontrolliert abgebaut. Es haftet auch an weichem Gewebe.

Bild: VitraPOR./ Foto: ROBU® Glasfilter Geräte

Verwendung
Bioaktive Gläser werden in der Regel als Knochenersatz für nicht belastete Bereiche des menschlichen Körpers verwendet. Anwendungen liegen beispielsweise in der Gesichtschirurgie (z. B. Knochenplatten) oder im dentalen Bereich (z. B. Zahnstifte). Besonders gute Eigenschaften weist Bioglas zur Behandlung empfindlicher Zähne auf. Auch kann der Werkstoff als ***Knochenfüllmaterial*** genutzt werden. Die speziellen Mischungen zur Behebung von Knochendefekten sind resorbierbar und werden nach 10–30 Tagen über den Organismus abgeführt (Wintermantel, Ha 1998).

Verarbeitung
Die Produktion von Biogläsern erfolgt mit konventionellen Verfahren zur Glasherstellung. Wichtig ist die Erzeugung hochreiner Strukturen, in denen keine Verunreinigungen enthalten sein dürfen. Die Glasschmelze wird bei Temperaturen zwischen 1.300 °C und 1.400 °C durch einfaches Gießen oder über den Spritzguss in die gewünschte Form überführt. Abschließend werden die Formteile bei 450 °C bis 500 °C getempert.

Alternativmaterialien
Aluminiumoxid, Zirkonoxid, Hydroxylapatit, biokompatible Kunststoffe, Titan- oder Kobaltlegierungen

Sinterglas
VitraPOR ist ein poröses Sinterglas aus Borosilikatglas *GLA 3.2**. Es zeichnet sich durch hohe Offenporigkeit, gute Temperaturwechselbeständigkeit und geringe Wärmeausdehnung aus. VitraPOR ist in vielen Formen und Größen von 5 mm bis über 400 mm in verschiedenen Körnungen erhältlich. Der Werkstoff wird überwiegend im medizinischen Bereich bei der Dialyse oder der Filtration verwendet./ Quelle: ROBU® Glasfilter Geräte*

GLA 6.2 Dünngläser

In den heutigen, nach Mobilität strebenden Gesellschaften erhalten Gewicht und Größe elektronischer Geräte eine immer größere Bedeutung. Dem Trend zur Miniaturisierung kommt besonders die Schott AG mit Dünngläsern entgegen, die in Form von Displaygläsern auf dem Markt angeboten werden.

Eigenschaften
Dünnglas ist ein Werkstoff, der aus Borosilikatglas hergestellt wird und sich mit einer Minimaldicke von 0,03 mm wie Kunststofffolie biegen lässt. Je nach Eigenschaften der Ausgangsglasmischung sind Dünngläser chemikalien- und hitzebeständig. Displaygläser sind zudem kratzfest und weisen eine sehr gute optische Qualität und hohe Lichtdurchlässigkeit auf. Die gute Temperaturwechselbeständigkeit ist das Resultat der geringen Wärmeausdehnung. Diese wird in besonderem Maße vom Alkaligehalt in der Glasrezeptur beeinflusst.

Verwendung
Dünngläser werden überall dort eingesetzt, wo durch den Wunsch nach Mobilität ein steigendes Bedürfnis nach leichten und kleinformatigen, elektronischen Geräten besteht. Dies betrifft vor allem den Bereich der Telekommunikation. Aber auch für den Sektor des »mobile entertaining« ist die Bedeutung flacher Displaygläser in den letzten Jahren enorm gewachsen. Typische Anwendungen von Dünnglas sind PDA, Touchscreen, TV-Flachbildschirme, Mobiltelefone, Uhren, Spielzeug oder Sensoren für Messinstrumente.

Bild: Dünngläser dienen als Abdeckung von LCD Bildschirmen.

Verarbeitung
Zunächst in Form von Bändern produziert, wird Dünnglas im weiteren Herstellungsprozess zugeschnitten und in Rechteckformaten vertrieben. Der Zuschnitt ist durch konventionelles Glasschneiden auf einfache Weise möglich GLA 2.2.1. Auch Beschichtungen lassen sich unkompliziert auf die sehr ebene Oberfläche von Dünngläsern aufbringen. Strukturen können durch Pulverstrahlen eingebracht werden.

Die Verwendung von Dünnglas als Touchscreen-Oberfläche kann auf ganz unterschiedliche Weise erfolgen. Bei einem weit verbreiteten Konstruktionsaufbau bildet eine dickwandige Glasscheibe die Unterlage zur Aufnahme einer elektrisch leitenden Gelschicht, auf der das Dünnglas aufliegt. Ein Fingerdruck auf das Displayglas wird als Impuls auf die unten liegenden Sensoren weitergeleitet.

GLA 6.3
Selbstreinigende Gläser

2001 brachte Pilkington das erste selbstreinigende Glas mit dem Markennamen Activ™ auf den Markt, das einer Verschmutzung entgegenwirkt und nur einen geringen Pflegeaufwand benötigt. Glas mit selbstreinigendem Effekt ist insbesondere für großflächige Glasfassaden von Bürogebäuden interessant, da es die Reinigungskosten erheblich reduziert.

Eigenschaften
Der selbstreinigende Effekt kann durch hydrophobe Oberflächenstrukturen oder eine hydrophil und photokatalytisch wirkende Oberflächenbeschichtung erreicht werden.

hydrophil:
Durch Aufbringen einer dünnen Beschichtung (z. B. Nanopartikel aus Titandioxid MET 5.4) wird die Oberflächenspannung herabgesetzt, so dass sich ein gleichmäßiger Wasserfilm über die gesamte Glasfläche ausbildet. Schmutzpartikel können einfach abgewaschen werden. Ungewünschte Kalkablagerung in Folge von Tropfenbildung wird vermieden.

photokatalytisch:
Die hydrophilen Glaseigenschaften können durch photokatalytische Wirkung verstärkt werden. Ultraviolette Strahlen führen zur Aufspaltung natürlicher Luftfeuchtigkeit (H_2O) zu O_2- und OH+ Ionen. Organische Ablagerungen werden zersetzt und können leicht abgelöst werden (Achilles et al. 2003).

hydrophob:
Hydrophobe Oberflächen funktionieren nach dem gegenteiligen Prinzip. Sie bewirken einen wasserabstoßenden Effekt und fördern Tropfenbildung sowie leichtes Abperlen der Flüssigkeit von der Glasfläche. Dabei werden Schmutzpartikel mittransportiert. Hydrophobe Eigenschaften werden entweder durch Aufbringen einer dünnen organischen Beschichtung (z. B. Silane – Verbindung aus Silizium und Wasserstoff) oder durch Erzeugung einer Mikrostrukturierung hervorgerufen. In der Natur ist der hydrophobe Selbstreinigungseffekt von der ***Lotus-Blume*** bekannt. Neben Glas lassen sich auch andere Materialien wie Keramiken KER und Metalle mit wasserabstoßenden Oberflächen versehen.

Bild: Hydrophobe Oberfläche./ Foto: Nanogate AG

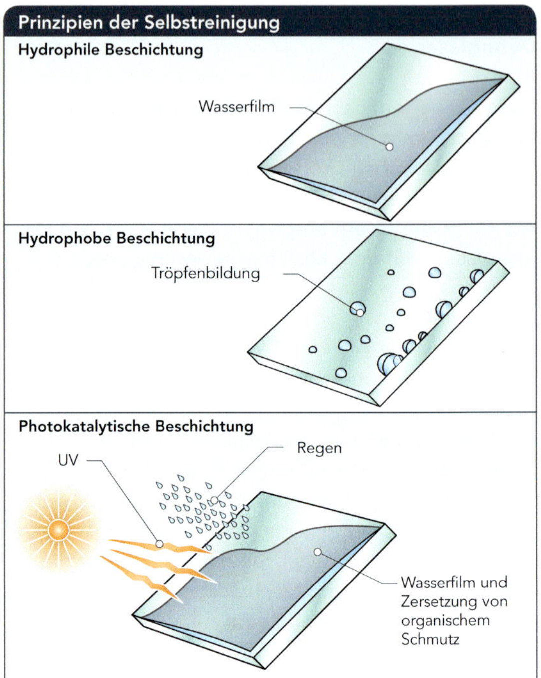

Durch die UV-Strahlen des Tageslichts werden organische Verschmutzungen durch UV-Strahlen zersetzt.
Regen beseitigt die zersetzten Rückstände und mineralischen Staub.

Abb. 30

Verwendung
Die Verwendung selbstreinigenden Glases ist im Prinzip für alle Außenanwendungen denkbar. Insbesondere hat der Effekt bei Duschkabinen, Glasfassaden hoher Gebäude, Wintergärten und Glasdächern einen enorm positiven Gebrauchsnutzen. Jüngst wurde das neueste Modell des japanischen Hochgeschwindigkeitszuges Shinkansen N700 auf der Strecke Tokio-Osaka mit der Titandioxid-Schicht ausgestattet. Da hydrophile Oberflächen nicht verträglich sind mit Silikonen, sollten silikonfreie Dichtmassen (z. B. MSPolymere) beim Einbau Verwendung finden. Auch die Anwendung von Dichtprofilen ist denkbar. Der selbstreinigende Effekt ist mit Eigenschaften zum Sonnen-, Wärme- und Schallschutz in Verbund- und Isoliergläsern kombinierbar.

Handelsformen
Pilkington erzeugt die selbstreinigenden Eigenschaften des Glases Activ™ durch eine sehr dünne Beschichtung (50 Nanometer) aus Titandioxid mit hydrophilen und photokatalytischen Eigenschaften. Diese wird im CVD-Verfahren BES 6.2 bei 600–620 °C in der Floatglasproduktion GLA 2.1.1 aufgebracht. Das Glas ist in Dicken von 3, 4, 6, 8 und 10 mm erhältlich. Isolierglas auf Basis von Activ™ mit einem Scheibenzwischenraum von 16 mm und einer Argon-Edelgasfüllung hat einen U-Wert von 1,1 W/m^2K und eine Lichtdurchlässigkeit von 74 %.

GLA 6.4
Intelligente Gläser

In den letzten Jahren wurden zahlreiche Entwicklungen im Bereich intelligenter Gläser bekannt. Die Verwendung von Flüssigkristallfolien oder Nanobeschichtungen wird in Zukunft Glasscheiben mit blickdichten oder Infrarotstrahlen abhaltenden Eigenschaften ermöglichen.

Intelligentes Glas zur Temperaturstabilisierung

2004 ist es britischen Wissenschaftlern gelungen, eine etwa 100 Nanometer dicke Glasbeschichtung zu entwickeln, die im Sommer Innenräume gegen wärmende Infrarotstrahlung abschirmt, im Winter aber durchlässig für diese ist. Grund für die temperaturstabilisierende Wirkung ist Vanadiumdioxid, das bis zu einer Temperatur von 70 °C als Halbleiter wirkt und keine Barriere für Sonnenstrahlung darstellt. Höhere Temperaturen führen zu einer Umorientierung der Elektronen mit der gewünschten abstrahlenden Wirkung für Infrarotstrahlung. Durch Zugabe von Wolfram konnten die Wissenschaftler die Reaktionstemperatur auf 29 °C senken, was einer realistischen Umgebungstemperatur in den Sommermonaten entspricht. Bis 2008 wird an der Marktfähigkeit des Produkts gearbeitet. Durch die Zugabe von Titanoxid verspricht man sich größere Zusammenhaltskräfte zwischen Beschichtung und Glasscheibe. Darüber hinaus wird an der Verminderung des materialtypischen Gelbstichs gearbeitet.

Durch Verwendung thermotroper Beschichtungen werden ähnliche Eigenschaften erwartet. Die Schichten bestehen aus zwei Materialien mit unterschiedlichem Brechungsindex (z. B. Polymerblend aus zwei unterschiedlichen Kunststoffen KUN 4.1.13), die bei steigenden Temperaturen in einen opaken und Licht streuenden Zustand übergehen. Die Zustandsveränderung ist dabei reversibel (Kaltenbach 2003).

Verbundglas mit Sichtsteuerung

Eine besondere Form der Intelligenz weisen Verbundgläser auf, bei denen zwischen die beiden Glasscheiben eine Flüssigkristallfolie eingebracht wird. Das Anlegen einer äußeren Spannung bewirkt eine Ausrichtung der Kristalle, wodurch das Glas klar und durchsichtig erscheint. Wird der Stromfluss unterbrochen, geht die Orientierung der Kristallstruktur verloren. Auf die Scheibe gerichtete Lichtstrahlen werden diffus gestreut. Das Verbundglas ist nun für Blicke undurchsichtig und wirkt reflektierend auf Sonnenstrahlung.

Verwendung

Verbundgläser mit eingebrachter Flüssigkristallfolie werden als Raumteiler und Trennwände genutzt. Typische Anwendungsgebiete sind beispielsweise Toilettenkabinen. Beim Betreten der Kabine wirkt die Glasscheibe zunächst klar und ist somit durchsichtig. Schließt man ab, wird die Stromzufuhr unterbrochen und die Tür erhält die gewünschte undurchsichtige Eigenschaft. Auch die Führerkabine des ICE 3 ist mit dem beschriebenen Verbundglas vom ersten Abteil getrennt. Bei normaler Fahrt des Hochgeschwindigkeitszuges gestattet das Glas dem Passagier die Sicht nach vorn. Auf Bedarf kann der Zugführer diese Trennwand für Blicke undurchsichtig einstellen.

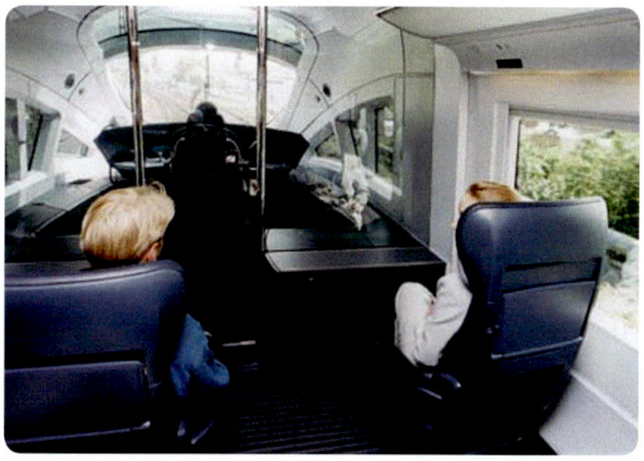

Bild: Reisende in der Lounge im ICE T (1. Klasse) können dem Triebfahrzeugführer über die Schulter auf die Strecke schauen.

Bild: Bei Bedarf kann die Trennwand blickdicht gemacht werden./ Fotos: Mann, DB AG

Handelsformen

Flüssigkeitskristallfolien sind in Formaten von maximal 100 x 280 mm² erhältlich und können problemlos von -40 °C bis +40 °C verwendet werden. LC-Displays werden bereits für Informationstafeln auf dem Markt vertrieben.

Thermochrome Glasbeschichtungen
verändern unter Einfluss von Licht ihre Farbigkeit bzw. Transparenz. Auf diese Weise stellen sich Glasfassaden selbsttätig auf klimatische Bedingungen ein. Während eintreffende Sonnenstrahlen im Sommer reflektiert werden, ist das Glas im Winter mit einer glasklaren Transparenz für diese durchlässig.

GLA
Literatur

[1] Achilles, A.; Braun, J.; Seger, P.; Stark, T.; Volz, T.: Glasklar – Produkte und Technologien zum Einsatz von Glas in der Architektur. München: Deutsche Verlags-Anstalt, 2003.

[2] Bargel, H.-J.; Schulze, G.: Werkstoffkunde. Berlin, Heidelberg: Springer Verlag, 2004.

[3] Beylerian, G.M.; Dent, A.: Material ConneXion - Innovative Materialien für Architekten, Künstler und Designer. München, Berlin: Prestel Verlag, 2005.

[4] Compagno, A.: Intelligente Glasfassaden. Basel: Birkhäuser Verlag, 2002.

[5] Eberlein, D.: Lichtwellenleiter-Technik. Dresden: Expert Verlag, 2003.

[6] Eberle, B.: Faszination Glas. Bern, Stuttgart: Verlag Paul Haupt, 3. Auflage, 2005.

[7] Ebert, H.; Heuser, F.: Anleitung zum Glasblasen. Herausgeber Baetz, Survival Press, 2001.

[8] Kaltenbach, F.: Transluzente Materialien – Glas, Kunststoff, Metall. München: Edition Detail, 2003.

[9] Lange, J.: Rohstoffe der Glasindustrie. Stuttgart: Deutscher Verlag für Grundstoffindustrie, 3. Auflage, 1993.

[10] Lefteri, C.: Glas – Material, Herstellung, Produkte. Ludwigsburg: avedition, 2002.

[11] Merkel, M.; Thomas, K.-H.: Taschenbuch der Werkstoffe. München, Wien: Fachbuchverlag Leipzig im Carl Hanser Verlag, 2003.

[12] Nijsse, R.: Tragendes Glas. Basel: Birkhäuser Verlag, 2003.

[13] Nölle, G.: Technik der Glasherstellung. Stuttgart: Deutscher Verlag für Grundstoffindustrie, 3. Auflage, 1997.

[14] Petzold, A.; Marusch, H.; Schramm, B.: Der Baustoff Glas. Berlin: Verlag für Bauwesen, 1990.

[15] Petzold, A.; Pöschmann, H.: Email und Emailliertechnik. Stuttgart: Deutscher Verlag für Grundstoffindustrie, 2. Auflage, 1992.

[16] Pfaender, H.G.: Schott – Glaslexikon. Landsberg am Lech: mvg - Moderne Verlagsgesellschaft mbH, 5. Auflage, 1997.

[17] Renno, D.; Hübscher, M.: Glas Werkstoffkunde. Stuttgart: Deutscher Verlag für Grundstoffindustrie, 2000.

[18] Schäffler, H.: Baustoffkunde. Würzburg: Vogel Buchverlag, 8. Auflage, 2000.

[19] Scholz, W.; Hiese, W.: Baustoffkenntnis. München: Werner Verlag, 15. Auflage, 2003.

[20] Scholze, H.: Glas, Natur, Struktur und Eigenschaften. Berlin, Heidelberg: Springer Verlag, 3. Auflage, 1988.

[21] Seiz, R.: Glaserfachbuch – Fachkunde, Fachzeichnen, Fachrechnen. Schorndorf: Hofmann Verlag, 5. Auflage, 1994.

[22] Vogel, W.: Glasfehler. Berlin, Heidelberg: Springer Verlag, 1993.

[23] Wendehorst, R.: Baustoffkunde. Hannover: Curt R. Vincentz Verlag, 26. Auflage, 2004.

[24] Wintermantel, E.; Ha, S.-W.: Biokompatible Werkstoffe und Bauweisen. Berlin, Heidelberg: Springer Verlag, 1998.

[25] Wörner, J.-D.; Schneider, J.; Funk, A.: Glasbau – Grundlagen, Berechnung, Konstruktion. Berlin, Heidelberg: Springer Verlag, 2001.

Literatur aus dem Internet:

[26] Berliner Glas KGaA Herbert Kubatz GmbH & Co (www.berlinerglas.de) Datenblatt Kantenbearbeitung »produkte_techgläser_kantenbearbeitung.pdf«

Bild: Teppich »Lupa« aus Wolle./ Foto: JAB Teppiche Heinz Anstoetz KG

TEX
TEXTILIEN

Abendkleid, Airbag, Agrartextilie, Angelschnur, Anzug, Arbeitskittel, Autoreifen, Autositz, Babysitz, Badeanzug, Badetuch, Banknote, Bastmatte, Bautextilien, Begrünungsmatte, Betonbewehrung, Bettwäsche, Billardtischbelag, Binde, Blaumann, Blazer, Bluse, Böschungssicherung, Boxershort, Brillenetui, Brustbeutel, Bügelbrettbespannung, Bürstenhaar, Büstenhalter, Cordhose, Dachbegrünung, Damenbinde, Dammbefestigung, Dämmstoff, Dartscheibe, Daunenjacke, Dessous, Dichtung, Drache, Drainagematte, Dudelsack, Einlage, Erosionsschutz, Fahrradrahmen, Fallschirm, Fechtanzug, Feinripp, Fensterleder, Filter, Filz, Fleecejacke, Förderband, Frottier, Funktionstextilie, Fußmatte, Futterstoff, Gardine, Garn, Gartenmöbel, Gartenschlauch, Geotextilie, Gepäcknetz, Gewebe, Gitarrensaite, Gleitschirm, Golfschläger, Gürtel, Handschuh, Handtuch, Handytasche, Hängematte, Haube, Heißluftballon, Heiztextilie, Hemd, Hose, Hut, Isoliermaterial, Jacke, Jeans, Jogginghose, Kaffeefilter, Kajak, Kappe, Kapuzenpullover, Kartoffelsack, Kissen, Kittel, Kleid, Kletterseil, Knieschoner, Koffer, Kopfstütze, Kordel, Kosmetiktasche, Kostüm, Krawatte, Kunstherz, Kupplungsbelag, Mantel, Matratze, Membranarchitektur, Miederware, Minirock, Mütze, Nachthemd, Laufschuh, Leder, Leichtbaudach, Leinwand, Oberbekleidung, Ölschutzmatte, Palazzohose, Pantoffel, Parka, Patchwork, Pflanzenträger, Pflanztopf, Pflaster, Pilotenanzug, Pinsel, Polster, Poncho, Portemonnaie, Protektor, Prothese, Pullover, Radlerhose, Raumanzug, Regenmantel, Regenschirmbespannung, Rennanzug, Riemen, Rindentuch, Rock, Rollrasen, Rotorblatt, Rucksack, Sakko, Samt, Sandale, Schal, Schienbeinschoner, Schlafsack, Schmuck, Schnur, Schuh, Schulranzen, Schutzbekleidung, Schutzhelm, Schutzwand, Schweißband, Schwimmhose, Segel, Segelboot, Seidenmalerei, Seil, Serviette, Sessel, Sicherheitsgurt, Sicherheitsschuh, Silbertuch, Sitzbezug, Skihose, Snowboard, Socke, Sofa, Sonnenschutzrollo, Spitze, Staubsaugerbeutel, Steppbett, Stirnband, Stoßfänger, Strandtuch, Strickjacke, Strumpf, Surfbrett, Sweatshirt, T-Shirt, Tagesdecke, Tampon, Tank, Taschentuch, Tennissaite, Teppich, Textilimplantat, Textillaminat, Tischdecke, Top, Trainingsanzug, Trikot, Tuch, Tüll, Türverkleidung, Turnschuh, Umhang, Umhängetasche, Umstandsmode, Uniform, Unterrock, Unterwäsche, Verband, Vlies, Vorhang, Wandteppich, Wäscheleine, Watte, Wendedecke, Weste, Windel, Windrad, Wrack, Wundauflage, Zelt, Zwirn

Für die einen ist sie die neue »Staatsoper Bayerns«. Die anderen bezeichnen sie auf Grund der anmutenden Futuristik der Wabenstruktur ehrfürchtig als »Ufo aus Stahl und Gewebe«. Gemeint ist der neue Fußballtempel »Allianz-Arena«, der im Mai 2005 im Münchner Stadtteil Fröttmaning feierlich eröffnet wurde. Die Arena besteht aus einer filigranen Stahlkonstruktion mit einer Textilhülle aus 2.784 rautenförmigen Polymerkissen. In die Fassade ist ein Lichtsystem eingebracht, das das Stadion in die jeweiligen Vereinsfarben der Heimmannschaft erstrahlen lässt, also Rot für den FC Bayern München und Blau für den TSV 1860 München. Die Polymerkissen sind aus zwei 0,2 mm dicken, beschichteten ETFE-Foliengeweben aufgebaut, die durch Überdruck in der Kissenform gehalten werden. ETFE (Ethylen-Tetrafluorethylen) ist ein fluorhaltiger, sehr stabiler Kunststoff mit besonders witterungsbeständigen und schwer entflammbaren Eigenschaften. Auf diese Weise werden die maximal 66.000 Zuschauer vor Regen, Schnee und Wind geschützt. Die Membrankonstruktion mit einer Lichtdurchlässigkeit von etwa 90 % wurde von der Covertex GmbH aus dem Chiemgau entwickelt, das Stadion von den Architekten Jacques Herzog und Pierre de Meuron geplant.

Bild: Textilhülle aus 2.784 rautenförmigen Polymerkissen, Allianz-Arena in München./ Materialhersteller: covertex/ Fotograf: B. Ducke

Bild: Lichtsystem lässt die jeweiligen Vereinsfarben der Heimmannschaft erstrahlen, Allianz-Arena in München./ Materialhersteller: covertex/ Fotograf: B. Ducke

Das Beispiel zeigt, dass synthetische Fasern aus Polyvinylchlorid TEX 4.4.7, Polyester TEX 4.4.3 oder Aramiden TEX 4.4.2 und mineralische Faserwerkstoffe auf der Basis von Kohlenstoff oder Glas TEX 4.5 eine wachsende Bedeutung in technischen Bereichen erlangen. Neben der Architektur werden sie im Sicherheits- und Sportbereich eingesetzt. Der moderne Automobil- und Flugzeugbau wäre ohne textile Werkstoffe undenkbar. Und auch aus dem Bereich medizinischer und hygienischer Produkte TEX 6.5 sind Textilien nicht mehr wegzudenken.

Bild: Moderner Synthetik Store./ Foto: JAB Josef Anstoetz KG

Ist eine steigende Bedeutung von Textilfasern im technischen Bereich zu erkennen, so nimmt deren traditionelle Bedeutung für die Bekleidungsindustrie in Europa durch die Konkurrenz aus Asien stetig ab. Prognosen gehen davon aus, dass sich das Leistungspotenzial der westlichen Textilindustrie zu Anwendungen mit einer größeren Funktionalität verlagern wird. Dies kann beispielsweise durch Verknüpfung von textilen Werkstoffen mit elektrischen Elementen geschehen. Begriffe wie »Intelligente Textilien« oder »smart textiles« kursieren als Schlagwörter seit einigen Jahren in der Branche. Die Entwicklung elektrisch leitender Polymerfasern macht einen Datentransfer in Kleidung möglich. Wärmende und leuchtende Outdoor-Jacken werden ebenso in der nahen Zukunft zu unserem Alltag gehören wie Puls messende Armbanduhren, Brillen, deren Innenseiten als Bildschirm ausgeführt sind, oder Kleidungsstücke mit integrierten elektronischen Hilfsmitteln zur Kommunikation und Musikwiedergabe. »Wearable Computing« ist als Forschungsgebiet an vielen Universitäten anerkannt.

Einteilung textiler Faserstoffe / Naturfasern (DIN 60001)		
Bezeichnung	Faser/ Gattung	Abkürzung
Pflanzliche Fasern (Zellulose)		
Samenfasern	Baumwolle Kapok	CO KP
Bastfasern	Leinen (Flachs) Hanf Jute Ramie	LI HA JU RA
Hartfasern	Sisal Manila (Abacá) Kokos	SI AB CC
Tierische Fasern (Eiweiß)		
Wolle	Wolle Schurwolle	WO WV
Feine Tierhaare	Alpaka Lama Vikunja Guanako Kamel Kanin Angora Mohair Kaschmir Kaschgora Yak	WP WL WG WU WK WN WA WM WS WSA WY
Grobe Tierhaare	Rinderhaar Rosshaar Ziegenhaar	HR HS HZ
Seiden	Seide (Maulbeerseide) Tussahseide	SE ST
Mineralische Fasern		
Gesteinsfasern	Asbest (krebserzeugend)	AS

Abb. 1: nach [5]

Einteilung textiler Faserstoffe / Naturfasern (DIN 60001)		
Bezeichnung	Faser/ Gattung	Abkürzung
Chemiefasern (natürlichen Polymere)		
Zellulosische Chemiefasern	Viskose Modal Lyocell Cupro Acetat Triacetat	CV CMD CLY CUP CA CTA
Alginat	Alginat	ALG
Gummi	Gummi	LA
Chemiefasern (synthetischen Polymere)		
Elasto	Elastan (Polyurethan) Elastodien	EL ED
Fluoro	Fluoro	PTFE
Polyacryl	Polyacryl Modacryl	PAN MAC
Polyamid	Polyamid Aramid	PA AR
Polychlorid	Polyvinylchlorid Polyvinylindenchlorid	CLF CLF
Polyester	Polyester	PES
Polyolefin	Polyethylen Polypropylen	PE PP
Polyvinylalkohol	Polyvinylalkohol	PVAL
Chemiefasern (anorganischen Stoffe)		
Glas Kohlenstoff Metall	Glas Kohlenstoff Metall	GF CF MTF

Abb. 2: nach [5]

TEX 1
Charakteristika und Materialeigenschaften

TEX 1.1
Einteilung textiler Werkstoffe

Produkte des Textilgewerbes und deren Eigenschaften basieren auf Fasern. Im Allgemeinen wird zwischen Natur- und Chemiefasern unterschieden (Schnegelsberg 1999):

Naturfasern können pflanzlichen, tierischen und mineralischen Ursprungs sein. Baumwolle und Leinen sind die wichtigsten pflanzlichen Fasern. Kokos-, Flachs- und Hanffasern erlangen unter Umweltaspekten als nachwachsende Werkstoffe in der Zukunft eine immer größere Bedeutung. Neben der Verwendung im textilen Kontext wird auch der Gebrauch im Verbund mit Kunststoffen *KUN 1.6, VER 1* zu Composites angestrebt. Wolle, edle Seide oder feine Tierhaare wie Mohair, Angora oder Kaschmir gehören zu den wichtigen tierischen Fasern für die Bekleidungsindustrie. Die einzige mineralische Faser, die direkt aus den Natur gewonnen wird, ist das Asbest. Wegen gesundheitsbedenklicher und krebserregender Wirkung wird auf die Verwendung aber weitestgehend verzichtet.

Durch Entwicklung chemischer Fasern auf der Basis natürlicher und synthetischer Polymere konnte die steigende Nachfrage nach preiswerten Textilien ab der Mitte des 20. Jahrhunderts gedeckt werden. Die Bedeutung natürlichen Fasermaterials insbesondere der Marktanteil von Baumwolle bei Bekleidung ging mit dem Aufkommen synthetischer Fasern wie den Polyesthergarnen in den 70er Jahren auf ein Drittel zurück. Seit den 90er Jahren ist aber wieder ein Trend zu natürlichen Stoffen auszumachen. Während Zellulosefasern aus Holz- oder Baumwollfasern als Lieferant eines natürlichen Ausgangsrohstoffes zurückgehen, sind synthetische Fasern heute Resultat einer künstlichen Polymerbildung durch Polymerisation, Polykondensation und Polyaddition *KUN 1.1*. Zu den ***Chemiefasern*** zählen auch Glas-, Keramik- und Metallfasern *TEX 4.5*. Diese haben insbesondere für technische Textilien eine große Bedeutung.

Bild: Kappe aus Cordsamt.

TEX 1.2
Eigenschaften textiler Werkstoffe

Die Eigenschaften textiler Fasern sind eng mit den zur Herstellung verwendeten Ausgangsmaterialien verbunden. Allgemein gültige Aussagen zu Textilien können daher nicht getroffen werden. Es sind nur vergleichende Charakterisierungen möglich. Hierzu wurde eine Reihe von Kennzahlen entwickelt.

Wichtige Kenngrößen sind *Faserlänge*, *Faserfeinheit* und *Faserdichte*. Darüber hinaus werden zur Prüfung der Tauglichkeit des Faserwerkstoffs für einen bestimmten Anwendungsfall Aussagen zu Festigkeit (Reiß- und Scheuerfestigkeit), Dehnung und Elastizität herangezogen. Für die Bekleidungsindustrie sind die biologische und chemische Beständigkeit sowie die Neigung zur Aufnahme von Feuchtigkeit von Bedeutung. Außerdem ist für die Verarbeitung zu Garnen die *Kräuselung* relevant. Die Auslegung technischer Textilprodukte setzt die Kenntnis von Elastizitätsmodul und Schmelzpunkt voraus.

Faserstruktur

Vergrößerung:

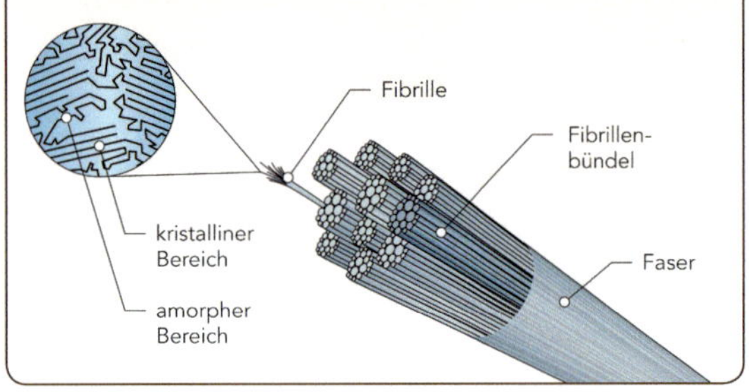

Abb. 3: nach [5]

Strukturen synthetischer Fasern

Faser (Beispiele)	Eigenschaften
rund	Faser glänzt. Mit zusätzlichen Lufteinschlüssen weist die Faser gute Haltbarkeit und Federkraft auf und eignet sich somit als Füllfaser z.B. für Bettdecken, Kissen und Möbelpolster.
mit Mattierung	Glanzgrad wir durch die Mattierung verringert. Verschmutzung ist durch die Mattierung weniger auffällig.
quadratisch	Mit den quadratischen Hohlräumen weist die Faser eine gute Verschleißfestigkeit auf, ist pflegeleicht und eignet sich z.B. für Teppichböden.
tribonal	Verschmutzung ist durch die tribonale Querschnittsform weniger auffällig. Verbesserung der optischen Eigenschaften.

Abb. 4: nach [4, 5]

Die *Faserfeinheit* meint die auf eine Längeneinheit bezogene Masse. Die Einheit *Tex* (tex) gibt die Fasermasse in Gramm (g) bezogen auf eine Faserlänge von einem Kilometer (km) an. Bei der Maßeinheit *Decitex* (dtex) beträgt die Bezugsfaserlänge 10 km.

Textile Faserwerkstoffe werden hinsichtlich ihrer Faserfeinheit in Grob-, Fein- und Feinstfasern unterteilt. Je kleiner der Wert der Faserfeinheit ausfällt, desto weicher fühlt sich das textile Material an.

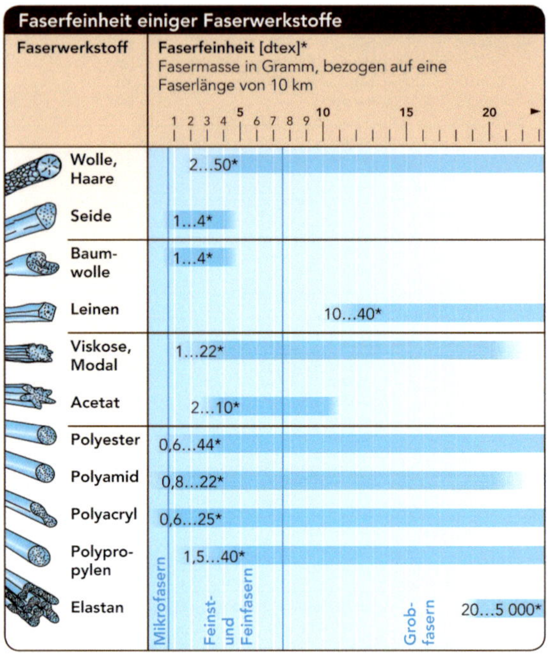

Abb. 5: nach [4, 5]

Mirkofasern unterschreiten die Kenngröße bei einem Wert von 1 dtex. Hochdichte Gewebe können unter Verwendung synthetischer Mikrofasern hergestellt werden. Diese sind durchlässig für Gase und weisen wasserabweisende Eigenschaften auf. Sie eignen sich daher besonders für Outdoor- und Regenschutzbekleidung. Durch Einstellung des Faserquerschnitts können synthetische Fasern mit besonderen Charakteristika produziert werden. Es entstehen Fasern, die sich durch schmutzabweisende Eigenschaften für Teppichböden oder durch eingeschlossene Lufträume als Füllfasern für Schlafsäcke, Matratzen oder Decken eignen.

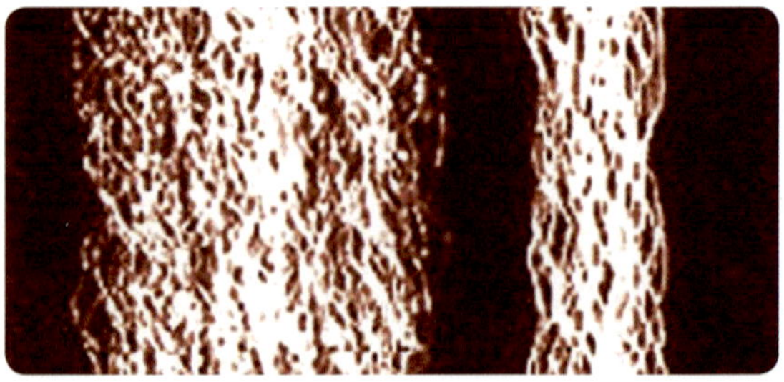

Bild: Mikro-Filamentgarn mit einer Faserfeinheit von 0,6 dtex im Vergleich zu einem Standardgarn mit 3 dtex (rechts)./ Foto: Akzo Nobel Faser AG, SB Arnheim, NL

Natürliche und synthetische Faserwerkstoffe unterscheiden sich vor allem hinsichtlich ihrer biologischen Beständigkeit. Während natürliche und auf Zellulose basierende Fasern zu Fäulnis und Verrottung neigen, kann dies bei synthetischen Chemiefasern ausgeschlossen werden.

Die Dehnbarkeit und Elastizität eines Faserwerkstoffs lassen Aussagen zum Tragekomfort eines aus dem Material hergestellten Kleidungsstücks zu. Außerdem kann die Neigung zum Knittern, also die Notwendigkeit zum Bügeln, abgelesen werden. Die Kenntnis der Kenngrößen Faserdehnung, Festigkeit und chemische sowie mechanische Resistenz ist für die Konzeption und Auslegung technischer Textilprodukte von entscheidender Bedeutung.

Auf Basis der Neigung und Fähigkeit zur Aufnahme und zum Transport von Feuchtigkeit wird die Einsatztauglichkeit von Faserwerkstoffen für Sport- und Arbeitsbekleidung bewertet. Hierbei ist besonders wichtig, dass Schweiß schnell von der Innen- zur Außenseite transportiert werden kann. Hingegen ist für Regenbekleidung ein gegenteiliger Effekt in der anderen Richtung von Bedeutung. Die Eigenschaft zur Aufnahme von Flüssigkeiten wird im Hygienebereich TEX 6.5 als sehr positiv bewertet.

TEX 1.3
Internationale Größentabellen für Bekleidungen

Größentabelle für Bekleidung

Herrenanzüge / Männeranzüge									
Deutsch Amerik./Engl.	42 34	44 35	46 36	46-47 37	48 38	50 39	50-52 40	52 41	54 42
Herrenhemden (Kragenweiten)									
Deutsch Amerik./Engl.	35-36 14 XS	37 14 1/2 S	38 15 S	39 15 1/2 M	40 14 3/4 M	41 16 L	42 16 1/2 L	43 17 XL	
Herrensocken									
Deutsch Amerik./Engl.	39-40 10	40-41 10 1/2	42 11	42-43 11 1/2	43-44 12				
Damenkleider / Blusen / Kostüme									
Deutsch Amerikanisch Englisch	42 34 36	44 36 38	46 38 40	48 40 42	50 42 44	52 44 46			
Damenstrümpfe									
Deutsch Amerik./Engl.	1 8 1/2	2 9	3 9 1/2	4 10	5 10 1/2	6 11			
Schuhe									
Deut./Franz. Amerikanisch Englisch	35 4 1/4 2 1/2	36 5 3 1/2	37 5 3/4 4	38 6 1/2 5	39 7 1/4 6	40 8 6 1/2	41 8 3/4 7		
Deut./Franz. Amerikanisch Englisch	42 9 1/2 8	43 10 1/4 9	44 11 9 1/2	45 11 3/4 10 1/2	46 12 1/2 11	47 13 1/4 12			
Hüte									
Deutsch Amerik./Engl.	53 6 1/2	54 6 5/8	55 6 3/4	56 6 7/8	57 7	58 7 1/8	59 7 1/4	60 7 3/8	61 7 1/2

Abb. 6

TEX 1.4
Textilpflegekennzeichnung

Die Angabe von Hinweisen zur Pflege von Textilien im Bekleidungssektor ist freiwillig. International hat sich ein Kennzeichensystem etabliert, das zwischen Waschen, Chloren, Bügeln, chemischer Reinigung und maschineller Trocknung unterscheidet.

Internationale Textilkennzeichnung

	WASCHEN
	Nicht waschen Sehr empfindliche Woll- und Seidenartikel.
	Handwäsche Nicht filzfrei ausgerüstete Wolle und Seide.
30	**30°C-Buntwäsche** Für mechanische Behandlung und nicht filzfrei ausgerüstete Wolle, Polyester, Acetat oder Mischgewebe.
30	**30°C-Feinwäsche** Für mechanisch mildere, pflegeleichte Behandlung und nicht filzfrei ausgerüstete Wolle, Viskose, Modal oder Acetat.
30	**30°C-Feinwäsche** Für mechanisch sehr schonende Behandlung. (Alt: 30)
40	**40°C-Buntwäsche** Für mechanische Behandlung und nicht filzfrei ausgerüstete Wolle, Polyester, Acetat oder Mischgewebe.
40	**40°C-Feinwäsche** Für mechanisch mildere, pflegeleichte Behandlung, Feinwäsche aus Modal, Viskose, Lyocell, Polyacryl, Polyester oder Polyamid.
40	**40°C-Feinwäsche** Für mechanisch sehr schonende Behandlung. (Alt: 40)
60	**60°C-Buntwäsche** Für nicht kochechte Buntwäsche und Wäsche aus Baumwolle, Modal, Lyocell, Polyester sowie ihrer Mischgewebe.
60	**60°C-Buntwäsche** Für mechanisch mildere, pflegeleichte Behandlung.
95	**95°C-Kochwäsche** Für Baumwolle, Leinen, kochecht gefärbte bzw. bedruckte Textilien.
	TUMBLERTROCKNUNG (Trockentrommel)
	Nicht Trocknen Nicht für Wäschetrockner (Tumbler) geeignet.
	Trocknen Für reduzierte thermische Belastung.
	Trocknen Für normale thermische Belastung.
	Die Punkte in den Symbolen kennzeichnen die Trocknungsstufe des Wäschetrockners. Gewebe wie Wolle, Seide, Polyacryl und einlaufempfindliche Maschenwaren, ohne besondere Kennzeichnung, sind nicht für den Trockner geeignet.
	BÜGELN
	Nicht bügeln Polypropylen
	Nicht heiß bügeln Polyacryl, Polyamid, Acetat
	Mäßig heiß bügeln Wolle, Seide, Polyester, Viskose
	Heiß bügeln Baumwolle, Leinen
	REINIGUNG/ CHEMISCH
	Keine chemische Reinigung möglich
A	**Chemische Reinigung möglich/ ebenso Kiloreinigung** Verwendung üblicher Lösemittel ohne Einschränkung möglich.
P	**Chem. Reinig. möglich mit Vorbehalt/ ebenso Kiloreinigung** Normales Verfahren mit den gebräuchlichsten Reinigungsmitteln Perchlorethylen und Fluorkohlenwasserstoff.
P	**Chemische Reinigung möglich/ keine Kiloreinigung** Für mechanisch mildere Behandlung wobei die Temperatur und die Feuchtigkeitszugabe beachtet werden sollte.
F F	**Chemische Reinigung möglich/ keine Kiloreinigung** Fluorkohlenwasserstoff und Schwerbenzin, Verwendung bei empfindlichen Artikeln.
	CHLOREN
	Chlorbleiche ist nicht möglich
cl	**Chlorbleiche ist möglich**

Abb. 7: nach [2, 5]

Scheuerfestigkeit nach Martindale

Die Scheuerfestigkeit von Textilien wird auf einer Martindale-Prüfmaschine ermittelt. Hierbei wird die Stoffprobe gegen einen Kammgarnstoff gerieben, um den Verschleiß zu simulieren.
Bei dieser Prüfung wird die Anzahl der Scheuerhübe (Reibzyklen) erfasst, bis 3 Fäden der Probe derart durchgescheuert sind, dass sie brechen.
Es folgen Beispiele der Zyklenzahl für die unterschiedlichen Einsatzbereiche:

***6.000** = leichte häusliche Nutzung*
***15.000** = normale häusliche Nutzung*
***20.000** = normale Beanspruchung*
***30.000** = starke häusliche Nutzung/ normale Beanspruchung*
***40.000** = starke Beanspruchung*

TEX 2
Textilprodukte und ihre Herstellung

In der Textilindustrie wird das Fasermaterial vor der eigentlichen Verarbeitung zu Bekleidungsstükken und technischen Textilprodukten in der Regel zunächst in Fadenmaterialien (***Garnen***, ***Zwirn***) als eindimensionalem Halbzeug überführt. Anschließend erfolgt die Herstellung textiler Flächen oder dreidimensionaler Textilstrukturen. Zu diesen zählen Flecht-, Maschen- und Nähwirkware sowie Filz oder Vlies (Völker, Brückner 2001).

Gefachte Garne
bestehen aus mehreren, teilweise sehr dünnen Einzelfäden, die nicht miteinander verzwirnt sind.

Garne
werden aus textilen Fasern gesponnen.

Zwirne
sind Fäden, bei denen mindestens zwei Garne miteinander verdreht sind.

Begrifflichkeiten bei Garnen	
Einfache Garne	Effektgarne
	Spinnfasergarne (z.B. Rotor-, Dreizylinder-, Kamm-, Halbkammer- oder Streichgarne)
	Filamentgarne (glatt oder texturiert)
Gefachte Garne	Effektgarne
Zwirne	Effektzwirne
Definition (nach DIN 60900)	
Das Wort **»Garn«** steht im allgemeinen Sprachgebrauch für einen dünnen, langen, linienförmigen textilen Artikel, der aus vielen Fasern besteht. Genau genommen ist aber Garn ein **»einfaches Garn«** im Gegensatz zu Zwirn. Es sollte daher der Ausdruck **»einfaches Garn«** verwendet werden, wenn eine Abgrenzung zu gefachten Garnen oder Zwirnen gewünscht wird.	
Einfaches Garn Besteht entweder aus einer Endlosfaser, wie bei den Filamentgarnen, oder aus Spinnfasergarnen, die auf mechanischem Weg aus Stapelfasern (Verspinnen) wie Baumwolle, Leinen, Wolle, Schnappe- und Bourette-Seide oder aus zerrissenen und zerschnittenen Chemiefasern hergestellt werden.	
Gefachtes Garn Besteht aus mindestens zwei miteinander verspulten und nicht verdrehten Garnen.	
Zwirn Besteht aus mindestens zwei (gleicher oder verschiedener) miteinander verdrehter einfacher Garne und/oder wieder miteinander verdrehter Zwirne.	
Faden Die Bezeichnung **»Faden«** wird im Allgemeinen für linienförmige textile Artikel wie Vorgarne, einfache Garne, Zwirne oder Schnüre verwendet, wenn also etwas über die Erscheinungsform (z.B. Kettfaden) und nicht über die Art des Erzeugnisses zum Ausdruck gebracht werden soll.	
Als Zwischenprodukt für die Textilindustrie werden Garne zu Geweben oder Gestricken weiter verarbeitet oder finden Verwendung beim Nähen, Sticken oder Stopfen.	

Abb. 8: nach [5]

Bild unten: Tasche »feltfellow documents« aus Filz../ Design: Patricia Yasmine Graf/ Foto: Eugenia Torbin

TEX 2.1
Fadenherstellung

Zur ***Garnherstellung*** unterscheidet man Filamente und Spinnfasern als Ausgangsformen für die Faserverarbeitung.

Bild: Nähgarn./ Foto: Ledder Werkstätten

Filamente sind ***Endlosfasern***, die auf einfache Weise gewickelt werden können. Seide TEX 4.4.2 und die meisten Chemiefasern können in Form von Filamenten verarbeitet werden.

Filamentgarne		
Multifil(garn)		**Monofil(garn)**
Haspelseide	Chemiefaser	Chemiefaser

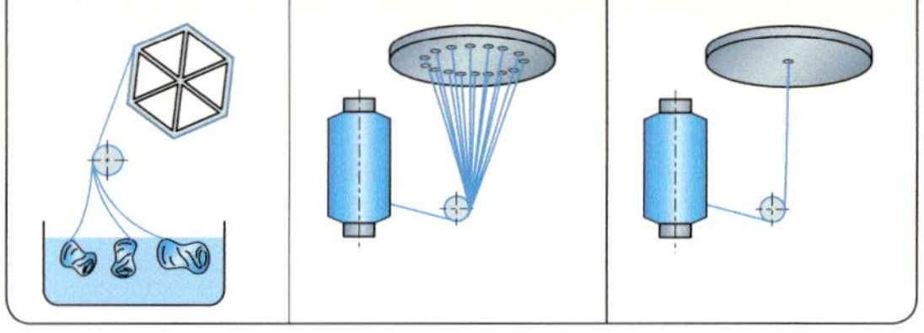

Abb. 9: nach [5]

Naturfasern wie Baumwolle, Leinen oder Jute liegen nach deren Anbau als lose Fasern vor. Für die Garnherstellung müssen die einzelnen Faserstücke fest miteinander verdreht werden. In den Spinnereien wird zunächst das Fasermaterial gelockert, gereinigt und in eine Richtung parallelisiert angeordnet. Anschließend werden die Fasern verstreckt und können versponnen werden. Zur Verarbeitung der unterschiedlichen Fasersorten sind ***Rotor***-, ***Streichgarn***-, ***Zylinder***-, ***Kammgarn***- und ***Bastfaserspinnverfahren*** in Gebrauch.

Herstellungsprinzip von Spinnfasergarnen

Spinnvorgang

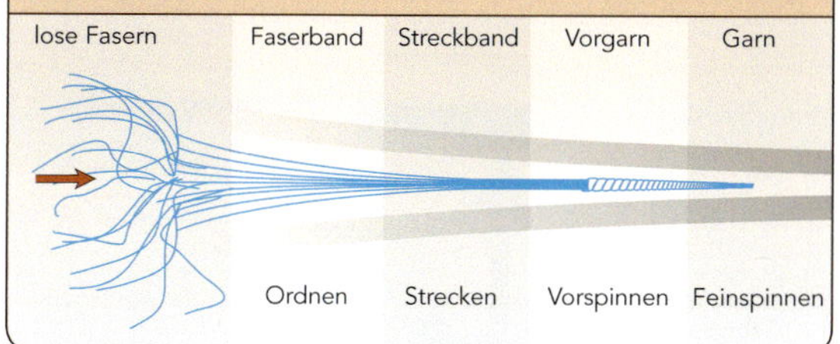

Abb. 10: nach [2]

Verschiedene Spinnverfahren (Beispiele)

Die Spinnverfahren sind auf die Fasern mit Ihren unterschiedlichen Eigenschaften angepasst.

Ringspinnen / Zylinderspinnerei für Baumwollgarne

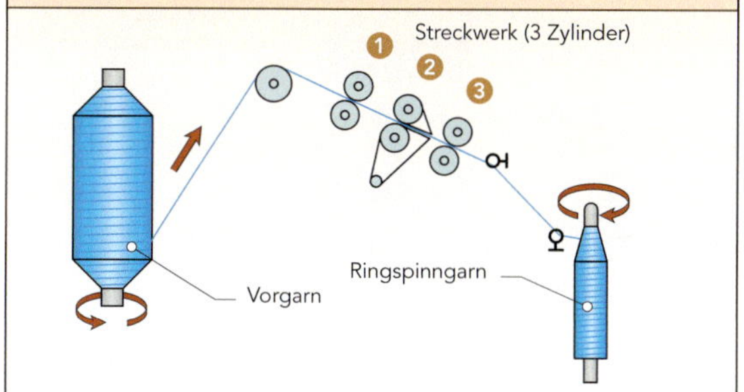

Ergebnis:
Dreizylindergarne sind glatte und gleichmäßige Garne.

Rotorspinnerei

Der Vorgang des Vorspinnens entfällt wodurch die Produktion dieses Verfahrens sehr ergiebig ist.

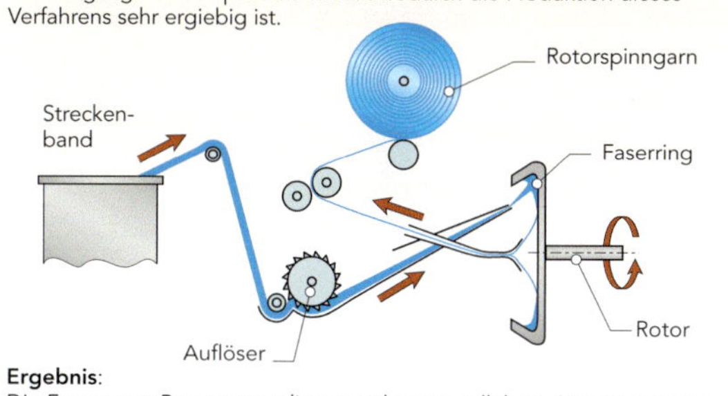

Ergebnis:
Die Fasern von Rotorgarnen liegen nicht so parallel wie Ringspinngarne, sind stärker strukturiert, weisen eine geringere Festigkeit auf und können nicht so fein ausgesponnen werden.

Streichgarnspinnerei

für die Verarbeitung von allen spinnfähigen Stoffen.

Ergebnis:
Streichgarn mit groben, rustikalen Aussehen und abstehenden Fasern.

Kammgarnspinnerei

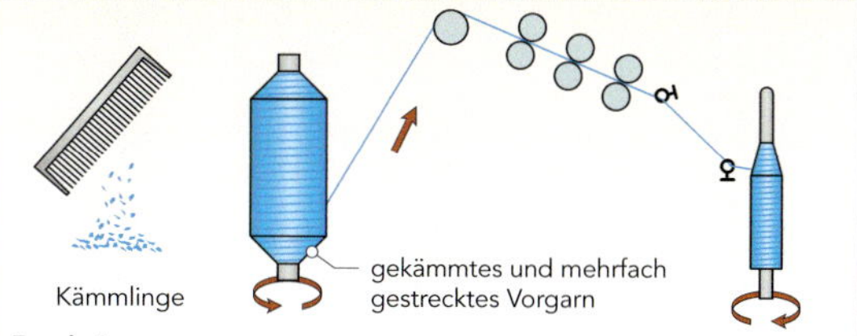

Ergebnis
Kammgarne werden durch Doppeln, Verstrecken und Herauskämmen kurzer Faseranteile besonders glatt und gleichmäßig.

Weitere Beispiele: Bastfaserspinnerei, Chemiefaserspinnerei, Halbkammgarnspinnerei, Flachsspinnerei, Seidenspinnerei …

Abb. 11: nach [2, 5]

Die Fadenherstellung auf Basis chemischer Ausgangsfasern erfolgt im Nass-, Trocken- oder Schmelzspinnverfahren. Während bei ***Nass***- und ***Trockenspinnverfahren*** der textile Werkstoff in einer Flüssigkeit vorliegt, wird das Material beim ***Schmelzspinnverfahren*** geschmolzen. Daher kommt es in der Regel nur bei synthetischen Fasern zum Einsatz. Allen Verfahren ist gemein, dass die Spinnmasse durch eine Düse gedrückt wird, wodurch so genannte ***Spinnstrahlen*** entstehen. Diese erstarren beim Nassspinnverfahren in einem Chemikalienbad, werden nass gesponnen und abschließend gereinigt. Beim Trockenspinnverfahren verfestigen die Spinnstrahlen unter Einfluss von Warmluft. Die Schmelzspinnmasse härtet in einem Strom kalter Luft aus.

Spinnverfahren

Nassspinnverfahren

Spinnmasse wird in ein Chemikalienbad ausgesponnen. Durch Chemikalien verfestigen sich die Fasern.

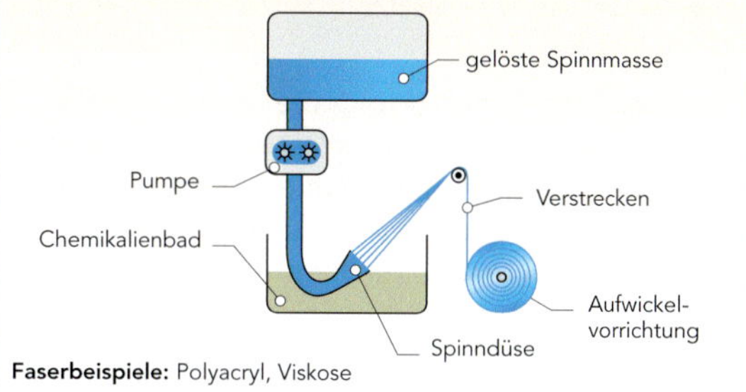

Faserbeispiele: Polyacryl, Viskose

Trockenspinnverfahren

Spinnmasse wird in einem Warmluftstrom ausgesponnen, wobei das Lösemittel verdampft und die Faser sich verfestigt..

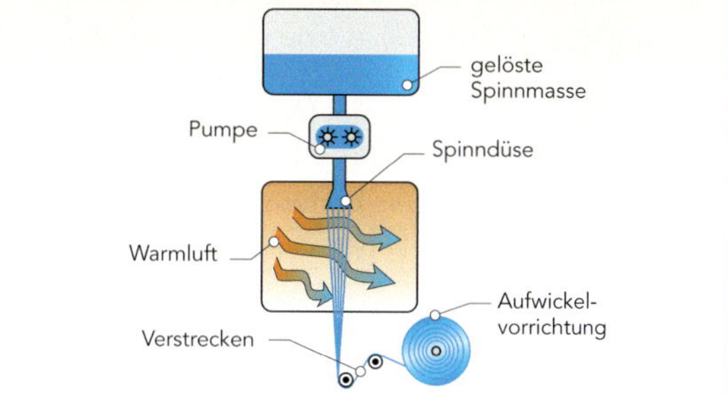

Faserbeispiele: Acetat, Polyacryl

Schmelzspinnverfahren

Spinnschmelze wird in Kaltluftschacht ausgesponnen, kühlt sich ab, und die Fasern verfestigen sich.

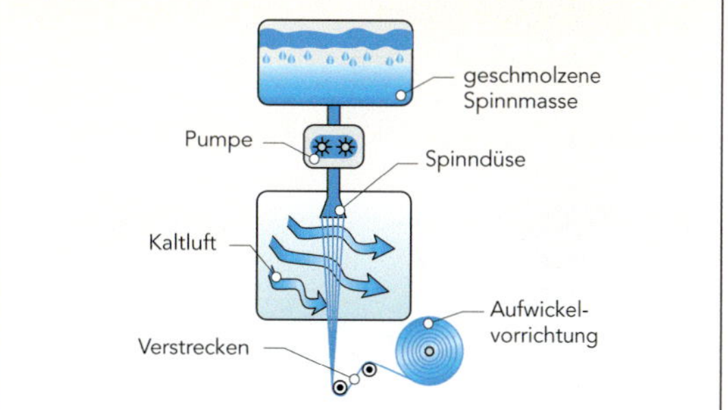

Faserbeispiele: Polyamid, Polyester

Abb. 12: nach [5]

Die Entstehung von Fasern und Garnen aus Trevira®:

Rohstoff: Polyesterchips.

Trevira-Filamente kommen aus der Spinndüse.

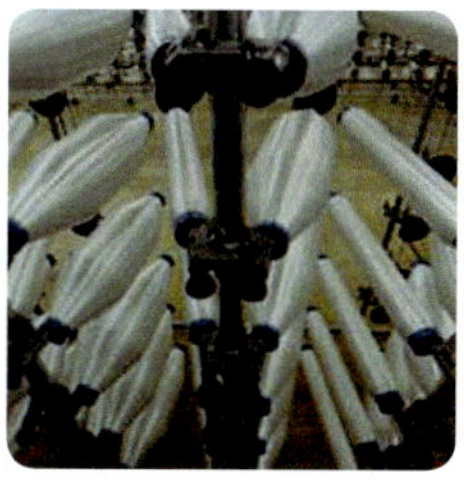

Zur Weiterverarbeitung werden die Filamente entweder auf große Spulen oder Kopse gewickelt…

… oder zu Stapelfasern geschnitten (z. B. für Bettenfüllungen), oder sie werden zu Fasergarnen versponnen.

Bilder oben: Trevira®, Polyestergarne und -fasern TEX 4.4.3/
Fotos oben: Trevira GmbH

Bei der Herstellung von ***Zellulosefasern*** kommen sowohl Nassspinn- als auch Trockenspinnverfahren zur Anwendung. Im Einzelnen werden Viskose-, Kupfer-, Acetat- und Lösemittelverfahren unterschieden:

Das ***Vikoseverfahren*** ist die mengenmäßig bedeutendste Technik. Dabei wird die Zellulose in Natronlauge und Schwefelkohlenstoff gelöst. Der zähflüssige Faserbrei wird durch Spinndüsen in ein schwefelsäurehaltiges Spinnbad gepresst und erstarrt zu feinen Spinnfäden. Die entstehenden Filamente werden aufgewickelt und abschließend ausgewaschen. Das Viskoseverfahren wird zur Herstellung von Viskose und Modal *TEX 4.3.1* verwendet.

Lyocellfasern *TEX 4.3.2* werden im ***Lösemittelverfahren*** hergestellt. Hierbei wird der Zellstoff aus Holz in ungiftigem Aminoxid gelöst. Das Verspinnen erfolgt nach Filtern direkt aus der flüssigen Masse. Der Faden bildet sich, wenn nach Verdünnen mit Wasser die Löslichkeitsgrenze der Zellulose unterschritten wird.

Beim ***Kupferverfahren*** erfolgt die Lösung der Zellulose in Ammoniak und Kupfersalz. Die zähflüssige Masse wird anschließend durch eine Düse gepresst und einem mit Wasser befüllten Trichter zugeführt. Hier erstarrt das Material zu Spinnstrahlen. Diese werden im Sog des Trichters beschleunigt, gestreckt und aufgewickelt. Das entstandene Fasermaterial ist unter dem Namen Cupro *TEX 4.3.3* bekannt.

Im ***Acetatverfahren*** wird Zellulose unter Einfluss von Aceton (Acetatfasern *TEX 4.3.4*) oder Dichlormethan (Triacetatfasern *TEX 4.3.4*) in eine chemische Verbindung mit Essigsäure überführt, die in der Natur so nicht vorkommt. Wie beim Viskose- und Kupferverfahren wird der Spinnbrei mit Druck durch eine Düse gepresst. Die Fäden erstarren unter Zufuhr von Warmluft in einem Schacht und werden trocken aufgewickelt.

Prinzipien von Viskose-, Kupfer-, Acetatverfahren

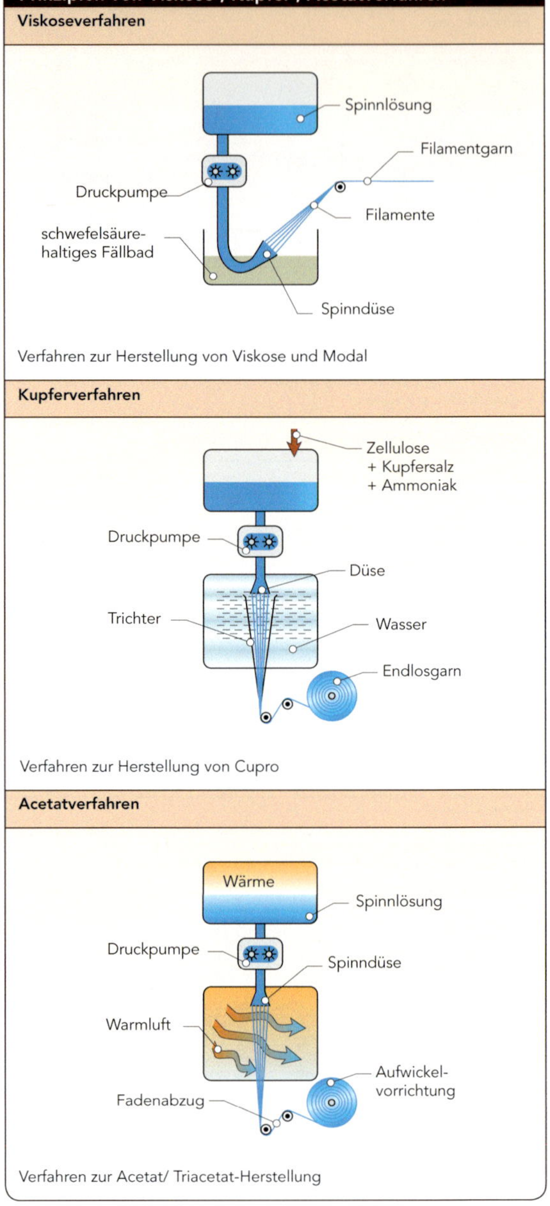

Abb. 13: nach [2]

Zwirne entstehen durch Ineinanderdrehen von zwei oder mehreren Garnen. Als linienförmige Textilstrukturen weisen sie im Vergleich zu normalem Garn eine höhere Festigkeiten auf und fasern weniger stark aus. Zwirn nimmt nur wenig Schmutz auf und ist undurchlässiger für Luft. Durch die Form der Herstellung können zudem besondere Strukturen und Effekte erzielt werden. Je nach Drehrichtung wird zwischen ***S-*** und ***Z-Zwirnen*** unterschieden. Das Zwirnen kann in einer, aber auch in mehreren Stufen durchgeführt werden. Einstufige Zwirne sind meist schwächer gedreht. Sie werden daher für Handarbeiten und leichte Bekleidungsstoffe eingesetzt. Bei mehrstufig gefertigten Zwirnen sind die Fäden stärker ineinander verdreht. Sie sind daher fester und werden für strapazierfähige Stoffe und Bezüge verwendet.

Nähzwirne werden in der Regel aus Leinen, Baumwolle, Polyamid oder Polyester hergestellt. Hochwertige ***Baumwollzwirne*** werden auch »***Eisengarn***« genannt.

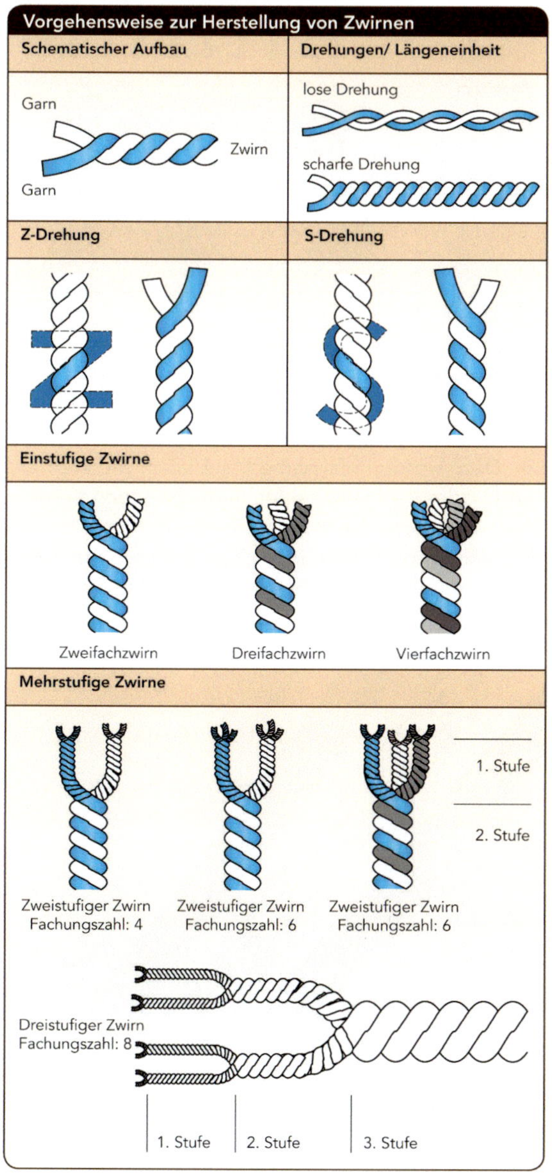

Abb. 14: nach [31, 32]

Zur Verbesserung der optischen Qualitäten werden Garne und Zwirne mit besonderen Effekten versehen (***Effektgarne***). Hierzu zählen Glanz-, Farb- und Struktureffekte. Auch können einzelne Garne umsponnen werden. Zu den ***Struktureffekten*** zählen ***Noppen***, ***Schleifen***, ***Schlingen*** oder ***Knoten***.

Effektzwirne

Glanzeffekte

Matt-/ Glanzeffekte
Diese Effekte werden durch das Mischen von matten und glänzenden Fasern beim Verspinnen/ Verdrehen erzielt. Dadurch entstehen ebenso die Glanz- und Glitzereffekte bei den mit Metallfäden verdrehten Zwirnen. Weitere Varianten sind mit metallähnlichen Folien (z.B. Lurex), mit farblosen Folien oder mit Chemiefasern, die einen besonderen Querschnitt haben, zu erzielen. Stoffbeispiele: Brokat, Lamé

Farbeffekte

Jaspé-Garn
Diese Garne entstehen durch das Verspinnen bei geringer Drehung unterschiedlich farbiger Vorgarne. Die Farbanmutung ist ähnlich, aber nicht so kontraststark wie bei Mouliné.

Melange-Garn
Bei diesen Garnen werden unterschiedlich farbige Fasern zu einem Garn versponnen. Als Tuch ist die Farbanmutung/ Effekt mehrtönig. Stoffbeispiel: Marengo

Mouliné-Zwirn
Bei diesen Garnen werden durch das Verdrehen zweier oder unterschiedlich farbiger Garne oder durch das Verzwirnen von Mischfasergarnen die Farbeffekte erzielt. Die Mischfasergarne haben hierbei ein unterschiedliches Färbeverhalten, sodass sich dadurch eine gesprenkelte Farbwirkung in der Fläche ergibt. Stoffbeispiel: Fresko

Vigoureux-Garn
Bei diesen Garnen werden farbliche Effekte durch streifenweises Bedrucken von Kammzügen bei der Kammgarnherstellung erzielt. Die Farbanmutung ist ähnlich wie bei den Melangetönungen.

Struktureffekte

Chenille-Zwirn/ Raupen-Zwirn
Diese Zwirne zeichnen sich durch eine samtartige weiche Oberfläche bzw. Haptik aus. Die raupenähnlichen Fäden erscheinen voluminös und werden durch Spinn-, Web-, oder Kettenwirktechniken hergestellt. Bei Dekorationsstoffen verwendet man sie als Schussgarne. Stoffbeispiel: Chenille

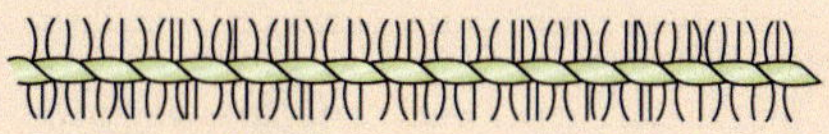

Flammen-Garn/ Flammen-Zwirn
Diese Zwirne zeichnen sich durch regelmäßige oder unregelmäßige, langgezogene Verdickungen/ Flammeneffekt aus, die beim Verspinnen oder beim Verzwirnen erzeugt werden. Das Tuch hat eine Leinen- oder Wildseidenanmutung.

Kräusel-Garn
Diese Garne zeichnen sich beim Tuch durch eine krause, unruhige Oberflächenanmutung und einer sandigen Habtik aus. Dieser Effekt entsteht durch das Überdrehen (Kreppgarn) oder durch das Zusammendrehen hartgedrehter Zwirne (Kräuselzwirne). Stoffbeispiele: Chiffon, Crêpe de Chine, Crêpe Georgette, Crêpe Lavable, Crêpe Marocain, Crêpe Satin

Noppen-Garn/ Noppen-Zwirn
Diese Zwirne zeichnen sich durch kurze, knotige Verdickungen aus, die durch das Einstreuen von Noppen (farbigen) beim Verspinnen oder durch spezielles Verzwirnen entstehen. Das Tuch hat eine strukturierte Oberflächenanmutung. Stoffbeispiele: Donegal, Tweed

Schlingen-Zwirn
Diese Zwirne zeichen sich durch Schlingen, Locken oder Knoten aus. Dieser Effekt ensteht durch besondere Zwirntechniken. Das Tuch hat eine mehr oder weniger körnige Haptik und eine strukturierte Oberflächenanmutung. Stoffbeispiele: Bouclé, Frisé, Frotte, Loop

Umspinnungseffekte

Dieser Effekt wird dadurch erzielt, dass ein Grundfaden mit einem Effektfaden umwickelt wird.

Bild: Flammengarn.

Bild: Moulinézwirn.

Bild: Schlingenzwirn.

Bild: Raupenzwirn.

Abb links. 15: nach [2, 5]

Um ihnen eine größere Elastizität und bauschigere Struktur zu verleihen, können glatte thermoplastische Chemiefasern vor der Weiterverarbeitung einer besonderen ***Textuierung*** unterzogen werden. Hierzu werden sie dauerhaft gekräuselt. Die Porenräume vergrößern sich, und es wird mehr Luft eingeschlossen. Textuierte Fasern haben eine höhere Elastizität, fühlen sich weicher an, sind dehnbarer, können mehr Feuchtigkeit aufnehmen und wärmen besser. Man unterscheidet ***Blasgarn-***, ***Drall-***, ***Wirbel-*** und verschiedene ***Kräuseltextuierungen***. ***Multikomponentengarn*** wird in einem chemisch-thermischen Prozess hergestellt.

Bild: Textuiertes Garn.

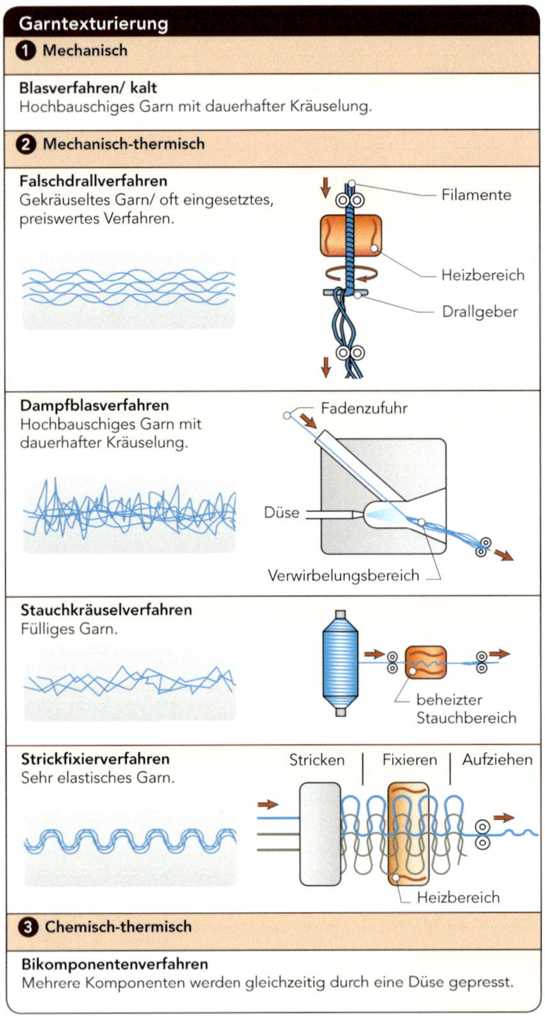

Abb. 16: nach [2, 5]

Bild: Geflochtenes Textilband.

TEX 2.2
Textile Flächen und Strukturen

Die einfachste und älteste Form der Herstellung einer textilen Fläche ist das ***Geflecht***. Es entsteht durch Unter- und Überführen von mindestens drei Fadensystemen. Bekannte geflochtene Produkte sind Bänder oder Spitzen. Diese können sowohl in Handarbeit als auch auf Maschinen hergestellt werden. Die Elastizität von Geflechten ist meist höher als die anderer textiler Halbzeuge (z. B. Gewebe). Die Zugfestigkeit kann in Richtung der Belastung durch Einbringen hochfester Zugfäden verbessert werden. Insbesondere für technische Anwendungen ist die Flechttechnik inzwischen soweit entwickelt, dass die Herstellung von ***Rund-*** und ***Schlauchgeflechten*** sowie kompakter 3D-Geflechte auf speziellen Textilmaschinen möglich ist.

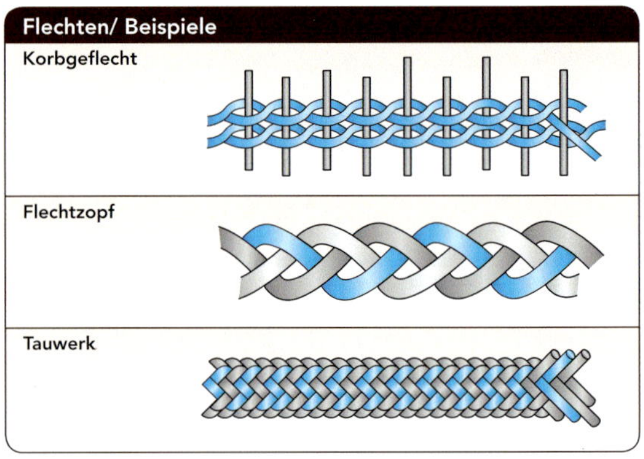

Abb. 17: nach [2, 5]

Verwendung

Neben der Bekleidungsindustrie werden Geflechte zur Herstellung von Körben und Möbeln verwendet. Dazu werden biegsame Materialien wie Weiden, Rattan oder Bast verarbeitet. Im technischen Bereich sind geflochtene Textilstrukturen als Bandersatz oder Sehnenprothesen in der Anwendung. Auch Kabelummantelungen im Elektrobereich werden häufig aus Geflechten gefertigt.

Bild: Kabelummantelung aus Textilgeflecht./ Foto: Manufactum

Flechtwerke werden zur Kunststoffverstärkung, Rundgeflechte zur Herstellung von Sportgeräten (z. B. Tennisschläger, Fahrradrahmen) und von Düsen für die Luft- und Raumfahrt eingesetzt. Im Energiebereich finden sie in Turbinenschaufeln und Rotorblättern Verwendung.

Neben Geflechten zählen Gewebe, Vliese, Filze, Nähwirkware und Maschenwaren sowie Gestricke und Kettenwaren zu den textilen Flächenprodukten und Textilstrukturen.

Vergleich textiler Flächen

Geflecht

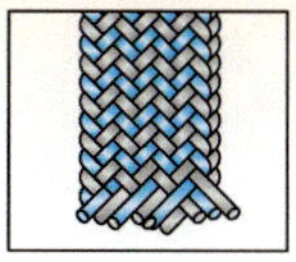

Die Kettfäden verlaufen zickzackförmig und verkreuzen sich diagonal zu der Artikelkante.

■ Dehnfähig, formbar, schmiegsam, Schnittkanten fransen stark

✋ Posamenten (Tressen, Litzen, Soutache), Bänder, Hüte, Spitzen

Gestricke und Einfadengewirke

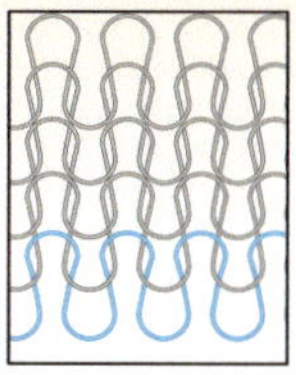

Beim Stricken/ Häkeln wird mindestens mit einem querlaufender Faden eine Maschenreihe gebildet, wobei die einzelnen Maschen/ Schlingen senkrecht ineinander greifen.

■ Sehr dehnfähig und elastisch, weich, schmiegsam, knitterarm, hohes Porenvolumen, Laufmaschenbildung möglich

✋ Maschenware, Sport- und Freizeitbekleidung, Pullover, Socken, Mützen, Schals, Strümpfe, Baby-, Unter- u. Nachtwäsche

Gewebe

Die Kett- und Schussfäden verkreuzen sich rechtwinklig.

■ Haltbar, formstabil, gering dehnfähig und elastisch, geringes Porenvolumen, Schnittkanten fransen

✋ Kleider, Kostüme, Jacken und Mäntel, Anzüge, Hemden und Blusen, Futter, Einlagen, Bett-, Tisch- und Haushaltswäsche, Vorhänge, Polsterbezüge

Kettengewirke

Maschen werden mit einem längslaufenden Fadengewirke gebildet, die sich zickzackförmig in Warenlängsrichtung verbinden.

■ Bedingt dehnfähig und elastisch, haltbar, knitterarm, maschenfest, formstabil, glatt

✋ Technische Textilien, elastisches Futter, Bade-, Sport- und Freizeitbekleidung, Miederwaren, Damenwäsche, Spitzen, Borten, Bettwäsche, Gardinen

Walkfilz

Durch mechanische Bearbeitung und unter Zugabe von Wärme und Feuchtigkeit werden die wirr zusammenhängenden Wollfasern und/ oder Tierhaare zu einem Walkvlies verfestigt (verfilzt).

■ Unter Einfluss von Feuchtigkeit und Wärme verformbar, formstabil, gut isolierend, hygroskopisch, Schnittkanten fransen nicht

✋ Gebrauchsgüter, Hüte, Unterkragen, Dekorationen, Hausschuhe, Dämmmaterial

Vliesstoff

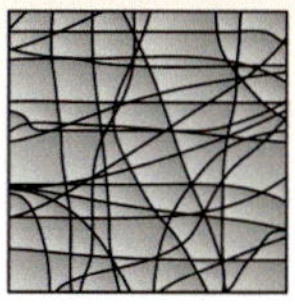

Ein Vlies aus relativ geordneten Fasern wird durch Vernadeln und/ oder Verkleben, Anlösen oder Verschweißen zu einem Vliesstoff verfestigt.

■ Eingeschränkt formstabil und geringes Gewicht, Schnittkanten fransen nicht, porös

✋ Einlagen, Wischtücher, Einweg-Textilien (Tischdecken, Servietten, Slips, Tücher)

Legende:

■ Eigenschaften ✋ Verwendung/ Eignung

Abb. 18: nach [5]

Vergleich textiler Flächen

Nähwirkwaren

Malimo-Technik
Vernähen von übereinander gelegte, nicht verschlungene Schuss- und Kettfadenlagen.

Verwendung:
Bedruckte Stoffe, Gardinen.

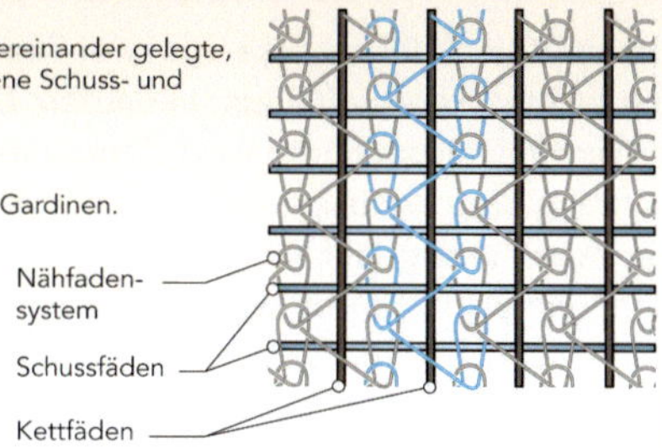

Maliwatt-Technik
Vernähen von Faserfliesen.

Verwendung:
Badekleidung, Dekostoffe,Teppiche.

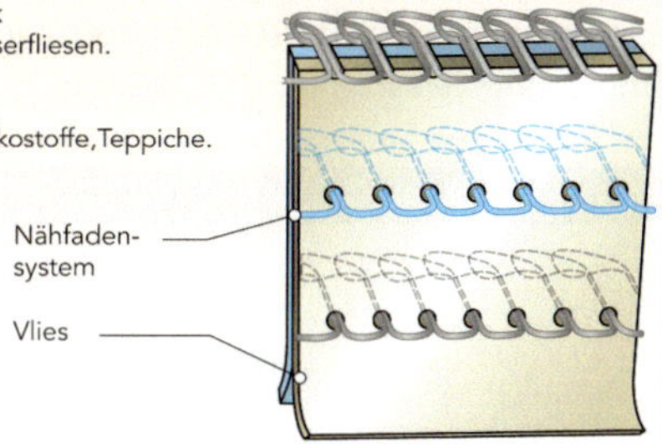

Malipol-Technik
Faden wird in Schlingen von einer Seite in ein Gewebe oder Faservlies eingewirkt.

Verwendung:
Badekleidung, Dekostoffe,Teppiche, Frottierwaren.

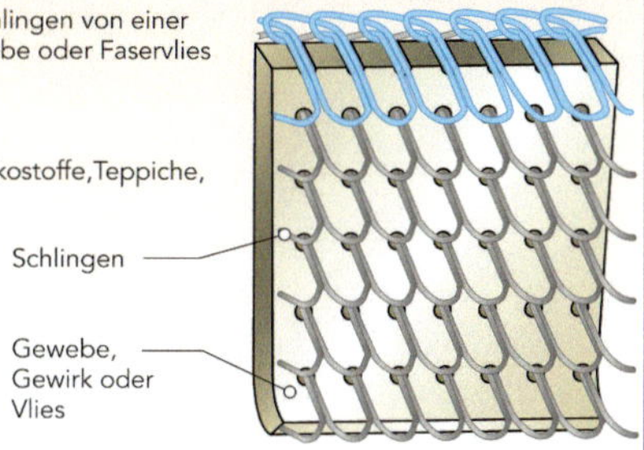

Abb. 19: nach [2, 5]

Bild: Deck Chair »United States« aus hellen Textilgurten über einen Aluminiumrahmen gespannt./ Hersteller und Foto: Garpa

Bild: Spanngurt aus Gewebe.

Bild: Webstuhl./ Fotos oben: Jumbo-Textil GmbH, Wuppertal

TEX 2.2.1
Textile Flächen und Strukturen – Gewebe

Gewebe sind Flechtwerke aus zwei Fadensystemen, die rechtwinklig zueinander verlaufen. Das Fadensystem in Längsrichtung wird *Kette*, das in Querrichtung dazu *Schuss* genannt. Die Erzeugung von Geweben erfolgt auf Webstühlen. Der ***Kettfaden*** ist darin eingespannt und weist in der Regel eine höhere Festigkeit auf als der ***Schussfaden***. Daher sind textile Flächen in Schussrichtung dehnbarer. Stoffe neigen in dieser Richtung stärker zum Einlaufen. Elastische Gewebe entstehen unter Verwendung eines gummielastischen Kettfadens.

Prinzip des Webvorgangs

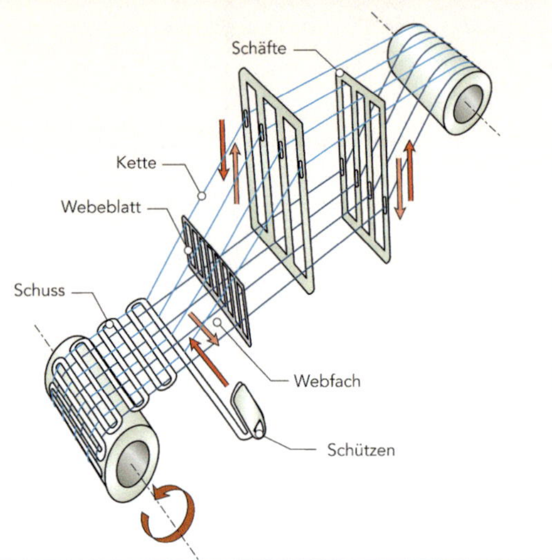

Abb. 20: nach [2]

Die unterschiedlichen Gewebestrukturen, -muster und -eigenschaften ergeben sich aus der Art und Weise, wie die beiden Fadensysteme miteinander verwebt werden. Die Verkreuzung wird ***Bindung*** genannt. Unter ***Patrone*** oder ***Bindungsbild*** ist die grafische Darstellungsform eines Verkreuzungssystems zu verstehen. Ein ***Rapport*** definiert die kleinste Bindungseinheit. Bei der Gewebeherstellung wird zwischen den drei Grundbindungen ***Leinwand-***, ***Köper-*** und ***Atlasbindung*** unterschieden (Meyer zur Capellen 2001). Eine Vielzahl von Bindungen gehen auf leichte Veränderungen (Ableitungen) der Grundbindungsarten zurück. Während ***Panama-*** und ***Ripsbindungen*** zu abgeleiteten Leinwandbindungen zählen, entstehen ***Ein-*** bzw. ***Breitgratbindungen*** durch Abwandlungen der Köperbindung.

Bild: Glasfasergewebe mit Köperbindung.

Grundverbindungen

Gewebebild	Patrone (Bindungsbild)

Leinwandbindung
Der Schussfaden liegt abwechselnd über und unter dem Kettfaden. Engstmögliche Bindung mit kleinstem Rapport.

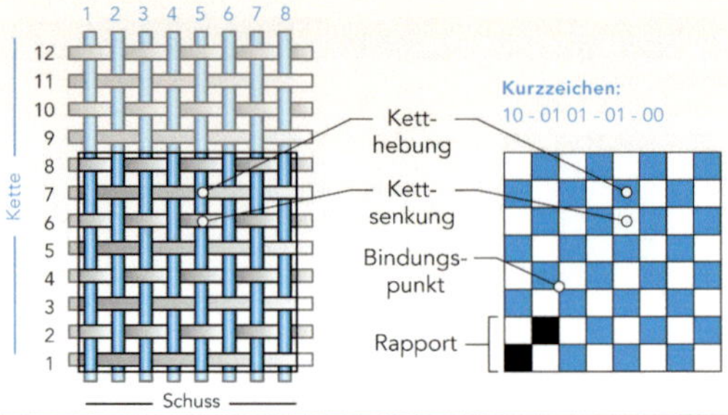

Köperbindung
Durch die Köperbindung entstehen schräg verlaufende Linien, sog. (Köpergrate). Der Schussfaden überspringt mindestens zwei Kettfäden. Bei den folgenden Schussfäden ist dieses Überspringen jeweils um einen oder mehrere Kettfäden versetzt.

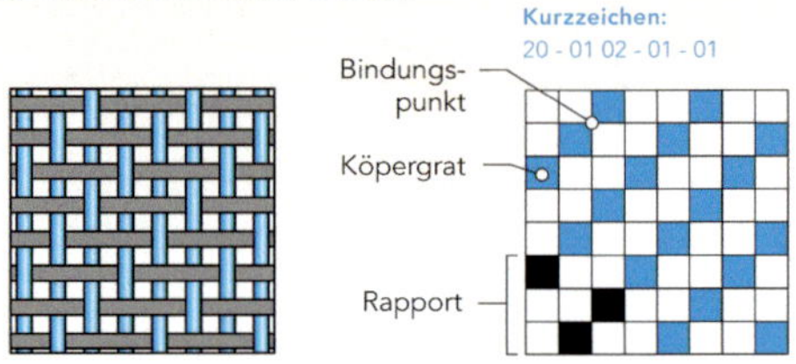

Atlasbindung
Die Oberfläche ist auf der einen Seite matt und auf der anderen Seite glatt bzw. glänzend. Die Bindungspunkte liegen verteilt im Gewebe und berühren sich nicht.

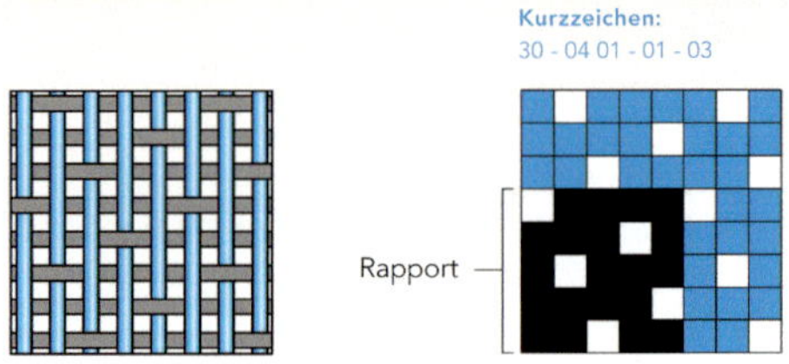

Bindungskurzzeichen (DIN 61101)

Die Patrone (das Bindungsbild) wird durch genormte Kurzzeichen beschrieben.

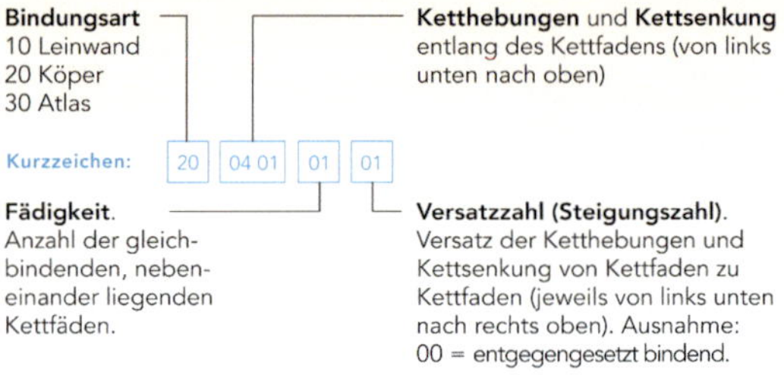

Abb. 21: nach [5]

Neben den Grundgeweben existieren noch weitere Gewebeformen mit besonderen Effekten. Sie entstehen durch Kombination aus abgeleiteter Grundbindung und einer Spezialbindung. Bekannte Spezialgewebe sind beispielsweise ***Samt***, ***Frottier***, ***Cord*** oder ***Plüsch***.

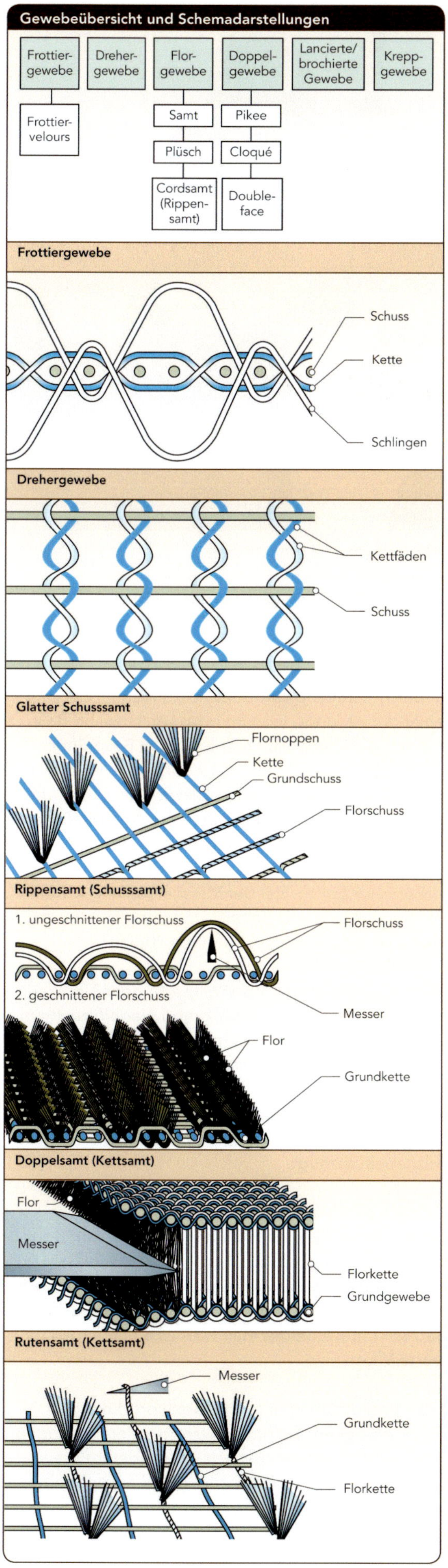

Abb. 22: nach [2, 5]

Dreidimensionale Gewebe gehen auf das Einbringen gewebter Flächenstrukturen in dreidimensionale ***Konturgewebe*** zurück. ***Mehrlagengewebe*** zur Verstärkung von Kunststoffen werden gewickelt. Gewebe mit einer zweiwandigen Struktur für technische Anwendungen sind unter dem Namen ***Abstandsgewebe*** bekannt.

Bild: Wollteppich.

Verwendung

Das Hauptverwendungsgebiet von Geweben ist die Textil- und Bekleidungsindustrie. Dabei dienen Kennwerte wie ***Fadendichte***, ***Fasermaterial***, ***Flächengewicht*** und ***Bindungsart*** zur Charakterisierung des ***Flächentextils***. Gewebe werden des Weiteren als Grundlage zur Herstellung von Teppichen verwendet (Zarif 2003). Auch Segeltücher werden gewebt. Im Kunststoffbereich kommen Gewebe (meist aus Glasfasern KUN 1.6) zur Verstärkung tragender Bauteile zur Anwendung. Gewebte Strukturen verwendet man als Geo- und Agrartextilien TEX 6.4 sowie im Bausektor zur Verkleidung von Fassaden und Decken. Abstandsgewebe werden im Karosserie- und Flugzeugbau (z. B. Kühlfahrzeuge) eingesetzt.

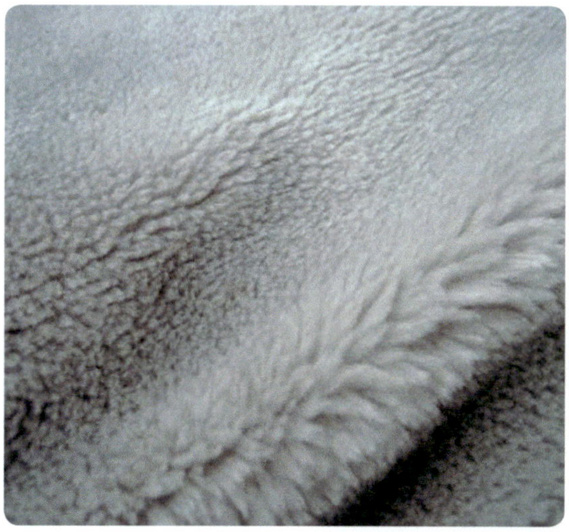

Bild: Plüsch.

Klebpolverfahren

- *Die Ziegenhaare und die Wolle werden sorgfältig gewaschen und mit Säure-Farbstoffen umweltfreundlich gefärbt.*

- *Die gefärbten Haare und die Wolle werden dann gemischt, so dass sich ein gleichmäßiges Vlies bildet.*

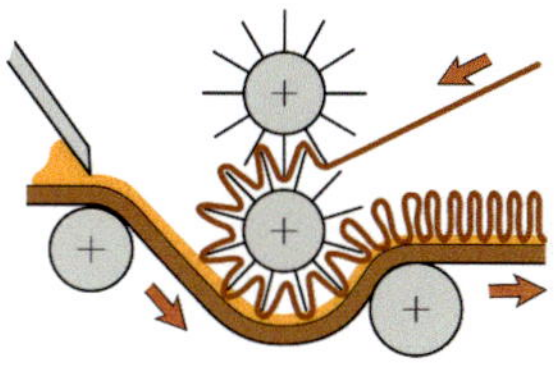

- *Das Vlies wird »rippenartig« in ein erwärmtes Klebebett auf den Träger gepresst.*

Bild: Tretford® Interland-Teppich, hergestellt im Klebpolverfahren./ Foto: Weseler Teppich GmbH & Co. KG

Florgewebe, Samt und Plüsch

Florgewebe mit einer Florhöhe bis 3 mm bezeichnet man als Samt, über 3 mm als Plüsch.

TEX 2.2.2
Textile Flächen und Strukturen – Vlies, Filz

Fettecke und Filzanzug, das sind die beiden Markenzeichen, die Joseph Beuys als Künstler weltberühmt machten. Nachgesagt wird ihm, er hätte die Materialien verwendet, weil er seine Rettung nach einem Flugzeugabsturz in Russland auf sie zurückführte. Mit dem Filzklavier zeigt der Künstler, dass die Qualitäten eines der ältesten Materialien der Welt weiter reichen als lediglich als Pantoffeln und Topfuntersetzer zu enden. Es war im Frühjahr 2009 als eines der bedeutendsten Kunstwerke der deutschen Nachkriegsgeschichte in der Ausstellung »60 Jahre. 60 Werke.« im Berliner Martin-Gropius Bau zu sehen. Angela Merkel sprach sogar von einem Werk das wie kein anderes die deutsch-französische Freundschaft seit dem 2. Weltkrieg symbolisiere, denn das Klavier ist normalerweise im Centre Pompidou in Paris zu sehen.

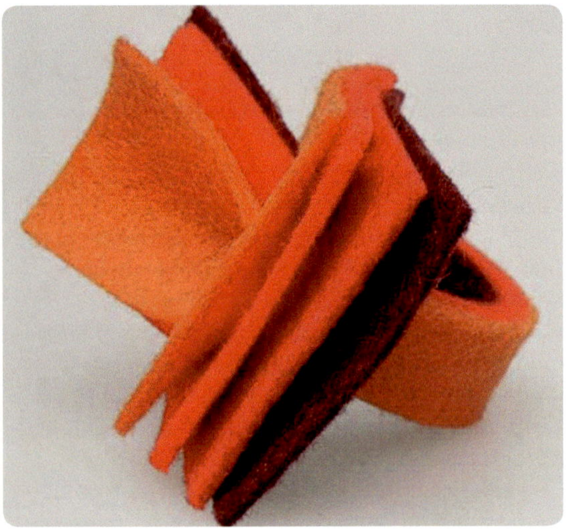

Bild: »stick it« aus Filz./ Design: Patricia Yasmine Graf

Filz ist aber nicht nur unter Künstlern sehr beliebt, sondern erhält mit seinen vielfältigen Qualitäten bei Designern und Möbelbauern in den letzten Jahren eine neue Wertigkeit. Filzarmbänder, -ringe und -taschen der Aachener Designerin Patricia Graf (www.pyg-design.de) oder Kopfbedeckungen der Hutmacherin Susanne Schmitt (www.schmitthut.de) zählen dabei fast schon zu Klassikern unter den Filzentwürfen. Viel weiter wagen sich Gestalter aus Skandinavien, die dem Material durch Tränken in Kunstharz eine Stabilität verpassen, die man ihm gar nicht zugetraut hätte.

Bild unten: Tasche »feltfellow medium« aus Filz./ Design: Patricia Yasmine Graf/ Foto: Eugenia Torbin

Bild: Stuhl von HAY »Little Nobody«

Während Filze eine gewisse Ordnung in der Faserstruktur erkennen lassen sind Vliese flexible Flächengebilde, die sich aus ungeordneten Natur- oder Chemiefasern zusammensetzen. Die Fasern werden in der Herstellung wirr oder richtungsorientiert miteinander verklebt, vernäht oder verschweißt. Beim Kleben wird der Zusammenhalt nach Besprühen der Fasern mit einer Substanz und anschließendem Pressen erzeugt. Bei thermoplastischen Chemiefasern wird die Verbindung durch Erhitzen der Fasern und anschließendes Punktschweißen erzeugt. Auch mechanisches Verbinden der Fasern durch Übernähen ist möglich. Bei der Vliesherstellung werden Trocken-, Nass- und Spinnvliesverfahren unterschieden (Albrecht, Fuchs, Kittelmann 2000).

Filz ist ein Faservlies aus Wollfasern oder Tierhaaren. Man unterscheidet ***Walk-*** und ***Nadelfilze***. Beim Walken verhaken die Fasern unter Einfluss einer warmen Seifenlauge, eines Bindemittels oder eines gepulsten Wasserstrahls miteinander. Die Verfilzung geht auf Wärme, Druck, Feuchtigkeit und Bewegung zurück. Nadelfilze werden mit widerhakenförmigen Filznadeln erzeugt.

Je nach angewendeten Verfahren weisen Vliese unterschiedliche Eigenschaften, bezogen auf Dehnung und Festigkeit, auf. Sie sind luftdurchlässig und fasern nicht aus. Zudem können sie sauber geschnitten werden, sind knitterfrei und formstabil. Grundsätzlich unterscheidet man wirr- und richtungsorientierte Vliese.

Filze sind dichte aber leichte Textilprodukte mit guter Festigkeit. Sie haben wärmeisolierende Eigenschaften und können je nach verwendeter Fasersorte besonders strapazierfähig und auch formbar ausgelegt sein.

Bild: Tasche »feltfellow big« aus Filz./
Design: Patricia Yasmine Graf/ Foto: Eugenia Torbin

Verwendung
In der Bekleidungsindustrie werden Vliese als Verstärkungseinlagen und zur Verbesserung der wärmenden Eigenschaften von Oberbekleidung (z. B. Jackenfutter), Unterwäsche, Decken und Sportbekleidung verwendet. Im Hygiene- und Medizinbereich findet man sie in Wegwerfartikeln wie Windeln und Reinigungstüchern. Auch in der Schuhindustrie kommen sie zur Anwendung. Im technischen Bereich dienen Vliese der Verstärkung von Kunststoffen KUN 1.6, finden als Filtermaterial Verwendung oder sind Bestandteil von Agrartextilien zur Dachbegrünung.

Bild: Filz.

Hüte, Trachten, Unterkragen oder Röcke sind bekannte Filzprodukte aus dem Bekleidungsbereich. Darüber hinaus wird Filz zur Verkleidung von Billardtischen, als Dekorationsmaterial oder für strapazierfähige Bodenbeläge verwendet. Im Baugewerbe dient es als Dämmmaterial. In der Papierproduktion werden Filze in Form von Transportbändern verwendet. Aktuelle Tendenzen deuten auf eine stärkere Verwendung von Filzen und Vliesen im Möbeldesign hin.

TEX 2.2.3
Textile Flächen und Strukturen – Maschenware

Gestricke, *Gewirke*, *Kulier-* und *Kettenware* zählen zu den Maschenwaren. Anders als bei Geweben, die aus zwei sich kreuzenden Fadensystemen entstehen, wird Maschenware durch ineinander hängende Schlaufen gebildet. Auf Grund ihres Aufbaus lassen sie sich in alle Richtungen gleich stark dehnen, sind luftdurchlässig und knittern weniger als Gewebe. Die Maschenstruktur gewährleistet eine hohe Flexibilität. Kleidungsstücke aus Maschenwaren schmiegen sich am Körper an und können sehr bequem getragen werden. Runde Maschenstrukturen und Abstandsgewirke werden für technische Anwendungen verarbeitet.

Aufbau von Gestricken, Kulier- und Kettenware

Maschenware	
Einfadenware Strickware (Kulierwirkware)	**Kettfadenware** Kettenwirkware, Raschelware

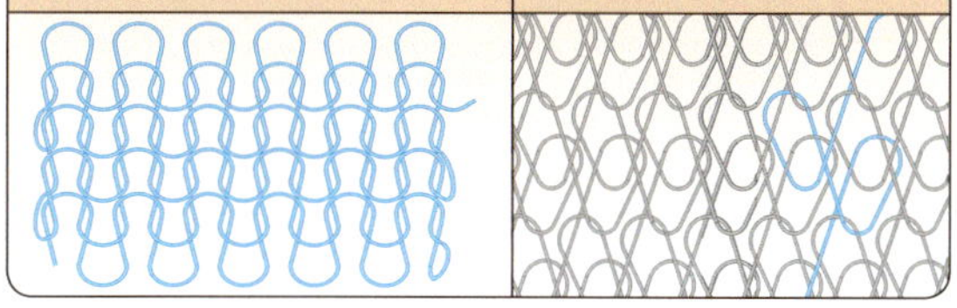

Abb. 23: nach [5]

Gestricke und *Kulierware* werden durch einen quer laufenden Faden gebildet. Sie sind ihrem Aussehen nach nicht zu unterscheiden. Lediglich der Herstellungsprozess weicht voneinander ab. Während bei ***Strickwaren*** die Einzelmaschen mit einer bewegten Nadel nacheinander entstehen, wird die Maschenreihe von Kulierware durch Bewegung sämtlicher Nadeln einer Reihe auf einmal gebildet. Strickwaren können sowohl in Handarbeit als auch maschinell entstehen. Zur Erzeugung streifenartiger Strickarbeiten wechselt man nach jeder Reihe das Fadenmaterial. Für das Rundstricken werden fünf Nadeln (***Strickspiel***) benötigt. Die Maschen sind auf vier Nadeln verteilt, während mit der fünften die Maschenbildung vollzogen wird. Bei ***Strickmaschinen*** unterscheidet man zwischen Rund- und Flachstrickmaschinen. Durch Verwendung von Metallfäden entsteht Strickware mit hitzebeständigen und antistatischen Eigenschaften. Kulierware wird grundsätzlich maschinell erzeugt.

Bild: Socke aus Strickware.

Bindungen von Kulier- und Strickware

RL schematisch, Rechts/ Links (RL)

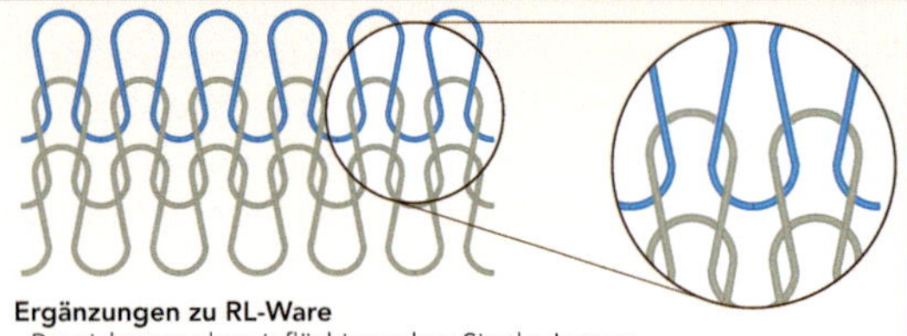

Ergänzungen zu RL-Ware
- Bezeichnung als »einflächig« oder »Single-Jersey«.
- Herstellung an einer Nadelreihe.
- Zwei verschieden aussehende Warenseiten: eine Seite zeigt »rechte Maschen«, die andere »linke Maschen«.
- In Querrichtung wenig elastisch.
- Neigt an den Rändern zum Einrollen.
- Anwendung: Pullover, Hemden, Blusen, Kleider, T-Shirts, Unterwäsche.

RR schematisch, Rechts/ Rechts (RR)

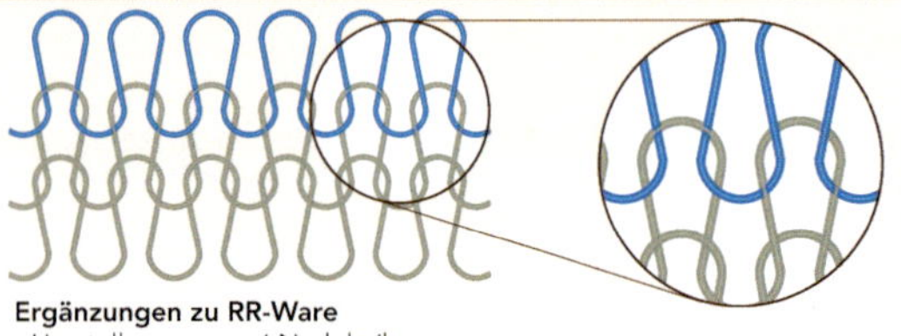

Ergänzungen zu RR-Ware
- Herstellung an zwei Nadelreihen.
- Maschen der Vorder- und Rückseite gegeneinander versetzt.
- In einer Reihe wechseln rechte und linke Maschen.
- Beide Warenseiten zeigen rechte Maschen.
- Quergespannt, erkennt man zwischen den rechten Maschenstäbchen jeweils linke Maschenstäbchen.
- RR-Ware ist querelastisch.
- Anwendung: Pullover, Westen, Unterwäsche (»Feinripp«), Socken.

LL schematisch, Links/ Links (LL)

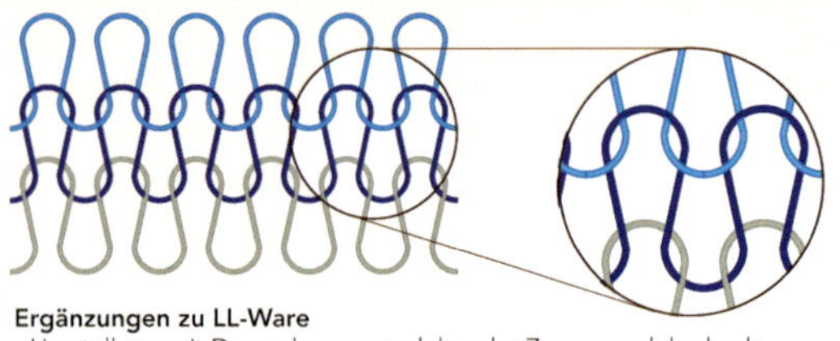

Ergänzungen zu LL-Ware
- Herstellung mit Doppelzungennadeln oder Zungennadeln durch Maschenumhängen.
- Warenseiten sehen gleich aus und zeigen die Bogen der Maschenfüße und -köpfe. Wechsel zwischen rechter und linker Maschenreihe.
- LL-Ware ist längselastisch.
- Anwendungen: Strampelhosen, Pullover und Strickjacken.

Interlock, schematisch, Rechts/ Rechts/ Gekreuzt (RRG)

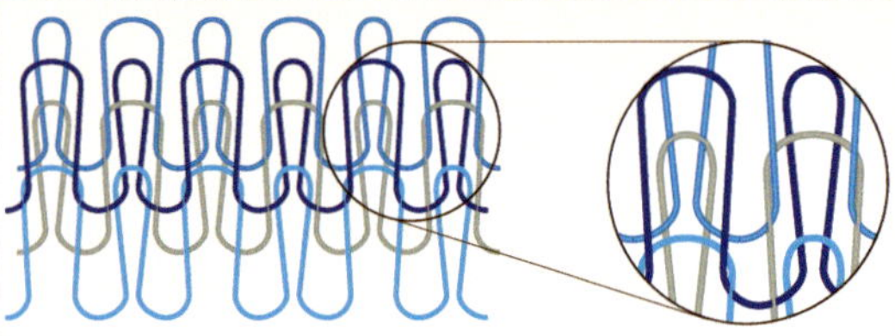

Ergänzungen zu Interlock (RRG)-Ware
- Herstellung an zwei gegenüber stehenden Nadelreihen, die im Wechsel arbeiten
- Maschen der Vorder- und Rückseite stehen sich gegenüber. Nachbarmaschen sind um eine halbe Maschenhöhe versetzt.
- Geschlossene Oberfläche und dehnfähig, aber nicht sehr elastisch.
- Anwendungen: T-Shirts, Blusen, Unterwäsche, Sport- und Freizeitbekleidung.

Abb. 24: nach [5, 30]

Häkeln
Beim Häkeln oder Wirken wird der Faden mit einer Häkelnadel zu Maschen verarbeitet und miteinander verknüpft.
Die Häkelnadel hat an ihrer Spitze einen Haken. Mit ihm ist es möglich, den Faden durch bereits gearbeitete Maschen zu ziehen und ein zusammenhängendes Maschengebilde zu erzeugen.

Stricken
Beim Stricken werden Maschen mit Hilfe eines Fadens und einer bzw. mehrerer, glatter Nadeln erzeugt.

Im Gegensatz zur Strick- und Kulierware entstehen ***Kettengewirke*** unter Verwendung mehrerer Fäden. Dabei ist für jede Masche ein Faden erforderlich. Die Kettenbildung erfolgt in Längsrichtung unter Zick-Zack-Bewegung der Kettfäden. Da die einzelnen Maschen diagonal miteinander verbunden sind, können, anders als bei den ***Einfadengewirken***, nach Reißen eines Fadens keine Laufmaschen entstehen. Sie werden daher auch als »maschenfest« bezeichnet. Kettengewirke sind fester als Gestricke und Kulierware. Zur Erzielung besonderer Eigenschaften werden die Grundbindungen abgeleitet oder miteinander kombiniert. Effekte werden durch Bindungsarten wie ***»Flottung«*** und ***»Henkel«*** erzielt.

Grundbindungen von Kettengewirken

Köperlegung (Rechts/Links) | **Trikotlegung**

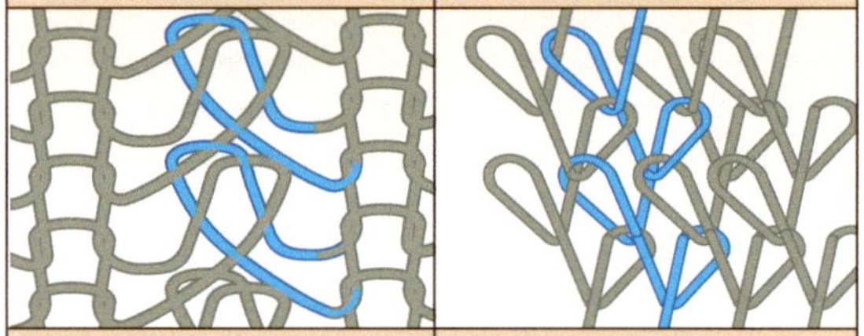

Tuchlegung | **Atlaslegung**

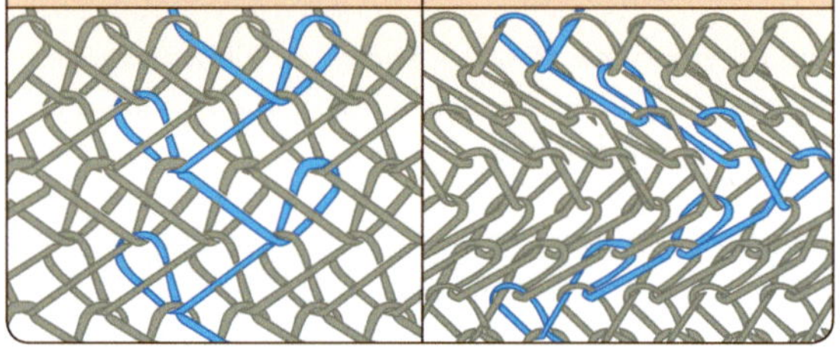

Abb. 25: nach [2, 5]

Bindungseffekte durch »Flottung« und »Henkel«

»Henkel« | **»Flottung«**

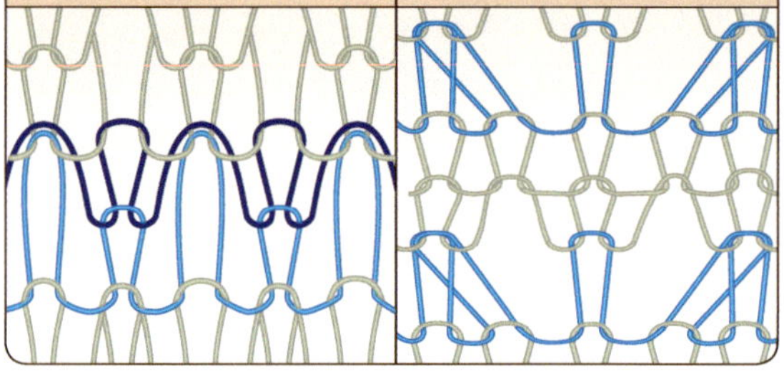

Abb. 26: nach [2]

Verwendung
Gestricke und Gewirke werden zu allen möglichen Bekleidungsstücken verarbeitet. Insbesondere Stricken ist für die Herstellung von Pullovern, Strümpfen und flächigen Textilien wie Decken oder Schals die am häufigsten angewendete Technik. Weitere typische Einfadentextilien sind Unterwäsche, Bademode und Freizeitbekleidung. Im technischen Bereich kommen Gestricke insbesondere für die Polsterung von Sitzmöbeln und im Innenbereich von Automobilen zur Anwendung. Sie unterstützen Kunststoffkonstruktionen im Karosseriebau und dienen der Herstellung sicherheitsrelevanter Produkte (Schutzhelme, Stoßfänger). Gestrickte Textilstrukturen aus metallischen Werkstoffen kommen auf Grund ihrer Nichtentflammbarkeit außerdem bei Schutzbekleidung oder zur Schalldämmung im Motorenbau zur Anwendung. Außerdem können sie auch für den Strahlenschutz eingesetzt werden. Rundgestricke eignen sich demgegenüber vor allem für Schlauchfilter und werden zur Produktion von Sportartikeln und Fahrrädern eingesetzt. Neue Formen von Abstandsgewirken mit besonders druckelastischen Qualitäten finden vor allem bei Matratzen Anwendung. Der doppelwandige Aufbau sorgt für eine gute Belüftung und unterstützt den Transport von Feuchtigkeit und Körpergerüchen. Gleichzeitig wirkt die elastische Struktur wärmeisolierend, was sie für Funktionsbekleidungen besonders geeignet macht. Darüber hinaus werden imprägnierte Abstandsgewirke zu dicken Platten und Schalenelementen verarbeitet und finden in Leichtbaukonstruktionen im Flugzeug-, Boots- und Behälterbau Anwendung.

Funktionsweise von Abstandsgewirken

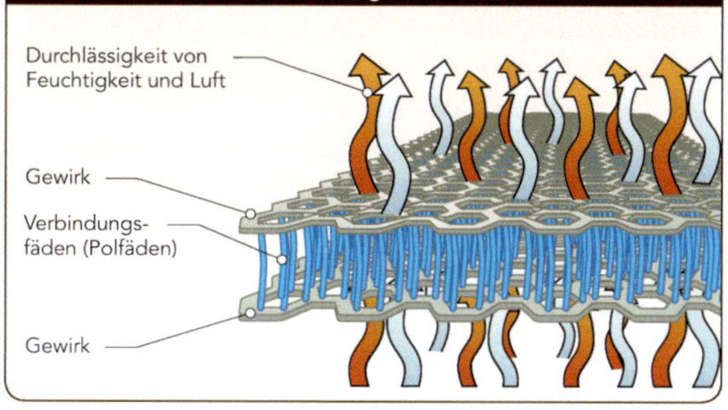

Abb. 25: nach [2, 5]

Kettenware wird bei der Herstellung von Kleidern, Unterkleidern, Blusen und Hosen verwendet. Auch im Accessoirebereich sind Kettenstrukturen beliebt. Als technische Textilien dienen Kettengewirke zur Herstellung von Geotextilien (z. B. Pflanzenträger, Dammbefestigung), Verpackungsmaterialien oder Abdeckplanen. Im Architekturbereich werden sie zur Fassadenverkleidung verwendet.

Bild: Tentakeldecke »snug« aus gehäkelter Schurwolle und Fleece./ Design: Patricia Yasmine Graf/ Foto: Clemens Warwzyniak

Bild: Häkelnadel (rechts), Strickliesel (mitte), Stricknadeln (links).

TEX 2.2.4
Textile Flächen und Strukturen – Nähwirkware, Tufting, Laminate

Durch Kombination flächiger Textilien können deren Eigenschaften beeinflusst werden. Zu den Verbundstoffen zählen Nähwirkwaren, Tufting und Laminate.

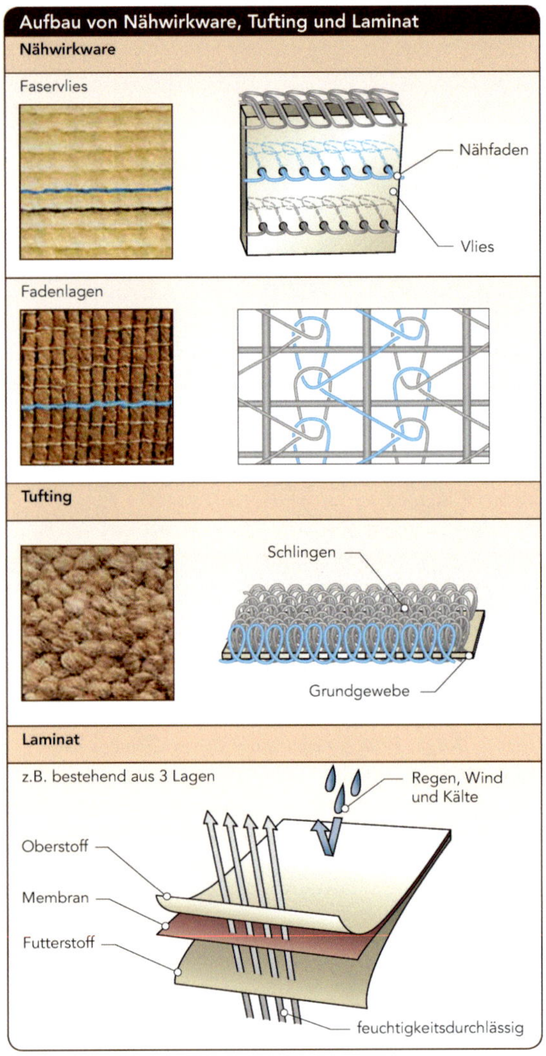

Abb. 27: nach [2, 5]

Bild: Snowboardhandschuh aus GoreTex®.

Nähwirkware lässt sich schnell, preisgünstig und ohne großen Aufwand herstellen. Sie entsteht durch Vernähen von Vliesen, Geweben oder einzelnen Fadenflächen. Hierfür haben sich die ***Malimo-***, Maliwatt- und Malipoltechnik etabliert. Bei der erstgenannten Technik werden Gewebestrukturen aus Kett- und Schussfäden versetzt aufeinander gelegt und durch ein drittes Fadensystem verbunden. Vliese werden durch die ***Maliwatttechnik*** verstärkt und mit einem Faden übernäht. Es entstehen robuste Faservliese, die eine aufgeraute und voluminöse Oberflächenstruktur aufweisen können. Gewebe oder Vliese werden durch Einarbeitung von Polfäden in der ***Malipoltechnik*** zu frottierähnlichen Stoffen verarbeitet.

Die ***Tufting-Technik*** dient zum Verbinden zweier Textilflächen durch Vernähen mit einem Faden. Dabei bilden sich an einer Seite Schlingen, die der Tuftingware besondere optische und flauschige Eigenschaften verleihen.

Wetter- und windfeste ***Textillaminate*** entstehen durch Kleben oder Verschweißen mehrerer Faserlagen und unter Einbindung einer Kunststofffolie als Mittellage. Insbesondere Chemiefasern wie Polyester oder Polytetrafluorethylen (PTFE) finden Verwendung. Sie schmelzen unter Wärmeeinfluss. Flächige Fügeverbindungen entstehen, ohne dass die Mittellage beschädigt wird.

Verwendung
Die preisgünstige Nähwirkware wird insbesondere im Reinigungs- und Dekorationsbereich verwendet. Malipolgewirke bilden vielfach die Grundlage zur Herstellung von Badebekleidungen. Weitere Anwendungsbeispiele sind Grundgewebe und Stoffe für Kleider, Vorhänge und Tischdecken. Malipolgewebe dienen als preisgünstige Alternative für Frottierwaren. Auch Bodenbeläge können mit der Malipoltechnik hergestellt werden. Im Baugewerbe dienen Nähgewirke zur Verstärkung von Beton oder Zement. In Verbindung mit Glasfasern finden sie auch als Wandverkleidung Verwendung. Tuftinggewebe sind insbesondere in der Teppichindustrie weit verbreitet. Mit der Tufting-Technik wird auch wärmende Oberbekleidung hergestellt. Laminate werden vor allem zu wind- und wetterfester Outdoorbekleidung verarbeitet. In diesen Kontext fällt auch die Zelt- und Taschenproduktion.

TEX 3
Prinzipien der Textilienveredelung

Antistatisch ausrüsten: Bei Reibung neigen Chemiefasern zu elektrostatischer Aufladung. In Folge dessen kleben die Textilien am Körper. Es können knisternde Geräusche entstehen. Durch antistatische Mittel werden diese Effekte verhindert. Außerdem nehmen antistatisch ausgerüstete Textilien nur wenig Schmutz auf.

Beschichten: Bestimmte Eigenschaften, Effekte und Schutzfunktionen (z. B. wetterfest, wasserabweisend, schmutzabweisend) können bei Textilien durch Beschichtung mit Streichmassen oder Schaumfolien erzielt werden.

Beuchen: Vor dem Bleichen oder Färben wird Baumwolle unter Druck und Hitze in mit Natronlauge befüllten Kesseln abgekocht. Letzte pflanzliche Verunreinigungen und natürliche Fette werden beim Beuchen beseitigt.

Bleichen: Die meisten natürlichen und synthetischen Fasern weisen eine gelbliche oder graue Färbung auf. Zur Erzielung reinweißer Textilien oder zur Vorbehandlung vor dem Färben und Drucken wird der Weißgrad des Fasermaterials mit Textilbleiche erhöht. Verwendet werden Wasserstoffperoxid (H_2O_2), Natriumhypochlorit (NaClO) oder Natriumchlorit ($NaClO_2$). Wolle wird mit Schwefeldioxid (SO_2) oder Hydrosulfit gebleicht.

Chlorieren: Oxidationsmittel wie Chlor und Chlor-Wasser-Lösungen entfernen die Schuppenschicht auf den Haaren der Wollfasern. Die Neigung zur Verfilzung wird reduziert.

Dekatieren: Beim Dekatieren werden verschiedene Eigenschaftswerte von Wollstoffen unter Einwirkung von Dampf und Druck optimiert. Der Griff wird verbessert, die Formstabilität gesteigert und die Neigung zum Einlaufen verringert.

Drucken: Textilien können nach dem Färben zusätzlich mit Farbe bedruckt werden. Die wichtigsten Druckverfahren sind der Siebdruck, der Ätzdruck, der Tiefdruck oder der Thermodruck.

Beim ***Siebdruck*** BES 1.4 wird das Negativ eines Druckbilds zunächst fototechnisch auf ein Sieb als Schablone übertragen. Die nicht zu bedruckenden Stellen werden abgedichtet. Die Farbe wird anschließend mit einem Rakel durch das Sieb gedrückt. Großflächige Druckmotive können im Siebdruck aufgebracht werden.

Der ***Tiefdruck*** ist ein kontinuierliches Druckverfahren, das dem Tampondruck ähnelt BES 1.5. Das Druckbild wird in Kupferwalzen graviert, mit denen dann die Farbe auf den textilen Stoff übertragen wird. Für jede Farbe wird eine gesonderte Druckwalze benötigt.

Durch Einsatz besonderer chemischer Mittel werden beim ***Ätzdruck*** Farbpartikel schon gefärbter Stoffe örtlich entfernt. An den behandelten Stellen entstehen Muster durch partielle Entfärbung.
Beim ***Thermodruck*** wird das Druckmuster von Papier unter Einfluss von Hitze und Druck auf den Stoff übertragen. Das Verfahren wird meist bei Textilien aus Polyester angewendet.

Weitere Drucktechniken sind der ***Reservedruck***, ***Pigmentdruck***, ***Lackdruck***, ***Kettdruck***, ***Spritzdruck*** (Eberle 2003) und ***Flockdruck (Beflockung)*** BES 5.4.

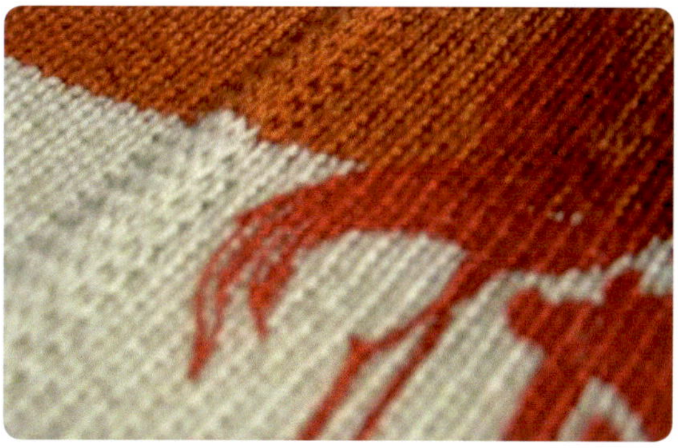

Bilder: Bedruckte Textilien.

Bild: Bekleidung aus gefärbten Naturtextilien./ Fotos: Dr. Sascha Peters

ActiveSilver®
ist die Bezeichnung für eine Frischeausrüstung der Schöller Textil AG. Sie funktioniert auf Basis von Silbersalzen, die Körpergerüche vermindern und der Ausbreitung unangenehmer Gerüche entgegen wirken.

Textilien können auch mit dem natürlichen Absorber Cyclodextrine ausgestattet werden, um Schweiß, Fett oder unangenehme Gerüche in hydrophobe Gewebehohlräume einzuschließen (Ritter 2007).

Färben: Das Einfärben kann auf der Ebene der Fasern, der Spinnlösung, der Stoffe oder der fertigen Textilprodukte geschehen. Während Chemiefasern meist schon in der Spinnlösung gefärbt werden, entstehen hochwertige Textilien häufig auf Basis gefärbter Garne.
Verwendung finden wässrige Farblösungen oder Dispersionen aus einer Mischung unterschiedlicher Farbstoffe.
Die Widerstandsfähigkeit der Färbung gegen äußere Einflussfaktoren wird als Farbechtheit bezeichnet. Des Weiteren unterscheidet man Stoffe mit Eigenschaften wie lichtecht, waschecht, bügelecht, wetterecht, kochecht, reibecht.

Schwarze Oberflächen heizen sich im Sommer stark auf. Die Farbe absorbiert die auftreffenden Sonnenstrahlen und wandelt diese in Wärme um. Die neu entwickelten Schwarzpigmente Paliogen® Schwarz oder Lumogen® Schwarz von BASF schaffen jetzt Abhilfe. Sie reflektieren langwellige Strahlen und sorgen somit für eine deutliche Abkühlung von bis zu 20 Grad Celsius.

Farbstoffe

Farbstoffe	Anwendung	Baumwolle	Viskose	Seide	Wolle	Leinen	Polyester	Polyamid	Acetat,	Polyacryl	Synthesefasern	Echtheit (z.B. Licht-, Wasch-, Chlorechtheit)
Substantiv-farbstoff (Direktfarbstoff)		●	●	●								eher gering. Verbesserung durch Nachbehandlung
Reaktiv-farbstoff		●	●	●	●							hoch
Küpen-farbstoff		●	●									sehr hoch
Schwefel-farbstoff		●				●						nicht licht- und chlorecht
Entwicklungs-farbstoff		●	●				●					hoch
Metallkomplex-farbstoff					●		●	●				hoch
Säure-farbstoff				●	●			●				abhängig vom Farbstoffaufbau
Dispersions-farbstoff							●	●	●			hoch
Basische und kationische Farbstoffe		●	●							●		gering, sehr gut bei Polyacryl
Beizenfarbstoff (z.B. Chrom)					●						●	hoch, Reibechtheit gering

Abb. 28: nach [5]

Fixieren: Stoffe erhalten beim Fixieren eine erhöhte Formstabilität. Falten in Kleidern, Blusen und Hosen werden auf Dauer versteift. Bei synthetischen Stoffen geschieht dies unter Einfluss von Heißluft und Druck (***Thermofixieren***). Bei Wolle werden Chemikalien verwendet. Eine der bekanntesten Methoden zur Steigerung der Formstabilität ist die Bügelfalte.

Flammfest ausrüsten: Insbesondere chemische Fasern, die bei Hitzeeinwirkung schmelzen und brennen können, werden mit nicht brennbaren Substanzen beschichtet und sind somit schwer entflammbar. Hautverletzungen werden präventiv verhindert.

Fleckenschutzausrüstung: Durch Behandlung mit silikonhaltigen Substanzen, fluorhaltigen Emulsionen oder Kunstharzen werden Stoffe fleckenabweisend. Die Substanzen haben zusätzlich auch wasserabweisende Effekte.

Imprägnieren: Zur Erzielung wasserabweisender Eigenschaften werden Stoffe für Regenbekleidungen und Zelte mit chemischen Mitteln getränkt (z. B. Silikon) oder mit ***Paraffinwachsen*** eingerieben. Die Luftdurchlässigkeit bleibt jedoch erhalten. Es existieren Imprägnierungsmittel, die selbst bei chemischer Reinigung nicht entfernt werden.

Kalandern: Kalandern gehört zu den Verfahren, mit denen Textilien eine besonders gleichmäßige Oberfläche erhalten und in ihren Eigenschaften optimiert werden. Hierzu werden die Textilien unter hohem Druck zwischen beheizte Zylinder gepresst. Die Gravur der Zylinderoberfläche wird auf den Stoff übertragen. Baumwollfasern erhalten durch Riffeln einen seidigen Glanz. Durch ***Chintzen*** entstehen leicht glänzende, wachsartige Oberflächen.

Karbonisieren: Pflanzliche Verunreinigungen werden beim Karbonisieren aus Wolltextilien entfernt. Zellulosebestandteile zerfallen unter Einfluss von Schwefelsäure zu Asche und können durch Klopfen bzw. Bürsten entfernt werden.

Kaschieren: Durch Aufeinanderkleben verschiedener Stoffe werden spezielle Eigenschaften erzielt. Synthetische Stoffe können unter Einfluss von Druck und Heißluft permanent miteinander verbunden werden. Kaschierte Textilien sind in Outdoor-Bekleidungen, Zelten oder Schuhen zu finden.

Knitterarm ausrüsten: Stoffe aus Viskose, Baumwolle und Leinen neigen zum Knittern. Um die Notwendigkeit zum Bügeln von Oberbekleidung wie Hemden und Blusen zu verringern, werden Textilien knitterfrei ausgerüstet. Hierfür können sowohl Chemikalien als auch Kunstharze verwendet werden. Poren und Hohlräume erhalten eine stabilisierende Struktur, sind formstabiler und trocknen schneller. Knitterarm ausgerüstete Stoffe werden auch mit den Prädikaten »bügelfrei« oder »pflegeleicht« versehen.

Krumpfen: Krumpfen ist ein Verfahren zur Vorwegnahme des Einlaufens von Stoffen, um unerwünschte Längenveränderungen nach Gebrauch zu vermeiden. Hierzu werden die Textilien im Produktionsprozess Zug- und Streckbeanspruchungen ausgesetzt, wodurch Spannungen in die Faserstruktur eingebracht werden. Eine anschließende Nassbehandlung und Trocknung simuliert die typischen Maßänderungen.

Klopfen: In Klopfmaschinen werden Verunreinigungen, die z. B. durch Sengen oder Karbonisieren entstehen, mechanisch entfernt.

Laugieren: Laugieren ist ein Veredelungsverfahren für Baumwollgewebe, bei dem mit alkalischen Substanzen (kalter Natronlauge) jedoch ohne Spannung bzw. Streckung eine bessere Anfärbbarkeit der Fasern (Farbstoffersparnis) erzielt wird. Nach der Behandlung liegt eine höhere Zugfestigkeit des Fasermaterials vor. Die Scheuerfestigkeit nimmt ab

Mattieren: Synthesefasern kann durch Zugabe von Chemikalien in die Spinnlösung ein mattes Aussehen verliehen werden.

Merzerisieren: Durch die Behandlung mit konzentrierter Natronlauge oder Ammoniak erhalten sich unter Spannung befindliche Baumwollfasern einen nahezu gleichmäßig runden Durchmesser. Merzerisieren erhöht die Reißfestigkeit von Baumwollstoffen, bewirkt einen waschbeständigen Glanz und verbessert die Weichheit aus Baumwollgarnen gefertigter Textilprodukte.

Mottensicher ausrüsten: Um den Befall von Wollfasern durch Motten zu verhindern, werden Textilien in chemische Substanzen wie ***Eulan*** oder ***Mitin*** getränkt. Die Wirkung geht beim Waschen oder Reinigen nicht verloren.

Prägen (Gaufrieren): Dreidimensionale Muster werden bei glatten Stoffen durch gravierte Walzen unter Druck und Dampf eingebracht. Bei synthetischen Stoffen können die Prägestrukturen dauerhaft unter Hitze fixiert werden. Die Muster werden bei Zellulosefasern abschließend mit Kunstharz behandelt.

Rauen: Mit Schleifwerkzeugen und Walzen werden die Oberflächen insbesondere von Woll-, Baumwoll- und Viskosestoffen aufgeraut. Die Zerfaserungen stehen hervor. Der Stoff erhält ein größeres Volumen und wärmende Eigenschaften.

Ratinieren: Durch Bürsten und Reiben werden örtlich Muster hervorgerufen.

Scheren: Rauwaren, Plüsch oder Samt erhalten durch Entlangführen von rotierenden Schermessern eine gleichmäßige Faserausrichtung. Durch Einsatz von Schablonen können auch Muster erzielt werden. Insbesondere bei Wollwaren dient das Verfahren zur Beseitigung von hervorstehenden Faserenden und sorgt für glatte Oberflächen.

Sengen: Beim Sengen werden aus Textilien herausstehende Faserenden abgebrannt. Die Textilfläche wird hierzu an einer offenen Gasflamme vorbeigeführt. Resultat ist eine hochglatte Oberfläche mit klarer Faseroptik. Das Verfahren wird überwiegend bei Baumwolle verwendet.

Spannen: Durch Aufspannen von Stoffen auf einen Spannrahmen während der Trocknung werden Fadenverzüge ausgeglichen, die im Produktionsprozess entstanden sind. Textile Flächen erhalten eine gleichmäßige Breite.

Outdoorstoffe »Color protect«./ Foto: JAB Josef Anstoetz KG

Transparentieren: Transparente und glasige Stoffe aus Baumwolle entstehen durch Behandlung mit Schwefelsäure. Nach dem Transparentieren sollten die Fasern merzerisiert werden.

Walken: Beim Walken werden Wolltextilien durch kontrollierte Verfilzung verdichtet, um den Stoffen eine größere Geschlossenheit und höhere Festigkeit zu verleihen. Die verfilzten Strukturen entstehen unter Einfluss von Feuchtigkeit, Wärme und chemischen Substanzen wie Seifen, Ameisen-, Schwefel- und Essigsäuren unter Knet- und Stauchbewegungen.

Detaillierte Informationen zur Textilienveredelung findet man in Kastner 1991, Rouette 1995 und Wulfhorst 1998. Eine Auflistung aller textilen Drucktechnologien ist in Eberle 2003 enthalten. Anwendungsfelder veredelter Textilien werden unter anderem in Beylerian, Dent 2005 gegeben.

TEX 4
Vorstellung einzelner Textilfasern

TEX 4.1
Pflanzliche Naturfasern

Nachwachsende Werkstoffe

Naturfasermaterialien gewinnen insbesondere in der Automobilindustrie zunehmend an Bedeutung. Schon heute werden sie für die Türinnenverkleidung, Reserveradmulde oder Hutablage verwendet. Durchschnittlich 3,5 kg Flachs oder Hanf stecken mittlerweile in jedem Pkw. Da pflanzliche Fasern leicht, biegsam und stabil sind, werden sie zur Faserverstärkung von Kunststoffen immer häufiger eingesetzt. Bei Bruch splittern diese kaum.

Bild: Schalen aus Palmblättern.

TEX 4.1.1
Pflanzliche Naturfasern – Baumwolle

Baumwolle ist als textiles Material seit etwa 8.000 Jahren bekannt (Hobhouse 2001). Sie wird aus den Samenfasern der Baumwollpflanze gewonnen, die zur Reifezeit wie ein Wattebausch mit einem Durchmesser von 5–6 cm aus der Fruchtkapsel herausquellen. Die Faserkapseln werden von Hand oder mit Pflückmaschinen geerntet und anschließend zu Ballen gepresst. Auf Grund der unkomplizierten Gewinnung ist Baumwolle verhältnismäßig preisgünstig. Anbaugebiete liegen in tropischen und subtropischen Gebieten. Typische Baumwollstoffe sind Cord, Linon, Nessel, Mull, Flanell, Finette, Popeline, Kretonne und Samt.

Eigenschaften
Baumwollfasern bestehen zu einem großen Anteil (80–90 %) aus nicht verholzter Zellulose. Die Fasern sind gegen mechanische und chemische Einflüsse äußerst widerstandsfähig sowie reiß-, nass- und kochfest. Die Naturfaser ist elastisch, aber wenig formbeständig und beult nach längerer Belastung aus. Außerdem neigt Baumwolle zum Fusseln, weist aber eine gute Feuchtigkeitsaufnahme auf und ist hautverträglich. Textilien aus Baumwolle sind einfach zu reinigen, laufen allerdings nach dem ersten Waschen leicht ein.

Bild: Bettwäsche aus Baumwollsatin./ Foto: Manufactum

Verwendung
Baumwolle wird außer für übliche Bekleidung (z. B. Hemden, T-Shirts, Kleider, Unterwäsche, Hosen, Arbeitskleidung) auch für Haushaltswäsche (z. B. Handtücher, Bettwäsche) und Heimtextilien (Vorhänge, Möbelbezüge, Gardinen) sowie Babywäsche verwendet. Nur ein sehr geringer Teil der Baumwollproduktion kommt in technischen Bereichen zur Anwendung. Der saugfähige Docht von Kerzen besteht vielfach aus Baumwollfäden FLU 2.8.

Verarbeitung
Die natürlichen Fasern werden in Spinnereien (z. B. Dreizylinder-, Rotorspinnereien) zu Fadenmaterial verarbeitet. Baumwolle ist leicht zu färben. Vor allem Küpenfarbstoffe FLU 2.1 werden häufig eingesetzt. Die Färbung kann durch Laugieren unterstützt werden TEX 3. Außerdem erhält sie durch Merzerisieren einen edlen Glanz. In weiteren Veredelungsschritten werden die Fasern aufgeraut und transparentiert oder werden knitterfrei, einlaufsicher und wasserabstoßend gemacht. Letzte Entwicklungen im Bereich der Produktionstechnologie und Veredelung machen eine bleibende Verformung von Gewirken und Kleidungsstücken wie BHs, Unterwäsche und Prothesen aus 100 % Baumwolle möglich.

TEX 4.1.2
Pflanzliche Naturfasern – Kapok

Kapok wird auch Ceibawolle oder Pflanzendaunen genannt und aus den 1,5 bis 4 cm langen Samenfasern der Kapokfrucht gewonnen. Die tropischen Anbaugebiete des Kapokbaumes liegen in Brasilien, Indien, Mexiko, Indonesien und in Teilen Afrikas.

Eigenschaften
Kapokfasern sind weich und glänzend und besitzen eine sehr geringe Festigkeit. Mit etwa 0,35 g/cm^3 fällt die Dichte ebenfalls sehr gering aus. Ein feiner Wachsüberzug auf den Fasern bewirkt wasserabweisende Eigenschaften.

Bild: Kapokfaser.

Verwendung
Die Neigung zu fehlender Benetzbarkeit und die geringe Dichte machen Kapok insbesondere für Schwimmwesten, Rettungsringe und Matratzen geeignet. Außerdem werden die Fasern als Polstermaterial, Dämmstoff, Füll- und Isoliermaterial verwendet.

Verarbeitung
Auf Grund des Wachsüberzugs können Kapokfasern nicht versponnen werden. Es lassen sich aber Kapok-Vliese herstellen, die beispielsweise als Trittschalldämmung bei Parkettböden zur Anwendung kommen.

TEX 4.1.3
Pflanzliche Naturfasern – Leinen (Flachs)

Bis die Leinenfaser in der Mitte des 19. Jahrhunderts von der Baumwolle in der Bedeutung abgelöst wurde, war die aus den Stengeln des Flachses gewonnene Naturfaser vor allem in Europa der wichtigste textile Rohstoff überhaupt. Schon im Altertum wurden Leinen für Schiffssegel verwendet. Die Flachspflanze muss jedes Jahr neu gepflanzt werden und ist nach 90–120 Tagen erntereif. Zu den Leinenstoffen zählen Drell, Siebleinen, Klötzelleinen.

Eigenschaften
Stoffe aus Leinen sind reißfest, sehr widerstandsfähig und flusen nicht. Wie Baumwolle ist Leinenstoff wenig elastisch und knitteranfällig. Die sehr glatte Oberfläche weist einen natürlichen, matt-seidigen Glanz auf und ist abweisend gegenüber Schmutz. Der Stoff ist zudem luftdurchlässig und nimmt leicht Feuchtigkeit auf, gibt sie aber auch schnell wieder ab. Somit ist er für Textilien in heißem Klima gut geeignet und wirkt kühlend auf die Haut. Reinleinen hat einen Leinenanteil von mindestens 85 %. Bei Halbleinen beträgt dieser mindestens 40 %. Neben anderen Naturfasern werden auch Chemiefasern zugemischt.

Bild: Jacke aus Leinen.

Verwendung
Leinenstoffe werden insbesondere für Bekleidung wie Kleider, Röcke und Hemden und für Heimtextilien wie Bettwäsche, Tisch- oder Trockentücher und Vorhänge verwendet. Man findet Flachs auch in Tapeten und Bucheinbänden. Außerdem kommt die Naturfaser bei der Herstellung von Koffern, Säcken, Taschen und Schuhen sowie zur Polsterung von Möbeln zur Anwendung. Am Bau wird es als Dämmmaterial und in Mörtel, Putz, Ziegeln und Faserzementplatten verarbeitet. Banknoten werden häufig aus Leinen hergestellt. In der Automobilindustrie dient die Faser zur Verstärkung von Brems- und Kupplungsbelägen sowie zur Ausfüllung von Pressteilen und Verkleidungselementen. Für die Zukunft wird ein vermehrter Einsatz des Materials in faserverstärkten Kunststoff- und Betonteilen erwartet. Bei Feuerfestanwendungen dient Flachs als Asbestersatz.

Verarbeitung
Flachs wird in Bastfaserspinnerein zu Leinengarn versponnen. Es lässt sich leicht färben (z. B. Küpenfarben FLU 2.1). Es lässt sich leicht färben. Leinenstoffe werden vielfach gebleicht und Veredelungsprozessen TEX 3 unterzogen, um sie knitterfrei, pflegeleicht oder farbecht zu machen.

TEX 4.1.4
Pflanzliche Naturfasern – Hanf

Als Nutzpflanze wird Hanf seit fast 10.000 Jahren verwendet. Damit hat die Faser eine längere Geschichte als Leinen oder Baumwolle. Es wird zwischen ***Nutz-***, ***Schmuck-*** und ***Medizinalhanf*** mit dem Wirkstoff THC unterschieden. Auf Grund der halluzinogenen Wirkung ist der Anbau nur weniger Sorten für die Fasergewinnung erlaubt (Herer, Bröckers 1996).

Eigenschaften
Hanffasern weisen eine besonders hohe Festigkeit auf und verrotten nur langsam. Die Dehnbarkeit und Elastizität liegt in etwa im Bereich von Leinen. Das Fasermaterial neigt wenig zur Aufnahme von Wasser, was es in Ergänzung mit der Widerstandsfähigkeit gegen Salzwasser besonders für Segeltücher geeignet macht.

Bild: Schuh aus Hanf./ Foto: Manufactum

Verwendung
Das Anwendungspotenzial von Hanffasern ist vielfältig. Im Baugewerbe werden sie zu Baustoffplatten und Hohlraumziegel verarbeitet und kommen als Dämmmaterial zur Anwendung. Weitere Hanfprodukte sind Planen, Teppiche, Tücher, Netze und Seile. Kleidung aus Hanf ist in den letzten Jahren wieder populär geworden. Auch hochwertige Papiere PAP werden unter Verwendung von Hanf hergestellt. Zur Produktion von Brems- und Kupplungsbelägen wird der Naturwerkstoff im automobilen Bereich genutzt.

Verarbeitung
Hanffasern werden in Bastfaserspinnereien zu Garnen und Fäden verarbeitet. Auch dient das Fasermaterial zur Herstellung von Vliesen.

TEX 4.1.5
Pflanzliche Naturfasern – Jute

Jute wird aus den Stengeln der Jutepflanze gewonnen und zählt neben Hanf, Flachs und Ramie zu den Bastfasern. Die Anbaugebiete der 3–5 Meter hohen Pflanzen liegen in den tropischen Zonen Pakistans, Indiens, Brasiliens und Bangladeschs.

Eigenschaften
Die mechanischen Eigenschaften von Jutefasern sind in etwa vergleichbar mit denen von Leinen. Die Verarbeitung fällt ähnlich aus. Jutefasern verholzen stark und faulen schnell. Auffällig ist ihr starker Geruch.

Bild: Jutesack.

Verwendung
Jute wird in Form grober Gewebe für Verpackungen, Polster, Gurte oder Wandbespannungen verwendet. Auch dient die Naturfaser als Grundgewebe für Teppichböden und als Basismaterial für Linoleumböden. Häufig wird sie als Verpackungswerkstoff verwendet.

Verarbeitung
Auf Grund der starken Verholzung *HOL* im Reifealter lassen sich unreife Fasern leichter zu Garnen verspinnen als reife. Letztere müssen vor dem Spinnen (Bastfaserspinnerei) in einer speziellen Behandlung geschmeidig gemacht werden. Die Färbung des Materials ist unkompliziert.

Climatex®
ist einer der ersten Möbelbezugsstoffe, der zu 100 % kompostierbar ist und sich damit ideal in den natürlichen Werkstoffkreislauf einpasst. Hauptbestandteil ist Ramie. In Kombination mit Wolle entsteht eine Gewebemischung, die sich durch gute Feuchtigkeitsaufnahme und Feuchtigkeitstransport auszeichnet.

TEX 4.1.6
Pflanzliche Naturfasern – Ramie

Ramie ist eine Bastfaser aus den Stengeln der Ramiepflanze (auch ***Chinagras*** genannt). Diese wird vorwiegend in den Vereinigten Staaten, China und Indien angebaut.

Bild: Ramie wird als kurze Stapelfaser für Banknoten verwendet.

Eigenschaften
Die Gebrauchsmerkmale der Ramiefaser ähneln denen von Flachs. Sie glänzt und ist bekannt für ihre hohe Festigkeit. Ramiefasern sind zudem saugfähig und fäulnisbeständig. Die Reißfestigkeit nimmt in nassem Zustand zu. Elastizität und Dehnbarkeit sind gering. Die Bastfasern werden überwiegend in Fasergemischen mit Wolle, Baumwolle oder Seide verarbeitet. Ihre Lichtbeständigkeit ist hoch.

Verwendung
Typische Produkte aus Ramiefasern sind hochbeanspruchte Seile, Fallschirmstoffe, Schlauchgewebe, Nähzwirne, Bänder und Riemen. Zudem werden sie zur Herstellung von Banknoten und als Grundgewebe für Teppiche verwendet.

Bild: Fallschirmstoff aus Ramiefasern.

Verarbeitung
Ramiefasern können gebleicht und gefärbt werden. Sie werden in verschiedenen Spinnverfahren zu Garnen versponnen.

TEX 4.1.7
Pflanzliche Naturfasern – Sisal

Sisalfasern werden aus den Blättern der Sisalagave, einer von 136 Agavenarten, gewonnen. Der Stamm wird bis zu einem Meter hoch und 12 Jahre alt. Die tropischen Anbaugebiete liegen in Brasilien, Mexiko (Yucatán), Indonesien und Ostafrika.

Eigenschaften
Sisalfasern haben einen harten Griff und weisen eine hohe Reißfestigkeit auf, wodurch sie insbesondere für die Verarbeitung zu Seilen und Netzen geeignet sind. Dies wird durch die hohe Resistenz der Fasern gegenüber Feuchtigkeit unterstützt. Sisalfasern sind nahezu weiß, glänzend und können auf einfache Weise gefärbt werden.

Verwendung
Außer für die Herstellung von Seilen und Netzen sind Sisalfasern für Teppiche, Fußmatten, Sandalen oder Möbelstoffe geeignet.

Bild: Teppich aus Sisal.

Bodenbeläge aus Sisal wirken klimaregulierend, sind antistatisch, schmutzabweisend und können leicht gereinigt werden. Besondere Sisal-Produkte sind Hängematten und Dartscheiben.

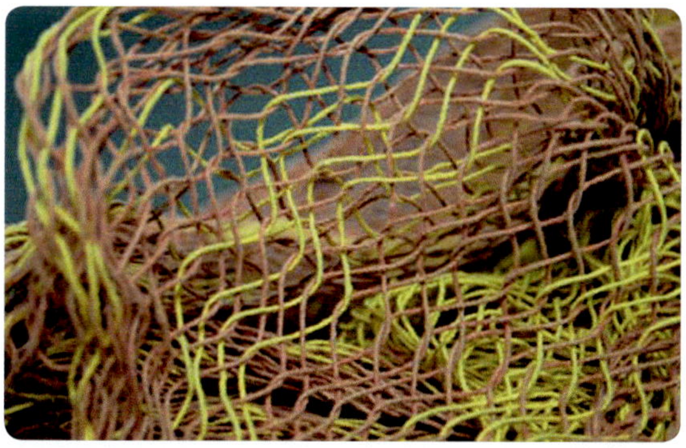

Bild: Hängematte aus Sisal.

Verarbeitung
Zur Vorbereitung der Verarbeitung des Fasermaterials in der Spinnerei werden Sisalblätter zunächst gereinigt, getrocknet, geschlagen und anschließend gebürstet. Nach dem Trocknen bleiben etwa 4 % des ursprünglichen Blattgewichtes übrig.

TEX 4.1.8
Pflanzliche Naturfasern – Manila

Manila sind Hartfasern aus den Blattscheiden einer speziellen, 3–6 Meter hohen Bananenart, die in Brasilien, Indonesien, Mexiko und Ostafrika angebaut wird. Der Name der Hauptstadt der Philippinen ist von der Naturfaser abgeleitet.

Eigenschaften
Die Reißfestigkeit von Manila übersteigt die der Sisal- oder Baumwollfaser.

Bild: Seile aus Manila.

Die Widerstandsfähigkeit gegen Meerwasser ist darüber hinaus in besonderem Maße gegeben, wodurch sich die Faser besonders zur Anfertigung von Seilen, Tauen und Netzen für den Schiffsbau eignet. Manilafasern weisen zudem eine geringe Dichte auf.

Verwendung
Neben der Verwendung im marinen Umfeld werden Manilafasern zur Herstellung von Matten und Säcken verwendet.

Verarbeitung
Manilafasern können nicht gesponnen werden. Die Faserabfälle dienten früher zur Verarbeitung zu feinem und hochwertigem Papier (Manilapapier).

TEX 4.1.9
Pflanzliche Naturfasern – Kokos

Unter Kokosfasern versteht man die groben Haarstränge der Kokosnuss, die etwa ein Drittel der Masse der Fruchtschale ausmachen. In den tropischen Regionen der Erde werden sie zu Stricken und Geflechten verarbeitet. Als Exportware gelangen Garne und Produkte aus Kokosfasern vor allem aus Vorderindien, Sri Lanka und Indonesien in die westlichen Industrienationen.

Eigenschaften
Kokosfasern sind die einzigen vollständig fäulnisbeständigen Naturfasern. Sie sind sehr leicht, elastisch und bruchfest. Die hohle und luftspeichernde Struktur macht sie besonders für Dämmmaterial geeignet. Kokosfasern sind zudem sehr widerstandsfähig und scheuerfest. Sie nehmen wenig Schmutz auf und werden daher häufig zu Fußabtretern und Bodenbelägen verarbeitet.

Merinowolle
ist eine sehr feine Faser, die bei längerem Tragen deutlich weniger stinkt als Kunstfasern und auch noch wärmt, wenn sie nass ist. Daher bietet Merinowolle gerade für den Wintersport große Potenziale.

Kaschmir
Das Haar der Kaschmirziege ist die feinste und edelste Naturfaser, noch vor der des südamerikanischen Alpakas.

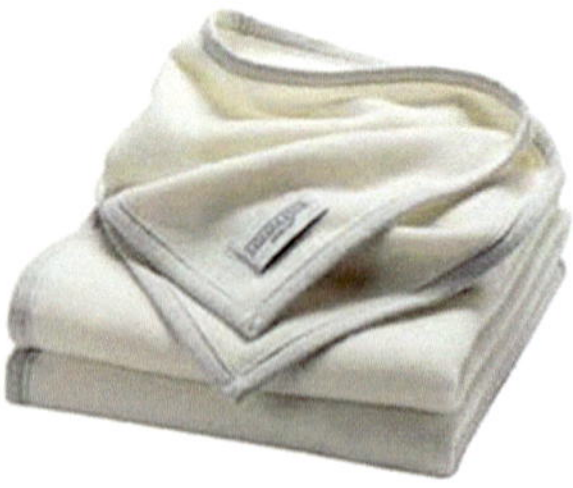

Bild: Decke aus Kaschmir./ Foto: Manufactum

Verwendung
Kokosfasern kommen in folgenden Produktbereichen zur Anwendung: Trittschallplatten, Fußmatten, Filter, Stricke, Seile, Bürstenhaare sowie Wärme- und Schalldämmfilze. Darüber hinaus finden sie im Automobilbereich als Füllmaterial für Kopfstützen Verwendung.

Verarbeitung
Das Naturfasermaterial wird neben Seilen oder Stricken zu Platten und Matten verarbeitet. In einem Röstprozess erfolgt zuerst die Trennung der feineren Gewebeelemente der einzelnen Stränge. Anschließend werden die Fasern gewaschen und so lange gelagert bis alle zersetzbaren Stoffe verrottet sind. Je nach Verarbeitungstechnik erfolgt eine Trennung in lang- und kurzfaserige Sorten. In jüngster Zeit werden Kokosfasern auch zur Herstellung von Pflanz- und Kulturgefäßen eingesetzt. Ein Patent wurde hierzu an der FH Osnabrück entwickelt. Die in wirrer Anordnung vorliegenden Fasern werden durch Zugabe eines Naturkautschuks KUN 4.3.1 durch Pressen in einer Topfform fixiert. Das Gefäß ist im Vergleich zu konventionellen Plastiktöpfen (meist aus Polypropylen KUN 4.1.2) natürlich abbaubar. Die im Kokosfasertopf (Marke: Cocopot®) gezüchteten Pflanzen müssen nicht mehr umgetopft oder ausgepflanzt werden. Die Wurzel kann durch die poröse Wand hindurch wachsen. Der Topf wird mit eingepflanzt und vermodert. Ein weiterer Vorteil liegt in der Natürlichkeit des Wurzelwachstums. Der im Plastiktopf übliche Drehwurzelwuchs bleibt aus. Erreicht die Wurzel die Topfwand aus Fasern, so wird das Wachstum durch Sonneneinstrahlung gebremst.

Bild: Blumentopf aus latexierten Kokosfasern.

TEX 4.2
Tierische Naturfasern

TEX 4.2.1
Tierische Naturfasern – Wolle

Die Verwendung von Tierhaaren für die Textilherstellung ist seit Jahrtausenden bekannt. Das Tier, das am häufigsten zur Gewinnung von Naturfasern herangezogen wird, ist das Schaf.

Bild: Alpakas in Bolivien./ Fotos: Dr. Sascha Peters

Es kann ein- bis zwei Mal im Jahr geschoren werden. Hierfür stehen elektrische Schermaschinen zur Verfügung. Die Länder mit der höchsten Schafwollgewinnung sind Australien, Neuseeland, China, Südafrika und Argentinien. Auch das Fell von Ziegen, Kaninchen und Kamelen liefert zum Teil hochwertige Wollsorten (z. B. Kaschmir, Mohair, Angora). In den Anden wird das Fell der Lamaarten ***Alpaka***, Lama, Vikunja und Guanako für die Herstellung von Textilien genutzt. Typische Wollstoffe sind Bouclé, Flanell, Flausch, Shetland und Tweed.

Aufbau eines Wollhaares

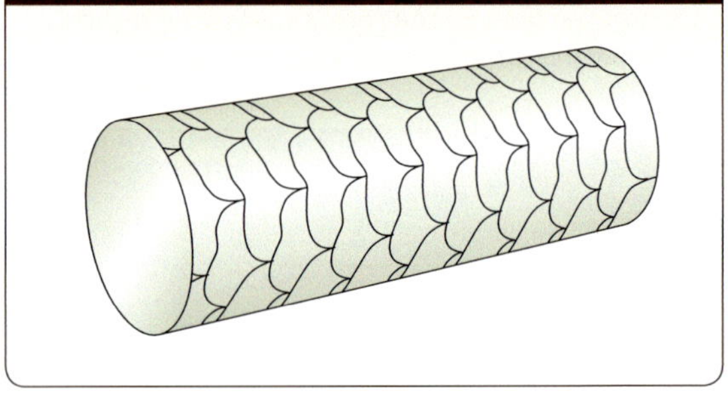

Abb. 29

Bild: Decke aus Alpakafasern.

Eigenschaften
Wollfasern bestehen zu 85 % aus Luft. Sie wirken isolierend gegen Wärmeverlust, sind dehnbar, überaus elastisch und knittern wenig. Die Oberfläche der Fasern ist stark wasserabweisend; Tropfen perlen ab. Das Faserinnere kann große Feuchtigkeitsmengen aufnehmen, ohne als feucht empfunden zu werden. Wolle ist sehr luftdurchlässig, was bei starkem Wind Wärmeeinbußen mit sich bringt. Schmutz und Gerüche setzen sich nur schwer in der Struktur der Wollfasern fest. Unter Einfluss von Wärme und Feuchtigkeit neigen sie aber zum Verfilzen. Daher werden Textilien aus Wolle nur bei Temperaturen bis 30 °C gewaschen und dürfen nur mit mäßiger Hitze gebügelt werden. Auf der Haut fühlen sich Wollfasern oftmals kratzig an. Hinsichtlich Feinheit, Faserlänge und Kräuselung wird in ***Fein-***, ***Mittel-*** und ***Grobwolle*** unterschieden.

Wollsorten und deren Eigenschaften

Wolle		
Schafwolle	**feine Tierhaare**	**Reißwolle**
Lammwolle	Alpaka	wieder aufbereitete Wolle
Merino	Lama	Wolle/ Reine Wolle
Crossbred	Kaschmir	
Cheviot	Angora usw.	
Reine Schurwolle (Wollsiegel)		
Beimischungen (Combi-Wollsiegel)		

Wollsorte	Eigenschaften	Herkunftstier	Verwendung
Lammwolle	weich, sehr fein	Lamm	Oberbekleidung, Schal
Merinowolle	sehr fein und weich, gekräuselt	Merinoschaf	Pullover, Schal, Socken
Cool Wool	sehr fein und leicht	austral. Merino	leichte Textilerzeugnisse
Croobredwolle	fein, wenig gekräuselt	Crossbedschaf	grobe und strapazierfähige Bekleidung
Cheviotwolle	grob, wenig gekräuselt	Cheviotschaf	Teppich, Möbelbezüge
Angorawolle	sehr dünn, sehr wärmend	Angorakaninchen	Oberbekleidung, Unterwäsche
Mohairwolle	glänzend, weich, fein	Angoraziege	Mäntel, Anzüge
Kaschmirwolle	sehr fein, weich, glänzend, hell	Kaschmirziege	Anzüge, Schal, Damenbekleidung
Kamelhaar	sehr fein, weich, glänzend	Kamel	Teppiche, Pferdedecken, Mäntel, Decken
Lamawolle	glänzend, fein, weich	Alpaka, Lama, Vikunja, Guanako	Pullover, Schal, Decken
Pashima	dünnste Naturfaser, wärmste, weichste und leichste Wolle	Chyandra-Bergziege	Pashima-Schal

Abb. 30: nach [2]

In der Textilherstellung werden Wollfasern meist mit anderen Fasern vermischt. Reine Schurwolle besteht nur aus frischen Tierfasern. Hier werden keine Alttextilien verwendet. ***Reißwolle*** besteht aus Textilabfällen und Lumpen, die zuvor in einem Reißwolf zu einzelnen Fasern zerkleinert wurden.

Bild: Reißwolle.

Verwendung
Wolle kann zu allen Bekleidungstextilien verarbeitet werden. Auf Grund der hervorragenden Wärmeisolierung und der geringen Entflammbarkeit werden Wollfasern zudem als Dämm- und Brandschutzmaterial verwendet. Arbeitskleidung und Matratzen können aus Wolle hergestellt werden.
Die Fasern werden auch für Decken, Möbelbezüge im Haushalt oder für Polsterungen in der Flugzeug- und Fahrzeugindustrie eingesetzt. Schafwolle ist der wichtigste Rohstoff für die Herstellung von Knüpfgeweben und Teppichen (Zarif 2003).

Bild: Wollteppich.

Verarbeitung
Nach der Reinigung der geschorenen Wollfasern erfolgt ihre Weiterverarbeitung. Im textilen Herstellungsprozess wird zwischen Kamm- und Streichgarn unterschieden. Qualitativ hochwertiger ist das gekämmte Fadenmaterial, da es sich weniger kräuselt als das lediglich gestrichene, aber dafür flauschige Streichgarn. Wolle wird zu Stoffen verwebt oder zu Teppichen geknüpft. Auch lassen sich Filze und Vliese herstellen. Wolle ist leicht zu färben.
Durch Veredelung können Wollstoffe mottensicher, maschinenwaschbar und filzfrei gemacht werden.

TEX 4.2.2
Tierische Naturfasern – Seide

Seide gehört zu den edelsten Naturprodukten und hochwertigsten Fasern. Sie wurde in China entdeckt und gelangte erst um das Jahr 100 nach Europa. Die Handelsroute zwischen der alten chinesischen Hauptstadt Xi'an und der Mittelmeerküste trägt seit Ende des 19. Jahrhunderts den Namen des wertvollen Materials: »Seidenstraße«. Der Rohstoff stammt vom Kokon und Faden der ***Seidenraupe***. Diese ernährt sich von den Blättern des Maulbeerbaumes. Die Zucht ist an den Baum gebunden und daher aufwendig und kostenintensiv. Rohseide wird in China, Indien, Brasilien und Japan hergestellt. Seidenraupen werden auch in Frankreich und der Türkei gezüchtet. Chiffon, Da-massé, Duchesse, Pongé, Satin, Taft oder Twill sind bekannte Seidenstoffe.

Bild: Seidenstoffe./ Foto: JAB Josef Anstoetz KG

Eigenschaften
Charakteristisch für Seide ist ihr edler, leicht schimmernder Glanz. Sie ist zudem sehr leicht und lässt sich angenehm und bequem auf der Haut tragen. Seide weist von allen Naturfasern die größte Reiß- und Scheuerfestigkeit auf. Im Vergleich würde bei gleicher Dicke ein Seil aus Seide mehr Gewicht tragen können, als eines aus Stahl (Kesel 2005). Neben der hohen Festigkeit ist für Seidenstoffe eine gute Formbeständigkeit charakteristisch. Sie knittern kaum; Falten hängen sich leicht wieder aus. Seide reagiert allerdings empfindlich auf Hitze und Feuchtigkeit. Daher sollten Seidenstoffe bei mäßiger Temperatur entweder von Hand gewaschen oder chemisch gereinigt werden. Heißes Bügeln ist zu vermeiden. Bei richtiger Pflege können Seidenstoffe ohne Qualitätseinbußen über Jahre genutzt werden.

Verwendung
Seide wird wegen der hohen Kosten insbesondere zu edler und repräsentativer Bekleidung verarbeitet. Zu diesen zählen Krawatten, elegante Kleider und Damenwäsche, Schals oder Hüte.

Bild: Sari aus gewebter Seide./ Indien

Der Stoff wird auch zu Dekorationszwecken in Lampenschirmen und für Bettwäsche verwendet. Seidenteppiche sind auf Grund ihres Glanzes und der Feinheit des Fadens besonders wertvoll. Da Seide sehr gut Farbstoffe aufnimmt, werden Seidenstoffe traditionell zur Malerei verwendet (Huber et al. 1998). Auf Grund der herausragenden Eigenschaften in Dehnbarkeit, Reißfestigkeit und Zähigkeit wäre künstlich produzierte Spinnenseide das ideale Material für eine ganze Reihe medizinischer und technischer Anwendungen. Die Forschung versucht daher seit geraumer Zeit, das Eigenschaftsprofil zu entschlüsseln und zu kopieren. In 2010 wurde das Geheimnis von Wissenschaftlern aus München und Oslo gelüftet.

Verarbeitung
Die Bestandteile des Kokons der Seidenraupe werden in unterschiedlichen Verfahren und Qualitäten zu Seide verarbeitet. Die hochwertige ***Haspelseide*** entsteht durch Abhaspeln mehrerer Kokons. Die kürzeren Fasern, die sich nicht wickeln lassen, werden zu Nähgarnen der ***Schappeseide*** im Kammgarnverfahren versponnen. Faserabfälle können zu groben ***Bouretteseidengarnen*** gestrichen werden. Seide nimmt sehr gut Farbstoffe auf. Besonders im asiatischen Raum ist die Seidenmalerei populär.

Ein Verzeichnis zu den wichtigsten Naturfasern mit deren Eigenschaften befindet sich in Schenek 2001.

TEX 4.3
Zellulosefasern

TEX 4.3.1
Zellulosefasern – Viskose, Modal

Eigenschaften
Viskose und Modal sind weiche und feine, sehr hautverträgliche Fasermaterialien mit baumwollähnlichen Eigenschaften. Sie können sowohl mit einer glänzenden als auch mit einer matten Oberfläche hergestellt werden. Nachteilig für Viskose ist die nur mäßige Nassfestigkeit. Modalfasern weisen bessere Eigenschaften auf, sind zudem elastischer und formbeständiger und besitzen günstigere Gebrauchsqualitäten (z. B. besseres Trocknungsvermögen, knitterarm). Beide Fasersorten neigen stark zur Aufnahme und Speicherung von Flüssigkeit. Wegen ihres sehr guten Quellvermögens eignen sie sich insbesondere zur Herstellung von Hygieneprodukten (z. B. Tampons).
Bekannte Marken für Viskose sind beispielsweise Enka Viskose® oder Danufil® und für Modal Micro Modal® oder Vincel®.

Bild: Dekorativer Ausbrenner aus Viskose-Leinen-Polyester./ Foto: JAB Josef Anstoetz KG

Verwendung
Viskosefasern werden für die meisten üblichen Textilien wie Unterwäsche, Kleider, Hemden, Mäntel, Vorhänge oder auch für Dekorationsstoffe und Strickwaren verwendet. Es ist darüber hinaus ein wichtiges Fasermaterial zur Beflockung *BES 4.5* von weichen Untergründen von Bekleidungsstoffen bis hin zu Elastomeren. Modal kommt insbesondere für Tischdecken und Bettwäsche sowie als Stoff für Hemden und Blusen zur Anwendung.

Verarbeitung
Die Herstellung von Modal und Viskose erfolgt auf Basis von Zellulosefasern im Viskoseverfahren *TEX 2.1*, die anschließend nass versponnen werden. Als Quelle für das Rohmaterial dienen Fichten, Pinien oder Buchen. Sowohl Viskose als auch Modal werden in der Textilproduktion meist mit Baumwolle und Polyester vermischt. Eine knitterfreie Veredelung lässt sich für Viskose unter Verwendung von Kunstharz erzielen.

TEX 4.3.2
Zellulosefasern – Lyocell

Der Fasername Lyocell ist vom Herstellungsverfahren abgeleitet. Dabei werden die Zellulosefasern aus Holz als dem Rohstoff direkt unter Anwendung ungiftiger Lösungsmittel zu einem zähflüssigen Faserbrei gelöst (griech.: lyein=lösen) und versponnen. Lyocellstoffe sind unter den Marken Tencel®, NewCell® oder Lenzing Lyocell® bekannt.

Eigenschaften
Lyocell ist ein überaus pflegeleichtes Fasermaterial mit einer im Vergleich zu anderen Zellulosefasern wie Viskose günstigeren Nassfestigkeit. Die Aufnahmefähigkeit von Flüssigkeit ist allerdings gering, fällt jedoch höher aus als bei Baumwolle. Lyocellfasern sind zu 100% biologisch abbaubar, gut waschbar, laugenbeständig und besitzen eine sehr gute Anfärbbarkeit.

Bild: Gelochtes Lyocellvlies, Verwendung als Putztuch im Haushaltsbereich./ Hersteller: Jacob Holm Industries GmbH

Verwendung
Zellulosefasern werden für Oberbekleidungen wie Mäntel verwendet. Sie dienen als Füttermaterial und kommen zudem zur Herstellung strapazierfähiger Stoffe zur Anwendung.

Verarbeitung
Lyocellfasern können intensiv gefärbt werden und eignen sich zur Herstellung von Vliesen. Zur Veredelung werden sie mechanisch aufgeraut oder können pflegeleicht ausgerüstet werden. Meist wird Lyocell in der Stoffproduktion mit anderen Fasern wie Baumwolle oder Leinen vermischt.

TEX 4.3.3
Zellulosefasern – Cupro

Eigenschaften
Cuprofasern zählen zu den Kunstseiden. Die Eigenschaften sind mit denen von Viskose vergleichbar. Sie sind besonders weich und atmungsaktiv. Die hygroskopischen Eigenschaften bewirken eine gute Feuchtigkeitsaufnahme. Stoffe aus Cuprofasern können gewaschen und gebügelt werden. Bekannte Marken sind: Cupresa® oder Cuprama®

Bild: Kleiderstoff aus Cupro.

Verwendung
Cuprofasern werden vor allem als Futterstoffe verwendet.

Verarbeitung
Als Grundlage für die Herstellung von Cuprofasern dienen Linters. Dies sind die Faserreste der Baumwolle, deren Länge für ein Verspinnen nicht mehr ausreicht. In wenigen Fällen wird auch Zellstoff zur Faserproduktion verwendet. Die Fasern entstehen im Kupferverfahren unter Einsatz einer Kupfersalz-Ammoniaklösung TEX 2.1. Die in Deutschland erhältlichen Cuprofasern sind in der Regel importiert (z.B. aus Japan), da das Kupferverfahren wegen der hohen Umweltbelastung hierzulande nahezu nicht mehr angewendet wird.

TEX 4.3.4
Zellulosefasern – Acetat, Triacetat

Wie die anderen Zellulosefasern werden sowohl Acetat als auch Triacetfasern auf Basis natürlicher Polymere hergestellt. Sie bestehen aus einer Verbindung von Zellulose und Essigsäure. Im Handel sind sie unter den Marken Arnel®, Castella® oder Trinel® erhältlich.

Eigenschaften
Auf Grund des edel schimmernden Glanzes sind Acetatfasern mit Naturseide vergleichbar. Es sind sehr glatte, aber füllige Fasern, die nur wenig zum Knittern neigen. Formbeständigkeit und Elastizität sind höher als bei Viskose. Acetatfasern sind äußerst dehnbar, nehmen wenig Feuchtigkeit auf und sind hitzeempfindlich. Triacetat weist eine höhere Nassfestigkeit als Acetat auf. Der seidenähnliche Glanz geht bei Temperaturen von über 80 °C verloren. Stoffe mit Acetatfasern werden daher im Feinwaschprogramm bei nicht mehr als 30 °C gewaschen und nur warm gebügelt. Sie trocknen rasch. Eine chemische Reinigung wird in vielen Fällen empfohlen. Acetatfasern sind unempfindlich gegenüber Pilzbefall und Motten.

Verwendung
Acetatfasern werden als Kleider- und Futterstoffe verwendet. Auch edle Kleidungsstücke wie Krawatten, Tücher, Schals und Damenunterwäsche lassen sich aus den seidenähnlichen Fasern herstellen. Außerdem werden sie zur Bespannung von Regenschirmen verwendet.

Bild: Regenschirmbespannung aus Acetat.

Verarbeitung
Acetatfasern werden im Acetatverfahren TEX 2.1 hergestellt. Sowohl Acetat- als auch Triacetat gelten ab einer Temperatur von 180 °C als thermoplastisch KUN 1.2. Unter Wärme können leicht Texturen und auch Bügelfalten eingebracht werden. Die Fasern sind färbbar. Zur Weiterverarbeitung werden sie mit synthetischen oder natürlichen Fasern vermischt.

TEX 4.4 Synthesefasern

TEX 4.4.1 Synthesefasern – Polyamid

Polyamidfasern sind hochfeste Synthesefasern, die in den 30er Jahren entwickelt wurden. Sie werden unter den Markennamen Nylon®, Tactel®, Perlon® und Dorix® gehandelt.

Eigenschaften
Der Aufbau von Polyamidfasern ähnelt denen natürlicher Eiweißstoffe wie Seide TEX 4.2.2. Sie weisen allerdings bessere mechanische Eigenschaften, eine höhere Reiß- und Scheuerfestigkeit sowie eine sehr gute chemische Beständigkeit auf. Sie nehmen wenig Feuchtigkeit auf und trocknen schnell. Die Nassfestigkeit liegt bei etwa 80% der Festigkeit im trockenen Zustand. Polyamidfasern sind sehr dehn-bar, hochelastisch und knittern wenig.

Bild: Textil aus Polyamid.

Verwendung
Polyamidfasern wurden erstmals 1938 für die Herstellung von Nylonstrümpfen verwendet. Weitere typische Textilprodukte mit einem hohen Polyamidfaseranteil sind Turnhosen, Unterwäsche und Kleider. Auch Sport- und Freizeitbekleidung wird häufig mit den hochfesten Fasern hergestellt. Polyamidfasern werden zudem zur Herstellung von Angelschnüren, Teppichböden, Tennissaiten, Kletterseilen und den Borsten von Zahnbürsten verwendet.

Verarbeitung
Zur Herstellung von Polyamidfasern kommt das Schmelzspinnverfahren TEX 2.1 zur Anwendung. Dabei werden die Spinnfäden mit Kaltluft gekühlt und auf das 3–4fache gestreckt. Die Umwandlung der glatten Synthesefasern zu gekräuseltem Fasermaterial erfolgt durch Textuierung. Polyamidfasern sind thermoplastisch verformbar und können thermofixiert werden.

TEX 4.4.2 Synthesefasern – Aramid

Aramidfasern sind aromatische Polyamide, die vor allem unter dem Markennamen Kevlar® im Markt gehandelt werden.

Eigenschaften
Herausragendes Merkmal dieser Fasergruppe ist eine extrem hohe Festigkeit. Diese liegt etwa beim Fünffachen des Wertes gewöhnlicher Fasern. Sie sind doppelt so fest wie Glasfasern und dreimal stärker als technische Polypropylen- oder Polyesterfasern. Darüber hinaus sind Aramidfasern resistent gegen eine Vielzahl von Chemikalien und verfügen über eine hohe Temperaturbeständigkeit. Ihre Dichte von 1,44 g/cm^3 liegt nur bei einem 16tel dessen von Stahl.

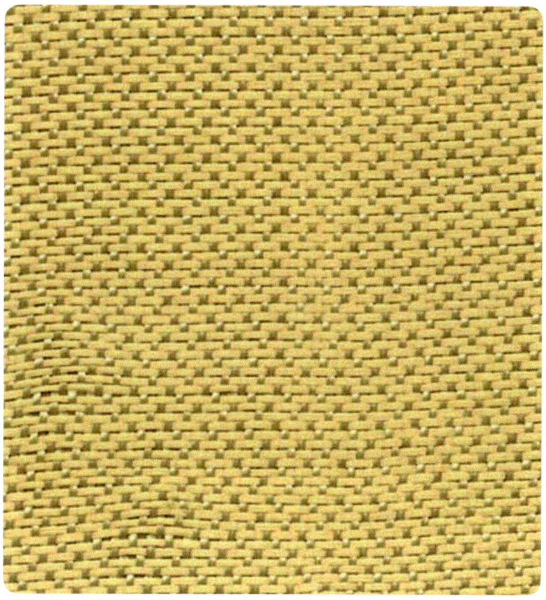

Bild: Aramidfasergewebe – Kevlar®-Gewebe.

Verwendung
Im Textilbereich kommen hochfeste Aramidfasern für schuss- und schnittsichere Westen, für hitze- und flammbeständige Schutzbekleidungen (z. B. Feuerwehr-, Motorrad- und Rennfahreranzüge) und als Bezugsstoffe zum Einsatz. Außerdem haben sie zur Verstärkung von Kunststoffkonstruktionen KUN 1.6 eine hohe Bedeutung (Moser 1992). Sie werden zur Verstärkung von Kfz-Reifen eingesetzt und dienen zur Herstellung technischer Gewebe, Netze und Kabel. Aramidfasern werden auch in Airbags verarbeitet.

Verarbeitung
Die Herstellung von Aramidfasern erfolgt im Lösungsspinnverfahren TEX 2.1. Aramidgarne können zu Geweben, Wirk- und Strickwaren verarbeitet werden.

TEX 4.4.3
Synthesefasern – Polyester

Polyester gehört mengenmäßig zum bedeutendsten synthetischen Fasermaterial. Es ist unter den Markennamen Trevira®, Diolen®, Vestan® und Dacron® erhältlich.

Eigenschaften
Neben Polyamidfasern weisen Polyesterfasern die höchste Reiß- und Scheuerfestigkeit aller Fasermaterialien auf. Diese bleibt im nassen Zustand nahezu vollständig erhalten. Neben der Festigkeit sind insbesondere bei einigen Polyesterfasern die elastischen Eigenschaften auffallend. Stoffe aus Polyesterfasern sind knitterfrei. Darüber hinaus ist die gute chemische Resistenz hervorzuheben. Das Fasermaterial ist witterungsbeständig, nimmt nur wenig Feuchtigkeit auf, ist schnell trocknend und mottenecht. Neben den normalen Fasern sind besonders feste, schwer entflammbare, gekräuselte oder hochtemperaturbeständige Arten erhältlich.

Bild: blau-weiß gestreifte Stoffe für Berufsbekleidung aus Trevira® Bioactive, Textil aus Polyestergewebe./ Foto: Trevira GmbH

Verwendung
Polyesterfasern sind wegen ihrer guten Lichtbeständigkeit das beherrschende Material zur Herstellung von Gardinen. Ihre Verwendung im Bereich der Bekleidungstextilien ist umfassend. So kommen sie als Stoffe für Damen- und Herren-Oberbekleidungen, Berufsbekleidung und Badeanzüge zur Anwen-dung. Wegen ihrer hohen Elastizität eignen sich Polyesterfasern besonders als Füllmaterial für Bett-wäsche, Steppdecken und Schlafsäcke. Hochfeste Faserarten werden für Zelte, Autoreifen und Planen verwendet. Polyester wird auch zu Lederimitationen oder Bodenbelägen verarbeitet. Polyesterfasern werden vor allem dann für die Beflockung BES 5.4 verwendet, wenn es um Außenanwendungen geht.

Verarbeitung
Wie andere Synthesefasern werden Polyesterfasern im Schmelzspinnverfahren TEX 2.1 hergestellt. Zur Weiterverarbeitung werden Polyesterfasern in der Regel mit Wolle, Baumwolle, Viskose oder Modal vermischt. Typische Mischungen enthalten 45 % , 50 % , 55 % , 65 % oder 70 % Polyester. Polyesterfasern lassen sich unter Wärmeeinfluss verformen und textuieren.

TEX 4.4.4
Synthesefasern – Polyurethan

Polyurethanfasern sind vor allem in Verbindung mit der Marke Elastan® bekannt. ***Elastan®*** besteht mindestens aus 85 % Polyurethan (PUR). Andere Hersteller vertreiben das Fasermaterial unter den Namen Enkaswing©, Dorlastan® oder Lycra®.

Eigenschaften
Polyurethanfasern sind äußerst elastisch und weisen eine Dehnbarkeit vergleichbar mit der von Gummi auf. Sie nehmen nur wenig Feuchtigkeit (z. B. Schweiß) auf, was sie insbesondere für Sportbekleidungen geeignet macht. Die Fasern sind lichtbeständig, schnell trocknend und lassen sich mit der Feinwäsche gut reinigen.

Bild: Umweltfreundlicher Möbelstoff »WATERBORN« aus 55 % Polyurethan, 22.5 % Polyester und 22.5 % Nylon./ Foto: Kvadrat

Verwendung
PUR-Fasern werden in der Herstellung von Oberbekleidungen, Miederwaren, Badewäsche und Strümpfen verwendet. Weitere Anwendungen sind Pinsel, Bürstenborsten, Teppiche der Tufting-Technik TEX 2.2.4 oder Siebgewebe. Besonders bekannt wurde das Fasermaterial durch die Verwendung in Stretchbekleidungen.

Verarbeitung
Feine Synthesefasern aus Polyurethan werden im Schmelzspinnverfahren hergestellt. Im Gegensatz zu Gummi kann PUR eingefärbt werden.

TEX 4.4.5
Synthesefasern – Polyacryl

Polyacryltextilien bestehen zu mindestens 85 % aus ***Acrylnitril***. Dieses wird aus Polypropylen und Ammoniak gewonnen. Das Fasermaterial ist unter den Marken Dralon®, Dolan®, Orlon®, Acrlan® bzw. Redon® bekannt.

Eigenschaften
Polyacrylfasern sind besonders leicht und wärmen auf Grund ihrer Bauschigkeit. Die Elastizität und Weichheit der Fasern ist mit der von Wolle vergleichbar. Polyacryl ist sowohl licht- als auch wetterbeständig und resistent gegen chemische Substanzen. Textilien aus dem Material sind pflegeleicht und können in der Waschmaschine im Feinwaschprogramm gereinigt werden. Das Fasermaterial nimmt wenig Feuchtigkeit auf, trocknet schnell und knittert nur leicht. Während Polyacrylfasern zur Erzielung wollähnlicher und weicher Eigenschaften auf molekularer Ebene rund 7 % anderer Monomere enthält, liegt das ***Polyacrylnitril*** (PAN) in fast reiner Form vor.

Bild: Pelzimitation aus Polyacryl.

Verwendung
In Mischungen mit Wolle werden Polyacrylfasern vielfach zu Oberbekleidungen wie Pullover und Jacken verarbeitet. Weitere typische Anwendungen sind Decken, Heimtextilien, Teppichböden, Pelzimitationen, Markisen und Stoffe für Möbelbezüge und Dekorationen. Das hochfeste Polyacrylnitril (PAN) kommt für Bautextilien TEX 6.4 zur Anwendung. Vor allem wird es zur Erzeugung von Faserzement genutzt.

Verarbeitung
Polyacrylfasern werden nass oder trocken versponnen und verstreckt. Während das konventionelle Fasermaterial thermofixiert werden kann, weist reines Polyacrylnitril keine thermoplastischen Eigenschaften auf.

TEX 4.4.6
Synthesefasern – Polytetrafluorethylen

PTFE ist eines der wichtigsten Fasermaterialien für technische Textilien und vor allem aus dem Outdoor-Bereich bekannt.

Eigenschaften
PTFE-Fasern verfügen über die höchste Chemikalienbeständigkeit aller Chemiefasern. Das milchig weiße Material ist absolut wasserabstoßend und lässt sich nur schwer einfärben. Es ist hochtemperaturbeständig (bis 280 °C) und resistent gegen UV-Einstrahlung. Die Fähigkeit zur elektrischen Isolation ist hervorragend. PTFE weist den niedrigsten Reibungskoeffizienten aller bekannten Fasern auf und gleitet leicht auf anderen Stoffen. Der Markennamen Fluoro® und Goretex® deuten auf Fasermaterial aus Polytetrafluorethylen hin.

Bild: Zahnseide aus PTFE.

Verwendung
PTFE-Fasern sind insbesondere aus dem Bereich wetterfester Bekleidung bekannt. Socken aus PTFE verhindern die Fußblasenbildung bei Hochleistungssportlern. Im medizinischen Bereich werden sie zur Herstellung von Zahnseide verwendet. Weitere typische Anwendungen sind flexible elektrische Kabel, Gurte und Seile. Das Material wird in der Filtration verwendet und ist in den letzten Jahren besonders auf dem Gebiet der Textilarchitektur bekannt geworden TEX 4.6.

Verarbeitung
PTFE wird zu Fasermaterial versponnen oder zu luftdurchlässiger, mikroporöser und wasserabweisender Membranfolie geschäumt. Diese lassen sich zu Laminaten TEX 2.2.4 weiterverarbeiten.

Es sieht aus wie Papier, ist aber extrem reißfest, strapazierfähig und wasserabweisend. Tyvek wird aus Polyethylen-Fasern gesponnen und unter Wärme zu einem Vlies verpresst. Ästhetik und Beschaffenheit sind vergleichbar mit festen Japanpapieren. Es kann in der Waschmaschine gereinigt werden und ist daher für Textilien geeignet.

Bild: Hutbausatz aus Tyvek (Quelle: Schmitthut)

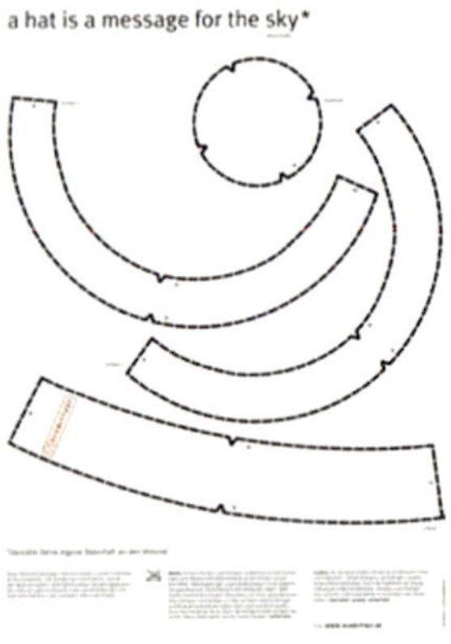

TEX 4.4.7
Synthesefasern – Polyvinylchlorid

Eigenschaften
Fasermaterial aus Polyvinylchlorid ist hitze- und waschempfindlich. Es kann nicht entflammen, ist besonders chemikalienresistent und weist eine geringe Scheuerfesteigkeit auf. Die Fasern wärmen hervorragend und haben schmerzlindernde Wirkung bei Erkrankungen wie Rheuma. Auf Grund der sehr guten Elastizität sind Stoffe aus PVC-Synthesefasern knitterarm. Die Notwendigkeit zum Bügeln entfällt weitestgehend. Die Fasern werden unter den Markennamen Teviron® oder Rhovyl® angeboten.

Bild: Kunstleder aus Polyvinylchlorid.

Verwendung
PVC-Fasern haben für die Bekleidungsindustrie nur untergeordnete Bedeutung. In der Hauptsache werden aus dem Fasermaterial Kunstleder, Pelzimitationen und Dekorationsstoffe hergestellt. Die gute Chemikalienbeständigkeit machen die Fasern für Schutzanzüge und Filter geeignet. Außerdem werden sie zu Gesundheitswäsche und Rheumadekken verarbeitet.

Verarbeitung
Zur Produktion von Polyvinylfasern kommt das Trokkenspinnverfahren zur Anwendung. Das Fasermaterial zeigt die üblichen thermoplastischen Verarbeitungseigenschaften.

Bild: Hutbausatz aus Tyvek./ Quelle: Schmitthut

TEX 4.4.8
Synthesefasern – Polyolefine

Eigenschaften
Polyolefine wie ***Polypropylen*** (PP) und ***Polyethylen*** (PE) sind die Fasermaterialien mit der geringsten Dichte aller bekannten textilen Werkstoffe. Sie sind sehr leicht, schmelzen aber recht schnell. Hervorzuheben sind die hervorragenden elastischen Eigenschaften und die besonders geringe Feuchtigkeitsaufnahme. Daher verrotten Polyolefinfasern nur sehr langsam. PP ist 100 % nassfest und verfügt über ein hohes elektrisches Isolationsvermögen. Die Chemikalienbeständigkeit der Fasern ist gut. Durch eine Parallelorientierung der PE-Moleküle lassen sich ***hochfeste Polyethylenfasern*** (HPPE) herstellen. Mit einer spezifischen Festigkeit, die den 15fachen Wert von Stahl erreicht, zählt HPPE zu den stärksten Fasermaterialien überhaupt.

Bild: Seile aus hochfestem HPPE.

Verwendung
Die geringe Neigung zur Wasseraufnahme macht Fasern aus Polyolefinen insbesondere für Sportartikel- und -bekleidungen geeignet. Außerdem werden die Fasern für maritime Anwendungen wie Fischernetze verwendet. Sie kommen in Badezimmertextilien zur Anwendung und werden zu Tufting- und Nadelvliesteppichen verarbeitet. Ein weiteres Einsatzgebiet sind Folien. Hochflestes HPPE kommt außerdem in der Herstellung von Seilen, Tauen und Kabeln zum Einsatz. Ein weiteres Anwendungsgebiet von HPPE-Geweben sind Schutztextilien wie kugelsichere Westen, Handschuhe und Fechtanzüge. Zur Verstärkung von Kunststoffen wird hochfestes PE für Sturzhelme, zur Panzerung militärischer Fahr- und Flugzeuge und für Sportgeräte verwendet.

Verarbeitung
Die Produktion thermoplastischer PE- oder PP-Fasern erfolgt im Schmelzspinnverfahren. HPPE wird durch eine Kombination aus Lösemittelspinnen und Hochverstrecken erzeugt.

TEX 4.5
Anorganische Chemiefasern

Zu den anorganischen Fasermaterialien zählen Glas-, Kohlenstoff-, Keramik- und ***Metallfasern***. Auf Grund des speziellen Eigenschaftsprofils werden sie den Hochleistungsfasern zugeordnet.

Eigenschaften

Glasfasern zeichnen sich durch hohe Zugfestigkeit (bis 2.400 N/mm^2), geringe Faserdehnung und sehr niedrige Dichte (etwa 2,6 g/cm^3) aus. Unter Einwirkung von Hitze brennen sie nicht. Es werden keine giftigen Dämpfe freigesetzt. Die chemische Beständigkeit gegenüber Laugen ist gut, ihre Feuchtigkeitsaufnahme gering. Die Kombination von Eigenschaftsprofil und Kosten macht Glasfasern zum wichtigsten anorganischen Fasermaterial.
Mit Werten bis zu 3.600 N/mm^2 weisen die relativ teuren Kohlenstoff- bzw. Grafitfasern die höchste Zugfestigkeit aller Hochleistungsfasern auf. Sie sind hochtemperaturbeständig (bis etwa 4.000 °C) und weitestgehend resistent gegen chemische Einflüsse. Ihre Dichte liegt bei 1,78 g/cm^3. Die Wärmedehnung ist gering. Kohlenstofffasern nehmen nahezu keine Feuchtigkeit auf. Sie dämpfen Schwingungen und leiten elektrischen Strom. Die Sprödigkeit des Werkstoffs kann sich jedoch nachteilig auswirken.

Bild: Vlies aus Metallfasern./ Foto: Fraunhofer IFAM, Institutsteil Dresden, Pulvermetallurgie und Verbundwerkstoffe

Metallfasern mit den entsprechenden Eigenschaften und der Farbigkeit metallischer Werkstoffe sind in Form von Geweben und Feinstdrähten auf dem Markt erhältlich. Metallisierte Polyestherbändchen werden unter dem Markennamen Lurex® in verschiedenen Farben und Effekten vertrieben. Mit dem Mtex®-Verfahren können Textilprodukte wie Garne, Gewebe oder Maschenware jeder Art thermisch mit Metallen beschichtet werden.

Keramikfasern weisen die für die Werkstoffgruppe üblichen Eigenschaften wie hohe thermische Be-ständigkeit, sehr gutes Isolationsvermögen und gute chemische Resistenz bei hoher mechanischer Widerstandsfähigkeit auf. Häufig erfolgt die Herstellung auf der Basis von Aluminiumoxid (Al_2O_3 – *KER 4.5*) oder Siliziumkarbid (SiC - *KER4.7*).

Verwendung

Glasfasern werden insbesondere zur Verstärkung von Kunststoffen (GFK - *KUN 1.6*) und Bauprodukten (z. B. Faserzement) eingesetzt. Anwendungsbeispiele sind Leichtbaukonstruktionen für Flugzeuge, Boots-rümpfe, Rohrleitungen, Skier, Snowboards, Lampenmasten, Verkehrsschilder, Kfz-Innenverkleidungen und Karosserieteile. Glasfasern dienen in Form von Vliesen und Geweben zur Schall- und Wärmedämmung. Die gute chemische Beständigkeit macht sie außerdem als Filtermaterial in der chemischen Industrie geeignet.

Wie Glasfasern werden Kohlenstofffasern für faserverstärkte Kunststoffe (CFK *KUN 1.6*) verwendet. Der im Vergleich zu Glasfasern hohe Preis des Fasermaterials lässt sich nur bei Leichtbau-Anwendungen rechtfertigen, bei denen hohe Festigkeiten gefordert sind. Dies trifft insbesondere für den Flugzeugbau (Triebwerke, Rotorblätter, Verkleidungen), die Automobilfertigung (Karosserieteile, Pleuelstangen, Kardanwellen, Tanks, Bremsen), den Bootsbau (Segelboote, Kajaks), den Sportbereich (Fahrräder, Skier, Surfbretter, Golfschläger) und den Medizinsektor (Prothesen) zu.

Bild: Karbon-Kevlar®-Gewebe.

Keramikfasern werden in Form von Zwirnen für Dichtungen und Isolierungen verwendet. Die hohe thermische Beständigkeit macht sie als Filtermaterial für die Hochtemperaturentstaubung geeignet. Sie werden als isolierende Komponenten in Polymeren zur Vakuumformteilen *FOR 1.5* verarbeitet. Zudem dienen sie als Füllstoffe mit hitzebeständigen Eigenschaften zur Anfertigung von Schutzbekleidungen. Transluzente Porzellangewebe werden für Architekturmembrane genutzt. Keramikfasern werden auch in Metall-Matrix-Composites (MMC – *VER 1*) verarbeitet.

In der Bekleidungsindustrie dienen Metallfasern und metallisierte Garne zur Erzielung besonderer optischer Effekte (reflektierend, transluzent, selbstleuchtend). Außerdem werden sie zur Ableitung elektrostatischer Aufladung verwendet.

Weitere Verwendungsbeispiele werden in Moser 1992, Koslowski 1997, Wulfhorst 1998 und Eberle 2003 aufgeführt und beschrieben.

MultiQ
ist ein Faserverbund-Sandwich, dessen Struktur aus einem Vlies aus Polypropylen- und dreidimensional gerichteten Glasfasern im Kern und Deckflächen aus glasmattenverstärktem Polypropylen besteht. Die Sandwichkonstruktion ist besonders leicht, hochsteif und weist durch seine starke Geräuschdämpfung vor allem für den Fahrzeugbau ein hohes Potenzial auf. Der Werkstoff kann mit den üblichen zerspanenden Technologien zugeschnitten und wie Holz genagelt und geschraubt werden. (www.quadrantcomposites.com)

TEX 4.6
Hochleistungsfasern für technische Textilien

Neben den vorgestellten zellulosischen, synthetischen und anorganischen Chemiefasern wurden für Anwendungen im technischen Bereich eine ganze Reihe von Hochleistungsfasern entwickelt, deren spezielle Eigenschaften die Verwendung von textilen Werkstoffen für technische Produkte erst möglich machen.

Eigenschaften

Vor allem zeichnen sich Hochleistungsfasern durch eine extreme mechanische und dynamische Festigkeit, Steifigkeit und Dehnbarkeit sowie Resistenz gegen chemische Einflüsse und Hitze- und Flammbeständigkeit aus. Zu den nicht schmelzbaren, flammbeständigen Fasern zählen Polybenzimidazolfasern (PBI), Melamin/Formaldehydharzfasern (MF), Phenol/Formaldehydharzfasern (PF), Polyimidfasern (PI) und preoxidierte Polyacrylnitrilfasern (Preoxfasern). Wegen ihrer hohen thermischen und chemischen Widerstandsfähigkeit werden vor allem Polyetheretherketonfasern (PEEK), Polyphenylensulfidfasern (PPS), Polytetrafluorethylenfasern (PTFE) oder Polyetherimidfasern (PEI) verwendet. Hohe Festigkeiten sind durch Nutzung hochfester Polyvinylalkoholfasern (PVA), hochfester Polyethylenfasern (HPPE) oder von Polybenzoxazolfasern (PBO) zu erzielen.

Auch konventionelle Fasergruppen wie Viskose, Polyethylenterephthalat (PET), Polyethylennaphthalat (PEN) oder Polyamide (PA 4.6, PA 6.6, PA 12) können mit hochfesten Eigenschaften ausgestattet werden (Loy 2001, Koslowski 1997).

Verwendung

Hochleistungsfasern werden vielseitig verwendet. Die Anwendungsfelder reichen von Leichtbaukonstruktionen aus Kunststoffen über Bau-, Architektur- und Geotextilien bis hin zu Produkten mit Schutzfunktionen gegen Hitze und Feuer. Sie werden als Flüssigkeitsfilter eingesetzt, unterstützen die Tragfähigkeit von Reifen oder dienen Militär und Polizei zur Panzerung von Fahrzeugen. Im Sportbereich werden sie zur Herstellung spezieller Bekleidungen wie Fecht- und Rennanzüge, Handschuhe oder Schutzhelme verwendet. Der moderne Flugzeug- und Schiffsbau wäre ohne Hochleistungsfasern gar nicht mehr denkbar. Auch im Maschinenbau finden sie in Form von Reibbelägen, Fasermatten für die Papierindustrie oder als Schläuche für Schmieröle Verwendung. Dies sind nur einige Beispiele, die eine Vorstellung von der großen Bedeutung und den unzähligen Anwendungsfeldern geben, in denen Hochleistungsfasern verarbeitet werden.

Bild: Textilhülle aus 2784 rautenförmigen Polymerkissen aus ETFE, Allianz-Arena in München./ Materialhersteller: covertex/ Fotograf: B. Ducke

TEX 4.7
Leder

Die Umwandlung von Tierhäuten und Fellen zu Leder ist dem Menschen seit Jahrtausenden bekannt. Anders als bei textilen Faserwerkstoffen muss beim Leder nicht erst eine zweidimensionale Fläche erzeugt werden, sondern diese liegt bereits vor.

Eigenschaften und Herstellung
Die Hauptaufgabe der Lederverarbeitung besteht in der Konservierung mit geeigneten Gerbstoffen der bei Nässe zur Fäulnis und nach Austrocknen zu Rissen neigenden natürlichen Tierhaut. In der Regel werden Häute von Säugetieren wie Schweine, Schafe, Ziegen, Wild oder Rind aus den verschiedenen Bereichen ***Croupon***, ***Hals***, ***Flanken*** und ***Backen*** verwendet. Qualitativ hochwertiges Leder wird aus dem Croupon gewonnen. Der Halsteil ist gekennzeichnet durch Falten, während die Flanken eine nur mäßig feste und lockere Struktur aufweisen. Die Haut des Backenbereichs lässt nur eine verminderte Lederqualität zu.

Einteilung der Lederhaut

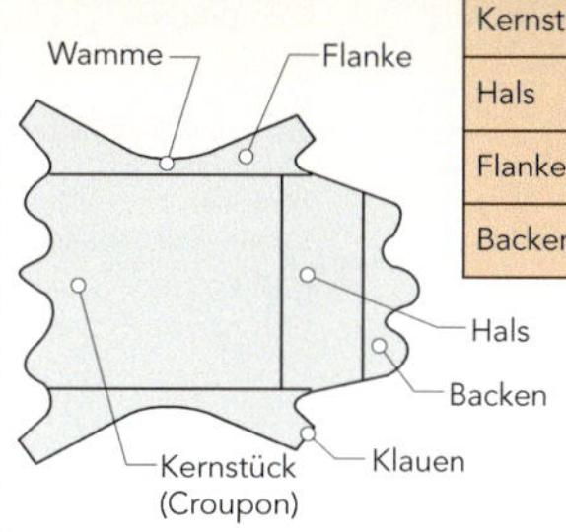

Kernstück (Croupon)	beste Qualität
Hals	zweitbeste Qualität
Flanke und Wamme	drittbeste Qualität
Backen und Klauen	viertbeste Qualität

Abb. 31: nach [5, 6]

Der ***Gerbprozess*** läuft in drei Schritten ab. Zunächst müssen die Häute durch Trocknen oder Salzen konserviert und für die Lagerung oder den Transport vorbereitet werden. Beim ***Weichen*** werden Schmutz, Blut und Konservierungsstoffe entfernt. Wärme und Feuchtigkeit lockern die Haare, die sich durch Zugabe von Kalk- und Schwefelverbindungen beim Äschern entfernen lassen. Der eigentliche Gerbprozess erfolgt unter Verwendung pflanzlicher-, mineralischer- oder fetthaltiger ***Gerbstoffe***. Eigenschaften und Farbe der Häute können durch die Wahl des Gerbstoffs beeinflusst werden. Für die Weiterverarbeitung werden die gegerbten Häute abschließend zugerichtet (z. B. Fetten, Färben, Bügeln).

Verwendung
Leder ist vor allem aus der Bekleidungs- und Schuhindustrie bekannt. In der Schuhherstellung kommen zur Fütterung oder für das Obermaterial ***Bovinae-*** (Kalb, Rind) und ***Caprinaeleder*** (Schaf, Ziege) zum Einsatz. Lederhandschuhe sind insbesondere auf Grund ihrer wetterfesten Eigenschaften beliebt. Unterschiedliche Ledermaterialien werden zu Taschen verarbeitet oder kommen bei der Möbelherstellung (z. B. Sofa, Sessel) zur Anwendung. Rindsleder wird zur Herstellung von Sitzbezügen von hochwertigen Sportwagen und Limousinen verwendet. Die Buchbindung kann mit ganz unterschiedlichen Ledersorten wie z. B. Schafs- und Kalbsleder unterstützt werden. Arbeitsschutzbekleidung wie Schürzen, Helme oder Knieschoner sind aus Leder auf dem Markt erhältlich. Zur Reinigung von Glasscheiben werden Fensterleder benutzt. In vielen Anwendungsbereichen wurde natürliches Leder seit den 70er Jahren durch preiswerteres und leichter zu pflegendes Kunstleder aus synthetischen Materialien (z. B. Polyester, PVC-Schaumfolien) abgelöst. Die für die einzelnen Produktbereiche verwendbaren Ledersorten und Kunstlederarten werden in Hagenauer 2001 und Moog 2005 im Detail erläutert.

Verarbeitung
Als natürliches Material weist Leder eine ungleichmäßige Fläche mit einer begrenzten Größe auf. Die Ledergröße wird in Quadratfuß angeben. Lederprodukte setzen sich in der Regel aus mehreren Einzelstücken zusammen. Zur Verarbeitung muss Leder daher konfektioniert werden. Für den Zuschnitt werden scharfe Messer verwendet. In der Lederindustrie kommen Stanzen zum Einsatz. Bei der Konfektionierung muss auf Fehler im Leder wie Flecken, ungleichmäßige Färbung oder kleine Löcher besonders geachtet werden. Spezielle Nähmaschinen, Automaten und Bügelanlagen erleichtern die Verarbeitung. Das Kleben von Leder ist üblich. Zur Herstellung von Polsterungen oder Satteln kann es genagelt, geheftet und gespannt werden.

Zur Verwertung von Lederresten und als Alternative für natürliches Leder werden schon seit fast 100 Jahren Lederfaserstoffe VER 2.3.2 verwendet. Diese bestehen meist aus Lederresten, Naturlatex, natürlichen Fetten und pflanzlichen Gerbstoffen. Ein Beispiel ist der Lederersatzwerkstoff mit dem Markennamen ***Ledano***®, der seit einiger Zeit für die Möbelherstellung auf dem Markt erhältlich ist. Es wird in der Regel auf ein Trägermaterial wie MDF HOL 3.5.1, Multiplex HOL 3.3.2 oder Sperrholz HOL 3.3 mit Weißleim verklebt und kann leicht durch konventionelle Techniken wie Schneiden, Sägen, Bohren und Schleifen bearbeitet werden. Ledano® wird als Oberflächenauflage für Schreibtischplatten, Theken, Wandvertäfelungen, Tische und Ablagen verwendet.
Ein weiterer Lederersatz ist Alcantara®.

Bild: Hochwertiges Alcantara®, veloursledererartiger Microfaserstoff, griffsympathisch, atmungsaktiv und pflegeleicht. Attraktiv am Arbeitsplatz und im Wohnbereich, z. B. beim Aktiv-Sitz »swopper«./ Hersteller: aeris-Impulsmöbel Gmbh & Co. KG, Design: Henner Jahns

Bild: Leder.

Bild: Lederausstattung bei Automobilen.

TEX 4.8
Pelz

Eigenschaften

Wegen seiner wärmenden Eigenschaften ist die Verwendung von Pelzen für Bekleidungsstücke schon aus der Steinzeit bekannt. Der klimatisierende Effekt ist dem Aufbau und der Haarstruktur des Tierfells zu verdanken, aus dem Pelze gewonnen werden. Das untere, kurze Wollhaar ist gekräuselt und unterstützt die Isolierung von Wärme durch Entstehen winziger Luftkammern. Diese werden durch das stärkere und längere ***Grannen-*** und ***Leithaar*** nach außen verschlossen. Darüber hinaus hat das ***Deckhaar*** eine wasserabstoßende Funktion.

Aufbau von Tierfell

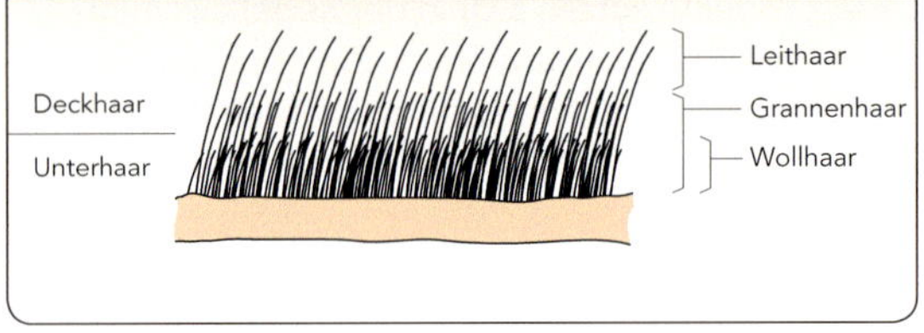

Abb. 32: nach [5]

Die besondere Elastizität und Weichheit von Pelzen geht auf ***Keratin*** zurück, aus dem die Haare und die oberste Lederschicht gebildet wird. Die Struktur von Pelzen ermöglicht den Austausch von Wärme und Feuchtigkeit. Ein angenehmes Gefühl beim Tragen ist die Folge. Pelz zählt seit jeher zu den edlen Bekleidungsmaterialien mit zum Teil sehr langen Lebensdauern (***Nerz*** bis zu 40 Jahre). Vor dem Hintergrund des Aussterbens bedrohter Tierarten wird das Tragen von Pelzen seit Jahren von Tierschützern bekämpft.

Bild: Liege mit Fell bespannt.

Verwendung

Pelze finden in der Bekleidungsindustrie Verwendung und werden in der Hauptsache zu Mänteln verarbeitet. Breite Verwendung finden sie vor allem in osteuropäischen Ländern für Pelzmützen, Schals und Decken. Die wärmenden Eigenschaften von Schuhen und Stiefeln werden durch Pelze unterstützt. Aus Gründen des Artenschutzes gehen 90% der Pelzherstellung auf gezüchtete Tiere zurück.

Pelztierarten und Artenschutz

Pelztierarten				
Tiere aus freier Wildbahn			Zuchttiere	Produkte aus Tierverwertung z.B. Schlachthäusern
Handelsverbot	Beschränkter Handel	freier Handel		

Washingtoner Artenschutzübereinkommen, Anhang I (Anhang I WA)

In Anhang I werden die Pelze aufgeführt, die einem totalen Handelsverbot unterliegen.

Leopard	Jaguar	Tiger
Schneeleopard	Gepard	Otter (Südamerika und Eurasien)
Unterarten von Ozelot u.a.	Langschwanzkatzen	

Washingtoner Artenschutzübereinkommen, Anhang II (Anhang II WA)

In Anhang II sind die Tierarten verzeichnet, die mit einer Ausfuhrbewilligung des exportierenden Landes gehandelt werden dürfen.

Ozelot	Bisam	Maulwurf
Langschwanzkatzen	Rotfuchs	Eichhörnchen
Tigerkatzen	Waschbär	Iltis
Otter (Nordamerika und Afrika)	Iltis	Zobel
	Cojote	Blau- und Weißfuchs
Nordluchs	Marder	Chinchilla
Seebär (Südl.)	Wiesel	Persianer
Wolf	Grisfuchs	Lamm- und Schaffelle
Pampafuchs	Schakal	Ziegen
Nordamerik. Biber	Seebär (Nördl.)	Kalb
Nutria	Seehund	Fohlen
Nerz	Hamster	

Abb. 33: nach [5]

Herstellung und Verarbeitung

Anders als bei der Lederherstellung werden zur Herstellung weicher Pelze keine Tierhaare entfernt. Vielmehr wird darauf geachtet, dass sich nach der Überführung der Tierhaut zu Leder durch den vorsichtigen Einsatz chemischer Gerbstoffe oder Salze der Halt des Fells verbessert. Die gegerbte Tierhaut erhält durch Verwendung von Fetten eine dauerhafte Elastizität.

Zur Herstellung von Pelzen ist auf Grund der Natürlichkeit des Materials und seiner Unregelmäßigkeit in Form, Farbe und Musterung eine Vielzahl von Arbeitsschritten nötig. Diese reichen von der Auswahl der Pelzsorte über den Zuschnitt bis hin zum Nähen der einzelnen für das Kleidungsstück erforderlichen Geometrien. Detaillierte Informationen zu Herstellung, Veredelung und Verarbeitung wird in der Fachliteratur gegeben (Eberle 2003).

TEX 5
Eigenschaftsprofile der wichtigsten Faserwerkstoffe und Verwendung

Bekannte Stoffarten und deren Verwendung/ Auswahl

Stoffart

Alpaka
- Eine sehr feine, leichte, weiche und seidenartig glänzende Wolle. Sie ist aufgrund ihrer geringen Verfügbarkeit und ihrer Eigenschaften eine der wertvollsten Naturfasern. Sehr gutes Wärmerückhaltevermögen und edle Anmutung.
- Pullover, Mäntel, Anzüge, hochwertige Strickwaren

Angora
- Eine hochwertige glatte Wolle, die aus den Haaren des Angorakaninchens gewonnen wird. Die Wolle ist sehr leicht, fein und flauschig.
- Funktionsbekleidung, Pullover, Decken, hochwertige Strickwaren

Batist
- Der sehr feinfädige und leichte Stoff ist meist aus Baumwolle in dichter Leinwandbindung hergestellt. Es gibt auch Ausführungen in Leinen- und Viskosebatist. Die Ausführung in Seidenbatist besteht aus mercerisierter (Veredlungsverfahren nach John Mercer) Baumwolle. Makobatist ist aus ägyptischer Makobaumwolle und mit Zephir sind buntgewebte Batiste gemeint.
- Bettwäsche, Blusen, feine Damenwäsche, Tischtücher

Biber
- Ein dichtes, köperbindiges, beidseitig stark gerautes Baumwollgewebe mit voluminösem Schussgarn (Mulegarn). Dadurch ergibt sich eine flauschige und dichte Faserdecke (Rauflor). Das Tuch ist von kräftiger Qualität und von der Anmutung ähnlich dem Baumwollflanell. Biber-Tuch gibt es gebleicht, bedruckt oder gefärbt. Ähnliche Gewebe: Kalmuk, Molton, Düffel, Affenhaut, Duvetine.
- Bettwäsche

Bouclé
- Ein sehr haltbarer und knitterfester Wollstoff mit einer noppigen, ripsartigen Oberfläche, teilweise mit Effektzwirnen verwoben.
- Mäntel, Kostüme, Kleider, Strickwaren

Brokat
- Ein schweres und festes Gewebe in Atlasbindung, welches mit Ornamenten und Motiven ausgestattet ist. Teilweise mit Metallfäden in Gold und Silber durchwebt. Heute auch mit nichtoxidierenden Effektfäden wie bspw. Lurex®. Ähnliches Gewebe: Damast.
- Polsterstoffe, Dekorationen, Abendkleider, Tapetenstoff

Chiffon
- Ein dünnes, sehr feinfädige und teilweise durchsichtige Gewebe aus Seide oder Chemiefasern in Leinwandbindung. Es ist hergestellt aus sehr stark gezwirnten Garnen und dadurch sehr knitterfest.
- Damenwäsche, leichte Kleider und Blusen, Schals

Chenille
- Das Gewebe ähnelt optisch Samt. Es ist sehr voluminös und hat einen weichen Griff. Es wird aus dem Chenillegarn (aufwendige Herstellung/ Artikel hochpreisig) hergestellt. Die eingewebten Muster sind auf der Ober- und Unterseite gleich. Es gibt Arten von Webchenille, Zwirnchenille, Flockenchenille und Wirkchenille.
- Badeartikel, Teppiche, Schals, Polsterstoffe, Vorhangstoffe

Cord
- Ein gerippter Samt aus Baumwolle und Viskose mit einem sehr strapazierfähigen und haltbaren Gewebe. Die prägnante Längs-Rippenstruktur kann in unterschiedlicher Zahl pro 10 Zentimeter Stoff gemessen werden, wodurch sich diverse Bezeichnungen ergeben. Kabelcord (bis 10 Rippen), Trenkercord oder Breitcord (10…25), Genuacord oder Manchester (25…40), Feincord (mehr als 40). Weitere Bezeichnungen ergeben sich aus dem verarbeiteten Rohstoff, wie bspw. Wollcord.
- Arbeitsbekleidung, Polsterstoffe, Hosen, Anzüge, Kinderbekleidung

Damast
- Ein in Atlasbindung hergestellter feiner Baumwollstoff mit seidigem Glanz und großflächigen Mustern. Ursprünglich aus Seide oder mercerisierter Baumwolle, heute jedoch oft aus Chemiefaser hergestellt. Je nach Rohstoff oder Konstruktion unterscheidet man in Mako-, Brokat- oder Louisiana-Damast.
- Bettwäsche, Tischwäsche, Tücher

Denim
- Ein in Köperbindung hergestellter dichter, strapazierfähiger und derber Baumwollstoff. Der Kettfaden ist meist blau (Indigo) und der Schussfaden weiß gefärbt. Dadurch ist die Oberseite relativ blau und die Unterseite relativ weiß.
- Jeans, Arbeitsbekleidung, Hemden, Taschen

Drell (Zwillich, Drillich)
- Ein sehr dichtes, steifes und strapazierfähiges Gewebe aus Leinen oder Baumwolle.
- Arbeitsbekleidung, Markisen, Matratzenbezüge, Outdoor-Bezüge

Duchesse
- Ein in Atlasbindung (mit großer Kettdichte) hergestelltes dichtes und glänzendes Gewebe aus Seide oder Chemiefaser.
- Futterstoffe, Blusen, Kleider

Bekannte Stoffarten und deren Verwendung/ Auswahl

Stoffart

Fleece
- Eine leichte, robuste und flauschige Maschenware aus Chemiefaser. Der Stoff ist elastisch, atmungsaktiv und knitterfest.
- Wärmeisolierende Funktionsbekleidung, Sport- und Freizeitbekleidung

Flanell
- Ein in Leinwandbindung aus Baumwolle, Viskose oder Wolle hergestelltes Gewebe, welches ein- oder beidseitig leicht aufgeraut ist.
- Warmer Schlafanzug, Kinderwäsche, Sportbekleidung, Hemden

Flausch
- Ein weiches, flauschiges und wolliges in Köperbindung hergestelltes Mischgewebe aus Baumwolle und Wolle. Die Anmutung und haptischen Eigenschaften werden durch starkes Rauen erzielt.
- Jacken, Wintermäntel

Frottee
- Ein flauschiges, kräuseliges und weiches Gewebe mit einer schlingenreichen, stumpfen Anmutung und unebener Oberfläche. Der Schussfaden ist ein dicker Effektzwirn mit starker Schlingenbildung.
- Badebekleidung, Handtücher, Betttücher

Frottier
- Ein ein- oder zweiseitiges, weiches und voluminöses Schlingengewebe. Es wird nicht wie Frottee durch einen Effektzwirn hergestellt, sondern mit zwei Kettfäden (Florkette/ Polkette und der Grundkette) die unterschiedlich gespannt sind. Die lockere Florkette bildet die Schlingen. **Frottier-Velours** entsteht, wenn die Schlingen auf einer Schermaschine aufgeschnitten werden.
- Badebekleidung, Handtücher

Gabardine
- Ein in Köperbindung hergestelltes Kammgarngewebe aus Wolle, Baumwolle oder Viskose. Es ist ein sehr haltbarer, feinfädiger und dicht gewebter Stoff.
- Mäntel, Anzüge, Sportbekleidung, Kostüme

Georgette/ Crêpe Georgette
- Ein in Leinwandbindung hergestelltes Gewebe aus Seide, Wolle oder Chemiefasern. Es ist ein weich fallender und dünner Stoff, der aus stark gedrehten Garnen (Effektgarnen) hergestellt ist. Die Anmutung der Oberfläche hat Kreppcharakter.
- Kleider, Blusen, Schals

Jersey
- Eine knitterarme, dabei sehr elastische und weiche Maschenware mit einer feinen Rippenstruktur, guter Passform und angenehmen Tragekomfort. Varianten sind unter anderem Single-, Double-, Interlock- oder Clocqué-Jersey.
- Unterwäsche, Kleider, Bettwäsche, Hosen, Hemden, Pullover, T-Shirts

Jute
- In erster Linie eine pflanzliche Naturfaser, die in Leinwandbindung zu einem Gewebe verarbeitet wird. Sie ist unbehandelt vollständig biologisch abbaubar, lässt sich gut färben und hat hohe Festigkeit.
- Tragetaschen, Säcke, Wand- und Bodenbeläge

Kaschmir/ Cashmere
- Aus Kaschmirwolle in Köper- oder Atlasbindung hergestelltes Gewebe. Kaschmir ist eine der wertvollsten Wollqualitäten und wird durch das Auskämmen der feinsten Haare der Kaschmirziege gewonnen. Das Gewebe ist sehr leicht, weich und schmiegsam mit seidigem Glanz. Sehr gutes Wärmerückhaltevermögen und edle Anmutung.
- Mäntel, Anzüge, Schals, Pullover

Krepp/ Crêpe
- Gewebearten, die eine unregelmäßige, körnige und genarbte Anmutung haben. Die Gewebestruktur aus Seide, Wolle oder Chemiefaser entsteht durch stark gedrehte Garne, durch eine spezielle Bindung oder nachträgliche Behandlung. Es gibt nach Herstellungsart unterschiedliche Bezeichnungen: echtes Kreppgewebe aus Effekt-Crêpegarnen (Crêpe Georgette), Crêpebindung, Prägekrepp (Crêpegaufré) oder Laugenkrepp (Aufdruck).
- Kleider, Blusen, Kostüme, Röcke, Sakkos, Schals

Kretonne/ Cretonne
- Ein gröberes in Leinwandbindung hergestelltes Baumwollgewebe. Meistens verwendet für gefärbte, bedruckte, gebleichte einfache Baumwollware. Ähnliche Gewebe: Kattun, Nessel.
- Schürzen, einfache Kleider, Polsterstoffe, Dekorationen

Lastex
- Ein sehr elastisches Gewebe aus mit Viskosefilamenten umsponnen Gummifäden.
- Badebekleidung, Skihosen, gummielastische Stoffe

Leinen/ Leinengewebe
- Eine aus der Flachspflanze gewonnene pflanzliche Naturfaser. Es wird in Leinwandbindung weiter verarbeitet zu diversen Geweben. Reinleinen (100% Leinen), Halbleinen (min. 40%, Kette Baumwolle).
- Tisch- und Bettwäsche, Kleider, Hemden, Vorhänge, Bucheinbände

Linon
- Ein in Leinwandbindung hergestellter feinfädiger Baumwollstoff. Die Anmutung ist ähnlich dem Leinengewebe. Veredlung durch Glanz-Appretur.
- Bettwäsche, Berufsbekleidung, Schürzen

Legende: Information/ Besonderheit; Verwendung/ Eignung

Abb. 34/ 35: nach [12]

Bekannte Stoffarten und deren Verwendung/ Auswahl

Stoffart
Loden ℹ Ein aus Streichgarngewebe in Leinwand-, Trikot- oder Köperbindung hergestelltes Tuch aus ungekämmter Wolle. Die spezielle Anmutung wird durch Walken oder Rauen erzielt. ✋ Jagdbekleidung, wetterfeste Bekleidung durch Imprägnierung
Molton ℹ Ein beidseitig gerautes und weiches Baumwollgewebe. Das in Leinwand-, oder Köperbindung hergestellte Tuch gibt es in diversen leichten und schweren Qualitäten. Es hat eine gute Wärmeisolation und nimmt Feuchtigkeit auf. ✋ Tischunterlagen, Theatervorhang, Akustikvorhang, Wickeltücher
Mohär ℹ Eine langhaarige, leichte und sehr flauschige Wolle, die aus den Haaren der Angoraziege gewonnen wird (nicht zu verwechseln mit Angora vom Angorakaninchen). Mohär wird zu einem hochwertig glänzendem Kammgarn gesponnen, ist sehr kostbar und hat eine gute Wärmeisolation. ✋ Edle Anzüge, Schals, Pullover
Mull ℹ Ein lose gewebtes, feinfädiges und weiches in Leinwandbindung hergestelltes Gewebe aus Baumwolle oder Chemiefaser. ✋ Verbandstoffe, Gardinen
Musselin ℹ Ein leichtes und weich fallendes in Leinwandbindung hergestelltes Gewebe aus Woll-, Baumwoll- oder Chemiefaser. Musseline haben eine feinflusige Anmutung und werden meist farbig bedruckt. ✋ Kleider, Blusen, Gardinen
Nessel ℹ Eine unveredelte und ungebleichte in Leinwandbindung hergestellte Rohware aus Baumwolle (ursprünglich aus Brennnesselfaser). Die Farbe ist zuerst natürlich gelblich und wird durch häufiges Waschen weiß. Nessel ist sehr preiswert. ✋ Einfache Bettwäsche, Tragetaschen
Nicki (Nicki-Velours/ Henkelplüsch) ℹ Eine Handelsbezeichnung für eine auf dem Rundstuhl in Wirktechnik hergestellte dehnbare und samtartige Maschenware. Bei der Rohware werden die Schlingen in einem Scherprozess aufgeschnitten und geschoren (Florhöhe bis ca. 3 mm), wodurch die samtartige Oberfläche entsteht. ✋ Pullover, Jacken, Jogginghosen, Schlafanzüge
Organdy ℹ Ein feiner, durchsichtiger und steifer Baumwoll- oder Chemiefaserbatist (Organdy-Gaufré, wenn gaufriert). Überwiegend mit Mustern versehen und in bunten Farben bedruckt oder gefärbt. ✋ Kleider, Blusen, Bänder
Organza ℹ Ein feines, durchsichtiges und steifes in Leinwandbindung hergestelltes Gewebe aus Seide oder Chemiefasern. ✋ Kleider, Blusen
Plüsch/ Peluche ℹ Eine samtartige Maschenware aus Wolle oder Chemiefasern. Das Besondere am Plüsch ist im Gegensatz zu Samt oder Nicki, dass das Flor von mindestens 3 mm bis zu mehreren Zentimetern hoch sein kann. Gemusterter Plüsch wird als **Mokett** (Moquette) bezeichnet. ✋ Spielzeug, Polsterstoffe, Pullover, Jacken, Pelzimitat, Dekorationen
Popeline ℹ Ein besonders dichtes und feingeripptes in Leinwandbindung hergestelltes Gewebe aus mercerisierter Baumwolle, Wolle oder Chemiefaser. Die Anmutung der feinen Rippung entsteht durch ein stärkeres Schussgarn und einer dichten Kette. ✋ Hemden, Mäntel, Jacken, Outdoor-Bekleidung, technische Artikel
Satin ℹ Ein in Atlasbindung hergestelltes glattes, seidig glänzendes und elegant fallendes Gewebe aus Seide, Baumwolle, Chemiefaser oder Wolle. Die Unterseite ist matt. Ähnliche Gewebe: Moleskin, Duchesse und Crêpe Satin. ✋ Blusen, Kleider, Polsterstoffe, Dekorationen
Samt ℹ Ein edles und weiches Gewebe aus Baumwolle, Wolle, Seide oder Chemiefaser mit einem Flor von bis zu 3 mm Höhe. Auf ein Grundgewebe ist ein senkrecht stehendes Flor eingewebt und aufgeschnitten. Es gibt nach Herstellungsverfahren Rutensamt/ Kettsamt, Doppelsamt oder Schusssamt. ✋ Mäntel, Jacken, Kleider, Dekoration, Vorhangstoff
Taft ℹ Ein dichtes und steif fallendes in Leinwandbindung hergestelltes Gewebe aus Seide oder Chemiefaser. Durch die dichte Ketteinstellung entstehen feine Querrippen. Es gibt viele Arten von Taft: Taftchiffon (leichte Qualität), Taftfaconné (jacquardgemustert), Taftécossais (großkariert), Taftquadrillé (kleinkariert), Taftfaille (feingerippt). ✋ Kleider, Blusen, Futterstoff

Abb. 36: nach [12]

Bekannte Stoffarten und deren Verwendung/ Auswahl

Stoffart
Trikot ℹ Eine längs-, quer- oder diagonalgerippte, dehnbare und elastische in Trikotbindung hergestellte Maschenware aus Baumwolle oder Chemiefaser. Ursprünglich aus Kammgarn als Längs-, Quer- oder Diagonaltrikot hergestellt. Heute ein Sammelbegriff für Single-Jersey. ✋ Anzüge, Mäntel
Tüll ℹ Ein netzartiges und somit transparentes und loses Gewebe aus feinem Baumwollzwirn oder Chemiefaser. Oft mit Mustern bestickt. ✋ Gardinen, Unterwäsche
Tweed ℹ Ein grobfädiges und weiches in Köperbindung hergestelltes Gewebe aus Wolle. Das Garn ist häufig meliert (verschiedenfarbiges Effektgarn). Oft kariert gemustert. ✋ Anzüge, Mäntel, Jacken, Schottenröcke
Vlieseline ℹ Eine Fixiereinlage für Mäntel, Kragen, Jacken oder Taschen, die aus leichten bis mittelschweren Vliesstoffen wie Wolle, Wildseide oder Chemiefaser besteht (Schabracke/ Bügeleinlage). Der Vliesstoff ist mit chemischen Bindemitteln verstärkt und wird zum Aufbügeln von fixierbaren oder nähbaren Einlagen zur Versteifung verwendet. ✋ Bügeleinlage, Einlagematerial für Oberbekleidung
Voile (frz. Schleier) ℹ Ein leichtes, feines, schleierartiges und transparentes in loser Leinwandbindung hergestelltes Gewebe aus Baumwolle, Seide oder Chemiefaser. **Wollvoile** ist aus Wollkammgarn. Voile hat einen körnigen Griff, knittert kaum und ist oft reichlich bestickt. ✋ Kleider, Blusen, Dekorationen
Webpelz ℹ Eine Pelzimitation, die meist in Leinwandbindung auf Web- oder Rundwirkmaschinen aus Chemiefaser hergestellt wird. Mit einer Spezialausrüstung wie Gaufrieren, Bedrucken oder Effektbürsten, können diverse Echtpelze (Nerz, Ozelot, Lammfell) imitiert werden. ✋ Mäntel, Mützen, Jacken, Kragen
Zephir ℹ Ein feines, durchscheinendes, gemustertes, gestreiftes oder garnfarbiges in Leinwandbindung hergestelltes Gewebe aus Baumwolle (auch mercerisiert) oder Chemiefaser. ✋ Hemden, Blusen, Kleider, Gardinen

Legende: ℹ Information/ Besonderheit ✋ Verwendung/ Eignung

Abb. 37: nach [12]

TEX 6
Verwendungsbereiche und Innovationsfelder technischer Textilien

TEX 6.1
Schutz- und Sicherheitstextilien

Die ausgeprägten Eigenschaften bezüglich mechanischer Festigkeit, chemischer Beständigkeit und Feuerfestigkeit in Verbindung mit einem geringen Gewicht machen synthetische Hochleistungsfasern für Schutz- und Sicherheitsanwendungen besonders geeignet. Die Verwendung textiler Werkstoffe konzentriert sich dabei vor allem auf spezielle Sicherheitstextilien für mobile Anwendungen.

Aufbau von Hitzeschutztextilien

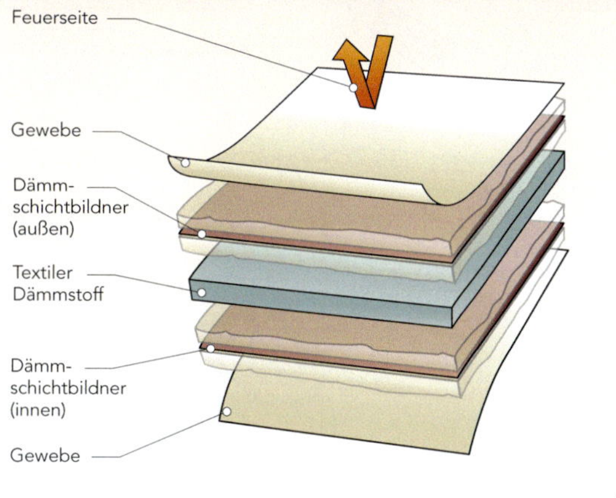

Abb. 38

Verwendung und Eigenschaften
Mit Hochleistungsfasern ausgestattete Schutzbekleidung dient vorwiegend zum Personenschutz. Sie kann schnitt- und schussfeste Eigenschaften aufweisen und wird im Rettungsfall als ***Brandschutzkleidung*** mit den hierzu benötigten Merkmalen verwendet. Im Sportbereich zählen ***Fechtanzüge***, ***Handschuhe*** und ***Protektoren*** für Skater und Inliner in den Bereich der Schutzbekleidungen (Knecht 2003). Hitzebeständige Textilien kommen insbesondere bei ***Feuerwehr-***, ***Motorrad-*** und ***Pilotenanzügen*** zur Anwendung. Auch ***ABC-Schutzanzüge*** mit chemikalienbeständigen Eigenschaften und strahlensichere Bekleidungen lassen sich unter Verwendung von Hochleistungsfasern herstellen. Sicherheitsgurte und Airbags zählen zu den besonders prominenten Beispielen für Sicherheitstextilien in mobilen Anwendungen. Ein ***Sicherheitsgurt*** besteht aus einem System mit Aufrolleinheit und Klemmautomatik. Der Gurt muss vor allem hohen Festigkeitsanforderungen genügen. Hauptbestandteil eines ***Airbags*** ist ein Luftsack, der bei einem plötzlichen Aufprall die Bewegungsenergie der Fahrzeuginsassen durch einströmendes Gas auffangen soll.

Verwendete Faserwerkstoffe und Herstellung
Zur Herstellung kugelsicherer Westen werden hochfeste Polyethylenfasergarne (HPPE) zu Geweben verarbeitet und mit HPPE- oder Keramikplatten als Tascheneinlagen zusätzlich verstärkt. Auch die Nutzung von Aramidfasern mit energieabsorbierenden Eigenschaften ist für Polizei und Militär üblich. HPPE Fasern werden für Bekleidungen mit flammfesten Eigenschaften in Kombination mit entsprechend ausgerüsteten Baumwollgeweben verwendet. Aramidfasern weisen hervorragende Eigenschaften zur Herstellung von hitzebeständigen Maschenwaren und Geweben für Handschuhe und Körperprotektoren auf. Die entsprechende Schutzwirkung bleibt auch bei Durchnässung eines Aramidgewebes erhalten. Weitere Fasern mit feuerbeständigen Eigenschaften sind PVC-, Polyacrylnitril- (PAN) und Melamin-Formaldehydfasern. Aktuelle Entwicklungen machen für Strahlenschutzbekleidungen neben den bewährten Kohlefaser-Materialien den Einsatz leitfähiger Metallfilamente möglich.

Softshell *ist die Bezeichnung windabweisender und wärmeisolierender Stoffe, die je nach Anwendung zur Temperaturregulierung auch Durchzug zulassen können.*

Bild: Feuerwehrjacke und -hose von der Firma Watex mit hitzebeständigem »Spunlace Norafin Kermel-Vlies«./ Hersteller des Kermel-Vlies: Jacob Holm Industries GmbH

Sicherheitsgurte werden überwiegend aus PET-Garnen hergestellt. Der Aufbau eines Gurtes nach der Köperbindung TEX 2.2.1 fördert die Absorption von Energie bei einem plötzlichen Aufprall. Die Einbindung von Aramidfasern unterstützt diesen Effekt. Zur Herstellung eines Airbags kommen meist Polyamidwerkstoffe (PA6.6, PA4.6) KUN 4.1.6 zur Anwendung, die die erforderliche Dehnfähigkeit, Reißfestigkeit und Steifigkeit aufweisen. PA-Gewebe werden zur Verbesserung der Temperaturbeständigkeit meist mit Silikon beschichtet. Die Leinwandbindung TEX 2.2.1 oder abgeleitete Panamabindungen TEX 2.2.1 haben sich zur Herstellung des Gewebes für den Airbag bewährt.

TEX 6.2
Intelligente Textilien (smart textiles)

Weiterentwicklungen im Bereich der Polymerelektronik KUN 6.1 und neue Möglichkeiten zur Integration von Sensorik und Aktorik machen so genannte »smart textiles« in der nahen Zukunft möglich. Dies sind Textilien, die neben den klassischen Funktionen einen Zusatznutzen erhalten und mit künstlicher Intelligenz ausgestattet sind. Die Einbindung mikro-elektronischer Komponenten (»***wearable computers***«) werden in erheblichem Maße die zukünftigen Entwicklungen im Textilbereich bestimmen. Leitfähige Fasergewebe und textile Informationsträger machen vollkommen neuartige Produkte für den Automo-bilbereich, die Logistik, den Gesundheitssektor, für Mode und Schutzbekleidung möglich.

Verwendung
Zu den ersten Produktbeispielen zählt ein in eine Bekleidungstextilie eingewobener MP3-Player, der auf Sprachsteuerung reagiert. Die Elektronik ist in Kunststoffumhüllungen gekapselt und kann komplikationsfrei gewaschen werden. Die Speicherung der Musiktitel erfolgt auf einer auswechselbaren Multimedia Card. Leitfähige Gewebe übernehmen die Funktion elektrischer Verbindungen zwischen Player, Mikrofon, Speicher und Stofftastatur. Einsatzfelder liegen im Entertainmentbereich, auf dem Gebiet der Berufsbekleidung und im Gesundheitswesen. Ein weiteres Anwendungsfeld von »smart textiles« sind elektronische Etiketten, auf denen beispielsweise Pflegeinformationen, fälschungssichere Markenmerkmale oder Daten für Großwäschereien, intelligente Waschmaschinen oder Verleihfirmen von Arbeitsbekleidung gespeichert werden können. Logistische Prozesse, Warenströme und die Lagerhaltung werden sich durch die Verwendung von ***RFID-Chips*** (Radiofrequenz-Identifikation) ganz erheblich verändern. Gespeicherte Informationen lassen sich aus einer größeren Entfernung per Funk lesen. Auf diese Weise können logistische Prozesse automatisiert und gleichzeitig individualisiert werden. Der wachsende Welthandel und die sich enorm differenzierenden Kundenanforderungen machen solche Lösungen für die Zukunft unabdingbar.

Seit Ende 2004 sind erste Outdoor-Sportjacken erhältlich, die eingewebte Heizleiter aus Karbon-Polymeren oder Licht erzeugende lumineszierende Elemente (***OLED***) enthalten. Hierdurch wird das Beheizen von Winterkleidung ermöglicht und die Sicherheit von Extremsportlern durch Beleuchtungselemente bei Nacht erhöht. Neben dem Einsatz der OLED-Technik können großflächige, leuchtende textile Flächen unter Verwendung ***elektrolumineszierender Pasten*** erzielt werden. Heiztextilien sind neben dem Outdoorbereich auch in Kindersitzen und im Gesundheitsbereich anwendbar. Bei der patentierten Technologie »warmX« handelt es sich um ein Gestrick, in das versilberte Fasern integriert wurden. Sie werden durch einen kleinen Akku mit Strom versorgt, erwärmen sich direkt auf der Haut und können gezielt Bereiche des Körpers mit Wärme versorgen.
Im April 2007 wurde die weltweit erste beheizbare Unterwäsche auf der CeBIT in Hannover präsentiert.

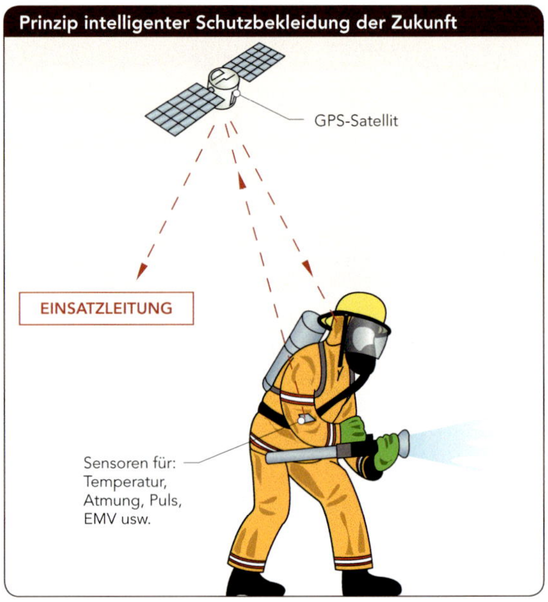

Abb. 39

An der Vision einer ***intelligenten Schutzbekleidung***, die Umgebungsinformationen wie Temperaturschwankungen oder Gasentwicklungen automatisch erfasst und über GPS an eine Einsatzzentrale weiterleitet, wird derzeit geforscht. Das Eingreifen in ein Katastrophenszenario von außen soll jederzeit ermöglicht und die Kontrolle über Rettungsaktionen verbessert werden.

Weitergehende Anwendungsmöglichkeiten intelligenter Textilien werden im Gesundheitsbereich gesehen. Dort werden Möglichkeiten entwickelt, Sensoren in Bekleidungstücke zu integrieren, die Körperdaten (z. B. Blutzuckerspiegel) automatisch erfassen und somit den Gesundheitszustand überwachen können (Halbeisen 2006). Ein Anwendungsszenario wurde an der Universität Essen für den Sportbereich bereits entwickelt. Mit »SENSOA« können Körperdaten erfasst und Wetterbedingungen geprüft werden. Idee des Produktkonzepts von Kevin Kreft ist es, Extremsportler vor Erschöpfung und Bergsteiger vor widrigen Wetterverhältnissen zu schützen.

Bild links: Beheizbare Unterwäsche. Das Textil mit eingestrickte versilberte Polyamidfäden kann durch Akku-Energie erwärmt werden./ Quelle: warmX GmbH

TEX 6.3
Sport- und Fahrzeugtextilien

Für Sportgeräte und Fahrzeuge werden durch Auftreten großer dynamischer Kräfte hohe Ansprüche an Festigkeit und Steifigkeit der verwendeten Materialien gestellt. Gleichzeitig wird die Realisierung immer leichterer Produkte gefordert. Vor diesem Hintergrund hat sich in den letzten Jahrzehnten das Arbeiten mit hochfesten technischen Textilien und faserverstärkten Kunststoffkonstruktionen bewährt.

Verwendung und Eigenschaften
Die Verwendung von Faserverstärkungen für Leichtbaukonstruktionen KUN 1.6 reicht von Bootsrümpfen, Flugzeugverkleidungen bis hin zu Surfbrettern und Fahrradrahmen. Hochfeste Textilgewebe werden im Sportbereich beim Drachenfliegen, Fallschirmspringen und Segeln eingesetzt. Für Heißluftballone ist das verwendete Fasermaterial speziell hitzebeständig und flammhemmend ausgelegt.

Ein sehr anschauliches Beispiel für Funktionstextilien in einem mehrschichtigen Verbundaufbau ist der ***Fahrzeugreifen***. In das elastomere Grundmaterial ist ein um einen Wulst verschlungenes Geflecht aus Stahldrähten und textilen Fasern eingebracht. Dieser tragende Kern des Reifens wird ***Karkasse*** genannt. Im Aufbau wird zwischen dem ***Radial-*** und ***Diagonalreifen*** unterschieden. In der Diagonalbauweise verlaufen die eingebrachten Faserstränge schräg zur Lauffläche. Beim Radialreifen liegen sie senkrecht zu ihr. Der auf dem Textilgewebe aufliegende Stahlgürtel stabilisiert die Lauffläche und ist für die hohen Festigkeitswerte verantwortlich. Die Anzahl der Gewebelagen wird durch die Reifengröße und die für den Anwendungsfall benötigte Stabilität bestimmt. Radialreifen weisen gegenüber Diagonalreifen einen geringeren Rollwiderstand und günstigere Verschleißeigenschaften auf. Mit ihnen können ein geringerer Kraftstoffverbrauch, eine bessere Bodenhaftung und günstigere Fahreigenschaften erreicht werden. Daher sind in der Regel alle Pkw mit dieser Reifenvariante ausgerüstet. Diagonalreifen werden für Last tragende Fahrzeuge bevorzugt, da sie bei geringen Geschwindigkeiten stärker abfedern und ein geringeres Gewicht aufweisen.

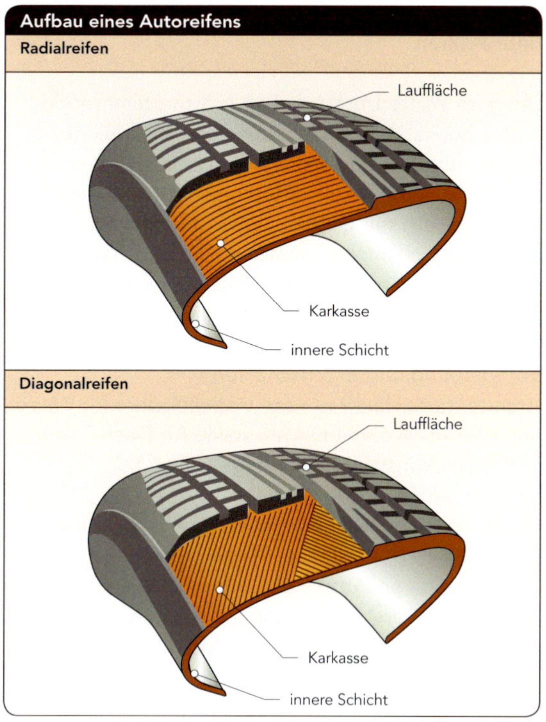

Abb. 40

Verwendete Faserwerkstoffe und Herstellung
Die eigentliche Lauffläche eines Reifens besteht aus einem elastomeren Kunststoff (Polyurethan- oder Isopren-Elastomere, KUN 4.2.5). In der Karkasse werden Polyamid, Viskose oder Polyester verarbeitet. In einigen Fällen kommen auch Aramidfasern zum Einsatz.
Zur Verstärkung von Bootsrümpfen, Kfz-Karosserieteilen oder Segelflugzeugen haben sich Glasfasern durchgesetzt. Die höheren Kosten für Aramid- und insbesondere für Karbonfasern können nur bei höher beanspruchten Bauteilen im Flugzeugbau, in der Raumfahrt oder im Hochleistungssport gerechtfertigt werden. Produktbeispiele sind Rennräder, Mountainbikes, Snowboards oder ultraleichte Sturzhelme.

Foto rechts: Continental AG

TEX 6.4
Bautextilien

Drahtgewebe sind bei Architekten für Außenfassaden und als Raumteiler sehr beliebt. Sie können zudem Abschirmfunktionen vor elektromagnetischen Schwingungen, Schallwellen oder Sonnenstrahlen übernehmen.

Die gute Wetterbeständigkeit, wärmedämmende und hitzebeständige Eigenschaften, eine leichte Verarbeitbarkeit und die zum Teil hervorragenden mechanischen Eigenschaften machen synthetische Chemiefasern seit einigen Jahren für Anwendungen im Baubereich immer gefragter. Die Einsatzfelder der Faserwerkstoffe werden in die Hauptgebiete Architektur-, Geo- und Agrartextilien unterteilt.

Verwendung und Eigenschaften
Architekturtextilien werden insbesondere für Wand- und Fassadenverkleidungen sowie für Dach-, Zelt- und Hallenkonstruktionen eingesetzt.

Bei Wand- und Deckenverkleidungen handelt es sich in der Hauptsache um Trägerstrukturen, die den Auftrag von Putz BES 3 unterstützen und die Schall- und Wärmedämmung verbessern. In diesem Zusammenhang hat faserverstärkter Beton MIN 4.8 eine hohe Bedeutung erlangt. Zement bzw. Beton wirkt stabil gegenüber Druckbeanspruchungen, reagiert aber sehr empfindlich auf plötzliche Zugbeanspruchungen und Verformungen. Hoch belastete Betonteile werden daher durch Beimischung von Kurz- oder Langfasern sowie durch Textilstrukturen (Gelege, Geflechte, Gewebe) verstärkt. Mit den höheren Festigkeitswerten reduziert sich die Neigung zur Rissbildung, während sich die Dehnfähigkeit erhöht. Von großer Bedeutung ist auch die Gewichtseinsparung infolge der Fasereinbindung sowie die im Vergleich zu Stahlbeton hohe Korrosionsbeständigkeit und geringe Rostanfälligkeit.

Bild: Metallgewebe

Bild: Aufblasbare Hallenkonstruktionen./ Foto: Festo AG & Co. KG

Für Dach-, Hallen- und Zeltkonstruktionen haben sich in der jüngeren Vergangenheit beschichtete Textilien (Membrane) bewährt. Die notwendige Steifigkeit der Membrane wird durch Vorspannung erzielt. Pneumatisch wird ein Innendruck erzeugt oder die Membrankonstruktionen werden durch Kabel oder in Rahmenkonstruktionen mechanisch gespannt. Die moderne Membranarchitektur unterstützt den Trend zu leichten Dächern mit großen Spannflächen und flexiblen Hallenkonstruktionen.

Geotextilien sind die mengenmäßig wichtigste Gruppe technischer Textilien. In Form von Geweben oder Vliesen werden sie im Straßen- und Kanalbau eingesetzt, um die Vermischung verschiedener Bodenschichten zu vermeiden. Gewebte Strukturen und Kettengewirke dienen als Erosionsschutz von Hang- und Flussbefestigungen. Wasserdurchlässige Textilstrukturen übernehmen zwischen den verschiedenen Erdschichten die Funktion eines Filters und unterstützen somit die Entwässerung. Textile Strukturen werden auch zum Schutz vor Steinschlag, Hagel oder Wind eingesetzt.

Die Eigenschaften zur Trennung von Erdreich wird im Garten- und Landschaftsbau beim Anlegen von Wegen und Bepflanzungen genutzt. In der Funktion eines Pflanzenträgers unterstützen ***Agrartextilien*** die Begrünung von Dächern und die Verlegung von Kunstrasen. Außerdem werden sie in Bewässerungssystemen verwendet. Weitere Einsatzfelder von Agrartextilien sind die Tierhaltung, der Witterungsschutz in der Forst- und Landwirtschaft sowie der Bau von Gewächshäusern. Dabei steuern textile Gewebe in Form eines Energieschirms die Lichteinwirkung und den Wärmetransfer.

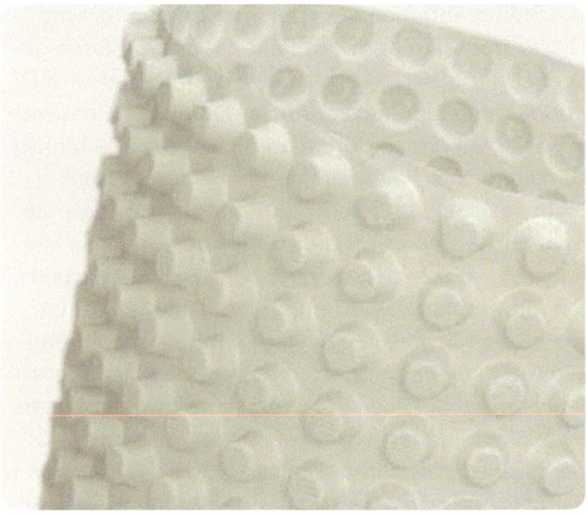

Bild: Geotextil – Netzwerkstoff 3D Tex./ Hersteller: Mayser GmbH & Co., Lindenberg

Verwendete Faserwerkstoffe und Herstellung
In der modernen Textilarchitektur werden meist Garne aus hochfestem PET, PA oder PTFE verwendet. Das Aufbringen einer flexiblen Membranbeschichtung erfolgt unter Verwendung von PVC, PTFE oder Silikonkautschuk. Zur Verstärkung von Zement eignen sich hochfeste Polyacrylnitril-, Polypropylen- und Glasfasern. Als Putzträgerstrukturen dienen Kettengewirke und Gewebe aus Glasfasern. Für Dachabdeckungen haben sich PET-Vliesstoffe bewährt.
Als Geo- und Agrartextilien kommen auf Grund der sehr guten Beständigkeit gegenüber äußeren Umwelteinflüssen Polyamide (PA 6, PA 6.6), Polyolefine (PE, PP), Polyesther, Polyacrylnitril oder PET zur Anwendung. Soll der textile Werkstoff nach seinem Einsatz verrotten, bietet sich die Verwendung von Naturfasern an. Die Eigenschaften bestimmter Bautextilien und Faserwerkstoffe sind in Loy 2001 und Wulfhorst 1998 aufgeführt.

TEX 6.5
Textilien im Medizin- und Hygienebereich

In der Medizin und im Hygienebereich kommen Textilien auf Grund ihrer flexiblen, sich dem Körper anpassenden Eigenschaften und ihrer Absorptionsfähigkeit für eine Vielzahl von Flüssigkeiten bereits zur Anwendung. Vorteilhaft für die meisten Verwendungszecke sind das geringe Gewicht und die leichte Herstellbarkeit der häufig mehrschichtigen Vliese und Gewebestrukturen.

Verwendung und Eigenschaften
Zu den Textilprodukten aus dem Bereich der Körperhygiene zählen Babywindeln, Inkontinenzprodukte, Tampons oder Binden. Auf Grund eines mehrlagigen Aufbaus und unter Verwendung hydrophilen Fasermaterials weisen sie vor allem eine hohe Saugfähigkeit auf. Besonderer Wert der Hersteller wird auf die Verhinderung einer Rücknässung gelegt. Unangenehme Geruchsbildung und die Vermehrung von Keimen soll durch den Aufbau eines Hygieneprodukts und der verwendeten Fasern vermieden werden. Auch Bettwäsche und Matratzen in Pflegeheimen und Krankenhäusern unterliegen speziellen Hygieneanforderungen.

In der Medizin lassen sich die Anwendungsgebiete textiler Faserwerkstoffe in die Bereiche Wundverbände, Bandagen und Implantate unterteilen. Verbände und Bandagen werden aus einer Kombination von sterilen Geweben, Pflastern, Watteprodukten und Wundkompressen aufgebaut. Die Textilien verhindern die Vermehrung von Keimen und weisen entsprechend ihrer Anwendung adhäsive, flammhemmende oder bakterienfeste Eigenschaften auf. Von großer Bedeutung für den Heilungsprozess ist eine gute Belüftung der wunden Stellen und die Verhinderung eines Flüssigkeitsstaus. Kleben an der wunden Stelle soll vermieden werden.

Die Behandlung von Hauterkrankungen wie Neurodermitis oder Pilzbefall soll in Zukunft durch Abgabe von Medikamenten wie Cortison mit intelligenten Bekleidungen möglich werden. Prototypen wurden bereits entwickelt, die auf der Verwendung spezieller Zuckermoleküle, so genannter ***Cyclodextrine***, basieren. Sie lassen sich fest mit Fasern verbinden und können Pflegemittel und chemische Substanzen speichern. Außerdem sind sie gegen Körperflüssigkeiten beständig. Die Medikamente gehen nach etwa 30 Waschgängen verloren, können aber wieder aufgefüllt werden.

In der Chirurgie werden Implantate aus Textilen in der Hauptsache für künstliche Herzklappen, Blutgefäße, ***Gefäßprothesen*** oder den ***Sehnenersatz*** verwendet. Resorbierbare Polymere, die langsam im Körper abgebaut und durch körpereigenes Material ersetzt werden, sind besonders als Nahtmaterial, für Schrauben und Nägel interessant. Die hier verwendeten Faserwerkstoffe befinden sich in aktuellen Forschungsarbeiten in einem permanenten Optimierungsprozess.

Aufbau einer Windel

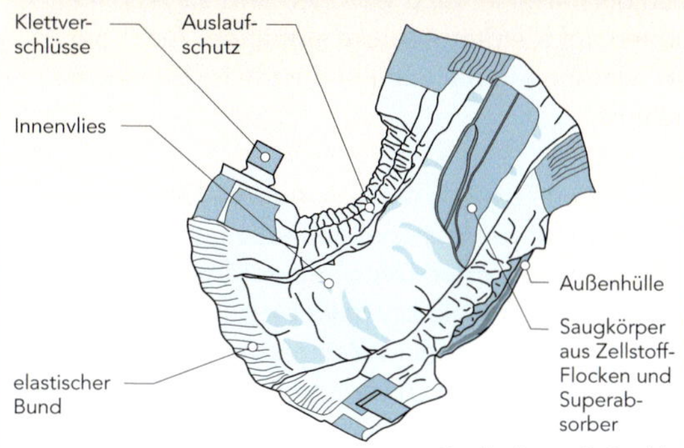

Quelle: Procter & Gamble

Abb. 41

Verwendete Werkstoffe und Herstellung
Hygieneprodukte werden durch einen mehrschichtigen Aufbau aus Geweben, Vliesen und Wattestrukturen hergestellt. Für die Abdeckschichten kommen Zellstoff, Baumwoll-, Polypropylen- oder Polyesterfasern zum Einsatz. Watte besteht meist aus Baumwolle oder Viskose.

Verbandmullen werden überwiegend aus Baumwollgarnen in Leinwandbindung produziert. Flexible Verbände enthalten Polyurethanfasern. Darüber hinaus werden in Verbänden Polyamid-, Viskose-, Baumwoll-, Polyesther- und Polyolefinfasern verarbeitet. Ein Pflaster besteht aus einem Grundgewebe aus Baumwolle, auf das ein Vlies aus Polypropylen oder Viskosefasern als Abdeckschicht aufgebracht ist. Neben der Möglichkeit zur Behandlung von Hauterkrankungen durch Abgabe von Medikamenten werden derzeit Bekleidungsstoffe mit eingewebten ***Silberfäden*** zur Förderung des Heilungsprozesses von Verletzungen und Wunden erprobt.

Damit es im Körper des Patienten nicht zu abstoßenden Gegenreaktionen und Entzündungen kommt, muss das in der Chirurgie verwendete Fasermaterial für Implantate biokompatible Eigenschaften aufweisen KUN 6.3. Zu den ***resorbierbaren Polymerfasern*** zählen ***Polyactide***, ***Polyglycolid*** (PGA), ***Polyhydroxybutyrat*** (PHB) oder ***Polydioxanon*** (PDS) (Wulfhorst 1998).

Thermoplastisches Gewebe für den Modellbau
Mit Varaform bietet die belgische Runlite SA ein textiles Gewebe für den Modell- und Formenbau an, das ursprünglich aus der Medizintechnik kommt. Im Kern besteht es aus einem in ein thermoplastisches Harz getränktes Baumwollgewebe. Somit kann es leicht unter Wärmezufuhr dreidimensional verformt werden. (www.runlite.com)

TEX 6.6
Reflektionsgewebe

Reflektionsgewebe hat die Eigenschaft, einfallendes Licht immer in die Richtung, aus der es kommt, zu reflektieren (Peters 2010). Es besteht aus einem Gewebeträger, der einseitig bedampft ist mit einem Gemisch aus Kunstharz und mikroskopisch feinen Glasperlen. Wer nachts beim Fahrradfahren sicher unterwegs sein will, dem werden die im Scheinwerferlicht der Autos grell weiß aufleuchtenden textilen Stoffe sehr behilflich sein. Reflektionsgewebe lassen sich bis maximal 40 °C waschen und als Applikationen auf Kleidungsstücke aufnähen. Auch die Verwendung in der Schuhindustrie ist besonders beliebt.

Technische Textilien mit besonderen Effekten werden auch für professionelle Kreative und Gestalter immer interessanter. Der Berliner Künstler Daniel Lergon nutzt Reflektionsgewebe beispielsweise als Grundmaterial für seine Malerei, um dieser spezielle Lichterscheinungen zu verleihen. Durch Bemalen des Gewebes mit farblosem Kunstharzlack spielt der Künstler mit den Reflektionseffekten und reduziert oder verstärkt die Retroreflektion. Ein Betrachter, der eine Lichtquelle im Rücken hat, sieht auf dem Gewebe seinen Schatten. Um seine Silhouette entsteht ein leuchtender Lichtkranz, ähnlich einem Heiligenschein (Nimbus).

Bild: Malerei von Daniel Lergon auf Reflexionstextilien./ Foto: Dr. Sascha Peters

Verarbeitung

Reflektionsgewebe lässt sich sehr einfach mit einer Schere oder einem Cutter zuschneiden. Beim Nähen sollte man eine Stichlänge von 3 - 4 Stichen pro cm verwenden und einen Abstand von mindestens 2 mm zur Kante einhalten. Außerdem empfiehlt es sich mit niedriger Fadenspannung und einem Teflonfuß zu arbeiten. Vorsicht ist beim Bügeln der Flächen nach der Verarbeitung geboten, denn das Material verträgt nur die Wärmeentwicklung auf kleinster Stufe. Häufiges Waschen sollte vermieden werden. Zu beachten ist vor allem auch die besonders glatte Oberflächenbeschaffenheit des Materials, die das Handling während der Verarbeitung erschwert. Schon kleine Zuschnitte sollten mit Klebeband oder Nadel fixiert werden (Peters, Struhk 2008).

Bild: Tasche »feltfellow XS« aus Filz./ Design: Patricia Yasmine Graf/ Foto: Eugenia Torbin

TEX
Literatur

[1] **Albrecht, W.; Fuchs, H.; Kittelmann, W.**: Vliesstoffe – Rohstoffe, Herstellung, Anwendung, Eigenschaften, Prüfung. Weinheim: Wiley-VCH Verlag, 2000.

[2] **Betz, E.; Gerlach, R.**: Kleine Textilkunde. Hamburg: Verlag Dr. Felix Büchner, 16. Auflage, 1999.

[3] **Beylerian, G.M.; Dent, A.**: Material ConneXion - Innovative Materialien für Architekten, Künstler und Designer. München, Berlin: Prestel Verlag, 2005.

[4] **Bobeth, W.**: Textile Faserstoffe – Beschaffenheit und Eigenschaften. Berlin, Heidelberg: Springer Verlag, 1993.

[5] **Eberle, H; Hermeling, H.; Hornberger, M.; Kilgus, R.; Menzer, D.; Ring, W.**: Fachwissen Bekleidung. Haan-Gruiten: Verlag Europa-Lehrmittel, 7. Auflage, 2003.

[6] **Hagenauer, H.**: Fachkunde für Leder verarbeitende Berufe. Essen: Verlag Ernst Heyer, 8. Auflage, 2001.

[7] **Halbeisen, M.**: Intelligente Textilien. In: Oesterreicher, M: »Highlights aus der Nanowelt«; Freiburg, Basel, Wien: Herder Spektrum, 2006.

[8] **Hartmann, U.**: Faszination Nanotechnologie. München: Elsevier/Spektrum Akademischer Verlag, 2006.

[9] **Herer, J.; Bröckers, M.**: Die Wiederentdeckung der Nutzpflanze Hanf. München: Heyne Verlag, 1996.

[10] **Hobhouse, H.**: Sechs Pflanzen verändern die Welt. Chinarinde, Zuckerrohr, Tee, Baumwolle, Kartoffel, Kokastrauch. Hamburg: Klett-Cotta, 4. Auflage, 2001.

[11] **Huber, K.; Schwinge, E.; Weiß-Maurer, R.**: Lexikon der Seidenmalerei. München: Falken-Verlag, 1998.

[12] **Kastner, A.**: Faser- und Gewebekunde. Hamburg: Verlag Dr. Felix Büchner, 14. Auflage, 1991.

[13] **Kesel, A. B.**: Bionik. Frankfurt am Main: Fischer Taschenbuch Verlag, 2005.

[14] **Knecht, P.**: Funktionstextilien – High-Tech-Produkte bei Bekleidung und Heimtextilien. Frankfurt am Main: Deutscher Fachverlag, 2003.

[15] **Koslowski, H.-J.**: Chemiefaser-Lexikon. Frankfurt am Main: Deutscher Fachverlag, 11. Ausgabe, 1997.

[16] **Loy, W.**: Chemiefasern für technische Textilprodukte. Frankfurt am Main: Deutscher Fachverlag, 2001.

[17] **Meyer zur Capellen, T.**: Lexikon der Gewebe. Frankfurt am Main: Deutscher Fachverlag, 2. Auflage, 2001.

[18] **Moog, G.E.**: Der Gerber – Handbuch für die Lederherstellung. Stuttgart: Eugen Ulmer, 2005.

[19] **Moser, K.**: Faser-Kunststoff-Verbund. Düsseldorf: VDI-Verlag, 1992.

[20] **Peters, S.**: Nanotechnologie und Produktdesign. In: Leydecker, S.: Nano Architektur. Basel: Birkhäuser Verlag, 2008.

[21] **Peters, S.; Struhk, C.**: modulor – material total. Berlin, 2008.

[22] **Peters, S.**: Material Revolution – Nachhaltige Materialien und Multifunktionswerkstoffe für Design und Architektur. Basel, Berlin, Boston: Birkhäuser Verlag, 2010.

[23] **Pollock, P.**: Korbflechten. Köln: Könemann Verlag, 1998.

[24] **Ritter, A.**: Smart Materials in Architektur, Innenarchitektur und Design. Basel: Birkhäuser Verlag, 2007.

[25] **Rouette, H.K.**: Lexikon für Textilveredelung. Dülmen: Laumann-Verlag, 1995.

[26] **Schenek, A.**: Naturfaser-Lexikon. Frankfurt am Main: Deutscher Fachverlag, 2001.

[27] **Schnegelsberg, G.**: Handbuch der Faser. Frankfurt am Main: Deutscher Fachverlag, 1999.

[28] **Trommer, G.**: Rotorspinnen. Frankfurt am Main: Deutscher Fachverlag, 1995.

[29] **Völker, U.; Brückner, K.**: Von der Faser zum Stoff. Hamburg: Verlag Dr. Felix Büchner, 2001.

[30] **Weber, K.-P.; Weber, M.O.**: Wirkerei und Strickerei. Frankfurt am Main: Deutscher Fachverlag, 2004.

[31] **Wulfhorst, B.**: Textile Fertigungsverfahren. München, Wien: Carl Hanser Verlag, 1998.

[32] **Zarif, M.**: Teppiche. Klagenfurt: Neuer Kaiser Verlag, 2003.

SEFAR®Architecture LIGHTFRAME

SEFAR LIGHTFRAME® Lichtdecke am Flughafen Zürich

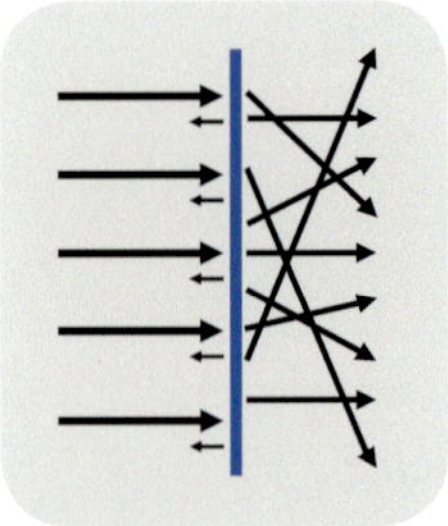

Das Gewebe hat die Eigenschaft, das Licht einer Lichtquelle flächenhaft zu streuen. Eine hinterleuchtete Gewebedecke erscheint dadurch als scheinbar leuchtende Fläche.

Mit der jüngsten Entwicklung im Bereich akustischer und lichttechnischer Decken erschliessen sich für Architekten, Lichtplaner, Konstrukteure und Designer neue Gestaltungsmöglichkeiten.

SEFAR LIGHTFRAME® ist ein modulares Rahmensystem für textile, lichtdurchlässige Decken- und Wandelemente. Die detaillose Rahmengestaltung, bespannt mit SEFAR® Architecture Hightechgewebe, erzeugt attraktive Kunst- und Tageslichteffekte sowie raumakustische Qualitätsverbesserungen. Schmalste Fugenlinien und ein elliptisch geformtes Profil, stehen für praktisch schattenfreie Lichtflächen.

Neue Gewebegeneration

Zusammen mit Licht- und Polymerexperten ist es Sefar gelungen, eine neue Gewebegeneration zu entwickeln. Spezielle Veredlungs- und Beschichtungstechniken bewirken eine hohe UV-Beständigkeit.
Es findet keine Vergilbung statt und die Gewebe sind äußerst robust und langlebig. Sämtliche Gewebe des SEFAR® Architecture Sortiments sind schwer entflammbar (B1 nach DIN 4102), schwach qualmend und nicht brennend abtropfend.

Wertvoller Ausgleich

Ein interessanter «Zusatznutzen»: Da sich Licht- und Klangatmosphäre steuern lassen, können Defizite anderer Faktoren – zum Beispiel mangelhafte funktionale oder klimatische Bedingungen – ausgeglichen werden.

Konstruktion

Das SEFAR LIGHTFRAME® System entspricht dem modularen Bauprinzip. Es besteht aus einzelnen, in Form und Größe variablen Rahmenelementen, welche sowohl freitragend, mit geeigneter Unterkonstruktion oder als einzelne Elemente montiert werden können. Um die verschiedenen Anwendungsmöglichkeiten des Systems zu gewährleisten, verwendet Sefar verschiedene Profiltypen, die sich hinsichtlich Profilquerschnitt, Montageprinzip, Fugenbreite und Revisionierbarkeit unterscheiden.
Auf die in Form und Größe variablen Rahmen wird das Gewebe, mittels Keder, faltenfrei aufgespannt. Zur Optimierung der akustischen und lichttechnischen Eigenschaften der Elemente, kann auf der Rahmenrückseite eine transluzente oder opake ETFE-Folie montiert werden. Diese verhindert zudem das Eindringen von Schmutz und Insekten.

Das System im Überblick

Größe und Form

Die Größe der einzelnen Module ist frei wählbar, da alle Elemente gemäß Vorgaben konfektioniert werden (max. bis 6000 mm Länge und 3200 mm Breite, abhängig von der verfügbaren Gewebebreite, dem Profiltyp sowie dem Baustellenzugang). Die verschiedenen Profiltypen ermöglichen, die einzelnen Lichtdeckenmodule in nahezu allen geometrischen Formen herzustellen. Von der herkömmlichen Rechteck- oder Quadratplatte, über dreieckige Formen, bis zu kreisförmigen Elementen, sind der Gestaltung keine Grenzen gesetzt.

SEFAR LIGHTFRAME® Lichtdecke, Bürohochhaus FBC, Frankfurt.

Vielfältige Anwendungen

Abhängig von der Wahl des Gewebes sowie des Profiltyps erschliesst sich für das SEFAR LIGHTFRAME® System ein breites Feld innovativer Anwendungen. Von lichtdurchlässigen Decken- und Wandelementen im Innen- und Außenbereich über Akustikdecken bis zu freispannenden Unterdecken. Zusätzliche attraktive Eigenschaft ist die Bedruckbarkeit des Materials.

Montage und Instandhaltung

Dank des geringen Gewichts lassen sich die Rahmenelemente leicht und von Hand zusammenfügen.
Es kommt lediglich eine einfache Tragkonstruktion, ähnlich wie bei einer abgehängten Decke, zum Einsatz. Die Elemente werden miteinander, durch sogenannte Lockschrauben, welche auch für die nötige Vorspannung im Gewebe sorgen, verschraubt.
Bei Wartungsarbeiten erfolgt die Demontage in umgekehrter Reihenfolge.

product design award

SEFAR® ausgezeichnet mit dem iF award

SEFAR LIGHTFRAME®

Technische Vorteile

- detaillose Rahmengestaltung
- die im Leichtmetallrahmen «versteckte» Spann- und Montagetechnik
- extrem schmales Profil für minimalsten Lichtverlust
- praktisch schattenfreie Lichtflächen
- die schmalen Fugen zwischen den Feldern (ca. 2 mm)
- einfache und leicht von Hand gehende Montier- und ebenso einfache Demontierbarkeit
- Modulformen: Quadrat, Rechteck, Dreieck, Kreis
- faltenfrei vorgespanntes, glattes Membrangewebe
- hohe Outdoor-Stabilität auch ohne Querstreben
- Bedruckbarkeit des SEFAR® Architecture Gewebes

Innovationspreis Textil und Objekt

www.sefar.com

SEFAR

Architecture

Sefar AG
Architecture
Hinterbissaustrasse 12
9410 Heiden
Switzerland

Phone +41 (0)71 898 56 17
Fax +41 (0)71 898 58 71
info@sefararchitecture.com
www.sefar.com
www.tenarafabric.com

Bild: Betonwände in der Metro in Montreal, Kanada

MIN
MINERALISCHE WERKSTOFFE UND NATURSTEINE

Achat, Alabaster, Amethyst, Aquädukt, Aquamarin, Asbest, Asphalt, Aufzugschacht, Badewanne, Badregal, Balkon, Balustrade, Bank, Becher, Bernstein, Beton, Betonkugel, Betonrohr, Bimsstein, Bildhauerei, Bitumenbahn, Bleistift, Bodenplatte, Bohrwerkzeug, Bordstein, Bremsbelag, Brückenpfeiler, Brunnen, Bunker, Bürgersteig, Dachabdichtung, Dachziegel, Dämmmaterial, Denkmal, Diamant, Druckleitung, Dünger, Edelstein, Entwässerungsrinne, Estrich, Faserbeton, Faustkeil, Fensterbank, Fertighaus, Feuerschutzkleidung, Feuerstein, Flugasche, Fries, Fundament, Fußboden, Fußbodenheizung, Garderobe, Gartenplatte, Gebäudefassade, Gehweg, Geländer, Gewölbekeller, Gips, Gipsbinde, Gipsfaserplatte, Grabstein, Granat, Granit, Grenzstein, Halbedelstein, Haussockel, Heilmittel, Hinkelstein, Hühnengrab, Hüttensand, Innenraumverkleidung, Jaspis, Kalziumtablette, Kamineinfassung, Kanalabdichtung, Kanalisation, Katzenauge, Kirchenbau, Kläranlage, Kreide, Küchenarbeitsplatte, Landepiste, Landhausmauer, Lehmbauplatte, Marmorstatue, Maschinenbett, Mauerwerk, Mineralwolle, Modelliergips, Mörtel, Mosaik, Mühlstein, Obsidian, Opal, Onyx, Paneele, Parkbank, Parkfläche, Pflasterstein, Plastik, Polarisationsmikroskop, Porenbeton, Prisma, Puder, Putz, Pyramide, Pyrit, Quarzlampe, Quarzuhr, Radweg, Rasenkantenstein, Rauchquarz, Rosenquarz, Rubin, Sakralgebäude, Sandstein, Saphir, Säule, Schale, Schallschutz, Schieferplatte, Schleifpapier, Schleifpaste, Schleifstein, Schleuse, Schmelzofen, Schmirgel, Schmuckstein, Schneckenschutz, Schneidewerkzeug, Schornstein, Schotter, Sichtschutz, Sitzmöbel, Skalpell, Skisprungschanze, Skulptur, Smaragd, Spachtelgips, Speckstein, Splitt, Sportplatzbelag, Springbrunnen, Sockel, Stadtmauer, Stadttor, Stalagmit, Stalaktit, Staumauer, Steinboden, Steinbrücke, Steinhaus, Steinkohle, Steinlautsprecher, Steinofen, Steintreppe, Steinuhr, Stele, Stuck, Stufenpalisade, Talk, Tempel, Tennisplatzbelag, Terrasse, Thermalbad, Tigerauge, Tisch, Tonabnehmer, Tonkrug, Tonmodell, Topas, Torbogen, Trennscheibe, Trinkwasserreservoirabdichtung, Trittschutz, Tropfstein, Tunnelbauwerk, Türkis, Turmalin, Vase, Waschbecken, Waschtisch, Weinbergmauer, Wehrturm, Ytong, Zahnpasta, Zement, Zeolith, Ziegel, Zisterne

»Raketenstation Hombroich«

Früher war es eine mit Stacheldraht abgegrenzte Basis der NATO-Streitkräfte; heute ist es ein Ort der Ruhe und Geborgenheit. Mit der Raketenstation Hombroich unweit von Köln hat der japanische Architekt Tadao Ando einmal mehr gezeigt, wie durch intelligente Verarbeitung des Werkstoffs Beton eine besonders anmutende und beruhigende Stimmung erzeugt werden kann. Sein bevorzugtes Material sind Sichtbetonplatten mit feinporiger Struktur im Format japanischer Tatami-Matten. Lichtschlitze, Rampen und Treppen sorgen für eine Harmonie zwischen Innen- und Außenraum und machen die in die Landschaft eingebettete Architektur zu einer schwerelosen Plastik im Raum.

Bild: Kunsthaus der Langen Foundation Raketenbasis Hombroich./ Architekt: Tadao Ando./ Foto links: P. Gersch, Foto oben: N. Beucker

Mineralische Werkstoffe dienen seit der Steinzeit dem Menschen zur Anfertigung von Werkzeugen und Waffen. Wetterfeste Behausungen aus Stein machten ihn sesshaft und leiteten die kulturelle und zivilisatorische Entwicklung ein.

Wie das Beispiel der Raketenstation zeigt, können Gesteinsmaterialien den Ausdruck künstlerischer Ästhetik unterstützen. Der David von Michelangelo aus edlem und leicht zu bearbeitendem Marmor ist weltbekannt. Die Technik der Bewehrung von Beton mit Stahl MIN 4.8 zur Erzeugung einer hochfesten Baukonstruktion ermöglichte gegen Ende des 19. Jahrhunderts Architekturen mit Höhen von weit mehr als 100 Metern. Neben dem Baugewerbe und der skulpturalen Kunst sind weitere typische Anwendungsbereiche von mineralischen Werkstoffen der Maschinenbau sowie die Medizin- und Umwelttechnik. Sie werden dort beispielsweise als Schneid-, Bohr- und Schleifwerkzeuge verwendet und dienen als Teilchenverstärkung in Polymeren zum Bau von Maschinenbetten (KUN 4.6 zu Polymerbeton). Mineralische Rohstoffe wie die Stein- oder Braunkohle haben nach wie vor einen großen Anteil an der Energiegewinnung in Deutschland. Diamant- und Obsidianklingen GLA 3.7 werden für chirurgische Eingriffe verwendet. Darüber hinaus bilden mineralische Rohstoffe die Grundlage für die Glas- und Keramikindustrie. Kaolinit ist beispielsweise ein wichtiger Bestandteil des Porzellanherstellungsprozesses KER 4.1.

Edelsteine werden auf Grund ihrer optischen Qualitäten seit jeher zu Repräsentationszwecken und zur Anfertigung wertvoller Schmuckstücke verwendet. Hier ist insbesondere der Diamant mit seiner herausragenden Brillanz zu nennen, der mit der Eigenschaft zur starken Brechung von Strahlen die Zerlegung weißen Lichts in das gesamte Spektrum der Farben ermöglicht. Aber auch Achat, Topas oder Smaragd sind auf Grund ihrer Farbigkeit besonders beliebt MIN 4.5.1.

Das Anwendungsspektrum mineralischer Werkstoffe für den technischen Bereich ist vielfältig. Die elektrischen Eigenschaften der Minerale Quarz und Turmalin MIN 4.5.1 machen sie für die Herstellung elektronischer Produkte geeignet. Glimmer und Olivin MIN 4.1.2 sind wichtige Bestandteile zur Herstellung von Schutzgläsern. Die Wärmeerzeugung bei der Aushärtung von Kalk und Gips MIN 4.1.3 kann beispielsweise zur Erwärmung von Fertiggerichten und Getränken genutzt werden. Ein Verpackungsprinzip für Einwegverpackungen zur Erwärmung und Kühlung von Flüssigkeiten wurde 2002 patentiert (Peters, Schneider, Seibert 2002). Die überaus hitzebeständigen Asbestfasern werden in der Raumfahrt verwendet. Für optische Anwendungen sind besonders Kalzit- und Bergkristalle MIN 4.1.5 geeignet. Saphire kommen bei der Herstellung von LEDs zur Anwendung. In der Lasertechnologie haben Rubine einen Platz gefunden MIN 4.5.1.

In der jüngeren Vergangenheit sind für Designer insbesondere gießbare harzgebundene Mineralwerkstoffe MIN 4.11 zur Gestaltung von Sitzmöbiliar, Becken im Sanitär- und Küchenbereich und Anwendungen im klinischen Kontext interessant geworden. Eine Innovation im Bereich der Industriesteine ermöglicht Architekten die Verwendung lichtdurchlässigen Betons MIN 6.1.

Bild: »Stein« in der Natur.

Bild: »Stein« für Möbel, »Lowboard«./ Hersteller: Villarocca

Bild: »Stein« für Schmuck, Saphir./ Gudrun Meyer Schmuck

MIN 1
Charakteristika und Materialeigenschaften

MIN 1.1
Zusammensetzung und Struktur

Mineralische Werkstoffe und Gesteine bestehen aus einer ***Körnerstruktur***, die meist durch mehrere Mineralien gebildet wird. Teilweise bestehen Gesteine auch nur aus einer Mineralgruppe (z. B. Gips- oder Kalkgestein). Mineralien sind anorganische Feststoffe mit definierter chemischer Zusammensetzung und geordneter kristalliner Gitterstruktur. Die 8 häufigsten in der Erdkruste vorkommenden Elemente sind dabei in nahezu allen der fast 4.000 bekannten Mineralienarten zu finden (Spring, Glas 2001). Vor dem Hintergrund der großen Anzahl unterschiedlicher Mineraliensorten würde man eigentlich auf eine sehr hohe Zahl von Gesteinsformen schließen. Die wichtigen Gesteinsarten sind überschaubar, da viele Mineralien nur selten vorkommen. Zu den gesteinsbildenden Mineralien zählt nur eine Gruppe von etwa 200. Lediglich 30–40 Arten sind häufig vorzufinden. Das Gemisch der Gesteinsform bildenden Mineralien variiert ständig, wobei selten ein einziges Mineral vorherrschend ist. Die größte Gruppe bilden die ***Silikate***.

Zähne
bestehen in der Hauptsache aus Apatit und dem Eiweißprotein Kollagen.

Häufigkeit der Elemente in der Erdkruste *

Element	Symbol	Bekannte Minerale	Massenanteil
Sauerstoff	O	1221	49,40 %
Silizium	Si	377	25,80 %
Aluminium	Al	268	7,57 %
Eisen	Fe	170	4,70 %
Kalzium	Ca	194	3,39 %
Natrium	Na	100	2,64 %
Kalium	K	43	2,40 %
Magnesium	Mg	105	1,94 %
Wasserstoff	H	798	0,88 %
Titan	Ti	30	0,41 %
Chlor	Cl	67	0,19 %
Phosphor	P	–	0,09 %
Kohlenstoff	C	194	0,087 %

*) bezieht Atmosphäre, Hydrosphäre, Lithosphäre und Biosphäre mit ein.

Abb. 1: nach [3, 13]

Bild: Opal./ Gudrun Meyer Schmuck

Abb. 2

Wichtige gesteinsbildende Mineralien

Bezeichnung	Farbe	Dichte	Härte (nach Mohs)	Anmerkung
Andalusit	grau, rötlich-gelb	2,60…2,80	7,50…8,00	Kontaktmineral, Vorkommen in Gneisen und Schiefern.
Anhydrit	farblos bis weiß, grau, bläulich	2,90…3,00	3,00…3,50	Vorkommen in Salzlagern.
Apatit	farblos oder sehr verschieden gefärbt	3,20	5,00	Vorkommen in Magmagesteinen, Knollen in Kalk- oder Dolomitgestein.
Augit	pech-schwarz, grünlich-schwarz	3,30…3,50	6,00	Vorkommen in Ergussgesteinen und metamorphen Gesteinen.
Biotit (Magnesiaeisenschimmer)	pech-schwarz, grünlich-schwarz	2,80…3,20	2,50…3,00	Vorkommen in Magmagesteinen und kristallinen Schiefern.
Chlorit	graugrün	2,80…2,90	1,00…2,00	Vorkommen in Chloritschiefer.
Disthen	grau, weiß, mit blauen Streifen	3,50 - 3,70	4,50…7,00	Vorkommen in kristallinem Schiefer.
Dolomit	grauweiß, gleblich, bräunlich	2,80…2,95	3,50 - 4,00	Vorkommen in kristallinen Schiefern.
Epidot	dunkel-schwarzgrün, grau	3,30…3,50	6,00…7,00	Kontaktmineral.
Flussspat	farblos oder sehr verschieden gefärbt	3,10…3,20	4,00	Vorkommen auf Erzgängen.
Gips	farblos, weiß, gelblich	2,30…2,40	1,50 - 2,00	Vorkommen in Salzlagern.
Glaukonit	graugrün, olivgrün	2,30	2,00	Vorkommen in Meeressedimenten.
Graphit	schwarz bis braunschwarz, stahlgrau	2,10…2,30	1,00	Vorkommen in Gneis, Phyllit und Glimmerschiefer.
Graphit	schwarz, graubraun, grün	2,90…3,40	5,00…6,00	Vorkommen in Magmagesteinen und kristallinen Schiefern.
Kalkspat (Kalzit)	farblos, weiß, gelb	2,60…2,80	3,00	Vorkommen in Magmagesteinen.
Kaolinit	weiß, gelb, grünlich, bläulich	2,20…2,60	1,00	Vorkommen als Hauptmineral in den Kaolinlagern.
Leuzit	weiß,grau	2,50	5,50…6,00	Vorkommen in Ergussgesteinen.
Magnetit (Magneteisenerz)	eisenschwarz	5,00…5,20	5,50	Vorkommen in allen Magmagesteinen.
Muskowit (Kaliglimmer)	farblos, gelblich	2,78…2,88	2,00…2,50	Vorkommen in kristallinen Schiefern wie Gneis und Glimmerschiefer.
Nephelin	weiß, farblos, lichtgrau	2,60…2,65	5,50…6,00	Vorkommen in jüngeren Ergussgesteinen.
Olivin	goldgrün, braun, schwarz	3,30	6,50…7,00	Vorkommen in basischen Magmagesteinen wie Basalt oder Melaphyr und in kristallinen Schiefern.
Orthoklas (Kalifeldspat)	farblos, weiß, gelb, grau, rosa	2,53…2,56	6,00	Vorkommen in fast allen magmatischen oder metamorphen Gesteinen.
Plagioklas (Kalknatronfeldspat)	variabel, farblos, weiß, grünlich, rosa	2,61…2,77	6,00…6,50	Vorkommen in fast allen magmatischen oder metamorphen Gesteinen.
Pyrit (Eisen- und Schwefelkies)	goldgelb	5,00…5,20	6,00…6,50	Vorkommen in verschiedenartigen Lagerstätten, Sedimentgesteinen oder Hydrothermaladern.

Legende: Farbe, Anmerkung, Dichte, Härte (nach Mohs)

Wichtige gesteinsbildende Mineralien

Bezeichnung	Farbe / Anmerkung	Dichte	Härte (nach Mohs)
Quarz	Farbe: variabel, farblos; Anmerkung: Vorkommen in Magma-, Sediment- und metamorphen Gesteinen.	2,65	7,00
Schwerspat (Baryt)	Farbe: weiß, grau, rötlich; Anmerkung: Vorkommen auf Gängen und als Begleiter sulfider Erze.	4,48	3,00...3,50
Serpentin	Farbe: graugrün, gelb; Anmerkung: Vorkommen in kristallinen Schiefern.	2,50...2,60	3,00...4,00
Siderit (Spateisenstein, Stahlstein)	Farbe: gelb, braun, schwarz; Anmerkung: Wichtiges Eisenerz; Vorkommen auf Gängen und in sedimentären Lagerstätten.	3,70...3,90	4,00...4,50
Sillimanit	Farbe: farblos, graugrün, hellbraun; Anmerkung: Vorkommen in Gneis, Glimmerschiefer und auf Gängen.	2,00	6,00...7,00
Staurolith	Farbe: rotbraun, braunschwarz; Anmerkung: Vorkommen in metamorphen Gesteinen.	3,70...3,80	7,00...7,50
Steinsalz	Farbe: farblos, variabel gefärbt; Anmerkung: Vorkommen in Kalisalzlagerstätten.	1,90...2,00	2,00
Talk	Farbe: grau, weiß, grünlich; Anmerkung: Vorkommen in Talkschiefer.	2,70...2,80	1,00
Titanit	Farbe: farblos, rötlich-braun, grünlich; Anmerkung: Vorkommen in Magmagesteinen wie Syenit und kristallinen Schiefern.	3,40...3,60	5,00...5,50

Legende: Farbe, Anmerkung, Dichte, Härte (nach Mohs)

Abb. 3

Die meisten Mineralien bilden ***Kristallstrukturen***, mit denen die spezifischen Eigenschaften und die optischen Qualitäten eng verbunden sind. Jedoch ist eine klare und reine Ausbildung in der Natur auf Grund der Vielzahl von Einflussfaktoren selten. Zur Charakterisierung der ***Mineralienklassen*** wird insbesondere die Kristallstruktur herangezogen. Dabei lassen sich sieben verschiedene ***Kristallsysteme*** unterscheiden. Die Gesamtheit der die Außenstruktur eines Kristalls bildenden Flächen nennt man ***Tracht***. Unterschiedliche Kristallformen bilden den ***Habitus***. Mineralische Verwachsungen zwischen einzelnen Kristallen werden als ***Aggregate*** bezeichnet. Wachsen zwei Kristalle so zusammen, dass sie sich spiegelbildlich bzw. symmetrisch überschneiden, spricht man auch von ***Zwillingen*** (Markl 2004).

Bild: Amethyst./ Gudrun Meyer Schmuck

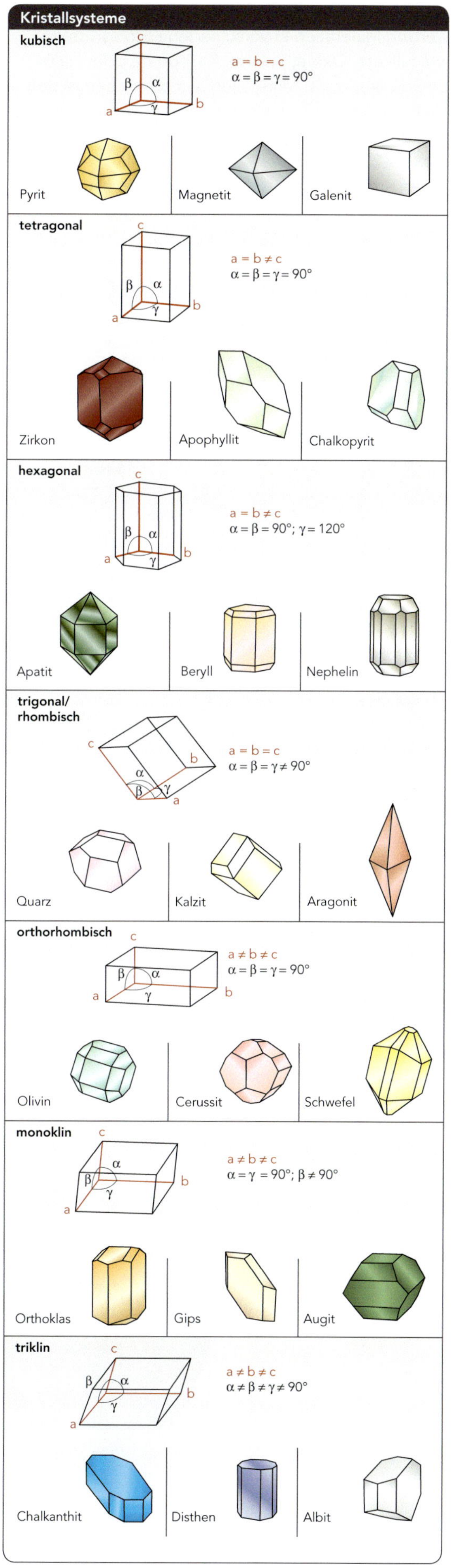

Abb. 4: nach [19]

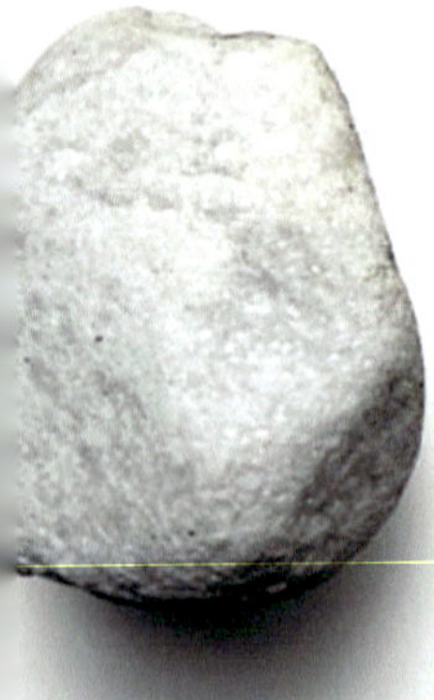

Hinsichtlich ihrer chemischen Zusammensetzung werden Mineralien in verschiedene Stoffgruppen wie Silikate, Oxide, Sulfide, Karbonate oder Halogenide unterteilt. Mineralien aus einer chemischen Verbindung von Sauerstoff und Silizium sind die vorherrschende Gruppe. Silikate (SiO_4) und Siliziumdioxide (SiO_2) sind in etwa 95 % aller Mineralien der Erdkruste vorzufinden. Wichtige Silikate sind Feldspat (55 %–60 %), Hornblende und Augit (15 %–16 %), Glimmer (3 %–4 %), Koalinit, Olivin oder Zirkon. Die vorherrschende Siliziumdioxidverbindung ist *Quarz*. Sie ist in 12 % aller Mineralien enthalten (Scholz, Hiese 2003; Wendehorst 2004).

Mineralklassen

Klassen	Beispiele	Klassen	Beispiele
Elemente	Diamant (C), Gold (Au), Grafit (C), Kupfer (Cu), Platin (Pt), Schwefel (S), Silber (Ag), Wismut (Bi)	Halogenide (Halide)	Flussspat (Fluorit) (CaF_2), Steinsalz (NaCl), Sylvin (KCl)
Karbonate	Aragonit ($CaCO_3$), Azurit ($Cu_3(Co_3)_2(OH)_2$), Calcit ($CaCO_3$), Cerussit ($PbCO_3$), Malachit ($Cu_2(CO_3)(OH)_2$), Smithsonit ($ZnCO_3$)	Oxide, Hydroxide	Anatas (TiO_2), Cassiterit (SnO_2), Cuprit (Cu_2O), Korund (Al_2O_3), Magnetit (Fe_3O_4), Opal (SiO_2-nH_2O)
Phosphate	Apatit ($Ca_5[(F,Cl,OH)I(PO_4)_3]$) Pyromorphit $Pb_5[ClIPO_4)_3]$	Sulfate	Anglesit ($PbSO_4$), Baryt ($BaSO_4$), Chalkanthit ($CuSO_4$-$5H_2O$), Coelestin ($SrSO_4$), Gips ($CaSO_4$-$2H_2O$)
Silikate	Beryll ($Be_3Al_2(SiO_3)_6$), Dioptas ($CuSiO_3$-H_2O), Epidot ($Ca_2(Fe^{3+},Al)_3(SiO_4)_3(OH)$), Granat $X''_3Y'''_2(SiO_4)_3$, Lapislazuli $(Na,Ca)_8[(SO_4,S,Cl)_2(AlSiO_4)_6]$ (Silitat), Topas ($Al_2SiO_4(F,OH)_2$), Turmalin $XY_3Z_6[(BO_3)_3Si_6O_{18}(OH,F)_4]$	Sulfide	a) Kiese (metallisch glänzend, hell), z.B. Kupferkies ($CuFeS_2$), Magnesiumkies (FeS) b) Glanze (metallisch glänzend, dunkel), z.B. Bleiglanz (PbS) c) Blenden (nicht- oder halbmetallischer Glanz), z.B. Zinkblende (ZnS)

Abb. 5: nach [19, 29]

Das Geheimnis der Nazca Lines

Wie kommt der Affe in die Wüste? So lautet eine der meistgestellten Fragen des archäologischen Rätsels der Nazca Lines. Jahre haben Wissenschaftler versucht, das Geheimnis der bis zu 20 km langen Linien und Hunderte Meter großen Motive von Walen, Vögeln, einem Kolibri und eben diesem Affen zu lüften, allen voran die deutsche Forscherin Maria Reiche. Ein halbes Jahrhundert lebte sie in der Wüste und machte die Entzifferung der Linien zu ihrem Lebensinhalt. Ihre Theorie, dass es sich bei den Abbildungen um ein riesiges astronomisches Buch handele, konnte sie jedoch nie beweisen. Vor allem ihrem Einsatz für den Erhalt der Linien ist es zu verdanken, dass man sie heute noch immer fast in Gänze bewundern kann. Nur wenige Motive sind unwissentlich von Straßen wie der Panamericana, Amerikas großer Nord-Süd-Transitstrecke, gekreuzt worden.

Bild: Nazca Lines in Peru - Der Affe./ Foto: Dr. Sascha Peters

Eine andere Form der Interpretation als Reiche wählte der Schweizer Erich von Däniken, der 1968 die Behauptung aufstellte, dass es sich bei den Nazca Lines um Landebahnen außerirdischer Besucher handeln könnte. Seinem Verständnis folgend hätten die Bewohner der Region die eigentliche Funktion der Linien religiös missgedeutet und sie zu Bildern ausgeweitet, um Götter, als die eigentlichen Errichter, zur Erde zurückzulotsen.

Konservativere Theorien gehen von Markierungen für unterirdische Wasserläufe oder anderen landwirtschaftlichen Funktionen aus. Denn was den Menschen in der Wüste von Nazca in den Jahren zwischen 200 vor und 600 nach dem Beginn unserer Zeitrechnung vor allem fehlte, war Wasser. Die Wahrheit liegt wahrscheinlich in einer Mischung der aufgestellten Theorien. Denn es gibt sowohl Indizien für die Ausrichtung mancher Linien entlang der Sonnenwendepunkte als auch für die Markierung von tief liegenden Wasserläufen. Dass Tierfiguren für Zeremonien und der Darbietung von Opfergaben gedient haben könnten, liegt auf der Hand. Jedoch fehlte bislang der Beweis dafür, wie die nur von oben erkennbaren Motive in den Wüstenboden geritzt werden konnten.

In 2007 will ein Forscherteam um den Peruaner Johny Isladie die Lösung des Rätsels gefunden haben. Er konnte beweisen, dass es sich bei den Geoglyphen tatsächlich um Prozessionswege für rituelle Großveranstaltungen gehandelt haben muss. Vor allem konnte er mit einer dreidimensionalen Computersimulation belegen, dass man entscheidende Punkte der Bilder nicht nur aus der Luft erkennen konnte, sondern eben auch von höher liegenden Punkten der peruanischen Pampa. Die Erbauer nutzten dazu offensichtlich zehn Meter lange Pfähle, von denen man den Weg Hunderter Personen entlang der Linien steuern konnte. Diese haben dann die rostbraune oberste Gesteinsschicht aus Eisen- und Manganoxiden einfach weggescharrt, bis die darunter liegenden helleren Sedimente zum Vorschein kamen.

Und auf Grund der für die Konservierung idealen klimatischen Bedingungen haben sich die Linien bis heute erhalten. Neben den Pfählen haben die Wissenschaftler zudem bislang verborgene Altäre und Opfergaben an Eckpunkten der Bodenzeichnungen entdeckt, die auf die rituelle Funktion der Scharrbilder eindringlich hinweisen. Es musste sich vor allem um Wasserkulte gehandelt haben, denn in Altarnähe wurden auch Meeresfrüchte und Muscheln entdeckt. Offensichtlich haben die Bewohner mit Tänzen, Märschen und Prozessionen die Götter um Niederschläge angefleht, um die Grundlage ihrer Existenz also, in der fast lebensfeindlichen Trockenzone am Rande der peruanischen Anden. Der Klimawandel in der Mitte des ersten Jahrtausends nach Christus war jedoch nicht aufzuhalten, so dass die letzten Bewohner die Pampa um Nazca wahrscheinlich 600 Jahre nach Christi-Geburt verlassen haben mussten.

MIN 1.2 Eigenschaften

Neben der kristallinen Struktur unterscheiden sich Mineralien hinsichtlich Farbigkeit, Glanz, Lichtbrechung, Transparenz, Dichte, Porosität, Härte, Spaltbarkeit, Zähigkeit und Bruchverhalten voneinander. Weitere wichtige mineralische Eigenschaften sind Lumineszenz, Schmelzbarkeit und Radioaktivität. In der Regel neigen Kristalle zum Bruch entlang definierter Spaltflächen. Bei nicht sauberem Bruch entstehen körnige, muschelförmige (z. B. Quarz) oder faserige Strukturen (z. B. Kyanit). Bruchflächen frisch angeschlagener Steine werden gerne zur groben Bewertung der Gesteinsqualität herangezogen.

Erkennen von Gesteinsqualitäten

Merkmale	gute Qualität	mindere Qualität
Härte	hart, nicht ritzbar	weich, ritzbar
Bruchfläche	glatt, homogen	rauh, inhomogen
Festigkeit der Kanten	hoch	brechen leicht ab
Zähigkeit	schlagfest	bricht leicht
Abriebfestigkeit	widerstandsfähig	großer Abrieb (sandig, kreidige oder staubig)
Klang (anschlagen)	heller Klang	dumpfer, scheppernder Klang
Farbigkeit	dunkel, satt, rein	matt, schmutzig
Tastgefühl	hart, rauh	weich, seifig, sandig
Gefüge	homogen, kompakt	inhomogen, brüchig, blättrig, rissig
Randschicht durch Verwitterung	nicht vorhanden oder sehr dünn	dick
Geruchsbildung durch Anrauhen der Oberfläche	nicht vorhanden	erdig, süßlich, rauchig
Aussehen bei Mineralien	glänzend, klar	trüb, blind, matt
Flüssigkeitsaufnahmefähig	schlecht, flüssigkeitsabweisend	hoch
Beispiele gebrochener Steine		
saubere, glatte Bruchfläche		
körnige, sandige, rauhe Bruchfläche		
muschelige Bruchfläche		

Abb. 6: nach [36]

Zur Einteilung und Charakterisierung der Mineralien sind Härte und Dichte von besonderem Interesse. In der Mineralogie kommt die ***Mohs´sche Härteskala*** zur Anwendung. Diese reicht von 1 (sehr weich) bis 10 (sehr hart) und gibt die Ritzbeständigkeit wieder. Aus der Reihenfolge der in der Tabelle angegebenen Mineralien ist abzulesen, welcher Werkstoff durch welchen geritzt werden kann.

***Mohs´sche* Härteskala Vergleichsangaben**

Mohssche Ritzhärte	1	2	3	4	5	6	7	8	9	10
Mineral	Talk	Gips	Kalkspat	Flußspat	Apatit	Feldspat	Quarz	Topas	Korund	Diamant
Fingernagel ➤	ritzt		ritzt nicht							
Kupfermünze ➤	ritzt			ritzt nicht						
Glas ➤	ritzt						ritzt nicht			
Stahlmesser ➤	ritzt leicht			ritzt schwer			ritzt nicht			
Vickers-Härte [N/mm²]	20	300	1 700	2 430	5 980	9 120	10 980	12 260	20 590	98 070
relative Schleifhärte nach Rosiva (beogen auf Quarz = 100)	0,03	1	3,75	4,17	5,42	31	**100**	146	833	117 000

Abb. 7: nach [29]

Bild: Natürliche Bruchfläche einer Gesteinsformation.

Da sich die Dichte eines Werkstoffs auf das reine Materialvolumen bezieht, ohne Poren und Zwischenräume zu berücksichtigen, wird im Bereich mineralischer Werk- und Baustoffe in der Regel mit der Angabe der Rohdichte gearbeitet. Diese errechnet sich aus der Masse im Verhältnis zum Volumen einschließlich der Poren und Zwischenräume und wird bei einer Temperatur von 105 °C ohne das sich in den Poren sammelnde Wasser ermittelt. Die Rohdichte ist insbesondere zur Angabe der Wärmeleitfähigkeit, Festigkeit und Wasserundurchlässigkeit wichtig.

Dichte einiger mineralischer Werkstoffe

Gesteinsgruppe		Reindichte [g/cm³]	Rohdichte [g/cm³]	Porosität [Vol.-%]
Magmagesteine				
Granit, Syenit	Tiefengestein	2,62...2,85	2,60...2,80	0,4...1,5
Diorit, Gabbro		2,85...3,05	2,80...3,00	0,5...1,2
Basalt, Melaphyr	Ergussgestein	3,00...3,15	2,95...3,00	0,2...0,9
Basaltlava		3,00...3,15	2,20...2,35	20...25
Diabas		2,85...2,95	2,80...2,90	0,3...1,1
Porphyre		2,58...2,83	2,55...2,80	0,4...1,8
Sedimentgesteine				
Tonschiefer		2,82...2,90	2,70...2,80	1,6...2,5
Quarzit, Sandsteine		2,64...2,72	2,00...2,65	0,4...25
dichte Kalksteine, Dolomite		2,70...2,90	2,65...2,85	0,5...2,0
sonstige Kalksteine		2,70...2,74	1,70...2,60	0,5...30
Travertin		2,69...2,72	2,40...2,50	5,0...12
Metamorphe Gesteine				
Gneise		2,67...3,05	2,65...3,00	0,4...2,0
Serpentin		2,62...2,78	2,60...2,75	0,3...2,0

Abb. 8: nach [36]

Für eine Vielzahl von Anwendungen ist neben der Rohdichte insbesondere die ***Porenform*** von Interesse. Diese teilt man in offen- und geschlossenporige Strukturen auf. Die Porosität lässt Rückschlüsse auf den Feuchtegehalt und das Verhalten mineralischer Werkstoffe gegenüber Wasser und Flüssigkeiten zu, was vor allem für die Bewertung der Frostbeständigkeit wichtig ist. Die Möglichkeit zur Aufnahme von Wasser ist besonders bei offenporigen, kapillaren Strukturen gegeben. Geschlossene Zellstrukturen verhelfen einem Werkstoff zu wasserundurchlässigen Eigenschaften.

Abb. 9: nach [26]

Neben Dichte, Härte, Reinheit und Farbigkeit ist für die im Schmuckbereich verwendeten Edelsteine vor allem die Kenntnis der Lichtbrechung interessant. Sie gibt an, wie stark einfallendes Licht an der Materialoberfläche abgelenkt wird und lässt einen Rückschluss auf die optische Qualität und Brillanz eines Steins zu. Mit einem Wert von 2,42 hat der Diamant eine besonders hohe Lichtbrechung. Weißes Licht wird in das gesamte Farbspektrum zerlegt.

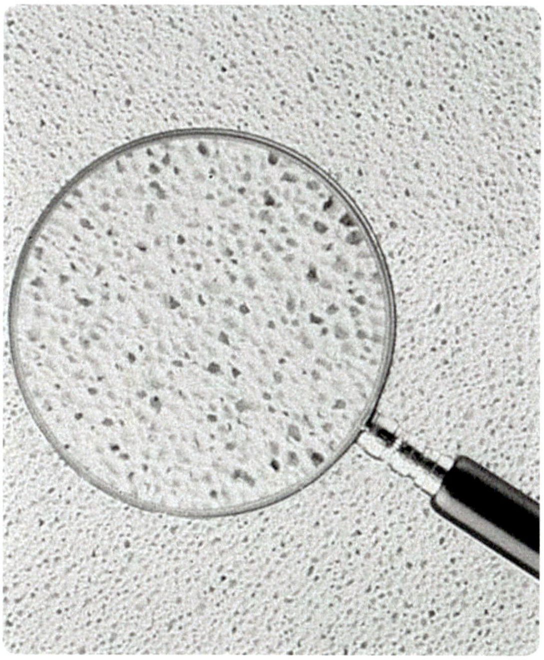

Bild: Offenporige Struktur.

MIN 1.3
Einteilung natürlicher Gesteine

»Irgendwann vor 79 n. Chr. hatte sich unter dem Vulkan eine Magmakammer gebildet. Wann das geschah, wissen wir nicht, aber die Kammer hatte ein Volumen von mindestens 3,6 Kilometern, befand sich etwa drei Kilometer unter der Oberfläche und war kompositionell geschichtet – gasblasenreiches alkalisches Magma (55 % SiO_2 und fast 10 % K_2O) überlagert etwas dichteres, stärker mafisches Magma. [...] Man könnte die Kammer mit einem Schwamm vergleichen, bei dem das Magma durch zahlreiche Risse im Gestein sickert. [...] In neueren Untersuchungen festgestellte Durchschnittsgeschwindigkeiten des Aufsteigens von Magma deuten darauf hin, dass das Magma in der Kammer des Vesuv ungefähr vier Stunden vor dem Ausbruch, dass heißt schätzungsweise um 9 Uhr am Morgen des 24. August, begonnen haben könnte, mit einer Geschwindigkeit von > 0,2 Metern pro Sekunde im Schlot des Vulkans aufzusteigen. [...] Wenn Magma aus der Tiefe aufsteigt, kommt es zu einem starken Druckabfall. [...] (Es) reicht (dann) schon eine kleine Veränderung der regionalen Spannungsverhältnisse aus, in der Regel infolge eines Erbebens, um die Stabilität des Systems zu stören und eine Eruption auszulösen. [...]

Die Oberfläche des Vulkans barst kurz nach 12 Uhr mittags und ermöglichte eine explosive Dekompression der Haupt-Magmakammer. Die Austrittsgeschwindigkeit des Magmas betrug schätzungsweise 1.440 km/h (Mach 1). [...] Während der ersten Phase hatte der Schlot einen Durchmesser von vermutlich 100 Metern. Im weiteren Verlauf der Eruption ermöglichte die unvermeidliche Verbreiterung des Schlotes den Ausstoß von immer größeren Massen. Am Abend des 24. war die Höhe der Säule gewachsen. Zunehmend tiefere Schichten der Magmakammer wurden angezapft, bis nach ungefähr sieben Stunden der stärker mafische Bimsstein erreicht wurde. Davon wurden etwa 1,5 Millionen Tonnen pro Sekunde herausgeschleudert und von Konvektionsströmen bis in eine Maximalhöhe von schätzungsweise 33 Kilometern befördert. [...] Die bei dem Ausbruch von 79 n. Chr. freigesetzte thermale Energie betrug etwa das 100.000fache der Atombombe von Hiroshima.«

Sigurdsson, H.: Encyclopedia of Volcanes
Francis, P.: Volcanoes – A Planetary Perspective
Müller-Ulrich, B.: Dynamics of Volcanism
Bardintzeff, J.-M.; McBirney, A. R.: Volcanology

zitiert in Harris, R.: Pompeji, 2003

Bild: Vulkanlandschaft auf Java, Indonesien.

Die Vielzahl natürlicher Gesteinsformen wird hinsichtlich ihres Entstehungsprozesses in die Hauptgruppen Magmagesteine, Sedimentgesteine und metamorphe Gesteine (Umwandlungsgesteine) unterteilt. Die charakteristischen Eigenschaften lassen sich aus den Begebenheiten während der geologischen Entstehung herleiten. ***Meteoriten*** bilden einen Sonderfall.

Prinzipien vulkanischer Aktivität

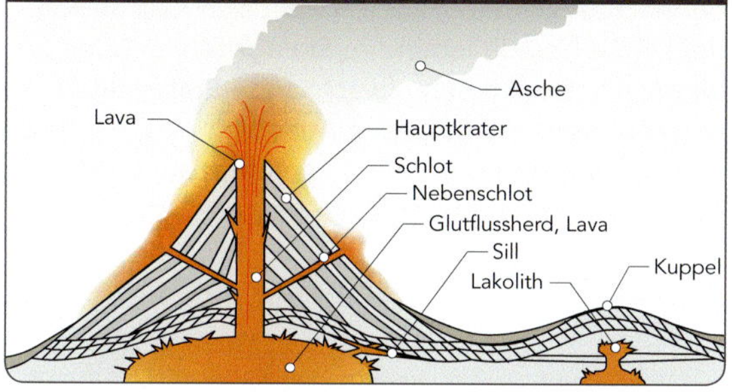

Abb. 10: nach [9]

Kreislauf der Gesteine

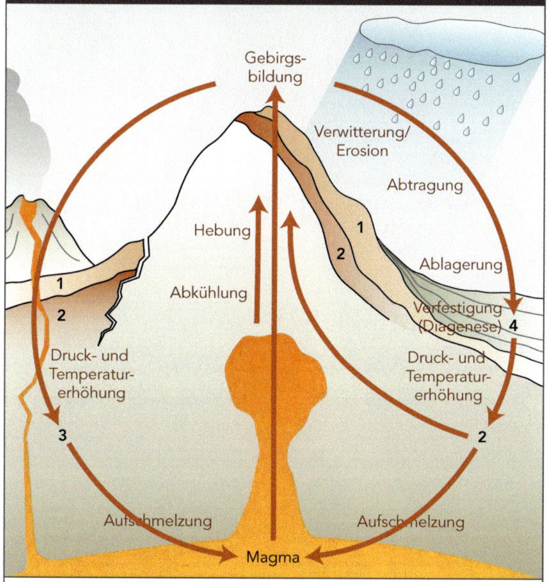

1 = Magmatische Gesteine
2 = Metamorphe Gesteine
3 = Tiefengesteine
4 = Sedimentgesteine

Abb. 11

Magmagesteine entstehen nach Abkühlung verflüssigten Gesteins (Magma), die aus der Tiefe von unterhalb der Erdkruste durch vulkanische Aktivität an die Oberfläche gelangt. Vulkane bilden sich vorwiegend an den Rändern der sich in Bewegung befindlichen Erdplatten. Druck aus dem Erdinnern kann sich hier an den Schwachstellen und Spalten der Erdkruste leicht entladen. Magma kühlt bei diesem Prozess ab und geht in feste Mineralien und Gesteinsformationen mit wetterbeständigen sowie verschleiß- und druckfesten Eigenschaften über.

Die an der Oberfläche durch Abkühlung der zähfließenden ***Lava*** entstehenden Gesteine werden als ***Erdgussgesteine*** (z. B. Basalt) bezeichnet. Eine frühzeitige Entmischung und Kristallisation der Magmamasse bewirkt auch schon innerhalb der Erdkruste die Bildung von Gesteinsformationen. Diese sind unter dem Begriff ***Tiefengesteine*** (z. B. Granit) bekannt und weisen ein grobkörniges, dichtes Gefüge auf. Sie kommen erst ans Tageslicht, wenn darüber liegende Schichten abgetragen werden. Mit einem Anteil von über 90 % zählt Granit zu den häufigsten Tiefengesteinen. ***Ganggesteine*** bilden sich nach Erstarrung der flüssigen Masse in einer innen liegenden Erdspalte.

Die Bedingungen der Abkühlung haben großen Einfluss auf das Gefüge der einzelnen Gesteinsformation. Trotz gleicher Bestandteile entstehen Gesteine mit unterschiedlichen Eigenschaften und Erscheinungsformen.

Wichtige Magmagesteine

Chemische Eigenschaften			
	Saure Gesteine (hell) SiO_2-Gehalt: 65… 82%	Intermediäre Gesteine SiO_2-Gehalt: 52… 65%	Basische Gesteine (dunkel) SiO_2-Gehalt: 40… 52%
Tiefengesteine			
	Granit, Syenit	Diorit	Gabbro, Peridodit Dunit
Ergussgesteine			
alt	Quarzporphyr, Orthophyr	Porphyrit	Diabas, Pikrit, Melaphyr
jung	Liparit, Rhyolit, Dazit	Andesit	Basalt, Pikritbasalt
Ganggesteine			
	Granitporphyr, Pegmatit, Syenitporphyr	Dioritporphyrit	Gabbroporphyrit, Kimberlit

Abb. 12: nach [29]

Bild: Lockergesteine./ Foto: Anna-Maria Wiede

Sedimentgesteine sind das Ergebnis von Verwitterungsprozessen an festen Gesteinen der Erdoberfläche. ***Klastische Sedimente*** (Trümmergesteine) gehen auf mechanische Vorgänge unter dem Einfluss von Wind, Wasser, Frost und starken Temperaturwechseln zurück.

Die Bildung und Vergrößerung von Poren und Rissen führt zu einer Auflockerung der Gefügestruktur und schließlich zum Zerfall einer ganzen Gesteinsformation. Je nach Größe unterscheidet man grob-, mittel- und feinkörnige Trümmergesteine. ***Geröll, Schotter, Splitt, Kies, Sand, Ton, Lehm*** und ***Mergel*** sind ***Lockergesteine*** mit unterschiedlichen Korngrößen. ***Grobgesteine*** mit scharfkantiger Oberflächenstruktur werden als ***Brekzien*** bezeichnet. ***Konglomerate*** sind grobkörnige Gesteine mit abgerundeten Ecken. Sandkorngroße Bestandteile bestimmen die Zusammensetzung mittelgroßer Sedimentgesteine, wonach sich der Name ***Sandstein*** ableitet. ***Tonstein*** oder ***Schiefer*** gehen auf feinkörnige Strukturen zurück.

Einteilung nach Korngrößen (DIN 4022)

Korngrößen [mm]	Bezeichnung (Kurzzeichen)	
–	Fels (Z)	
> 200	Blöcke (Y)	
> 63	Steine (X)	
> 20...63	Kies-grob (gG)	Grobkorn/ Siebkorn (nicht bindiger Boden)
> 6,3...20	Kies-mittel (G mG)	
> 2...6,3	Kies-fein (fG)	
> 0,6...2	Sand-grob (gS)	
> 0,2...0,6	Sand-mittel (S mS)	
> 0,06...0,2	Sand-fein (fS)	
> 0,02...0,06	Schluff (gU)	
> 0,006...0,02	Schluff (U mU)	
> 0,002...0,006	Schluff (fU)	Feinkorn/ Schlämmkorn (bindiger Boden)
≤ 0,002	Ton (T)	

Abb. 13: nach [29]

Chemische Einflüsse führen zu Umsetzungsreaktionen zwischen Gestein, Atmosphäre, Wasser und den im Wasser gelösten Bestandteilen und zur Bildung chemischer Sedimente. Einige Mineralien können beispielsweise in Wasser aufgelöst und an andere Stellen transportiert werden. Nach der Verdunstung wird das Mineral abgelagert und bildet eine die Gesteinsform zementierende Verkrustung. Die Aufnahme von Wasserstoff in die Atomstruktur führt zur Bildung von Silikaten. Oxidationsprodukte resultieren aus der Reaktion mit Sauerstoff. Die Verwitterung gewisser Gesteine wird unter dem Einfluss von Abgasen beschleunigt. Vor allem ein erhöhter Gehalt von Schwefeldioxid (SiO_2), Kohlendioxid (CO_2), Ruß- oder Staubpartikeln hat in den letzten Jahrzehnten Schäden an zahlreichen Baudenkmälern hervorgerufen. Insbesondere die durch die Reaktion von Wasser mit Schwefeldioxid entstehende schweflige Säure führt zu einer Auflösung von kalk- und dolomithaltigem Gestein MIN 4.1.5.

Ausfällungsgesteine bilden sich im Meer oder in großen Gewässern. Meerwasser enthält eine große Menge gelöster Stoffe, die bei Veränderungen der Sättigung aus dem Wasser ausfällen. ***Salzgesteine*** entstehen beispielsweise in Meeresbuchten nach starker Verdunstung des Wassers durch Auskristallisation einer Verbindung aus Natrium und Chlor. ***Kalkstein*** bildet sich auf dem Boden kalkreicher Gewässer in Form erbsenförmiger ***Oolithe***. Das Ausfällen von Kalkstein kann in Tropfsteinhöhlen beobachtet werden. Hier scheidet sich Kalk an von der Decke herabhängenden ***Stalagtiten*** ab oder bildet vom Boden heraufwachsende ***Stalagmiten***. ***Kieselgestein*** entsteht nach Ausscheidung in Wasser gelöster Kieselsäure, Dolomit im Meer auf Basis des Austauschs von Kalzium durch Magnesium.

Bild: Korallenkalk, Maya-Pyramide in Tikal, Guatemala./ Foto: Dr. Sascha Peters

Führt der Einfluss biologischer Organismen zur Bildung oder Verwitterung von Gesteinsstrukturen, wird auch von ***organischen Sedimenten*** gesprochen. ***Biogene Gesteine*** entstehen zum Beispiel aus den kalkhaltigen Überresten im Meer lebender Organismen wie Muscheln oder Korallen. ***Kohlengesteine*** wie Torf, Braun- oder Steinkohle haben sich in Jahrmillionen aus pflanzlichen Überresten gebildet. ***Bernstein*** ist versteinertes Harz von Bäumen MIN 4.5.1. ***Phosphorit*** entsteht in Höhlen aus den Exkrementen von Vögeln und Fledermäusen. Die in Sedimentgesteinen enthaltenen Fossilien ausgestorbener Tierarten dienen Wissenschaftlern zur Rekonstruktion der in der Erdgeschichte vorherrschenden klimatischen und atmosphärischen Bedingungen.

Wichtige Sedimente	
Klastische Sedimente (Trümmergestein)	
Korngröße >2 mm	Kies, Schutt, Brekzien, Konglomerate, Fanglomerate
Korngröße >0,02 mm	Grauwacke, Sand, Sandsteine, Quarzsandstein, Arkose
Korngröße <0,02 mm	Tuff, Tone, Schieferton, Tonstein, Löss
Chemische Sedimente	
Kalkstein, Kalksinter, Mergel, Dolomit, Eisengestein, Kieselgestein, Anhydrit, Gips, Steinsalz, Kalisalze	
Organische Sedimente	
Kalksteine und Dolomite (z.B. Muschelkalk, Korallenkalk), Kieselgesteine (z.B. Feuerstein, Kieselgur, Kieselsinter), Kohlengesteine (z.B. Torf, Braunkohle, Bernstein, Bitumen, Erdöl	

Abb. 14: nach [29]

Metamorphe Gesteine gehen aus Umwandlungsvorgängen in Folge von Druck, steigenden Temperaturen und Bewegungsvorgängen beim Absinken in tiefere Erdschichten hervor. Sie sind auch unter der Bezeichnung ***Umwandlungsgesteine*** bekannt und zeigen meist eine fließende Form. ***Orthogesteine*** sind umgewandelte Magmagesteine.

Metamorphe Sedimentgesteine werden als ***Paragesteine*** bezeichnet. Die jeweiligen Einflussfaktoren bestimmen die Art des Umwandlungsprozesses. Druck- und Temperaturerhöhung führen zur Umkristallisation und zur Bildung kristalliner Schiefer. Entsprechend der Höhe der Druck- und Temperaturverhältnisse entstehen Marmor, Schiefer- oder Gneisgesteine.

Wichtige metamorphe Gesteine		
Kristalline Schiefer		
Ausgangsgestein Magmagestein	**Umwandlungsgestein** höherer Druck+Temp.	**Umwandlungsgestein** geringerer Druck+Temp.
Granit	Granitgneis	Serizitschiefer
Syenit	Syenitgneis	Biotitschiefer
Diorit	Dioritgneis	Hornblendeschiefer
Gabbro	Eklogit	Epidotschiefer
Periodit	Olivinfels	Serpentinfels
Ausgangsgestein Sedimentgestein	**Umwandlungsgestein** höherer Druck+Temp.	**Umwandlungsgestein** geringerer Druck+Temp.
Konglomerate	Geröllgneis	Fleckengneis
Sandsteine	Quarzit	Quarzphyllit
Tone, Schiefertone	Glimmerschiefer	Serizitschiefer
Kalkmergel	Granatamphibolit	Kalkglimmerschiefer
Dolomit	Dolomitmarmor	Kalkschiefer
Kontaktgesteine		
nur durch Wärme (Kontakt mit Magma) entstandene oder umgewandelte Gesteine		
Hornfelse (z.B. Granathornfels) *Metamorphe Gesteine durch thermischen Kontakt; Bruchränder sind hornartig transluzent*	Greisen (z.B. Topas-Greisen) *Metamorphe Gesteine durch Stoffzufuhr und thermischen Kontakt; meist körnig-graue Gesteine*	
Mischgesteine		
Zwischen Magma und metamorphem Gestein, entstanden aus Magma, das sich durch Wiederaufschmelzen von absinkendem Gestein bildet,		
Tiefengestein (z.B. Granit) entstanden aus Gesteinsneubildung	Injektionsgneise. entstanden aus Teilschmelzen	

Abb. 15: nach [29]

Kontaktgesteine bilden sich durch starke Erwärmung infolge von Berührung mit Magma in mittleren Tiefen und bei Vulkanausbrüchen. Die Ausgangsgesteine werden dabei strukturell umgewandelt oder erhalten eine vollkommen modifizierte Zusammensetzung. Bei direktem Kontakt mit Magma entstehen Gneise mit grauer Einfärbung. Hornfelse bilden sich in geringer Entfernung zur vorbeiströmenden flüssigen Erdmasse.

Mischgesteine (z. B. Granit) sind das Resultat einer Wiederaufschmelzung absinkender Gesteinsmassen bei extremen Temperaturen und hohem Druck. Es kommt meist zu einer Gesteinsneubildung und Entstehung vollkommen neuer Mineralien. Führen die Umgebungsbedingungen nur zu einer teilweisen Bildung von Schmelzen, können auch aderförmige Einschmelzungen in benachbarten Gesteinsstrukturen auftreten.

Neben den Naturgesteinen, die ihren Ursprung im Erdinnern haben, gelangen in Form von Meteoriten Gesteinsmassen aus dem Weltall auf die Erdoberfläche. ***Meteoriten*** sind Trümmerteile der ursprünglichen Materie des Sonnensystems und enthalten zum Teil Gesteinsformen, die auf der Erde nicht zu finden sind. Ihre Flugbahn wird durch die Anziehungskräfte der Erde in Richtung der Oberfläche gelenkt. In der Regel verglühen sie beim Eintritt in die Atmosphäre und sind in der Nacht als Sternschnuppen zu erkennen. Nur sehr großvolumige Meteoriten können die extremen Bedingungen beim Eintritt in die Atmosphäre überstehen. Selten werden sie gefunden. Mit einem Gewicht von 60 Tonnen wurde der bislang größte Meteorit in Namibia entdeckt. Mit einer Tiefe von 180 m und einem Durchmesser von 1,2 km liegt der größte Meteoritenkrater im amerikanischen Cañon Diablo (Arizona). Er geht auf den Einschlag eines Meteoriten mit einer Masse von mindestens 15.000 Tonnen zurück. Nur kleine Teile wurden am Kraterrand entdeckt. Die restliche Masse verdampfte beim Aufprall auf die Erdoberfläche. Meteoriten bestehen aus Eisen-Nickel Verbindungen, Silikaten und Gesteinsmineralien wie Augit oder Olivin.

MIN 1.4
Industriesteine und Gesteinswerkstoffe

In der modernen Gesellschaft werden Natursteine auf Grund der inhomogenen Strukturen und der aufwändigen Verarbeitung nur noch selten in ihrer natürlichen Form verwendet. Zur Anwendung kommen vielmehr Industriesteine und Gesteinswerkstoffe, die auf der Basis mineralischer Rohstoffe hergestellt werden und wegen ihrer homogenen Struktur gleichbleibende Eigenschaften aufweisen. Die flüssige Zustandsform von harzgebundenen Mineralwerkstoffen *MIN 4.6* und Betonmischungen *MIN 4.5* sowie die von den Herstellern angebotenen Formate von Ziegeln, Gipsbaustoffen, Kalksandsteinen und Betonwaren *MIN 4.5* erleichtern die Verarbeitung und machen einen kostengünstigen Einsatz möglich.

Bild: Regal aus Beton und Holz./ Villa Rocca

MIN 2
Prinzipien und Eigenheiten der Verarbeitung mineralischer Werkstoffe

Zur Beschreibung der Verarbeitungsprinzipien mineralischer Werkstoffe wird zwischen Natursteinen und künstlich erzeugten Industriesteinen unterschieden.

Zerspanende Bearbeitung

Die wirtschaftliche und technische Nutzung von Natursteinen beginnt mit dem Abbau der unterschiedlichen Gesteinsformen in Form ganzer Gesteinsblöcke. Für diesen Prozessschritt stehen Gesteinssägen mit diamantbesetzten Stahlbändern und Druckluftwerkzeuge zur Verfügung. In den letzten Jahren finden vermehrt auch Wasser- und Laserstrahltechniken TRE 2.2 Anwendung, die insbesondere eine effiziente Bearbeitung von Plattenformaten ermöglichen. Je nach Härte des Gesteins wird das Wasserstrahlschneiden abrasiv, das heißt unter Einbringen von Strahlkörpern TRE 1.1 (z. B. Stahlsand) in den flüssigen Strahl, durchgeführt.

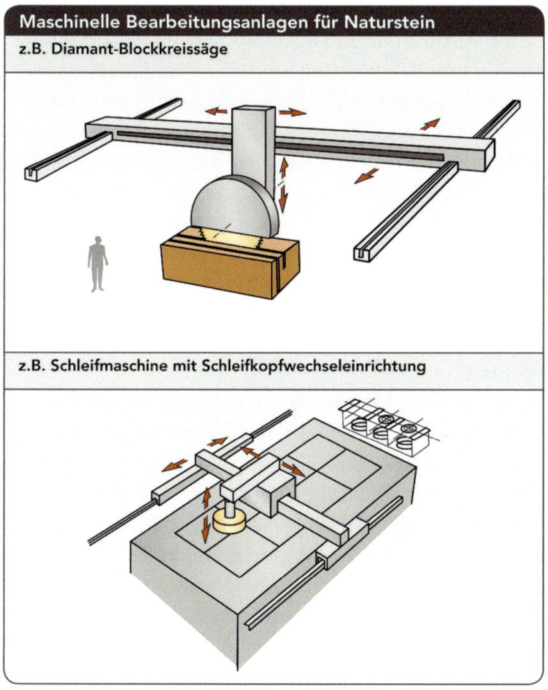

Abb. 16: nach [2]

Spaltwerkzeuge und Brechkeile können an Gesteinsformationen mit einer linear orientierten, schiefrigen Struktur den Abbau gewährleisten und die Herstellung von Plattenmaterial und Mauersteinen vorbereiten. Schottermaterial, Splitt und Pflastersteine werden weder gespalten noch geschnitten, sondern durch eine Sprengung zunächst an der Abbaustelle gewonnen und anschließend in Brechmaschinen in die erforderlichen Größen zerkleinert.

Die maschinelle Bearbeitung von Naturstein erfolgt auf Kreissägen, Fräs- und Schleifmaschinen unter Verwendung von Diamanten als Schneidkanten. Dem Handwerk stehen zur Strukturierung von Sichtflächen Hammer, Keile, Eisen, Meißel und Gravierwerkzeuge in verschiedenen Ausführungen zur Verfügung.

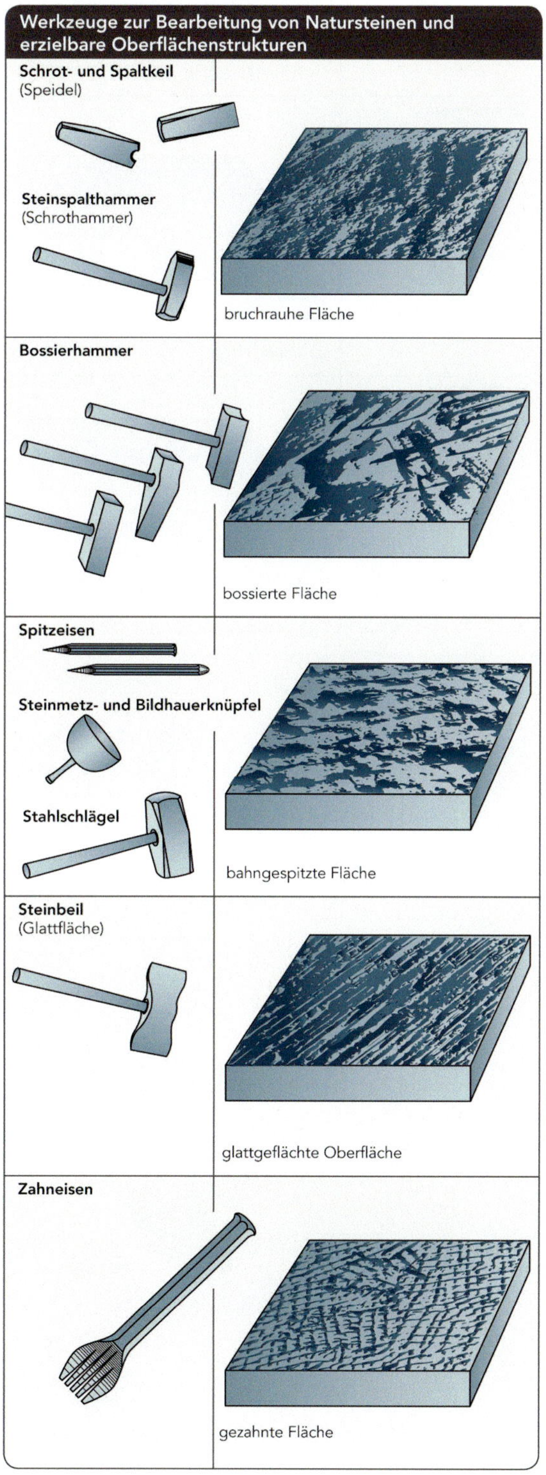

Abb. 17: nach [2]

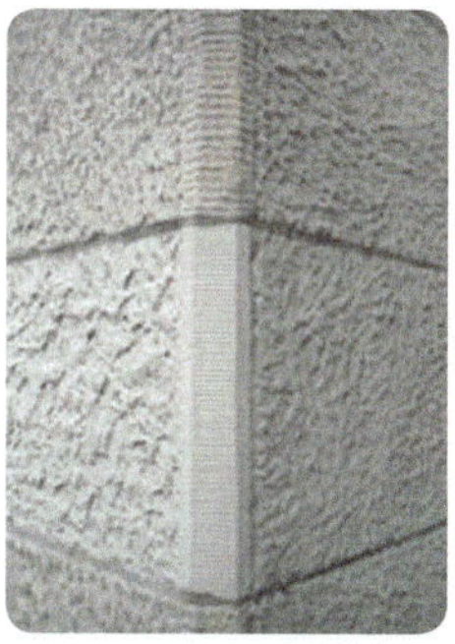

Bild: Strukturierte Natursteinfassade.

Foto: Bosch

Beispiele für bearbeitete Steinoberflächen:

Bild: Oberfläche fein gestockt.

Bild: Oberfläche geflammt und gebürstet.

Bild: Oberfläche geflammt.

Bild: Oberfläche geschliffen.

Bild: Oberfläche poliert.

Fotos: cantera Naturstein Welten

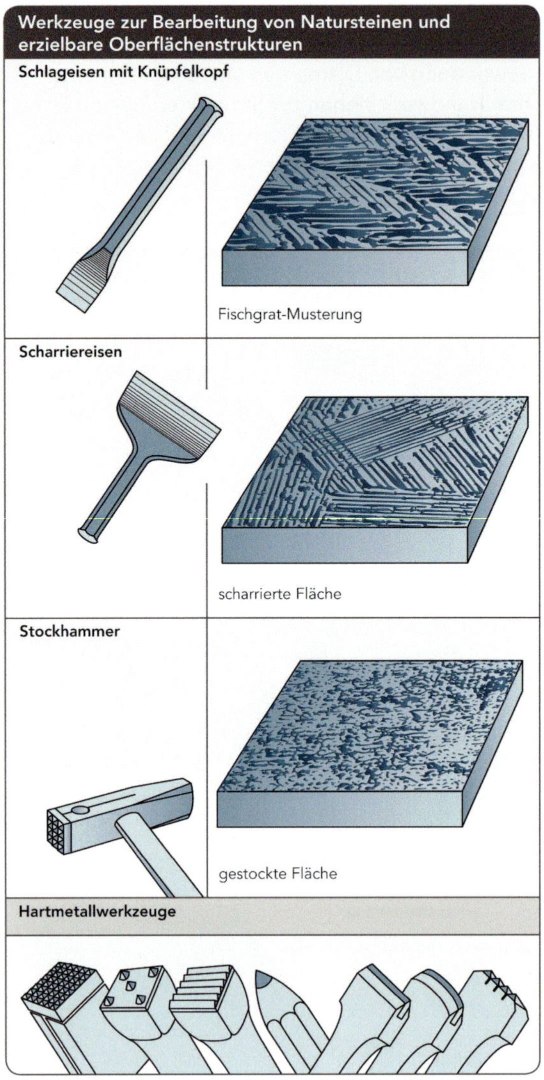

Abb. 18: nach [2]

Typische Material abtragende Techniken zur Bearbeitung von Natur- und Industriesteinen sind das Schleifen, Polieren, Schneiden, Drehen und in seltenen Fällen das Hobeln. Kreisrunde Vertiefungen und Löcher werden mit Steinbohrern oder -fräsern erzeugt.

Bild: In Muschelkalk gemeißelte Figur, Maya Pyramde./ Foto: Dr. Sascha Peters

Fügen

Feste Verbindungen zwischen Gesteinen und mineralischen Werkstoffen werden unter Einsatz von Bindemitteln wie Gips, Kalk und Zement erzeugt MIN 4.1.3, MIN 4.6. Es wird zwischen Luft- und hydraulischen Bindemitteln unterschieden. Während Luftbindemittel nur an der Luft aushärten, verfestigen die hydraulischen Binder auch im Wasser. Bindemittel werden erst am Einsatzort mit Wasser vermischt und sind dann nur für einen begrenzten Zeitraum verarbeitbar.

Formen

Leicht geformt werden können insbesondere mineralische Werkstoffe, die bei der Verarbeitung in einem flüssigen oder teilflüssigen Zustand vorliegen. Hierzu zählen traditionell Lehm, Ton und Gips. Sowohl Mörtel als auch Beton erfüllen darüber hinaus die Voraussetzungen für eine einfache Formbarkeit. Polymerbeton KUN 4.6 und harzgebundene Mineralwerkstoffe haben auf Grund der leichten und kostengünstigen Verarbeitbarkeit in den letzten Jahren an Bedeutung gewonnen.

Oberflächenbehandlung

Die Qualität mineralischer Oberflächen wird in der Regel durch Schleifen und Polieren gezielt verbessert. Eine Reinigung verschmutzter Steinoberflächen kann durch Sand-, Dampf- und Hochdruckwasserstrahlen erfolgen. Für einige Gesteinssorten ist auch die Entfernung der Schmutzpartikel unter Einwirkung chemischer Substanzen möglich. Wetterunbeständige und anfällige mineralische Werkstoffe können mit wasserabweisenden Silikonharzen vor Verschmutzungen und chemischen sowie mechanischen Einflüssen geschützt werden.

Bild links: Gegossene Gipsfigur.

MIN 3
Konstruktionsregeln für Natursteinmauerwerke

Beim Bau von Mauerwerken aus Natursteinen sollten einige Regeln beachtet werden, damit die Stabilität gewährleistet werden kann. Diese beziehen sich auf festigkeitsrelevante und bauphysikalische Aspekte ebenso wie auf die Ausbildung der Fugen.

Da Natursteine in der Regel eher auf Druck als auf Zug belastet werden können, sollte die Lagerfuge stets senkrecht zum Druckkraftverlauf angeordnet sein.

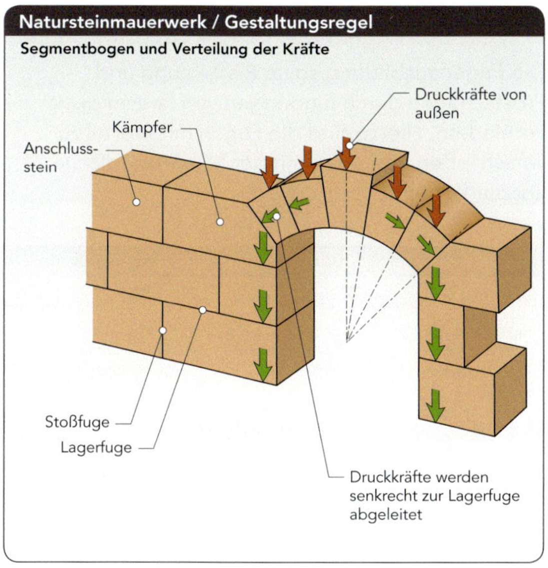

Abb. 19: nach [2]

Auf Grund erhöhter Bruchgefahr sollten spitze Winkelflächen vermieden werden.

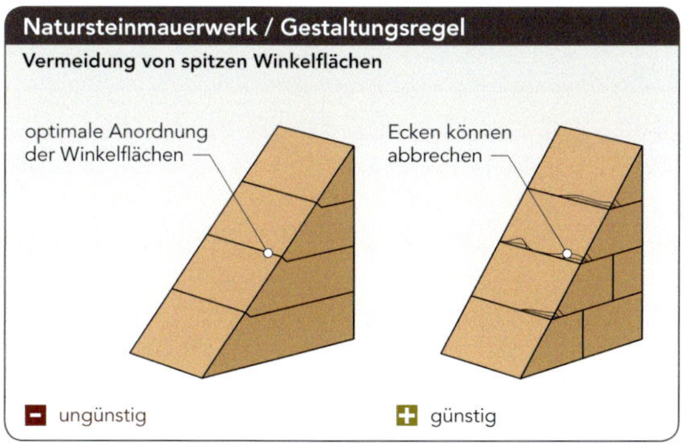

Abb. 20: nach [2]

Eine ***Stoßfuge*** sollte nicht über mehr als 2 Steinschichten verlaufen.

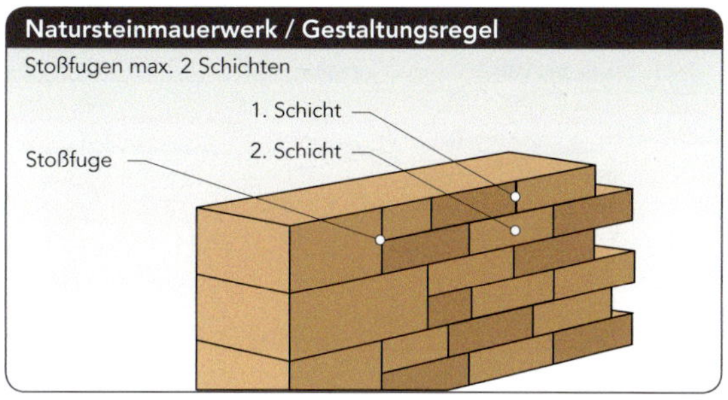

Abb. 21: nach [2]

Es sollten nicht mehr als 3 Fugen an der ***Sichtfläche*** eines Mauerwerks zusammenlaufen.

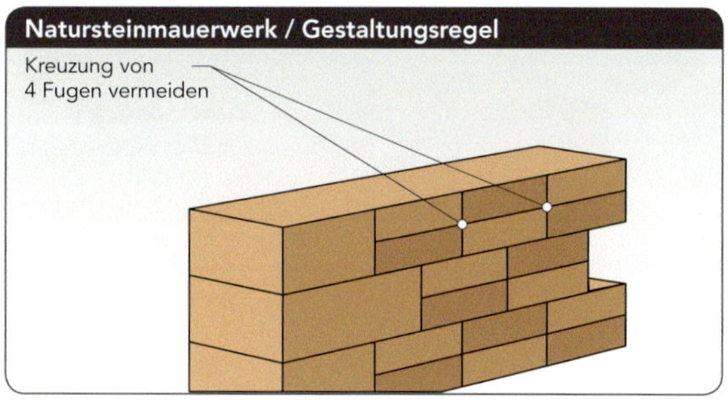

Abb. 22: nach [2]

Zur Konstruktion von Natursteinmauerwerken mit hoher Stabilität sollten Stoßfugenwechsel im Abstand einer ganzen bzw. einer halben Schichthöhe erfolgen.

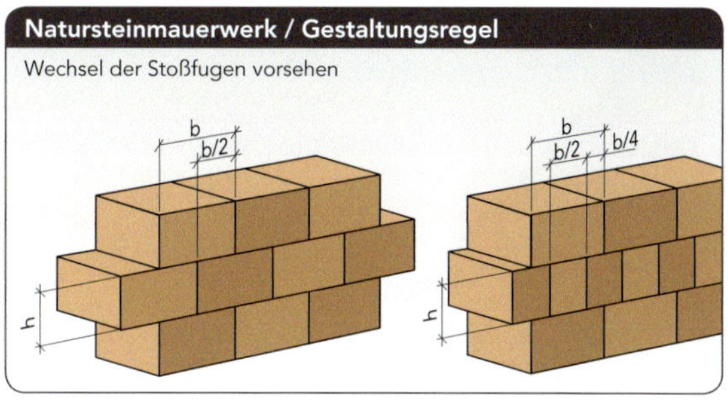

Abb. 23: nach [2]

Die ***Binderlänge*** L sollte das 1,5fache der Schichthöhe H betragen. Eine Mindestlänge von 30 cm ist einzuhalten.

Die ***Läuferdicke*** d sollte größer als die Schichthöhe h ausfallen.

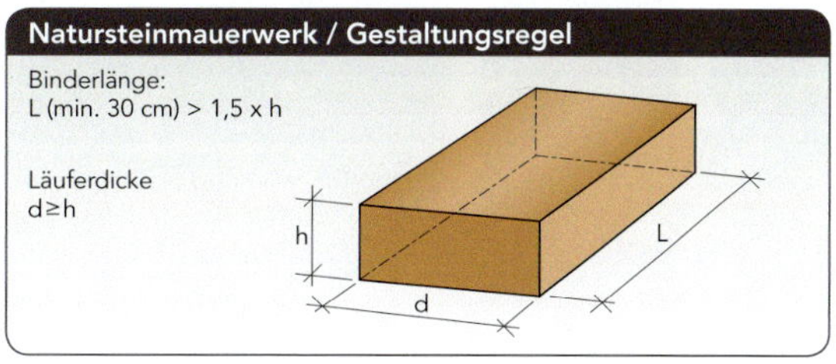

Abb. 24: nach [2]

Die größten Steine sollten an die Wandecken versetzt werden.

Abb. 25: nach [2]

Sollten im Innern eines Mauerwerks Hohlräume entstehen, sind diese mit Füllsteinen auszufüllen.

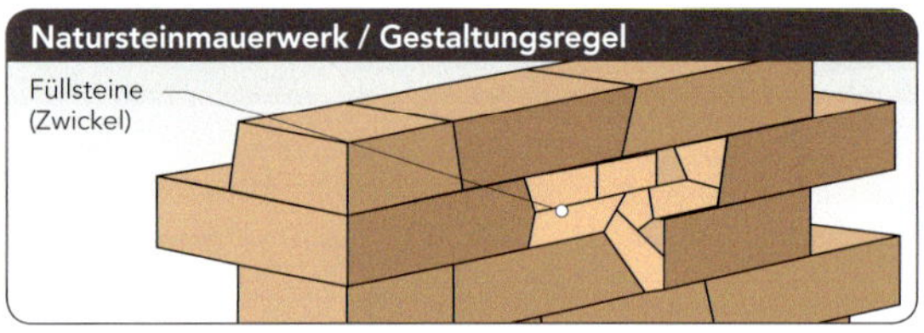

Abb. 26: nach [2]

Bei der ***Fugenausbildung*** ist darauf zu achten, dass der Naturstein nicht durch falsch gearbeitete Lagerfugen abplatzen kann. Hohlräume in den Fugen sind zu vermeiden.

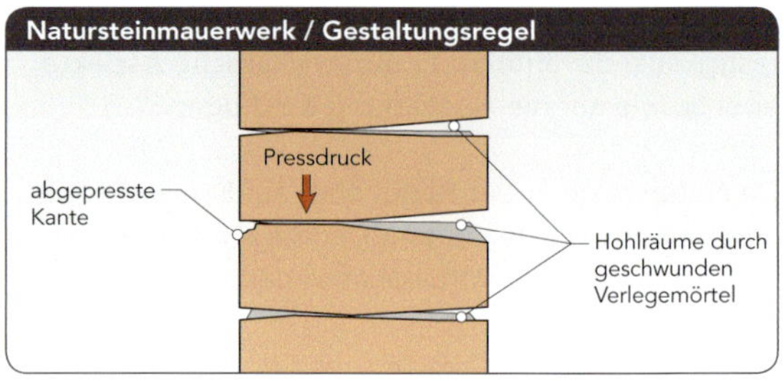

Abb. 27: nach [2]

Die Fugenausbildung sollte Rissbildung und Frostschäden durch Eindringen von Feuchtigkeit verhindern. Hierzu sind die Fugen mit Mörtel zu verschließen und eben mit der Maueroberfläche auszuarbeiten.

Abb. 28: nach [2]

Bild: Römisches Aquädukt in Segovia, Spanien./
Foto: Dr. Sascha Peters

Natursteinmauerwerke können unterschieden werden durch:

- das *Fugenbild*
- die Steingröße und Formate
- Anzahl der Sichtflächen (ein-, zwei- oder mehrhäuptig)
- die Tiefe der Fugen

Mauerwerksarten und Verwendung

Mauerwerk		Verwendung
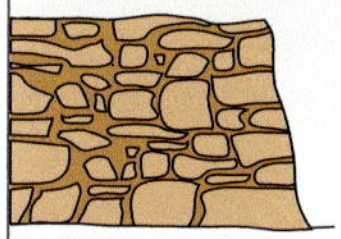	**Trockenmauerwerk:** Geschichtete Bruchsteine (ohne Mörtel)	Gartenbau, landschaftsbauliche Anlagen
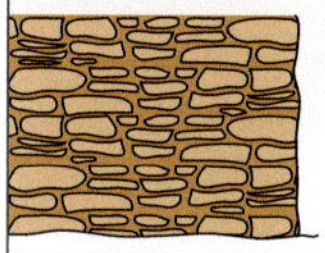	**Bruchsteinmauerwerk:** Mit Mörtel geschichtete Bruchsteine. Für kleine Lücken werden auch Füllsteine verwendet.	Gartenbau, Grundstückseinfriedungen
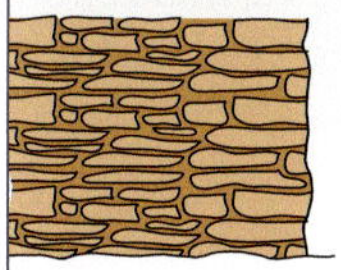	**Hammerrechtes Schichtenmauerwerk:** Die Sichtflächen der zum Teil behauenen Bruchsteine erhalten rechtwinklig bearbeitete Stoß- und Lagerfugen auf einer Tiefe von 12 cm.	
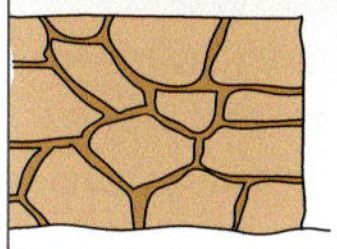	**Zyklopenmauerwerk:** Poligonale Bruchsteine (grob behauen) werden kräftig vermörtelt.	Einfriedungen, Gebäudewände, Sockelmauerwerk
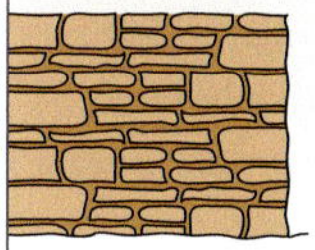	**Unregelmäßiges Schichtenmauerwerk:** Die Steine werden genau so hergestellt wie das hammerrechte Schichten- und Zyklopenmauerwerk, jedoch mit 15 cm tiefen Lagerfugen zwischen den Sichtflächensteinen.	
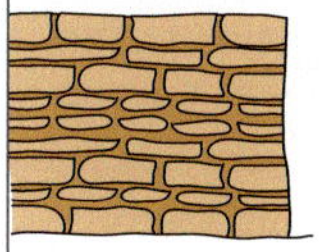	**Regelmäßiges Schichtenmauerwerk:** Die gleiche Herstellung wie das hammerrechte Schichten und Zyklopenmauerwerk. Bei Gewölben und Bögen sind die Steine mit 15 cm tief behauenen Steinen gelagert. Die Höhe dabei darf innerhalb einer Schicht nicht wechseln.	Gewölbe, Stützmauern, Brückenpfeiler, Sockelmauerwerk, Gebäudewände
	**Verblendmauerwerk:** Exakt genau behauene Natursteine bilden eine Vormauerrung vor tragenden Wänden, die aus Beton oder aus künstlichen Steinen bestehen.	Sichtblende für Gebäudewände

Abb. 29: nach [2]

Natursteine können auf fünf unterschiedliche Weisen zur Verkleidung von Mauerwerken am Untergrund befestigt werden. Es stehen Schraubanker, Profilstege und Anker- bzw. Steckdorne zur Verfügung, die aus nichtrostendem Stahl bestehen sollten. Die Befestigungselemente ermöglichen eine Anbringung der Natursteinfassaden mit einem gewissen Abstand zum Mauergrund (> 2 cm). In diesen eingebrachte Wärmedämmschichten verhelfen zur Steigerung der Energieeffizienz. Weiterhin können Natursteine auch verklebt werden.

Befestigungsmöglichkeiten von Natursteinplatten

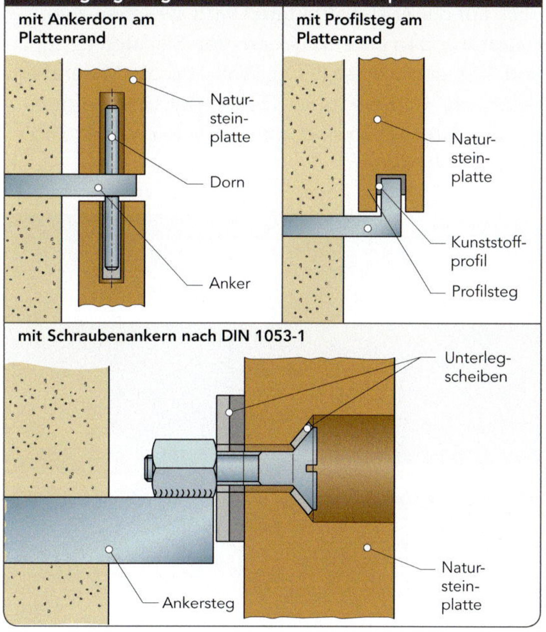

Abb. 30: nach [1]

Bild: Mit einer Materialstärke von nur 1 cm können Natursteinfassaden auf sto® Wärmedämmverbundsystemen ohne kostenaufwändige Edelstahlverankerungen realisiert werden./ Foto: cantera Naturstein Welten

Bild: Natursteinmauerwerk.

Bild: Natursteinpaneel im wilden Verband ist rationell in der Verarbeitung und authentisch in der Ausstrahlung.

Bild: Natursteinpaneel »montagna rosso«./ Fotos: cantera Naturstein Welten

MIN 4
Vorstellung wichtiger Gesteinswerkstoffe

MIN 4.1
Mineralien

MIN 4.1.1
Mineralien – Siliziumdioxide

Bild: Grüner Heliotrop mit roten Jaspis-Einsprenkelungen/ Schmuckstein./ Gudrun Meyer Schmuck

Die Erdkruste besteht zu etwa 95 % aus Verbindungen aus Silizium (Si) und Sauerstoff (O). Mit Blick auf die Kristallstrukturen wird zwischen zwei Hauptgruppen unterschieden: den Silikaten (SiO_4) und Siliziumdioxiden (SiO_2). Während die Mineralien Feldspate, Glimmer oder Koalinit der Gruppe der Silikate zuzuordnen sind, gehört Quarz zu den Siliziumdioxidvertretern.

Bild: »Quebrada de Jaspe« – Jaspisablagerungen in einem Flusslauf in Venezuela./ Foto: Dr. Sascha Peters

Quarz

Quarz besteht vollständig aus Siliziumdioxid (SiO_2) und ist in etwa 12 % aller Mineralien der Erdkruste enthalten. Man findet es sowohl in Magma- (z. B. Granit, Pegmatit) und Umwandlungsgesteinen (z. B. Gneis) als auch in Sedimenten wie Sandsteinen oder biogenen Gesteinen wie Kreidekalken. In reiner Form bildet es klar durchsichtiges, farbloses ***Bergkristall***. ***Quarzsand*** geht aus komprimierten Quarzkörnern hervor. Sind feine Spuren anderer Elemente im Kristallgitter vorzufinden, erhält das Mineral eine andere Farbe. Die purpurne Verfärbung des edlen ***Amethyst*** geht auf Eisen zurück. Manganoxide färben ***Rauchquarz*** rosarot. ***Citrin*** ist zitronengelb, ***Jaspis*** blutrot.

Weitere Quarzformen mit Verunreinigungen oder einer modifizierten Kristallstruktur sind ***Achat***, ***Chalcedon***, ***Eisenkiesel***, ***Heliotrop***, ***Karneol***, ***Katzenauge***, ***Milchquarz***, ***Moosachat***, ***Onyx***, ***Opal***, ***Rosenquarz***, ***Morion***, ***Sarder*** und ***Tigerauge***.

Eigenschaften

In der Mohs´ schen Härteskala hat Quarz eine Härte von 7. Es ritzt somit Feld- und Flussspate, ist aber mechanisch weniger beständig als Korund oder Diamant. Somit können die witterungs- und chemikalienbeständigen Quarzgesteine gut geschnitten, poliert und geschliffen werden. Zur Angabe der relativen Schleifhärte von Mineralien bildet es mit einem Wert von 100 den Bezugspunkt.

Verwendung

Quarz findet insbesondere in der Glas- und Keramikherstellung breite Verwendung. Kieselglas *GLAS 3.4* besteht nahezu vollständig aus Siliziumdioxid. Die hochwertigen optischen Eigenschaften des Bergkristalls werden in Linsen und Prismen verwendet. Das Mineral wird zu feuerfesten Steinen verarbeitet. Wegen seiner großen Härte kommt es als Schotter beim Bau von Eisenbahnstrecken zum Einsatz. Piezoelektrische Eigenschaften machen Quarz zu einem wichtigen Werkstoff in der Elektroindustrie und Messtechnik. Der ***Piezoeffekt*** meint eine Längenveränderung nach Anlegen eines elektrischen Feldes. Umgekehrt können Druck- und Zugspannungen als elektrische Impulse gemessen werden. Ähnliche Eigenschaften weist auch das Silikat ***Turmalin*** *MIN 4.5.1* auf. Hochgenaue Uhren sind durch Verwendung von ***Quarzkristallen*** möglich geworden. Weitere Anwendungsgebiete sind Computer, Fernsehgeräte und ***Quarzlampen***. In der Schmuckindustrie werden Amethyst, Tigerauge, Jaspis, Achat, Opal und Citrin zu Schmucksteinen verarbeitet *MIN 4.5.1*.

Mit ***Silicagel*** (oder auch ***Kieselgel***) wird eine besonders poröse Form von Siliziumdioxid bezeichnet. Auf Grund der großen inneren Oberfläche hat es hygroskopische, d. h. wasseranziehende Eigenschaften, und wird daher als Trockungsmittel und Filterwerkstoff gerne verwendet (vgl. *MIN 6.5*). In Form kleiner Tütchen ist Silicagel häufig dem Transportmaterial elektrischer Geräte beigelegt.

Bild unten: Quarzuhr./ Hersteller: DKNY »NY1214«

MIN 4.1.2
Mineralien – Silikate

Wie Siliziumoxide sind auch Silikate (SiO_4) Verbindungen aus Silizium und Sauerstoff. Zu den wichtigen Silikaten, die technische Verwendung finden und wirtschaftliche Bedeutung erlangt haben, zählen Glimmer, Feldspate, Olivin, Talk, Asbest, Wasserglas, Zirkon und Zeolithe.

Glimmer ist die Bezeichnung für eine Gruppe von Silikat-Mineralien, die auf Grund einer schichtförmigen Orientierung innerhalb der Kristallstruktur in eine Richtung sehr gut spaltbar sind. Die Härte parallel zu den Schichtebenen beträgt lediglich 2. Senkrecht dazu erreicht sie einen Wert von 4. Es existieren Glimmergesteine mit brauner, grüner, grauer, gelber, roter oder weißer Farbigkeit. Glimmer schmilzt erst bei hohen Temperaturen. Häufige Glimmerarten sind ***Biotit***, ***Muskovit*** und ***Glaukonit*** (Mehling 1993). Transparente dünne Glimmerscheiben werden zur Anfertigung von Schutzbrillen und Ofenfenstern eingesetzt. Der Werkstoff dient zur Isolation gegen Wärme und elektrischen Strom. In der Automobilindustrie wird Glimmer in Lacken verwendet.

Mit einem Anteil von 15–16 % zählen ***Augit*** und ***Hornblende*** zu den bedeutendsten Mineralien der Erdkruste. Auffällig ist ihre große Widerstandsfähigkeit gegenüber Witterungseinflüssen. Das häufig schwarze Augit ist in Magmagesteinen wie Basalt oder Gabbro zu finden. Hornblende gehört zur Gruppe der metamorphen Gesteine und entsteht nach Kontakt mit flüssigem Magma. Es ist sehr fest, nicht spaltbar und weist eine hohe Zähigkeit auf. Die Verwitterung von Augit oder Hornblende führt zur Bildung von Talk, Asbest oder ***Serpentin***.

Olivin geht im Wesentlichen auf Eisen-Magnesium-Silikatverbindungen zurück und weist Härtewerte zwischen 6 und 7 auf. Es ist in Magmagesteinen wie Basalt, Gabbro und Peridotit zu finden. Sedimentgestein enthält kein Olivin, da das Mineral in Verbindung mit Wasser verwittert.
In der Glasindustrie wird das Silikat-Mineral zur Herstellung besonders hitzebeständiger Gläser verwendet. Klar grün schimmernde und durchsichtige Olivinkristalle sind sehr selten und werden zu Edel- und Schmucksteinen geschliffen. 2008 haben Wissenschaftler festgestellt, dass Olivin Kohlendioxid absorbieren kann. Als Bestandteil von Beton könnten somit große Mengen des Treibhausgases eingelagert werden (Peters 2010).

Talk und ***Asbest*** sind Verwitterungsprodukte von Olivin, Augit und Hornblende.
Mit seinen wärmebeständigen Eigenschaften und seiner großen Absorptionsfähigkeit findet Talk vielseitige Verwendung. Während die Baubranche es als Füllstoff nutzt, dient es in der Keramikindustrie als Rohstoff zur Herstellung feuerfester Steine oder von Biskuitporzellan *KER 4.2*. Außerdem kommt es als Trockenschmierstoff und Poliermittel zur Anwendung und wird zur Trübung von Glas eingesetzt. Bei der Herstellung von Farben ist das Verwitterungsprodukt als Trägermaterial für Farbstoffe geeignet. In gemahlener Form ist Talk Grundstoff für eine Vielzahl kosmetischer Produkte (z. B. Puder).

Bild: Skulptur aus Speckstein.

Speckstein ist eine besonders dichte Form von Talk, die sich fettig anfühlt. Er kann sehr leicht bearbeitet werden und dient Jungendlichen und Kindern in der künstlerischen Ausbildung zur Anfertigung von Kleinskulpturen.

Die glasartig glänzenden ***Asbestfasern*** sind sehr hitzebeständig und brennen nicht. Auf Grund der wärmedämmenden Eigenschaften wurden die einige Millimeter bis wenige Zentimeter langen Fasern als Dämm- und Isoliermaterial, für Bremsbeläge, Fußbodenfliesen sowie zur Herstellung feuerfester und säurebeständiger Gewebe lange Zeit genutzt. Die gesundheitsschädlichen Nebenwirkungen für die menschlichen Atemwege und die Lunge haben allerdings dazu geführt, dass das Material aus dem Baugewerbe und anderen technischen Bereichen nahezu vollkommen verschwunden ist. Zahlreiche Gebäude mussten saniert oder abgerissen werden. Lange wurde über die Zukunft des Palastes der Republik in Berlin diskutiert. Das asbestverseuchte Gebäude soll einem orginalgetreuen Nachbau des Berliner Stadtschlosses weichen. Asbest findet heute nur noch selten Verwendung. Wegen der hohen Hitzebeständigkeit wird es aber nach wie vor in der Raumfahrt eingesetzt.

Strichfarbe
Die Farbigkeit des Mineralpulvers wird gerne zur Charakterisierung von äußerlich ähnlichen Mineralien herangezogen. Diese wird als Strichfarbe oder als Strich bezeichnet.

Varietät
meint die unterschiedliche Mineralausbildung bei identischem Gitteraufbau. Verschiedene Varietäten lassen sich z. B. hinsichtlich Farbe, Kristallgröße, Transparenz oder Tracht beschreiben.

Bild: Palast der Republik in Berlin. Das asbestverseuchte Gebäude wurde von 2006 bis 2008 vollständig rückgebaut. An gleicher Stelle soll das alte Berliner Stadtschloss wieder neu errichten werden.

Feldspate sind die häufigsten Vertreter unter den gesteinsbildenden Mineralien. Sie sind sowohl in Magmagesteinen als auch in Sediment- und Umwandlungsgesteinen zu finden. Die Kristallstruktur wird durch den Aluminiumanteil bestimmt. Die Witterungsbeständigkeit ist mäßig. Mit Werten zwischen 6 und 6,5 liegt die Härte im mittleren Bereich. Die Farbigkeit der verschiedenen Feldspatvertreter reicht von farblos, weiß und rosa über grünlich und blau bis hin zu rötlich braun. Die Strichfarbe von Feldspat ist weiß. Die Feldspatvarietäten ***Plagioklas*** und ***Orthoklas*** sind häufig in Gesteinsstrukturen enthalten.
Neben Quarz und Kaolin ist Feldspat der dritte wichtige Bestandteil in der Porzellanherstellung KER 4.1. Die Feldspatvertreter ***Amazonit*** und ***Sodalith*** dienen als Schmucksteine.

Zeolithe entstehen durch Verwitterung aluminiumreicher Mineralien, können aber auch auf synthetische Weise hergestellt werden. Sie werden zur Enthärtung von Wasser in Waschmitteln eingesetzt und fördern als Nahrungsmittelzusatz die Entschlackung. Außerdem finden sie als Düngemittel zur Verbesserung der Bodenqualität Verwendung und sind in Kläranlagen zur Wasseraufbereitung im Einsatz. Im Baugewerbe dienen Zeolithe als Zusatzstoff zur Senkung der Verarbeitungstemperatur von Asphalt MIN 4.9. Auf Grund der starken absorbierenden Eigenschaften für flüssige und gasförmige Stoffe werden Zeolithe als Trocknungsmittel und zur Rauchgasreinigung verwendet.

Zirkon ($ZrSiO_4$) zeichnet sich durch seine sehr gute Hitzeresistenz, einen Härtewert von 7,5 und eine Dichte von 4,7 g/cm³ aus. Es hat hervorragende optische Eigenschaften und eine hohe Lichtbrechung. Die farblosen oder weißen Varietäten werden in geschliffener Form leicht mit Diamanten verwechselt. Gezüchtetes Zirkondioxid mit Namen »***Zirkonia***« ist daher als Diamantersatz im Handel erhältlich. Das Silikat wird auch in der Raumfahrt verwendet und kommt beim Bau von Schmelzöfen zum Einsatz. Auf Grund häufig anzutreffender radioaktiver Bestandteile wird Zirkon auch bei der radiometrischen Datierung genutzt.

Bild: Anspitzer aus Hochleistungskeramik (Zirkondioxid)./ Design und Projektleitung: Prof. Dipl.-Des. Andreas Kramer – Hochschule für Künste Bremen/ Prof. Dr.-Ing. Georg Grathwohl – Universität Bremen

MIN 4.1.3
Mineralien – Sulfate

Das vor allem für das Baugewerbe und den Modellbau wichtigste Sulfatmineral ist Gips MIN 4.6. Es entsteht durch Auskristallisierung von übersättigtem Kalziumsulfat aus Meerwasser und ist mit der chemischen Zusammensetzung $CaSO_4$ charakterisiert. Seine Dichte beträgt 2,3 g/cm^3. Mit Werten zwischen 1,5 und 2 fällt die Härte sehr gering aus. In reiner Form ist das Mineral farblos bis weiß, kann aber durch Fremdbestandteile (z. B. Hämatit) auch graue oder rote Färbungen annehmen. Weiß durchscheinendes Gipsgestein mit feinkörniger Struktur ist auch unter dem Namen »*Alabaster*« bekannt. Gips wird sowohl feinkörnig als auch in massiver Form im Bergbau abgebaut. In der nordmexikanischen Stadt Chihuahua wurden die mit einer Länge von fast 15 Metern bislang größten Gipskristalle entdeckt. Auch faserige Formen kommen vor.

Bild: Gips-Platten.

Durch Wärmezufuhr geht Wasser in der kristallinen Struktur von Gips verloren. Es bilden sich Sulfat-Varietäten wie Anhydrit mit leicht höheren Härtewerten zwischen 3 und 3,5. Diese sind in Salzlagerstätten und magmatischen Gesteinen zu finden.

Verwendung

Die Hauptverwendungsgebiete für Gips und Gipsbaustoffe sind der Medizinbereich, das Baugewerbe, der Modellbau und das Kunsthandwerk. Insbesondere wird die Eigenschaft von Gips dazu genutzt, beim Anrühren des feinpulverigen Bau- und Modellgipses Wasser aufzunehmen und den Werkstoff in kurzer Zeit aushärten zu lassen. Dieser Vorgang ist meist mit einer erheblichen Wärmeproduktion verbunden.

Im Baugewerbe wird Gips für Grundierungen und als Füllmittel eingesetzt und dient als Zusatzstoff bei der Herstellung von Zement. ***Gipsputze*** und Baustoffplatten werden beim Bau von Häusern verwendet, um rauem und unebenem Mauerwerk eine streichfähige Oberfläche zu verleihen MIN 4.6. Hierzu werden vor allem ***Gipskarton***- und ***Gipsfaserplatten*** verwendet. Gipskartonplatten sind in verschiedenen Dicken (9,5/12,5/15/18 mm) erhältlich und setzen sich aus einem Verbund von Gips und beidseitig aufgebrachtem Karton zusammen. Sie unterstützen den Brandschutz, dienen zum Bau von Trenn- und Zwischenwänden und werden zur Verkleidung von Innenwänden und Decken eingesetzt. In Gipsfaserplatten sind Zellulosefasern eingebracht. Sie unterstützen die Aufbringung von Trockenputz auf ein Mauerwerk. Um die Jahrhundertwende waren Stuckarbeiten aus Gips in Bürgerhäusern sehr beliebt.

In der Medizin ist der Werkstoff insbesondere durch den Gipsverband bekannt geworden. Wegen der schnellen Aushärtung nach Anmischung mit Wasser ist Gips ideal geeignet für die Ruhigstellung von gebrochenen Gliedmaßen und Gelenken. Die betroffenen Stellen werden mit Gipsbinden umwickelt, die nach wenigen Minuten erstarren.

Im technischen Bereich und im Produktentwicklungsprozess hat Gips als Werkstoff zur Herstellung von Formen und Modellen eine nach wie vor große Bedeutung. Vor allem in der Kunst wird der Werkstoff bei der Anfertigung von Skulpturen und Kunstgegenständen verwendet. Insbesondere das reinweiße Alabaster mit seiner sehr guten Polierfähigkeit ist sehr beliebt und kommt auch bei Restaurationen zur Anwendung.

Durch Einsatz von Gipsbestandteilen für technische Textilien wird die Hitze- und Feuerbeständigkeit von Schutzbekleidungen erhöht.

MIN 4.1.4
Mineralien – Oxide

Neben Siliziumdioxiden sind weitere Oxide für die metallverarbeitende Industrie und das Baugewerbe von wirtschaftlicher Bedeutung. Zu diesen zählen Korund und die für die Eisengewinnung bedeutenden Mineralien Hämatit und Magnetit.

Korund
Mit einem Härtewert von 9 ist Korund (Al_2O_3) der zweithärteste natürliche mineralische Werkstoff. Das trübgraue Oxidmineral ist meist durch Verunreinigungen braun bis blau gefärbt und weist muschelförmige Bruchstellen auf. Die rubinrote Varietät und der ***Saphir*** sind als Schmuckstein besonders beliebt *MIN 4.5.1*. Korund findet man in natriumreichen Magmagesteinen wie Granit oder Umwandlungsgesteinen wie Marmor oder Gneis. Eine sehr häufige Korundvariante ist der braunschwarze ***Schmirgel***, der auch andere mineralische Oxide wie Hämatit und Magnetit enthält. Er wird wegen seiner großen Härte als Schleifmittel für Schleifpapier und Trennscheiben verwendet und kommt beim Sandstrahlen *TRE 1.1* zum Einsatz. Als Zusatz in Betonmischungen kann Korund den ausgehärteten Gesteinsoberflächen feine Strukturen verleihen. Auf gesonderte Nachbearbeitung oder Beschichtung der Betonoberflächen kann dann meist verzichtet werden.

Bild: Schleifpapier mit Schleifblock aus Kork.

Hämatit, Magnetit
Diese beiden Oxide enthalten in ihrer chemischen Zusammensetzung große Mengen an Eisen. Magnetit (Fe_3O_4) enthält etwa 72 %. Der Eisenanteil des braunroten bis schwarzen Hämatits beträgt etwa 70 %. Die Härtewerte beider Oxide liegen zwischen 5 und 6. Als klassische Eisenerze sind sie Ausgangsmineralien für die Roheisengewinnung und die Stahlerzeugung. Beide Oxidminerale lassen sich nur sehr schlecht bearbeiten.

MIN 4.1.5
Mineralien – Karbonate

Karbonate werden als Salz der Kohlensäure bezeichnet. Etwa 70 Karbonatformen sind auf der Erde bekannt. Zu den wichtigen zählen Kalzit und Dolomit, die in vielen Gesteinsformen zu finden sind. Ganze Gebirgsketten (Dolomiten) wurden nach ihnen benannt. Ein weiteres wichtiges Eisenerzmineral ist Siderit.

Dolomit
Mit einer Härte zwischen 3,5 und 4 und einer transparent durchscheinenden, weißen bis braunen Struktur zählt Dolomit ($CaMg(CO_3)_2$) zur Gruppe der Karbonate. Es weist einen glasartigen Glanz und muschelförmige Bruchstellen auf und lässt sich gut spalten. Die Reaktion bei Kontakt mit Salzsäure fällt weniger stark aus als bei Kalzitmineralien (Markl 2004).

Kalzit (Kalkspat)
Das weiße bis farblose Kalzit ist in seiner chemischen Zusammensetzung mit Kalziumkarbonat ($Ca\text{-}CO_3$) identisch. Die Witterungsbeständigkeit im Vergleich zu anderen Mineralien wie Quarz oder Feldspat ist mäßig. Dies zeigt sich häufig an Kunstgegenständen und Statuen aus der Antike. Sedimentäre Kalksteine gehen in der Hauptsache auf Kalzit zurück. In umgewandelter Form bildet es die Grundlage für Marmor und ist in Tropfsteinhöhlen in Form von Stalagmiten und Stalagtiten vorzufinden. Auf Grund der charakteristischen Eigenschaft reiner Kalzitkristalle, Lichtstrahlen entlang der optischen Achse doppelt zu brechen, werden sie in der optischen Industrie häufig für Polarisationsmikroskope verwendet.

Siderit
Obwohl Siderit ($FeCO_3$) nur zu etwa 48 % aus Eisen besteht, ist es auf Grund der leichten Verarbeitbarkeit das wichtigste Eisenerz. Die Härtewerte des braungrau gefärbten Karbonats liegen zwischen 3,5 und 4. Es lässt sich leicht spalten.

MIN 4.1.6
Mineralien – Ton

Tone sind Mineralgemenge, die sich auf Grund der Einlagerung von Wasser in eine plättchenartige Gefügestruktur sehr gut plastisch verformen lassen. Sie entstehen durch Verwitterung von Magmagesteinen mit hohen Feldspatanteilen wie Trachyt, Granit oder Syenit. Unter Einfluss von Kohlendioxid und Wasserdampf werden Feldspate chemisch in Aluminiumsilikate umgesetzt. Die Bildung der Tonmineralien erfolgt unter Aufnahme von Wasserstoff in die Gitterstruktur des Feldspats. Neben Aluminiumsilikaten bestehen Tone hauptsächlich aus Quarz, Glimmer und Kalzit. Je nach Fundort sind geringe Mengen Eisen-, Titan-, Magnesium-, Natrium- oder Kalziumoxide enthalten. Zu den häufigsten Tonmineralen zählen Kaolinit, Illit und Montmorillonit (Gernot 2004). Die Farbigkeit der einzelnen Tonsorten reicht je nach Zusammensatzung von weiß bis schwarz. Eisenoxide bewirken eine rote Färbung. Tonminerale haben eine einkörnige Struktur mit Korngrößen kleiner 0,002 mm.

Primärtone bezeichnen Tonmassen, die am Entstehungsort gefunden werden. Hingegen werden ***Sekundärtone*** über Entfernungen von mehreren Kilometern in Flüssen transportiert. Auf dem zurückgelegten Weg werden diese mit Verunreinigungen durchsetzt. ***Residualtone*** sind von Verunreinigungen befreite Sekundärtone.

Ein besonders für die Keramik- und Porzellanindustrie geeignetes Tonmineral ist das reinweiße ***Kaolinit***, das auch als »***china clay***« bezeichnet wird. Mit einer Dichte zwischen 2,6 und 2,7 ist es ein Hochtemperaturbindemittel zur Herstellung keramischer Bauteile. Es zählt zu den Glimmergesteinen und ist leicht spaltbar. Kaolin ist die Bezeichnung für Porzellanerde. Diese setzt sich zu einem großen Anteil aus Kaolinit zusammen. Kaolin ist chemisch resistent und auch gegen starke Säuren beständig. Es vermindert die Rissbildung und verbessert die Qualität und Stoßfestigkeit keramischer Oberflächen. Außerdem ist Kaolin als ausgesprochener elektrischer Nichtleiter bekannt.

Bild: Teedose aus Ton modelliert von Kunsthandwerkern in China./ Design: ITO Design

Während man in früheren Jahren auf die regionalspezifischen Eigenschaften der Tonmassen vor Ort angewiesen war, führt die Möglichkeit der industriellen Aufbereitung zu einer gewissen Uniformität des erhältlichen Materials. Die Bedeutung regionaler Unterschiede der Töpferwaren und Keramiken, die sich auf Grund der unterschiedlichen Zusammensetzung, Farbigkeit, Plastizität und Reaktion auf Hitze ergeben, geht dadurch immer mehr verloren.

Bild: Tontöpfe.

Verwendung
Ton wird schon seit Jahrhunderten für die Produktion von Dachziegeln und Ziegelsteinen verwendet. Insbesondere ist Ton das Ausgangsmaterial für alle keramischen Erzeugnisse. Das in der Gitterstruktur des Tons chemisch gebundene Wasser unterstützt die Plastizität und Formbarkeit des Werkstoffs. Nachdem es unter hoher Temperatur ausgebrannt wurde, entsteht eine feste keramische Struktur. Auf Kaolinit-Basis werden auch feuerfeste Produkte hergestellt. In der Papier-, Kunststoff- und Farbenindustrie wird Kaolin als Füllstoff verwendet. Es glättet die Papieroberfläche und fördert Deckkraft und Reflexionsvermögen von Farben und Lacken. Im Formenbau und der bildenden Kunst unterstützt das sehr formbare Material die Erzeugung von Tonmodellen und Skulpturen. Zudem kann es auch abdichtende Funktionen im Baugewerbe und beim Bau von Mülldeponien übernehmen. In der Trinkwasseraufbereitung erhält es besondere Bedeutung bei der Säuberung von Trinkwasser. Ein weiteres Anwendungsfeld ist die Zementherstellung.

MIN 4.2
Magmagesteine

MIN 4.2.1
Magmagesteine – Tiefengesteine

Tiefengesteine, die auch als ***Plutonite*** oder ***Intrusivgesteine*** bezeichnet werden, entstehen nach Abkühlung und Erstarrung magmatischer Gesteinsmassen noch innerhalb des Erdinnern (Pluto – griechischer Gott der Unterwelt). Charakteristisch ist ein sehr dichtes grobkörniges Gefüge mit sehr guten Poliereigenschaften. Als Bau- und Konstruktionswerkstoffe werden insbesondere Granit, Syenit, Diorit und Gabbro verwendet.

Granit

Granit ist der wichtigste und häufigste Vertreter der Tiefengesteine. Er setzt sich aus den Hauptbestandteilen Feldspat (Orthoklas, Plagioklas), Quarz und Glimmer (Biotit) zusammen. Es können auch Mineralien wie Hornblende, Augit und Muskovit enthalten sein. Je nach Fundort variieren Mengenverhältnisse und Farbigkeit. Granit ist meist hell. Die Farben reichen von weiß, hellgrau, gelbgrau, rotgrau bis dunkelgrau. Das mittel- bis grobkörnige Gestein ist besonders hart und witterungsbeständig. Daher wird es schon seit Jahrtausenden als Bauwerkstoff verwendet. Seine Druckfestigkeit und Frostbeständigkeit sind hervorragend. Die Rohdichte liegt zwischen 2,6–2,8 g/cm^3. Das Tiefengestein lässt sich sehr gut sägen, schleifen, strahlen und polieren. Charakteristisch ist der nach der Oberflächenbehandlung entstehende feine Glanz.

Bild: Pflastersteine.

Granit bildet die Grundlage für Bodenbeläge aller Art (z. B. Pflastersteine, Steintreppen) und wird für die Verkleidung von Mauern verwendet. Bereits die alten Ägypter nutzten das harte Gestein zur Anfertigung von Obelisken. Für die Bildhauerei ist Granit aber eher ungeeignet, da sich feine Konturen wegen der starken Sprödigkeit nur schwer erzielen lassen. Mit einem neuen Werkstoff namens »Karbonfaser-Stein« (CFS) sollte sich das Anwendungspotenzial dieser Tiefengesteinsart aber in den nächsten Jahren stark erweitern lassen. CFS besteht im Kern aus Granit, das mit einem Laminat aus Karbonfasern ummantelt ist und vor Bruch bei hohen mechanischen Belastungen geschützt wird. Das neue Material lässt sich sogar biegen (Peters 2010).

Syenit

Das Magmagestein Syenit wurde nach der antiken ägyptischen Stadt Syene benannt, die heute den Namen Assuan trägt. Zusammensetzung und Eigenschaftsprofil ähneln dem von Granit. Es enthält aber nur selten Quarz und wird daher häufig als quarzfreies Granit bezeichnet. Syenit ist allerdings feinkörniger und weist eine meist dunkle Färbung auf. Dunkelgrüne, dunkelgraue, graurote bis schwarzgraue Arten sind häufig. Wie Granit ist das Gestein hart und witterungsbeständig, kann aber besser bearbeitet werden.
Syenit wird vor allem im Außenbereich für Bodenbeläge und Massivarbeiten eingesetzt. Der Oberflächenverschleiß tritt im Vergleich zu Granit früher ein. Weitere Anwendungen sind Fundamente, Sockel oder Pfeiler.

Diorit

Das graugrüne bis fast schwarze Diorit besteht hauptsächlich aus Feldspat und Hornblende. Auch Biotit, Ilmenit oder Magnetit können enthalten sein. Wie Syenit ähnelt Diorit in seinen Eigenschaften und Anwendungsbereichen denen von Granit. Es wird auch für Fliesen, Fensterbänke und Bodenplatten verwendet.

Eigenschaften der Tiefengesteine

Gesteinsart	Dichte [kg/dm^3]	Eigenschaften
Granit	2,7	hoch ▲
Syenit	2,8	Widerstandshähigkeit z.B. Abriebfestigkeit, Druckfestigeit, Witterungbeständigkeit
Diorit	2,9	▼
Gabbro	3,0	niedriger

Abb. 31: nach [2]

Gabbro

Nach Granit zählt Gabbro zu den häufigsten Tiefengesteinen. Der hohe Anteil dunkler mineralischer Bestandteile wie Olivin und Pyroxen lässt es grauschwarz bis blaugrün erscheinen. Seinen Namen verdankt es einem deutschen Geologen, der ihn von einem Ort in der Toskana ableitete. Vergleichbar mit den anderen wichtigen Plutoniten findet Gabbro als Bauwerkstoff im Außenbereich Verwendung. In feuchtem Klima ist es allerdings wenig witterungsbeständig. Besondere optische Qualitäten können durch weiße oder grüne Sprenkel entstehen.

MIN 4.2.2
Magmagesteine – Erdgussgesteine

Während der Erstarrungsprozess der Tiefengesteine bereits im Erdinnern stattfindet, kühlen sich Erdgussgesteine erst nach Verlassen der Erdkruste ab. Der wichtigste Vertreter dieser Natursteingruppe ist Basalt. Weitere Erdgussgesteine mit aber meist nur geringen Verwendungsmöglichkeiten sind Trachyt, Andesit, Porphyr und Dazit.

Basalt

Feinkristalliner Basalt entsteht durch rasche Abkühlung vulkanischer Lavamassen. In der Hauptsache besteht das dunkle, fast schwarze Gestein aus Feldspat und Augit. Untergeordnete mineralische Bestandteile sind Olivin, Magnetit oder Biotit. Auf Grund der feinen Struktur ist Basaltgestein sehr hart, kompakt, äußerst wetterfest, aber schwer bearbeitbar. In Deutschland ist es vor allem im Erzgebirge, am Vogelsberg, in der Rhön, im Westerwald und in der Vulkaneifel vorzufinden. Viele Meteoriten sind strukturell ähnlich aufgebaut wie Basaltgestein, das auch auf dem Mond anzutreffen ist.

Bild: Schotter aus Basaltgestein.

Da sich Basalt schlecht bearbeiten lässt, wird es im Baugewerbe für Pflastersteine oder in Form von Schotter für den Unterbau von Straßen und Bahngleisen genutzt. Im Garten- und Landschaftsbau konzentrieren sich die Einsatzfelder auf Grabsteine oder Stelen für Ziersteine.
Ein weiteres Anwendungsfeld ist die Betonherstellung, bei der Basalt als Zusatzstoff Verwendung findet. Im Hausinnern dient es z. B. zum Bau von Treppen oder für Wandverkleidungen.

Andesit

Von allen Vulkangesteinen ist Andesit das zweithäufigste. Das braunrote bis fast schwarze Erdgussgestein besteht in der Hauptsache aus Plagioklas und weiteren Mineralien wie Hornblende, Glimmer und Augit. Es verfügt über eine feinkörnige und glasartige Struktur und lässt sich nur schlecht polieren. Der Name ist von den Anden abgeleitet. Andesit wird häufig im Baugewerbe und für Pflastersteine verwendet. Beispielsweise wurden die Gebäude in der Inkahauptstadt »Cuzco« (1440-1532) aus großen Andesit- und Porphyrsteinblöcken erbaut.

Dazit

Charakteristisch für Dazit ist der hohe Gewichtsanteil an Siliziumdioxid (SiO_2). Die Farbigkeit des glasartigen Vulkangesteins reicht von blaugrau bis braun. An der Oberfläche können Sprenkel von Fremdmineralien eingebracht sein. Einige Dazitformen finden schon seit Jahren als Schmucksteine Verwendung. Zuletzt wurde Dazitasche beim Ausbruch des Mount Pinatuba 1991 in großen Mengen ausgestoßen. Dazitgestein wird für Fußböden und Pflastersteine verwendet.

Porphyr (Rhyolit)

Der griechische Begriff »porphyra« bedeutet Purpurschnecke und deutet auf die auffällige Farbigkeit mancher Porphyrgesteine hin. Es ist ein wetter- und frostbeständiges, gut polierbares Gestein, das in seinen Hauptbestandteilen aus Feldspaten und Glimmer besteht. Neben den purpurnen Arten existieren auch rosarote und braune Varianten. Porphyr wird z. B. für Stufen, Mauerverkleidungen und Pflaster verwendet. Auch Denkmäler und Statuen werden aus dem Erdgussgestein angefertigt.

Trachyt

Der jungvulkanische Trachyt verfügt über eine feinkörnige Struktur und eine graue bis bräunliche Färbung. Er ist nicht so hart wie andere Erdgussgesteine und lässt sich daher gut bearbeiten. Die porig-raue Oberfläche bleibt jedoch auch nach einer schleifenden oder polierenden Bearbeitung bestehen. Trachyt wird z. B. für Wandverkleidungen oder Treppenstufen verwendet. Aufgeschäumter Trachyt ist unter dem Namen ***Bims*** bekannt. ***Bimssteine*** waren früher als Schleifmittel und zur Entfernung von Hornhaut beim Waschen beliebt. Heute ist es ein wichtiger Rohstoff für das Baugewerbe.

Bild unten: Bimsstein.

MIN 4.3
Metamorphe Gesteine

MIN 4.3.1
Metamorphe Gesteine – Gneise, Serpentinit, Dachschiefer

Unter metamorphen Gesteinen versteht man geologische Formationen, deren mineralische Zusammensetzung durch Druck- und Temperaturerhöhungen in Folge der Bewegung der Erdplatten oder bei der Gebirgsbildung verändert wurde. Neben dem auf Grund seiner ästhetischen Qualitäten für Statuen und Kunstgegenstände verwendeten Marmor zählen zu den metamorphen Gesteinen insbesondere Gneise, Serpentinit und Schiefer. Auffällig ist die oftmals schiefrige Struktur, die sehr gut gespalten und zu Plattenmaterial verarbeitet werden kann.

Schieferstruktur von Gneisen

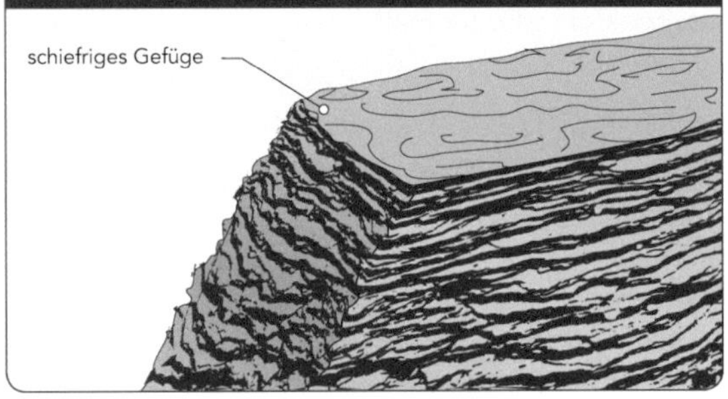

Abb. 32: nach [2]

Gneis
Gneise entstehen durch Umwandlungsvorgänge von Granitgestein. Sie bestehen hauptsächlich aus Feldspat, Quarz und Glimmer. Entsprechend den verschiedenen Glimmermineralien unterscheidet man Biotitgneis, Muskowitgneis und Zweiglimmergneis. Das Farbspektrum reicht von graugrün über rötlich bis hin zu gelblichgrau. Deutlich zu erkennen ist die durch den Glimmeranteil hervorgerufene kristalline schieferähnliche Anordnung. Spaltbarkeit, Biege- und Druckfestigkeit sind mit denen von Granit vergleichbar. Gneise sind weltweit zu finden. In Deutschland konzentrieren sich die Abbaugebiete auf das Erz- und Fichtelgebirge sowie den Schwarzwald.
Das Verwendungsprofil von Gneisen ähnelt dem von Granitgestein. Gneise werden z. B. für Treppenstufen, Sitzbänke und Bodenbeläge verwendet. Weitere Anwendungen sind Mauerkonstruktionen und Randsteine.

Serpentinit
Mit Härtewerten zwischen 2 und 3 zählt das fast vollständig aus dem Mineral Serpentin bestehende Serpentinit zu den weichen Umwandlungsgesteinen und geht auf olivinreiche Gesteinsformationen zurück. Charakteristisch ist die hell- bis dunkelgrüne Färbung, die auch schwarz gefleckt sein kann. Das Gestein fühlt sich fettig an. Polierte Oberflächen lassen sich auf einfache Weise herstellen. Die spröde Struktur verhindert die Aufnahme hoher Biegebelastungen.

Da Serpentinit nicht besonders wetterbeständig ist, wird es vornehmlich im Gebäudeinneren für Wandverkleidungen, als Grundmaterial für Säulen und zur Anfertigung von Kunstgegenständen verwendet.

Schiefer
Dach- bzw. Glimmerschiefer gehen aus Metamorphosevorgängen von Tongestein hervor. Das ursprünglich brüchige Gesteinsmaterial wird bei Temperaturen zwischen 300 °C und 650 °C und hohen Drücken in einen beständigen mineralischen Bauwerkstoff mit mittel- bis grobkörniger Struktur und linearplanarem Gefüge überführt. Schiefer unterscheiden sich von Gneisen durch einen deutlich verringerten Feldspatanteil. Kennzeichnend ist die gute Spaltbarkeit entlang der planaren Ebene.
Der anthrazit- bis grausilbrige, wetterbeständige Dachschiefer wird z. B. für Dacheindeckungen und Fassadenverkleidungen eingesetzt.

Bild: Schiefertafeln für Fassaden.

Auch für Treppenstufen, Fensterbänke, Bodenbeläge oder Terrassen wird er gerne verwendet. Früher kamen Schieferplatten als Schreibunterlage in der Schule zur Anwendung.
Die gute Spaltbarkeit von Schiefer wird in einem neuen Werkstoff genutzt, um ein Furnier mit besonderen optischen Qualitäten für die Innenraumgestaltung und den Möbelbau herzustellen. Von großen Steinplatten werden Gesteinsschichten geringer Stärke gespalten und mit Polyesterharz und einem Glasfieberlaminat zu einem Schichtverbundwerkstoff zusammengeführt. Dieser ist unter dem Namen »stone-veneer®« auf dem Markt erhältlich VER 1.2.7.

MIN 4.3.2
Metamorphe Gesteine – Marmor

Auf Grund des weißedlen Glanzes, der glatten Oberfläche und der leichten Bearbeitbarkeit erfreut sich Marmor seit der Antike als Werkstoff in Architektur und Bildhauerei großer Beliebtheit. Griechen und Römer bauten schon vor mehr als 2.000 Jahren Tempel (z. B. Pantheon in Rom) und fertigten Skulpturen aus dem Gesteinsmaterial an. Besonders der reinweiße Marmor aus dem italienischen Carrara und Marmorgestein der griechischen Insel Paros galten als besonders edel und wurden als »weißes Gold« gehandelt.

Bild: Springbrunnen aus Marmor.

In der Renaissance wurde Marmor wiederentdeckt und zum Bau einer Reihe bedeutender Gebäude (San-Lorenzo Kirche in Florenz, Grabmahl von Papst Leo X. in Rom) verwendet. Als schönste und vollkommenste Marmorstatue der Welt gilt der 1504 von Michelangelo geschaffene David, der mit einer Höhe von 4,34 m in Florenz zu besichtigen ist.

Marmor entsteht durch Umwandlungsvorgänge (Methamorphose) von Kalk- und Dolomitgestein unter hohem Druck und hoher Temperatur. In reiner Form ist er weiß (griech.: marmaros = weißer Stein). Verunreinigungen und Fremdbestandteile können aber vielfältige Färbungen und flecken- sowie aderförmige Strukturen bewirken. Bei Einlagerung von Eisenoxiden ist Marmor rot. Eisenhydroxide rufen gelbe bis braune Färbungen hervor. Während Grafit und Kohle Marmorgestein braunschwarz färben, gehen grüne Sorten auf Mineralien wie Olivin oder Serpentin zurück. Schattierungen im Marmor werden unter anderem durch eingeschlossene Tonpartikel hervorgerufen. Bei dünnen Platten bis zu einer Dicke von 25 mm ist die feine Transparenz für Licht auffällig, die gerne von Künstlern und Bildhauern als Ausdrucksmittel genutzt wird. Der auf Naxos arbeitende Bildhauer Ingbert Brunk setzt diese Eigenschaft ganz gezielt ein und verwandelt den Marmor der griechischen Insel in leicht wirkende und fein anmutende Skulpturen (siehe Bild links).

Da umgewandeltes Kalk- bzw. Dolomitgestein nicht besonders hart ist, lässt sich Marmor leicht bearbeiten, schleifen und polieren. Wegen des geringen Porenraums ist das Umwandlungsgestein frostbeständig. Im Vergleich zu Granit reagiert es jedoch empfindlich auf mechanische Beanspruchung und sollte daher nicht für stark beanspruchte Fußböden eingesetzt werden. Bei der Pflege von Marmoroberflächen ist darauf zu achten, dass Marmor durch Laugen oder Säuren angegriffen werden kann. Daher ist der Werkstoff für Küchen und den Außenbereich ungeeignet.

Carrara gilt heute als einziges Abbaugebiet für reinweißen Marmor. Weitere Abbaustellen befinden sich in Norwegen (Fauske), Deutschland (Erzgebirge), Griechenland (Naxos), Portugal (Estremoz), Rumänien (Rusita) und in der Türkei (Rosalia). Dort werden Marmorblöcke unter Verwendung diamantbesetzter Stahlseile oder laserstrahlunterstützter Anlagen millimetergenau aus der Bergwand geschnitten.

Bild: »Rosso Levanto«, polierter Marmor./ Foto: cantera Naturstein Welten

Bild: Marmorskulptur aus Naxos./ Foto: Ingbert Brunk, www.ingbert-brunk.de

Verwendung
Marmor wird heute z. B. für hochwertige Bodenbeläge und Wandverkleidungen in Empfangshallen und Treppenhäusern repräsentativer Gebäude verwendet. Leichtbauelemente (z. B. Gramablend®) ermöglichen eine effiziente Verarbeitung. Als Bodenmaterial bietet Marmor darüber hinaus zum Bau von Fußbodenheizungen ideale Voraussetzungen. Gleiches gilt für Bäder, für die sich der Naturstein wegen seiner Eigenschaft zur Speicherung von Wärme und der weichglatten Oberfläche besonders eignet. In der Pharmaindustrie wird feines Marmorpulver zur Förderung des Knochenaufbaus in Kalziumtabletten und als Beimischung von Zahnpasta verwendet. In Schleifmitteln eingesetzt, hat es für die industrielle Produktion eine wenn auch untergeordnete Bedeutung.

MIN 4.4
Sedimentgesteine

MIN 4.4.1
Sedimentgesteine – Kalksteine, Dolomite, Kreide

Kalk- und Dolomitgesteine entstehen durch chemische Verwitterungsvorgänge oder gehen auf bioge-ne Prozesse (Ablagerung von Schnecken, Muscheln, Krebstieren, Korallen) zurück. Hauptbestandteil dieser Sedimentgesteine ist Kalziumkarbonat bzw. Kalk mit der chemischen Formel $CaCO_3$, das vor allem in den Mineralformen Kalzit und Argonit vorzufinden ist.

Kalkstein

Dieses Sedimentgestein setzt sich zu 80 % aus Kalzit zusammen. Es ist das wichtigste Sedimentgestein und in nahezu allen geologischen Formationen zu finden. Seine Struktur kann dicht bis grobkörnig porös ausgebildet sein. Es ist wenig witterungsbeständig und kann leicht bearbeitet, geschliffen und poliert werden. Zur Identifikation von Kalksteinen und zur Ermittlung des Kalzitgehaltes wird Salzsäure verwendet. Eine chemische Reaktion führt zu einer stark zischenden Kohlendioxidentwicklung. Diese fällt bei Kalkstein wesentlich stärker aus als bei Dolomitgesteinen. Die Farbigkeit von Kalksteinen reicht entsprechend der eingebunden Mineralien (z. B. Limonit, Hämatit, Glaukonit) von schwarz über braunrot bis zu gelb.

Kalktuffe sind weiche Kalkgesteine mit besonders grober Porosität und wärmedämmenden Eigenschaften. Eine große wirtschaftliche Bedeutung hat das hellgelbe bis dunkelbraune Travertin. Es ist sehr einfach zu bearbeiten und verfügt über gute Wetterbeständigkeit. Häufig wird Marmor auch in Verbindung mit Kalkstein genannt. Marmor entsteht allerdings aus Umwandlungsvorgängen von Kalkstein und kann somit nicht dieser Gruppe von Sedimentgesteinen zugeordnet werden.

In Deutschland können Kalksteine an vielen Stellen abgebaut werden. Sie werden im Innen- und Außenraum z. B. für Mauerwerke, Bodenbeläge und im Gartenbau verwendet. Da Kalkstein sehr hitzeempfindlich ist, sollte es nicht für Geschosstreppen oder tragende Pfeiler eingesetzt werden. Kalzit in Kalkstein dient als Grundlage für die Baukalk- und Zementindustrie und wird darüber hinaus bei der Produktion von Kunstdünger verwendet. Auf Grund der großen Kalksteinvorkommen wurde in Köln ein ganzer Stadtteil (Köln-Kalk) nach dem Gestein benannt. Während Kalktuffe als Leichtwerkstoff zur Wärmeisolierung im Baugewerbe verwendet werden, dient feinporiges Travertin zur Herstellung von Bodenbelägen.

Kalksteinsorten und Dolomite

Steinart	Erscheinung	Vorkommen
Muschelkalkstein	grau bis graublau bzw. gelbbraun, teilweise porös mit Versteinerungen	Unterfranken, Württemberg
Jura-Kalkstein	hellgrau, weiß, hellgelb porige Erscheinung mit Versteinerungen	Fränkische Alb, Schwäbische Alb
Juraschiefer/ Solnhofener Kalkstein	gelb bis gräulich, schiefrig mit Zwischenschichten aus tonhaötigem Material	Fränkische Alb Jura (Solnhofen)
Kalktuffe/ Travertine	gelblich, hellgrau (teils auch mit bräunlichen Streifen), fein- bis grobporiges Gefüge	Baden-Württemberg
Dolomite	grau, graublau, graubraun, dichtes Gefüge	Alpen, Fränkische Alb, Oberfranken

Abb. 33: nach [26]

Dolomite

Mit einer Rohdichte von 2,6–2,9 g/cm³ übersteigt die Härte der Dolomite die des Kalksteins. Sie bestehen zu mindestens 90 % aus dem Mineral Dolomit $CaMg(CO_3)_2$ und wurden nach dem französischen Geologen Dolomieu benannt. Dolomite sind dicht und haben eine graue Farbe mit einer gelben, grünen oder hellbraunen Tönung. Spaltet man das Gestein, entstehen unsaubere und raue Bruchstellen. Charakteristisch sind die glitzernden Effekte an der zuckerkörnigen Oberflächenstruktur.
Der sehr beständige und wetterfeste Werkstoff wird z. B. für Bodenbeläge und Pflastersteine verwendet und dient zur Herstellung feuerfester Steine. Er bildet die Grundlage für ***Mineralwolle*** und ist ein wichtiges Material in der Stahlerzeugung.

Kreide

Als biogenes Sedimentgestein entstand die sehr feinkörnige Kreide aus Schalen und Ablagerungen fossiler Kleinlebewesen vor 140 bis 70 Millionen Jahren. Sie ist die reinste Form aller Kalksteine. In Europa wird sie entlang des ***Kreidegürtels***, von der Insel Rügen, über Norddeutschland und Frankreich bis hin nach Großbritannien abgebaut.
Da das Gestein abfärbt, wird es im Schulbetrieb zum Schreiben auf Tafeln und in der Kunst zur Anfertigung von Zeichnungen verwendet. Im technischen Bereich und im Baugewerbe dient Kreide zum Aufbringen von Markierungen. Insbesondere die in der Nähe von Sassnitz in einem Tagebau gewonnene Rügener ***Heilkreide*** ist zur Linderung von Schmerzen, Förderung der Durchblutung und Pflege der Haut geeignet und hat auf der größten deutschen Insel eine Vielzahl von Heilbädern und Kureinrichtungen entstehen lassen.

Bild rechts: Tafelkreide.

MIN 4.4.2
Sedimentgesteine – Sandsteine

Sandsteine sind fein- bis grobkörnige Festgesteine, die durch Zusammenbacken von lockerem Sand und der darin enthaltenen Mineralien entstehen. Anders als bei anderen Gesteinen ist die Zusammensetzung von Sandsteinen meist nicht durch ein Mineral geprägt, obwohl ein hoher Quarzanteil festzustellen ist. Weitere Bestandteile sind Feldspate und Glimmer. Die Färbung kann sehr unterschiedlich ausfallen und richtet sich nach dem Bindemittel und den vorherrschenden Mineralien. Neben weißen und grauschwarzen Sandsteinen existieren auch rotbraune und grüne Formen.

Farbigkeit durch Bindemittel und Mineralführung

Farbigkeit	bedingt durch:	Farbigkeit	bedingt durch:
weiß	Kieselsäure, Kalk, Dolomit	grau bis schwarz	organische Bestandteile (z.B. Kohle)
rotgelb bis braun	Limonit	grün	Chlorit, Glaukonit
rot	Hämatit	schwärzlich	Manganoxide

Abb. 34: nach [26]

Bild: Gebäude aus Kalksandstein./ Köln

Die Beschaffenheit des Bindemittels hat großen Einfluss auf die Verfestigung des Sandsteins, seiner Härte und technischen Eigenschaften. Darüber hinaus beeinflussen Struktur und Porosität die Qualität des Sedimentgesteins nachhaltig. Als qualitativ hochwertig gelten feinkörnige Varietäten.

Feinkörnige Sandsteine

Arten	Farbe	Körnigkeit	Beschreibung/Anwendung
Buntsandstein	braungelb bis rot, weißgrau bis grünlich	fein- bis mittelkörnig	wenn kalkfrei, gut wetterbeständig/ z.B.: Wormser Dom
Ruhrsandstein	gelblich bis graublau	fein- bis mittelkörnig	sehr hart, wetterbeständig/ z.B.: Steinerne Turm in Dortmund
Fleinsstein	dunkelgrau	fein- bis mittelkörnig	sehr hart/ z.B.: Limesturm in Färberswald
Schilfsandstein	graugelb, graugrün, rotbraun	feinkörnig	weist Pflanzenabdrücke auf/ z.B.: Kreuzkirche in Hildesheim
Rätsandstein	gelblich	fein- bis grobkörnig	sehr hart/ z.B. früher als Pflasterstein
Doggersandstein	gelbbraun bis dunkelrot	feinkörnig	weich, wenig wetterfest/ z.B.: Bildhauerei, Kloster Banz bei Bad Staffelstein
Liassandstein	hellfarbig	fein- bis mittelkörnig	sehr hart, wetterbeständig
Molassesandstein	gelbgrau	fein- bis mittelkörnig	mit tonigen Bindemitteln nicht für Bauten geeignet/ z.B.: Rue de Bourg in Lausanne
Rotsandstein oder Grünsandstein	rot, grün	–	z.B.: Alte Münchener Pinakothek
Solling-Platten	rötlich	glimmeartig	wetterbeständig, plattig spaltbar/ z.B.: für Dachbedeckung
Obernkirchner Sandstein	grau-gelblich	feinkörnig	sehr wetterfest/ z.B.: Opernhaus in Hannover
Schlaitdorfer Sandstein	grau-gelblich	–	wenig wetterfest/ z.B. Kölner Dom
Quadersandstein	grau bis gelbbraun	–	z.B.: für Bildhauerarbeiten, Frauenkirche in Dresden
Dyas Sandstein	gelb bis rot, grünlich grau bis weiß	feinkörnig	hart, wetterbeständig

Abb. 35: nach [29]

Bild: Rot gefärbter Sandstein, Felstore von Legzira, Marokko./ Foto: Dr. Sascha Peters

Je nach Bindemittel werden Kiesel-, Kalk- und tonige Sandsteine unterschieden. Sandsteine mit einem kieseligen Binder (Quarz) weisen eine hohe Festigkeit und gute Witterungsbeständigkeit auf, sind allerdings nur schwer zu bearbeiten. Bei Ausfüllung der Porenräume durch ein Bindemittel können frostbeständige Eigenschaften erzielt werden. Kalksandsteine verfügen über eine ausreichende Festigkeit. Sie lassen sich leicht bearbeiten, wodurch sie für die Bildhauerei geeignet sind. Die Gesteinsoberfläche kann man allerdings nur schlecht polieren. Auffällig ist die Empfindlichkeit gegen chemische Substanzen und säurehaltige Luft. Tonige Bindemittel verleihen Sandsteinen eine poröse Struktur mit nur mäßiger Witterungsbeständigkeit. Sie nehmen leicht Wasser auf und reagieren daher empfindlich auf Frost.

Besonders harte Sandsteine mit hoher Festigkeit sind ***Grauwacke*** und ***Konglomerate***, die aus einer festverkitteten Kieselsteinstruktur bestehen. Im Zusammenhang mit Hartsteinen werden auch häufig die hochfesten Quarzite genannt. Diese sind allerdings keine Sedimentgesteine, sondern gehen aus Umwandlungsvorgängen von Sandsteinen hervor. Verfestigungen aus tennisballgroßen Bruchstücken werden ***Brekzien*** genannt. Auf Grund ihres Aussehens werden sie häufig mit Kunststeinen verwechselt.

Verwendung

Die Verwendbarkeit von Sandstein ist vielfältig. Anwendungsgebiete liegen im Landschafts- und Gartenbau, in der Architektur und im Bauwesen. Es wird z. B. für Mauer- und Pflastersteine verwendet und dient als Grundwerkstoff zur Anfertigung von Skulpturen.

Bild: Kalksandstein.

Sandstein wurde in Deutschland zum Bau vieler Kirchen genutzt. Dass Kalksandsteine durch säurehaltige Luft angegriffen werden, kann man insbesondere am Kölner Dom erkennen.

Bild: Säureempfindlicher Kalksandstein./ Kölner Dom

Konglomerate und Grauwacke lassen sich nur schlecht bearbeiten. Sie werden daher in Form von Werksteinen als Schotter, Pflastersteine und Splitt genutzt. Die hochfesten Quarzitgesteine finden Verwendung beim Bau von Grundmauern und für stark beanspruchte Bodenbeläge und Treppen. Quarzitmehl wird Beton zugesetzt und in der Herstellung feuerfester Steine genutzt. Außerdem hat es eine gewisse Bedeutung in der Glasproduktion. Brekzien werden selten verwendet.

MIN 4.4.3
Sedimentgesteine – Lehm

Seit fast 10.000 Jahren wird Lehm zur Errichtung von Gebäuden verwendet und zählt somit zu einem der ältesten Werkstoffe der Menschheitsgeschichte. Er geht aus chemischen Verwitterungsvorgängen hervor, zählt somit zu den Sedimenten und besteht aus Ton, Quarz (Sand), Kalk und weiteren Bestandteilen wie den braun färbenden Eisenoxiden. Ton wirkt als Bindemittel und verklebt die Bestandteile miteinander. Regionale Unterschiede in der Zusammensetzung lassen die Eigenschaften stark variieren. Lehm ist Ton sehr ähnlich. Da aber die enthaltenen Korngrößen über denen von Ton liegen, fallen Plastizität und Wasserundurchlässigkeit geringer aus. Tonreicher Lehm wird als fett, tonarmer als mager bezeichnet.

Bild: Stampflehmwand in der modernen Architektur. Die Stampflehmwand bereichert das Raumklima durch ihre feuchteregulierende Wirkung und gibt dem Raum eine warme und natürliche Note./ Architektur und Foto: sol·id·ar Architekten und Ingenieure

In den unterschiedlichen Anwendungsbereichen wird die Eigenschaft genutzt, dass das Material in nassem Zustand weich ist und sich leicht verarbeiten und formen lässt. Nach der Trocknung erhält der Werkstoff eine feste Struktur. Diese kann Druck von bis zu 2–3 N/mm^2 standhalten, neigt aber bei zu großem Sandanteil zum Zerfallen. Ein hoher Tonanteil führt zu Rissbildung. Dieser sollte daher einen Anteil von 10 % nicht übersteigen. Da Lehm bei Zugabe von Wasser quillt, muss je nach enthaltenem Tonmineral ein Schwindmaß von 3 % bis 7 % beachtet werden. Die Eigenschaft zur leichten Aufnahme und Abgabe von Feuchtigkeit kann zur Stabilisierung des Raumklimas im Gebäudeinneren genutzt werden. Außerdem werden Gift- und Geruchsstoffe aus der Luft gefiltert. Der Werkstoff kann zudem sehr gut Wärme speichern. Unter Beimischung von Stroh, Bims und Holzschnipseln werden gute Dämmeigenschaften erzielt. Außerdem wirken Zuschlagstoffe möglicher Rissbildung entgegen. Lehm bietet hohen Schall- und Trittschutz.

Verarbeitung

Die Verarbeitung von Lehm erfolgt entweder unter Verwendung vorgefertigter Lehmziegel und Lehmbauplatten, oder das Material härtet erst am Einsatzort unter Beimischung von Fasern oder mineralischen Zuschlägen aus. Lehmziegel werden in Holzrahmen geformt und getrocknet. Die industrielle Produktion erfolgt in Press- und Strangpressverfahren. Zur Herstellung eines Mauerwerks werden Lehmsteine an den Berührungsstellen angefeuchtet und mit Mörtel verbunden. Dieser besteht in der Regel aus dem gleichen Lehm der zur Herstellung der Ziegel verwendet wird. Auch der Bau von Dachkonstruktionen und Kuppeln ist mit Lehmsteinen möglich (Steingrass 2003). Lehmbauplatten bestehen aus Baulehm mit einer Verstärkung aus Jute oder Schilfrohr.

Stampflehmverschalung

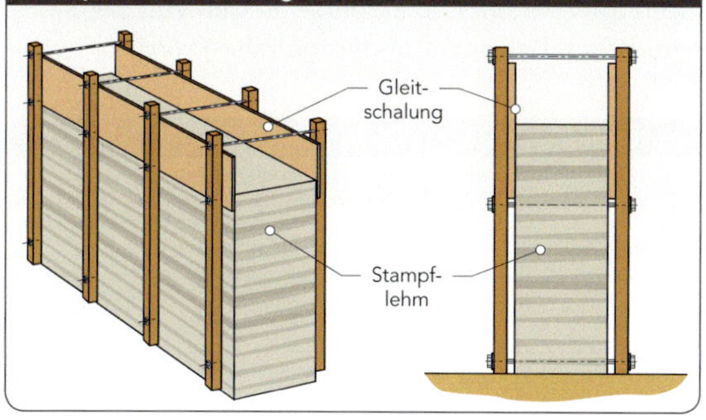

Abb. 36: nach [8]

Bei der ***Stampflehmtechnik*** wird Lehm in einer Holzverschalung in Schichtdicken von 10–12 cm aufgetragen und manuell oder mit pneumatischen Stampfgeräten verdichtet. Die Bearbeitung erfolgt so lange, bis die einzelnen Schichten auf etwa Zweidrittel ihrer Schütthöhe komprimiert wurden. Mit entsprechend großen Verschalungselementen ist es möglich, bis zu 2 Meter hoch zu stampfen. Wandöffnungen werden unter Verwendung von Einsatzlehren hergestellt.

Entstehung einer Stampflehmwand
Zuerst wird die Schalung aufgebaut.

Diese wird mit Lehm lagenweise aufgefüllt und verdichtet. Die Schalung gleitet in diesem Prozess langsam nach oben, da der gestampfte Lehm keinen Halt durch die Schalung mehr benötigt.

Im letzten Schritt wird die Schalung entfernt. In der Stampflehmwand verbleiben Löcher, worin zuvor die Spanndrähte (Stabilisierung der Vorder- und Hinterschalfläche) verliefen. Diese Löcher können später mit Lehm ausgetupft und verputzt werden.

Ausführung: LehmBauWerk/ Architektur und Foto: sol·id·ar Architekten und Ingenieure

Bedeutende Lehmarchitektur:

- *Aït Benhaddou, Lehmdorf Marokko*
- *Wohnhäuser in der jemenitischen Hauptstadt Sanaa*
- *Zitadelle der iranischen Stadt Bam*
- *Neunstöckige Gebäude in Schibam (Jemen)*
- *Große Moschee von Djenné (Mali)*
- *Kapelle der Versöhnung (Berlin)*
- *Antike Stadtmauer Babylons*

Bilder: Aït Benhaddou./ Foto: Dr. Sascha Peters

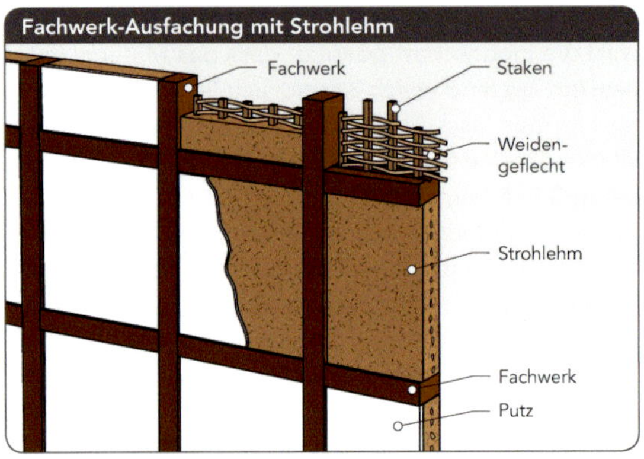

Abb. 37: nach [1]

Zur Ausfachung von ***Fachwerken*** wird meist eine Mischung aus Baulehm und pflanzlichen Fasern wie Stroh verwendet. Lehm wird auf ein Geflecht aus Ruten aufgetragen und kann sogar bei der Restauration historischer ***Stakendecken*** genutzt werden.

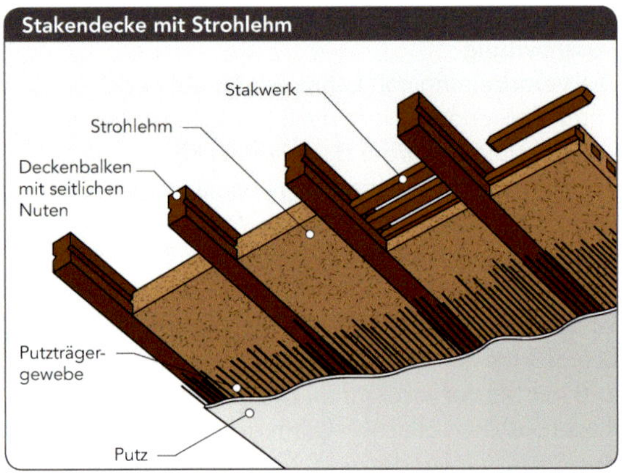

Abb. 38: nach [1]

Zum Schutz von Lehmgebäuden vor Witterungseinflüssen und Feuchtigkeit wird Lehm verputzt oder mit einer Holzverkleidung versehen. In der Regel stehen die Dachkonstruktionen von Lehmarchitekturen über, so dass ablaufender Regen von dem natürlichen Bauwerkstoff ferngehalten wird.

Baulehmsorten und deren Verwendung

Lehmsorte	Rohdichte [kg/m³]	Verwendung
Schwerlehm (Stampflehm)	1700...2200	tragende Lehmmauern, Stampfbau
Massivlehm	1700... 2000	Lehmsteine, Fußböden, Füllungen
Wellerlehm	1500...1800	Wandkonstruktionen in traditioneller »Lehmwellerbauweise« (Stampflehm mit Stohzusatz, meist ohne Verwendung von Schalungen)
Faserlehm (Strohlehm)	1200...1700	Lehmsteine, Lehmplatten, Fachwerkausfachung, Decken
Leichtlehm	300...1200	nicht tragende Konstruktionen, Wände, Decken
Lehmstroh	150...300	Dämmung

Abb. 39: nach [29]

Verwendung

Da die Lehmarten aus nordafrikanischen und arabischen Regionen höhere Festigkeiten aufweisen als die europäischen und dort zudem ein sehr trockenes Klima vorherrscht, sind in diesen Gebieten auch die imposantesten Lehmarchitekturen entstanden. Als herausragend galt die im Dezember 2003 bei einem Erdbeben zerstörte Zitadelle der iranischen Stadt Bam, das größte Lehmgebäude der Welt. Ein weiteres bedeutendes Bauwerk aus dem natürlichen Sedimentgestein ist die seit 1988 zum UNESCO Weltkulturerbe zählende große Moschee von Djenné im westafrikanischen Mali. Diese bietet Platz für rund 3.000 Gläubige und gilt als bekanntestes Wahrzeichen Westafrikas.
Lange in Vergessenheit geraten, erfährt das Bauen mit Lehm, auf Grund der guten Eigenschaften des Bauwerkstoffs zur Erzeugung eines stabilen Raumklimas, seit einigen Jahren eine Renaissance. Von 1995 bis 2000 haben 20 Unternehmen neue Lehmprodukte am deutschen Markt eingeführt. 1999 wurde in Berlin der erste Stampflehmbau Deutschlands seit 150 Jahren errichtet.

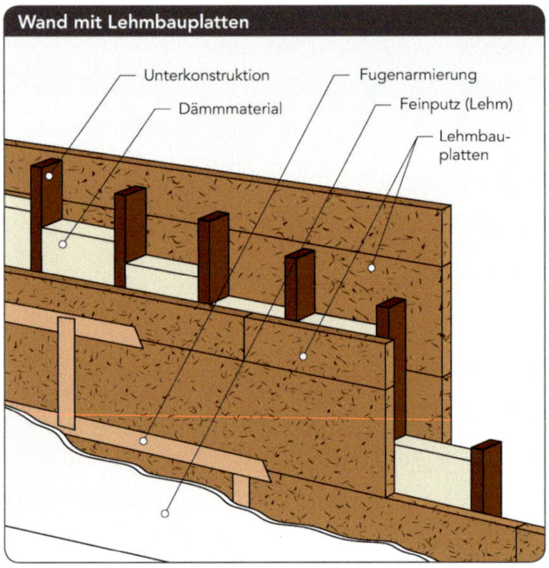

Abb. 40: nach [1]

Handelsformen

Das handelsübliche Maß von Baulehmplatten beträgt 1.500 x 625 x 20 mm³.

Bild: Fachwerkhäuser im historischen Stadtkern von Freudenberg, Deutschland

MIN 4.5
Natursteine

MIN 4.5.1
Natursteine – Edel- und Schmucksteine

Edel- und Schmucksteine sind Mineralienformen mit besonderen optischen Qualitäten. Sie werden in Schmuckstücken verarbeitet oder dekorieren wertvolle Accessoires und Kunstgegenstände. Häufig werden auch edle Gesteine mit einer attraktiven Lichtreflexion (z. B. Bernstein), ***Perlen*** und ***Korallen*** den Schmucksteinen zugeordnet. Der wertvollste Edelstein ist der Diamant MIN 4.5.2. Weitere wichtige Schmucksteine sind Saphir, Rubin, Aquamarin, Smaragd, Beryll, Topas, Türkis, Turmalin, Granat, Rosenquarz, Rauchquarz, Bergkristall, Citrin, Amethyst, Achat, Opal, Tigerauge, Onyx und Jaspis (Duda, Rejl 1997; Markl 2004; Schumann 2002). Der Wert der Edelsteine richtet sich nach Größe, Farbe und Transparenz.

Saphir und ***Rubin*** sind besonders edle Varietäten von Korund MIN 4.1.4 mit dem Härtewert 9. In ihrer chemischen Zusammensatzung gehen sie auf Al_2O_3 zurück. Die rote Farbe des Rubins wird durch geringe Mengen von Chromoxiden hervorgerufen. Alle andersfarbigen edlen Korundformen werden als Saphire bezeichnet. Insbesondere eine blaue Färbung wird mit Saphiren in Verbindung gebracht. Da er in allen Blautönen des Himmels gefunden wurde, glaubten die Menschen früher sogar, der Himmel sei ein riesiger Saphir, in den die Erde eingebettet worden sei. Die Hauptvorkommen liegen in Südostasien (Indien, Burma, Ceylon, Vietnam, Thailand).

Bild: Rubin.*

Bild: Saphir.*

**) Gudrun Meyer Schmuck*

Der grüne ***Smaragd***, hellblaue ***Aquamarin*** und gelbgrüne ***Heliodor*** gehören zur Beryllgruppe. Es sind allesamt harte Beryllium-Aluminium-Silikate, deren farbige Erscheinung auf Verunreinigungen wie Eisen- oder Flüssigkeitseinschlüsse zurückzuführen sind. Das Wort »Brille« ist von dieser Edelsteinsorte abgeleitet, da im Mittelalter klare Beryllsteine zu Brillengläsern und Prismen geschliffen wurden. Smaragde wurden erstmals vor 4.000 Jahren in der Nähe des Roten Meeres gefunden und dienten den ägyptischen Pharaonen zur Repräsentation ihres Reichtums. Besonders große Smaragdsteine waren auch in den Inkaschätzen vorhanden. Heute werden die edelsten Smaragde in Kolumbien und Südamerika abgebaut.

Bild: Smaragd.*

Opale sind besonders farbenreiche Edelsteine, die zu 95 % aus den Trockenregionen Australiens stammen. Das außergewöhnliche Farbenspektrum führen die Ureinwohner des fünften Kontinents auf die Traumzeit zurück, in der der Schöpfer an einem Regenbogen herabstieg, um den Menschen Frieden zu bringen. Der Sage folgend, führte die erste Berührung des Schöpfers mit der Erdoberfläche zu einem Eigenleben der Steine, die von da an in den Farbnuancen des Regenbogens leuchteten. White Cliffs war ab 1889 erstes Opalfeld in der australischen Wüste. Um die Jahrhundertwende wühlten sich etwa 2.500 Menschen durch den Boden und hinterließen eine mondähnliche Kraterlandschaft (Kirsch 2006). Mit Werten zwischen 5,5 und 6,5 liegen Opale im mittleren Bereich der Mohs´ schen Härteskala. Sie werden daher in der Regel eingefasst oder mit farblosem Kunstharz imprägniert. Je trockener die Umgebung der Fundstelle ist, desto größer fällt die Haltbarkeit aus. Der seltene schwarze Opal ist die wertvollste ***Varietät***.

Bild: Achat.*

Achat, Amethyst, Katzenauge, Citrin, Jaspis, Onyx, Tigerauge, Bergkristall, Rauch- und Rosenquarz sind allesamt Quarzvarietäten MIN 4.1.1, deren chemische Zusammensetzung auf Siliziumdioxid (SiO_2) zurückgeht. Der Härtewert der Quarzvertreter liegt bei 7, der Lichtbrechungsindex bei 1,55. Wertvolle Färbungen bieten der purpurviolette Amethyst und das goldgelbe Citrin. Als einer der ältesten Edelsteine fällt Achat durch verschiedenfarbige Schichten auf. Er wird nicht nur als Schmuckstein, sondern auch zur Herstellung von Schalen genutzt und bildet die Grundlage der Edelsteinindustrie in Idar-Oberstein. Als weitere Besonderheit unter den Quarzsteinen ist auch der farblose und fast wasserklare Bergkristall herauszustellen.

Bild: Katzenauge.*

Topase sind farblose Edelsteine, die in sehr unterschiedlichen Farben wie blau und grün erscheinen können. Sie haben einen ähnlich edlen Glanz wie der Diamant und werden auch als Diamantenersatz verwendet. Mit einem Härtewert von 8 ist der Topas ein sehr harter Edelstein. Als Schmucksteine begehrt sind insbesondere die braunen und gelben Varietäten. In Brasilien wird farbloser Topas »pingas d'agoa« (Wassertropfen) genannt. Dort liegen auch die größten Vorkommen.

Bild: Aquamarin, facettiert.*

Das Silikat *Turmalin* kommt auf der Erde in rund 50 Farbnuancen vor. Geschätzt werden in der Schmuckindustrie besonders die roten und hellgrünen Varietäten. Die reiche Farbpalette hebt sie von anderen Edelsteinen ab. Der Begriff Turmalin stammt aus dem Singhalesischen und deutet auf die Eigenschaft des Steins hin, sich durch Reibung elektrisch aufzuladen und Kleinstpartikel wie Staub und Asche anzuziehen.

Bild: Onyx, Rosenschliff.*

Die besondere Farbigkeit machte ***Türkis*** schon bei der indianischen Urbevölkerung Mittelamerikas zu einem begehrten Schmuckstein. Sie liegt zwischen himmelblau und grünblau, was auf Kupfer im Kristallgitter zurückzuführen ist. Die heutigen Vorkommen liegen in Mexiko, Iran und den USA. Der Name ist von der Landesbezeichnung »Türkei« abgeleitet, wo der Edelstein zu Zeiten der osmanischen Herrschaft besonders beliebt war.

Bild: Citrin, oval facettiert.*

Bernstein hat keinen mineralischen Ursprung, sondern geht auf versteinertes Harz einer prähistorischen Fichtenart zurück. Diese war vor 50–70 Millionen Jahren in Skandinavien weit verbreitet und wurde durch eiszeitliche Erdverschiebungen vor allem im Raum des früheren ostpreußischen Küstengebiets abgelagert. Kleinere Vorkommen existieren in Dänemark, Holland, Sizilien, Mexiko und den USA. Besonders wertvoll ist der gelbbraune Bernstein, der auch als »Gold des Nordens« bezeichnet wurde, wenn Insekten luftdicht eingeschlossen und konserviert wurden. Mit einer Härte zwischen 2 und 3,5 ist Bernstein relativ weich und kann leicht bearbeitet werden. Ab einer Temperatur von 150 °C wird er elastisch und beginnt zwischen 250–300 °C zu schmelzen. Bernstein kann leicht zerkratzt werden und reagiert empfindlich auf Alkohol und Laugen. Das berühmteste Kunstwerk aus Bernstein ist das legendäre Bernsteinzimmer, das 1716 als Geschenk des Preußenkönigs an den russischen Zaren nach St. Petersburg kam und 1941 von der deutschen Wehrmacht geraubt wurde. Seit 1945 gilt es als verschollen. Ein Nachbau wurde 1979 begonnen und 2003 anlässlich der 300-Jahrfeier St. Petersburgs fertiggestellt.

Verarbeitung

Edelsteine werden zur Herausstellung der klaren Farbigkeit und lichtreflektierenden Transparenz vor der Nutzung als Schmuckstein geschliffen. Man unterscheidet den Brillant-, Cabochon-, Treppen- und Rosenschliff. Zum Schutz vor äußeren Einflüssen werden Edelsteine meist gefasst.

Schliffformen

Gängige Formen	Verwendung (Beispiele)
Brillantschliff	Diamanten
Cabochonschliff	Türkis, Sternsaphir, Sternrubin
Treppenschliff	Smaragd, Aquamarin
Rosenschliff	kleine und unreine Diamanten

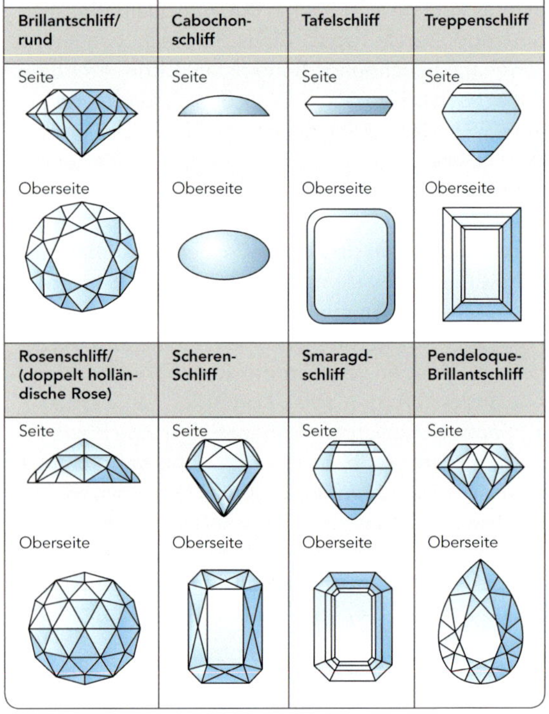

Abb. 41: nach [17]

Verwendung

Neben der Verwendung als Schmuck- und Repräsentationssteine können Edelsteine auch technische Funktionen übernehmen. Saphire werden beispielsweise in den Spitzen von Tonabnehmern von Plattenspielern, für wissenschaftliche Instrumente und in der LED-Technologie genutzt. Rubine kommen in der Lasertechnologie zur Anwendung und werden in hochwertigen Uhrwerken verarbeitet. Seine piezo- und pyroelektrischen Eigenschaften machen Turmalin für die Elektroindustrie geeignet. Achat wird wegen der guten Widerstandsfähigkeit gegen chemische Substanzen für technische Anwendungen verwendet. Auf Grund der klaren Struktur findet Bergkristall Anwendung in optischen Geräten und wird zu Prismen und Linsen geschliffen.

Bild: Bernsteinschmuck.

MIN 4.5.2
Natursteine – Kohlewerkstoffe

Der ***Diamant*** ist die härteste in der Natur vorkommende Gesteinsart. Seine Eigenschaften gehen auf eine besonders dichte Anordnung der Kohlenstoffatome im Kristallgitter zurück, die durch eine Metamorphose von Grafit bei einer Temperatur von 2.000 °C und 40 GPa in Tiefengesteinen entsteht. Der hohe Brechungsindex (2,42) zerlegt weißes Licht in das gesamte Farbspektrum, weswegen der Diamant als edelster aller Schmucksteine gilt. Um die optischen Qualitäten besonders hervorzuheben, werden Rohdiamanten in der Regel im Brillantschliff mit 58 Facetten bearbeitet. Diese bewirken eine vollständige Reflexion des eintreffenden Lichts auf der Rückseite des Steins. Diamanten werden nach Gewicht, Schliffform, Farbe und Reinheit bewertet. Die Einheit »***Karat***« wird durch Gewicht und Durchmesser des Steins ermittelt (1 Karat = 0,2 Gramm). Reine Diamanten sind äußerst selten. Im Schnitt ist eine Gesteinsmenge von etwa 200 Tonnen erforderlich, um Diamanten mit einem Gewicht von 1 Karat zu finden. Große Vorkommen befinden sich in Südafrika, Botswana, Sierra Leone, Australien und im Kongo.

Maßeinheit Karat (1 Karat = 0,2 Gramm)

Karat	Durchmesser
0,005 ct	1,1 mm
0,01 ct	1,4 mm
0,02 ct	1,7 mm
0,03 ct	1,9 mm
0,04 ct	2,1 mm
0,05 ct	2,3 mm
0,10 ct	3,0 mm
0,50 ct	5,1 mm
1,00 ct	6,5 mm
2,00 ct	8,3 mm
3,00 ct	9,3 mm
4,00 ct	10,3 mm
5,00 ct	11,2 mm

Das Karat-Gewicht eines rund geschliffenen Brillanten kann überschlägig anhand des Durchmessers ermittelt werden, da die Proportionen fest definiert sind.

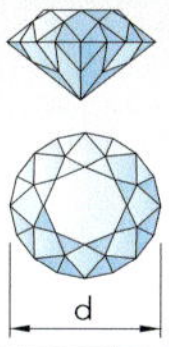

Historisch bezeichnet Karat die Gewichtseinheit eines getrockneten Samenkorns eines Johannisbrotbaums (griesch. = Ceratonia siliqua)

Abb. 42

Auch der grauschwarze ***Grafit*** geht auf ein Kristallgitter des Kohlenstoffs zurück. Dieses ist in Schichten aufgebaut. Die Zusammenhaltkräfte zwischen den einzelnen Schichten sind jedoch gering, wodurch die Eigenschaften von Grafit stark von der Verlaufsrichtung der Schichten abhängen. Mit einer Mohshärte von 1 bis 2 zählt Grafit zu den weichen Gesteinsarten. Er reagiert unempfindlich auf Säuren, ist korrosionsbeständig und nicht schmelzbar. In Richtung der Schichtebenen leitet der Werkstoff sehr gut Wärme und elektrische Ströme. Seit den 50er Jahren ist es möglich, aus Grafit unter Einwirkung extrem hohen Drucks (bis 50.000 bar) und Temperaturen von 1.700 °C Diamanten synthetisch herzustellen und somit für technische Anwendungen erschwinglich werden zu lassen MIN 6.2.

Ruß, Koks und Kohle haben eine ähnliche Struktur wie Grafit. Allerdings sind die Schichten nicht geordnet, sondern gegeneinander verdreht und verschoben. Weitere Kohlenstoffmodifikation, die erst Mitte der 80er Jahre entdeckt wurden, sind Fullerene und ***Kohlenstoffnanoröhren*** (CNT) MIN 6.3. Diese weisen eine sehr stabile Wabenstruktur auf, deren Anwendungspotenzial derzeit erforscht wird.

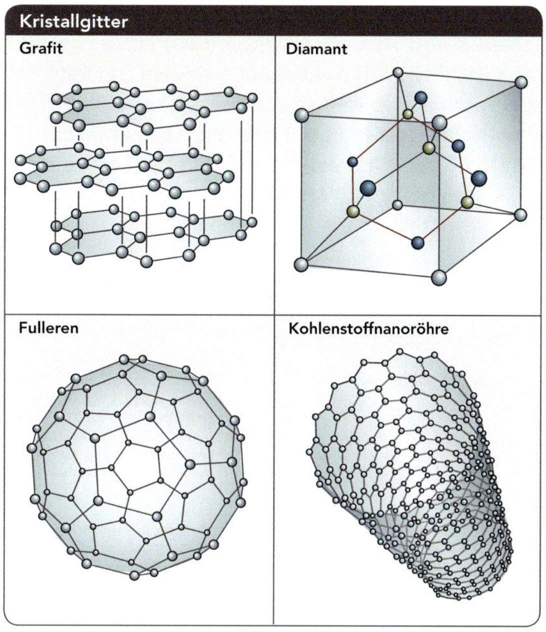

Abb. 43: nach [2]

Verwendung
Neben der Verwendung als Schmuckstein kommen Diamanten auf Grund der großen Härte insbesondere als Schneid-, Schleif- und Bohrwerkstoff zur Anwendung. Trotz der hohen Kosten bietet der Naturstein in diesem Bereich einen äußerst effizienten Einsatz, da sich die gewünschte Oberflächenqualität fast aller Werkstoffoberflächen in meist nur einem Arbeitsschritt herstellen lässt. Mit Diamanten bestückte Skalpelle führen in der Chirurgie zu sauberen Schnitten mit geringer Narbenbildung. Diamantbesetze Stahlbänder sind aus dem Abbau anderer Natursteine wie Marmor bekannt.

Graphene
sind dünne Membrane wabenartig orientierter Kohlenstoffatome. Sie wurden 2004 vom deutschen Physiker Klaus von Klitzing entdeckt und weisen die höchste Reißfestigkeit aller bekannten Materialien auf. Mit ihrer hohen Leitfähigkeit könnten Graphene langfristig Silizium als Basis der Halbleiterherstellung ablösen.

Bild: Diamantring von Xen./ Foto: Xen GmbH

Faserzementplatten *sind unter der Marke Eternit jedem Architekten ein Begriff. Sie bestehen aus Zement und Fasern mit hoher Zugfestigkeit.*

Auf Grund der hervorragenden elektrischen Eigenschaften wird 90 % der Grafitproduktion zur Herstellung von Elektroden verwendet. Zudem ist Grafit zur Produktion feuerfester Laborgeräte mit hoher chemischer Beständigkeit geeignet. Die abfärbenden Eigenschaften sind uns darüber hinaus von Bleistiften bekannt. Weitere Anwendungsfelder sind Schmiermittel und die Kerntechnik.

Berühmte Diamanten

Name/ Farbe	Rohgewicht	Fundjahr/ Fundort	Anmerkung (Stand 2009)
Cullinan/ hellblau	3106,75 ct	1905/ Premier-Mine, Südafrika	größter gefundene Rohdiamant, gespalten in 105 Steine
Excelsior/ weiß-blau	995,20 ct	1893/ Jagersfontein-Mine, Südafrika	zweigrößter gefundene Rohdiamant, gespalten in 22 Steine
Star of Sierra Leone	968,90 ct	1972/ Dominica Mine, Sierra Leone	drittgrößter gefundene Rohdiamant, gespalten in 17 Steine
Millennium Star/ farblos	777 ct	1990/ Mbuji-Mayi, Zaire	zweitgrößter lupenreiner geschliffener Diamant (204,04 ct)
Golden Jubilee/ bersteinfarben	755 ct	1986/ Premier-Mine, Südafrika	größter facettiert-geschliffene Diamant (545,67 ct)
Präsident Vargas/ hellrosa	726,8 ct	1938/ San Antonio, Brasilien	gespalten in 29 Steine
Jonker/ weiß-blau	726 ct	1934/ nahe Pretoria, Südafrika	gespalten in 11 Steine
Centenary/ farblos	599,10 ct	1986/ Premier-Mine, Südafrika	größter lupenreiner geschliffener Diamant (273,85 ct)
Regent (»Pitt«)/ farblos	410 ct	1701/ Golconda, Indien	heute im Louvre (136,75 ct)
Orlov/ blau-grün	geschätzt 300 ct	unbekannt/ Indien	ungewöhnliche Rosen-Schliffform, derzeit im Diamantmuseum in Moskau (189,62 ct)
Koh-i-Noor (Berg des Lichts)/ farblos	186 ct (Rohgewicht geschätzt ca. 600)	ca. 3000 v. Chr Indien	britischen Kronjuwelen im Tower of London (nachgeschliffen auf 105,6 ct)
Blue Hope/ blau	112,5 ct	unbekannt/ Golconda, Indien	berüchtigste mit Fluch besetzter Diamant (45,52 ct). Derzeit im Smithsonian Institution of Washington
Sancy/ hell-gelb	55,23 ct	unbekannt/ Indien	derzeit im Louvre in Paris
Grüner Dresdner/ grün	41 ct	um 1743/ Indien	derzeit in Schatzkammer von Dresden

Abb. 44: nach [11]

Bild: Diamanttrennscheibe.

MIN 4.6 Mineralische Bindemittel

Zur Herstellung einer Verbindung zwischen Natur- und Industriesteinen werden mineralische Bindemittel eingesetzt. Diese bestehen aus fein gemahlenem Gesteinspulver, das bei hohen Temperaturen gebrannt und mit Zuschlagstoffen vermischt wird. Am Einsatzort werden sie mit Wasser zu einer plastischen Masse vermischt und härten nach der Verarbeitung unter erheblicher Wärmeproduktion aus. Je nach verwendetem Bindemittel, Feinheit des Ausgangsstoffs und eingebrachten Zusätzen entstehen Verbindungen mit unterschiedlichen Eigenschaften für den Innen- und Außenbereich. Je nach Art der Aushärtung werden zwei Grundprinzipien unterschieden. Luftbindemittel wie Baugipse, ***Luftkalke*** oder Anhydrit- und Magnesiabinder verfestigen nur an der Luft. Zemente, hydraulische Kalke, Misch-, Putz- und Mauerbinder sind hydraulische Bindemittel, die selbst ohne Luftzufuhr in Wasser aushärten können (Stark, Wicht 2000).

Bindemittel und Verwendung/ Verarbeitung

Bindemittel (und Bespiele)	**Verwendung (Verarbeitung)**
Baugips (Stuckgips, Putzgips, Fugengips, Marmorgips, Leichtgips, Modellgips)	Innenputz, Gipsbauplatten, Modellbau, Chirurgie, Dentaltechnik (in Wasser einrühren, härtet an der Luft aus)
Anhydritbinder (AB 5, AB20 DIN 4208)	Estriche, Innenputz, Wandbauplatten (wird in Wasser mit Anregern angerührt und härtet an der Luft aus)
Magnesiabinder (Magnesiaestrich, Steinholz, Magnesia-Füllstoffe)	Estriche, Holzwolle-Leichtbauplatten (mit Salzlösung angerührt und härtet an der Luft aus)
Zement (Portlandzement CEM I, Portlandhüttenzement CEM II, Flugaschezement)	Betonbau, Betonwaren, Mörtel (mit Wasser angerührt, härtet im Wasser und an der Luft aus)
Baukalk (Luftkalk, Weißkalk, Hydraulischer Kalk, Stückkalk, Feinkalk, Muschelkalk)	Putz, Mauermörtel, Baustoffe, zur Herstellung von Kalksandstein (mit Wasser angerührt, härtet im Wasser (hydraulische Kalke) und an der Luft (Luftkalke) aus)

Abb. 45: nach [26]

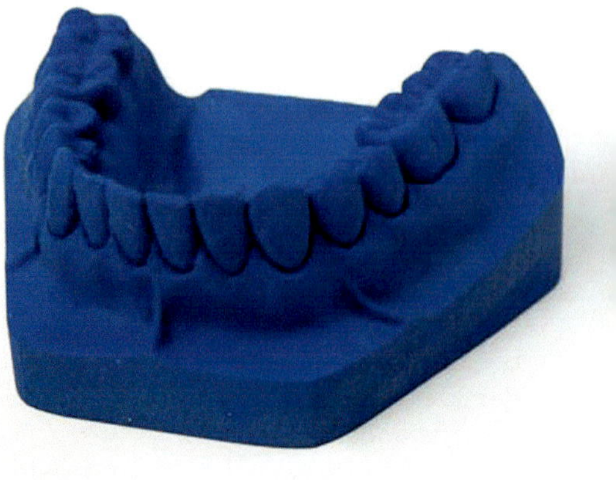

Baukalke bestehen aus reinem Kalkstein oder Kalkmergel und werden durch Beimischung von Sand und Wasser zu Putz- und Mauermörtel verarbeitet (Forster 2003). Je nach Art der Verarbeitung der Aushärtung unterscheidet man zwischen Luftkalk und hydraulischem Kalk. Durch die Verwendung hydraulischer Kalke kann eine schnellere Aushärtung und höhere Festigkeit erzielt werden. Luftkalkmörtel sollte nur in trockenem Innenbereich verwendet werden.

Baugipse werden aus Gipsgestein *MIN 4.1.3* gewonnen und als Modelliermasse für Stuckarbeiten (siehe Frössel 2003), zum Verputzen und Grundieren unebener Mauerwerke und zum Verlegen von Gipsplatten verwendet. Sie sind allerdings nur für eine trockene Umgebung geeignet, da sich Gips unter längerem Wassereinfluss auflöst. Gips nimmt Feuchtigkeit schnell auf, gibt sie aber auch leicht wieder ab. Der Kontakt mit Bauteilen und Elementen aus Stahl sollte auf Grund der korrosiven Wirkung vermieden werden.

Bindemittel und Verwendungsbereiche

Bezeichnung	Eigenschaft	Verwendung
Stuckgips	nicht witterungsbeständig, wasserlöslich, versteift nach ca. 8 bis 20 Min.	Stuckarbeiten, Rabitzarbeiten, Gipsbauplatten
Modellgips	härter als Stuckgips durch Zusätze	Modellbau, Formenbau, Chirurgie, Dentalbereich
Putzgips	versteift früher als Stuckgips, ist aber länger verarbeitbar	Innenputz, Rabitzarbeiten
Fertigputzgips	versteift langsam, Verarbeitungszeit ca. 40 Min.	Innenputz (einlagig)
Haftputzgips	haftet besonders gut auf problematischen Untergrund Verarbeitungszeit ca. 50 Min.	Deckenputz, Innenputz für problematische Untergründe
Maschinenputzgips	wie Fertigputzgips, geeignet für maschinelle Verarbeitung	Innenputz (speziell für Putzmaschinen geeignet)
Ansetzgips, Spachtelgips, Fugengips	versteift langsam, gute Haftung	ansetzen, verspachteln, verbinden von Gipsbauplatten
Marmorgips	hart, schleif- und polierfähig	Kunstmarmor, ausfugen

Abb. 46: nach [2]

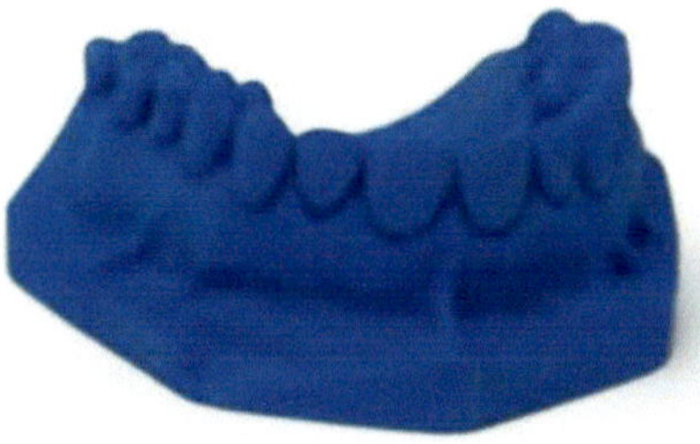

Bild: Gebissabguss aus Gips.

Zur Herstellung von ***Zementen*** werden Kalkstein und Mergel gemahlen und bei einer Temperatur von 1.450 °C zu Klinker gebrannt. Das graue Zementpulver entsteht durch Feinzerkleinerung des Klinkers und Beimischung von etwa 3 % Gips und weiteren Zusätzen wie Hüttensand, Trass, Flugasche oder Puzzolan. Es entstehen hydraulische Bindemittel, die sowohl an der Luft als auch in Wasser aushärten können. Je nach Zusatzstoff werden Portlandzement (keine Zusätze), Hochofenzement (35 %–95 % Hüttensand), Puzzolanzement (10–50 % Puzzolan und Flugasche) oder Kompositzement (35 %–80 % Hüttensand, Puzzoland, Flugasche) unterschieden.

Hauptverwendung von Zementen ist die Herstellung von Beton und Mörtel. Obwohl ähnliche Rohstoffe Verwendung finden, sind Zementverbindungen fester als gebundene Baukalke. Allerdings muss mit einer wesentlich längeren Aushärtezeit gerechnet werden. Die Erstarrung zu Zementgel kann zwar schon nach etwa 12 Stunden ausgemacht werden, doch zieht sich die Zementsteinbildung über mehrere Monate hin. Die unterschiedlichen Zementsorten werden nach Normfestigkeiten unterschieden, welche nach einer Aushärtezeit von 28 Tagen erreicht werden. Festigkeitsklassen dienen zur eindeutigen Kennzeichnung auf Zementsack oder Lieferschein.

Derzeit arbeiten Forscher in Kalifornien an einer Möglichkeit, die Kohlendioxid-Emission eines Kraftwerks in Zement zu überführen. Auf diese Weise soll der Anteil des Treibhausgases in der Atmosphäre verringert und die Erderwärmung gestoppt werden. Plan ist, einen Teil des frei werdenden Kohlendioxids abzuzapfen und durch Meerwasser zu leiten. Mit dem im Wasser gelösten Magnesium und Kalzium entstehen Karbonate. Der Vorgang ist mit dem chemischen Prozess vergleichbar, der für das Wachstum von Korallen sorgt. Anschließend soll die Abwärme des Kraftwerks genutzt werden, um das entstandene schlammige Material zu Klinker zu trockenen und zu Zement zu verarbeiten (Traufetter 2008).

Festigkeitsklassen der Normenzemente (DIN EN 197-1)

Festigkeitsklasse	Druckfestigkeit in N/mm² nach Tagen				
	Anfangsfestigkeit		Normfestigkeit		Erstarrungsbeginn
	2 Tage	7 Tage	28 Tage	28 Tage	
32,5 N	–	≥16	≥32,5	≤52,5	≥60 Min.
32,5 R	≥10	–	≥32,5	≤52,5	≥60 Min.
42,5 N	≥10	–	≥42,5	≤62,5	≥60 Min.
42,5 R	≥20	–	≥42,5	≤62,5	≥60 Min.
52,5 N	≥20	–	≥52,5	–	≥45 Min.
52,5 R	≥30	–	≥52,5	–	≥45 Min.

Abb. 47: nach [2]

Zu weiteren Bindemitteln zählen ***Mischbinder*** zur Herstellung von Mauermörtel und niederfestem Beton, Putz- und Mauerbinder sowie ***Magnesia-*** und ***Anhydritbinder***. Letztere werden für Estriche *MIN 4.7* oder Leichtbauplatten verwendet.

MIN 4.7
Mörtel

Mörtel basiert auf einer Mischung von Bindemitteln wie Zement, Gips oder Kalk, Gesteinspartikeln mit einer Korngröße von bis zu 4 mm und Wasser. Das Bindemittel sorgt für eine feste Verbindung der einzelnen Bestandteile. Die Wahl richtet sich nach dem Anwendungsfall MIN 4.6. Festigkeit und Dichte der späteren Gesteinsmasse werden insbesondere durch die geeignete Dosierung des Gemisches erzielt. Sowohl zu viel als auch zu wenig Bindemittel wirken sich negativ auf die Qualität des gehärteten Mörtels aus. Gleiches gilt für die beigemischte Wassermenge. Je nach Anforderung werden Zuschlagstoffe (Sand) beigemischt, die Festigkeit und Härte erhöhen und die Schwindung des Mörtels verringern. Durch Zusätze können Aushärtgeschwindigkeit, Farbe, Haftverbund, Dichte, Porenbildung und Wasserundurchlässigkeit des Mörtels beeinflusst werden.

Fehlerquellen bei der Anmischung von Mörtel

Ursache	Wirkung
zu viel Bindemittel	starke Schwindung, Gefahr der Rissbildung
zu wenig Bindemittel	geringe Festigkeit, Dichte, Frostbeständigkeit
zu viel Wasser	Ausschwemmen von Bindemittel, geringe Festigkeit und Frostbeständigkeit
zu wenig Wasser	geringe Festigkeit, da Zuschlagstoffe nicht vollständig mit Bindemittel benetzt sind
verunreinigtes Wasser	Festigkeitseinbußen durch inhomogene Aushärtung

Abb. 48

Mörtelzusätze

Zusätze	Wirkung
Puzzolan	verbessert Verarbeitbarkeit, vermindert Ausblühungen und Verfärbungen
Mörtelfarben	Einfärben
Dichtungsmittel (DM)	Verschließen der Poren (wasserdicht)
Erstarrungs-verzögerer (VZ)	verzögert den Erstarrungsbeginn
Erstarrungs-beschleuniger (BE)	Beschleunigt die Erstarrung
Luftporenbildner (LP)	Erzeugt feine Luftporen, erhöht den Frost-widerstand

Abb. 49: nach [2]

Verwendung und Mörtelarten

Für die Hauptanwendungsbereiche werden entsprechend der Zusammensetzung des Gemisches Mauer-, Putz-, Verlege- und Estrichmörtel unterschieden (Merkel, Thomas 2003):

Mauermörtel dient zur Verbindung der Steine eines Mauerwerks. Er sollte nach Möglichkeit alle Fugen ausfüllen und eine gute Haftwirkung erzielen. Um Zug- und Druckbelastungen am Mauerwerk auszugleichen, werden vielfach elastische Mörteleigenschaften gefordert. Zur Verbesserung der Haftung sollte der Untergrund aufgeraut und saugfähig für Flüssigkeiten sein. Trockenes Gestein ist anzufeuchten.

Putzmörtel wird zum Ausgleich von Unebenheiten und zur visuellen Gestaltung von Maueroberflächen im Innen- und Außenbereich verwendet. Dabei werden entsprechende Dicke, hohe Härte, gute Haftung und gleichmäßige Beschaffenheit erwartet. Durch verschiedene Putzmethoden können optische Strukturen (gewellt, gekratzt, gespritzt) in die Oberfläche eingebracht werden (siehe auch Frössel 2003, Forster 2003).

Verlegemörtel wird zum Verlegen von Platten verwendet. Neben der festen Verbindung ist die Hauptfunktion des Mörtels, die Längenänderungen in Folge mechanischer Beanspruchung auf das Plattenmaterial auszugleichen und über den Untergrund abzuleiten. Sobald der Verlegemörtel angehärtet ist, werden die Fugen mit zementhaltigem Fugenmörtel aufgefüllt. Um in großflächigen Bodenbelägen Spannungen in Folge starker Temperaturwechsel zu vermeiden, sind Dehnfugen vorzusehen.

Bild: Fugenmörtel bei einer Wandverfliesung./ Foto: cantera Naturstein Welten

Estriche sind belastbare Mörtelschichten, die direkt auf einen tragenden Untergrund oder eine Dämmschicht aufgebracht und als Fußbodenbeschichtung verwendet werden können. Sie müssen vor allem über hohe Druck- und Verschleißfestigkeit verfügen. In der Regel werden zementhaltige Estrichmörtel eingesetzt. Industrieestriche werden in die Festigkeitsklassen ZE 30 für leichte, ZE 40 für mittlere und ZE 50 für schwere Beanspruchungen gegliedert. Timm, Heeser 1996 gibt Arbeitshilfen für die Planung von Estrichen.

MIN 4.8
Beton

»Ausmaß und Maßstab des Holocaust machen jeden Versuch, ihn mit traditionellen Mitteln zu repräsentieren, unweigerlich zu einem aussichtslosen Unterfangen. [...] Unser Denkmal versucht, eine neue Idee der Erinnerung zu entwickeln, die sich deutlich von Nostalgie unterscheidet. [...] Heute können wir Vergangenheit nur durch eine Manifestation in die Gegenwart verstehen.« (Peter Eisenman 1998)

Nach einer Planungsphase von 17 Jahren und schier nicht enden wollenden Diskussionen um die geeignete Form des Gedenkens an die jüdischen Opfer der nationalsozialistischen Diktatur wurde das Holocaust-Mahnmal des New Yorker Architekten Peter Eisenman am 10. Mai 2005 in Berlin eröffnet. Zwischen Brandenburger Tor und Potsdamer Platz entstand ein etwa 19.000 qm großes Stelenfeld, das völlig auf die üblicherweise mit dem Massenmord in Verbindung gebrachte Symbolik verzichtet und das Gedenken in den Kontext ästhetischer Formensprache rückt. Ohne einen speziellen Ein- oder Ausgang sucht sich der Besucher selber seinen Weg durch die linear angeordneten 2.711 Stelen aus hochfestem Beton, jede einzelne 95 Zentimeter breit und 238 Zentimeter tief. Mit unterschiedlicher Neigung ragen sie in den Himmel. Die an den Rändern offene Transparenz der Anordnung zieht den Besucher in die Mitte des Feldes, dort, wo die Betonmassen eine Höhe von bis zu 4,70 m erreichen. Zunächst nur ein wenig und dann immer mehr zwingen sie zur Einsamkeit. Die schmalen, wellenförmig angelegten Wege führen zur Vereinzelung, lassen keinen Platz für Händchenhalten und Gruppendiskussionen. Man ist Alleingelassen mit den Steinen und dem, was passierte.

Bild: Holocaust-Mahnmal in Berlin

Beton ist ein sehr druckfester und witterungsbeständiger künstlicher Stein, der aus einer Mischung von Gesteinskörnern, Zement als Bindemittel und Wasser besteht. Die Eigenschaften des gehärteten Materials hängen von Menge und Qualität der Ausgangsstoffe und den beigemischten Zusätzen ab (z. B. Luftporenbildner, Fließmittel, Pigmente, Erstarrungsverzögerer MIN 4.7). Die Biege- und Zugfestigkeit von Beton ist niedrig. Die Frostbeständigkeit wird durch die Porosität der Materialstruktur, also durch die Dichte, bestimmt und von der Art der Zuschlagstoffe beeinflusst. Entsprechend der Rohdichte unterscheidet man ***Leicht-***, ***Normal-*** und ***Schwerbeton***.

Betonart nach Rohdichte / DIN 1045

Betonart	Trockenrohdichte [kg/dm³]	Gesteinskörnung (Beispiele)
Leichtbeton (LC)	0,8... 2,0	Blähton, Blähschiefer Hüttenbims, Naturbims
Normalbeton (C)	> 2,0... 2,6	Kies, Sand, Splitt
Schwerbeton (HC)	> 2,6	Stahlgranulat, Schwerspat, Eisenerz

Abb. 50: nach [29]

Für die einzelnen bautechnischen Anwendungen (z. B. Treppe, Fundament, Decke) werden Betonwerkstoffe mit ganz unterschiedlichen Festigkeiten benötigt. Die Auswahl wird durch Angabe der Nenn- und Serienfestigkeiten in 7 Festigkeitsklassen und zwei ***Betongruppen*** B I und B II erleichtert. Mit Nennfestigkeit ist die Mindestdruckfestigkeit eines Betonwerkstoffs gemeint. Die Serienfestigkeit gibt die mittlere Druckfestigkeit an. Im Vergleich zur Betongruppe B I weist Beton der Gruppe B II eine verzögerte Verarbeitungsdauer von mindestens 3 Stunden auf, um besondere Betoneigenschaften zu erzielen. Diese sind:

- Wasserundurchlässigkeit
- hoher Frostwiderstand
- hoher Tausalzwiderstand
- hohe Gebrauchstemperatur
- hohe chemische Resistenz
- hoher Verschleißwiderstand

Festigkeitsklassen für Beton

Betongruppe	Festigkeitsklasse	Nennfestigkeit β_{WN} [N/mm²]	Serienfestigkeit β_{WS} [N/mm²]	Verwendung
Beton B I	B 5 B 10	5,0 10	8,0 15	nur für unbewehrten Beton
	B 15 B 25	15 25	20 30	für unbewehrten und bewehrten Beton
Beton B II	B 35 B 45 B 55	35 45 55	40 50 60	

Abb. 51: nach [21]

Bild: Stehleuchte aus Beton./ Hersteller: Villa Rocca

Die Aufnahme hoher Zug- und Druckkräfte ist besonders für den Hoch- und Brückenbau von Bedeutung. Die benötigten Festigkeiten tragender Wände oder Pfeiler werden durch Bewehrung mit Stahl (Einbetonieren kreisförmiger Profile) erzielt. Hier darf nur Beton der Gruppe B II Verwendung finden, da dieser einer besonderen Prüfung unterliegt. Für hochbeanspruchte Teile wurden die Festigkeitsklassen B 65 bis B 115 eingeführt. Eine Profilierung der Stahloberflächen unterstützt die Kraftübertragung und damit die Tragfähigkeit des Verbundwerkstoffs (***Stahlbeton***). Um Rostbildung zu vermeiden, ist beim Eingießen des Stahls darauf zu achten, dass der witterungsanfällige Werkstoff von allen Seiten gut umschlossen wird. Zur Steigerung der Festigkeit und Schlagzähigkeit kann Beton auch mit Glasfasern verstärkt werden. Für Faserbeton ist ein Faseranteil von etwa 5 % üblich (Pfaender 1997). Als Faserwerkstoffe sind für besondere Anwendungsfälle auch Stahl-, Kunststoff-, Kohlenstoff- und Zellulosefasern in der Anwendung (Röhling et al. 2000).

Oberflächengestaltung von Betonstählen (Beisp.)

Betonstabstahl (DIN 488-2)			Betonstahlmatte (DIN 488-2)	Bewehrungsdraht (DIN 488-4)
BSt 420 S ohne Längsrippen	BSt 420 S mit Längsrippen	BSt 500 S kaltverwunden	BSt 500 M	BSt 500 P profiliert

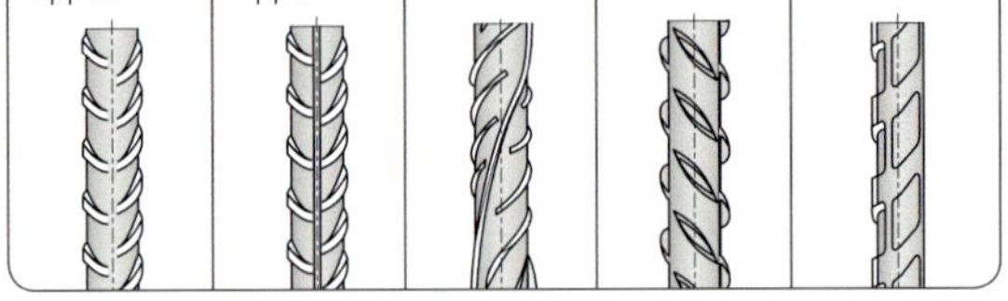

Abb. 52: nach [26]

Neben den einzelnen Betongruppen haben sich weitere Sorten und Neuentwicklungen am Markt etabliert, die vor allem der ästhetischen Qualität Rechnung tragen (siehe auch MIN 6.1):

Mit Sichtbeton wird Beton bezeichnet, dessen Oberfläche bestimmten optischen Ansprüchen genügen muss. Das Aussehen wird dabei in erster Linie durch die Schalungshaut bestimmt. Sichtbetonklassen werden in der DIN 18217 festgehalten, um die Kommunikation zwischen Architekt, Bauherr und Bauausführung zu vereinfachen.

Bild: Konferenztisch aus Beton./ Hersteller: Villa Rocca

Fotobeton ist eine besondere Art einer Betonwand, die die Kontraste einer fotografischen Abbildung wiedergibt. Erzielt werden die Effekte durch den Wechsel von fein gewaschenen zu glatten Bereichen. Diese gehen auf unterschiedliche Aushärtungszeiten des verwendeten Betons zurück.

Bild: Fotobeton an Fassade der Feuerwache Langenfeld./ HeringBau, www.heringinternational.com

Verarbeitung

Im Laufe der Jahre haben sich zur Verarbeitung von Beton ganz unterschiedliche Betonierverfahren entwickelt. Für die meisten bautechnischen Anwendungen wird der Beton angemischt, zur Einsatzstelle befördert, in eine formbildende Verschalung eingebracht und abschließend verdichtet. Bei der Verarbeitung muss ein Schwindmaß von 0,04–0,05 % beachtet werden. In der ersten Phase der Aushärtung sollten auf den Beton wirkende Erschütterungen, übermäßige Feuchtigkeit und eine rasche Abkühlung vermieden werden. Auch starke Sonneneinstrahlung und Wind können sich negativ auf die späteren Betoneigenschaften auswirken.

Zur Erzielung hoher Festigkeiten hat sich das Spritzbetonieren etabliert. Die Betonmischung wird dabei in einer überdruckfesten Schlauchleitung zum Einsatzort befördert, durch Spritzen aufgetragen und gleichzeitig verdichtet. Spritzbeton verfügt über eine hohe Dichte, ist für Wasser undurchlässig und sehr witterungsbeständig.

Die ***Spritzbetoniertechnik*** wird auch zum Sanieren und Verstärken von Altbeton genutzt. Um einen Zusammenhalt zwischen dem alten und neuen Material zu gewährleisten, wird die Betonfläche zunächst durch Strahlen (z. B. Hochdruckwasser-, Sand-, Flammstrahlen) vorbehandelt. Lockere Betonteilchen und Verunreinigungen werden entfernt und die Poren zur Erzielung eines festen Zusammenhalts geöffnet (Konermann 1988).

Bild: Treppenaufgang im Kunsthaus der Langen Foundation Raketenstation Hombroich./ Architekt: Tadao Ando/ Foto: N. Beucker

Verwendung

Beton wird vielseitig verwendet. Das Hauptanwendungsgebiet ist das Baugewerbe.
Dort wird es zum Gießen von z. B. Fundamenten, tragenden Wänden oder Decken verwendet. Für die Herstellung von Treppen, Fußböden und Mauern werden in der Regel industriell gefertigte Betonsteine MIN 4.10 gefertigt. Auf das Anmischen der einzelnen Bestandteile vor Ort kann dann verzichtet werden. Die Erzeugung eines Verbundwerkstoffs aus Beton und Stahl ermöglichte es gegen Ende des 19. Jahrhunderts, sehr hohe Gebäude und Brückenkonstruktionen mit großen Spannweiten zu bauen. In der Folge entstand eine Vielzahl der bekannten Hochhäuser in New York.
Werden die benötigten Wanddicken für Behälter, Tunnelauskleidungen oder Schalen geringer, kommt Spritzbeton zur Anwendung. Die hochfesten Eigenschaften des Faserbetons werden insbesondere dort genutzt, wo sehr geringe Bauteildicken die zur Steigerung der Festigkeit herkömmlichen Bewehrungsmöglichkeiten verhindern (z. B. Rohre, Fassadenelemente, Verschalungen).

»Neben den baugewerblichen Einsatzgebieten kommt Beton auch zunehmend im Innenausbau, in Gastronomie, Laden- und Messebau zur Anwendung. Die konsequente Weiterentwicklung der Betontechnologie sowie neue Werkstoffe zur Lastaufnahme (statische Armierung, Fasern) bilden dabei die Grundlage des Einsatzes. Eine gute Fließfähigkeit, selbstverdichtende Eigenschaften, abriebfeste und nahezu porenfreie Oberflächen machen lange, dünne und komplexe Bauteilgeometrien möglich. So können heute bereits Küchenarbeitsplatten, Waschbecken, Badewannen, Tische, Bänke und Accessoires wie Vasen, Schalen oder Becher hergestellt werden.« (Villa Rocca)

Bild: Freistehende Wandelemente und Fußböden aus Beton./ Hersteller: Villa Rocca

Im Designbereich wird Beton u.a. als Werkstoff zur Herstellung von Sitzmöbeln eingesetzt.

Bild unten: »Liege 37°« aus Beton, beheizt, dreh- und schwenkbar gelagert./ Hersteller: Villa Rocca/ Design: Jörg Bernauer

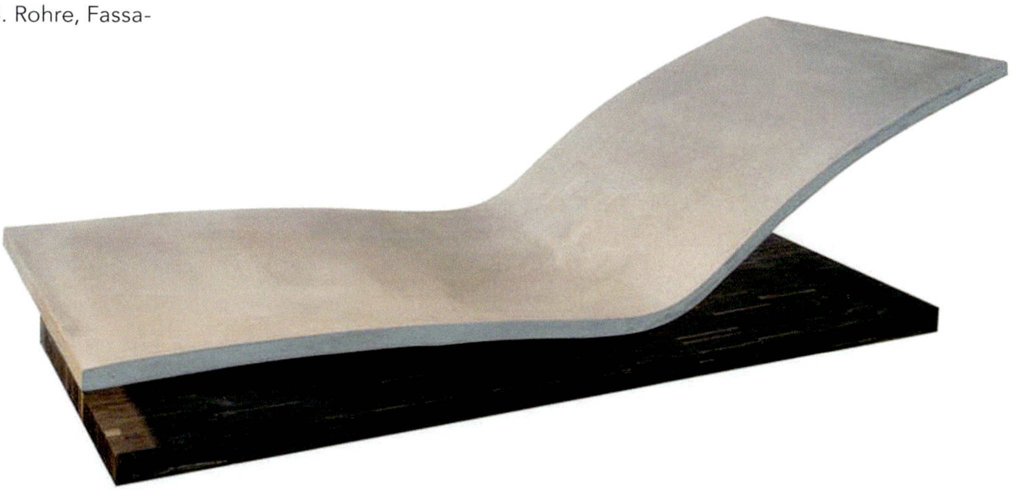

MIN 4.9
Bitumenhaltige Werkstoffe

Im Arabischen heißt ***Bitumen*** »mumiyah«, worauf der Begriff »Mumie« zurückzuführen ist. Bis sich herausstellte, dass Mumien mit Ölen und Harzen konserviert wurden, ging man davon aus, dass die schwarzen Masken aus der Verwendung von Bitumen resultieren. Bitumen ist ein Erdölprodukt, das bereits in Mesopotamien vor mehr als 6.000 Jahren bekannt war und zur Abdichtung von Schiffswänden, zum Kleben von Behältnissen und zur Bemalung keramischer Gefäße verwendet wurde.

Bild: Asphaltstraße.

Heute sind die braunschwarzen bitumenhaltigen Werkstoffe besonders als Baustoffe im Straßenbau bekannt. Asphalt ist ein Gemisch aus Bitumen und mineralischen Bestandteilen (Gesteinsmehl, Sand). Auf Grund ähnlicher Konsistenz und Farbigkeit wird Bitumen häufig mit Teer verwechselt, der wegen seiner krebserregenden Wirkung in heutigen Straßenbelägen schon seit den 70er Jahren nicht mehr verwendet wird. Bitumen basiert auf den Bestandteilen des Erdöls, die nach Abtrennung der leicht flüchtigen Komponenten wie Benzin, Petroleum und Kerosin zurückbleiben. Unter Wärmezufuhr entsteht eine zähflüssige Masse, die nach der Abkühlung hart wird. Vor allem die Klebrigkeit der warmen Bitumenmasse muss besonders herausgestellt werden. Weitere Merkmale sind die Resistenz gegenüber einer Vielzahl chemischer Substanzen, die wasserdichten Eigenschaften und die gute Recyclingfähigkeit. Allerdings kann man nur von einer Beständigkeit von bis zu 30 Jahren ausgehen (Kohaupt 1989).

Aufbau von Bitumenbahnen

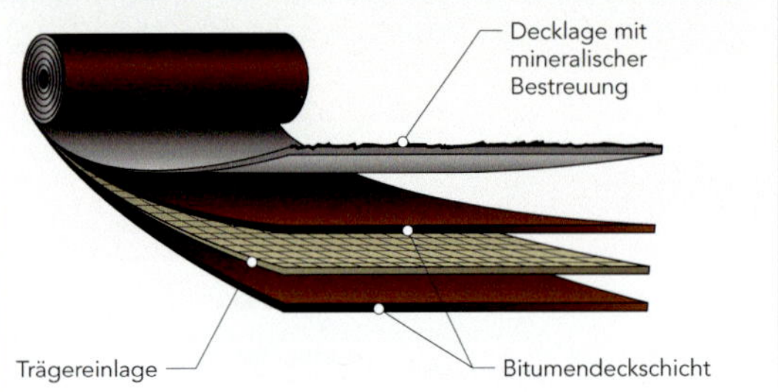

Schicht	Material (Beisp.)	Eigenschaften
Bestreuung	Schiefersplit, Sand, Mineralien	Oberflächenschutz
Bitumendeckschicht	Oxidationsbitumen, Polymerbitumen	witterungsbeständig, wasserdicht
Trägereinlage (Armierung)	Polyestervlies, Glasvlies, Metall-Kunststoff-Verbund, Metallband, Glasgewebe	Verbesserung der mechanischen und verarbeitungstechnischen Eigenschaften

Abb. 53

Zur Verbesserung von Elastizität, Alterungsbeständigkeit und Verarbeitung werden normalem Bitumen polymere Zusätze wie Polypropylen KUN 4.1.2 oder Styrol-Butadien-Styrol (SBS) beigemischt. ***Polymermodifiziertes Bitumen*** ist geschmeidiger und bleibt auch noch bei niedrigen Temperaturen elastisch. Je nach Zusatz besitzt Bitumen thermoplastische oder elastische Verarbeitungseigenschaften und einen niedrigen Schmelzpunkt. Es wird häufig zu wasserdichten ***Bitumenbahnen*** verarbeitet, die in der Regel zur Abdichtung eingesetzt werden. Bahnen mit selbstklebenden Eigenschaften sind auf dem Markt erhältlich.

Verwendung

Bitumenhaltige Baustoffe werden in Asphalt für Straßenbeläge, Parkflächen, Radwege und Sport- und Flugplätze verwendet. Daneben findet Bitumen z. B. zur Abdichtung von Gebäuden, Kanälen, Dächern und Brücken Verwendung. Bitumenbahnen können in Staudämmen, Kläranlagen und Trinkwasserreservoirs verbaut werden, da sie keine wasserbelastenden Stoffe freisetzen. Sie dienen auch als Unterlage zur Abdichtung von Terrassen und Garagendächern. Die flexiblen Eigenschaften gleichen Längenunterschiede aus, die durch Jahreszeitenwechsel entstehen. Risse und undichte Stellen werden vermieden. Detaillierte Informationen zur Anwendbarkeit der unterschiedlichen Bitumenarten enthält Scholz, Hiese 2003.

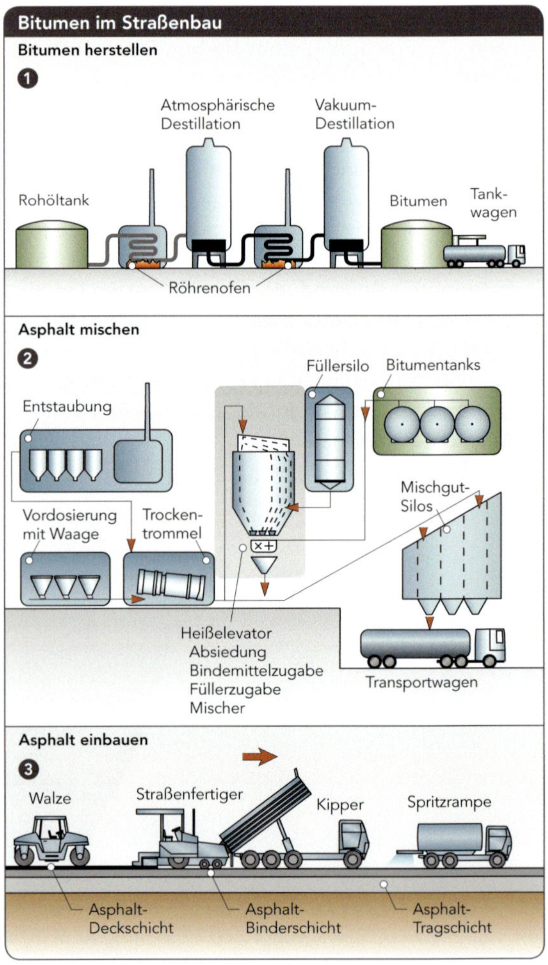

Abb. 54: nach [29]

MIN 4.10
Industriesteine mit mineralischem Binder

Im Baugewerbe werden heute, abgesehen von dekorativen Elementen, nur noch selten Natursteine verwendet. In der Regel greift man auf künstlich erzeugte Industriesteine zurück, deren maschinell definierten Formate eine effiziente und schnelle Verarbeitung ermöglichen. Künstliche Steine setzen sich aus natürlichen Rohstoffen zusammen, die mit einem mineralischen Binder verdichtet und gehärtet werden. Man unterscheidet gebrannte und ungebrannte Steine. Gebrannte Steine wie Schamottsteine, Klinker, feuerfeste Steine, Dach- und Mauerziegel werden unter den Keramiken KER 4.2 zusammengefasst.

Bild: Mauerziegel.

Zu den ungebrannten Industriesteinen zählen Kalksandsteine, Gipsbaustoffe MIN 4.1.3, Hüttensteine und Betonwaren.

Herstellung und Eigenschaften
Kalksandsteine bestehen vorwiegend aus fein gemahlenem Weißkalk (CaO). Dieser wird mit Quarzsand im Mischungsverhältnis von 1:12 unter Wasserzufuhr vermischt und in Reaktionsbehältern zwischengelagert, in denen der Kalk zu Kalkhydrat auslöscht. Die Ausgangsmasse wird anschließend unter hohem Druck und bei Temperaturen zwischen 160 °C und 220 °C verdichtet und ausgehärtet. Die meist weißen Kalksandsteine, vor allem solche mit löchriger und geschlitzter Struktur, weisen gute schall- und wärmedämmende Eigenschaften auf. Außerdem sind sie atmungsaktiv und können Feuchtigkeit leicht abgeben und aufnehmen. Die Druckfestigkeit liegt je nach Lochanteil und Verdichtungsgrad zwischen 4 N/mm^2 und 60 N/mm^2.

Hüttensteine verfügen über ein den Kalksandsteinen ähnliches Eigenschaftsprofil und werden aus Kalk oder Zement in Form von ***Hohlblock-***, ***Loch-*** und ***Vollsteinen*** hergestellt.

Bild: Lochstein.

Zu den ***Betonwaren*** zählen unter anderem ***Hohlblocksteine***, ***Porenbetonsteine***, ***Betondachsteine***, ***Betonplattenerzeugnisse***, ***Betonrohre***, ***Bord***- und ***Pflastersteine*** sowie ***Faserbetonbaustoffe***. Hohlblocksteine werden aus Leichtbeton hergestellt. Sie haben eine geringe Rohdichte und gute wärmedämmende Eigenschaften. Porenbildende Zuschläge verursachen Blasenbildung, weshalb Porenbetonsteine sehr schlecht Wärme leiten und damit über sehr gute Brandschutzeigenschaften verfügen. Eine besonders bekannte Marke für Porenbeton ist ***Ytong***.

Bild: YTONG-Stein./ Foto: Xella Deutschland GmbH

Dachsteine aus Beton müssen wasserundurchlässig und frostbeständig sein. Bord- und Pflastersteinen ist zur Festigkeitssteigerung ein Zuschlag aus hartem Gestein zugeführt. Betonrohre werden meist mit Stahl bewehrt und verstärkt. Durch Beimischung von Stahl-, Glas- und Kunststofffasern KUN 1.6 werden in Faserbetonbaustoffen die Nachteile einer geringen Biege- und Zugfestigkeit sowie die hohe Rissneigung von normalem Beton vermieden.

Verwendung
Kalksand- und Hüttensteine kommen zum Bau von Mauerwerken für den Innen- und Außenbereich zur Anwendung und werden zum Schutz vor Witterungseinflüssen verputzt.

Betonwaren werden entsprechend ihrer spezifischen Eigenschaften in den unterschiedlichsten Bereichen des Baugewerbes verwendet. Hohlblocksteine kommen beispielsweise zum Bau von Untergeschossen zur Anwendung. Betonplatten werden sowohl für Fußböden als auch für den Bau von Fassaden verwendet. Pflastersteine aus Beton werden häufig für Gehwege, Parkplätze und Fußgängerzonen benutzt. Betonrohre werden für Druckleitungen, Schutzrohre unter Verkehrswegen und für Einbauten oder Durchgänge in Baugruben verwendet. Faserbetonbausteine kommen auf Grund der guten Festigkeitswerte im Hochbau oder für hoch belastete Gebäudeteile zur Anwendung.

Bild rechts: Betonplatte.

MIN 4.11
Harzgebundene Industriesteine

1967 wurde der erste harzgebundene Mineralwerkstoff auf den Markt gebracht, der die Eigenschaften von Gesteinswerkstoffen mit den Vorzügen einfacher Verarbeitung verbindet. Während Natursteine und mineralisch gebundene Gesteinswerkstoffe lediglich durch aufwändige zerspanende Techniken wie Bohren, Sägen oder Schleifen bearbeitet werden können, besitzen harzgebundene Mineralwerkstoffe sowohl thermoplastische als auch duroplastische Eigenschaften KUN 1.2. Insbesondere das Unternehmen Varicor® ist mit seinem Produkt am Markt bekannt geworden.

Bild: Waschtisch »Vitalis Pro« aus Varicor®./ Hersteller und Foto: SPECTRA – Eine Division der KERAMAG

Verarbeitung
Je nach Verarbeitung werden zwei Hauptgruppen harzgebundener Mineralwerkstoffe unterschieden. Eine Gruppe basiert auf einer Mischung aus etwa 30 % Acrylpolymeren und ca. 70 % Aluminiumhydroxid als Füllstoff, das bei der Aluminiumgewinnung als Abfallprodukt anfällt. Diese lassen sich bei Temperaturen zwischen 160 °C und 175 °C verformen und mit Hartmetallschneiden spanend bearbeiten. Fugenlose Klebeverbindungen sind mit Zweikomponenten-Acrylklebern erzielbar. Varicor® zählt zur Gruppe der polyestergebundenen Werkstoffe mit duroplastischen Eigenschaften. Die Vernetzung des Bindemittels erfolgt erst nach der Formgebung, so dass sich das Material gießen lässt und einen freien Umgang mit Produktgeometrien möglich macht.

Eigenschaften
Durch die Verwendung harzgebundener Mineralwerkstoffe lassen sich homogene und porenfreie Oberflächen herstellen. Diese eignen sich insbesondere für Anwendungen mit hohen hygienischen Anforderungen, da die Aufnahme von Flüssigkeiten, das Aufquellen und die Ausbreitung von Bakterien verhindert werden.

Die Oberflächen lassen sich zudem einfach unter Verwendung von Seifenlauge oder Reinigern auf Ammoniakbasis reinigen. Allerdings reagieren die Werkstoffe empfindlich auf extreme Temperaturen. Metallische Klingen hinterlassen Kratzspuren. Sowohl acryl- als auch polyester-gebundene Mineralwerkstoffe sind lebensmittelverträglich und nicht toxisch.

Verwendung
Harzgebundene mineralische Werkstoffe konnten auf Grund des vielfältigen Eigenschaftsprofils und der leichten Verarbeitbarkeit bislang erfolgreich in einer Vielzahl von Anwendungsbereichen eingesetzt werden. Auf Grund der geschlossen porigen Oberflächen eignen sie sich insbesondere für den Sanitär-, Küchen- und Laborbereich. Produktbeispiele sind Küchenarbeitsplatten, Spülen, Becken in der chemischen Industrie oder Ablageflächen in Dentallabors. Im Wohnbereich werden die Werkstoffe für Schränke, Tische, Sitzmöbel, Garderoben und Accessoires verwendet. Vielfältige Anwendungen existieren in Kliniken, Pflegeheimen und Gaststätten.

Bild: Varicor® in vielfaltigen Farben und verschiedenen Mustern./ Hersteller und Foto: SPECTRA – Eine Division der KERAMAG

Wirtschaftlichkeit und Handelsformen
Harzgebundene Mineralwerkstoffe sind in einer Vielzahl von Farben und Dekoren mit matten, halbmatten und glänzenden Oberflächenstrukturen erhältlich. Mineralwerkstoffplatten sind in Stärken zwischen 3 mm und 19 mm erhältlich. Varicor® wird als Gießmasse vertrieben. Detaillierte Informationen zu Verarbeitung, Herstellern und Handelsformen gibt Geberzahn 2004.

MIN 5
Eigenschaftsprofile wichtiger mineralischer Werkstoffe und Natursteine

Übersichtstabelle wichtiger Gesteine						
Gesteinsgruppen	**Reindichte** [kg/dm³]	**Rohdichte** [kg/dm³]	**Porosität** [Vol.-%]	**Wasseraufnahme** [Masse-%]	**Würfeldruckfestigkeit (trocken)** [N/mm²]	**Abrieb durch Schleifen je 50 cm² Prüffläche** [cm³]
Erstarrungsgesteine (Magmagesteine)						
Granit, Syenit	2,62...2,85	2,60...2,80	0,4...1,5	0,2...0,5	160...420	5,0...8,0
Diorit, Gabbro	2,85...3,05	2,80...3,00	0,5...1,2	0,2...0,4	170...300	5,0...8,0
Basalt	3,00...3,15	2,95...3,00	0,2...0,9	0,1...0,3	250...400	5,0...8,5
Basaltlava	3,00...3,15	2,20...2,35	20...25	4,0...10,0	80...150	12,0...15,0
Diabas	2,85...2,95	2,80...2,90	0,3...1,1	0,1...0,4	180...250	5,0...8,0
Sedimentgesteine						
Tonschiefer	2,82...2,90	2,70...2,80	1,6...2,5	0,5...0,6	60...170	7,0...8,0
Quarzit, Sandsteine	2,64...2,72	2,00...2,65	0,4...25	0,2...9,0	30...300	7,0...14,0
dichte Kalksteine, Dolomite	2,70...2,90	2,65...2,85	0,5...2,0	0,2...0,6	80...180	15,0...40,0
sonstige Kalksteine	2,70...2,74	1,70...2,60	0,5...30	0,2...10	20 ...90	–
Travertin	2,69...2,72	2,40...2,50	5,0...12	2,0...5,0	20...60	–
Metamorphe Gesteine						
Gneise, Granulit	2,67...3,05	2,65...3,00	0,4...2,0	0,1...0,6	160...280	4...10
Serpentin	2,62...2,78	2,62...2,75	0,3...2,0	0,1...0,7	140...250	8...18
Marmor	2,70...2,90	2,65...2,85	0,5...2,0	0,2...0,6	80...180	15...40

Abb. 55: nach [2]

MIN 6
Besonderes und Neuheiten im Bereich mineralischer Werkstoffe

MIN 6.1
Lichtdurchlässiger Beton

Das Magazin TIME kürte ihn zur Innovation des Jahres 2005. *LiTraCon* oder kurz *LTC* ist ein Verbundwerkstoff VER aus Beton MIN 4.8 und Glasfasern GLA 4.7 mit lichtdurchlässigen Eigenschaften. Beton ist der meistverwendete Baustoff in der zeitgenössischen Architektur, wirkt aber häufig schwer, rau und kühl. Durch die Erfindung des ungarischen Architekten Áron Losonczi wird er warm und transparent. Der schwere Baustoff wird zum federleichten Material.

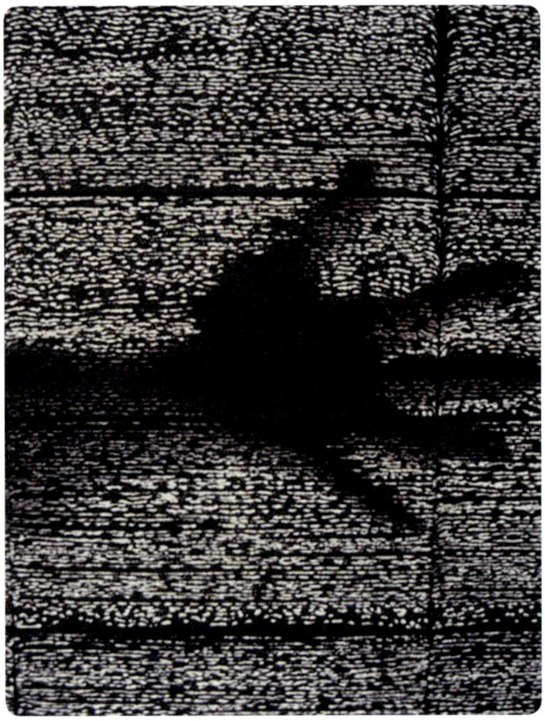

Der Aufbau des Werkstoffs ist Ergebnis eines 2-jährigen Entwicklungsprozesses an der Königlichen Kunst- und Architekturhochschule in Stockholm. In Zusammenarbeit mit der Schott AG bettete der Ungar tausende Glasfasern in Beton ein. Ein Werkstoffaufbau mit einem Glasfaseranteil von 5 % entstand, der den Transport von etwa 70 % des ursprünglichen Lichts durch bis zu 2 Meter dicke Betonwände ermöglicht. Vergleichbar mit einem Negativfilm werden Schattenkonturen projektiert. Dickwandige Architektur verliert ihren schweren und wuchtigen Charakter. Der Effekt funktioniert sowohl bei natürlichem als auch bei künstlichem Licht.

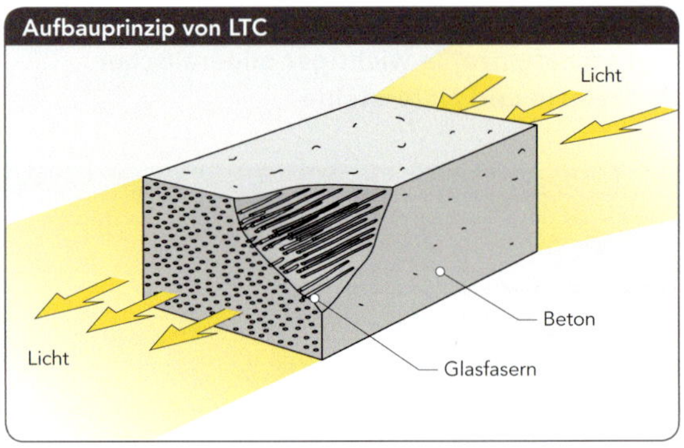

Abb. 56

Verarbeitung

Zu Beginn der Markteinführung war die Produktion des Werkstoffs sehr aufwändig und teuer. Mit einem neuen Herstellungsverfahren beschreitet die HeidelbergCement AG seit September 2006 den Weg in Richtung Serienproduktion. Verwendung findet dabei ein spezielles Gewebe aus lichtleitenden Fasern, das die Fertigung in einem halbautomatischen Prozess ermöglicht. Der Einbau der einzelnen Gewebeflächen und des besonderen Feinbetons geschieht alternierend, Schicht für Schicht im Abstand von etwa zwei bis fünf Millimetern. Je dichter die Schichten gepackt sind, desto mehr Licht wird vom Werkstoff weitergeleitet. Das Material kann mit allen gängigen Bearbeitungsmethoden wie Sägen, Schleifen, Bohren und Polieren verarbeitet werden.

Bilder: Anwendungen mit lichtdurchlässigem Beton von LiTraCon./ Copyright© LiTraCon Bt 2001-2006, www.litracon.hu

Bild: Kino im Beton./ Foto: Dr. Sascha Peters

Verwendung

Die Anwendungsideen für lichtdurchlässigen Beton liegen im Bereich hochwertiger Inneneinrichtungen. Sie reichen von Raumteilern und Treppenstufen bis hin zu exklusiven Einbauten für Bad- und Wellnessbereiche. Eine spektakuläre Anwendung ist die Verwendung des Werkstoffs als Projektionsfläche für Filme. Die Bilder werden auf die Rückseite gestrahlt, wandern durch den Beton und sind auf der anderen Seite sichtbar. Sie erzeugen eine Art surrealistisches Gemälde.

Handelsformen

Lichtleitender Beton der Handelsmarke »Luccon« ist in den Standardgrößen 40 x 100 und 70 x 160 cm^2 mit einer Stärke von 20 mm und polierter Oberfläche erhältlich. Sondermaße werden auf Anfrage individuell gefertigt. Die Oberfläche kann dabei auch seidenmatt oder hochglanzpoliert ausgeführt werden. Der Werkstoff wird in der Standardfarbe Lavagrau sowie in anderen Farben wie Ivory/ Weiß oder Braun vertrieben. Robatex bietet lichtdurchlässigen Beton und Mauersteine auf Basis eines Fasergewebes an.

MIN 6.2
Synthetische Diamanten

Temperaturen von bis zu 2.000 °C und das 40.000fache des atmosphärischen Drucks haben vor 1–3 Milliarden Jahren die Verwandlung von Grafit in Diamanten in einer Tiefe von 150–200 km bewirkt. Durch vulkanische Eruption wurden die seltenen Edelsteine an die Erdoberfläche gebracht und werden heute als wertvolle Schmucksteine in Diamantminen abgebaut. Da sich nur etwa 20 % der gefundenen Rohdiamanten für die Herstellung von Schmuck eignen, sind die Steine sehr begehrt und teuer. Die hohe Härte im Vergleich zu anderen Gesteinssorten (142 Mal härter als Korund, 1.170 Mal härter als Quarz) macht Diamanten als Schneid-, Bohr- und Schleifwerkzeug überaus geeignet.

Mit dem Ziel, Diamanten in hervorragender optischer Qualität und mit hohen Härtewerten synthetisch herstellen zu können, wurde Mitte des 20. Jahrhundert das ***HPHT-Verfahren*** (Hochdruck-Hochtemperatur-Verfahren) entwickelt. In hydraulischen Pressen wird ein Druck von bis zu 60.000 bar aufgebaut und Grafit als Ausgangsrohstoff bei Temperaturen von 2.500 °C verdichtet. Kleine Diamanten mit einer Größe von 1–2 Millimetern entstehen, die insbesondere im technischen Bereich als Schneid- und Poliersteine Verwendung finden. Mit der HPHT-Technik ist auch die Herstellung von CBN möglich.

In der jüngeren Vergangenheit konnte auch das CVD-Verfahren BES 6.2 zur Herstellung synthetischer Diamanten angewendet werden. Dabei wird in einer Vakuumkammer eine Mikrometer dicke Diamantschicht auf Hartmetallwerkzeugen abgeschieden. Ein weiteres Verfahren ist die Plasmabeschichtung. Mit ihr werden diamantartige Kohlenstoffschichten (DLC) erzeugt, die extrem hart sind aber gleichzeitig auch sehr gute Gleitreibungseigenschaften aufweisen.

Das Unternehmen Algordanza AG (Chur, Scheiz) bietet einen sehr ungewöhnlichen Service. Es verarbeitet Asche von Toten zu Diamanten. Die Asche, die zu einem großen Anteil aus Kohlenstoff besteht, wird unter hohen Temperaturen gepresst und anschließend zu einem Schmuckstein geschliffen und poliert. Idee der Dienstleistung ist es, ein unvergängliches Andenken zur Verfügung zu stellen. Aschediamanten sind in Größen zwischen 0,2 und 1 Karat erhältlich. Es können unterschiedliche Schliffarten gewählt werden. Die Farbe ist abhängig vom Borgehalt in der Asche. Man kann wählen zwischen bläulich oder weiß.

Bild unten: Synthetische Diamanten./ Foto: Algordanza AG

Die gesundheitliche Unbedenklichkeit von CNT ist unklar. Es werden ähnliche Auswirkungen wie bei Asbest vermutet. Erste Studien an Mäusen in 2009 haben belegt, dass sie sich im Lungenfell anlagern und dort das Gewebe schädigen. Ob sie Krebs hervorrufen können, ist allerdings noch nicht erwiesen.

MIN 6.3
Kohlenstoffnanoröhren (CNT)

Der Großraum Tokio zählt zu einem der größten Ballungsgebiete der Welt. In Schätzungen geht man davon aus, dass im Jahr 2020 knapp 30 Millionen Menschen in der Stadt leben werden. Für die Stadtväter Grund genug, nach alternativen Lebensräumen zu suchen. So wurden seit den 90er Jahren einige sehr interessante Bauprojekte konzipiert. Eines davon ist die vom Baukonzern Shimizu entwickelte Pyramidenstadt »Try 2004«, die mit einer Höhe von 2.004 Metern Wohnraum für knapp eine Millionen Menschen bieten soll. Der Plan sieht eine Pyramide aus 8 Schichten vor, die jede für sich eine Höhe von 250,5 m aufweisen soll. Sie wird aus einer filigranen Struktur aus Einzelpyramiden bestehen und Raum für 25 Wolkenkratzer mit einem Gewicht von jeweils 350.000 Tonnen bieten: Ein Gesamtgewicht, das bislang von keiner künstlich geschaffenen Konstruktion getragen wurde. Bei einer Grundfläche von 800 Hektar über dem Meer soll die Nutzfläche der Konstruktion 8.800 Hektar betragen. Davon sind zwei Drittel für Wohnraum, der Rest für Forschungs-, Arbeits- und Freizeiteinrichtungen gedacht. Dimension und Gewicht des geplanten Bauwerks stellen die Architekten und Ingenieure vor bislang ungelöste Probleme und machen die Entwicklung neuartiger Materialien und Bauprinzipien erforderlich.

Bereits 1991 wurde der italienische Architekt Dr. Dante Bini mit der Anfertigung einer ersten Machbarkeitsstudie betraut. Er hatte sich mit der Entwicklung eines Prinzips zur einfachen Errichtung von Kuppeln einen Namen gemacht. Bei diesem wird die Oberseite eines Heißluftballons mit einer Betonmasse bestrichen und langsam Luft von unten zugeführt. Der noch flexible Bauwerkstoff richtet sich auf, nimmt allmählich die Form einer Halbkugel an und härtet aus. Abschließend wird der Gasballon entfernt. Übrig bleibt eine Kuppel aus Beton MIN 4.8. Risse und Wanddickenunterschiede werden abschließend nachbearbeitet.

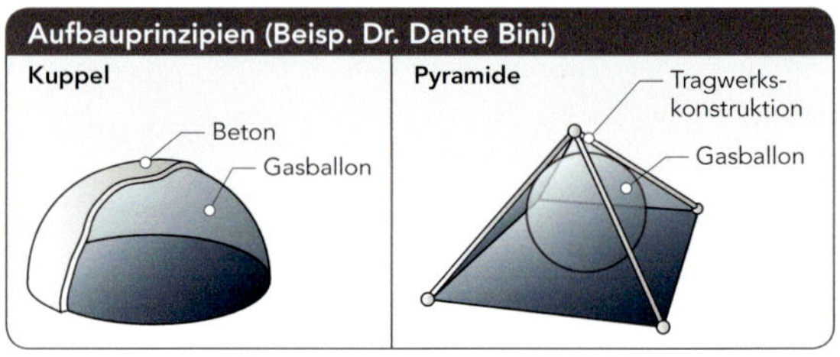

Abb. 58

Binis Prinzip lässt sich ideal für den Aufbau einer filigranen Pyramidenstruktur verwenden. Vorteil ist, dass die Röhrenkonstruktion während des Aufbaus von unten abgestützt wird und nicht in sich zusammenfallen kann. Sind die vier Kanten der Pyramide aufgerichtet, werden sie an der Spitze fest miteinander verbunden.

Um die Mobilität und Versorgung der Bewohner von »Try 2004« zu gewährleisten, ist geplant, in der Röhrenstruktur ein Verkehrs- und Versorgungssystem zu installieren. Minitaxen, Aufzüge und Bahnen dienen der Fortbewegung. Auf Förderbänder werden Waren und Lebensmittel geliefert. Während der geplanten 7-jährigen Bauphase sollen Roboter den Großteil der Arbeit übernehmen. Die Stromversorgung wird mit Bioreaktoren und Windkraftwerken realisiert.

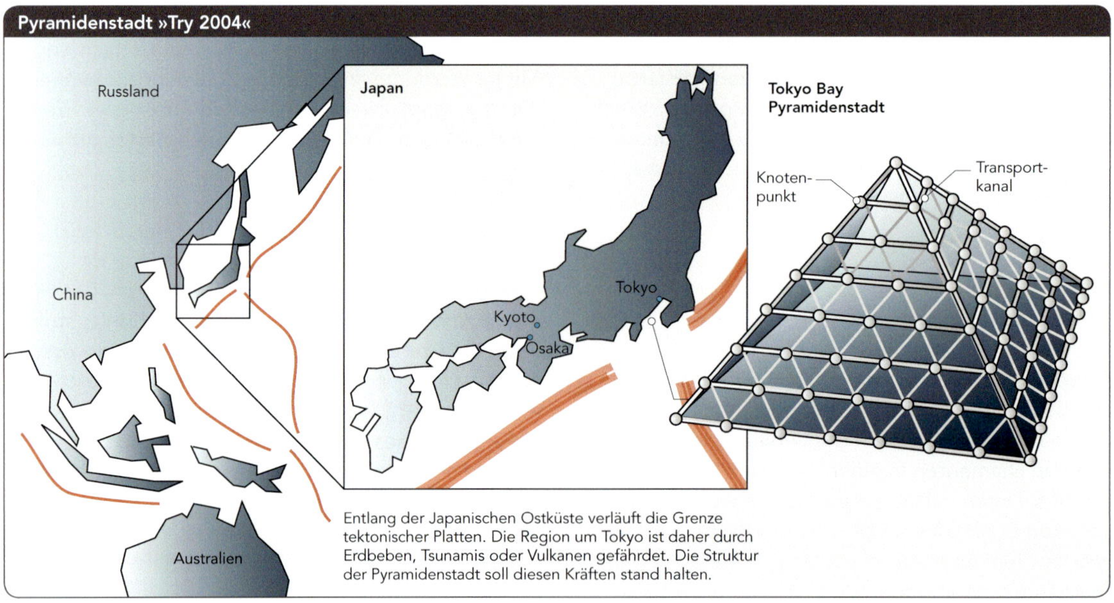

Abb. 57: nach Dr. Dante Bini (www.binisystems.com)./ Shimizu Corporation (www.shimz.co.jp)./ Discovery Channel (www.discovery.com)

Zur Lösung der Gewichtsproblematik haben sich die Planer an der Struktur der Anfang der 90er Jahre entdeckten Kohlenstoffnanoröhren, engl. carbon nanotubes (CNT), orientiert. Diese besteht wie Grafit MIN 4.5.2 aus Kohlenstoff, der in einer besonders stabilen Konfiguration als sechseckige Wabenstruktur entlang einer Röhre vorliegt. Mit einem Durchmesser zwischen 1 und 50 nm zählen Nanotubes mit herausragenden mechanischen Eigenschaften zu den Zukunftsmaterialien. Sie verfügen über eine doppelt so hohe Härte wie Diamanten und sind mit einer Dichte von nur 1,4 g/cm^3 (Stahl: 7,8 g/cm^3) wesentlich stabiler als alle uns bislang bekannten Bauwerkstoffe. Rein rechnerisch übertrifft die Reißfestigkeit von CNT die von Stahl um das 135fache (Schubert 2006). Die elektrischen Eigenschaften machen Kohlenstoffnanoröhren insbesondere auch für die Elektroindustrie interessant. Bei einer mit Kupfer vergleichbaren elektrischen Leitfähigkeit übertreffen die Wärmeleiteigenschaften die von Cu-Drähten um etwa das 1.000fache und liegen doppelt so hoch wie beim Diamanten.

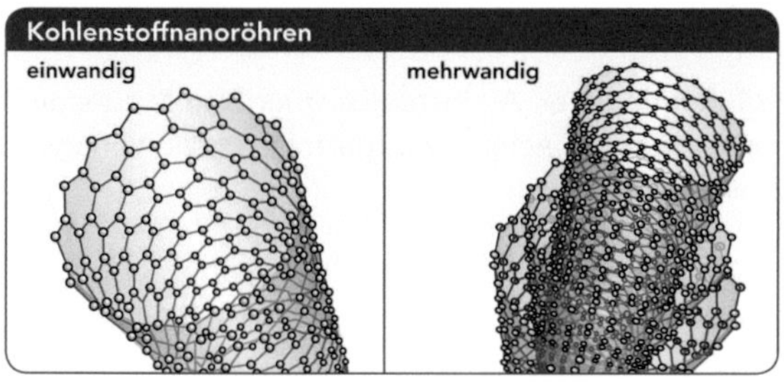

Abb. 59: nach [37]

Verwendung
Durch Zusatz von CNT sollen in Zukunft hochbelastbare Kunststoffe hergestellt werden, die sich für Sportgeräte und Leichtbauteile eignen. Rotorblätter von Windkraftanlagen würden leichter und stabiler werden und eine längere Verwendung gewährleisten. Skistöcke und Eishockeyschläger könnten mit einem etwa 30% geringeren Gewicht gefertigt werden. In der Automobil- und Luftfahrtindustrie ließe sich der Kraftstoffverbrauch unter Verwendung von CNT-verstärkten Kunststoffen drastisch senken. Erste Produktentwicklungen sind bereits abgeschlossen und Tennisschläger oder Surfbretter aus CNT verstärkten Materialien auf dem Markt. Die Fraunhofer Technologie-Entwicklungsgruppe TEG zum Beispiel machte sich die gute Wärmeleitfähigkeit der Nanotubes zu Nutze und entwickelte 2006 ein CNT-Verbundmaterial, mit dem Griffe von Motorsägen schnell erhitzt werden können. Auf diese Weise sollen Erfrierungen bei Wald- und Bauarbeitern verhindert werden.

Weitere Anwendungsfelder der CNT erschließen sich derzeit im Elektrobereich. Da Kohlenstoffnanoröhren auch als Halbleiter ausgeführt werden können, lassen sich Transistoren herstellen, die im Vergleich zu den üblichen aus Silizium höhere Spannungen und Temperaturen aushalten. Auch wird an elektrisch leitfähigen Kunststoffen KUN 6.1 gearbeitet. Hier ist die Rede von leitfähigen Folien zur antistatischen Verpackung von Elektronikbauteilen. In der Medizintechnik wird die Verwendung von CNT als Aktuatoren in künstlichen Muskeln erforscht. Mit ihrem geringen Energiebedarf und niedrigen Gewicht sind sie optimal für den Einsatz in Prothesen geeignet. Weitere visionäre Anwendungen von Nanoröhren liegen im Bereich der Weltraumforschung. Als eine Art Fahrstuhl sollen Nanoseile den Transport von Gütern und Satelliten ins All revolutionieren und Raumstationen versorgen. Amerikanische Wissenschaftler wollen aus einer Kombination aus Kohlenstoffnanoröhren und Formgedächtnismetallen MET 5.2 einen künstlichen Muskel entwickeln.

Bucky Paper besteht aus wirr vernetzten Nanotubefasern. Durch Anlegen einer Spannung lässt sich eine Längenänderung erkennen, wodurch die schwarzen Blättchen die Funktion von Aktuatoren übernehmen. Auch als Heizelement ist Bucky Paper einsetzbar. Die maximale Dauer-Gebrauchstemperatur beträgt 150 °C (Scharf 2008).

MIN
Literatur

[1] **Backe, H.; Hiese, W.:** Baustoffkunde. München: Werner Verlag, 10. Auflage, 2004.

[2] **Bernhard, F.:** Der Steinmetz und Steinbildhauer. München: Callwey Verlag, 1996.

[3] **Binder, H.:** Lexikon der chemischen Elemente. Stuttgart, Leipzig: Hirzel Verlag, 1999.

[4] **Duda, R.; Rejl, L.:** Der Kosmos Edelsteinführer. Stuttgart: Franckh-Kosmos Verlag, 1997.

[5] **Forster, C.:** Kalkputz Techniken. München: Callwey Verlag, 2003.

[6] **Frössel, F.:** Handbuch Putz und Stuck. München: Callwey Verlag, 2003.

[7] **Geberzahn, W.O.:** Mineralwerkstoffe – solid surfaces and engineered stones. Schwäbisch Gmünd: Best Practice Verlag, 1/2004.

[8] **Gernot, M.:** Das neue Lehmbau-Handbuch – Baustoffkunde, Konstruktionen, Lehmarchitektur. Staufen: Ökobuch-Verlag, 6. Auflage, 2004.

[9] **Gerstenberg:** Gesteine und Mineralien: Die verborgenen Schätze unserer Erde. Hildesheim: Gerstenberg Verlag, 1994.

[10] **Harris, R.:** Pompeji. München, Ulm: Wilhelm Heyne Verlag. 2003.

[11] **Helzberg, H.:** Pocket Guide Diamanten. Berlin: Verlag Gentlemen's Digest 2005.

[12] **Jones, M.P.:** Methoden der Mineralogie. Stuttgart: Ferdinand Enke Verlag, 1997.

[13] **Jubelt, R.:** Mineralien. Leipzig: Deutscher Verlag für Grundstoffindustrie, 1976.

[14] **Kirsch, M.:** Die Freiheit von White Cliffs. Dossier in GEO Themenlexikon, Band 2, Hamburg: Gruner + Jahr, 2006.

[15] **Kohaupt, B.:** Chemie für Techniker und Ingenieure. Darmstadt: Hoppenstedt Technik Tabellen Verlag, 4. Auflage, 1989

[16] **Konemann, R.:** Betonoberflächen – Schützen und Instandhalten. Stuttgart: Deutsche Verlags-Anstalt, 1988.

[17] **Lye, K.:** Mineralien und Gesteine. München, Zürich: Delphin Verlag, 1986.

[18] **Mäckler, C.:** Werkstoff Stein - Material, Konstruktion, zeitgenössische Architektur. Basel: Birkhäuser Verlag, 2004.

[19] **Markl, G.:** Minerale und Gesteine. München: Spektrum Akademischer Verlag, 2004.

[20] **Mehling, G.:** Naturstein-Lexikon. München: Callwey Verlag, 1993.

[21] **Merkel, M.; Thomas, K.-H.:** Taschenbuch der Werkstoffe. München, Wien: Fachbuchverlag Leipzig im Carl Hanser Verlag, 2003.

[20] **Peters, S.; Schneider, U.; Seibert, F.:** Einwegbehälter zur Erwärmung und Kühlung von Flüssigkeiten (Europäische Patentschrift: Aktenzeichen: EP 1 120 072 B1); Throw-away container for heating and cooling liquids (United States Patent: Aktenzeichen: US 6,481,214); November 2002.

[22] **Peters, S.:** Material Revolution – Nachhaltige Materialien und Multifunktionswerkstoffe für Design und Architektur. Basel, Berlin, Boston: Birkhäuser Verlag, 2010.

[23] **Pfaender, H.G.:** Schott – Glaslexikon. Landsberg am Lech: Moderne Verlagsgesellschaft mbH, 5. Auflage, 1997.

[24] **Rentmeister, A.:** Instandsetzung von Natursteinmauerwerk. München, Stuttgart: Deutsche Verlags-Anstalt, 2003.

[25] **Röhling, S.; Eifert, H.; Kaden, R.:** Beton Bau – Planung und Ausführung. Berlin: Verlag Bauwesen, 2000.

[26] **Schäffler, H.:** Baustoffkunde. Würzburg: Vogel Buchverlag, 8. Auflage, 2000.

[27] **Scharf, A.:** Schwarz, Klein, Stark – Kohlenstoff-nanotubes. In: Design-Report 1/2008, Leinfelden-Echterdingen: Konradin-Medien Verlag.

[28] **Schubert, M.:** Was ist Nanotechnologie? Seminar: Innovationen durch Nanotechnologie - Neue Oberflächen für Architektur, Möbel und Design. Köln, 25. Oktober 2006.

[29] **Scholz, W.; Hiese, W.:** Baustoffkenntnis. München: Werner Verlag, 15. Auflage, 2003.

[30] **Schumann, W.:** Edelsteine und Schmucksteine. München: Blv Verlagsgesellschaft, 9. Auflage, 2002.

[31] **Spring, A.; Glas, M.:** Stein. München: Frederking & Thaler Verlag, 2001.

[32] **Stark, J.; Wicht, B.:** Zement und Kalk – der Baustoff als Werkstoff. Basel: Birkhäuser Verlag, 2000.

[33] **Steingass, P. (Hrsg.):** Moderner Lehmbau 2003. Nachhaltiger Wohnungsbau – Zukunft Ökologisches Bauen. Berlin: Fraunhofer IRB Verlag, 2003.

[34] **Timm, H; Heeser, R.:** Estriche – Arbeitshilfen für Planung und Qualitätssicherung. Wiesbaden, Berlin: Bauverlag, 2. Auflage, 1996.

[35] **Traufetter, G.**: Kitt für das Klima, Hamburg: Spiegel Verlag, Der Spiegel 35/2008, 25.08.2008.

[36] **Wendehorst, R.**: Baustoffkunde. Hannover: Curt R. Vincentz Verlag, 26. Auflage, 2004.

Literatur aus dem Internet:

[37] Bayer AG, Leverkusen (www.bayer.de), Kohlenstoffnanoröhrchen (engl.: Carbon Nanotubes (CNT), Markenname Baytubes)«

Bild: Amethyst

Bild: Verkleidung aus kohlefaserverstärktem Kunststoff.

VER
VERBUNDWERKSTOFFE

aramidfaserverstärkter Kunstoff, Bimetall, Ceramic Matrix Composite, Drahtglas, Faserzement, Getränkekartons, Glare, glasfaserverstärkter Kunstoff, Goretex, hartfaserverstärktes Aluminium, Hartmetall, Honeycomb, Hylite, karbonfaserverstärktes Siliziumkarbid, kohlenstofffaserverstärkter Kunststoff, korundverstärktes Aluminium, kunstharzgetränktes Vollholz, Lebensmittelverpackung, lichtdurchlässiger Beton, metallverstärkter Gummi, Sandwichmaterial, Schichtverbundwerkstoff, Schleifpapier, Schleifscheibe, Segelboot, Sicherheitsglas, Stahlbeton, Spanplatte, Surfbrett, Thermobimetall, Verbundplatte, Verbundrohr, Zahnbürste

Bild: Schichtverbundwerkstoff – Mittellage aus Polypropylen-Waben, Decklagen aus Sperrholz.

Bild: Schichtverbundwerkstoff – Mittellage aus Polystyrol-Hartschaum, Decklagen aus Sperrholz.

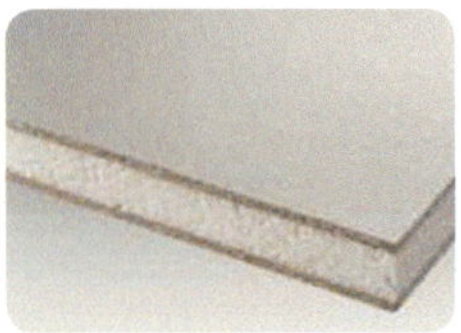

Bild: Schichtverbundwerkstoff – Mittellage aus Polystyrol-Hartschaum, Decklagen aus beschichteter Dünnspanplatte.

Bild: Schichtverbundwerkstoff – Mittellage aus Polystyrol-Hartschaum, Decklagen aus Weichfasern.

Bild: Schichtverbundwerkstoff – Mittellage aus Polystyrol-Hartschaum, Decklagen aus Kork.

Hersteller: Wilhelm Mende GmbH & Co.

In den bisherigen Kapiteln wurden die klassischen Werkstoffgruppen (Metalle, Hölzer, Keramiken, usw.) vorgestellt, die für das Verständnis der Relation zwischen »Material und Fertigung« von entscheidender Bedeutung sind. Die Anforderungen an die Werkstofftechnik sind allerdings in den letzten Jahren enorm gestiegen. Sehr differenzierte Produktbereiche, neue gesetzliche Vorschriften, abnehmende Energieressourcen und steigende Umweltauflagen machen daher immer häufiger Werkstoffe mit besonderen, maßgeschneiderten Eigenschaften erforderlich, die nicht mehr nur durch ein einzelnes Material abgedeckt werden können. Verbunde aus zwei oder mehreren Werkstoffen wurden entwickelt, deren Eigenschaftsprofile sich anwendungsspezifisch zusammensetzen lassen. In der Fachsprache spricht man von Verbundwerkstoffen, die im angelsächsischen Sprachbereich auch als »Composites« bezeichnet werden. Beispiele für Verbundwerkstoffe sind mit Glasfasern verstärkte Kunststoffe, Spanplatten, Hartmetalle, metalldrahtverstärktes Glas, Lederfaserstoff oder Stahlbeton.

VER 1
Einteilung und Aufbau

Im Aufbau werden Materialien mit speziellen Eigenschaften kombiniert, so dass durch den Verbund die nachteiligen Merkmale von den vorteilhaften Charakteristika des Verbundpartners überdeckt werden. Beispielsweise besteht eine Getränkeverpackung (Tetra Pak®) aus einem stabilen aber feuchtigkeitsempfindlichen Karton, der mit einer für Flüssigkeiten undurchlässigen Kunststoff- und Aluminiumfolie beschichtet ist. Im Verbund entsteht eine sehr leichte und raumsparende Konstruktion, die sich zur Lagerung von flüssigen Nahrungsmitteln als Alternative zu Flaschen aus Glas oder PET ↗ KUN 4.1.10 bewährt hat.

Entsprechend der Form und räumlichen Anordnung der beteiligten Komponenten können Verbundwerkstoffe wie folgt klassifiziert werden (Hornbogen 2002, Kainer 2003):

Durchdringungsverbundwerkstoffe
- Tränkwerkstoffe (z. B. kunstharzgetränktes Vollholz ↗ HOL 3.1)

Schichtverbunde
- Bimetalle
- Sicherheitsglas ↗ GLA 4.1
- Verbundplatten (z. B. Sperrholz ↗ HOL 3.3.1)
- Honeycomb ↗ PAP 5.4
- Verbundrohre
- plattierte Bleche
- Verbundkartons (z. B. Tetra Pak®)
- Sandwichplatten mit Schaumkern
- Biegefurnier
- Steinfurnier
- Aluminiumschichtverbunde
- Akustikplatten
- Kunststoffstrukturpaneele

Teilchenverbundwerkstoffe
- Hartmetalle
- Polymerbeton ↗ KUN 4.6
- Kunststoff-Pressmatten ↗ KUN 1.6
- Spanplatte ↗ HOL 3.3.2
- Kork-Polymer-Komposite (CPC)
- Holzbeton

Faserverbundwerkstoffe
- faserverstärkte Kunststoffe ↗ KUN 1.6
- Holzfaserplatten (z. B. MDF ↗ HOL 3.5.1)
- metalldrahtverstärktes Glas ↗ GLA 4.1
- spiraldrahtarmierter Polyurethanschlauch ↗ KUN 4.2.5
- Drahtglas ↗ GLA 4.1
- Faserzement/ Faserbeton
- Stahlbeton ↗ MIN 4.8
- lichtdurchlässiger Beton ↗ MIN 6.1
- Keramik-Faserverbunde (CMC) (z. B. kohlefaserverstärktes Siliziumkarbid)
- Lederfaserstoff
- glasfaserverstärktes Aluminium (GLARE)
- CNT-Verbundwerkstoffe ↗ MIN 6.3

Durchdringungsverbundwerkstoffe
- Tränkwerkstoffe (z. B. kunstharzgetränktes Vollholz ↗ HOL 3.1)

Bild: Schichtverbundwerkstoff – Mittellage aus Kunststoff, Decklagen aus Kupfer.

Zur Herstellung von ***Durchdringungswerkstoffen*** werden offenporige Strukturen in ein aushärtbares Flüssigmaterial (z. B. Melaminharz) oder ein gesinterter Werkstoff in eine Schmelze getränkt. Nach Aushärtung bzw. Erstarrung der Flüssigkomponente entsteht ein fest verflochtener Werkstoff mit hoher Festigkeit.

Schichtverbundwerkstoffe bestehen aus mehreren aufeinanderliegenden Schichten. Besonders häufig sind ***Dreischichtverbünde*** aus einer Mittellage mit zwei aufgebrachten identischen Decklagen. Diese Konstruktion wird auch als »***Sandwichstruktur***« bezeichnet.

In ***Faser***- und ***Teilchenverbünden*** wird Verstärkungsmaterial zur Festigkeitssteigerung in einen Werkstoff eingebettet und gebunden. Die ***Bindung*** wird in der Werkstofftechnik als »***Matrix***« bezeichnet (Beitz, Grote 2001).

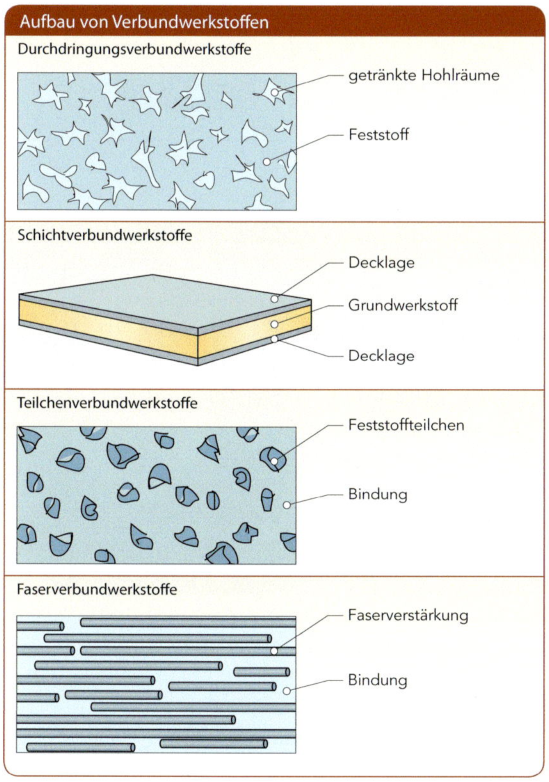

Abb. 1: nach [4]

Bild: Metalldrahtverstärktes Glas.

Neben der Möglichkeit zur Charakterisierung der Verbundwerkstoffe entsprechend der räumlichen Anordnung ihrer Komponenten hat sich bei Teilchen- und Faserverbünden eine alternative Form der Klassifizierung durchgesetzt. Diese orientiert sich am verwendendeten Matrixwerkstoff.
Folgende Nomenklaturen haben sich entwickelt (Schippers 1999):

- PMC polymer matrix composite
- MMC metal matrix composite
- CMC ceramic matrix composite
- CCC carbon carbon composite

Beispiele für faserverstärkte Werkstoffe

Klasse	Matrix	Faser	Beispiel
PMC	Kunststoff	Metall	metallverstärkter Gummi
PMC	Kunststoff	Keramik	glasfaserverstärkter Kunststoff
CMC	Keramik	Metall	metalldrahtverstärktes Glas
CMC	Keramik	Kunststoff	kunststoffgebundener Beton
CMC	Keramik	Karbon	karbonfaserverstärktes Siliziumkarbid
MMC	Metall	Keramik	korundverstärktes Aluminium
MMC	Metall	Kunststoff	hartfaserverstärktes Aluminium
CCC	Kohlenstoff	Karbon	karbonfaserverstärkter Kohlenstoff

Abb. 2: nach [5, 8, 9]

Bild: Kohlefaserverstärkter Kunststoff.

VER 2
Vorstellung einzelner Verbundwerkstoffe

VER 2.1
Schichtverbunde

VER 2.1.1
Schichtverbunde – Plattierte Bleche

Ein plattiertes Blechband ist ein Schichtverbund, der sich aus zwei oder mehreren unterschiedlichen Metalllagen zusammensetzt. Meist wird ein qualitativ hochwertiger Werkstoff auf ein wenig kostenintensives Grundmaterial ein- oder beidseitig aufgebracht. Der Basiswerkstoff nimmt die Belastungen auf, während die aufplattierten Schichten vor Korrosion schützen. Als Grundmaterial wird in der Regel ein unlegierter Stahl gewählt (Ignatowitz 2003). Für den Edelmetallbereich kommt auch Messing in Frage. Plattierwerkstoffe sind nichtrostende Cr-Ni-Stähle oder Nickel- und Kupferlegierungen auf Stahl bzw. Gold- und Silberlegierungen auf Messing.

Bild: Herstellung plattierten Bandmaterials. Ein plattiertes Band ist ein aus mehreren unterschiedlichen Metalllagen bestehendes Verbundmaterial./ Quelle: Wickeder Westfalenstahl GmbH

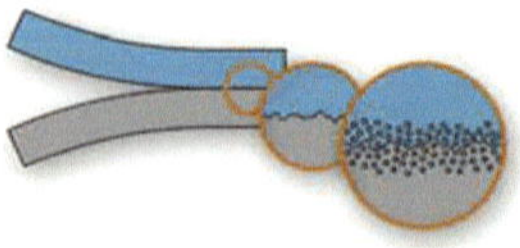

Herstellung
Zur Herstellung plattierter Bleche kommt eine ganze Reihe von Fertigungstechniken in Frage. Bekannteste Verfahren beim Fügen von Werkstoffen im festen Zustand sind das Warmwalzplattieren, das Kaltwalzplattieren und das Sprengplattieren. Als Plattierverfahren über den schmelzflüssigen Zustand sei hier das Auftragsschweißen genannt. Für besonders dünne Schichten eignet sich auch die Galvanotechnik (Elektroplattieren) sowie Gieß- oder Tauchverfahren.

Verwendung
Die Anwendungsgebiete von plattierten Werkstoffen sind vielfältig. Sie werden beispielsweise in Elektrokontaktteilen, bei Kochgeschirr oder im chemischen Apparatebau eingesetzt. Wenn hoch korrosiv wirkende Medien in Rohren geleitet oder in Behältern gelagert werden zeigen plattierte Bleche optimale Eigenschaften. Auch Thermobimetalle werden durch Plattieren hergestellt.

VER 2.1.2
Schichtverbunde – Thermobimetalle

Thermobimetalle sind Verbundwerkstoffe aus zwei Metallblechstreifen mit unterschiedlichen Wärmeausdehnungskoeffizienten. Diese sind aufeinander gewalzt und fest miteinander verbunden. Kommt es zu einer Erwärmung des Bimetalls, führt die unterschiedliche Materialdehnung zu einer Verbiegung in Richtung der Seite des Verbundpartners mit der geringeren Wärmedehnung (passive Komponente). Während für die aktive Komponente Legierungen aus Eisen-Nickel-Mangan oder Mangan-Nickel-Kupfer in Frage kommen, werden für die passive in aller Regel Eisen-Nickel- (Invar) oder Nickel-Kobalt-Eisen-Legierungen (Superinvar) verwendet (Peters 2010).

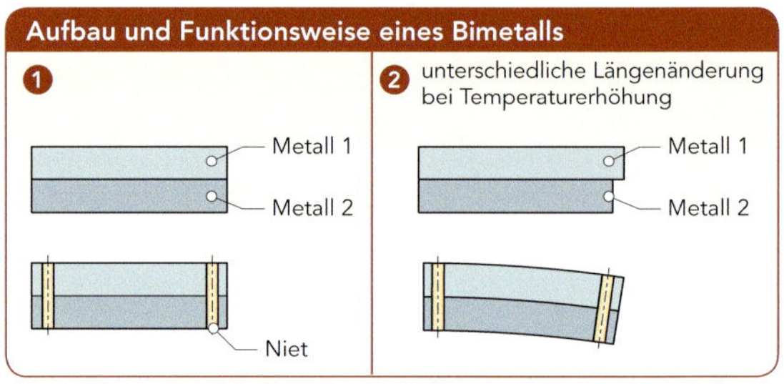

Abb. 4

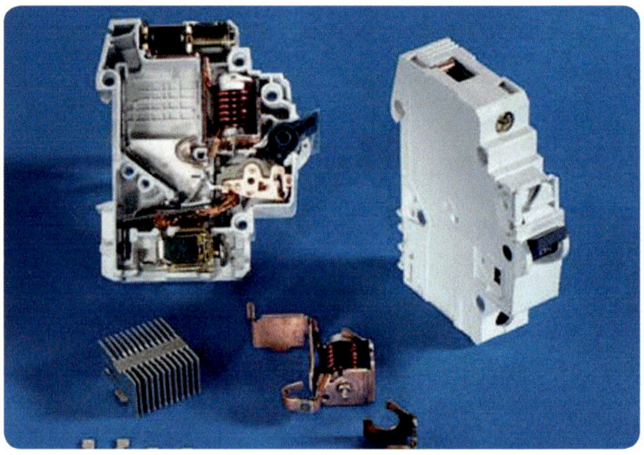

Bild: Verwendung von Bimetallen in Sicherungen./ Foto: Wickeder Westfalenstahl GmbH

Verwendung
Bimetalle werden in Messinstrumenten, beispielsweise für Metallspiralen bei Thermometern, verwendet oder dienen als Regler und Schalter sich selbst abschaltender Kontakte. Anwendungsfelder sind Bügeleisen, Wasserkocher oder Kaffeemaschinen. Weitere Verwendungsbeispiele liegen im Bereich der Lichttechnik. Beispielsweise führt ein in der Nähe einer Glühwendel positionierter und in den Stromfluss einer Glühlampe integrierter Bimetallstreifen zum Blinken der Lampe. Der Stromfluss wird nach dem Aufheizen unterbrochen und schließt sich beim Abkühlen wieder.

Bild: Leuchte mit Reflektor aus Thermobimetallstreifen./
Quelle: serien.lighting

Bild: Verschiedene Bimetallbauteile./
Foto: Wickeder Westfalenstahl GmbH

Bezeichnung
Die auf Thermobimetallen angegebenen Bezeichnungen deuten im europäischen Raum auf die Zusammensetzung der Legierung der aktiven Komponente hin, während diese in Amerika Hinweise zum Werkstoff der passiven Komponente geben (Ritter 2007).

VER 2.1.3
Schichtverbunde – Verbundrohre

Verbundrohre bestehen aus mehreren Schichten unterschiedlicher Materialien. So genannte »*Mehrschichtverbundrohre*« bestehen in der Mittellage aus einem 0,1 mm bis 1 mm dicken Aluminiumrohr, einer inneren Beschichtung aus hochvernetztem Polyethylen (PE-X) und einer äußeren Schicht aus hochdichtem Polyethylen (PE-HD) *KUN 4.1.1*. Im Vergleich zu herkömmlichen Kunststoffrohren sind Verbundrohre sehr leicht zu biegen und gut zu verarbeiten. Die Aluminiumschicht verhindert die Rückfederung und verschafft dem Verbund eine hohe Formstabilität. Beim Ablängen bleiben sie rund und gratfrei. Die Wärmedehnung ist vergleichbar mit der von Kupferrohren. Außerdem bildet das Aluminium eine Barriereschicht gegen Sauerstoff, womit Korrosion im Inneren einer Rohrkonstruktion verhindert wird. Weiterer Vorteil eines Verbundrohrs gegenüber einem konventionellen Kunststoffrohr ist die Möglichkeit zur Wiederverwendung nach der Demontage.

Zum Transport warmgehender Medien für die Nutzung von Fernwärme hat sich eine Variante zu dem beschriebenen Mehrschichtverbund am Markt etabliert. Das Kunststoffmantelrohr (KMR) besteht im Inneren aus rostfreiem Stahl oder Kupfer, das mit einer Wärmedämmschicht aus flexiblem Polyurethanschaum versehen wurde. Nach Außen ist diese durch ein Rohr aus Polyethylen vor starken Belastungen geschützt.

Aufbau eines Verbundrohres

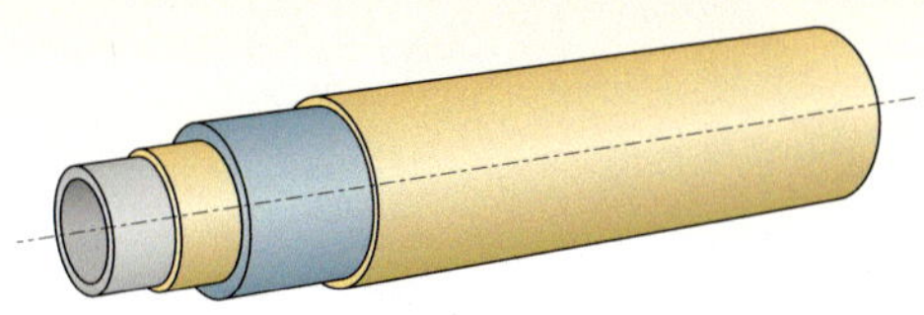

Abb. 5

Verwendung
Mehrschichtverbundrohre eignen sich für Heizungsinstallationen (Fußboden- und Wandheizung) und Rohrkonstruktionen für die Trinkwasserversorgung. Weitere Anwendungsfelder liegen in den Bereichen Sanitäranlagen, Druckluftleitungen und industrieller Rohrleitungsbau. Durch die weiße Deckschicht können Mehrschichtverbundrohre auch im Sichtbereich Verwendung finden.

Kunststoffmantelrohre werden für den Transport von Warmwasser in Fernwärmesystemen genutzt. Der Verbund ist für Temperaturen von bis zu 140 °C im Dauerbetrieb und Betriebsdrücken von 1,6 MPa oder 2,5 MPa ausgelegt.

Handelsformen
Mehrschichtverbundrohre sind in Wandstärken von mindestens 2 mm mit Außendurchmessern von 14, 16, 18, 20, 26 bis zu 110 mm erhältlich. Es werden Rollen in Längen von 200 bis 600 mm angeboten. Ja nach Hersteller sind Mehrschichtverbundrohre auch als Stangenware erhältlich. Kunststoffmantelrohre werden in Längen von 6 m oder 12 m angeboten. Nach dem Verlegen der Rohre im Erdreich werden die Enden miteinander verschweißt.

VER 2.1.4
Schichtverbunde – Verbundkartons

Als Alternative für Glasbehältnisse zur Lagerung von flüssigen Nahrungsmitteln wurde bereits 1943 durch den Schweden Ruben Rausing eine Verbundverpackung entwickelt, deren Handelsname *Tetra Pak®* im Markt sehr bekannt wurde. Sie besteht aus einem quaderförmigen Karton, der auf der Innenseite mit einer für Flüssigkeiten undurchlässigen Kunststofffolie beschichtet ist. Zusätzlich ist eine Aluminiumfolie in den Aufbau des Verbundes integriert, die als Sauerstoff- und Lichtbarriere fungiert und das Nahrungsmittel somit vor dem Schimmeln schützt. Eine 1-Liter Getränkeverbundverpackung wiegt nur etwa 26 Gramm. Sie ist damit wesentlich leichter als ein gleichgroßes Behältnis aus Glas. Zudem reagiert sie unempfindlicher auf Stöße und Vibrationen und ist durch ihre Quaderform leichter zu transportieren.

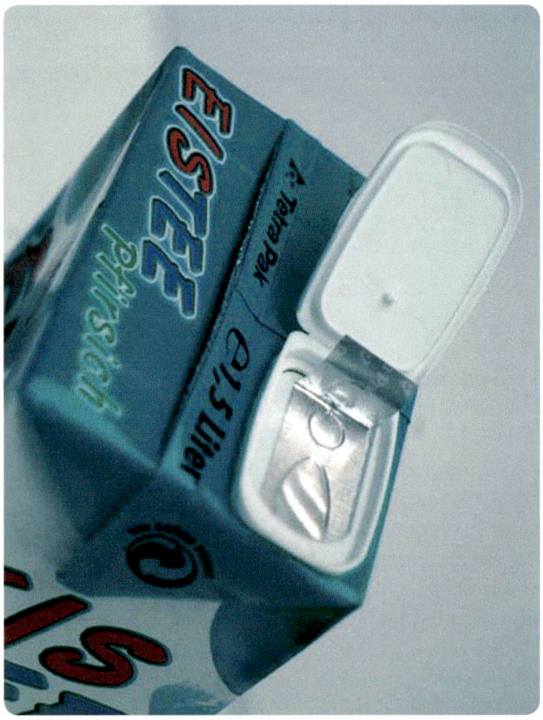

Bild: »Tetra Pak«, Getränkeverpackung.

Verwendung
Vor allem hat sich die Getränkeverbundverpackung für die Lagerung von haltbarer Milch bewährt. Weitere Lebensmittel, die heute in Tetra Paks® befüllt werden, sind Sahne, Fruchtsäfte, Apfelmus und Soßen aller Art.

VER 2.1.5
Schichtverbunde – Sandwichstrukturen

Sandwichstrukturen sind Schichtverbunde aus zwei Decklagen und einem Kernwerkstoff. Sie wurden für Leichtbaukonstruktionen entwickelt, um eine hohe Steifigkeit und Druckfestigkeit mit einer geringen Dichte zu kombinieren. Die Mittellage besteht in der Regel entweder aus einem Polymerhartschaum (z. B. Polystyrol, Polyurethan oder Polymethacrylimid), einer Papier- PAP 5.4 oder Kunststoffwabenstruktur (Beylerian, Dent, Quinn 2007). Auch besonders leichtgewichtige Holzarten wie Balsaholz HOL 4 oder zellulare Metalle MET 5.1 kommen als Kernmaterial in Frage. Während die Decklagen von außen auftretende Druckbeanspruchungen aufnehmen, sorgt die Mittellage für die Ableitung von Schubkräften und den Zusammenhalt der gesamten Konstruktion. Trotz der leichten Anmutung verfügen Sandwichplatten über eine sehr hohe Biegesteifigkeit. Sie wirken zudem wärmedämmend und können Schallschutzfunktionen übernehmen.

Verarbeitung
Der Zuschnitt von Sandwichplatten erfolgt mit den konventionellen Techniken. Dabei sollte die Schnittgeschwindigkeit an die entsprechenden Werkstoffe in der Sandwichstruktur angepasst werden. Durch die entstehende Wärme besteht die Gefahr zum Ankohlen von Holz- bzw. Pappwabenschichten, Kunststoffe können anfangen zu schmieren. Die Fügemöglichkeiten hängen entscheidend von den in der Struktur enthaltenen Materialien ab. So lassen sich Deckschichten aus Polymer- oder Pappwerkstoffen sehr gut kleben. Um beispielsweise mehrere Schaumkernplatten miteinander zu verbinden, wird gerne mit Metallstiften oder einer Schienenkonstruktion gearbeitet.

Verwendung
Auf Grund der hohen Steifigkeit und des geringen Gewichts haben Sandwichstrukturen eine große Bedeutung für den Sportbereich (z. B. Segelflugzeuge, Surfbretter, Schnellboote), für LKW-Aufbauten, den Waggonbau sowie für die Rotorblätter von Windkraftanlagen oder Hubschraubern (z. B. Eurocopter von EADS). Für den Ausstellungs- und Werbebereich haben sich Sandwichplatten aus einem Polyurethanschaumkern und Pappdecklagen bewährt. Um die Energieeffizienz moderner Flugzeuge und Automobile zu erhöhen, werden auch hier immer häufiger Sandwichstrukturen an wenig belasteten Stellen in die Konstruktion integriert. Ein Beispiel ist der A380, bei dem Wandelemente von Küche und Toilette mit biegesteifen Schichtverbundplatten aufgebaut sind. Im Bauwesen werden Sandwichstrukturen vor allem zur Wärmedämmung und Schallisolierung verwendet.

VER 2.1.6
Schichtverbunde – Biegefurniere

Biegefurniere HOL 3.2.1 sind Schichtverbundwerkstoffe und bestehen aus einem Echtholz-Furnier, das auf einen speziellen Papierträger aufgeleimt ist. Anwendungszwecke sind runde Formen, die bisher nicht furniert werden konnten. Das Furnier wurde daher parallel zur Faser gebrochen, so dass sich das Material hochflexibel biegen lässt, die Brüche aber auf der Funktionsoberfläche nicht erkennbar werden. Radien bis zu 5 mm sind möglich. Rechtwinklig zur Faser bleibt die Steifigkeit des Ausgangsfurniers bei geringerer Splitterneigung erhalten. Obwohl die Verleimung zwischen Furnier und Papierträger wasserunempfindlich ist, wird von einer Verwendung des Materials im Außenbereich abgeraten.

Verarbeitung
Biegefurniere können auf unterschiedliche Materialoberflächen aufgebracht werden. Die Wahl des Leims ist dabei in erster Linie abhängig vom gewählten Trägermaterial. Wird ohne eine Furnierpresse gearbeitet, sollte ein qualitativ hochwertiger Kontaktkleber Verwendung finden. Glatte Farboberflächen erzielt man mit Lack auf Lösungsmittelbasis nach Schleifen der Biegefurnieroberfläche mit feinem Schleifpapier (Körnung 150-180) (Sprenger, Struhk 2005). Überstehende Kanten lassen sich mit einem einfachen Messer oder einer Schere ablängen.

Bild: Biegefurniere von Modulor, unterschiedliche Kuverts.

Verwendung
Biegefurniere sind insbesondere für den Modell- und Möbelbau geeignet. Sie werden aber wegen der einfachen Verarbeitbarkeit gerne auch auf ebene Flächen aufgebracht. Typische Anwendungen sind Buchdeckel. Außerdem finden Biegefurniere zur Herstellung von Schmuck und Accessoires Einsatz.

Handelsformen
Biegefurniere sind unter der Marke »Decoflex®« mit einer Stärke von 0,6 mm in den Formaten DIN A4, 1.250 x 210 mm² und 2.500 x 1.240 mm² erhältlich. Als Material für die Furnierschicht stehen Ahorn, Birke, Buche, Eiche, Kirschbaum, Mahagoni, Nussbaum, Padouk und Teak zur Verfügung.

VER 2.1.7
Schichtverbunde – Steinfurnier

Steinfurnier ist unter dem Handelsnamen »stone-veneer®« bekannt geworden und bezeichnet einen Schichtverbund aus einer dünnen Schiefer-Gesteinsschicht (Dicke: 1-20 mm) MIN 4.3.1 und einer Glasfieberschicht, der mit einem Polyesterharz zusammengehalten wird.

Verarbeitung
Steinfurnier kann mit einer konventionellen Hartmetallsäge zugeschnitten werden. Zum Fräsen werden diamantbesetzte Fräser empfohlen, um eine entsprechende Standzeit des Werkzeugs zu gewährleisten. Die Schnittgeschwindigkeit sollte beim Sägen und Fräsen die allgemein für die Holzbearbeitung übliche nicht überschreiten, da sich durch hohe Reibungswärme die Polyesterschicht auf der Rückseite erweichen könnte. Als Untergrund für Steinfurnier eignen sich sowohl die konventionellen Holzwerkstoffe als auch Leichtbaumaterialien. Wird nur eine Steinfurnierschicht aufgebracht, sollte mit der Gegenzugtechnik gearbeitet werden PAP 2.3. Eine stone-veneer®-Schicht benötigt ein Gegenzugmaterial (Papier oder Kunststofffolie) mit einer Dichte von mindestens 150 g/m². Für das Verkleben der Steinfurnierschichten eignen sich Polyurethan-Kleber und selbstklebende Folien. Zum Schutz der Gesteinsoberfläche wurde eine wasserverdünnbare Imprägnierung entwickelt.

Aluminiumschichtverbundplatten zeichnen sich durch ein größeres Rückstellbestreben als Al-Vollbleche aus. Daher kommt beim Biegen bzw. Abkanten die so genannte Fräskanttechnik zum Einsatz.

Bild: Steinfurnier

Verwendung
Die Anwendungsgebiete für das Material liegen überall dort, wo sich durch eine besondere Ästhetik das Raumklima nachhaltig beeinflussen lässt, also für Schiffs- und Fahrzeuginnenverkleidungen, beim Messebau sowie bei Möbeln, Bilderrahmen und Schalterblenden.

Handelsformen
Steinfurniere werden in unterschiedlichen Mustern in den Standardformaten 300 x 600 mm², 600 x 600 mm², 1.210 x 610 mm² und in den Sonderformaten, 2.150 x 1.050 mm² und 2.400 x 900 mm² angeboten. Zehn unterschiedliche Farben sind auf dem Markt erhältlich von »terra red« und »ocean green« über »autumn white« bis hin zu »silver shine«. Für die Wandverkleidung wurden Fertigelemente mit Nut und Feder entwickelt.

VER 2.1.8
Schichtverbunde – Aluminiumschichtverbunde

Aluminiumschichtverbunde sind Sandwichstrukturen aus Al-Deckschichten und einer thermoplastischen Mittellage. Sie stellen unter Leichtbauaspekten eine Konkurrenz zu metallischen Werkstoffen im Karosseriebau dar, werden aber auch für den Bau von Möbeln oder Messeständen verwendet. Die beiden bekanntesten Marken sind Dibond® und Hylite®. Während Dibond® eine Mittellage aus Polyethylen enthält, setzt sich die Schichtkonstruktion von Hylite® aus zwei Aluminiumlagen und einer Polypropylen-Mittellage zusammen. Somit entstehen äußerst biegesteife Konstruktionen mit einem überaus geringen Eigengewicht. Durch die geringe Dichte, die hohe Biegefestigkeit und gute Witterungsbeständigkeit sind Aluminiumschichtverbunde Alternativen zu Aluminium- oder Stahlblechen gleicher Stärke.

Verarbeitung
Die Verbundwerkstoffe können mit den konventionellen Techniken verarbeitet werden. Sie lassen sich also tiefziehen, biegen, stanzen und auch prägen. Zum Abkanten der Bleche bedient man sich der Fräskanttechnik. Auf der Plattenrückseite werden mit Scheiben- oder Formfräsern Nuten eingebracht, so dass das Aluminium-Deckblech der Vorderseite und ein Teil des Polymerkerns stehen bleiben. Die geringe Dicke des verbleibenden Materials macht das Abkanten von Hand möglich. Die Nutform bestimmt dabei den möglichen Biegeradius (Sprenger, Struhk 2004). Für den Farbauftrag ist neben der konventionellen Lackierung (Acrylat- oder Zweikomponenten-Polyurethanlack) auch die Pulverbeschichtung geeignet. Hier sollte aber darauf geachtet werden, dass das Material nicht höher erwärmt wird als 145 °C. Aluminiumschichtverbunde können zudem sehr gut bedruckt (Sieb- und Digitaldruckverfahren) und mit Folien oder Papieren beklebt und kaschiert werden. Vielfache Klebefolien-Wechsel hinterlassen auf den Platten keine Spuren. Fügeverbindungen werden mit handelsüblichen Metallklebern realisiert (z. B. Epoxid-Zweikomponentenkleber). Für das großformatige Aufziehen von Fotografien eignen sich Klebefilme oder Dispersionskleber. Löst man die Deckschichten von der Mittellage, ist auch das Verschweißen der thermoplastischen Kunststoffe mit einem Heißluftschweißgerät möglich.

Verwendung
Aluminiumschichtverbunde wurden insbesondere für den Fahrzeugbau konzipiert. Die Verwendung von Hylite® bei Kleinwagen brachte eine Gewichtseinsparung von insgesamt 45 kg. Löst man die Decklage in einem bestimmten Bereich einseitig, kann die Schichtkonstruktion in einem fixierten Winkel gebogen werden. Werden beide Aluminiumlagen entfernt, lässt sich ein hochflexibles Scharnier erzeugen, das bis zu 80.000 Lastwechsel bewältigt. Um die Kanten beim Außeneinsatz vor eindringender Feuchtigkeit zu schützen und den Platten gegebenenfalls einen Rahmen zu geben, sind auf dem Markt U-Profile erhältlich. Neben der Fahrzeugindustrie werden Aluminiumschichtverbunde gerne beim Bau von Messeständen und Displays verwendet. Für den Handel mit Kunstdrucken und Fotografien eignet sich Dibond® mit seiner sehr hohen Biegesteifigkeit besonders für das Aufziehen großer Formate.

Handelsformen
Hylite®-Bleche sind in Dicken von 1,2, 1,4 und 2 mm, Dibond® in den Stärken 2, 3, 4 und 6 mm auf dem Markt erhältlich. Die maximale Produktionsbreite für Hylite® beträgt 1,54 m. Dibond wird mit einem maximalen Plattenformat von 1.500 x 6.250 mm^2 vertrieben.

Bild: Hylite

VER 2.1.9
Schichtverbunde – Akustikplatten

Akustikplatten sind Schichtverbundwerkstoffe mit hervorragenden schallisolierenden Qualitäten zur Verbesserung der Raumakustik.

Eigenschaften
Die schallabsorbierende Wirkung geht auf dreidimensionale Loch- und Wabengeometrien zurück, die in vielen Fällen in ein Dreischichtsystem (Sandwich) eingebracht sind. Der einfachste Aufbau besteht aus einer Holzlochplatte, die mit dünnen Furnierschichten versehen wird. Eine besonders gewichtsoptimierte Variante enthält im Kern eine Pappwabenstruktur PAP 5.4. Diese ist beidseitig mit Hartfaserlochplatten vor Belastungen geschützt HOL 3.5.1. Auch Lochplatten aus Gipskarton mit beidseitig aufgebrachter Putz- bzw. Folienbeschichtung finden Verwendung.

Aufbau einer Akustikplatte

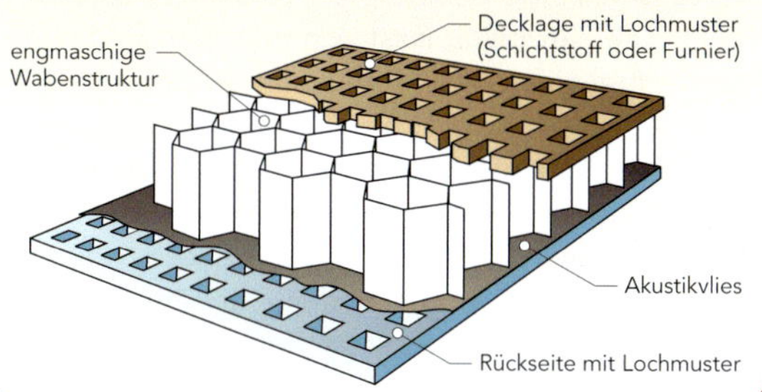

Abb. 6: nach Richter Furniertechnik GmbH & Co. KG (www.richter-veneertech.com)

Verwendung
Für Innenarchitekten sind Akustikplatten als Deckenelemente oder Trennwände zur Optimierung der Klangqualität von besonders großem Interesse. Sie werden eingesetzt im Messe- und Möbelbau und sorgen in Konzerthallen für eine zielgerichtete Soundausbreitung. Bei der Planung eines Akustikkonzepts für einen Raum sollte aber immer auch berücksichtigt werden, wie viele schallabsorbierende Flächen (Vorhänge, Teppiche, Möbel mit Stoffbezügen) sich später insgesamt in diesem befinden werden.

Handelsformen
Akustikplatten mit Pappwabenstruktur werden in Dicken zwischen 20 mm und 52 mm und Kantenlängen von 1–3 m angeboten. Eine Rahmenkonstruktion unterstützt das leichte Verbauen der Plattenelemente. Lochgipsplatten sind mit einer Stärke von 12,5 mm und Kantenlängen zwischen 1,2–2,4 m erhältlich.

Bild: Gebogenes Designpanel mit Quadril Perforation./ Hersteller: Danoline./ Projekt: Adnec Exibition Centre, Abu Dhabi./ Architekt: RMJM

VER 2.2
Teilchenverbundwerkstoffe

VER 2.2.1
Teilchenverbundwerkstoffe – Hartmetalle

Schlicker ist eine aus der Keramikherstellung ↗ KER 2.2 stammende Bezeichnung für eine Dispersion aus einer Flüssigkeit und festen Werkstoffpartikeln.

Hartmetalle bestehen aus einer sprödharten keramischen Struktur, deren Poren durch eine zähweiche metallische Bindung ausgefüllt werden. Das Ergebnis sind Werkstoffe mit sehr großer Härte, hoher Schmelztemperatur und extrem hoher Verschleiß- und Abriebfestigkeit. Sie eignen sich insbesondere als Schneidwerkstoffe und Schleifmaterialien. In der Materialwissenschaft sind Hartmetalle auch unter dem Begriff »*Cermets*« bekannt, einer Nomenklatur die auf die Anfangsbuchstaben der englischen Begriffe »ceramic« und »metal« zurückzuführen ist.

Gefüge eines Hartmetalls

Beispiel: Sinterhartmetall

Abb. 7: nach [2, 5]

Verarbeitung

Die Herstellung von Hartmetallen erfolgt innerhalb der sintertechnischen Prozesskette. Zunächst werden ein hochschmelzender Karbid-Hartstoff und ein leichter schmelzendes Metall fein zerkleinert und die entstehenden Partikel miteinander vermischt. Das Pulver wird anschließend durch Pressen in die gewünschte Form gebracht und auf eine Temperatur unterhalb der Schmelztemperatur der Hartstoffkomponente erhitzt. Die Karbidteilchen sintern zu einem porösen Rohkörper zusammen. Die Zwischenräume werden durch die metallische Bindung aufgefüllt. Als Hartstoffe eignen sich die Karbide von Wolfram (WC), Titan (TiC) oder Tantal (TaC). Für die metallische Bindung werden Kobalt, Nickel, Molybdän oder Eisen verwendet. Hartmetalle können nach Beendigung des Herstellungsverfahrens nur noch schleiftechnisch mit Stoffen bearbeitet werden, die wesentlich härter sind als die gebundenen Hartstoffteilchen (Hornbogen 2002).

Verwendung

Die konventionellen Hartmetalle auf Wolframkarbid-Basis werden insbesondere für die zerspanende Bearbeitung metallischer Werkstoffe verwendet. Typische Werkzeuge sind Wendeschneidplatten für die Drehbearbeitung. Hartmetalle mit einem hohen TiC- oder TaC-Anteil sind auf Grund der erreichbaren hohen Schnittgeschwindigkeiten für die Schlichtbearbeitung geeignet und finden bei der HSC-Bearbeitung (High Speed Cutting) Verwendung.

VER 2.2.2
Teilchenverbundwerkstoffe – Kork-Polymer-Komposite (CPC)

Kork-Polymer-Komposite sind Verbundwerkstoffe auf der Basis von Naturkork, die für das Baugewerbe und den Sportbereich neue Gebrauchspotenziale zeigen. Sie bestehen aus Korkpartikeln, die in einer Bindung aus Polyvinylacetat fixiert sind. Das thermoplastische Bindemittel verleiht dem Werkstoff ein interessantes Eigenschaftsprofil und eine besondere Haptik. Die Flexibilität lässt sich zwischen steif und hochflexibel einstellen, ohne einen Weichmacher ↗ KUN 1.6 zu verwenden. Somit können Kork-Polymer-Komposite auf einfache Weise wiederverwertet werden. Die hohe Wasserdampfdurchlässigkeit und die hervorragenden schall- und schwingungsdämpfenden Eigenschaften machen ihn für eine Vielzahl von Sportartikeln und orthopädischen Produkten geeignet (Peters 2010).

Verarbeitung

Kork-Polymer-Komposite können auf Grund der thermoplastischen Bindung unter Wärme verformt werden. Der Zuschnitt ist mit einfachen Werkzeugen möglich.

Verwendung

Auf Grund der leichten Verarbeitbarkeit ist der Verbundwerkstoff für viele Einsatzmöglichkeiten im Innenausbau sowie beim Schiffs- und Fahrzeugbau geeignet. Die Dämpfungseigenschaften werden insbesondere im Sport- und orthopädischen Bereich sehr geschätzt. Seine wärmeisolierenden Qualitäten und die umweltverträgliche Wiederverwertbarkeit machen ihn darüber hinaus für das Baugewerbe interessant.

Bild: Sinterbauteile aus Hartmetall./
Fotos: Kennametal Technologies GmbH

VER 2.3
Faserverbundwerkstoffe

VER 2.3.1
Faserverbundwerkstoffe – Keramik-Faserverbunde (CMC)

CMC steht für »Ceramic Matrix Composites«. Dies ist eine Gruppe von Faserverbundwerkstoffen aus einer keramischen Matrix, die durch Langfasern aus Kohlenstoff (C), Siliziumkarbid (SiC) *KER 4.7* oder Aluminiumoxid (Al_2O_3) *KER 4.5* verstärkt wird (Krenkel 2003). Die Einbettung von Fasern macht im Vergleich zu konventionellen technischen Keramiken das Verbundmaterial wesentlich widerstandsfähiger gegen mechanische Belastungen. Auf Grund der hohen Bruchneigung schlug die Verwendung keramischer Werkstoffe bei einer Vielzahl von Anwendungen z. B. zur Reduzierung des Gewichts im Motorraum bislang fehl. Dies könnte sich in Zukunft ändern, denn CMC weisen eine wesentlich höhere Thermoschockbeständigkeit und größere Bruchdehnung auf. Zudem können sie dynamisch belastet werden, was das Anwendungsspektrum technischer Keramiken für den Anlagen- und Fahrzeugbau enorm steigert. Die weiteren Eigenschaften eines Keramik-Faserverbundes werden durch die Art der Fasern, das Matrixmaterial sowie den Porenraum bestimmt. Mit Kohlenstofffasern lassen sich beispielsweise die thermische und elektrische Leitfähigkeit der normalerweise als Isolatoren wirkenden Oxidkeramiken *KER 1.1* erhöhen.

Für die Einbringung des keramischen Matrixmaterials zwischen die Fasern haben sich unterschiedliche Techniken bewährt. Beim Sintern *FOR 2* wird in die Zwischenräume ein flüssiger Schlicker mit einem hohen Anteil oxidischer Bestandteile gebracht, der eine niedrigere Sintertemperatur aufweist als der Werkstoff des Fasermaterials. Die feste Matrix entsteht bei Temperaturen um 1.100 °C. Das CVI-Verfahren (Chemical Vapour Infiltration) ähnelt der CVD-Technik *BES 6.2*, bei dem durch eine chemische Reaktion in einem bestimmten Temperatur- und Druckbereich an der Oberfläche der Faserstruktur Material aus einem Gasgemisch abgeschieden wird. Eine weitere Technik zur Herstellung von CMC ist die Pyrolyse von C- und Si-haltigen Polymeren.

Verwendung
Ceramic Matrix Composites finden vor allem Verwendung in der Raumfahrt und beim Flugzeugbau (z. B. Steuerklappe im Strahltriebwerk). Dort kann das geringe Gewicht sowie die hohe Temperaturwechselbeständigkeit besonders vorteilhaft eingesetzt werden. Die Möglichkeit zur Nutzung bei hohen Temperaturen macht Keramik-Faserverbunde außerdem für Gasturbinen, Brenner, Heißgasführungen und Abgasrohre interessant. Die hohe Korrosionsfestigkeit von CMC lässt sich in Gleitlagern nutzen. Bremsscheiben aus C/C- und C/SiC-Werkstoffen werden im Motorsport, bei Flugzeugen und Luxussportwagen eingesetzt. Ein weiteres Einsatzfeld sind Kupplungen.

Handelsformen
Auf Grund der unterschiedlichen sich im Einsatz befindlichen Faser- und Matrixmaterialien haben sich eine Reihe von Verbundkeramiken am Markt etabliert. Die Abkürzungen weisen zunächst den Faserwerkstoff und dann den Matrixtyp aus:

- Kohlenstofffaserverstärkter Kohlenstoff (C/C)
- Kohlenstofffaserverstärktes Siliziumkarbid (C/SiC)
- Siliziumverstärktes Siliziumkarbid (SiC/SiC)
- Aluminiumoxidverstärktes Aluminiumoxid (Al_2O_3/Al_2O_3)

VER 2.3.2 Faserverbundwerkstoffe – Glasfaserverstärktes Aluminium (GLARE®)

Die Abkürzung GLARE® steht für »glass-fibre reinforced aluminium«. Gemeint ist ein neuer Verbundwerkstoff, der zu großen Teilen an der TU Delft für den Flugzeugbau entwickelt wurde und erstmals im Großraumflugzeug A380 zum Einsatz kommt. GLARE® besteht aus einer Vielzahl abwechselnd aufeinander folgender Schichten aus dünn gewalztem Aluminium und Glasfaserlaminaten, die fest miteinander verklebt sind. Die Dichte ist mit der von konventionellen Aluminiumlegierungen vergleichbar. Besonderes Plus des Werkstoffs gegenüber bislang im Flugzeugbau eingesetzten Materialien sind die außerordentlichen Ermüdungseigenschaften sowie das Durchbrand- und Einschlagverhalten. Hervorzuheben ist zudem das Werkstoffverhalten bei Rissbildung. Während die Ausbreitungsgeschwindigkeit eines Risses bei Aluminium mit zunehmender Länge ansteigt, werden Risse in dem neuen Verbundwerkstoff durch die Faserschicht in ihrer Ausbreitung behindert. Nachteilig wirkt sich die im Vergleich zu Aluminium geringere Steifigkeit aus, die zu einer Verringerung der Flugstabilität und zur Schwingungsbildung führen kann.

Rissüberbrückung durch intakte Fasern

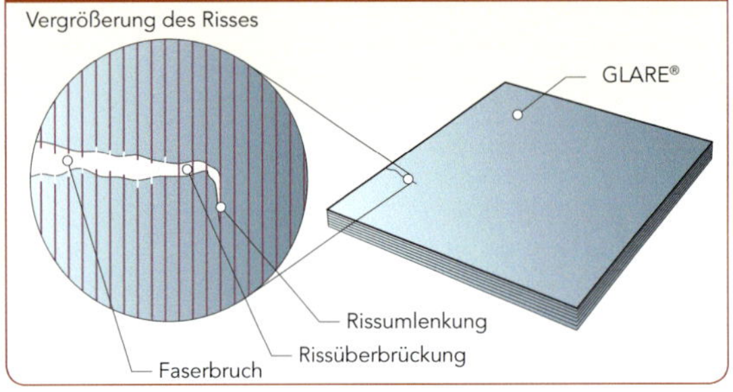

Abb. 8

Verarbeitung
GLARE® lässt sich auf die gleiche Weise verarbeiten wie konventionelles Aluminium. Bei zerspanender Bearbeitung muss allerdings darauf geachtet werden, dass sich keine Späne zwischen die einzelnen Schichten drücken. Vor allem bei der Demontage ist das Delaminieren einzelner Schichten zu vermeiden.

Verwendung
Durch das besondere Eigenschaftsprofil eignet sich GLARE® hervorragend für oben liegende Rumpfstrukturen, das Cockpit sowie Elemente des Leitwerks. Eine verbesserte Variante des Verbundwerkstoffs, das »High Static Strength«-GLARE®, kommt beim A380-Frachter zum Einsatz.

Handelsformen und Wirtschaftlichkeit
Es sind unterschiedliche GLARE®-Sorten auf dem Markt erhältlich, die in Dicke und Anzahl der Aluminiumlagen sowie in Faserausrichtung des Kunststofflaminats variieren. Der Preis des Materials liegt etwa bei dem sechsfachen Wert von Aluminium.

VER
Literatur

[1] **Beitz, W; Grote, K.-H.**: Dubbel - Taschenbuch für den Maschinenbau. Berlin, Heidelberg: Springer Verlag, 20. Auflage, 2001.

[2] **Berns, H.**: Hartlegierungen und Hartverbundwerkstoffe. Berlin, Heidelberg: Springer Verlag, 1998.

[3] **Beylerian, G; Dent, A.; Quinn, B.**: Ultra Materials. München, Berlin: Prestel 2007.

[4] **Dobler, H.-D.; Doll, W.; Fischer, U.; Günter, W.; Heinzler, M.; Ignatowitz, E.; Vetter, R.**: Fachkunde Metall. Haan-Gruiten: Verlag Europa-Lehrmittel, 54. Auflage, 2003.

[5] **Hornbogen, E.**: Werkstoff – Aufbau und Eigenschaften von Keramik-, Metall-, Polymer- und Verbundwerkstoffen. Berlin, Heidelberg: Springer Verlag, 7. Auflage, 2002.

[6] **Ignatowitz, E.**: Chemietechnik. Haan-Gruiten: Verlag Europa-Lehrmittel, 7. Auflage, 2003.

[7] **Kainer, K. U.**: Metallische Verbundwerkstoffe. Weinheim: Wiley VCH, 2003.

[8] **Kollenberg, W.**: Technische Keramik - Grundlagen, Werkstoffe, Verfahrenstechnik. Essen: Vulkan-Verlag, 2004.

[9] **Krenkel, W.**: Keramische Verbundwerkstoffe. Weinheim: Wiley-VCH, 2003.

[10] **Peters, S.**: So biegsam wie Granit - Neue Anwendungsfelder von Gesteinswerkstoffen und Beton«, form 220, Basel: Birkhäuser Verlag, Mai/Juni 2008.

[11] **Peters, S.**: Material Revolution – Nachhaltige Materialien und Multifunktionswerkstoffe für Design und Architektur. Basel, Berlin, Boston: Birkhäuser Verlag, 2010.

[12] **Ritter, A.**: Smart Materials in Architektur, Innenarchitektur und Design. Basel: Birkhäuser Verlag, 2007.

[13] **Schippers, C.**: Metallische und keramische Verbundwerkstoffe. Doktorvortrag an der RWTH Aachen, 2.9.1999.

[14] **Sprenger, T.; Struhk, C.**: modulor – material total. Berlin: 2005.

Bild: Kokos und Gummi miteinander verwebt./ Design und Foto: Marian de Graaff

Bild: Wasser in PET-Flasche.

FLU
FLÜSSIGKEITEN UND SUBSTANZEN

Acrylfarben, Anstellzylinder, Anstrich, Aquarellfarbe, Aquarium, Ätzmittel, Aufzug, Autobatterie, Autopflegemittel, Bagger, Beißring, Benzin, Bienenwachs, Biodiesel, Bitumen, Bremse, Brunnen, Brustimplantat, Buntstift, Cabrioverdeck, Dampfmaschine, Diesel, Drehmomentwandler, Duftstoff, Dünger, Duschgel, Einlagen, Fahrwerk, Farbe, Fett, Filzstift, Fitnessgerät, Flachswachs, Flüssiggas, Flüssigtapete, Füller, Gabelstapler, Gasöl, Gelatine, Gelkissen, Gelbett, Getriebe, Gießharze, Grillanzünder, Haargel, Handpresse, Hanföl, Hantel, Harz, Hautcreme, Hebebühne, Heizöl, Heizung, Holzleim, Hydraulikflüssigkeit, Hydraulikstempel, Imprägniermittel, Isolationslack, Isolierwachs, Jojobaöl, Kaffeewachs, Kalkputz, Kaugummi, Kautschuk, Kernseife, Kerosin, Kerze, Kipphydraulik, Kissen, Klebmörtel, Klebstoff, Kokosöl, Kraftstoff, Kran, Kugelschreiber, Kupplung, Lack, Lasur, Latex, Lavendelöl, Leimseife, Liege, Linsen, Lippenstift, Lokomotive, Lösungsmittel, Mineralöl, Möbelpolitur, Mörtel, Motorlager, Mousepad, Nahrungsmittelzusatz, Naturharz, Nelkenöl, Ölfarbe, Öllampe, Orangenschalenöl, Palmitinöl, Parfum, Parrafin, Poliermittel, Polymerbeton, Pomade, Pulverschmelzlacke, Rapsöl, Reaktionslack, Reinigungsmittel, Rosenöl, Rosmarinöl, Rostschutzmittel, Salbe, Sapropelwachs, Sattel, Schellack, Schlafmaske, Schleuse, Schmierfett, Schmieröl, Schmierseife, Schneekugel, Schneidöl, Schuhcreme, Seife, Seifenleim, Sekundenkleber, Servolenkung, Shampoo, Sitzkissen, Sojaöl, Solarkraftwerk, Sonnenblumenöl, Sprengstoff, Spritzbeton, Stearin, Stoßdämpfer, Temperafarbe, Terpentin, Thermometer, Tinte, Torfwachs, Traktor, Traumkugel, Trocknungsmittel, Turbine, Tusche, Unterbodenschutz, Vaseline, Ventil, Verdünnungsmittel, Viskokupplung, Wachs, Wachsfarbe, Wachspapier, Walrat, Waschmittel, Wärmflasche, Wasserbett, Wasserkraftwerk, Wasserrutsche, Wasserturbine, Wasserwaage, Weichmacher, Weichspüler, Weingeist, Werkzeugwechsler, Wollfett, Zahnpasta

Fitnessgeräte können in Zukunft sehr viel schlanker konstruiert werden als bislang. Moderne Systeme arbeiten mit elektrorheologischen Flüssigkeitsdämpfern, die den klassischen Gewichtsstapel ersetzen. Elektrorheologische Flüssigkeiten reagieren auf elektrische Felder und lassen sich in ihrer Viskosität stufenlos zwischen flüssig und fest einstellen. Der Effekt geht auf polarisierbare Mikropartikel innerhalb der nicht leitenden Trägerflüssigkeit zurück, die sich unter Einfluss des elektrischen Feldes ausrichten und Ketten bilden. Als Folge wird der Flusswiderstand der Flüssigkeit erhöht. Nach Entfernen des Feldes fallen diese zusammen, die Dünnflüssigkeit ist wieder hergestellt. Verwendungsgebiete für diese Form intelligenter Flüssigkeiten sind vor allem Schwingungsdämpfer in Kupplungen, Bremsen, Motorlager und schaltbare Ventile. Außerdem können sie zum Bau erdbebensicherer Brücken verwendet werden.

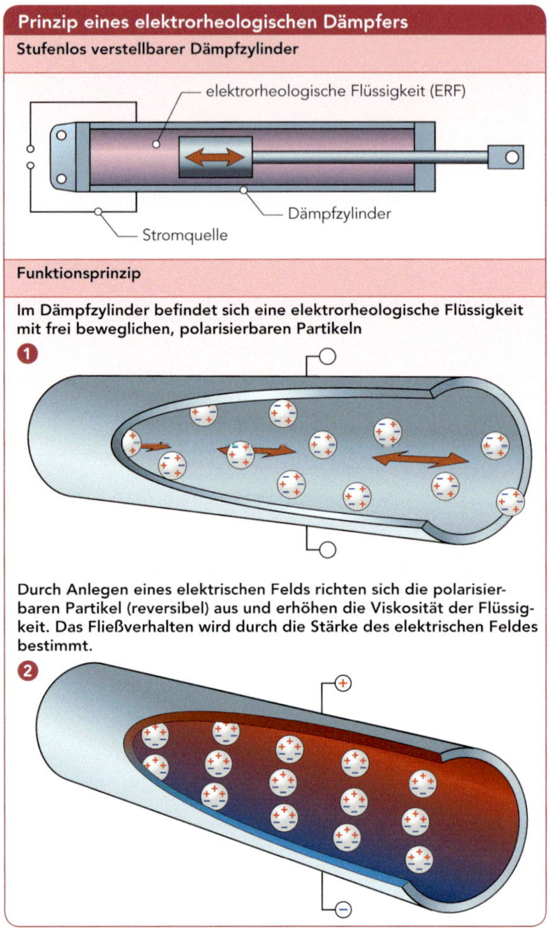

Abb. 1: nach Fludicon GmbH

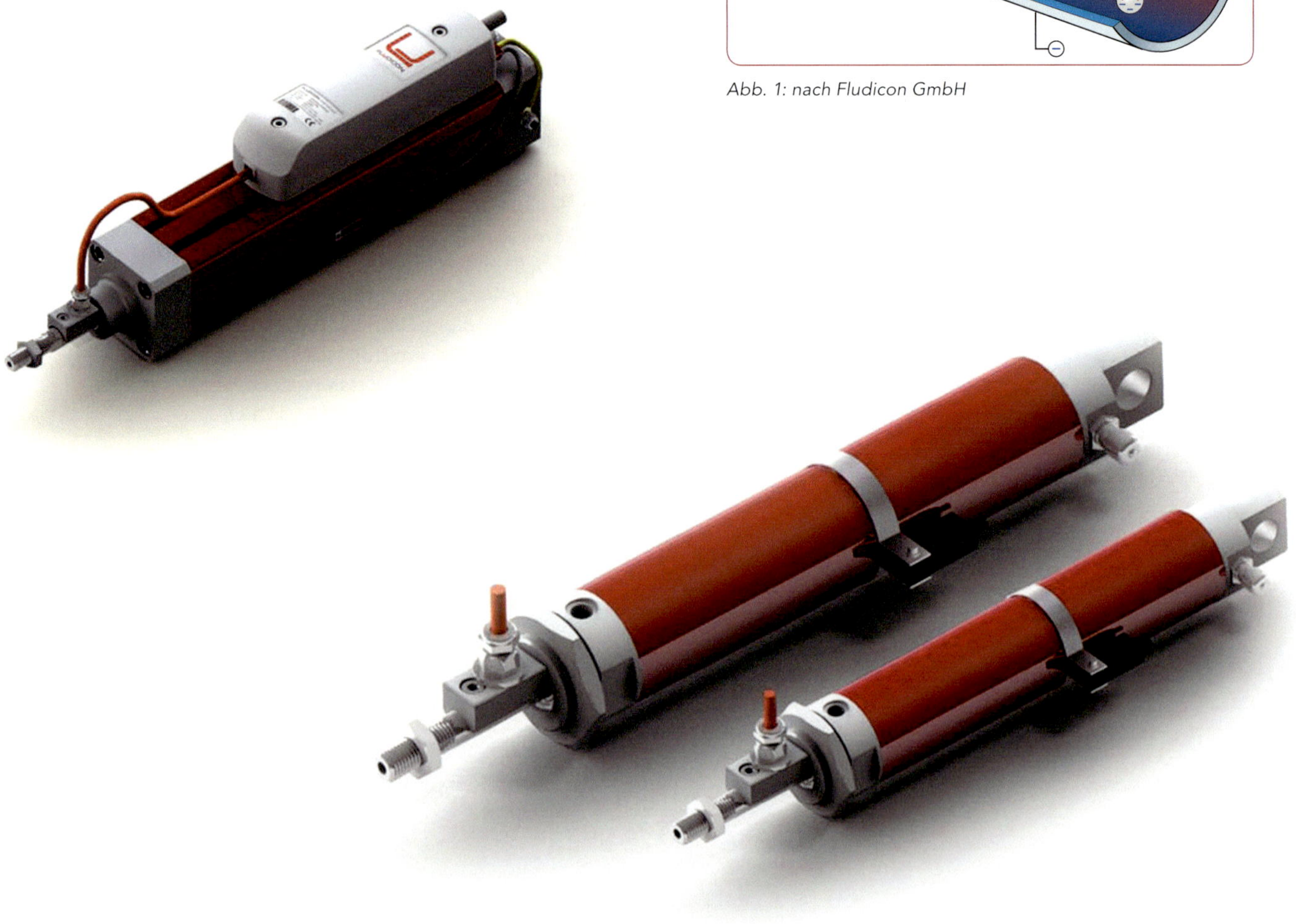

Bild: Elektrorheologische Dämpfer./ Quelle: Fludicon GmbH

FLU 1
Einteilung und Eigenschaften

Wie das Beispiel zeigt, können flüssige Substanzen in technischen Kontexten eine Vielzahl von Funktionen übernehmen. Zur Beschreibung ihrer Eigenschaften wird meist der Gefrier- bzw. Siedepunkt angegeben. Für den Einsatz in technischen Systemen interessieren vor allem die Mischbarkeit mit Wasser bzw. die Löslichkeit (Höll 2002), das Fließverhalten und ihre Viskosität. Die ***Viskosität*** gilt als Maß für die Zähflüssigkeit eines Fluids. Sie steht für die Unbeweglichkeit der Molekülschichten einer Flüssigkeit. Ein gutes Fließverhalten haben Flüssigkeiten mit einer niedrigen Viskosität.

Viskositäten verschiedener Flüssigkeiten [Ns/m^2]

Flüssigkeit	Viskosität	Flüssigkeit	Viskosität
Bitumen	$10^4 \ldots 10^{11}$	Aceton	0,00036
Essigsäure	0,00231 (25°C)	Petroleum	0,00065
Ethanol	0,00119	Polymerschmelzen	$1 \ldots 10^{10}$
Fensterlack	3,0	Quecksilber	0,00155
Glycerin	1,4	Wasser	0,001
Zum Vergleich			
Blut	0,004...0,025 (37 °C)	Olivenöl	ca. 0,1
Honig	ca. 10	Traubensaft	0,002

Viskosität bei 20 °C

Abb. 2

In technischen Kontexten ist auch das ***Kompressionsverhalten*** eines Fluidums, also die Zusammendruckbarkeit einer Flüssigkeit, von großem Interesse. Einer äußeren Kraft, die auf eine Formveränderung abzielt, setzen Flüssigkeiten einen sehr geringen Widerstand entgegen. Dieser ist aber in Bezug auf eine Volumenänderung bedeutend größer. Die große Volumenbeständigkeit von Flüssigkeiten wird beispielsweise in Stoßdämpfern oder Motorlagern genutzt.

Gefrierpunkt verschiedener Flüssigkeiten

Flüssigkeit	Gefrierpunkt	Flüssigkeit	Gefrierpunkt
Ammoniak	-77,8 °C	Isopentan	-160,0 °C
Benzol	+5,5 °C	Methylalkohol	-97,9 °C
Brom	-7,3 °C	Propylalkohol	-127,0 °C
Chloroform	-63,5 °C	Quecksilber	-38,9 °C
Diethylether	-116,3 °C	Schwefelkohlenstoff	-111,6 °C
Essigsäure	+16,7 °C	Tetrachlorkohlenstoff	-22,9 °C
Ethylalkohol	-114,5 °C	Toluol	-94,5 °C
Glycerin	-18,5 °C	Wasser	0,0 °C

Gemessen bei Normaldruck (100.000 Pa = 1 bar)

Abb. 3

Eine große ***Oberflächenspannung*** ist der Grund dafür, dass Insekten scheinbar spielerisch über Wasser laufen können und Flüssigkeiten Tropfen ausbilden. In der Schwerelosigkeit nehmen sie gar eine kugelige Form ein. Betritt ein Wasserläufer eine Teichoberfläche erscheint diese wie eine elastische Folie, die sich am Druckpunkt gleichmäßig verformt. Durch nanostrukturierte Werkstoffoberflächen kann die Tropfenbildung befördert werden, um Materialien selbstreinigende Eigenschaften zu verleihen ↗ BES 10.

FLU 2
Vorstellung einzelner Flüssigkeiten

FLU 2.1
Farben, Lacke, Anstriche

Bis ins 19. Jahrhundert war Purpur einer der kostbarsten Farbstoffe überhaupt. Heute wird er kaum noch verwendet.

Zur Grobstrukturierung der Vielzahl der Farbmittel, die auf dem Markt erhältlich sind, eignet sich in erster Linie, die Art und Weise, mit der sie eine Verbindung mit dem zu färbenden Untergrund eingehen. Hier werden zwei Wirkweisen unterschieden. Während bei der ***Direktfärbung*** die wasserlöslichen Farbstoffe ohne Zugabe chemischer Substanzen mit dem zu färbenden Material eine Bindung eingehen, ist bei der Entwicklungsfärbung stets eine chemische Reaktion Grund für die Ausbildung der festen Farbschicht.

Bild: Färben von Leder in einer Gerberei in Marrakesch./ Foto: Dr. Sascha Peters

Die direkte Farbbindung geht entweder auf die Ausbildung von van der Waals-Kräften oder Wasserstoff-Brückenbindungen zurück (***substantive Färbung***) oder ist Resultat elektrostatischer Anziehen zwischen Ionen bei der Salzbildung. Die Bindungskräfte bei substantiven Farbstoffen ist relativ gering, so dass ***Polyazofarbstoffe*** (auch ***Azofarbstoff***) nicht mehr so häufig Verwendung finden wie früher. Zur Direktfärbung von Textilien (siehe TEX 3) wird heute vor allem für ***Metallkomplexfarbstoffe***, ***kationische Farbstoff***e und ***Säurefarbstoffe*** eingesetzt. Sie eignen sich zur Einfärbung von Papier, Seide, Wolle oder Leder. Beispiele sind Acidol, Isolan oder Nigrosin (Welsch, Liebmann 2003).

Zu den Entwicklungsfarbtechniken zählen die ***Küperei***, die Beizenfärbung, die Reaktivfärbung und die Dispersionsfärbung. Die ***Küpenfärberei*** war bereits in der Antike bekannt und dient seit jeher dem Färben von Textilien. Sie arbeitet mit wasserunlöslichen ***Küpenfarbstoffen*** wie ***Indigo***, ***Purpur***, ***Indanthren***- oder ***Naphthalinfarbstoffen***. Diese werden mit einem Reduktionsmittel zunächst in eine wasserlösliche überführt (***Verküpen***). Das Textil wird dann in die entstandene Küpe getaucht, getränkt und an der Luft getrocknet. Durch Oxidationsprozesse bildet sich der unlösliche Farbstoff zurück und bleibt wasserfest am Textil haften. Die Küpenfärberei wird zum Beispiel bei Jeansstoffen großindustriell durchgeführt und ist vor allem für Baumwoll-, Leinen- und Viskosefasern geeignet.

Die ***Beizenfärbung*** ist ein indirekter Farbprozess. Nachdem der Untergrund des zu färbenden Materials mit einer Lösung aus Metallsalzen (z. B. Chrom-, Eisensalze) vorbehandelt wurde, reagieren die Farbstoffe mit den Metallionen zu einer festen und wasserunlöslichen Farbschicht. Auf Grund der hohen Umweltbelastung und des aufwändigen Prozesses ist die Beizfärbung heute nahezu unbedeutend. ***Alizarin*** und ***Luteolin*** zählten früher zu den wichtigsten Beizfarbstoffen.

Bei der ***Reaktivfärbung*** geht der Farbauftrag auf die Bildung fester kovalenter Bindungen zwischen dem Untergrund und Farbstoff zurück. Sie hat eine hohe Bedeutung für Zellulosewerkstoffe sowie Baumwoll-, Polyamid- und Viskosefasern.

Zur ***Dispersionsfärbung*** textiler Stoffe werden die Textilien in ein 100 °C warmes Färbebad getaucht. Die Farbstoffe dispergieren in die Fasermaterialien, lösen sich und gehen eine feste Verbindung ein. Die Dispersionsfärbung ist insbesondere für synthetische Fasern wie Polyester geeignet.

Farbzusammensetzung

Farben, Anstriche und Lacke setzen sich heute aus Farb- (Farbstoffe oder Pigmente), Binde-, Lösungs- und Verdünnungsmitteln zusammen. Während Farbmittel in gelöster Form vorliegen, sind Pigmente unlöslich, so dass die meisten Farben heute ***Dispersionsfarben*** aus einem Gemisch fein gemahlener Farbstoffpartikel sind. Die ***Bindemittel*** sorgen für die Haftung der ***Farbmittel*** auf dem Untergrund und verbinden sie untereinander. Es werden wasserlösliche (Kalk für Wandfarben), harzhaltige (Kunstharze für Anstriche) und ölige Bindemittel (Leinöl für Lacke) unterschieden. Durch ***Lösungs- und Verdünnungsmittel*** wird der Farbauftrag vereinfacht. Sie sollen das Farbmittel nicht verändern und sich leicht verflüchtigen. Zu den wichtigen Lösungs- und Verdünnungsmitteln zählen Wasser für Dispersionsfarben sowie Benzin, Toluol oder Xylol für Lacke. Weitere Additive und Zusätze verbessern die Trocknung und unterstützen die Verarbeitung.

Pigmente

Pigmente sind unlösliche, kristalline Partikel mit Dimensionen von wenigen Nanometern bis hin zu einigen Mikrometern. Der Farbeffekt geht auf Absorptions- und Reflexionsvorgänge bestimmter Wellenlängen des eintreffenden Lichts zurück. Oberflächenbeschaffenheit, Korngröße und Kristallform haben daher großen Einfluss auf die Farbwirkung. Man unterscheidet anorganische (Erdfarben- und Mineralpigmente) von organischen Pigmenten mit pflanzlichem oder tierischem Ursprung. Häufig werden sie auch entsprechend ihrer Farbwirkung eingeteilt. Beispielsweise ist das wichtigste Weißpigment Titandioxid MET 3.2.3. Durch Effektpigmente können Farboberflächen metallähnliche Qualitäten aufweisen, wie Perlen glänzen oder eine fluoreszierende Wirkung haben. Einige Pigmente sollten mit einer kontrastierenden oder komplementären Farbe kombiniert werden, damit je nach Lichteinfallswinkel ein Zweifarben-Schimmer entsteht.

Pigmentgruppen nach DIN 55944			
Organische Pigmente			
Künstliche Pigmente		**Natürliche Pigmente**	
Hansagelb, Permanentgelb, Dioxazinviolett, Phthalocyaninblau		Indigo, Sepia Kasslerbraun	
Anorganische Pigmente			
Künstliche Pigmente (Mineralpigmente)	**Natürliche Pigmente** (Erdpigmente)	**Metallische Pigmente**	**Kohlenstoff Pigmente** (Ruße)
Weißpigmente Zinkweiß, Titanoxid **Schwarzpigmente** Eisenoxidschwarz **Buntpigmente** Eisenoxidrot, Chromgelb, Ultramarinblau	**Weißpigmente** Kreide **Buntpigmente** Grünerde, Ocker	Zinkstaub, Eisenglimmer, Messing, Aluminium	Ruß, Graphit
Alternative Einteilungen der Pigmente (Beispiele)			
Eigenschaften Lichtbeständige P., P. mit Effekten, P. mit Füllstoffen, gesundheitsschädl. P.	**Herstellung** Synthetische P., Natürliche P.	**Verwendung** P. für Lacke, P für Kunststoffe, P. für Korrosionsschutz	**Farbe** Weißp., Schwarzp., Grünp., Gelbp.

Abb. 4: nach DIN 55944, [19]

Bild: Wirkung von Effektpigmenten (Berlac AG)

Lacke

Lacke sind heute die wichtigste Farbstoffgruppe. Sie kommen in nahezu jedem Gebiet zur Anwendung. Durch die vielen der auf dem Markt befindlichen Lackfarben hat sich eine besondere Nomenklatur entwickelt. So werden sie entsprechend der Höhe des Flüssigkeitsanteils (z. B. Flüssig- oder Pulverlacke), nach der Trocknungstechnik (z. B. Reaktions- oder Einbrennlacke), nach dem Bindemittel (z. B. Leinöl-, Kunstharz- oder Nitrolacke), nach dem Lösungsmittel (z. B. Spirituslacke) oder entsprechend ihrer Verwendung (z. B. Nagel-, Auto- oder Schutzlack) eingeteilt. ***Klarlacke*** enthalten keine Pigmente und werden vor allem in der Funktion einer Schutzschicht verwendet.

Chlorkautschuklacke sind besonders beständig gegen Wasser und werden daher vor allem als Bootsanstriche und für andere Unterwasseranwendungen verwendet.

Anstriche

Eine ähnliche Begriffseinteilung wie bei den Lackfarben findet man auch bei ***Anstrichen***. Es ist eine Bezeichnung aus dem Malerhandwerk, mit dem in erster Linie der Farbauftrag im Bauwesen (Fassaden-, Innen- und Außenanstrich) gemeint ist. Man kennt den Begriff aber auch aus der Holz und Metall verarbeitenden Industrie, wo Anstriche nicht nur zur ästhetischen Aufwertung Verwendung finden, sondern auch Schutzfunktionen übernehmen (z. B. Korrosionsschutz). Für Bäder und Küchen sind Wandfarben auch mit wasser- und scheuerfesten Eigenschaften ausgestattet.

Für Künstler werden folgende Malfarben unterschieden (Gekeler 2003):

- Acrylfarben
- Aquarellfarben
- Eiweißlasuren
- Künstler-Gouache
- Ölfarben
- Temperafarben
- Tinten
- Tuschen

FLU 2.2
Säuren und Basen

Zur Erklärung der Zusammenhänge zwischen Säuren und Basen existiert in der Chemie eine ganze Reihe von Definitionen. Die gebräuchlichste ist die des dänischen Chemikers Johannes Nicolaus Brönsted, der 1923 eine Säure als Protonen (H^+-Ionen) abgebende (***Protonendenator***) und eine Base als Protonen aufnehmende Verbindung (***Protonenakzeptor***) klassifizierte (Flottmann, Forst, Roßwag 2004). Beide Begriffe sind untrennbar miteinander verbunden, denn freie Protonen existieren gar nicht, sondern es geht immer um die potenzielle Wechselwirkung. Sollte eine Säure auf eine Base treffen, kann die Verbindung ein Proton abgeben und wird neutralisiert. Dieser Zusammenhang ist als ***Säure-Base Reaktion*** bekannt und wird mit dem Begriff ***Protolyse*** bezeichnet (Schwister 1999). Bei der Neutralisation bilden sich Wasser und Salze.

Eigenschaften
Es gibt starke und schwache Säuren und Basen, die sowohl in flüssiger als auch in fester Form vorliegen können. Sie lassen sich mit Wasser verdünnen und in ihrer Wirkung abschwächen, wobei Wärme feigesetzt wird. Es sollte also stets mit Spritzern gerechnet werden. Säuren greifen textile Stoffe, unedle Metalle und Kalkwerkstoffe an. Zu den im industriellen Kontext wichtigsten Säuren zählen Salz- (HCl), Salpeter- (HNO_3), Schwefel- (H_2SO_4), Phosphor- (H_3PO_4), Essig- (CH_3COOH) und Flusssäure (HF).

Wie Säuren können auch Basen andere Materialien angreifen. Dies ist vor allem bei natürlichen pflanzlichen Stoffen zu beobachten. Basen sind beispielsweise Ammoniak (NH_3), Natriumhydroxid (NaOH, ***Natronlauge*** oder ***Ätznatron***), Natriumhydrogencarbonat ($NaHCO_3$) Kalziumhydroxid ($Ca(OH)_2$, ***Löschkalk***) oder Kaliumhydroxid (KOH).

Zur Klassifizierung der Säure-Base-Eigenschaften einer wässrigen Lösung dient der ***pH-Wert***. Die Werte zwischen 0 und 14 geben den Säuregrad der gelösten Stoffe an. Eine neutrale Lösung wird mit der Zahl 7 gekennzeichnet. Zeigt der pH-Wert einen geringeren Wert an, wirkt die Lösung sauer. Bei einem höheren Wert ist auf ein basisches Verhalten zu schließen (Höll 2002).

pH-Werte einiger Lösungen

Lösungen	pH-Wert	
Salzsäure 3,5%	0	
Salzsäure 0,35%	1	pH < 7 entspricht einer Lösung mit saurer Wirkung
Magensäure	1... 2	
Essig	3	
Mineralwasser	6	
Waschmittellösung	10	pH = 7 entspricht absolut reinem Wasser oder einer neutralen Lösung
Haushalts-Ammoniak	11,5	
Bleichmittel	12,5	
Natronlauge 3%	14	pH > 7 entspricht einer alkalischen Lösung (basische Wirkung)
Natronlauge 30%	15	

Abb. 5

Verwendung
Schwefelsäure ist die am häufigsten verwendete Säure. Sie findet zum Beispiel Einsatz in Autobatterien, dient der Erzeugung von Titandioxid MET 3.2.3 und wird als Lösungs- und Trocknungsmittel genutzt. Phosphorsäure findet man häufig in Düngern, Wasch- und Rostentfernungsmitteln. Salpetersäure ist beispielsweise als Beizmittel und zum Polieren von Metallen in der Anwendung. Ein bekanntes Ätzmittel für Glaswerkstoffe ist Flusssäure, die auch bei der Chipproduktion Verwendung findet. Essigsäure ist vor allem als Nahrungsmittelzusatz und aus dem Kosmetikbereich bekannt.

Als neutrale Base ist Ammoniak eines der wichtigsten Stoffe der Chemie- und Arzneimittelindustrie. Es wird zur Veredelung von Textilien eingesetzt und kommt als Reinigungs- und Beizmittel zur Anwendung. Mit stark hygroskopischen Eigenschaften (wasseranziehend) wird Kaliumhydroxid vor allem zur Erzeugung von Reinigungsmitteln, Glaswerkstoffen und Farben verwendet. Natronlauge kommt in verschiedenen Seifen, bei der Herstellung von Zellulose, der Aluminiumproduktion, zum Ätzen von Kupferlegierungen beim Modellbau und zum Entfernen von Schmutz und Farbresten zum Einsatz. Kalziumhydroxid findet vor allem Verwendung als Kalkputz oder -mörtel MIN 4.7.

FLU 2.3
Lösungsmittel und Weichmacher

Weichmacher und Lösungsmittel haben als Additive eine große Bedeutung für die Kunststoffindustrie und werden als Hilfsmittel auch Klebstoffen, Lacken und Schuhcremes zugeführt.

Eigenschaften
Ein Lösungsmittel ist meist flüssig und übernimmt die Aufgabe einen anderen Stoff zu lösen, ohne dass sich weder das Lösungsmittel noch der gelöste Stoff chemisch verändert. Die Qualitäten von Lösungsmitteln sind sehr unterschiedlich. Die Auswahl erfolgt in Bezug auf den zu lösenden Bestandteil. Das Lösungsmittel sollte nach Möglichkeit nur diesen einen Stoff herauslösen. Aus Wirtschaftlichkeitsaspekten wird in der Industrie vor allem auf einen zeitlich kurzen Lösungsvorgang, eine niedrige Siedetemperatur und die Umweltverträglichkeit des Lösungsmittels Wert gelegt. Auffallend ist der von ihnen ausgehende und als unangenehm wahrgenommene Geruch (z. B. bei Lacken). Eine Reihe von Lösungsmitteln ist gesundheitsgefährdend und feuergefährlich. Das wichtigste Lösungsmittel ist destilliertes Wasser. Weitere Bedeutung haben verschiedene Alkohole, aromatische Kohlenwasserstoffe wie Toluol oder Xylol, Aceton, Äther sowie einige organische und anorganische Säuren (Ignatowitz 2003).

Bild: Schuhcreme mit Additiven

Weichmacher verändern die Elastizität spröder Werkstoffe und sorgen für einen geschmeidigen Griff (Schwarz, Ebeling 2004). Während ein Lösungsmittel sich meist sehr leicht verflüchtigen kann, liegt der Siedepunkt von Weichmachern in der Regel bei über 250 °C. Weichmacher sind beispielsweise fette Öle, Weichharze oder einige Ester.

Eigenschaften der wichtigsten Lösungsmittel

Lösung	Schmelzpunkt [°C]	Siedepunkt [°C]	Dichte [g/cm³] bei 20°C	Verwendung
Aceton	-94,8	56,2	0,790	Nitrolack*, Epoxidharzlack*
Benzol	5,5	80,1	0,878	Ölfarbe*, Acrylharzlack*
Essigsäure-anhydrid	-73,0	140,0	1,081	Herstellung von Acetaten
Ethanol	-114,0	78,0	0,789	Kraftstoff, Desinfektionsmittel
Hexan	-94,0	69,0	0,683	Styroporkleber*
Methanol	-97,8	65,0	0,792	Frostschutzmittel, Nitrolack*
Schwefel-kohlenstoff	-111,0	46,3	1,263	Fett*, Herstellung von Cellulosefasern
Toluol	-95,0	111,0	0,867	Chlorkautschuklack*, Ölfarbe*
Wasser	0,0	100,0	0,9982	Leim*, Wasserlacke*

**) Diese Stoffe können durch die betreffenden Lösungen gelöst werden*

Abb. 6: nach [1, 19]

Verwendung
Das Anwendungsspektrum von Lösungsmitteln ist breit. Sie sind wichtige Bestandteile von Lacken, Lasuren und Anstrichfarben FLU 2.1 und fördern die Extraktion von Ölen, Fetten und Duftstoffen. Als Reinigungsmittel werden sie im Haushalt (Grießhammer 1984), in der chemischen Industrie und in medizintechnischen Laboren verwendet. Auch in der Nahrungsmittelindustrie finden sie Einsatz . Ein typisches Beispiel ist die Extraktion von Koffein aus ungerösteten Kaffeebohnen.

Weichmacher werden als Additive vor allem in der Kunststoffindustrie verwendet, um die Sprödigkeit eines Polymers zu verringern, die Verformbarkeit zu verbessern und das Bruchverhalten günstig zu beeinflussen KUN 1.6. Bei Kinderspielzeug und medizinischen Produkten sollte unbedingt auf die Art des beigemischten Weichmachers geachtet werden. Phthalate stehen im Verdacht, Unfruchtbarkeit und Diabetes hervorzurufen und sind daher für eine Reihe von Gebrauchsgegenständen verboten worden. Eine Alternative sind ***Mesamol*** oder ***Hexamol*** KUN 4.1.5.

FLU 2.4 Kraftstoffe

Als Kraft- bzw. Treibstoffe werden chemische Stoffe bezeichnet, die sich zur Energiegewinnung oder Krafterzeugung in einem technischen System (z. B. Automobile, Flugzeuge) eignen. Grob unterschieden werden feste, flüssige und gasförmige Kraftstoffe. Der hohe Energiegehalt wird meist durch Verbrennung nutzbar gemacht und in eine andere Energieform überführt. Wichtige Komponenten fossiler Brennstoffe sind Kohlen- und Wasserstoff, die mit Sauerstoff oxidieren (Henglein 1968). Dies erklärt die enorme Bedeutung fossiler Brennstoffe wie Kohle, Erdöl und Erdgas für die heutigen Industriegesellschaften.

Heizwerte fester, flüssiger und gasförmiger Brennstoffe			
Heizwerte für feste Brennstoffe [in MJ/kg]			
Braunkohle	8,3...11,3	Kohlenstoff	29,5...32,5
Braunkohlebrikett	19,6...20,1	Koks	27,8...30,3
Holz	14,6...20,1	Steinkohle	27,2...34,1
Holzkohle	27,0...28,0	Torf	32,6...33,9
Heizwerte für flüssige Brennstoffe [in MJ/kg]			
Benzin	42,0...43,5	Heizöl	40,0...43,0
Benzol	40,0...40,4	Petroleum	40,8
Dieselöl	41,0...43,0	Propan	46,1
Ethanol	26,9	Spiritus	27,0
Heizwerte für gasförmige Brennstoffe [in MJ/m³]			
Erdgas	29,0...63,0	Ethan	70,4

Abb. 7: nach [1]

Als Stoffgemisch aus einer Vielzahl leicht bis mittelschwer siedender Kohlenwasserstoffe ist ***Benzin*** ein technisch bedeutendes Produkt der Erdölraffinerie (Schwister 1999). Hauptsächliche Verwendung findet es beim Antrieb von Ottomotoren für Automobile und Flugzeuge. Zur Verbesserung der ***Klopffestigkeit*** wurde dem Benzin bis 1996 ein bleihaltiges Schutzmittel beigemischt. Heute sind bleihaltige Kraftstoffe verboten. Die ***Oktanzahl*** gibt die Klopffestigkeit eines Kraftstoffgemischs an. ***Normalbenzin*** hat die Oktanzahl 91, ***Superbenzin*** einen Wert von 95. Auf Grund der Preispolitik vieler Mineralölkonzerne wird Normalbenzin von den Tankstellen in Deutschland verschwinden. Neben der Verwendung als Motorenkraftstoff findet Benzin außerdem Verwendung in Feuerzeugen und als Lösungsmittel.

Raffinerieerzeugnisse	
Produkt	**Verwendung**
Raffineriegas	Energieträger in Prozessöfen, Synthesegas
Flüssiggas	Heiz- und Kochzwecke, Motorenkraftstoff
Benzin	Motorenkraftstoff, Feuerzeuge, Lösungsmittel
Kerosin	Kraftstoff für Düsenflugzeuge und Hubschrauber
Dieselöl	Motorenkraftstoff, Grillanzünder
Heizöl	Energieträger in Heizungsanlagen
Schmieröl	Schmierung in Motoren, Gelenken und Scharnieren
Paraffin	Salben, Cremes, Kerzenwachs, Modelliermasse
Bitumen	Straßenbau, Emulsionen, Anstriche, Lacke, Kitte

Abb. 8: nach [14]

Bei der Raffinierung wird Erdöl durch die Ansteuerung bestimmter Temperaturen zwischen 50-500 °C in folgende Siedeschnitte und Erdölfraktionen zerlegt: Raffineriegas, Flüssiggas, Benzin, ***Kerosin***, Dieselkraftstoff, Heizöl, Schmieröle, Paraffine und Bitumen. Kerosin entsteht bei Siedetemperaturen zwischen 200-300 °C (Forst, Kolb, Roßwag 2004). Es wird heute vor allem als Kraftstoff für Düsenflugzeuge und Hubschrauber verwendet. Außerdem ist es eines der Bestandteile von Dieselkraftstoff und wird als Grillanzünder genutzt.

Diesel wird bei Siedetemperaturen zwischen 180–380 °C als ***Gasöl*** in der Erdölraffinerie gewonnen. Es trägt den Namen des Erfinders Rudolf Diesel, der das Prinzip des Dieselmotors 1897 entwickelte. Dieser hat grundsätzlich einen höheren Wirkungsgrad als Ottomotoren, ist aber teurer in der Herstellung. Das Aufkommen von Dieselruß in den Abgasen stellte lange Zeit eine weitere Hürde für die Dieseltechnologie dar. Dieselkraftstoffe und leichtes Heizöl sind in ihren Eigenschaften und in ihrem Siedeverhalten ähnlich. Dieselmotoren werden durch Selbstentzündung des Kraftstoffes betrieben. Die ***Cetanzahl*** gibt die Zündwilligkeit von Dieselkraftstoffen an. ***Biodiesel*** trägt zwar den gleichen Namen ist aber von seiner chemischen Struktur eine vollkommen andere Substanz. Getrieben durch die umweltpolitischen Diskussionen und die steigenden Kraftstoffpreise werden auch Pflanzenöle für den Antrieb von Dieselmotoren genutzt.

Durch das Auspressen von Samen in Ölmühlen können die unterschiedlichsten Pflanzenöle (z. B. Hanf-, Kokos-, Soja-, Rapsöl) gewonnen werden. Sie werden als Brennstoffe für Öllampen genutzt, bilden die Basis für Ölfarben und kommen mehr und mehr als Alternativkraftstoff zum Einsatz (Geitmann 2005). Auch Heizungsanlagen wurden bereits mit Pflanzenölen betrieben. Ob sich pflanzliche Kraftstoffe als Alternative zu den aus Erdöl gewonnenen durchsetzen, wird sich in den nächsten Jahren zeigen.

FLU 2.5
Schmiermittel

Als Schmiermittel wird eine ganze Gruppe von Flüssigkeiten und festen Substanzen bezeichnet, die die Reibung zweier aufeinander wirkender Materialoberflächen verringern, Verschleiß reduzieren und die Lebensdauer dynamischer Funktionskomponenten erhöhen sollen. Sie haben eine große Bedeutung zur Steigerung der Energieeffizienz technischer Systeme und zu ihrer Werterhaltung. Außerdem dienen Schmierstoffe der Kühlung, dem Korrosionsschutz und der Schwingungsdämpfung. Es wird zwischen flüssigen Schmierölen, Kühlschmierstoffen, Schmierfetten und festen Schmierstoffen unterschieden:

Zu den ***flüssigen Schmierölen*** zählen ***Mineralöle***, synthetische Öle und Pflanzenöle. Mineralöle werden beispielsweise durch Destillation aus Kohle oder Holz erzeugt. Die größte Bedeutung haben aber die bei der Erdölraffination anfallenden ***paraffin- und naphthenbasischen Grundöle*** (Forst, Kolb, Roßwag 2004). Schmieröle unterschiedlicher Viskosität werden im Rahmen einer Vakuumdestillation zerlegt. Abfallprodukt dieses Prozesses ist das im Straßenbau verwendete Bitumen *MIN 4.9*. Mineralöle kommen im Maschinenbau auch als Hydrauliköle zur Übertragung von Druckenergie zum Einsatz (Merkle, Schrader, Thomes 2004; Grollius 2006). Vor allem das Fließverhalten von Mineralölen ist wegen des breiten Anwendungsspektrums von großer Bedeutung (Kulicke 1986).
Für hochbeanspruchte technische Systeme und Motoren sind die auf Kohlenwasserstoffen basierenden Schmieröle allerdings ungeeignet, da die Viskosität bei Temperaturschwankungen stark variiert und die chemische Stabilität bei extremen Bedingungen nicht immer gegeben ist. Hier wird auf ***synthetische Schmieröle*** zurückgegriffen, die chemisch erzeugt werden. Diese sind zwar deutlich teurer, sorgen aber mit einer verbesserten Motorleistung bei hohen und niedrigen Temperaturen für einen geringeren Verschleiß und Treibstoffverbrauch. Zu den synthetischen Schmierölen zählen ***Polyglycole***, ***Esteröle*** und Silikonöle. Letztere gehen nicht auf Kohlenwasserstoffe zurück, sondern auf Silizium. ***Silikonöle*** haben nur eine geringe Neigung zur Schaumbildung. Sie dienen als Trennmittel in der Kunststoffverarbeitung *KUN 2.1*, Schmiermittel für Kunststoffgetriebe, sind Inhaltsstoffe von Druckfarben oder Poliermittelzusätze für Lacke.

Pflanzenöle werden in technischen Systemen vor allem dann eingesetzt, wenn sich die biologische Abbaubarkeit positiv auf den Einsatzzweck auswirkt (z. B. Kettensäge bei Waldarbeiten).

Kühlschmierstoffe haben eine große Bedeutung für die Oberflächenqualität bei der zerspanenden Materialbearbeitung. Außerdem sorgen sie für die Kühlung und Säuberung von Werkzeug und Werkstoff. Man unterscheidet wassermischbare Kühlschmierstoffe (Emulsionen) und nichtwassermischbare Schneidöle *TRE 1*.

Schmierfette sind pastöse Massen, die aus der Mischung von Schmieröl und einem Eindicker wie Seife oder Polyharnstoff hervorgehen. Ihre Weichheit wird mit der Konsistenzzahl angegeben (000 fließend, 00, 0, 1, 2, ...6 zäh) (Ignatowitz 2003). Schmierfette finden vor allem im Maschinenbau Einsatz zur Einfettung von Gleit- und Lagerflächen, um starken Verschleiß und überhöhte Temperaturen zu verhindern.

Feste Schmierstoffe sind beispielsweise ***Grafitpulver*** *MIN 4.5.2*, ***Polytetrafluorethylen*** *KUN 4.1.10* oder ***Molybdändisulfid***. Die Schmierwirkung geht auf einen Schichtaufbau in der Molekularstruktur dieser Werkstoffe zurück. Unter extremen Belastungen gleiten die plättchenförmigen Schichtpartikel aufeinander ab. Einsatz finden Festschmierstoffe immer dann, wenn Materialoberflächen unter Einwirkung aggressiver Säuren gegeneinander verfahren und/oder große Temperaturextreme beachtet werden müssen. Sie werden zur Verbesserung der Schmierwirkung auch Schmierfetten und Motorölen beigemischt.

FLU 2.6
Harze

Harze sind zähflüssige Substanzen, die sowohl einen natürlichen als auch einen synthetischen Ursprung haben können. In der Natur werden sie von Bäumen abgesondert, um die verletzte Rinde wieder zu verschließen (Hasel, Schwartz 2002). Naturharze sind chemisch keine einheitlichen Stoffe, sondern ein Gemisch aus Harzsäuren und ***Terpenen***. Sie erhärten beim Ausfließen unter Einwirkung von Luftsauerstoff und nach Verdunsten flüchtiger Bestandteile zu spröden Massen (Henglein 1968). Nadelbäume harzen in der Regel stärker als Laubbäume. Naturharze hatten lange Zeit eine hohe Bedeutung zur Herstellung von Ölfarben für die Malerei. Der als »Gold des Nordens« bekannte Bernstein ist ein versteinertes Harz einer prähistorischen Fichtenart MIN 4.5.1. Das Harz von Laubbäumen findet heute nahezu keine Verwendung mehr. Nadelholzharze werden hingegen bei der Herstellung von Klebstoffen oder Kaugummis verwendet. Aus Kiefernharz wird ***Terpentin*** gewonnen (Peters, Struhk 2008), ein Zusatzmittel für Lacke, Ätzgründe, Salben oder Pflaster.

Neben den pflanzlichen Harzlieferanten existieren auch tierische. Ein Beispiel ist die Lackschildlaus, deren Harz zur Herstellung von ***Schellack*** genutzt wird. Schellack wird in der Farbenindustrie verwendet und ist Bestandteil von Möbelpolituren (Grießhammer 1984), Isolationslacken und dient dem Überzug von Süßigkeiten und Medikamenten.

Bild: Naturharz an Holzprofil

Synthetisch erzeugte Kunstharze haben Naturharze heute weitestgehend verdrängt. Sie bestehen meist aus zwei Komponenten, der Harzmasse und dem Härter. Nach dem Zusammenführen setzt die Aushärtereaktion ein. Durch diese werden die bis dahin zähflüssigen Massen (auch Reaktionsharze genannt) in nicht schmelzbare, duroplastische Feststoffe überführt. Haupteinsatzfelder von Kunstharzen sind gießtechnische Anwendungen.

Bild: Einsatz von Gießharzen. Elektronisches Bauteil zur Montage auf Leiterplatinen.

Die wichtigsten duroplastischen Harzsysteme KUN 4.2.1 – 4.2.5 und ihre Verwendungsgebiete sind:

- Polyesterharze (Gießharze in der Elektroindustrie, Faserverstärkte Karosserieelemente für den Fahr- und Flugzeugbau, Treibstofftanks, Gießharzbeton, Betonbeschichtung, Reaktionslacke)
- Epoxidharze (Einbettsysteme für Elektrobauteile, Klebstoffe, Polymerbeton, Pulverschmelzlacke, Bodenbeschichtung, Klebmörtel)
- Phenolharze (hitzebeständige Gehäuse für Elektrogeräte, Isolatoren, Bremsbeläge, Besteckgriffe, flammhemmendes Bindemittel in Schaumstoffen, Lackharze)
- Aminoplaste (Küchenutensilien, Campinggeschirr, Steckdosen, Holzleime, Spanplatten, Papierbeschichtung, Textilimprägnierung, Verpackungen)
- Polyurethanharz (Textilbeschichtung, Gießmassen für die Kunststoffverarbeitung)
- Silikonharze KUN 4.3.2 (Bestandteil von Lacken, hitzebeständige Beschichtung für Textilien und Elektrogeräte, Schichtpressmatten und Laminate, wasserabweisende Mauerabdichtung)

ABS-Harze gehen aus einer Mischung eines duroplastischen Reaktionsharzes mit einem elastomeren Polymer zurück.

FLU 2.7
Fette, Wachse und fette Öle

Fette, Öle und Wachse findet man in der Natur sowohl bei Tieren als auch bei Pflanzen. Während Fette und Öle meist als Energiereserven gebildet werden, verhindern natürliche Wachse auf Früchten den Verlust von Wasser.

Eigenschaften

Fette sind Ester der aliphatischen Fettsäuren mit ***Glycerin***. Sie liegen stets als Gemische mehrerer Glyceride vor. Fette haben daher keinen exakten Schmelzpunkt sondern weisen einen Schmelzbereich aus. Die enthaltenen Fettsäuren können sowohl gesättigt als auch ungesättigt sein. Ein hoher Anteil gesättigter Fettsäuren führt zu einer festen Konsistenz. Fette haben hydrophobe Eigenschaften und lassen sich kaum in Wasser lösen. Die Differenzierung zwischen Fetten und Ölen richtet sich nach der Zustandsform bei Raumtemperatur. Flüssige Fette werden als »fette Öle« bezeichnet. Während natürliche Pflanzenfette aus Ölsamen oder -pflanzen gepresst werden, gewinnt man Tierfette in einem Schmelzprozess oder über die Milch. Für die industrielle Nutzung werden die Bestandteile von Fetten, also Fettsäuren und Glycerin technisch gewonnen.

Bild: Glycerin in Traumkugeln

Ähnlich wie Fette zählen auch Wachse zur Gruppe der Ester. Allerdings bestehen sie aus höhermolekularen Alkoholen und festen Fettsäuren. Die meisten Wachssorten sind bei Raumtemperatur weich, knetbar und klebrig. Hartwachse hingegen können erst nach Erwärmung plastisch verformt werden und haben unter normalen Bedingungen eine spröde Konsistenz. Auffällig ist der Glanz, der sich beim Streichen über die Oberfläche ausbildet. Wachse haben eine durchscheinende bis opake Erscheinung. Die Qualität und Art der im Aufbau enthaltenen Fettsäuren hat entscheidenden Einfluss auf die Konsistenz. Wachse aus Estern ungesättigter Fettsäuren weisen einen niedrigen Schmelzpunkt auf.

Sonnenblumenöl setzt sich aus Palmitin-, Linol-, Stearin- und Ölsäure zusammen.

Etwa Zweidrittel aller ***Naturwachse*** sind pflanzlichen Ursprungs. Wie die meisten Polymerwerkstoffe so gehen auch ***synthetische Wachse*** auf Erdöl als Basisstoff zurück. Sie entstehen durch Veresterung einer Fettsäure mit höher molekularem Alkohol unter Hitze und Druck. In ihrem Eigenschaftsprofil können synthetische Wachse auf die spätere Anwendung exakt abgestimmt werden. ***Kunstwachse*** sind wachsähnliche Stoffe, die aus der Verschmelzung von Wachsen mit Harzen, festen Fetten oder Paraffinen hervorgehen.

Übersicht der Wachsarten

Natürliche Wachse		
Tierwachse	**Pflanzenwachse**	**Fossilienwachse**
Bienenwachs, Schellackwachs, Walrat, Wollfett	Kandelillawachs, Flachswachs, Zuckerrohrwachs, Kautschukwachs	Montanwachs, Torfwachs, Sapropelwachs, Paraffin
Synthetische Wachse		
Hypokarbonwachse, Chlorierte Naphtaline, Cholesterinpalmitat, Diglykolstearat, Myricylpalmitat, Butyloxystearat		

Abb. 8: nach [2, 11]

Natürliche Wachse

- Tierwachse:
  Bienenwachs, chinesisches Insektenwachs, Schellackwachs, Walrat, Wollfett
- Pflanzenwachse:
  Carnaubawachs, Kandelillawachs, Flachswachs, Zuckerrohrwachs, Kaffeewachs, Kautschukwachs
- Fossilienwachs:
  Montanwachs, Torfwachs, Sapropelwachs

Synthetische Wachse

- Myricylpalmitat,
- Butyloxystearat,
- Cetylstearat,
- Cholesterinpalmitat,
- Diglykolstearat

Verwendung
Fette sind als Energielieferanten wichtige Bestandteile der menschlichen Ernährung. Sie lösen Vitamine und machen diese für den Organismus verwertbar. Industrielle Anwendung finden Fette in Seifen, Waschmitteln, Polymerwerkstoffen und zahlreichen Chemikalien. Fette wurden auch häufig in der Bildhauerei für Rauminstallationen verwendet. Joseph Beuys beispielsweise wurde mit seiner »Fettecke« weltberühmt. Ölfarben haben eine traditionell hohe Bedeutung für die Kunst. Auch das Verwendungsspektrum von Glycerin ist vielfältig. So ist es Bestandteil einer Vielzahl pharmazeutischer und kosmetischer Produkte und wird in der Tabak-, Textil- und Schmiermittelindustrie genutzt. Bei der Sprengstoffherstellung konnte Glycerin weitestgehend durch Alternativen ersetzt werden.

Paraffin ist ein Produkt der Petroleumverarbeitung. Es wird zur Imprägnierung von Zündhölzern und Papieroberflächen verwendet und kann Isolationsfunktionen übernehmen. Typische Paraffinprodukte sind Vaseline, Salben und Rostschutzmittel.

Wachse werden heute zum Bohnern von Fußböden und als Holzbeschichtung verwendet. Außerdem sind sie Bestandteil von Möbelpolituren, Autopflegemitteln, Wachspapier (Ölpapier PAP 3), Kerzen und Imprägniermitteln (Grießmann 1984). Sie verbessern die Gleiteigenschaften von Sportgeräten und werden auf Grund der guten Formeigenschaften beim Feingießen FOR 1.3 eingesetzt. In der pharmazeutischen und kosmetischen Industrie sind sie die Grundlage für Salben, Cremes, Lippenstiften und Pomaden. Kabel- und Isolierwachse sind aus der Elektroindustrie bekannt. Und auch Blei- und Buntstifte enthalten einige Wachskomponenten. Schon im antiken Ägypten wurden Wachsfarben zum Bemalen von Mumien verwendet. Römer und Griechen verwendeten Wachstafeln als Schreibunterlage.

FLU 2.8
Kerzen

Die Kerze ist dem Menschen seit etwa 2 Tausend Jahren bekannt und dient der Lichterzeugung sowie zur Schaffung besonderer Raumatmosphären. Ihre Eigenschaften und Herstellungsmethoden sind daher für Raumgestalter, Kunsthandwerker und Designer von besonderem Interesse. Ihre Bezeichnung geht auf das althochdeutsche »karz« für Docht zurück (Henglein 1968).

Eigenschaften
Im Aufbau besteht eine Kerze aus einem leicht schmelzbaren Wachs und einem textilen Docht. Dieser führt den flüssigen Brennstoff durch seine starke Saugwirkung der Flamme zu und besteht aus einem nicht schmelzbaren Material wie beispielsweise Baumwolle. Dochte werden mit anorganischen Stoffen imprägniert, damit sie nach Verlöschen nicht nachglimmen und keine üblen Gerüche in die Umgebung gelangen. Die Dimensionierung des Dochtes richtet sich nach der Dicke der Kerze. Zu dünne Dochte führen die Wachsschmelze nicht schnell genug nach, so dass es zum seitlichen Überlaufen des flüssigen Materials kommen kann. Ein in seinem Durchmesser überdimensionierter Docht führt zu großen Flammen und deutlicher Rauch- und Rußbildung. Auch die Zusammensetzung des Kerzenwachses hat großen Einfluss auf den Grad der Rußentwicklung. Diese ist bei Kerzen mit einem hohen Paraffinanteil besonders stark.

Materialien
Bis ins 18. Jahrhundert wurden Kerzen ausschließlich aus Bienenwachs hergestellt, mit dem man auch heute noch die höchsten Qualitäten erzielt. Ein Ersatzwerkstoff ist ***Ceresin***, das durch Raffination aus Roherdölen gewonnen wird und in seinen Eigenschaften ***Erdwachsen*** oder ***Ozokerit*** ähnelt. Aus wirtschaftlichen Gründen geht die heutige Kerzenproduktion meist auf Stearin (Stearin- und Palmitinsäure) und Paraffin zurück. ***Stearin*** besteht zu einem hohen Anteil aus pflanzlichen Fetten und in geringen Mengen aus Tierfetten. ***Paraffin*** fällt bei der Schmieröldestillation aus paraffinbasischen Erdölen an.

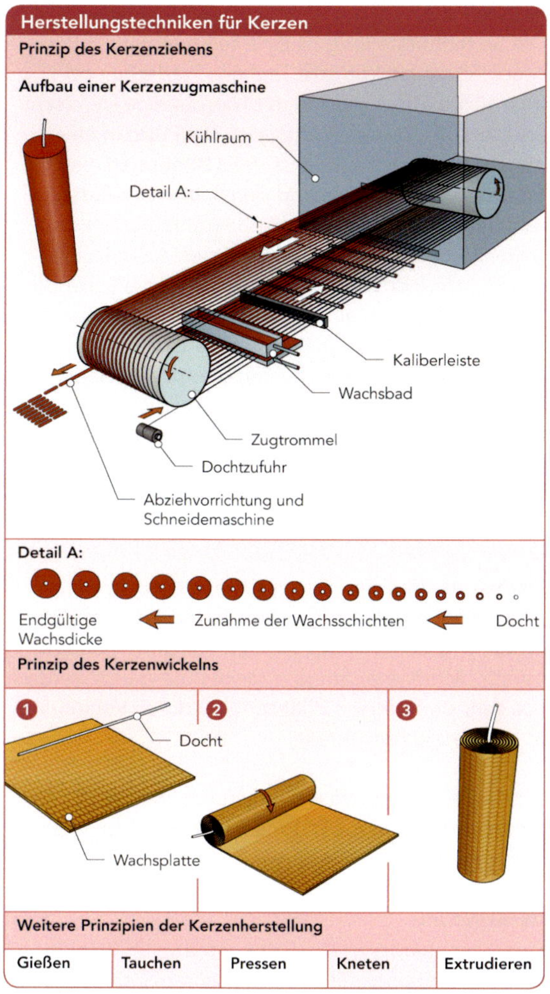

Abb. 9

Bild: Kerzen

Herstellung
Die klassischen Verfahren zur Herstellung von Kerzen sind das Gießen, Ziehen, Pressen und Wickeln. Während beim Ziehen der Docht bis zum Erreichen des gewünschten Durchmessers wiederholte Male horizontal durch flüssiges Wachs geführt wird, geht der Herstellungsprozess beim Pressen auf Paraffinpartikel zurück, die in Werkzeugformen kostengünstig zu Kerzen gepresst werden (z.B. Teelichter). Hochwertige Kerzen werden durch Gießen des flüssigen Wachses in Formen erzeugt. Durch zeitlich versetztes Eingießen unterschiedlicher Wachsfarben und berücksichtigen der Abkühlungsdauer können Kerzen mit interessanten Strukturen erzeugt werden. Bienenwachskerzen entstehen in der Regel durch das Umwickeln des Dochts mit weich gemachten, dünnen Wachsplatten. Für die individuelle Kerzenherstellung und zur Verzierung von Rohkerzen gibt Enslein 2005 zahlreiche Vorschläge und Hinweise.

FLU 2.9
Seifen und Tenside

Als Alkalisalze von Fettsäuren werden Seifen aus natürlichen Ölen wie Kokos- oder Palmöl und tierischen Fetten wie Schmalz oder Talg gebildet. Ihre Qualität und Schäumkraft wird durch den Fettsäuregehalt bestimmt. Die Verwendung bei der Körperpflege ist bereits aus der Antike bekannt. Da sich aber durch eine Reaktion von Seife mit Kalziumkarbonat unlösliche Ablagerungen bilden (***Kalkseife***), haben Seifen vor allem als Waschmittel für Textilien mittlerweile ihre Bedeutung verloren (Emsley 2006). Sie wurden in der zweiten Hälfte des letzten Jahrhunderts weitgehend durch synthetisch erzeugte Tenside verdrängt. Diese sorgen mit der Herabsetzung der Oberflächenspannung für eine optimale Benetzung von Materialoberflächen mit einer Flüssigkeit und entfernen diese von Fett- und Schmutzpartikeln. Grund für diese Eigenschaft ist ihr Molekülaufbau. Tensidmoleküle sind dünn und lang und haben ein wasserabweisendes und ein -anziehendes Ende. Dies führt dazu, dass Feststoffpartikel von Tensiden umhüllt und in einer Flüssigkeit in der Schwebe gehalten werden. Auf diese Weise sorgen Tenside auch dafür, dass sich nicht mischbare Flüssigkeiten zu Emulsion vermischen. Auch die Bildung von Schaum ist mit diesem Wirkzusammenhang zu erklären.

Effekte von Tensidemolekülen in Wasser

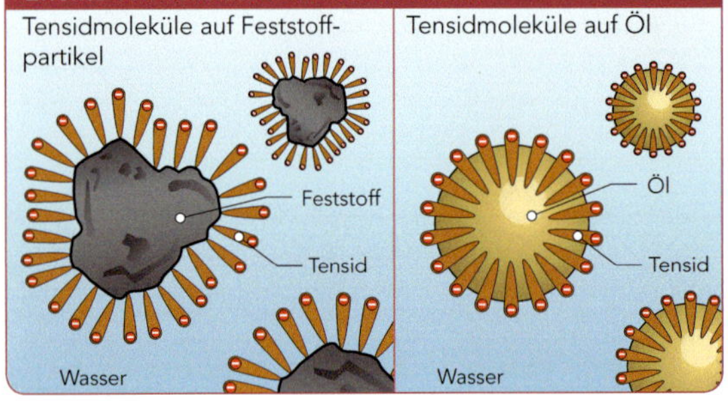

Abb. 10

Herstellung
Die Seifenherstellung ist eine seit nunmehr 2 Tausend Jahren praktizierte Technik. Tierische und pflanzliche Fette werden mit Natronlauge gemischt und verseift. Dabei spalten sich die Fette in einer chemischen Reaktion auf. Es bildet sich eine Emulsion aus Glycerin und den Salzen der Fettsäuren (***Seifenleim***), der anschließend Natriumchlorid beigemischt wird. Im nun folgenden Aussalzungsprozess trennen sich unter Aufkochen die Salze der Fettsäure in Form eines festen Seifenkerns (***Kernseife***) vom überschüssigen Glycerin und dem gelösten Natriumchlorid. Die Seifenkonsistenz wird dabei beeinflusst durch die Kettenlänge der Fettsäuren und kann über das Mischungsverhältnis zwischen den verseifenden Fetten und Ölen beeinflusst werden. Üblich ist ein Gemisch aus 80-90 % Rindertalg und 10-20 % Kokosöl (Grießhammer 1984).

Halbkernseifen sind Gemische aus Kern- und ***Leimseifen***. Leimseifen gehen aus einem einfachen Erstarrungsprozess des ***Seifenleims*** und Ätzlauge hervor. ***Schmierseifen*** sind meist flüssig und werden aus sehr preiswerten Pflanzenölen durch Verseifung mit Kalilauge hergestellt.

Synthetische Tenside werden durch chemische Vorgänge entweder aus Erdöl oder pflanzlichen Ölen gewonnen.

Verwendung
Eines der Hauptverwendungsgebiete für Tenside ist der Reinigungsmittel- und Kosmetikbereich (z. B. Zahnpasta, Hautcreme). In der Technik finden sie beispielsweise Einsatz in Kühlschmieremulsionen *TRE 1* oder unterstützen die Ablösung von Schmutz- und Farbpartikeln beim Recycling von Papier *PAP 1.2*. In der Nahrungsmittelindustrie kommen sie als Emulgatoren zur Anwendung. Tenside werden auch zur Bekämpfung von Ölteppichen auf dem Meer nach Tankerunglücken verwendet. Allerdings zeigt die Erfahrung, dass sich Tenside für die Natur wesentlich negativer auswirken, als wenn man das Öl sich selber überlassen würde.

Seifen finden nach wie vor breite Verwendung für die Körperpflege und in der Kosmetik.

FLU
LITERATUR

[1] **Bierwerth:** Tabellenbuch Chemietechnik. Haan-Gruiten: Verlag Europa Lehrmittel, 7. Auflage 2009

[2] **Böttcher, P.:** Oberflächenbehandlung von Holz und Holzwerkstoffen. Stuttgart: Verlag Eugen Ulmer, 2004

[3] **Emsley, J.:** Sonne, Sex und Schokolade – Chemie im Alltag. Weinheim: Wiley-VCH Verlag, 2. Auflage, 2006.

[4] **Enslein, M.:** Das große Kerzen-Buch. Freiburg: Christophorus Verlag, 2005.

[5] **Flottmann, D.; Forst, D.; Roßwag, H.:** Chemie für Ingenieure. Berlin, Heidelberg, New York: Springer Verlag, 2. Auflage, 2004.

[6] **Geitmann, S.:** Erneuerbare Energien und alternative Kraftstoffe. Kremmen: Hydrogeit Verlag, 2. Auflage, 2005.

[7] **Gekeler, H.:** Handbuch der Farbe. Köln: DuMont, 2003.

[8] **Grießhammer, R.:** Chemie im Haushalt. Reinbek: Rowohlt Verlag, 1984.

[9] **Grollius, H.-W.:** Grundlagen der Hydraulik. München, Wien: Fachbuchverlag Leipzig im Carl Hanser Verlag, 3. Auflage, 2006.

[10] **Hasel, K.; Schwartz, E.:** Forstgeschichte. Remagen: Verlag Kessel, 2. Auflage, 2002.
Henglein, F.A.: Grundriss der chemischen Technik.

[11] **Henglein:** Grundriss der chemischen Technik. Weinheim: Verlag Chemie, 12. Aufl, 1968

[12] **Weinheim:** Verlag Chemie, 12. Auflage, 1968.
Höll, K.: Wasser. Berlin, New York: de Gruyter, 8. Auflage, 2002.

[13] **Ignatowitz, E.:** Chemietechnik. Haan-Gruiten: Verlag Europa-Lehrmittel, 7. Auflage, 2003.

[14] **Ignatowitz, E.:** Chemietechnik. Haan-Gruiten: Verlag Europa Lehrmittel, 9. Auflage, 2009

[15] **Kohaupt, B.:** Chemie für Techniker und Ingenieure. Darmstadt: Hoppenstedt Technik Tabellen Verlag, 4. Auflage, 1989.

[16] **Kulicke, W.-M.:** Fließverhalten von Stoffen und Stoffgemischen. Basel, Heidelberg, New York: Hüthig & Wepf 1986.

[17] **Lissek, S.:** Die allgemeine Theorie magnetischer Flüssigkeiten. Dissertation. Universität Hannover, 2001.

[18] **Merkle, D.; Schrader, B.; Thomes, M.:** Hydraulik. Berlin, Heidelberg, New York: Springer Verlag, 2. Auflage, 2004.

[19] **Nourney, Vollmer GmbH & Co. KG:** Fachwissen für Maler und Lackierer. Haan-Gruiten: Verlag Europa-Lehrmittel, 2. Auflage 2009

[20] **Peters, S.; Struhk, C.:** modulor – material total. Berlin, 2008.

[21] **Ritter, A.:** Smart Materials in Architektur, Innenarchitektur und Design. Basel: Birkhäuser Verlag, 2007.

[22] **Schwarz, O.; Ebeling, F.-W.:** Kunststoffkunde. Würzburg: Vogel Verlag, 8. Auflage, 2004.

[23] **Schwister, K.:** Taschenbuch der Chemie. München, Wien: Fachbuchverlag Leipzig im Carl Hanser Verlag, 2. Auflage, 1999.

[24] **Wagner, V.:** Neue Materialien – Smart, Clean and Ecoefficient. ReThinking Business Konferenz #2, Essen, 22.11.2007.

[25] **Welsch, N.; Liebmann, C. C.:** Farben. Heidelberg, Berlin: Spektrum Akademischer Verlag, 2003.

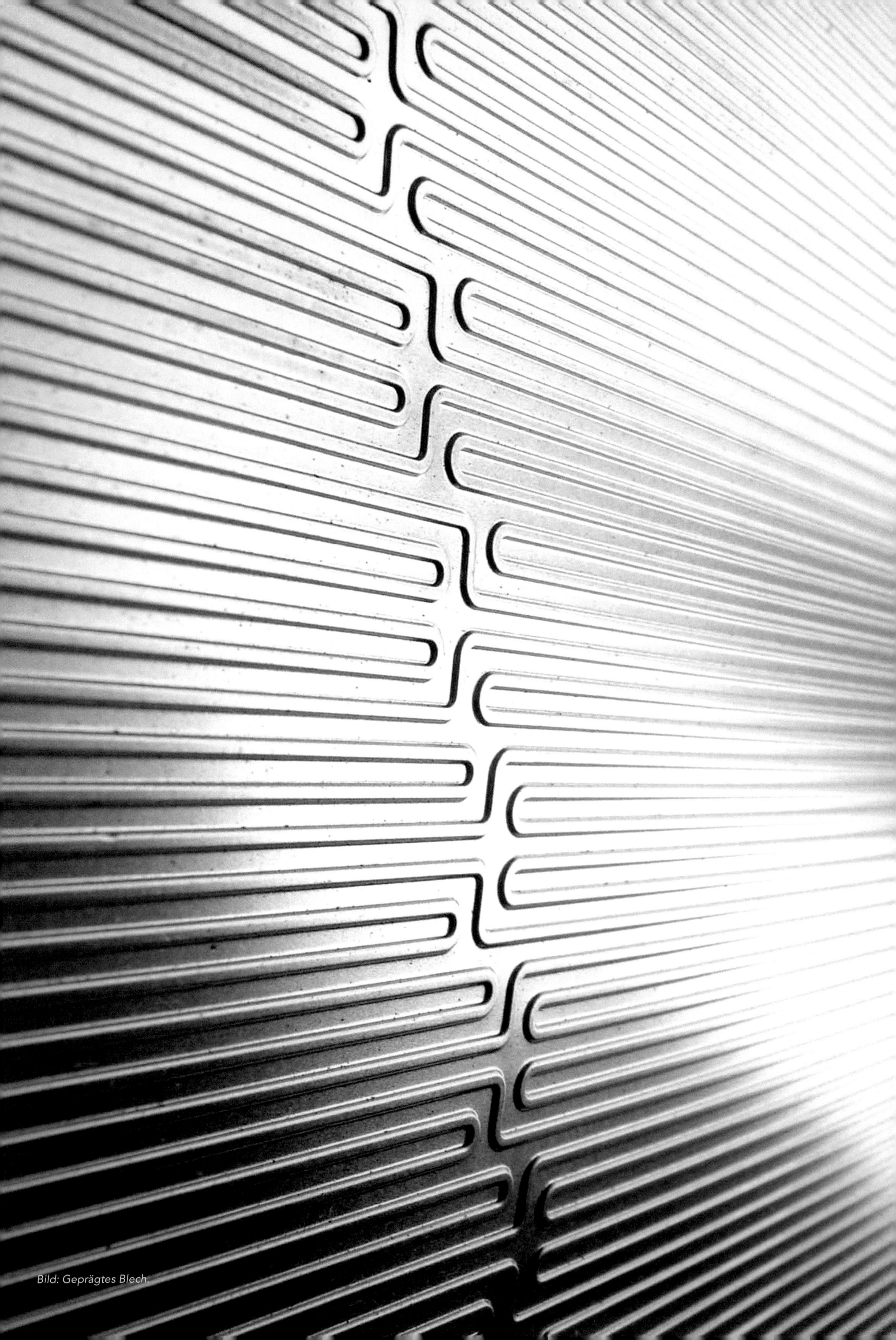

Bild: Geprägtes Blech.

FOR
FORMEN UND GENERIEREN

abgießen, blasformen, biegen, blasformen, bördeln, dengeln, drücken, druckgießen, druckumformen, durchziehen, eindrücken, extrudieren, extrusionsblasformen, faserharzspritzen, feingießen, flachwalzen, fließpressen, formpressen, freiformen, gesenkformen, gießen, gleitziehen, handformen, hippen, hochdruckpressen, injektionsformen, kalandrieren, kaltfließpressen, kaltwalzen, kaltumformen, kerben, kneten, koextrudieren, kokillengießen, kompressionsformen, körnen, kragenziehen, lasersintern, maskenformen, mundblasen, napffließpressen, nassgießen, nasspressen, polarwickeln, prägen, pressen, querstrangpressen, querwalzen, rändeln, radialwickeln, recken, rotationsgießen, rotationstiefziehen, rückwärtsstrangpressen, rundkneten, sandgießen, schäumen, schleudergießen, schmieden, schrägwalzen, schubumformen, schweifen, sintern, spritzgießen, spritzpressen, stauchen, stranggießen, strangpressen, streckformen, streckziehen, thermoformen, tiefen, tiefziehen, transferpressen, treiben, umformen, urformen, vakuumformen, vakuumgießen, vollformgießen, vorwärtsstrangpressen, walzen, walzziehen, warmformen, warmwalzen, weiten, wickeln, ziehen, zugdruckumformen, zugumformen

Im folgenden Kapitel werden Verfahren vorgestellt, mit denen Material in Form, also definiert in eine vorher festgelegte Geometrie, gebracht wird. Grundsätzlich wird zwischen Verfahren des Urformens und Umformens unterschieden.

Zu den urformenden Fertigungsverfahren zählen alle Techniken, mit deren Hilfe ein fester Körper aus einem formlosen Material entsteht. Da der Werkstoff zum ersten Mal gezielt geformt wird, weisen die Verfahren sehr große Flexibilität und hohe wirtschaftliche Potenziale auf. Formlose Materialien sind beispielsweise Flüssigkeiten, Pulver, Gase, Fasern, Schmelzen oder Späne. Zu den wichtigsten urformenden Verfahren gehören Gießen, Sintern, Schäumen, die Extrusion und das Blasformen.

Prinzip des Urformens

Übersicht urformender Verfahren	Verfahrensprinzip
Gießen	1 Herstellung oder Bereitstellung eines formlosen Ausgangsmaterials
Sintern	2 Herstellung eines urformfähigen Materials
Schäumen	3 Füllung eines Urformwerkzeugs mit dem Werkstoff im urformfähigen Zustand
Extrudieren	4 Übergang des Werkstoffs im Urformwerkzeug in den festen Zustand
Blasformen	5 Entnahme des urgeformten Werkstücks

Abb. 1: nach [5, 8]

Anders als beim Urformen wird zur Formerstellung bei umformenden Verfahren der innere Zusammenhalt eines Materials nicht verändert. Vielmehr wird eine Kraft eingeleitet, die den Werkstoff plastisch verformt bzw. umformt und einen Materialfluss auslöst. Die am häufigsten in Umformprozessen verwendete Materialgruppe ist die der Metalle. Umformverfahren lassen sich anhand der eingebrachten Beanspruchung unterteilen.

Prinzip des Umformens

Vorgang	Verfahren (Beispiele)
Zugdruckumformen	Tiefziehen, Innenhochdruckformen
Druckumformen	Einpressen, Schmieden, Walzen
Biegeumformen	Schwenkbiegen, Gesenkbiegen
Schubumformen	Winden einer Druckfeder
Zugumformen	Streckziehen, Weiten

Abb. 2: nach [5, 8]

Die erst in jüngerer Vergangenheit entwickelten generativen Verfahren stellen in dieser Systematik eine Sondergruppe dar. Sie weisen zwar in der Hauptsache einen urformenden Charakter auf, doch muss als Besonderheiten der Techniken herausgestellt werden, dass die Formerstellung additiv bzw. schichtweise erfolgt. Auf den Einsatz von Formwerkzeugen wird verzichtet, was gerade für den Designbereich besondere Potenziale mit sich bringt. Denn ursprünglich zur schnellen Prototypenherstellung entwickelt, werden die sehr flexiblen Verfahren mittlerweile auch für die direkte Bauteilproduktion (Lampenschirme, Hörgeräte, Zahnersatz, Schmuck) eingesetzt. Langfristig gesehen, wird eine revolutionäre Veränderung der Fertigungsprozesse für Einzelstücke und Kleinserien erwartet (Dixon 2005). Der Physiker Marshall Burns hatte bereits 1987 den Traum von der individuellen Produktion in den heimischen 4 Wänden formuliert. Seit Ende 2006 ist nun der erste »Fabber« (kurz für digital/personal fabrication) veröffentlicht. Er ist Ergebnis einer Entwicklung der Cornell University und soll für einen Preis von knapp 2.000 Euro die Produktion von Gegenständen nach dem Additionsprinzip ermöglichen. Unter: www.fabathome.org findet man Bauanleitung, Steuerungssoftware und Daten für erste Testobjekte FOR 11.

Prinzip generativer Verfahren

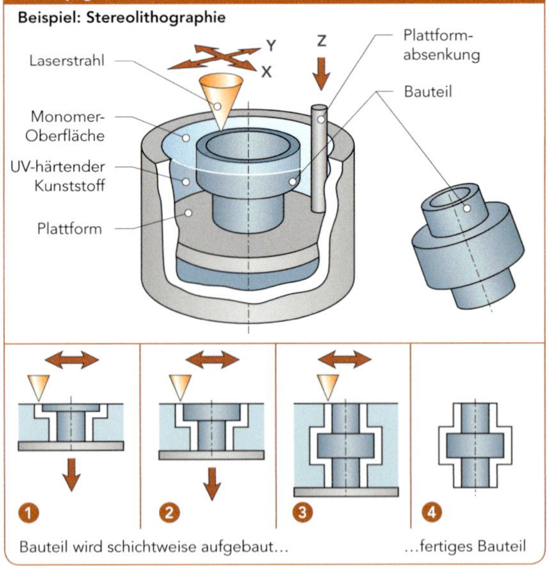

Abb. 3

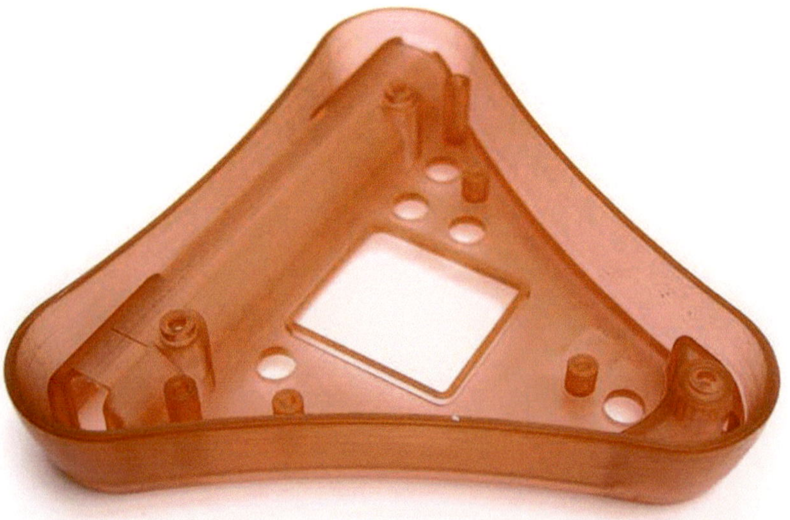

Bild links: Stereolithographiebauteil.

FOR 1
Urformen – Gießen

Gießen ist die bedeutendste Fertigungstechnik für die Produktion von Bauteilen in nur einem Prozessschritt vom Rohmaterial in die endformnahe Geometrie. Sie kommt immer dann zur Anwendung, wenn eine Fertigung mit anderen materialabtragenden Verfahren wirtschaftlich nicht durchführbar ist oder wenn besondere Werkstoffeigenschaften eines nur durch Gießen zu verarbeitenden Materials genutzt werden sollen. Zudem bieten ***Abformverfahren*** eine größere Gestaltungsfreiheit als andere Fertigungstechniken. Somit zählt Gießen technisch wie wirtschaftlich zu den günstigen Verarbeitungsprozessen für komplexe Formen aus Kunststoff oder Metall bei mittleren und großen Serien. Außerdem wird das Verfahren zur Fertigung von Einzelteilen und Prototypen verwendet.

Je nach ***Abformmethode*** unterscheidet man zwischen Gießen in verlorenen Formen und in Dauerformen. Die Bezeichnung »***Verlorene Form***« leitet sich von der Tatsache ab, dass bei diesen Verfahren (z. B. Feingießen) die ***Abgussform*** bei der Entnahme des Gussteils zerstört wird. Zur Herstellung verlorener Formen wird mit Dauermodellen oder verlorenen Modellen gearbeitet. Dauerformen kommen bei der Produktion größerer Stückzahlen zum Einsatz (z. B. Spritzgießen).

Übersicht der Gießverfahren

Verlorene Form		◄ Formart
Dauermodelle	**Verlorene Modelle**	◄ Modellart
Sandgießen - Handformen - Maschinen-formen	Feingießen (Wachs-ausschmelzverfahren)	◄ Verfahren
Maskenformen	Vollformgießen	
Keramikformen	Vakuumformen	
Dauerform		◄ Formart
Ohne Modell		◄ Modellart
Druckgießen	Schleuder- und Rotationsgießen	◄ Verfahren
Kokillengießen	Spritzgießen	
Schleudergießen	Foliengießen	
Stranggießen		

Abb. 4: nach [5]

Der gießtechnische Verfahrensablauf und die spezielle Nomenklatur wird im Folgenden an Hand des Sand-, Vollform- und Kokillengießens erläutert.

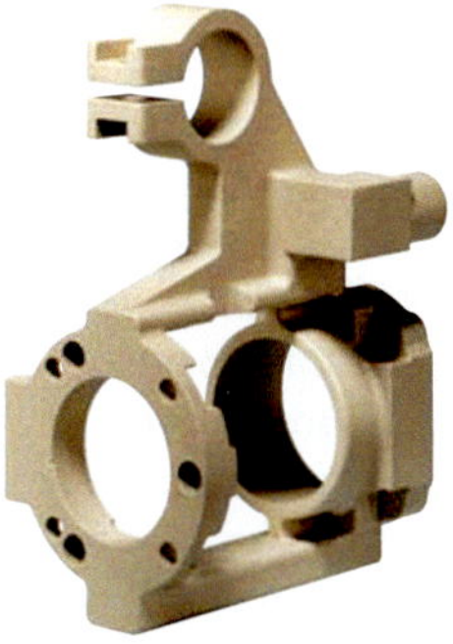

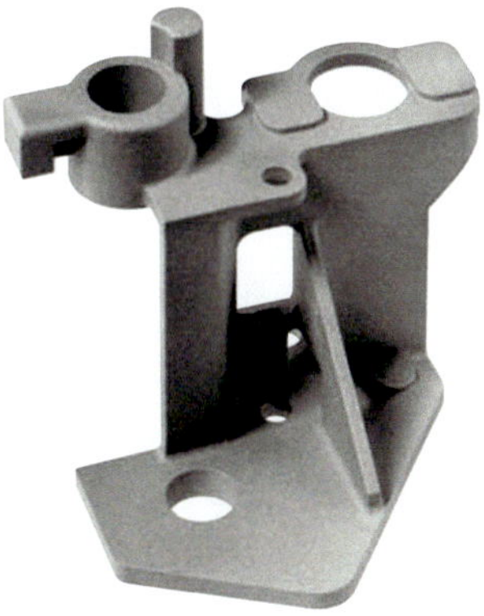

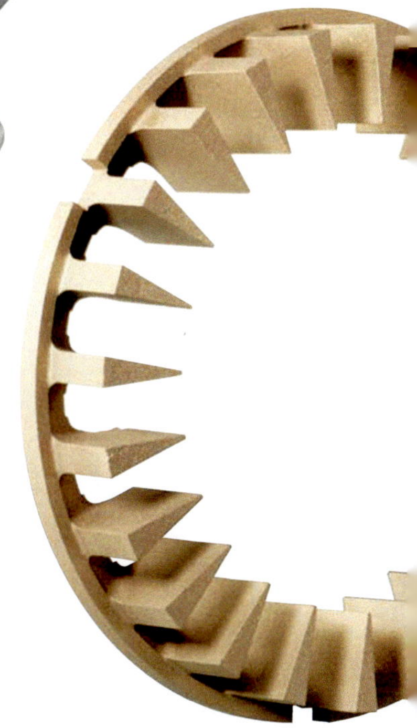

Bilder: Realisierbare, darstellbare Formen durch das Feingießen nach dem Wachsausschmelzverfahren./ Fotos: FEINGUSS BLANK GmbH, D-Riedlingen

Sandgießen
(verlorene Form, Dauermodell)

Der ***Sandguss*** eignet sich für die Herstellung komplexer Bauteile aus Metall, von denen nur eine geringe Stückzahl benötigt wird (z. B. Turbinenlaufräder). Die Abgussform wird durch Einbetten eines Modells in Formstoff, einer Mischung aus ***Quarzsand*** und Binder, erzeugt. Zwei- oder mehrteilige Formkästen kommen zur Anwendung, um die spätere Entformbarkeit des Gussteils zu ermöglichen. Zunächst wird das Modell im Unterkasten positioniert, und zwar derart, dass die spätere Entnahme nicht durch Hinterschneidungen behindert wird. Der Sand wird per Hand (***Handformen***) oder durch maschinelles Rütteln (***Maschinenformen***) verdichtet und der Ober- auf den Unterkasten gesetzt. Führungsstifte sichern die genaue Lageposition und verhindern unerwünschtes Verrutschen. Neben dem Einstechen eines ***Eingusskanals*** sind ***Speiser*** erforderlich, damit die beim Abgießen überschüssige Luft aus der Form entweichen kann. Zudem wird mit flüssigem Material aus dem Speiser der ***Formschwund*** in der Abkühlphase ausgeglichen. Da nach der Verfestigung noch ein geringer Formschwund unausweichlich ist, sollte dieser als Aufmaß (üblich 1–2 %) in der Modellerstellung berücksichtigt werden. Nach Entnahme des Modells aus dem Formkasten und Einlage von Kernen, die innere Hohlräume darstellen und Hinterschneidungen ermöglichen, kann der Abformprozess beginnen.

Prinzip des Sandgießens

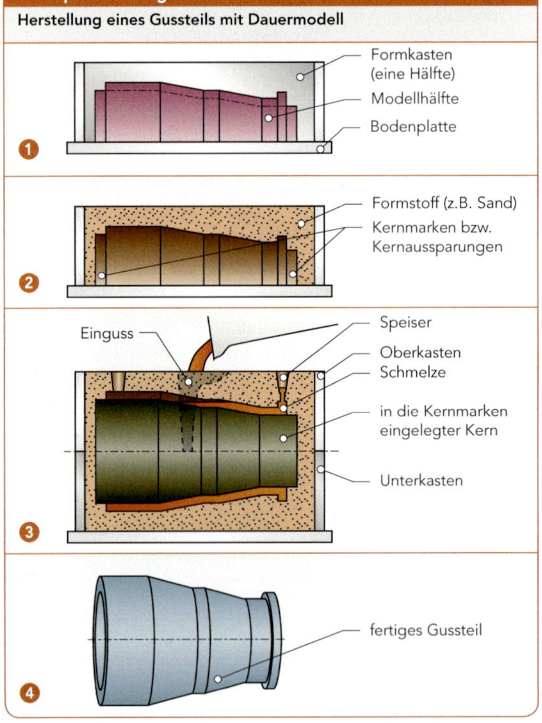

Abb. 5: nach [8]

Vollformgießen
(verlorene Form, verlorenes Modell)

Die Aufteilung in Formhälften kann entfallen, wenn lediglich ein Bauteil gießtechnisch erstellt werden soll und dieses in einem Modell aus ***Kunststoffhartschaum*** KUN 4.1.3, KUN 4.2.5, KUN 4.4 vorliegt. Das ***Schaumstoffmodell*** wird bei der Verfahrensvariante des ***Vollformgießens*** vollständig in Formsand eingebettet und verbleibt beim Abformen in der Form. Unter Hitzeeinwirkung durch das flüssige Metall gast der Modellwerkstoff beim Abgießen über den Speiser und die Porosität des Sandes aus. Zur Entnahme des Bauteils wird die Form zerstört. Das Vollformgießen ist für alle Gießwerkstoffe anwendbar und sowohl für die Klein- als auch die Großserie wirtschaftlich einzusetzen.

Prinzip des Vollformgießens

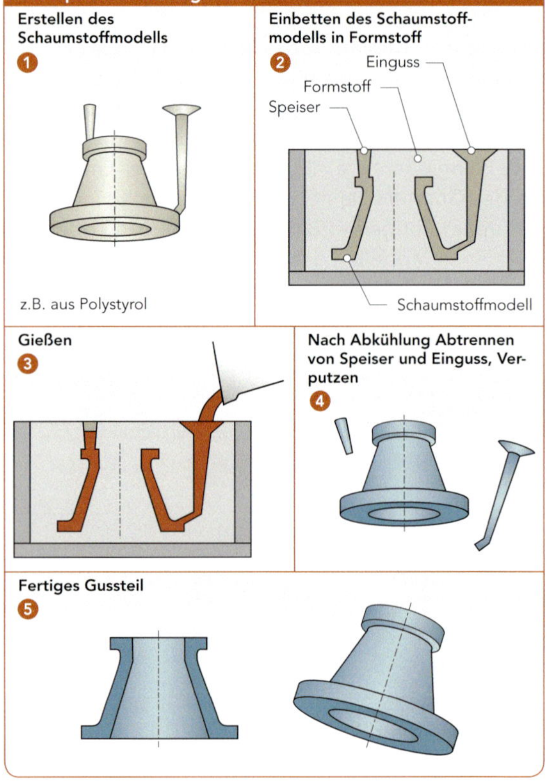

Abb. 6: nach [48]

Kokillengießen (Dauerformen)

Der ***Kokillenguss*** (***Blockguss***) ist ein klassisches Verfahren des Gießens in wiederverwendbaren Dauerformen aus Gusseisen oder Stahl. Es werden meist Materialien mit niedrigem Schmelzpunkt wie Aluminium, Messing oder Magnesium vergossen. Unter Ausnutzung der Schwerkraft wird das flüssige Metall in die ***Kokille*** eingebracht. Die überschüssige Luft entweicht durch zusätzliche Öffnungen an der Oberseite. Zur Erzielung von Hinterschnitten und Hohlräumen werden Kerne eingelegt. Bei der Herstellung der Kokille ist das ***Schwindmaß*** des verwendeten Gießwerkstoffs während der Erstarrung mit einzurechnen. Der Kokillenguss weist gegenüber den sandbasierten Verfahren eine bessere Oberflächengüte und Maßhaltigkeit auf. Es ist aber auf Grund der hohen Formkosten erst bei großen Stückzahlen wirtschaftlich einsetzbar.

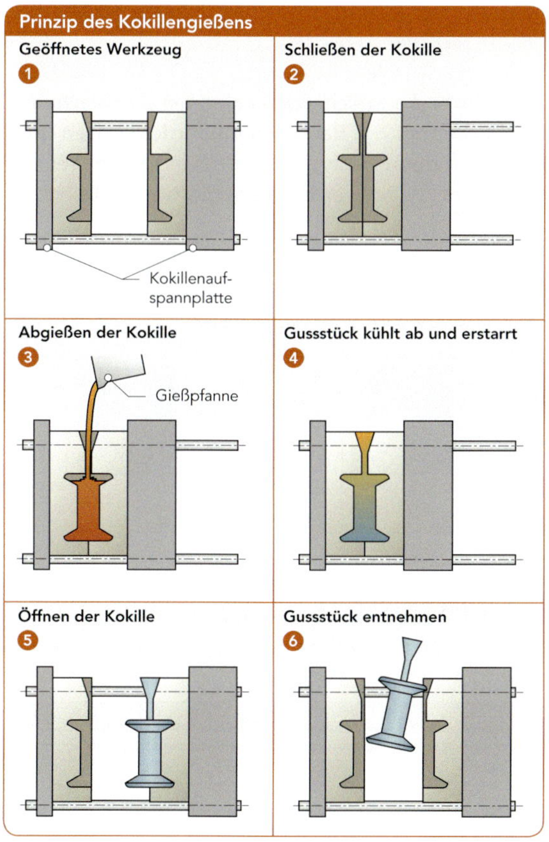

Abb. 7: nach [48]

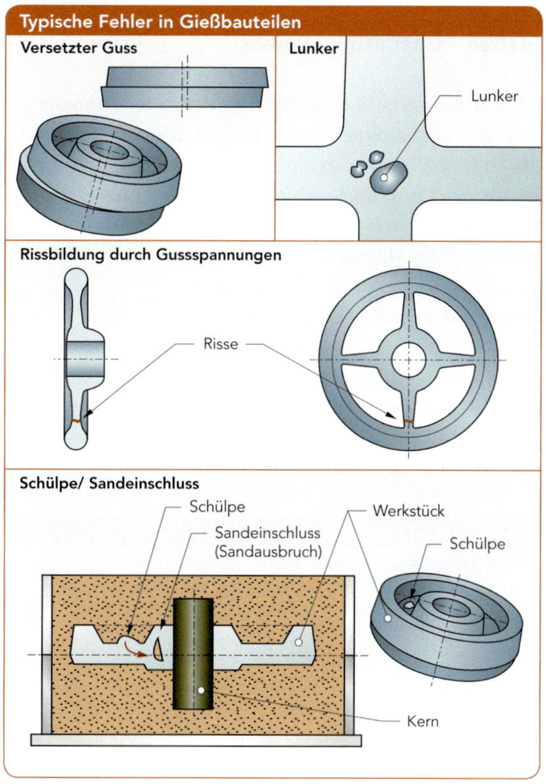

Abb. 8: nach [8]

Warzenartige Erhöhungen an der Oberfläche eines Gussteils, die durch Verdampfen von Restfeuchtigkeit im Formstoff entstehen, werden als ***Schülpen*** *bezeichnet. Die Feuchtigkeit führt zum Erweichen und zum Ausbrechen von Teilen der Formwand, worin sich dann das Material ausbreitet. Der ausgebrochene Formsand wird im Gussteil eingeschlossen, was Inhomogenität zur Folge hat.*

Versetzter Guss ist Folge einer unpräzisen Formkastenführung.

Oberflächenvertiefungen *sind das Resultat von Schlackeeinschlüssen auf Grund unzureichender Eingussauslegung.*

Kann das gesamte in der Form vorhandene Gas auf Grund der Bauteil-, Einguss- und Speisergeometrie nicht vollständig entweichen, sind ***Hohlräume*** *zu erwarten. Außerdem entstehen so genannte* ***Lunker*** *durch einen ungleichmäßigen Erstarrungsprozess, der meist bei Materialanhäufungen festzustellen ist.*

Vom Speiser kann flüssiges Material in die schon erstarrten Bereiche nicht nachgeführt werden. Bauteilspannungen auf Grund von Schwindungsdifferenzen bei unterschiedlichen Wanddicken und scharfkantigen Formteilübergängen bewirken ***Oberflächenrisse*** *und* ***Bauteilverzug****.*

Einfallstellen *sind bei Kunststoffbauteilen meist mit ungünstig ausgelegten Verrippungen zu erklären.*

FOR 1.1
Gießen – Gestaltungsregeln

Bei der Konstruktion gießtechnisch zu fertigender Bauteile sind einige Regeln zu beachten, durch deren Einhaltung zum einen günstige Herstellungskosten und zum anderen eine optimale Qualität gewährleistet werden können (Koller 1994; König 1992; Krause 1996; Michaeli et al. 1995; Pahl, Beitz 1986):

Wanddicken sollten zur Vermeidung von Spannungen konstant gehalten und zur Erzielung kurzer Zykluszeiten so dünn wie möglich ausgelegt werden. Die Fließfähigkeit des Materials ist für die Wahl der geeigneten Wandstärke, z. B. für eine ausreichende Belastbarkeit, entscheidend.

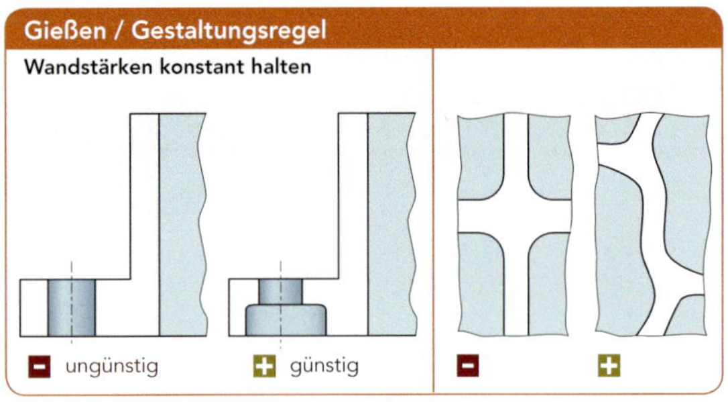

Abb. 9: nach [18]

Gleichmäßiges Abkühlen kann Lunkerbildung, das Entstehen von Hohlräumen, und Verzug verhindern. Waagerecht liegende Flächen sollten umgestaltet und Materialanhäufungen vermieden werden.

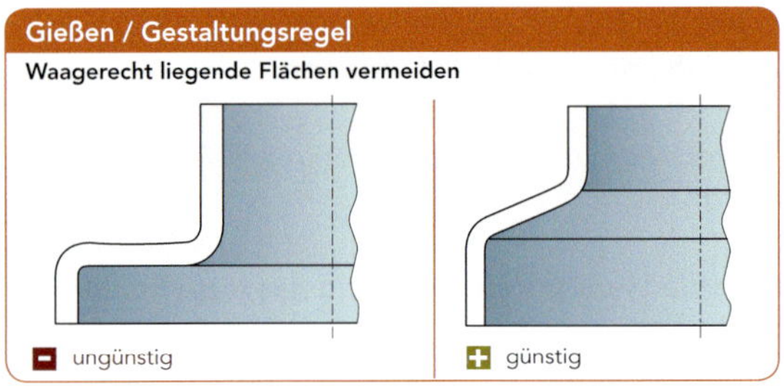

Abb. 10: nach [19]

Bild unten: Gegossenes Turbinenrad./
Foto: FEINGUSS BLANK GmbH, D-Riedlingen

Zur Unterstützung eines optimalen ***Fließvorgangs*** sind scharfe Körperkanten zu vermeiden. Außerdem sollten Ecken mit kleinen Radien versehen werden, um die Entformbarkeit zu vereinfachen.

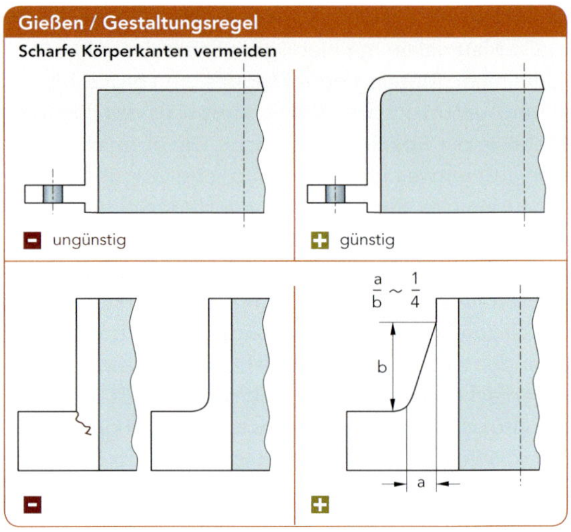

Abb. 11: nach [19]

Schrägen und ausreichende Konizitäten vereinfachen das Entformen von Bauteilen. Außerdem lassen größere Entformungsschrägen gröbere Oberflächenstrukturen zu und werden beim Entformen nicht zerstört.

Abb. 12: nach [6]

Schroffe Wanddickenänderungen begünstigen Spannungen und sollten daher vermieden werden.

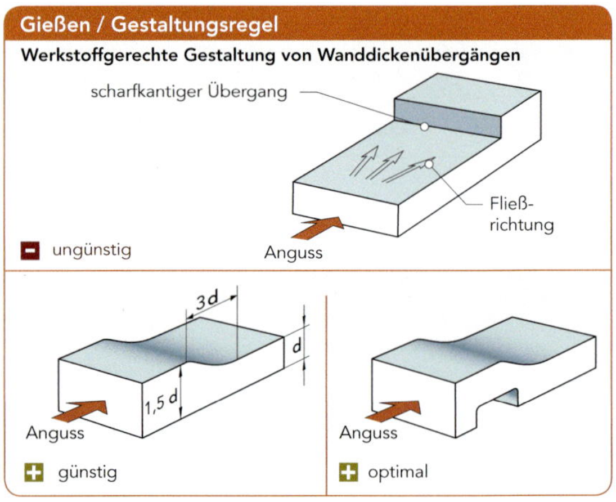

Abb. 13: nach [6]

Zur Vermeidung unschöner Einfallstellen sollten *Verrippungen* gießgerecht gestaltet sein.

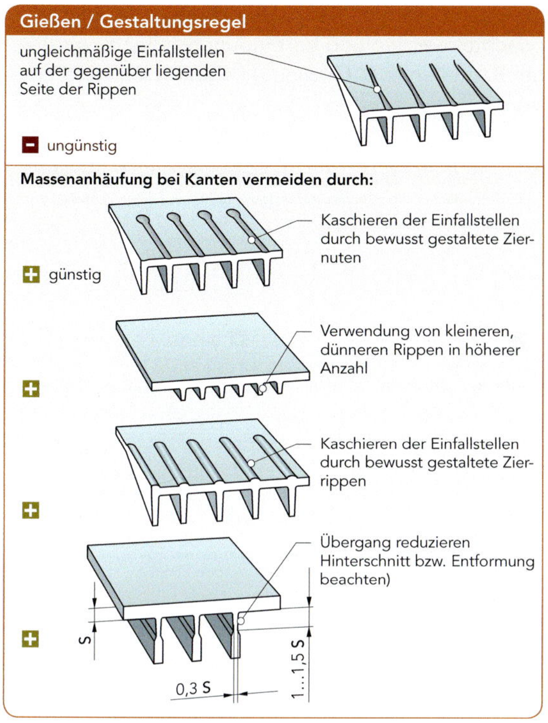

Abb. 14: nach [6]

Durch nicht optimale Fließwege infolge einer unglücklichen Positionierung des Angusses können an Kunststoffbauteilen Bindenähte entstehen.

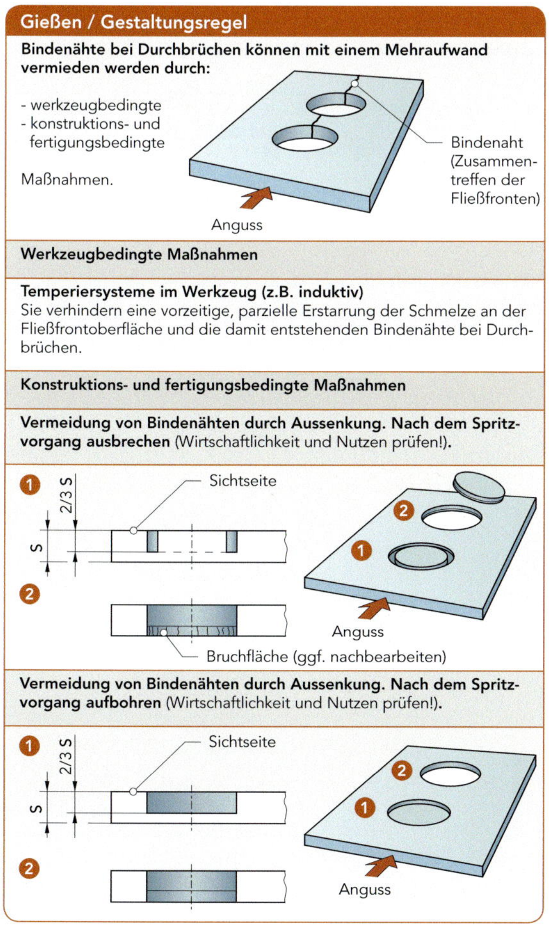

Abb. 15: nach [6]

Hinterschnitte sollten nach Möglichkeit vermieden werden, da durch die Notwendigkeit von Kernen und Seitenschiebern Komplexität und Kosten des Werkzeugs in die Höhe getrieben werden.

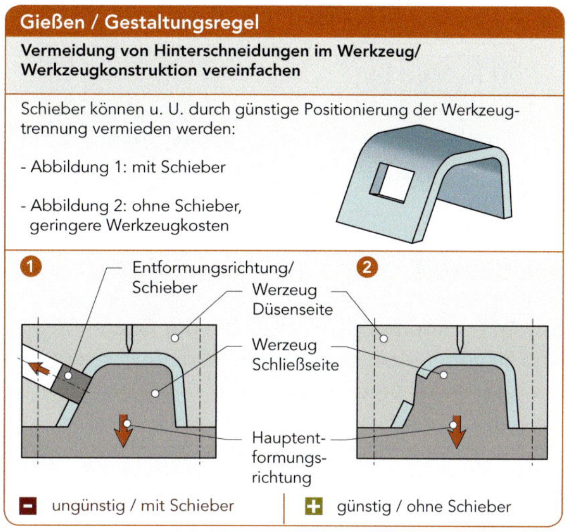

Abb. 16: nach [6]

Die Vermeidung komplizierter Gestaltungsvarianten (möglichst wenige Teileoberflächen) kann die Werkzeugkomplexität und somit die Kosten verringern.

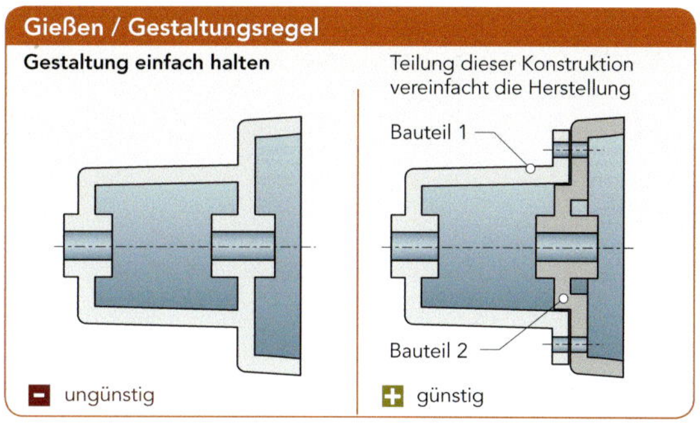

Abb. 17: nach [19]

Um das Werkstück nicht unnötig zu verteuern und das Entgraten zu erleichtern (z. B. beim Kokillenguss), sollte eine günstige Lage der Teilungsebene gewählt werden.

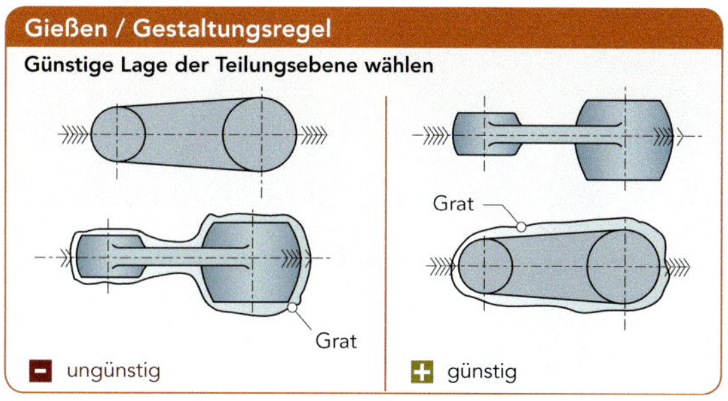

Abb. 18: nach [14]

Zur Förderung der ***Montagefreundlichkeit*** sollten z. B. Befestigungsschrauben zugänglich gestaltet werden.

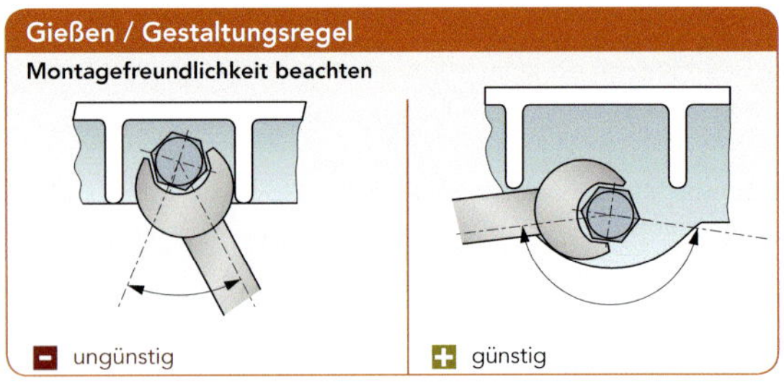

Abb. 19: nach [14]

Schräg anzubohrende Flächen bei der Gestaltung sind zu vermeiden, da die Werkzeuge leicht verlaufen oder sogar brechen können.

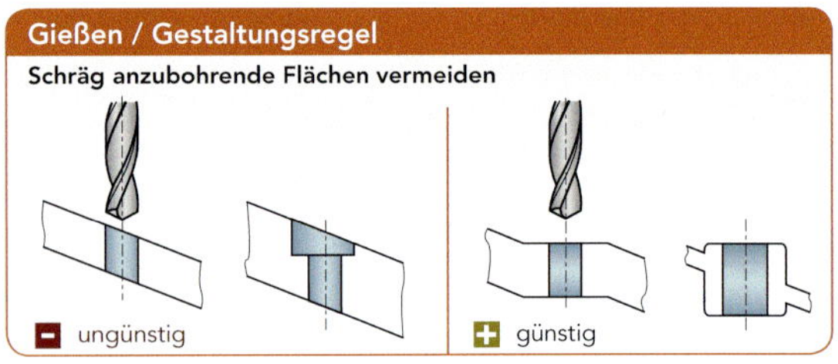

Abb. 20: nach [14]

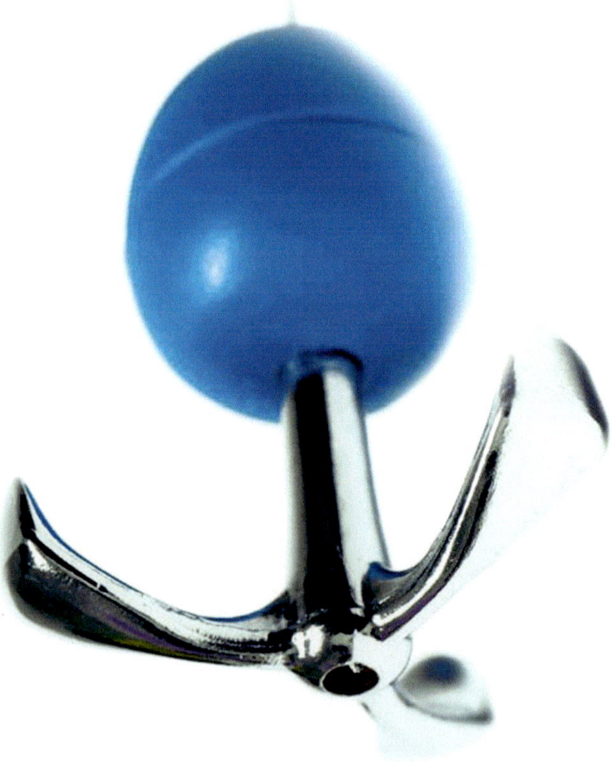

Die nachfolgenden Bearbeitungsprozesse sollten beachtet werden und Verbindungsstellen zu anderen Bauteilen (z. B. Gewinde) angemessen gestaltet sein.

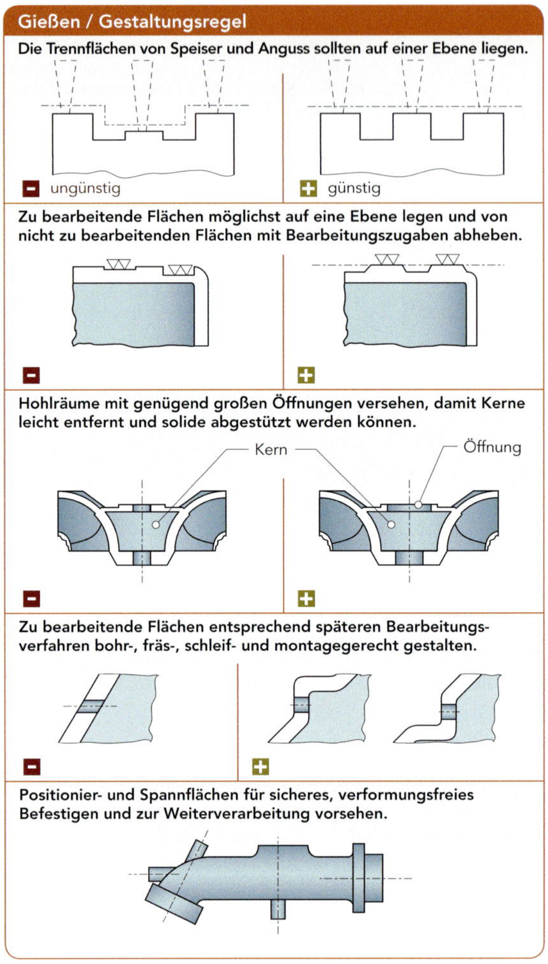

Abb. 21: nach [14]

Bild links: Kleiderhaken »Jack« aus gegossenem Metall und Kunststoff./ Entwicklung: MMID

FOR 1.2
Gießen – Spritzgießen

Das Spritzgießverfahren ermöglicht einen direkten und effizienten Übergang vom Rohstoff zum fertigen Bauteil. Es zählt zu den klassischen, mit Dauerformen arbeitenden Gießtechniken und ist die am häufigsten verwendete Technik zur Herstellung von Kunststoffartikeln in großen Stückzahlen.

Verfahrensprinzip
Zum Spritzgießen wird zunächst das Ausgangsmaterial (z. B. Kunststoffgranulat) in einen formbaren Zustand mit homogener Temperaturverteilung gebracht. Bei so genannten Schneckenspritzgießmaschinen wird die Homogenität durch Mischen des Werkstoffs in einer beheizten ***Schnecke*** erreicht. Gleichzeitig dient die ***Plastifizerschnecke*** zur Beförderung des plastifizierten Materials in den Werkzeugbereich. Im nächsten Prozessschritt wird die fließfähige Masse in den Werkzeughohlraum (***Kavität***) gespritzt und abgekühlt. In einem vollautomatisierten Prozess findet parallel zum Erstarrungsvorgang der Werkstoffmasse die Vorbereitung für den nächsten Bearbeitungszyklus statt. Zur Herstellung von Hinterschnitten und Hohlräumen übernehmen in Spritzgießanlagen Schieber die Funktion von Kernen FOR 1.1. Durch Faserbeimischung können die Eigenschaften, insbesondere die Festigkeit, von Kunststoffbauteilen verbessert werden KUN 1.6. Dabei ist zu beachten, dass sich durch die Fasern die Fließeigenschaften der Kunststoffmasse nachteilig verändern können.

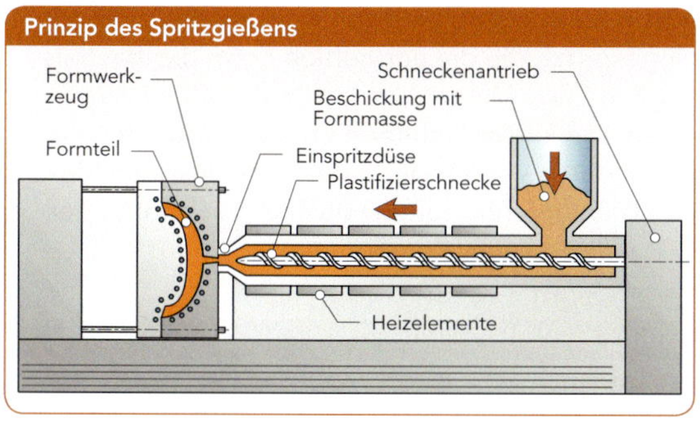

Abb. 22

Materialien
Das Spritzgießverfahren ist vor allem zur Verarbeitung von Kunststoffen geeignet, da diese sich mit geringem Energieeinsatz in einen formbaren Zustand bringen und weiterverarbeiten lassen. Die Verarbeitungstemperatur von thermoplastischen Kunststoffen wird normalerweise in einem Temperaturbereich zwischen 150–300 °C angegeben. Liegt die Zersetzungstemperatur eines Kunststoffs (z. B. Zelluloseester KUN 4.1.12) nur wenig über der Erweichungstemperatur, werden der Polymermasse vor der Verarbeitung anorganische Füllstoffe beigemischt (Hellerich, Harsch, Haenle 2001). Neben der Formgebung polymerer Werkstoffe dient das Spritzgießen außerdem zur Herstellung von ***Grünlingen*** in der keramischen Prozesskette KER 4.1 und zur Produktion von Formteilen aus ***Papierschaum*** PAP 5.5. Das früher als Spritzgießen niedrig schmelzender Metalle bezeichnete Verfahrensprinzip ist heute unter dem Begriff ***Warmkammerverfahren*** bekannt und zählt zu den Druckgießtechniken FOR 1.4.

Anwendung
Große Bedeutung hat das Spritzgießen bei der Herstellung von Bauteilen mit komplizierter Formteilgeometrie (z. B. Innenraumkonstruktion bei Haushaltsgeräten). Der Prozess erlaubt zudem die Integration zusätzlicher Funktionselemente wie Federn, Scharniere, Führungen oder Befestigungsklipse im ***Mehrkomponentenspritzguss*** (Mennig 1995).

Bauteilgrößen, Nachbearbeitung, Genauigkeit
Das Spektrum erzielbarer Bauteilgrößen reicht beim Spritzgießen von Teilen in Miniaturgröße bis zu Bauteilen mit bis zu 50 kg Gewicht. Die Teilegrößen werden durch die erreichbaren ***Schließkräfte*** der Produktionsanlage limitiert. Zur Fertigung einer Autostoßstange muss beispielsweise eine Schließkraft von 1.500 Tonnen aufgebracht werden. Unterschiedliche Anlagengrößen können aus dem Lieferprogramm der Maschinenhersteller ausgewählt werden oder stehen bei Dienstleistern zur Verfügung. Mit dem Spritzgießverfahren gefertigte Bauteile benötigen keine oder nur eine sehr geringe Nachbearbeitung. Es zeichnet sich durch eine hohe Reproduktionsgenauigkeit aus.

Wirtschaftlichkeit
Das Spritzgießverfahren ist für den Einsatz in der Massenteilfertigung optimal geeignet. Neben den bereits genannten Vorteilen zur Fertigung sehr komplexer Geometrien mit hoher Reproduktionsgenauigkeit kann es vollständig automatisiert werden. Es weist zudem sehr kurze Zykluszeiten auf, wodurch Herstellungskosten von wenigen Euro-Cent zu erzielen sind. Auf Grund hoher Anschaffungskosten für Anlage und Formwerkzeug ist die Wirtschaftlichkeit des Verfahrens jedoch erst bei höheren Stückzahlen gewährleistet. Für jede Bauteilgeometrie muss eine neue Werkzeugform angefertigt werden. Zur Verringerung der Produktionskosten werden meist Werkzeuge mit mehreren ***Kavitäten*** (***Nester***) hergestellt, die gleichzeitig befüllt werden. Unterschiedliche Formmassen können direkt beim Anlagenhersteller bezogen werden. Zur Herstellung von Bauteilen mit besonders hohen Festigkeitswerten werden auch Massen mit Faserbeimischung (Glasfasern, Kohlefasern KUN 1.6 und Pflanzenfasern TEX 4.1.3) angeboten.

Alternativverfahren
Vakuumgießen, Polymergießen, Extrudieren

Bild: »FIT+FRESH« Seiher durch PP-Spritzgießen./ Hersteller und Foto: EMSA GmbH

Bild: Spritzgussform für das Gehäuse einer Isolierkanne.

Bild: Isolierkannen aus spritzgegossenem Kunststoff.

Fotos: EMSA GmbH

FOR 1.2.1
Spritzgießen - Sonderverfahren

Auf Grund der großen Potenziale der Spritzgießtechnologie für die Massenproduktion der unterschiedlichsten Produkte haben sich zahlreiche Sonderverfahren entwickelt. Zu diesen zählen folgende Techniken:

- Mehrkomponentenspritzgießen
- Montagespritzgießen
- Gas- und Wasserinjektionstechniken
- Thermoplast-Schaumspritzgießen
- Mehrschalenspritzgießen
- Schmelzkerntechnik
- Faltkerntechnik
- Pulverspritzgießen
- Metallspritzen
- Thixoverfahren

Sollen mehrere unterschiedliche Kunststoffarten oder -farbigkeiten in einem Bauteil verarbeitet werden, kommt das (2K-Spritzgießen) zur Anwendung.

Prinzip des 2-Komponenten-Spritzgießens im Sandwichverfahren

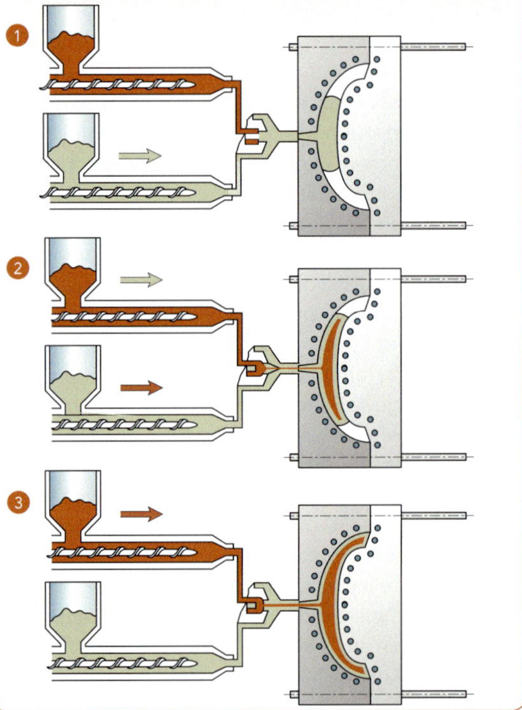

Abb. 23: nach [13]

Innerhalb meist sehr komplexer und kostspieliger Werkzeuge werden die verschiedenen Ausgangsstoffe in einem Fertigungsschritt verarbeitet. Das Ergebnis sind Kunststoffbauteile, in denen die besonderen Eigenschaften unterschiedlicher Materialien nutzbar gemacht werden können (z. B. feste und weiche Oberflächen oder transparente und blickdichte Materialien in einem Bauteil). Werden zwei Materialien verwendet, spricht man vom Zweikomponentenspritzguss oder 2K-Spritzgießen.

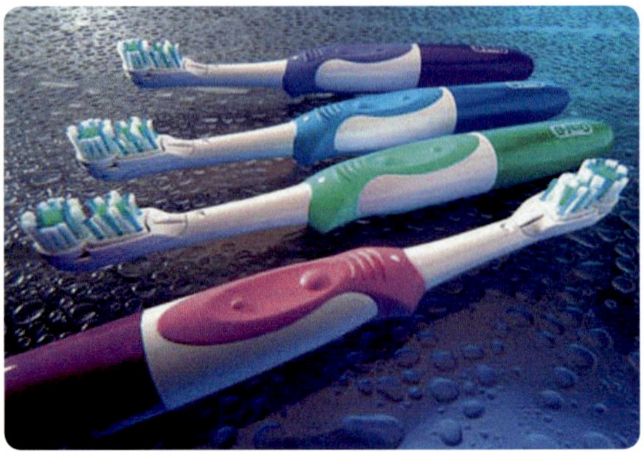

Bild: Elektrische Zahnbürste durch 2K-Spritzgießen./ Foto: BASF SE

Im Mehrkomponentenspritzgießen ist die Integration zusätzlicher Funktionen, z. B. Dichtungen oder Beschriftungen, möglich. Es wird erwartet, dass die Bedeutung des Mehrkomponentenspritzgießens zur Herstellung komplexer technischer Bauteile, auch vor dem Hintergrund der Nutzung von recycelten Werkstoffen, in Zukunft zunehmen wird. Montagespritzgießen bezeichnet in diesem Zusammenhang einen Prozess, in dem während des Urformvorgangs Formteile bereits montiert werden. Auf diese Weise lassen sich sowohl bewegliche als auch starre Verbunde aus Kunststoffen sowie Verbunde aus Kunststoff und Metall herstellen.

Gas- und ***Wasserinjektionstechniken*** stellen Alternativverfahren zum konventionellen Spritzgießen mit Kernen und Schiebern bei der Herstellung von Bauteilen mit inneren Hohlräumen dar. Schmelzflüssiger Kunststoff wird zunächst in eine Hohlform eingespritzt, die die endgültige Form des Bauteils abbildet. Das Material erstarrt von außen nach innen. Die innere Hohlform entsteht unter hohem Druck durch Verdrängung des noch flüssigen Materials unter Einbringung von Gas (Stickstoff) oder Wasser als zweiter Komponente.

Prinzip des Gasinnendruck-(GID-)Spritzgießens

1	2	3
Definierte Materialmenge einspritzen. Die Wandicke wird durch die Menge des eingespritzten Materials bestimmt.	Eingespritztes Gas durch den Anspritzkanal verdrängt das Material dort, wo es noch flüssig ist (idealerweise im Bereich von Materialanhäufungen.	Das eingespritzte Material wird durch den Gasinnendruck von ca. 200 bar gut in der Form abgebildet und gleicht die Schwindung des Materials aus.

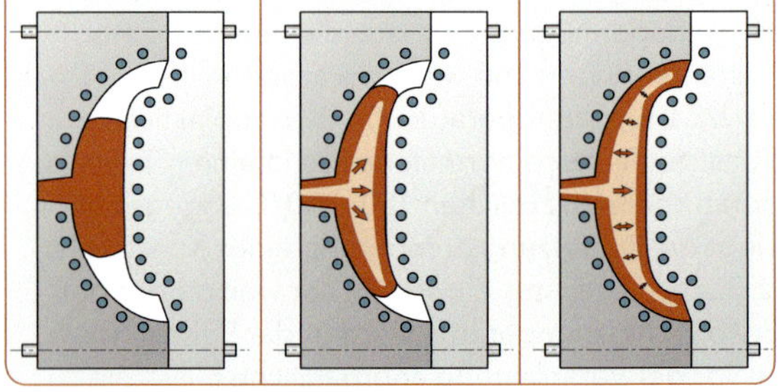

Abb. 24: nach [11, 13, 28]

Für die Herstellung von Schaumstoffteilen mit einer festen Außenhaut im Spritzgussverfahren hat sich eine besondere Verfahrensvariante entwickelt: ***Thermoplast-Schaumspritzgießen*** (TSG). Der Schmelze wird das Treibmittel im Zylinder unter hohem Druck zugeführt und die Masse in die Werkzeugform gespritzt. Das Treibmittel gast aus. Da die Polymermasse aber an die Formteilwand gepresst wird, entsteht nach Abkühlung ein Werkstoff mit einer unterschiedlichen Dichteverteilung. TSG-Bauteile haben eine feste und kompakte Außenstruktur und ein geschäumtes Inneres. Mit dieser Technik können dickwandige Bauteile mit einer Wandstärke von bis zu 30 mm bei großer Maßgenauigkeit hergestellt werden. Vor allem die insbesondere bei groß dimensionierten Kunststoffteilen auftretenden unschönen Einfallstellen werden weitestgehend vermieden. Wegen der niedrigen Druckverhältnisse während des Fertigungsprozesses fallen die Werkzeugkosten im Vergleich zum konventionellen Spritzgießen geringer aus, was das Verfahren für mittlere aber auch kleinere Stückzahlen rentabel macht. Nachteilig wirkt sich der Aufwand für die Nachbearbeitung der Oberflächen zur Erzielung hoher Qualitäten aus (Bonten 2003). Jede konventionelle Spritzgussmaschine ist für den Thermoplastschaumguss geeignet.

Im Zusammenhang mit der vergleichenden Darstellung unterschiedlicher Spritzgießverfahren zur Herstellung von Bauteilen mit Innenkonturen wird unter der ***Mehrschalenspritzgießtechnik*** ein Prozess verstanden, bei dem zunächst Einzelteile innerhalb getrennter Formen (Schalen) gefertigt und anschließend gefügt werden. So lassen sich auch Bauteile mit hochkomplexen Innenkonturen fertigen. Nicht vermeidbare Nähte wirken sich allerdings negativ auf Festigkeit und Dichtigkeit aus.

Bild unten: Spritzgussmaschine./ Foto: CNC Speedform AG

Vergleich der Spritzgießverfahren zur Herstellung von Produkten mit komplexen Innenkonturen

Komplexität der Formteile / Anlagenaufwand	Formteile ohne Hinterschnitt	Formteile mit Hinterschnitt	Dickwandige Formteile	Formteile mit Innenkonturen	Formteile mit maßgenauen Innenkonturen	Mit Dichtigkeits-Funktionen der Innenkonturen
Konventionelles Spritzgießen	↑		↗			
Konventionelles Spritzgießen mit Schiebern		↑	↗			
Gasinjektionstechnik			↑	↑		
2-Komponentenspritzgießen			↑			
Mehrschalenspritzgießen				↑	↑	
Schmelzkerntechnik				↗	↑	↑

Abb. 25: nach [6]

Zur kosteneffizienten Herstellung von Bauteilen mit hochkomplexen Innenkonturen oder nicht entformbaren Hinterschneidungen haben die Hersteller mittlerweile ausgefeilte Techniken entwickelt. Eines dieser Verfahren ist die Faltkerntechnik, bei der nicht entformbare Innenprofilen bzw. Aussparungen durch den Einsatz beweglicher, auffaltbarer Kerne realisiert werden. Sollen die inneren Strukturen auch Dichtigkeitsfunktionen übernehmen, sind diese nur mit der ***Schmelzkerntechnik*** herstellbar. Kerne aus niedrig schmelzender Zinn-Wismut-Legierung werden hierzu in einer Form mit Kunststoff umspritzt. Die Legierung füllt den gesamten späteren Hohlraum aus und wird nach dem Spritzgießvorgang in induktiv beheizten Glykolbädern ausgeschmolzen (Polifke 1998). Das Kunststoffbauteil ist nun einsatzfähig.

In der jüngeren Vergangenheit hat sich das ***Pulverspritzgießen*** (PIM - Powder Injection Moulding) zur Herstellung von Metall- und Keramikbauteilen als Alternative zum Pressvorgang der sintertechnischen Prozesskette *FOR 2* für Metallwerkstoffe entwickelt. Werkstoffpulver wird mit einem Binder aus thermoplastischem Kunststoff gemischt und in die Form gespritzt. Das Bauteil wird anschließend entnommen und der Binder in einer thermischen Wärmebehandlung entfernt. Ein ***Grünling*** entsteht, der durch abschließendes Sintern seine endgültige Verfestigung erfährt.

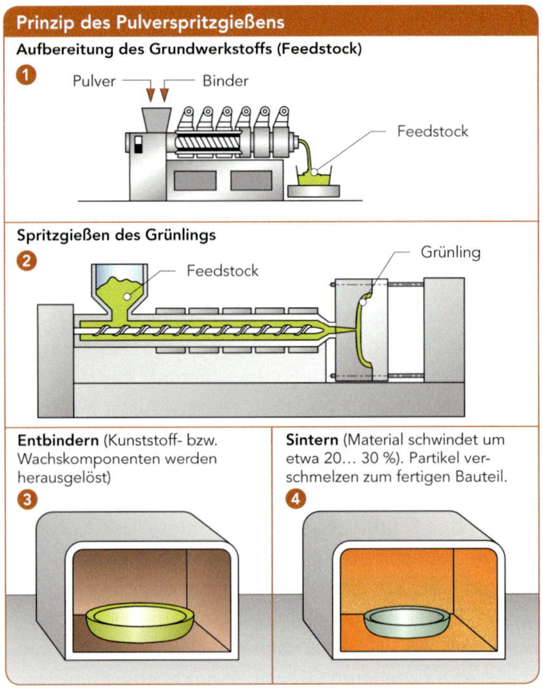

Abb. 26: nach [Institut für Kunststoffverarbeitung IKV an der RWTH Aachen]

Das ***Metallspritzen*** ist ein junges Verfahren zur schnellen Herstellung von Werkzeugformeinsätzen aus einer Zinn-Wismut-Legierung. Ein schichtweise generativ erzeugtes Bauteilmodell wird mit Metall besprüht, bis eine mehrere Millimeter dicke Schicht die Bauteilform exakt abbildet. Anschließend kann das Modell entfernt und die Metallform zur Erzeugung von technischen Prototypen und Kleinserien im Kunststoffspritzguss genutzt werden.

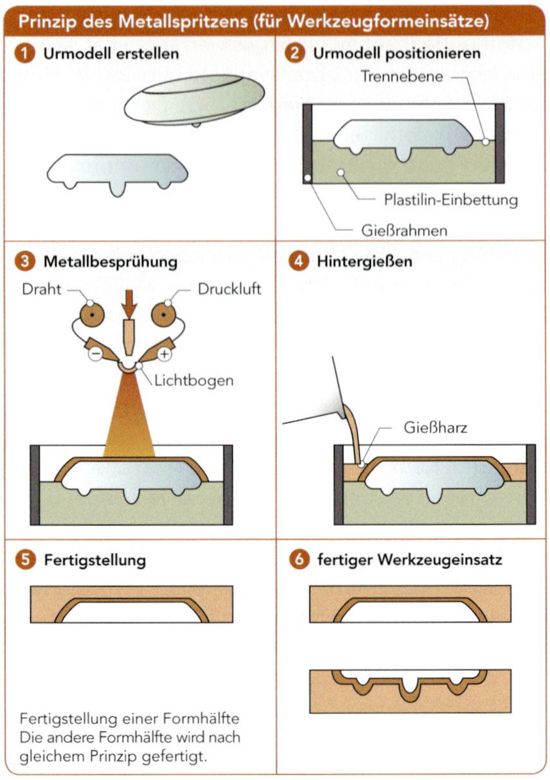

Abb. 27: nach [6]

Bei den so genannten ***Thixoverfahren*** (auch ***Thixoforming*** oder ***Semi-Solid Metal Casting SSM***) werden die Vorteile des Gießens und Schmiedens für die Herstellung komplexer Metallbauteile durch die Formgebung im teilflüssigen Zustand miteinander kombiniert. Die Metalllegierungen werden dabei auf eine Temperatur im Übergangsbereich zwischen fest und flüssig erwärmt (thixotroper Zustand). In diesem Bereich lässt sich der Werkstoff bei geringem Druck in die Werkzeugform überführen. Man unterscheidet Thixogießen und Thixoschmieden voneinander. Beim Thixogießen werden meist Magnesiumlegierungen *MET 3.2.2* verwendet, die mit einer Schnecke im Spritzgießverfahren verarbeitet werden können. Die Metallschmelzen weisen im Vergleich zu klassischen Gießtechniken homogenere Gefüge auf. Die Schwindung ist geringer. Zudem können wesentlich feinere Wanddicken erzielt werden. Beim Thixoschmieden entsteht das Bauteil durch Einpressen des teilflüssigen Werkstoffs in ein Gesenk. Typische Produktbeispiele für Thixoverfahren sind Fahrwerks- und Leichtbauteile wie Zylinderkopfdeckel, Lenkräder und Sitzkomponenten.

FOR 1.2.2
Spritzgießen - Hinterspritzverfahren

Oberflächenstrukturen und -dekorationen mit besonderen ästhetischen Merkmalen sind vor allem für den Automobilinnenraum oder die Gehäuse von Elektrogeräten interessant. Hier haben sich Hinterspritztechniken am Markt etabliert, mit denen fertig dekorierte Bauteile für Türverkleidungen, Armaturen und Displays auf effiziente Weise hergestellt werden können. Auch die Kombination verschiedener Werkstoffeigenschaften ist möglich, indem Folien, Papier, Textilien oder Holzfurniere mit Kunststoff hinterspritzt werden. Neben dem Dekor (einfarbig, mehrfarbig, integrierte Symbole) lässt sich auch die Wirkung der Oberfläche (strukturiert, glänzend, matt) und der Tiefenglanz gezielt einstellen. Zudem kann durch Aufbringen teiltransparenter Bereiche mit Lichteffekten gespielt werden.

Folgende Produktionsverfahren haben sich am Markt etabliert:

IMD – In-Mold Decoration BES 2.3
Hinterspritzen von Bildetiketten von der Rolle

IML – In-Mold Labeling
Hinterspritzen planer Folieninserts

FIM – Foil Insert Molding
Hinterspritzen umgeformter Folienhalbzeuge

Verfahrensprinzip
Die einfachste Hinterspritztechnologie ist das In-Mold Decoration. MET 2.3. Ein bedrucktes Bildetikett wird auf einem Folienband dem Spritzgießwerkzeug zugeführt und plastifizierter Kunststoff bei hohem Druck hinter die Folie gespritzt. Diese löst sich vom Folienträger, wird gegen die Formwand gepresst und nimmt deren Geometrie an. Von In-Mold Labeling wird gesprochen, wenn plane Folienstücke einzeln in das Werkzeug eingelegt und anschließend mit Kunststoff hinterspritzt werden. Das Verfahren kommt insbesondere in der Verpackungsindustrie zum Einsatz, wo keine hohe Präzision benötigt wird. Werden Folienhalbzeuge aus polymeren oder metallischen Werkstoffen zunächst ausgestanzt, vorgeformt und abschließend mit Kunststoff hinterspritzt, spricht man vom Foil Insert Molding.

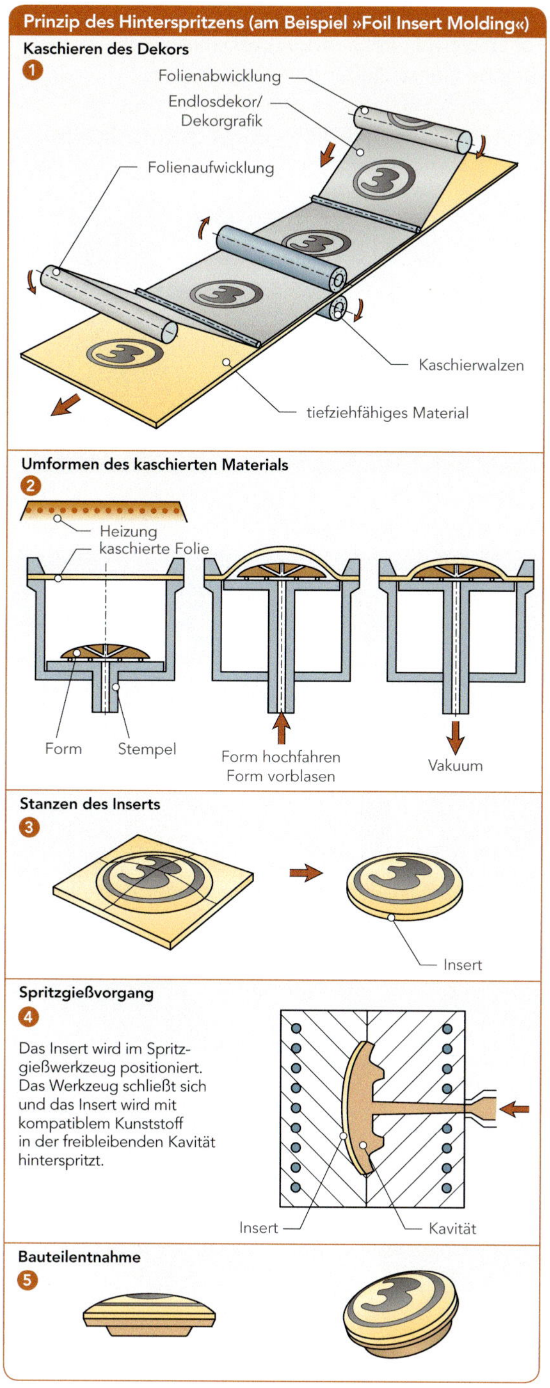

Abb. 28

Bild unten: Fertiges IML-Bauteil./
Fotos: Kunststoff Helmbrechts AG

Foil Insert Molding (FIM)
Folien werden im Siebdruckverfahren BES 1.4 versehen, anschließend...

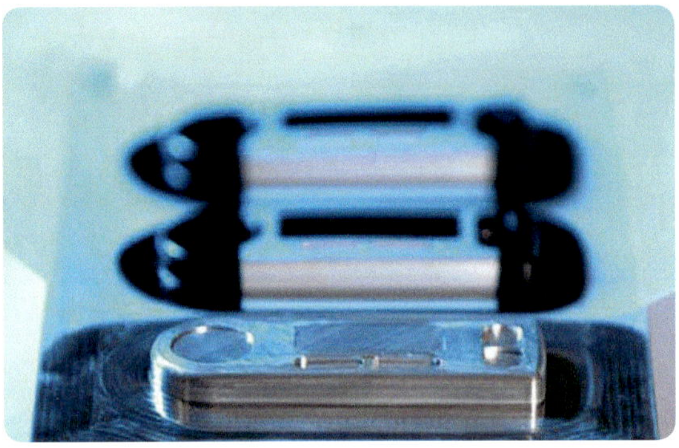

...verformt und...

...ausgestanzt.

Die fertigen Folien...

...kommen dann automatisch in das Werkzeug und werden hinterspritzt.

Materialien und Anwendung
Das In-Mold Decoration kommt vor allem dann zum Einsatz, wenn sehr präzise Kunststoffbauteile für beispielsweise Handyschalen oder Elektrogeräte benötigt werden und der Spritzprozess auf Basis einer Folienrolle voll automatisiert werden kann. Beim In-Mold Labeling werden insbesondere auch Substrate aus Textilien, Papier oder Holzfurnieren verarbeitet. Es wird auch eingesetzt, um Etiketten mit RFID-Chips auszustatten. Benötigt man jedoch Bauteile mit höherkomplexen Geometrien, reichen meist die Anpressdrücke durch die Kunststoffmasse beim Spritzgießen nicht aus. Beim Foil Insert Molding wird daher in einem Arbeitsschritt eine Werkstofffolie umgeformt, ausgestanzt und mit Kunststoff (bis zu einer Dicke von 0,3 mm) hinterspritzt. Mit dieser Verfahrensvariante lassen sich auch Kunststoffteile mit Metalloberfläche aus Aluminium oder Edelstahl (Dicke 0,1-0,3 mm) kosteneffizient fertigen. Diese weisen dann nicht nur die gewünschte Metallästhetik auf, sondern zeigen beim Berühren den Cool Touch-Effekt. Neben dem Automobilbereich wird auch bei Elektrogeräten und im Sanitärsektor mit hinterspritzten Metallfolien gearbeitet. Das Hinterspritzen vorgeformter Folienelemente ist mittlerweile so weit entwickelt, dass es in der Automobilindustrie zur Herstellung von dekorierten Kfz-Verglasungen eingesetzt wird.

Wirtschaftlichkeit
Hinterspritztechniken stellen günstige Alternativen zu aufwändigem Kaschieren, Bedrucken und Lackieren komplexer Kunststoffteile dar. Dekorationen können wie bei kaum einem anderen Verfahren ohne Produktionsunterbrechung gewechselt werden. Die Techniken sind nicht auf einfache Geometrien beschränkt sondern bieten sich vor allem für komplexe Formteile an.

Alternativverfahren
Kaschieren, Tampondruck, Lackieren

FOR 1.3
Gießen – Feingießen

Das Feingießen eignet sich für metallische Bauteile und gehört zu den Gießverfahren, bei denen zur Entnahme des Gießteils die Form zerstört wird. Es können großflächige und komplizierte Gussstücke mit geringen Wandungsdicken und kleinen Querschnitten mit hoher Maßgenauigkeit und Oberflächengüte hergestellt werden. Das Verfahren ist auch unter dem Namen ***Wachsausschmelzverfahren*** bekannt.

Verfahrensprinzip
Die einteilige Feingießform entsteht unter Zuhilfenahme von Modellen aus ausschmelzbaren Materialien wie einem thermoplastischen Kunststoff oder Wachs. Diese werden durch Vakuumgießen *FOR 1.5*, generative Verfahren *FOR 10* oder Spritzgießen bei besonders hohen Stückzahlen bereitgestellt. In der Regel werden mehrere Modelle mit Geometrien für den Einguss und Abschnitt versehen und zu einer Modelltraube zusammengefügt. Durch mehrmaliges Tauchen in einem keramischen Schlicker und Besanden mit keramischem Pulver entsteht nach Trocknen auf der Modelloberfläche ein hochtemperaturbeständiger Überzug (Wandstärken 7–15 mm). Das Modell wird anschließend ausgeschmolzen, und der verbleibende Überzug zur Erhöhung der Festigkeit sowie zur Beseitigung verbliebenen Modellwerkstoffs im Ofen gesintert *FOR 2*. Die Formen werden in noch heißem Zustand ausgegossen, um eine gute Formfüllung zu erzielen. Abschließend muss die Keramikform zur Entnahme der Bauteile zerstört werden.

Eine Alternative zur Formerstellung auf Basis eines niederschmelzenden Modells bildet die direkte Generierung von Feingussschalen aus Keramik durch das ***Lasersinterverfahren*** (Wirtz 2000).

Bild: Aluminiumfeinguss./ Foto: FEINGUSS BLANK GmbH, D-Riedlingen

Materialien und Anwendung
Nahezu jede Metalllegierung auf der Basis von Aluminium, Nickel, Eisen, Titan, Kupfer, Magnesium oder Zirkonium kann durch Feingießen verarbeitet werden. Insbesondere ist das Feingießverfahren dann geeignet, wenn eine hohe Oberflächenqualität bei Werkstoffen mit hohem Schmelzpunkt gefordert ist. Die Technik wird genutzt, um Bauteile mit feinen und komplexen Konturen und geringer Wandstärke in kleiner und großer Serie abzuformen.
Hierzu zählen beispielsweise Turbinenschaufeln oder Laufräder. Im Gestaltungsbereich wird das Verfahren wegen der hohen Freiheitsgrade häufig von Bildhauern und Schmuckdesigern angewendet.

Bauteilgrößen, Nachbearbeitung, Genauigkeit
Nach dem Abgießvorgang müssen die gegossenen Teile vom Eingießkanal getrennt und geschliffen werden. Im Feinguss entstehen endformnahe Bauteile von wenigen Gramm bis zu 150 Kilogramm Gewicht mit sehr hoher Oberflächengüte und Maßgenauigkeit. Die üblichen Toleranzen betragen etwa +/- 0,4–0,8 % vom Nennmaß (Witt 2006).

Wirtschaftlichkeit
Das Feingießen eignet sich als Verfahren zur Massenfertigung. Es wird aber auch in der Fertigung kleiner Stückzahlen von Bauteilen komplizierter Struktur eingesetzt. Hier ist mit nur niedrigen Rüst- und Montagekosten zu rechnen.

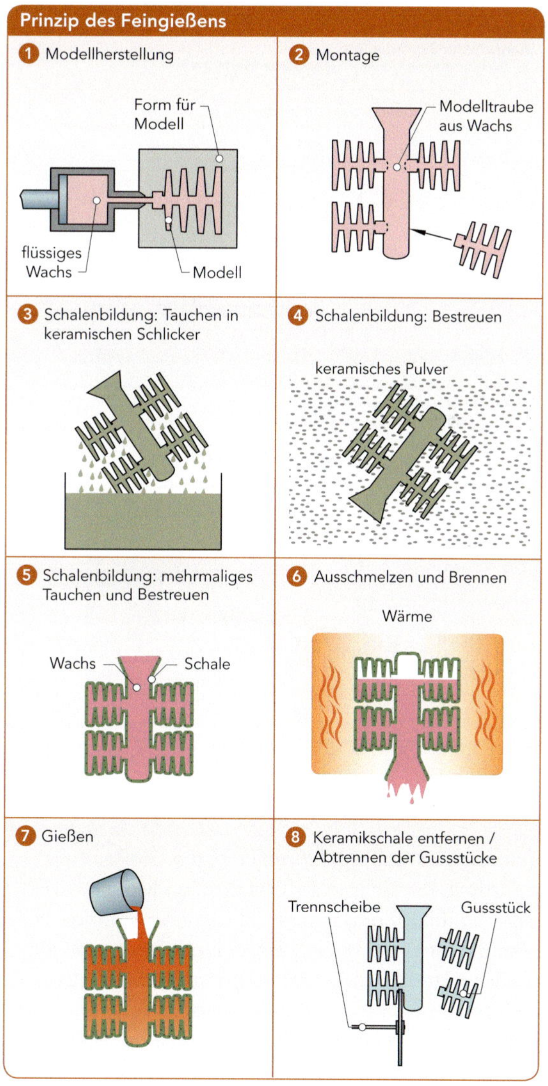

Abb. 29: nach [8]

Alternativverfahren
Sandgießen, Druckgießen, Kokillengießen, Galvanoformen

Bild: *Klemmbuchse, Zinkdruckgussteil als elastisches Bauteil./ Foto: Fa. MONSE GmbH & Co. KG, Velbert*

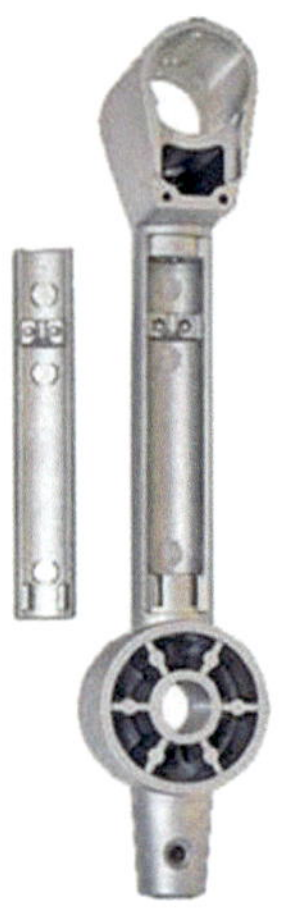

Bild: *Zinkdruckguss zur Reduktion mehrerer Bauteile zu einem einzigen./ Foto: Fa. MONSE GmbH & Co. KG, Velbert*

Bild: *Zinkdruckguss als Gehäuse für elektronische Bauteile./ Foto: Fa. MONSE GmbH & Co. KG, Velbert*

FOR 1.4
Gießen – Druckgießen

Der Druckguss ist das wichtigste Verfahren zur Serienfertigung komplexer Leichtbaukomponenten aus Aluminium und Magnesium.

Verfahrensprinzip

Die Metallschmelze wird beim Druckgießen mit hohem Druck in eine mit herkömmlichen Verfahren (Fräsen, Erodieren, usw.) gefertigte Dauerform aus Werkzeugstahl gepresst. Der hohe Druck wird über die gesamte Erstarrungszeit der Metallschmelze gehalten und garantiert das vollständige Ausfüllen der Form mit flüssigem Werkstoff, wodurch dünnwandige und komplexe Gussteile abgeformt werden können. Man unterscheidet die Verfahrensvarianten Kaltkammerdruckgießen für Werkstoffe mit hoher und Warmkammerdruckgießen für Materialien mit niedriger Schmelztemperatur.

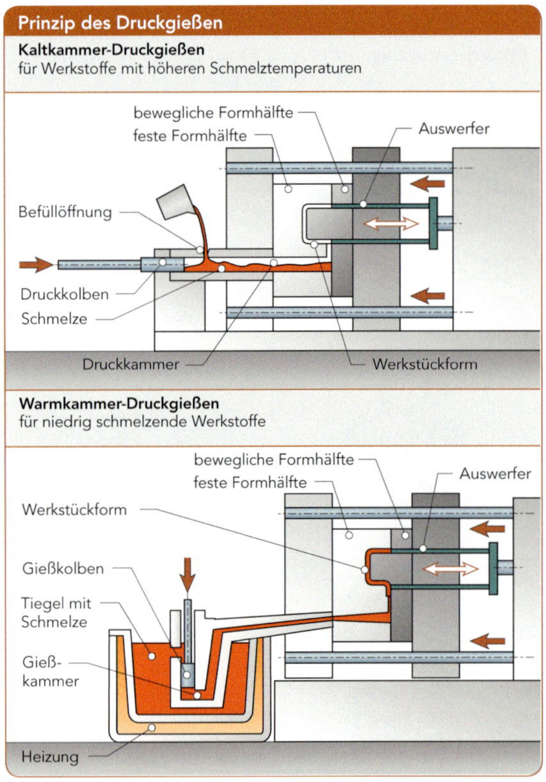

Abb. 30: nach [8]

Beim ***Kaltkammerverfahren*** liegt die Gießeinheit außerhalb der Schmelze. Das flüssige Metall wird an einer Einfüllöffnung in eine Druckkammer eingebracht. Der Druckkolben fährt langsam an, schließt zunächst den Einguss ab und staut die Schmelze zusammen, während die Luft aus der Werkstückform entweicht. In einer zweiten Phase wird der Kolben stark beschleunigt und presst die Schmelze in den Formhohlraum. Während der Erstarrung presst der Druckkolben nach, so dass Schwindvorgänge innerhalb der Flüssigphase ausgeglichen werden.

Anders als bei der Kaltkammervariante befindet sich beim ***Warmkammerpressen*** (früher als Spritzgießen bezeichnet) die Gießeinheit in der Schmelze. Während die Druckkammer in den Werkstoff eintritt, strömt flüssiges Material durch Einlassbohrungen in die Druckkammer. Der Kolben wird nach unten gedrückt, schließt die Einlässe ab und presst das Metall in die Werkstückform. Ist der Prozess beendet, fährt der Kolben zurück. Nicht erstarrter Werkstoff fließt in die Druckkammer zurück. Die Anlage steht direkt wieder für den nächsten Abformvorgang zur Verfügung.

Bild: Kupplungsgehäuse durch Aluminiumdruckgießen/ Hersteller und Foto: Die Küpper-Gruppe

Materialien

Insbesondere das Warmkammerdruckgießen ist zur Verarbeitung niedrigschmelzender Werkstoffe geeignet. Für Aluminium- und Magnesiumlegierungen steht heute das Kaltkammerverfahren im Vordergrund (Krause 1996). Im Druckguss können zudem Kupferlegierungen vergossen werden.

Anwendung

Im Druckgießen werden kompliziert geformte Werkstücke wie Waffeleisen, Gehäuse von Elektronikgehäusen und Kühlerrippen gefertigt. Es ist insbesondere für die Feinwerktechnik von großer Bedeutung. Das dem Druckgießen ähnliche ***Thixogießen*** FOR 1.2.1 war in den letzten Jahren Gegenstand zahlreicher Forschungsaktivitäten. Mit dem Verfahren werden Leichtmetalle wie Magnesium- oder Aluminiumlegierungen in teilerstarrtem Zustand verarbeitet, um eine bessere Wärmebehandlung (z. B. Schweißbarkeit) und Druckdichte als bei Gussteilen zu erreichen. Auch die Verarbeitung von Eisenlegierungen ist möglich.

Bauteilgrößen, Nachbearbeitung, Genauigkeit

Durch Druckgießen können Bauteile mit einem Gewicht von wenigen Gramm bis zu 50 kg hergestellt werden. Die Bauteilgröße wird durch die Abmaße der Druckgussmaschine begrenzt. Die Grenzen liegen etwa bei Werten von 400 x 500 x 800 mm^3. Mit Druck gegossene Teile weisen eine sehr gute Oberflächenqualität auf. Eine Nachbearbeitung ist nur in Ausnahmefällen notwendig. Die Toleranzen liegen bei +/- 0,1–0,4 % vom Nennmaß. Es sind Bauteile mit sehr kleinen Wanddicken möglich.

Wirtschaftlichkeit

Der Druckguss ist ein Serienverfahren. Es lassen sich Stundenleistungen von bis zu 1.000 Abgüssen erreichen. Insbesondere eignet sich das Warmkammerverfahren für hohe Schussfolgen. Je nach Gusswerkstoff sind in einer Form bis zu 500.000 Abgüsse möglich (Beitz, Grote 2001).

Alternativverfahren

Feingießen, Kokillengießen, Schleudergießen bei rotationssymmetrischen Bauteilen

FOR 1.5
Gießen – Gießen unter Vakuum

Bei Gießverfahren unter Einsatz von Unterdruck (Vakuum) werden zwei Verfahrensvarianten unterschieden. Während das Vakuumgießen zum Abformen von Kunststoffteilen genutzt wird, dient das Vakuumformen zur Herstellung von Metallbauteilen.

Verfahrensprinzip

Die Gussform beim ***Vakuumgießen*** entsteht durch Einbetten eines Rapid-Prototyping- oder Fräsmodells in Silikon. Nach dem Aushärten wird der Silikonkautschuk aufgeschnitten und das Modell entnommen. Nach Anbringen von Einfüll- und Entlüftungskanälen kann die Silikonform mit einem Vakuumgießharz unter Vakuum abgemustert werden, was Lufteinschlüsse nahezu verhindert KUN 2.1.

Das ***Vakuumformen*** bezeichnet ein Abformverfahren ähnlich dem Sandgießen FOR 1. Zunächst wird ein Kunststoffmodell erzeugt, das beim späteren Abgießvorgang ausgast. Eine Kunststofffolie wird unter Wärmebestrahlung und Vakuum auf eine Modellhälfte geformt und in einen mit Sand befüllten Formkasten eingepasst. Gleiches geschieht mit der zweiten Formhälfte. Das Vakuum wird über kleine Bohrungen in den Modellhälften erzeugt. Beide Formkastenhälften werden zusammengeführt und mit einem Anguss versehen, durch den die Schmelze zugeführt werden kann. Der Abformprozess geschieht unter Beibehaltung des Vakuums.

Materialien

Beim Vakuumgießen werden leicht fließende Polyurethan-Gießharze verarbeitet. Alle bekannten Metalle und Legierungen sind im Vakuumformprozess verarbeitbar.

Bild: Vakuumgegossene Teichleuchte./ Foto: CNC Speedform AG

Anwendung

Durch Vakuumgießen werden Funktionsmodelle in kleinen Serien, aber auch Ersatzteile für Oldtimer oder Wachsmodelle für den Feinguss erstellt. Das Vakuumformen wird zur Herstellung von Maschinenkomponenten in mittleren Stückzahlen genutzt.

Bauteilgrößen, Nachbearbeitung, Genauigkeit

Bei den Gießverfahren unter Vakuum ist der Nachbearbeitungsaufwand minimal. Im Vakuumgießen können mit den Serienbauteilen vergleichbare Reproduktionsgenauigkeiten erzielt werden.

Bauteilgrößen von bis zu 1.000 x 800 x 800 mm^3 sind herstellbar. Die erzielbaren Genauigkeiten sind beim Vakuumformen mit +/- 0,3–0,6 % Formabweichung vom Nennmaß relativ hoch.

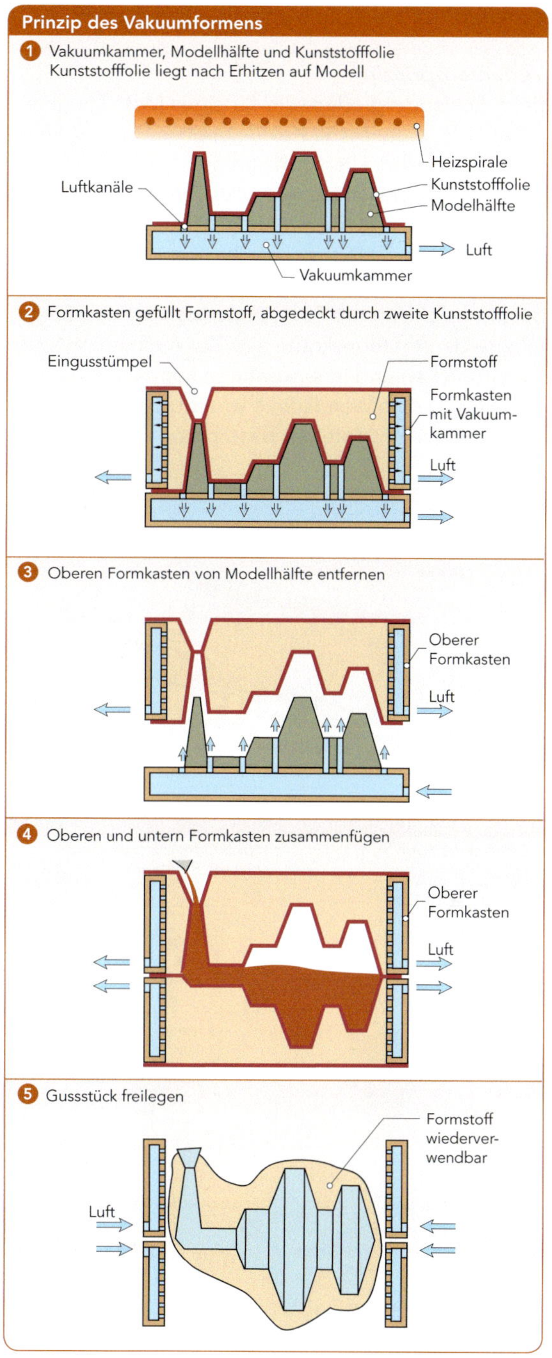

Abb. 31: nach [8]

Wirtschaftlichkeit

Das Vakuumgießen zählt zu den günstigsten Gießverfahren. Vorserienstückzahlen von bis zu 30 können in wenigen Tagen gefertigt werden. Dienstleister übernehmen den Verarbeitungsprozess. Das Vakuumformen ist ein traditionelles Verfahren im Maschinenbau.

Alternativverfahren

Sandgießen als Alternative zum Vakuumformen

FOR 1.6
Gießen – Schleuder- und Rotationsgießen

Schleuder- und Rotationsgießverfahren dienen vorwiegend zur Herstellung rotationssymmetrischer Bauteile.

Verfahrensprinzip
Beim ***Schleudergießen*** wird flüssiges Metall in eine rotierende, metallische ***Kokille*** gegossen und durch die auftretenden Fliehkräfte an den Rand gedrückt. Dort verdichtet sich während des Erstarrungsprozesses das Gefüge, womit höhere Festigkeiten als bei Sand- oder Feinguss erzielbar sind. Die äußere Form des Gussteils wird durch die Form der Kokille bestimmt. Die innere Form bildet sich gleichmäßig infolge der Rotationskräfte aus. Zur Ausbildung von Durchbrüchen und Innenkonturen kommen Kerne zum Einsatz. Die Wandstärke wird durch die Menge des zugeführten Materials bestimmt.

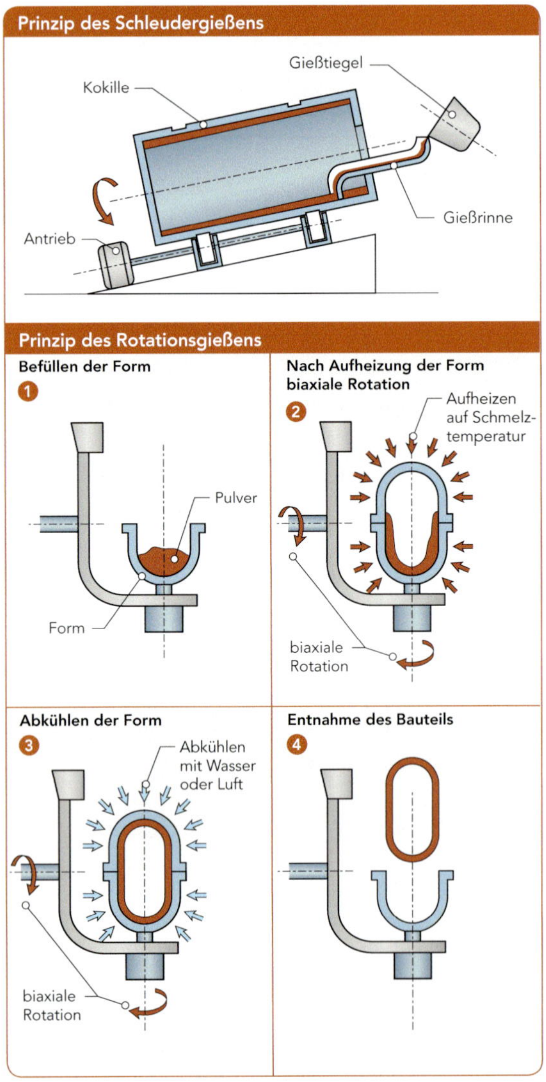

Abb. 32

Kunststoffe lassen sich in einer Verfahrensvariante, dem ***Rotationsgießen***, verarbeiten. Materialpulver wird in die vorgeheizte Rotationsform eingeführt und schmilzt an den heißen Innenwänden bei etwa 250 °C. Die Fliehkraft bewirkt eine gleichmäßige Ausprägung der Wandstärke. Nach der Kühlung wird das Bauteil entnommen. Auf Grund der geschlossenen Werkzeugform entfällt die unschöne Nahtbildung. Zum Heizen der Formen werden auch Mikrowellen eingesetzt.

Materialien
Beim Schleudergießen werden in der Regel Gusseisenwerkstoffe, Schwer- und Leichtmetalle verarbeitet. Das Rotationsgießen findet für thermoplastische Kunststoffe Anwendung. Hier sind Produktbeispiele aus Polyethylen, Polycarbonat, Polypropylen und ABS bekannt (Lefteri 2007).

Anwendung
Durch Schleudergießen werden hauptsächlich hochdichte Rohre gefertigt. Auch bei der Herstellung von Ringen, Buchsen und Kugeln kommt das Verfahren zur Anwendung. Außerdem können durch Übergießen eines Rohres mit einem anderen Material verbundgegossene Bauteile mit speziellen Eigenschaften hergestellt werden. Im Kunststoffbereich wird das Rotationsformen für behälterartige Bauteile mit größeren Wandstärken (z. B. Tanks, Füllmenge 1.500-7.000 Liter) eingesetzt. Anwendungsbereiche sind die Automobilindustrie, das Baugewerbe, die Telekommunikation oder der Gartenbau. Im Designbereich findet das Verfahren eine immer häufigere Anwendung.

Bauteilgrößen, Nachbearbeitung, Genauigkeit
Die rotationssymmetrischen Gießteile werden nach dem Abformvorgang im Schleuderguss einer Innenbearbeitung unterzogen, um Verunreinigungen zu entfernen. Vor allem großvolumige Bauteile bis zu einem Gewicht von 5.000 kg werden abgeformt. Formgenauigkeiten von bis zu +/- 1 % vom Nennmaß können eingehalten werden. Auf Grund unterschiedlicher Massen der einzelnen Bestandteile kann es bei der Verarbeitung von Legierungen allerdings zu Entmischungen kommen.

Im Rotationsgießen gefertigte Kunststoffbauteile weisen eine porige Oberfläche auf und können nur durch Lackierung oder Oberflächenstrukturen optisch aufgewertet werden. Offene Volumen bis zu 15.000 Litern, einem Durchmesser von 2 Metern und einer Länge von 2,5 Metern sind herstellbar (Schwarz et al. 2002).

Wirtschaftlichkeit
In einer Schleudergießform werden je nach Gießwerkstoff 5.000 bis 100.000 Abgüsse vorgenommen. Es zählt somit zu den Serienverfahren. Im Kunststoffbereich weist das Rotationsformen niedrige Werkzeugkosten auf. Es ist daher auch bei kleinen Serien wirtschaftlich anwendbar.

Alternativverfahren
Blasformen, Thermoformen, Spritzgießen im Kunststoffbereich, Stranggießen

FOR 1.7
Gießen – Stranggießen

Das Stranggießen ist ein herkömmliches Verfahren zum Vergießen von flüssiger Metallschmelze. Es ist der abschließende Verarbeitungsschritt bei der Stahlherstellung.

Verfahrensprinzip
Die Schmelze wird durch eine vertikal angeordnete und bodenlose ***Kokille*** kontinuierlich zugeführt und erstarrt unter Wasser- und Luftkühlung zunächst in der Randzone. Der innen noch flüssige Materialstrang wird aus der Kokille gezogen und kühlt vollends innerhalb einer Rollenmechanik aus. Das gegossene Profil wird anschließend gerichtet und mit Hilfe eines Schneidbrenners abgelängt.

Prinzip des Stranggießens

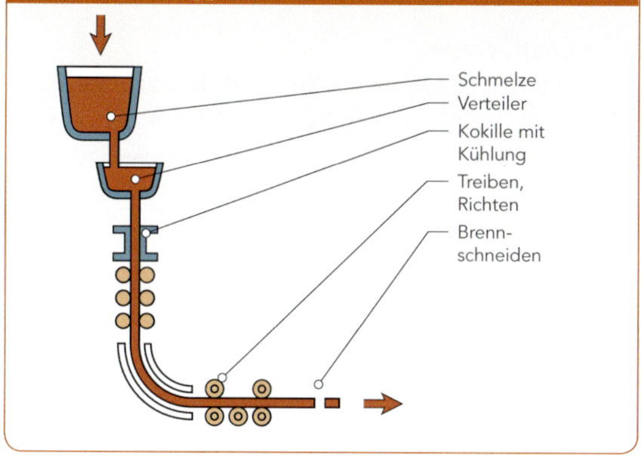

Abb. 33: nach [5]

Entsprechend der Anordnung wird zwischen horizontalem und vertikalem Stranggießen unterschieden. Außerdem lassen sich abhängig vom Format des zu gießenden Strangprofils weitere Verfahrensvarianten ausmachen. Während beim ***Brammstrangguss*** rechteckige Formate mit einer Breite von bis zu 1.600 mm und einer Dicke von bis zu 400 mm hergestellt werden, wird das Verfahren zur Erzeugung runder, quadratischer oder profilförmiger Querschnitte als ***Knüppel***- oder ***Vorblockstrangguss*** bezeichnet.

Materialien
Im Stranggießverfahren können Stahl, Kupfer und Kupferlegierungen gegossen werden. Bei der Verarbeitung von Aluminium spricht man auch vom ***Wassergießen***. Profile aus Kunststoff werden im Extrusions- oder Strangpressverfahren FOR 4 hergestellt.

Anwendung
Das Stranggießen ist ein kontinuierlicher Abformprozess zur Herstellung von Vorprodukten oder Halbzeugen in Form von Stangen- und Blockprofilen Das Gießverfahren ist integraler Bestandteil der Stahlherstellung. Beispielerzeugnisse sind ***Knüppel***, ***Vorblöcke***, ***Barren*** und ***Brammen***. Während Knüppel und Vorblöcke zu Stangen, Drähten und Profilen weiterverarbeitet werden, sind Brammen Vorprodukte für die Blechherstellung.

Bauteilgrößen, Nachbearbeitung, Genauigkeit
Die Profile werden maximal als Halbzeuge erzeugt, weswegen eine Nachbearbeitung in jedem Fall erforderlich ist. Es können Stranggussprofile mit bis zu mehreren Tonnen Gewicht in einem Toleranzbereich von +/- 0,8 % des Nennmaßes hergestellt werden. Brammen haben eine Dicke von 100 mm bis 400 mm. Vorbrammen weisen eine Dicke 40 mm bis 100 mm auf, die beim ***Dünnbrammenguss*** bis auf 3 mm bis 50 mm und beim ***Dünnbandgießen*** auf Werte von unter 3 mm reduziert werden können.

Wirtschaftlichkeit
Stranggießen ist ein klassisches Verfahren der Massenproduktion.

Alternativverfahren
Kokillengießen

Bild: Stranggussanlage./ Foto: Stahl-Zentrum

Bild: Stranggieß-Vorblockanlage./ Foto: Stahl-Zentrum

FOR 1.8
Gießen – Polymergießen

Das Polymergießen ist eine sehr einfache und kostengünstige Technik zum Erzeugen von Bauteilformen aus polymeren Werkstoffen.

Verfahrensprinzip

Thermoplastische Kunststoffe KUN 4.1 liegen vor der Verarbeitung in Form von Granulaten vor, werden im Formgebungsprozess geschmolzen und erstarren in der Werkzeugform. Bei Duroplasten KUN 4.2, wie z. B. Polyurethanharz (PUR), werden hingegen in der Verarbeitung flüssige Vorprodukte mit einem Härter gemischt, wodurch der Aushärtprozess ausgelöst wird. Vor allem Polyurethanharze werden durch Gießen verarbeitet. Das Polymergießen ist eine Technik, mit der diese Werkstoffe unter normalen Umgebungsbedingungen in Form gebracht werden können und keinen hohen Beanspruchungen ausgesetzt sind.

Prinzip des Polymergießens

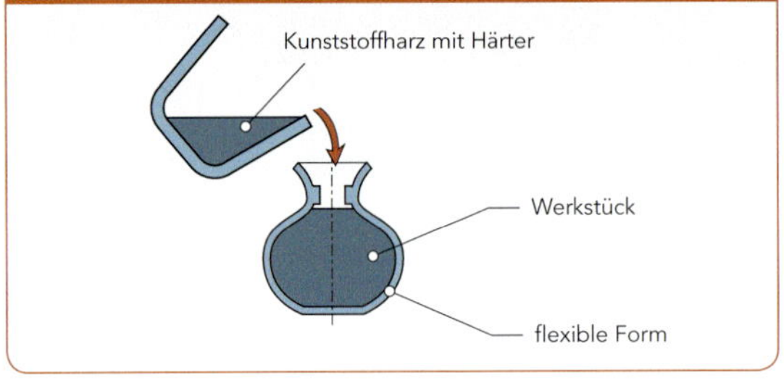

Abb. 34: nach [2]

Anwendung

Das Verfahren ist relativ kostengünstig und kommt daher häufig zur Herstellung großflächiger Produkte zum Einsatz (z. B. Bauteile der Innenverkleidung von Zügen und Flugzeugen). Im Designbereich wird es auch zur Anfertigung von Kleinserien angewendet. In der jüngeren Vergangenheit ist die Designerin Hella Jongerius von der niederländischen Designergruppe Droog Design mit zahlreichen durch Polymergießen hergestellten Produktentwürfen hervorgetreten (Bakker, Remakers 1998).

Bauteilgrößen, Nachbearbeitung, Genauigkeit

Gerade bei der Verarbeitung großvolumiger Bauteile ist eine Schwindung des Materialvolumens einzuberechnen. Außerdem kann es auf Grund fehlenden Vakuums zu Blasenbildungen kommen. Ein geringer Nachbearbeitungsaufwand ist meist nicht zu vermeiden.

Wirtschaftlichkeit

Das Polymergießen ist ein Serienverfahren, das sich auf Grund der niedrigen Werkzeugkosten schon bei sehr geringen Stückzahlen rechnet. Die Werkzeugkosten reichen von wenigen hundert bis zu einigen tausend Euro.

Alternativverfahren

Spritzgießen, Pressformen

Bild: Vase »Soft Urn« von JongeriusLab aus gegossenem Polyurethan (rechts)./ Entwurf 1994/ »Soft Urn« aus Silikon (links)./ Entwurf 1999/ Vertrieb durch JongeriusLab, Rotterdam

FOR 1.9
Gießen – Tauchformen

Ein ähnlich einfaches urformendes Verfahren wie das Polymergießen ist das Tauchformen. Es eignet sich für Hohlformgeometrien aus thermoplastischem Werkstoff mit einem leichten Hinterschnitt.

Verfahrensprinzip
Das Tauchformen teilt sich in die drei Prozessschritte Vorheizen, Tauchen und Aushärten. Zunächst wird das Metallbauteil (Aluminium oder Stahl) auf eine Temperatur zwischen 300-400 °C gebracht. Damit das Formteil am Ende leichter vom Werkzeug entfernt werden kann, ist dieses mit einer Silikonschicht zu versehen. Anschließend wird das Formwerkzeug in die flüssige Polymermasse getaucht. Dabei sollte es noch eine Temperatur zwischen 80-110 °C haben. Der Eintauchvorgang dauert je nach gewünschter Schichtdicke etwa eine halbe Minute. Danach wird das Werkzeug mit der Materialschicht aus dem Tauchbad gezogen und in einem Ofen bei Temperaturen zwischen 120-240 °C für einige Stunden ausgehärtet. Noch in warmem Zustand wird das Bauteil von der Form gezogen. Tauchformprozesse lassen sich auch manuell mit geringem Aufwand durchführen.

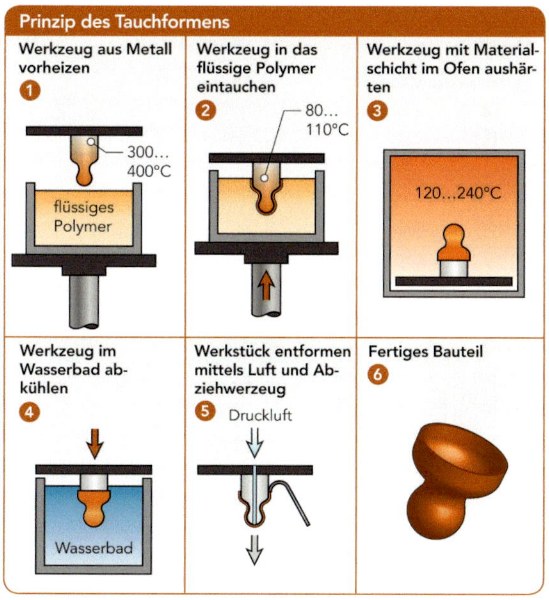

Abb. 35: nach [41]

Materialien
Das Tauchformen kommt zur Herstellung von Kunststoffteilen niederer Komplexität zur Anwendung. PVC hat die größte Bedeutung. Weitere typische für das Tauchgießen geeignete Werkstoffe sind Polyamid, Polyurethan, Silikonkautschuk und Latex (Thompson 2007).

Anwendung
Die größte Bedeutung hat das Tauchformen für die Elektrotechnik. Aber auch in der Medizintechnik, beim Automobil- und Flugzeugbau sowie in der Werbemittelbranche findet das Verfahren Anwendung. Typische Bauteile sind Kappen, Hülsen und Werkzeuggriffe. Professionelle Gestalter können das Tauchformen auf Grund des einfachen Verfahrensprinzips für die manuelle Prototypen- oder Unikatfertigung einsetzen. Die Technik wird auch zur Teilebeschichtung verwendet. Aus dem Metallbereich ist insbesondere das Schmelztauchen bekannt BES 1.3.

Bauteilgrößen, Nachbearbeitung, Genauigkeit
Durch Tauchformen werden Bauteile mit guter Genauigkeit und Oberflächenqualität ohne jegliche Naht hergestellt. Teiledurchmesser zwischen 1-600 mm können erzielt werden (Lefteri 2007). Der Nachbearbeitungsaufwand ist gering. Auf Grund der Gewichtskraft werden die Bauteile nach unten dicker. Die erzielbare Wandstärke liegt zwischen 1 mm und 5 mm. Strukturen lassen sich nur auf der dem Werkzeug zuwandten Seite erzeugen. Sollen diese nach außen sichtbar werden, muss eine Geometrie gewählt werden, die ein Drehen der Innenseite nach außen möglich macht.

Wirtschaftlichkeit
Auf Grund des einfachen Verfahrensprinzips sind die Werkzeugkosten für das Tauchformen gering. Da die Stückteilkosten im moderaten Bereich liegen, wird das Verfahren für mittlere bis hohe Losgrößen verwendet. Für die Massenproduktionverfahren gibt es kostengünstige Alternativen.

Alternativverfahren
Spritzgießen, Thermoformen

Direkthärtetechnik
Die Direkthärtetechnik beschreibt einen Vorgang, bei dem die Werkstücke noch im Sinterofen durch eine unmittelbar auf den Sinterprozess folgende Schroffabkühlung gehärtet und im nachfolgenden Bearbeitungsschritt angelassen werden. Mit den für dieses Verfahren gesondert aufbereiteten Werkstoffen wird eine Zugfestigkeit zwischen 600...1.000 N/mm² realisiert. Die Bruchdehnung liegt bei mindestens 0,6 %, die Biegefestigkeit über 200 N/mm² und die Härte bei mindestens 500 HV1.

Hersteller und Fotos: BT Magnet-Technologie GmbH

FOR 2
Urformen – Sintern

Die sintertechnische Produktionskette ist ein bedeutendes Verfahren zur Herstellung von metallischen und keramischen Bauteilen auf Basis eines pulverförmigen Ausgangswerkstoffs. Da die Prinzipien zur Erzeugung von Keramiken KER im Detail bereits im Werkstoffkapitel beschrieben werden, wird im Folgenden das Sintern von Metallen erläutert, das in der Fachsprache mit ***Pulvermetallurgie*** bezeichnet wird (Schatt, Wieters 1994).

Verfahrensprinzip
In der Pulvermetallurgie werden Bauteile aus metallischen Pulvern als Ausgangsmaterial zunächst unter Druck geformt und anschließend bei hohen Temperaturen in einem Sintervorgang verfestigt. Auf diese Weise können Materialien oder Werkstoffkombinationen verarbeitet werden, die wegen ihrer Härte (z. B. Hartmetall VER 2.1, Keramik) nicht mit zerspanenden Verfahren oder auf Grund zu großer Unterschiede in den Schmelztemperaturen nicht oder nur sehr aufwändig gießtechnisch verarbeitbar sind. Ein weiterer Vorteil der Pulvermetallurgie gegenüber konventionellen Verfahren besteht in der freien Wahl der Werkstoffeigenschaften durch Mischen unterschiedlicher Pulverzusammensetzungen. Eigenschaften verschiedener Materialien können kombiniert und dem jeweiligen Einsatzfall angepasst werden. Die Pulverher- und Zusammenstellung ist deshalb ein wesentlicher Fertigungsschritt in der pulvermetallurgischen Prozesskette, vor dem eigentlichen Pressen und Versintern des Ausgangsmaterials.

Pulverherstellung
Metallpulver werden aus der Schmelze zerstäubt, mechanisch gemahlen, verdüst oder in elektrochemischen Verfahren zersetzt. Die Korngrößen liegen zwischen 0,06 mm und 0,5 mm.

Mischen
Je nach geforderten Werkstoffeigenschaften werden Pulvermischungen aus verschiedenen Reinpulvern vermischt. Zur Erleichterung des Pressvorgangs sind den Mischungen Zusätze wie beispielsweise synthetische Wachse beigemengt.

Formgebung
Die Verdichtung des Pulvermaterials zu einem Formkörper mit einem zunächst noch losen Zusammenhalt erfolgt in Pressformwerkzeugen. Die Räume zwischen den Poren werden verkleinert, bis sich an den Berührungsstellen zwischen den Pulverteilchen Adhäsionskräfte bilden und ein erster, zunächst aber noch sehr loser Stoffverbund auszumachen ist. Der Formkörper wird in diesem Zustand als ***Grünling*** bezeichnet. Er muss eine so hohe Festigkeit aufweisen, dass eine unbeschädigte Entnahme aus dem Werkzeug möglich ist.

Sintern
Im eigentlichen Sinterprozess wird der noch lose Verbund des Grünlings in einen Werkstoffverbund mit festem Gefüge überführt. Dazu wird der Pressling einer Wärmebehandlung unter hoher Temperatur unterzogen, die unterhalb der Schmelztemperatur des Materials liegt. Diese liegt bei Eisenwerkstoffen zum Beispiel zwischen 1.150–1.200 °C. An den Berührungsstellen der Pulverteilchen kommt es zu Diffusionsvorgängen, wodurch stoffliche Bindungen auf atomarer Ebene eingegangen werden. Die Werkstoffpartikel verschmelzen miteinander. Die Behandlungszeit beträgt zwischen 30 und 120 Minuten. Um unerwünschte Oxidation zu verhindern, erfolgt der Sintervorgang in einer Schutzgasatmosphäre (z. B. Stickstoff).

Heißisostatisches Pressen (Hippen)
Qualitativ hochwertige Sinterbauteile können endformnah durch ***Heißpressen*** hergestellt werden. Die gesinterten Formen weisen geringe Porosität, homogenes Gefüge und mechanisch günstige Eigenschaften auf. Das ***Hippen*** kombiniert Pressen und Sintern in einem Verfahrensschritt. Pulver wird in einem Raum gekapselt und hohen Temperaturen sowie einer gleichmäßigen Druckverteilung ausgesetzt. Nach dem Sintervorgang wird die Kapselung mechanisch oder chemisch entfernt. Das Verfahren kommt zum Einsatz, wenn der Pulverwerkstoff durch konventionelle Verfahren nicht weiter verdichtet werden kann.

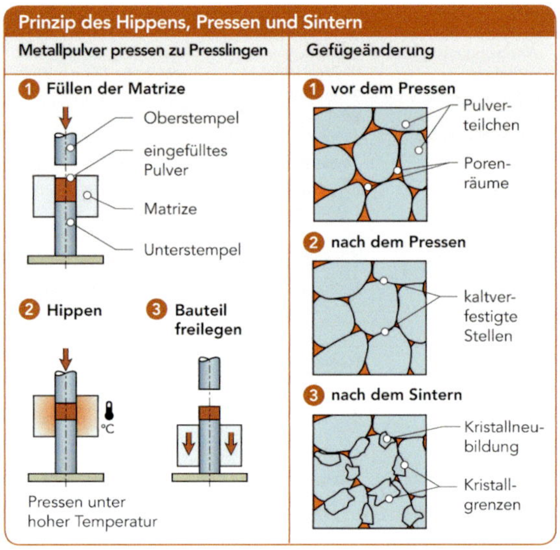

Abb. 36: nach [8]

Materialien
Grundsätzlich sind alle metallischen Werkstoffe sintertechnisch verarbeitbar, die in Form eines Pulvers vorliegen oder erzeugt werden können. Typische Beispiele sind Bronzen, Stahl- und Eisenlegierungen. In Zukunft wird die pulvermetallurgische Herstellung von Bauteilen aus Hartmetallen VER 2.2.1, Keramik-Faserverbunden (CMC) VER 2.3.1 oder MMC (Metal Matrix Composites VER) an Bedeutung gewinnen.

Anwendung
Die Pulvermetallurgie kommt vor allem dann zur Anwendung, wenn Bauteile mit besonderen Materialeigenschaften benötigt werden. Spezielle Pulvergemische können aus unterschiedlichen Grundsubstanzen und deren Werkstoffkennwerten kombiniert werden. Somit lassen sich hochfeste

Sinterstähle, Gleit- und Reibwerkstoffe mit geringer Verschleißneigung und hoher Temperaturbeständigkeit oder hochschmelzende Metalllegierungen herstellen. Diese werden größtenteils zu Bauteilen für den Automobilbau, wie beispielsweise Pleuelstangen, Zahnräder, Stoßdämpfer oder Lagerschalen verarbeitet. Durch die Möglichkeit, eine gezielte offene Porösität einzustellen, finden gesinterte Formen zudem als Filter Anwendung. Sintervorgänge lassen sich auch bei der Erzeugung von Nanobeschichtungen BES 10 im SolGel-Prozess BES 7 ausmachen. Das Lasersintern FOR 10.3 ist eines der bedeutendsten generativen Verfahren und seit mehr als einem Jahrzehnt für die Herstellung von Prototypen und Vorserienwerkzeugen im Einsatz. Die Technik konnte 2006 für die Verarbeitung keramischer Schlicker zur direkten Erzeugung von Keramikbauteilen qualifiziert werden (Ader 2006).

Bauteilgrößen, Nachbearbeitung, Genauigkeit
Abgesehen vom Formschwund beim Sinterprozess, bieten gesinterte Bauteile eine mittlere bis hohe Form- und Maßgenauigkeit. Eine Restporosität lässt sich nicht vermeiden. Die Oberflächenqualität gesinterter Bauteile kann je nach Anwendung durch eine Vielzahl von Nachbehandlungstechniken in den gebrauchsfertigen Zustand gebracht werden (Beitz, Grote 2001). Hochdichte Formteile können durch Steigerung des Pressdruckes, durch Nachpressen, Kalibrieren oder nachgelagerte ***Infiltration*** erzeugt werden. Die Größe gesinterter Bauteile wird durch die erreichbaren Presskräfte begrenzt. Die Bauteile sind daher meist klein und weisen ein Gewicht zwischen 1 g und 1.000 g auf.

Wirtschaftlichkeit
Die Pulvermetallurgie zählt zu den Verfahren der Massenfertigung. Eine wirtschaftliche Produktion ist wegen der kostspieligen Pressformen jedoch erst ab einer Stückzahl von 5.000 möglich. Der hohe Freiheitsgrad in der Wahl der Werkstoffeigenschaften, eine nahezu 100 %ige Materialausnutzung sowie die Formgebung in einem Schritt sprechen für die Wirtschaftlichkeit des Verfahrens.

Alternativverfahren
Sollten besondere Materialeigenschaften nur pulvermetallurgisch erzielt werden können, sind keine Konkurrenzverfahren zum Sinterprozess bekannt. Ansonsten können Bauteile mit ähnlichen Geometrien in Schneid- und Gießverfahren hergestellt werden.

Bild: Wartungsfreie, selbst schmierende Sintergleitlager./ Hersteller und Foto: BT Magnet-Technologie GmbH

FOR 2.1
Sintern – Gestaltungsregeln

Durch die Notwendigkeit der vollständigen Ausfüllung der Pressform beim Pressvorgang sind die Gestaltungsmöglichkeiten von Sinterbauteilen eingeschränkt. Folgende Hinweise sind zu beachten (König 1992; Fritz, Schulze 1998). Werden Grünlinge durch die Rapid-Tooling-Verfahren ***Lasersintern*** oder ***3D-Printing*** hergestellt, sind auf Grund des generativen Herstellungsprozesses FOR 10 fast beliebige Freiheitsgrade gegeben.

Der Schlankheitsgrad des Presslings (Verhältnis von Höhe zu Durchmesser) darf nicht mehr als 2,5 betragen.

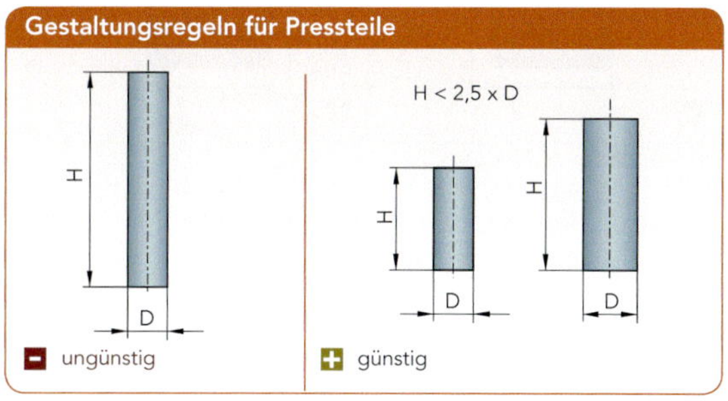

Abb. 37

Spitze Kanten und Abrundungen sowie tangentiale Übergänge am Pressteil sind aus Gründen der Bruchgefahr des Stempels ebenso zu vermeiden wie spitze Stempelformen. Auf Kreisprofile quer zur Pressrichtung sollte verzichtet werden.

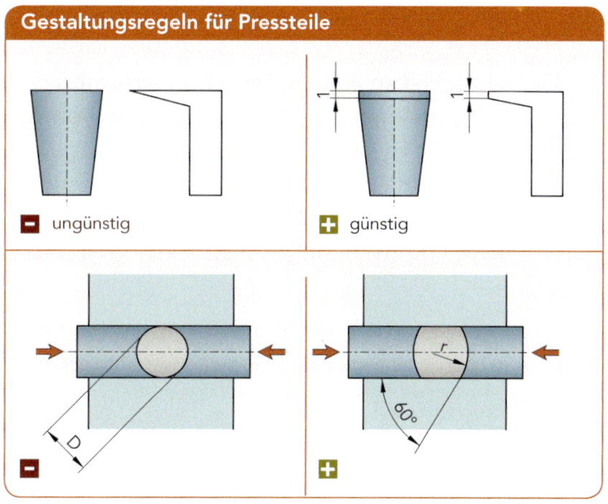

Abb. 38

Die Wandstärke des zu sinternden Bauteils ist auf 2 mm zu begrenzen, da ansonsten ungleiche Dichteverteilungen zu erwarten sind.

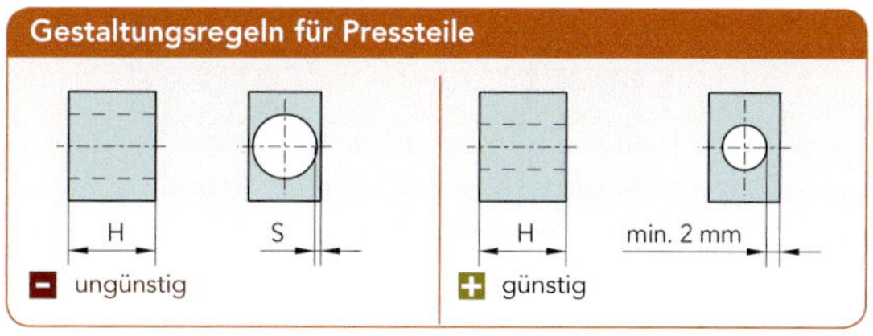

Abb. 39

Bild: Sinterbauteile.

Bild: Sinterbauteil aus einer Speziallegierung.

Bild: Sinterbauteil aus einer Speziallegierung.

Bild: Poröse Sinterfilter aus Bronze.

Bild: Poröse Sinterfilter aus Chromnickelstahl.

Hersteller und Fotos: Meyer Sintermetall AG

Auf kleine Absätze sollte verzichtet werden. Ebenso schwierig herzustellen sind kegelige Vertiefungen, Hinterschneidungen und Zwischenflansche.

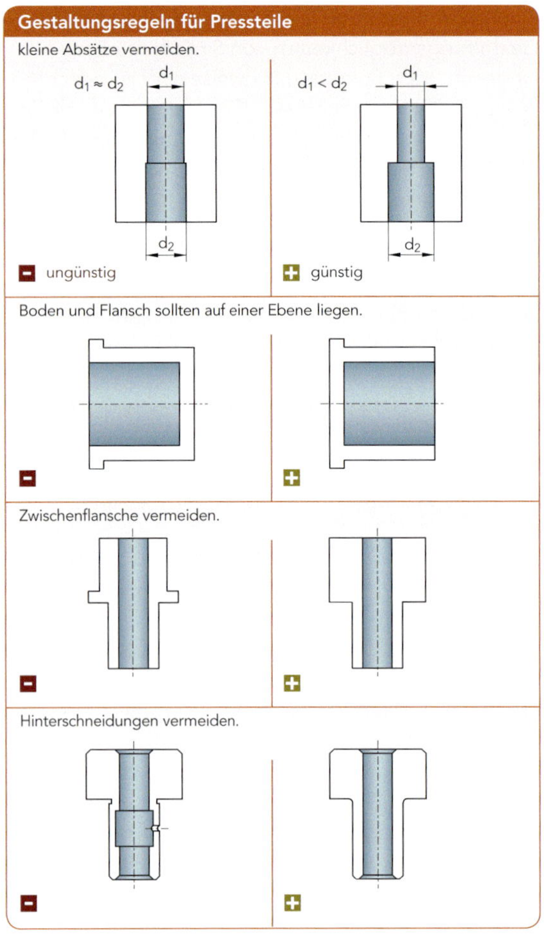

Abb. 40: nach [14]

Die Gestaltung ist so auszulegen, dass eine möglichst kostengünstige und einfache Stempelgeometrie genutzt werden kann. Auf feine Verzahnungen an der Außenkontur sollte verzichtet werden. Somit ist die Herstellung von Gewinden ausgeschlossen. Durchbrüche sind nach Möglichkeit kreisförmig auszulegen.

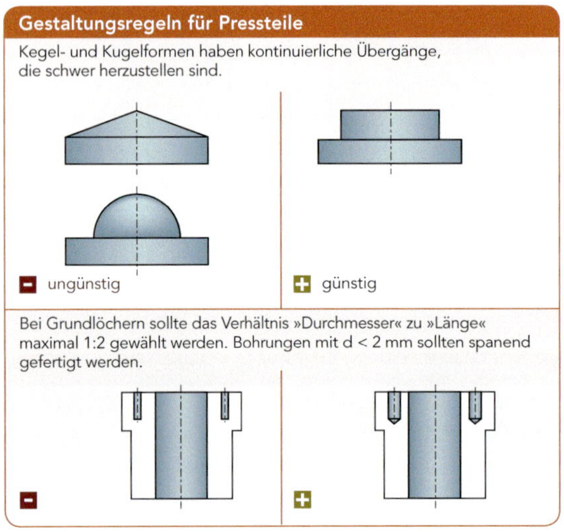

Abb. 41: nach [14]

FOR 3
Urformen – Schäumen

Ein Materialschaum ist ein Werkstoff, dessen Volumen zu einem großen Anteil aus Hohlräumen und Poren besteht.

Bild: Schaumstoffe

Verfahrensprinzip

Durch Schäumen ist es möglich, Bauteile zu erzeugen, die leicht und je nach Werkstoff eine verhältnismäßig hohe Steifigkeit aufweisen (z. B. Metallschaum MET 5.1). Bei der Herstellung von Materialschäumen haben sich unterschiedliche Prozesse bewährt:

1. Schaumschlagverfahren
Luft wird in einen Schaum bildenden Werkstoff eingerührt. Ein härtbarer Kunststoff wird beigemengt und fixiert die entstandene Schaumstruktur im Aushärteprozess. Auch Aluminiumschmelze lässt sich durch Einblasen von Luft schäumen. Allerdings ist ein Stabilisationsmaterial erforderlich, damit die Blasen in der Metallschmelze bis zum Erstarren bestehen bleiben.

2. Mischverfahren
Im Mischverfahren wird die sich unter chemischer Reaktion zweier Stoffe entwickelnde Ausgasung genutzt. Die Schaumstruktur entsteht nach Mischen der Werkstoffe und bleibt im ausgehärteten Zustand erhalten.

3. Physikalisches Schäumen
Im Kunststoffbereich wird einem schmelzflüssigen Werkstoff *Treibmittel* zugeführt. Das Gemisch kühlt ab; eine treibfähige Masse entsteht. Zur Herstellung von Metallschäumen wird ein treibfähiges Ausgangsmaterial durch Mischen von Metallpulver mit einem Treibmittel erzeugt, das anschließend

zusammengepresst wird. In beiden Fällen wird die Masse nach der Aufbereitung erhitzt. Dabei entgast das Treibmittel im nun verflüssigten Werkstoff. Der Abkühlvorgang fixiert die Blasen und Hohlräume. Die Verwendung von Treibmitteln ist auch zur Erzeugung von Schaumglas GLA 4.6 und Keramikschaum KER 6.1 üblich.

4. Ausgangspunkt der sintertechnischen Prozesskette ist ein Kunststoffschwamm. Dieser wird zunächst mit einer Metallpulver-Binder-Suspension beschichtet, dann der Schaum bei 300 °C entbindert und anschließend das Metall gesintert. Übrig bleibt eine je nach Dichte auch luftdurchlässige Metallschaumstruktur.

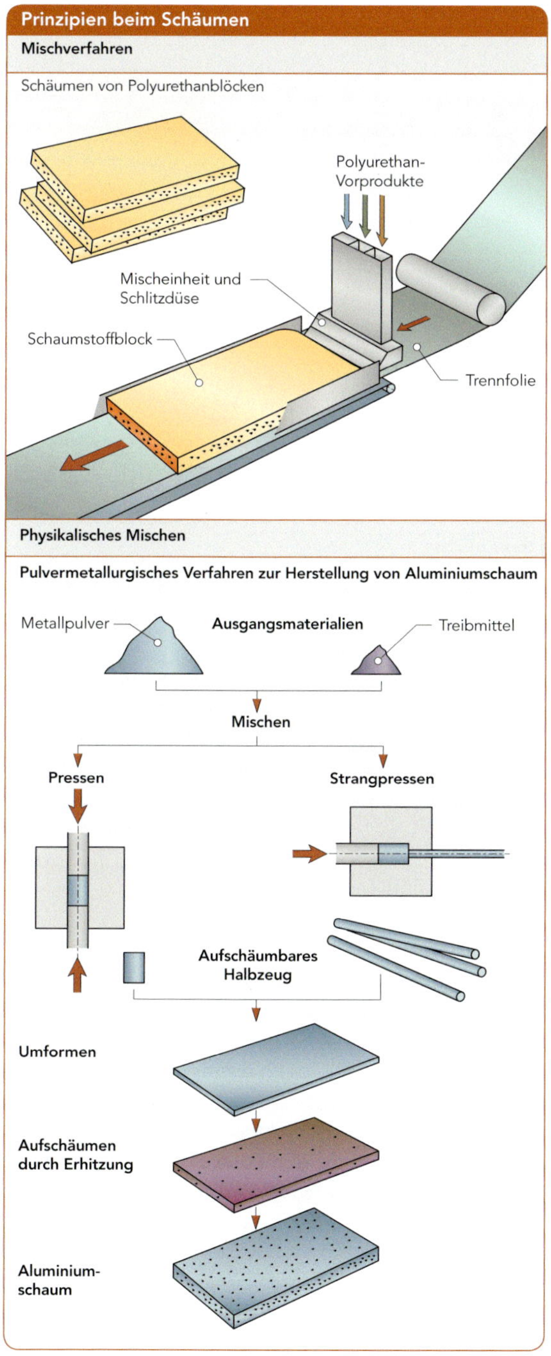

Abb. 42: nach [8]

Für das gezielte Schäumen einer definierten Geometrie ist eine materielle Begrenzung des Aufschäumvorgangs durch eine Form erforderlich. In den Zwischenraum wird die treibfähige Masse vor dem Schäumprozess eingebracht. Nach dem Schäumvorgang nimmt das Bauteil die Geometrie der Begrenzung an. Zu schäumende Massen lassen sich auch Spritzgießen FOR 1.2.

Materialien und Anwendung

Im Kunststoffbereich können Thermoplaste (PE, PP, PS, PUR KUN 4) relativ einfach geschäumt werden. Styropor (Polystyrol-Schaumstoff) ist der wohl bekannteste geschäumte Werkstoff, der vor allem als Packstoff und Dämmmaterial sowie im Modellbau Verwendung findet. ***Polyurethan-Integralschaum*** wird häufig als stoßabsorbierender Werkstoff im Pkw-Innenraum eingesetzt. Die vielen Hohlräume in den geschäumten Strukturen sind eine ideale Voraussetzung zur Isolierung vor Schall und Wärme (z. B. Kühlwände). Auch zur Herstellung von Matratzen wird das Verfahren eingesetzt.
Papierschaum PAP 5.5 stellt gegenüber Kunststoffschäumen für Dämmmaterialien und Packstoffe eine umweltschonende Alternative dar.
Geschäumtes Metall MET 5.1 wird vor allem dort genutzt, wo geringes Gewicht bei gleichzeitig hoher Steifigkeit gefordert wird. Sie fanden in der letzten Dekade vorrangig im Fahrzeugbau für LKW-Aufbauten, Cabriots oder Straßenbahnwagen Einsatz. Die guten Dämpfungseigenschaften machen sie zudem für den Aufprallschutz geeignet. Auch Anwendungen aus dem Interieurbereich und Messebau sind bereits bekannt. Neben den auffälligen ästhetischen Qualitäten bieten Metallschaumstrukturen darüber hinaus luftreinigende und schallabsorbierende Eigenschaften, die sie beispielsweise für den Fassadenbau geeignet machen.

Bauteilgrößen, Nachbearbeitung, Genauigkeit

Die Mindestdicke geschäumter Bauteile beträgt etwa 5 mm. Die Höchstmaße werden durch die Form begrenzt. Eine ausreichende Reproduktionsgenauigkeit kann erzielt werden. Der Nachbearbeitungsaufwand ist gering.

Wirtschaftlichkeit

Schäumen stellt ein im Vergleich zu anderen Formgebungstechniken günstiges Verfahren dar und ist eine klassische Technik in der Serienfertigung. Das Verfahren ist insbesondere in der Kunststoffindustrie wirtschaftlich anwendbar, da nur niedrige Temperaturen und Drücke erforderlich sind und keine aufwändige Formherstellung erforderlich ist.

Alternativverfahren

Neben den Aufschäumverfahren können Metall- und Keramikschäume auch dadurch erzeugt werden, dass flüssiger Schlicker oder Metall in eine schon bestehende Schaumstruktur eingebracht wird KER 6.1.

Durch das Vermischen von zwei flüssigen Komponenten entsteht ein reaktionsfähiges Gemisch.

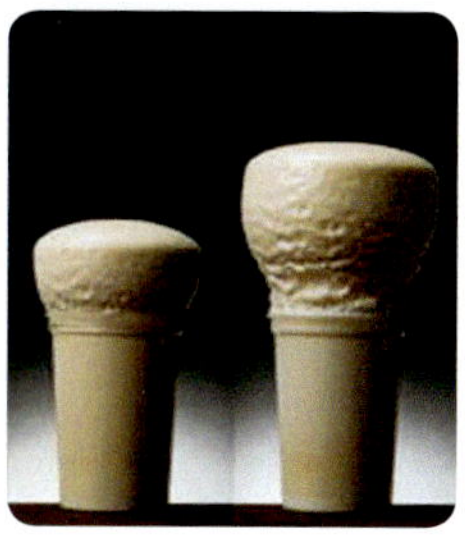

Das Eigenschaftsspektrum kann exakt reguliert werden: von sehr weich bis sehr hart./ Hersteller und Fotos: BASF Polyurethanes GmbH

FOR 4
Urformen – Extrudieren

Bild: Diese Knabbereien werden mit dem Extrusionsverfahren hergestellt.

Verfahrensprinzip

Extrudieren bezeichnet die Verarbeitung von Materialien im plastischen oder weichen Zustand durch Pressen unter Verwendung einer speziell geformten Düsenöffnung. Zur Erleichterung des Formgebungsprozesses wird der Ausgangswerkstoff erwärmt und in eine zähfließende Masse überführt. Ein ***Extruder*** ist eine kontinuierlich arbeitende Maschine, mit der Materialien auch unterschiedlicher Zusammensetzung gemischt, geknetet, anschließend gepresst und geformt werden (Greif et al. 2004). Bereits seit 1869 sind ***Ein-*** bzw. ***Doppelschneckenextruder*** bekannt, mit denen die Aufbereitung und der Transport des Materials sowie ein zeitlich konstanter Druckaufbau gewährleistet werden. Der Druck ist notwendig, um die am Ende der ***Extruderstrecke*** anfallende zähe und homogenisierte Masse durch die Düse zu pressen. Die Düsenform bestimmt das Profil des austretenden geformten Strangs, der nach Erstarren abgelängt wird.

In der ***Koextrusion*** werden Formteile aus Schichten verschiedener Materialien mit unterschiedlichen Eigenschaften in einem Verfahrensschritt verarbeitet. So ist es möglich, kostengünstig Bauteile mit einem Doppelnutzen und zwei unterschiedlichen Werkstoffbesonderheiten herzustellen (z. B. harter Kern mit weichem Überzug).

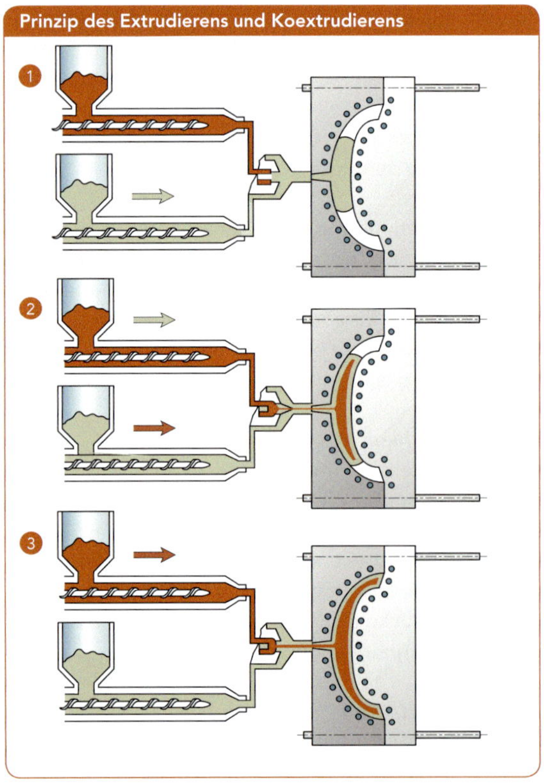

Abb. 43: nach [13]

Materialien und Anwendung

Das Extrusionsverfahren wird seit Mitte des 19. Jahrhunderts in der Lebensmitteltechnologie angewendet. Es wurden zunächst Wurst-, dann Teigwaren und schließlich Nudeln hergestellt und verarbeitet. Zudem gehen Knabbereien wie Erdnussflips, Käseröllchen und Lakritz auf das Extrusionsverfahren zurück. Im Kunststoffbereich ist das Extrudieren eines der wichtigsten Formgebungsverfahren überhaupt. Hier ist es insbesondere zur Herstellung von Profilen, Rohren und Folien aus Polymeren geeignet. Aber auch innovative Werkstoffe wie Flüssigholz HOL 5.1 und Papierschaum PAP 5.5 können im Extrusionsverfahren zu Profilen geformt werden. Zur Erzeugung keramischer Bauteile wird Pulvermaterial mit einem Binder gemischt und wie ein Kunststoffteil extrudiert. Anschließend wird der Binder unter Druck im Ofen ausgebrannt.

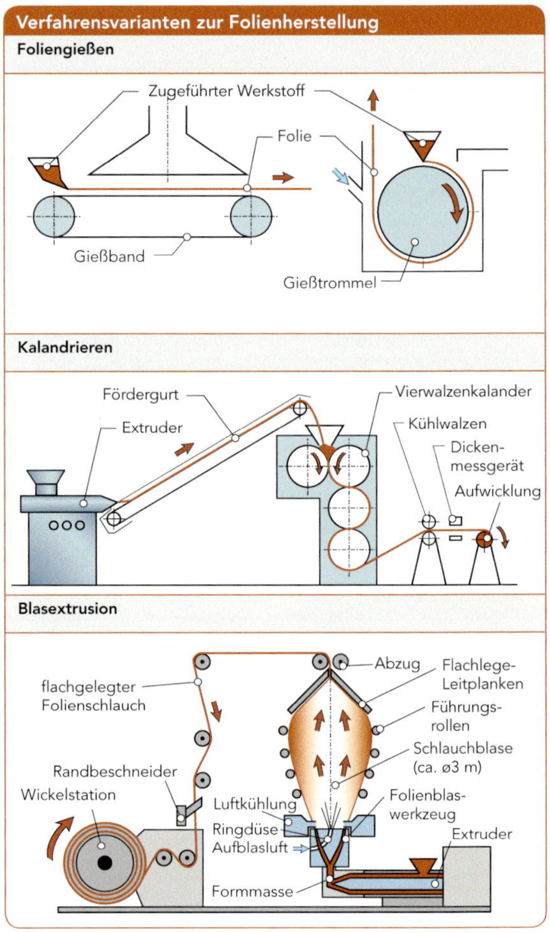

Abb. 44: nach [5, 8]

Neben dem konventionellen Extrusionsprozess wurden für das vielfältige Anwendungsprofil synthetischer Werkstoffe Verfahrensvarianten der Extrusion entwickelt, die eine wirtschaftliche Herstellung von Folien und hohlen Bauteilen ermöglicht (Dobler et al. 2003):

Zur Produktion von dickem Folienmaterial kommt beispielsweise das ***Kalandrieren*** zur Anwendung. Ein ***Kalander*** besteht aus drei oder vier sich gegenläufig drehenden, beheizten Stahlwalzen, auf denen eine extrudierte Kunststoffmasse zu einer endlosen Folie gewalzt wird. Mit Hilfe einer Prägewalze können auch bestimmte Oberflächenstrukturen in das Folienmaterial eingebracht werden. Neben der reinen Herstellung von Kunststofffolien werden Kalander auch genutzt, um Gewebebahnen TEX 3 zu beschichten (z. B. für Fußbodenbeläge).

Da die erreichbare Mindestdicke bei Folien nach unten begrenzt ist, wird besonders dünnes Folienmaterial durch ***Folien-*** und ***Blasextrusion*** hergestellt. Bei der Folienextrusion wird ähnlich dem Kalandrieren zunächst ein Band über eine dünne und enge Düse extrudiert. Danach wird das Werkstoffband unter temperierten Bedingungen ausgewalzt und abschließend in einem Streckvorgang auf die endgültige Materialdicke gebracht.

Zur ***Blasextrusion*** kommen Ringdüsen zum Einsatz, die das Ausgangsmaterial kontinuierlich zu einem Schlauch verarbeiten. In mehreren Metern hohen Blasextrusionsanlagen erfolgt dann das Aufblasen, Strecken und finale Abkühlen zu einem dünnen Folienmaterial (Nentwig 1994).

Bild: Aus Folienblasanlage werden Folienprodukte gewonnen./ Foto: Thomas Mayer, © Der Grüne Punkt – Duales System Deutschland GmbH

Auch bei der Folienextrusion können mit den Koextrusionsverfahren zwei Materialeigenschaften kombiniert werden (VDI 1996).

Bauteilgrößen, Nachbearbeitung, Genauigkeit
Da im Extrusionsprozess oftmals lediglich Halbzeuge hergestellt werden, ist der Aufwand für die Nachbearbeitung gering. Das Verfahren weist eine gute bis sehr gute Reproduziergenauigkeit auf. Mit den beschriebenen Folienextrusionsprozessen kann Kunststofffolie mit einer Mindestdicke von 10 Mikrometern problemfrei in Masse hergestellt werden.

Wirtschaftlichkeit
Das Extrudieren ist ein traditionelles Verfahren der Serienproduktion. Die Anlagenkosten sind allerdings hoch.

Alternativverfahren
Spritzgießen, Extrusionsblasen

FOR 4.1
Extrudieren – Gestaltungsregeln

Auf Grund der richtungsorientierten Formgebung können beim Extrudieren nur Geometrien mit einfacher Struktur und konstanter Profilierung in einer Richtung erzielt werden.

Prismatische Formen lassen sich kostengünstiger und einfacher erzeugen als Geometrien mit spitzen Winkeln.

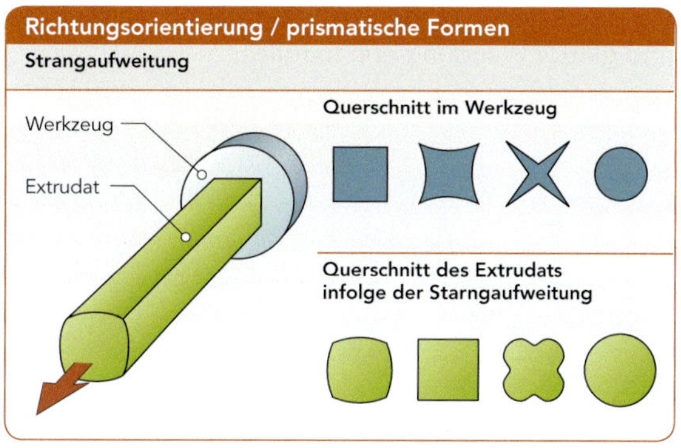

Abb. 45: nach [13]

Bild: Extrusionsprofile aus Kunststoff/ Foto: GEHR Kunststoffwerk (Mannheim)

Strangaufweitung
Nach Austritt des Extrudats aus der Düse weitet sich die Kunststoffschmelze infolge des viskoelastischen Verhaltens auf. Um den gewünschten Querschnitt zu erzielen, muss die Düsengeometrie diese Abweichung kompensieren.

FOR 5
Urformen – Blasformen

Das Mundblasen von Glas ist das wohl anschaulichste Beispiel für einen Blasformprozess und zeigt sehr deutlich das Verfahrensprinzip, auf dem alle Blasformverfahren basieren. Mundblasen ist seit der Antike bekannt und wurde schon im Römischen Reich angewendet. Die Erfindung der Glasmacherpfeife in der Mitte des 2. Jahrhunderts vor Christus im Raum des heutigen Syrien war ein gewaltiger Entwicklungsschritt in der Glasverarbeitung und machte die Herstellung von hohlen Glasgefäßen mit dünner und glatter Wandung erst möglich.

Bild: Freies Mundblasen aus der Schmelze./ Foto: Glashütte Limburg

Verfahrensprinzip

Das Ende der 1,20 m bis 1,50 m langen eisernen ***Glasmacherpfeife*** taucht in die Schmelze ein. Eine bestimmte Menge Rohmaterial (allgemein bekannt als ***Glasposten***) bleibt am runden Ende des Rohrs haften. Zunächst wird der Glasposten hin und her geschwenkt (***Marbeln***), wodurch Abtropfen verhindert und eine erste äußere Form erzeugt wird. Die Formgebung des Glasgefäßes erfolgt anschließend durch Einblasen von Atemluft unter ständigem Drehen. Eine Werkstoffblase, die auch ***Kübel*** genannt wird, entsteht. Die gewünschte Gefäßform wird durch mehrfaches Erhitzen, Marbeln und Blasen vollendet und von der Pfeife abgeschlagen. Um Spannungen im Werkstoff zu beseitigen und somit die Neigung zum späteren Springen des Glases zu verringern, muss das Glasgefäß langsam im Kühlofen abgekühlt werden. Zur Handhabung der Glasform während des Blasprozesses werden Holzzangen verwendet. Die Produktion kann durch Blasen in Werkzeugformen aus in Wasser getränktem Holz oder Grafit standardisiert werden. War der ursprüngliche Prozess auf den »langen Atem« des Glasbläsers angewiesen, sind heute auch mit Pressluft betriebene, pneumatische Pfeifen im Einsatz.

Bild: Mundblasen in Formen./ Foto: Glashütte Limburg

Neben dem Blasen direkt aus der Schmelze hat sich im Laufe der Zeit die wesentlich bequemere Herstellung von Glasgefäßen mit Hilfe von Glasrohren entwickelt. Das kostenintensive Aufschmelzen des Glaswerkstoffs, das in der Regel in einer Glashütte erfolgt, entfällt. Die in unterschiedlichen Dicken und Durchmessern erhältlichen Rohre können mit konventionellen Gasbrennern in der Werkstatt auf Verarbeitungstemperatur erhitzt werden. Auch die Verwendung der Glasmacherpfeife entfällt. Das Einbringen der Atemluft erfolgt über ein Glasrohr, das an eine für den Blasprozess optimale Stelle angeschmolzen wird.

Das einzige noch erhältliche deutschsprachige Buch mit Anleitungen zum Glasblasen wurde bereits 1926 verfasst und auf Grund des immer noch aktuellen Verfahrensüberblicks im Jahr 2001 neu verlegt (Ebert, Heuser 2001).

Anwendung
Die maschinellen Verfahren haben das Mundblasen mit der Glasmacherpfeife weitestgehend verdrängt. Nach wie vor sind aber einige Unternehmen am Markt tätig, die den flexiblen Einsatz des Verfahrens für die industrielle Produktion nutzen. Insbesondere im Bereich des Kunsthandwerks hat das Mundblasen zur Herstellung von besonderen Glasgefäßen mit hohem künstlerischen Wert eine große Bedeutung.

Bild: Glasobjekt »waterbubble«, mundgeblasen auf Basis von Glasrohren./ Design: Dr. Sascha Peters

Die Verwendung von Glasrohren als Ausgangsmaterial für den Blasvorgang hat vor allem zur Herstellung komplexer Laboratoriengläser eine hohe Bedeutung. Dies hängt damit zusammen, dass Glas eine sehr gute Chemikalienbeständigkeit aufweist und daher ein idealer Werkstoff für Instrumente der chemischen Industrie ist. Zudem werden im Kunsthandwerk und Gestaltungsbereich Glasgefäße (z. B. Vasen, Leuchten) hergestellt, die sich aus einer Vielzahl von Hohlkörpern zusammensetzen. Allerdings ist die Qualität verarbeitbarer Glaswerkstoffe bei der Verwendung von Glasrohren im Hinblick auf Lichtdurchlässigkeit und Glanz geringer zu bewerten (Kalknatronglas GLA 3.1), als beim freien Mundblasen aus der Glasschmelze, wo meist das edle Bleikristall GLA 3.3 Verwendung findet.

Materialien
Durch Mundblasen lassen sich alle Glaswerkstoffe wie Kieselglas, Bleiglas, Kalknatronglas oder Quarzglas GLA verarbeiten.

Bauteilgrößen, Nachbearbeitung, Genauigkeit
Die möglichen Bauteilgrößen werden beim Mundblasen durch die verwendeten Werkzeuge (z. B. Holzklammern) für die Handhabung der Glasformen und die Kraft und Armlänge des Glasbläsers bestimmt. Die möglichen Bauteilgrößen reichen von kleinen Hohlgefäßen im Schmuckbereich bis zu größeren Schalen oder Behältern für den Laborbereich. Die Reproduziergenauigkeiten beim freien Mundblasen sind verhältnismäßig schlecht, da sich die Fertigkeiten und Erfahrungen des Glasbläsers direkt auf die Formqualität auswirken. Daher ist für die Anfertigung mehrerer Bauteile einer Geometrie das Blasen in eine Werkzeugform angeraten. Hier können Genauigkeiten im Zehntelmillimeter-Bereich garantiert werden. Der Nachbearbeitungsaufwand beim Glasblasen beschränkt sich auf eine mehrstündige Nachtemperierung. Diese ist erforderlich, um die während des mehrfachen Erwärmens des Werkstoffs eingebrachten Spannungen zu entfernen. Die Neigung zur Rissbildung und zum Springen des Glases nach mechanischer Beanspruchung oder bei leichten Stößen wird auf diese Weise verringert.

Wirtschaftlichkeit
Frei mit dem Mund geblasene Glasgefäße sind teuer, weshalb sich das Verfahren nur für kleine Stückzahlen und Sonderanfertigungen lohnt.

Alternativverfahren
Pressformen, maschinelle Blasverfahren

Bild: Honigspender, mundgeblasen auf Basis eines Glasrohres und einer Grafitform (siehe Bild unten)./ Design: UNITEDDESIGNWORKERS.com, 1996

FOR 5.1
Blasformen – Gestaltungsregeln

Beim Glasblasen werden die erzielbaren Formgeometrien durch die besonderen Werkstoffeigenschaften des Glasmaterials bestimmt. Zu einem viel größeren Anteil wirken sich die Eigenheiten des Blasprozesses auf die Qualität des Hohlgefäßes aus. Es sollten daher einige Hinweise beachtet werden, die sich zum Teil auch auf die maschinellen Blasverfahren übertragen lassen:

Die durch Blasverfahren erreichbaren Formgeometrien lehnen sich an konkave oder konvexe Kurvenformen an. Scharfe Kanten und Winkel sind in der Regel nicht oder nur schwierig zu erzielen.

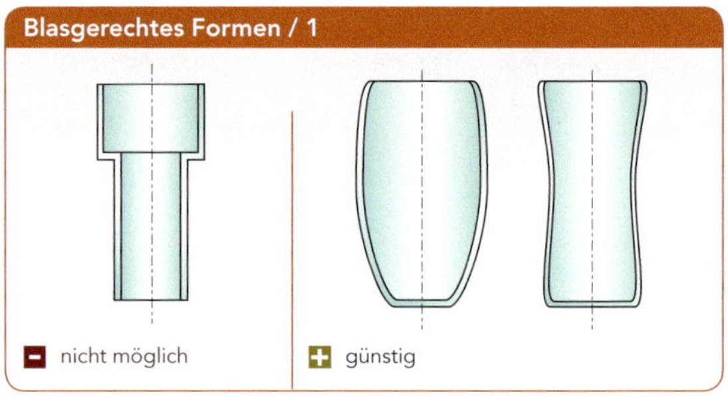

Abb. 46

Konturen innerhalb einer Hohlform sind nicht möglich.

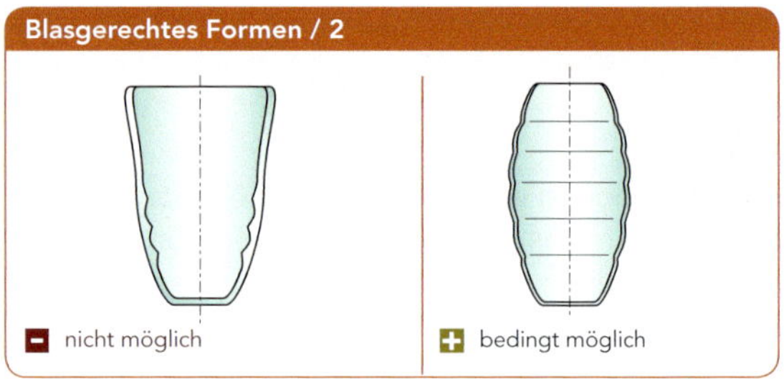

Abb. 47

Komplexe Gefäßformen lassen sich aus mehreren Geometrien zusammensetzen. Der maximale Komplexitätsgrad wird durch die Möglichkeit der Handhabung und durch die Zugänglichkeit der Brennerflamme begrenzt.

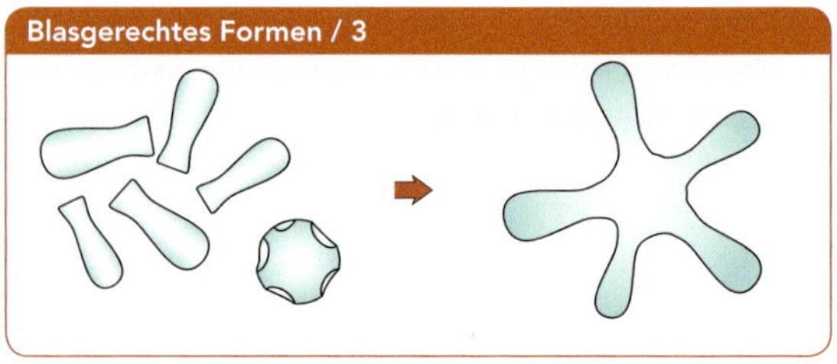

Abb. 48

Die maximale Bauteilgröße wird durch Materialdicke und Durchmesser des genutzten Glasrohrs bestimmt. Bei zu geringen Materialdicken der Glasgefäße kann es zum Bruch des Werkstoffs kommen. Gleiche Wanddickenmaße fördern gleichmäßiges Abkühlen und verhindern Spannungen.

FOR 5.2
Blasformen – Maschinelles Glasblasformen

Zur Herstellung von Gefäßen aus Glas haben sich verschiedene Verfahren etabliert, die eine maschinelle Massenfertigung ermöglichen (Nölle 1997).

Verfahrensprinzip
Während Glasflaschen mit Hilfe eines zweifachen Blasformverfahrens (***Blas-Blasformen***) wirtschaftlich hergestellt werden können, steht für die Produktion von Weithalsgefäßen (z. B. Marmeladengläser, Einmachgläser) ein Verfahren aus einer Kombination aus Pressen und anschließendem Blasen (***Press-Blasformen***) zur Verfügung *GLA 2.1.5*.

Der Rohwerkstoff *GLA 1* wird geschmolzen und zu Vorformlingen verarbeitet. Diese werden einer ersten Form zugeführt und in eine Rohgeometrie gepresst. Anschließend wird das Rohgefäß in einer die endgültige Geometrie des Gefäßes abbildenden Form aufgeblasen. Um Spannungen im Glas zu vermeiden, werden die Weithalsgefäße langsam auf Raumtemperatur abgekühlt. Über den Umweg der Anfertigung einer gepressten Rohform kann der Prozess besser beherrscht und die Qualität gewährleistet werden.

Konventionelle Glasflaschen (z. B. herkömmliche Getränkeflaschen) werden innerhalb eines zweifachen Blasformenvorgangs in Masse produziert. Zunächst erfolgt die Ausformung des Halses eines ***Vorformlings***. Anschließend wird die ***Rohflasche*** gedreht und auf die Endmaße geblasen.

Bild: Maschinelle Glasflaschenherstellung./ Foto: Heye Glas

Bauteilgrößen, Nachbearbeitung, Genauigkeit
Eine Nachbearbeitung der Glasgefäße ist nicht erforderlich. Es können sehr hohe Reproduktionsgenauigkeiten erreicht werden. Neben den vorgestellten Anwendungsbeispielen können durch maschinelles Blasformen natürlich auch größere Formgeometrien hergestellt werden, was aber die Anlagenkosten in die Höhe treibt.

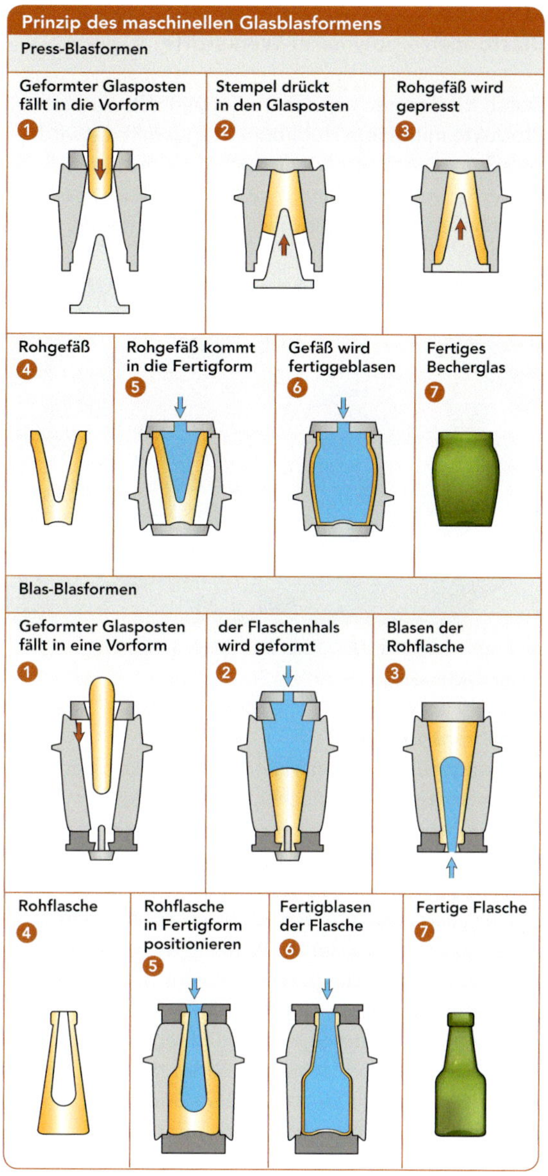

Abb. 49: nach [25]

Wirtschaftlichkeit
Die Investitionskosten für die Herstellung der Hohlformen sind hoch und amortisieren sich erst ab mehreren Hunderttausend Stück. Durch Blas-Blasformen können bis zu 200.000 Glasflaschen täglich produziert werden. Beim Press-Blasformen richten sich die Stückzahlen nach dem Volumen der Gefäße. Ungefähr 400.000 Glasformen in der Größe eines Marmeladenglases sind realistisch. Bei kleinen Gefäßen sind Stückzahlen bis zu 900.000 die Regel. Für in Masse gefertigte Formen aus Glas müssen nur sehr niedrige Herstellungsstückkosten von wenigen Euro-Cent bis zu 1 Euro kalkuliert werden (Lefteri 2002).

Alternativverfahren
Ein Ersatz von Glasgefäßen durch Kunststoff ist möglich. Dazu kommt das Verfahren des ***Extrusionsblasens*** zur Anwendung.

FOR 5.3
Blasformen – polymerer Werkstoffe

Durch Blasformen werden im Kunststoffbereich Produkte mit einem Hohlraum hergestellt. Es wird zwischen einer kontinuierlichen und einer diskontinuierlichen Herstellung eines Vorformlings, der anschließend aufgeblasen wird, unterschieden.

Bild: Blasformen des Kinderfahrzeugs »BIG-BOBBY-CAR«./ Foto: BIG-Spielwarenfabrik, Simba-Dickie-Group

Bild: »BIG-BOBBY-CAR«./ Foto: BIG-Spielwarenfabrik, Simba-Dickie-Group

Verfahrensprinzip

Ausgangspunkt im kontinuierlichen Prozess des ***Extrusionsblasens*** ist ein schlauchartiger Vorformling, der in einem Extruder über eine ringförmige Düse hergestellt wird. Er wird in noch warmem Zustand einer Werkstückform zugeführt. Das Werkzeug schließt und quetscht den Schlauch ab. Mit Hilfe eines Messers wird der Vorformling abgetrennt. Das Aufblasen erfolgt durch die an einem Blasdorn einströmende Druckluft. Der Werkstoff wird gegen die gekühlte Formwand gepresst, kühlt ab und erstarrt. Die Geometrie der Formwand bildet die Bauteilform ab. Eine sichtbare Quetschnaht im Bodenbereich ist meist deutlich erkennbar. Nach Entnahme des Formteils durch Öffnen des Werkzeugs wird der hocheffiziente Prozess wiederholt.

Beim ***Spritzgießblasen*** wird ein spritzgegossener Vorformling (Pre-Formling) verwendet und einer Werkstückblasform zugeführt. Der weitere Prozessablauf erfolgt analog zum Extrusionsblasen. Das Spritzgießblasen bietet im Vergleich zum Extrusionsblasen eine bessere Prozesskontrolle vor allem in Bezug auf die zu erzielende Wandstärke (Ashby, Johnson 2004).

Ein Sonderverfahren bildet das ***Streckblasen***. Die Eigenschaftswerte der Kunststoffbauteile werden über einen dem Blasen vorgelagerten Streckvorgang durch Einbringung einer Orientierung auf molekularer Ebene verbessert. Es können sowohl schlauchartige als auch spritzgegossene Vorformlinge verarbeitet werden (Michaeli 1999).

Materialien und Anwendung

Die Verfahren des Blasformens kommen im Kunststoffbereich vor allem zur Verarbeitung thermoplastischer Polymere (ABS, PET, PP, PC) zur Anwendung. Der am meisten verwendete Kunststoff beim Blasformen ist PE, gefolgt von PVC und PP (Witt 2006). Typische Erzeugnisse sind Hohlkörper wie Tanks, Flaschen, Kanister, Verpackungen und Fässer. Auch Kofferhalbschalen oder Surfbretter werden extrusions- oder streckgeblasen.

Bauteilgrößen, Nachbearbeitung, Genauigkeit

Das Blasformen von Kunststoffen weist eine hohe Reproduktionsgenauigkeit auf, wodurch eine Nachbearbeitung so gut wie entfällt. Die Bauteilgrößen reichen von Produkten mit Rauminhalten von wenigen Millilitern bis hin zu Tanks mit einer Füllmenge von bis zu 13.000 Litern.

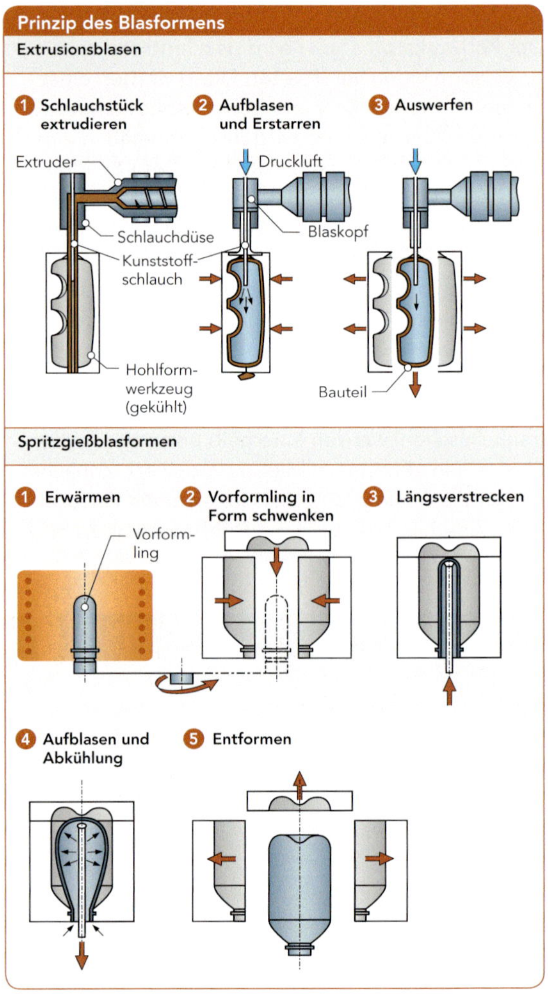

Abb. 50: nach [8, 28]

Wirtschaftlichkeit

Das Blasformen ist ein typisches Verfahren der Massenproduktion. Im Vergleich zu anderen formgebenden Serienverfahren fallen die Werkzeugkosten auf Grund der geringen Komplexität und der geringen Beanspruchungen relativ niedrig aus. So rechnet sich die Investition bereits ab einer Stückzahl von rund 20.000 Bauteilen.

Alternativverfahren

Rotationsgießen, Spritzgießen, Handlaminieren, Wickeln

FOR 6
Druckumformen

Bei allen Druckumformverfahren erfolgt die Formerstellung durch Druckbeanspruchung. Zu den wichtigen Techniken dieser Gruppe gehören das Einpressen, das Walzen, das Schmieden, das Pressformen und das Fließ- und Strangpressen.

FOR 6.1
Druckumformen – Einpressen

Verfahrensprinzip
Bei den Verfahren des Einpressens bzw. Eindrückens einer Formkontur in einen Werkstoff kann das Werkzeug eine geradlinige oder drehende Bewegung ausführen. Zu den geradlinigen Verfahren zählt das ***Einsenken***. Dabei wird ein ***Formstempel*** durch eine hydraulische Presse mit sehr langsamer Geschwindigkeit in den zu verformenden Werkstoff gepresst. Das Material wird plastisch verformt und nimmt die Stempelkontur an. Die Gestaltung der Formgeometrie sollte einen einfachen Werkstofffluss ermöglichen bzw. fördern. Durch Erwärmung des Materials kann der Fertigungsablauf verbessert werden.

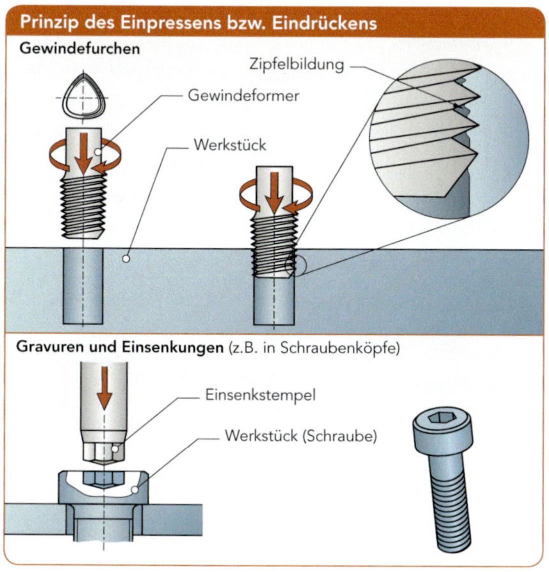

Abb. 51: nach [8]

Materialien und Anwendung
Das Einpressen bzw. Einsenken wird häufig zur Einbringung von Gravuren in Werkzeugelemente verwendet. Beispiele sind Formen wie Kreuzschlitz oder Innensechskant in Schraubenköpfen. Die Bewegung ist hierbei geradlinig. Ein Beispiel für eine drehend eingebrachte Werkzeugelementegravur sind ***Gewindefurchen***. Die mittels Gewindeformern erzeugten Gewinde sind im Vergleich zu konventionell gebohrten Gewinden höher belastbar.

Nachbearbeitung und Genauigkeit
Die mit Einpresstechniken erzielbaren Genauigkeiten sind sehr hoch. Der Nachbearbeitungsaufwand ist vernachlässigbar. Bei der Warmumformung muss das Schwindmaß des verarbeiteten Werkstoffs berücksichtigt werden.

Wirtschaftlichkeit
Die Wirtschaftlichkeit der Verfahren ist bei der Fertigung großer Stückzahlen sehr gut. Die Techniken sind in der Massenfertigung seit langem etabliert.

Alternativverfahren
Fräsen, Bohren, Stanzen

FOR 6.2
Druckumformen – Walzen

Bild: Warmbandcoil./ Foto: Stahl-Zentrum

Bild: Kaltgewalzte Coils./ Foto: Stahl-Zentrum

Verfahrensprinzip
Die Formgebung beim Walzen erfolgt durch stetige Druckbeanspruchung mit sich drehenden Werkzeugen, den Walzen. Je nach Anwendungsfall sind in diese Profile eingebracht, deren Form sich im Werkstück abbildet. Die Technik wird sowohl zur Fertigung als auch zur Nachbearbeitung von Bauteilen (Flach- und Rundprofile) eingesetzt. Die Verarbeitung kann kalt oder warm erfolgen. Je nach Anordnung lassen sich drei Verfahrensvarianten unterscheiden: Längs-, Quer- und Schrägwalzverfahren.

Beim ***Längswalzen*** wird der zu bearbeitende Werkstoff senkrecht zu den Achsen der Walzen ohne Drehung bewegt. Im Vergleich rotiert beim ***Querwalzen*** das Material zwischen zwei gleichsinnig angeordneten profilierten Walzen. Bei den ***Schrägwalzverfahren*** werden die Achsen der Walzen gekreuzt.

Längswalzverfahren:
- Pilgerschrittwalzen zur Herstellung dünnwandiger Rohre ohne Nähte
- Reckwalzen zur Erzeugung von Flachprofilen
- Planetenwalzverfahren für Verzahnungen

Querwalzverfahren:
- Querwalzen für Vollkörper
- Querwalzen für Hohlkörper (z. B. Ringwalzen)
- Gewindewalzen

Schrägwalzverfahren
- Schräggewindewalzen

Bild: Einsenkung in einer Innensechskant-Schraube.

Materialien und Anwendung

In der metallverarbeitenden Industrie ist das Walzen das wichtigste Umformverfahren. Dies hängt damit zusammen, dass im Prinzip jeder plastisch verformbare Werkstoff bearbeitet werden kann. Auf Grund der Vielzahl existierender Verfahren ist eine Eingrenzung schwierig. Detaillierte Informationen geben König 1992 oder Westkämper, Warnecke 2004. Zu den Hauptanwendungsgebieten der Walztechnik zählt die Fertigung von Rohren mit äußeren Profilen oder dünnen Wänden, von Flachprofilen mit Gravuren und von Gewinden. Profilerzeugnisse sind beispielsweise Stäbe, Drähte, Schienen oder U-Profile. Zu den Flacherzeugnissen zählen grobe und feine Bleche und Metallbänder in allen Größen. Endlosgewinde können im Schrägwalzverfahren angefertigt werden. Darüber hinaus werden Hohlkörper wie Ringe für Eisenbahnräder durch Walzen gefertigt.

Bauteilgrößen, Nachbearbeitung, Genauigkeit

Die mit der Walztechnik erzielbaren Genauigkeiten können ganz unterschiedlich ausfallen und bewertet werden. Werden Walzverfahren zur Herstellung von Halbzeugen und Profilen eingesetzt, sind die Toleranzen grob bemessen, da eine Weiterbearbeitung in nachgelagerten Verfahren erfolgt. Das Walzen findet aber auch zur Verbesserung und Optimierung von Oberflächengüten spanend bearbeiteter Werkstücke Verwendung. Mit den unterschiedlichen Walztechniken können sowohl Bauteile für die Großindustrie als auch Formgeometrien für die Feinwerktechnik gefertigt werden.

Bild: Walzwerk./ Foto: Stahl-Zentrum

Wirtschaftlichkeit

Walzverfahren gehören zu den klassischen Techniken in der Massenfertigung. Sie eignen sich besonders für die Herstellung von Halbzeugen. Hohe Produktionszahlen sind möglich. Die Eignung der Technik zur Fertigung von Bauteilen in kleinen Serien ist wegen der hohen Investitionskosten für Anlagen und Werkzeuge meist nicht gegeben.

Alternativverfahren

Schmieden, Pressen, Strangpressen, Fließpressen, Rundkneten

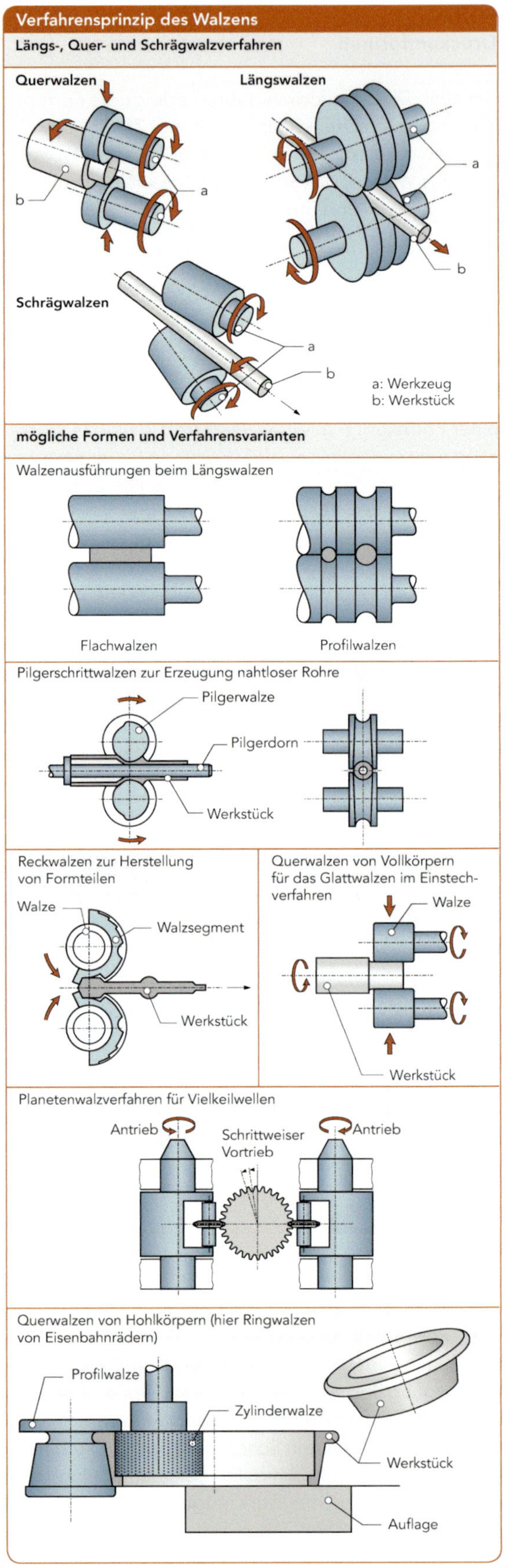

Abb. 52: nach [14, 20]

FOR 6.3
Druckumformen – Schmieden

Schmieden ist ein Verfahren der Massivumformung.

Verfahrensprinzip
Schmieden ist ein Verfahren der Massivumformung. Rohlinge, die in etwa die Geometrie des zu fertigenden Bauteils aufweisen, werden auf Schmiedetemperatur erhitzt und über Schlag- und Pressprozesse in die gewünschte Form gebracht. Die Verarbeitungstemperaturen liegen für Aluminiumlegierungen bei etwa 500 °C. Unlegierte Stähle werden hingegen bei 1.200 °C verarbeitet. Während des Schmiedevorgangs sollte das Material im Bereich der Schmiedetemperatur (ungefähr 80 % der Schmelztemperatur) gehalten werden, da es bei höheren Temperaturen zu Oxidationsvorgängen und bei niedrigeren Temperaturen zu Rissbildung kommen kann.

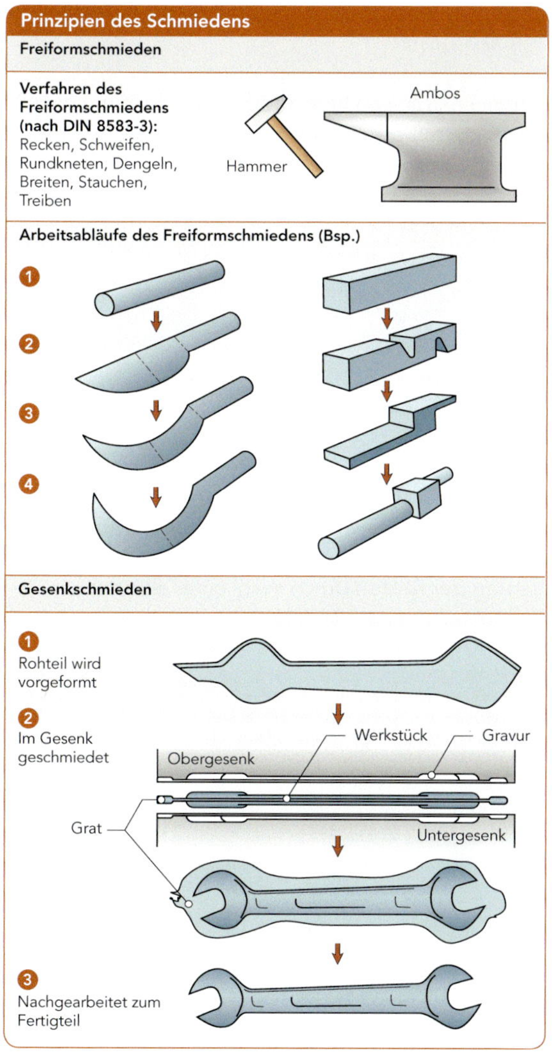

Abb. 53: nach [8, 48]

Grundsätzlich unterschieden wird zwischen Freiform- und Gesenkschmieden. Während beim ***Freiformschmieden*** die Geometrie durch gezielte Einbringung von Schlägen verändert wird, erfolgt die Umformung beim ***Gesenkschmieden*** zwischen Unter- und Obergesenk. Diese sind in der Regel aus warmfestem Stahl gefertigt und werden mit hydraulisch angetriebenen Pressen zusammengefahren. Die für das Gesenkschmieden erforderlichen Rohlinge werden in den meisten Fällen durch eine freie Bearbeitung vorgefertigt.

Materialien und Anwendung
Klassische Schmiedewerkstoffe sind Stähle sowie Aluminium-, Titan- und Kupferlegierungen. Ein hoher Kohlenstoffanteil bei Stahl wirkt sich ungünstig für die Schmiedbarkeit aus. Typische Schmiedebauteile sind Achsen für den Fahrzeug- oder Maschinenbau, Lagerringe, Kurbelwellen, Buchsen, Schraubenschlüssel, Lochscheiben oder Turbinenschaufeln für den Energiesektor. Im Haushaltsbereich ist die Schmiedetechnik zur Herstellung von Bestecken geeignet.

Bauteilgrößen, Nachbearbeitung, Genauigkeit
Beim Gesenkschmieden werden Bauteile endkonturnah, also mit hoher Reproduktionsgenauigkeit gefertigt. Während des Schmiedevorgangs entstandene Grate müssen nachträglich manuell entfernt werden. Frei verarbeitet werden Bauteile mit Gewichten zwischen 1 kg und 350 Tonnen.
Beim Gesenkschmieden sind die Bauteile kleiner und weisen Gewichte zwischen 50 g und 1,5 Tonnen auf.

Wirtschaftlichkeit
Während das Freiformschmieden bei der Einzel- und Kleinserienfertigung zur Anwendung kommt, zählt das Gesenkschmieden zu den klassischen Serienverfahren, mit dem Schmiedeteile in hohen Stückzahlen gefertigt werden können. Schmiedegesenke werden wegen des hohen Verschleißes nach etwa 10.000 bis 100.000 Bauteilen ausgetauscht.

Alternativverfahren
Druckgießen, Strangpressen, Fließpressen, Pressformen

Bild unten: Geschmiedeter Maulschlüssel.

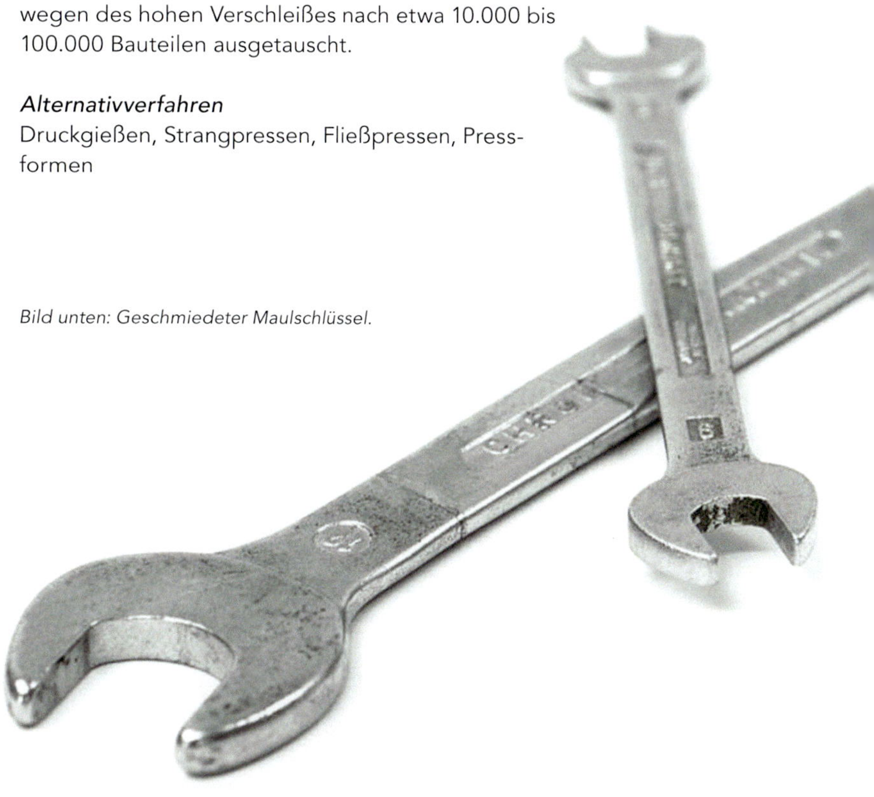

FOR 6.3.1
Schmieden – Gestaltungsregeln

Für das Schmieden und insbesondere das Gesenkschmieden sind folgende Gestaltungshinweise zu beachten (Fritz, Schulze 1998):

Wirtschaftlich und technisch von Vorteil ist die Teilung der Gesenkform in der Mitte der zu erstellenden Bauteilform.

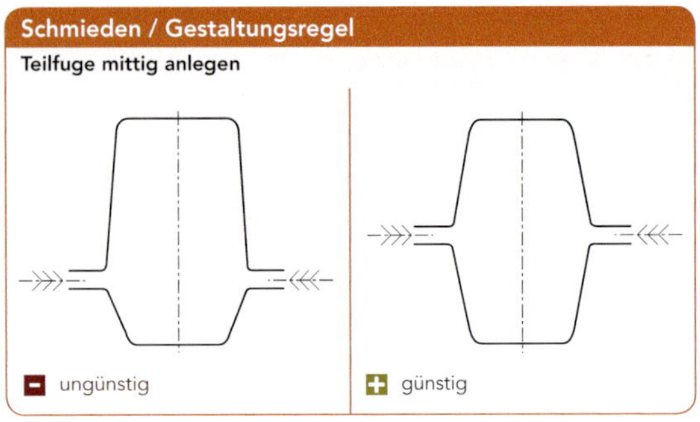

Abb. 54: nach [14]

Die Teilung des Gesenks in unmittelbarer Nähe einer Stirnfläche ist zu vermeiden.

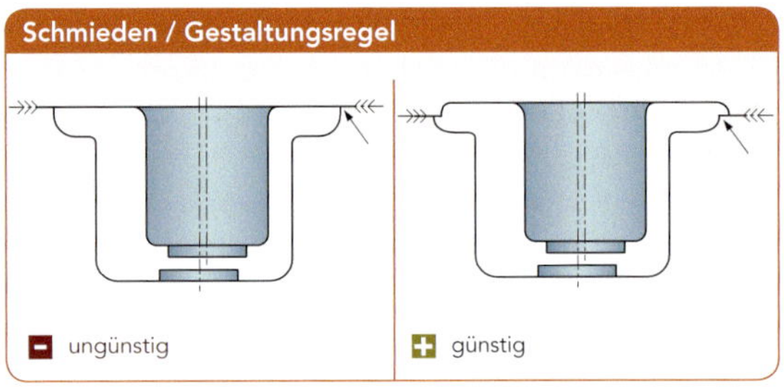

Abb. 55: nach [14]

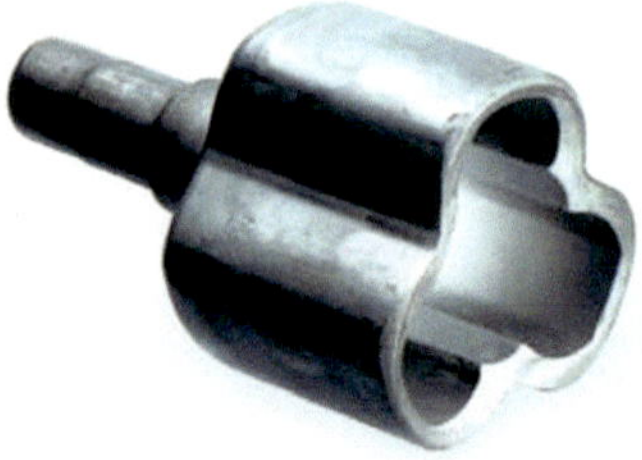
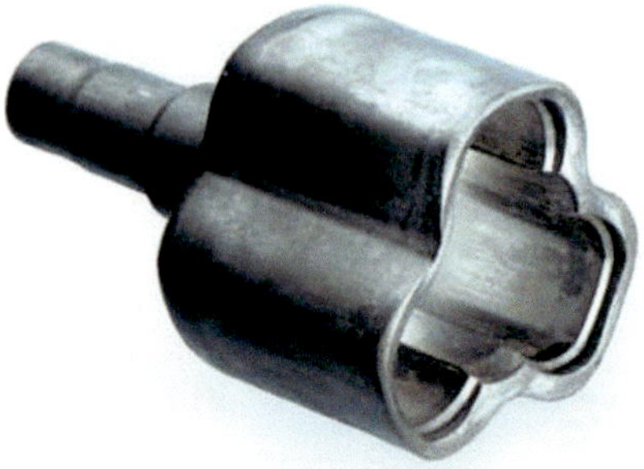

Bilder: Stadienfolge zur Halbwarmumformung eines Bauteils im Antriebsstrang von Pkw./ Foto: Schuler Pressen GmbH

Eine ebene Gesenkteilung ist im Vergleich zu einer symmetrisch oder eben gekröpften Teilung wirtschaftlicher.

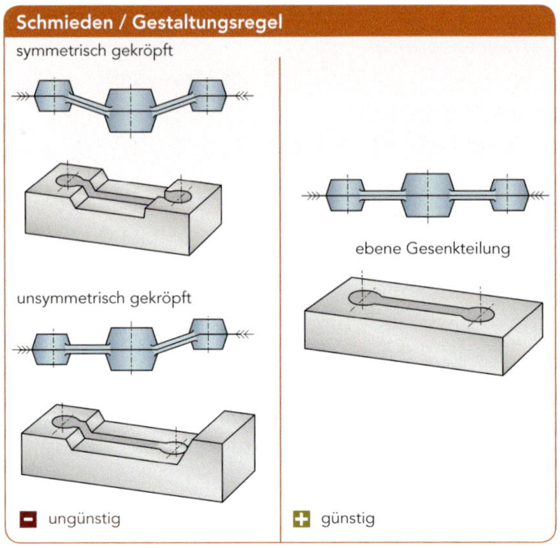

Abb. 56: nach [14]

Hinterschnitte sind nach Möglichkeit zu vermeiden, da sie nur mit erheblichem Werkzeugaufwand hergestellt werden können.

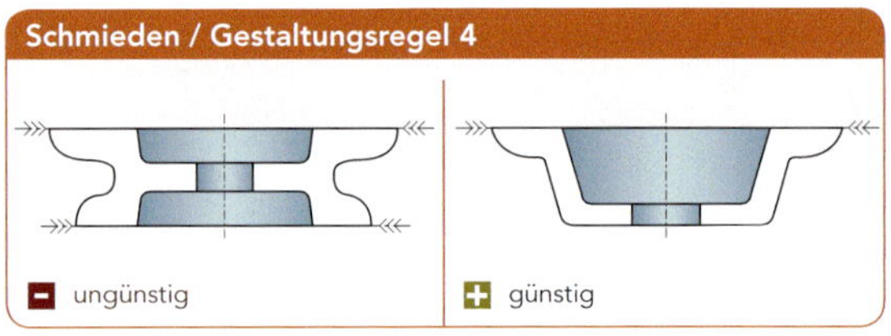

Abb. 57: nach [14]

Die Gesenkteilung hat Einfluss auf die Wahl des für die Herstellung anwendbaren Fertigungsverfahrens und den Aufwand in der Fertigung. Eine Verringerung der Kosten durch Wahl einer alternativen Gesenkteilung ist möglich.

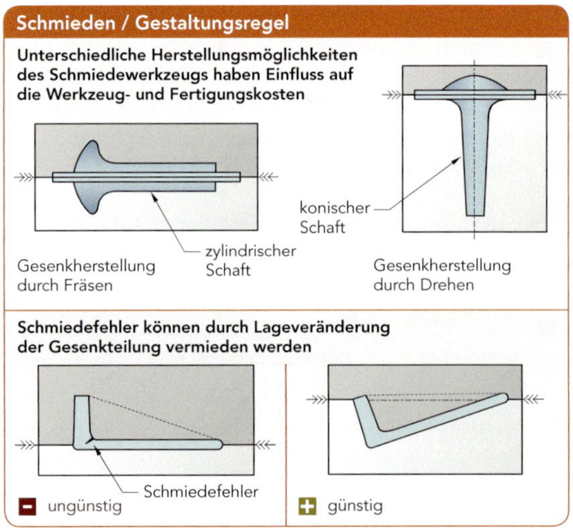

Abb. 58: nach [14]

Kantenrundungen erleichtern das Fließen des Materials während der Umformung. Ebenso kann der Werkstofffluss durch die Gesenkteilung beeinflusst und verbessert werden.

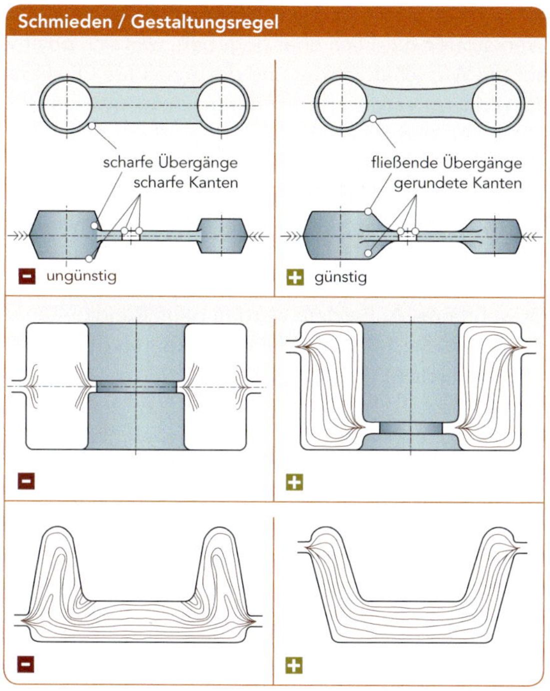

Abb. 59: nach [14]

Zu kleine Rundungen führen zu Schmiedefehlern.

Abb. 60: nach [14]

Bild: Schmiedegesenk für das rechts abgebildete Messer./ Foto: Günter Lintl/ Hersteller: Franz Güde, Solingen

Besonderheit beim Schmieden – Damast-Stahl

Bei der »Franz Güde Damast Serie« wird der ***Damast-Stahl*** von der Schmiede Markus Bahlbach nach dem »Verbund-Feuerschweiß-Verfahren« von Hand hergestellt. Er wird als »Wilder Damast« bezeichnet.

Bild: Messer aus der FRANZ GÜDE DAMAST Serie./ Hersteller: Franz Güde, Solingen

Die Schichten bestehen aus hochlegiertem Werkzeugstahl, der hart aber auch spröde ist und zähhartem Nickelstahl mit 5–6 % Nickelgehalt (weich und flexibel). Diese beiden Legierungen werden zu mehr als 300 Lagen durch Falten und Tordieren verbunden.

Bild: Messer nach dem Schmiedevorgang./ Foto: Günter Lintl/ Hersteller: Franz Güde, Solingen

So erhält man einen Stahl, der sowohl sehr hart als auch elastisch ist. Aus ihm wird die Klingenform mit einem 1,5 Tonnen-Fallhammer im Gesenk geschmiedet und das Messer in über 40 Arbeitsgängen gefertigt. Die typische Damaststruktur der Klinge wird erst durch ein spezielles Ätzverfahren sichtbar. Der Stahl ist nicht rostfrei.

FOR 6.3.2
Schmieden – Sonderverfahren

Rundkneten (auch Rundhämmern genannt) ist ein Sonderverfahren des Schmiedens zur Verkleinerung des Querschnitts von Stäben und Rohren. Außerdem kommt das Verfahren bei der Profilierung zur Anwendung.

Verfahrensprinzip
Das Werkstück wird zwischen mehrere gegeneinander wirkende Werkzeugsegmente gespannt, die in schneller Abfolge Druckkräfte ausüben und eine dauerhafte Verformung bewirken. Für die Profilierung langer Querschnitte wird das Verfahrensprinzip im Durchlauf angewendet. Örtliche Formveränderungen werden im Einstechverfahren realisiert. Zur Ausbildung eines Innenprofils ist ein profilierter Dorn ein geeignetes Hilfsmittel.

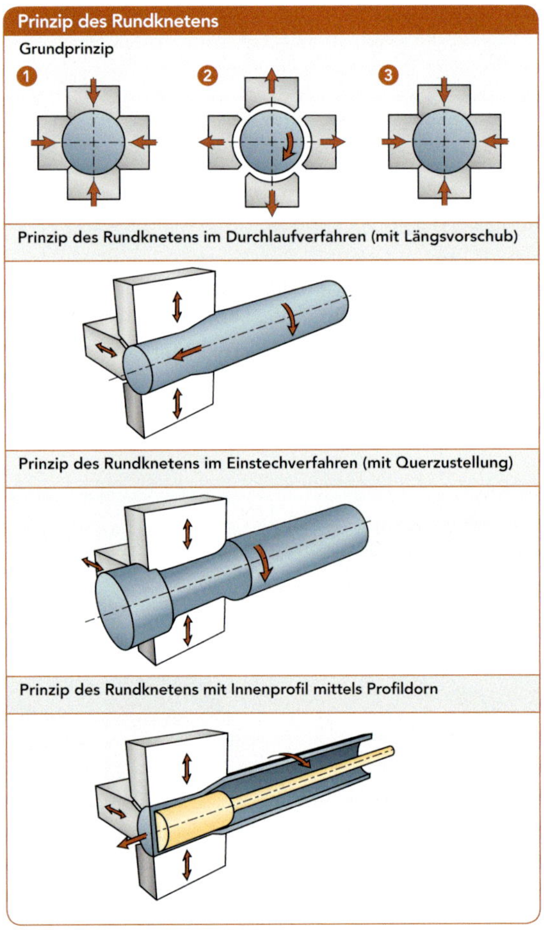

Abb. 61: nach [23, 41]

Materialien und Anwendung
Das Rundkneten wird im kalten oder angewärmten Materialzustand durchgeführt. Nahezu alle Metallwerkstoffe (z. B. Stahl, Aluminium-, Titan- und Kupferlegierungen) können durch Rundkneten verarbeitet werden. Dabei ist die Verformbarkeit bei duktilen Werkstoffen natürlich eher gegeben, was sich positiv auf die Wirtschaftlichkeit und die erzielbare Qualität auswirkt. Im Vergleich zu anderen Umformverfahren lassen sich sehr hohe Umformgrade realisieren (Klocke, König 2006). Durch den Umformprozess wird das Material kaltverfestigt. Typische Anwendungsbeispiele der Rundknettechnik sind Hohlwellen, Kolbenstangen, Golfschläger, Abgasrohre, Gas- und Wasserleitungen, Schraubendreher oder Gewehrläufe. Außerdem werden beim Rundkneten die Endstücke zur Verbindung von Rohren geformt oder druckdicht verschlossen.

Bauteilgrößen, Nachbearbeitung, Genauigkeit
Die durch Rundkneten verarbeitbaren Werkstückdurchmesser sind abhängig der Maschinengröße und liegen zwischen 0,4 mm und 350 mm (Lefteri 2007). Die erreichbare Qualität reicht in den Hochpräzisionsbereich, so dass der Nachbearbeitungsaufwand gering ist. Die Fertigungstoleranz ist abhängig von der Komplexität der Bearbeitungsaufgabe, dem Werkstoff und den Abmessungen. Man kann sich auf Werte zwischen 0,01 mm und 0,1 mm einstellen. Rundgeknetete Materialoberflächen weisen nur eine geringe Rautiefe auf (Klocke, König 2006).

Wirtschaftlichkeit
Wird das Rundkneten in Gesenken durchgeführt, ist es ein klassisches Verfahren der Massenproduktion, bei dem kein Material verloren geht. Die Werkzeugkosten liegen im Vergleich zu anderen Umformverfahren im unteren bis mittleren Bereich. Freies Hämmern kommt durchaus bei der Einzelanfertigung zur Anwendung, um Bauteilen die letzte Formveränderung zu geben.

Alternativverfahren
Walzen, Biegen, Bördeln/Weiten/Stauchen, Innenhochdruckformen

FOR 6.4
Druckumformen – Pressformen

Pressformen ist ein diskontinuierlicher Vorgang, bei dem Formteile aus Pulver, Granulat oder einer zähflüssigen Materialmasse gefertigt werden.

Verfahrensprinzip
Pressformen ist ein diskontinuierlicher Vorgang, bei dem Formteile aus Pulver, Granulat oder einer zähflüssigen Materialmasse gefertigt werden. Es wird zwischen Kalt- und Warmpressen unterschieden. Beim ***Warmpressen*** werden die Ausgangsmaterialien dosiert eingeführt, unter Wärmeeinwirkung erweicht und in den Hohlraum des Formwerkzeugs gepresst. Unter Druck und Wärme härtet das Bauteil aus. Für Werkstoffe, die auf Basis einer chemischen Reaktion aushärten (z. B. kalt härtende Polyester- oder Epoxidharzmischungen), kann beim ***Kaltpressen*** auf Wärmezufuhr verzichtet werden.

Prinzip des Pressformens für Kunststoffe

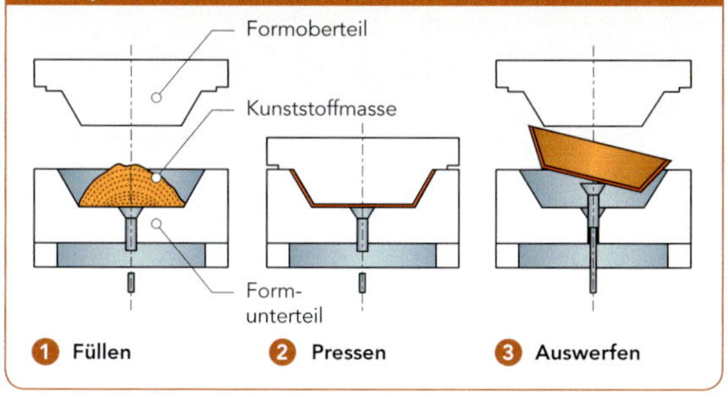

Abb. 62: nach [10]

Materialien und Anwendung
Durch Pressformen werden Kunststoffteile (z. B. Duroplaste) mit meist dünnen Wandstärken hergestellt, die häufig auch eine Faserunterstützung (z. B. Glasfasern) erfahren. Das Verfahren ist besonders geeignet zur Produktion elektrischer Komponenten. Es wird aber auch zur Herstellung schalenförmiger Gebrauchsgegenstände oder für Kfz-Karosserieelemente verwendet. Im Glasbereich werden feuerfeste und dickwandige Haushaltswaren (z. B. Aschenbecher), Trinkgläser, Becher und Formteile wie Glasbausteine durch Pressformen erzeugt GLA 2.1.6. Auch Beleuchtungselemente und Fernsehröhren werden gepresst. Pressen zählt im Keramikbereich zu den Massenproduktionsverfahren, und auch Kerzen lassen sich durch Verarbeitung von Paraffinkörnern wirtschaftlich herstellen FLU 2.8. Im Bereich der Pulvermetallurgie können Metallbauteile auf der Basis von Pulvermaterialien mit ganz spezifischen Eigenschaften zusammengestellt werden FOR 2.

Bauteilgrößen, Nachbearbeitung, Genauigkeit
Formgepresste Kunststoffbauteile können ein Gewicht von bis zu 50 kg aufweisen. Die erzielbaren Werkstoffdicken liegen zwischen 1,5–25 mm. Die Genauigkeit ist hoch. Das Pressformen erlaubt aber nur eine mittlere Formkomplexität, da eine komplette Ausfüllung der Pressform gewährleistet werden muss. Komplizierte Bauteilgeometrien können durch heißisostatisches Pressen FOR 2 erstellt werden. Der auf die Formmasse aufgebrachte Druck wirkt hier über eine Flüssigkeit von allen Seiten gleichzeitig.

Wirtschaftlichkeit
Die Werkzeugkosten liegen für einfache Geometrien in einem überschaubaren Rahmen. Das Verfahren rechnet sich aber erst ab mittleren Stückzahlen.

Alternativverfahren
Spritzgießen und Thermoformen für Kunststoffe, Maschinelle Blasverfahren für Glas, Spritz-, Druck- und Schlickergießen für Keramiken, Zieh- und Wickeltechniken zur Kerzenproduktion

Bild: Glasbaustein.

FOR 6.5
Druckumformen – Fließpressen

Das Fließpressen gehört wie das Strangpressen zur Gruppe der *Durchdrückverfahren*.

Verfahrensprinzip
Verwendet wird ein Stempel, mit dem ein Werkstück in seine endgültige Form gepresst und somit eine optimale Werkstoffausnutzung gewährleistet wird. Die Bezeichnung »*Fließpressen*« resultiert aus der Tatsache, dass es innerhalb des Prozesses zwischen Stempel und Matrize zum Fließen des Materials kommt. Je nach Fließrichtung unterscheidet man verschiedene Varianten. Im *Querfließpressen* ist beispielsweise die Erstellung von Bauteilen mit seitlichen Formelementen und Flanschen möglich. Die Werkstückform ist abhängig von den Werkstoffeigenschaften, möglichen Umformgraden, Rohteilabmessungen, der zwischen Werkstück und Matrize aufgebrachten Schmierung und der verfügbaren Maschinenleistung. Für komplexe Formen wird eine Umformung in mehreren Schritten notwendig. Dabei können die Verfahrensvarianten kombiniert werden. Bei großen Formänderungen oder schwer umformbaren Werkstoffen ist eine Erwärmung des Werkstücks auf Temperaturen zwischen 300 °C und 700 °C üblich (Witt 2006). Neben den starren Werkzeugen können auch Wirkmedien zur Krafteinleitung genutzt werden.

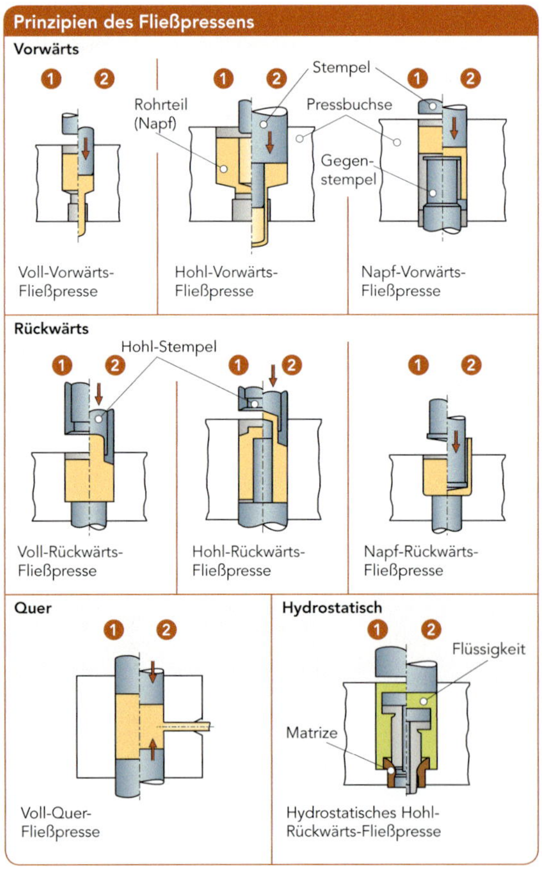

Abb. 63: nach [20]

Materialien
Beim Fließpressen können komplexe Bauteile (z. B. Rohre, Nieten, Wellen) unterschiedlicher Wandstärke aus Stahl mit niedrigem Kohlenstoffgehalt, Kupfer, Aluminium, Zink, Zinn und Blei sowie deren Legierungen hergestellt werden.

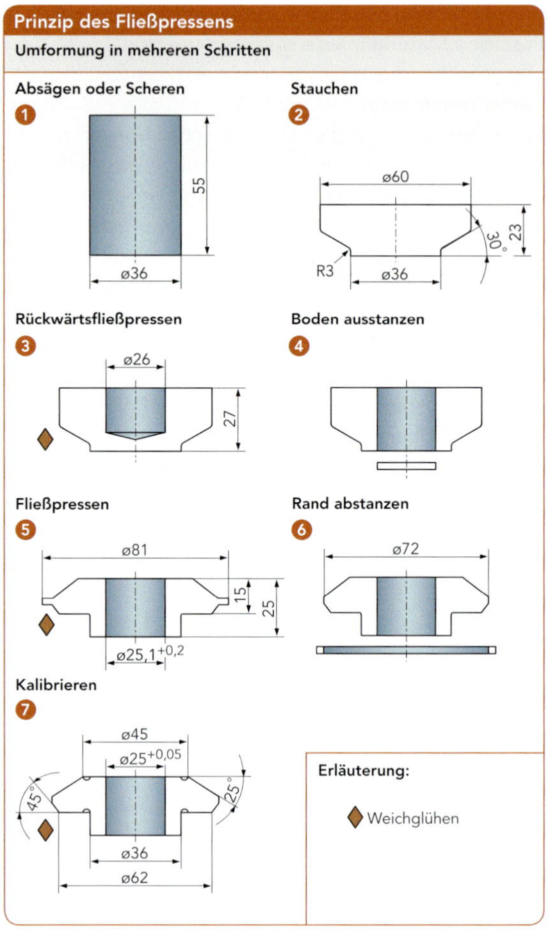

Abb. 64: nach [20]

Anwendung
Fließgepresste Bauteile werden im Maschinen-, Anlagen- und Fahrzeugbau eingesetzt. Darüber hinaus sind Halbzeuge im elektrotechnischen Bereich zu finden. Die Verwendung von Hülsen, Schrauben und Nieten reicht bis in den Heimwerkerbereich.

Bauteilgrößen, Nachbearbeitung, Genauigkeit
Beim Fließpressen können hohe und reproduzierbare Maß- und Formgenauigkeiten eingehalten werden. Zudem weisen die Bauteile eine gute Oberflächenqualität auf, wodurch eine Nachbearbeitung meist nicht notwendig ist. In einem Arbeitsgang können Materialdicken zwischen 0,1 mm und 1,5 mm gepresst und gleichzeitig eine Höhe von 250 mm erzielt werden (Dobler et al. 2003).

Wirtschaftlichkeit
Die Materialkosten sind auf Grund der optimalen Werkstoffausnutzung beim Fließpressen niedrig (kein Materialabfall). Zudem bietet das Verfahren eine hohe Mengenleistung. Es eignet sich daher für die Serienproduktion. Die Taktzeiten liegen je nach Bauteilgröße zwischen 0,5 und 10 Sekunden.

Alternativverfahren
Strangpressen bei Rohren und simplen Profilen, Schmieden bei einfachen Geometrien

FOR 6.6
Druckumformen – Strangpressen

Verfahrensprinzip
Im Gegensatz zum Fließpressen, wo es zwischen Stempel und Matrize zu einem Fließvorgang des Materials kommt, drückt der Stempel beim Strangpressen den Werkstoff durch eine ***Matrize*** zu langen Strängen. Zur Herstellung von Profilen ist die entsprechende Formgebung in der Matrize abgebildet. Durch Erwärmung des Werkstoffs kann beim ***Warmstrangpressen*** die Verarbeitung erleichtert und positiv beeinflusst werden. Durch Verwendung von Schmiermitteln werden die Reibung zwischen Werkstoff und Matrize und folglich die aufzubringende Vorschubkraft des Pressstempels verringert. Sowohl hohle als auch volle Formgeometrien können hergestellt werden.

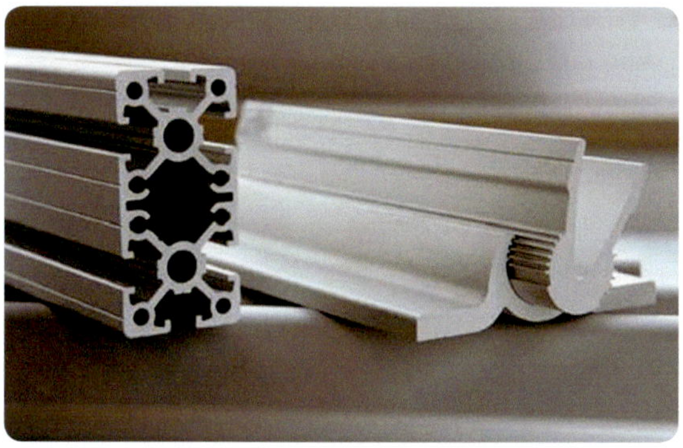

Bild oben: Extrusionsprofile./ Foto: Norsk Hydro ASA

Materialien und Anwendung
Leicht- und Schwermetalle, die bereits bei niedrigen Temperaturen erweichen, wie Aluminium, Kupfer, Magnesium oder Stähle mit niedrigem Kohlenstoffgehalt, werden mittels Strangpressen zu Rohren, Stangen, Profilen und Drähten verarbeitet. Diese kommen als Halbzeuge in fast allen industriellen Bereichen zur Anwendung. Das Verfahren eignet sich auch zur Verarbeitung nichtmetallischer Werkstoffe. Hier ist die Formgebung von Rohlingen in der silikatkeramischen Prozesskette zu nennen KER 2. Vorformlinge aus Keramiken, Glas und Ton entstehen, die in einem abschließenden Sinterprozess ausgehärtet werden. Im Kunststoffbereich hat sich für das Strangpressen der Begriff der Extrusion FOR 4 etabliert, mit dem Profile, Stäbe und Rohre aus thermoplastischen Formmassen hergestellt werden können. In der holzverarbeitenden Industrie werden Pressspanplatten durch Strangpressen hergestellt. Eine Masse aus Holzspänen und synthetischem Harz wird in einem beheizten Presskanal verdichtet und mit einem Kolben zum Format des späteren Spanplattenwerkstoffs HOL 3.5 gepresst. Es können auch Spanplatten mit hohlen Innenkonturen erzeugt werden. Beispiele sind Röhrenspanplatten mit kreisförmigen Hohlräumen für schalldämmende Anwendungen, die in Mehrzwecksporthallen verbaut werden (Vigue, Maschek-Schneider 2002).

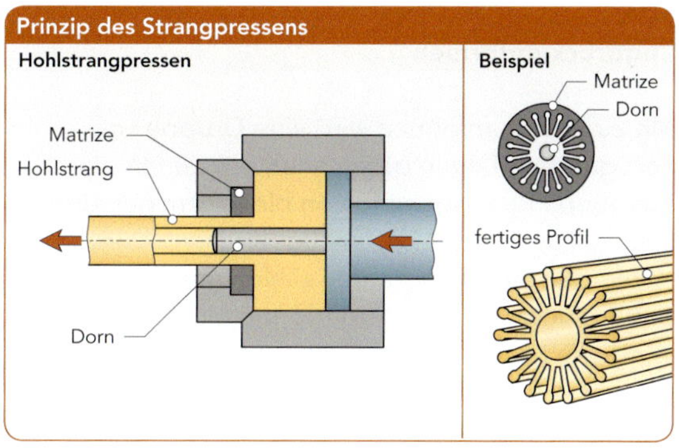

Abb. 65: nach [8]

Bauteilgrößen, Nachbearbeitung, Genauigkeit
Der Nachbearbeitungsaufwand ist beim Strangpressen gering. Das Verfahren weist eine hohe Reproduziergenauigkeit auf. Metallbauteile sind durch Strangpressen in einem weiten Spektrum herzustellen. Im Bereich der Keramiken entstehen durch das Verfahren 2 m lange Stangen, Rohre oder Profile, die anschließend in kurze Stücke geteilt werden. Die Herstellung von Keramikrohren ab einem Außendurchmesser von 0,6 m ist möglich (Krause 1995).

Wirtschaftlichkeit
Das Strangpressen ist eine Technik der Massenfertigung und kommt fast ausschließlich im industriellen Bereich zum Einsatz. Es bietet die Möglichkeit, in Bauteile und Profile möglichst viele Funktionen oder Funktionsflächen zu integrieren und so den Aufwand nachfolgender Füge- und Fertigungsschritte zu verringern. Zur Herstellung von Aluminiumprofilen stellt das Strangpressen eines der wirtschaftlichsten Formgebungsverfahren dar. In der Forschung wird derzeit an einer Kombination der Verfahren Strangpressen und Biegen gearbeitet, um die wirtschaftliche Herstellung von Bauteilen mit Rundungen im Leichtbau zu ermöglichen.

Alternativverfahren
Fließpressen, Walzen, Extrudieren

Bild unten: Werkzeug (Pressscheibe) für das oben links abgebildete Extrusionsprofil./ Foto: Norsk Hydro ASA

FOR 7
Zugdruckumformen

Mit Zugdruckumformen wird eine Gruppe von Fertigungsverfahren bezeichnet, bei denen die Formgebung, ausgehend von blechförmigen und flachen Zuschnitten, durch Zug- und Druckkräfte erfolgt. Zu diesen Verfahren zählen das Tiefziehen, das Sonderverfahren »Superforming«, die ***Hochgewindigkeitsumformtechniken***, das Durchziehen, das Innenhochdruckumformen und die Drücktechnik sowie deren Varianten.

FOR 7.1
Zugdruckumformen – Tiefziehen

Tiefziehen dient zur Umformung von Blechen zu einem Hohlkörper. Die Blechdicke verringert sich nur wenig.

Verfahrensprinzip
Ein ***Niederhalter*** fixiert den Blechzuschnitt auf dem Tiefziehwerkzeug. Die Formgebung erfolgt durch Zugdruckbeanspruchung des Blechs mit Hilfe eines Stempels, der das Material in die Öffnung der ***Matrize*** zieht. Ein optimaler Tiefziehprozess ergibt sich, wenn der Spalt zwischen Stempel und Werkzeug etwas größer als die Blechdicke des verwendeten Zuschnittes ist. Bei zu kleinem ***Ziehspalt*** müssen hohe Zugkräfte aufgebracht werden, ein zu großer Spalt führt zu unschöner Faltenbildung.
Um Risse zu vermeiden, werden starke Umformungen in einem ***mehrstufigen Tiefziehprozess*** durchgeführt. Zwischen den einzelnen ***Tiefziehschritten*** kann eine Zwischenerwärmung erfolgen. Unter ***Ziehverhältnis*** versteht man das Verhältnis von Ausgangsdurchmesser zu Werkstückdurchmesser.

Ziehverhältnisse (DIN 9870)

Ziehstufen

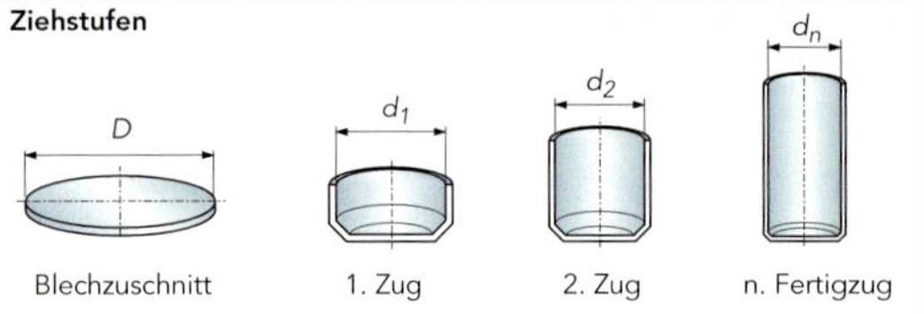

Ziehverhältnisse (DIN 9870) $\beta_1 = \frac{D}{d_1}$ $\beta_2 = \frac{d_1}{d_2}$ $\beta_n = \frac{d_{(n-1)}}{d_n}$

Erreichbare Ziehverhältnisse (β)

Werkstoff	**mögliches Ziehverhältnis** Erstzug β_1	Weiterzug ohne Zwischenglühen β_2	Weiterzug mit Zwischenglühen β_2
Fe P01 A (USt 13)	1,8	1,2	1,6
RRSt 14	1,9	1,3	1,7
X5 Cr Ni18 9	2,0	1,2	1,8
CuZn 37 F30	2,1	1,4	2,0
EN AW-Al 99,5	1,9	1,4	1,8
Ti 99,7	1,9	–	1,7

Abb. 66: nach [8]

Die erreichbaren Ziehverhältnisse sind abhängig von Material, Dicke des Blechs, Höhe der Niederhalterkraft und Radien von Tiefziehteil und Stempelkante. Die Verwendung von Schmierstoffen kann den Prozess positiv beeinflussen. Werden mit dem Tiefziehverfahren Durchbrüche oder kragenförmige Geometrien erstellt, spricht man vom ***Kragenziehen***.

Prinzipien des Tiefziehens

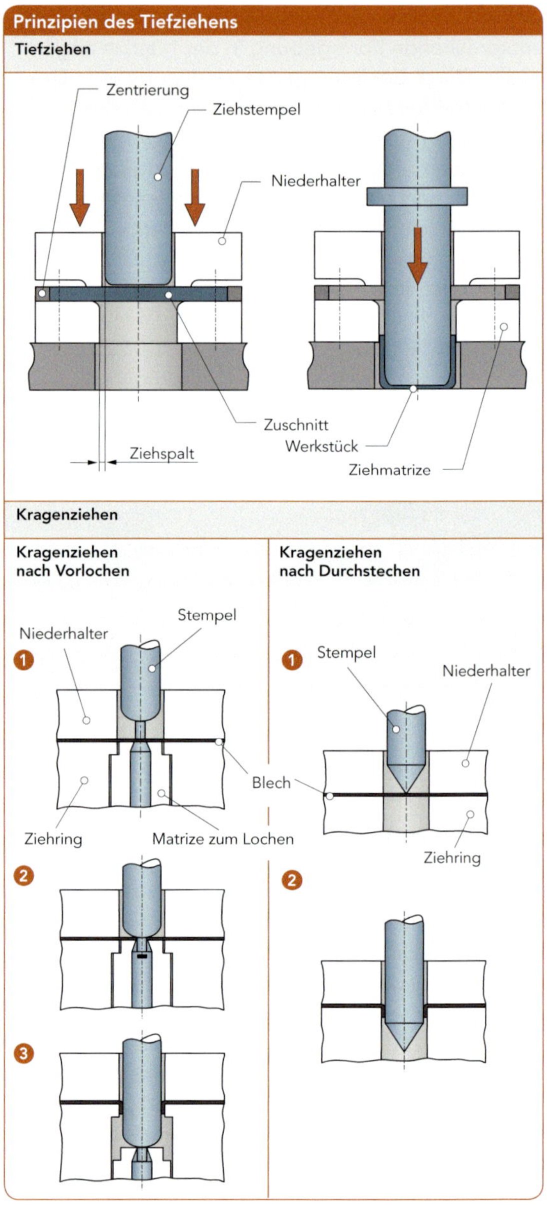

Abb. 67: nach [21]

Eine nicht unbedeutende Verfahrensvariante ist das Tiefziehen durch elastische Werkzeuge oder Wirkmedien (z. B. Flüssigkeiten). Über ein entsprechendes Medium wird eine sich gleichmäßig am Blechzuschnitt verteilende Gegenkraft erzeugt, die größere Tiefziehverhältnisse als beim konventionellen Verfahrensablauf ermöglicht. Dadurch wird die Anzahl der Arbeitsschritte verringert. Auch komplizierte Bauteilgeometrien können in wenigen Stufen oder in nur einem Prozessschritt gefertigt werden. Allerdings muss eine höhere Tiefziehkraft als beim konventionellen Verfahrensprinzip aufgebracht werden.

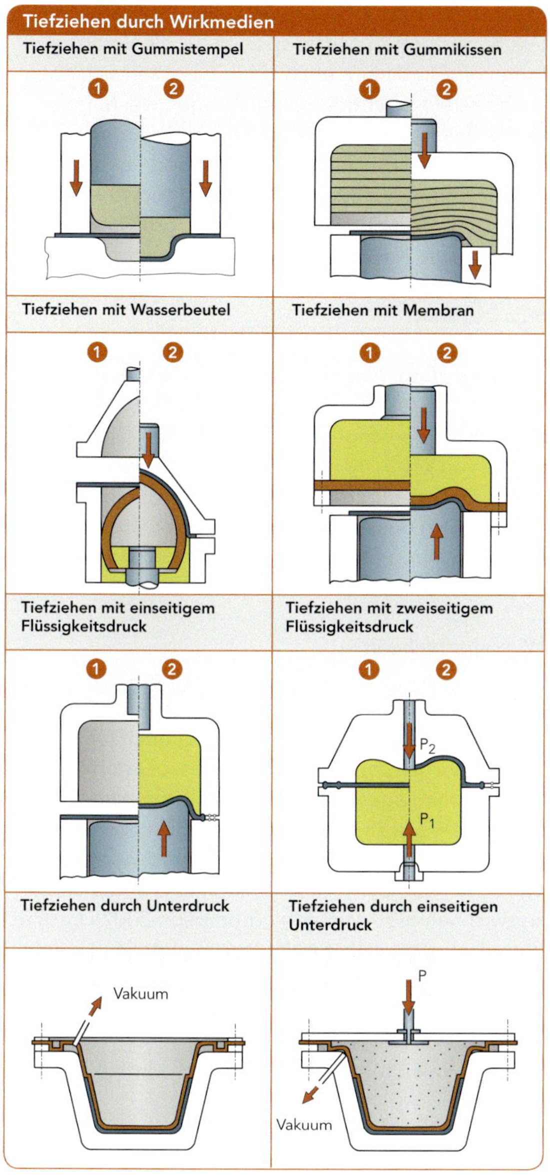

Abb. 68: nach [21]

Materialien und Anwendung

Tiefziehen ist eines der wichtigsten Verfahren zur Herstellung von Blechteilen. Vor allem kommt das Verfahren in der Automobil- und Verpackungsindustrie zur Anwendung. Unterschiedliche Stähle, Aluminium, Nickel, Kupfer und Zink können tiefgezogen werden. Edelmetalle wie Platin, Gold und Silber besitzen ebenfalls gute Tiefzieheigenschaften (König 1992).

Auch thermoplastische Kunststoffe lassen sich in erwärmtem Zustand verarbeiten (z. B. Joghurtbecher). Man spricht in diesem Zusammenhang auch vom *Thermo-* oder *Streckformen*. Thermoplastische Werkstoffe lassen sich im zähweichen Zustand leicht verarbeiten. Dies wird bei Kunststoffen lediglich unter Erzeugung eines Unterdrucks erreicht.

Bild links: Trinkbecher aus PS hergestellt durch Streckumformung./ Foto: PAPSTAR

Fehler beim Tiefziehen und deren Ursachen

Fehler	mögliche Ursachen
Risse am Boden	zu geringer Ziehspalt, fehlerhaftes Material, zu große Niederhaltekraft
Falten	zu geringe Niederhaltekraft
Ziehriefen	zu geringer Ziehspalt, Verschleißspuren am Ziehring, zu wenig Schmierung

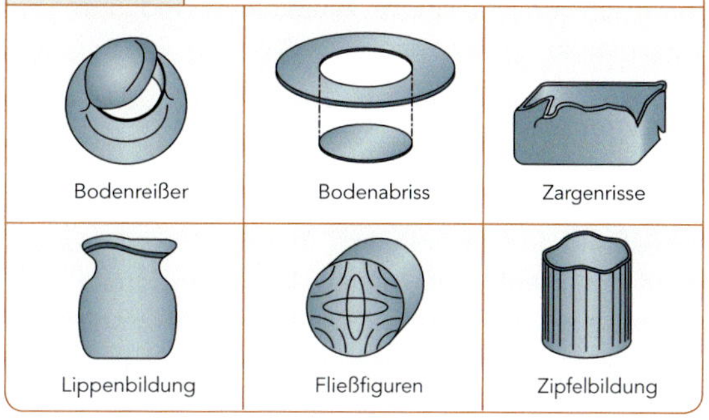

Abb. 69: nach [8, 21]

Bauteilgrößen, Nachbearbeitung, Genauigkeit

Durch Tiefziehen können mittlere bis hohe Genauigkeiten erzielt werden. Das Verfahren weist eine hohe Reproduktionsgenauigkeit auf. Der Nachbearbeitungsaufwand ist gering. Wichtige Einflussgrößen auf die Fertigungsgenauigkeit sind die Werkzeuggeometrie, das besondere Werkstoffverhalten und die Eigenschaften der gewählten Maschine. Bauteile in einer Größe von einigen Zentimetern bis zu wenigen Metern können geformt werden. Sie lassen sich mit konventionellen Verfahren (z. B. Kleben, Schweißen, Drehen, Fräsen) weiterverarbeiten.

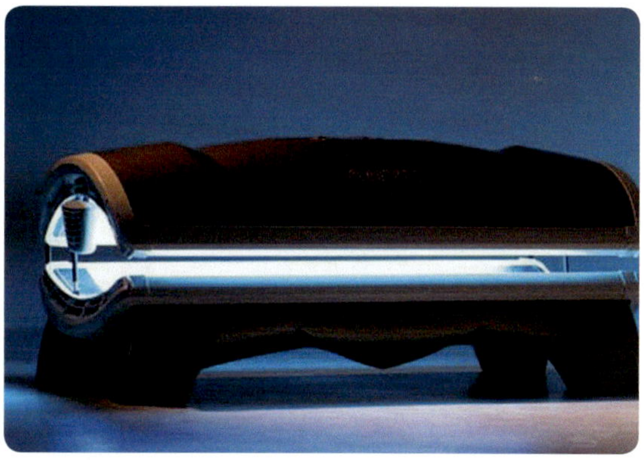

Bild: Sonnenbank mit großflächigen Tiefziehteilen./ Entwicklung und Foto: MMID

Wirtschaftlichkeit

Tiefziehen ist ein klassisches Verfahren der Massenfertigung. Es lässt aber auch die Verarbeitung von Metallen in besonderen Bereichen (z. B. Luftfahrtindustrie) der Kleinserienproduktion zu. Die Wirtschaftlichkeit wird durch die Werkzeugkosten und die Anzahl der Tiefziehschritte bestimmt. Im Kunststoffbereich sind die Kosten für Werkzeuge meist niedrig. Deshalb rechnet sich das Tiefziehen hier auch für Kleinserien. Zur Bearbeitung polymerer Werkstoffe können Formwerkzeuge aus Aluminium günstig gefertigt werden.

Alternativverfahren

Spritzgießen, Druckgießen

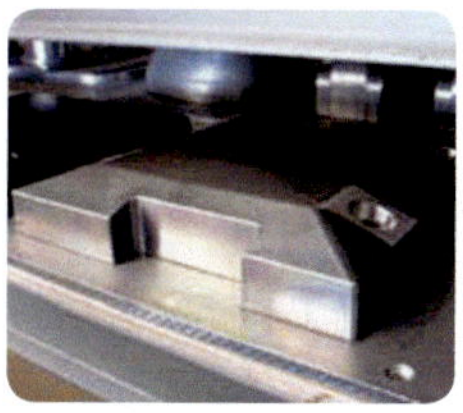

Bild: Tiefziehwerkzeug.

Bild: Tiefgezogenes Kunststoffbauteil.

Bild: Fertiges Bauteil mit bearbeiteten Konturen und Aussparungen.

Hersteller: Froli

FOR 7.2
Zugdruckumformen – Superformen

Superformen ist eine Verfahrensvariante der Tiefziehtechnik zur Herstellung besonders großer Bauteile und Werkstücke aus Aluminium und Verbundwerkstoffen. Der Begriff stammt vom britischen Unternehmen »Superform Aluminium« und ihrer Schwesterfirma »Superform USA«.

Verfahrensprinzip
Superformen ist ein Heißformprozess, bei dem ein Aluminiumblech auf 450 bis 500 °C erhitzt und anschließend durch Hohlraum-, Blasen-, Gegendruck- oder Membranformen in eine dreidimensionale Geometrie überführt wird. Die Prozessparameter sind abhängig von den Materialeigenschaften und der Stärke des Blechs. Beim Hohlraumformen wird die Formveränderung durch das Aufbringen eines Überdrucks erzeugt. Drücke zwischen 1-30 bar sind hier üblich (Thompson 2007). Während das Blasenformen analog zum Thermoformprozess mit der einseitigen Erzeugung eines Vakuums arbeitet, wird das Blech beim Gegendruckformen beidseitig mit Druck beaufschlagt, um den Umformprozess besser zu kontrollieren. Das Membranformen wurde entwickelt, um schwer umzuformende Aluminiumwerkstoffe zu verarbeiten. In dem Hochdruckprozess wird zunächst ein leicht zu verarbeitendes Aluminiumblech verformt, welches das eigentliche Werkstück dann in die Form presst.

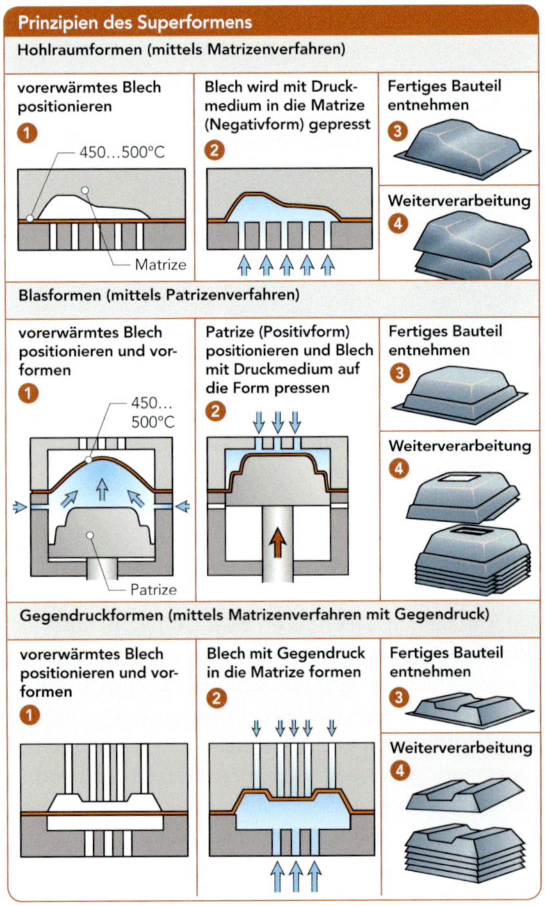

Abb. 70: nach [5, 41]

Materialien und Anwendung
Das Superformen wurde speziell für die Verarbeitung von Aluminium entwickelt. Es lassen sich aber auch andere Leichtmetalllegierungen wie Magnesium oder Titan verarbeiten. Die Anwendungsbereiche liegen vor allem in der Luft- und Raumfahrtindustrie und im Fahrzeugbau. Produktbeispiele sind Fahrräder, Computertomographen, großformatige Möbel sowie Karosseriekomponenten von Zügen. Auch aus der Architektur sind supergeformte Bauteile bekannt.

Bauteilgrößen, Nachbearbeitung, Genauigkeit
Durch Superformen können Bauteile mit einer maximalen Kantenlänge von etwa 4 Metern und einer Stärke von bis zu 10 mm verarbeitet werden (Lefteri 2007). Die erzielbaren Oberflächenqualitäten sind exzellent, so dass nur ein geringer Nachbearbeitungsaufwand entsteht. Toleranzen von weniger als einem Millimeter können eingehalten werden.

Wirtschaftlichkeit
Das Verfahren ist für kleinere bis mittlere Losgrößen von wenigen hundert bis einigen Tausend Stück ausgelegt. Es eignet sich aber auch für die Massenproduktion. Das Investitionsvolumen für Superformanlagen und die Herstellungskosten für die Werkzeuge sind hoch, aber vergleichbar mit anderen Umformtechniken. Der Umformvorgang dauert je nach Bauteilkomplexität und Materialstärke zwischen 5-20 Minuten (Thompson 2007). Großer Vorteil ist, dass selbst komplexe Formteile in einem Bearbeitungsschritt hergestellt werden können.

Alternativverfahren
Stanzen, Vakuumformen, Hochgeschwindigkeitsumformen

FOR 7.3
Zugdruckumformen – Durchziehen

Verfahrensprinzip
Ziehen bezeichnet ein Verfahren, in dem Rohlinge, die in ihren Abmaßen bereits denen des Bauteils ähnlich sind, über ***Durchziehen*** durch eine Werkzeugöffnung geformt werden. Die Bauteilgeometrie wird von der Geometrie des Werkzeugdurchgangs bestimmt. Ein Führungsdorn im Innern hohler Bauteile kann während des Fertigungsprozesses behilflich sein. Das Verfahren weist einen sehr guten Materialausnutzungsgrad auf. Bei der Verarbeitung von Stabmaterial werden ***Ziehbänke*** verwendet.

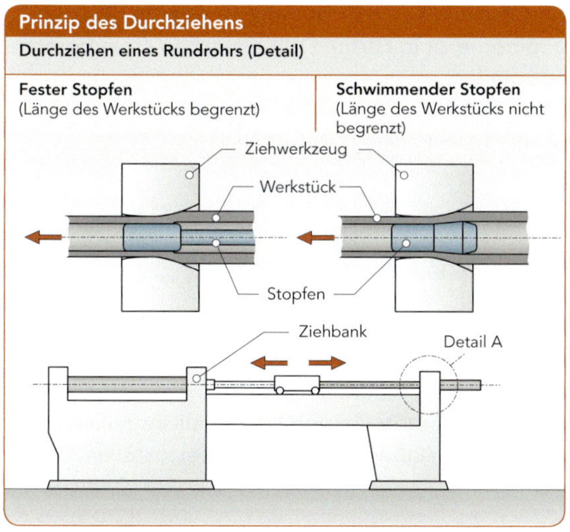

Abb. 71: nach [8, 48]

Materialien und Anwendung
Ziehen oder Durchziehen kommt dann zur Anwendung, wenn runde Geometrien wie Rohre und Drähte unterschiedlicher Durchmesser mit guten Oberflächenwerten erzeugt werden sollen. Neben dem industriellen Bedarf nach derartigen Formteilen (z. B. Hydraulikleitungen oder Präzisionsrohre) ist vor allem das Schmuckhandwerk zu nennen. Hier wird häufig besonders dünnes Drahtmaterial aus edlen Metallen (z. B. Gold, Silber) benötigt, das in den erforderlichen Abmaßen im Handel nicht erhältlich ist. Der optimalen Werkstoffausnutzung wird gerade bei hochwertigen Materialien ein hoher Stellenwert beigemessen.

Bauteilgrößen, Nachbearbeitung, Genauigkeit
Sehr gute Reproduktionsgenauigkeiten sind für das Verfahren charakteristisch. Die Oberflächen weisen gute Qualitäten auf, so dass der Nachbearbeitungsaufwand meist gering ist. Beim ***Drahtziehen*** werden Anfangsquerschnitte von minimal 5 mm bis maximal 30 mm Durchmesser auf Enddurchmesser von bis zu 0,03 mm gezogen. In Sonderfällen sind sogar noch kleinere Abmaße möglich. Die Ziehlängen konventioneller Ziehbänke liegen zwischen 5 m und 15 m (Witt 2006).

Wirtschaftlichkeit
Das Verfahren kommt sowohl in der Serienproduktion als auch zur Fertigung von Kleinenserien oder Einzelteilen zur Anwendung. Die Investitionskosten für Werkzeuge und Ziehbänke sind niedrig.

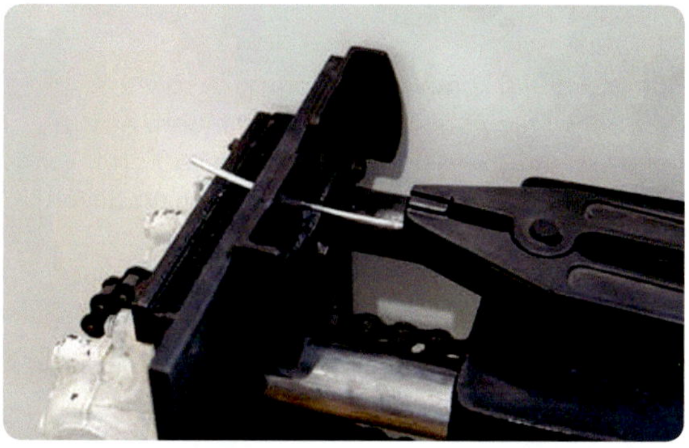

Bild: Ziehbank.

Alternativverfahren
Walzen , Rundkneten

Bilder unten: Ziehwerkzeuge für unterschiedliche Geometrien und Größen.

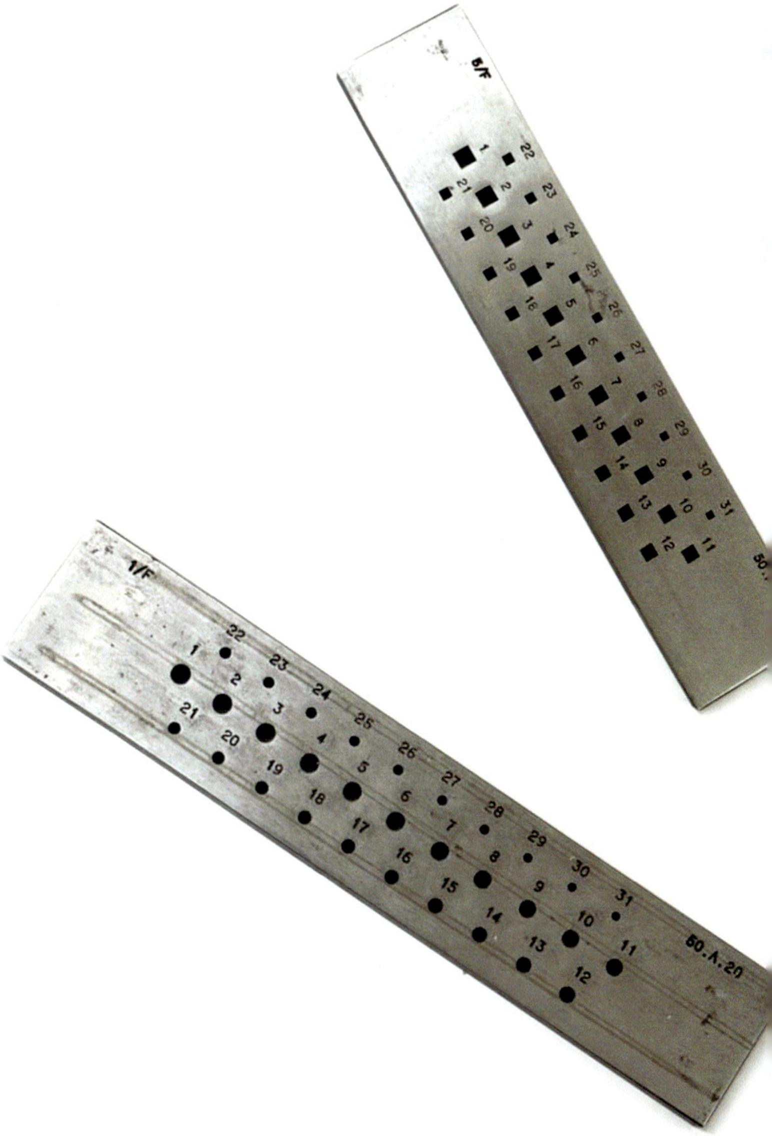

FOR 7.4
Ziehen – Gestaltungsregeln

Zur komplikationsfreien und wirtschaftlichen Nutzung der Ziehtechniken, insbesondere des Tiefziehens, sollten folgende Hinweise Beachtung finden (Fritz, Schulze 1998):

Komplexe und komplizierte Formteile sowie asymmetrische Geometrien sind zu vermeiden. Ausgehend von einer Kreisform als einfachster Form, kann die Verhältniszahl x zur Kostenabschätzung davon abweichender Formen genutzt werden.

Bild: Computermausgehäuse hergestellt durch Tiefziehen mit einseitigem Flüssigkeitsdruck (wirkmedienbasiertes Blechumformungsverfahren »HydroMec«)./ Institut für Umformtechnik und Leichtbau, Dortmund

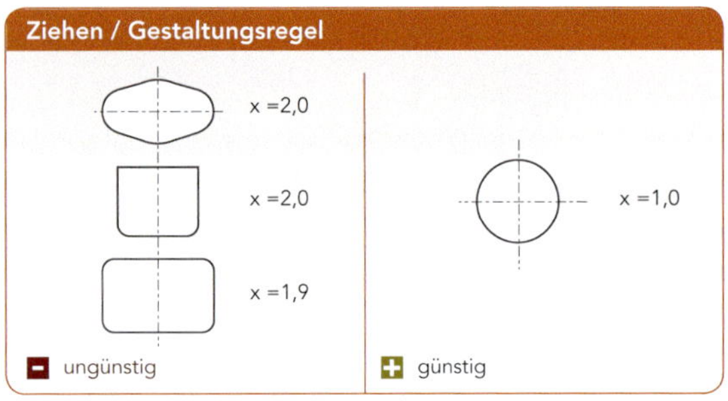

Abb. 72: nach [14]

Ebene Böden mit großen Bodenrundungen sind runden Böden vorzuziehen. Die günstigste Bodenrundung entspricht dem 0,15fachen des Stempeldurchmessers.

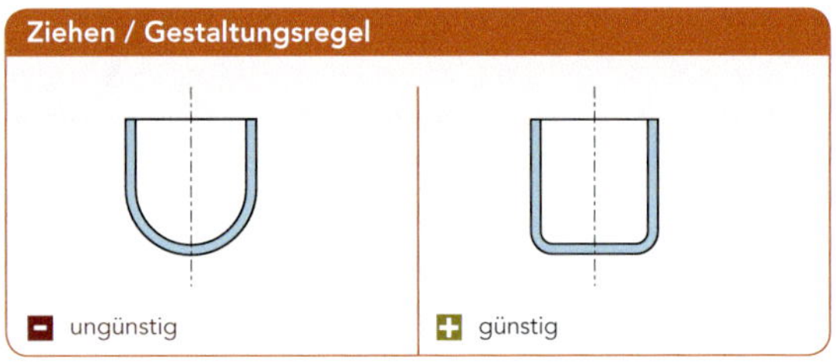

Abb. 73: nach [14]

Vertiefungen sind niedrig zu halten (h < 0,3 d). Vorzusehen sind möglichst große Radien und Schrägen.

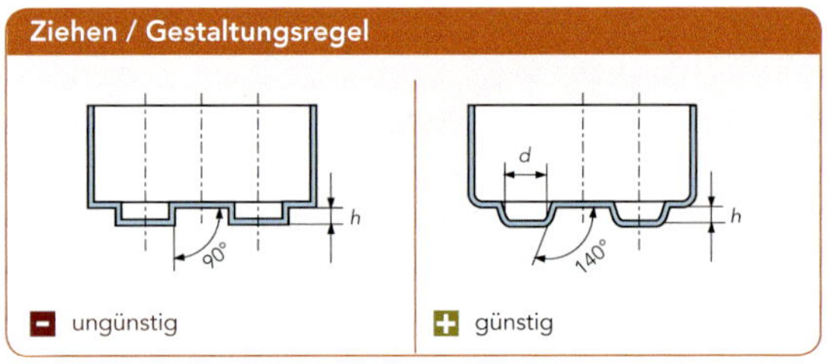

Abb. 74: nach [14]

Bauchige Mantelflächen sind kegeligen und kurvigen Flächen vorzuziehen, um Faltenbildungen zu vermeiden und eine gleichmäßige Werkstoff- und Werkzeugbeanspruchung zu gewährleisten.

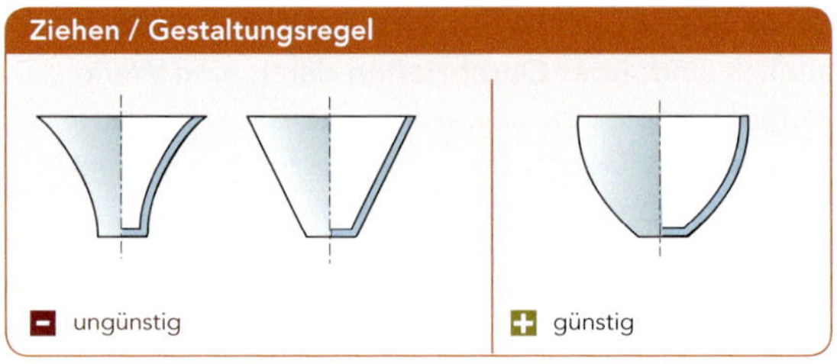

Abb. 75: nach [14]

Hinterschnitte sind nicht möglich. Die Werkstückgeometrie ist in Formen mit einfachen Grundformen aufzuteilen.

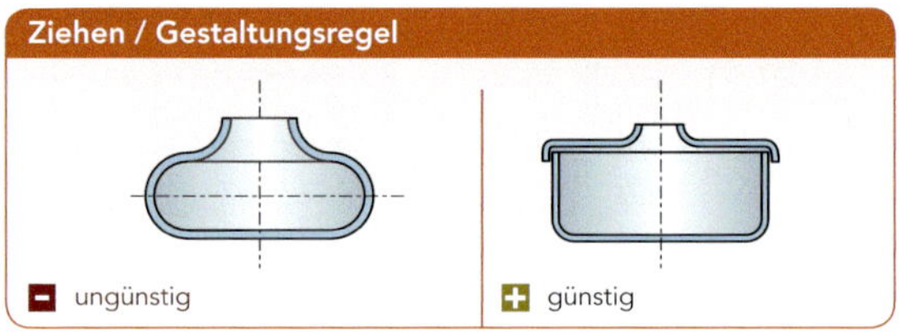

Abb. 76: nach [14]

Senkrechte Formteile sind billiger als Kegelflächen. Zudem sind Außenrollen leichter herzustellen.

Abb. 77: nach [14]

Teure Werkzeuge sind erforderlich, um tiefe Teile mit breitem Flansch herzustellen. Wirtschaftlicher ist es meist, diesen nachträglich anzubringen (z. B. durch Löten, Schweißen, Kleben).

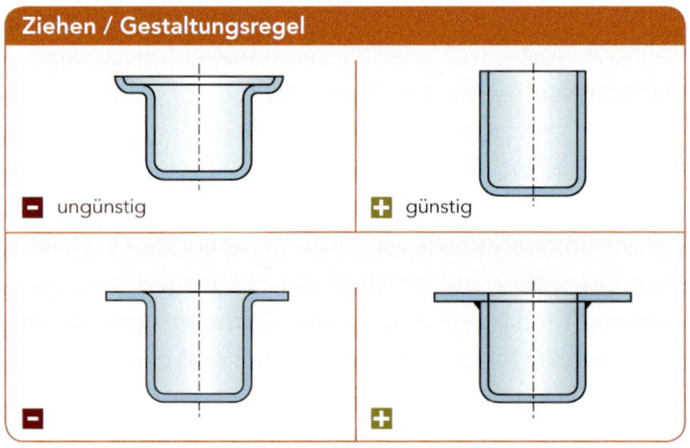

Abb. 78: nach [14]

FOR 7.5
Zugdruckumformen – Innenhochdruckformen

Das Innenhochdruckumformen ist ein relativ junges Verfahren, das insbesondere in der Automobilindustrie eingesetzt wird, um den Materialeinsatz zu verringern und Bauteile optimal für den Einsatzzweck formen zu können.

Verfahrensprinzip
Der Formgebungsprozess beim Innenhochdruckumformen resultiert aus der Druckbeanspruchung durch eine Flüssigkeit (z. B. Emulsion aus Wasser und Öl), die in einen Hohlkörper eingebracht wird. In der Regel stehen Rohrprofile als Ausgangsteile zur Verfügung. Das Hohlprofil wird zunächst in ein zwei- oder mehrteiliges Werkzeug eingelegt, das die Bauteilendform aufweist. Eine Flüssigkeit wird eingepresst und formt den Rohling in die gewünschte Geometrie. Je nach Anwendungsfall wird der Vorgang mit Pressstempeln unterstützt. Der Vorteil des Innenhochdruckformens liegt darin, dass Bauteile mit komplexen Geometrien aus einem Stück hergestellt werden können, für deren Fertigung mit konventionellen Techniken mehrere Schritte und Einzelgeometrien benötigt würden. Auf Grund der fehlenden Fügenähte und Wärmebeanspruchung kann mit dem Verfahren eine sehr hohe Festigkeit und Steifigkeit erzielt werden. Darüber hinaus sind Geometrien herstellbar, die strömungstechnische Vorteile aufweisen und somit die Beförderung von Gasen und Flüssigkeiten unterstützen.

Prinzip des Innenhochdruckformens

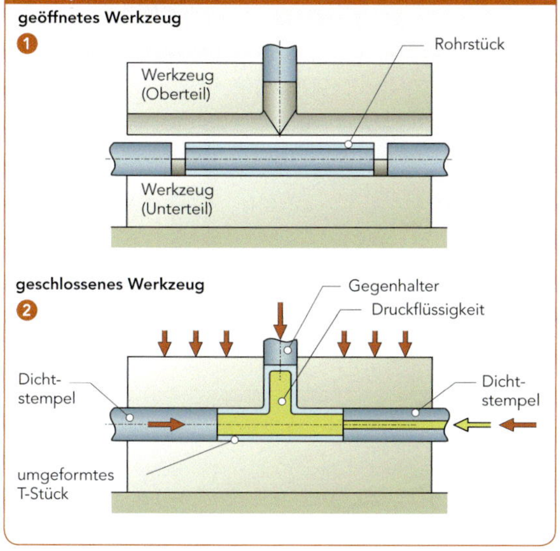

Abb. 79: nach [8]

Bild rechts: Fitting aus Kupfer, hergestellt durch Innenhochdruckformen (Rohrkuppe muss noch abgetrennt werden).

Materialien und Anwendung
Das Verfahren wurde entwickelt, um die Zahl der Fertigungsschritte sowie Formteile und somit die Herstellkosten von Bauteilen mit komplexen Geometrien zu senken. Wegen der hohen Drücke ist es allerdings auf den Metallbereich beschränkt. Typische durch Innenhochdruckformen gefertigte Produktbeispiele sind Komponenten für das Abgassystem von Fahrzeugen (z. B. Krümmer, Katalysatoren) oder andere typische, auf Rohrprofilen basierende Bauteile wie Gepäckträger oder Fahrradrahmen. Bauteile in der Abgasdüse der europäischen Trägerrakete Ariane 5 werden mittels Innenhochdruckumformen hergestellt. Architekten der ETH Zürich haben in 2008 eine flexible Variante der Technik für die Möbelindustrie entwickelt, die ganz ohne aufwändige Werkzeuge und Stempel auskommt und komplexe Hohlgeometrien unter Verwendung von Druckluft erzeugt. Auf einer Laserschneidanlage werden zunächst die Bleche vorgeschnitten und an den Rändern zusammengeschweißt. An einer Öffnung bläst man anschließend Luft mit bis zu 7 bar ein und erzeugt die dreidimensionale Form.

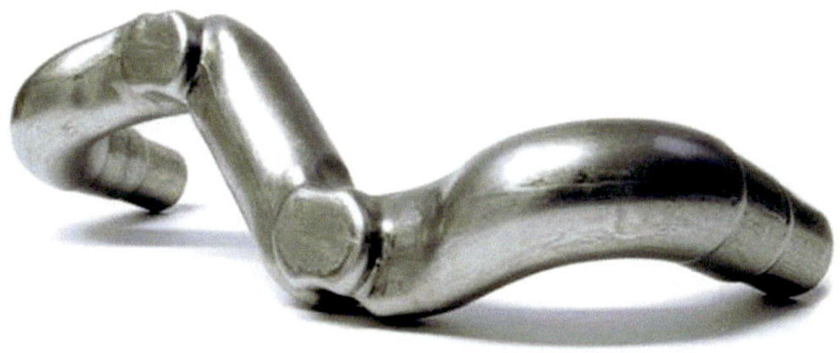

Bild: Bauteilherstellung mit dem Innenhochdruckformverfahren.

Nachbearbeitung und Genauigkeit
Mit Innenhochdruckformen werden sehr gute Qualitätswerte erzielt. Der Nachbearbeitungsaufwand der gefertigten Teile ist gering.

Wirtschaftlichkeit
Je nach Anwendungsfall können mit der Technik die Herstellungskosten komplexer Bauteile um 10-20 % gesenkt werden. Zu beachten ist allerdings, dass sich der Einsatz des Verfahrens auf Grund der hohen Investitions- und Betriebskosten erst bei hohen Stückzahlen rechnet. Kostenvorteile hat hier die freie Variante, da keine aufwändigen Formwerkzeuge benötigt werden. Die Technik eignet sich daher auch für mittlere Stückzahlen. Problem ist nur die Gewährleistung einer gleichbleibenden Qualität.

Alternativverfahren
Rundkneten, Aneinanderreihung konventioneller Verfahren wie Biegen, Drücken, Bohren, Fügen

Besonderes Rotationsformverfahren ohne Drückfutter

Hierbei werden um ihre Achse rotierende Rohrabschnitte durch CNC gesteuerte Rollen radial in Form gebracht. Die Umformung geschieht in den meisten Anwendungsfällen nur gegen die materialeigenen Kräfte des umzuformenden Werkstücks. Sie kommt somit ohne eine Werkzeugform (Drückfutter) aus.

Schritt 1: Ausgangswerkstück (z. B. Edelstahl).

Schritt 2: Erhitzen der Rohrabschnitte.

Schritt 3: Rollierende Bearbeitung.

Schritt 4: Kontrollierte Abkühlung.

Fotos: voestalpine HTI GmbH & Co. KG

FOR 7.6
Zugdruckumformen – Drücken

Drücken bezeichnet eine Umformtechnik zur Fertigung rotationssymmetrischer Hohlkörper aus einem runden blechförmigen Zuschnitt.

Verfahrensprinzip

Drücken bezeichnet eine Umformtechnik zur Fertigung rotationssymmetrischer Hohlkörper aus einem runden blechförmigen Zuschnitt. Das Blech wird mit Walzen gegen eine sich drehende Form gepresst. Dabei kommt es zwischen Walze und Drückform zum Fließen des Werkstoffs, was eine Verringerung der Wandstärke bewirkt. Der Prozess findet je nach Formteilgeometrie meist mehrstufig statt. Bei zu starker Umformung kann es zu Spannungen und in der Folge zu Rissen und Faltenbildung kommen.

Zur Zeit wird an der Entwicklung des ***Bohrungsdrückens*** als neuem Umformverfahren zur Fertigung axialsymmetrischer hohler Formteile mit Hilfe rotatorisch geführter Drückrollen und einem axial geführten Führungsstempel gearbeitet (TU Chemnitz). Im Prozess fließt das Material zwischen Stempel und Rollen. Das Bohrungsdrücken ist eine Kombination aus Drücktechnik und Fließpressen mit rückwärts orientierter Fließrichtung des Materials.

Materialien und Anwendung

Stahlbleche bis zu einer Dicke von 20 mm lassen sich drücktechnisch zu kesselförmigen Bauteilen und Produkten wie z. B. Fässern, Töpfen, Pkw-Felgen, Lampenreflektoren oder Präzisionsrohren verarbeiten. Neben Stählen können Leichtmetalle (Aluminium, Magnesium), deren Legierungen, NE-Metalle (z. B. Kupfer, Messing, Zinn, Blei) und Edelmetalle verarbeitet werden. Eine Wärmezufuhr kann den Fertigungsprozess vereinfachen und das Ergebnis verbessern (z. B. für Titan). Das Bohrungsdrücken wird in Zukunft eine kostengünstige Fertigung napfförmiger Teile und anderer Innenprofile ermöglichen.

Bauteilgrößen, Nachbearbeitung, Genauigkeit

Die erzielbare Genauigkeit wird durch die Rückfederung des Werkstücks beeinflusst, was mit einer Nachformsteuerung korrigiert werden kann. Mit einer Korrektur liegen die Toleranzen bei etwa +/- 0,2 mm. Ohne Korrektur muss je nach Bauteilgröße eine Toleranz von wenigen Millimetern einkalkuliert werden. Bauteile mit einer Größe von wenigen Zentimetern und mehreren Metern sind herstellbar. Der Nachbearbeitungsaufwand ist gering.

Wirtschaftlichkeit

Die Drücktechnologie weist eine hohe Materialausnutzung bei gleichzeitig geringen Werkzeugkosten auf und hat sich als Serienverfahren bewährt. Auch Kleinserien zwischen 700 und 1.500 Teilen sind wirtschaftlich produzierbar. Gerade bei der Herstellung von Hohlwellen weist das Bohrungsdrücken enorme Potenziale auf.

Alternativverfahren

Tiefziehen, Druckgießen, Spritzgießen

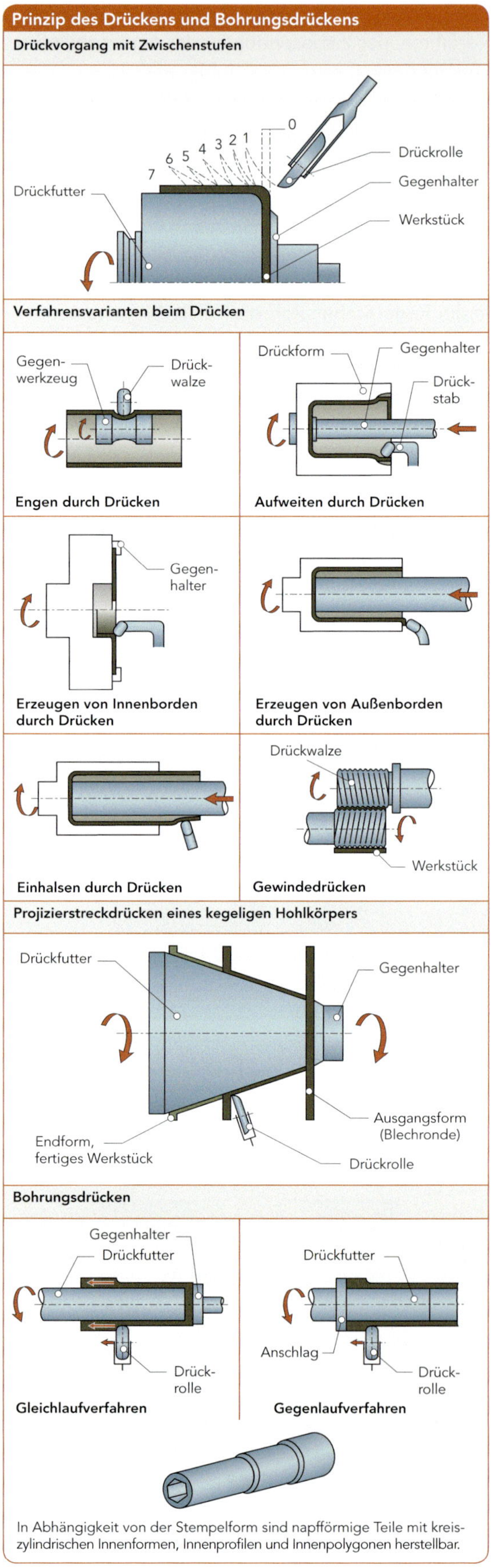

Abb. 80: nach [21]

FOR 7.7
Zugdruckumformen – Hochgeschwindigkeitsumformen

Verfahren der Hochgeschwindigkeitsumformung wie das Explosions-, das Magnet- oder das elektrohydraulische Umformen zeichnen sich im Vergleich zu konventionellen Techniken durch einen sehr schnellen Umformprozess aus. Obwohl das Explosionsumformen schon seit 100 Jahren bekannt ist, war die Anwendung seit den 60er Jahren des 20. Jahrhunderts eher auf Spezialgebiete wie der Luft- und Raumfahrt beschränkt. Durch die Vorteile bei der Herstellung komplexer Formteilgeometrien auch bei schwer zu bearbeitenden Materialien erfahren die Techniken in den letzten Jahren eine steigende Bedeutung (Klocke, König 2006).

Verfahrensprinzip
Beim Explosionsumformen wird eine Schockwelle aus einer Sprengstoffdetonation in einem Medium weitergeleitet und auf das zu bearbeitende Bauteil übertragen. Die entstehenden Kräfte sind enorm und können selbst hochfeste Werkstoffe in die gewünschte Form bringen. Diese ist als Negativ in eine Matrize eingebracht.

Die Technik der elektromagnetischen Umformung benötigt kein Wirkmedium zur Kraftübertragung. Umformkräfte entstehen durch gepulste Magnetfelder, die sich zwischen Materialoberfläche und einer Spule entladen.

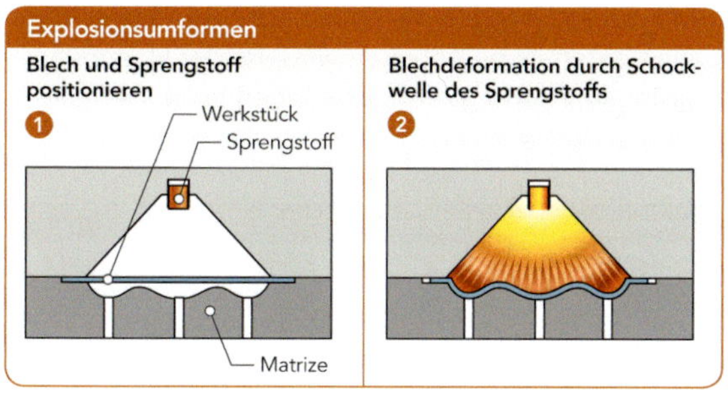

Abb. 81: nach [22]

Materialien und Anwendung
Das Explosionsumformen kommt immer dann zur Anwendung, wenn die erforderlichen Umformkräfte in konventionellen Tiefziehpressen nicht erzeugt werden können. Es gibt daher fast keine Einschränkung bei den maximalen Bauteilabmaßen. Formteilgrößen von 10 x 2 m^2 und Wandstärken von bis zu 60 mm bei Edelstahl wurden bereits erfolgreich realisiert. Durch die hohen Drücke sind komplizierte Geometrien und selbst Hinterschneidungen auch mit schwer umzuformenden Werkstoffen möglich. Aluminium, Titan und Nickel können verarbeitet werden.
Da das elektromagnetische Umformen eine Abnahme der Blechdicke mit sich bringt, wird die Technik primär für das Aufweiten und Einschnüren dünner Rohre und Profile eingesetzt. Auf diese Weise lassen sich beispielsweise unlösbare Verbindungen erzeugen FUE 3. Verarbeitet wird insbesondere Aluminium.

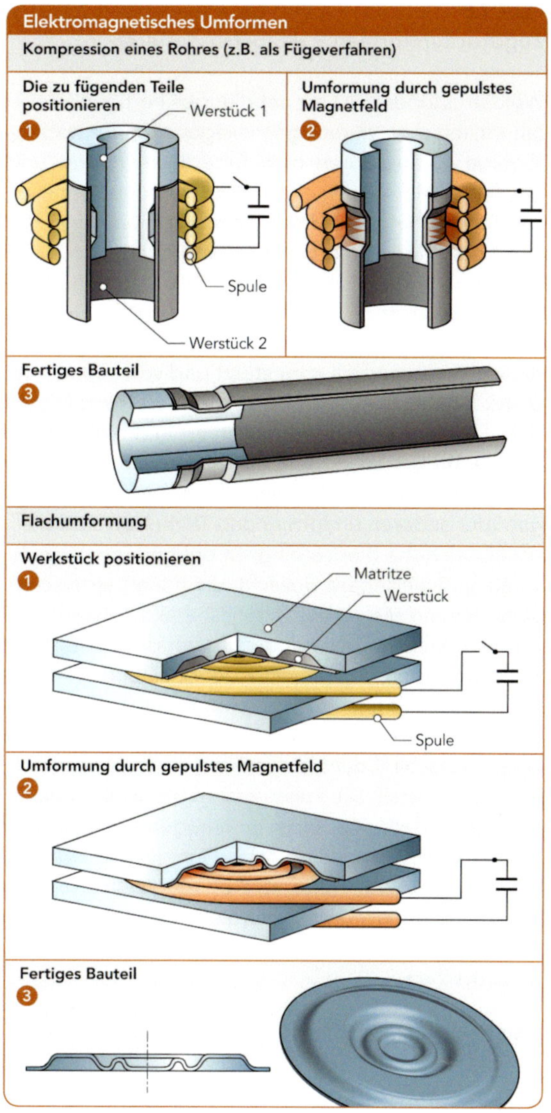

Abb. 82: nach [22]

Bauteilgrößen, Nachbearbeitung, Genauigkeit
Im Vergleich zu konventionellen Verfahren können beim Explosionsumformen sehr hohe Genauigkeiten und große Ziehverhältnisse erzielt werden. Der Nachbearbeitungsaufwand ist gering.

Wirtschaftlichkeit
Da beim Explosionsumformen die Form lediglich in eine Werkzeughälfte eingebracht werden muss, sind die Werkzeugkosten vergleichsweise niedrig. Daher wird das Verfahren auch zur Herstellung von Funktionsprototypen und Kleinserien eingesetzt. Negativ auf die Wirtschaftlichkeit wirken sich aber die strengen Sicherheitsauflagen aus. Die Rüstzeiten sind lang.

Die niedrigen Wartungskosten beim elektromagnetischen Umformen sind auf das Fehlen bewegter Teile zurückzuführen. Die Technik wird in der Serienproduktion angewendet.

Alternativverfahren
Tiefziehen, Gießen für das Explosionsumformen
Umformen durch Walzen und Aufweiten

Bionik

In der Bionik dienen biologische Strukturen und Organisationformen als Vorlage und Inspiration für technische Problemlösungen, wie das folgende Beispiel einer sehr steifen Oberflächenstrukturierung zeigt:

Bild: Tierpanzer/ Glyptodont.

Bild: Hexacan®, wölbstrukturiertes Blech einer Lebensmitteldose.*

**) Infos zu diesem Verfahren mit freundlicher Unterstützung der Dr. Mirtsch GmbH Strukturtechnik.*

FOR 7.8
Zugdruckumformen – Wölbstrukturieren

Wölbstrukturieren ist ein sehr junges Fertigungsverfahren, mit dem viereckige, hexagonale oder wabenförmige 3D-Strukturen in die Oberfläche dünner und gewölbter Materialien eingebracht werden können. Die Technik hat ihren Ursprung in der Bionik und nutzt das Prinzip natürlicher Selbstorganisation.

Verfahrensprinzip
Im Strukturierungsprozess wird gekrümmtes Material von innen partiell abgestützt und von außen mit Druck beaufschlagt. Auf Grund der Belastung faltet sich der Werkstoff energieminimiert in dreidimensionale Strukturen mit sehr hoher Formstabilität.
Die entscheidenden Vorteile des Verfahrens gegenüber anderen umformenden Techniken sind die erzielbare hohe Biegesteifigkeit bei geringer Wandstärke und niedrigem Gewicht, die hohe thermische Stabilität und die verbesserten Charakteristika zum Wärmeaustausch mit umströmenden Fluiden. Außerdem bleibt die Oberflächenqualität des Ausgangsmaterials nach dem Strukturierungsprozess erhalten. Wölbstrukturierte Materialien haben günstige akustische Eigenschaften und einen verminderten Körperschall. Die Technik ist mittlerweile soweit entwickelt, dass sich selbst Inhomogenitäten im Werkstoff nicht negativ auf den Fertigungsprozess auswirken. Bei der Weiterverarbeitung wölbstrukturierter Materialien ist im Vergleich mit anderen ebenen Profilen eine geringere Rückfederung auszumachen.

Prinzip des Wölbstrukturierens

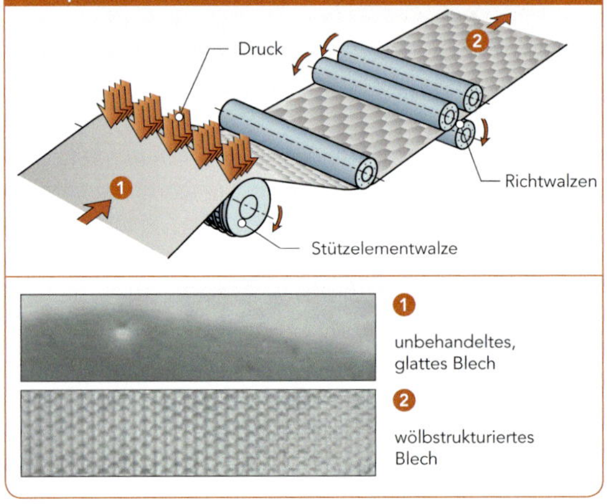

Abb. 83: nach [*]

Materialien und Anwendung
Wölbstrukturen können weitgehend unabhängig vom Werkstoff erzeugt werden. Typische Materialien sind Aluminium, Edelstahl, Kupfer und Titan. Beispielanwendungen finden sich in der Leuchten- und Automobilindustrie. Die Technologie wurde bereits erfolgreich bei Waschmaschinentrommeln, Maschinengehäusen, Lüftungskanälen, Lichtreflektoren, Fassaden und Dächern angewendet. Wölbstrukturierte Materialien haben sich außerdem für die Anfertigung eines extrem dünnen, implosionssicheren Elektronenstrahlrohrs bewährt.

An zukünftigen Anwendungen in der Verpackungsindustrie für Packmittel aus Karton, Papier, Kunststoffen, Verbundwerkstoffen und an thermischen Solarabsorbern wird derzeit gearbeitet.
Auf Grund der ästhetischen Qualitäten finden sich große Anwendungspotenziale wölbstrukturierter Oberflächen im Möbel- und Designbereich.

Bild: Wäschetrommel aus wölbstrukturiertem Blech./ Miele

Bauteilgrößen, Nachbearbeitung, Genauigkeit
Derzeit existieren zum Wölbstrukturieren Produktionsanlagen mit einer maximalen Bearbeitungsbreite von 1.200 mm. Aluminium kann bis zu einer Wanddicke von 1,2 mm und Edelstahl bis zu einer Dicke von 1 mm verarbeitet werden. Wabenstrukturen sind mit einer Schlüsselweite von 17, 33, 39 und 50 mm und einer maximalen Strukturtiefe von 5 mm herstellbar. Da die Oberflächengüte des Ausgangsmaterials beibehalten wird, ist der Nachbearbeitungsaufwand gering. Es können hohe Genauigkeiten erzielt werden.

Formsteifigkeit von strukturierten Blechen

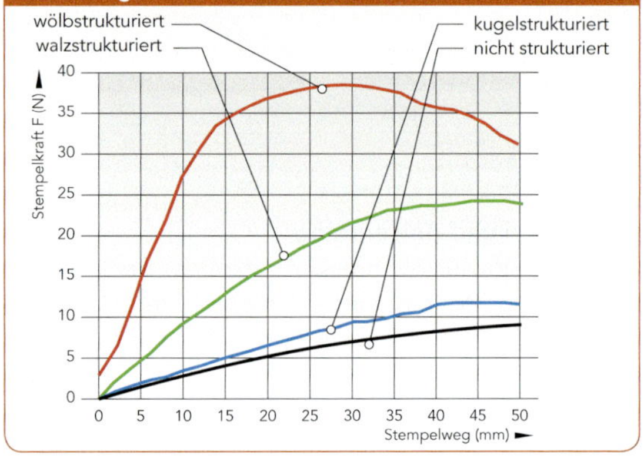

Abb. 84: nach [*]

Wirtschaftlichkeit
Das Fertigungsverfahren eignet sich für kleine Serien ebenso wie für die Produktion von großen Stückzahlen. Wölbstrukturieren schont die Umwelt, da Rohstoffe, Chemikalien, Transportgewicht und Energie eingespart werden. Ein Dienstleister bietet die Lohnveredelung von dünnwandigen Tafeln, Bändern und Blechen an.

Alternativverfahren
Walzen

FOR 8
Zugumformen – Streckziehen

Streckziehen ist das industriell wichtigste Verarbeitungsverfahren, das auf eine Zugumformung zurückzuführen ist.

Verfahrensprinzip
Die Formveränderung beim Streckziehen erfolgt hauptsächlich durch eine in den Werkstoff eingebrachte Zugbeanspruchung. Die Materialenden vorgefertigter ebener Blechzuschnitte in den unterschiedlichsten Geometrien (z. B. rechteckig, trapezförmig, oval) werden eingespannt und solange auseinander gezogen, bis das Material plastisch fließt. In diesem Zustand wird ein Stempel gegen den Werkstoff gefahren, was zu einer Abbildung der Werkzeugkontur im Material führt. Während sich die Blechdicke verringert, erhöht sich gleichzeitig die Oberfläche des Bauteils. Die Verformung kann durch Bewegung der Spannzangen beeinflusst werden (*Tangentialstreckziehen*). Je nach Komplexität der Bauteilform wird das Streckziehen in einer oder mehreren Stufen vollzogen. Durch Streckziehen gefertigte Teile weisen höhere Festigkeitswerte auf als tiefgezogene.

Bild: Streckgezogene Karosseriebauteile in der Fertigung für Mercedes./ Foto: Müller Weingarten AG

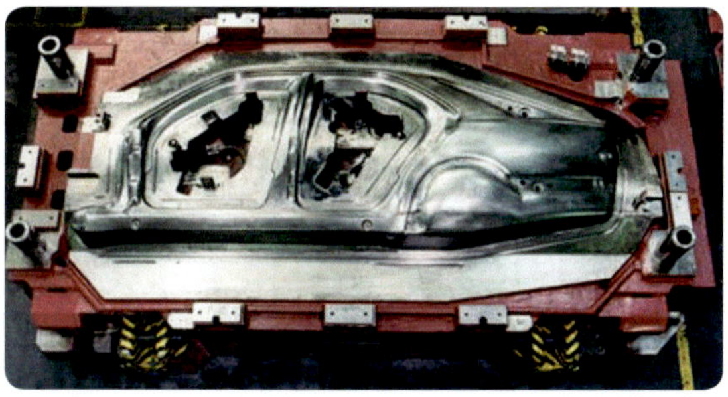

Bild: Streckziehwerkzeug für Karosseriekomponente des Mercedes./ Foto: Müller Weingarten AG

Prinzip des Streckziehens

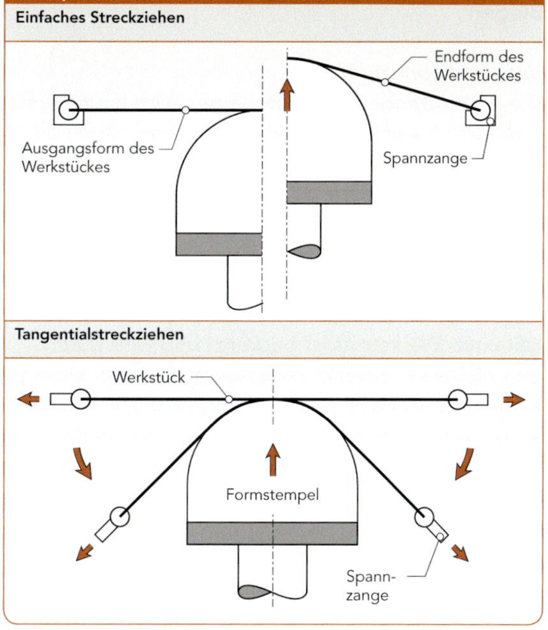

Abb. 85: nach [21]

Materialien und Anwendung
Streckziehen kommt vor allem dann zum Einsatz, wenn besonders große Bauteile gefertigt werden. Anwendungsfelder sind der Schiffbau, die Luft- und Raumfahrtindustrie sowie der Fahrzeugbau (Karosseriekomponenten). Aluminium- und Kupferlegierungen, kohlenstoffarme Tiefziehstähle und Legierungen aus Magnesium und Titan können verarbeitet werden (König 1990).

Bauteilgrößen, Nachbearbeitung, Genauigkeit
Im Streckziehverfahren werden gute Reproduktionsgenauigkeiten erreicht. Rückfederungseffekte müssen berücksichtigt werden. Bei starker Überdehnung des Werkstoffs kann es allerdings zu Rissen oder Brüchen im Material kommen. Beim Streckumformen ist mit einem gewissen Nachbearbeitungsaufwand zu rechnen. Großflächige Werkstücke können Abmaße von mehr als 50 m^2, in Einzelfällen von bis zu 100 m^2 haben (König 1990).

Wirtschaftlichkeit
Die Investitionskosten für Formwerkzeuge sind auf Grund der Größe und der aufzubringenden Kräfte hoch. Daher ist die Wirtschaftlichkeit des Verfahrens abhängig von den Werkzeugkosten in Relation zu den Bauteilstückzahlen. Zu berücksichtigen ist jedoch, dass ab einer gewissen Bauteilgröße kein anderes wirtschaftliches Alternativverfahren zur Verfügung steht.

Alternativverfahren
Tiefziehen, Drücken

FOR 9
Biegen

Verfahrensprinzip
Die Formveränderung beim Biegen wird hauptsächlich durch Biegebeanspruchung bewirkt, durch die der Werkstoff plastisch verformt wird. Die äußeren Fasern werden gestreckt, die inneren gestaucht. Der Zwischenbereich erfährt keine Maßänderung und wird als »***neutrale Faser***« bezeichnet. Unter ***Biegeradius*** wird der nach der Biegeumformung innenliegende Radius verstanden. Die Verformbarkeit eines Werkstoffs ist begrenzt und wird durch den ***Mindestbiegeradius*** bestimmt. Bei sehr kleinen Radien kann es zu Rissen und unerwünschten Querschnittsveränderungen kommen. Zur Unterstützung des Prozesses bei besonders kleinen Radien oder großen Querschnitten muss der Werkstoff erwärmt werden.

Bild unten: Mehrzweckstuhl »parlando« aus gebogenem Rohrgestell./ Hersteller: drabert GmbH/ Foto: Volker Bültmann, Petershagen/ Design: A. Kalweit, A. Pankonin, R. Wallbaum

Prinzip des Biegens

Stauchung, Streckung, neutrale Faser

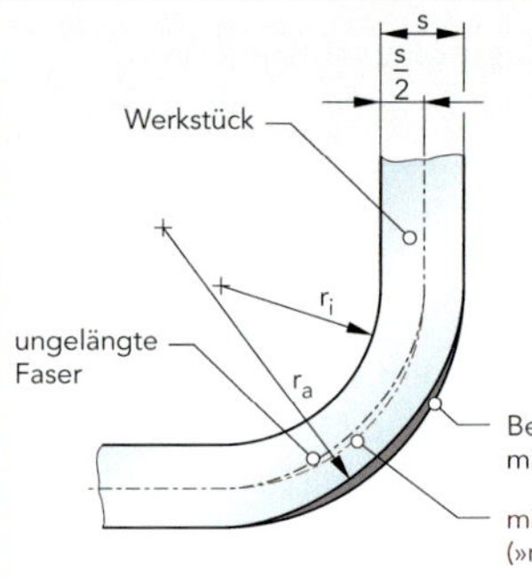

s = Materialdicke
r_i = Innenradius = Biegeradius
r_a = Außenradius

Biegeradius

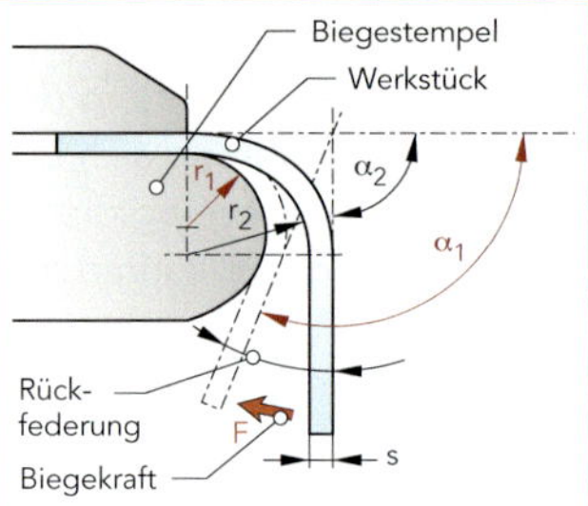

Überbiegungswinkel (α_1)

$$\alpha_1 = \frac{\alpha_2}{k_R}$$

Biegestempelradius (r_1)

$$r_1 = k_R \cdot (r_2 + 0{,}5 \cdot s) - 0{,}5 \cdot s$$

k_R = *Rückfederungsfaktor (siehe Tabelle unten)*

Mindestbiegeradius (= Innenradius)

Werkstoff	Blech	Rohr
Stahl	1 x Blechdicke	1,5 x Rohr-Ø
Kupfer	1,5 x Blechdicke	1,5 x Rohr-Ø
Aluminium	2 x Blechdicke	2,5 x Rohr-Ø
Cu-Zn-Legierung	2,5 x Blechdicke	2 x Rohr-Ø

Rückfederungsfaktoren k_R

Werkstoff der Biegeteile	Verhältnis $r_2 : s$							
	1	4	10	16	25	40	63	100
	Rückfederungsfaktor k_R							
Al 99,5 w	0,99	0,99	0,99	0,99	0,99	0,98	0,97	0,96
St 1404	0,99	0,98	0,97	0,96	0,95	0,92	0,89	0,84
St 1203	0,97	0,97	0,96	0,95	0,92	0,87	0,80	0,73
CuZn 33 w	0,97	0,96	0,94	0,91	0,87	0,85	0,80	0,67

Abb. 86: nach [8, 21]

Beim ***freien Biegen*** wird die Formveränderung durch Krafteinbringung mittels eines Stempels oder Kunststoffhammers erzielt.
Der Werkstoff wird schrittweise in die gewünschte Geometrie gebogen, wobei eine Werkzeugauflage unterstützend genutzt wird.

Schwenkbiegen bezeichnet eine Verfahrensvariante, bei der ein Ende des Bauteils fest in einer Vorrichtung eingespannt und anschließend gebogen wird. Rechteckige Bleche erfahren die Formveränderung durch eine schwenkbare Biegewange. Rohre werden in einer Rohrbiegevorrichtung über eine Rolle oder durch eine Matrize gebogen.

Die Umformung beim ***Gesenkbiegen*** erfolgt zwischen Biegestempel und Biegegesenk, das die gewünschte Geometrie abbildet. Es wird zwischen ***U-Gesenken*** und ***V-Gesenken*** unterschieden. Das Gesenkbiegen lässt sich automatisieren.

Bild: Biegematrize./ Foto: Ledder Werkstätten

Ist ein mehrstufiger Biegeprozess zur Erzielung einer gewünschten Geometrie erforderlich, können ***Biegematrizen*** eingesetzt werden. Dabei wird in einer Stempelbewegung das Bauteil in die entsprechende Form gebracht. Biegematrizen gewährleisten eine hocheffiziente Nutzung der Biegetechnik zur Produktion von Umformbauteilen. Ein bekanntes Beispiel für den Einsatz von Biegematrizen ist die Produktion von ***Büroklammern***.

Bild unten: Büroklammer.

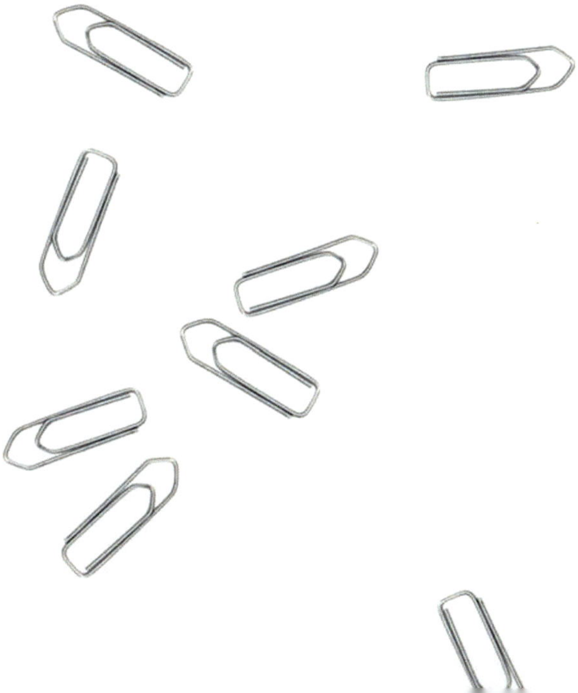

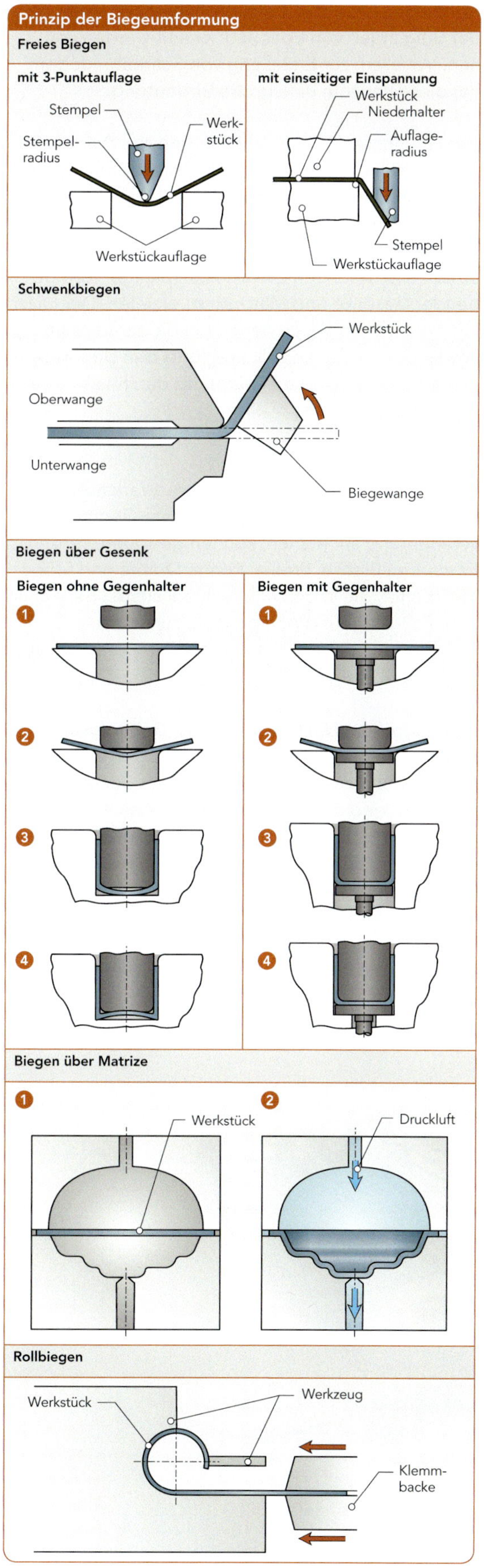

Abb. 87: nach [5, 8, 21]

Rollbiegen bezeichnet eine Verfahrensvariante, bei der Biegungen von über 360° erzielt werden können. Vor allem zur Erstellung von Schraubenfedern hat diese Variante eine große Bedeutung.

Am Fraunhofer IPT in Aachen wurde das Biegen unter Einfluss von Laserstrahlung bis zur Marktreife erforscht. Durch ***Laserstrahlbiegen*** ist es möglich, unter Einbringung von Laserenergie in einen Werkstoff eine sehr flexible Umformung in mehreren Stufen und ohne den Einsatz kostspieliger formgebender Gesenke und Matrizen zu erzielen. Der Laser fährt die Stellen ab, an denen ein Biegeradius im Werkstück entstehen soll, und führt den Umformprozess durch örtliche Erwärmung durch Laserstrahlung herbei.

Materialien und Anwendung
Metallische und andere »bildsame« Werkstoffe, die nach der Umformung die gewünschte Geometrieveränderung annehmen, können gebogen werden. Es werden Bleche, Profile, Rohre, Drähte und Stäbe verarbeitet, die in den unterschiedlichsten Bereichen (z. B. Fahrzeug- und Anlagenbau) zum Einsatz kommen. Auch Glas lässt sich bei Temperaturen von etwa 550 °C biegen GLA 2.2.2.

Bauteilgrößen, Nachbearbeitung, Genauigkeit
Zur Betrachtung der möglichen Genauigkeiten des Biegeverfahrens muss die Eigenschaft der elastischen Rückfederung des Werkstoffs beachtet werden. Um die gewünschte Formveränderung zu erzielen, muss die Federung durch Überbiegen ausgeglichen werden. Wird der Faktor der Rückfederung in die Geometrie und Biegebeanspruchung einberechnet, ist eine gute Maßgenauigkeit möglich. Die erzielbaren Bauteilgrößen reichen von wenigen Zentimetern bis in den Bereich einiger Meter.

Bild: Vorrichtung zum Bördeln einer PKW Fahrertür./ Foto: ThyssenKrupp Drauz Nothelfer GmbH

Wirtschaftlichkeit
Das Biegen gehört zu einem der am häufigsten eingesetzten Verfahren zur Umformung von Blechen und Rundprofilen. Es wird sowohl in der Massenfertigung als auch der Produktion von Kleinserien und Einzelteilen angewendet. Zur Steigerung der Produktivität kann das Biegen mit anderen Fertigungsverfahren (Schneiden, Abkanten) kombiniert werden.

Alternativverfahren
Schmieden, Walzen, Drücken, Tiefziehen

FOR 9.1
Biegen – Gestaltungsregeln

Biegen/ Gestaltungsregeln

Kleinster Biegeradius
Es ist zu beachten, dass der Biegeradius nicht willkürlich klein gewählt werden darf.

Neutrale Faser
Die gestreckte Länge des gebogenen Werkstücks ist gleich der Länge der neutralen Faser.

Rückfederung
Es ist zu beachten, dass das Biegewerkstück nur dann die beabsichtigte Geometrie erzielt, wenn es über die Höhe der elastischen Rückfederung des Werkstücks gebogen wird.

Walzrichtung
Es ist von Vorteil, Blechwerkstücke quer zur Walzrichtung zu biegen.

Abb. 88: nach [8]

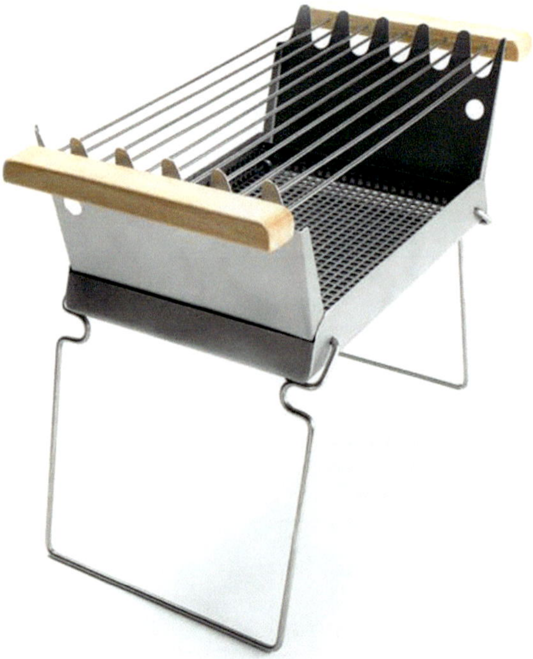

Bild links: Klappbarer Grill aus unterschiedlichen Biegeteilen./ Hersteller: Ledder Werkstätten/ Foto: Bastian Heßler Design: UNITEDDESIGNWORKERS.com

FOR 10
Generative Verfahren

Generative Verfahren wurden entwickelt, um in den frühen Phasen der Produktentwicklung eine schnelle Erstellung von Modellen, Prototypen und Vorserien für Designreviews, Funktions- sowie Ergonomietests zu ermöglichen (***Rapid Prototyping***).
Zum einen werden Modelle zu Präsentation von Entwicklungsergebnissen genutzt, zum anderen können Fehler frühzeitig erkannt werden.

Prozesskette generativer Verfahren am Beispiel einer Kunststoffrückenlehne eines Mehrzweckstuhls

Erstellung eines CAD-Modells

1

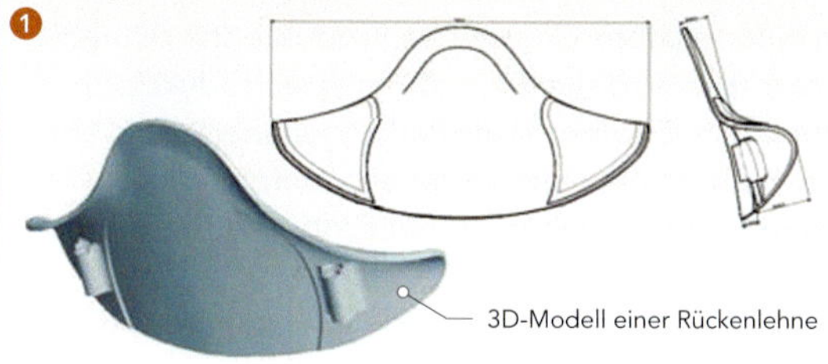

3D-Daten werden für die generativen Verfahren vorbereitet

2

- **Triangulation**
- **Slicing**
- **Prozessparameter**

} STL-Software

Fertigungsprozess

3

je nach Anforderungen an das zu erstellende Modell eignen sich unterschiedliche Verfahren:
Stereolithographie, Lasersintern, 3D-Printing, LOM…

Reinigungs- und Nachbearbeitungsprozess

4

Reinigung, Finishing und Nachbearbeitung des Musters

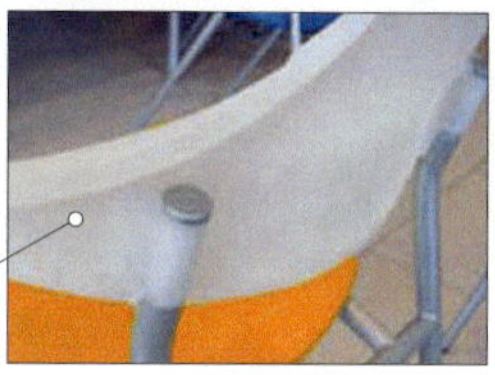

Durch generatives Verfahren erzeugtes Muster

Fertiger Prototyp

5

Das generativ erzeugte Muster dient als Basis für ein Vakuumgussverfahren, mit der in kleiner Auflage erste Modelle gefertigt werden können, die dem späteren Serienmaterial bezüglich der Materialeigenschaften nahe kommen und bemustert werden können.

Rückenlehne aus PP

Abb. 89

Ausgehend von CAD-Daten, die als vollständige 3D-Geometrieinformationen vorliegen müssen, wird ein schichtweiser Aufbau durch unterschiedliche Verfahrensprinzipien (z. B. Lasersintern, Stereolithographie) ermöglicht. Da keine Formen benötigt werden, weisen generative Verfahren bezüglich der Formmöglichkeiten eine mit keiner anderen Technik vergleichbare hohe Flexibilität auf.

Das verwendete 3D-CAD-Programm muss verfahrensbedingt über eine ***STL-Schnittstelle*** verfügen. Die Bauteilflächen werden innerhalb dieses Formats zunächst über Dreiecke angenähert (*Triangulation*). Mit einer gesonderten Software werden anschließend die ***STL-Daten*** in die für generative Verfahren erforderlichen Schichtinformationen (***SLI-Daten***) umgerechnet (***Slicing***). Diese werden zur exakten Maschinenansteuerung benötigt. Die hierfür verwendete Software ist von den Anlagenherstellern erhältlich und wird beim Kauf mitgeliefert. Über Prozessparameter (z. B. Lasergeschwindigkeit beim SLS) können Herstelldauer und Oberflächenqualität entscheidend beeinflusst werden. Je nach Verfahrensprinzip ist eine abschließende Reinigung und Nachbearbeitung erforderlich.

Bei der Zusammenarbeit mit einem Dienstleister ist es lediglich erforderlich, vollständige STL-Daten eines 3D-Objekts zu liefern. Alle weiteren Prozessschritte werden vom Dienstleister übernommen, der auch die abschließende Nachbearbeitung und Reinigung der Bauteile übernimmt.

Eine Vielzahl unterschiedlicher schichtweise generativer Verfahrensprinzipien und Anlagentypen sind bekannt, die sich hinsichtlich der verarbeitbaren Materialien, ihrer Prinzipien sowie der erzielbaren Bauteilgrößen und -qualitäten voneinander unterscheiden. Zu den am häufigsten genutzten Techniken zählen die Stereolithographie (SL), das Lasersintern (LS), das Fused Deposition Modelling (FDM), das Laminated Object Manufacturing (LOM) sowie das Three Dimensional Printing (3D-P) oder das 3D-Plotten. Der erste »Fabber« mit dem Ziel einer individuellen Bauteilproduktion in den heimischen 4 Wänden ist seit Ende 2006 verfügbar FOR 11.

Bild unten: Generativ erzeugtes Geometriemodell für eine Rückenlehne eines Mehrzweckstuhls.

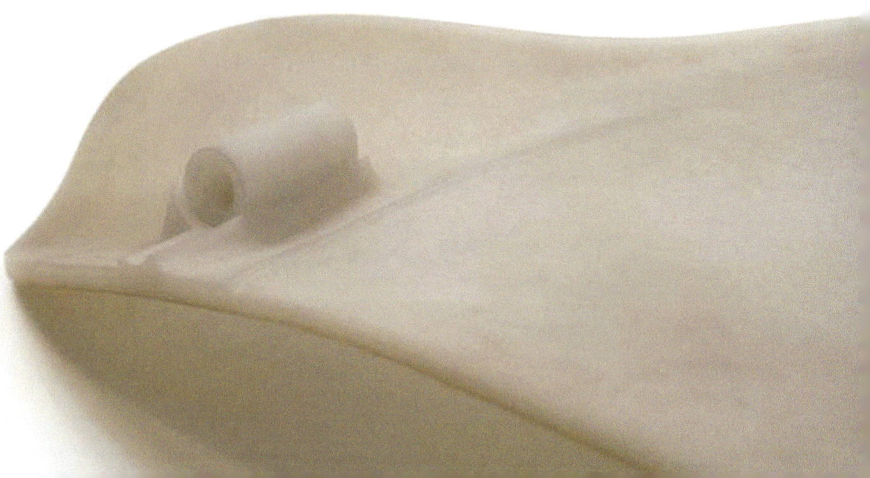

FOR 10.1
Gestaltungsregeln und Prototypenarten

Auf Grund des formlosen Erstellungsprinzips sind bei den schichtweise generativen Verfahren keine Gestaltungsregeln zu beachten. Jedoch gibt es verfahrensbedingte Besonderheiten, die die Herstellung eines Bauteils beeinflussen können. Vor allem vor dem Hintergrund der zu erzielenden geometrischen Komplexität der benötigten Bauteilstückzahl sowie des verwendeten Materials weisen schichtweise generative Verfahren unterschiedliche Eignungen auf.

Bild: Rapid Tool für den Kunststoffspritzguss einer Computermaus. Das Verfahren eignet sich für eine erste Vorserie oder zur Produktion kleiner Stückzahlen. Hinterschnitte werden nicht mit automatischen Schiebern sondern mit manuell eingelegten Losteilen realisiert./ Design der Computermaus: Dr. Sascha Peters./ Foto: Adelheid Peters./ Quelle: Frauenhofer Institut

Schichtweise generative Verfahren werden bislang fast ausschließlich zur Anfertigung von Prototypen eingesetzt, um während eines Produktentwicklungsprozesses Ergebnisse abzubilden und zu verifizieren. Die Wahl des generativen Verfahrens wird bestimmt durch die Höhe der Kosten und den erforderlichen Annäherungsgrad des Entwicklungsergebnisses durch den Prototypen in den einzelnen Produktentwicklungsphasen.

Grundsätzlich werden folgende Prototypenarten unterschieden (Bonten 2003):

1. Konzeptmodell
2. Geometrieprototyp
3. Funktionsprototyp
4. Technischer Prototyp

Unter einem ***Konzeptmodell*** versteht man ein dreidimensionales Modell, mit dem ein Produktkonzept, bezogen auf Erscheinung und Proportion, visualisiert wird. Es gibt keine funktionalen, mechanischen oder werkstoffspezifischen Anforderungen wider. Daher wird auf den letztendlichen Serienwerkstoff verzichtet. In der frühen Produktentwicklungsphase sind Konzeptmodelle notwendig, um neben zweidimensionalen Darstellungen die rechnergestützten Entwürfe dreidimensional »begreifbar« werden zu lassen. Grobe Entwicklungs- und Gestaltungsfehler können in einem sehr frühen Entwicklungsstadium, in dem noch wenige Kostenfaktoren des Endprodukts festliegen, erkannt und behoben werden.

Bild: Funktionsprototypen – Tasten für ein medizinisches Gerät.

Kosten und Produktkostenfestlegung in den einzelnen Entwicklungsstufen

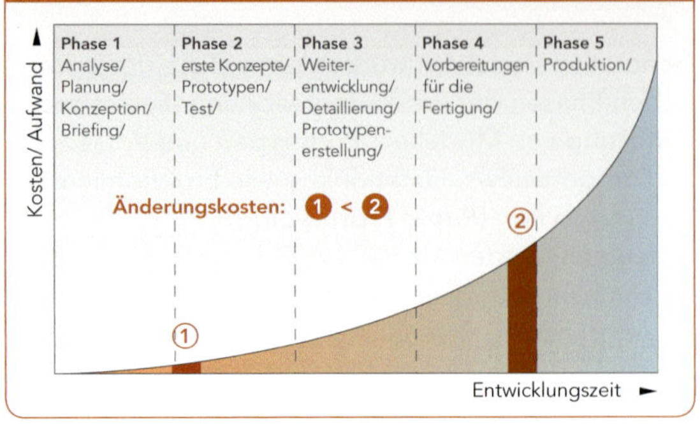

Abb. 90: nach [15, 37]

In einer späteren Phase des Produktentwicklungsprozesses wird die exakt definierte Produktform durch ein ***Geometriemodell*** angenähert. Es dient zur Prüfung der Haptik und ergonomischer Qualitäten. Die Bedienbarkeit der Produktform soll grob verifiziert werden. Geometriemodelle (auch als Design- und Ergonomiemodelle bekannt) werden noch nicht in einem der späteren Serie ähnlichen Werkstoff hergestellt. Sie entsprechen allerdings in der Qualität der gewünschten Oberfläche und im Detaillierungsgrad dem Serienprodukt, da sie oftmals zu Präsentationszwecken Verwendung finden.

Die Prüfung der Funktionsfähigkeit eines Produkts erfolgt an Hand eines ***Funktionsprototyps***. Dieser muss zu einem großen Teil die späteren Produkteigenschaften repräsentieren. Neben der Durchführung von Montage- und Einbauversuchen wird der Funktionsprototyp auch den späteren mechanischen und thermischen Beanspruchungen ausgesetzt, um gegen Ende der Ausarbeitungsphase Fehler in Konstruktion und Materialauswahl beheben zu können. Der verwendete Prototypwerkstoff muss sich daher dem Serienwerkstoff in Dichte, Festigkeit und Temperaturbeständigkeit annähern und einzelne dynamische Funktionen über einen gewissen Zeitraum ermöglichen.

Technische Prototypen werden nach Möglichkeit im serienidentischen Material angefertigt und repräsentieren fast alle Eigenschaften des Endprodukts. Zur Erfassung etwaiger Einflüsse des Fertigungsprozesses auf das Produkt und die Produktfunktion werden Vorserien hergestellt. Dies bedeutet, dass eine größere Anzahl von Bauteilen (einige Hundert) mit dem für die Serie vorgesehenen oder einem serienähnlichen Verfahren erstellt werden. Der technische Prototyp stellt die letzte Möglichkeit dar, Entwicklungsfehler vor der Produktion des kostenintensiven Serienwerkzeugs erkennen zu können.

Rapid Tooling

Am Ende einer Produktentwicklung werden zu Testzwecken Kleinserien benötigt, deren Bauteile den Serienwerkstoff und somit das Eigenschaftsprofil abbilden müssen (siehe auch Technischer Prototyp). Die Erstellung komplexer Werkzeuge, z. B. für den ***Kunststoffspritzguss****, mit konventionellen Verfahren scheidet angesichts der Kosten und des notwendigen Zeitaufwandes in aller Regel aus.*

Seit einigen Jahren bieten generative Verfahren die Möglichkeit einer Herstellung von Werkzeugen in wenigen Tagen, was man mit ***Rapid Tooling*** *bezeichnet. Dafür haben sich die Verfahren Lasersintern ↗ FOR 10.3, Elektronenstrahlschmelzen (EBM) und Laserschmelzen ↗ FOR 10.3 für die Herstellung von Werkzeugen aus Metall für den Kunststoffspritzguss, von Formschalen aus Keramik für den Feinguss oder von Umformwerkzeugen für die Metallverarbeitung bewährt.*
So konnte das unten abgebildete, im Laserschmelzverfahren gefertigte, Werkzeug der Firma BEGO Medical innerhalb von 4 Tagen nach Eingang der Konstruktionsdaten dem Kunden zur Verfügung gestellt werden

Neben den generativen Verfahren werden das CNC-Fräsen ↗ TRE 1.6 und das Vakuumgießen ↗ FOR 1.5 häufig im Kontext mit schneller Werkzeugerstellung (Rapid Tooling) genannt.

↗ FOR 1.2 ↗ FOR 1.3

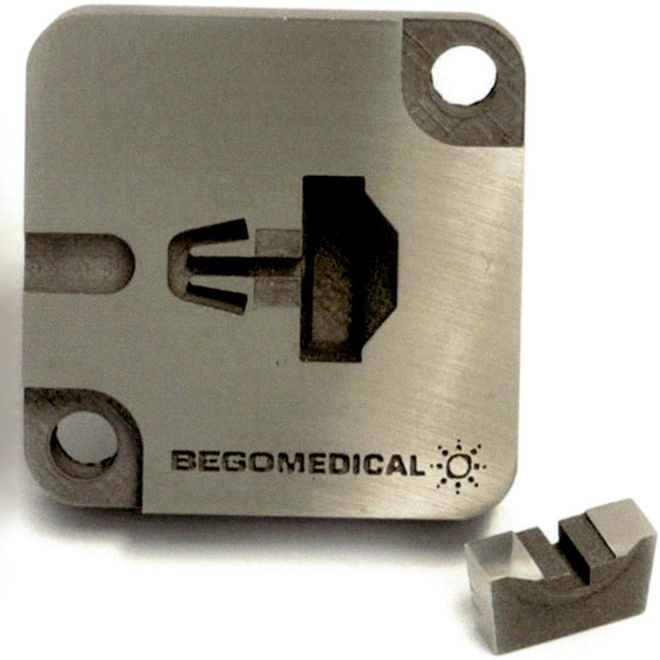

Rapid Manufacturing

Seitdem schichtweise generative Verfahren dank ihrer Flexibilität und Ihres mittlerweile breiten Anwendungspotenzials den Prototypenbau revolutionierten, wird an eine direkte Produkterstellung gedacht. Die Vorteile des ***Rapid Manufacturing*** *können dabei vor allem dann zum Tragen kommen, wenn Produkte zum einen eine hohe Komplexität und zum anderen einen hohen Individualisierungsgrad aufweisen, der eine Unikatfertigung rechtfertigt. Konventionelle Verfahren kommen aus Kostengründen für solche Aufgaben nicht in Frage. Erste Ansätze sind daher aus Bereichen bekannt, in denen eine Produktindividualisierung für den Menschen wirkliche Vorteile bietet. So wurde beispielsweise 2002 die erste Prozesskette zur Fertigung von individuellen Stühlen von den Designern Vogt + Weizenegger vorgestellt. Andere Beispiele sind bereits für die Bereiche Hör- und Sehhilfen angedacht und erprobt worden (****EOS GmbH****).*

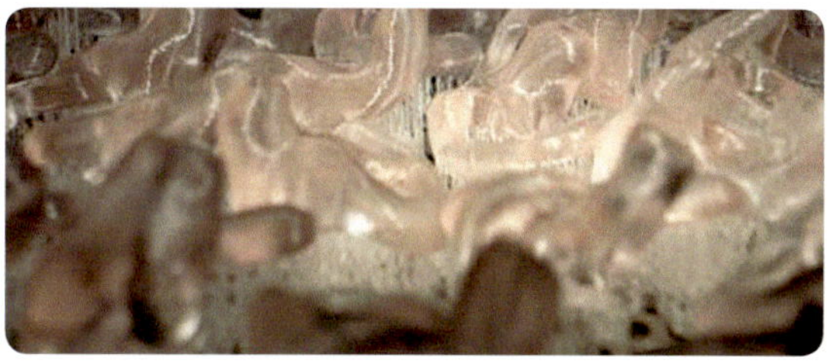

Bild: Individuell gefertigte Bauteile von Hörgeräten durch Rapid Manufacturing.

Die weltweit erste Rapid-Manufacturing-Prozesskette ist 2004 von der BEGO Medical GmbH aus Bremen im Bereich der Dentaltechnik etabliert worden.

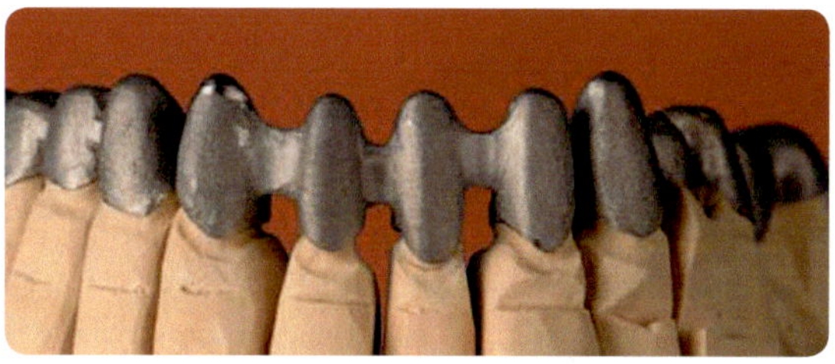

Bild: Individuell angefertigter Zahnersatz im schichtbauenden Verfahren »Laserschmelzen«. Das metallische Gerüst aus einer Kobalt-Chrom-Legierung wird im nächsten Arbeitsschritt vom Zahntechniker mit Keramik verblendet, um eine möglichst zahnähnliche Optik zu erreichen./ Foto: BEGO Medical GmbH

Wurden Kronen, Inlays und Brücken bisher in einem aufwändigen und langwierigen manuellen Prozess angefertigt, so soll die vollkommen digitalisierte Prozesskette der Zukunft von der Datenaufnahme der Zahnform bis zur generativen Fertigung des Zahnersatzes einen echten Mehrwert für Patienten und Zahnarzt erbringen. Qualitativ hochwertige und passgenaue Zahngerüste werden zunächst durch das Verfahren des ***Laserschmelzens*** *von einer Kobalt-Chrom-Legierung (entwickelt am Fraunhofer ILT) schichtweise erzeugt. Das Verblenden mit Keramik erfolgt im Dentallabor. Die Vorteile individuellen Zahnersatzes liegen auf der Hand.*

Bild: Rapid Tooling mit Aluminium-Spritzgusswerkzeugen.
Dieses Verfahren eignet sich besonders für kleinere Stückzahlen aus thermoplastischem Spritzmaterial; dabei werden Hinterschnitte in den Bauteilen nicht mit automatischen Schiebern sondern manuell über Losteile entformt./ Fotos: CNC Speedform AG

FOR 10.2
Generative Verfahren – Stereolithographie (SL)

Als weltweit erstes generatives Verfahren wurde die *Stereolithographie* 1984 patentiert und 1988 durch die Firma 3D-Systems Inc. kommerzialisiert.

Verfahrensprinzip
Das Verfahrensprinzip der Stereolithographie basiert auf der lokalen Aushärtung eines flüssigen, lichtempfindlichen Kunstharzes (Photopolymer) unter Einsatz eines Laserstrahls. Ausgehend von 3D-CAD-Daten entstehen komplexe Bauteile dabei durch schicht- bzw. zeilenweises Belichten einzelner Bauteilquerschnitte in einem Harzbad. Die Schichtstärken liegen standardmäßig zwischen 0,05 und 0,25 mm. Zu Beginn des Prozesses befindet sich die Bauteilplattform etwa eine Schichtdicke unterhalb der Oberfläche des Harzbades. Der Laser fährt die Schichtstruktur ab und härtet das Kunstharz örtlich aus. Anschließend wird die Plattform um den Wert einer Schichtdicke nach unten verfahren. Mit Hilfe einer Wischvorrichtung wird das von den Seiten nachfließende Polymerharz geglättet, bevor der Laser erneut die Schichtstruktur abfährt. Die Prozessabfolge wird so lange wiederholt, bis die komplette Bauteilhöhe erreicht ist. Überhängende Strukturen müssen durch Stützen vor dem Absinken gehindert werden. Nach Entnahme der stereolithographisch erstellten Modelle ist eine Reinigung erforderlich, um flüssiges Material oder Stützstrukturen von den Bauteilen zu entfernen. Die Lagerung der Modelle unter UV-Licht beschleunigt den abschließenden Aushärteprozess.

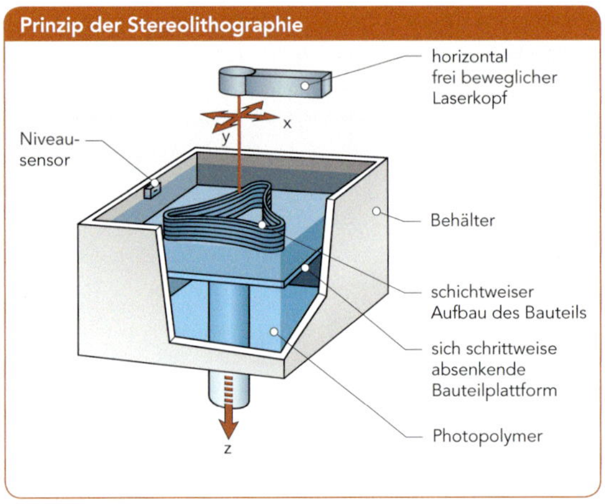

Abb. 86: nach [3]

Materialien
Mit Stereolithographie können ausschließlich Photopolymere verschiedener Qualitäten (temperaturbeständig, flexibel, glasklar, ...) verarbeitet werden. Werden Modelle aus dem Serienwerkstoff benötigt, muss auf alternative Verfahren ausgewichen werden.

Anwendung
Die Stereolithographie wird zur Bereitstellung von Geometriemodellen und Funktionsprototypen eingesetzt. Auch bei der Herstellung von Modellen für Gießvorgänge (z. B. Vakuumgießen FOR 1.5) kommt die Technik zur Anwendung.

Bauteilgrößen, Nachbearbeitung, Genauigkeit
Die maximalen Bauteilgrößen liegen je nach Anlagengröße und verwendetem Material zwischen 250 x 250 x 250 mm³ und 1.000 x 800 x 500 mm³ bei einer erzielbaren Genauigkeit von +/- 0,05 mm. Die Stereolithographie gilt als das genaueste aller generativen Verfahren (Witt 2006). Bauteile mit Hohlräumen können nur bedingt hergestellt werden, da hier stets auf Öffnungen zum Herausfließen des Harzes geachtet werden muss. Großvolumige Modelle, die den maximalen Bauraum einer Anlage überschreiten, können aus mehreren Teilen zusammengesetzt und verbunden werden. Stereolithographiemodelle lassen sich leicht nachbearbeiten. Die benötigten Oberflächenqualitäten werden durch Sandstrahlen und Schleifen erzielt. Teilweise finden auch weitere zerspanende Techniken Anwendung. Mit Lack kann die natürliche Transparenz des Werkstoffs beseitigt werden.

Für die Herstellung besonders kleiner Bauteile wurde die Mikrostereolithografie entwickelt. Hier können Schichtdicken von etwa einem Mikrometer realisiert werden. Vorteile bei der Mikrostereolithografie sind, dass keine Stützstrukturen benötigt werden und in der Regel die Nachhärtung im UV-Schrank entfällt.

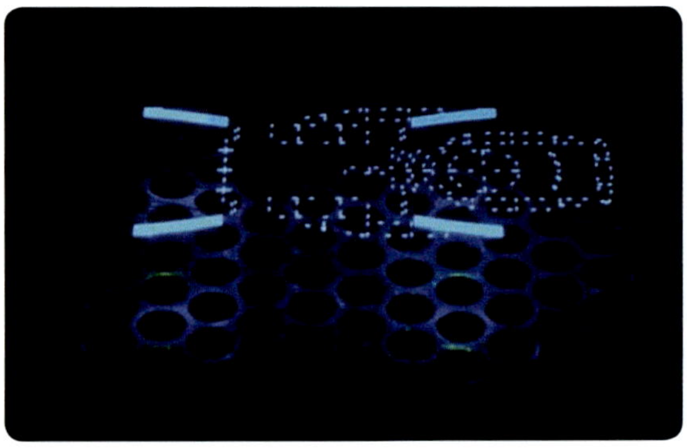

Bild: Stereolithographievorgang./ Foto: CNC-Speedform AG

Wirtschaftlichkeit
Die Stereolithographie ist auf Grund ihrer Historie das am häufigsten angewandte generative Verfahren. Daher sind mit diesem Verfahren erstellte Bauteile in den letzten Jahren immer preiswerter geworden. Da die Kosten aber von vielen Faktoren wie Genauigkeit oder Bauraum abhängen, ist eine Kostenabschätzung an dieser Stelle schwerlich möglich. Sie bewegen sich in der Regel in der Größenordnung von unter hundert bis zu einigen tausend Euro. Bauteile können von Dienstleistern bezogen werden.

Alternativverfahren
Extrusionsverfahren, 3D-Printing, Kunststoff-Lasersintern, Laminated Object Manufacturing

FOR 10.3
Generative Verfahren – Lasersintern (LS)

Das *Lasersintern* mit seinen Verfahrensvarianten zählt zu den am häufigsten eingesetzten generativen Verfahren, da Bauteile nahe ihrer Serieneigenschaften hergestellt werden können. Von verschiedenen Unternehmen wurden unterschiedliche Anlagentypen entwickelt, die alle auf ein ähnliches Verfahrensprinzip zurückzuführen sind:

- *Selektives Lasersintern* (SLS)
- *Selective Laser Melting* (SLM)
- *Laser Cusing*

Prinzip des Lasersinterns

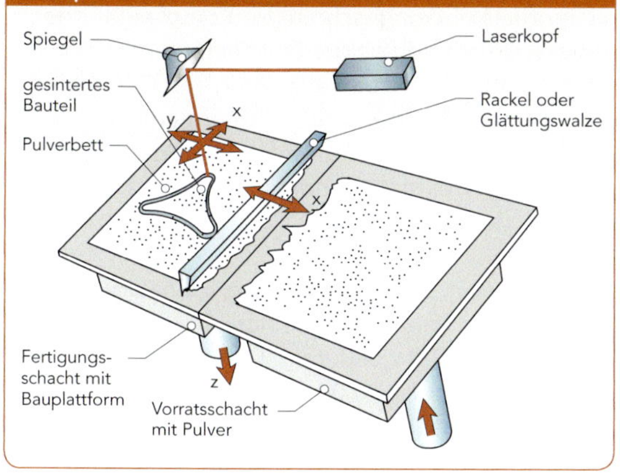

Abb. 91: nach [3]

Verfahrensprinzip
Das LS-Verfahren basiert auf dem lokalen Sintern FOR 2 und Verschmelzen pulverförmigen Materials unter Wärmeeinwirkung eines Laserstrahls ausgehend von 3D-CAD-Daten. Komplexe Bauteile entstehen dabei durch schicht- bzw. zeilenweises Belichten einzelner Bauteilquerschnitte in einem Pulverbett. Beim Selektiven Lasersintern (SLS) erfolgt der Pulverauftrag durch eine Walze, die gleichzeitig zur Glättung des Werkstoffs verwendet wird. Der Laser fährt die Schichtstruktur ab und bewirkt das Verschmelzen der Materialpartikel, die nach der Abkühlung einen festen Werkstoffverbund ergeben. Nach Beendigung des Sintervorgangs für eine Bauteilschicht wird die Plattform um eine Schichtdicke herabgefahren. Die Walze erzeugt erneut eine geschlossene Pulverschicht. Der Sinterprozess für die nächste Schichtstruktur kann beginnen. Da das entstehende Bauteil ständig von losem Pulver umgeben ist, müssen Überhänge anders als bei der Stereolithographie nur in besonderen Fällen abgestützt werden.

Materialien
Grundsätzlich kann jedes schmelzbare und als Pulver vorliegende Material verwendet werden, das sich nach der Abkühlung wieder verfestigt. Verarbeitbar sind derzeit: Wachs, Thermoplaste, Metalle, Gießsand und Keramiken wie Al_2O_3 oder ZrO_2 (Peters, Klocke 2003). Die Kombination aus schichtweisem Auftrag und Sinterprozess bietet neben der hohen Formflexibilität prinzipiell auch die Möglichkeit, durch Verarbeitung unterschiedlicher Werkstoffkombinationen und Pulvergemische Produkte mit speziellen Materialeigenschaften zu erzeugen.

Anwendung
LS-Bauteile werden vor allem als technische Prototypen eingesetzt. Es ist eine sehr gute Oberflächenqualität erreichbar. Das Verfahren ist mittlerweile so weit entwickelt, dass sich selbst Formeinsätze für den Kunststoffspritzguss aus Metall (Stahl, Bronze-Nickel-Legierung), Werkzeugformen für den Leichtmetall-Druckguss oder keramische Formen für den Feinguss erstellen lassen (Wagner 2003, Ader 2006). Mit diesen können Vorserien produziert werden. Insbesondere das Selective Laser Melting (SLM) konnte für die direkte Produktherstellung (Rapid Manufacturing) qualifiziert werden. Bekannt sind Anwendungen für den Medizin- und Dentalbereich (z. B. Zahnersatz aus einer CoCr-Dentallegierung). Im Designbereich wurde das SLS-Verfahren bei der Firma Materialise zur direkten Herstellung von Lampenschirmen mit hochkomplexen Formen bereits verwendet. Die Bego Medical GmbH bietet das Laserschmelzverfahren (SLM) auch zur Produktion von Schmuckstücken aus Titan oder Gold an. Der Schmuckhersteller Niessing hat eine gesinterte Kette mit spiralförmigen Elementen in 2008 auf den Markt gebracht.

Bauteilgrößen, Nachbearbeitung, Genauigkeit
Die maximalen Bauteilgrößen liegen je nach Anlagengröße und verwendetem Material zwischen 250 x 250 x 150 mm^3 und 720 x 500 x 450 mm^3 bei einer erzielbaren Genauigkeit von +/- 0,1 mm (Gebhardt 2003). Für Metallbauteile sind auch Werte von +/- 0,02 mm möglich. Zur Erzeugung hochdichter Bauteile beim SLS werden die Formteile nach Entnahme und Säuberung mit Epoxidharz oder niedrigschmelzenden Metallen infiltriert. SLM-Bauteile sind nahezu 100 % dicht. Die erzielbare Oberflächenrauigkeit liegt bei 10–30 µm.

Wirtschaftlichkeit
Das Verfahren wird in der Regel dann eingesetzt, wenn Bauteile mit konventionellen Modellbauverfahren nicht kostengünstig herzustellen sind. Die Kosten für lasergesinterte Bauteile, Prototypen und Formeinsätze bewegen sich in der Größenordnung von wenigen hundert bis zu einigen tausend Euro. Sie liegen über denen anderer Verfahren wie der Stereolithographie, dem 3D-Printing oder dem LOM-Verfahren. Lasersinteranlagen sind weit verbreitet. Dadurch können Bauteile von Dienstleistern bezogen werden.

Alternativverfahren
Stereolithographie, 3D-Printing bei Metallen, Elektronenstrahlschmelzen, Extrusionsverfahren bei Kunststoffen

Bild links: Turm mit Wendeltreppe hergestellt durch Lasersintern.

Bild: Säubern des Modells nach dem Lasersintern./ Foto: CNC-Speedform AG

Bild: Durch Lasersintern eines Bronze-Nickel Pulvergemischs wird ein Kunststoffspritzgusswerkzeug für ein Gehäuse einer Computermaus hergestellt./ Foto: Adelheid Peters, Fraunhofer-Institut für Produktionstechnologie IPT

FOR 10.4
Generative Verfahren – Laminate-Verfahren

Zu dieser Verfahrensgruppe zählen beispielsweise das ***Laminated Object Manufacturing*** (LOM), das ***Layer Laminate Manufacturing*** (LLM) oder die ***Paper Lamination Technology*** (PTL).

Verfahrensprinzip
Den ***Laminate-Verfahren*** ist gemein, dass Bauteile durch schichtweises Aufeinanderkleben von Folien entstehen. Das Schichtmaterial wird zunächst auf eine verfahrbare Plattform gelegt, mit einer Thermowalze (300 °C) angedrückt und verklebt. Der Zuschnitt der Schichtkontur erfolgt durch einen Laser oder ein Schneidwerkzeug. Zur Vereinfachung der Entnahme des Bauteils wird das nicht zum Modellvolumen beitragende Folienmaterial in Rechtecke geschnitten. Es sind keine Stützkonstruktionen für überstehende Geometrien erforderlich. Da Laminate-Verfahren bei Raumtemperatur ablaufen, kann der Prozess angehalten werden, um Funktionselemente einzulegen oder überflüssiges Material in Hohlräumen zu entfernen. Die am weitesten verbreitete Anlagentechnologie mit diesem Verfahrensprinzip ist die des Laminated Object Manufacturing (LOM).

Prinzip des LOM-Verfahrens

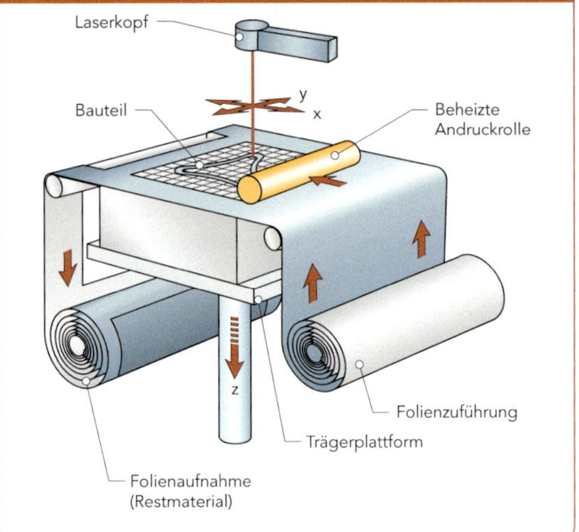

Abb. 92: nach [3]

Materialien
In der Regel wird Folienmaterial aus beschichtetem Papier verarbeitet, mit dem holzähnliche Eigenschaften erzielt werden können. Aber auch Folien aus Kunststoff, Metall und glasfaserverstärkten Verbundwerkstoffen können verwendet werden und bieten eine im Vergleich erhöhte Festigkeit und Feuchtigkeitsbeständigkeit der entstehenden Bauteilgeometrie. Das Anwendungspotenzial der LOM-Technologie zur Herstellung keramischer Bauteile wird derzeit in der Forschung weiterentwickelt (Weisensel 2007).

Anwendung
Laminate-Verfahren werden vor allem dann eingesetzt, wenn großvolumige Konzept- und Ergonomiemodelle mit eingeschränkter Komplexität oder Prototypen mit holzartiger Erscheinung benötigt werden. Aber auch zur Herstellung von Gießereimodellen und für Vakuumtiefziehformen findet die Technologie Anwendung. Hohlkonturen und komplexe Innenstrukturen können nur bedingt hergestellt werden.

Bauteilgrößen, Nachbearbeitung, Genauigkeit
Die maximale Bauteilgröße einer LOM-Anlage beträgt 800 x 600 x 550 mm^3. Übliche Schichtdicken liegen zwischen 0,08 mm und 0,25 mm (Witt 2006). Die Genauigkeit des Verfahrens konnte in den letzten Jahren enorm verbessert werden und liegt für Papier aktuell bei +/- 0,1 mm. Wandstärken von bis zu 1 mm sind umsetzbar. Wird eine zerspanende Nachbearbeitung notwendig, ist auf die Laminierrichtung zu achten. Auf Grund der hygroskopischen Eigenschaften von Papier PAP 1.3.2 sind die Oberflächen von Papiermodellen zu versiegeln.

Wirtschaftlichkeit
Laminate-Verfahren gelten als wirtschaftliche Verfahren für großvolumige Bauteile. Diese können von Dienstleistern bezogen werden. LOM-Anlagen mit DIN A4-Fertigungsformat sind für etwa 60.000 Euro erhältlich.

Alternativverfahren
Stereolithographie, 3D-Printing, Extrusionsverfahren, 3D-Plotten

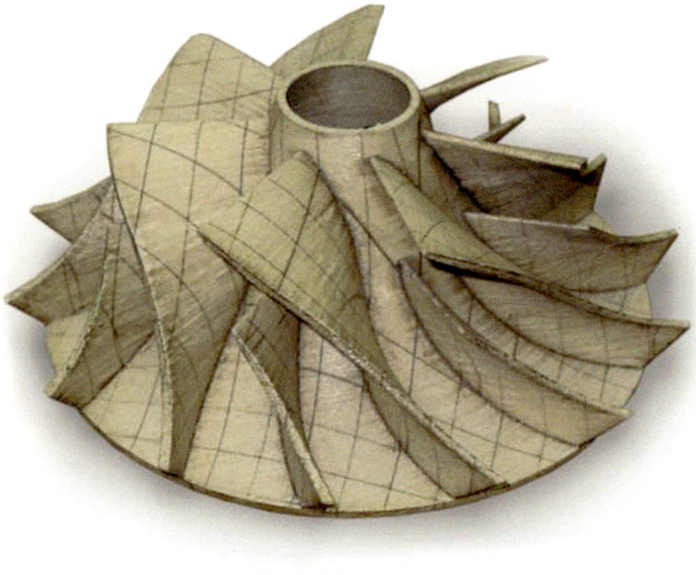

Bild: LOM-Bauteil./ Foto: Thomas Ebel

FOR 10.5
Generative Verfahren – Extrusionsverfahren

Im Bereich der Extrusionsverfahren sind Anlagentypen unterschiedlicher Nomenklatur entwickelt worden:

- *Fused Deposition Modeling* (FDM)
- *3D-Plotter*
- *Model Maker*
- *Multiphase Jet Solidification* (MJS)
- *Multi-Jet Modeling* (MJM)

Verfahrensprinzip
Allen Anlagentypen ist gleich, dass schmelzbare Werkstoffe (z. B. Wachs, Kunststoff) zunächst auf eine Temperatur knapp über dem Schmelzpunkt aufgeschmolzen und dann über eine durch einen Plottermechanismus geführte Düse linienartig (z. B. FDM) oder tröpfchenförmig (z. B. Model Maker) auf eine Bauteilplattform aufgebracht werden. Nach Abkühlung erstarrt der Werkstoff dort unmittelbar. Das Bauteil entsteht sukzessive durch Verschmelzung der jeweiligen Schichten. Die Schichtdicke wird durch die Glättung mit der Düse bestimmt. Hohlräume und Hinterschnitte können auf Grund des Auftragprinzips nur bedingt erzeugt werden. Herausragende Bauteilpartien erfordern bei einigen Verfahren eine Abstützung aus einem anderen Material. Gegebenenfalls wird das Stützmaterial auf einer zweiten Spule mitgeführt. Der Zusatzwerkstoff wird abschließend entfernt. Dies geschieht beispielsweise beim 3D-Plotten durch Auswaschen in einer chemischen Substanz.

Prinzip des FDM-Verfahrens

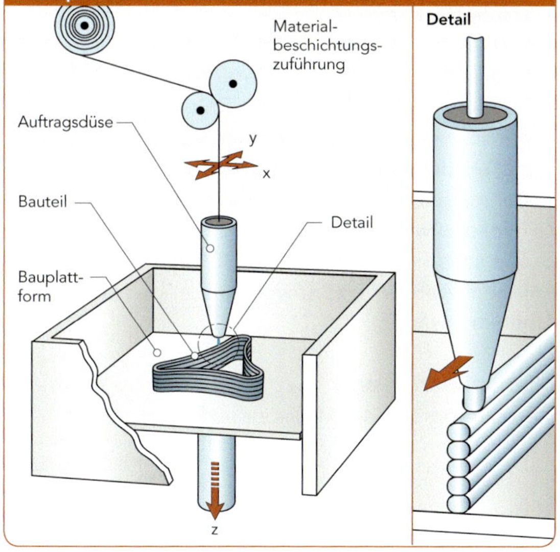

Abb. 93: nach [3]

Anwendung
3D-Plotter oder MJM sind wegen der geringen Genauigkeiten und Oberflächenqualitäten auf die Erstellung von Konzeptmodellen beschränkt. FDM-Modelle werden vor allem zur Herstellung von Geometrieprototypen mit thermoplastischen Eigenschaftsprofilen genutzt, die allerdings eine nur mittlere Komplexität aufweisen dürfen. Konzeptmodelle können mit Extrusionsverfahren hergestellt werden. Bedingt kommen die Verfahren im Bereich von Funktionsmodellen zum Einsatz.

Bauteilgrößen, Nachbearbeitung, Genauigkeit
Die je nach Anlagentechnik verwendbaren Materialien und erzielbaren Genauigkeiten können nachfolgender Tabelle entnommen werden. Die maximale Bauteilgröße liegt beim Fused Deposition Modeling bei 600 x 500 x 600 mm³.

Materialien und Genauigkeit im Vergleich

Verfahren / Anlagen	Verarbeitungsgenauigkeit	zu verarbeitende Materialien
Model Maker-Anlage	0,013 mm ...0,025 mm	Hartwachs, Stützwachs
FDM (Fused Deposition Modeling)	± 0,1 mm	ABS (für medizinische Anwendungen auch sterilisierbar), Polyphenylsulfon (PPSU), Elastomer, Feingusswachs, Polycarbonat, auswaschbares Stützmaterial auf ABS-Basis
MJS (Multiphase Jet Solidification)	± 0,2 mm	schmelzflüssige Thermoplaste (Schmelzpunkt <200°C)
3D-Plotter	± 0,1... 0,3 mm	Polyester, ABS

Abb. 94: nach [3]

Wirtschaftlichkeit
Die Kosten für RP-Modelle nach dem Extrusionsprinzip sind mit der Stereolithographie oder dem 3D-Printing vergleichbar. Deshalb gelten die Verfahren als vergleichsweise kostengünstig. Bauteile können von Dienstleistern bezogen werden. Ein 3D-Plotter ist für etwa 30.000 Euro auf dem Markt erhältlich.

Bild: FDM-Bauteil aus ABS./ Foto: CNC-Speedform AG

Alternativverfahren
Stereolithographie bei Geometrieprototypen, 3D-Drucken für Konzeptmodelle und Geometrieprototypen

FOR 10.6
Generative Verfahren – 3D-Printing (3D-P)

Das 3D-Printing gilt als kostengünstigstes generatives Verfahren. Es wurde am Massachusetts Institute of Technology (MIT) in Boston mit der Vision eines 3D-Druckers für die Büroumgebung entwickelt.

Verfahrensprinzip
Das ursprüngliche Prinzip basiert auf der örtlichen Verfestigung eines Zellulosepulvers durch Auftrag eines Binders. Dieser wird über eine konventionelle Druckerdüse schichtweise eingebracht. Während des Prozesses befindet sich das entstehende Teil vollständig im Pulverbett. Daher sind keine Stützkonstruktionen für Überhänge und Hohlräume erforderlich. Da Anleihen aus der Drucktechnik Verwendung finden, können mit dem Verfahren im Vergleich zu anderen generativen Techniken sehr hohe Geschwindigkeiten erzielt werden. Außerdem ist das mehrfarbige Einfärben von Bauteilen möglich.

In einer erweiterten noch jungen Verfahrensvariante werden Metall- oder Keramikpulver zunächst miteinander verklebt, um sie in einem nachgelagerten Sinterprozess FOR 2 vollends zu verfestigen. Zur Erzielung einer hohen Dichte ist zwischen den beiden Verfahrensschritten eine Infiltration notwendig.

Prinzip des 3D-Printing

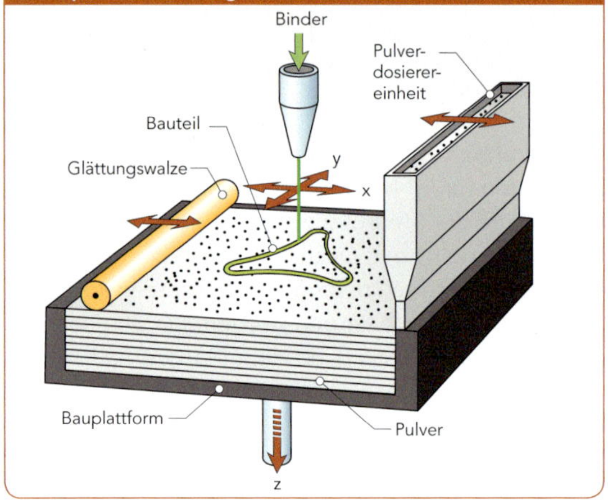

Abb. 95: nach [3]

Materialien
Der standardmäßig verwendete Werkstoff beim 3D-Printing ist Stärkepulver oder Gips. Waren früher geprintete Modelle nur wenig belastbar, so kann durch Infiltration mit einem elastischen Harz heute selbst die Funktion eines Faltenbalges simuliert werden. Des Weiteren sind mittlerweile spezielle Thermoplaste, Metalle und Keramiken für das Verfahren qualifiziert worden.

Anwendung
Durch die Möglichkeit des Färbens einzelner Bauteilbereiche eignet sich das 3D-Printing vor allem für die schnelle Visualisierung und somit für Konzeptmodelle und Geometrieprototypen. Der Einsatz in der Büroumgebung ist auf Grund des leisen Verfahrensprinzips möglich. Durch 3D-Printing erstellte und gesinterte Metall- und Keramikformen können auch als Werkzeugeinsätze genutzt werden.

Bauteilgrößen, Nachbearbeitung, Genauigkeit
Mit dem 3D-Drucker Z 810 der Firma Z-Corp kann eine maximale Bauteilgröße von 600 x 500 x 400 mm^3 erreicht werden. Die Genauigkeiten der 3D-Printing Verfahren liegen im Bereich einer Auflösung von 600 dpi (Gebhardt 2003). Zur Erzeugung hochdichter Bauteile aus Metall oder Keramik ist eine Infiltration mit niedrig schmelzenden Metallen und anschließendem Sintern FOR 2 erforderlich.

Bild: Modell hergestelllt durch 3D-Printing.

Wirtschaftlichkeit
Das 3D-Printing gilt als ausgesprochen günstiges Verfahrensprinzip. Je nach Materialeinsatz und Bauteilgröße variieren die Kosten. Eine Abschätzung ist daher schwierig. Bauteile können von einer Vielzahl von Dienstleistern bezogen werden. Die Investitionskosten einer Anlage sind vergleichsweise niedrig. Zellulosepulver verarbeitende Anlagen sind je nach Größe schon für ungefähr 30.000 Euro erhältlich. Anlagenhersteller sind sowohl in Europa als auch in Amerika ansässig.

Alternativverfahren
Stereolithographie, Extrusionsverfahren

FOR 10.7
Auswahl generativer Techniken

Nach Vorstellung wichtiger generativer Verfahren werden im Folgenden Kriterien dargestellt, die dem Entwickler und Designer die Wahl der geeigneten Technik zur Erstellung von Modellen und Prototypen erleichtern soll.

Benötigt man in einer frühen Phase des Entwicklungsprozesses ein Modell, um ein Produktkonzept dreidimensional erfahrbar zu machen, kann auf die generativen Verfahren 3D-Drucken und FDM zurückgegriffen werden. Natürlich ist bei wenig komplexen Bauteilen auch die Anwendung konventioneller Modellbautechniken möglich. Für die Erstellung komplexer Modelle entfallen allerdings aus Kostengründen die klassischen Techniken. Zur Anfertigung einer größeren Anzahl von Konzeptmodellen kommt häufig das Vakuumgießen FOR 1.5 zur Anwendung.

Für Geometriemodelle reichen die Möglichkeiten des 3D-Druckens oder der Extrusionsverfahren in den meisten Fällen völlig. Auch Modelle aus dem klassischen Modellbau können genutzt werden, um die optische Qualität eines Produkts sichtbar zu machen. Bei großvolumigen Bauteilen und vor allem dann, wenn eine holzartige Erscheinung benötigt wird, kommt das LOM-Verfahren zur Anwendung. Zur Erzielung höherer Oberflächenqualitäten werden häufig die Stereolithographie oder das Lasersintern eingesetzt. Auf das Vakuumgießen kann bei höheren Stückzahlen niederkomplexer Bauteile zurückgegriffen werden. Zur Erzielung höherer Komplexität lohnt sich bereits der Einsatz von Aluminiumwerkzeugen.

Bild: Vakuumgegossenes Saugrohr, 4-teilig gefügt, bei 2 bar auf Dichtigkeit geprüft, stabil bis 125 °C./ Foto: CNC-Speedform AG

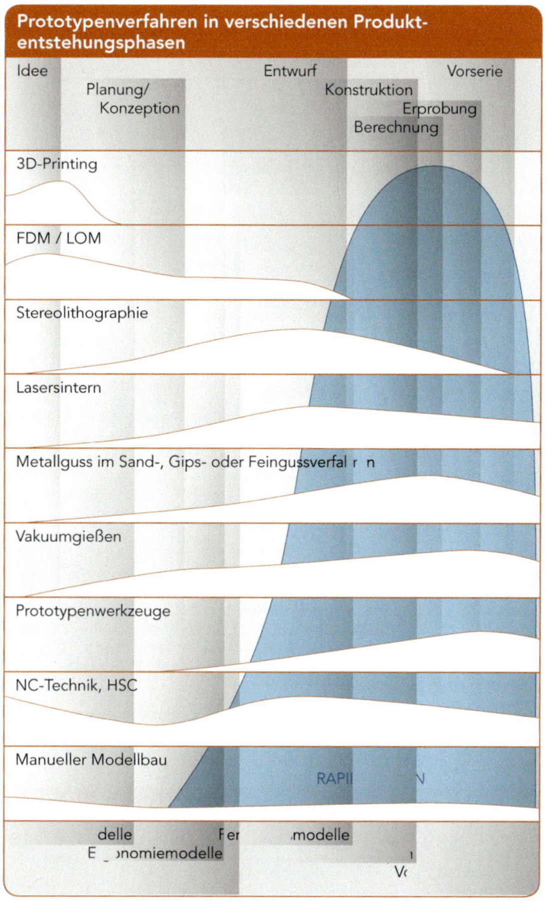

Abb. 96: nach [6]

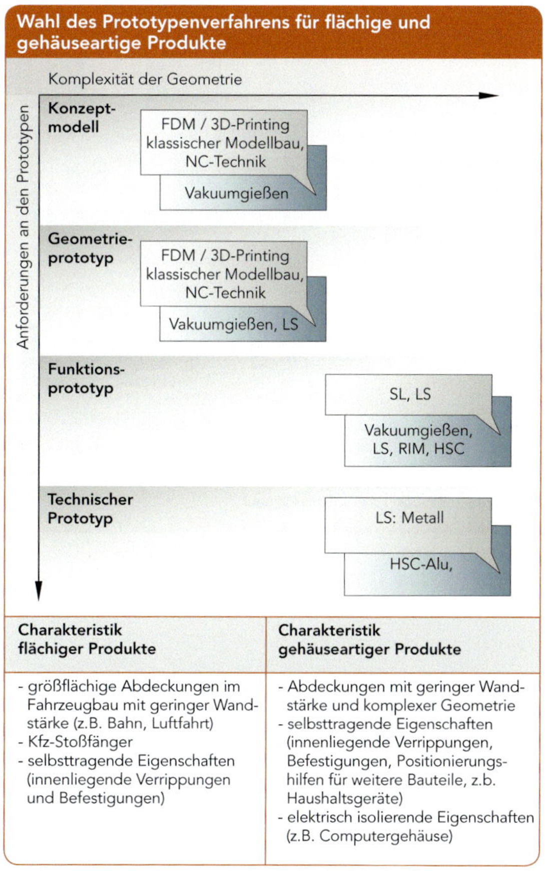

Abb. 97: nach [6]

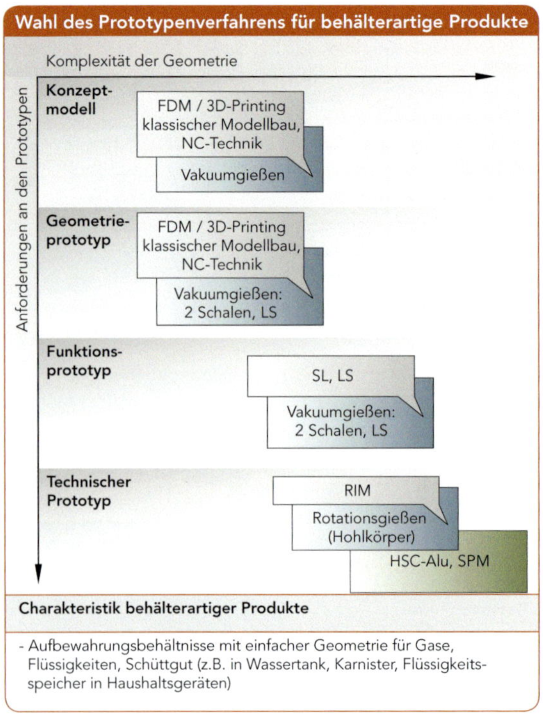

Abb. 98: nach [6]

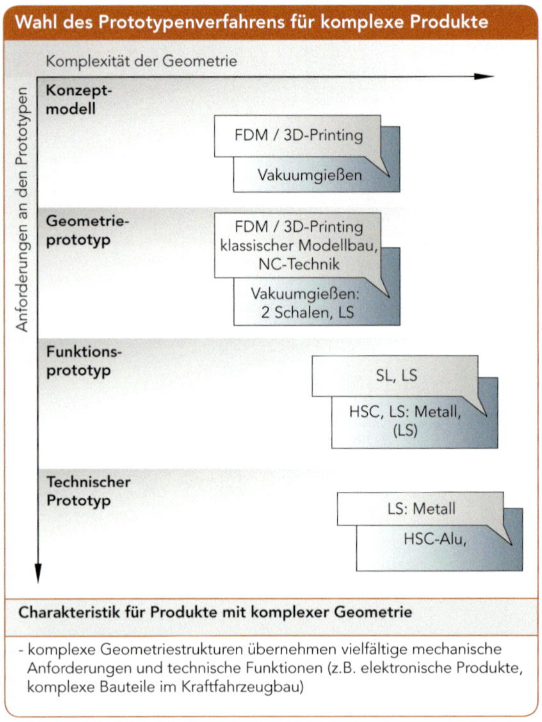

Abb. 99: nach [6]

Zur Bereitstellung von Funktionsprototypen werden in der Regel das Lasersintern und die Stereolithographie verwendet. Stereolithographiemodelle sind preislich günstiger. Jedoch bietet das Lasersintern die Möglichkeit zur Verwendung serienähnlicher Materialien und Werkstoffkombinationen, was Vorteile bei der Prüfung des Funktions- und Beanspruchungsprofils ergibt. Außerdem können an Funktionsprototypen Durchströmversuche durchgeführt und Befestigungen getestet werden. Reichen die Bauräume für die erforderlichen Prototypengrößen nicht aus, können Teilstücke auch miteinander verklebt werden.
Sind mehrere Funktionsprototypen erforderlich, ist der Einsatz eines formgebenden Verfahrens für Kunststoffteile sinnvoll. Hierzu eignet sich das Vakuumgießen für minderkomplexe Bauteile oder Lasersintereinsätze aus Metall für komplexere Bauteile.

An technische Prototypen werden sehr hohe Anforderungen gestellt, die in den meisten Fällen nur durch Lasersintern erreichbar sind. Zur Bereitstellung von Vorserien aus Kunststoff kommen Lasersintereinsätze oder mittels HSC-Fräsen (High Speed Cutting) erstellte Aluminiumwerkzeuge in Frage. Lasergesinterte Umformwerkzeuge und Werkzeugeinsätze für den Leichtmetall-Druckguss unterstützen im Metallbereich die Erzeugung technischer Prototypen. Außerdem können Prototypen und Bauteile aus Aluminium in mittels Keramik lasergesinterten Feingussformschalen erstellt werden.

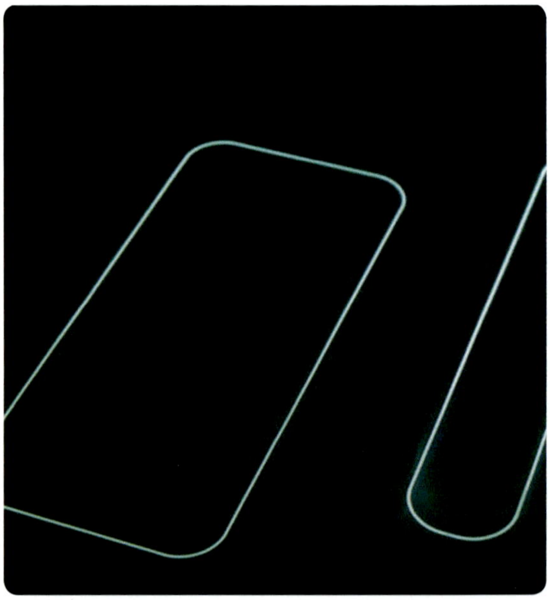

Bild: SLA-Maschine bei der Belichtung einer Bauschicht (Aufnahme mit langer Blende)/ Foto: CNC-Speedform AG

FOR 11
Fabber – Personal Fabrication

Im Raumschiff Enterprise hieß er »Replikator« und konnte aus einzelnen Atomen ganze Bauteile und Waffen, Speisen und Getränke scheinbar beliebig zusammensetzen. Marshall Burns nannte ihn 1987 »Fabber«, die digitale Heimfabrik, die den Traum von individuellen Produkten ab dem Jahr 2008 erfüllen sollten. Seit der Physiker seine Vision formulierte sind 20 Jahre vergangen und mit fallenden Kosten für elektronische Komponenten und Software scheint das Szenario langsam Realität zu werden (Weiner 2007). Seit 2002 werden am MIT in Bosten um Prof. Neil Gershenfeld erste »Fab Labs« mit dem Ziel entwickelt, eine Anlagentechnik aus wenigen kleinen computergesteuerten Werkzeugen für die individuelle Produktproduktion bereit zu stellen. Fräsen, Laserstrahlschneiden, 3D-Plotten,... und das Ganze für weniger als 20.000 US$ (Zehentbauer 2006). Unter Verwendung von Open-Source-Software sollen diese Anlagen für jedermann bedienbar sein. Nach Rapid Prototyping, Rapid Tooling und Rapid Manufacturing die nächste logische Konsequenz. Doch wie das Fabbing unsere Lebensgewohnheiten verändern wird, bleibt unklar. Optimisten sehen bereits eine ähnlich revolutionäre Entwicklung auf uns zukommen, wie wir es durch die Computertechnologie in den letzten 3 Jahrzehnten erlebten. Der Philosoph Frithjof Bergmann geht sogar davon aus, dass sich mit Fabbern die Kluft zwischen den hoch industrialisierten und wenig entwickelten Gesellschaften verringern ließe. Denn der Lohnarbeiter würde mit der Technologie selbst zum High-Tech Produzenten und zwar an jedem beliebigen Ort der Welt. Das Szenario der „Technischen Demokratie" klingt verlockend. Dann würden auch die Skeptiker verstummen, die jetzt schon unken, dass im Haushalt gar nicht so viel zu Bruch gehen würde, als dass man einen Fabber tatsächlich sinnvoll einsetzen könnte (Neef, Burmeister, Krempl 2005). Für Design- und Architekturbüros bietet er auf jeden Fall eine erschwingliche Alternative für die Bereitstellung von 3D-Skizzen, Modellen und Unikaten. Captain Kirk wäre begeistert!

Mit dem »Model 1« wurde nun Ende 2006 der erste Fabber für den Hausgebrauch von einem Entwicklungsteam der Cornell University in den USA präsentiert.

Verfahrensprinzip
Das »Model 1« arbeitet nach dem Additionsprinzip und baut Geometrien und Gegenstände schichtweise auf. Dazu wird ein flüssiges Material über eine Spritze aufgetragen. Angesteuert wird der Fabber via USB-Schnittstelle. Datensätze für erste Testobjekte sind in den Formaten DXF (AutoCAD) und STEP (ISO-Standard) vorhanden. An die Erweiterung mit einer Fräse und einen 85 Watt starken Laser zum Schneiden von Material wurde bereits gedacht.

Aufbau »Modell 1« (Fabber)

Konzept: Frei verfügbare Bauanleitung und Steuerungssoftware für die Erstellung einer Anlage zur individuellen Produktproduktion

www.fabathome.org:

- Bauanleitung des Fabbers
- Open-Source-Software zur Ansteuerung der Anlage

Verfahrensprinzip:
Additionsprinzip mittels flüssigem, selbsthärtendem Material

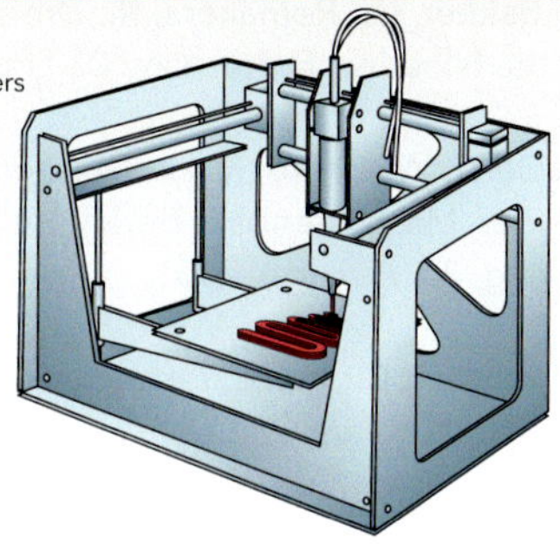

Abb. 100: nach [6]

Materialien
Bauteile aus Silikon, Gips, Knetgummi und Schokolade wurden bereits erfolgreich getestet.

Wirtschaftlichkeit
Für umgerechnet knapp 2.000 Euro kann man das »Model 1« zusammenbauen. Eine Bauanleitung und die Steuerungssoftware findet man unter: www.fabathome.org. Die Plattform ist als Wiki angelegt und wird im Sinne des Webs 2.0 von einer Vielzahl von Usern aktualisiert.

Alternativverfahren
Stereolithographie, 3D-Printing, 3D-Plotter

FOR
Literatur

[1] **Ader, C.**: Untersuchungen zum Lasersintern keramischer Suspensionen. Dissertation der RWTH-Aachen. Aachen: Shaker Verlag, 2006.

[2] **Ashby, M.; Johnson, K.**: Materials and Design. Oxford: Butterworth-Heinemann, 3. Auflage, 2004.

[3] **Awiszus, B.; Bast, J.; Dürr, H.; Matthes K.-J.**: Grundlagen der Fertigungstechnologie. Leipzig: Carl Hanser Verlag, 2003.

[4] **Bakker, G.; Remakers, R.**: Droog-Design - Spirit of the Nineties. Rotterdam: 010 Publisher, 1998.

[5] **Beitz, W; Grote, K.-H.**: Dubbel - Taschenbuch für den Maschinenbau. Berlin, Heidelberg: Springer Verlag, 20. Auflage, 2001.

[6] **Bonten, C.**: Kunststofftechnik für Designer. München, Wien: Carl Hanser Verlag, 2003.

[7] **Dixon, T.**: Materials Manipulation for Product Design. Konferenz: Material Vision, Franfurt, 11.11.2005.

[8] **Dobler, H.-D.; Doll, W.; Fischer, U.; Günter, W.; Heinzler, M.; Ignatowitz, E.; Vetter, R.**: Fachkunde Metall. Haan-Gruiten: Verlag Europa-Lehrmittel, 54. Auflage, 2003.

[9] **Ebert, H.; Heuser, F.**: Anleitung zum Glasblasen. Radolfzell: Herausgeber Baetz, Survival Press, 2001.

[10] **Eckhard, M.; Ehrmann, W.; Hammerl, D.; Nestle, H.; Nutsch, T.; Nutsch, W.; Schulz, P.; Willgerodt, F.**: Fachkunde Holztechnik. Haan-Gruiten: Verlag Europa-Lehrmittel, 19. Auflage, 2003.

[11] **Eyerer, P.; Elsner, P., Knoblauch-Zander**: Gasinjektionstechnik. München, Wien: Carl Hanser Verlag, 2003.

[12] **Flimm, J.**: Spanlose Formgebung. München, Wien: Carl Hanser Verlag, 7. Auflage, 1996.

[13] **Frank, A.**: Kuststoffkompendium. Würzburg: Vogel Verlag und Druck, 5. Auflage, 2000.

[14] **Fritz, A.H.; Schulze, G.**: Fertigungstechnik. Berlin, Heidelberg: Springer-Verlag, 4. Auflage, 1998.

[15] **Gebhardt, A.**: Rapid Prototyping – Werkzeuge für die schnelle Produktentstehung. München, Wien: Carl Hanser Verlag, 3. Auflage, 2003.

[16] **Greif, H.; Limper, A.; Fattmann, G.; Seibel, S.**: Technologie der Extrusion. München, Wien: Carl Hanser Verlag, 2004.

[17] **Hellerich, W.; Harsch, G.; Haenle, S.**: Werkstoffführer Kunststoffe. München, Wien: Carl Hanser Verlag, 8. Auflage, 2001.

[18] **Johannaber, F.; Michaeli, W.**: Handbuch Spritzgießen. München, Wien: Carl Hanser Verlag, 2003.

[19] **Koller, R.**: Konstruktionslehre für den Maschinenbau. Berlin, Heidelberg: Springer Verlag, 3. Auflage, 1994.

[20] **König, W.**: Fertigungsverfahren – Massivumformung. Düsseldorf: VDI-Verlag, 3. Auflage, 1992.

[21] **König, W.**: Fertigungsverfahren – Blechumformung. Düsseldorf: VDI-Verlag, 3. Auflage, 1990.

[22] **König, W., Klocke, F.**: Fertigungsverfahren – Abtragen und Generieren. Berlin, Heidelberg: Springer-Verlag, 3. Auflage, 1997.

[23] **König, W.; Klocke, F.**: Fertigungsverfahren – Umformen. Berlin, Heidelberg: Springer-Verlag, 5. Auflage, 2007.

[24] **Krause, W.**: Fertigung in der Feinwerk- und Mikrotechnik. München, Wien: Carl Hanser Verlag, 1995.

[25] **Lefteri, C.**: Glas – Material, Herstellung, Produkte. Ludwigsburg: avedition, 2002.

[26] **Lefteri, C.**: Making It. London: Laurence King Publishing, 2007.

[27] **Menning, G.**: Werkzeuge für die Kunststoffverarbeitung. München, Wien: Carl Hanser Verlag, 4. Auflage, 1995.

[28] **Michaeli, W.; Brinkmann, T.; Lessenich-Hensky, V.**: Kunststoff-Bauteile werkstoffgerecht konstruieren. München, Wien: Carl Hanser Verlag, 1995.

[29] **Müller, K.**: Grundlagen des Strangpressens. Renningen: expert-Verlag, 2. Auflage, 1995.

[30] **Müller, W.; Förster, D.**: Laser in der Metallbearbeitung. München, Wien: Fachbuchverlag Leipzig im Carl Hanser Verlag, 2001.

[31] **N.N.**: Coextrusion von Folien. Hrsg. VDI, Düsseldorf: VDI-Verlag, 1996.

[32] **Neef, A.; Burmeister, K.; Krempl, S.**: Vom Personal Computer zum Personal Fabricator. Hamburg: Murmann Verlag, 2005.

[33] **Nentwig, J.**: Kunststofffolien-Herstellung, Eigenschaften, Anwendung. München, Wien: Carl Hanser Verlag, 1994.

[34] **Nölle, G.**: Technik der Glasherstellung. Stuttgart: Deutscher Verlag für Grundstoffindustrie, 3. Auflage, 1997.

[35] **Oehler, G.; Kaiser, F.**: Schnitt-, Stanz- und Ziehwerkzeuge. Berlin, Heidelberg: Springer Verlag, 8. Auflage 2001.

[36] Pahl, G.; Beitz, W.: Konstruktionslehre. Berlin, Heidelberg: Springer-Verlag, 1986.

[37] Peters, S.; Klocke, F.: Potenziale generativer Verfahren für die Individualisierung von Produkten, in: Zukunftschance Individualisierung. Berlin, Heidelberg: Springer Verlag, 2003.

[38] Polifke, M.: Schmelzkerntechnik. Dissertation Universität Essen, 1998.

[39] Schatt, W.; Wieters, K.-P.: Pulvermetallurgie - Technologie und Werkstoffe. Düsseldorf: VDI-Verlag, 1994.

[40] Schwarz, O.; Ebeling, F. W.; Lüpke, G.; Schelter, W.: Kunststoffverarbeitung. Würzburg: Vogel Verlag, 9. Auflage, 2002.

[41] Thompson, R.: Manufacturing Processes for Design Professionals. London: Thames & Hudson 2007.

[42] Vigue, J.; Maschek-Schneider, H.-J.: Holz - Verarbeitung, Werkzeugkunde, Möbelentwürfe. Köln: DuMont monte Verlag, 2. Auflage, 2002.

[43] Wagner, C.: Untersuchungen zum Selektiven Lasersintern von Metallen. Dissertation, RWTH Aachen, Aachen: Shaker Verlag, 2003.

[44] Weiner, M.: Fabber – Freiheit für Produkte. Fraunhofer-Magazin 2/2007; München: Fraunhofer-Gesellschaft.

[45] Weisensel, L.: Herstellung keramischer Bauteile durch Laminate Object Manufacturing (LOM). Dissertation, Aachen: Shaker Verlag, 2007.

[46] Westkämper, E.; Warnecke, H.-J.: Einführung in die Fertigungstechnik. Stuttgart, Leipzig, Wiesbaden: Teubner Verlag, 6. Auflage, 2004.

[47] Wirtz, H.: Selektives Lasersintern von Keramikformschalen für Gießanwendungen. Dissertation, RWTH Aachen, Aachen: Shaker Verlag, 2000.

[48] Witt, G.: Taschenbuch der Fertigungstechnik. München, Wien: Fachbuchverlag Leipzig im Carl Hanser Verlag, 2006.

[49] Zehentbauer, M.: Die neue Desktop-Revolution. Form 206, Neu-Isenburg: Birkhäuser Verlag, 1/2006.

Bild: Zuschnitt von Stoffartikeln./ Foto: Ledder Werkstätten

TRE
TRENNEN UND SUBTRAHIEREN

ablängen, abstechdrehen, abtragen, aufbohren, außenräumen, außenrundfräsen, außenschleifen, beizen, bohren, breitschlichtdrehen, drehen, drehfräsen, einstechschleifen, feinschleifen, feinstschleifen, flachläppen, formdrehen, formfräsen, formschleifen, fräsen, funkenerodieren, gegenlauffräsen, gesenkfräsen, gewindeschneiden, gewindestrehlen, hobeln, honen, innenräumen, innenrundfräsen, innenschleifen, kegeldrehen, kernbohren, langhubhonen, längsdrehen, längsschleifen, läppen, laserstrahlbrennschneiden, laserstrahlschmelzschneiden, laserstrahlpolieren, nachformdrehen, planansenken, plandrehen, planeinsenken, planfräsen, planschleifen, polieren, polierläppen, profilbohren, profildrehen, profilfräsen, profilsenken, profilreiben, profilschleifen, querrunddrehen, räumen, reiben, runddrehen, rundfräsen, rundreiben, rundschleifen, schaben, schaftfräsen, schäldrehen, scheibenfräsen, schleifen, schlichten, schlitzfräsen, schneiden, schneiderodieren, schraubdrehen, schraubfräsen, schraubschleifen, senken, senkerodieren, spanen, spitzenlosschleifen, stanzen, stirnfräsen, stoßen, streckziehen, tieflochbohren, ultraschallschwingläppen, umfrangsfräsen, umfangsschleifen, unrunddrehen, wälzfräsen, wälzschleifen, wasserstrahlabrasivschneiden, wasserstrahlabtragen, wasserstrahlschneiden, winkelfräsen, zahnradfräsen, zerlegen, zerspanen, zerteilen, zylinderschneckenfräsen

Bild: Armreif »Lilly Lacey« aus pulverbeschichtetem Edelstahl. Die Ornamentik ist mit dem Laser geschnitten. Bei Blechen mit einer Stärke von weniger als 1 mm kann ein Schnittspalt von 50 Mikrometern bei einer Positioniergenauigkeit von 10 Mikrometern erreicht werden. /Design: Fabian Seibert/ www.suelzkotlett.de

Material trennende oder subtrahierende Verfahren dienen zur örtlichen Aufhebung des Zusammenhalts. Dabei werden Materialteilchen vom Werkstoff getrennt und das Ausgangsvolumen des Bauteils verringert. Die für den Bereich des technischen Produktdesign wichtigsten Verfahren werden im folgenden Kapitel vorgestellt, wobei sie in die Oberklassen

- zerspanende Bearbeitung
- Schneiden
- Abtragen

eingeteilt sind.

Bild: Oberfläche beim Fräsen.

Zur Bewertung der Qualität eines trennenden Prozesses und der damit entstandenen Materialoberfläche ist die ***mittlere Rautiefe*** eine übliche genutzte Kenngröße. Sie gibt den Mittelwert aus der Summe der ermittelten Einzelrautiefen eines Messbereichs oder einer Bezugsstrecke an und ist meist als charakteristische Kenngröße dem jeweiligen trennenden Verfahrensprinzip zugeordnet.

Ermittlung der gemittelten Rautiefe

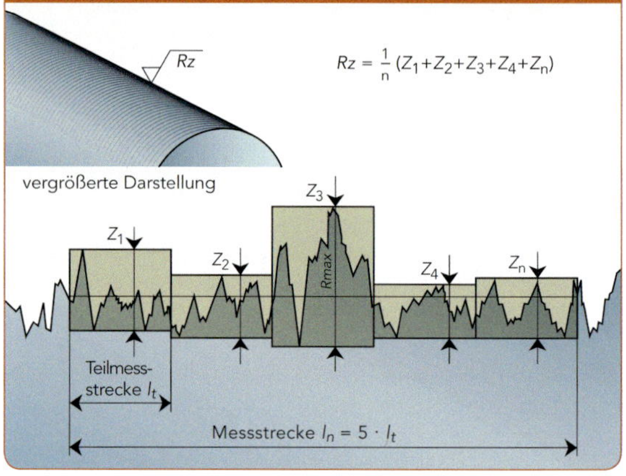

Abb. 1: nach [7, 20]

Erzielbare Oberflächenqualitäten verschiedener Verfahren im Vergleich (nach DIN 4766)

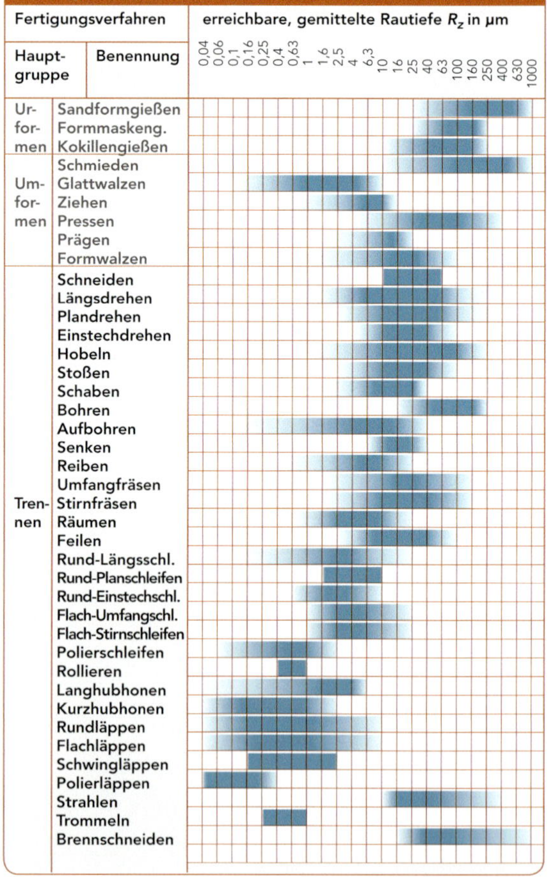

Abb. 2: nach [2]

TRE 1
Zerspanen

Bei den zerspanenden Fertigungsverfahren erfolgt der Materialabtrag durch eine ***Spanbildung*** in Folge des Eindringens einer geometrisch definierten (z. B. Fräsen, Bohren oder Drehen) oder undefinierten Werkzeugschneide (z. B. Strahlen, Schleifen, Honen oder Läppen) in den Werkstoff. Einfluss auf das Ergebnis der Spanbildung und somit auf die Qualität der ***Schnittfläche*** und ***Abtragrate*** haben die Form des ***Schneidkeils***, die Festigkeit und Eigenschaften des gewählten Schneidstoffes sowie des zu bearbeitenden Werkstoffs, die auftretenden Kräfte und Temperaturen. Die Geometrie eines Keils wird allgemein zur Beschreibung der Spanbildung herangezogen (Bergmann 2002). In folgender Abbildung ist die gebräuchliche Nomenklatur zur Charakterisierung eines Schneidkeils zusammengefasst.

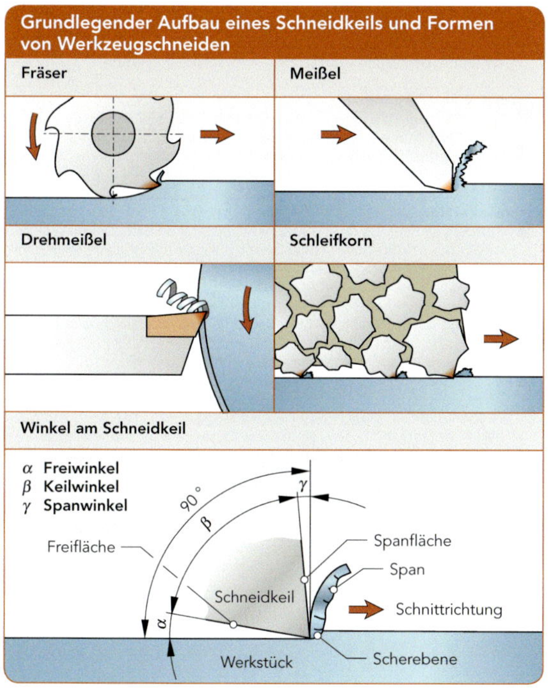

Abb. 3: nach [7, 26]

Die Wahl der geeigneten ***Schneidkeilgeometrie***, insbesondere der entsprechenden Winkelgrößen, erfolgt in Abstimmung mit dem zu bearbeitenden Werkstoff. Die Auslegung der Winkelmaße basiert auf folgenden grundlegenden Sachverhalten:

- Die Verringerung des Keilwinkels hat ein einfaches Eindringen der Schneide ins Werkstück zur Folge. Gleichzeitig sollte allerdings bedacht werden, dass die Gefahr des Werkzeugbruchs steigt.
- Umgekehrtes gilt für die Größe des Spanwinkels. Ein guter Materialabtrag bei weichen Materialien ist bei einem großen Spanwinkel möglich, da die auf die Schneide wirkenden Kräfte sich verringern. Um einen Bruch der Schneide bei der Bearbeitung von harten Werkstoffen zu verhindern, wird ein kleiner bis negativer Spanwinkel empfohlen.
- Die Größe des Freiwinkels hat Einfluss auf die Reibungskräfte zwischen Werkstoff und Werkzeug. Bei weichen Materialien kann er größer gewählt werden als bei harten.

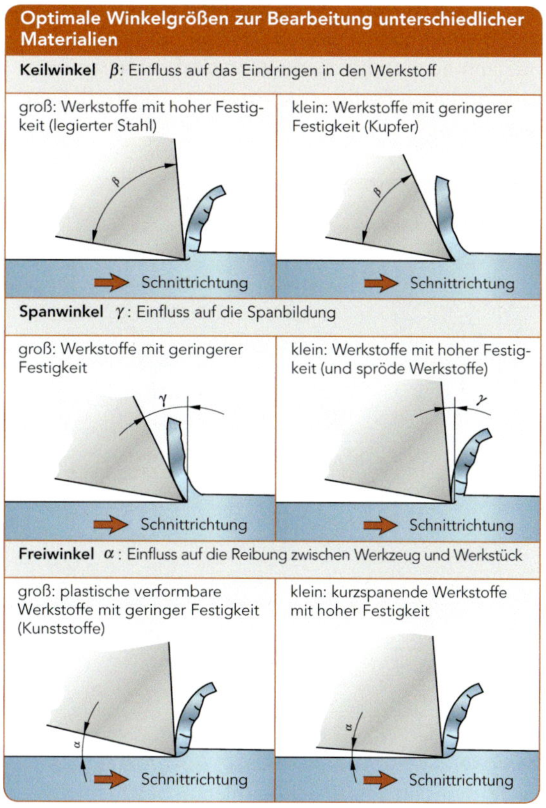

Abb. 4: nach [7]

Die Form der im Prozess entstehenden Späne kann Aufschluss auf die Qualität der späteren Werkstückfläche geben, so dass eine Anpassung von ***Schnittgeschwindigkeit*** und ***Spanwinkel*** während der Verarbeitung möglich wird.

Spanarten und ihre Auswirkung

Spanart		Entsteht bei:
Reißspan φ = Scherwinkel		- Drehen von spröden Werkstoffen (z.B. Gusseisen) - bei großer Schnitttiefe - niedriger Schnittgeschwindigkeit - kleinen Spanwinkeln **Ergebnis:** raue Werkstückoberfläche
Scherspan	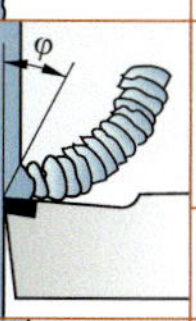	- Drehen von zähen Werkstoffen (z.B. Stahl mit mittlerer Festigkeit - bei mittleren Spanwinkeln - niedriger Schnittgeschwindigkeit **Ergebnis:** schuppenförmige, teilweise wieder miteinander verschweißte Spanteile
Fließspan	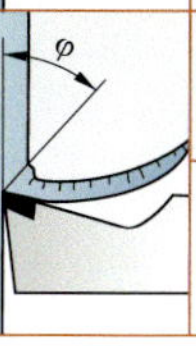	- Drehen von langspanenden Werkstoffen - bei hohen Schnittgeschwindigkeiten - großen Spanwinkeln **Ergebnis:** hohe Oberflächengüte, entstehende Spanlänge problematisch bei der Entsorgung während der Fertigung, (ungeeignet für NC-Drehmaschinen)

Abb. 5: nach [1]

Feilen
ist ein spanabhebendes Trennverfahren zur Bearbeitung von Werkstoffen im Modell- und Formenbau mit einem mehrschneidigen, manuell geführten Werkzeug.

Die Feile wird zudem zur Entfernung von Graten und scharfen Kanten eingesetzt.

Schneidstoffe

Durch den Eingriff in den Werkstoff ist das Material des Schneidkeils hohen Temperaturen und Kräften ausgesetzt, wodurch es zu Verschleiß durch Abrieb oder Werkzeugbruch kommen kann. Der Auswahl des für die Anwendung geeigneten Materials kommt daher eine hohe Bedeutung zu. Schneidstoffe bestimmen wesentlich die Wirtschaftlichkeit eines zerspanenden Fertigungsprozesses (Tönshoff, Denkena 2004).

Übersicht der Verschleißfestigkeit und Zähigkeit sowie Biegefestigkeit von Schneidstoffen

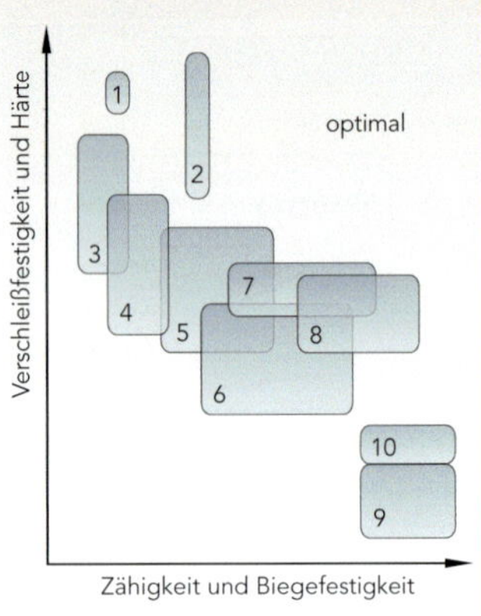

1. PKB (CBN) = polykristallines (kubisches) Bornitrid
2. PKD = polykristalliner Diamant
3. Oxidkeramik
4. Nitridkeramik
5. Cermet
6. Hartmetall (Wolframkarbid)
7. Hartmetall beschichtet
8. Feinkornhartmetall
9. Schnellarbeitsstahl HSS
10. HSS beschichtet

Abb. 6: nach [6, 7]

Eine hohe ***Druck-*** und ***Biegefestigkeit*** sowie gute ***Zähigkeitswerte*** verhelfen dazu, Ausbrüche und Verformungen an der Schneidfläche des Schneidkeils zu verhindern. Die ***Warmhärte*** eines Werkstoffs hat entscheidenden Einfluss auf die Standfestigkeit eines zerspanenden Werkzeugs, auch bei hohen Temperaturen. Außerdem sollte der Schneidwerkstoff eine hohe ***Abrieb- und Verschleißfestigkeit*** aufweisen, damit bei physikalischen oder chemischen Einflüssen der Materialabtrag am Werkzeug so gering wie möglich ausfällt. Eine gute ***Wärmewechselbeständigkeit*** verhindert Rissbildung bei stark wechselnden Arbeitstemperaturen.

Bild: Wendeschneidplatten aus Hochleistungskeramik./ Foto: CeramTec AG

Neben diesen grundlegenden, für einen Schneidstoff wichtigen Eigenschaften erfolgt die Auswahl des geeigneten Werkzeugmaterials meist nach wirtschaftlichen Kriterien in Relation zum gewählten Verarbeitungsverfahren und den Zerspanungseigenschaften des Werkstoffs. In nachfolgender Abbildung sind die wichtigsten Schneidstoffe entsprechend ihrer Zusammensetzung und Verwendung dargestellt. Detaillerte Informationen zu Schneidstoffen sind in der entsprechenden Fachliteratur zu finden (Degner, Lutze, Smejkal 2002).

Eigenschaften und Verwendung von Schneidstoffen

Legende: ■ Eigenschaften ■ Anwendung

Schnellarbeitsstahl HSS (**H**ochleistungs- und **S**chnellarbeits**s**tahl)
- Eigenschaften: Hohe Zähigkeit und hohe Biegefestigkeit, einfach herstellbar, gut formbar, Härte unter 70 HRC, warmfest bis 600 °C
- Anwendung: Spiralbohrer, Fräser, Reibahlen, Gewindebohrer und Schneideisen, Automatenwerkzeuge

Hartmetall
- Eigenschaften: Warmfest bis 1000 °C, hohe Verschleißfestigkeit, hohe Druckfestigkeit, schwingungsdämpfend
- Anwendung: Geschraubte oder geklemmte Wendeschneidplatten schwingungsdämpfende Werkzeuge aus Vollhartmetall. Gut geeignet für eine Bearbeitung von vielen Werkstoffen ohne Kühlschmiermittel

Cermet (**cer**amics + **met**al)
- Eigenschaften: Hartmetall auf Basis von Titankarbid, hohe Verschleißfestigkeit und Warmhärte, hohe Kantenfestigkeit, chemische Beständigkeit
- Anwendung: Wendeschneidplatten für Dreh- und Fräsbearbeitung, Schruppen und Schlichten bei hoher Schnittgeschwindigkeit von Stahl und Eisenguss

Schneidkeramik (SK)
- Eigenschaften: Keramik u.a. aus Oxid- und Mischkeramik, hohe Härte, Warmhärte bis ca. 1500 °C, hohe Verschleißfestigkeit, hohe Druckfestigkeit, chemische Beständigkeit, Sprödbruchneigung, hohe Schmelztemperatur
- Anwendung: Großes Eigenschafts- und Anwendungsspektrum, ohne Kühlschmiermittel, Hartfeindrehen von gehärtetem Stahl, Zerspanung mit hoher Schnittgeschwindigkeit für Massenproduktion. Wendeschneidplatten

PKB - Schneidplatte (**P**oly**k**ristallines Kubisches **B**ornitrid)
- Eigenschaften: Zweithärtester Schneidstoff, sehr hoher Preis, warmfest bis 2000 °C, hohe Verschleißfestigkeit, hohe chemische Beständigkeit
- Anwendung: Drehen, Bohren, Fräsen in der Massenproduktion. Schlichten von gehärtetem Stahl mit hoher Oberflächengüte mit engen Toleranzen

PKD - Wendeschneidplatte (**P**oly**k**ristalliner Synthetischer **D**iamant)
- Eigenschaften: Härtester Schneidstoff, sehr hoher Preis, warmfest bis 800 °C, hohe Verschleißfestigkeit
- Anwendung: Eignet sich nicht für die Zerspanung von Eisenwerkstoffen, Zerspanung von siliziumhaltigen Aluminiumlegierungen, Gummi, Keramik, Gold, Silber, Glas, Platin in der Massenproduktion, höchste Oberflächengüte

Abb. 7: nach [7]

Kühlschmierstoffe

Die Verwendung von Kühlschmierstoffen ist bei der zerspanenden Bearbeitung nahezu unabdingbar. Zum einen dienen sie zur Senkung des Werkzeugverschleißes, zum anderen führt das Arbeiten mit Schmierstoffen zur Verbesserung der Qualität der bearbeiteten Werkstoffoberfläche. Die auftretende Temperatur wird gesenkt, was einer unerwünschten Materialausdehnung entgegenwirkt. Außerdem können Späne und Abrieb mit dem Kühlschmierstoff abtransportiert und es kann eine Säuberung von Werkzeug und Werkstoff bewirkt werden.

Bild: Kühlschmierstoffe im Arbeitsprozess (Rohrschweißen)./ Foto: CeramTec AG

Um das komplexe Potenzial von Schmierstoffen optimal nutzen zu können, ist eine genaue Kenntnis der Eigenschaften von Schmiermitteln erforderlich. Zudem richtet sich die Wahl des optimalen Schmierstoffes nach dem Fertigungsverfahren, dem zu bearbeitenden Werkstoff sowie dem verwendeten Schneidstoff. Allgemein werden Schneidöle und wassermischbare Kühlschmierstoffe unterschieden.

Schneidöle basieren auf Mineralölen mit meist beigemischten Zusätzen. Während ihre Schmierwirkung als hoch bewertet werden kann, fällt die Eigenschaft zum Wärmetransport und somit zur Kühlung eher gering aus.
Wassermischbare, emulgierbare Kühlschmierstoffe stehen als Konzentrat zur Verfügung und werden vor dem Gebrauch mit Wasser zu einer ***Emulsion*** unter ständigem Rühren gemischt. Die gute Kühlwirkung geht auf den bis zu 99 %igen Wasseranteil zurück. Um die Verwendungsdauer von Emulsionen zu verlängern, werden Zusätze beigemengt. Zu den wassermischbaren Schmierstoffen zählen auch synthetische Schmierstoffe, die aus einem Lösungsmittel in Verbindung mit Wasser hervorgehen. Ihre transparente Erscheinung lässt die Beobachtung der zerspanenden Bearbeitung zu.

Der Kontakt mit Haut oder Schleimhäuten sollte beim Umgang mit Kühlschmierstoffen aus Gesundheitsgründen unbedingt vermieden werden. Zudem sollten die Stoffe sachgemäß entsorgt werden. Um der Umweltgefährdung von Kühlschmierstoffen zu entgehen, versucht man immer häufiger, trocken, das heißt ohne den Einsatz von Schmierstoffen, zu zerspanen oder die Möglichkeit der Kühlung mit Druckluft zu nutzen. Für die Trockenbearbeitung werden Schneidstoffe mit besonders großen Härten entwickelt.

Verwendung von Kühlschmierstoffen

Die zerspanende Bearbeitung von Werkstoffen kann in die Kategorien Kühlschmierstoffe (KSS), Minimalmengenschmierung (MMS/ MMKS) und Trockenbearbeitung eingeteilt werden. Die Verwendung oder Nichtverwendung von Kühlschmierstoffen ist sehr stark abhängig von dem zu bearbeitenden Werkstoff, der Schnittgeschwindigkeit, dem Verfahren und der Beschichtung der Werkzeugschneide.

Kühlschmierstoffe (KSS)

Emulsion
- [i] Eine Emulsion wird verwendet, wenn bei der Bearbeitung des Werkstücks die Kühlung wichtiger ist als die Schmierwirkung.
- [Verwendung] Die Verwendung einer Emulsion ist bei Bedingungen, wie hohe Arbeitstemperatur und bei der Bearbeitung von leicht zu bearbeitenden Werkstoffen beim Drehen, Fräsen oder Bohren von Vorteil.

Schneidöl
- [i] Ein Schneidöl wird verwendet, wenn bei der Bearbeitung des Werkstücks die Schmierwirkung wichtiger ist als die Kühlung.
- [Verwendung] Die Verwendung von Schneidöl ist bei Bedingungen, wie niedriger Schnittgeschwindigkeit, hoher Oberflächengüte und bei schwer zerspanbaren Werkstoffen von Vorteil.

Minimalmengenschmierung (MMS/ MMKS)

Die Technik dieser Kühlung/ Schmierung bei der zerspanenden Bearbeitung von Werkstoffen basiert auf der Mischung einer Emulsion, Schneidöl und Druckluft. Dadurch wird weniger Kühlschmierstoff benötigt. Dieses Gemisch wird prozesssicher unter Druck dosiert an das Werkstück und an die Werkzeugschneide geführt.

Trockenbearbeitung

Die Werkstoffe, die für eine trockene Zerspanung geeignet sind, sind nicht generell festzulegen, sondern im Einzelfall mit allen technischen Parametern (Werkzeugmaschine, Werkstoff, Werkzeugschneide, Verfahren) abzustimmen.

Legende:
[i] Information/ Besonderheit [Verwendung] Verwendung/ Eignung

Abb. 8: nach [1, 7]

TRE 1.1
Zerspanen – Strahlen

Die Oberflächenbehandlung mit ***Strahlmitteln*** ist die einfachste Form, einen Materialabtrag als Resultat einer Spanbildung herbeizuführen.

Verfahrensprinzip

Hierzu werden unterschiedlich große Körner in Strahlanlagen durch Druckluft oder in einem Wasserstrom beschleunigt und auf die zu bearbeitende Materialoberfläche gelenkt. Die Schneiden des Kornmaterials dringen undefiniert in den Werkstoff ein und tragen ihn ab. Die Wahl der geeigneten Korngröße sowie des Materials für das Strahlmittel richtet sich nach der gewünschten Abtragrate sowie nach Härte und Oberflächenrauigkeit der Werkstückoberfläche. Bei kleiner Korngröße ist meist ein nur geringer Spanabtrag zu erzielen, da sich das Strahlmittel in den Poren der Oberfläche festsetzen kann. Überdimensionierte Körner können hingegen zu einer Zunahme der Rauigkeit der bearbeiteten Oberfläche führen.

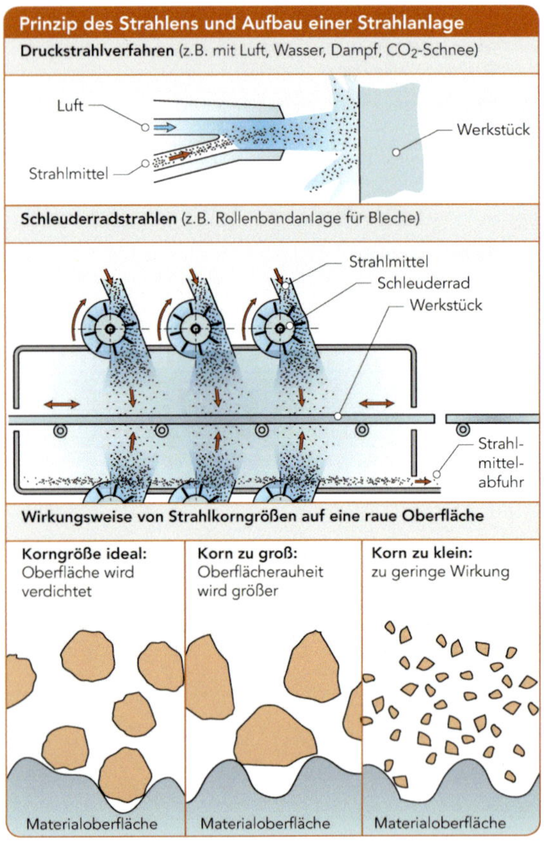

Abb. 9: nach [12]

Anwendung, Materialien, Genauigkeit

In erster Linien werden Strahltechniken zur Reinigung und Oberflächenvorbehandlung im Baugewerbe und in der Metallbearbeitung eingesetzt. Altlacke, Öle oder andere Verunreinigungen werden entfernt, um Werkstücke für nachgelagerte Beschichtungs- oder Fügearbeiten vorzubereiten. Auch Rost und Grate können mit Strahlmitteln abgetragen werden. Zur Erzielung optischer Effekte wird das Verfahren an Oberflächen aus Glas oder Kunststoff eingesetzt. An Glasteilen werden auf die beschriebene Weise matte Oberflächen hergestellt. Zum Einbringen gerasteter Bilder werden NC-gesteuerte Sandstrahlanlagen verwendet, die eine Genauigkeit von weniger als 0,3 mm gewährleisten. Die erreichbaren Rauigkeiten liegen etwa zwischen 10 und 100 Mikrometern.
Einen Anhaltspunkt zur Auswahl des für die jeweilige Anwendung geeigneten Strahlmittels gibt die folgende Tabelle.

Strahlmittel

Bezeichnung	Verwendung
Glaskugeln	Mattieren von Edelstahl und NE-Metalle
Glasbruch	Aufrauen von NE-Metallen (z.B. Al)
Quarzsand, gesiebt	Wasser-/Sandstrahlen (Silikosegefahr)
Siliziumkarbid	universell verwendbar
Edelkorund	Strahlen für Bauteile extrem hoher Härte
Normalkorund	Raustrahlen, Mattieren
Stahlguss	Entgraten und Oberflächenverfestigung von Leichtmetallen
Stahlschrot	Grauguss, niedrig legierte Stähle
Stahlkies	Strahlen und Entgraten von Metallen (sehr preiswert)
Stahldrahtschnitte	Strahlen von Metallen (sehr preiswert)
Hochofenschlacke	Strahlen (sehr preiswert)
Hartguss/ kantig	Entrosten, Entzundern, Aufrauen von Metalloberflächen zur Beschichtsvorbereitung
Bronzeschrot/ Bronzedrahtabschnitte	Strahlen von Kupfer und Kupferlegierungen
Aluminiumgranulat	Mattieren und Strahlen von Al-Oberflächen
gehacktes Hartholz (Walnuss-, Aprikosen-, Kirschkerne)	für NE-Metalle
Kunststoffstrahlmittel	Lackentfernung, Entgraten von Kunststoffbauteilen, Aufrauen von Gfk-Bauteilen

Abb. 10: nach [12]

Wirtschaftlichkeit

Neben Handstrahlgeräten existieren auch Strahlanlagen. Dadurch lässt sich das Verfahren sowohl für kleine Arbeiten im Werkstattbereich als auch zur Oberflächenbehandlung von Bauteilen in großen Stückzahlen wirtschaftlich einsetzen.

Alternativverfahren

Schleifen, Beizen

Bild links: Hüft-Implantat aus Titan, Oberfläche gestrahlt mit Glas-Korund./ Hersteller: Peter Brehm GmbH

TRE 1.2
Zerspanen – Schleifen

Schleifen ist ein Fertiungsverfahren zur Feinbearbeitung mit folgenden Vorzügen (Witt 2006):

- gute Bearbeitung auch harter und schwer zu zerspanender Werkstoffe
- hohe Oberflächenqualität geschliffener Teile
- hohe Maß-, Form- und Lagegenauigkeit
- kleine Rauigkeit
- hohes Zerspanvolumen

Materialabtrag durch Schleifwerkzeuge

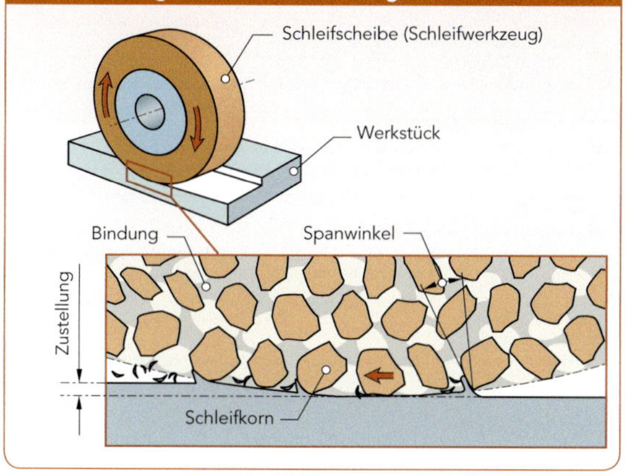

Abb. 11: nach [7]

Verfahrensprinzip
Der Materialabtrag beim Schleifen geht auf den Eingriff einer Vielzahl unregelmäßig strukturierter Schleifkornschneiden in den Werkstoff, also einer Relativbewegung zwischen Schleifmittel und Bauteiloberfläche, zurück. Das Schleifwerkzeug (Schleifscheibe, Schleifpapier) besteht in der Hauptsache aus Schleifkörnern, Bindemittel und dazwischen liegendem Porenraum.

Bild: Unterschiedliche Schleifwerkzeuge./
Foto: CNC Speedform AG

Je nach Anordnung des Schleifwerkzeugs zum zu bearbeitenden Bauteil können die einzelnen Schleifkörner unterschiedliche Schneiden aufweisen. Der Materialabtrag geschieht daher geometrisch unbestimmt. Eine Vorhersage ist nur statistisch möglich.

Während des Prozesses werden Körner aus dem Schleifwerkzeug ausgebrochen. Neue Schneiden bilden sich durch Bruch, Zersplitterungen oder ganzem Ausbrechen von Schleifkörnern, womit der Effekt einer ***Selbstschärfung*** von Schleifwerkzeugen erklärt werden kann.

Schleifkornverschleiß und Selbstschärfung

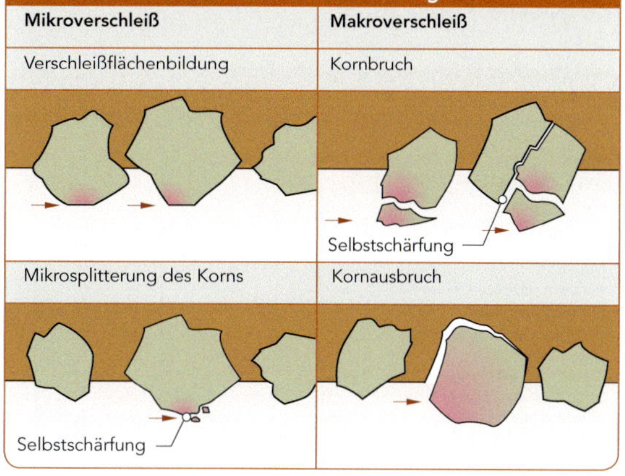

Abb. 12: nach [7]

Es existieren unterschiedliche Werkzeugformen, in denen die Schleifkörner auf verschiedene Weise eingebettet sind oder für die Oberflächenbehandlung zur Verfügung stehen:

- starr gebundene Körnung von ***Schleifscheiben*** und ***Schleifbändern***
- starr gebundene Körner in beweglichen ***Schleifkörpern*** (z. B. Gleitschleifen)
- lose gebundenes Korn in ***Schleifpasten***
- ungebundene Körnung als ***Schleifpulver***

Die Wahl der optimalen Körnungsgröße richtet sich bei allen Schleifwerkzeugformen nach der Oberflächenrauigkeit der Ausgangsoberfläche in Relation zur gewünschten Oberflächenqualität. Kleine Rauheitswerte bedingen feine Körnungen (Werte: 70–220). Beim Schruppen wird mit grober Körnung (Werte: 4–24) ein hoher Materialabtrag erzielt.

Zusammenhang Korngröße und Rautiefe

Korngröße (Mesh)	Resultierende Rautiefe (µm)	Bezeichnung/ Bearbeitung
12…24 (grob)	16…6	Schruppen, Entgraten, Vorarbeiten
30…80	6…2,5	Schlichtschleifen, Vorschleifen
100…180	2,5…1	Feinschleifen
220…1000 (fein)	< 1	Feinstschleifen, Nachschleifen

Abb. 13: nach [12]

Im Folgenden werden anhand des Aufbaus von Schleifscheiben die Zusammenhänge aller den Schleifprozess bestimmenden Faktoren und Einflussgrößen erläutert. Entsprechend der Bestandteile sind für die Auswahl einer geeigneten Schleifscheibe Aussagen zu Kornart, Körnung, Bindung, Härte der Schleifkörper und Gefügeart erforderlich. Die entsprechenden Informationen können der Schleifscheibenbezeichnung entnommen werden.

Härte, Zähigkeit und thermische Widerstandsfähigkeit sind die Charakteristika eines Schleifmittels, die die Bearbeitung eines Werkstoffs entscheidend beeinflussen. Es existieren sowohl natürliche als auch synthetische Schleifmittel. Zu den natürlichen zählen insbesondere ***Schmirgel*** MIN 4.1.4, ***Diamant*** MIN 4.5.2 und ***Ölsandstein***. Synthetische Schleifmittel sind Korund, ***Siliziumkarbid*** KER 4.7 oder ***Bornitrid*** (Klocke, König 2005).

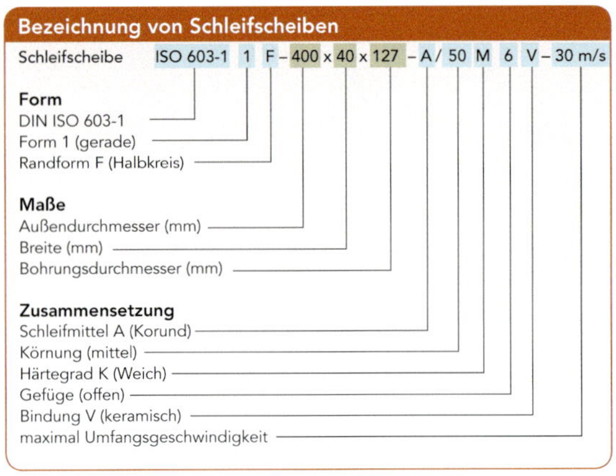

Abb. 14: nach [22]

Die Härte eines Schleifwerkzeugs ist eine wichtige Kenngröße für die Auswahl des geeigneten Schleifmittels. Sie wird allerdings nicht nur durch die Härte der gebundenen Schleifkörner bestimmt, sondern geht vor allem auf den Widerstand der ***Bindung*** vor Ausbrechen der Schneidkörner zurück. Der Art der Bindung wird folglich eine entscheidende Bedeutung beigemessen. Negativ auf die Bearbeitungsqualität wirkt sich neben dem frühen Brechen von Schneidkörnern auch das Zusetzen der Porenräume aus.

Bild: Schleifscheibe.

Die Schleifscheibe schmiert und der Materialabtrag verringert sich. Gleichzeitig ist mit einer Erhöhung der Temperatur in der ***Kontaktzone*** zwischen Schleifwerkzeug und Werkstück zu rechnen. Allgemein kann die Aussage getroffen werden, dass zur Bearbeitung harter Werkstoffe weiche Schleifscheiben und für weiche Werkstoffe harte Schleifscheiben benutzt werden sollten.

Eigenschaften und Anwendung wichtiger Schleifmittelarten

Bezeichnung	Legende: Eigenschaften / Anwendung
Normalkorund (92...97% Al_2O_3)	Eigenschaften: Hohe Härte und hohe Zähigkeit. Geeignet für große Schleifkräfte, warmfest bis 2000 °C. Anwendung: Geeignet für grobe Schleifarbeiten mit großer Zerspanungsleistung mittelzäher bis harter Werkstoffe (unter 60 HRZ) . Stahlguss, Temperguss, Schmiedeeisen.
Edelkorund (99% Al_2O_3)	Eigenschaften: Edelkorund ist spröder als Normalkorund. Geeignet für mittlere Schleifkräfte, warmfest bis 2000 °C. Anwendung: Geeignet für hochlegierte und hitzeempfindliche Stähle (über 60 HRZ), zum Schleifen und Polieren von Glas oder großen Berührungsflächen.
Edelkorund/ rubinrote (97% Al_2O_3, 1,5% Cr_2O_3)	Eigenschaften: Hohe Härte, Abriebsfestigkeit und Zähigkeit. Die kubische Kornform begünstigt das Schleifverhalten. Anwendung: Anwendungen bei vielen Arten von Rund-, Flach- und Profilschleifarbeiten. Werkzeuge, Zahnradbearbeitung, Führungsflächen.
Siliciumcarbid/ schwarz (98% SiC)	Eigenschaften: Höhere Zähigkeit, warmfest bis 1370 °C. Anwendung: Anwendungen beim Schleifen von Hand, Glas, Gestein, Porzellan.
Siliciumcarbid/ grün (99,5% SiC)	Eigenschaften: Höhere Härte und Splitterfreudigkeit, warmfest bis 1370 °C. Anwendung: Anwendungen bei Hartglas, Schneidkeramik, Hartmetall.
Diamant (C)	Eigenschaften: Hohe Härte, warmfest bis 800 °C. Anwendung: Präzisionsschleifen von zähen, harten und spröden Werkstoffen wie Hartmetall, Glas, Keramik, NE-Metalle, Nickellegierungen.
Bornitrid (BN)	Eigenschaften: warmfest bis 1200 °C. Anwendung: Präzisionsschleifen von gehärteten Werkstoffen und HSS-Stählen, sowie Gusswerkstoffen auf Eisenbasis.

Abb. 15: nach [1]

Die ***Gefügekennziffer*** beschreibt das jeweilige Verhältnis zwischen Schleifkörnern, Porenraum und Bindung. ***Poren*** dienen zum einen zur Aufnahme von Spänen. Zum anderen fördert ein großer ***Porenanteil*** die Kühlung während einer Schleifbearbeitung. Je kleiner die Gefügekennziffer, desto weniger Porenraum ist vorhanden und desto dichter liegen die Schneidkörner beieinander. Bei geringem Porenraum kann die ***Kühlung*** der Kontaktzone zwischen Werkstück und Schleifscheibe mit Schleiföl verbessert werden.

Zur Erhöhung von Fertigungsqualität und Formgenauigkeit müssen Schleifscheiben in gewissen Abständen abgerichtet werden. Ziel dieses Prozesses ist die exakte ***Profilierung*** des Schleifwerkzeugs und das Entfernen nicht benötigten Bindungsmaterials. Außerdem werden Porenräume von den Zusätzen befreit. Die Schleifscheibe wird geschärft.

Beim Arbeiten mit Schleifscheiben lassen sich verschiedene Schleifverfahren entsprechend der Anordnung von Scheibe und Werkstück zueinander unterscheiden.
Während ***Planschleifen*** zur Erzeugung ebener und planer Flächen dient, werden kreiszylindrische Bauteiloberflächen durch ***Rundschleifen*** bearbeitet. Diese können sowohl außen als auch innen am Bauteil mit den entsprechenden Schleifformgeometrien erzeugt werden. Besonders profilierte Werkzeuge lassen beim ***Schraubschleifen*** die Anfertigung von Gewinden und schneckenförmigen Formgeometrien zu. Das ***Wälzschleifen*** unterstützt die Zahnradfertigung. Durch eine gesteuerte Vorschubbewegung beim ***Profilschleifen*** wird die Oberflächenqualität von Nuten, Fasen und Führungsbahnen verbessert.

Schleifkörper: Bindungen, Härte, Gefügekennziffern

Verwendung der Körnung

Korngröße	grob	mittel	fein	sehr fein
	Makrokörnung		Mikrokörnung	

Verwendung

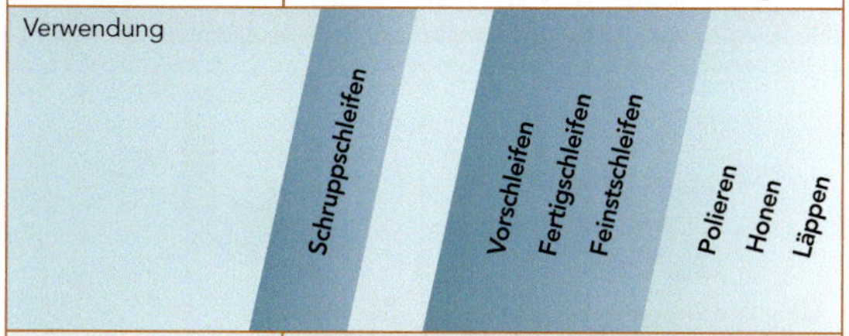

Rautiefe (Rz in µm)	20	8	1,5	0,3	0,2
Körnung	8	30	70	230	1200
Korngröße (in mm)	4	1	0,3	0,08	0,003

Bindungsart der Schleifkörper

Bindung/ Zeichen		**Eigenschaft**	**Verwendung**
Keramisch	V	porös, unemfindlich, polierbar	Schrupp- und Feinschleifen von korund- und silizium-karbidhaltigen Stählen
Kunstharz + Faserstoff-verstärkung	B BF	zäh, elastisch, ölbständig, hohe Ge-schindigkeit	Schrupp- und Trennschleifen, Hochdruckschleifen mit Zirkonkorund, Profilschleifen mit Diamant/ Bornitrid
Metallisch	M	zäh, unempfindlich	Schleifen v. Werkzeugen/ Profilen Nassschliff mit Diamant/ Bornitrid
Galvanisch	G	hohe Griffigkeit	Innenschleifen: HM, HSS Handschleifen
Gummi + Faserstoff-verstärkung	R RF	elsatisch, empfindlich gegen Öl und Wärme	Trennschleifen Regelschieben

Gefüge der Schleifkörper

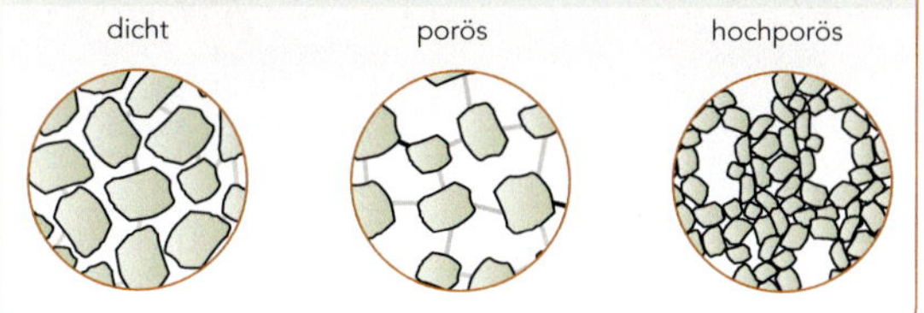

Abb. 16: nach [1, 7]

Zur Anwendung eines Schleifverfahrens ist die Wahl einer entsprechenden Schleifscheibe erforderlich. Aus der Schleifscheibenbezeichnung kann ihre Grundform entnommen werden.

Anwendung, Materialien, Genauigkeit

Grundsätzlich kann jeder feste Werkstoff wie Naturstein, Glas, Gusseisen oder Keramik geschliffen werden. Auch harte und sprödharte Materialien, die ansonsten als schwer zerspanbar gelten, sind mit der Schleiftechnik bearbeitbar. Die Anwendung reicht von der Erstellung von Schriften und Strukturen auf Glas- und Porzellanoberflächen bis zur Bearbeitung von Maschinenbauteilen und Messinstrumenten. Zur Herstellung glänzender Oberflächen von Edel- und Halbedelsteinen MIN 4.5 ist das Schleifen die wichtigste Bearbeitungstechnik. Der ***Glasschliff*** erfolgt immer nass, da es leicht zu einem Materialbruch kommen kann GLA 2.2.1. Schleifen ist ein klassisches Nachbearbeitungsverfahren.

Abhängig von Schleifstoff und zu behandelndem Werkstoff können sehr gute Oberflächengüten mit Rauheitswerten im einstelligen Mikrobereich bei hoher Form- und Lagegenauigkeit erzielt werden.

Schleifverfahren und Schleifwerkzeuggrundformen

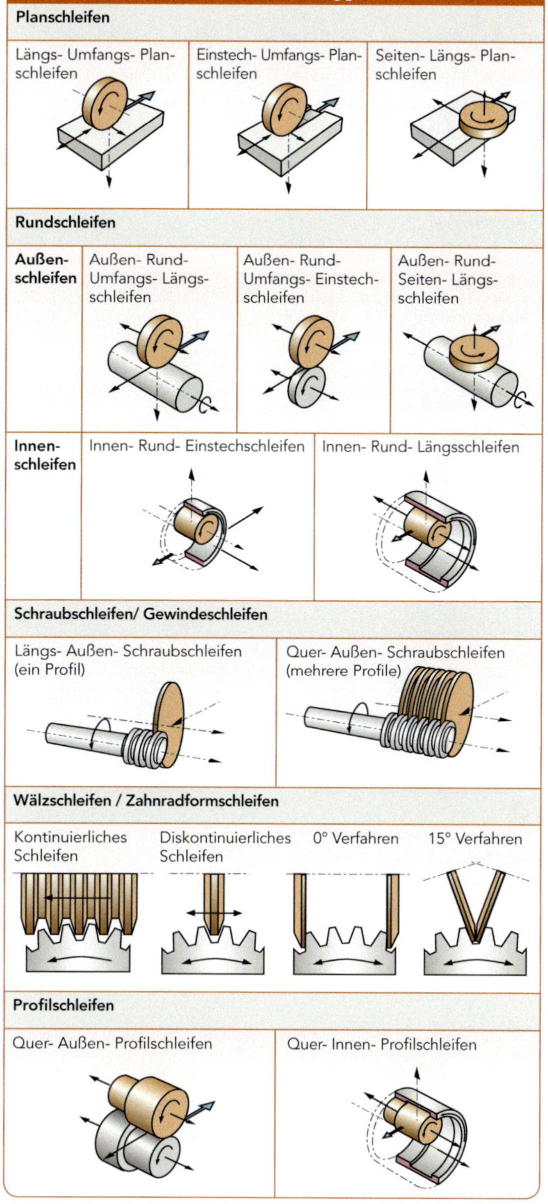

Abb. 17: nach [1]

Wirtschaftlichkeit

Schleiftechniken lassen sich mit den für den Einsatzfall optimalen Schleifbedingungen (Schleifverfahren, Schleifwerkzeug, Kenngrößen für den Bearbeitungsprozess) wirtschaftlich sowohl für kleine als auch für große Stückzahlen einsetzen. Beim Arbeiten mit maschinellen Schleifanlagen sind zudem hohe Zerspanvolumina erreichbar.

Alternativverfahren

Feinfräsen, Polieren, Beizen, Läppen, Reiben, Honen und Räumen zur Bearbeitung von Bohrungen

Erreichbare Rautiefen in µm für Schleifverfahren (Witt 2006):

Schleifen 8…4,0
Feinschleifen 4…1
Feinstschleifen 1…0,25

Flachschleifen 3…8
Profilschleifen 2…4
Außenrundschleifen 5…10
Innenrundschleifen 10…20
Spitzenlosschleifen 2…4

Körnung
Die Einheit der Körnung gibt die Maschenzahl eines Siebes auf 1 Inch Länge an, durch die das entsprechende Korn gerade noch hindurch fällt.

TRE 1.2.1 Schleifen– Gestaltungsregeln

Die effektive und wirtschaftliche Anwendung der Schleifverfahren kann bei Beachtung folgender Hinweise gewährleistet werden (Fritz, Schulze 1998):

Zur Bearbeitung von Flächen an Wellen mit unterschiedlichen Durchmessern sind Einstiche vorzusehen, um das Auslaufen des Schleifwerkzeuges zu gewährleisten und den Prozess zu vereinfachen. Die Einplanung eines ausreichenden Auslaufbereichs gilt auch für das Schleifen von inneren Geometrien.

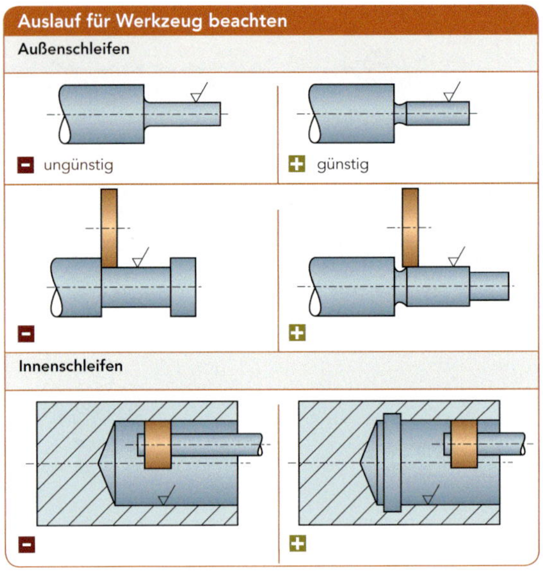

Abb. 18: nach [10]

Eine wirtschaftliche Schleifbearbeitung zylindrischer Bauteile mit mehreren Flächen ist gegeben, wenn diese in einer Bearbeitungsfläche liegen.

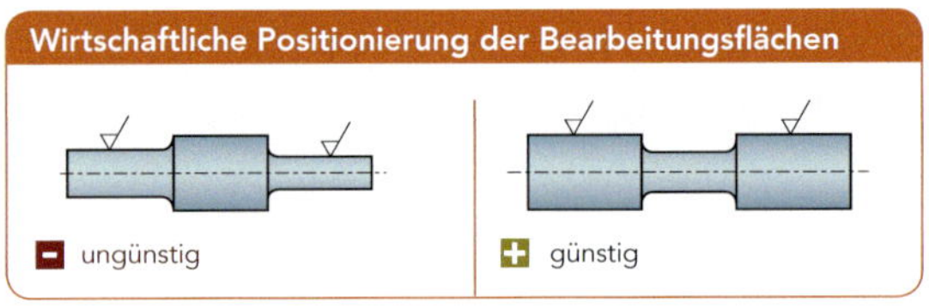

Abb. 19: nach [10]

Die Bearbeitung möglichst vieler Geometrien durch ***Einstechschleifen*** verringert die Bearbeitungsdauer und gewährleistet eine wirtschaftliche Fertigung.

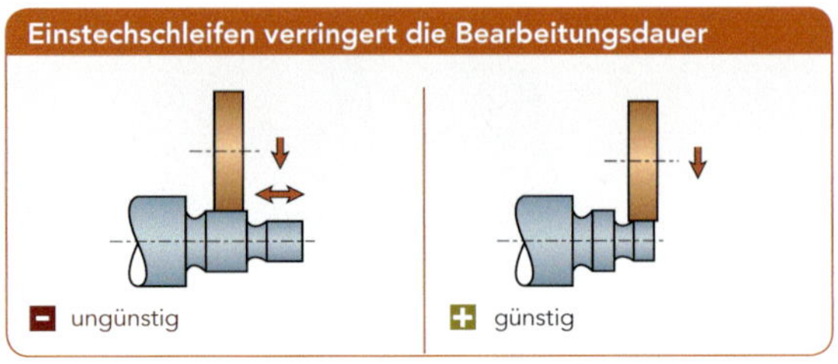

Abb. 20: nach [10]

Möglichst viele Formelemente eines Werkstücks sollten mit dem gleichen Schleifwerkzeug und der gleichen Schleifgeometrie bearbeitet werden können.
Dies gilt ebenso für Kegelgeometrien, die nach Möglichkeit eine ähnliche Form aufweisen sollten. Zu beachten ist ebenso ein möglicher Auslauf der Schleifscheiben.

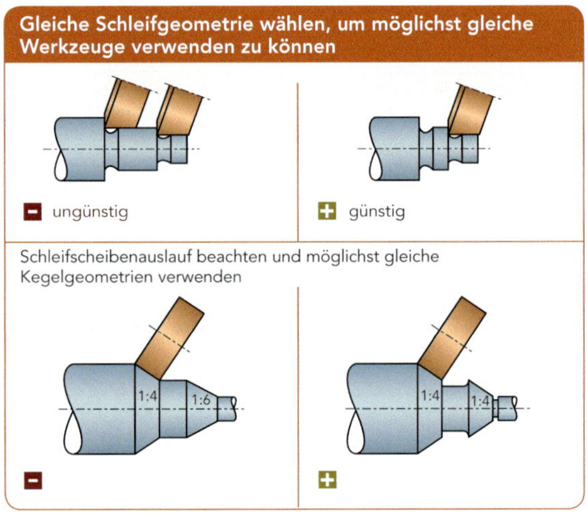

Abb. 21: nach [10]

Geometrien, die in die Bearbeitungsebene hineinragen, behindern das Arbeiten mit geraden Schleifscheiben und sind auch bei ausreichendem Auslauf zu vermeiden.

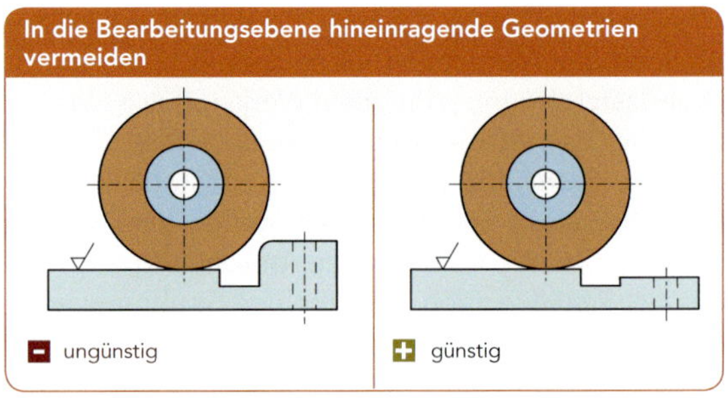

Abb. 22: nach [10]

Bild: Schleifen eines asphärischen Spiegels./ Foto: Adelheid Peters, Fraunhofer-Institut für Produktionstechnologie IPT

TRE 1.3
Zerspanen – Polieren

Verfahrensprinzip
Polieren ist ein dem Läppen ähnliches Verfahrensprinzip mit dem Unterschied, dass durch das Poliermittel ein wesentlich geringerer spanabhebender Materialabtrag erfolgt. Die Zerspanung basiert auf der Überlagerung chemischer und mechanischer Wirkmechanismen. Feines Kornmaterial ist lose in einem zumeist flüssigen Medium (z. B. ***Polierpasten***) gebunden, das im Bearbeitungsprozess auf der Materialoberfläche über eine längere Zeit verrieben wird. Die ***Poliersuspension*** reagiert mit dem Werkstück. Es kommt zur Bildung einer Reaktionsschicht, die durch die Polierkörner abgetragen wird (Klocke, König 2005).

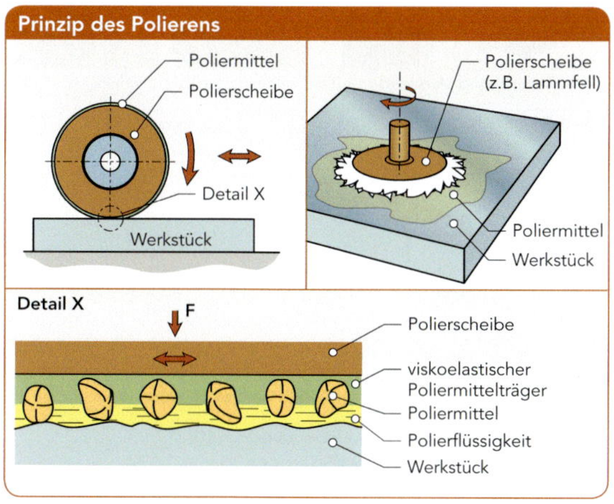

Abb. 23: nach [16]

Anwendung, Materialien, Genauigkeit
Polieren wird zur Erstellung hochpräziser Oberflächen mit optischen Funktionalitäten, z. B. für die Reflektion und Bündelung von Lichtstrahlen (Parabolspiegel, Linsen), eingesetzt. Zudem hat das Verfahren eine große Bedeutung bei der Erzeugung dekorativ hochwertiger Oberflächen in der Schmuckherstellung. Darüber hinaus ist es eine bedeutende Bearbeitungstechnik für Gesteinsmaterialien. Die Wahl des geeigneten Stoffes aus der Vielzahl der vorhandenen Poliermittel richtet sich nach der gewünschten Oberflächenqualität sowie der Härte und Art des zu bearbeitenden Werkstoffs. Es können fast alle Metalle, Keramiken und Gesteinswerkstoffe poliert werden. Im günstigsten Fall sind durch Polieren mittlere Rauigkeitswerte von etwa 0,1 μm erreichbar. Eine hohe Qualität von Glasoberflächen wird durch ***Feuerpolitur*** erzielt.

Bild rechts: Knie-Implantat aus Titan, Oberfläche poliert./ Hersteller: Peter Brehm GmbH

Verwendung als Polier- (P) und Schleifmittel (S)

Legende: Verwendung, Anmerkung

Stoff	P/S	Verwendung / Anmerkung
Naturprodukte		
Polierkreide	P	In flüssigen Poliermitteln für hochglänzende Oberflächen.
Tripel	P	Reinigungsmitteln. Auch als Kielsegur bezeichnet.
Polierschiefer (Mohssche Härte: 5...6)	S	Abart des Tripel. Auch als Saugtripel, Silbertripel bezeichnet.
Bims (Mohssche Härte: 5...6)	S	Für Holz- und Kunststoffbearbeitung.
Quarz (Mohssche Härte: 7)	S	Holzbearbeitung. Anmerkung: Sprödes scharfkantiges Schleifmittel, Achtung: Quarzstaub kann Silikose verursachen!
Schmirgel (Mohssche Härte: 8)	S	Geeignet zur Bearbeitung von Stahl, Grauguss und Holz.
Naturkorund (Mohssche Härte: 9)	S, P	Zur Herstellung von Schleifmitteln. Anmerkung: Abart ist Diamantine. Nicht zu verwechseln mit Diamantstaub.
Diamant (Mohssche Härte: 10)	S	Verwendung bei sehr harten Werkstoffen und feinen Oberflächen.
Synthetische Produkte		
Siliciumcarbid (Mohssche Härte: 9...10)	S	Planschleifen von Hartmetall, Keramik, Graugruss, Splittert leicht.
Edelkorund	S	Verwendung bei Werkstoffen von hoher Festigkeit (bis 60 HRC). Anmerkung: Varietäten sind: Halbedelkorund, Edelkorund (weiß, rosa und rot).
Borcarbid (Mohssche Härte: 9...10)	S	Verwendung für Glas, Hartmetall und Diamant.

Abb. 24: nach [12]

Wirtschaftlichkeit
Polieren ist ein einfaches und kostengünstiges Verfahren. Der manuelle Einsatz ist allerdings zeitaufwändig und bündelt sehr große Personalkapazitäten. Daher ist bei höheren Stückzahlen die Anwendung von ***Poliermaschinen*** zu empfehlen.

Alternativverfahren
Läppen, Beizen, chemisches Abtragen, elektrochemisches Abtragen

TRE 1.4
Zerspanen – Sägen

Verfahrensprinzip
Beim Sägen werden mit einem vielzahnigen Sägeblatt Schnitte in den zu bearbeitenden Werkstoff eingebracht. Durch verschränkte Anordnung der Zähne wird die Schnittfuge geweitet und somit die Möglichkeit des Verhakens des Sägeblatts und des Werkzeugbruchs auf Grund hoher Reibungstemperatur verringert. Beim Einspannen des Sägeblatts in eine Hand- oder Maschinensäge ist darauf zu achten, dass die Zähne in Bearbeitungsrichtung zeigen. Zur Auswahl des für den zu bearbeitenden Werkstoff optimalen Sägeblatts ist die Zahnteilung von entscheidender Bedeutung. Eine feine Zahnteilung sollte zur Bearbeitung von harten und dünnwandigen Bauteilen gewählt werden, während eine grobe ***Zahnteilung*** sich für weiche Materialien und große Wandstärken eignet (Dobler et al. 2003).

Bild: Kreissäge./ Foto: Ledder Werkstätten

Zur wirtschaftlichen Anfertigung von Bauteilen, vor allem bei kleinen Stückzahlen, wird der Sägevorgang maschinell unterstützt. Hierfür stehen Band-, Kreis- und Bügelsägen zur Verfügung. Die Unterschiede sind im Folgenden kurz erläutert:

Bandsägen arbeiten mit einem endlosen ***Sägeband***. Sie ermöglichen saubere und enge Schnittfugen bei geringem Werkstoffverlust. Breite Sägebänder sollten für harte Werkstoffe oder große Schnittlängen verwendet werden. Die Schnittgeschwindigkeiten zur Metallbearbeitung liegen zwischen 200 m/min bei Stahl und 2.000 m/min bei Leichtmetallen wie Aluminiumlegierungen.
Für ***Bügelsägen*** werden ***Sägeblätter*** verwendet, die hubweise über das zu trennende Halbzeug gezogen werden. Nach Beendigung eines Arbeitsschrittes wird das Werkzeug angehoben und in die Ausgangsposition gebracht, um die Sägebewegung erneut durchzuführen. Auf Grund dieses Bearbeitungsprinzips ist die Größe des zu bearbeitenden Bauteils noch oben hin auf etwa einen halben Meter begrenzt.
Kreissägen verwenden ein ***kreisförmiges Sägeblatt*** und eignen sich zur Bearbeitung von Werkstücken mit einer Materialdicke bis etwa 15 cm. Nur 30 % des Blattes greifen dabei in das Material ein.

Anwendung, Materialien, Genauigkeit
Alle festen Materialien können mit hinreichender Genauigkeit gesägt werden. Das Sägen kommt vor allem beim ***Ablängen*** von Profilen (z. B. Rohre oder Leisten) und bei der Konturerstellung in Flachmaterialien zur Anwendung. Für den Zuschnitt von Holz- und Gesteinswerkstoffen ist es das am häufigsten verwendete Trennverfahren. Beim Sägen muss mit einem geringen Nachbearbeitungsaufwand gerechnet werden. Grate sollten entfernt und Kanten gesäubert werden. Anders als die beschriebenen Sägen für Holz oder Metall weisen ***Glassägen*** keine Sägezähne auf. Hier werden vielmehr schmale Vertiefungen in das Glas hinein geschliffen GLA 3.3.

Wirtschaftlichkeit
Sägen sind in allen Werkstätten vorzufinden. Die Anschaffungs- und Betriebskosten für Hand- und Maschinensägen sind niedrig. Die Technologie wird sowohl bei der Einzelanfertigung, beim Prototypenbau als auch bei kleinen Serien genutzt. Tischkreissägen für den Modellbau weisen bei einer Größe des Sägetischs von gut 20 x 20 cm² eine Sägeblatt-Eindringtiefe von bis zu 15 mm auf.

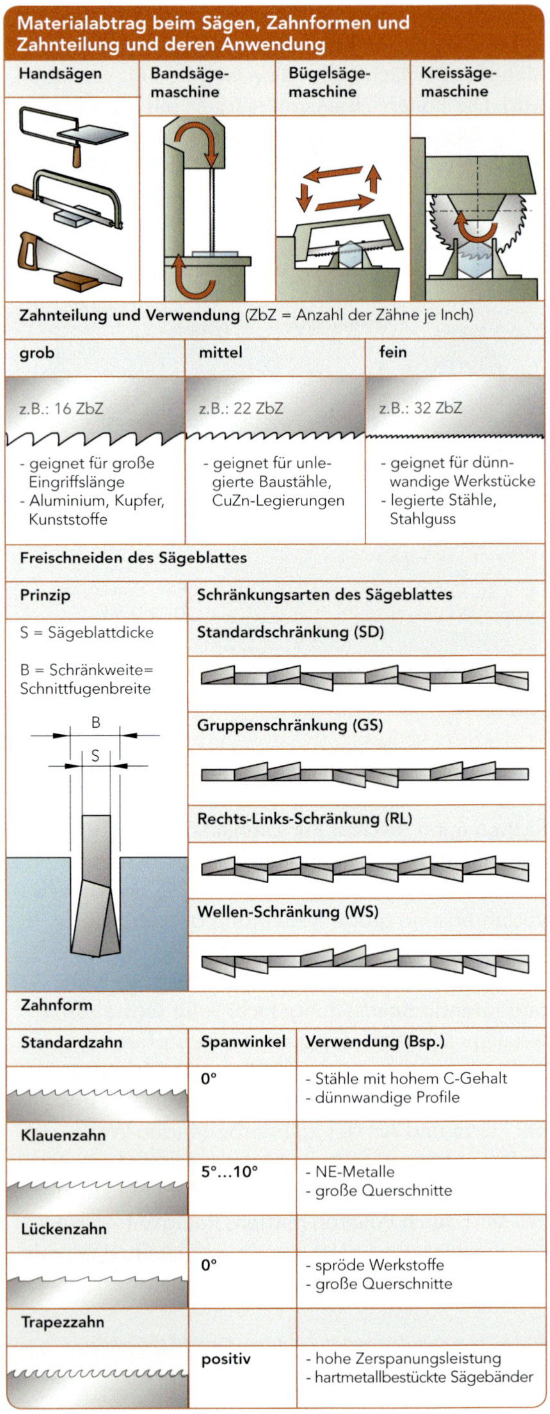

Abb. 25: nach [7]

Alternativverfahren
Schneiden, Drehen

TRE 1.5
Zerspanen – Drehen

Drehen ist eines der meistgenutzten industriellen Bearbeitungsverfahren zur Fertigung rotationssymmetrischer Bauteile aus Vollmaterialien.

Bild: Präzisionshartdrehbearbeitung./ Foto: Adelheid Peters, Fraunhofer-Institut für Produktionstechnologie IPT

Verfahrensprinzip

Das Werkstück wird in ein ***Dreibackenfutter*** gespannt und in eine Drehbewegung versetzt. Zum Materialabtrag wird anschließend der Drehmeißel von außen langsam zugeführt. Folgende Verfahrensvarianten haben sich herausgebildet:

Runddrehen ist die am häufigsten eingesetzte Verfahrensvariante. Es werden einfache zylindrische Geometrien am Werkstück erzeugt.

Plane Flächen senkrecht zur Drehachse (z. B. Stirnflächen von Stangenmaterial) werden beim ***Plandrehen*** zerspanend hergestellt. Damit das Werkstück bei kleiner werdendem Durchmesser nicht bricht, sollten Drehgeschwindigkeit des Bauteils und Vorschub des Werkzeugs während der Bearbeitung langsam verringert werden.

Die Drehvariante zum Erzeugen von Absätzen und Einstichen wird ***Abstechdrehen*** genannt. Eine schmale und planparallele Werkzeugschneide wird senkrecht zur Drehachse dem Werkstück zugeführt und bewirkt den Materialabtrag.

Beim ***Schraubdrehen*** werden mit besonders profilierten Werkzeugen Gewinde erzeugt. Über eine besondere Abstufung des Werkzeugs (Gewindestrehlen) können Gewinde in einem Arbeitsgang gefertigt werden.

Beim ***Profildrehen*** ist die äußere Bauteilform im Werkzeug abgebildet.

Das Erstellen komplexer Formgeometrien wird durch die besondere Steuerung des Werkzeugvorschubs und der Schnittbewegung erreicht. Verfügt die Drehmaschine über keine Rechnerunterstützung (NC-Steuerung), ist insbesondere beim ***Formdrehen*** eine umfangreiche Erfahrung des Maschinenbedieners notwendig.

Zur Fertigung von Strukturen im Bauteilinnern stehen ***Innendrehmeißel*** zur Verfügung.

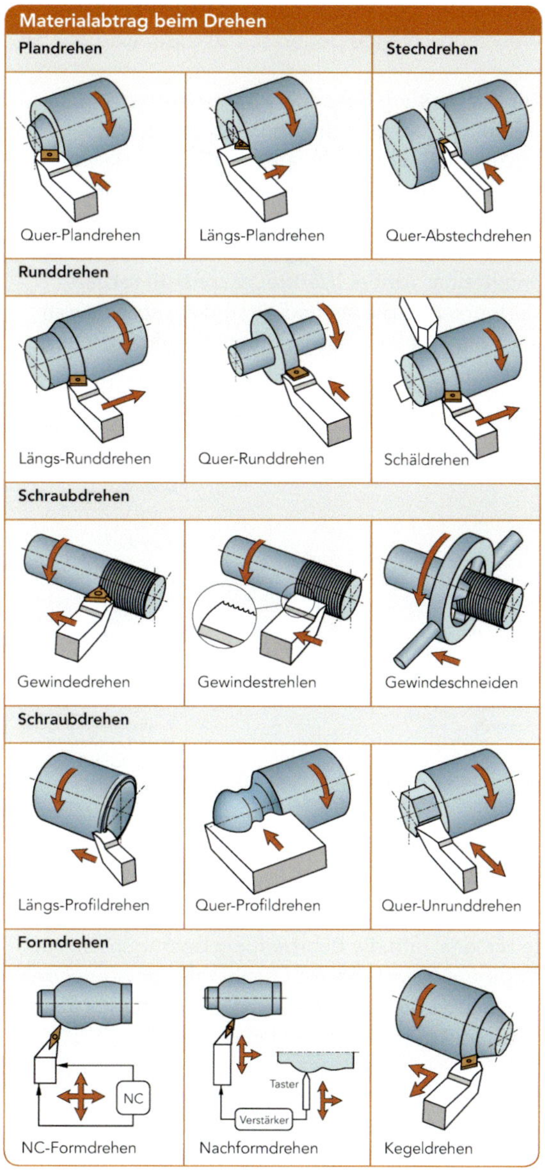

Abb. 26: nach [1, 7]

Neben den typischen Drehverfahren haben sich Sonderanwendungen im Markt etabliert:

Hartdrehen ist Drehen mit besonders warmfesten Werkzeugschneiden. Es kann auf die kostspielige Verwendung eines die Umwelt belastenden Kühlschmiermittels ↗ *TRE 1* verzichtet werden. Die Drehtechnik wird bei gehärteten Stählen und zähen Werkstoffen genutzt.

Werkstücke mit unrunden Oberflächen werden im ***Unrunddrehverfahren*** erzeugt. Hierbei wird die Werkzeugschneide periodisch zu- oder weggeführt.

Zur Bearbeitung besonders harter Werkstoffe, die selbst als Schneidmaterialien eingesetzt werden (z. B. Schneidkeramiken ↗ *KER 1.1*, Hartmetalle ↗ *VER 2.1*), kann die Drehtechnologie durch Laserstrahlung unterstützt werden. Ein Laser wird während der Bearbeitung auf den Werkstoffbereich unmittelbar vor der Werkzeugschneide fokussiert, erwärmt diesen und ermöglicht somit einen leichteren Materialabtrag durch Plastifizieren des Materials.

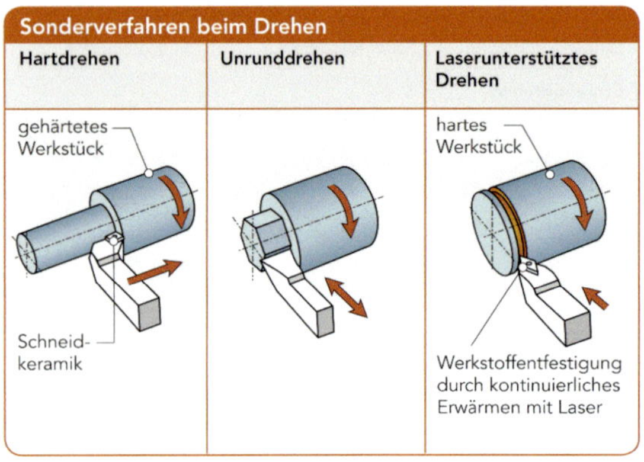

Abb. 27: nach [7, 15]

Die während der Drehbearbeitung entstehenden Späne lassen einen Rückschluss auf das bearbeitete Material und die Bearbeitungsbedingungen zu. Darüber hinaus kann die Qualität der entstehenden Werkstückoberfläche während des Prozesses abgelesen und beeinflusst werden.

Beim Drehen hartspröder Werkstoffe (z. B. Gusseisen) entstehen, begünstigt durch niedrige Schnittgeschwindigkeiten, meist ***Reißspäne***. Schlechte Oberflächenqualität mit starken Rauheitsgraden sind die Folge. Werden Materialien mittlerer Festigkeit und Zähigkeit bei niedrigen Schnittgeschwindigkeiten bearbeitet, ist mit ***Scherspänen*** zu rechnen.

Eine gute Oberflächenqualität ist zu erwarten, wenn langgezogene, sich eindrehende ***Fließspäne*** entstehen. Dabei wird in der Regel mit hohen Geschwindigkeiten gearbeitet.
Um Verletzungen zu vermeiden und zudem eine leichte Entsorgung zu ermöglichen, sollten die Späne klein, kompakt und in gerollter Form anfallen. Man spricht hier von ***Spiral-***, ***Bröckel-*** oder ***Wendelspänen***.

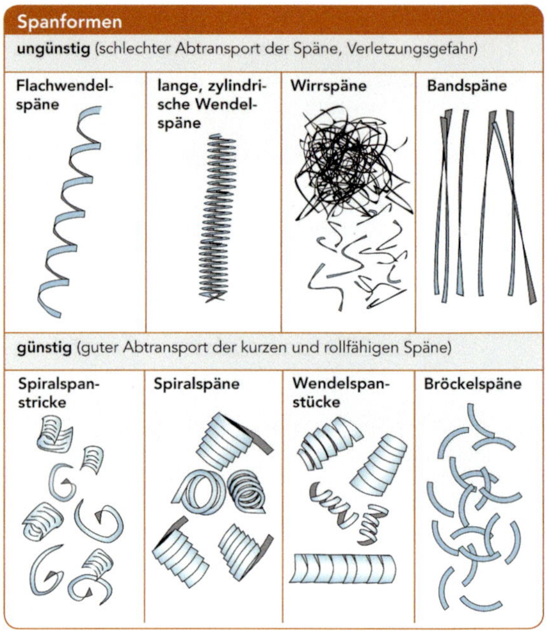

Abb. 28: nach [7]

Anwendung, Materialien, Genauigkeit

Meist wird die Drehtechnik zur spanenden Bearbeitung von Metallen eingesetzt. Aber auch Kunststoffe (z. B. bei Formteilen aus Polyamid) oder Keramiken lassen sich bearbeiten. Im Holzbereich wird die Fertigung am sich drehenden Bauteil ***Drechseln*** genannt. Gedrehte Bauteile finden in fast allen industriellen Bereichen Verwendung, von der mechanischen Uhr bis zur Antriebswelle eines Schiffes, und sind auf keine besonderen Produktgruppen beschränkt. Bedingt durch die Schnittbedingungen und den Werkzeugvorschub sind ausgezeichnete Oberflächenqualitäten erzielbar. Bei hohem Vorschub werden die Bauteile in der Regel grob vorbearbeitet (***Schruppen***), während die Feinbearbeitung bei hohen Drehgeschwindigkeiten und geringem Vorschub vollzogen wird (***Schlichten***). In der Nachbearbeitung werden Grate und an Bauteilkanten verschweißte Späne entfernt.

Wirtschaftlichkeit

Das Drehen lässt sich sowohl zur Grob- (Schruppen) als auch Feinbearbeitung (Schlichten) wirtschaftlich einsetzen. Es kann durch Verwendung von NC-Steuerungen automatisiert werden und ist somit sowohl für die Groß- als auch Mittelserienfertigung geeignet. Aber auch für die Einzelstückfertigung im Prototypenbau wird die Technik angewendet.

Alternativverfahren

Fräsen, Sägen

TRE 1.5.1
Drehen – Gestaltungsregeln

Beim Drehen von Bauteilen sind folgende Hinweise zu beachten (Fritz, Schulze 1998):

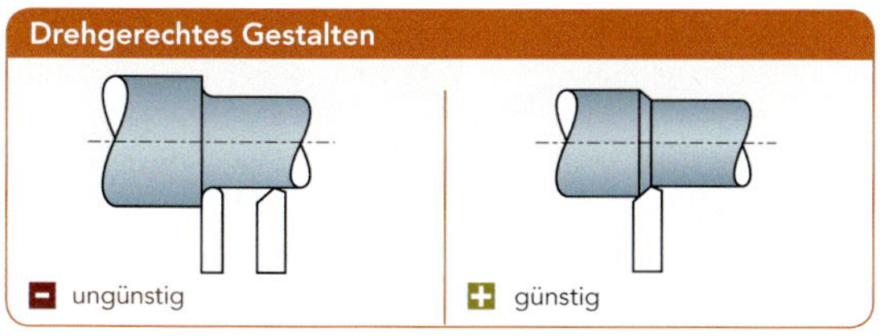

Abb. 29: nach [10]

Wellenabsätze ohne Funktion sollten nicht im 90° Winkel zur Bearbeitungsachse ausgeführt werden, da die Führung des Drehmeißels behindert würde.

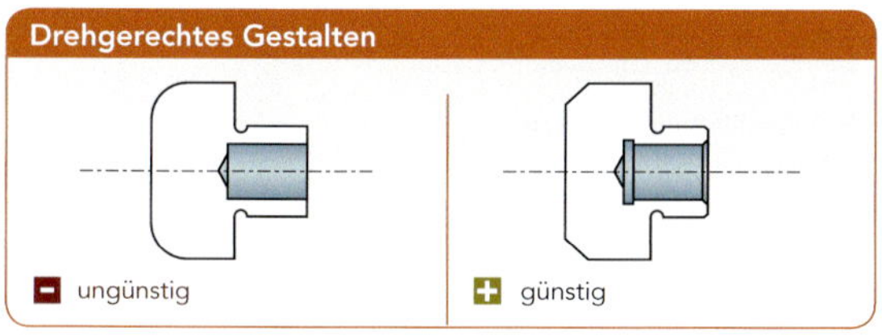

Abb. 30: nach [10]

Äußere Kanten mit 45° Fasen anstelle von Rundungen vereinfachen die Fertigung. Außerdem sind die Kanten innerer Flächen, die weiter bearbeitet werden, mit so genannten ***Freistichen*** zu versehen.

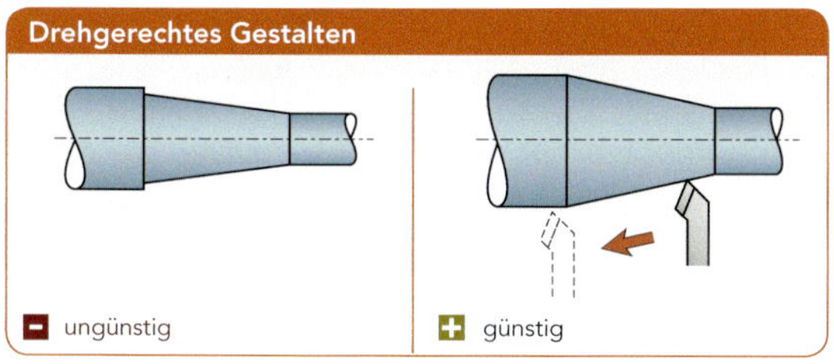

Abb. 31: nach [10]

Bild unten: Dreh- und Fräsbauteile./
Hersteller: Weber-CNC-Bearbeitung/Foto: Bastian Heßler

Beim Drehen kegeliger Formen sollte darauf geachtet werden, dass der Drehmeißel auslaufen und komplikationsfrei zugeführt werden kann.

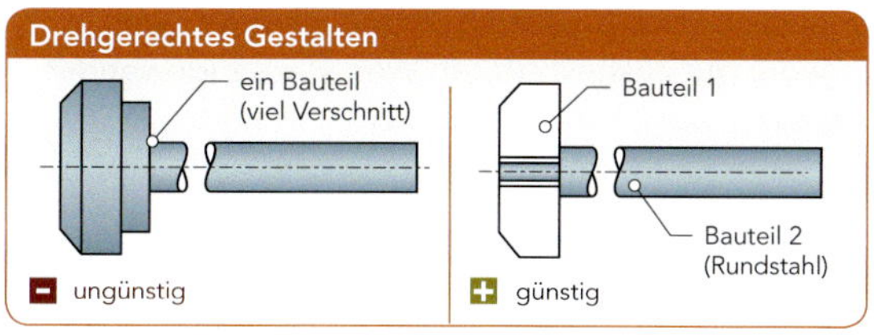

Abb. 32: nach [10]

Bauteile mit stark unterschiedlichen Durchmessern sind auf Grund des hohen Materialverlustes beim Drehen aus einem Stück günstiger aus mehreren Teilen und Halbzeugen herzustellen.

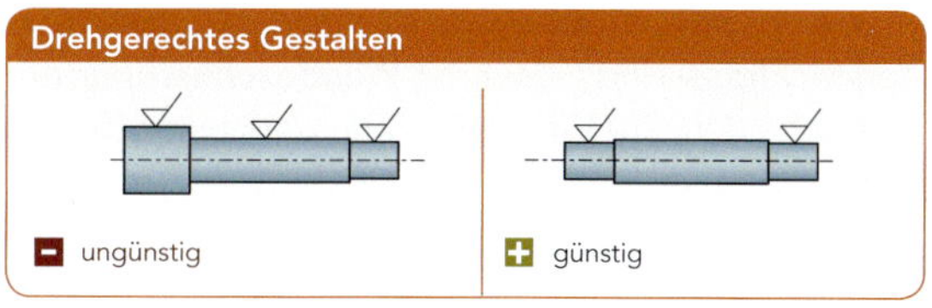

Abb. 33: nach [10]

Ebenso unwirtschaftlich ist das Abdrehen langer zylindrischer Bauteile von der Stange. Hier sollte auf Halbzeuge zurückgegriffen werden, die beispielsweise durch Ziehen auf das Endmaß gebracht werden. Die Drehtechnik wird dann lediglich für die Enden benötigt.

Abb. 34: nach [10]

Zur Reduzierung des Zerspanaufwandes sollte auf Wellen mit Bund verzichtet werden. Aufgeschrumpfte Ringe können weiterhelfen.

TRE 1.6
Zerspanen – Fräsen

Wie das Drehen und Sägen gehört das Fräsen zur Gruppe der klassischen Bearbeitungsverfahren, die in jeder gut ausgestatteten Werkstatt angewendet werden.

Verfahrensprinzip
Im Gegensatz zum Drehen wird beim Fräsen nicht das Werkstück, sondern das Werkzeug in eine Drehbewegung versetzt. Somit ist der Materialabtrag nicht auf die Fertigung rotationssymmetrischer Bauteile beschränkt, wodurch sich eine hohe Einsatzflexibilität ergibt. Außerdem stehen eine Vielzahl unterschiedlicher Fräser zur Verfügung, die je nach Anwendungsfall ein entsprechendes Zerspanvolumen oder die Fertigung spezieller Bauteilgeometrien ermöglichen. Grob lassen sie sich in ***Schaftfräser***, ***Aufsteckfräser*** und Fräser mit ***Wendeschneidplatten*** unterscheiden. Zur Wahl eines Fräswerkzeugs für die Bearbeitung unterschiedlicher Werkstoffhärten sind Schaftfräser grob in die Anwendungsgruppen N, H und W eingeteilt.

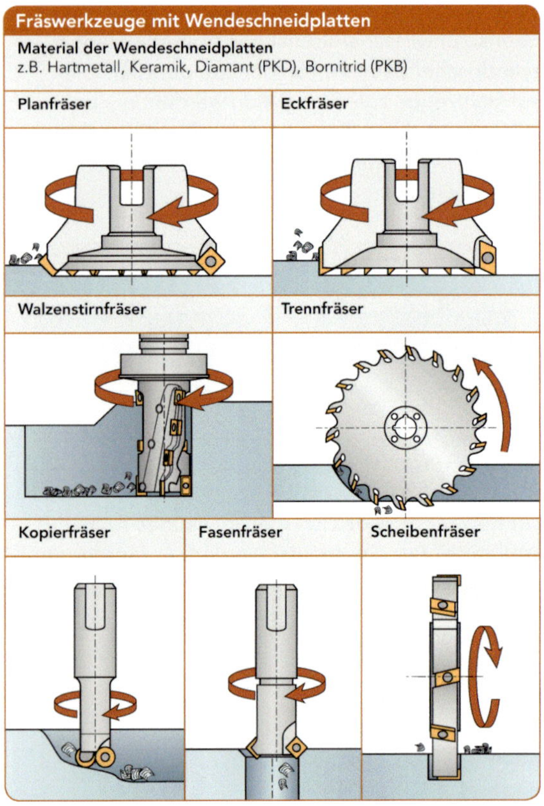

Abb. 35: nach [1, 7, 10]

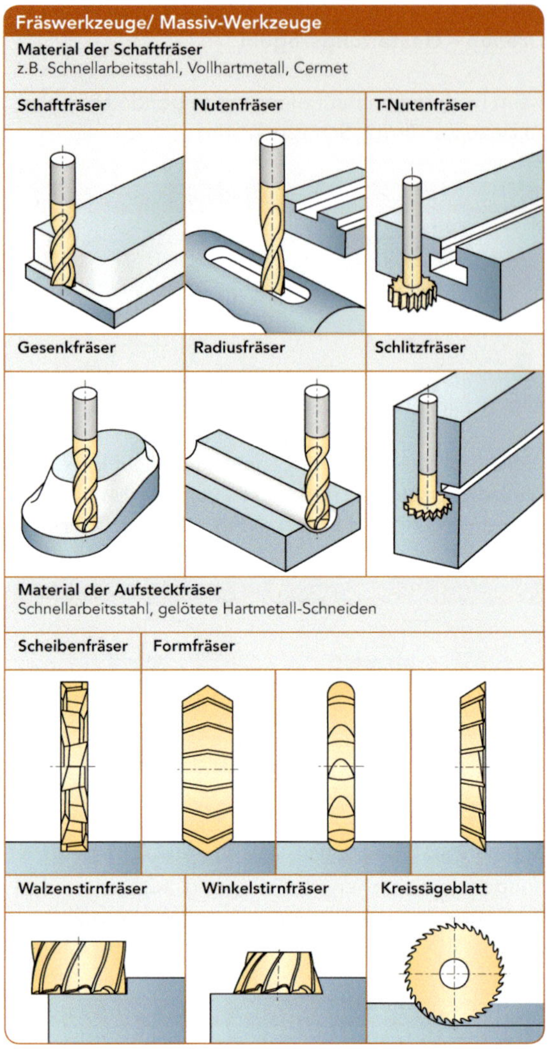

Abb. 36: nach [1, 7, 10]

Anwendungsgruppen von Schaftfräsern (nach DIN 1836)

Gruppe/ Typ	Fräserform	Verwendung
N	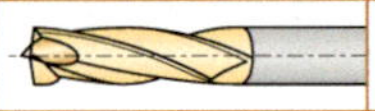	Werkstoffe mit normaler Festigkeit (z.B. Stahl, Gusseisen)
H	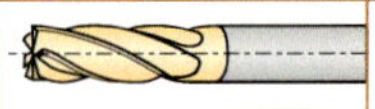	Harte und kurzspanende Werkstoffe (z.B. Hartguss, Messing)
W	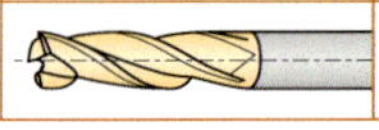	Weiche, zähe oder langspanende Werkstoffe (z.B. Aluminium)

Abb. 37: nach [7]

Bezüglich Anordnung und Bewegung eines Fräswerkzeugs zum Werkstück lassen sich folgende Fräsverfahren unterscheiden:

Beim ***Planfräsen*** werden durch geradlinige Vorschubbewegungen senkrecht zur Drehachse des Fräsers mit Walzenfräsern ebene Flächen erzeugt. Ähnliche Flächen sind auch durch Verwendung von Stirnplanfräsern oder Walzenstirnfräsern möglich.

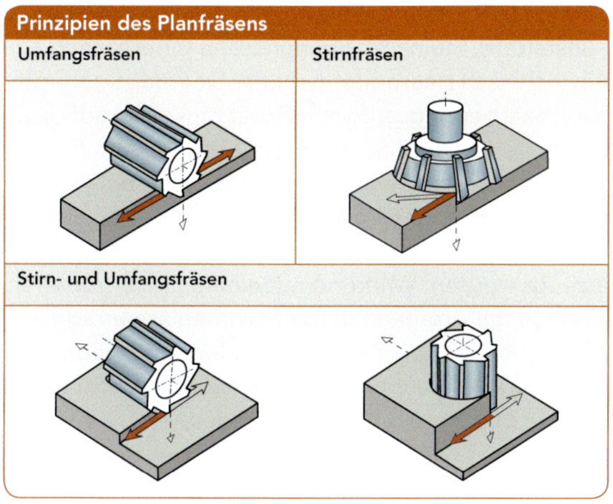

Abb. 38: nach [10]

Vergleichbar mit dem Runddrehen werden beim ***Rundfräsen*** rotationssymmetrische, kreiszylindrische Bauteilflächen erzeugt. Das Verfahren kann als Alternative zum Drehen gewählt werden, wenn eine geringe thermische Belastung des Werkstücks oder als Folge dessen ein verminderter Einsatz von Kühlschmiermitteln erforderlich ist.

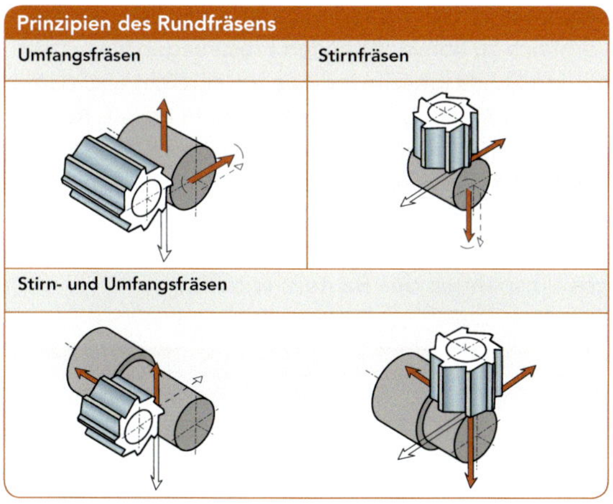

Abb. 39: nach [10]

Beim ***Schraubfräsen*** werden durch wendelförmige Bewegungen des profilierten Fräsers Gewinde und schraubenförmige Flächen in ein Bauteil eingebracht. Das Verfahren steht in Konkurrenz zum Schraubdrehen.

Zur Erzeugung von Verzahnungen dienen beim ***Wälzfräsen*** profilierte Fräser, die eine mit der Vorschubbewegung korrelierende Wälzbewegung vollziehen.

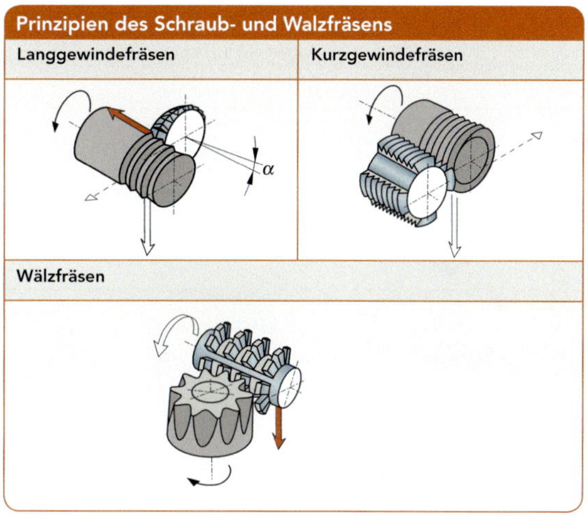

Abb. 40: nach [10]

Die Form des Fräswerkzeuges wird beim ***Profilfräsen*** im Werkstück abgebildet. Mit dieser Verfahrensvariante lassen sich Nuten, besondere Führungen, Radien oder Verzahnungen in Bauteilen erzeugen.

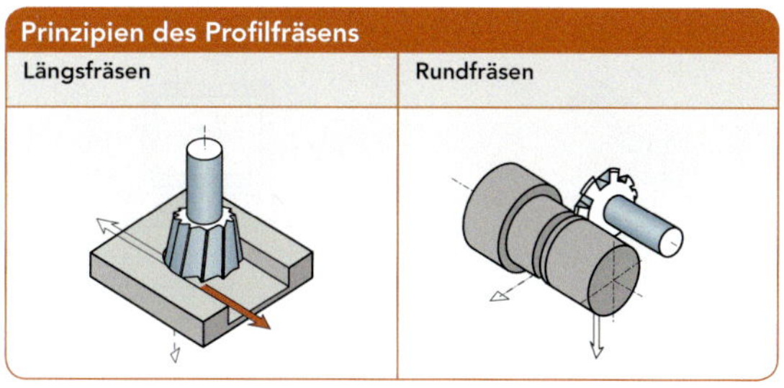

Abb. 41: nach [10]

Bild: Fräsköpfe.

Formfräsen dient zum flexiblen Materialabtrag und somit zur beliebigen Formerstellung mittels einer besonders gesteuerten Vorschubbewegung des Fräsers. Dieses Fräsverfahren findet vor allem im Werkzeug- und Formenbau breite Anwendung.

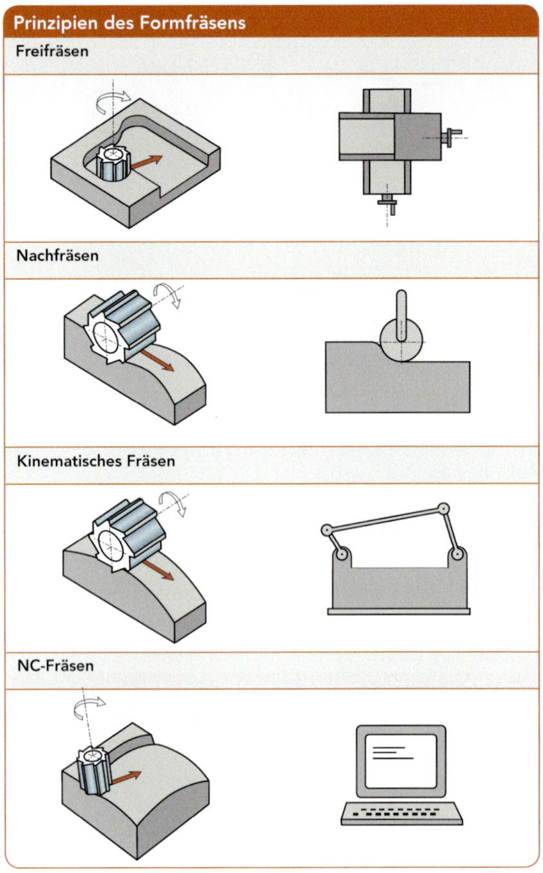

Abb. 42: nach [10]

Bild: Formfräsen.

Anwendung, Materialien, Genauigkeit

Fräsverfahren werden in fast allen industriellen Bereichen eingesetzt. Vor allem zur Fertigung von Werkzeugen für formgebende Verfahren (z. B. Spritzgießen, Druckgießen) haben sie eine große Bedeutung erlangt. Die Anwendung reicht von der Schmuckherstellung bis zur Fertigung von Präzisionsbauteilen für die optische Industrie.

Mit wenigen Ausnahmen können alle festen Materialen (z. B. Stahl, Leichtmetalle, faserverstärkte Kunststoffe, Stein) mit hochpräzisen Oberflächen frästechnisch bearbeitet werden. Der meist geringe Nachbearbeitungsaufwand beschränkt sich auf das Gratentfernen und Säubern der bearbeiteten Flächen. Besonders genaue und feine Konturen (Rautiefe > 1 µm) können durch eine Kombination aus Fräsverfahren und anschließender Laserbearbeitung erzeugt werden. Während mit einem Fräser zunächst Material mit großem Zerspanvolumen abgetragen wird, dient der Laser zur anschließenden Feinbearbeitung der Bauteilfläche. Die fokussierte Strahlenergie bewirkt ein Verdampfen des Materials und einen schichtweisen Werkstoffabtrag von jeweils 1 bis 5 Mikrometern. Besonders harte Materialien wie Hartmetalle, Grafit oder gehärteter Stahl werden mit Laserunterstützung bearbeitet.

Wirtschaftlichkeit

Das Fräsen lässt sich sowohl bei der Einzelanfertigung als auch zur Herstellung von Bauteilen in mittleren Serien wirtschaftlich einsetzen. Vor allem für höhere Stückzahlen und für die Herstellung komplexer Formgeometrien stehen HSC- und NC-Fräsanlagen zur Verfügung. Beim ***Hochgeschwindigkeitsfräsen*** (High Speed Cutting – HSC) werden im Vergleich zu konventionellen Fräsanlagen wesentlich höhere Schnittgeschwindigkeiten erreicht und damit einhergehend kurze Fertigungszeiten erzielt. Komplexe Formen können über eine rechnerunterstützte Zuführung des Fräswerkzeuges in bis zu 5 Achsen erzeugt werden. Somit ist ein sehr flexibler Materialabtrag in einer Aufspannung möglich. Aufwändiges Umspannen des Bauteils entfällt.

Anwendungsgebiete der HSC-Bearbeitung

Verwendung	Bedingung/ Auswirkung
Formen- und Werkzeugbau (z.B. Aluminium, Stahl, Kunststoffe)	- hohes Zeitspanvolumen
Präzisionsbearbeitung/ schwingungsfreie Bearbeitung (z.B. feinmechanische und optische Erzeugnisse)	- hohe Oberflächenqualität - hohe anregende Frequenz
Dünnwandige Werkstücke (z.B. Luft- und Raumfahrtindustrie)	- geringe Schnittkräfte
Präzisionsbearbeitung/ verzugsfreie Bearbeitung/ Trockenbearbeitung	- Wärmeabfuhr durch Späne

Abb. 43: nach [27]

Alternativverfahren

Drehen, Sägen, Funkenerosion, Bohren

TRE 1.6.1
Fräsen – Gestaltungsregeln

Wirtschaftliches Arbeiten mit der Frästechnik wird durch Beachtung nachfolgender Hinweise unterstützt:

Insbesondere beim Arbeiten mit Schaftfräsern ist auf die maximale Bearbeitungstiefe zu achten, die durch Durchmesser und Länge des Fräsers bestimmt wird. Nicht selten führt die Fertigung zu tiefer Geometrien zum Bruch des Fräsers.

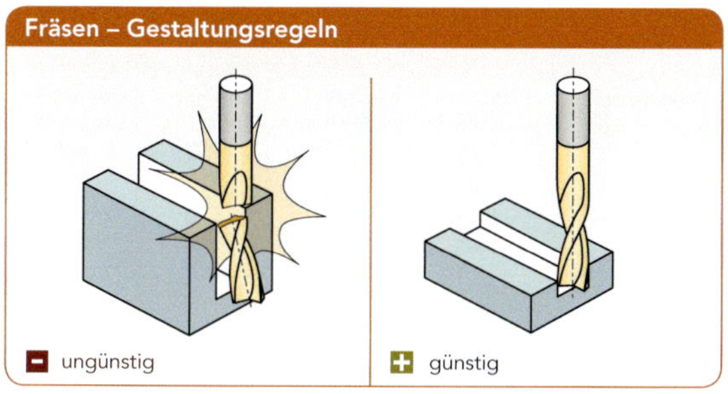

Abb. 44: nach [10]

Bei der Erzeugung von Werkstückkanten verhindert ein ausreichend großer Radius unsauber gearbeitete Bauteile.

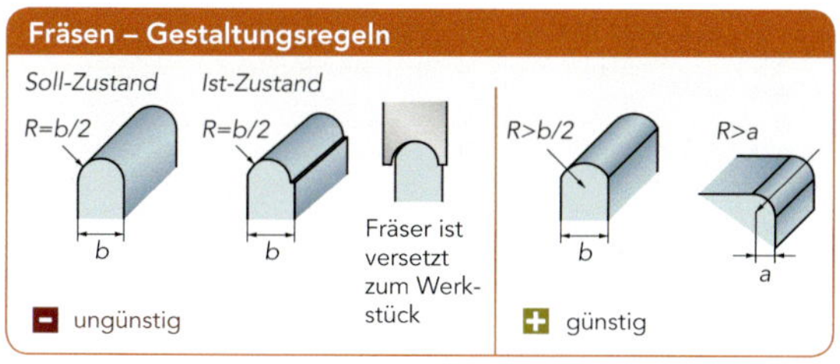

Abb. 45: nach [10]

Die Herstellung einer Vierkantgeometrie wird durch das Einbringen eines Einstiches vor der Bearbeitung erleichtert.

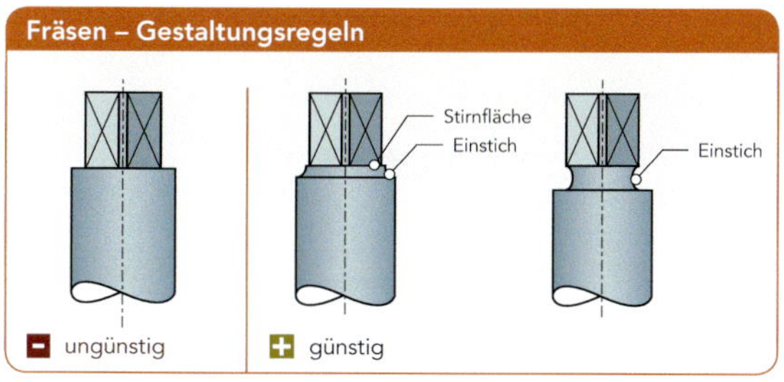

Abb. 46: nach [10]

In einer Ebene liegende Flächen erleichtern den Bearbeitungsprozess und vermeiden zeitaufwändiges Umspannen.

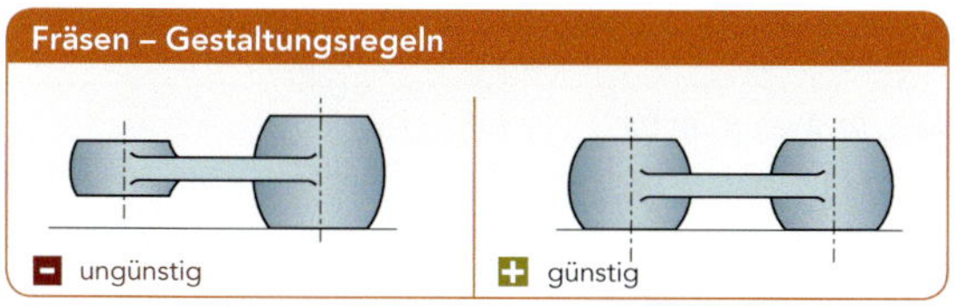

Abb. 47: nach [10]

Nutenden sollten nicht im Bereich eines Absatzes liegen.

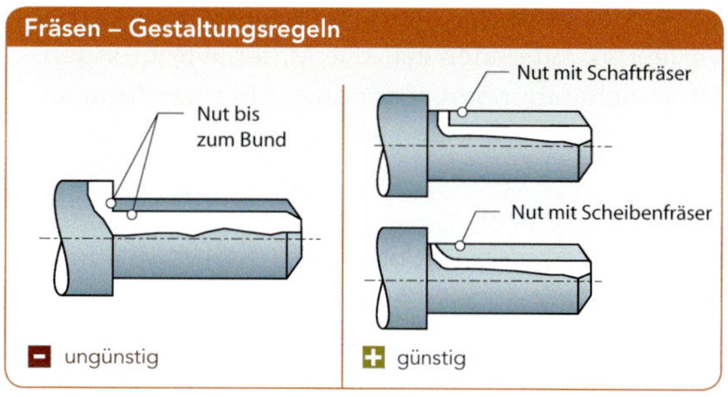

Abb. 48: nach [10]

Bilder unten: Gefräste Bauteile eines CPU-Wasserkühlers./ Hersteller: Xice./ Design: UNITEDDESIGNWORKERS.com

TRE 1.7
Zerspanen – Bohren

Bohren ist die Bezeichnung für eine Gruppe von Verfahren, mit denen ins volle Material Bohrungen für Verschraubungen, Innengewinde oder Zentrierungen eingebracht werden.

Verfahrensprinzip
Bohren ist die Bezeichnung für eine Gruppe von Verfahren, mit denen ins volle Material Bohrungen für Verschraubungen, Innengewinde oder Zentrierungen eingebracht werden. Je nach Bohrgeometrie kann zwischen konventionellem Bohren, Gewindebohren, Senken und Reiben unterschieden werden. Durch ***Senken*** werden senkrecht zur Drehachse liegende Planflächen oder symmetrisch zur Drehachse liegende Kegelflächen erzeugt. ***Reiben*** ist Aufbohren mit geringer Spanungsdicke zur Herstellung passgenauer Bohrungen mit hoher Oberflächengenauigkeit (Witt 2006).

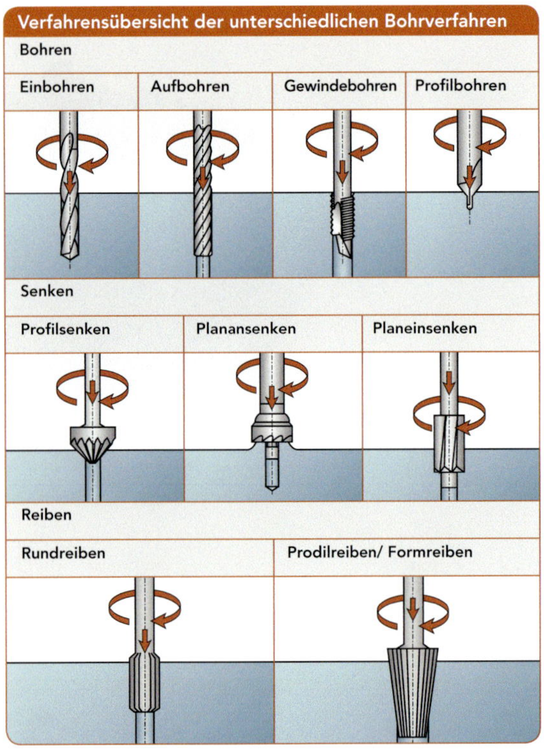

Abb. 49: nach [1, 7]

Allen Verfahren ist gemein, dass das Werkzeug in eine Drehbewegung versetzt und in Richtung zur Drehachse gegen den Werkstoff verfahren wird. Durch Vorschub dringen die Werkzeugschneiden in das Material ein und tragen es ab. Zur Erzielung einer kontrollierten und für den Bediener des Werkzeugs sicheren Bearbeitung sollte das Bauteil fest eingespannt werden. Um ein Verlaufen des Bohrers beim Eintritt ins Vollmaterial zu verhindern, können mit speziellen Bohrern Zentrierbohrungen eingebracht werden.

Die am häufigsten eingesetzten Bohrwerkzeuge sind ***Spiralbohrer***. Diese werden je nach geforderter Qualität der Bohroberfläche, Werkzeugbedingungen, Wirtschaftlichkeit und Art des zu bearbeitenden Materials ausgewählt. Die optimale Form und Steigung der Bohrschneiden richtet sich nach der Härte des Werkstoffs. Einen Anhaltspunkt bietet die grobe Einteilung in die Typen N, H und W. Eine konkrete Auswahl kann anhand nachfolgender Tabelle erfolgen. Dabei ist zu beachten, dass ***Stein***-, ***Metall***- und ***Holzbohrer*** besonders gekennzeichnet sind. Die vom Hersteller empfohlene Kühlung sollte durchgeführt werden.

Bohrerauswahl

Bohrertypen	HSS-Bohrer	gelötete HM-Bohrer	Voll-HM-Bohrer	HM-Wendeschneidplatte

Bohrdurchmesser D [mm]	0,5…12	9,5…30	3…20	12…60
Bohrungstiefe [mm]	2…6 x D	3…5 x D	2…5 x D	2…4 x D
Werkstoff				
Stahl	↑	↑	↑	↑
Stahl, gehärtet	⇒	↑	↗	↑
Stahl, rostfrei	↗	↗	⇒	↑
Grauguss	↑	↑	↑	↑
Al-Legierung	↗	↗	↗	↑
Oberflächengüte *Rz*	3 µm	1…2 µm	1…2 µm	1…5 µm
Bohrungstoleranz	IT 10	IT 8-10	IT 8-10	+0,4/-0,1
Anwendbarkeit				
allgemeines Bohren	↑	↑	↑	↑
geneigte Fläche	↗		⇒	↑
Querbohrung	↗		⇒	↑
Eintauchen				↑
»Paketbohren«	↗	↗	↑	⇒

↑ Sehr gut ↗ gut ⇒ möglich

Abb. 50: nach [7]

Bohrerauswahl und Unterschiede zwischen Stein-, Metall- und Holzbohren

Gruppe/ Typ	Bohrerform	Verwendung
N	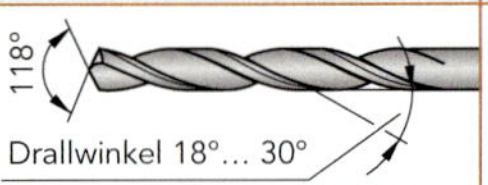	Werkstoffe mit normaler Festigkeit (z.B. Stahl, nichtrostender Stahl, Gusseisen)
H	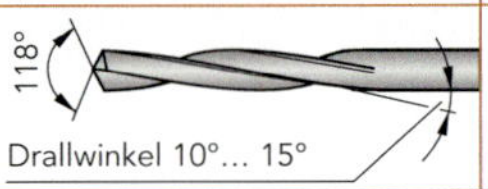	Harte, spröde und kurzspanende Werkstoffe (z.B. Hartguss, hochfester Stahl, Messing)
W	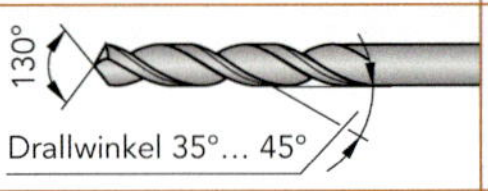	Weiche, zähe oder langspanende Werkstoffe (z.B. Aluminium, Kupfer)
Steinbohrer	**Bohrerform**	**Verwendung**
Bohrer mit Hartmetallspitze. Material wird wie beim Meißel im Schlagbohrbetrieb zertrümmert	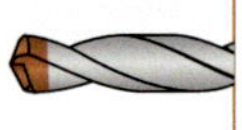	- Beton - Naturstein - Ziegel
weitere Bohrertypen		
- Mehrstufenbohrer - Schlangenbohrer - Zentrierbohrer	- Schneckenbohrer - Kunstbohrer - Forstnerbohrer	- Aufbohrer - Gewindebohrer …

Abb. 51: nach [7, 8, 13]

Wie beim Drehen kann die Qualität der Bearbeitung während des Bohrprozesses anhand der anfallenden Späne abgelesen werden. Eine optimale ***Spanform*** ist gegeben, wenn sie sich auf kurzer Strecke einkringeln. Bei abweichendem Spanaustritt sind die Bohrbedingungen entsprechend den Hinweisen nachfolgender Tabelle zu optimieren. Eine nicht abgestimmte Einstellung von Schnittgeschwindigkeit, Schneidstoff und Vorschub kann zu einem negativen Bohrergebnis führen. Indiz hierfür sind große Bohrungsdurchmesser, Formabweichungen, Bruch des Bohrers oder hörbare Vibrationen.

Maßnahmen zur Optimierung von Bohrqualität und Spanformen

	Problemfälle					
Abhilfe-Maßnahmen	Bohrerspitze zerstört, Bohrerbruch	Bohrung zu groß im Durchmesser	Spänestau in Spannut	Vibration, Rattern	Formabweichung der Bohrung	geringe Standzeit
Schnittgeschwindigkeit erhöhen		●	●			
Schnittgeschwindigkeit verringern						
Vorschub verringern		●	●	●	●	
Schneidstoffwahl überprüfen	●					●
Stabilität von Werkzeug und Werkstück erhöhen	●	●		●	●	●
Kühlschmierstoffzufuhr erhöhen, Filter reinigen			●			●

Abb. 52: nach [7, 8]

Innengewinde werden mit ***Gewindebohrern*** manuell oder maschinell hergestellt. Der erste Schritt besteht im Einbringen eines Kernloches. Dieses muss einen kleineren Durchmesser als das gewünschte Maß des Gewindes aufweisen und länger ausgeführt sein, damit Platz für die Ansammlung abgetragenen Materials und den Auslauf des Gewindebohrers entsteht. Hinweise zu den Maßen einer ***Kernlochbohrung*** werden in nachfolgender Tabelle entsprechend der üblichen Nomenklatur von Gewinden FUE 1.4 gegeben.

Die Fertigung eines Gewindes per Hand erfolgt mit Hilfe eines dreiteiligen Bohrersets. Dieses besteht aus einem ***Gewindevorbohrer***, einem ***Mittelschneider*** und einem ***Fertigschneider***, mit dem das Endgewindemaß fixiert wird. Damit die Bohrer infolge zu hoher Kräfte nicht brechen, sollte eine ausreichende Schmierung (z. B. Bohröl) verwendet werden. Zudem sollten durch mehrfaches Ein- und Ausdrehen des Werkzeuges die anfallenden Späne entfernt werden. Durch Ansenken der Kernlochbohrung wird ein Verrutschen des vorschneidenden Gewindebohrers verhindert.

Maschinengewindebohrer sind so gestaltet, dass das Gewinde in einem Fertigungsschritt geschnitten wird. Es existieren Bohrer für Gewinde mit Rechts- oder Linksdrall.

Gewindebohrer und Maße der Kernlochbohrungen

Gewindebohrer	Eigenschaften	Verwendung
3-teiliger Handgewindebohrersatz	Regelgewinde	- Grundlöcher - Durchgangsbohrungen
2-teiliger Handgewindebohrersatz	nur 2 Bohrer, da geringere Gewindetiefe)	- Feingewinde - Witworth-Rohrgewinde
Maschinengewindebohrer mit Linksdrall	entfernt anfallende Späne in Vortriebsrichtung	- Durchgangslöcher
Maschinengewindebohrer mit Rechtsdrall	entfernt anfallende Späne durch Spannuten	- Grundlöcher
Gewindeformer (siehe auch Druckumformen)	spanloses Verfahren, kaltverfestigung der Oberfläche bei Stahlwerkstoffen	- Herstellung hochbelastbarer Innengewinde - Werkstoffe mit geringer Zugfestigkeit

Beispiel: (Regel- bzw. Spitzgewinde) **Metrisches ISO-Gewinde DIN 13**

Gewinde Ø M=D=d (mm)	**Steigung** P (mm)	**Kern Ø** D_1 (mm)
M 1,0	0,25	0,75
M 1,1	0,25	0,85
M 1,2	0,25	0,95
M 1,4	0,30	1,10
M 1,6	0,35	1,25
M 1,8	0,35	1,45
M 2,0	0,40	1,60
M 2,2	0,45	1,75
M 2,5	0,45	2,05
M 3,0	0,50	2,50
M 3,5	0,60	2,90
M 4,0	0,70	3,30
M 4,5	0,75	3,70
M 5,0	0,80	4,20
M 6,0	1,00	5,00
M 7,0	1,00	6,00
M 8,0	1,25	6,80
M 9,0	1,25	7,80
M 10,0	1,50	8,50
M 11,0	1,50	9,50
M 12,0	1,75	10,20
M 14,0	2,00	12,00
M 16,0	2,00	14,00
M 18,0	2,50	15,50
M 20,0	2,50	17,50
M 22,0	2,50	19,50
M 24,0	3,00	21,00
M 27,0	3,00	24,00
M 30,0	3,50	26,50
M 33,0	3,50	29,50
M 36,0	4,00	32,00
M 39,0	4,00	35,00
M 42,0	4,50	37,50
M 45,0	4,50	40,50
M 48,0	5,00	43,00
M 52,0	5,00	47,00
M 56,0	5,50	50,50
M 60,0	5,50	54,50
M 64,0	6,00	58,00
M 68,0	6,00	62,00

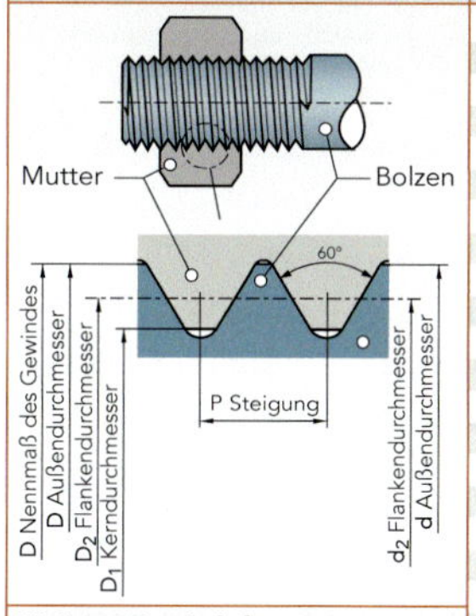

Weitere Gewindeformen
- Feingewinde (selbsthemmend)
- Witworth-Gewinde (für Rohre)
- Trapezgewinde (Bewegungsgewinde für wechselseitige Belastung z.B. für Spindelpressen)
- Sägengewinde (einseitig hoch belastbar)
- Rundgewinde (für wechselseitige, stoßartige Belastung, bei Schmutzeinwirkung und z.B. Glühlampenfassungen)

Gewindeerscheinungen
- Rechts- bzw. Linksgewinde (Linksgewinde werden gegen den Uhrzeigersinn eingeschraubt und nur dann verwendet, wenn sich ein Rechtsgewinde lösen würde)
- mehrgängige Gewinde (große axiale Bewegung bei einer Umdrehung)

Abb. 53: nach [7, 11]

Senkwerkzeuge werden eingesetzt, um Profile an schon gefertigten Bohrungen einzubringen. Während Kegelflächen z. B. zur Auflage von Senkschrauben dienen, damit die Schraubköpfe nicht aus einer Bauteilfläche herausragen, können ebene Einsenkungen den gleichen Effekt bei Verwendung von Sechskantschrauben bewirken. Darüber hinaus können zylindrische Innenflächen als Aufnahmefläche von Wellen oder Achsen dienen.

Im Gegensatz zum Bohren und Senken, bei dem der Materialabtrag eine Formveränderung bezweckt, werden Reibahlen zur Verbesserung der Oberflächengüte von Innenbohrungen eingesetzt. Bei Metallbauteilen muss ein Aufmaß von 0,1 mm bis 0,5 mm berücksichtigt werden, das mit Reibahlen abgetragen werden kann, ohne große Spannungen zu erzeugen.

Anwendung von Reibahlen

Reibahlen/ Typen	Drallwinkel	Verwendung
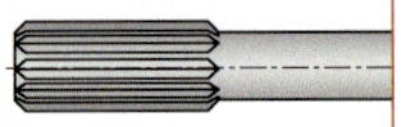	gerade genutet	- Durchgangslöcher - Grundlöcher - harte und spröde Werkstoffe
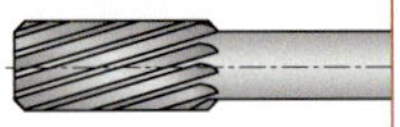	Linksdrall ca. 7°	- Durchgangsbohrungen - Bohrungen mit Nuten - Querbohrungen - weiche und langspanende Werkstoffe
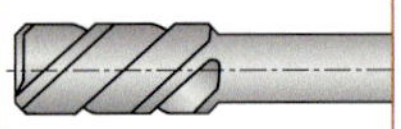	Schälreibahle mit Linksdrall ca. 45°	- Durchgangsbohrungen - Bohrungen mit Nuten - Querbohrungen - weiche und langspanende Werkstoffe

Abb. 54: nach [27]

Bild: Bohrer.

Anwendung, Materialien, Genauigkeit

Bohrwerkzeuge können zur Bearbeitung fast aller festen Materialen (z. B. Stahl, Leichtmetalle, Kunststoffe, Holz, Stein) eingesetzt werden. Es werden meist gute Oberflächengüten mit mittleren Rauwerten von 10 bis etwa 150 Mikrometern erzielt. Je nach Schnittbedingungen ist der Nachbearbeitungsaufwand gering und beschränkt sich auf das Entfernen von Graten und die Säuberung der Bohrung von anfallenden Materialspänen.

Mit Diamantbohrern kann auch Glas gebohrt werden. Der Werkstoff wird allerdings, anders als für Metalle oder Holz beschrieben, nicht durch Spanbildung abgetragen, sondern vielmehr in Form kleiner Materialspäne herausgerissen. Zur Vermeidung von Glasbruch ist eine Kühlung mit Öl oder Wasser von ganz entscheidender Bedeutung. Bei größeren Bohrungen kann das Ergebnis durch Verwendung eines Schmirgelbreis verbessert werden.

Zur Erzeugung kleiner Bohrungen (0,1 bis 3,0 mm) in besonders harten Werkstoffen tritt das Erodierbohren TRE 3.1 in Konkurrenz zum konventionellen Bohrverfahren. Es macht grat- und verlauffreie Bohrungen und hochpräzise Durchmesser auch bei gehärteten Metallen möglich.

Bild: Bohrungen in einem Stahlbauteil.

Wirtschaftlichkeit

Die Notwendigkeit zur Herstellung von Bohrungen reicht von der Befestigung von Bildern und Möbeln an den Wänden der heimischen Wohnumgebung bis zu Maschinenbauteilen für die Schwerindustrie. Bohrmaschinen sind in fast jedem Haushalt vorhanden und gehören zur Grundausstattung jeder Werkstatt. Die Bohrtechnik wird bei der Einzelanfertigung verwendet und kann selbst den Erfordernissen einer Serien- und Massenproduktion angepasst und automatisiert werden. Tischbohrmaschinen für den Modellbau sind für weniger als 200 Euro auf dem Markt verfügbar.

Bild: Steinbohrer./ Foto: Bosch

Alternativverfahren

Fräsen, Funkenerosion, Erodierbohren

TRE 1.7.1
Bohren – Gestaltungsregeln

Mit Blick auf die Besonderheiten der Bohrverfahren, insbesondere der Bohrwerkzeuge, lassen sich folgende Hinweise formulieren, die effizientes und wirtschaftliches Erstellen von Bohrungen fördern (Fritz, Schulze 1998; Koller 1994):

Bohrungen mit ebenem Bohrgrund sind zu vermeiden. Konventionelle Verfahren lassen solche Geometrien nur zu, wenn zunächst vorgebohrt und nachfolgend gesenkt wird.

Bohren – Gestaltungsregeln

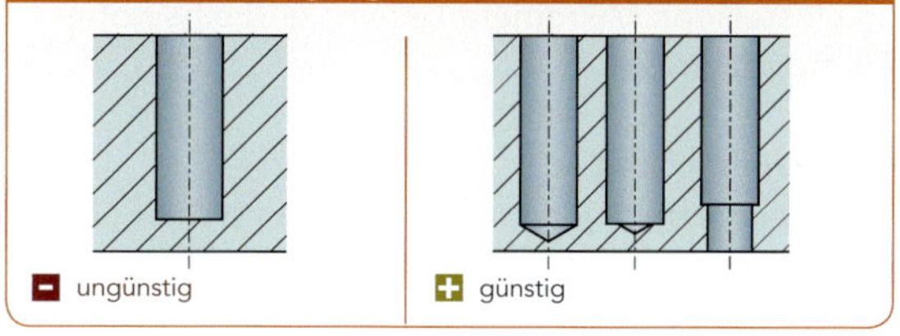

Abb. 55: nach [10]

Sowohl schräge Anschnitte als auch schräge Ausläufe von Bohrungen können zum Verlaufen und im Extremfall zum Brechen des Bohrers führen.

Bohren – Gestaltungsregeln

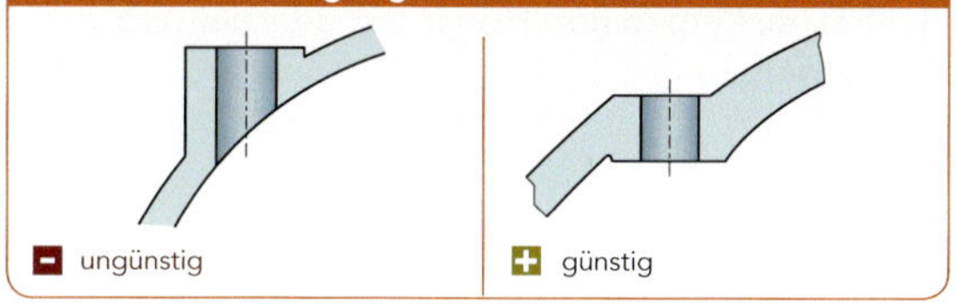

Abb. 56: nach [10]

Für Bohrungen in Wellen sind sowohl für den Anschnitt als auch für den Auslauf senkrecht zur Bohrachse liegende Flächen vorzubereiten. Es können Senk- oder Fräswerkzeuge Verwendung finden.

Bohren – Gestaltungsregeln

Abb. 57: nach [10]

Beim Anbringen von Bohrungen in unterschiedlich harten Werkstoffen kann es zum Verlaufen und Brechen des Bohrers kommen.

Bohren – Gestaltungsregeln

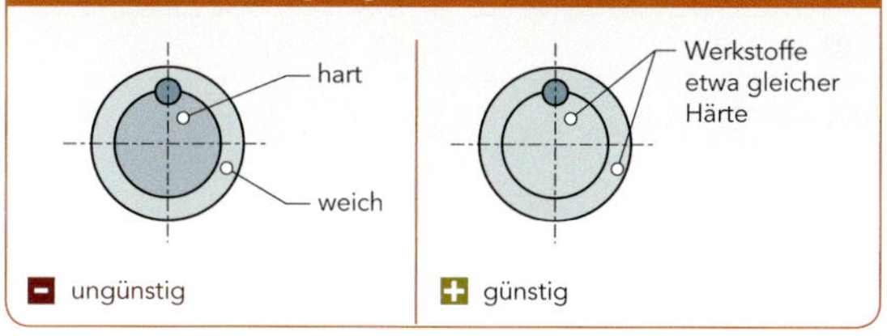

Abb. 58: nach [10]

Damit keine Lochdeformationen entstehen, muss für nachfolgende Biegevorgänge der Abstand einer Bohrung vom Bauteilrand mindestens das 5fache der Materialstärke betragen.

Bohren – Gestaltungsregeln

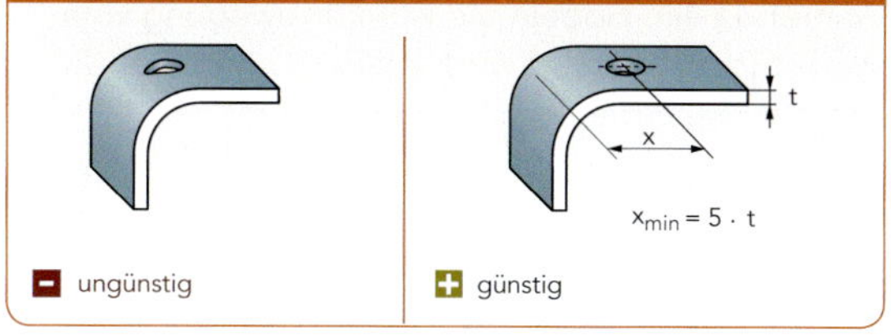

Abb. 59

Der Aufwand beim Bohren und anschließenden Befestigen von Bauteilen mit Stiften und Schrauben verringert sich, wenn Bohrungen und Gewinde an einem Werkstück die gleichen Durchmesser aufweisen.

Bohren – Gestaltungsregeln

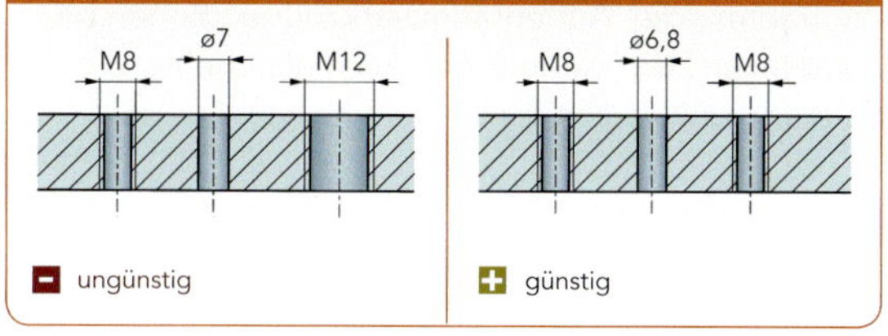

Abb. 60: nach [10]

Zur Erstellung von Gewinden sind genügend lange Vorbohrungen vorzusehen. Gewindebohrer weisen einen Anschnitt auf. Somit können Gewinde nicht bis zum Ende einer Bohrung geschnitten werden.

Bohren – Gestaltungsregeln

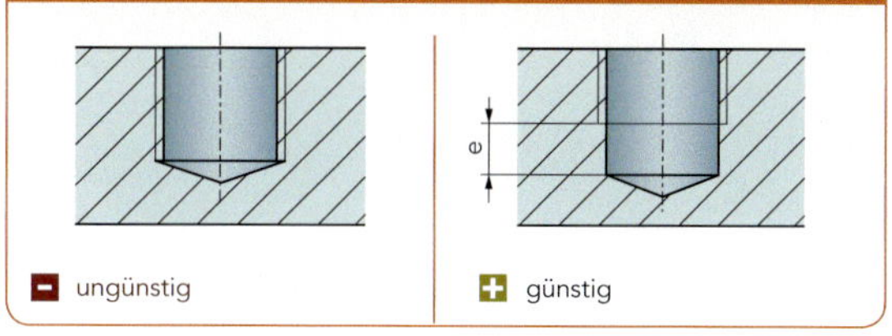

Abb. 61: nach [10]

Beim Anbringen von kegeligen Senkungen und Gewinden an einer Durchgangsbohrung ist darauf zu achten, dass die Senkung in die Bohrung übergeht. Außerdem sollten Gewindemaße gewählt werden, die den gleichen Kerndurchmesser wie die Durchgangsbohrung haben.

Bohren – Gestaltungsregeln

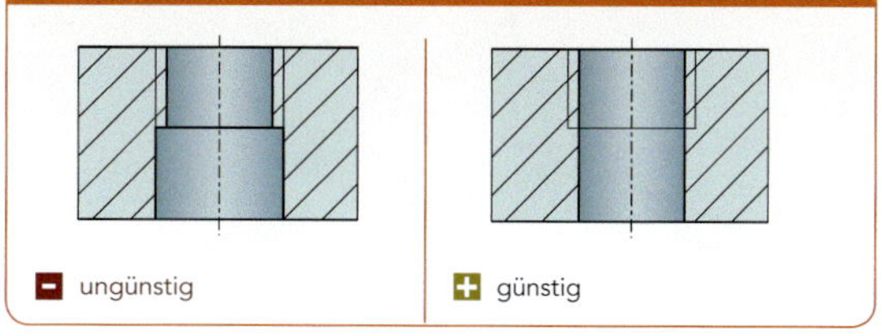

Abb. 62: nach [10]

TRE 1.8
Zerspanen – Räumen, Hobeln, Stoßen

Verfahrensprinzip
Hobeln und Stoßen sind Zerspanverfahren mit sich wiederholenden, geradlinigen Schnittbewegungen. Während beim Hobeln die Schnittbewegung vom Werkstück ausgeführt wird, vollzieht beim Stoßen das Werkzeug die Vorschubbewegung.

Zum Räumen werden mehrzahnige Werkzeuge eingesetzt, die einen hohen Materialabtrag bewirken. Das Werkzeug wird geradlinig an der zu bearbeitenden Bauteiloberfläche vorgeschoben. Eine Vielzahl von Werkzeugschneiden befinden sich gleichzeitig im Eingriff, womit der hohe Materialabtrag erklärt werden kann. Der große Vorteil des Verfahrens liegt in der Möglichkeit zur Endbearbeitung von Werkstücken, auch komplexer Formgeometrien, in nur einem Hub. Es gibt Werkzeuge sowohl zum ***Innen***- als auch zum ***Außenräumen***. Wichtigstes Instrument zur spanenden Bearbeitung von Innenkonturen ist die ***Räumnadel***. Außenräumwerkzeuge können bei komplexen Formgeometrien auch aus mehreren Zahnungsteilabschnitten zusammengesetzt sein.

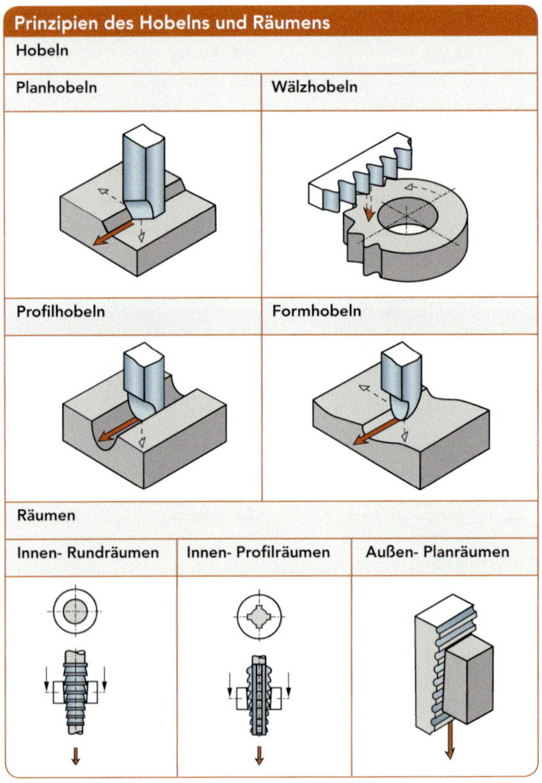

Abb. 63: nach [10]

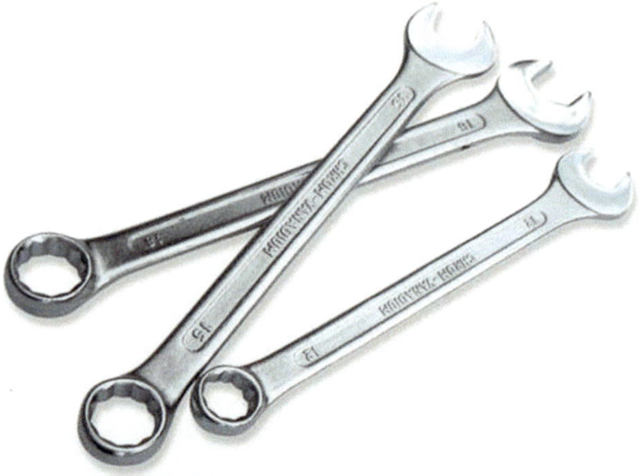

Anwendung, Materialien, Genauigkeit
In der Metallbearbeitung wurden die Fertigungsverfahren Hobeln und Stoßen in den letzten Jahren weitgehend durch das Planfräsen ersetzt. Lediglich zur Feinbearbeitung von Bauteilflächen, die mit anderen zerspanenden Fertigungsprozessen wirtschaftlich nicht möglich ist, wird Hobeln oder Stoßen noch eingesetzt. Im Holzbereich hat das Hobeln nach wie vor Bedeutung bei der Glättung von Bauteiloberflächen und beim Entschärfen von Bauteilkanten. Räumwerkzeuge dienen vor allem zur Verbesserung der Oberflächenqualität von Bohrungen an Bauteilen aus Metall. Als typisches Nachbearbeitungsverfahren ermöglicht das Räumen eine hohe Oberflächengüte mit mittleren Rauigkeiten im einstelligen Mikrometerbereich und eine hohe Formgenauigkeit.

Wirtschaftlichkeit
Räumen, Hobeln und Stoßen sind klassische Fertigungsverfahren, die sowohl zur Einzelanfertigung als auch bei größeren Serien eingesetzt werden. Die Verfahren lassen sich automatisieren. Räum-, Hobel- und Stoßwerkzeuge sind in fast allen Werkstätten vorhanden. Zur Bearbeitung von Holz im Werkstattbereich stehen sowohl Hand- als auch Elektrohobel zur Verfügung.

Alternativverfahren
Planfräsen, Reiben und Honen zur Bearbeitung von Bohrungen

TRE 1.8.1
Räumen, Hobeln, Stoßen – Gestaltungsregeln

Für das Räumen, Hobeln und Stoßen können folgende Gestaltungshinweise gegeben werden (Fritz, Schulze 1998):

Das Hobeln oder Stoßen gegen eine Kante ist nicht möglich. Die Werkzeuge müssen in ihrer Bewegung über die zu bearbeitende Fläche hinauslaufen, damit ein vollständige Bearbeitung möglich ist.

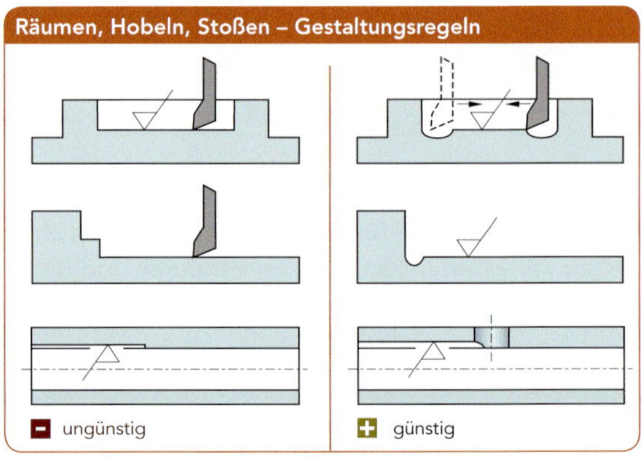

Abb. 64: nach [10]

Bild links: Durch Räumen können mehrkantige Konturen erstellt werden, wie z. B. bei diesen Ring-Maulschlüsseln.

Sollen mehrere Flächen eines Werkstücks durch Hobeln oder Stoßen bearbeitet werden, sollten diese nach Möglichkeit in der gleichen Bearbeitungsebene liegen.

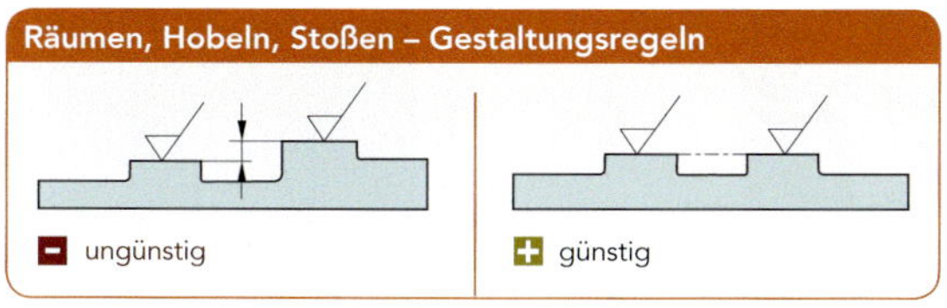

Abb. 65: nach [10]

Der Aufwand zur Bearbeitung von senkrecht liegenden Flächen ist geringer als bei Flächen beliebiger räumlicher Positionierung.

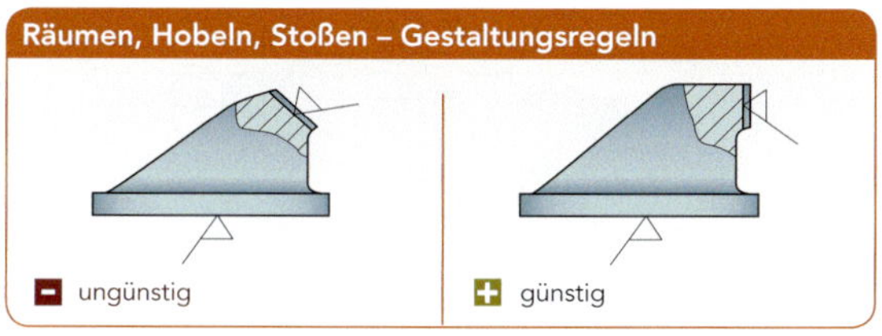

Abb. 66: nach [10]

Zur Vermeidung eines aufwändigen Sondervorrichtungsbaus sollte beim Räumen eine Abstützung des Werkstück senkrecht zur Bearbeitungsrichtung möglich sein.

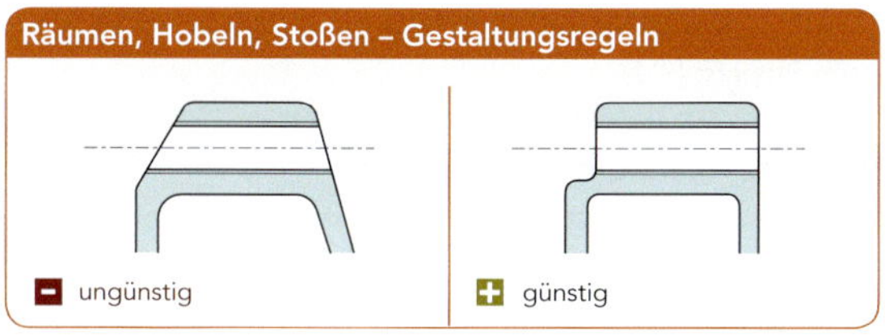

Abb. 67: nach [10]

Nuten in einer kegeligen Bohrung können nur dann in einem Zug geräumt werden, wenn sie parallel zur Achse der Bohrung verlaufen.

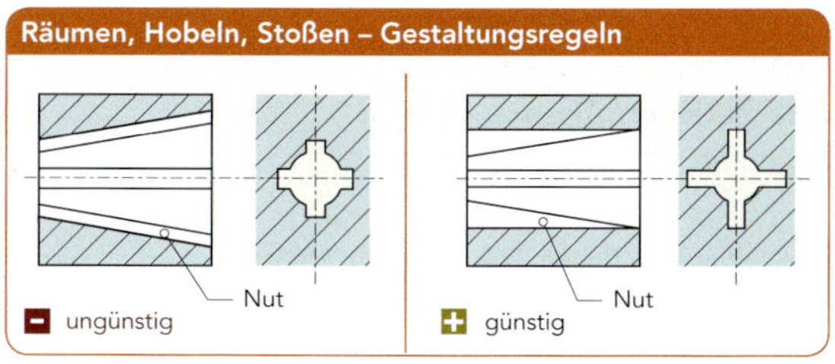

Abb. 68: nach [10]

Räumwerkzeuge für die Anfertigung vier- und sechseckiger Bohrgeometrien erfordern einen geringeren Herstellungsaufwand als Werkzeuge für dreieckige Geometrien.

Abb. 69: nach [10]

Darüber hinaus sind für Kleinserien beim Räumen möglichst gleiche Nutbreiten vorzusehen. So kann (auch bei unterschiedlichen Nuttiefen) eine Räumnadel verwendet werden.

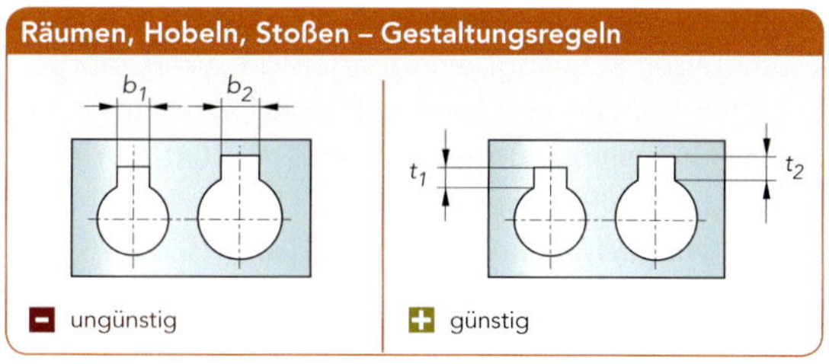

Abb. 70: nach [10]

Bild unten: Gehobelte Nuten in der Knetwalze einer Gebäckformmaschine/ Foto: Fa. NFF Janssen, Krefeld

Laser-Honen
Beim Laser-Honen handelt es sich um eine Kombination aus Hon- und Laser-Bearbeitung.

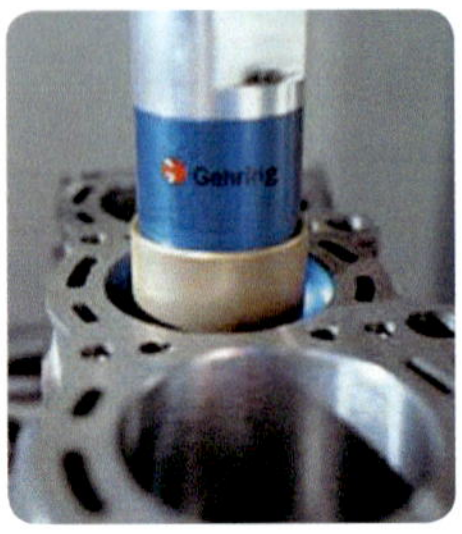

Um Mangelschmierung zu vermeiden, werden in einer definierten Zone Öltaschen eingebracht..

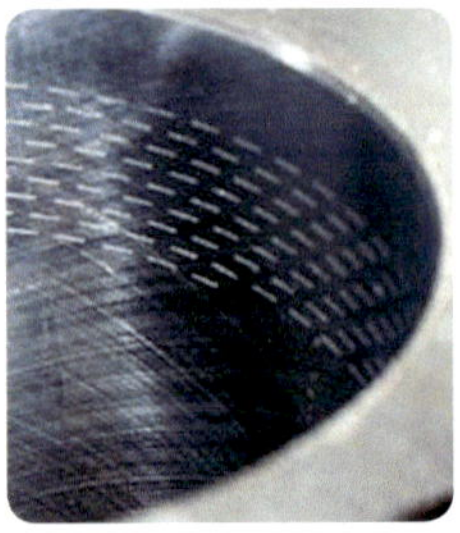

Durch die Flexibilität und Präzision der Laserbearbeitung kann ein solches hydrodynamisches System exakt dort erzeugt werden, wo es die Funktion verlangt.

Quelle und Fotos: Gehring GmbH & Co. KG

TRE 1.9
Zerspanen – Honen

Honen und Läppen sind Bearbeitungsverfahren zur Feinbearbeitung von Bauteilen und Werkstoffen im Maschinen- und Gerätebau.

Verfahrensprinzip

Wie beim Schleifen *TRE 1.2* wird zum ***Honen*** ein Werkzeug mit gebundenem Schleifmittel verwendet. Die Schneidstoffe befinden sich im ständigen Flächenkontakt zum Werkstoff. Grundsätzlich wird zwischen Langhub- und Kurzhubhonen unterschieden. Die Schnittbewegung beim ***Langhubhonen*** resultiert aus einer überlagerten Hub- und Drehbewegung. Dabei kommt es zu sich kreuzenden Bearbeitungsriefen. Der Materialabtrag beim ***Kurzhubhonen*** erfolgt durch Überlagerung einer Drehbewegung des Werkstücks und gleichzeitigen kurzhubigen Schwingbewegungen des Werkzeugs. Typische Kornwerkstoffe sind Korund, Diamant oder kubisch kristallines Bornitrid (CBN). Auf Grund der mehrachsigen Beanspruchung der Körner während der Schwingbewegungen schärfen sich Honwerkzeuge selbst. Der verwendete Kühlschmierstoff hat in erster Linie die Aufgabe, die bei der Bearbeitung entstehenden Werkstoffspäne wegzuspülen (Richard 2003).

Bild: Langhubhonen./ Foto: Gehring GmbH & Co. KG

Anwendung, Materialien, Genauigkeit

Die Honverfahren werden zur Feinbearbeitung und Verbesserung von Form- und Oberflächengenauigkeit von Bohrungen verwendet. Dabei weisen die beim Langhubhonen durch Überlagerung von Axial- und Drehbewegung entstandenen Bearbeitungsstrukturen besonders gute Haft- und Halteeigenschaften für Schmieröle auf. Es können u.a. Stahl, Gusseisen, Messing, Grafit, Bronze oder Glas bearbeitet werden. Die erzielbaren Rautiefen liegen beim Langhubverfahren bei etwa 1 µm und im Kurzhubverfahren bei 0,1 µm. Typische Anwendungen sind in der Bearbeitung von Funktionsflächen im Motorraum zu finden (z. B. Zylinderbohrung, Durchgänge der Pleuelstange, Steuergehäuse von Hydraulikventilen). Das Kurzhubhonen wird zur Endbearbeitung zylindrischer Außenflächen (z. B. Kolbenbolzen, Steuerkolben) eingesetzt. Die Bohrungsdurchmesser liegen beim Langhubhonen zwischen 1 mm und 1.200 mm.

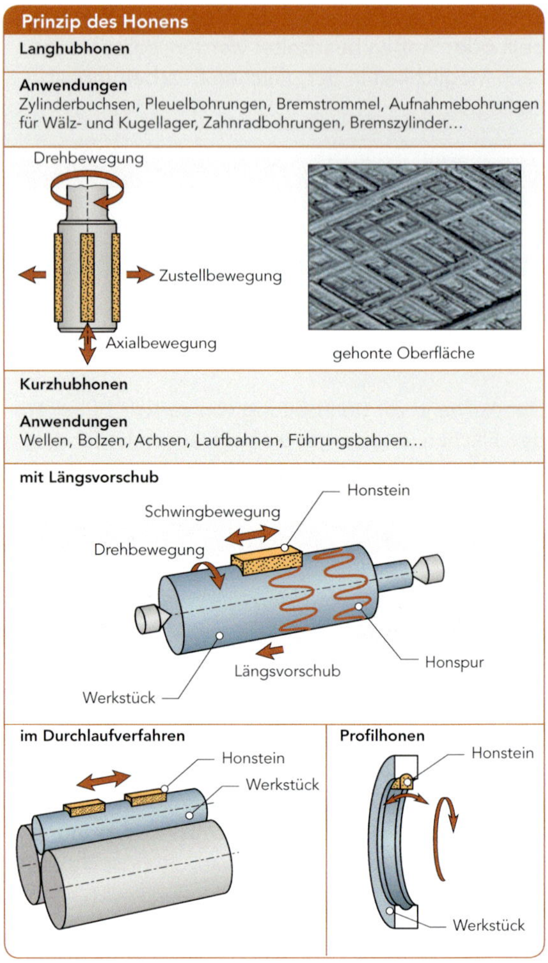

Abb. 71: nach [7, 16]

Wirtschaftlichkeit

Der Materialabtrag beim Honen ist relativ gering. Die zu berabeitenden Werkstoffe müssen daher mit anderen Verfahren vorbehandelt werden und möglichst formgenau, das heißt mit einer maximalen Zugabe von 0,05 mm – 0,1 mm (Witt 2006), vorliegen. Die Anwendung der Hontechnik lohnt also nur, wenn besonders hohe Anforderungen – wie Gleiten, Dichten und Führen – an Werkstückoberflächen gestellt werden, die sich mit keinem anderen Fertigungsverfahren erzielen lassen.

Alternativverfahren

Schleifen, Polieren, Schaben

Bild: Gehonte Innenflächen eines Zahnrades./ Foto: Gehring GmbH & Co. KG

TRE 1.10
Zerspanen – Läppen

Die Läpptechnik ähnelt in ihrem Verfahrensprinzip dem Polieren TRE 1.3. Im Vergleich kann ein größerer Materialabtrag realisiert werden.

Verfahrensprinzip

Dieser Materialabtrag erfolgt beim Läppen an Schneiden von Körnern, die sich lose in einer pastösen Masse oder Flüssigkeit befinden. Das Läppwerkzeug gleitet während der Bearbeitung unter Druck auf dem Werkstück, wodurch die Körner auf der zu bearbeitenden Fläche abrollen und sich in den Werkstoff drücken. Während hoher Anpressdruck und grobe Körnung einen hohen Materialabtrag bewirken, lässt sich mit feineren Körnern und niedrigem Druck die Oberflächenqualität verbessern.

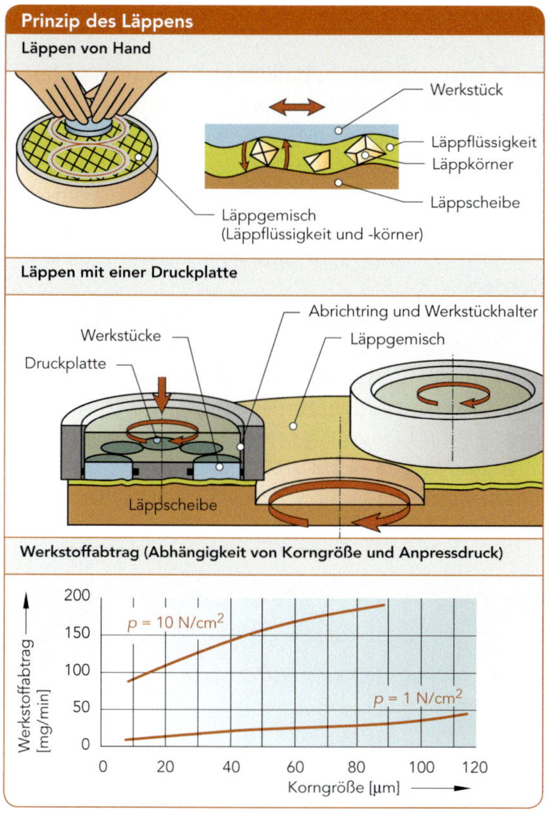

Abb. 72: nach [7, 16]

Ebenso hat die Korngrößenverteilung im Läppgemisch Einfluss auf die erzielbare Oberflächengüte. Geringe Unterschiede in den genutzten Korngrößen bewirken gleichmäßige Rautiefen und wenige Kratzer und Furchen. Da während der Bearbeitung keine Wärme auf das Werkstück übertragen wird, verziehen sich die bearbeiteten Bauteile nicht. Zudem kann auf eine Einspannung meist verzichtet werden. Als Läppmittel werden natürliche Werkstoffe wie Diamant, Korund oder Schmirgel, als auch synthetische Materialien wie Borkarbid, Siliziumkarbid oder Chromoxid verwendet.

In aktuellen Forschungsarbeiten wird die Anregung der Läppkörner mittels Ultraschall untersucht (*Ultraschallschwingläppen*), um sprödharte Werkstoffe wie z. B. Keramiken bearbeiten zu können und hohe Abtragraten zu erzielen.

Anwendung, Materialien, Genauigkeit

Mit dem Läppverfahren sind alle plastisch nicht verformbaren Materialien zu bearbeiten. Dazu zählen Stähle, Keramiken, Kunststoffe, Hartmetalle, Aluminium, Kupfer sowie Natursteine wie Marmor, Basalt, Granit oder Edel- und Halbedelsteine. Es werden sehr hohe Oberflächengüten und Formgenauigkeiten erzielt. Flächen mit Rautiefen von 0,03 µm sind zu erreichen. Es können auch Bauteile mit einer Dicke von weniger als 0,1 mm bearbeitet werden. In der Regel werden Bauteile mit hochpräzisen Funktionsflächen, die eine Dichtigkeit gegenüber Gasen und Flüssigkeiten aufweisen müssen, geläppt (z. B. Kolben und Zylinder im Motor, Komponenten für hydraulische oder pneumatische Anwendungen). Zudem kommt das Verfahren zur Endbearbeitung optischer Bauteile und Messinstrumente zur Anwendung. Ein weiteres Verwendungsgebiet ist die Halbleitertechnik.

Erreichbare Formgenauigkeiten durch Läppen

Formgenauigkeit	Rautiefe [µm/m]
Ebenheit	Maschinenbau = 1…3 Optik und Feinmechanik = 1 Messgeräte = 0,2
Planparallelität	0,3
Maßgenauigkeit	1
Oberflächengüte	Maschinenbau = 2< R_z < 4 öl- und dampfdichte Flächen = 0,2 < R_z < 0,5 Endmaßqualität = R_z < 0,03

Abb. 73: nach [27]

Wirtschaftlichkeit

Das Läppverfahren kann nur dann wirtschaftlich eingesetzt werden, wenn eine sehr hohe Oberflächenqualität von ebenen oder parallelen Flächen erforderlich sind und diese mit konventionellen zerspanenden Fertigungsverfahren wie Drehen oder Schleifen nicht erzielt werden können. Je nach geforderter Qualität schließt sich an eine Läppbearbeitung ein Polierprozess an. Zur Erzielung hoher Abtragraten werden die Bauteile vorgeläppt, um dann anschließend ihre endgültige Oberflächengüte bis zum Spiegelglanz durch Polieren zu erhalten (Klocke, König 2005).

Alternativverfahren

Polieren, Schleifen, Schaben

Schaben
ist ein zerspanendes und verhältnismäßig aufwändiges Bearbeitungsverfahren zur partiellen Oberflächenbearbeitung von Metallwerkstoffen. Durch Schaben lassen sich sehr ebene Flächen erzeugen, daher findet es z. B. Anwendung, um von Hand Reparaturarbeiten an Führungsflächen von Werkzeugmaschinen vorzunehmen. Charakteristisch sind die durch den Bearbeitungsprozess entstehenden Muster.

Bild: Anschlagwinkel mit geschabter Oberfläche.

TRE 2
Schneiden

Zum Trennen flacher und in der Materialdicke wenig variierender Werkstoffprofile eignet sich das Schneiden. Es wird unterschieden zwischen Scherschneiden, Strahlschneiden und Thermoschneiden.

Bild: Schneiden von Stoff./ Foto: Ledder Werkstätten

TRE 2.1
Schneiden – Scherschneiden

Verfahrensprinzip
Das Scherschneiden ist ein weit verbreitetes und unkompliziertes Verfahren zur Durchführung von Materialschnitten, da lediglich zwei Schneiden (Scheren) oder eine Schneide (z. B. Schneidstempel) in Verbindung mit einer Schneidplatte benötigt werden. Der Schnitt erfolgt durch Eindrücken der Schneidkante in das Material. Zunächst führt die Krafteinleitung zu einer Umformung und Stauchung, die ab einem gewissen Umformgrad in eine plastische Verformung und damit einhergehende Rissbildung übergeht.
Es kommt zur Trennung des Materials, wobei in der Schnittfläche der zunächst plastisch verformte, dann der geschnittene und letztlich gescherte Anteil meist deutlich zu erkennen sind.

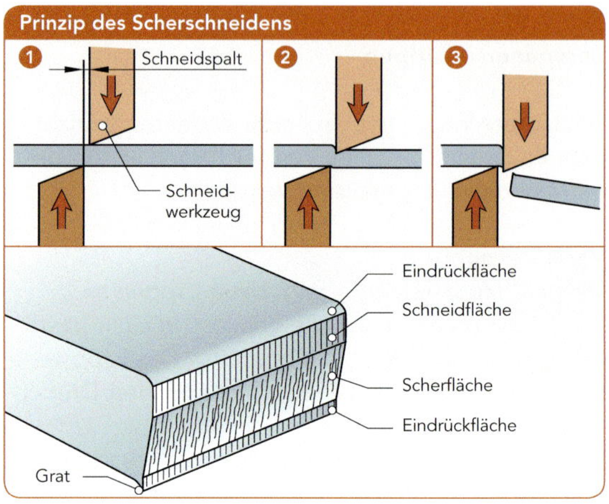

Abb. 74: nach [7]

Unterschiedliche maschinelle Verfahrensweisen haben sich für die Technik des Scherschneidens am Markt etabliert (Dobler et al. 2003).

Zur Erzeugung nahezu beliebiger Formgeometrien kann das ***Knabberschneiden*** in der Blechbearbeitung genutzt werden. Material wird mit einem runden oder eckigen Schneidstempel unter schnellen Hubbewegungen Stück für Stück aus der gewünschten Schnittfuge entfernt. Durch eine NC-gesteuerte Führung kann eine sehr gute Schnittqualität erzielt werden.

Mit ***Tafelscheren*** werden glatte, lineare Werkstückschnitte von Bauteilen ermöglicht. Das Schneidwerkzeug wird zudem zur Herstellung von Streifen genutzt. Zur Erzeugung gratfreier Schneidkanten wird das Material vor dem Schneidvorgang mit einem ***Niederhalter*** fixiert. Tafelscheren arbeiten mit zwei Schermessern, die gegeneinander arbeiten.

Bild: Schneiden von Metallplatten/ Foto: Ledder Werkstätten

Stanzen sind Scherschneidewerkzeuge, bei denen das Werkstück eingespannt wird und der Schnitt durch einen geführten oder ungeführten Stempel in einem oder mehreren Schritten erfolgt.

Für die Erzielung sehr genauer, glatter Schnittkonturen in einem Schritt wird beim ***Feinschneiden*** das Werkstück mit einem so genannten ***Gegenhalter*** in seiner Position gegenüber dem Stempel allseitig fixiert. In der Regel werden Säulenführungen eingesetzt, um die exakte Krafteinbringung auch bei sehr dünnen Materialstärken zu ermöglichen.

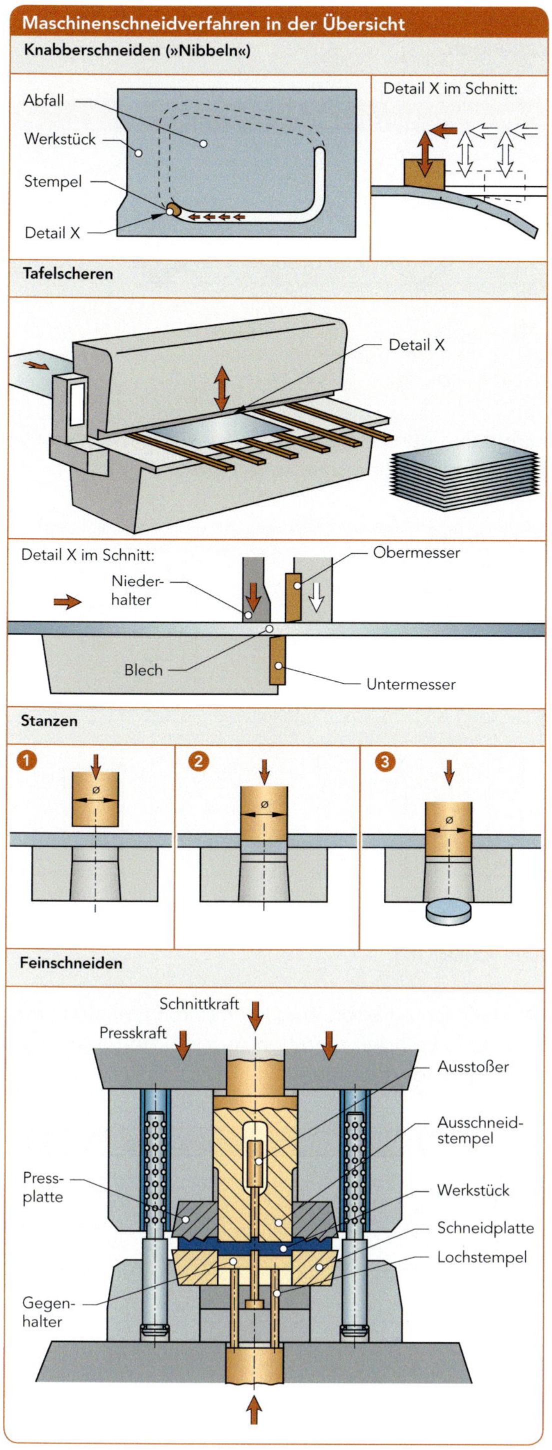

Abb. 75: nach [7]

Anwendung, Materialien, Genauigkeit

Mit ***Handscheren*** können Textilien, Papier, dünnes Holz, Kunststofffolien und Metallbleche zugeschnitten werden. Maschinelle Schneidverfahren werden indes für die Durchführung präziser Schnitte eingesetzt. Qualität und Ausprägung des Schnitts sind abhängig von Dicke, Festigkeit und Steifigkeit des zu schneidenden Werkstoffs und von der Geometrie des Schneidspalts.

Die Wahl des richtigen Spaltmaßes kann bei harten Materialien wie Metallblechen anhand der Rauigkeit der Schnittfläche ausgerichtet werden. Eine brüchige Oberfläche und eine starke Gratbildung deuten auf einen zu groß eingestellten Spalt hin. Durch eine Reduzierung kann die Oberflächengüte der Schnittfläche erhöht werden. Jedoch ist mit einem Anstieg der aufzubringenden Kräfte zu rechnen, was sich beim manuellen Stanzen als problematisch erweist. Typische Schneidspaltweiten liegen bei 3 %–10 % der Werkstoffdicke. Zum Schneiden weicher Materialien ist die Verringerung der Spaltweite erforderlich. Beim Feinschneiden wird die Spaltweite je nach Bedarf auf bis zu 0,5 % der Materialdicke verringert.

Bild: Gestanzte Metallteile./ Foto: Ledder Werkstätten

Wirtschaftlichkeit

Auf Grund der niedrigen Investitions- und Betriebskosten sind manuell betriebene Schneiden und Stanzen sowie Maschinenschneidanlagen im Werkstattbetrieb weit verbreitet, was sie für den Modellbau geeignet macht. Vor allem in der Automobil- und Elektroindustrie sowie in der Feinmechanik kommen die Verfahren in meist automatisierter Form zur Anwendung. Es werden Pressen eingesetzt, die die Fertigung hoher Stückzahlen gewährleisten.

Alternativverfahren

Strahlschneiden, Fräsen, Thermoschneiden für Schaumstoffe und Kunststofffolien

Bild unten: Folgeverbundwerkzeug mit Stanzstreifen und Stanzteil./ Foto: Schuler Pressen GmbH & Co. KG

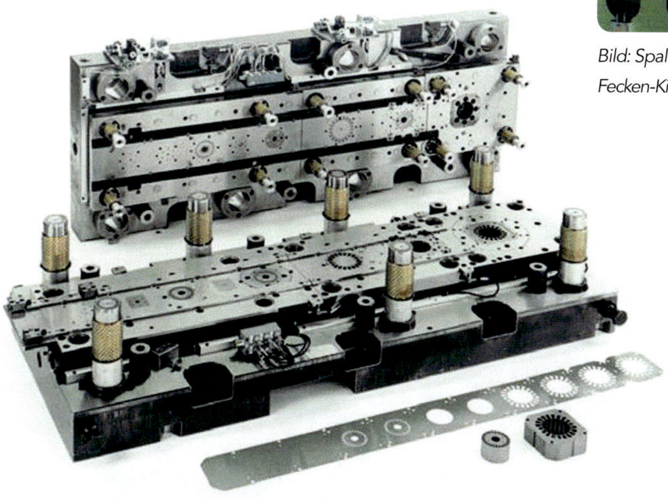

Schälen

zählt zu den spanabhebenden Bearbeitungsverfahren. Um beispielsweise Holzfurniere HOL 3.2 *aus einem Holzstamm zu schneiden, werden Schälmaschinen verwendet. Der Stamm wird zwischen zwei Zentrierspitzen eingespannt und rotiert. Das Schälmesser rückt entsprechend der eingestellten Furnierdicke kontinuierlich nach und erzeugt ein endloses Furnierband.*

Bild: Schälmaschine./ Foto: Becker KG

Spalten

ist ein trennendes Verfahren, bei dem das Material (z. B. eine Schaumstoffplatte) mit einem Messer gespalten wird.

Bild: Spaltvorgang./ Foto: Fecken-Kirfel GmbH & Co. KG

TRE 2.1.1
Scherschneiden, Stanzen – Gestaltungsregeln

Scherschneiden bzw. Stanzen sind zweidimensionale Verarbeitungstechniken. Erst die Beachtung einiger Gestaltungsregeln ermöglicht eine kostenoptimale Anwendung der Verfahren:

Anzustreben sind einfache Schnittkantengeometrien und minimale Kantenlängen.

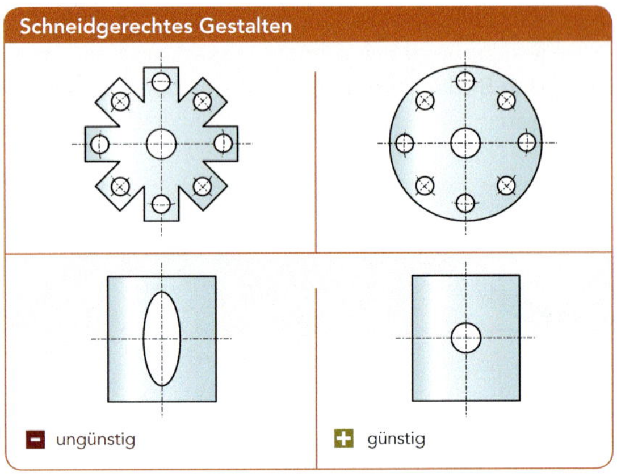

Abb. 76: nach [17]

Recht- bzw. stumpfwinklige Formen sind spitzwinkligen Schneidkonturen vorzuziehen.

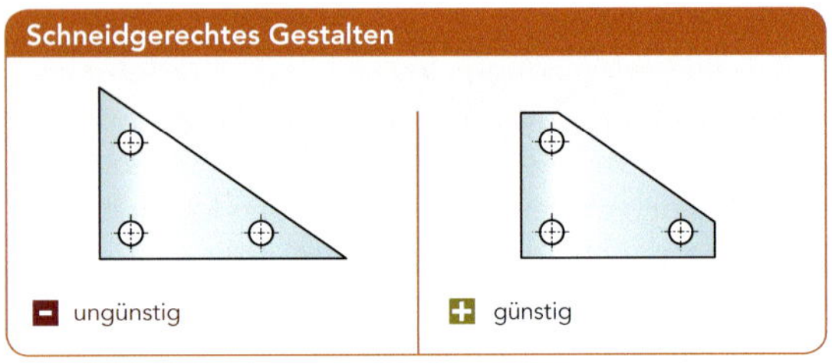

Abb. 77: nach [17]

Tangentiale Konturübergänge sind zu vermeiden.

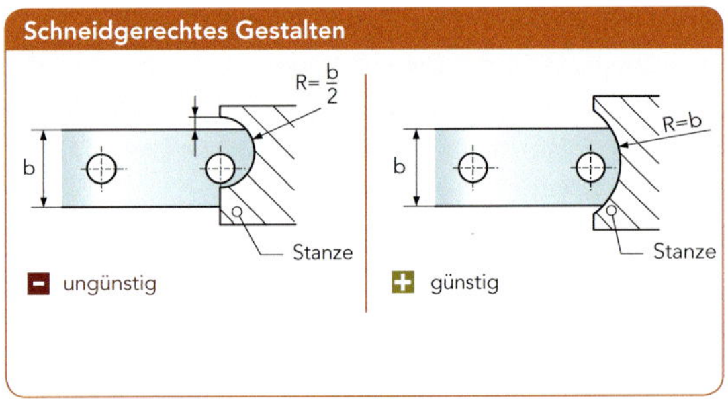

Abb. 78: nach [17]

Ausklinkungen sollten sich zum freien Ende hin verjüngen.

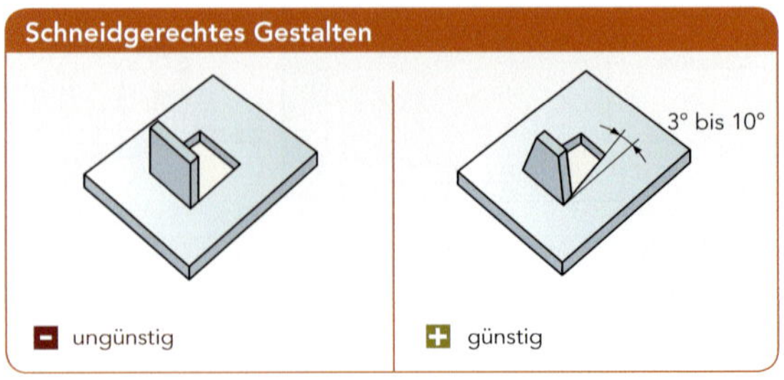

Abb. 79: nach [17]

Lange und dünne Zwischenräume sind nicht komplikationsfrei mit Stempeln zu realisieren.

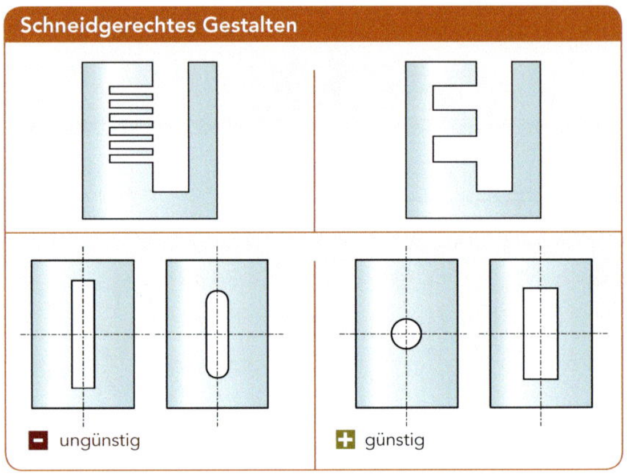

Abb. 80: nach [17]

Unerwünschte Rissbildung kann durch Einhalten von Mindestabständen zwischen Ausschnitten oder zum Rand verhindert werden.

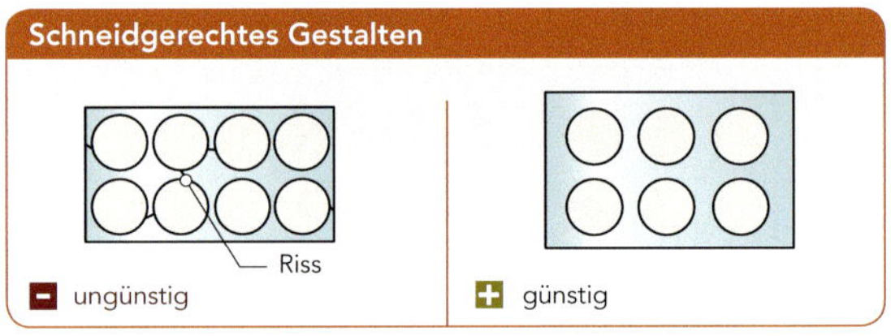

Abb. 81: nach [17]

Material wird durch Verschachtelung der Schneid- bzw. Stanzgeometrien eingespart.

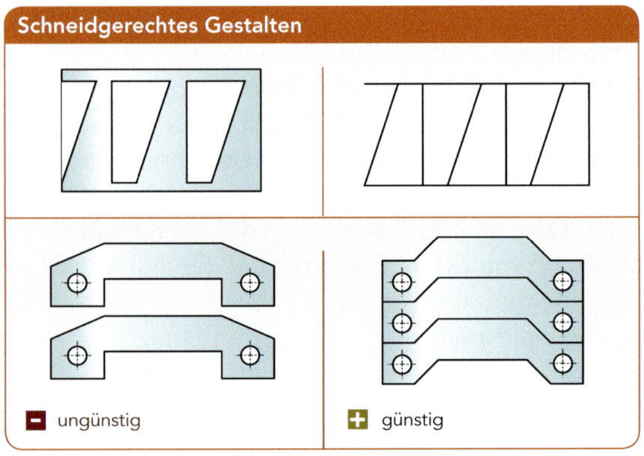

Abb. 82: nach [17]

Außerdem kann nicht benötigtes Material ausgeschnitten und weiter verwendet werden.

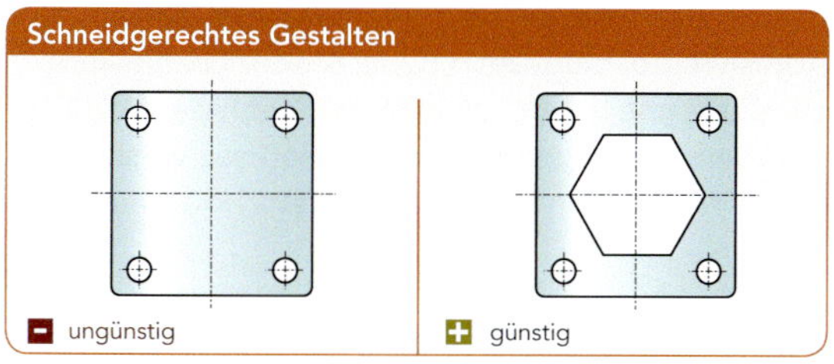

Abb. 83: nach [17]

Bild unten: Durch Stanzen eines Bleches mit versetzt liegenden Schlitzen und anschließendem Strecken des Bleches werden sogenannte Streckbleche erzeugt. Diese Bleche weisen eine Gitterstruktur auf und werden z. B. für Lüftungsgitter verwendet.

Nachfolgende Bearbeitungsschritte sind zu berücksichtigen. Bei noch zu biegenden Teilen sollten Durchbrüche einen Mindestabstand zur Biegekante aufweisen oder darüber hinauslaufen.

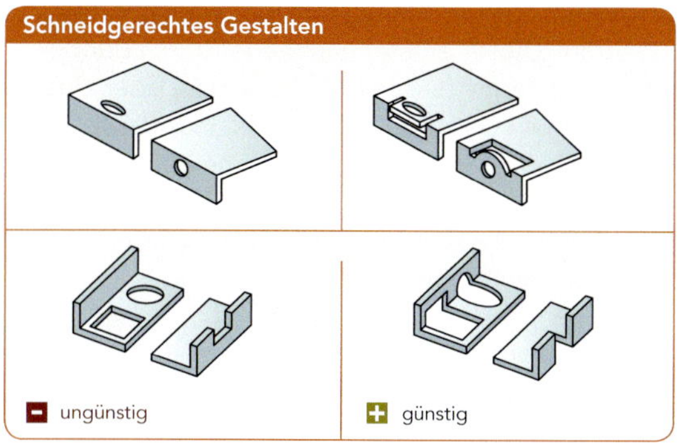

Abb. 84: nach [17]

Besonderes Schneidverfahren

Schaumstoffmatten mit einer noppenartigen Oberfläche werden mit einem besonderen Schneidverfahren hergestellt: Eine Schaumstoffmatte wird zwischen zwei Noppenwalzen komprimiert. Zwischen den zwei Walzen befindet sich ein Messer, welches den komprimierten Schaumstoff aufschneidet. Nach der Expansion des Schaumstoffes wird die erzeugte, noppenartige Oberfläche sichtbar.

Foto: Fecken-Kirfel GmbH & Co. KG

TRE 2.2
Schneiden – Strahlschneiden

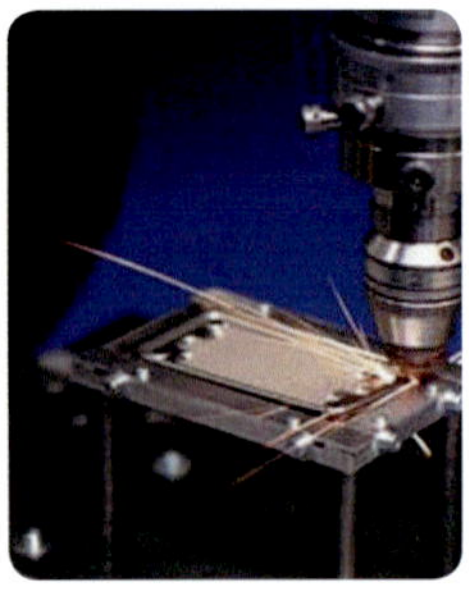

Bild: Laserstrahlschneiden./ Foto: Adelheid Peters, Fraunhofer-Institut für Produktionstechnologie IPT

Beim Strahlschneiden wird im Gegensatz zum konventionellen Scherschneiden keine Schneidkante zur Abtrennung von Materialteilen benutzt, sondern ein Strahl. Dieser entsteht entweder durch Bündelung von Energie (Laserstrahlschneiden) oder eines Mediums wie Gas (Brennschneiden, Plasmaschneiden) oder Wasser (Wasserstrahlschneiden). Strahlschneidtechniken weisen daher eine hohe Flexibilität in Bezug auf die zu schneidenden Materialien und Schneidbedingungen auf.

Verfahrensprinzipien

Laserstrahlschneiden ist eine Schneidtechnik, bei der ein durch Bündelung von Lichtstrahlen entstehender Laserstrahl (Nd-YAG- oder CO_2-Laser) über Spiegel und Linsen einer Fokussiereinrichtung auf das zu schneidende Material gelenkt wird. Der Werkstoff schmilzt bzw. verdampft und wird durch einen Gasstrom aus dem Schneidspalt entfernt. Durch die Möglichkeit einer sehr präzisen Fokussierung des Laserstrahls auf Durchmesser zwischen 0,1 mm und 0,3 mm gilt das Laserschneiden als das thermische Schneidverfahren mit der geringsten Wärmebelastung für den Werkstoff (Förster, Müller 2001).

Bild: Bauteile durch Brennschneiden.

Beim ***Brennschneiden*** wird die Eigenschaft unlegierter und niedriglegierter Stähle genutzt, unter Zufuhr von Sauerstoff zu verbrennen. Zunächst wird die Anschnittstelle erhitzt, bis der Werkstoff seine Entzündungstemperatur erreicht. Sauerstoff wird zugeführt und damit das Material an der glühenden Stelle zur Oxidation (Verbrennen) gebracht. Durch den Druck des zugeleiteten Sauerstoffstroms werden die sich bildenden Oxide aus der Schnittfuge entfernt. Die Schnittgeometrie entsteht durch Vorschub des Scheidbrenners.

Ein Plasmastrahl aus hocherhitzen Gasen mit Temperaturen von 20.000 °C bis 30.000 °C schmelzt beim ***Plasmaschneiden*** den Werkstoff auf und bläst ihn gleichzeitig aus der Schnittfuge. Das Plasma wird unter Einsatz eines Pilot-Lichtbogens zwischen Düse und Elektrode erzeugt. Das Schneidgas wird zugeführt, durch die einschnürende Wirkung der Düsenform verdichtet und durch die hohen Temperaturen des Lichtbogens in den Plasmazustand überführt. Der Spannungsunterschied zwischen Elektrode und Werkstück fördert das Heraustreten des Plasmas. Der Lichtbogen springt auf das Werkstück über, sobald der Plasmastrahl dieses berührt.

Bild: Wasserstrahlschneiden./ Foto: Wilhelm Köpp Zellkautschuk GmbH, Aachen

Beim ***Wasserstrahlschneiden*** wird der Schnitt durch einen dünnen Wasserstrahl erzeugt, der mit hohem Druck (bis 6.000 bar) auf den zu schneidenden Werkstoff ausgebracht wird. Die Vorschubgeschwindigkeit richtet sich nach Härte und Zähigkeit des Materials. Mit einer langsamen Strahlführung kann die Qualität der Schnittfuge erhöht werden.

Zum Schneiden weicher Materialien wie Schaumstoff oder Papier eignet sich der reine Wasserstrahl. Sollen Glas, Metall, Stein oder andere harte Werkstoffe geschnitten werden, wird dem Wasserstrahl ein Abrasivmittel beigesetzt (Quarz- oder Granitsand), um die Schneidkraft zu erhöhen. Durch das Verfahren können Werkstoffkombinationen aus verschiedenen Materialien in einem Prozessschritt bearbeitet werden.

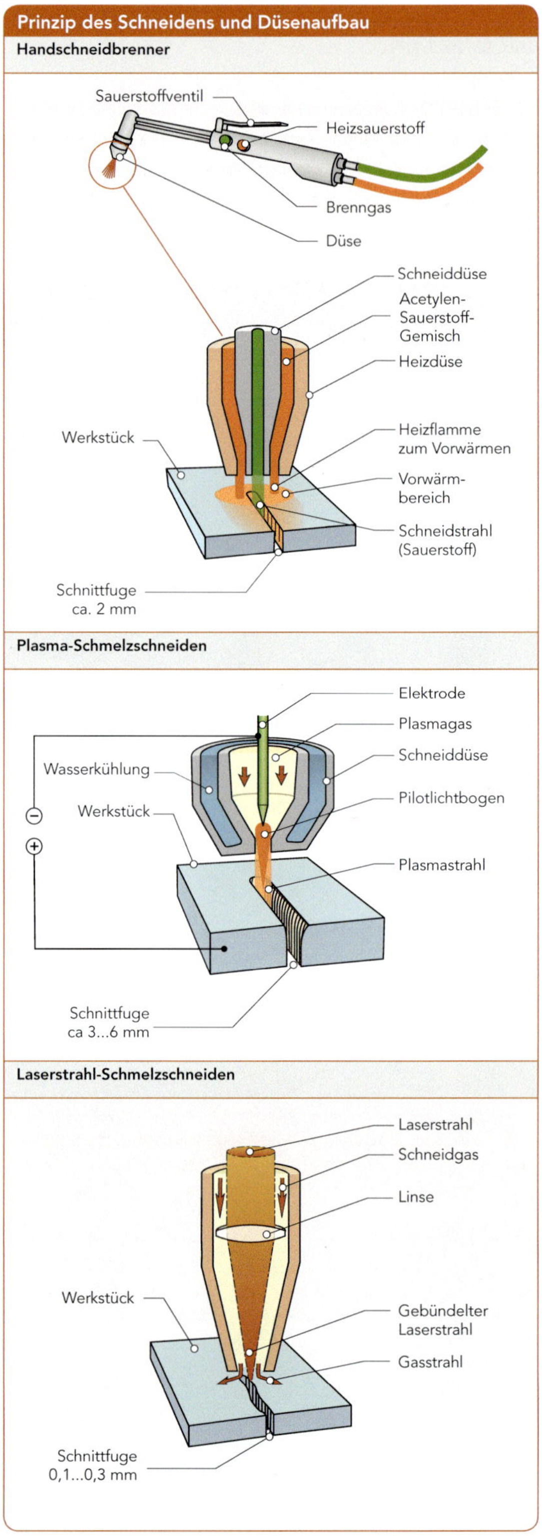

Abb. 85: nach [7]

Anwendung, Materialien, Schnittbreiten
Durch den Laserstrahl lassen sich nahezu alle Materialien mit hoher Konturgenauigkeit bearbeiten. Schnittfugen von 0,1–0,3 mm und Werkstoffdicken zwischen minimal 0,05 mm bei Kunststofffolien und 0,25 mm bei Baumwollvlies bis hin zu maximal 18 mm bei Aluminium bzw. 25 mm bei Stahl sind üblich (Klocke, König 2007). Werden Bleche mit einer Materialstärke von weniger als 1 mm bearbeitet, kann der Schnittspalt auf einen Wert von etwa 50 Mikrometer reduziert werden. Bei der Verarbeitung von Flachglas in Stärken von 0,2–24 mm lassen sich Schnitte mit einer Trenngeschwindigkeit von bis zu 20 m/min mit vollkommen sauberen Kanten in optischer Qualität erzielen (Peters 1/2008). Mit den neuesten Laserstrahlanlagen ist die Strahlführung auch in drei Achsen möglich, so dass Schnitte in dreidimensionalen Formteilen realisiert werden können.

Schnittfugengeometrien der Strahlschneidverfahren

Materialdicke [mm]	Autogenes Brennschneiden	Plasma-Schmelzschneiden	Laser- und Wasserstrahlschneiden
1			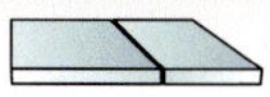
2			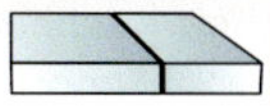
3	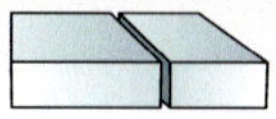	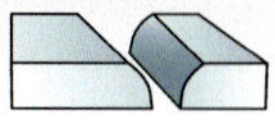	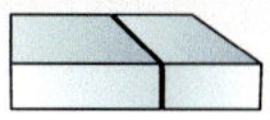
5	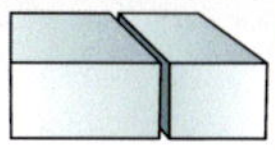	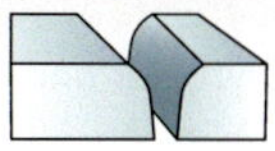	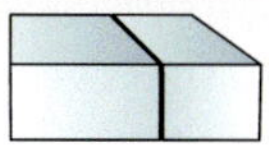
10	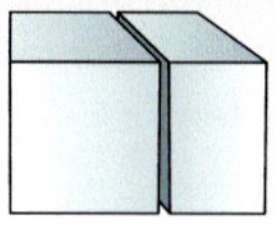	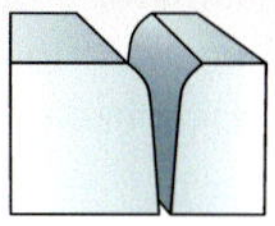	

Abb. 86: nach [7]

Beim Brennschneiden werden unlegierte und niedrig legierte Stähle geschnitten. Die Werkstoffdicken liegen zwischen 5 mm und 500 mm. Der Schnitt ist mit einer Breite von etwa 2 mm im Vergleich zum Laserstrahlschneiden eher unpräzise. Die Schnittgeschwindigkeit ist dagegen vergleichbar.

Plasmaschneiden kommt vor allem für legierte Stähle und Nichteisenmetalle (z. B. Kupfer, Aluminium) zur Anwendung. Die maximale Materialdicke ist auf 150 mm nach oben begrenzt. Mit Plasmaschneiden können sehr gute Schneidergebnisse erzielt werden. Die Schnittfuge fällt mit einer Breite von etwa 3 mm vergleichsweise breit aus. Außerdem muss auf Grund der abnehmenden Energiedichte des Plasmastrahls mit einer sich nach oben öffnenden Fugengeometrie gerechnet werden.

Mit dem Wasserstrahl können alle festen Materialien geschnitten werden. Es weist vor allem dann Vorteile auf, wenn Werkstoffe eine thermische Beanspruchung nicht ohne weiteres zulassen. Hierzu zählen vor allem gefrorene Lebensmittel, Textilien, Kunststoffe oder Gläser. Strukturwechsel und Verfärbungen bleiben aus. Die erreichbaren Schnittfugenbreiten liegen bei einer Positioniergenauigkeit von ± 10 μm bei 0,1 mm (reiner Wasserstrahl) und 1 mm (Abrasivstrahlen). Die Materialdicken von bis zu 110 mm bei Stählen und 150 mm bei Aluminium sind bearbeitbar.

Die Auswirkungen der zweidimensionalen Strahlführung auf die möglichen Schnittgeometrien sind zu beachten (Awiszus et al. 2003). Mittlerweile sind auch Prozesse mit dreidimensionaler Strahlführung entwickelt, die mindestens über 5 Bewegungsachsen verfügen.

Bild: Edelstahlteil; wasserstrahlgeschnitten./ Foto: CNC Speedform AG

Wirtschaftlichkeit
Mit dem Laserstrahlverfahren lässt sich eine sehr hohe Schneidgeschwindigkeit erzielen. Die flexible Steuerung ermöglicht die Anwendung auch für kleine Stückzahlen. Der Programmieraufwand muss bedacht werden. Die Investitionskosten für Laserstrahlanlagen sind sehr hoch. Zudem ist eine aufwändige Abschirmung der Laserstrahlung nach außen erforderlich.

Beim Brennschneiden ist sowohl eine flexible Handsteuerung als auch eine NC-basierte Maschinensteuerung möglich. Der Brennschneider eignet sich daher sowohl für kleine als auch für größere Stückzahlen. Die Investitionskosten eines Brennschneiders liegen niedriger als die einer Laserstrahl- oder Wasserstrahlanlage.

Plasmaschneidanlagen sind teuer, lassen aber hohe Schneidgeschwindigkeiten zu. Eine Handsteuerung ist möglich, so dass auch Einzelteile geschnitten werden können.

Eine Wasserstrahlanlage erfordert relativ hohe Betriebs- und Investitionskosten. Außerdem muss ein Programmieraufwand einkalkuliert werden, so dass sich eine Einzelfertigung nur schwer rechnet. Ab kleinen und mittleren Stückzahlen kann das Wasserstrahlverfahren jedoch wirtschaftlich eingesetzt werden. Auf Grund der hohen Investitions- und Betriebskosten für Laser- und Wasserstrahlanlagen haben sich Dienstleister am Markt etabliert.

Alternativverfahren
Scherschneiden für lineare Schnitte oder einfache Schneidgeometrien, Thermoschneiden, Fräsen, Sägen

Bilder: Mit dem Wasserstrahl geschnittenes Steckmöbel. Das Regal lässt sich ohne Verschraubung zusammenbauen und erhält seine Stabilität durch gewölbte Flächen./ Design: Volker Lavid, Martin Klein-Wiele, Paul Michael Pelken/ Foto: Jens Kirchner

TRE 2.3
Schneiden – Thermoschneiden

Verfahrensprinzip
Ein bis zur Rotglut elektrisch erhitzter Widerstandsdraht bewirkt beim Thermoschneiden die Materialtrennung von Werkstoffen mit niedrigem Schmelzpunkt, wie beispielsweise Styropor KUN 4.1.3.

Bild: Durch Thermoschneiden erzeugte Konturen in einem Polystyrolschaum.

Die Porenwände des meist schaumförmigen Werkstoffs erweichen und das Material wird durch den Draht mechanisch zur Seite gedrückt. Der Vorschub des zu bearbeitenden Bauteils erfolgt in der Regel händisch. Dabei biegt sich der Draht in Richtung der Vorschubkraft durch. Dies hat bei Kurvenkonturen eine schleppende Trennbewegung zur Folge, wodurch im Prozess eine Änderung der Schnittrichtung nur bedingt möglich ist. Schnittkurven sind daher meist konkav oder konvex geformt. Die Erstellung von Geometrien mit Ecken und scharfen Kanten ist schwierig und besonders bei Innenkonturen fast nicht sauber zu realisieren. Meist ist ein kurzer Stillstand des Vorschubs erforderlich. Bei komplizierten Schneidkonturen ist die Gefahr des Drahtbruchs latent.

Obwohl kein spanbildender Materialabtrag auszumachen ist, sind Thermoschneidgeräte auf Grund des Bandsägen ähnlichen Aufbaus vor allem unter dem Begriff ***Thermosägen*** bekannt.

Prinzip des Thermoschneidens

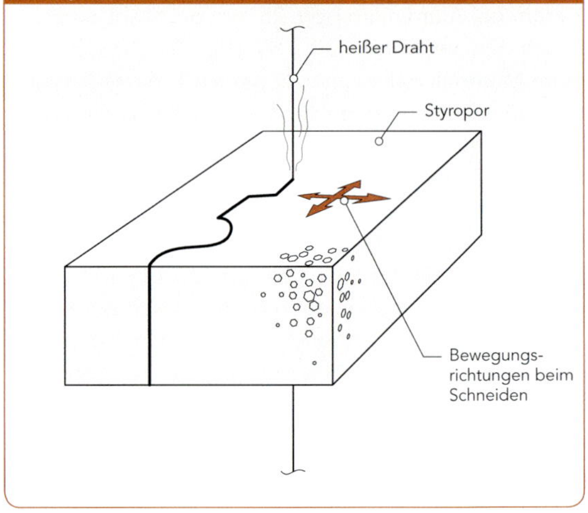

Abb. 87

Anwendung, Materialien, Schnittbreiten
Thermoschneiden bzw. -sägen werden vor allem zur Herstellung von Anschauungs- und Volumenmodellen in der Planung architektonischer Entwürfe und in der Konzeptionsphase von Produktentwicklungsprozessen verwendet. Meist kommen dort schaumförmige Werkstoffe KUN 4.1.3, KUN 4.4 aus Kunststoff, wie beispielsweise Styropor und Polystyrol-Hartschäume zur Anwendung. Mit dem Verfahren können aber auch weiche Schaumstoffe für Polsterungen im Möbelbereich und Kunststofffolien für Schriftzüge oder Werbemittel zugeschnitten werden.

Die verarbeitbaren Werkstoffdicken und die erreichbare Schnittbreite richten sich nach der Größe der verwendeten Thermosäge. Mit den auf dem Markt erhältlichen Geräten sind Schnitthöhen von bis zu 200 mm und Arbeitsbreiten von bis zu 500 mm möglich. Die üblichen Schneiddrähte haben einen Durchmesser von 0,2 mm. Thermoplastische Kunststofffolien können mit einer maximalen Stärke von 0,5 mm verarbeitet werden.

Wirtschaftlichkeit
Thermosägen sind sehr preiswert, weshalb sie in jeder gut ausgestatteten Modellbauwerkstatt vorzufinden sind. Geräte mit hoher Qualität sind ab 500 Euro auf dem Markt erhältlich.

Alternativverfahren
Strahlschneiden, Fräsen, Scherschneiden

TRE 3
Abtragen

Die Gruppe der abtragenden Verfahren zählt zu den noch jungen Fertigungstechniken, die erst in den letzten Jahrzehnten entwickelt wurden. Erforderlich wurde die Anwendung der schon seit langem bekannten Prinzipien vor allem dort, wo konventionellen zerspanenden Techniken wegen der Komplexität der zu erstellenden Formen oder der Eigenschaften des zu verarbeitenden Werkstoffs Grenzen gesetzt sind. Beispielsweise erfordern Formwerkzeuge für den Kunststoffspritzguss heute sehr komplizierte Geometrien, die durch mechanische Bearbeitung wie beim Fräsen oder Drehen auch auf hochmodernen Anlagen nicht oder nur mit erheblichem Aufwand realisierbar sind. Die abtragenden Verfahren stellen daher vor allem im Werkzeug- und Formenbau zu den konventionellen zerspanenden Verfahren ergänzende Techniken dar.

Probleme bei der Bearbeitung komplexer Geometrien mit zerspanenden Bearbeitungstechniken

- Bearbeitungstiefe von schmalen Nuten begrenzt
- Innenkonturen mit rechten Winkeln nur schwer realisierbar
- hochvergütete Stähle, Superlegierungen und Hartmetalle lassen sich nur schwer bearbeiten
- komplexe Formen lassen sich oft durch die begrenzte Angriffsfläche der Schneide schlecht herstellen (lange Bearbeitungszeit, aufwändige Handarbeit und Bearbeitung)

Abb. 88

Außerdem stiegen in Bereichen wie der Luft- und Raumfahrtindustrie oder der Energiewirtschaft (z. B. beim Bau von Turbinen) die Ansprüche an die Materialeigenschaften so weit, dass der Einsatz hochfester Werkstoffe wie Hartmetalle oder Superlegierungen erforderlich wurde. Die Härte dieser Materialien übersteigt die der üblicherweise verwendeten Schneidwerkstoffe, so dass ein Materialabtrag mit konventionellen Fertigungsverfahren nur noch sehr kostenintensiv möglich ist. Die Abtragungsverfahren gehen daher nicht auf einen mechanischen Bearbeitungs- und Trennvorgang zurück, sondern sind Resultat thermischer, chemischer oder elektrochemischer Beanspruchungen. Große Bedeutung haben vor allem das funkenerosive Abtragen sowie das Laserstrukturieren erlangt.

Chemisch (Chemisches Abtragen)
Der chemische Materialabtrag ist Resultat einer chemischen Reaktion zwischen dem Werkstoff und einem Wirkmedium.

Elektrochemisch (Elektrochemisches Abtragen: ECM; Funkenerosives Abtragen: EDM)
Der Abtrag erfolgt durch elektrischen Stromfluss zwischen dem Werkstoff als Anode (Pluspol) und einer Elektrode in einem flüssigen Elektrolytbad.

Thermisch (Laserstrahlabtragen- und strukturieren)
Nach gezielter und konzentrierter Einbringung von Wärme wird der Werkstoff geschmolzen und/oder verdampft.

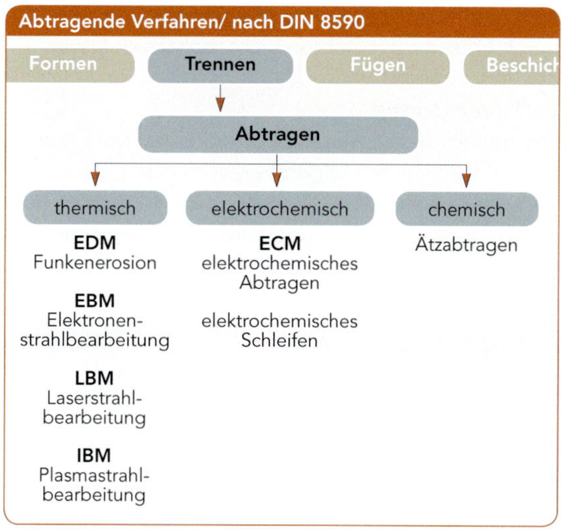

Abb. 89: nach [1]

Bild: Durch Ätzen können Oberflächen vertieft oder filigrane Aussparungen erstellt werden (Maße in der Fotodarstellung sind ungefähr 1,5fach größer als beim Originalteil)./ Hersteller: metaq GmbH

TRE 3.1
Abtragen – Funkenerosives Abtragen (EDM)

Erodieren kennt man vor allem aus dem Werkzeug- und Formenbau, wo das Verfahrensprinzip genutzt wird, um feine Geometrien zu erzeugen, die sich durch Fräsen oder Bohren nicht realisieren lassen.

Verfahrensprinzip
Der funkenerosive Materialabtrag (EDM) geht auf schnell aufeinander folgende elektrische Entladungen zwischen dem Werkstück als dem einen Pol und dem Werkzeug als dem anderen Pol in einer nicht leitenden Flüssigkeit zurück (***Dielektrikum***).

Bild: Durch Drahterosion können in dieser Maschine Werkstücke bis zu einer maximalen Fläche von 450 x 650 mm^2 geschnitten werden.

Nach Aufbringung einer elektrischen Spannung bildet sich in einem genau definierten Spalt zwischen Werkstück und Werkzeug eine Ansammlung leitfähiger Partikel, über die ein Stromfluss einsetzt. Durch die in Bewegung befindlichen Teilchen und die daraus einsetzende Wärmeentwicklung bildet sich ein ***Plasmakanal***. Als Folge der intensiven Erwärmung wird Material aufgeschmolzen, ausgeschleudert und verdampft. Die Abschaltung des Stromflusses bewirkt die Implosion der Gasblase und die Erstarrung der abgetragenen Teilchen, die über das Dielektrikum abtransportiert werden. Der Vorgang dauert etwa 10–50 µs. Bei 20.000–100.000facher Wiederholung innerhalb einer Sekunde wird ein konstanter Werkstoffabtrag erzielt (Richard 2003).

Auf Grund der verwendeten Elektrodenformen und deren Zuführung zum Werkstoff lassen sich drei Verfahrensvarianten unterscheiden: funkenerosives Senken, funkenerosives Schneiden und das Erodierbohren. Während beim funkenerosiven Senken der Materialabtrag mit einer Senkelektrode erzielt wird, deren Form sich im Werkstück abbildet, kommt beim funkenerosiven Schneiden eine Drahtelektrode zur Anwendung. Zum Erodierbohren werden kreisrunde Elektroden verwendet.

Prinzip des funkenerosiven Abtragens

Funkenerosives Senken	Funkenerosives Schneiden

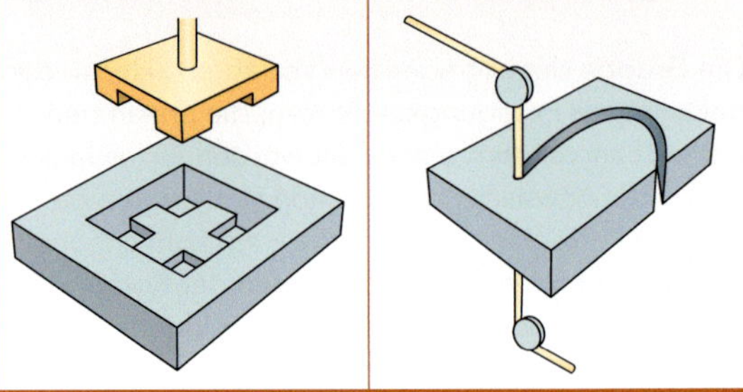

Elektroden

Elektrodenwerkstoff	Bearbeitung/ Eigenschaft	Anwendung
Grafit	leicht zu bearbeiten durch HSC-Fräsen, geringer Verschleiß	Stahl und Edelstahl
Kupfer	gut zu bearbeiten, hohe Abtragleistung, mittlerer Verschleiß	
Wolframkupfer	geringer Verschleiß bei Hartmetall	Werkzeugstähle, Hartmetall
Messingdraht	vernachlässigbarer Verschleiß	zum Drahterodieren

Abb. 90: nach [1, 22]

Verwendung, Materialien, Genauigkeit
Funkenerosiv können alle Werkstoffe bearbeitet werden, die eine elektrische Mindestleitfähigkeit aufweisen. Die erzielbaren Genauigkeiten liegen im einstelligen Mikrometer (µm) -Bereich. Die Drahtdurchmesser liegen für das funkenerosive Schneiden zwischen 0,03 mm und 0,3 mm (Witt 2006). Auch für gehärtete Metalle ist das Verfahrensprinzip geeignet. Während funkenerosives Senken hauptsächlich zur Herstellung von Formen für den Spritz- und Druckguss sowie von Schmiedegesenken verwendet wird, werden durch funkenerosives Schneiden Schneid-, Stanz- und Profilwerkzeuge für die spanende Bearbeitung (z. B. Profildrehmeißel) erstellt. Darüber hinaus werden Elektroden für das funkenerosive Senken unter anderem mittels funkenerosivem Schneiden gefertigt. Das Erodierbohren ist immer dann besonders geeignet, wenn in besonders harte Werkstoffe kleine Bohrungen eingebracht werden sollen. Es kann das mechanische Bohren in den Durchmesserbereichen von 0,1 bis 3,0 mm ersetzen. Hier gewährleistet es eine hohe Präzision sowie eine grat- und verlauffreie Bohrung.

Wirtschaftlichkeit
Die Wirtschaftlichkeit der Verfahren ist insbesondere bei der Einzelfertigung von Werkzeugen gegeben, wenn in den beschriebenen Anwendungsbereichen eine kostengünstige zerspanende Bearbeitung auf Grund der hohen Formkomplexität oder der Härte des Werkstoffs nicht möglich ist. Beim Erodierbohren wird darüber hinaus Bohrerbruch vermieden. Funkenerosiv werden auch Texturen an Bauteilen eingebracht.

Alternativverfahren
Fräsen, konventionelles Schneiden und Bohren, Laserabtragen, Strahlschneiden

TRE 3.2
Abtragen – Laserabtragen und -strukturieren

In aktuellen Forschungs- und Entwicklungsvorhaben wird an der Qualifizierung des Lasers für den Abtrag von Materialien und die Strukturierung von Werkstoffoberflächen gearbeitet. Dies ist bislang nur durch aufwändige Ätzprozesse oder eine kostenintensive funkenerosive Bearbeitung möglich.

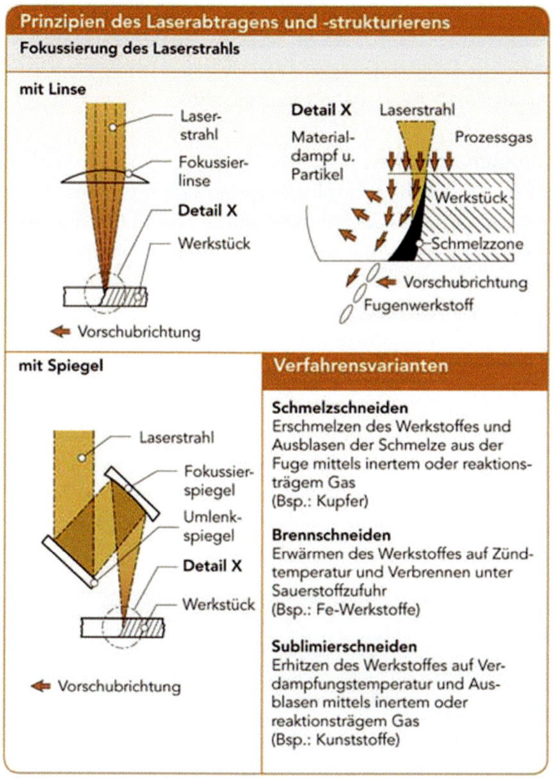

Abb. 91: nach [14]

Verfahrensprinzip
Ähnlich wie beim Laserstrahlschneiden TRE 2.2 wird beim Laserstrahlabtragen oder -strukturieren ein Laserstrahl (Nd-YAG-, CO_2-, Eximer-Laser) auf den Werkstoff gelenkt und mit Spiegeln und Linsen je nach gewünschter Struktur auf die Materialoberfläche fokussiert (Förster, Müller 2001). Zwei unterschiedliche Wirkprinzipien stehen zur Verfügung:

Beim ***Laserstrahlschmelzabtragen*** führt Wärmeenergie zum Schmelzen des Werkstoffs. Ein Gasstrom wird über eine Düse zur Bearbeitungsstelle geführt. Der Gasstrom bewirkt außerdem das Ausblasen der Schmelze.

Das Entfernen des geschmolzenen Werkstoffs wird innerhalb der Verfahrensvariante des ***Laserstrahloxidspanens*** durch Einbringen reinen Sauerstoffs erreicht, wodurch der schmelzflüssige Materialanteil nahezu vollständig oxidiert.

Anwendung, Materialien, Genauigkeit
Die Verfahren wurden zur Bearbeitung von Stählen und hochfesten metallischen Werkstoffen und Keramiken (z. B. Siliziumkarbid KER 4.6, Siliziumnitrid KER 4.7) entwickelt (Zabloklicki 1998). Die mit dem Laser abtragbaren Werkstoffdicken reichen von wenigen Mikrometern bis zu einigen Millimetern. Die Abtragraten sind beim Laserstrahlschmelzabtragen etwa um den Faktor 100 höher als beim Laserstrahloxidieren. Jedoch kann mit Strahloxidieren eine bessere Oberflächenqualität erzielt werden. Diese liegt bei Rautiefen im einstelligen Mikrometerbereich und ist etwa um den Faktor 10 besser als beim Schmelzabtragen (König, Klocke 1997). Neben den in der Entwicklung befindlichen Anwendungen hat sich das Verfahren zur Strukturierung einer Vielzahl von Materialien bewährt. Harte Werkstoffe können genauso bearbeitet werden wie Aluminiumlegierungen, eloxierte und beschichtete Metalle, Stähle, Leder, Hölzer, Natursteine, Textilien und Kunststoffe.

Bild: Ein Laser trägt in definierten Formen den vorher aufgetragenen schwarzen Laserlack ab, bis das weiße Kunststoffmaterial wieder zum Vorschein kommt./ Foto: Kunststoff Helmbrechts AG

Durch den sehr flexiblen, weil formlosen Einsatz der Lasertechnologie lassen sich die Verfahren in einem weiten Spektrum anwenden (Elektronik, Raumfahrt, Chemieanlagenbau, Textilindustrie). Außerdem wird die Lasertechnologie im Werkzeug- und Formenbau zur Fertigung komplizierter Geometrien verwendet. Mit Lasern texturierte Arbeitswalzen kommen beispielsweise in der Blechherstellung zur Anwendung.

Insbesondere weist das Laserstrukturieren zur Bearbeitung von Formeinsätzen für die Kunststoffherstellung mit strukturierten Oberflächen im Spritzguss große Potenziale auf. Konventionell werden diese durch aufwändiges Erodieren, Galvanoformen und umweltbelastendes Ätzen eingebracht. In Zukunft sollen die Verfahren durch eine effiziente Prozesskette ersetzt werden. Die Oberflächenstrukturen werden hierzu dreidimensional am Rechner entworfen oder mit optischer Messtechnik von einem Muster eingelesen. Mit einer speziellen Software werden die Strukturen auf das Bauteil angepasst, so dass ein Designer schon bei der Konzeption auf besondere Bauteilanforderungen reagieren und stärker als bisher Einfluss auf die Oberflächengestaltung nehmen kann. Die Bewegungsführung des Laserstrahls wird in einem NC-Programm berechnet. Anschließend bringt der Laserstrahl die Struktur direkt durch Sublimation in das Werkzeug ein. Das Fraunhofer IPT hat im Rahmen des Forschungsprojekts »FlexO-Struk« eine Anlage für das Laserstrahlstrukturieren aufgebaut und die Software »NCProfiler« für den beschriebenen Prozess entwickelt.

Bild: Durch Laserstrukturieren in ein Werkzeug eingebrachte Struktur./ Foto: Adelheid Peters, Fraunhofer-Institut für Produktionstechnologie IPT

Ein weiterer Anwendungsbereich, in dem sich die Lasertechnologie in den letzten Jahren bewährt hat, ist die Beschriftung. Gerade hier wirken sich die Vorteile des hochflexiblen Verfahrens in Form kurzer Bearbeitungs- und Lieferzeiten bei Einzelanfertigungen besonders aus. Die Beschriftung entsteht in Abhängigkeit zu den eingestellten Parametern und des zu bearbeitenden Materials als Farbänderung, Gravur oder abgedampfte Oberfläche. Typische Anwendungsbereiche der Laserstrahlbeschriftung sind das Einbringen von Skalen auf Messinstrumenten, die Kennzeichnung von medizinischen Implantaten, selbstklebende Schilder, Barcodebeschriftungen oder die Untertitelung von Filmen.

Bild: Laserstrahlstrukturieren./ Foto: Adelheid Peters, Fraunhofer-Institut für Produktionstechnologie IPT

Wirtschaftlichkeit

Die Laserstrahltechnologie garantiert hohe Bearbeitungsgeschwindigkeiten und eine auf Grund des formlosen Verfahrensprinzips hohe Flexibilität auch bei kleinen Stückzahlen und Einzelanfertigungen. Vor- oder Nachbehandlungen sind in den meisten Fällen nur in geringem Maß notwendig. Auf Grund der hohen Investitions- und Betriebskosten von Laserstrahlanlagen haben sich Dienstleister am Markt etabliert. Sie garantieren schnelle Auftragsabwicklung, Produktion und Auslieferung. Für den Bereich der Laserbeschriftung haben sich mittlerweile Standards durchgesetzt, die den programmtechnischen Aufwand erheblich reduziert haben.

Bild: Beschriftung von hinterleuchteten Tasten und Drehreglern.

Alternativverfahren

Chemisches Abtragen, Elektrochemisches Abtragen, Funkenerosives Abtragen

TRE 3.3
Abtragen – Chemisches Abtragen (Ätzen)

Verfahrensprinzip
Der Materialabtrag beim ***Ätzen*** erfolgt durch chemische Reaktion zwischen einem Wirkmedium und dem zu bearbeitenden Werkstoff. Durch Einwirkung flüssiger Chemikalien wird Material entweder gleichmäßig über alle Seiten des Werkstücks aufgelöst, oder es findet die zielgerichtete Einbringung einer dekorativen Struktur statt. Das Reaktionsprodukt entschwindet in Form von Gas oder lässt sich leicht entfernen. Der Ätzprozess wird beeinflusst durch Temperatur, Druck und die Eigenschaften des Werkstoffs.

Prinzip des chemischen Abtragens (Ätzen)
z.B.: Dekoratives Ätzen von Glas

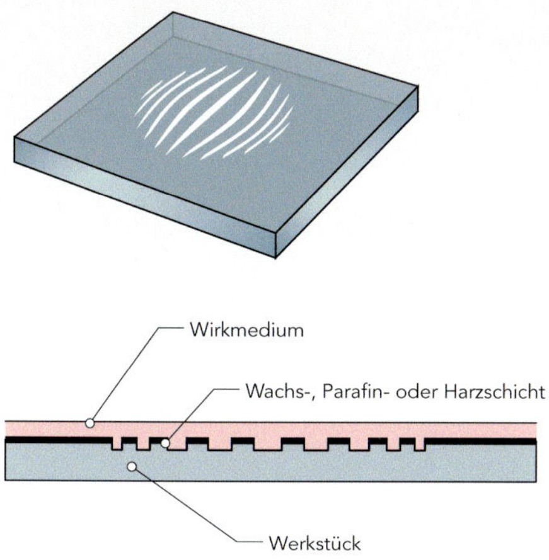

Abb. 92

Anwendung, Materialien, Genauigkeit
Hauptanwendungsgebiet der Ätztechnik ist die Einbringung dekorativer Strukturen, Texturen oder Beschriftungen in Bauteiloberflächen aus Glas, Holz, Stein oder Kunststoff. Außerdem können Metalle wie Kupfer, Stahl, Titan, Molybdän oder Aluminium durch Ätzen bearbeitet werden. Typische Produktbeispiele sind Uhren, Namensschilder, Werbematerialien und Dekorfolien.

Im Glasbereich wird die chemische Reaktion durch Fluss- oder Salzsäure ausgelöst. Um einen gezielten Materialabtrag zu gewährleisten, werden die nicht zu bearbeitenden Bereiche mit Lack oder einer Harz- oder Wachsschicht überzogen. Neben dem flächigen Ätzen können mit reiner Flusssäure auch deutliche Vertiefungen in die Glasoberfläche eingebracht werden (***Tiefätzen***).

Für stanztechnisch nicht herstellbare Bauteile oder für kleine Stückzahlen, deren Produktion ein aufwändiges Stanzwerkzeug nicht rechtfertigt, können Ätzverfahren auch zur Formteilfertigung angewendet werden. Damit werden komplizierte Formkonturen an Bauteilen mit Materialstärken zwischen 0,05 mm und 0,5 mm bei sehr geringen Toleranzen (+/-0,025 mm) eingebracht. Typische Anwendungen liegen im Bereich elektronischer Bauteile (z. B. Leiterplatten).

Eine weitere Anwendung des chemischen Abtragens ist das ***thermisch-chemische Entgraten*** (TEM). Grate an metallischen oder nicht metallischen Werkstücken werden durch Oxidation in einer stark sauerstoffhaltigen Atmosphäre entfernt. Der Prozess ist zweigeteilt. Während das Werkstück aufgeheizt wird, findet der eigentliche Materialabtrag als sogenannte ***Knallgasreaktion*** in einer von der Umgebung abgedichteten und mit einem Wasserstoff-Sauerstoff-Gasgemisch gefüllten Kammer statt. Kleine Partikel an der Bauteiloberfläche werden bei Temperaturen zwischen 2.500 °C und 3.500 °C verbrannt.

Bild: Geätzte Leiterplatte.

Wirtschaftlichkeit
Für die beschriebenen Anwendungsfälle standen bislang keine geeigneten Alternativverfahren zur Verfügung. Mit der Weiterentwicklung der Lasertechnologie werden Ätzverfahren mittel- bis langfristig ersetzt.

Alternativverfahren
Stanzen, Laserabtragen, -schneiden und -strukturieren, Funkenerosives Abtragen, Beizen

TRE 3.4
Abtragen – Beizen

Beizen gilt als Verfahrensvariante des chemischen Abtragens, bei der der Schwerpunkt nicht im Bereich der Formgebung liegt, sondern vielmehr auf die Oberflächenvorbehandlung konzentriert ist.

Verfahrensprinzip und Materialien
Durch Beizen werden metallische Werkstoffe von Rost und anderen Oxidationsprodukten befreit, um die Haftung für die spätere Beschichtung zu verbessern. Dabei erfolgt der Materialabtrag wie beim chemischen Abtragen durch Reaktion zwischen der Beize und dem zu behandelnden Werkstoff. Als Reaktionsprodukte bilden sich Gase oder Flüssigkeiten, die durch Abzugsanlagen oder Pumpen leicht abgeführt werden können.

Im Holzbereich werden durch Verwendung von Beizmitteln folgende Effekte erzielt (Eckhard et al. 2003):

- Ausgleich der Farbunterschiede von Vollholz und Furnier
- Hervorheben der Holzstruktur (Maserung)
- Individuelles Färben einzelner Objekte und Konstruktionselemente
- Verbesserung der Lichtbeständigkeit des Holzes und seiner Farbigkeit
- Schutz vor Schimmelbefall

Es wird zwischen ***Farbstoffbeizen*** auf Lösemittel- oder Wasserbasis und ***chemischen Beizen*** unterschieden. Sie können gebrauchsfertig bezogen oder als Pulverbeize mit warmem Wasser angemischt werden.

Unter ***Abbeizen*** versteht man die Beseitigung einer alten Farbschicht oder Oberflächenbeschichtung. Nach Einwirken des Abbeizmittels kann sie abgewischt oder mechanisch unter Verwendung von Drahtbürsten beseitigt werden.

Anwendung
Beizen wird zur Oberflächenbehandlung einer Vielzahl von Werkstoffen (Metalle, Kunststoffe, Hölzer, Gewebe) eingesetzt. Für den Metallbereich gibt nachfolgende Tabelle einen Überblick über verwendete Lösungen und Säuren. Bei Emailbeschichtungen dienen Abtragsbeizen zur Schaffung aktiver Oberflächen. Auch kann die Beiztechnik für desinfizierende Wirkungen eingesetzt werden. Die Beiztechnik wird auch für desinfizierende Zwecke eingesetzt.

Zur Färbung von Nadelhölzern sollten chemische Beizen gewählt werden, da der natürliche Unterschied zwischen hellem Frühholz und dunklem Spätholz erhalten bleibt. Bei Laubhölzern sind in der Regel wasserlösliche und lösemittelhaltige Farbstoffbeizen in Anwendung.

Früher wurden Beizenfarbstoffe auch zur Färbung von Textilien eingesetzt FLU 2.1. Wegen der Schwermetallbelastung und der hohen Kosten ist das Verfahren aber heute weitestgehend verschwunden (Welsch, Liebmann 2003).

Auswahl der Beizen

Werkstoff \ Beize	Natriumhydroxid (NaOH)	Flusssäure (HF)	Salzsäure (HCl)	Salpetersäure (HNO_3)	Schwefelsäure (H_2SO_4)	Phosphorsäure (H_3PO_4)	Chromtrioxid (CrO_3)	Anmerkungen
Magnesium (Mg)					●	●		
Aluminium (Al)	●	●	●	●	●		●	Aufhellen durch Salpetersäure
Messing (Cu, Zn)			●	●	●			nach Schwefels. entsteht durch Brennen glanz
Chromstahl (FeCr)				●	●			
Rostfreier Stahl (FeCrNi)			●	●				Säure zum Beizen an Liegierung anpassen
				●	●	●		
Eisen (Fe)			●		●	●		Salzsäure: übliches Beizverhalten
Nickel (Ni)			●	●				
		●		●		●		
Zink (Zn)			●	●				Säuren werden stark verdünnt
Kupfer (Cu)					●			Oberfläche nicht angeätzt
Silber (Ag)				●				
Gold (Au)			●	●				Kombination auch Königssäure genannt
ABS-Kunststoff							●	
						●	●	
					●		●	
					●	●	●	

Abb. 93: nach [12]

Wirtschaftlichkeit
Da für den Abtrag von Rost und anderen unerwünschten Belägen mit Hilfe des Beizverfahrens keine großen Personalkosten entstehen und eine Vielzahl von Bauteilen in einem Arbeitsgang bearbeitet werden können, gilt das Verfahren als wirtschaftlich. Für die Großserienproduktion sind Beizanlagen im Einsatz. Die Belastung der Umwelt durch die Entstehung chemischer Abfallprodukte ist jedoch ein Nachteil dieses Verfahrens. Je nach Anwendungsfall sollte deshalb auf Alternativverfahren zurückgegriffen werden.

Im Holzbereich stellt das Beizen eine kostengünstige Alternative zum Lackieren dar. Außerdem können farbige Holzoberflächen hergestellt werden, ohne dass die natürliche ***Maserung*** des Holzes verloren geht.

Alternativverfahren
Schleifen, Strahlen, chemisches Abtragen, Lackieren zur Färbung von Holz

TRE 3.5
Abtragen – Elektrochemisches Abtragen (ECM)

Verfahrensprinzip

Mit dem Ziel, einen elektrochemischen Materialabtrag zu bewirken, werden an das zu bearbeitende metallische Werkstück der positive Pol und an ein elektrisch leitendes Werkzeug der Negativpol einer Gleichspannungsquelle angelegt. Zwischen Anode (+ Pol) und Kathode (-Pol) befindet sich eine flüssige Elektrolytlösung, durch die ein elektrischer Stromfluss erzeugt wird. In Folge kommt es an beiden Elektroden zu elektrochemischen Reaktionen, die einen Materialabtrag am Werkstück hervorrufen. Innerhalb des geschlossenen Stromflusses werden Metallionen aus dem Werkstück gelöst und gehen in die Lösung über.

Anwendung, Materialien, Genauigkeit

Das Verfahren ist für eine Vielzahl metallischer und hochfester Werkstoffe (z. B. Stahl unterschiedlicher Legierungselemente, Nickellegierungen, Titanlegierungen, Kobaltlegierungen) anwendbar. Typische Anwendungsgebiete sind das Senken (z. B. Triebwerksbau), Bohren (z. B. Turbinenbau) und Entgraten (z. B. in der Fahrzeugindustrie). Zudem lassen sich Verunreinigungen wie Fette, Öle und Reste von Schleif- und Schmiermitteln elektrochemisch entfernen (*elektrochemisches Polieren*). Hochreine Bauteile werden gerade in der Luft- und Raumfahrt benötigt.

Bild: Beschichtete und unbeschichtete Musterplatten unterschiedlicher Oberflächentexturen.

Elektrochemisches Ätzen wird genutzt, um Oberflächenstrukturen und Texturen zu Dekorationszwecken in Bauteiloberflächen einzubringen. Die nicht zu bearbeitenden Flächen werden mit Masken oder festen bzw. pastösen Schichten aus Wachs oder Lacken abgedeckt. Produktbeispiele sind Metallschilder, Uhrengehäuse oder Schmuck. Strukturierte Formeinsätze werden beispielsweise für den Kunststoffspritzguss von Bauteilen mit dekorativen Oberflächen z. B. für den Automobilinnenraum verwendet.

Rautiefen von weniger als 1 µm lassen sich elektrochemisch erzielen. Meist liegt die Genauigkeit aber im einstelligen Mikrobereich.

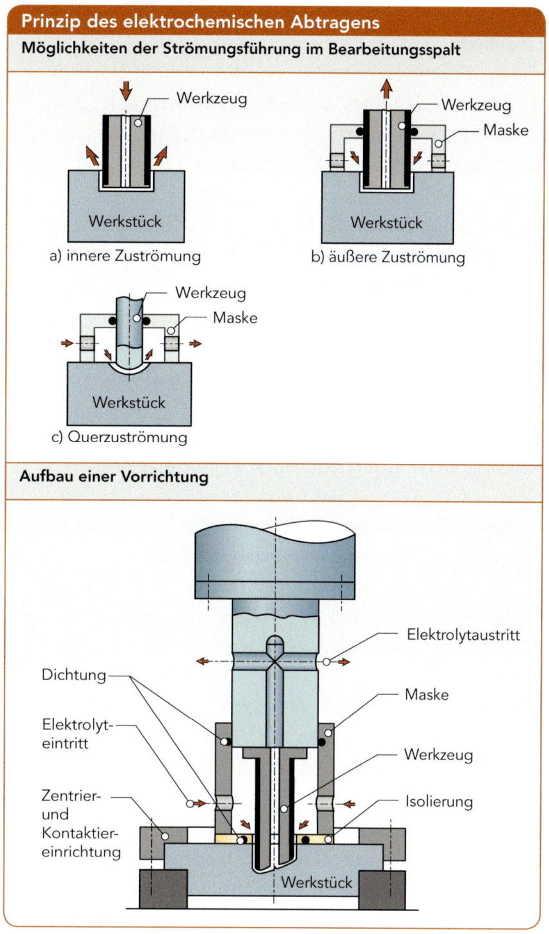

Abb. 94: nach [14]

Wirtschaftlichkeit

Die elektrochemischen Verfahren eignen sich insbesondere für die Serien- und Massenproduktion. Außerdem weist das Verfahren ein hohes Potenzial zum Entgraten von Bauteilen in der Großserie auf, da sich der Prozess schlecht auf konventionelle Weise automatisieren lässt.

Bild: Spritzgusswerkzeug mit genarbter Oberflächenoptik./ Hersteller: Froli

Alternativverfahren

Chemisches Abtragen, Laserabtragen und -strukturieren, Funkenerosives Abtragen, Polieren

TRE
Literatur

[1] **Awiszus, B.; Bast, J.; Dürr, H.; Matthes K.-J.**: Grundlagen der Fertigungstechnologie. München, Wien: Carl Hanser Verlag, 2003.

[2] **Beitz, W; Grote, K.-H.**: Dubbel - Taschenbuch für den Maschinenbau. Berlin, Heidelberg: Springer Verlag, 20. Auflage, 2001.

[3] **Bergmann, W.**: Werkstofftechnik 2. München, Wien: Carl Hanser Verlag, 3. Auflage, 2002.

[4] **Blume, F.**: Einführung in die Fertigungstechnik. Heidelberg: Hüthig Verlag, 9. Auflage, 1990.

[5] **Bonten, C.**: Kunststofftechnik für Designer. München, Wien: Carl Hanser Verlag, 2003.

[6] **Degner, W.; Lutze, H.; Erhard, S.**: Spanende Formung. München, Wien: Carl Hanser Verlag, 2002.

[7] **Dobler, H.-D.; Doll, W.; Fischer, U.; Günter, W.; Heinzler, M.; Ignatowitz, E.; Vetter, R.**: Fachkunde Metall. Haan-Gruiten: Verlag Europa-Lehrmittel, 54. Auflage, 2003.

[8] **Eckhard, M.; Ehrmann, W.; Hammerl, D.; Nestle, H.; Nutsch, T.; Nutsch, W.; Schulz, P.; Willgerodt, F.**: Fachkunde Holztechnik. Haan-Gruiten: Verlag Europa-Lehrmittel, 19. Auflage, 2003.

[9] **Förster, D.; Müller, W.**: Laser in der Metallverarbeitung. München, Wien: Fachbuchverlag Leipzig im Carl Hanser Verlag, 2001.

[10] **Fritz, A.H.; Schulze, G.**: Fertigungstechnik. Berlin, Heidelberg, New York: Springer-Verlag, 4. Auflage, 1998.

[11] **Hoischen, H.**: Technisches Zeichnen. Düsseldorf: Cornelsen Verlag Schwann-Girardet, 29. Auflage, 2003.

[12] **Müller, K.-P.**: Lehrbuch Oberflächentechnik. Braunschweig, Wiesbaden: Vieweg Verlag, 1996.

[13] **Klocke, F.; König, W.**: Fertigungsverfahren – Abtragen, Generieren und Lasermaterialbearbeitung. Berlin, Heidelberg, New York: Springer-Verlag, 4. Auflage, 2007.

[14] **König, W., Klocke, F.**: Fertigungsverfahren – Abtragen und Generieren. Berlin, Heidelberg, New York: Springer-Verlag, 3. Auflage, 1997.

[15] **König, W., Klocke, F.**: Fertigungsverfahren – Drehen, Fräsen, Bohren. Berlin, Heidelberg: Springer-Verlag, 7. Auflage, 2002.

[16] **König, W., Klocke, F.**: Fertigungsverfahren – Schleifen, Honen, Läppen. Berlin, Heidelberg: Springer-Verlag, 4. Auflage, 2005.

[17] **Koller, R.**: Konstruktionslehre für den Maschinenbau. Berlin, Heidelberg: Springer-Verlag, 3. Auflage, 1994.

[18] **Krause, W.**: Fertigung in der Feinwerk- und Mikrotechnik. München, Wien: Carl Hanser Verlag, 1995.

[19] **Oehler, G.; Kaiser, F.**: Schnitt-, Stanz- und Ziehwerkzeuge. Berlin, Heidelberg: Springer Verlag, 8. Auflage 2001.

[20] **Perovic, B.**: Fertigungstechnik. Berlin, Heidelberg: Springer-Verlag, 1990.

[21] **Peters, S.**: Scharfes Licht – Potenziale des Laserstrahlens für Produktdesigner und Architekten. Form 218, Basel: Birkhäuser Verlag, 1/2008.

[22] **Reichert, A.**: Fertigungstechnik 1. Hamburg: Verlag Handwerk und Technik, 14. Auflage, 2003.

[23] **Schönherr, H.**: Spanende Fertigung. München, Wien: Oldenbourg Verlag, 2002.

[24] **Tönshoff, H.K.; Denkena, B.**: Spanen. Berlin, Heidelberg: Springer-Verlag, 2. Auflage, 2004.

[25] **Welsch, N.; Liebmann, C. C.**: Farben. Heidelberg, Berlin: Spektrum Akademischer Verlag, 2003.

[26] **Westkämper, E.; Warnecke, H.-J.**: Einführung in die Fertigungstechnik. Stuttgart, Leipzig, Wiesbaden: Teubner Verlag, 6. Auflage, 2004.

[27] **Witt, G.**: Taschenbuch der Fertigungstechnik. München, Wien: Fachbuchverlag Leipzig im Carl Hanser Verlag, 2006.

[28] **Zabloklicki, A. K.**: Laserunterstütztes Drehen von dichtgesinterter Siliciumnitrid-Keramik. Dissertation der RWTH-Aachen. Aachen: Shaker Verlag, 1998.

Bild rechts: Feines Schneidwerkzeug mit Wechselklinge für Papier und dünne Folien.

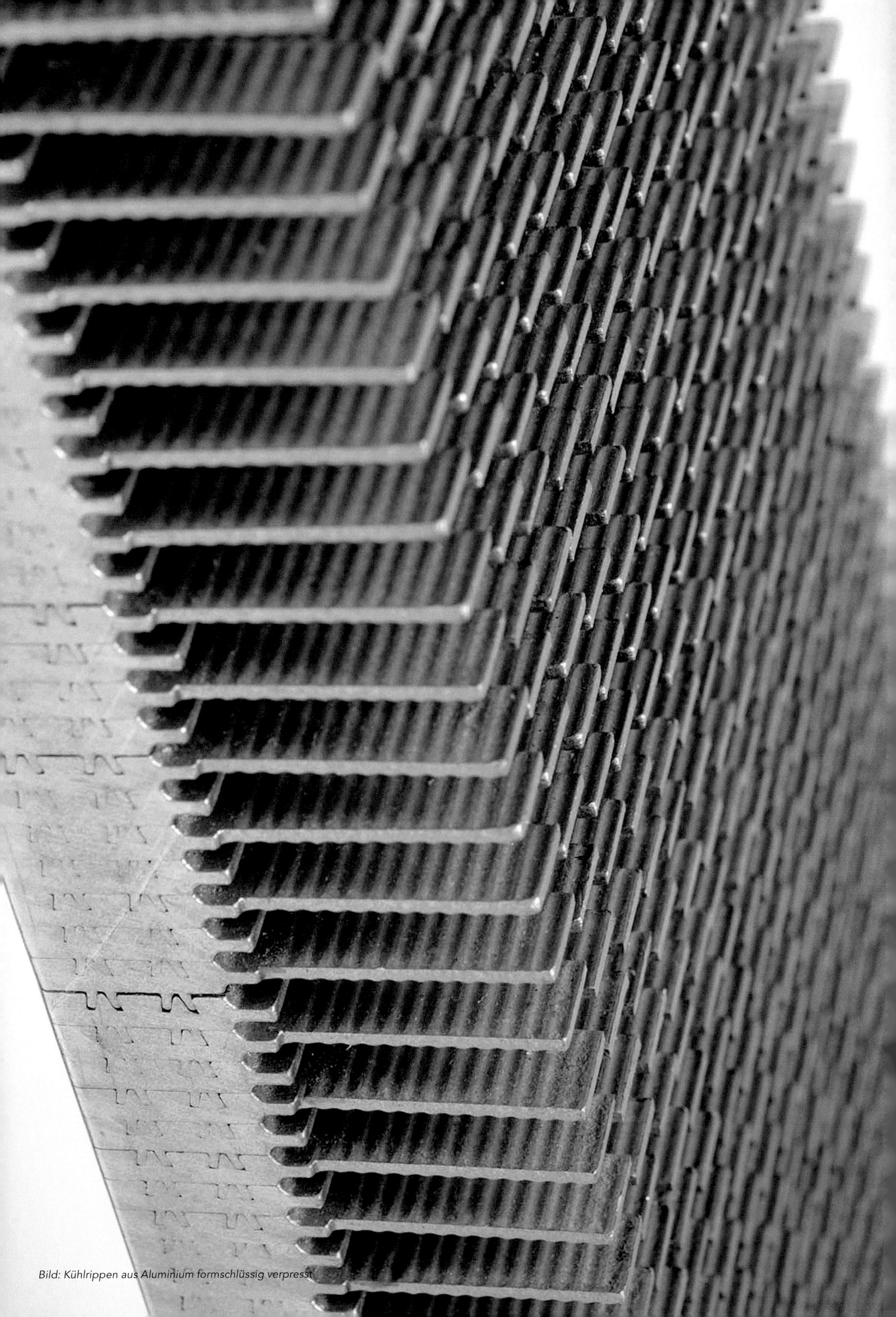

Bild: Kühlrippen aus Aluminium formschlüssig verpresst.

FUE
FÜGEN UND VERBINDEN

ankleben, annähen, bandschweißen, bekleben, bördeln, diffusionsschweißen, doppeldrahtschweißen, elektronenstrahlschweißen, engspaltschweißen, fugenlöten, gaspressschweißen, gasschmelzschweißen, häkeln, hartlöten, heften, hochtemperaturlöten, inertgasschweißen, kaltpressschweißen, kaschieren, kleben, klemmen, laminieren, laserschweißen, lichtbogenschweißen, löten, nachlinksschweißen, nachrechtsschweißen, nieten, plasmaschweißen, pressschweißen, punktschweißen, quernahtschweißen, reibschweißen, rollennahtschweißen, schmelzschweißen, schrauben, schutzgasschweißen, schweißen, spaltlöten, strahlschweißen, stricken, stumpfschweißen, tandemschweißen, tauchlöten, tiefschweißen, unterpulverschweißen, unterwasserschweißen, verbindungsschweißen, wärmeleitungsschweißen, weben, weichlöten, widerstandsbuckelschweißen, widerstandspressschweißen

Unter Fügen wird das Verbinden zweier oder mehrerer Bauteilkomponenten und Einzelteile verstanden. Unterschiedliche Wirkmechanismen können einen Zusammenhalt bewirken. Zur Beschreibung der Fügetechniken und -prinzipien hat sich folgende Einteilung bewährt:

- formschlüssiges Fügen
- kraftschlüssiges Fügen
- stoffschlüssiges Fügen

Formschlüssiges Fügen

Unter Verwendung von Verbindungselementen wie ***Nieten***, ***Bolzen***, ***Stiften*** oder ***Passfedern*** bzw. Passschrauben werden zwei Bauteile formschlüssig miteinander verbunden. Die Formkonturen greifen ineinander und ermöglichen die Kraftübertragung. Außerdem können formschlüssige Verbindungen durch Einbetten, Aus- bzw. Umgießen erreicht werden.

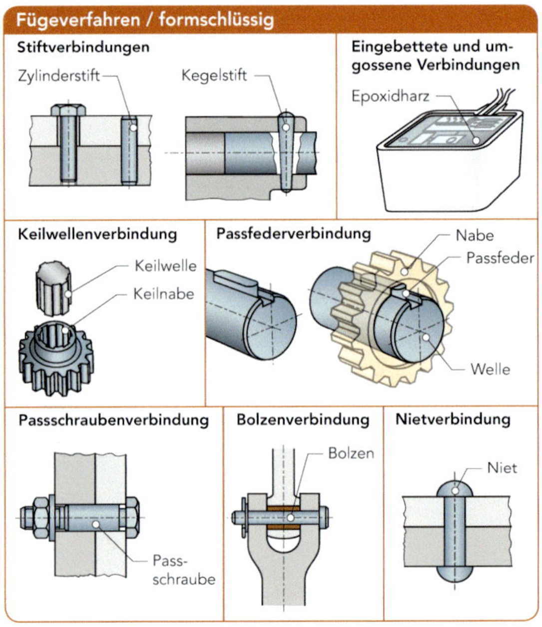

Abb. 1: nach [9, 13]

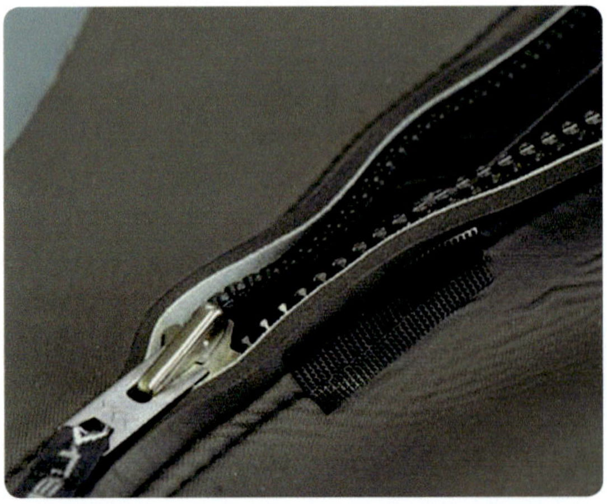

Bild: Der Reißverschluss ist eine formschlüssige Verbindung.

Bild: Schraube und Mutter verbinden die Schenkel der Rohrschelle formschlüssig. Die Rohrschelle verbindet sich in Richtung der Rohrmittelachse kraftschlüssig.

Kraftschlüssiges Fügen

Sehr anschaulich kann das Wirkprinzip von kraftschlüssigen Verbindungen am Beispiel der Schraubverbindung erläutert werden. In Folge des Zusammenpressens mehrerer Bauteilflächen entstehen Reibungskräfte, die den Zusammenhalt bewirken.

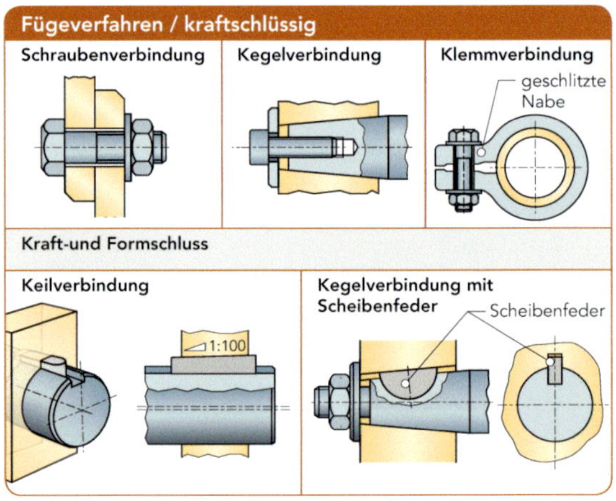

Abb. 2: nach [9]

Stoffschlüssiges Fügen

Schweiß-, Löt- und Klebeverbindungen sind stoffschlüssige Verbindungen und basieren auf der Entstehung von Kohäsions- und Adhäsionskräften.

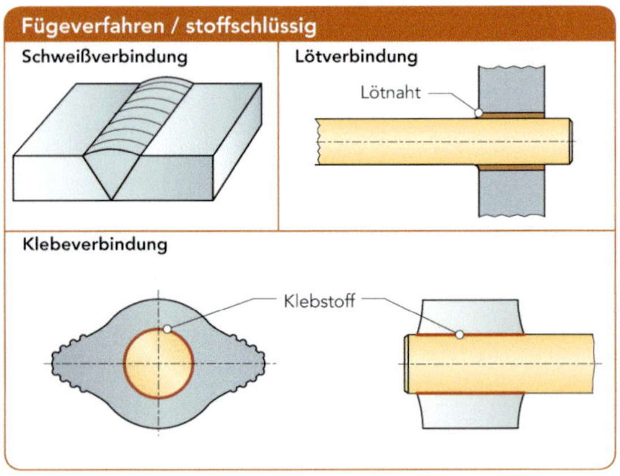

Abb. 3: nach [9]

FUE 1
An-/Einpress- und Schnappverbindungen

In der Gruppe der An-/Einpress- und Schnappverbindungen werden Möglichkeiten zusammengefasst, mit denen ein form- oder kraftschlüssiger Zusammenhalt zwischen zwei Bauteilen realisiert werden kann.

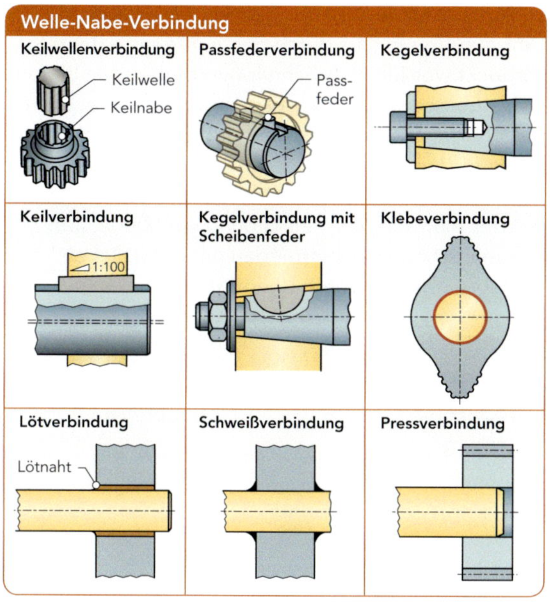

Abb. 4: nach [9]

Zu den wichtigsten und am häufigsten angewendeten Fügeprinzipien zählen Press-, Niet-, Schnapp- und Schraubverbindungen.

FUE 1.1
An-/Einpress- und Schnappverbindungen – Pressverbindungen

Fügeprinzip

Pressverbindungen entstehen durch Reib- und Presskräfte an den sich berührenden Flächen zweier Bauteile. Eine Möglichkeit des Zusammenschiebens der notwendigerweise sehr genau gefertigten Bauteilflächen besteht in der Nutzung hydraulischer Pressen, mit deren Hilfe die Bauteile ineinander geschoben werden. Um ein Festfressen oder Verhaken der Materialoberflächen zu vermeiden, werden diese vor dem Fügeprozess geölt.
Mit einer anderen Methode werden kleine Maßänderungen über eine Temperaturschwankung erzeugt. Dabei wird das Außenteil entweder erhitzt oder das Innenteil gekühlt. Der nach dem Fügen einsetzende Schrumpf- beziehungsweise Dehnprozess hat die Erzeugung der für die Verbindung notwendigen Presskräfte zur Folge. Zur Erwärmung dienen Ölbäder oder Brenner. Die Maßänderung durch Kühlen kann mit Trockeneis erzeugt werden. Zu beachten bleibt, dass temperaturempfindliche Teile z. B. aus Kunststoffen vor dem Erwärm- oder Kühlprozess entfernt werden sollten. Außerdem kann das langsame konstante Erhitzen eines großflächigen Bauteils unerwünschte Verzugserscheinungen verhindern.

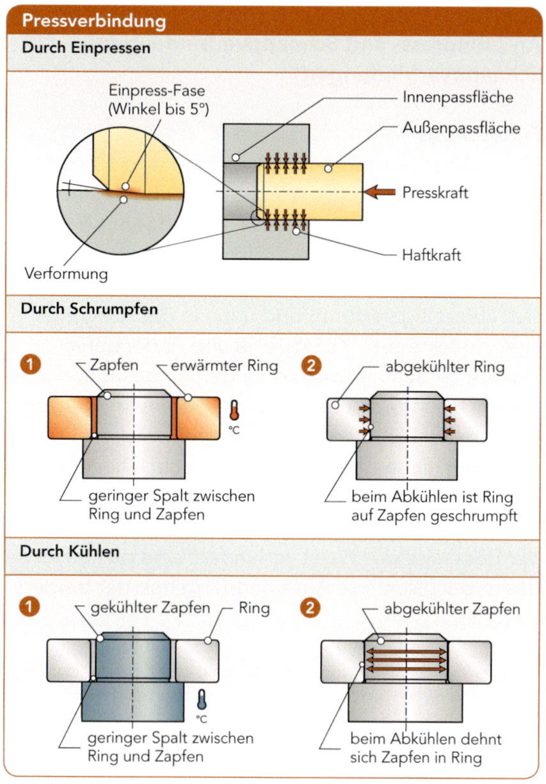

Abb. 5: nach [9]

Wirtschaftlichkeit

Pressverbindungen werden in der Industrie zur wirtschaftlichen Herstellung von Passungen zwischen Wellen und Lagern genutzt. Aber auch in Kleinserien und in der Einzelanfertigung von Bauteilen und Maschinenkomponenten wird die Pressverbindung angewendet. Eine Kombination mit Klebstoffen kann die Qualität der Fügestelle und die wirtschaftliche Effizienz des Verfahrens unterstützen (Endlich 1995).

Alternativverfahren

Schweißen, Löten, Kleben

Bild: Das Rillenkugellager wird in die Bohrung des Kunststoffrades eingepresst.

Sicherungsringe *verhindern das Verschieben von Bauteilen in Achsrichtung durch Aufnahme der Längskräfte. Es gibt sie sowohl für Wellen als auch für Bohrungen.*

Sie gibt es für Wellen (wie hier dargestellt) als auch für Bohrungen.

Bild: Verriegelung der Verdeckhülle beim Golf Cabriolet.
Funktion: Der Bolzen wird in die Karosserie eingeschraubt. Das Oberteil befindet sich verrastet mit dem Unterteil an der Persenning. Durch die Feder und die Federschenkel im Oberteil kann nun die Persenning durch leichtes Aufdrücken auf den Kugelbolzen verriegelt werden. Das Entriegeln erfolgt durch einfaches Abziehen./
Foto: Böllhoff Gruppe

FUE 1.2
An-/ Einpress- und Schnappverbindungen – Schnappverbindungen

Fügeprinzip

Eine Schnappverbindung bezeichnet eine formschlüssige Verbindung zwischen zwei Bauteilen unter Ausnutzung der Materialelastizität ohne zusätzliches Fügeelement. Während des Zusammensteckens muss eine Wulst überwunden werden, die sich kurzzeitig verformt und dann in die Ausgangslage zurückfedert. Kunststoffe und Federstähle werden für Schnappverbindungen eingesetzt, die sowohl lösbar als auch unlösbar ausgeführt werden können. Bei lösbaren Verbindungen weist die Wulst in beiden Richtungen eine Schräge auf. Diese ist bei nicht löslichen Schnappverbindungen lediglich in Richtung des ersten Fügevorgangs vorhanden. Auf der Rückseite der Wulst verhindert eine plane Fläche das unbeabsichtigte Auseinandergehen der beiden Bauteile.

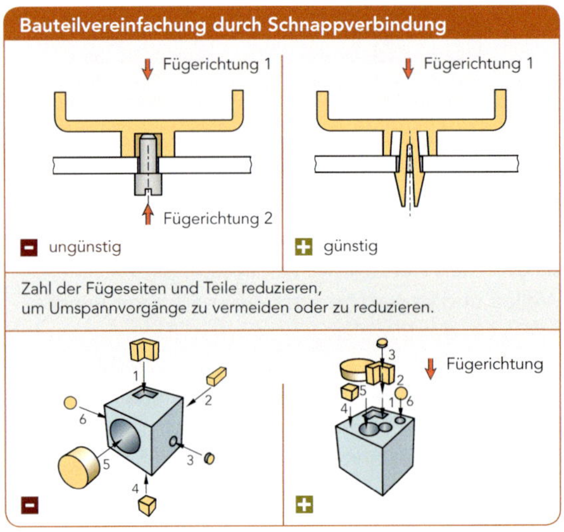

Abb. 6: nach [24]

Bild unten: Durch Schnappverbindungen kann bei Skistöcken die Stocklänge auf die individuelle Körpergröße eingestellt werden.

Verwendung und Wirtschaftlichkeit

Schnapphaken, die je nach Anwendung kugelig, als Biegefeder oder in zylindrischer Form konzipiert sein können, bieten vor allem im Kunststoffbereich den Vorteil, eine Reduzierung der Teileanzahl eines Bauteils oder einer Bauteilgruppe zu ermöglichen. Das leichte Befestigen und Lösen einer Schnappverbindung ohne Werkzeug ist oftmals notwendig, um kostengünstige Montageprozesse vor allem im Automobilbau zu ermöglichen. Eine Fügestelle kann darüber hinaus durch das zu fügende Bauteil verdeckt werden, was Schnappverbindungen besonders geeignet für Gehäusekonstruktionen bei Computern, Handys oder Küchengeräten macht. Weitere Anwendungsgebiete sind Verpackungsverschlüsse für Lebens- und Reinigungsmittel sowie Scharniere oder Blenden. Zur Befestigung von Zierleisten werden Schnappverbindungen mit zusätzlichen Befestigungselementen benötigt.

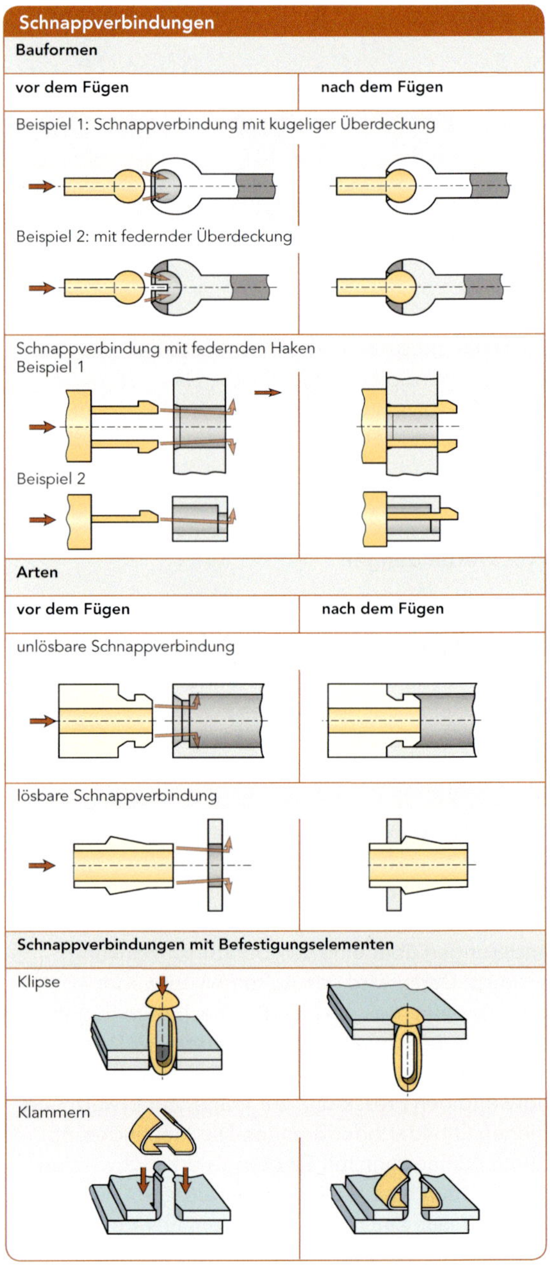

Abb. 7: nach [9]

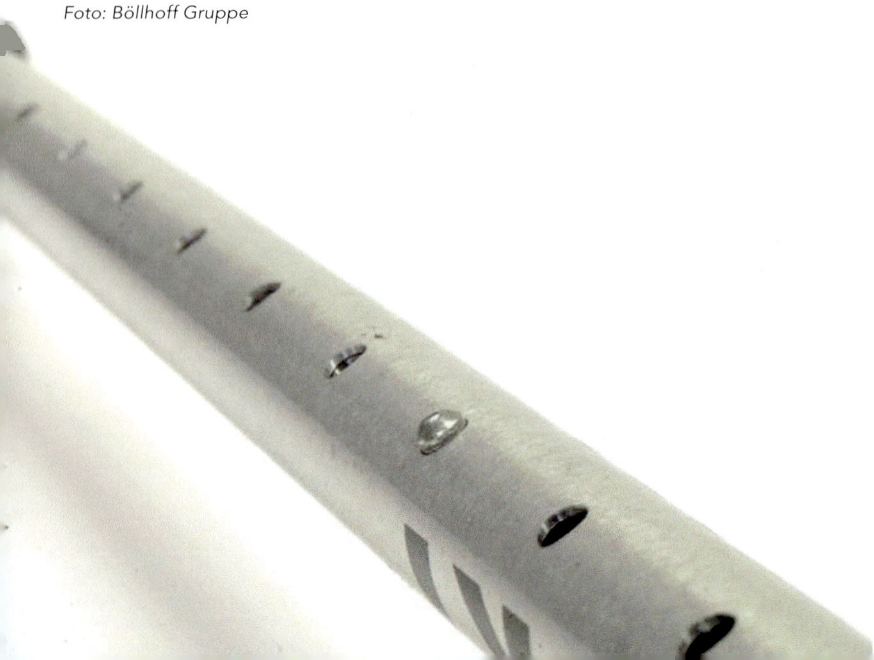

FUE 1.2.1

Schnappverbindungen – Gestaltungsregeln

Die Konstruktion eines Schnappelements muss das Einfedern des Fügeelements gewährleisten.

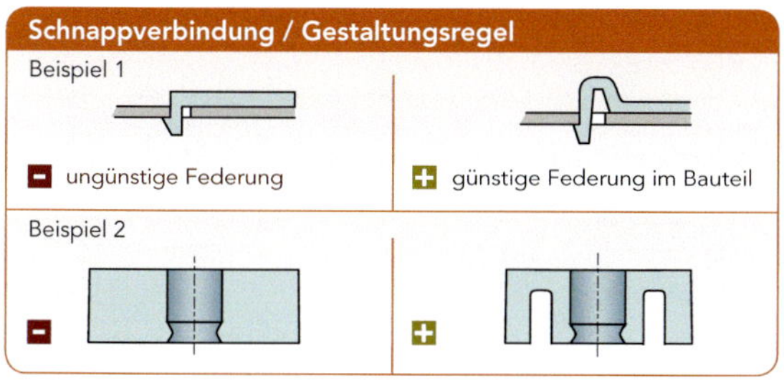

Abb. 8: nach [12]

Das Versagen einer Schnappverbindung kann durch eine Steigerung der Nachgiebigkeit auf Basis einer konstruktiven Optimierung verhindert werden. Ringförmige Schnapphaken sollten geschlitzt werden.

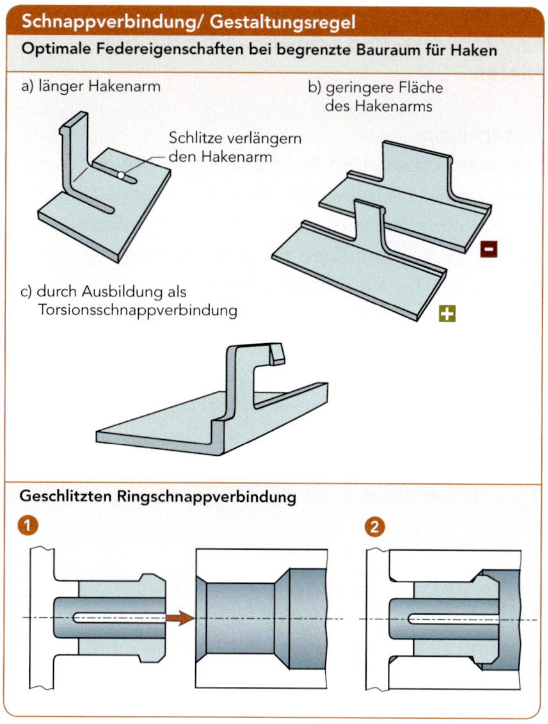

Abb. 10: nach [12]

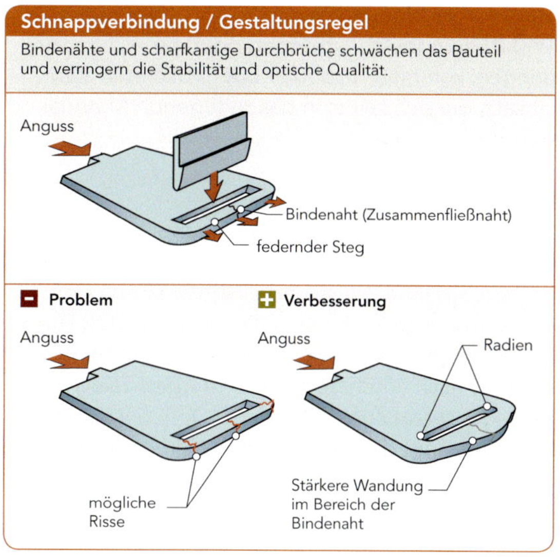

Abb. 9: nach [5]

Filmscharniere
sind flexible, dünnwandige Gelenkrillen zwischen zwei Funktionselementen aus einem Polymerwerkstoff. Auf Grund der speziellen Dehnbarkeit hat sich das Filmscharnier vor allem bei spritzgegossenen Bauteilen aus Polypropylen (PP) KUN 4.1.2 *bewährt. Das Funktionselement unterstützt den Montagevorgang, reduziert die Montagezeit und verringert die benötigte Anzahl von Bauteilen.*

Bild: Befestigungselement SNAPLOC® für eine schwingungs- und geräuschentkoppelnde Verbindung zwischen Bauteilen. Durch Integration der Komponenten im Bauteil ist eine kompaktes Design möglich. Das System ist einfach zu montieren./ Foto: Böllhoff Gruppe

Bilder: »CLIP & CLOSE« Frischhaltedose, Schnappverbindung mit Filmscharnier./ Foto: EMSA GmbH

Bild: Schnelles und prozesssicheres Fügen von Verbindungselementen mit licht-/ UV-härtenden Klebstoffe und den entsprechenden Verarbeitungssystemen das ist die ONSERT® Technologie. Günstig im Leichtbau anzuwenden./ Foto: Böllhoff Gruppe

FUE 1.3
An-/ Einpress- und Schnappverbindungen – Nieten

Fügeprinzip

Die nicht lösbare und formschlüssige Nietverbindung zweier Bauteile entsteht durch plastisches Verformen eines zylindrischen Befestigungselementes, dem so genannten ***Niet***. Für ihre Anfertigung ist grundsätzlich eine Bohrung sowie eine zumindest einseitige Zugänglichkeit der zu fügenden Stelle erforderlich. Unterschiedliche Nietverfahren werden je nach Form des Niets, der Zugänglichkeit der Verbindungsstelle und des zur Verfügung stehenden Nietwerkzeuges oder der Art des Umformprozesses unterschieden. Nieten mit einem Durchmesser von über 10 mm werden vor dem Fügeprozess erhitzt.

Hammernietverbindung

Ein mit einem Kopf versehener Metallbolzen (Niet), wird mit einem Nietenzieher durch die vorgebohrte Öffnung zweier überlappender Bauteile geführt und zusammengepresst. Die überstehende Seite wird abschließend mit einem Hammer zu einem Schließkopf geformt.

Stanznietverbindung

Sind Bohrungen nur schwierig oder gar nicht anzubringen, kommen Halbhohl- oder Vollnieten zum Einsatz, die sich selbst in das zu fügende Material stanzen.

Blindnietverbindung

Soll die Nietstelle nur einseitig zugänglich sein, kommen Blindnieten zur Anwendung. Diese Nietenform besteht aus einer Hülse und einem am Ende der Hülse über eine Sollbruchstelle angebrachten Dorn. Mit einem geeigneten Nietwerkzeug wird die Hülse am Kopf nach unten gedrückt und gleichzeitig eine entgegensetzte Zugkraft auf den Dorn ausgeübt. Diese verformt das Hülsenende zu einem Schließkopf, bis der Dorn an der Sollbruchstelle reißt.

Die RIVSET® Stanzniettechnik ist ein Verfahren zur mechanischen, hochfesten Verbindung von gleichen oder aber auch kombinierten Werkstoffen, welches problemlos mehrlagige Verbindungen ermöglicht. Hier als Beispiel eine Eckverstärkung für Transportbehälter aus Aluminium./ Foto: Böllhoff Gruppe

Durchsetzfügen

Mit einem Alternativprinzip FUE 3 werden zwei übereinander liegende Bleche oder Profile ohne den Einsatz von Nieten in einem Kaltumformvorgang durch einen Stempel unlösbar und formschlüssig miteinander verbunden. Das Durchsetzfügen eignet sich für Bleche bis zu einer Dicke von rund 5 mm.

Nietverbindungen

Nietverfahren (nach DIN 8593-5, außer *)

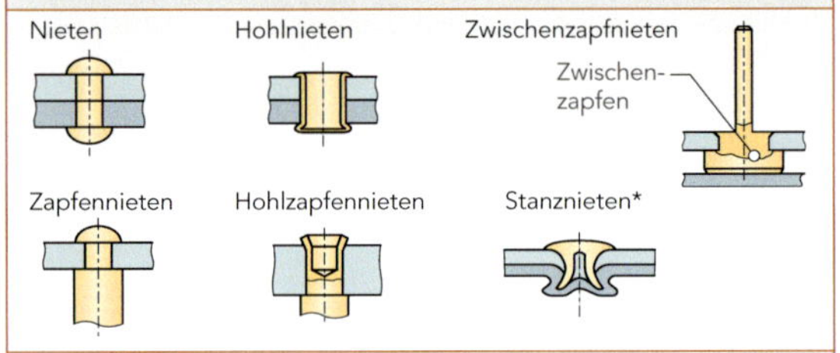

Nietformen

Bezeichnung	DIN	Verwendung
Halbrundniet	124	Stahlbau
	660	Metallbau, Fahrzeugbau
Senkniet	302	Stahlbau
	661	Metallbau, Fahrzeugbau
Linsenniet	662	Beschläge, Leisten, Trittflächen, gute Optik
Flachrundniet	674	Karosseriebau, Flugzeugbau, Beschläge, Verbinden von Feinblechen/ Kunststoffe/ Pappe
Flachsenkniet	675	Leder, Gewebe, Kunststoffriemen, Gurte
Halbhohlniet mit Flachrundkopf	6791	Verbinden empfindlicher Materialien
Halbhohlniet mit Senkkopf	6792	Verbinden empfindlicher Materialien
Hohlniet, zweiteilig	7331	Verbinden von Metallen mit Leder, Kunststoff, Hartpapier, Verbinden empfindlicher Materialien
Blindniet mit Sollbruchdorn	7337	Vernieten von Einzelelementen, Verwendung bei nicht zugänglicher Rückseite, Blechbau, Fahrzeugbau, Metallbau, Aluminiumkonstruktionen
Niet	7338	Kupplungs- und Bremsbeläge
Hohlniet einteilig	7339	Verbinden von Metallen empfindlicher Werkstoffen (Leder, Gummi, Keramik), E-Technik, Blechbau, hohe Bauteile
Rohrniet	7340	Verbinden von Metallen empfindlicher Werkstoffen (Leder, Gummi, Keramik), E-Technik, Blechbau, hohe Bauteile
Nietstift	7341	Verwendung bei großen Klemmlängen

Abb. 11: nach [2, 14, 26]

Materialien
Mit Nieten können Leicht- und Schwermetalle sowie Kunststoffe nicht lösbar miteinander verbunden werden. Für andere Materialien sind Nietverbindungen eher ungeeignet. Als Nietwerkstoffe dienen Stahl, Kupfer, Messing und Aluminiumlegierungen. Auch Kunststoff- und Titannieten werden in Ausnahmefällen verwendet.

Verwendung
Im Maschinen- und Stahlbau hat das Schweißen den Fügevorgang des Nietens fast vollständig ersetzt. Nieten kommen jedoch zur Erzeugung von Blechverbindungen im Fahr- und Flugzeugbau immer häufiger zur Anwendung, da keine nachteiligen Gefügeveränderungen und damit einhergehende Festigkeitsnachteile an den gefügten Stellen zu erwarten sind. Dies gilt vor allem für Leichtbauteile aus Aluminiumlegierungen, bei denen zudem die Vorteile einer einfachen Montage und Demontage von Nietverbindungen genutzt werden. Zum Bau eines Airbus sind beispielsweise rund 3,5 Millionen Nieten erforderlich (Dobler et al. 2003). Die Möglichkeit zur Verbindung unterschiedlicher Materialien durch Nietenverbindungen wird darüber hinaus vor allem dort genutzt, wo Materialpaarungen zwischen Stahl und Aluminium z. B. bei Rohrverbindungen das Schweißen verhindern. Das Fügen von Kunststoffen mit Weichnieten aus Kupfer, Messing und Aluminium ist üblich (Ehrenstein 2002). Außerdem können Nietverbindungen bei Gehäusen elektrischer Geräte und Möbeln ästhetische Qualitäten hervorheben oder Anzeichenfunktionen übernehmen (Matthes, Riedel 2003).

Wirtschaftlichkeit
Nietverbindungen verursachen auf Grund der nur bedingten Möglichkeit zur Automatierung des Fügevorgangs relativ hohe Kosten. Außerdem wird zur Herstellung optimaler Nietverbindungen ein großer Erfahrungsschatz benötigt. Sie sind daher für die Serienfertigung weniger geeignet als Schweiß- oder Klebverfahren. Für die Anfertigung von technischen Prototypen, Sonderanfertigungen und Unikaten ist das Nieten allerdings nach wie vor ein häufig verwendetes Fügeverfahren.

Bild: Stahlkonstruktion mit Nietverbindungen.

Alternativverfahren
Widerstandspunktschweißen, Laserschweißen, WIG-Schweißen, MIG-Schweißen, Kleben

FUE 1.3.1
Nieten – Gestaltungsregeln

Biegebelastungen von Nietverbindungen sollten vermieden werden.

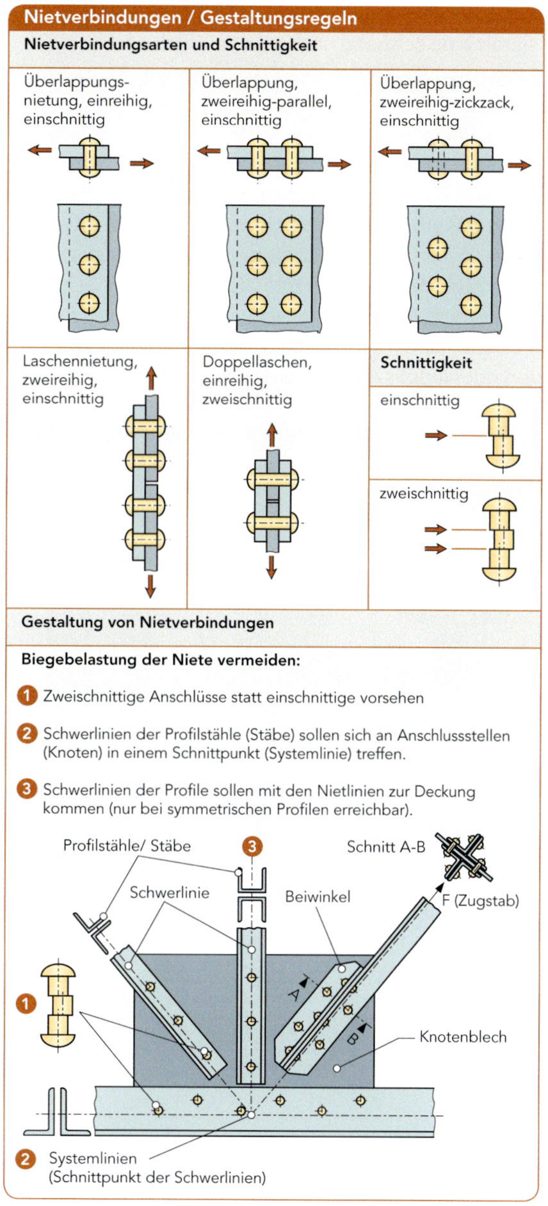

Abb. 12: nach [23, 26]

Der notwendige Einbauraum, vor allem bei Blindnieten, ist bei der Auslegung von Bauteilen zu berücksichtigen.

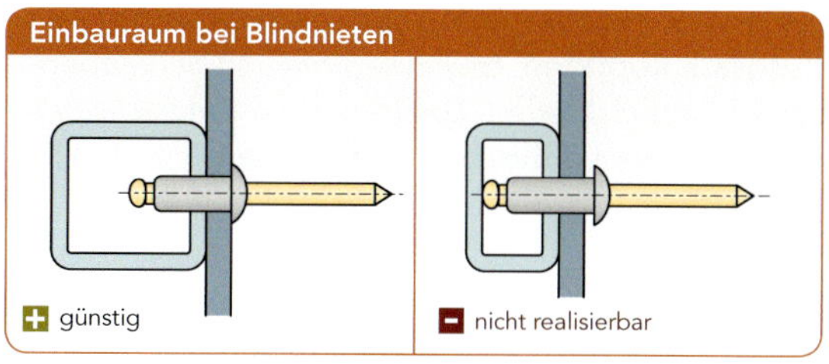

Abb. 13

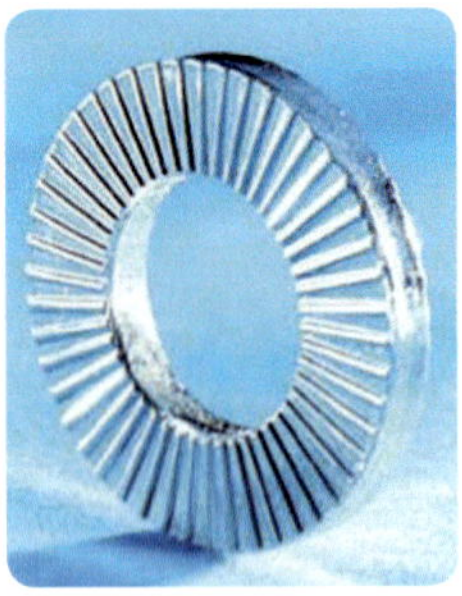

Bild: Die universelle Schraubensicherung RIPP LOCK®. Sie vereint Vorteile bisheriger Sicherungselemente und Scheiben. / Foto: Böllhoff Gruppe

Bild: Multifunktionsschraube FLEXIDRIVE® senkt die Montagekosten. Mit Standardwerkzeugen bei Wartungsarbeiten und Reparaturarbeiten. / Foto: Böllhoff Gruppe

Bild: Zylinderschraube mit Innensechskant.

FUE 1.4 An-/Einpress- und Schnappverbindungen – Schrauben

Durch ihre nahezu universelle Verwendbarkeit ist die Schraube das am häufigsten genutzte Befestigungs- und Fixierelement überhaupt. Schrauben gewährleisten eine schnelle und jederzeit lösbare Verbindung ohne Risiko der Beschädigung von Bauteilen.

Fügeprinzip

Eine Schraubverbindung resultiert aus Reibkräften, die beim Zusammenpressen der Bauteiloberflächen durch das Anziehen von Schraube und Schraubenmutter oder beim Einschrauben in ein vorgefertigtes Gewindeloch eines Werkstückes entstehen. Schrauben können auf Zug beansprucht werden, wodurch größere Haltekräfte als beispielsweise beim Verbinden mit Nägeln erzielt werden können.

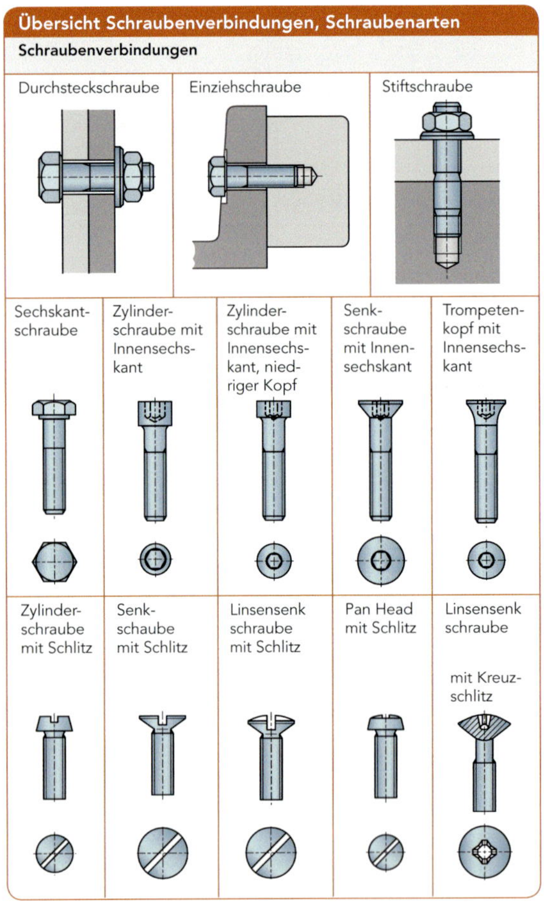

Abb. 14: nach [9]

Die einzelnen Schraubenarten werden nach Verwendungsart, Kopfform, Gewindeprofil und Schraubenantrieb unterschieden. ***Losdreh***- oder ***Setzsicherungen*** verhindern unbeabsichtigtes Lösen.

Schraubenarten

Holzschrauben	Eigenschaften	Verwendung
Allzweckschraube	gelb verzinkt, kunststoffbeschichtet	Verbinden von Holzplatten
Schnellbauschraube	oberflächengehärtet, phosphatiert	Befestigung von Gipskarton, Kunststoffen, Holz, Alu
Sechskant-Holzschraube	höheres Drehmoment	feste Holzverbindungen
Blechschrauben	**Eigenschaften**	**Verwendung**
Senkkopf-, Linsenkopf-, Sechskant-, Linsensenk-blechschraube	gehärtet	Blechverschraubungen, auch Kunststoffplatten
Bohrschraube	Bohrspitze für Grundloch	Verbindung dicker Bleche (10mm)
Schneidschraube	selbstschneidend, gehärtet	Verschraubungen ohne Gewinde
Gewindeschrauben	**Eigenschaften**	**Verwendung**
Maschinenschraube	lang, mit Sechskantkopf	Baukonstruktionen, Gestelle
Zylinderkopf-, Senkkopf-Schlitz-schraube	lang, beschichtet	leichte Holz- und Metallarbeiten
Gewindeschneid-schraube	3 verschiedene Gewindetiefen	Erstellen von Gewindebohrungen
Muttern	**Verwendung**	
Sechskantmutter	alle Verbindungen	
Hutmutter	Vermeidung von Gewindeendebeschädigung	
Flügelmutter	häufiges Lösen der Verbindung	
Stopmutter	festsitzende Verbindungen	
Rändelmutter	häufiges Lösen von Hand	
Ringmutter	Transportmöglichkeit	
Setz- und Losdrehsicherungen, Unterlegscheiben		

Abb. 15

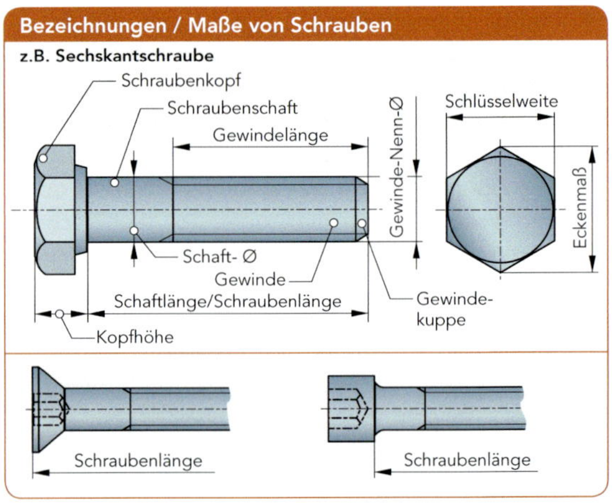

Abb. 16: nach [9]

Materialien

Für Innenräume werden unbehandelte Schrauben, für Außenbereiche zum Schutz vor Rost galvanisch BES 6.3 mit Zink oder Nickel beschichtete Schrauben verwendet. Rostfreie Schrauben aus Messing oder Maschinenbronze kommen im Sanitärbereich zur Anwendung. In chemisch belasteteten oder ständiger Feuchtigkeit ausgesetzten Bereichen werden Schrauben aus hochfesten Legierungen verwendet. Kunststoffschrauben kommen im Elektronikbereich zum Einsatz.

Schraubensicherungsmethoden	
Beispiele	**Art / Wirksamkeit**
Federring Spannscheibe	Verspannt-federnd/ Keine sehr wirksame Sicherung gegen ein Losdrehen unter wechselnden Querschiebungen. Wirksamkeit ist bei axial beanspruchten Schrauben der Festigkeitsklasse ≤6.9. begrenzt. Zur eingeschränkten Kompensierung von Setzbeträgen.
Scheibe mit Nase Kronenmutter	Formschlüssig/ Geeignet nur für zumeist axial beanspruchte Schrauben der Festigkeitsklasse ≤6.9. Bei höheren Festigkeitsklassen können die Formschlusses zerstört werden.
Sicherungsmutter Gewindestift in Schraube	Klemmend/ Nur dort zu empfehlen, wo ein Auseinanderfallen verhindert werden soll und bei querbelasteten Verbindungen hauptsächlich eine Restvorspannkraft zu erhalten ist.
Sperrzahnmutter und Sperrzahnschraube	Sperrend (verzahnt)/ Dort empfehlenswert, wo hoch vorgespannte Verbindungen vorwiegend quer zur Schraubenachse beansprucht werden. Eingeschränke Wirksamkeit bei gehärteten Oberflächen mit HRc > 35.
klebstoffbeschichtetes Gewinde oder	Klebend (form- und stoffschlüssig)/ Für gering- und hoch- vorgespannter, vorwiegend quer zur Schraubenachse beanspruchter Verbindungen, auch bei sehr harten Oberflächen. Besonders, wenn zeitgleiche Eindichtung verlangt wird. Verwendung ist bis zu einer Temperatur von +200°C begrenzt.
Doppelmutter	Kraftschlüssig / Für geringe Belastungen.
Sechskantmutter mit Splint	Formschlüssig / Wird nur dort empfohlen, wo eine Verliersicherung vorhanden sein soll.
Splintsicherung	Formschlüssig / Wird nur dort empfohlen, wo eine Verliersicherung vorhanden sein soll.

Abb. 17: nach [14, 21]

Verwendung

Schrauben werden je nach Ausführung zur Verbindung zweier oder mehrerer Bauteile auch unterschiedlicher Materialien eingesetzt, können aber auch zur Abstandsmessung oder Einhaltung und Veränderung gewisser Lagepositionen (***Stellschraube***) genutzt werden. Ähnlich der Nietverbindung finden aus ästhetischen Gründen vor allem auch beschichtete Schrauben im Möbel-, Interieur- und Produktbereich Verwendung.

Bild: Sicherungsmutter.

FUE 1.4.1
Schrauben – Gestaltungsregeln

Schrauben dürfen weder auf Biegung noch auf Abscherung beansprucht werden.

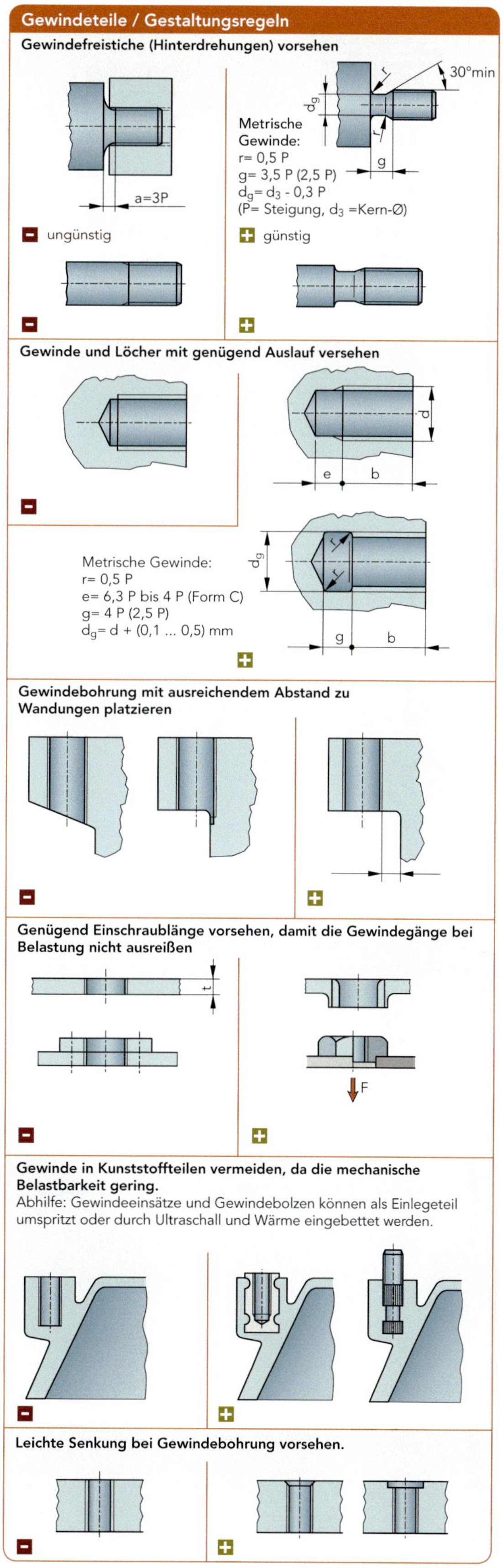

Abb. 18: nach [26]

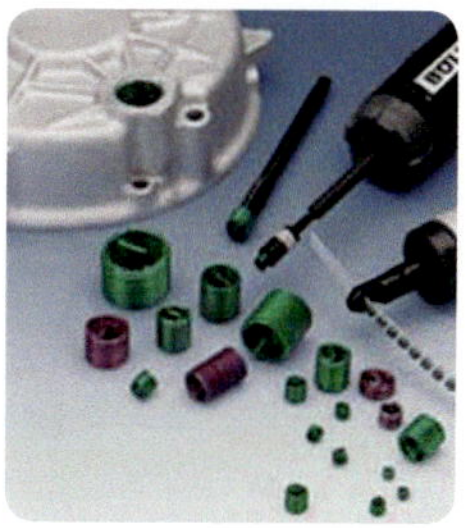

Für die Erzeugung von hochfesten Gewinden in Metallen geringer Scherfestigkeit bietet Böllhoff eine hervorragende Lösung zur Gewindeverstärkung: HELICOIL® plus und HELICOIL® Tangfree Gewindeeinsätze sorgen für hochfeste, verschleißfreie, thermisch belastbare Gewinde höchster Präzision.

Diese Gewindeeinsätze eignen sich auch für die Ausschussrückgewinnung und Reparatur von Innengewinden.

Die Gewindeeinsätze AMTEC® der Firma Böllhoff sind speziell für den Einbau nach dem Entformen – after-moulding – konzipiert. Das Ergebnis sind verschleißfreie, belastbare Gewinde in hochwertigen Kunststoffteilen.
Beim Einbau stehen folgende Methoden zur Verfügung: Warm-Einbetten, Ultraschall-Einschweißen, Expansionsverankern oder Selbstschneidend-Eindrehen./
Hersteller und Fotos: Böllhoff Gruppe

Für Schrauben und verspannte Teile möglichst Werkstoffe mit ähnlichem Ausdehnungskoeffizienten wählen.

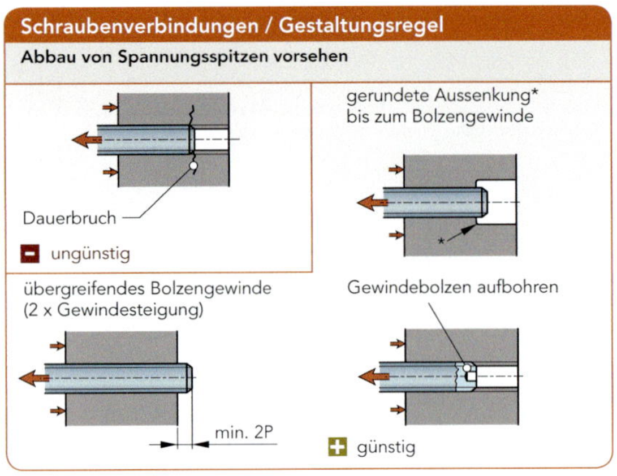

Abb. 19: nach [26]

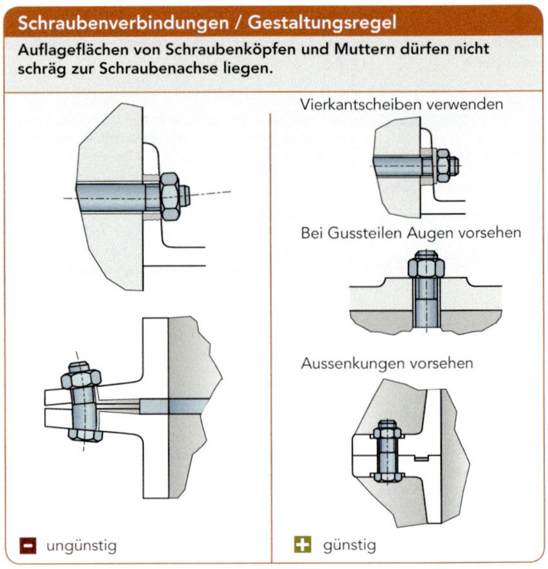

Abb. 20: nach [26]

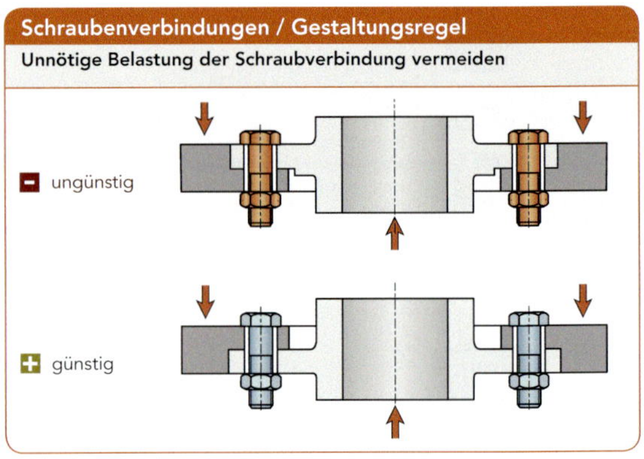

Abb. 21: nach [26]

Bild: Stablängsverbinder und Dominostablängsverbinder aus Titan für die Stabilisierungs- und Korrekturoperation in Brust und Lendenwirbelsäule./ Foto: Peter Brehm GmbH

Schraubenverbindungen / Gestaltungsregel

Für gute Abdichtung und Verhütung von Reibkorrosion günstige Schraubenabstände wählen:

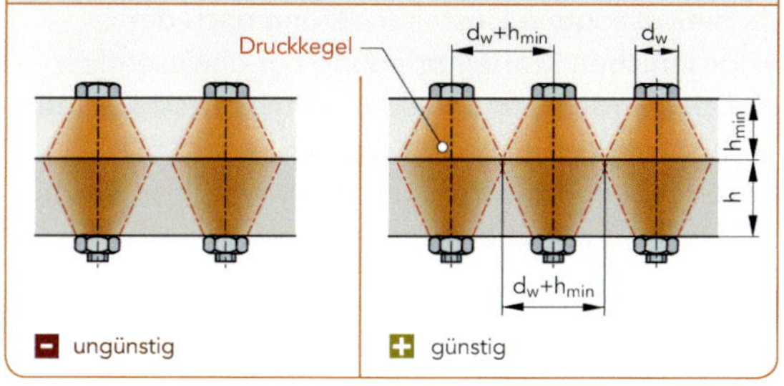

Abb. 22: nach [26]

Schraubenverbindungen / Gestaltungsregel

Günstige Kraftverhältnisse schaffen

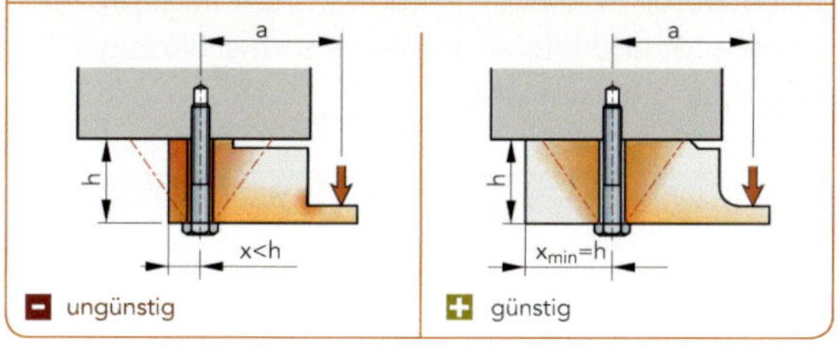

Abb. 23: nach [26]

Schraubenverbindungen / Gestaltungsregel

Kriechen von Kunststoffteilen unter Belastung vermeiden durch Verwenden von Stützhülsen oder Feder- und Spannscheiben.

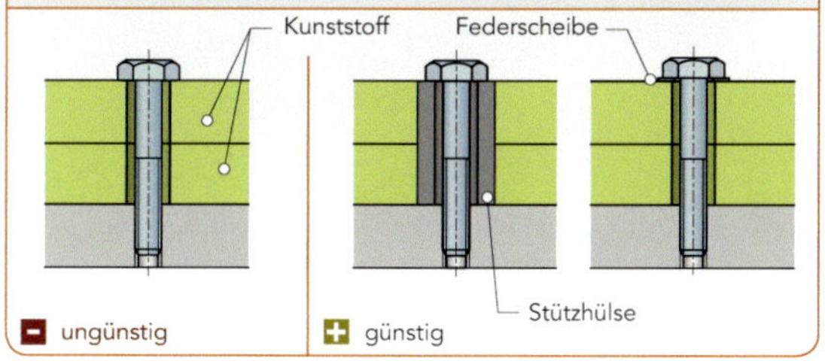

Abb. 24: nach [26]

Schraubenverbindungen / Gestaltungsregel

Kontaktkorrosion bei unterschiedlichen, metallischen Bauteilen vermeiden.

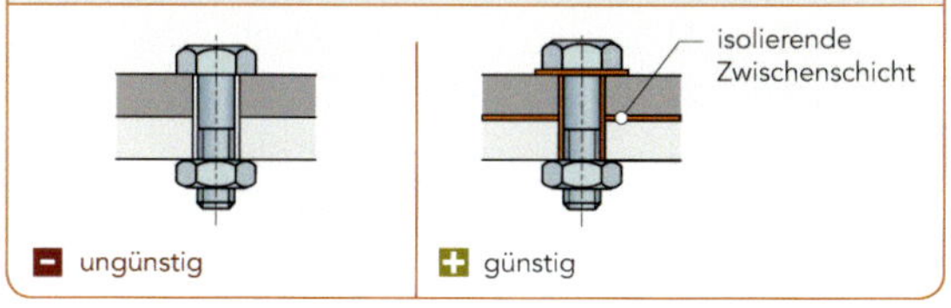

Abb. 25: nach [26]

FUE 2
Fügen durch Einbetten und Ausgießen

Fügeprinzip

Unter Einbetten, Um- bzw. Ausgießen versteht man formschlüssiges Verbinden zweier Bauteile, wenn ein Teil das Ergänzungsstück des anderen Bauteils darstellt oder mehrere Einzelteile durch ein dazwischen liegendes Material verbunden werden. Bauteile können zudem in ihrer Lageposition fixiert und gegenüber der äußeren Umgebung abgedichtet werden.

Beispiele eingebetteter und umgossener Fügeverbindungen

Elektronik-Bauteil mit Epoxidharz ausgegossen	Stahlbeton

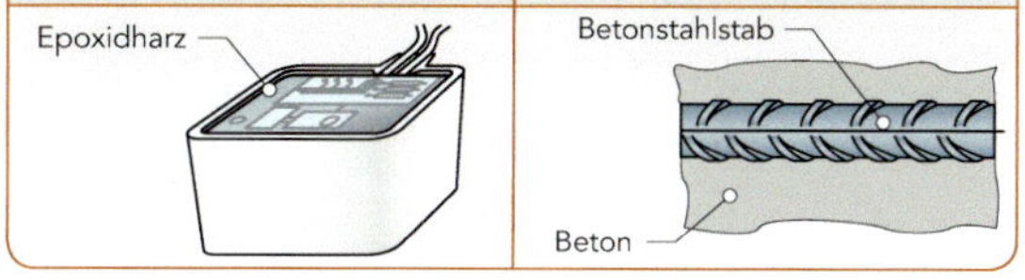

Abb. 26: nach [13]

Materialien

Das Fügen durch Einbetten und Ausgießen kann bei allen Materialverbindungen zur Anwendung kommen, bei denen ein Material bei niedrigen Temperaturen vergossen werden kann und das eingebettete oder umgossene Bauteil nicht durch thermische oder chemische Beanspruchungen angegriffen wird. Zum Vergießen eignen sich beispielsweise Gießharze auf Epoxid- oder Polyurethanbasis KUN 4.2.2, KUN 4.2.5, Silikonkautschuk KUN 4.3 oder Polyurethanschäume KUN 4.2.5, KUN 4.4. Im Baugewerbe und Möbelbereich ist an Beton bzw. Zement als gießbares Material zu denken MIN 4.8.

Anwendung

Insbesondere im Elektronikbereich kommt das Verfahren häufig zum Einsatz. Außerdem kann das Eingießen von Funktionsteilen in der Möbelindustrie MIN 4.8 ebenso diesem Fügeprinzip zugeordnet werden, wie das Mehrkomponentenspritzgießen FOR 1.2 unterschiedlicher Kunststoffe.

Wirtschaftlichkeit

Das Verfahren bietet eine günstige Möglichkeit, vor allem solche Bauteile miteinander zu verbinden, die gegen die Umgebung abgedichtet werden müssen (z. B. elektrische Leitungen und elektronische Komponenten im Elektronikbereich).

Alternativverfahren

Kleben, An-/Einpress- und Schnappverbindungen

Clinchen/ Durchsetzfügen
ist ein Fügeverfahren FUE 1.3*, bei dem Bleche oder Profile durch Kaltumformung des Materials form- und kraftschlüssig miteinander verbunden werden. Es können sowohl zweilagige als auch mehrlagige Verbindungen erzeugt werden, ohne eine Beschädigung bei beschichteten oder lackierten Blechen hervorzurufen. Mit Hilfe einer Stempel-Matrizenkombination entsteht eine druckknopfähnliche, hochfeste Verbindung.*

FUE 3
Fügen durch Umformen

Neben den beschriebenen Verfahren bietet das gezielte Umformen von Blech-, Rohr- und Profilteilen sowie von drahtförmigen Körpern zu form- oder kraftschlüssigen Verbindungen eine einfache Alternative, einen Zusammenhalt zwischen zwei Bauteilen herzustellen. Dabei können Kleb- und Dichtstoffe die Festigkeit von Umformverbindungen unterstützen. Nachfolgende Abbildungen sollen einen Überblick über die bestehenden Möglichkeiten geben. Besonders bekannte Prinzipien sind ***Bördeln*** und ***Falzen***.

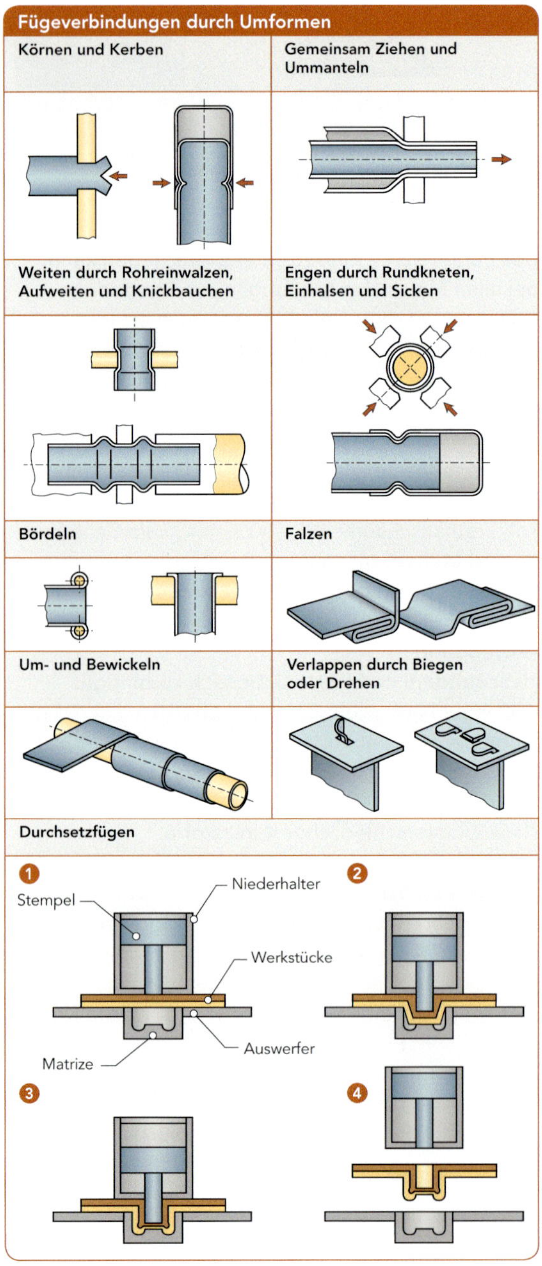

Abb. 27: nach [13]

Materialien und Anwendung

Fügen durch Umformen kommt in der Regel bei Metallen und deren Legierungen zur Anwendung, da die vollzogene Gestaltänderung nach der erforderlichen Krafteinbringung nur unwesentlich zurückgebildet wird und somit eine kraftschlüssige Verbindung gewährleistet werden kann. Besonders gefalzte Verbindungen sind uns bekannt bei Deckeln von Lebensmitteldosen.

Ein innovatives Beispiel für einen Montage- bzw. Fügeprozess durch Umformung ist das linienförmige Verbingungsverfahren Davex® (Matthes, Riedel 2003). Spezialprofile können mit dem jungen Verfahren kostengünstig und beanspruchungsgerecht hergestellt werden. In mehreren hintereinander geschalteten Prozessschritten wird der Fügeprozess vorbereitet und letztendlich eine formschlüssige Verbindung hergestellt.

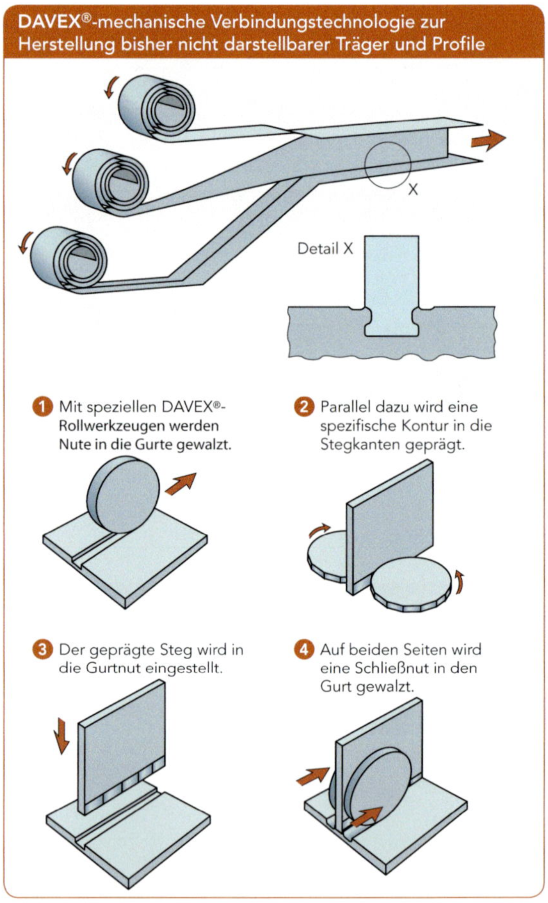

Abb. 28: nach [Montanstahl GmbH - DAVEX]

Wirtschaftlichkeit

Sind Festigkeitswerte einzuhalten, bietet das Fügen durch Umformprozesse eine wirtschaftlich günstige Möglichkeit zur Verbindung zweier Bauteile, da keine nachteiligen Gefügeveränderungen durch thermische Beanspruchungen oder Bohrungen in Kauf genommen werden müssen.

Alternativverfahren

Kleben, Schweißen, Löten

FUE 4
Kleben

Laut DIN wird ein Klebstoff als »nicht metallischer Stoff verstanden, der Werkstoffe durch Oberflächenhaftung (***Adhäsion***) so verbindet, dass die Bindung eine ausreichende innere Festigkeit (***Kohäsion***) besitzt.« Die Art des Klebstoffs und die Qualität der Haftung zwischen Klebstoff und Bauteil sind folglich für die Ausprägung fester und beständiger Klebeverbindungen von entscheidender Bedeutung. Der Klebstoff muss zum einen eine hohe innere Festigkeit aufweisen, was meist erst nach der vollständigen Aushärtung gewährleistet ist, und zum anderen eine gute Benetzung der Klebeflächen herbeiführen.

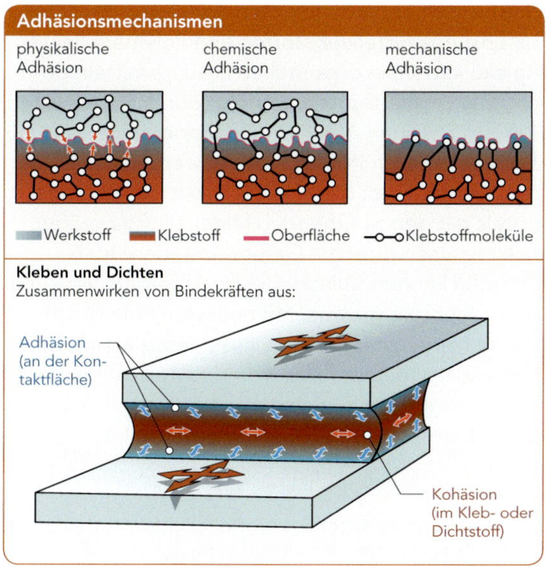

Abb. 29

Drei Mechanismen werden unterschieden, auf deren Wirkprinzipien die Haftung zwischen Klebstoff und Bauteiloberfläche beruht. Die Ausbildung intermolekularer Bindungskräfte bezeichnet man als ***physikalische Adhäsion***. Hierunter sind beispielsweise Wasserstoffbrücken zu verstehen, die sich zwischen Sauerstoff- und Wasserstoffatomen ausbilden. Hinzu kommen Adhäsionskräfte zwischen benachbarten und dicht nebeneinander liegenden Molekülen. Unter ***chemischer Adhäsion*** versteht man den Anteil des Zusammenhalts, der auf chemische Bindungen zwischen Klebstoff und Bauteiloberfläche zurückzuführen ist. Bilden sich mechanische Verankerungen zwischen der Klebmasse und der Flächenrauheit aus, wird von ***mechanischer Adhäsion*** gesprochen. Dieser Anteil kann durch eine geeignete Vorbehandlung der Bauteiloberflächen (Säubern und Aufrauen) vor dem Auftragen des Klebstoffes erhöht werden.

Im Vergleich zu den Adhäsionskräften wird die Festigkeit und somit Funktionsfähigkeit einer Klebeverbindung zu einem erheblich höheren Anteil durch Kohäsionskräfte bewirkt, die sich im Innern des Klebstoffes ausbilden. Je nach Abbindmechanismus lassen sich Klebstoffe in zwei Hauptgruppen unterteilen (Maciej 2003):

Chemisch reagierende Klebstoffe
- Polyadditionsklebstoffe
- Polymerisationsklebstoffe
- Polykondensationsklebstoffe

Physikalisch abbindende Klebesubstanzen
- Lösungsmittel- und Dispersionsklebstoffe
- Schmelzklebstoffe
- Haftklebstoffe
- Kontaktklebstoffe

Chemisch reagierende Klebstoffe erzeugen die Haftung auf Grund einer chemischen Reaktion (***Reaktionsklebstoffe***), in der sich Monomere zu Polymeren *KUN 1.1* verbinden. Bei ***Zweikomponenten-Klebern*** setzt die Reaktion durch Vermischen der beiden getrennt voneinander gelagerten Substanzen ein. Einzelmoleküle vernetzen sich zu einer hochfesten Klebeverbindung. Der Abbindevorgang von chemisch reagierenden ***Einkomponenten-Klebstoffen*** wird durch Umweltfaktoren wie das Auftreffen von Licht, das Eindringen von Sauerstoff oder Feuchtigkeit eingeleitet.

Physikalisch abbindende Klebstoffe erhalten ihre Festigkeit durch das Entschwinden des flüssigen Anteils innerhalb eines Trocknungsprozesses. Die als Polymere schon in der Ausgangssubstanz vorhandenen langen Molekülketten und auch verzweigten Netzstrukturen verhaken miteinander zu einer zähen Masse. Es handelt sich ausnahmslos um Einkomponentensysteme.

Für beide Hauptgruppen gilt die Beachtung der sich über die Aushärtezeit verändernden Festigkeitswerte. Während des Abbindevorgangs nimmt die Festigkeit zunächst schnell dann immer langsamer zu. Der Höchstwert wird erst nach einigen Stunden oder Tagen erreicht, nimmt dann allerdings in Folge von Umwelteinflüssen (***Alterung***) mit der Zeit wieder ab.

FUE 4.1
Klebstoffarten

Im Folgenden wird ein kurzer Überblick über die derzeit wichtigsten verwendeten Klebstoffe gegeben. Weitergehende Detailinformationen sind der Fachliteratur zu entnehmen: Endlich 1995, Endlich 1998, Habenicht 2002, Habenicht 2003, Quarks 2000, Michaeli 1999, Modulor 2003.

Bild: Schubladen eines Holzschrankes, geleimte Eckverbindung mit Zinken.

Toluol
Der Zusatz Toluol ist in einer Vielzahl von Klebstoffen als Lösungsmitteln enthalten. Da Toluoldämpfe, die bereits bei Zimmertemperatur entstehen, im Verdacht stehen Nerven-, Nieren- und Leberschäden hervorzurufen, wurde Mitte 2007 die Abgabe toluolhaltiger Klebstoffe (>0,1 % Toluol) an private Endverbraucher verboten.

Reaktionsklebstoffe
Polyadditionsklebstoffe bestehen aus Kunststoffkomponenten auf Epoxid- oder Polyurethanbasis. Es sind Ein- oder Zweikomponentengemischen, die sich in einer Polyaddition *KUN 1.1* zu Duroplasten *KUN 4.2* oder Elastomeren *KUN 4.3* ausbilden. Klebstoffe dieser Kategorie haben eine sehr hohe Festigkeit und sind besonders geeignet für das Verkleben von Keramiken wie Porzellan, Metallen und Holz-Aluminium-Verbindungen. Außerdem können einzelne Kunststoffsorten mit Polyadditionsklebstoffen verarbeitet werden. Um die optimale Festigkeit innerhalb der Klebeverbindung aus Zweikomponentengemischen zu erhalten, sollte das auf der Verpackung angegebene Mischungsverhältnis zwischen Härter und Binder eingehalten werden. Die Abbindezeit kann durch Einbringen von Wärme reduziert werden.

Beispiel:
- Zweikomponenten-Epoxidharzkleber

Acrylat- und Cyanacrylatklebstoffe gehören zur Gruppe der Polymerisationsklebstoffe, die durch chemische Reaktion (Polymerisation *KUN 1.1*) zu Duroplasten oder Thermoplasten *KUN 4.1* aushärten. Bei Cyanacrylatklebern wird die Bindung durch die in der Luft enthaltene Feuchtigkeit bewirkt und dauert nur wenige Sekunden. Sie sind daher im Volksmund als ***Sekundenkleber*** bekannt und können bei fast allen Materialien hochfeste und extrem dünne Klebeverbindungen ausbilden. Der Anwendungsbereich von Sekundenklebern ist jedoch meist auf sehr kleine Bauteile beschränkt. Cyanacrylatkleber sind nur bedingt feuchtigkeits- und temperaturstabil. Acrylatklebstoffe können in Form von Ein- oder Zweikomponentensystemen vorliegen. Einkomponentenacrylatkleber härten unter Lichteinfluss aus, Zweikomponentenacrylkleber nutzen einen Binder. Die Erscheinung der ausgehärteten glasklaren Klebeverbindung ähnelt sehr der von Plexiglas *KUN 4.1.7*, wodurch Acrylatkleber vor allem bei Glas-/Glas- und Glas-/Metallverbindungen eingesetzt werden.

Beispiele:
- Cyanacrylatkleber (alle möglichen Sekundenkleber)
- Einkomponentenacrylatkleber (Acrifix® 192)
- Zweikomponentenacrylatkleber (UHU® plus acrylat, Pattex® Kraft mix)
- Glaskleber (Loctite® Glaskleber, Praktikus® Glas- und Porzellankleber, Pattex® Blitz Glas, UV Glaskleber Bison®)

Im Vergleich zu Polyadditions- und Polymerisationsklebstoffen haben ***Polykondensationsklebstoffe***, zu denen ***Phenolharzkleber*** und ***Silikone*** gehören, nur geringe Bedeutung. Da sich während des Aushärteprozesses von Phenolharz Wassermoleküle abspalten, muss dieser bei Temperaturen zwischen 100 °C und 200 °C erfolgen, was den Klebstoff für den Modellbau und im Heimbereich ungeeignet werden lässt. Die witterungsbeständigen Silikone *KUN* werden als Dichtmassen eingesetzt und härten unter Einfluss von Luftfeuchte aus.

Beispiel:
- Silikone

Physikalisch abbindende Klebstoffe
Bei ***Lösungsmittelklebstoffen*** sind Polymere (lange Molekülketten) in organischen Lösungsmitteln gelöst. Der Aushärteprozess erfolgt durch Entschwinden des flüssigen Anteils in die Umgebung, was durch Wärmezufuhr beschleunigt werden kann. Vor dem Gebrauch ist die Verträglichkeit des Lösungsmittels mit den zu fügenden Materialien zu prüfen, da sonst unerwünschte Gefügeveränderungen eintreten können. Alleskleber sind typische Vertreter dieser Klebstoffgruppe. Mit neuesten Entwicklungen soll der Lösungsmitteleinsatz reduziert werden. Eine andere Klebstoffklasse sind reine Lösungsmittel, bei denen die Fügeverbindung durch Anlösen in einem thermoelastischen Kunststoff erfolgt.

Beispiele:
- reine Lösungsmittelklebstoffe (Dichlormethan)
- Kleblacke (tesa®-, Pritt®-Alleskleber, Ruderer® L 530)
- Plastikkleber (UHU® plast, Köroplast® SF, Forex® PVC-Klebstoff)

Dispersionsklebstoffe verwenden Wasser als Flüssigphase, in der die festen Komponenten als Dispersion verteilt sind. Wie bei Lösungsmittelklebstoffen erfolgt die Abbindung durch Verdunsten des wässrigen Anteils. Dispersionsklebstoffe wie Holzleim, Styroporkleber oder Klebestifte werden zum Fügen von Materialien verwendet, die eine poröse und saugfähige Struktur aufweisen Holz, Pappe, Papier, Stoff). Sie werden heute auch als Ersatz für Lösungsmittelklebstoffe benutzt.
Auch ***Kleister*** gehören zu den Dispersionsklebstoffen, da die auf tierischen oder pflanzlichen Grundstoffen basierenden Klebstoffe (meist auf Stärkebasis) Wasser als Quell- und Lösungsmittel aufweisen. Hochviskose Klebesubstanzen bilden eine nicht fadenziehende Masse und werden zum Verkleben von Papier verwendet.

Beispiele:
- Holzkleber (Ponal®, Wicoll®, Bindulin® Holzkleber, UHU® coll)
- Styroporkleber (decotric® Styroporkleber, UHU® por)
- Klebestifte (Pritt® Klebestift, tesa® Klebstift)
- Kleister (Tapetenkleister, Stärkekleister)

Schmelzklebstoffe (auch bekannt als ***Heißkleber***) sind frei von Lösungsmitteln und gehören zur Gruppe der Thermoplaste *KUN 4.1*. Sie werden durch Wärmezufuhr verflüssigt und dann auf die zu fügenden Bauteilflächen aufgebracht. Die Klebstoffe erstarren umgehend nach Auftrag bei Raumtemperatur und ermöglichen somit sehr kurze Abbindzeiten. Schmelzklebstoffe werden zum Verkleben von Pappe und Holz mit Kunststoffen oder Metallen in der Verpackungs-, Holz- und Möbelindustrie eingesetzt. Auch in der Textilverarbeitung und Schuhindustrie kommen sie zum Einsatz.

Beispiel:
- Heißkleber (Heißklebesticks, Pattex® Patronen)

Kontaktklebstoffe bestehen aus verschiedenen Kautschuksorten, die in einem Lösungsmittel oder einer Dispersion gelöst sind. Sie werden auf die zu verklebenden Oberflächen aufgetragen und trocknen dort an. Die Aushärtung erfolgt durch Zusammenpressen, wobei die Klebung durch Hineindiffundieren der Polymere in die jeweils andere Werkstoffoberfläche erfolgt. Kontaktklebstoffe bleiben nach Aushärten elastisch. Sie sind daher für flexible Materialien wie Leder oder Gummi besonders geeignet.

Beispiele:
- Kontaktklebstoffe (Pattex® Kraftkleber, Pattex® Kontakt, Kövulfix®, UHU® Alleskleber Kraft, selbstklebende Briefumschläge)
- Gummiklebstoffe (Flicken für Fahrradschläuche, Vulkanisierlösung)

Haftklebstoffe sind hochviskose Polymere, die die Eigenschaften einer Flüssigkeit nach dem Aushärten nicht völlig verlieren und sich daher den zu fügenden Bauteiloberflächen anpassen. Sie eignen sich zum ein- oder beidseitigen Auftrag auf ein Trägermaterial (Kunststofffilm, Gewebeband) und bleiben dauerhaft klebrig. Je nach Anwendungsfall kommen sie für unterschiedliche Klebmischungen in Frage, um die Funktionsfähigkeit von selbstklebenden Folien, Etiketten und Klebebändern zu gewährleisten.

Beispiele:
- Haftklebstoffe (doppelseitiges Klebeband, Klebepads, Aufkleber, Klebefolien, Tesafilm®, Haftnotizen)

Montagekleber sind elastische Einkomponentenkleber, die sich besonders im Sanitärbereich zum Abdichten von Fugen eignen. Hierzu zählen auch spezielle Papiermontagekleber, die sich sehr einfach von der Papieroberfläche wieder ablösen lassen.

Beispiele:
- Montagekleber (Silikon-Acryl-Dichtmassen in Kartuschen, decotric Montage-Fix, Fixogum® für Papier)

Vorgehen beim Kleben

1 Herstellen passender Fügeflächen	5 Vorbereitungszeit bis der Kleber verbindungsfähig ist
2 Fügeflächen reinigen	6 Fügen und Fixieren
3 Fügeflächen vorbehandeln	7 Aushärtungszeit des Klebers
4 Kleber auftragen	8 Fixierung entfernen

Abb. 30: nach [29]

Wirtschaftlichkeit

Kleben ist ein weit verbreitetes, aber im Vergleich zu anderen Fügetechniken noch sehr junges Verfahren zur Herstellung stoffschlüssiger Verbindungen zwischen gleichen oder auch unterschiedlichen Materialien und Bauteilen. Die entscheidenden Vorteile des Verfahrens gegenüber anderen Methoden bestehen darin, dass die Werkstofffestigkeit der zu fügenden Teile nicht durch Bohrungen für Schrauben, Nieten oder Stifte oder durch hohe Temperaturbeanspruchungen beim Schweißen oder Löten negativ beeinflusst wird und sich Verbindungen mit einem geringen Gewicht erzielen lassen. Als fast einzigem Verfahren können durch Kleben außerdem großflächige Verbindungen zwischen dünnen Materialien und Folien unkompliziert und effizient hergestellt werden. Nach dem Aushärten des Klebstoffs sind die Fügestellen nahezu unsichtbar, was das Kleben für eine Vielzahl von Anwendungen konkurrenzlos macht. Geringe Wärmebeständigkeit und Festigkeitseinbußen durch Umwelteinflüsse (z. B. Feuchtigkeit) sind allerdings Nachteile des Verfahrens.

Anwendung

Klebeverbindungen sind auf keinen Produktbereich beschränkt und kommen in allen Lebensbereichen zur Anwendung. In der jüngeren Vergangenheit werden immer häufiger konventionelle Fügemethoden durch innovative Klebetechniken verdrängt, was das Anwendungsprofil von Klebstoffen enorm erweitert. Ein Beispiel hierfür ist der Einsatz von Klebeverbindungen im Aluminiumkarosseriebau, wodurch eine Gewichtsminderung bei gleichzeitiger Erhöhung der Materialsteifigkeit erzielt werden kann. Neu entwickelte Klebstoffe machen zudem das Kleben von Zahnersatz möglich, womit die universelle Verwendbarkeit von Klebeverfahren und Klebstoffen deutlich wird.

Alternativverfahren

Schweißen, Löten, An-/Einpressverbindungen, Umformfügen

Anaerobe Kleber
sind Substanzen, die bei Abwesenheit von Luft und Kontakt mit einem metallischen Werkstoff zu einem zähelastischen Polymerfilm aushärten und Gewinde oder zylindrische Teile abdichten und sichern. Typische Anwendungen sind die Fixierung von zylindrischen Baugruppen in Getrieben oder die Abdichtung von Chemikalienleitungen. 3M bietet anaerobe Klebstoffe mit Markennamen RITE-LOKTM an.

Kleben von Kunststoffen / Teil 1

Kunststoff	Acryl (PMMA)	Polystyrol (PS)	Polystyrolschaum (Styrofoam, Styropor)	Polycarbonat (PC)	Polyester (PET)	Polypropylen (PP)	Polyvinylchlorid hart (PVC-hart)	Polyvinylchlorid weich (PVC-weich)	Polyurethan (PUR)
Acryl (PMMA)	5,6,7,8,9, 13, 14								
Polystyrol (PS)	5,6,7,8,9, 13,14	5,6,7,8,9, 13,14							
Polystyrolschaum (Styrofoam, Styropor)	1,9,13,14	1,9,13,14	1,9,13,14						
Polycarbonat (PC)	5,6,7,8,9, 13,14	5,6,7,8,9, 13,14	1,9,13,14	5,6,7,8,9, 13,14					
Polyester (PET)	5,6,7,8,9, 13,14	5,6,7,8,9, 13,14	1,9,13,14	5,6,7,8,9, 13,14	5,6,7,8,9, 13,14				
Polypropylen (PP)	13,6	13,6	13	13,6	13,6	13,6			
Polyvinylchlorid hart (PVC-hart)	5,6,7,9,13, 14	5,6,7,9,13, 14	1,9,13,14	5,6,7,9,13, 14	5,6,7,9,13, 14	13,6	5,6,7,9,13, 14		
Polyvinylchlorid weich (PVC-weich)	3,9	3,9	13	3,9	3,9	13	3,9,13	3,9	
Polyurethan (PUR)	5,6,7,9,13, 14	5,6,7,9,13, 14	1,9,13,14	5,6,7,9,13, 14	5,6,7,913, 14	13,6	5,6,7,9,13, 14	3,9	5,6,7,9,13, 14

1. Alleskleber
2. Papierklebstoffe
3. Kontaktklebstoffe
4. Heißklebstoffe
5. Zwei-Komponenten-Klebstoffe
6. Sekundenkleber
7. Silikon
8. Lösungsmittel
9. Kunststoffklebstoffe
10. Holz- und Papierleime
11. Kleister
12. Rubber-Cement
13. Doppelseitige Klebebänder
14. Montageklebstoffe
15. Gummiklebstoffe

Abb. 31: nach [34]

Bild: Mehr als 20 tesa® Klebeverbindungen bieten in elektronischen Geräten wie Digitalkameras, Handys oder Laptops festen Halt./ Foto: tesa AG

Kleben von Kunststoffen / Teil 2

	Kunststoff höherenergetisch	Kunststoff niederenergetisch (PP, PE...)	Gummi Vollgummi, Latex	Gummi Moosgummi (EVA-Schaum)	Papier und Pappe Papier	Papier und Pappe Pappe	Holz Sperrholz, Balsa, MDF...	Metall Metall
Kunststoff								
höherenergetisch	siehe Teil 1							
niederenergetisch		siehe Teil 1						
Gummi								
Vollgummi, Latex	3,5,6,9,13,14	6,13	3,5,6,13,14,15					
Moosgummi (EVA-Schaum)	3,5,6,7,9,13,14	6,13	3,5,6,13	1,3,4,5,6,7,13,14				
Papier und Pappe								
Papier	1,3,9,13	13	1,6,13	1,3,6,9,13,18	1,2,10,11,12,13			
Pappe	1,3,4,9,10,13,14	6,13	3,6,13,14	1,3,4,6,13,14	1,2,10,11,12,13	1,2,4,10,11,12,13		
Holz								
Sperrholz, Balsa, MDF ...	1,3,4,9,10,13,14	6,13	3,6,13,14	1,3,4,5,6,13,14	1,2,10,11,13	1,2,4,10,11,13,14	1,3,4,10,13,14	
Metall								
Metall	3,4,5,6,7,9,13,14	6,13	3,5,6,13,14	1,34,5,613,14	1,3,13	1,3,4,5,13,14	1,3,4,5,13,14	1,5,6,7,13,14

1. Alleskleber
2. Papierklebstoffe
3. Kontaktklebstoffe
4. Heißklebstoffe
5. Zwei-Komponenten-Klebstoffe
6. Sekundenkleber
7. Silikon
8. Lösungsmittel
9. Kunstatoffklebstoffe
10. Holz- und Papierleime
11. Kleister
12. Rubber-Cement
13. Doppelseitige Klebebänder
14. Montageklebstoffe
15. Gummiklebstoffe

Abb. 32: nach [34]

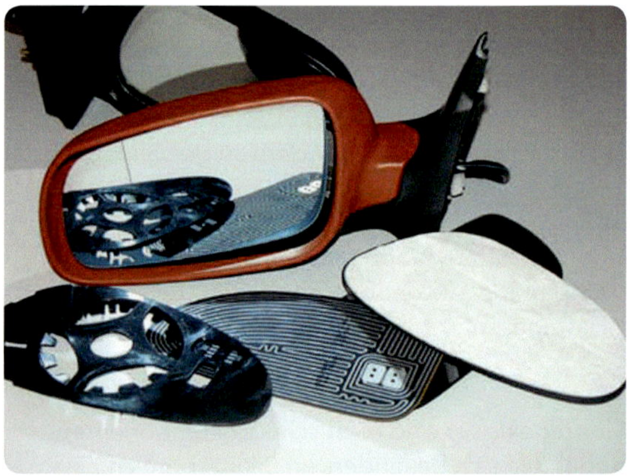

Bild: Vielfältige Anwendung von tesa® Stanzlingen bei der Montage von Spiegelsets in der Automobilindustrie./ Foto: tesa AG

FUE 4.2
Kleben – Gestaltungsregeln

Neben der Wahl des geeigneten Klebstoffs und der Vorbehandlung der zu klebenden Bauteiloberflächen hat vor allem die Auslegung und Konstruktion der zu fügenden Bauteiloberflächen einen Einfluss auf die spätere Festigkeit der Fügestelle. Folgende Gestaltungsregeln und -hinweise sollten Beachtung finden, da Klebeverbindungen insbesondere auf Beanspruchungen seitlich zur Klebefläche empfindlich reagieren (Endlich 1995, Habenicht 2003, Habenicht 2002):

Klebeverbindungen sollten stets flächig und im Idealfall überlappend ausgeführt sein. Die Überlappungslänge sollte mindestens das 5fache der Fügeteildicke betragen. Stumpfe Verbindungen sind als ungünstig zu bewerten.

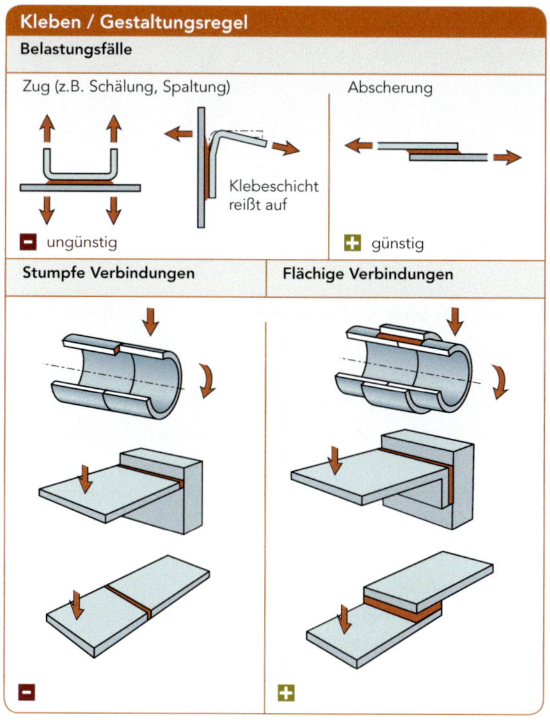

Abb. 33

Da die meisten Klebstoffe günstige Adhäsions- und Kohäsionseigenschaften aufweisen, sollten Fugen möglichst dünn und gleichmäßig über die gesamte Klebefläche ausgeführt werden.

Zudem sind die Klebeflächen vor dem Klebevorgang sorgfältig zu säubern und zu trocknen.

Klebeverbindungen sollten möglichst gleichmäßig und nur über die ganze Fläche beansprucht werden. Biege- und Scherbeanspruchungen der Klebfläche sind zu vermeiden.

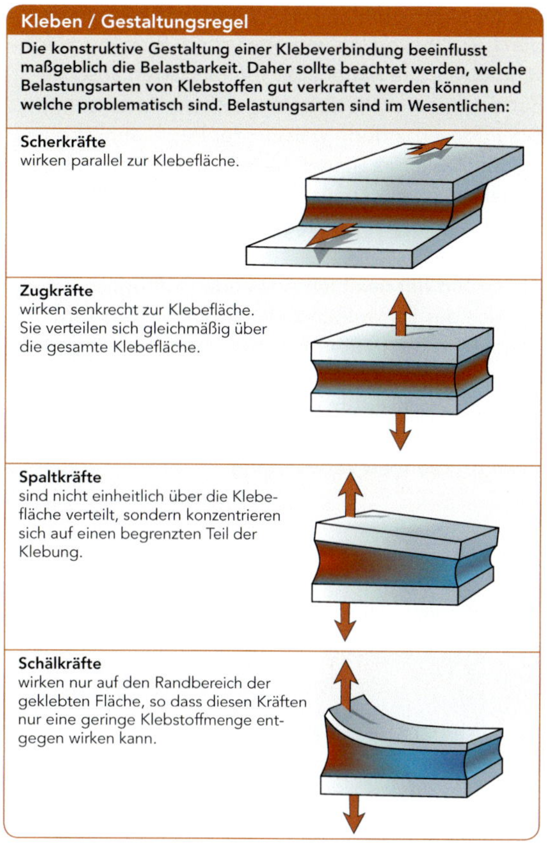

Abb. 34: nach [34]

Während des Abbindeprozesses sind die zu fügenden Bauteile gegen Verrutschen zu sichern.

Bild: Klebefolie – Einsatz von tesa® Stanzlingen in Digitalkameras./ Foto: tesa AG

FUE 5
Schweißen

Schweißen gehört zur Gruppe der Fertigungsverfahren, mit denen stoffschlüssige Verbindungen hergestellt werden können. Das Material wird entweder durch Zufuhr von Wärme oder durch Reibung aufgeschmolzen. Die Materialpartner erstarren anschließend zu einer nicht lösbaren, dichten Verbindung. Die Fügeverbindung weist in der Regel ähnliche Festigkeiten wie das Bauteil selbst auf. Bei den meisten Verfahren ist die Zufuhr eines dem Werkstoff ähnlichen oder artgleichen Materials erforderlich.

Auf Grund der flexiblen Anwendungsmöglichkeiten hat sich das Schweißen zu einer der wichtigsten Fügetechniken in der Metallverarbeitung entwickelt und kommt in fast allen technischen Bereichen zum Einsatz. Geschweißte Leichtmetall- und Stahlkonstruktionen finden insbesondere im Karosserie- oder beim Brückenbau Verwendung.

Durch Auftragschweißen BES 5.1 kann zudem Material auf hoch beanspruchte und verschlissene Zonen aufgebracht werden, um die Lebensdauer spezieller Funktionsteile zu erhöhen. Nahezu alle Stahlsorten und Nichteisenmetalle können geschweißt werden. Selbst Verbindungen zwischen thermoplastischen Kunststoffbauteilen sind mit speziellen Schweißverfahren herstellbar. Der Kunststoff wird durch Wärmezufuhr in einen viskosen Zustand gebracht. Unter Druck entsteht dann eine dauerhafte Verbindung (Fahrenwaldt, Schuler 2003; Killing, Killing 2002).

Bild: Schweißnaht an einer Stahlkonstruktion.

Bekannt ist eine Vielzahl von Schweißverfahren. Sie unterscheiden sich hinsichtlich ihres Verfahrensprinzips, der zu verarbeitbaren Materialien und der zu erzielenden Verbindungsqualität. Die Wahl des Schweißverfahrens hängt vom Anwendungsfall ab.

Grundsätzlich werden die Verfahren in folgende Hauptgruppen unterteilt:

- Widerstandsschweißen
- Lichtbogenschweißen
- Gasschmelzschweißen
- Strahlschweißen
- Pressschweißen

Gas- und Lichtbogenschweißen gelten als klassische Handschweißverfahren.

Bilder links: Schweißnaht an einem Leitungsrohr und an einer Klimmzugstange (verchromt).

Beim Widerstandsschweißen wird die benötigte Wärme durch einen elektrischen Widerstand erzeugt. Zwischen einer Elektrode und dem Werkstück ist in einem anderen Verfahren ein Lichtbogen zu erkennen. Ein verbrennendes Gasgemisch führt beim Gasschmelzschweißen zur Materialzustandsveränderung an der Fügestelle. Energetische Strahlung erzeugt beim Auftreffen auf die Materialoberfläche beim Strahlschweißen die für den Fügeprozess erforderliche Wärme, während das Pressschweißen mit Wärmezufuhr unter Druck und Reibung arbeitet.

Verfahrensübersicht / Schweißen

Verfahren	Anwendung
Lichtbogen-handschweißen	Alle Stähle schweißbar; geeignet für allgemeinen Stahlbau und Baustellen
Gasschweißen	Unlegierte Stähle schweißbar; geeignet für Reparaturen, Rohrleitungen und Installationen
MIG-Schweißen	Legierte Stähle und NE-Metalle schweißbar; geeignet für dicke als auch sehr dünne Bauteile
MAG-Schweißen	Stähle schweißbar; geeignet für allgemeinen Stahlbau (hohe Abschmelzleistung)
WIG-Schweißen	Alle Metalle schweißbar; geeignet für dünnere Bleche, Luft- und Raumfahrt
Plasma-Schweißen	Stähle und Leichtmetalle schweißbar; geeignet für dicke Querschnitte und dünne Fugen
Laserstrahl-schweißen	Stähle und Leichtmetalle schweißbar; geeignet für Präzisionsteile
Reibschweißen	Metalle und Kunststoffe schweißbar; geeignet für rotationssymmetrische Bauteile
Punktschweißen	Alle Metalle schweißbar; geeignet für Karosseriebau und Bleche

Abb. 35: nach [9]

Bild: Schutzgasschweißen./ Foto: Ledder Werkstätten.

FUE 5.1
Schweißen – Gestaltungsregeln

Schweißen ist ein komplexer und nicht ungefährlicher Arbeitsprozess. Schweißnähte reagieren zudem empfindlich auf Beanspruchungen, da durch Wärmeeinleitung während des Schweißvorgangs Gefügeveränderungen stattfinden. Hinsichtlich der ergonomischen und beanspruchungsgerechten Gestaltung von Schweißkonstruktionen sind daher einige Richtlinien zu beachten, die im Folgenden erläutert werden (in Anlehnung an Bauer 1991; Dilthey 2002; Fritz, Schulze 1998; Koller 1994; Fahrenwaldt 1994; Neuhoff 2002):

Die Anzahl von Schweißnähten ist zu minimieren. Zudem sollte ein Kreuzen vermieden werden.

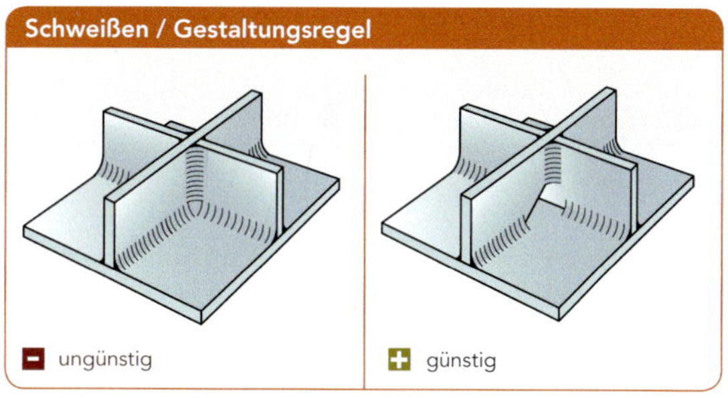

Abb. 36

Die Zugänglichkeit des Schweißgerätes muss durch eine geeignete Gestaltung oder durch intelligente Aufteilung in Einzelteile gewährleistet sein.

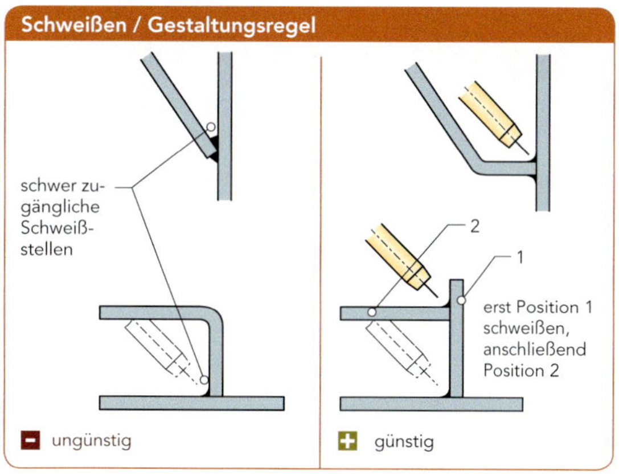

Abb. 37: nach [24]

Durch Vorbearbeitung ist das Spaltmaß der Fugen möglichst auf ein konstantes Maß zu bringen. Eventuell sollten die Nahtfugen durch Fräsen mit einer Fase versehen werden.

Abb. 38

Schweißnähte sollten zur Vermeidung von Materialüberhitzungen nicht in den Bereich kleiner Bauteilquerschnitte gelegt werden. Außerdem sind möglichst kleine Nahtdicken zu wählen.

Schweißen / Gestaltungsregel

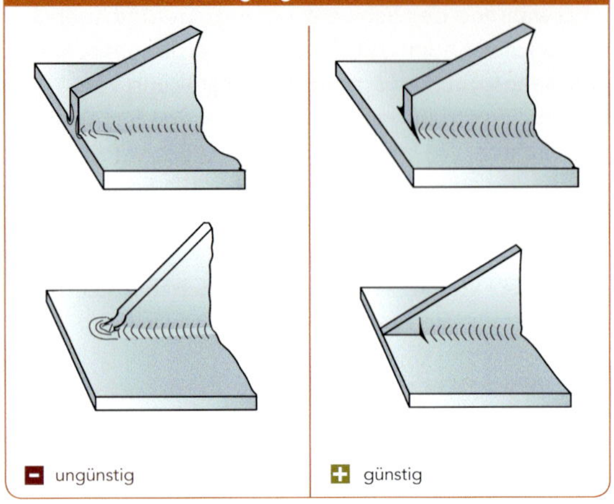

Abb. 39: nach [24]

Des Weiteren sollten Schweißnähte nicht in stark beanspruchte Bereiche liegen. Zug- und Scherbeanspruchungen sind zu vermeiden. Die Wurzel einer Schweißnaht sollte zudem nicht in der unter Zug beanspruchten Zone liegen.

Schweißen / Gestaltungsregel

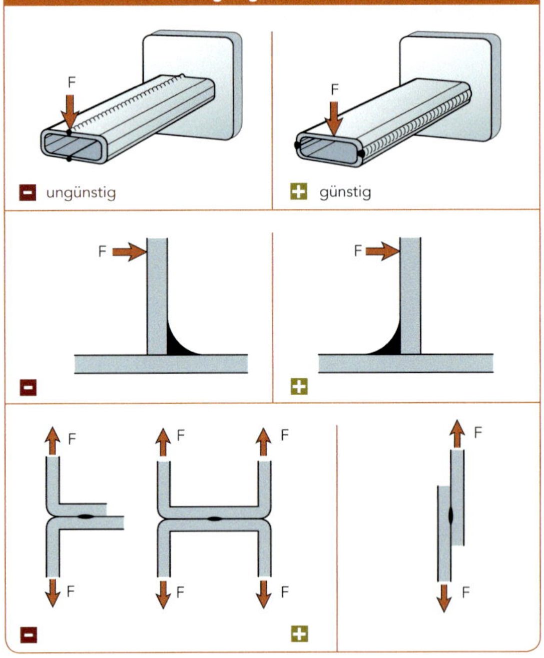

Abb. 40: nach [24]

Möglicher Verzug in Folge starker Wärmeeinbringung beim Schweißen ist zu beachten. Schweißnähte sollten daher kurz und in Stücke unterteilt sein. Durch symmetrische Anordnung der Schweißnähte können Verformungen verhindert werden.

Schweißen / Gestaltungsregel

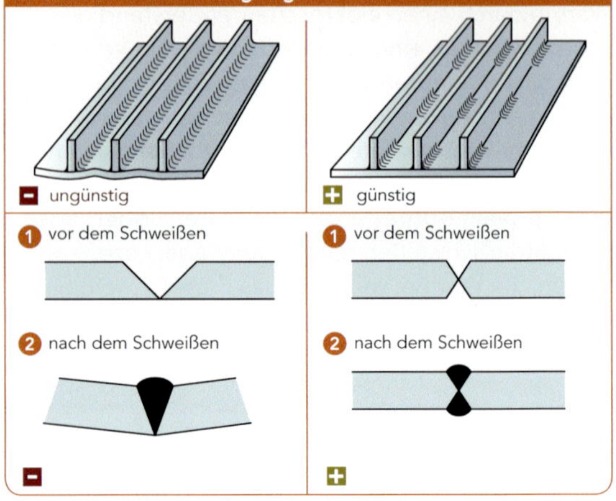

Abb. 41: nach [24]

Die geeignete Gestaltung der Fügestelle kann unkontrolliertes Verlaufen von Schweißbädern vermeiden.

Schweißen / Gestaltungsregel

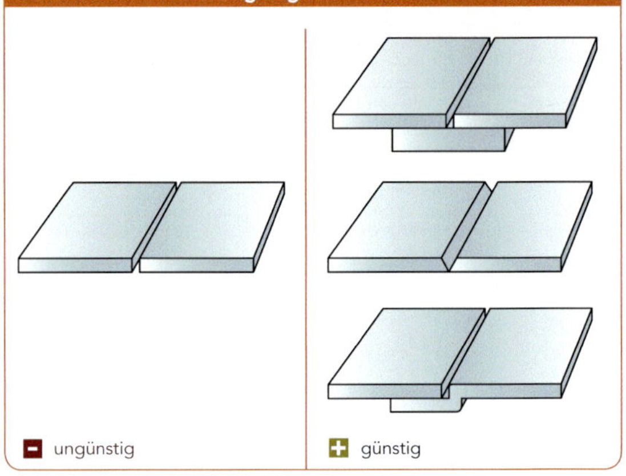

Abb. 42: nach [24]

Beim Punktschweißen ist eine ebene Auflagefläche für die Elektroden zu gewährleisten. Außerdem sollte ein einfacher und von beiden Seiten möglicher Zugang zur Schweißstelle ermöglicht werden.
Die Gestaltung von Elektrodensonderformen kann durch einfache Bauteilgeometrien verhindert werden.

Schweißen / Gestaltungsregel

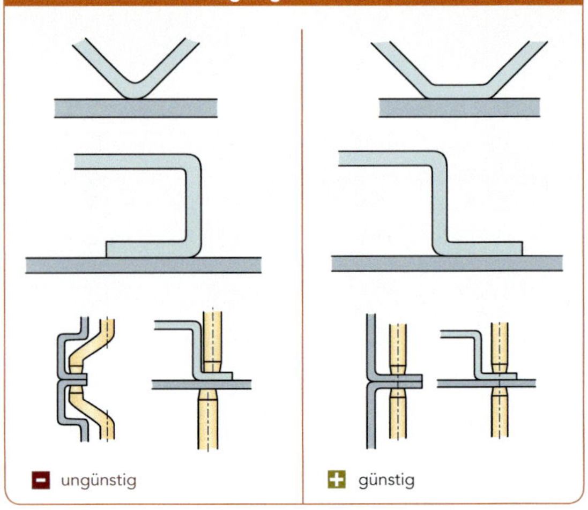

Abb. 43: nach [24]

Das Maß der Überlappung zweier Bauteile, der Abstand eines Schweißpunktes vom Rand sowie zu verarbeitende Blechdicken sind dem Durchmesser eines Schweißpunktes anzupassen.

Schweißen / Gestaltungsregel

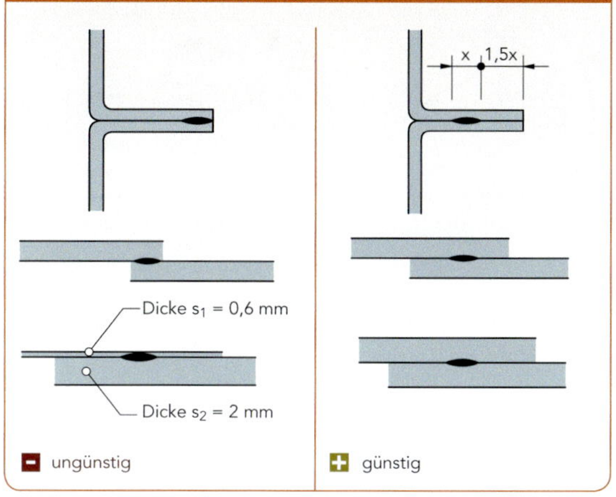

Abb. 44: nach [24]

Kehlnähte können zwar im Einzelfall wirtschaftlicher sein, lenken aber den Kraftfluss um und begünstigen die Kerbwirkung.

Schweißen / Gestaltungsregel

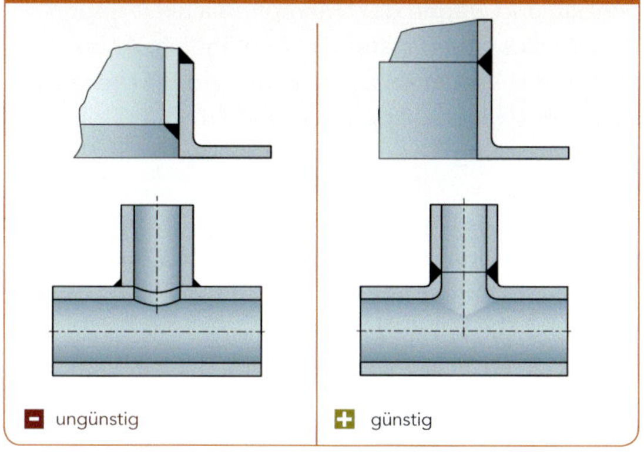

Abb. 45: nach [17]

Bild: Widerstandspunktschweißen in der Automobilindustrie./ Foto: KM Europa Metal AG, Osnabrück

FUE 5.2
Schweißen – Widerstandspunktschweißen

Verfahrensprinizip
Grundlage für das Widerstandspunktschweißen ist die Wärmeerzeugung am Widerstand der Werkstücke innerhalb eines Stromkreises zwischen zwei mit Wasser gekühlten Elektroden. Diese werden an beiden Seiten der Fügestelle angelegt und mit einem Schweißstrom hoher Stromstärke bei niedriger Spannung beaufschlagt. Der Widerstand des zu verarbeitenden Materials hat lokales Aufheizen und Verschmelzen zur Folge, wodurch sich linsenförmige Schweißpunkte ergeben. Der Fügeprozess wird durch Aufeinanderpressen der Elektroden abgeschlossen. Stromstärke, Druck und Schweißdauer müssen dem Material und der Geometrie der Fügestelle angepasst werden.

Prinzip des Widerstandspunktschweißens

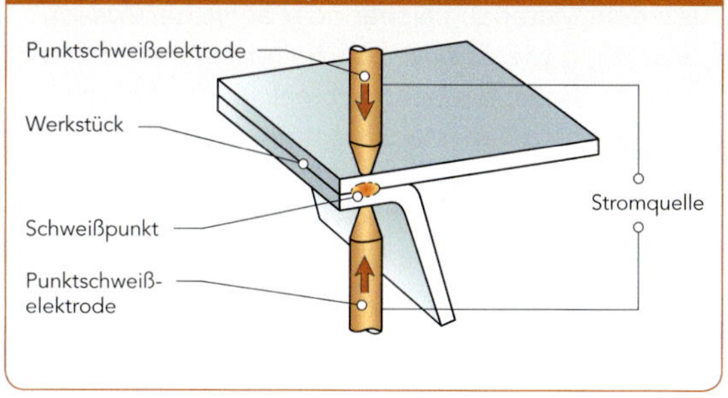

Abb. 46: nach [16]

Bild: Punktschweißen.

Materialien
Stähle und Leichtmetalle können durch Widerstandspunktschweißen unlösbar miteinander verbunden werden.

Anwendung und Bauteilgrößen
Haupteinsatzgebiet ist die Verarbeitung von Blechen und Bauteilen geringer Wandstärke in nahezu allen Bereichen, vom Kochtopf bis zum hochbeanspruchten Flugzeugteil. Weitere Anwendungsgebiete sind der Karosseriebau, der Waggonbau, Stahlmatten für das Baugewerbe sowie Elektronik- und Haushaltgeräte. Der Blechdickenbereich beginnt bei Feinstpunktschweißungen mit 2 x 0,01 mm. In Mehrimpulsanlagen können auch Bleche mit einem Maximaldurchmesser von 2 x 10 mm geschweißt werden (Matthes, Richter 2003).

Nachbearbeitung und Qualitäten
Beim Widerstandsschweißen werden gute Qualitäten erzielt. Es ist fast keine Nachbearbeitung erforderlich.

Wirtschaftlichkeit
Punktschweißen ist ein günstiges Schweißverfahren und kann sehr flexibel eingesetzt werden. Im Automobilbau verliert es jedoch zunehmend gegenüber Alternativverfahren (z. B. Stanznieten) an Bedeutung.

Alternativverfahren
Laserschweißen, WIG-Schweißen, MIG-Schweißen, Ultraschallschweißen, Kleben, Stanznieten

FUE 5.3
Schweißen – Lichtbogenhandschweißen

Verfahrensprinzip
Die Wärme zum Aufschmelzen der zu fügenden Materialoberflächen wird bei diesem Verfahren durch einen Lichtbogen erzeugt. Dieser bildet sich zwischen einer Elektrode als dem einen Pol und dem Werkstück als dem anderen Pol bei niedrigen Spannungen bis etwa 40 V aus (Anklemmen einer Polklemme erforderlich). Er resultiert aus einer elektrischen Entladung bei kurzzeitigem Berühren des Bauteils. Elektronen prallen mit großer Geschwindigkeit auf die Fügestelle und schmelzen sowohl die Bauteiloberflächen als auch die zugeführte Elektrode. Im Verarbeitungsprozess kommt der Wahl der richtigen Elektrode große Bedeutung zu. Diese wird entsprechend der Art des Materials, der Werkstückstärke und der Art der Schweißstromquelle ausgewählt. Das Kernmaterial der Elektrode sollte aus einem Material gleicher oder ähnlicher Zusammensetzung wie das der bearbeiteten Oberflächen bestehen. Gase, die beim Schmelzen der Elektrodenhülle entstehen, stabilisieren den Lichtbogen und verhindern schnelles Abkühlen der Fügestelle. Unerwünschte Spannungen werden vermieden. Außerdem bewirken die Legierungselemente in der Hülle eine verbesserte Festigkeit und Zähigkeit der Schweißnaht nach der Abkühlung. Die Komponenten der Umhüllung setzen sich nach dem Erstarren als Schlacke auf der Schweißnaht ab.

Beim elektrischen Schweißen ist das Tragen einer Schutzbrille unerlässlich. Zudem sollte die Schweißstelle vor anderen Personen abgeschirmt sein, da selbst seitlicher Einfall von Strahlen ins Auge Schädigungen hervorrufen kann.
Aufbau und Kennzeichnung von Stabelektroden, die in Längen zwischen 300 mm und 450 mm und Durchmesserstufen von 2 mm bis 6 mm erhältlich sind, werden in folgender Abbildung grob skizziert:

Bezeichnung von Stabelektroden (nach EN 499)

Elektroden-Kurzzeichen (Beispiel) EN 499 E 46 3 1Ni B 5 4 H5

Norm-Nummer	EN 499
Kurzzeichen für umhüllte Stabelektrode	E
Kennziffer für Festigkeits-und Dehnungseigenschaften des Schweißgutes	46
Kennziffer für die Kerbschlagarbeit	3
Kurzzeichen der chemischen Zusammensetzung	1Ni
Kurzzeichen für den Umhüllungstyp	B
Kennziffer für die Ausbringung und die Stromart	5
Kennziffer für die Schweißposition	4
Kennzeichen für Wasserstoffgehalt	H5

Umhüllungstypen

Kurzzeichen	Schweißtechnische Eigenschaften/ Anwendungsbereiche
A	sauerumhüllt, für flache Schweißnähte, feiner Tropfenübergang, für Zwangslagen ungeeignet
R	rutilumhüllt, für Dünnblechschweißung, für fast alle Schweißpositionen (außer Fallnaht) geeignet
RR	dickrutilumhüllt, vielseitig verwendbar, feinschuppige Nähte, gutes Wiederzündverhalten
RB	rutilbasischumhüllt, gute Kerbschlagzähigkeit, risssicher, für alle Schweißpositionen (außer Fallnaht) geeignet

weitere Kurzzeichen: C (zellulose-umhüllt), **RC** (rutilzellulose), **RA** (rutilsauerumhüllt), **B** (basischumhüllt)

Prinzip des Lichtbogenhandschweißens

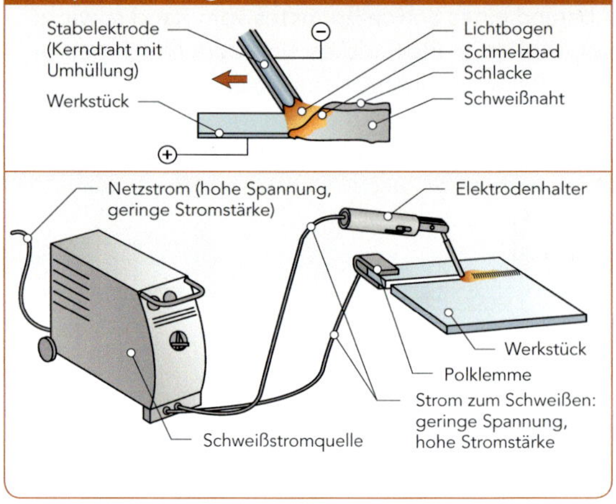

Abb. 48: nach [9]

Materialien
Fast alle Eisen- und Nichteisenmetalle sind im Lichtbogenschweißverfahren verarbeitbar. Hierzu zählen insbesondere un- und niedriglegierte Stähle sowie Nickel-, Zirkonium- und Kupferlegierungen. Entsprechendes Elektrodenmaterial ist erforderlich.

Anwendung und Bauteilgrößen
Auf Grund der geringen Spannung ist das Lichtbogenschweißen für Handschweißungen im Anlagenbau und wegen der Unempfindlichkeit gegen Windeinfluss auf Baustellen ungefährlich. Außerdem kommt das Verfahren beim Stahl- und Brückenbau sowie Maschinen-, Apparate- und Großgerätebau zur Anwendung. Die zu verarbeitenden Bauteildicken reichen von dünnen Profilen mit Dicken von etwa 2 mm bis hin zu größeren Bauteilen mit einer Wandstärke von maximal 20 mm. Bei Werkstückdicken von unter 2 mm wird die Anwendung von WIG- und Gasschmelzverfahren empfohlen. Um Verzug zu vermeiden, sollten lange Schweißnähte in mehrere kleine Einheiten aufgeteilt werden.

Nachbearbeitung und Qualität
Nach dem Schweißvorgang muss die Schlacke der geschmolzenen Elektrodenhülle von der Fügenaht entfernt werden. Die Qualität der Schweißnaht hängt von der Qualifikation des Schweißpersonals ab.

Wirtschaftlichkeit
Lichtbogenhandschweißen ist gekennzeichnet durch eine hohe Anpassungsfähigkeit, Mobilität und Vielseitigkeit. Es verursacht nur geringe Betriebs- und Investitionskosten und eignet sich daher auch für Produktionen mit geringen Stückzahlen und Reparaturarbeiten. Auch bei engen Platzverhältnissen ist das Verfahren noch einsetzbar.

Alternativverfahren
Laserschweißen, Schutzgasschweißen, Gasschmelzverfahren

Abb. 47: nach [9, 27]

FUE 5.4
Schweißen – Schutzgasschweißen

Verfahrensprinizip
Die Schweißverfahren unter Schutzgas gehören zu den Lichtbogenschweißverfahren, bei denen ein Lichtbogen das Material an der Fügestelle aufschmilzt. Im Gegensatz zum Lichtbogenhandschweißen wird die Stabilisierung des Lichtbogens und die Abschirmung der Schmelze gegenüber der Umgebung durch Verwendung von Schutzgas gewährleistet. Auf eine Umhüllung der Elektrode kann daher verzichtet werden. Dadurch entfällt die Ablagerung von Schlacke. Es werden entweder abschmelzende Metallelektroden von der Rolle verwendet, oder es kommt eine nicht schmelzende Wolframelektrode zum Einsatz. Als Schutzgase finden in der Hauptsache reduzierte Gase, oxidierende Mischgase und inerte Gase Verwendung. Der Begriff »inert« kommt aus dem Griechischen und bedeutet reaktionsträge. Gemeint sind alle Edelgase, die sich beim Schweißen neutral verhalten und selbst bei hohen Temperaturen keine Verbindungen mit anderen Stoffen eingehen. Bei der Auswahl des geeigneten Gases müssen Materialeinsatz und Verfahrensart berücksichtigt werden (Baum, Fichler 1999).

- *MIG – Metall-Inertgas-Schweißen* unter Verwendung von Argon (Ar) oder Helium (He) als inerte Gase
- *MAG – Metall-Aktivgas-Schweißen* unter Einsatz von CO_2 oder Mischgasen aus Argon und CO_2 oder O_2
- *WIG – Wolfram-Inertgas-Schweißen*, Mischgase und inerte Gase auf Basis von Argon (Ar) oder Helium (He)
- *WP – Wolfram-Plasmaschweißen*, Mischgase und inerte Gase auf Basis von Argon (Ar) oder Helium (He)

Materialien
MIG: Nichteisenmetalle, hochlegierte Stähle
MAG: nicht- oder niedriglegierte Stähle
WIG: Stähle, Leichtmetalle, Zr-, Mo-, Ti-, Cu-, Ni-Legierungen, Sondermetalle wie Tantal
WP: Stähle, Nichteisenmetalllegierungen

Anwendung und Bauteilgrößen
Das Metallschutzgasschweißen kann automatisiert werden und kommt daher in der Automobilindustrie und im Anlagenbau zum Einsatz. Schutzgasschweißen mit Wolframelektroden wird vor allem zur Verbindung von Rohren eingesetzt. Bauteile bis zu einer Mindestdicke von 1 mm sind verarbeitbar. Durch WP lassen sich auch Blechdicken von 0,1 mm schweißen.

Nachbearbeitung und Qualität
Mit Schutzgasschweißen können qualitativ höherwertigere Schweißnähte als beim Gasschmelz- oder Lichtbogenhandschweißen erzielt werden. Auf Grund der fehlenden Schlackebildung ist bei einem optimal durchgeführten Schweißprozess meist nur ein geringer Aufwand für die Nachbearbeitung erforderlich.

Wirtschaftlichkeit
Die Anschaffungs- und Betriebskosten von Schutzgasschweißverfahren unter Einsatz von Wolframelektroden liegen höher als beim Metallschutzgas- oder Gasschmelzschweißen.

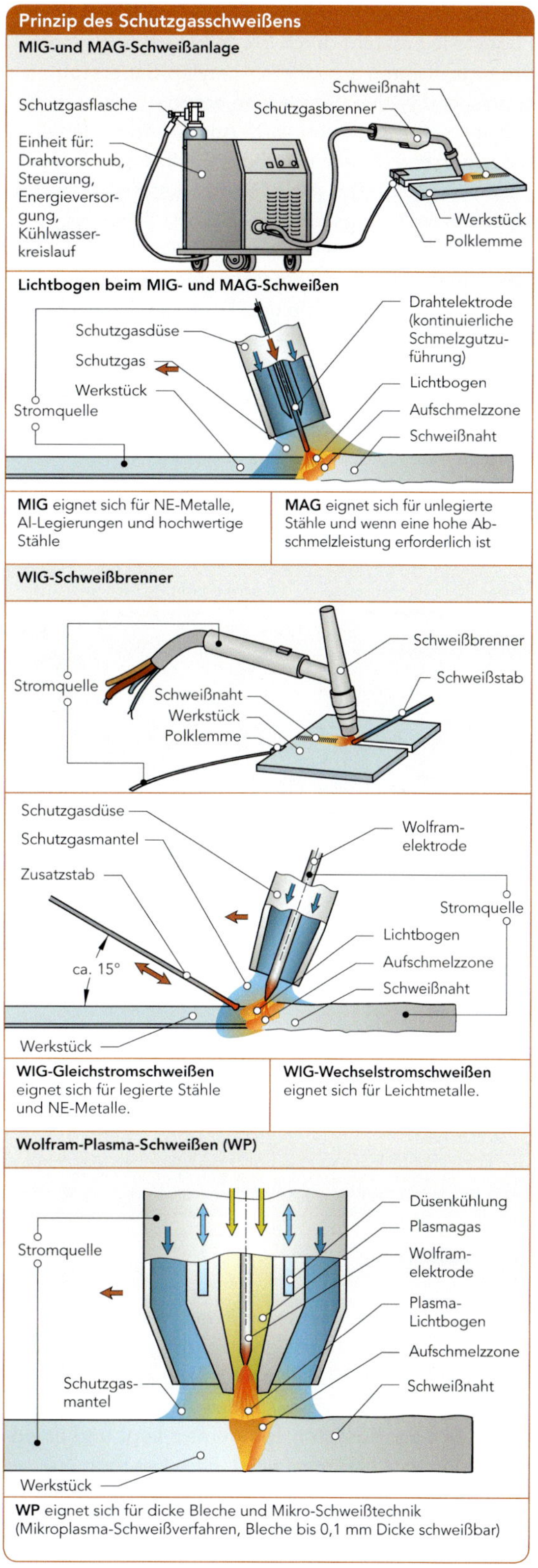

Abb. 49: nach [9, 27]

Alternativverfahren
Laserschweißen, Gasschmelzverfahren, Lichtbogenhandschweißen

Bild: Schutzgasschweißen./ Foto: KM Europa Metal AG, Osnabrück

Bild: Aluminium mit Schutzgas geschweißt (WIG).

FUE 5.5
Schweißen – Gasschmelzschweißen

Verfahrensprinizip
Gasschmelzschweißen, auch als ***Autogenschweißen*** bekannt, zählt neben dem Lichtbogenschweißen zu den Handschweißverfahren. Das Schmelzbad an der Fügestelle entsteht durch lokale Einwirkung einer Brenngasflamme aus einem Acetylen-Sauerstoff-Gemisch, das einer Gasflasche entnommen und der Schweißstelle zugeführt wird. Aus Gründen der klaren Unterscheidbarkeit sind die Gasflaschen farblich gekennzeichnet. Das Acetylen-Sauerstoff-Gemisch sollte ein Mischungsverhältnis von 1:1 (Matthes, Richter 2003) aufweisen. Dieses wird an Ventilen am Brenner eingestellt. Es entsteht eine Flamme mit bestimmter Form, Größe und Leistung, die nach Möglichkeit konstant gehalten werden sollte. Der Arbeitsdruck für Sauerstoff beträgt in der Regel 2,5 bar, der für Acetylen 0,25 bis 0,5 bar (Dobler et al. 2003). Der Zusatzwerkstoff wird der Schweißstelle in Form eines Drahtmaterials zugeführt.

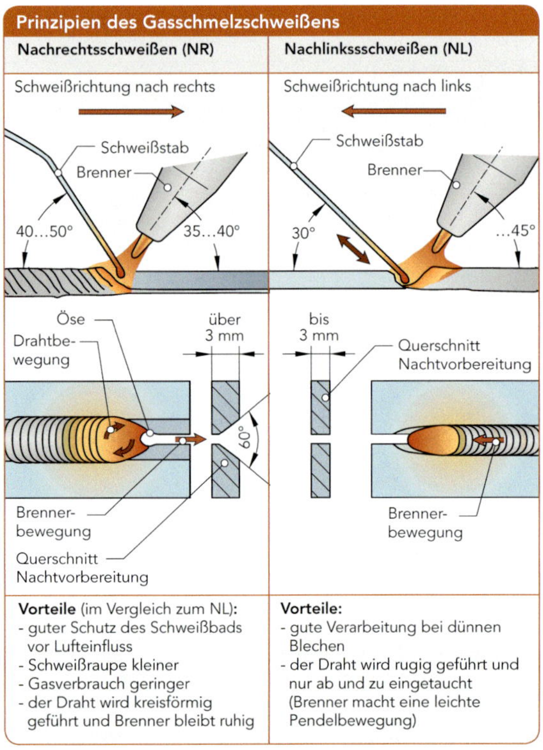

Abb. 50: nach [9, 27]

Bleche bis zu einer Dicke von 3 mm werden nach links, darüber liegende Werkstückdicken nach rechts geschweißt. Beim Linksschweißen weist die Flamme in Schweißrichtung, wodurch das Schmelzbad nicht im Bereich der höchsten Temperatur liegt und einen nur geringen Umfang aufweist. Eine beschränkte Wärmeeinbringung ist bei kleinen Blechdicken notwendig, um Verzug zu verhindern und eine hohe Schweißgeschwindigkeit zu ermöglichen. Zur Erzielung langsamer Abkühlprozesse zeigt die Flamme beim Rechtsschweißen auf die schon gefügte Schweißverbindung. Durch die Wärmekonzentration ist das Fügen dicker Bleche bei positiver Beeinflussung der Festigkeitswerte der Schweißnaht möglich (Fahrenwaldt 1994).

Beim Autogenschweißen ist zum Schutz der Augen vor Spritzern eine Brille mit dunklen Gläsern zu tragen.

Prinzip des Gasschmelzschweißens

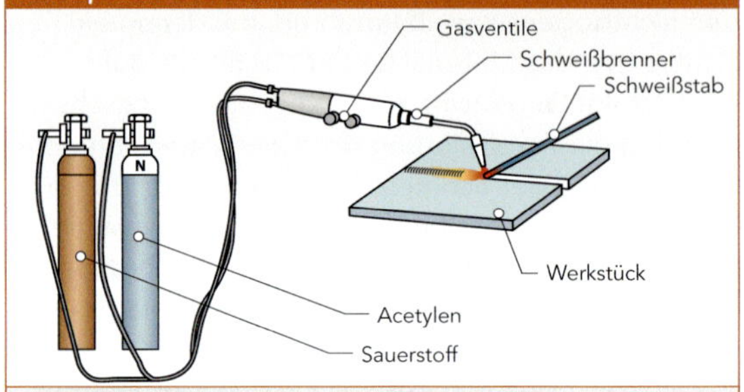

Gasflaschenfarben (Kennfarbe der Flaschenschulter)

nicht brennbar		brennbar	
Stickstoff	schwarz	Acetylen	kastanienbraun
Kohlendioxid	grau	Wasserstoff	rot
Argon	dunkelgrün	Sauerstoff	weiß
Helium	braun	**N** = Kennzeichen für **N**eue Flaschenfarbe (Der Flaschenmantel kann verschiedene Farben haben)	
Druckluft	leuchtend grün		

Abb. 51: nach [9]

Materialien
Das Verfahren wird hauptsächlich zur Bearbeitung unlegierter und niedriglegierter Stähle eingesetzt. Hochlegierte Stähle und Nichteisenmetalle wie Aluminium, Messing und Kupfer werden unter Verwendung eines Flussmittels geschweißt. Allerdings wurde bei diesen Werkstoffen das Verfahren weitgehend durch das Lichtbogenhandschweißen oder Schutzgasschweißen ersetzt.

Anwendung und Bauteilgrößen
Das Gasschmelzverfahren ist ein Handschweißverfahren mit ortsunabhängiger Wärmequelle und wird im Maschinen- und Apparatebau sowie im Installations- und Heizungsbereich meist dort eingesetzt, wo Schweißnähte schwer zu erreichen sind oder kleinere Reparaturen an Kesseln, Rohren und dünnen Blechen bis zu einer Dicke von etwa 8 mm durchgeführt werden müssen.

Nachbearbeitung und Qualität
Wie beim Lichtbogenhandschweißen ist die Qualität der Schweißnaht von der Qualifikation des Schweißpersonals abhängig. Dies gilt auch für den Umfang der Nachbearbeitung.

Wirtschaftlichkeit
Für das Gasschmelzschweißen sind geringe Investitionskosten erforderlich. Es zählt zu den Verfahren die im Handwerk und für Reparaturarbeiten gerne Anwendung finden. Bei der Reparatur von Rohren mit einer maximalen Schweißnahtlänge von 150 mm bietet das Verfahren wirtschaftliche Vorteile gegenüber alternativen Schweißverfahren.

Alternativverfahren
Lichtbogenhandschweißen, Schutzgasschweißen

FUE 5.6
Schweißen – Warmgasschweißen

Verfahrensprinizip
Die Wärmezufuhr erfolgt beim Warmgasschweißen durch einen heißen Luftstrom, der einem handgeführten Schweißgerät entströmt. Das heiße Gas erwärmt die zu fügenden Bauteiloberflächen und einen Zusatzwerkstoff, bis die Materialien einen zähflüssigen Zustand erreicht haben. Unter Druck werden die Werkstoffflächen miteinander verbunden, das Material an den Oberflächen fließt ineinander. Der Zusatzwerkstoff kann von oben mit der Hand (Schweißstab) oder über eine Andrückrolle (Schweißschnur) zugeführt werden und sollte aus dem gleichen Material wie der Grundwerkstoff sein. Weicht die Positionierung des Schweißzusatzes von der idealen Orientierung im rechten Winkel ab, können Querrisse und Wölbungen in der Fügenaht entstehen. Zur Erzeugung einer konstanten Temperatur sollte die Schweißdüse in fächelnder Bewegung über die zu fügende Naht geführt werden.

Prinzip des Warmgasschweißens

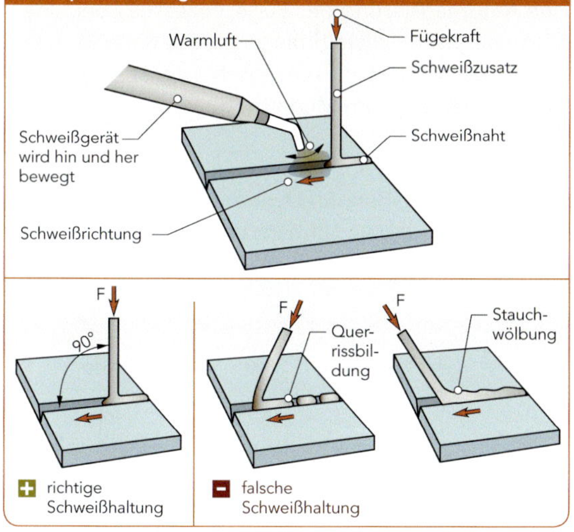

Abb. 52: nach [5, 29]

Materialien
Mit Warmgasschweißen können die meisten thermoplastischen Kunststoffe KUN gefügt werden (z. B. Polystyrol, Polypropylen, Polyethylen). Ausnahme sind Kunststoffe, die sich auf Grund ihrer Struktur oder ihres Molekulargewichts schwer plastifizieren lassen, wie beispielsweise gegossenes Polymethylacrylat (Michaeli 1999). Durch Warmgasschweißen werden auch Bitumenmatten MIN 4.9 mit wasserabweisenden Eigenschaften verarbeitet.

Anwendung und Bauteilgrößen
Da das Warmgasschweißen manuell eingesetzt werden kann, ist es besonders geeignet für die Herstellung von Prototypen und Modellen aus plattenförmigen Halbzeugen mit Dicken von bis zu 5 mm und Folien aus thermoplastischen Kunststoffen. Es wird auch zur Reparatur und Montage im Apparate-, Behälter- und Rohrleitungsbau eingesetzt und findet beim Verlegen von Fußbodenbelägen Anwendung. Im Baugewerbe wird das Warmgasschweißen zum Verlegen von Bitumenmatten genutzt. Diese weisen thermoplastische Eigenschaften auf und werden beispielsweise zum Abdichten von Garagendächern und Terrassen verwendet.

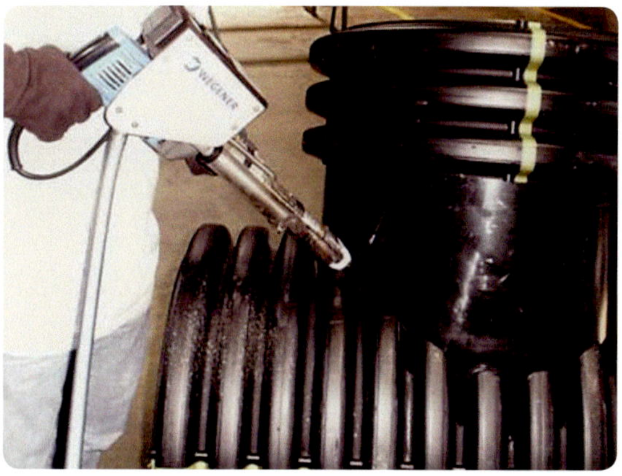

Bild: Schweißen von Wickelrohren mit Hand-Schweiß-Extruder./ Foto: Wegener GmbH

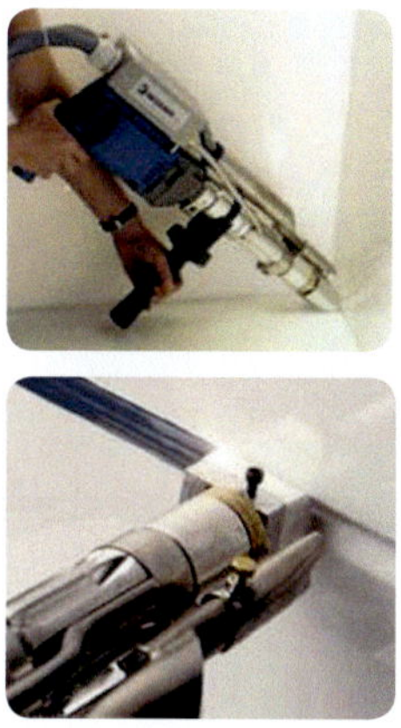

Bild: Schweißen mit Hand-Schweiß-Extruder./ Fotos: Wegener GmbH

Nachbearbeitung und Qualität
Konstanter Druck auf die zu fügenden Oberflächen, saubere Führung von Schweißdüse und Zusatzwerkstoff und konstanter Gasdurchsatz beeinflussen die Qualität der Schweißnaht positiv. Beim Verlegen von Fußböden wird nach dem Schweißen die überstehende Schweißraupe mit einem scharfen Messer entfernt. Um Rissbildung beim Verlegen von Bitumenmatten zu vermeiden, sollte auf eine Nahtüberlappung von mindesten 50 mm geachtet werden.

Wirtschaftlichkeit
Das Verfahren kommt in der Regel nicht in der Serienproduktion zum Einsatz. Investitions- und Betriebskosten sind im Vergleich zu anderen Schweißverfahren gering.

Alternativverfahren
Reibschweißen, Ultraschallschweißen, Heizelementeschweißen

FUE 5.7
Schweißen – Laserschweißen

Verfahrensprinizip
Beim Laserschweißen erwärmt ein über eine optische Einrichtung präzise fokussierbarer Laserstrahl (CO_2- oder Nd-YAG-Laser) die Schweißstelle lokal auf Schmelztemperatur. Die Werkstoffschmelze erstarrt und bildet dann die Schweißnaht. Auf Grund des geringen Strahldurchmessers ist die Nahtstelle vorzubereiten. Meist ist kein Zusatzwerkstoff erforderlich. Der Schweißvorgang kann unter Schutzgas, Vakuum oder in normaler Atmosphäre durchgeführt werden. Durch die freie und flexible Führung des Laserstrahls ist die Anfertigung präziser dreidimensionaler Schweißnähte möglich. Meist geht die Einwirkung des Laserstrahls mit einer festigkeitssteigernden Gefügeveränderung einher.

Bild: Laserschweißen – CO_2-Schweißkopf beim Schweißen von Werkstücken unterschiedlicher Blechdicke (Tailored Blank)./ Foto: Thyssen-Krupp Drauz Nothelfer GmbH

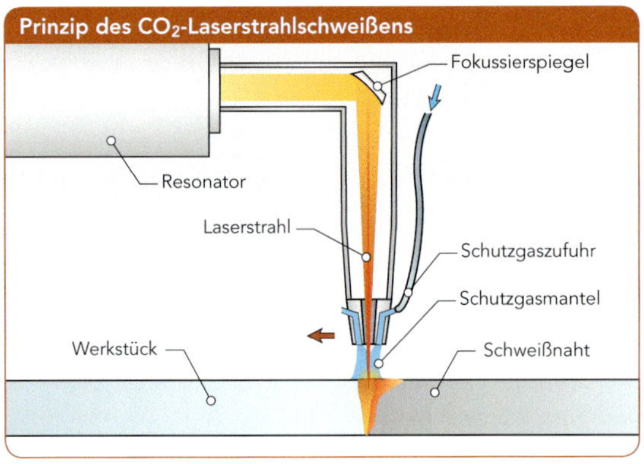

Abb. 53: nach [15, 27]

Materialien
Mit der Laserschweißtechnik können fast alle Metalle geschweißt werden. Insbesondere zählen hierzu niedrig- und hochlegierte Stähle sowie Aluminium- und Titanlegierungen. Auch beschichtete Werkstoffe (z. B. verzinkte Bleche) können mit dem Laser geschweißt werden (Müller, Förster 2001). Im Kunststoffbereich findet das Verfahren für thermoplastische Werkstoffe Anwendung.

Anwendung und Bauteilgrößen
Die generellen Anwendungsgebiete des Laserschweißens liegen in Produktionsbereichen, in denen qualitativ hochwertige Bauteile und Produkte im feinwerktechnischen aber auch großvolumigen Bereich benötigt werden. Hierzu gehören der Maschinenbau, die Mikrosystem- und Medizintechnik, der Flug- und Fahrzeugbau sowie die Raumfahrt.

Ein aktuelles Beispiel ist der Airbus A380, für dessen Herstellung eine automatisierbare Laserstrahltechnik mit einem großflächig verfahrbaren Laserkopf entwickelt wurde. Kunststoffe werden insbesondere für die Verpackungsindustrie durch Laserschweißen gefügt.

Nachbearbeitung und Qualität
Auf Grund der lokal begrenzten und sehr präzisen Wärmeeinbringung weisen mit Laserschneiden geschweißte Bauteile nur geringen Verzug auf. Eine Nachbearbeitung ist meist nicht nötig. Zudem werden hohe Festigkeitswerte in den Schweißnähten erzielt.

Wirtschaftlichkeit
Für Anschaffung und Betrieb von Laserschweißanlagen sind hohe Kosten einzuplanen. Zudem bedarf es einer sorgfältigen Abschirmung der Schweißstelle vor der für das Augenlicht gefährlichen Laserstrahlung. Die Wirtschaftlichkeit ist folglich erst bei großen Produktionszahlen und großvolumigen Bauteilen gegeben, bei denen sich die hohen Vorschubgeschwindigkeiten positiv auswirken.
Eine Automatisierung des Fügeprozesses über eine programmierte Schweißführung, auch unter Einsatz von Schweißrobotern, ist möglich. Dienstleister in Laserzentren sind am Markt tätig.

Alternativverfahren
Schutzgasschweißen, Elektronenstrahlschweißen im Flugzeugbau, Ultraschall-, Warmgas- und Heizelementeschweißen für Kunststoffe

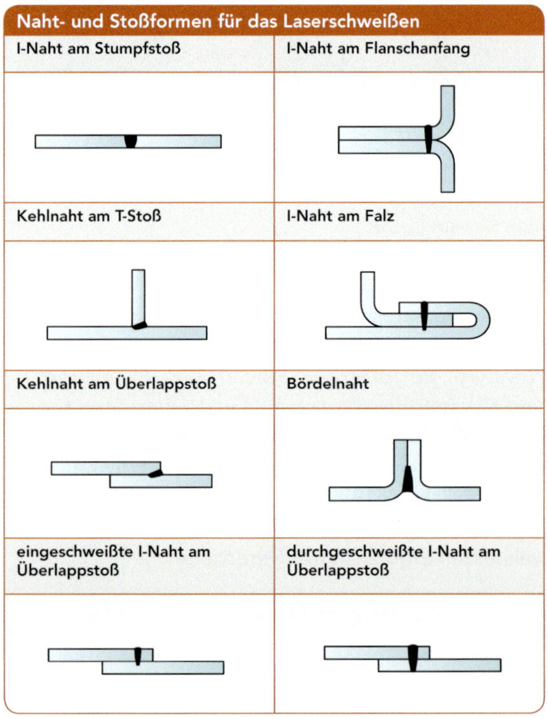

Abb. 54: nach [31]

FUE 5.8
Schweißen – Reibschweißen

Verfahrensprinizip

Das Reibschweißverfahren zählt zu den Pressschweißverfahren. Reibungswärme wird genutzt, um die zu fügenden Bauteiloberflächen zu plastifizieren. Es wird kein Zusatzwerkstoff benötigt.

Beim ***Vibrationsschweißen*** werden die Werkstückoberflächen zusammengedrückt und gegeneinander gerieben, bis die oberen Materialschichten in einen zähflüssigen Zustand übergehen. Die lineare oder zirkulierende Bewegung endet. Die Fügeverbindung entsteht während des Erstarrungsprozesses.

Das ***Rotationsreibschweißen*** arbeitet nach dem gleichen Prinzip. Zwei rotationssymmetrische Bauteile werden gefügt, indem das eine Bauteil gegen das andere feststehende gedrückt und dabei eine rotierende Bewegung ausgeführt wird. Der Fügeprozess wird analog zum Vibrationsschweißen abgeschlossen.

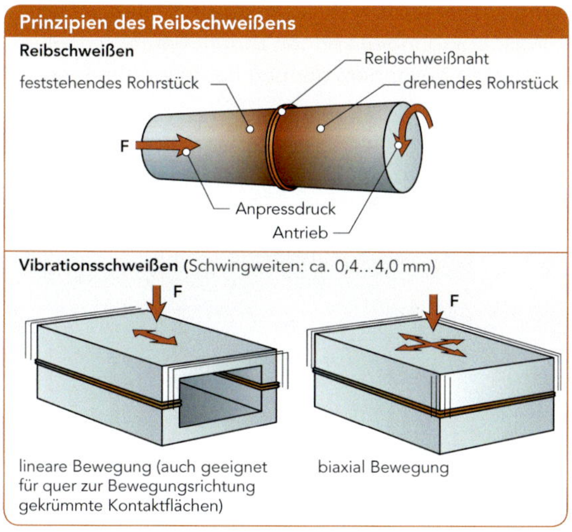

Abb. 55: nach [5, 9]

Materialien

Die Verfahren sind insbesondere für den Kunststoffbereich geeignet, da die erforderliche Energie zur Plastifizierung des Materials im Vergleich zu anderen Werkstoffen hier nicht sonderlich hoch ist. Dies trifft auf fast alle thermoplastischen Kunststoffe zu. Die Reibschweißtechnik kann aber auch bei Metallen wie Stahl, Aluminium, Blei, Magnesium- und Nickellegierungen angewendet werden. Besondere Potenziale weist die Technologie dann auf, wenn neben artgleichen auch artähnliche Werkstoffkombinationen gefügt werden sollen. Die Erzeugung von Mischverbindungen kann durch integrierte Induktionserwärmung verbessert werden. Eine Verfahrensvariante des Vibrationsschweißens von Holz, bei der durch gezielte Wärmezufuhr das sich in der Holzstruktur befindliche Lignin HOL 1.2 aufgeschmolzen wird, wurde zwischen 2002 und 2008 in der Schweiz entwickelt. Holzverbindungen können auf dieses Weise ohne Bindemittel erzeugt werden, da das Lignin in einem bestimmten Temperaturbereich thermoplastische Eigenschaften aufweist.

Anwendung und Bauteilgrößen

Das Vibrationsschweißen kommt zur Herstellung von großflächigen Fügeverbindungen bei ebenen Werkstückpaarungen im Kfz-Bereich zum Einsatz. Rohre oder Stangen werden durch Rotationsreibschweißen gefügt. Insbesondere ist das Verfahren für neu entwickelte Sonderwerkstoffe interessant, bei denen der wirtschaftliche Einsatz erst durch gefügte Werkstoffkombinationen mit billigeren Trägerwerkstoffen gewährleistet werden kann. Ein Anwendungsbeispiel für das Vibrationsschweißen von Holz ist die Kernherstellung von Snowboards.

Nachbearbeitung und Qualität

Sowohl beim Vibrations- als auch beim Rotationsreibschweißen können dichte und mechanisch belastbare Fügeverbindungen hergestellt werden. Charakteristisch für das Rotationsreibschweißen ist die typische Schweißwulst.

Wirtschaftlichkeit

Reibschweißverfahren sind kostengünstig, da sich die Prozesszyklen auf kurze Verarbeitungszeiten begrenzen lassen. Die Verfahren sind seit über 30 Jahren als automatisierbare Schweißverfahren etabliert. In den letzten Jahren konnten immer wieder neue Anwendungsfelder erschlossen werden.

Alternativverfahren

Heizelementeschweißen, Ultraschallschweißen und Warmgasschweißen für Kunststoffe, Laserschweißen und Löten für Metalle, Kleben

Bild: Ventil eines Verbrennungsmotors. Das Ventil besteht aus zwei unterschiedlichen Materialien, die mittels Reibschweißen gefügt sind. Die Materialpaarung besteht aus einem hochwarmfesten Werkstoff für das Kopfstück und einem härtbaren Schaftmaterial mit guten Gleiteigenschaften für die Ventilführung.

FUE 5.9
Schweißen – Ultraschallschweißen

Verfahrensprinizip
Wie das Reibschweißen zählt auch das Ultraschallschweißen zu den Pressschweißverfahren. Die Fügeverbindung wird durch Aufschmelzen der Materialoberfläche in Folge von Reiberwärmung und unter Einbringen einer Druckbeanspruchung erzielt. Ultraschallschwingungen werden parallel zur Berührungsebene der zu fügenden Bauteiloberflächen eingeleitet. Dadurch wird Wärme erzeugt, und die oberen Materialschichten werden aufgerissen. Die Ausbildung der Fügeverbindung an den verflüssigten Bauteiloberflächen erfolgt während der Erstarrung unter Druck. Um eine gute Schalleinleitung zu gewährleisten, ist auf eine saubere und großflächige Ankopplung der ***Sonotrode*** zu achten.

Prinzip des Ultraschallschweißens

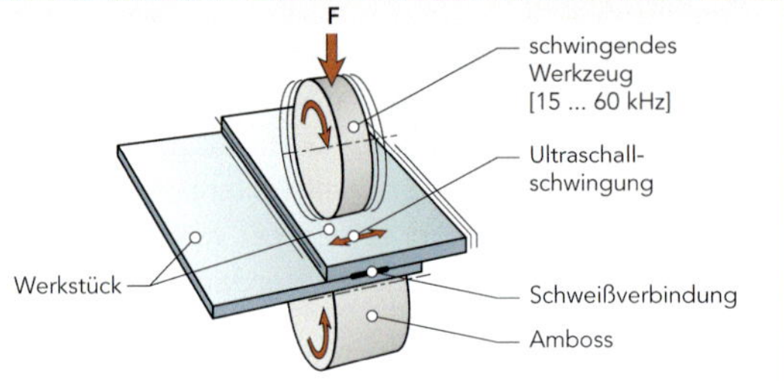

Abb. 56: nach [27]

Materialien
Durch Ultraschallschweißen können Werkstücke aus Stahl, Aluminium, Kupfer, Titan und Nickel gefügt werden. Außerdem ist die Herstellung stoffschlüssiger Verbindungen von Bauteilen aus thermoplastischen Kunststoffen durch Anwendung mechanischer Ultraschallschwingungen möglich. Dies gilt für fast alle Thermoplaste mit Ausnahme solcher, die auf Grund ihres Dämpfungsfaktors Schallschwingungen in hohem Maße absorbieren. IN 2005 wurde auch eine Verfahrensvariante des Ultraschallschweißens zur Erzeugung permanenter Verbindungen von Holzbauteilen entwickelt HOL 2.2.

Anwendung und Bauteilgrößen
Schweißen mit Ultraschall kommt vorwiegend dann zum Einsatz, wenn besonders dünne Metallbauteile mit Widerstandspunktschweißen nicht zu verarbeiten sind. Haupteinsatzgebiet ist die Elektroindustrie, in der die Herstellung von Fügeverbindungen zwischen Drähten, dünnen Folien oder Blechen einen Schwerpunkt bildet. Es wird auch zur Herstellung von Bimetallen VER genutzt. Im Kunststoffbereich ist der Einsatz der Technik durch die Größe der zu fügenden Fläche sowie durch den Grad der Dreidimensionalität der Konturen begrenzt. Die maximale Flächengröße beträgt etwa 1.500 mm^2. Weitere Anwendungsfelder liegen im Bereich der Spiele-, Textil- und Automobilindustrie.

Nachbearbeitung und Qualität
Der Verzug beim Ultraschallschweißen von Metallbauteilen fällt auf Grund der niedrigen Wärmeeinwirkung sehr gering aus. Jedoch hat das Verfahren bezüglich der Festigkeit der Schweißnähte Nachteile. Eine Nachbearbeitung der Fügestellen ist meist nicht erforderlich. Im Kunststoffbereich kann bei hochfrequenten Schwingungen eine feine Fusselbildung ausgemacht werden. Bei bestimmten Schwingungsbedingungen können zudem Bauteilschädigungen an besonders dünnen Bauteilgeometrien entstehen.

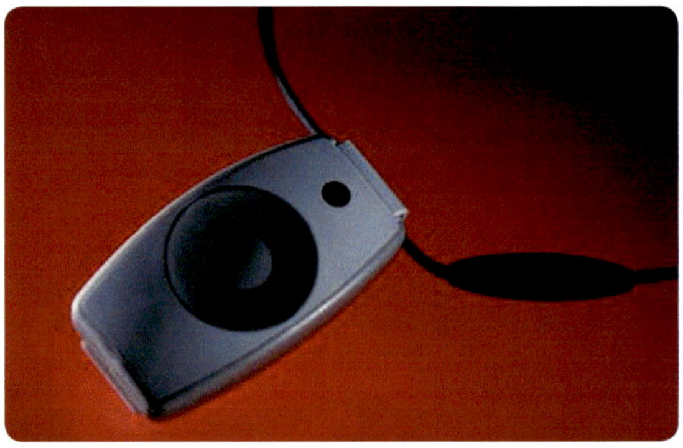

Bild: Sender für alte Menschen, Gehäusehälften durch Ultraschallschweißen gefügt und somit wasserdicht./ Entwicklung und Foto: MMID

Wirtschaftlichkeit
Ultraschallschweißen ist vor allem bei Kleinteilen ein besonders kostengünstiges Fügeverfahren. Die Produktion sehr großer Losgrößen ist möglich.
Die Schweißtechnik eignet sich im Kunststoffbereich aber auch für Kleinserien bis zu einer Teilezahl von 50.000 Stück. Fügeverbindungen können in weniger als einer Sekunde hergestellt werden. Ultraschallschweißanlagen mit pneumatischem oder elektrischem Antrieb sind auf dem Markt verfügbar.

Alternativverfahren
Kleben, Widerstandspunktschweißen, Reibschweißen und Heizelementeschweißen bei Kunststoffen, Leimen für Holzbauteile, Schraubverbindungen

FUE 5.10
Schweißen – Heizelementeschweißen

Verfahrensprinizip

Ein ***Heizelement*** ist ein elektrisch beheiztes metallisches Bauteil, das in seiner Form der zu erzeugenden Fügenahtgeometrie angepasst ist. Die zu fügenden polymeren Werkstückoberflächen werden gegen die Heizelemente gedrückt. Dabei erwärmen sich die oberen Schichten in nur wenigen Sekunden und werden in einen zähpastösen Zustand überführt. Ist die gewünschte Dicke der Schmelzschicht erreicht, werden die Bauteile getrennt. Das Heizelement kann entfernt werden. Anschließend werden die Werkstückteile wieder zusammengebracht und unter Druck gefügt. Die entstehenden Schweißverbindungen sind mechanisch hoch belastbar. Die Heizelementtemperaturen liegen je nach Werkstoff zwischen 230 °C und 450 °C. Heizelemente werden aus Aluminium-Bronzelegierungen, hochfesten Alumniumlegierungen oder für das Hochtemperaturschweißen aus Stahl gefertigt.

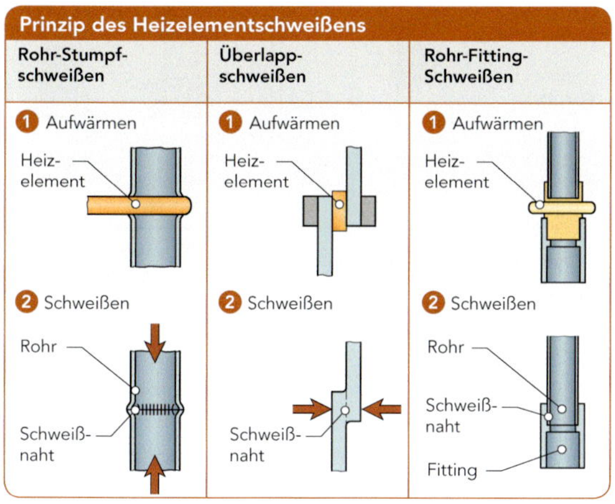

Abb. 57: nach [9]

Materialien

Wie bei den Alternativverfahren zum Schweißen von Kunststoffen können mit Heizelementen die meisten thermoplastischen Werkstoffe *KUN 4.1* verarbeitet werden. Ausnahmen sind Kunststoffe wie PMMA *KUN 4.1.7*, die sich auf Grund ihrer Struktur oder ihres Molekulargewichts schwer plastifizieren lassen (Michaeli 1999). Von einigen Herstellern werden spezielle Kunststoffe (z. B. Durethan®) mit verringerten Schmelzhaftungen angeboten, die extra für das Heizelementeschweißen entwickelt wurden.

Anwendung und Bauteilgrößen

Mit Heizelementen lassen sich sowohl kleine als auch große Bauteilflächen, auch mit nicht ebenen Kontaktflächen, verbinden. Ein typisches Anwendungsgebiet ist das Fügen von Rohrleitungen aus Polyethylen *KUN 4.1.1* oder Polypropylen *KUN 4.1.2* in der Trink- oder Wasserversorgung. Ein weiterer Bereich ist die Verarbeitung von Halbzeugen wie Tafeln und Fensterprofilen. Das Verfahren wird außerdem zur Herstellung von Kunststoffteilen im Kfz-Bereich (z. B. Leuchtensysteme) und von Lebensmittelverpackungen angewendet. Außerdem hat es in der Medizintechnik eine Bedeutung.

Nachbearbeitung und Qualität

Durch Heizelementeschweißen im Serieneinsatz werden gute bis sehr gute Schweißnahtqualitäten erzielt. Ein geringer Nachbearbeitungsaufwand ist üblich. Die entstehende Schmelzwulst kann mit Schmelzfangnuten verdeckt werden.

Wirtschaftlichkeit

Heizelementeschweißen ist die im Kunststoffbereich am häufigsten zur Anwendung kommende Schweißtechnik. Es ist ein Verfahren der Serienfertigung, große Losgrößen sind realisierbar. Die Zykluszeiten liegen meist bei über 40 Sekunden. Sollte die Naht lediglich hohe Dichtewerte aufweisen und nur geringen Kräften ausgesetzt sein, kann die Dauer des Schweißzyklusses minimiert werden. Durch Aufheizen auf Temperaturen von über 400 °C kann die Zykluszeit zudem um etwa 10 Sekunden verringert werden. Im Vergleich zu einfachen Fügegeometrien ist die Herstellung von Konturheizelementen, deren Form an eine dreidimensionale Nahtgeometrie angepasst ist, recht kostenintensiv.

Alternativverfahren

Reibschweißen, Ultraschallschweißen, Warmgasschweißen, Kleben

FUE 6
Löten

Durch Löten werden, vergleichbar mit Schweißvorgängen, Bauteile und Werkstückoberflächen gleicher oder unterschiedlicher Metalle stoffschlüssig verbunden.

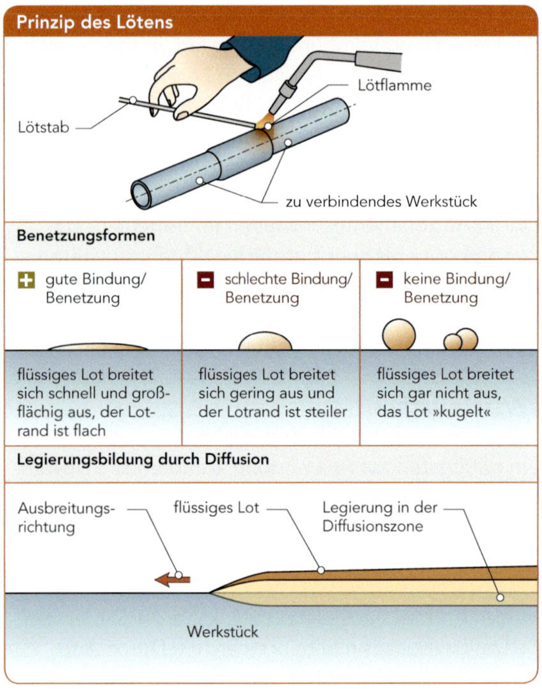

Abb. 58: nach [9]

Während beim Schweißen die Werkstücke selbst bis in den flüssigen Bereich erwärmt werden, bleiben die Fügeoberflächen beim Löten fest. Ein Zusatzmaterial (*Lot*) wird vielmehr benötigt und aufgeschmolzen, um die Werkstücke fest miteinander zu verbinden. Die Schmelztemperatur liegt dabei unterhalb der der zu fügenden Grundkörper. Das flüssige Lot benetzt die Flächen und diffundiert in die Oberflächenporen hinein. Es kommt zu einer Legierungsbildung im Grenzbereich zwischen Lot und Werkstück. Damit diese optimal ablaufen kann, sollten die Bauteiloberflächen nach Möglichkeit metallisch rein sein. Oxidschichten müssen vor dem Löten mechanisch entfernt und deren Bildung beim Erwärmen der Werkstücke unter Verwendung eines Flussmittels oder innerhalb einer Schutzgasatmosphäre verhindert werden. Arbeiten unter Vakuum kann zudem eine Oxidschichtbildung vermeiden. Die meist pastenförmigen Flussmittel werden vor der Lötarbeit auf die Fügestelle aufgetragen, damit sich Oxide ablösen können. Außerdem verhindern sie deren Neubildung.

Die Auswahl des Flussmittels richtet sich nach der Schmelztemperatur des zur Anwendung kommenden Lotes. Sie werden an Hand ihres Wirktemperaturbereiches charakterisiert. Um Korrosion zu vermeiden, müssen nach dem Löten Flussmittelreste entfernt werden.

Übersicht der Lötverfahren

Weichlöten	unter 450°C (mit Flussmittel)
Hartlöten	über 450°C (mit Flussmittel im Vakuum oder unter Schutzgas)
Hochtemperaturlöten	über 900°C (im Vakuum oder unter Schutzgas)

Beispiele von Lötverbindungen

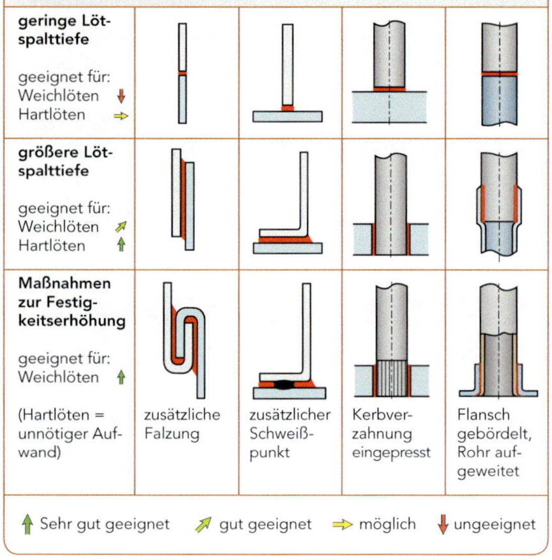

Abb. 59: nach [9]

Lötverbindungen sind dicht und können elektrischen Strom und Wärme leiten. Sie lassen sich im Vergleich zu Schweißnähten auf sehr einfache Weise herstellen. Zudem ist eine großflächige Ausführung unproblematisch. Die Eigenschaften, insbesondere die Festigkeit einer Lötverbindung, hängen entscheidend von der Spaltbreite zwischen den Werkstückpartnern und dem Diffusionsverhalten der Materialien ab. Zum einen muss sichergestellt sein, dass die Geometrie des Lötspalts eine gute Ausbreitung und Benetzung des flüssigen Lotes auf den Werkstückoberflächen ermöglicht, zum anderen müssen die zu fügenden Materialien eine Diffusion des Lotes in das Gefüge zulassen. Lötspaltabmaße unter 0,02 mm sind auf Grund zunehmender Bindefehler ebenso problematisch wie Spaltbreiten oberhalb von 0,5 mm. Bearbeitungsriefen von Dreh- und Fräsprozessen sollten in Richtung des fließenden Lotes liegen, um die durch den Spalt erzeugte Kapillarwirkung nicht zu behindern. Außerdem sind Werkstück und Lot vor der Verarbeitung genügend stark zu erwärmen. Dabei sollte der Erwärmungsprozess eine Obergrenze von 4 Minuten nicht überschreiten, da nach längerem Wärmeeinfluss die Flussmittel ihre Wirksamkeit verlieren, und es zu einer ungewünschte Oxidbildung kommen kann.

FUE 6.1
Löten – Lötverfahren

Die bekannten Lötverfahren lassen sich an Hand der Arbeitstemperaturen, in denen das Lot geschmolzen wird, unterscheiden (Fahrenwaldt 1994; Beitz, Grote 2001).

Liegt die Arbeitstemperatur unter einem Wert von 450 °C, spricht man von ***Weichlöten***. Es wird vor allem dort eingesetzt, wo Lötverbindungen keiner hohen Belastung ausgesetzt sind oder die zu fügenden Grundwerkstoffe eine besondere Wärmeempfindlichkeit aufweisen. Dies trifft beispielsweise auf den Bereich der Elektro- und Halbleitertechnik zu. Aber auch bei Gas- und Elektroinstallationen ist das Weichlöten eine häufig eingesetzte Fügetechnik und kommt insbesondere im Schmuckbereich zur Anwendung. Typische Lötwerkstoffe sind niedrig schmelzende Legierungen der Metalle Zinn, Kadmium und Zink, die unterhalb einer Temperatur von 450 °C verarbeitet werden können.

Sollen höhere Festigkeiten erzielt werden oder eine besonders breite Spaltgeometrie vorliegen, werden Materialpaarungen bei Temperaturen von über 450 °C hart gelötet. Anwendungsfelder sind beispielsweise Verbindungen kraftübertragender Bauteile im Schiffs-, Fahrzeug- und Flugzeugbau. Außerdem werden Rohrleitungssysteme (z. B. Wasser-, Ölleitungen) oder Fahrradrahmen hart gelötet. Die Festigkeit beim ***Hartlöten*** kann durch eine Verlängerung der Spalttiefe erhöht werden. Hartlotwerkstoffe bestehen aus Kupfer-, Silber- oder Aluminiumlegierungen. Um die Verarbeitungstemperatur herabzusetzen, enthalten sie Zusätze aus Zinn oder Phosphor.

Können durch Hartlöten die geforderten Festigkeitswerte nicht erreicht werden, kommen besonders feste hochschmelzende Lötsysteme zum Einsatz. ***Hochtemperaturlöten*** erfolgt bei Temperaturen von über 900 °C unter Vakuum oder Schutzgas. Hier können auch hochfeste Stahlverbindungen erzielt werden, die beispielsweise im Luftfahrtbereich, Turbinenbau oder in der Reaktortechnik dynamischen Belastungen ausgesetzt sind. Somit hat sich das Hochtemperaturlöten als wirtschaftliches Verfahren neben modernen Strahlschweißverfahren behauptet. Verwendet werden Lote auf Nickelbasis, Edelmetalle oder Legierungen von Silber, Gold, Palladium und Platin.

Die Energieeinleitung beim Löten kann unter Berücksichtigung der jeweils notwendigen Arbeitstemperatur auf unterschiedliche Weise geschehen.

Das ***Kolbenlöten*** eignet sich zum Weichlöten. Die Erwärmung des angelegten Lotes erfolgt durch einen von Hand geführten Kolben, der elektrisch oder mit Gas beheizt werden kann. Beachtet werden sollte, dass die Kolbenspitze vor jedem Lötvorgang gereinigt und verzinnt wird.

Beim ***Lotbadlöten*** (Weichlöten) wird zunächst das Lot in einem Bad geschmolzen. Die Werkstücke werden anschließend in dem Bad aus flüssigem Material erwärmt, bis dass das Lot den zu fügenden Spalt vollständig ausfüllt. Das Flussmittel muss vorher auf die zu fügenden Bauteile aufgebracht werden.

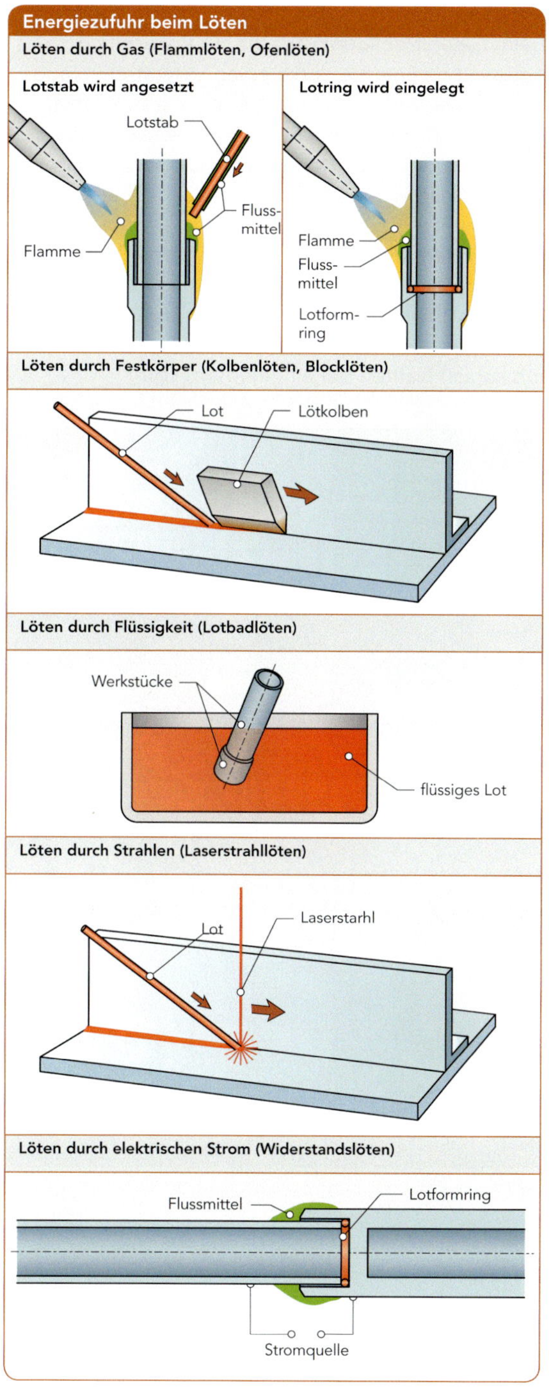

Abb. 60: nach [9]

Flammlöten bezeichnet ein Lötverfahren, bei dem die Fügestelle mit einem Gasbrenner erwärmt und anschließend das Lot hinzugeführt wird. Das Lot kann eingesetzt oder angelegt werden. Zum Löten von Rohren werden Lote in Form von Ringen verwendet. Das Flammlöten findet sowohl zum Weich- als auch zum Hartlöten Verwendung.

Beim *Laserstrahllöten* wird die zur Erwärmung notwendige Energie durch einen Laserstrahl eingebracht. Das Verfahren eignet sich auch zum Hochtemperaturlöten für hochfeste Fügeverbindungen. Es weist zudem eine hohe Flexibilität auf und ist automatisierbar.

Beim *Widerstandslöten* wird die Fügestelle durch das Durchströmen eines elektrischen Widerstandes erwärmt. Das Verfahren eignet sich sowohl zum Weich- als auch zum Hartlöten kleiner Werkstücke mit kurzen Nähten bei eingelegtem Lot.

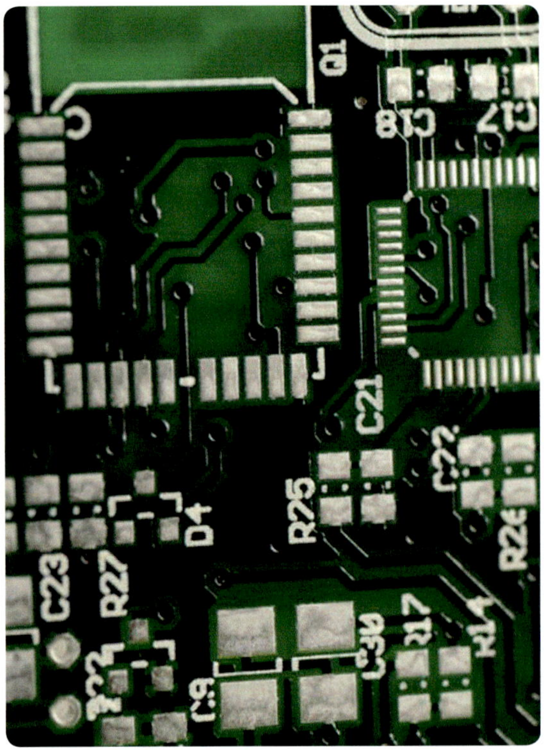

Bild: Lötstellen auf einer Elektronikplatine.

Materialien
Durch Löten können im Prinzip alle metallischen Werkstoffe dauerhaft miteinander verbunden werden. Insbesondere für Bauteile aus Kupfer, Rotguss, Messing und Stahl stellt es eine ideale Fügetechnik dar.

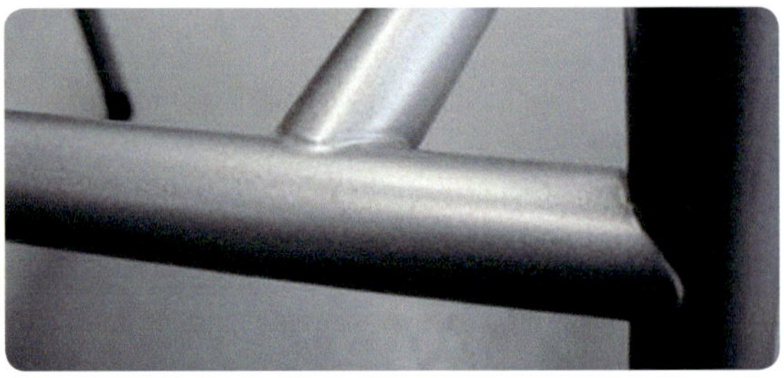

Bild: Gelötete Fügeverbindung eines Stahlrohrgestells (anschließend lackiert).

Anwendung und Bauteilgrößen
Lötverbindungen kommen insbesondere in der Elektronikindustrie zum Einsatz, wenn elektrisch leitende Fügeverbindungen mit geringer Wärmezufuhr hergestellt werden müssen (Scheel 1999). Außerdem werden Rohrverbindungen im Gas- und Installationsbereich häufig durch Löten erzeugt. Das Hart- und Hochtemperaturlöten kommt darüber hinaus im Schiffs-, Fahrzeug- und Flugzeugbau zum Einsatz. Zur Herstellung von Schmuckstücken und luxuriösem Accesssoir (z. B. Silberbesteck) ist es das vorherrschende Fügeverfahren.

Nachbearbeitung und Qualität
Wie beim Schweißen hängt auch die Qualität einer Lötstelle von der Qualifizierung und Erfahrung des ausführenden Personals ab. Fehler enstehen insbesondere dann, wenn das Flussmittel auf Grund zu hoher Temperaturen verbrennt und das Lot nicht richtig benetzen kann. Auch kann es zu Qualitätseinbußen kommen, wenn falsches Lot oder Flussmittel verwendet wurde oder die Berührflächen nicht gründlich gereinigt wurden.

Wirtschaftlichkeit
Im Vergleich zum Schweißen verursacht Löten geringere Investitionskosten. Das Verfahren eignet sich jedoch nur für kurze Verbindungsnähte, wodurch die Wirtschaftlichkeit lediglich bei kleinen Stückzahlen oder kleinen Fügegeometrien wie beispielsweise bei Platinen gegeben ist. Zudem muss bei der Auswahl des Lötverfahrens der Festigkeitsnachteil gegenüber dem Schweißen bedacht werden.

Alternativverfahren
Reibschweißen, Ultraschallschweißen, Kleben, Schraubverbindungen

FUE 6.2
Löten – Gestaltungsregeln

Auslegung und Gestaltung des zwischen den zu lötenden Bauteilflächen bestehenden Abstands ist von besonderer Bedeutung für die Herstellung einer festen Lötverbindung. Folgende Hinweise können in Anlehnung an Fahrenwaldt 1994, Fritz, Schulze 1998 und Dobler et al. 2003 helfen:

Ein dünner, sich verengender Spalt ist Voraussetzung für eine tragfähige, dichte und saubere Lötverbindung. Der Abstand zwischen den beiden Fügeflächen sollte im Idealfall zwischen 0,05 mm und 0,2 mm betragen.

Die Lötspalttiefe ist nicht länger als 15 mm auszulegen, da sonst keine vollständige Füllung mit flüssigem Lot durch die entstehende Kapillarwirkung gewährleistet ist.

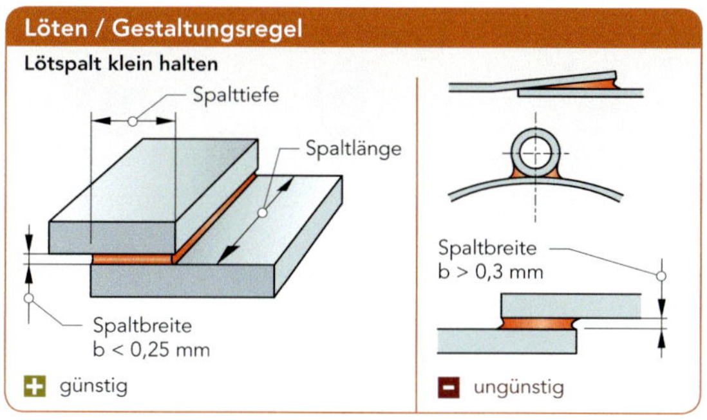

Abb. 61: nach [9]

Guter Kontakt zwischen Lot und Werkstück wird erzielt, wenn das Lot eingelegt wird.

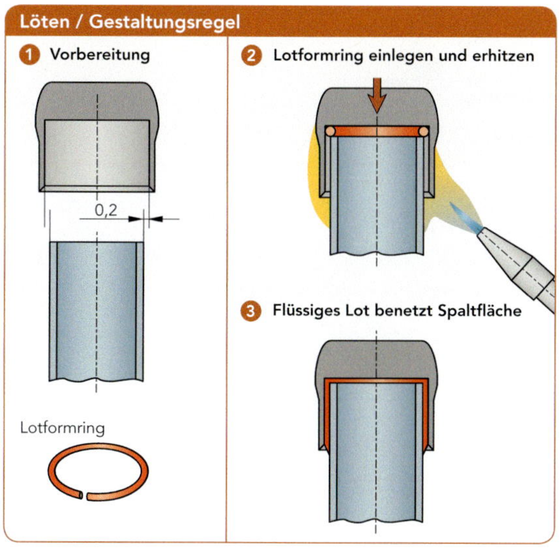

Abb. 62: nach [9]

Entweichungsmöglichkeiten für die aus der Lötverbindung ausströmende Luft sind vorzusehen.

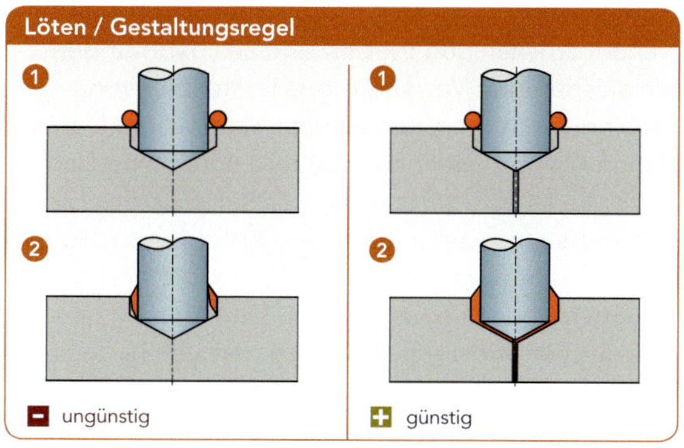

Abb. 63: nach [17]

Laschen- bzw. Überlappungsverbindungen sind den Stumpflötungen vorzuziehen.

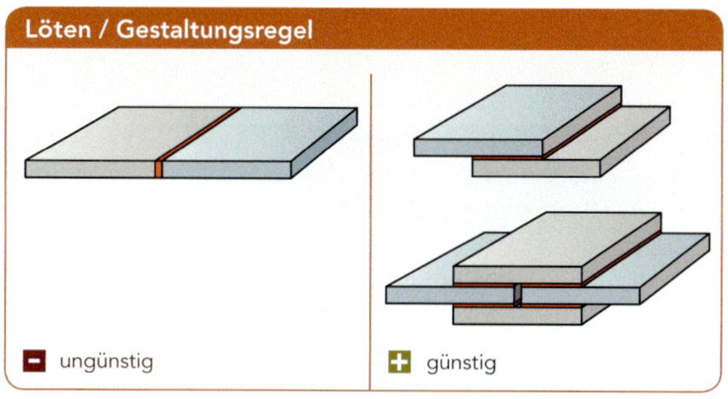

Abb. 64: nach [17]

Eckverbindungen sollten so konstruiert werden, dass sich die Fügestellen überlappen.

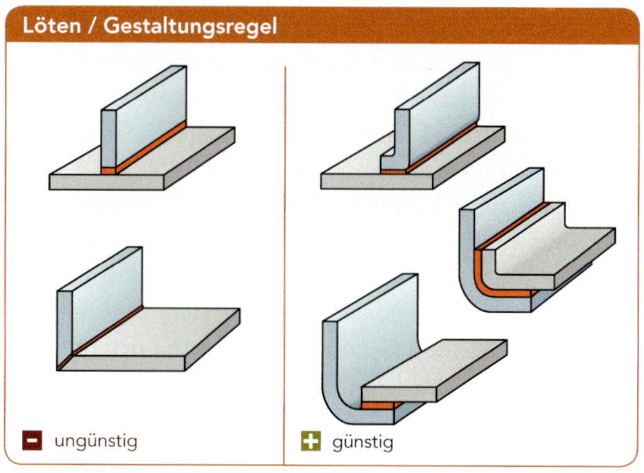

Abb. 65: nach [17]

FUE 7
Nähen, Stricken, Weben

Fügeprinzip
Nähen, Stricken und Weben sind seit Jahrhunderten existierende Verfahren zur Herstellung von Verbindungen zwischen textilen Materialien. Durch Nähen können zwei oder mehrere unterschiedlich dicke Werkstoffe verbunden werden. Eine flexible Verbindung entsteht durch eine Abfolge von Materialdurchdringung, Schlaufenbildung und Verknoten mit einem meist textilen Faden. Eine Vielzahl unterschiedlicher Stichfolgen existiert, die sich hinsichtlich erreichbarer Festigkeit und Breite der Verbindung für die jeweilige Anwendung unterscheiden. Stricken bzw. Weben sind Verfahren zur Herstellung flächiger Stoffe. Mit einer oder mehreren Nadeln werden beim Stricken Fäden zunächst zu Maschen, dann zu einem flächigen Maschenwerk verschlungen. Beim Weben werden Gewebe und Stoffe durch Kreuzen und Verflechten von Fäden erzeugt TEX 2.2.1.

Bild: Vernähen von Stoffteilen./ Foto: Ledder Werkstätten

Materialien
Vor allem Textilien und Leder aber auch Papier und dünne Metall- bzw. Kunststofffolien können mit Fadenmaterial aus Baumwolle, Seide, Viskose, Polyethylen, Polyester, Nylon oder Aramidfasern TEX genäht werden. Sollten Vorbohrungen eingebracht sein, sind auch dickere Bauteile aus Metall oder Glas nähbar. Für besondere Anwendungen sind dünne Metallfäden und Glasfasern auf dem Markt erhältlich. Neben textilen Fäden können auch andere Materialien gestrickt werden. Gleiches gilt für die Webtechnik, wobei an Metall- und Kunststoffgewebe beispielsweise für technische Funktionen oder Agrartextilien zu denken ist.

Anwendung
Nähen, Stricken und Weben sind typische Verfahren zur Herstellung von Textilien. Weitere Hauptanwendungsgebiete der Nähtechnik sind die Herstellung von Zelten, Segeln und Schuhen. In der jüngeren Vergangenheit sind Metall- und Kunststoffgewebe auch in der Architektur zu finden. Als Wind- und Regenfilter in Gebäudeaußenfassaden ermöglichen semitransparente Gewebe besondere visuelle Eindrücke (z. B. Projektionsflächen) und eröffnen die Umsetzung eines Gebäudes als »Lichtskulptur« TEX.

Traditionelle Näh-, Strick- und Flechtverfahren werden in Neuentwicklungen auch beim Bau von Karosserien für Automobile eingesetzt (z. B. Mercedes SLR Mc Laren). Über Anleihen aus der Textilindustrie wurde es möglich, extrem leichte und ausreichend steife Bauteile aus kohlefaserverstärkten Kunststoffen KUN 1.6 mit einem hohen Automatisierungsgrad für den Fahrzeugbau zu qualifizieren.

Verfahrensprinzip beim Nähen, Weben und Stricken

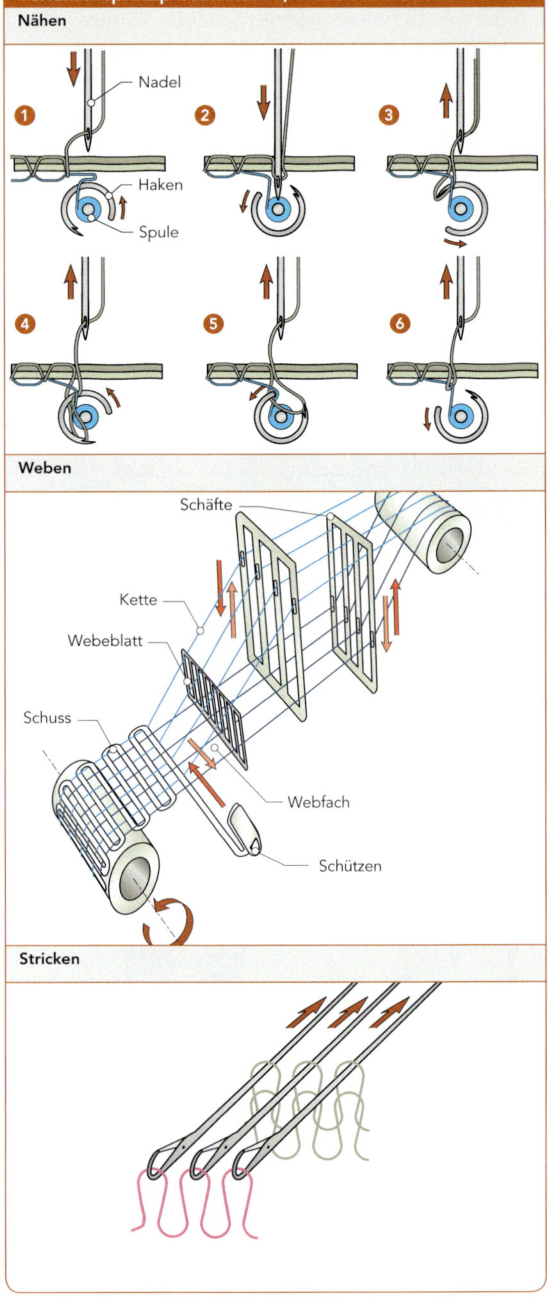

Abb. 66

Wirtschaftlichkeit
Nähen und Stricken sind schnelle, günstige und flexible Verfahren zur Verbindung textiler Materialien. Elektrische Nähmaschinen für den Heimbereich sind günstig erhältlich. Maschinelle Anlagen lohnen den Einsatz erst bei hohen Stückzahlen.

Alternativverfahren
Kleben

FUE 8
Wirtschaftlichkeit verschiedener Fügeverfahren und deren Kombinationen

In folgender Abbildung wird am Beispiel zweier zu fügender Bleche aus Metall eine Übersicht gegeben, wie die Wirtschaftlichkeit existierender Fügeverfahren im Vergleich zu bewerten ist. Das Kleben bildet vielfach eine Alternative zu konventionellen Fügetechniken, da Nebenfunktionen wie das Dichten oder eine Isolation einhergehen. Diese müssten ansonsten in zusätzlichen Arbeitsschritten und mit zusätzlichem Aufwand realisiert werden. Die Anwendung kombinierter Fügeverfahren bietet darüber hinaus gehende Potenziale.

Kostenvergleich verschiedener Fügearten

Kostenfaktor	Fügeart
1,0	Punktschweißen (unlegierter und nicht rostender Stahl)
1,3	Buckelschweißen (unlegierter und nicht rostender Stahl)
1,7	Kleben (2-Komponentenkleber)
2,6	Halbrundniet DIN 660
2,9	Punktschweißen (Aluminium)
2,9	Metall-Lichtbogenschweißen 1-seitig (unlegierter und nicht rostender Stahl)
3,4	Senkniet DIN 661 (Aluminium)
3,5	Senkniet DIN 661 (unlegierter und nicht rostender Stahl)
3,6	Durchgangsloch
3,7	Gewindeschneiden
3,7	Hartlöten in Schutzgasdurchlauflöten (unlegierter und nicht rostender Stahl)
3,9	Setzmutter /
4,1	Blechdurchzug DIN 7952 (unlegierter und nicht rostender Stahl)
4,3	Schutzgaslichtbogenschweißen von Hand 1-seitig (Aluminium)
4,4	Schweißmutter DIN 929 (unlegierter und nicht rostender Stahl)
4,4	Metall-Lichtbogenschweißen von Hand 2-seitig (unleg. und nicht rostender Stahl)
6,9	Hartlöten Flamme (unlegierter und nicht rostender Stahl)
7,4	Schutzgaslichtbogenschweißen von Hand 2-seitig (Aluminium)

Abb. 67: nach [13]

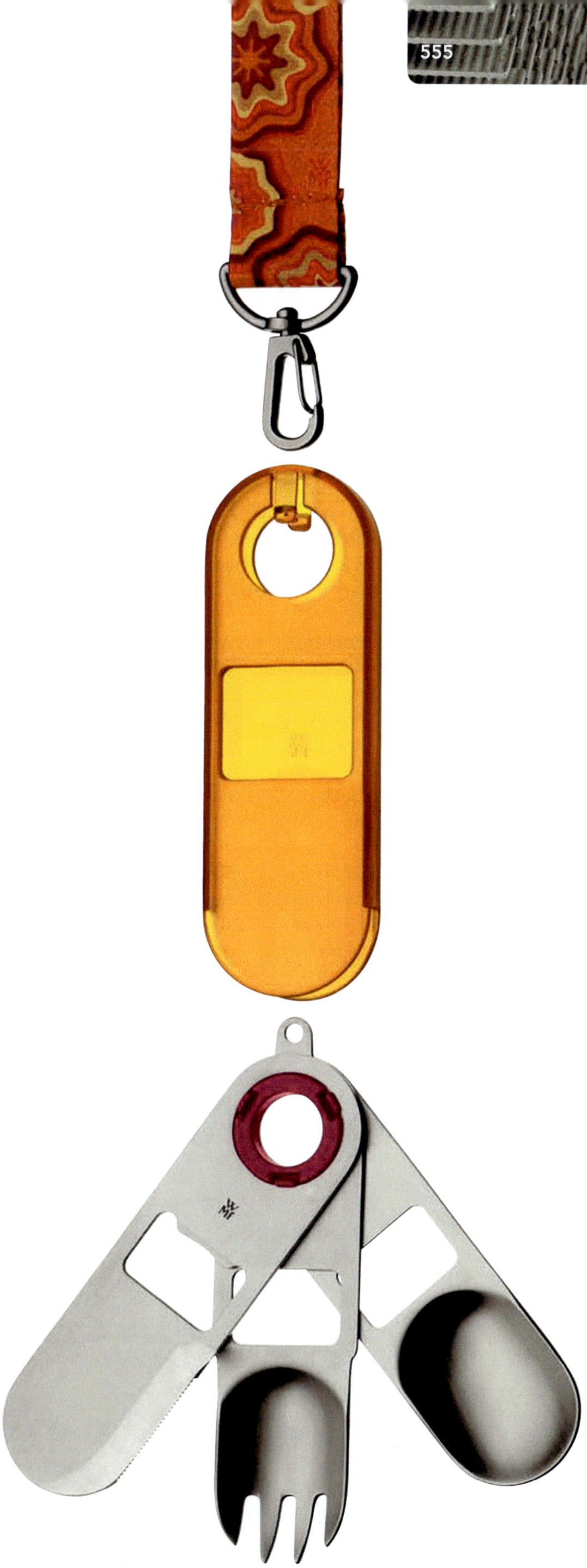

Bild: Unterschiedliche Fügeverbindungen an einem Produkt: »nomad«, 3 teiliges multifunktionales off-table-Besteck. Messer, Gabel und Löffel sind zusammengeclipst und geschützt in einem farbigen Cover und lassen sich zum Essen und Schneiden leicht trennen. Der integrierte Flaschenöffner hängt an einem Gewebeband, vernäht mit einem Karabinerhaken./ Foto: WMF Württembergische Metallwarenfabrik AG

FUE
Literatur

[1] **Ashby, M.; Johnson, K.**: Materials and Design. Oxford: Butterworth-Heinemann, 3. Auflage, 2004.

[2] **Bauer, C.-O.**: Handbuch der Verbindungstechnik. München, Wien: Carl Hanser Verlag, 4. Auflage, 1991.

[3] **Baum, L.; Fichler, V.**: MIG-, MAG-Schweißen. Düsseldorf: Deutscher Verlag für Schweißtechnik, 4. Auflage, 1999.

[4] **Beitz, W; Grote, K.-H.**: Dubbel – Taschenbuch für den Maschinenbau. Berlin, Heidelberg: Springer Verlag, 20. Auflage, 2001.

[5] **Bonten, C.**: Kunststofftechnik für Designer. München, Wien: Carl Hanser Verlag, 2003.

[6] **Brunst, W.**: Fügeverfahren. Mainz: Krausskopf-Verlag, 1979.

[7] **Decker, K.-H.**: Maschinenelemente. München, Wien: Carl Hanser Verlag, 15. Auflage, 2001.

[8] **Dilthey, U.; Brandenburg, A.**: Schweißtechnische Fertigungsverfahren 3 – Gestaltung und Festigkeit von Schweißkonstruktionen. Berlin, Heidelberg: Springer Verlag, 2. Auflage, 2002.

[9] **Dobler, H.-D.; Doll, W.; Fischer, U.; Günter, W.; Heinzler, M.; Ignatowitz, E.; Vetter, R.**: Fachkunde Metall. Haan-Gruiten: Verlag Europa-Lehrmittel, 54. Auflage, 2003.

[10] **Ehrenstein, G.W.**: Konstruieren mit Kunststoffen. München, Wien: Carl Hanser Verlag, 2. Auflage, 1999.

[11] **Ehrenstein, G.W.**: Mit Kunststoffen konstruieren. München, Wien: Carl Hanser Verlag, 2. Auflage, 2002.

[12] **Endemann, U.**: Optimale Schnappverbindungen, in: Kunstoffe 84. München, Wien: Carl Hanser Verlag, Nr. 4, 1994.

[13] **Endlich, W.**: Fertigungstechnik mit Kleb- und Dichtstoffen. Braunschweig, Wiesbaden: Vieweg Verlag, 1995.

[14] **Endlich, W.**: Kleb- und Dichtstoffe in der modernen Technik – Ein Praxisbuch der Kleb- und Dichtstoffanwendung. Essen: Vulkan-Verlag, 1998.

[15] **Fahrenwaldt, H.J.**: Schweißtechnik – Verfahren und Werkstoffe. Braunschweig, Wiesbaden: Vieweg Verlag, 1994.

[16] **Fahrenwaldt, H.J., Schuler, V.**: Praxiswissen Schweißtechnik – Werkstoffe, Verfahren, Fertigung. Braunschweig, Wiesbaden: Vieweg Verlag, 2003.

[17] **Fritz, A.H.; Schulze, G.**: Fertigungstechnik. Berlin, Heidelberg: Springer-Verlag, 4. Auflage, 1998.

[18] **Greuling, H.; Bach, A., Dreifert, M.**: Kleben. Reihe Quarks-Skript, Köln: WDR, 2000.

[19] **Habenicht, G.**: Kleben – erfolgreich und fehlerfrei. Braunschweig, Wiesbaden: Vieweg Verlag, 2. Auflage, 2003.

[20] **Habenicht, G.**: Kleben – Grundlagen, Technologie, Anwendungen. Berlin, Heidelberg: Springer Verlag, 4. Auflage, 2002.

[21] **Hoischen, H.**: Technisches Zeichnen. Düsseldorf: Cornelsen Verlag Schwann-Girardet, 29. Auflage, 2003.

[22] **Killing, R.; Killing, U.**: Verfahren der Schweißtechnik. Düsseldorf: DVS-Verlag, 2002.

[23] **Köhler/Rögnitz**: Maschinenteile. Stuttgart: B.G. Teubner, 7. Auflage, 1986

[24] **Koller, R.**: Konstruktionslehre für den Maschinenbau. Berlin, Heidelberg: Springer-Verlag, 3. Auflage, 1994.

[25] **Maciej, M.**: Untersuchungen zum Einfluss der Diffusion von Makromolekülen auf die Grenzschichtbildung zwischen Klebschichten und Fügeteilen in Kunststoffklebverbindungen. Dissertation, Universität Paderborn, 2003.

[26] **Matek, W., Roloff, H.**: Maschinenelemente. Braunschweig, Wiesbaden: Vieweg Verlag, 16. Auflage, 2003.

[27] **Matthes, K.-J.; Richter, E.**: Schweißtechnik. München, Wien: Fachbuchverlag Leipzig im Carl Hanser Verlag, 2. Auflage, 2003.

[28] **Matthes, K.-J.; Riedel, F.**: Fügetechnik. München, Wien: Fachbuchverlag Leipzig im Carl Hanser Verlag, 2003.

[29] **Michaeli, W.**: Einführung in die Kunststoffverarbeitung. München, Wien: Carl Hanser Verlag, 4. Auflage, 1999.

[30] **Michaeli, W.; Brinkmann, T.; Lessenich-Henkys, V.**: Kunststoff-Bauteile werkstoffgerecht konstruieren. München, Wien: Carl Hanser Verlag, 1995.

[31] **Müller, W.; Förster, D.**: Laser in der Metallbearbeitung. München, Wien: Fachbuchverlag Leipzig im Carl Hanser Verlag, 2001.

[32] **Neuhoff, N.:** Berechnung und Gestaltung von Schweißkonstruktionen. Düsseldorf: DVS-Verlag, 2002.

[33] **Scheel, W.:** Baugruppentechnik der Elektronik. Berlin: Verlag Technik, 2. Auflage, 1999.

[34] **Sprenger, T.; Struhk, C.:** modulor – material total. Berlin, 2004.

[35] **Steinhilper, W.; Röper, R.:** Maschinen- und Konstruktionselemente 2. Berlin, Heidelberg: Springer Verlag, 4. Auflage, 2000.

Bild: Die Einzelteile dieses Modellflugzeugs können durch sehr einfache Fügeverbindungen zusammengebaut werden.

Anzeige

Löttechnik und Wärmebehandlungen

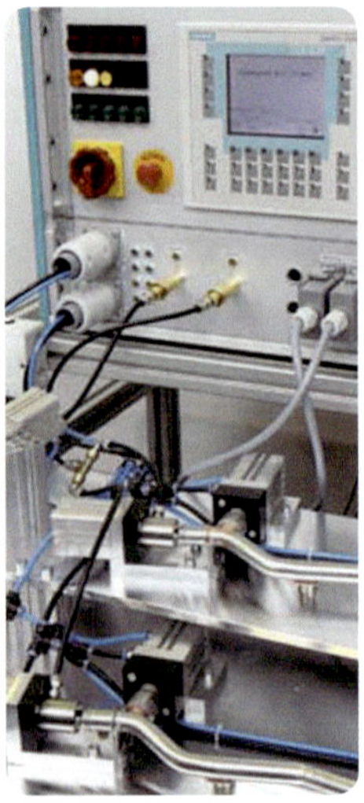

Prüfanlage für Dichtheitsprüfung nach der Druckabfallmethode mit Luft

Wir sind ein erfolgreiches mittelständisches Familienunternehmen für Löttechnik und Wärmebehandlung. Unsere Firma wurde 1981 gegründet.

Wir arbeiten mit modernen Vakuumöfen, Schutzgas-Durchlauföfen und Induktionslötanlagen sowie mit einem breiten Spektrum an Maschinen zur Baugruppenfertigung und -prüfung.

An unserem Standort in Fröndenberg/Nordrhein-Westfalen stellen unsere Mitarbeiter mit großem Engagement sicher, dass durch optimale Arbeitsqualität und Liefertreue eine hohe Kundenzufriedenheit erzielt wird.

Löttechnik

Vakuumlöten

Das Hart- und Hochtemperaturlöten im Vakuum ist ein Fügeverfahren, mit dem eine feste, stoffschlüssige Verbindung hergestellt wird. Es können komplizierte Geometrien bzw. mehrere Fügestellen gleichzeitig miteinander verbunden werden. Der modulare Aufbau von Bauteilen führt zu vereinfachten Fertigungsprozessen und Kosteneinsparungen.

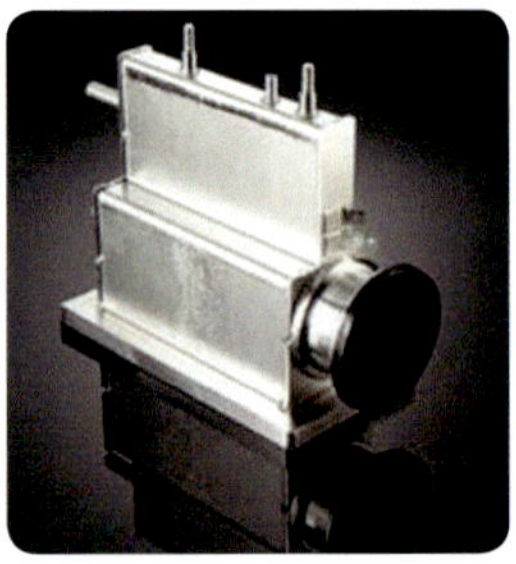

Vakuumlötung: Massenspektrometergehäuse

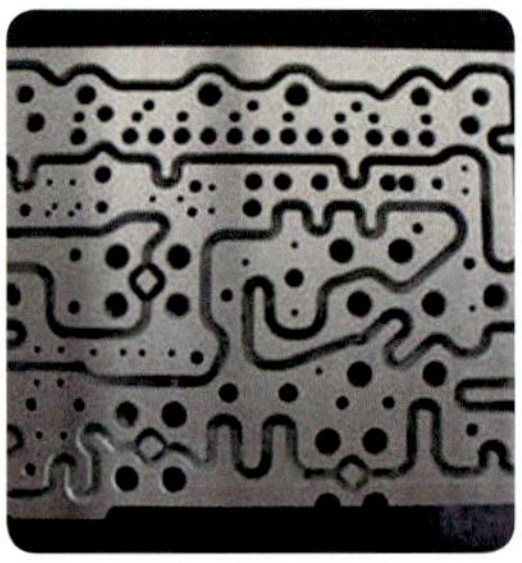

Vakuumlötung: Werkzeuglötung für ein Kunststoffspritzgießwerkzeug mit optimierter Kühlung

Schutzgaslöten

Das Hart- und Hochtemperaturlöten unter Schutzgas ist ein Fügeverfahren, das eine feste, stoffschlüssige Verbindung verschiedener Werkstoffe ermöglicht. In unseren Durchlauföfen löten wir Bauteile aus Stahl, Edelstahl und Kupfer unter Schutzgasatmosphäre.

Durchlaufofen

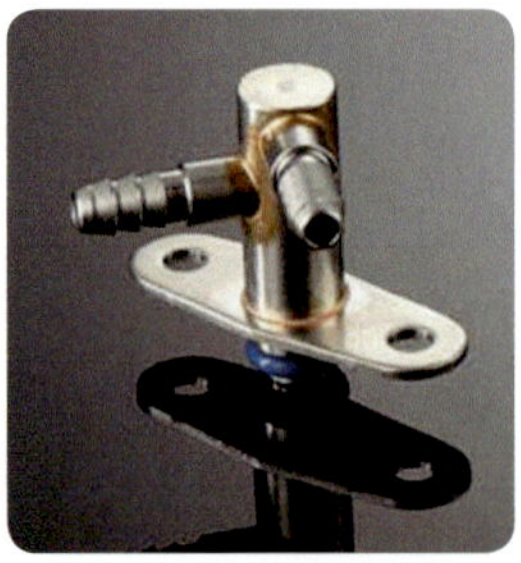

Anfertigung einer Komplettbaugruppe – gelötet im Durchlaufofen

Induktionslöten

Beim Induktionslöten wird die Wärme durch einen im Werkstück induzierten Wechselstrom erzeugt. Induktionslötungen werden bei uns unter Schutzgas flussmittelfrei durchgeführt.

Durch eine definierte Form des Induktors wird nur die Lötstelle des Bauteils erwärmt; so werden Verzugserscheinungen am restlichen Bauteil vermieden.

Bauteil per Induktion gelötet

Bauteil in der Detailansicht

Wärmebehandlung

Glühen

Glühen ist eine Wärmebehandlung, welche die Werkstoffeigenschaften des Bauteils gezielt verändert. Hierdurch werden vorteilhafte Auswirkungen in Hinblick auf die Anwendung und die Weiterverarbeitung erreicht. Wir glühen sowohl unter Vakuum als auch unter Schutzgas.

Glühen von Tiefziehteilen

Vergüten

Vergüten ist eine Kombination aus Härten und Anlassen von Stahlwerkstoffen. Durch diese Wärmebehandlung wird bei dem Material eine hohe Festigkeit bei gleichzeitig guter Zähigkeitseigenschaft erzielt. Wir führen das Vergüten für lufthärtende Stähle im Vakuumofen durch. Das Vakuumhärten findet bei uns üblicherweise in Verbindung mit dem Lötprozess statt. Beim Vakuumhärten erfolgt das Austenitisieren unter Vakuum und das anschließende Abschrecken mit Gas, z.B. Stickstoff.

Vergüten von vakuumgelöteten Formkernen

Verfahren
Löten
Glühen
Vergüten
Baugruppenfertigung

Produktionsanlagen
Vakuumöfen
Schutzgasdurchlauföfen
Induktionslötanlagen
Prüfanlagen

Lote
Kupferlote
Silberlote
Nickel-Basis-Lote
Aktivlote
Sonderlote

Werkstoffe
Stahl
Edelstahl
Kupfer

Sonderwerkstoffe
Hartmetall
Keramik
Diamant
CBN

Unser Unternehmen ist nach DIN EN ISO 9001:2008 zertifiziert.

Harnischmacher GmbH
Hans-Böckler-Straße 5
D - 58730 Fröndenberg

Tel.: +49 (0) 2373 – 97 72 30
Fax: +49 (0) 2373 – 97 72 48
E-Mail: info@harnischmacher.de
www.harnischmacher.de

Harnischmacher

Einfach. D-SNAPen und Zeit sparen.

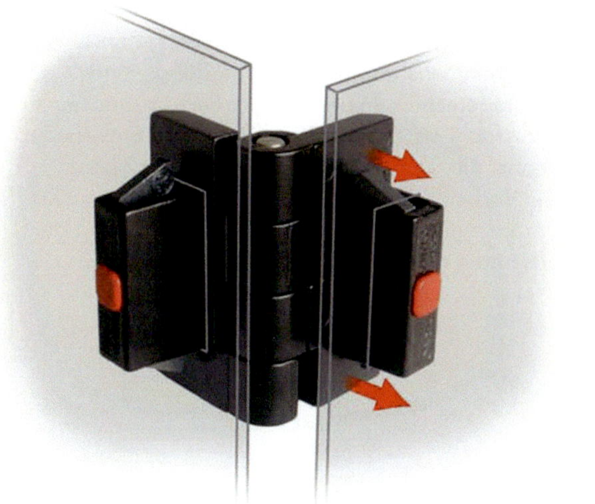

Mit der D•SNAP Technologie können Beschläge ohne Schrauben und Muttern werkzeuglos montiert werden.

Diese Technologie bietet für Gehäusehersteller eine völlig neue Möglichkeit der Zeit- und Kostenreduzierung. Denn die Montage der Beschläge wird durch die D•SNAP Technologie um ein vielfaches beschleunigt. Bis zu 90 % der Montagezeit wird eingespart.

Bei der D•SNAP Technologie werden die in einem Gehäuse integrierten Klipselemente spielfrei in der Einbauöffnung verkeilt und eine innenliegende starke Feder erzeugt eine absolut rüttel- und vibrationssichere Verbindung.

Im Gegensatz zu den auf dem Markt befindlichen klipsbaren Produkten aus Plastik, ist die D•SNAP Technologie durch die zwei gefederten Klipselemente an Stärke mit verschraubten Produkten vergleichbar.

Die SNAP-LINE Beschläge werden nur von vorne blind montiert und eignen sich deshalb besonders auch für hohle Profile und Sandwichwände.

Ein wichtiger Vorteil der D•SNAP Technologie ist: es können Geräte und Gehäuse ohne vorstehende Griffe platzsparend und sicher transportiert werden. Durch die D•SNAP Technologie können selbst ungeübte Anwender Beschläge sicher, schnell und ohne Werkzeuge in die vorgesehene Einbauöffnung montieren.

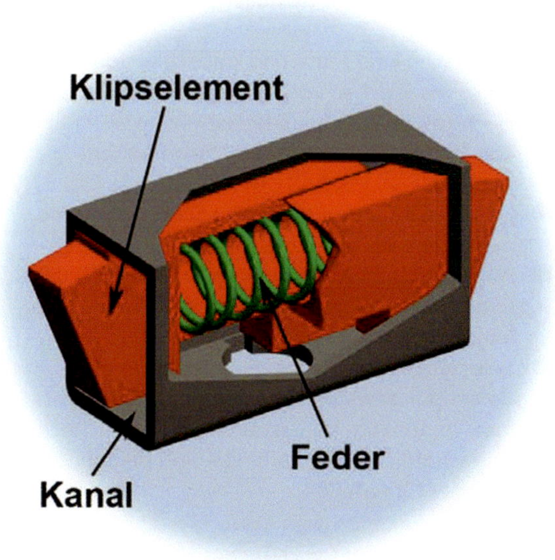

Es können sich keine Schrauben mehr lockern oder herausfallen und dadurch an empfindlichen Geräten Schaden anrichten.

DIRAK GmbH
Königsfelder Straße 1
58256 Ennepetal
Telefon: +49 (0) 02336-837 – 0
Internet: www.dirak.de

DIRAK®

Verbindungen schaffen – Joining together!

Böllhoff – eine internationale, familiengeführte Unternehmensgruppe der Verbindungs- und Montagetechnik – strategischer Partner innovativer Industrien. Mit eigener Produktion und Entwicklung gehört die Gruppe zu den führenden Anbietern von Verbindungs- und Montagetechnologien. Das Unternehmensziel ist die aktive Unterstützung der gesamten Wertschöpfungskette der Kunden.

Dazu gehören beraten, entwickeln und beliefern der Kunden weltweit mit einem breiten Programm anwendungs- und prozessorientierter Verbindungselemente, einschließlich zugehöriger Montagelösungen.

Die Ziele der Kunden stehen für Böllhoff im Vordergrund

- Verbindung moderner Werkstoffe und Bauweisen
- Wirtschaftliche Beschaffung, Bevorratung und Belieferung
- Reduktion der Montagezeiten und -kosten

Die gewachsenen Kompetenzen aus einer über 130-jährigen Erfahrung sind die Basis des erfolgreichen Familienunternehmens in vierter Generation. Das Sortiment umfasst mehr als 100.000 lagergeführte Artikel, von der Standardschraube nach DIN/ISO bis zum kundenindividuellen Verbindungselement, vom Einbaugerät bis zum vollautomatischen Montagesystem.

Ein Netzwerk aus 42 Firmen an 33 Standorten in 21 Ländern sowie Vertretungen auf 5 Kontinenten sichern die Nähe zu allen wichtigen Märkten. 2.000 motivierte Mitarbeiter leisten dazu ihren Beitrag für die Produktivitäts- und Prozessoptimierungen der Kunden.

ONSERT®
Eine effiziente Verbindung

SNAPLOC®
Entkopplung und wirtschaftliche Montage

Die universelle Schraubensicherung RIPP LOCK® – effizient und sicher

Die Produkt- und Dienstleistungspalette umfasst:

- Verbindungselemente aus Stahl, Edelstahl, Messing und Kunststoff
- Drahtgewindeeinsätze für hochbelastbare Verbindungen in metallischen Werkstoffen geringer Scherfestigkeit
- Gewindebuchsen als vibrationssichere und torsionsfeste Mutterngewinde in metallischen Werkstoffen geringer Scherfestigkeit
- Sicherungsmuttern als Spezialmuttern mit Schraubensicherung
- Dichtmuttern und -schrauben zur Abdichtung von Bolzen- und Mutternverbindungen
- Hochbelastbare Gewindeeinsätze für Kunststoffteile
- Blindnietmuttern und -schrauben zur Befestigung eines belastbaren Muttern- bzw. Bolzengewindes an Bauteilen mit geringer Wandstärke
- Blindniete für unlösbare Verbindungen an dünnwandigen Bauteilen
- Toleranzausgleichssysteme zum automatischen und stufenlosen Ausgleich von Fertigungstoleranzen
- Schnellverschlüsse als Klemm-, Dreh- und Druckverschlüsse für rasche, wiederholt lösbare Verbindungen
- Hochpräzise technische Formteile und Baugruppen
- Kunststoffelemente in Kunststoff
- Verschraubungslösungen aus Kunststoff für Kunststoff
- Blindnietmuttern zur Schwingungs- und Geräuschentkopplung
- Schwingungs- und geräuschentkoppelndes Befestigungselemente
- Stanzniettechnik für hochfeste, prozesssichere Verbindungen von Bauteilen aus Metall oder Kunststoff
- Fügetechnik für form- und kraftschlüssige Verbindung von Blechen und Profilen ohne Hilfsmittel
- Hochgeschwindigkeits-Bolzensetzen zum Fügen von Misch-, Mehrlagen- und Hybridverbindungen
- Handgeführte und stationäre Schraubsysteme mit automatischer Schraubenzuführung
- Aufgeklebte Verbindungselemente für schnelles und prozesssicheres Kleben von Verbindungselementen
- Selbststanzende Verbindungselement als Befestigungssystem für Strukturbauteile aus faserverstärkten Kunststoffen
- Wirtschaftliche Beschaffungs- und Belieferungssysteme für C-Teile

Wilhelm Böllhoff GmbH & Co. KG
Holding der Böllhoff Gruppe
Archimedesstraße 1-4
33649 Bielefeld

Tel.: +49 (521) 44 82 -01
Fax: +49 (521) 44 93 64
E-Mail: info@boellhoff.com
internet: www.boellhoff.com

BÖLLHOFF
Joining together!

Bild: Möbel mit einer hochglänzenden Lackoberfläche.

BES
BESCHICHTEN UND VEREDELN

aluminieren, anlassen, anodisieren, aufkohlen, auftraglöten, auftragschweißen, bedampfen, beuchen, bedrucken, beizen, bemalen, beschichten, bleichen, borieren, brünieren, carbonitrieren, chlorieren, chromatisieren, dekatieren, drucken, druckluftspritzen, einsatzhärten, eloxieren, emaillieren, färben, feueraluminieren, feuerverbleien, feuerverzinken, feuerverzinnen, fixieren, flammspritzen, galvanisieren, glühen, grobkornglühen, härten, heißprägen, hochdruckspritzen, imprägnieren, inchromieren, kalandern, karbonitrieren, kaschieren, lackieren, laminieren, laugieren, lichtbogenspritzen, mattieren, merzerisieren, metallspritzen, nassemaillieren, nasslackieren, nassverzinken, nitrieren, normalglühen, phosphatieren, plasmaspritzen, plattieren, pulverlackieren, putzen, rauen, ratinieren, scheren, schmelztauchen, sengen, sheradisieren, siebdrucken, silizieren, spachteln, spannungsarmglühen, sprengplattieren, spritzlackieren, sputtern, tampondrucken, tauchlackieren, transparentieren, vakuumbedampfen, verputzen, walken, walzplattieren, weichglühen, wirbelsintern

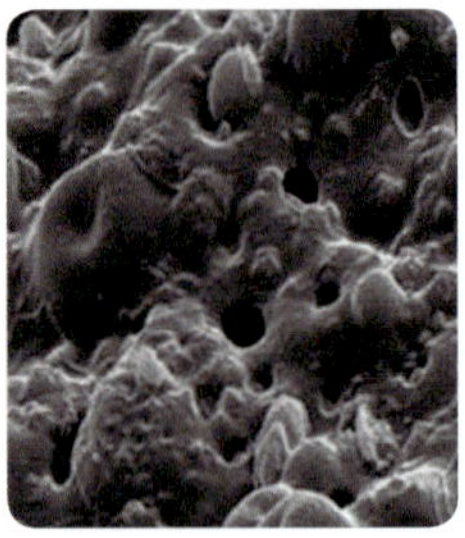

Bild: Oberflächenstruktur unter dem Mikroskop.

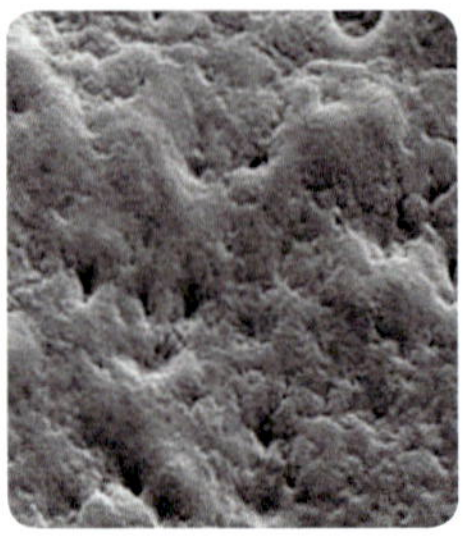

Bild: Oberfläche mit Antireibungsbeschichtung (Anti-Stick-Slip-Beschichtung)./ ZINS Ziegler Instruments GmbH

Neben optischen Beschichtungen werden auch Funktionsbeschichtungen zur Optimierung von Eigenschaften eingesetzt. Die Oberflächenbeschaffenheit hat Einfluss auf die Geräuschentwicklung zwischen Bauteilen in Baugruppen. Die Die Ursache ist der sogenannte Stick-Slip-Effekt. Dieser kann messtechnisch erfasst werden und durch spezielle Anti-Stick-Slip-Beschichtungen reduziert oder sogar eliminiert werden.

In fast jedem modernen Produktionsprozess kommen Beschichtungstechniken zur Anwendung. Die auf die Bauteiloberflächen aufgebrachten Zusatzstoffe bewirken eine Verbesserung der Verschleiß- und Korrosionseigenschaften, die Erzeugung leitfähiger oder isolierender Schichten oder dienen dekorativen und optischen Zwecken. Beschichtungsverfahren werden auch zur Reparatur und Ausbesserung verschlissener Funktionsflächen und zur Verlängerung der Produktlebensdauer (Standzeit) angewendet.

Übersicht aller Beschichtungsverfahren (nach DIN 8580)

Gruppen	Verfahren
Beschichten aus ionisiertem Zustand	- Galvanisches Beschichten - Chemisches Beschichten
Beschichten aus gas- oder dampfförmigem Zustand	- Vakuumbedampfen - Vakuumbestäuben
Beschichten durch Löten	- Auftrag-Weichlöten - Auftrag-Hartlöten - Auftrag-Hochtemperaturlöten
Beschichten durch Schweißen	- Schmelzauftragschweißen
Beschichten aus körnigem oder pulverförmigem Zustand	- Wirbelsintern - Elektrostatisches Beschichten - Beschichten durch thermisches Spritzen
Beschichten aus breiigem Zustand	- Putzen, Verputzen
Beschichten aus plastischem Zustand	- Spachteln
Beschichten aus flüssigem Zustand	- Schmelztauchen - Anstreichen, Lackieren - Beschichten durch Gießen - Emaillieren, Glasieren

Abb. 1: nach [3]

Die Auswahl des für den einzelnen Verwendungsfall am besten geeigneten Beschichtungsverfahrens hängt, neben dem Beschichtungsmaterial, vor allem vom Werkstoff des Bauteils, der erforderlichen Schichtdicke und dem gewünschten Eigenschaftsprofil sowie der späteren Anwendung ab. Im nachfolgenden Kapitel werden die wichtigsten Beschichtungstechniken mit den entsprechenden Eckdaten zusammenfassend vorgestellt.

BES 1
Beschichten aus flüssigem Zustand

BES 1.1
Beschichten aus flüssigem Zustand – Spritzen

Das Spritzen gehört zu den gängigsten Verfahren zum Aufbringen einer Lackbeschichtung. Scheiterte die Erzeugung von echten Metalloberflächen mit der Lackierpistole bislang am passenden Bindemittel, so machen Neuentwicklungen metallische Schichten direkt „aus der Dose" möglich (Kaltspritzen).

Verfahrensprinzip

Man unterscheidet das Druckluftspritzen und das Hochdruckspritzen (***Airless-Spritzen***). Während beim ***Druckluftspritzen*** das Beschichtungsmaterial mit Druckluft von 2 bis 4 bar zerstäubt und auf das Bauteil aufgesprüht wird, erfolgt beim ***Hochdruckspritzen*** eine starke Komprimierung des Lacks bis auf etwa 100–250 bar ohne Verwendung von Druckluft. Die Spritzluft muss frei sein von Öl und Wasser. Lackpartikel treffen aus größerer Entfernung (ca. 3 Meter) auf die Oberfläche und bilden dort eine sich verfestigende Schicht. Je nach Richtungsorientierung des Lacknebels ist mit unterschiedlichen Schichtdicken zu rechnen.

Prinzip des Spritzens

Verfahren	Eigenschaften
Spritzlackieren Lack wird mit Druckluft (2 bis 4 bar) auf das Bauteil gesprüht.	- für flächige, ebene Bauteile - geeignet für Lacke, Kleber, Flüssigkunststoffe - nachteilig: großer Lackverlust (Overspray)
Hochdruckspritzen Lack wird mit Druck ohne Zufuhr von Luft mit 100...250 bar auf das Bauteil gesprüht.	- für flächige, große, ebene Bauteile - geeignet für normale und zähflüssige Lacke

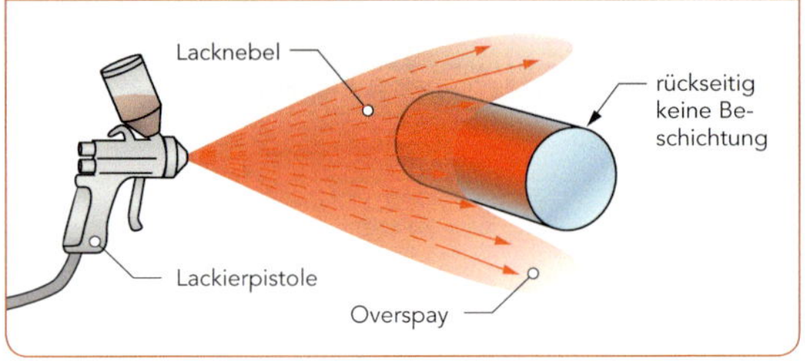

Abb. 2: nach [9]

Bilder unten und rechts: Metalloptik bei einer Skibrille aus hochflexiblem Kunststoff (TPU)./ Lack von: BERLAC AG, Lacquers & Effects, Schweiz

Aufbau:
1. Schicht: PVD Metallisierung.
2. Schicht: eingefärbter BERLACRYL Zweikomponentenklarlack für PVD.

Anwendung und Materialien
Beim Spritzlackieren können nur ebene Flächen gleichmäßig mit Lack oder Flüssigkunststoff (Latex) beschichtet werden. Die farbigen Dekorationen und Texturen werden beispielsweise in der Möbelindustrie verwendet. Darüber hinaus liegen Anwendungsfelder im Bereich des Korrosionsschutzes. Außerdem dienen Lackschichten zum Schutz von Stoffoberflächen vor äußeren Einwirkungen und Witterungseinflüssen. Auf Grund der starken Richtungsorientierung des Partikelnebels muss mit einem hohen Verlust an Beschichtungsmaterial gerechnet werden. Dieser kann bei filigranen Teilen bis zu 95 % betragen (Westkämper, Warnecke 2004).
Mit normalen Drucklufthandpistolen wird eine Lackausbeute von bis zu 38 % erzielt.

Overspray bezeichnet in diesem Zusammenhang den Lackanteil, der am Bauteil vorbei gespritzt wird (Eckhard et al. 2003). Bei komplexen Bauteilgeometrien mit Durchbrüchen und Hinterschneidungen sollten Tauch- oder elektrostatisch unterstützte Beschichtungsverfahren BES 4.3 bevorzugt werden. Hier kann die Lackausbeute auf Werte zwischen 75 % und 85 % gesteigert werden. Auch Klebstoffe können gespritzt werden.

Typische unter Hochdruck gespritzte Bauteile sind beispielsweise Karosserien, Maschineneinhäusungen, Tanks, Stahlbauten oder Rohrkonstruktionen. Die Lackausbeute liegt bei Verwendung einer Airless-Handpistole bei 40 % bis 50 % (Müller 2003).

Das Kaltspritzverfahren ist eine Methode zur Aufbringung einer echten harten Metallschicht auf nahezu jeden Untergrund (Schaumstoff, Kunststoff, Gips, Holz, Metall, Glas, Putz, Keramik, Beton, Papier). Zur Anwendung kommt eine Beschichtung, die zu 95 % aus Metallpulver besteht. Durch Vermischen des Pulvers (z. B. Messing, Bronze, Kupfer, Eisen, Edelstahl) mit einem Binde- und Reaktionsmittel entsteht ein kaltes Flüssigmetall, das sich einfach mit der Spritzpistole aufbringen lässt.

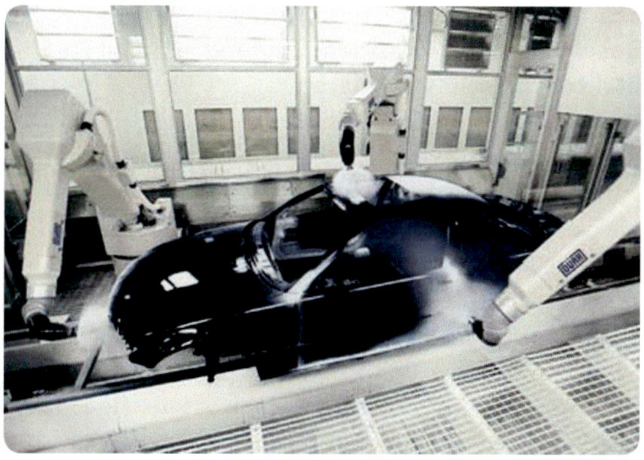

Bild: Lackierroboter./ Foto: Dürr AG

Schichtdicken
Durch Druckluftlackieren werden in einem Arbeitsschritt Schichtdicken zwischen 20 und 40 Mikrometern erreicht. Beim Hochdruckspritzen liegen sowohl die erreichbaren Dicken mit 60 und 80 Mikrometern als auch die erzielbaren Qualitäten höher.

Wirtschaftlichkeit
Spritzlackieren ist das klassische Verfahren zur Beschichtung flächiger Bauteile in der Einzel- und Kleinserienfertigung. ***Airbrush-Pistolen*** werden im Gestaltungsbereich vorwiegend für das Erstellen von Graffiti eingesetzt. Hochdruckspritzanlagen sind kostenintensiver als einfache Handspritzgeräte oder Spritzkabinen und werden dadurch vorwiegend für großflächige Bauteile eingesetzt (z. B. Schiffsrümpfe). Allerdings ist beim Hochdruckspritzverfahren mit einem deutlich höheren Nutzungsgrad zu rechnen.

Alternative Lackier- und Spritztechniken und deren Anwendungsfelder für den Kreativbereich werden in Rehm 1996 beschrieben.

Alternativverfahren
elektrostatisches Lackieren, elektrostatisches Beflocken, elektrostatisches Pulverbeschichten, Tauchlackieren, Beizen für Holzwerkstoffe

Veredelung
ist ein Prozess zur Optimierung und Aufwertung der Werkstoffeigenschaften eines Bauteils. Dies kann rein optische, aber auch produktions- oder werkstofftechnische Gründe haben.

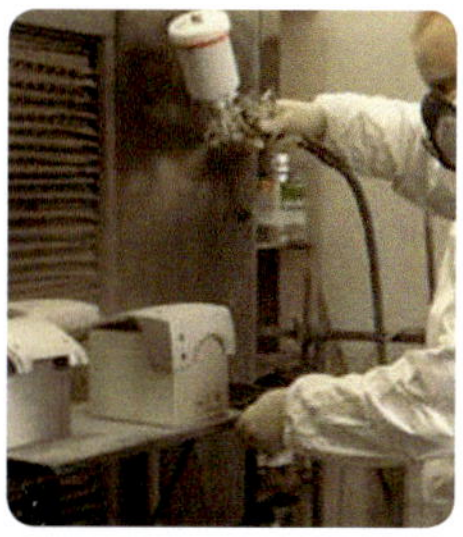

Bild: Endlackierung von Vakuumgießteilen./ Foto: CNC Speedform AG

Bild: Unterschiedliche Lackschichten auf einer MDF-Platte für eine Möbeloberfläche.

Bild: Stuhl mit lackierter Holzoberfläche.

BES 1.2
Beschichten aus flüssigem Zustand – Elektrostatisches Lackieren

Vergleichbar mit den Kräften, die in magnetischen Feldern beobachtet werden können, werden beim elektrostatischen Lackieren Anziehungskräfte auf Lackpartikel genutzt, um Lackschichten auf Bauteiloberflächen aufzubringen.

Verfahrensprinzip
Lacktröpfchen werden durch elektrostatische Hochspannung innerhalb der Sprühpistole negativ aufgeladen und anschließend versprüht. Sie bewegen sich entlang elektrostatischer Feldlinien in Richtung der geerdeten Werkstoffoberfläche. Während die Ladungsunterschiede dort abfließen, haftet der Lack gleichmäßig an. Um ein allumseitiges Lackieren zu ermöglichen, wird das Bauteil bewegt. Alternativ können auch mehrere Sprühquellen zur Anwendung kommen.

Bild: Tauchlackieren einer Autokarrosserie./ Foto: Dürr AG

Ein ähnliches Verfahrensprinzip wird beim ***elektrostatischen Tauchlackieren*** genutzt. Das geerdete Bauteil wird in ein elektrostatisch geladenes Lackbad getaucht. Die Lackpartikel bewegen sich zum Bauteil, entladen sich an der Oberfläche und haften dort an. Gleichmäßige Schichten auch an schwer zugänglichen Stellen sind somit möglich.

Anwendung und Materialien
Die beim elektrostatischen Lackieren verwendeten Anstrichmaterialien enthalten überwiegend Wasser und Bindemittel ohne umweltbelastende Lösungsmittel. Das Sprühlackieren erfolgt in der Regel in einer Sprühkabine, in der z. B. Maschinengehäuse oder Fahrradrahmen beschichtet werden. Insbesondere bei Pkw-Karosserien findet das elektrostatische Tauchlackieren Anwendung, um die für einen umfassenden Korrosionsschutz notwendige Grundbeschichtung auch an tief eindringenden Unebenheiten aufzutragen.

Schichtdicken
Die Schichtdicken beim elektrostatisch unterstützten Sprühlackieren liegen zwischen 60 und 80 Mikrometern. Beim Tauchlackieren werden Schichten von nicht mehr als 50 Mikrometern erzielt.

Prinzip des Elektrospritzlackierens

Verfahren	Eigenschaften
Elektrostatisches Lackieren Elektrisch negativ aufgeladener Lack wird mit Druckluft auf ein elektrisch positiv geladenes Bauteil gesprüht. Die Lackpartikel werden an das Bauteil entlang der Feldlinien herangezogen.	- für Bauteile mit strukturierter Geometrie und Durchbrüchen - für gleichmäßige Beschichtung - geeignet für wasserbasierte, lösungsmittelfreie Lacke - weniger Lackverlust (Overspray) als beim herkömmlichen Spritzlackieren

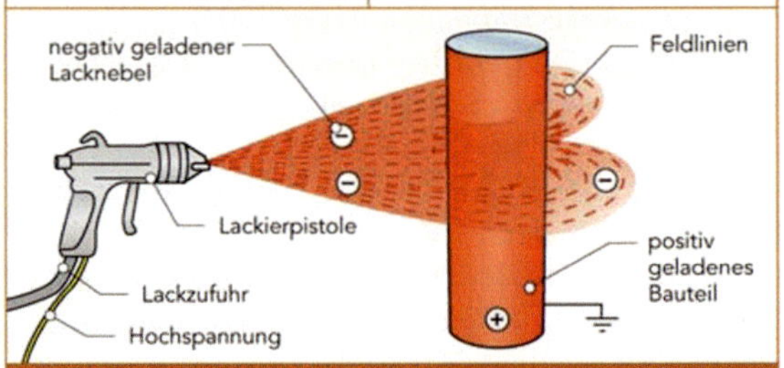

Prinzip des Elektrotauchlackierens

Verfahren	Eigenschaften
Elektrotauchlackieren Ein positiv geladenes Bauteil wird in ein negativ geladens Lackbad getaucht. Die Lackpartikel haften an dem Bauteil an.	- für Bauteile mit schwer zugänglichen Geometrien - für gleichmäßige Beschichtung - geeignet für wasserbasierte, lösungsmittelfreie Lacke - ideal für Korrosionschutz

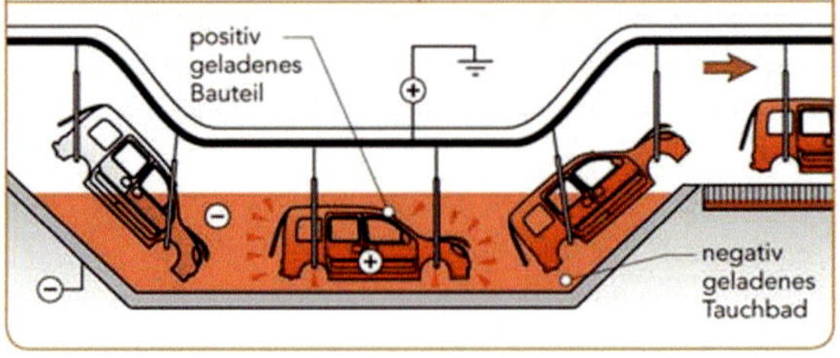

Abb. 3: nach [9]

Wirtschaftlichkeit
Für das elektrostatische Lackieren existieren neben vollautomatisierten Anlagen auch Handsprühgeräte für kleine und mittlere Serien, wobei sich die Anschaffungskosten moderat gestalten. Im Vergleich zum konventionellen Sprühlackieren können durch elektrostatisch unterstützte Verfahren komplexe Bauteilgeometrien, auch mit einer Vielzahl von Durchbrüchen, ohne großen Lackverlust umweltschonend beschichtet werden.

Alternativverfahren
Sprühlackieren, elektrostatisches Pulverbeschichten, Tauchlackieren

BES 1.3
Beschichten aus flüssigem Zustand – Tauchen

Mit Tauchbeschichten wird das Beschichten dreidimensionaler Werkstücke in einem Flüssigkeitsbad bezeichnet.

Verfahrensprinzip

Das Prinzip ist eines der einfachsten Beschichtungsverfahren überhaupt. Unterschieden werden muss zwischen dem konventionellen Tauchprozess in bei Raumtemperatur flüssigen Beschichtungsmaterialien (z. B. Lacke, Imprägniermittel) und dem ***Schmelztauchen*** in bis über die Schmelztemperatur erhitzten Werkstoffen (z. B. ***Feuerverzinken*** bei 450 °C). Gegenüber anderen Verfahren wirkt sich vorteilhaft aus, dass der Beschichtungsstoff beim Tauchvorgang an ausnahmslos alle Oberflächenbereiche des Bauteils gelangt und die bei den Sprühverfahren häufig auftretenden Schattenbereiche vermieden werden. Schmelztechnisch erstellte Metallüberzüge resultieren aus einer atomaren Reaktion von Flüssigmetall mit dem Bauteilwerkstoff. Lufteinschlüsse sollten vermieden werden, da diese Explosionen verursachen könnten.

Prinzip des Tauchens

Verfahren	Eigenschaften
Metall-Schmelztauchen (z.B. Feuerverzinken) Ein Bauteil (z.B. aus Stahl) wird in ein Zinkschmelzbad (etwa 450 °C) getaucht. Das flüssige Metall haftet nach dem Herausziehen am Bauteil.	- Korrosionsschutz - sehr widerstandsfähige Beschichtung - nachteilig: Bauteile können sich durch die hohe Wärmezufuhr verziehen

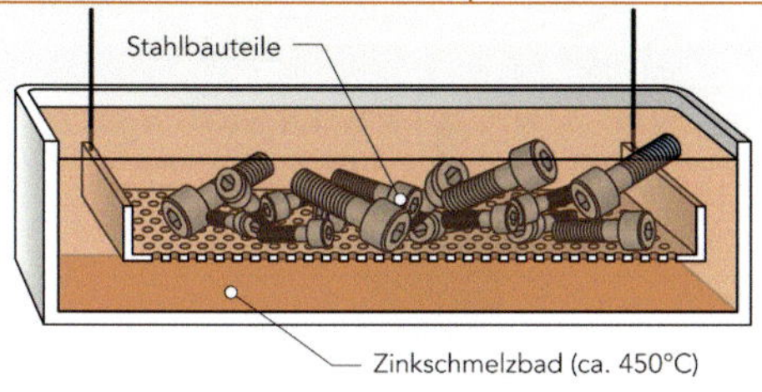

Abb. 4: nach [9]

Anwendung und Materialien

Eintauchverfahren kommen zum Einfärben oder Lackbeschichten von Bauteilen jeglicher Art in Betracht. Für den Textilbereich sind sie ohne Alternative. So werden beispielsweise Stoffe mit hitzebeständigem Silikon beschichtet KUN 4.3.2. Schmelztauchen ist eine weit verbreitete Technik zum Aufbringen von Metallüberzügen aus Zinn, Zink, Blei oder Aluminium auf Stahlbauteile für den Korrosionsschutz. Übliche in Metallschmelze getauchte Bauteile sind Pkw-Karossen, Schrauben oder Stahlprofile für das Baugewerbe. Für den Kunststoffbereich eignet sich insbesondere PVC als Beschichtungsmaterial (vgl. auch FOR 9.1). Es ist einer der typischen Werkstoffe zur Beschichtung von Metallteilen und elektrischen Applikationen. Auch Möbel oder Spielzeuge für den Außenbereich werden gerne mit einer Tauchbeschichtung versehen.

Technisch verwendete Schmelztauchschichten

Schmelztauchschichten	Schmelzpunkt	Verwendung
Aluminium (Al), Aluminium-Legierungen	Al: 659 °C	niedrig legierter Stahl, Chromstahl, Cr/Ni-Stahl
Blei (Pb), Blei-Legierungen	Pb: 327 °C	niedrig legierter Stahl, Zink, Cu- und Al-Werkstoffe
Zinn (Sn), Blei/Zinn-Legierungen	Sn: 323 °C	niedrig legierter Stahl, Gusseisen, Al-, Ni-, Co- oder Cu-Werkstoffe, Messing, Bronze, Zink, Blei, Silber, Gold, Platin
Zink (Zn), Zink-Legierungen	Zn: 420 °C	niedrig legierter Stahl, Gusseisen, Bronze, Messing

Abb. 5: nach [21]

Schichtdicken

Durch Tauchbeschichten werden sehr gleichmäßige Schichten mit konstanten Dicken erzielt. Bei den einfachen Tauchvorgängen kann die Dicke durch mehrfaches Wiederholen des Vorgangs variiert und beeinflusst werden. Die erreichbaren Metallschichten durch Schmelztauchen weisen Dicken von bis zu 300 Mikrometern auf.

Erreichbare Schichtdicken beim Schmelztauchen

Verfahren	Feuer-aluminieren	Feuer-verbleien	Feuer-verzinnen	Feuer-verzinken
Schichtdicke [μm]	20…100	5…300	2…20	7…20

Abb. 6: nach [21]

Wirtschaftlichkeit

Auf Grund des einfachen Verfahrensprinzips werden Tauchprozesse vor allem in der wirtschaftlichen Großserienproduktion mit guten Automatisierungsmöglichkeiten eingesetzt. Im Textil- und Polymerbereich lassen sich Tauchbeschichtungen für kleine Serien auch manuell durchführen.

Bild: Durch Schmelztauchen verzinkte Schrauben.

Alternativverfahren

Spritzlackieren, elektrostatisches Lackieren, thermisches Spritzen oder Galvanisieren bei Metallbauteilen

Beschriftung mit Laserstrahl

Ein Laser trägt in definierten Formen den vorher aufgetragenen schwarzen Laserlack ab, bis das weiße Kunststoffmaterial wieder zum Vorschein kommt.

Erscheint eine gelaserte Anzeige tagsüber im Auto unauffällig schwarz mit weißen Symbolen, wird diese nachts durch Hinterleuchtung für den Fahrer hell und deutlich sichtbar.

Fotos: Kunststoff Helmbrechts AG

BES 1.4
Beschichten aus flüssigem Zustand – Siebdruck

Die Ursprünge des Siebdruckverfahrens liegen in China, wo schon vor einigen Jahrhunderten Drucksiebe aus Pferdehaaren geflochten und zum Bedrucken von Kleiderstoffen genutzt wurden. Auf das entstandene Gewebe wurde die Negativform des gewünschten Objekts gemalt und anschließend die Farben durch die offenen Poren vorsichtig getupft.

Verfahrensprinzip
Seit den Anfängen des Verfahrens hat sich relativ wenig am Grundprinzip der Siebdrucks geändert. Heute sind die Rahmen aus Aluminium (übliche Größen 100 x 75 cm^2) und werden mit einem Gewebe bespannt. Für diese werden keine Tierhaare mehr verwendet, sondern es kommen vielmehr Kunststoff- (Polyester, Nylon) und Naturfasern oder Metalldrähte (Edelstahl, Bronze) zur Anwendung (Hofmann, Spindler 2004). Die Dicke der Faserstränge und somit die Feinheit des Siebes richtet sich nach der gewünschten Genauigkeit und Auflösung des späteren Drucks.

Die ***Druckschablone*** wird in der Regel fotolithografisch hergestellt. Hierzu wird das Gewebe mit einer lichtempfindlichen Emulsion bestrichen und anschließend mit der Negativform des Drucks belichtet. Das fotosensitive Material härtet aus und bewirkt eine Abdichtung des Siebs an den Stellen, die nachher nicht für die Druckfarbe durchlässig sein sollen. Die restliche Emulsion wird ausgewaschen. Für den eigentlichen Druck wird eine hochviskose Masse, bestehend aus Farbpartikeln, Binder und Lösungsmittel, mit einem ***Rakel*** über das Sieb der entstandenen Schablone gezogen. Die Farbpartikel dringen durch die noch durchlässigen Bereiche des Gewebes und erreichen die zu bedruckende Fläche. Siebtechnisch erstellte Drucke weisen auf Grund der Gewebestruktur stets eine gewisse Rasterung auf (vgl. mit der Pixelerscheinung beim digitalen Druck), da das Druckmotiv durch die Fasern natürlich nur bedingt angenähert werden kann. Für einen Vielfarbendruck sind mehrere Siebe erforderlich.

Das Aufbringen eines Drucks auf unebenen, dreidimensionalen Oberflächen kann durch Verwendung eines über eine Zahnstange gesteuerten Rollblocks innerhalb einer Siebdruckanlage vorgenommen werden. Zur Beschichtung bahnförmiger Materialien kommen ***Rotationssiebdruckwerke*** zur Anwendung (Eberle et al. 2003).

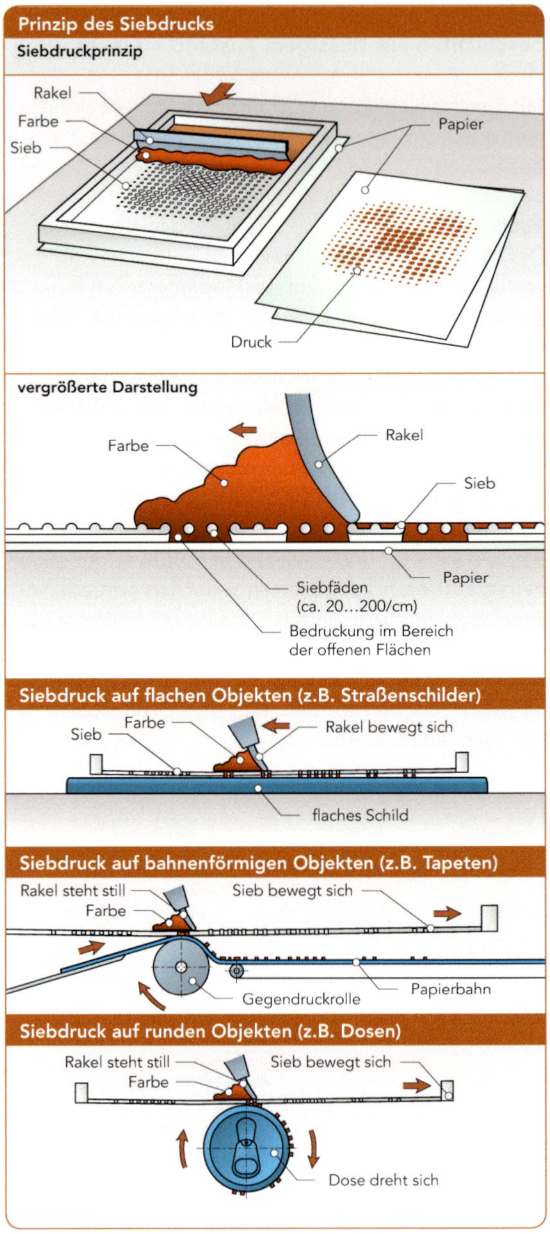

Abb. 7: nach [14]

Anwendung und Materialien
Mit dem Siebdruckverfahren können im Grunde alle Materialien bedruckt werden, die eine feste Konsistenz aufweisen (Glas, Kunststoff, Keramik, Holz, Stein, Metall). Dabei ist fast jegliche Art von Druckfarben verwendbar. Für die Dekoration von Lebensmitteln können sogar Schokolade, Kakao oder Marmelade aufgebracht werden.

Bild: Verschiedene Verpackungen durch Siebdruck beschichtet./
Foto: HUBER VERPACKUNGEN GmbH + Co. KG

Im traditionellen Druckgewerbe hat der Siebdruck für das Bedrucken selbstklebender Folien mit ca. 40 % aller Einsatzfälle die größte Bedeutung. Mit Anteilen von je 20 % folgen die Bereiche Kunststoff, Papier und Karton. Eine weitere interessante Anwendung, gerade vor dem Hintergrund der großen Gestaltungsfreiräume, ist die Möglichkeit zum Bedrucken von Kleidung und textilen Stoffen wie T-Shirts. Aber auch Metalle können im Siebdruckverfahren beschichtet werden. Hier ist vor allem das Drucken von Schaltkreisen, Leiterplatten und elektronischen Leitungen in der Computerindustrie zu nennen. Und auch im Glasbereich wird das Verfahren für das Bedrucken von Flachgläsern im Haushalts-, Büro- und Elektrogerätebereich wirtschaftlich eingesetzt.

Weitere typische Anwendungen sind das Aufbringen von Heizelementen auf die PKW-Heckscheiben, das Bedrucken von Verkehrs- und Reklameschildern oder einer Musik-CD bzw. DVD.

Bild: Kunststoff PRIPLAK® durch Siebdruck beschichtret./ Hersteller: Arjo Wiggins

Für die Keramikindustrie werden mittels Siebdruck Dekore auf Tellern und Tassen aufgebracht.

Im Bereich der freien Künste wird die Technologie schon seit den 20er Jahren des vorigen Jahrhunderts zur Erstellung von Kunstgrafiken genutzt.

Eine neue Form der Anwendung erfährt die Siebdrucktechnik derzeit im Bereich der Miniaturisierung von Präzisionsbauteilen in großen Stückzahlen. Eine Metallpulversuspension wird genutzt, um diese Schritt für Schritt in eine dreidimensionale Struktur zu überführen. Vorteile sind, dass im Rahmen einer quasikontinuierlichen Herstellung sehr viele Teile gleichzeitig gedruckt werden können. Des Weiteren kann durch Siebdrucken eine sehr hohe Druckpräzision erzielt werden, was sich insbesondere in der Mikrosystemtechnik auszahlt. Zudem lassen sich durch die Pulverzusammenstellung besondere Legierungen mit anwendungsspezifischen Eigenschaften zusammenstellen (vgl. FOR 10.3).

Schichtdicke

Die im Siebdruckverfahren erreichbaren Schichtdicken liegen zwischen 10 und 100 Mikrometern.

Bild: »SUPERLINE« Messbecher durch Siebdruck beschichtet./ Foto: EMSA GmbH

Wirtschaftlichkeit

Die Kosten für Ausrüstung und Farbe zum Siebdrucken sind verhältnismäßig gering. Die Arbeitsprozesse sind einfach zu handhaben und gut reproduzierbar. Das Verfahren eignet sich sowohl zur Erstellung einzelner Drucke als auch für größere Stückzahlen. Besonders wirtschaftlich ist die Verwendung von nur einer Farbe, da auf den Wechsel eines Siebes verzichtet werden kann. Bei zwei Dritteln aller industriell vergebenen Siebdruckaufträge werden weniger als 1.000 Bögen pro Druckauftrag gedruckt. Trotz der Entwicklungen im digitalen Druckbereich konnte sich das Verfahren auf Grund der fast unbegrenzten Einsatzmöglichkeiten, der vergleichsweise hohen Farbdicke, der Wetterbeständigkeit und Abriebfestigkeit der gedruckten Schichten bislang erfolgreich behaupten. Lediglich zum Bedrucken großflächiger Poster hat das Verfahren an Bedeutung verloren. Siebdruck-Dienstleister sind auf dem Markt vorhanden.

Alternativverfahren

Tampondruck, Lackieren, Beflocken, Digitaldruck, Wassertransferdruck

BES 1.5
Beschichten aus flüssigem Zustand – Tampondruck

Neben dem Sieb-, dem Wassertransfer- und dem Digitaldruck ist der Tampondruck eine der bedeutendsten Drucktechniken.

Folienbeschriftung
Für die Beschriftung von Bauteilen oder Schildern können auch selbstklebende, konturgeschnittene Folien verwendet werden.

Verfahrensprinzip

Beim Tampondruck wird das Druckbild als Vertiefung in eine Platte geätzt (Ätztiefe 15–30 μm) und die entstandene Senke, auch unter dem Begriff ***Klischee*** bekannt, mit Farbe befüllt. Zur Übertragung der Farbe auf die zu bedruckende Bauteiloberfläche werden ***Silikontampons*** verwendet. Silikonkautschuk KUN 4.3.2 hat besondere medien- und farbabweisende Eigenschaften und eignet sich daher als ideales Material für den Farbtransport. Während des Drucks werden die Tampons über das Klischee geführt und in die mit Farbe gefüllten Vertiefungen abgesenkt. Das Druckbild haftet in Form der Farbpartikel an der Silikonoberfläche und kann übertragen werden. Ein Mehrfarbendruck ist mit dem beschriebenen Verfahrensprinzip möglich.

Anwendung und Materialien

Auf Grund der unterschiedlichen elastischen Eigenschaften der verwendeten Silikontampons können im Prinzip alle festen Materialien wie Kunststoffe, Glaswerkstoffe, Metalle, Keramiken, Hölzer, Leder oder Gesteine im Tampondruck bedruckt werden. Die Drucktechnologie kommt somit in vielen industriellen Bereichen zur Anwendung und hat vor allem für kleine Bauteile eine große Bedeutung. Ein großer Vorteil des Verfahrens gegenüber anderen Drucktechnologien ist die Möglichkeit zum Bedrucken unebener und dreidimensional geformter Flächen. Typische, mit einem Tampon bedruckte Produkte sind Werbeartikel wie beispielsweise Kugelschreiber, Feuerzeuge und Schlüsselanhänger, Spielzeuge, Sportartikel, Fotoapparate oder auch medizinische Geräte. Da auch sehr feine Druckbilder erzeugt werden können, wird das Verfahren auch zur Aufbringung von Beschriftungen angewendet (Müller 2003).

Bild unten: Taschenmesser mit Lacken von BERLAC beschichtet. Schalen aus schwarzem Kunststoff (ABS) mit silberner BERLAPRINT Tampondruckfarbe und anschließend mit schützendem UV-Klarlack beschichtet./
Lacke von: BERLAC AG, Lacquers & Effects, Schweiz

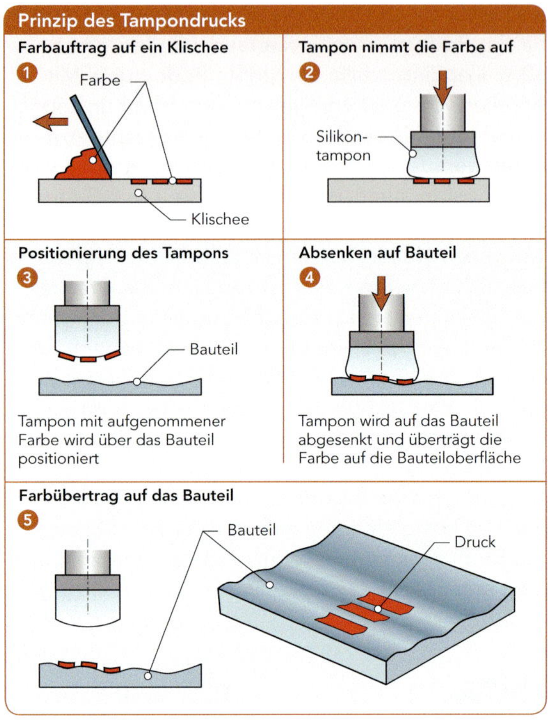

Abb. 8: nach [2]

Schichtdicken

Im Tampondruck werden Schichtdicken von etwa 6 bis 10 Mikrometern aufgetragen (Ashby, Johnson 2004).

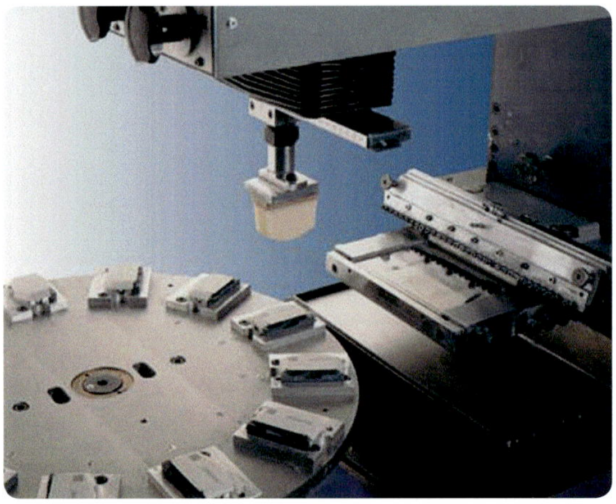

Bild: Bedrucken von Bauteilen durch Tampondruck./ Foto: Kunststoff Helmbrechts AG

Wirtschaftlichkeit

Der Tampondruck ist ein günstiges Druckverfahren, mit dem zeitlich kurze Druckvorgänge möglich sind. Die Investitions- und Betriebskosten einer Tampondruckmaschine sind vergleichsweise gering. In der Hauptsache wird die Produktivität des Verfahrens durch die kleinen Druckformate beschränkt. Der maximale Druckbereich beträgt meist nicht mehr als einen Quadratmeter. Zahlreiche Dienstleister erledigen Aufträge im Tampondruck.

Alternativverfahren

Pulverbeschichten, Lackieren, Beflocken, Siebdruck, Wassertransferdruck

BES 1.6
Beschichten aus flüssigem Zustand – Emaillieren (Glasieren)

Emaillieren bezeichnet ein Verfahren zum Aufbringen einer glasartigen Schicht auf eine feste Materialoberfläche, mit dem schon im alten Ägypten vor 3.000 Jahren die Masken von Pharaonen als Grabbeilage dekoriert wurden.

Verfahrensprinzip
Zum Emaillieren dient ein farbloses Glas als Grundstoff. Dieses wird fein pulverisiert, mit destilliertem Wasser zu einem ***Schlicker*** vermischt und durch Tauchen, Spritzen, Gießen oder einfach mit dem Pinsel auf die Oberfläche metallischer Werkstoffe aufgebracht. Anschließend wird getrocknet und das Email bei Temperaturen zwischen 800 °C – 950 °C (Bergmann 2002) in die Materialoberfläche eingebrannt. Das Gemisch schmilzt innerhalb weniger Minuten, verteilt sich gleichmäßig und erstarrt beim Abkühlen in einen glasartigen Zustand. Vor der Beschichtung müssen die Metalloberflächen gereinigt werden. Dies kann durch Abkochen, Bürsten, Beizen oder Glühen geschehen (Adams 1999).

Prinzip des Emaillierens

Verfahren	Eigenschaften
Das Metallbauteil wird mit Schlicker, bestehend aus feinem Emailpulver und destilliertem Wasser, benetzt (z.B. durch Spritzen, Tauchen) und anschließend getrocknet. Der Auftrag kann in mehreren Schichten erfolgen. Die Emailschicht entsteht durch Einbrennen in die Metalloberfäche bei 800...950 °C.	- sehr gute chemische Widerstandsfähigkeit - hitzebeständig - gut zu reinigen - nachteilig: schlagempfindlich und kostenintensiv

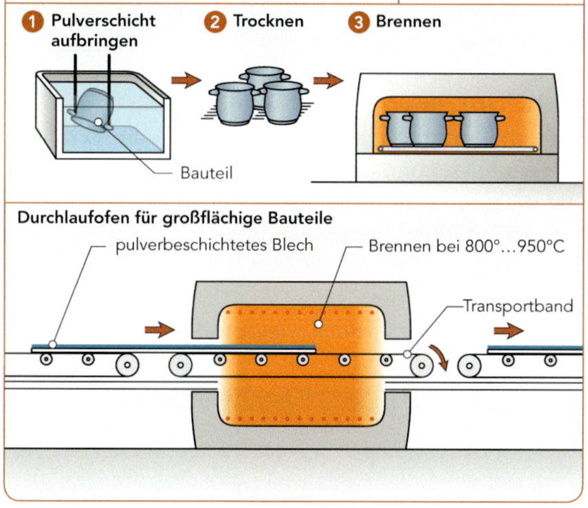

Abb. 9: nach [2, 9]

Meist wird Email in mehreren Schichten aufgetragen. Die erste Schicht ist das ***Grundemail***, durch die eine gute Haftung mit dem Untergrund hergestellt wird. Das ***Deckemail*** bewirkt die letztendliche Eigenschaft der entstehenden Oberfläche. Email ist in mehreren Farben erhältlich. Die Schichten lassen sich leicht reinigen und weisen gegenüber Chemikalien eine ebenso hohe Resistenz auf wie Glas. Zudem sind sie bis etwa 450 °C hitzebeständig. Die Härte von Email übersteigt die anderer Beschichtungen wie Lacken oder Silikonharzen und ist somit robust gegen mechanischen Abrieb.

Schichtdicken
Die Dicken von Emailbeschichtungen liegen zwischen 0,1 mm und 1,5 mm.

Anwendung und Materialien
Emailbeschichtungen findet man auf Grund der Widerstandsfähigkeit gegenüber einer Vielzahl von Chemikalien vor allem im chemischen Apparatebau. Darüber hinaus macht die glasartige Erscheinung in den unterschiedlichsten Farben das Verfahren schon seit einigen Jahrhunderten für die Schmuckherstellung interessant. Emaillierte Produkte sind wegen der leicht zu reinigenden und hitzebeständigen Oberflächen im Haushaltsbereich, im Bad und bei der Wasseraufbereitung zu finden. Außerdem ist das Verfahren für die pharmazeutische Industrie geeignet, da aus der Beschichtung nahezu keine Fremdstoffe an die Umgebung abgegeben werden.

Stahl, Gusseisen, Aluminiumlegierungen, Kupfer sowie Gold können emailliert werden. Für Silber benötigt man einen Spezialsilberfondant.

Wirtschaftlichkeit
Emaillieren ist ein im Vergleich teures und energieintensives Beschichtungsverfahren. Es wurde daher im Laufe der letzten Jahre von anderen Beschichtungsverfahren verdrängt, wird aber auf Grund der besonderen Eigenschaften von Email für bestimmte Anwendungen wirtschaftlich eingesetzt. Stehen die ästhetischen Qualitäten im Vordergrund, kann mit keinem Alternativverfahren ein ähnlicher Effekt erzielt werden.

Alternativverfahren
Pulverbeschichten, Lackieren, Beflocken, Siebdruck, Wassertransferdruck

Bild unten: Badewanne aus Gusseisen, innen weiß emailliert und außen weiß lackiert./ Foto: Manufactum

BES 2
Dekorationsverfahren

BES 2.1
Dekorationsverfahren – Wassertransferdruck

Bild: Mobiltelefondekor in Wurzelholzoptik durch Wassertransferdruck./ Foto: Dips ›n‹ Pieces, Wiehl

Bild: Mobiltelefondekor in Karbonoptik durch Wassertransferdruck./ Foto: Dips ›n‹ Pieces, Wiehl

Der Wassertransferdruck ist ein relativ neues Verfahren, das für das Drucken auf dreidimensionalen Flächen und Körpern erhebliche Potenziale aufweist. Es ist auch unter den Namen *Cubic Printing*, *3D-Printing*, *3D Coating* oder *Water Transfer Printing* bekannt.

Verfahrensprinzip
Beim Wassertransferdruck wird das entsprechende Druckbild oder Dekor zuerst auf einen Trägerfilm gedruckt und auf ein Wasserbad gelegt. Die Trägersubstanz löst sich auf, Dekor oder Druck schwimmen auf der Oberfläche der Flüssigkeit. Anschließend werden die Farben mit einem Aktivator angelöst. Ein Ölfilm entsteht, der das gewünschte Dekor vollständig abbildet. Die zu bedruckenden Bauteile werden nach Vorbehandlung oder Grundierung einfach in das Wasserbad getaucht. Der allseitige Wasserdruck bewirkt ein gleichmäßiges Anlegen des Druckbildes auf die Körperoberfläche. Selbst komplexe Freiformflächen erhalten auf diese Weise ein gewünschtes Muster. Es können auch strukturierte Druckbilder aufgebracht werden. Nach dem Druckvorgang werden die Flächen gereinigt und Farbrückstände entfernt und getrocknet. Abschließend erfolgt in der Regel eine Fixierung des Druckbildes mit einem Klarlack.

Anwendung und Materialien
Im Wassertransferdruck können dreidimensionale Körper aus Kunststoff, Keramik, Metall, Glas oder Holz bedruckt werden. Das Dekorationsverfahren ist insbesondere für Autolackierungen geeignet. Ein prominentes Beispiel ist das Smart City-Coupé, das seit Anfang 1999 mit so genannten ***Bodypanels*** ausgeliefert wird, die keinen einheitlichen Farbton, sondern ein wolkiges Design aus ineinander laufenden Farbflächen tragen. Weitere Anwendung findet die Technik bei Gehäusen für elektrische Geräte von Computerbildschirmen, Notebooks, Fernsehern, Uhren, Digitalkameras, Mobiltelefonen, Kaffeemaschinen und Kühlschränken, im Interieurbereich für Bilderrahmen, Türknöpfe und Möbel oder im Sportbereich für Autofelgen, Tennisschläger, Fahrräder und Sturzhelme. Dienstleister bieten den Druck von mehreren Hundert Standarddekoren (z. B. Wurzelholz-, Carbon-, Granit-, Marmoreffekte und Verspiegelungen). Auch können individuelle Filme auf Basis einer Vorlage erstellt und selbst fotorealistische Motive gedruckt werden.

Schichtdicken
Die üblichen erzielbaren Schichtdicken der Druckbilder liegen für den Wassertransferdruck bei etwa 6–10 Mikrometern (Ashby, Johnson 2004).

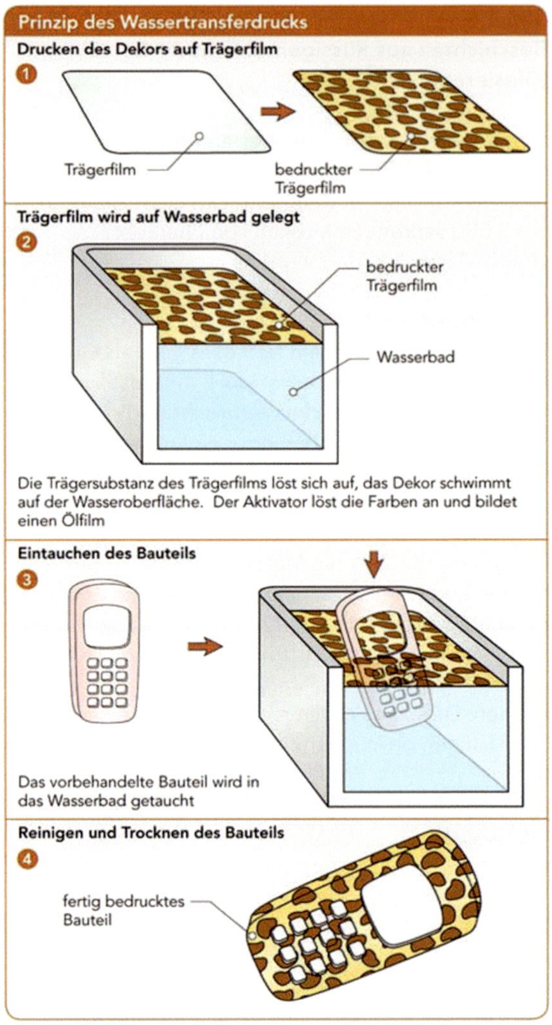

Abb. 10

Wirtschaftlichkeit
Mit dem Verfahren lassen sich beliebige Stückzahlen kostengünstig und qualitativ hochwertig bedrucken. Der Wassertransferdruck ist insbesondere für undefinierte Freiformflächen geeignet.

Alternativverfahren
Siebdruck, Tampondruck, Heißprägen, Beflocken

Bild: Innenraumdekor durch Wassertransferdruck./ Foto: Dips ›n‹ Pieces, Wiehl

BES 2.2
Dekorationsverfahren – Heißprägen

Verfahrensprinzip
Heißprägen ist ein Trockendruckverfahren, bei dem das Dekor unter Wärme (250-300 °C) und hohem Druck von einer Folie mit Hilfe eines Stempels auf eine Oberfläche übertragen wird. Farbpigmente lösen sich von der Trägerfolie und gehen mit dem Bauteil eine Klebeverbindung ein.

Die Ursprünge des Verfahrens können weit zurückverfolgt werden. Bereits vor 4.000 Jahren wurde in Ägypten ***Blattgold*** zum Verzieren von Mumien verwendet. Erste Prägeverfahren entstanden im Mittelalter, wo Mönche zur Kennzeichnung ihrer Bücher Metalllettern auf lederne Buchrücken aufbrachten. Nachdem in den 30er Jahren des 20. Jahrhunderts die produktionstechnischen Voraussetzungen zur Herstellung von Metall- und Farbfolien entdeckt wurden, konnte mit der steigenden Bedeutung synthetischer Werkstoffe in den 50er und 60er Jahren die Technik des Heißprägens entwickelt werden. Sowohl einfache Markierungen, Ziffern, Linien und Schriften lassen sich auf Oberflächen aus thermoplastischen, duroplastischen und elastomeren Werkstoffen übertragen. Mit den heutigen Folien sind die Prägungen abrieb- und kratzfest und verfügen über eine hohe Resistenz gegenüber physikalischen und chemischen Einflüssen. Zur Steigerung der Effizienz kommen bei größeren Stückzahlen auch beheizte ***Prägeräder*** oder ***-walzen*** zum Einsatz.

Bild: Heißprägung auf einem Eiskratzer.

Schichtdicken
Es lassen sich Schichtdicken zwischen 1 und 50 Mikrometern realisieren.

Anwendung und Materialien
Das Heißprägen ist in fast allen Bereichen der Kunststoffindustrie eingeführt. Neben textlichen Hinweisen werden überwiegend dekorative Elemente aufgebracht. Das Verfahren wird für Bauteile aus synthetischen Materialien ebenso angewendet wie für Holz, Leder, Textilien, Papier, Kartonagen und lackierte Metallteile. Vor allem aus dem Bereich der Verpackungsindustrie, der Pharmazie, der Unterhaltungselektronik und der Fahrzeugindustrie sind Heißprägefolien nicht mehr wegzudenken.

Anwendungsbeispiele sind Wappen auf Reisepässen, Hologramme auf Scheckkarten, Hinweise auf Infusionsbeuteln, Schriften für Bucheinbände, Verwendungshinweise auf Bügeleisen, Pflegeinformationen auf Lederwaren oder Ohrmarken für Kälber.

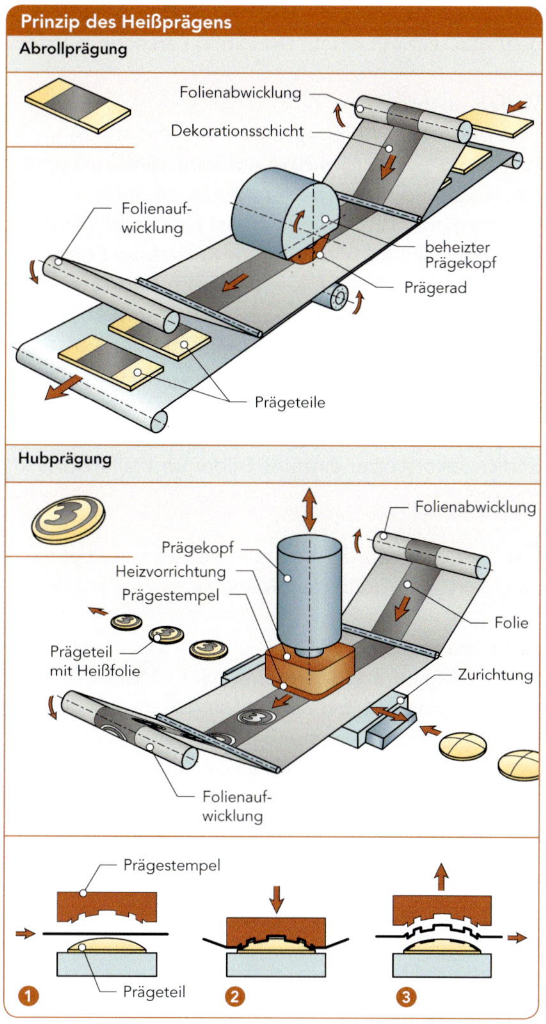

Abb. 11

Wirtschaftlichkeit
Die Anlagenkosten für das Heißpressen sind moderat, und auch das Handling mit den Bauteilen ist einfach. Daher eignet sich das Verfahren sowohl für große als auch für kleine Serien. Dekorwechsel sind leicht durch Austauschen der Folienrollen zu realisieren. Die Potenziale der Technologie sind noch lange nicht ausgeschöpft. Mögliche Steigerungsraten werden in den Bereichen Sicherheit und Automobilbau erwartet.

Alternativverfahren
Siebdruck, Wassertransferdruck, Tampondruck, In-Mold Decoration, In-Mold Beflockung

Kaschieren/Laminieren
ist das Verbinden mehrerer Lagen gleicher oder verschiedener Materialien, in der Regel von Folien *PAP 2.3.*

Laminate sind mehrlagige Werkstoffe, die durch Verpressen und Verkleben mindestens zweier Lagen gleicher oder verschiedener Materialien entstehen *KUN 1.6.*
Es gibt einseitige Schutzlaminate in Form von Klebe-, Kunststoff- oder auch Metallfolien, die die mechanischen, thermischen, chemischen oder auch optischen Eigenschaften eines Bauteils verbessern. Es lassen sich auch Profile ummanteln.

Bild: Schichtholz mit metallischer Profilummantelung.

HPL (High Pressure Laminate) ist ein spezielles Laminat, das aus gepressten Holzfasern und Kunstoff besteht *HOL 3.5.1.* *Es wird zur Beschichtung von Möbeln (z. B. Tische, Arbeitsplatten, Schränke) verwendet.*

Bild: HPL gibt es in sehr vielen Farben, Mustern und Oberflächenstrukturen/
Hersteller: ABET Inc.

BES 2.3
Dekorationsverfahren – In-Mold Decoration

Die Technik der In-Mold Decoration (IMD-Verfahren) kombiniert das ***Heißprägen*** *BES 2.2* mit der Möglichkeit zum ***Hinterspritzen*** von Folien *FOR 1.2*. Kunststoffteile entstehen, die in einem Verfahrensschritt gespritzt und mit einem Druckbild versehen werden.

Bild: Wechselschalen von Sony Ericsson, beschichtet im IMD-Verfahren./ Foto: Kunststoff Helmbrechts AG

Verfahrensprinzip
Eine bedruckte, heißgeprägte Folie (meist aus Polyester *KUN 4.1.10*) wird in ein Spritzgießwerkzeug eingelegt und plastifizierter Kunststoff unter hohem Druck zugeführt. Die Folie presst sich unter Wärme in die Kavität und bildet den gewünschten Formkörper ab. Gleichzeitig löst sich beim Auftreffen der Schmelze das Dekor vom Folienträger und überträgt sich auf das Formteil. Nach Abkühlung der Kunststoffmasse wird das Bauteil vom Träger entnommen und Folienmaterial mit Hilfe einer Vorschubeinrichtung erneut in Position gebracht. Die Folie kann Endlosdekore oder einzelne Bilder im Vielfarbdruck tragen.

Das Verfahren wurde erstmals 1985 von der Leonhard Kurz GmbH auf dem Markt präsentiert.

Schichtdicken
Sehr geringe Wanddicken sind mit In-Mold Decoration zu realisieren. Ein Beispiel sind Scheckkarten mit einer Wandstärke von nur 0,8 mm. Toleranzen von weniger als 0,2 mm können eingehalten werden.

Anwendung und Materialien
Mit dem IMD-Verfahren werden vollflächige Druckbilder auch auf komplizierte Freiformflächen mit großen Radien übertragen, die bislang nur in aufwändigen Heißprägeverfahren in einem separaten Arbeitsgang hergestellt werden konnten. Dabei lassen sich sowohl Farben übertragen (z. B. Wurzelholzdekore) als auch Bauteiloberflächen mit Bildern, Texten und metallischen Bereichen realisieren. Das Verfahren findet als Dekorationsverfahren weitere Anwendung im Bereich der Kosmetik- und Verpackungsindustrie. Auch Gehäuse von Elektrogeräten der Unterhaltungsindustrie und Kunststoffverkleidungen in der Automobilindustrie werden durch das Verfahren bedruckt.

Bild: Display, bedruckt durch IMD-Verfahren.

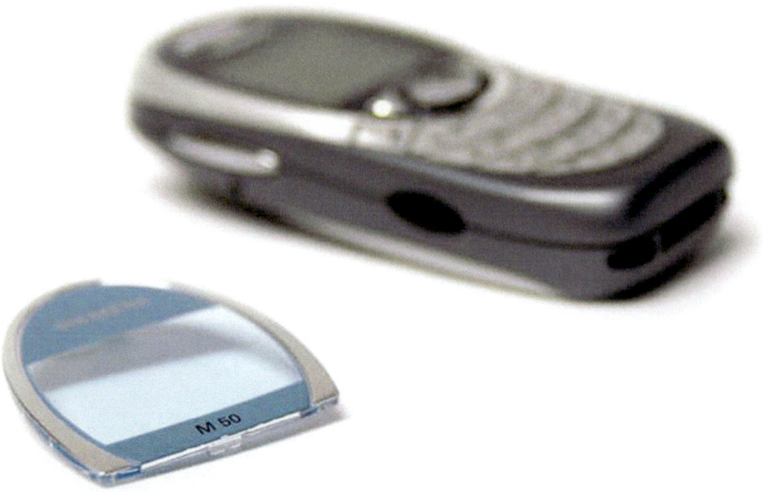

Weitere Anwendungsfelder sind der Sportbereich (Skibindungen, Turnschuhsohlen), die Möbelindustrie oder Haushaltsgeräte wie Staubsauger, Bügeleisen oder Kaffeemaschinen. Heute können fast alle Thermoplaste durch die IMD-Technik verarbeitet werden. Eine Ausnahme bildet lediglich Polyethylen. Wenn die Rohstoffe keine groben Verunreinigungen enthalten, lassen sich selbst recycelte Polymere verwenden.

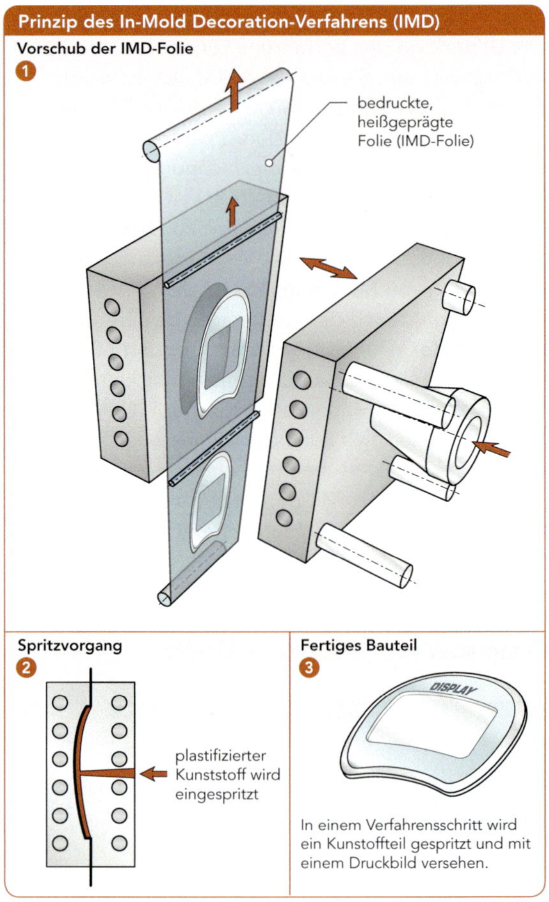

Abb. 12

Wirtschaftlichkeit
Die Reduzierung von Formgebung und Dekoration auf einen Prozessschritt führt zu einer erheblichen Senkung der Produktionskosten.
Es entfallen Handling und Zwischenlagerung. Der Wechsel eines Dekors kann einfach durch Wechsel einer Folienrolle erfolgen. Somit können auch Kleinserien ohne Werkzeug- oder Rohstoffwechsel kostengünstig realisiert werden. Meist müssen bei einem Dienstleister Folienmindestlängen abgenommen werden.

Alternativverfahren
Heißprägen, Siebdruck, Tampondruck, Wassertransferdruck, In-Mold Beflockung

BES 3
Beschichten aus breiigem Zustand – Putzen

Putzen oder Verputzen ist ein Beschichtungsverfahren auf Basis eines breiigen Zustands des Beschichtungswerkstoffs. Es hat den Zweck, ein Mauerwerk vor Witterungseinflüssen und Feuchtigkeit zu schützen und Wärmedämmung zu gewährleisten..

Bild: Verputzte Wände im Hausinnenbereich./ banz+riecks architekten

Verfahrensprinzip

Nach grober Säuberung des Mauergrunds und Entfernung alter und beschädigter Putzschichten kann mit dem Auftrag des für den entsprechenden Anwendungsfall optimalen Mörtels MIN 4.7 begonnen werden. Dieser wird in der Regel kurz vor der Verarbeitung angemischt, dann aufgestrichen, angeworfen oder unter Druck aufgespritzt. Damit der Putz durch Feuchtigkeitsentzug nicht zu schnell abbindet, sollte der Untergrund vorher befeuchtet werden. Dies gilt vor allem für stark saugende Materialienuntergründe. Als Grundlage für Strukturputze oder zur Ausbesserung von Putzoberflächenrissen kommt Papiervlies PAP 5.5 zur Anwendung.

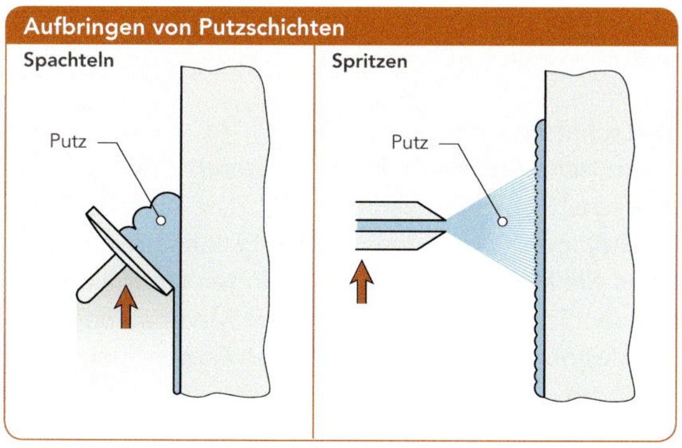

Abb. 13

Schichtdicken

Während für den Hausinnenbereich einlagige Putzschichten von etwa 10-15 mm völlig ausreichen, sollten für den Außenbereich mindestens 2 Schichten aufgebracht werden. Dabei ist darauf zu achten, dass eine Mörtelschicht eine Höchstdicke von 15 mm nicht überschreitet, da die Gefahr des Abrutschens der breiigen Masse mit steigendem Gewicht zunimmt.

Anwendung und Materialien

Beim Putzen wird zwischen Kunstharzputzen und mineralischen Putzen unterschieden:

Kunstharzputze werden mit organischen Bindemitteln hergestellt und in der Regel gebrauchsfertig angeboten. Sie sind leicht zu verarbeiten, werden nur dünn aufgetragen und eignen sich daher sehr gut für dekorative Arbeiten.

Mineralische Putze werden direkt vor der Verarbeitung aus Bestandteilen wie Sand, Zement MIN 4.6, Kalk MIN 4.4.1 oder Gips MIN 4.6 unter Verwendung von Bindemitteln angemischt. Die Kombination der Einzelbestandteile in Verbindung mit dem benutzten Bindemittel wird auf den entsprechenden Anwendungsfall abgestimmt. Während feuchtigkeitsregulierende ***Kalkmörtel*** im Innenbereich Verwendung finden, kommen Mörtel aus Kalkzement auf Grund der guten Dehnfähigkeit und großen Festigkeit im Außenbereich zur Anwendung. Zementmörtel ist nur gering elastisch aber resistent gegen Feuchtigkeit. Deshalb wird er im Kellerbereich eingesetzt. Gips- und Anhydritmörtel werden ausschließlich im Innenbereich verarbeitet.

Bild: Wohnhaus mit verputzter Außenfassade./ banz+riecks architekten

Wirtschaftlichkeit

Putzen bzw. Verputzen ist ein wirtschaftliches Verfahren zur Versiegelung von Mauerwerken gegen äußere Witterungseinflüsse.

Flüssigtapete
wurde bereits in der alten japanischen Kaiserstadt Kyoto vor 350 Jahren aus reiner Seide hergestellt. Heute ist sie ein Wandbelag, der sich ohne störende Nähte mit einer Kelle verputzen lässt. Sie besteht aus Textilfasern, Seide, Zellulose und einem Trockenkleber. Flüssigtapete ist sehr weich, reißfest aber haltbar und wirkt wärme- und schalldämmend. Die Strapazierfähigkeit wird durch Zusatz von Polymerfasern verbessert.

BES 4
Beschichten aus festem Zustand

BES 4.1
Beschichten aus festem Zustand – Thermisches Spritzen

Die thermischen Spritzverfahren haben in den letzten Jahren für die Reparatur von Bauteilen und zur Neuteilherstellung an Bedeutung gewonnen.
Die Gründe hierfür sind vielfältig (Witt 2006):

- Eine Kombination verschiedener Schichtwerkstoffe ist möglich.
- Die Kosten bei Reparatur verschlissener Werkstückoberflächen sind niedrig.
- Die niedrige thermische Belastung der Werkstücke vermeidet Verzug und unerwünschte Gefügeveränderungen.
- Das Verfahren ist von der Werkstückgröße unabhängig und auch für komplexe Formgeometrien geeignet.

*Beim **Kaltgasspritzen** wird die Aufprallenergie (mehrfache Schallgeschwindigkeit) des Metallpulvers genutzt, um dieses aufzuschmelzen und eine feste Beschichtung zu erzeugen. Es ist damit umweltfreundlicher als thermische Spritzverfahren, und es werden höhere Qualitäten erzielt.*

Verfahrensprinzip
Beim thermischen Spritzen wird das Ausgangsmaterial für die Schichterzeugung in der Regel innerhalb einer Spritzeinheit aufgeschmolzen, durch eine Gaszuleitung an der Wärmequelle zerstäubt und mit Druck auf die vorbereitete Bauteilfläche gespritzt. Die Oberfläche des Werkstücks wird thermisch wenig beansprucht. Die ursprünglichen Materialeigenschaften bleiben somit erhalten. Die Eigenschaftswerte der Materialpaarung lassen sich durch die Kombination von Schicht- und Grundwerkstoff sehr flexibel einstellen. Zudem stehen für jeden Anwendungsfall unterschiedliche Verfahrenvarianten zur Verfügung, die sich hinsichtlich Form des Ausgangsmaterials (Pulver, Draht oder Stab), Temperatur und Leistung der Wärmequelle sowie Aufbau der Spritzeinheit voneinander unterscheiden. Folgende Varianten stehen zur Verfügung: ***Flamm-***, ***Plasma-***, ***Laser-***, ***Lichtbogen-***, ***Drahtexplosions-*** oder ***Detonationsspritzen***.

Schichtdicken
Die durch thermisches Spritzen erreichbaren Schichtdicken liegen zwischen 30 µm und einigen wenigen Millimetern.

Anwendung und Materialien
Thermisches Spritzen kommt für den Auftrag von Metall- und Kunststoffbeschichtungen in Betracht, um mechanisch hoch beanspruchte Bauteile gegen Verschleiß und Abrieb zu schützen oder elektrisch leitende, isolierende und wärmedämmende Schichten aufzubringen. In Verbindung mit einer nachträglichen Bearbeitung können auch Verschleißstellen und Herstellungsfehler partiell ausgebessert werden (Anwendungen: Spritzgussformen für Kunststoff).
Typische Spritzmaterialien für Gleit- und Verschleißschutzschichten sind Molybdän- oder Nickel-Chrom-Legierungen.
Zum Korrosionsschutz werden Zinn- und Aluminiumlegierungen oder Polyamid eingesetzt.
Auch das Aufbringen von keramischen Beschichtungen ist mit dem Verfahren möglich. Ein Kunststoffauftrag wird in der Regel durch das Pulverflammspritzen vorgenommen. Typische Produkte sind Turbinenschaufeln oder andere mechanisch und thermisch stark beanspruchte Maschinenteile wie Walzen, Lager oder Transportrollen sowie der Unterbodenschutz von Pkw.

Prinzip des thermischen Spritzens

Thermisches Spritzen

Verfahren	Eigenschaften
Geschmolzenes Metall wird mit einem Flammspritzbrenner mittels Druck des Brennergasses auf die Bauteiloberfläche gespritzt. Das Beschichtungsmetall wird als Draht oder Pulver zugeführt und durch die Flamme verflüssigt.	- für Bauteile mit verschleißfesten Oberflächen - vielsietige Kombinationen der Metallwerkstoffe (Bauteil und Beschichtung) möglich

Beispiel: Flammspritzen mit Draht

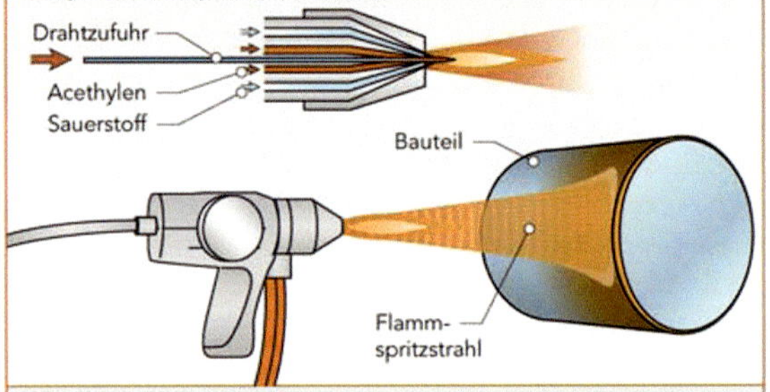

Plasmaspritzen

Verfahren	Eigenschaften
Pulverförmiger Spritzzusatz (Metall oder Keramik) wird in einem Plasmastrahl aufgeschmolzen und mit sehr hoher Ausströmgeschwindigkeit auf die Bauteiloberfläche gespritzt.	- für Beschichtung hochschmelzender Werkstoffe - für Bauteile mit verschleißfesten Oberflächen - kann je nach Verschleiß wieder aufgetragen werden

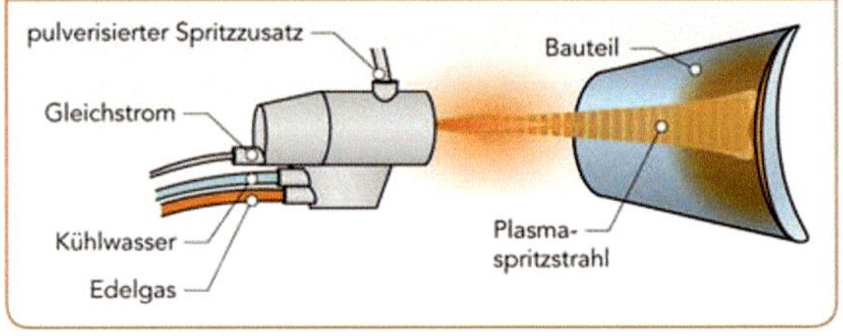

Abb. 14: nach [4, 9, 21]

Wirtschaftlichkeit
Thermische Spritzverfahren sind durch eine gute Wirtschaftlichkeit gekennzeichnet. Die Ausfallzeiten der Anlagen sind in den meisten Fällen kurz. Vor allem die Möglichkeit zum Aufbringen einer extrem dünnen Schicht aus hochwertigem Material macht das Verfahren für eine Vielzahl von Anwendungen geeignet.

Alternativverfahren
elektrostatische Pulverbeschichtung, Spritzen, Emaillieren, Wirbelsintern, Tauchbeschichten

BES 4.2
Beschichten aus festem Zustand – Pulverbeschichten

Die Anfänge der Beschichtung mit pulverförmigen und schmelzbaren Überzugsmassen reichen bis in die 50er und 60er Jahre zurück, als ökologische Aspekte eine immer stärkere Bedeutung erhielten. Im Laufe der Jahre wurden Pulverlacke entwickelt, die durch Wärmeeinwirkung auf die Bauteiloberflächen aufgeschmolzen und chemisch vernetzt werden, woraus sich ein gut haftender und geschlossener Überzug ergibt. Wie andere Oberflächenbehandlungstechniken haben auch die Verfahren zur Pulverbeschichtung funktionale und dekorative Funktionen (Pietschmann 2002).

Aufgaben von Pulverlackbeschichtungen	
Dekoration	Farbe, Glanz und Struktur der Beschichtung
Oberflächenschutz	mechanische Widerstandsfähigkeit, Korrosionsbeständigkeit Chemikalienbeständigkeit, Elektroisolation, Wetterschutz

Abb. 15: nach [25]

Verfahrensprinzip
Bei der einfachsten Form der Pulverbeschichtung wird pulverförmiges Material über ein Rüttelsieb oder eine Nadelwalze, in Flüssigkeit gelöste Werkstoffpartikel (Schlicker) über eine Düse auf einen flächigen Werkstoff gestreut oder geschüttet. Der anschließende Temperierungs- und Trocknungsvorgang bewirkt ein Aufschmelzen der Werkstoffbeschichtung, die während der Abkühlung glattgezogen wird.

Prinzip des Pulverbeschichtens
Anlage einer Einseit-Pulvervorbeschichtung

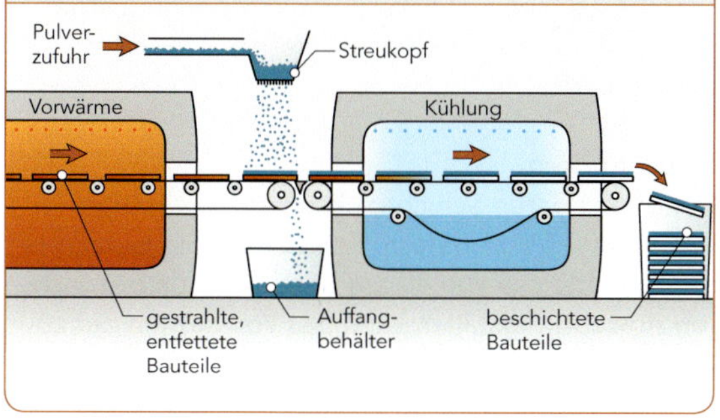

Abb. 16: nach [12]

Das Eigenschaftsprofil der entstehenden Beschichtung richtet sich nach der Zusammensetzung des Werkstoffpulvers bzw. des zugeführten Schlickers und kann reproduzierbar auf den gegebenen Einsatzfall eingestellt werden.

Anwendung und Materialien
Vor allem findet das beschriebene Verfahren Anwendung zur Beschichtung von flachen und bahnenförmigen Materialien jeglicher Art oder textilen Stoffen in der Bekleidungsindustrie. Als Beschichtungswerkstoff können eine Vielzahl thermoplastischer Kunststoffe wie Polyethylen (PE), Polyamid (PA), Polyurethan (PU) und Keramiken dienen.

Industrielle Verwendung finden mit Kunststoff beschichtete Bauteile beispielsweise als Förder- oder Transportbänder. Flächige Keramikschichten werden zur Herstellung aktiver Brennstoffzellen benötigt. Sowohl im Bauwesen als auch in der Architektur gehört die Pulverbeschichtung seit Jahren zu den Standardverfahren.

Schichtdicken
Schichtdicken zwischen 150 µm und 300 µm sind erzielbar.

Wirtschaftlichkeit
Die beschriebenen Anlagentypen werden bei zum Teil sehr hohen Investitionskosten vor allem wirtschaftlich in der Produktion mittlerer bis großer Stückzahlen eingesetzt. Die erzielbaren Fertigungskapazitäten und die Reproduziergenauigkeit sind hoch.

Das Beschichten mit Keramikschlicker ist das bevorzugte Produktionsverfahren zur Herstellung großflächiger und dünner Keramikschichten.

Alternativverfahren
elektrostatische Pulverbeschichtung, Spritzen, Emaillieren

Bild: »xice« Computerkühler mit pulverbeschichtetem Blechgehäuse. Durch den dicken Auftrag dieses Beschichtungsverfahrens können kleine Ungenauigkeiten vom Schweißen oder Nachbearbeiten optimal ausgebessert werden.

BES 4.3
Beschichten aus festem Zustand – Elektrostatisches Pulverbeschichten

Beim elektrostatischen Pulverbeschichten wird der physikalische Effekt der elektrostatischen Anziehung genutzt, um das Aufbringen einer Kunststoffschicht zu ermöglichen. Es hat in der Gruppe der Beschichtungsverfahren aus dem festen Zustand die weitaus größte Bedeutung (Westkämper, Warnecke 2004).

Prinzip des elektrostatischen Pulverbeschichtens

Verfahren	Eigenschaften
Elektrisch negativ aufgeladene Kunststoffteilchen werden mit einer Sprühpistole auf ein elektrisch positiv geladenes Bauteil gesprüht. Die Pulverteilchen werden an das Bauteil entlang der Feldlinien herangezogen. Bei ca. 200 °C werden die Teilchen zu einer festen Schicht verschmolzen.	- umweltfreundlich, da der Overspray dem Systen erneut zugeführt werden kann - gut haftende allseitige Beschichtung - für flächige und strukturierte Geometrien - Verarbeitung duroplastischer Kunststoffe ohne Lösungsmittel

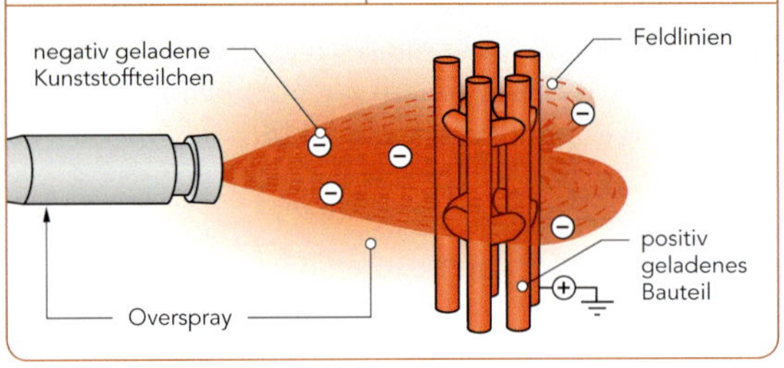

Abb. 17: nach [9]

Bild unten: DeguDent F3 Fräsgerät für den Dentalbereich mit standsicherem und verwindungssteifem Gussfuß. Der Gerätefuß ist durch elektrostatisches Pulverbeschichten eingefärbt./ Design: UNITEDDESIGNWORKERS.com

Verfahrensprinzip

Ein meist duroplastisches Pulver wird fluidisiert und einer Sprühpistole zugeführt. Während der Partikelstrom durch Anlegen einer Hochspannung elektrostatisch negativ aufgeladen wird, erfolgt eine positive Orientierung des Werkstücks durch Erdung der zu beschichtenden Bauteiloberfläche. Die Pulverpartikel entströmen dem Sprühkopf und wandern innerhalb des sich bildenden elektrischen Feldes entlang der Feldlinien zum Substrat. Dort haften sie, so lange sich der elektrostatische Ladungsunterschied ausgeglichen hat. Anschließend wird die Pulverschicht auf etwa 200 °C erhitzt. Sie schmilzt und härtet nach Abkühlung an der Bauteiloberfläche zu einem Lackfilm aus. Das Ergebnis ist eine qualitativ hochwertige, homogene Kunststoffbeschichtung mit gleichmäßiger Dicke. Eine allumseitige Beschichtung eines Bauteils ist durch Verwendung von den Drall der Pulverwolke fördernden Sprühpistolentypen möglich (Müller 2003).

Anwendung und Materialien

Das elektrostatische Pulverbeschichten ist begrenzt auf Materialien, die den Ofenprozess unbeschadet überstehen. Deshalb wird das Verfahren vor allem zur Beschichtung von Metallen eingesetzt (Stahl, Aluminium, Kupfer und andere Metalllegierungen). Typische Beschichtungsmaterialien sind Polyvinylchlorid (PVC), Polyethylen (PE), Polyamid (PA), Epoxidharze, Polyesterharze und Polyacrylatharze (Pietschmann 2002). Durch eine besondere elektrostatische Vorbehandlung können auch nichtmetallische Materialien wie Keramiken, Hölzer oder Polymere mit dem Verfahren behandelt werden. Die Zahl der einsetzbaren Materialfarben ist unbegrenzt. Anwendungsgebiete sind die Automobilindustrie, Gebäudefassadenteile, Beschlagteile, Kühlschränke, Waschmaschinen, Heizkörper, die Möbelindustrie oder Sportartikel wie beispielsweise Skier oder Snowboards.

Schichtdicken

Die erreichbaren Schichtdicken liegen zwischen 40 und 600 Mikrometern. Standardmäßig ist mit einer Schichtdicke von 80 μm zu rechnen. In besonderen Anwendungsfällen kann das Vorwärmen der zu beschichtenden Bauteiloberfläche auf 150 °C-180 °C eine Dicke von 1 mm ermöglichen (Blume 1990).

Wirtschaftlichkeit

Das Verfahren wird sowohl für die Klein- als auch Großserienfertigung wirtschaftlich eingesetzt. Es ist leicht automatisierbar und dient zur Endbearbeitung. Die Investitionskosten sind moderat. Durch die Möglichkeit der Rückgewinnung des ungenutzten Pulvermaterials ist eine umweltschonende Beschichtung möglich.

Alternativverfahren

Pulverbeschichten, Wirbelsintern, thermisches Flammspritzen

Dura Clean
ist eine Ausstattung aus einem hochwirksamen Additiv-Mix für Pulverbeschichtungen, die Oberflächen hydrophobe Eigenschaften verleiht. Schmutzpartikel können auf der Lackoberfläche nur noch leicht anhaften und werden durch zu Kugeln geformte Wassertropfen abtransportiert *GLA 6.3.* *Durch diesen Effekt lässt sich die Anzahl von Reinigungen deutlich reduzieren.*

Umformstabile Pulverlacksysteme
für Aluminiumbleche halten komplexe Tiefziehprozesse ohne Qualitätsverlust stand. Die Aluminiumteile können zunächst lackiert und erst nachfolgend umgeformt werden. Der Aufwand für bislang übliche Zwischenbehandlungen wie Reinigen oder Beizen wird erheblich reduziert.

BES 4.4
Beschichten aus festem Zustand – Wirbelsintern

Das Wirbelsintern ist ein spezielles Verfahren zur Aufbringung einer Kunststoffbeschichtung. Es wurde 1952 von E. Gemmer bei der Knappsack AG in Frankfurt am Main entwickelt.

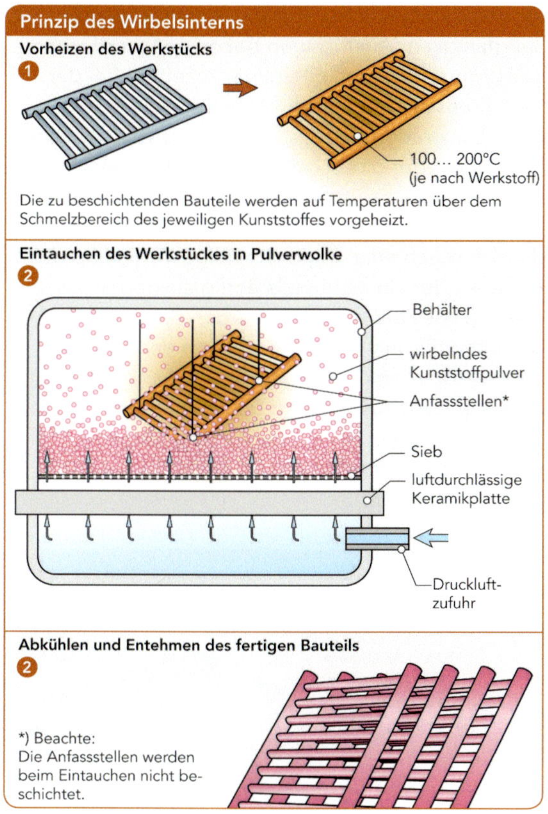

Abb. 18: nach [3]

Verfahrensprinzip
Thermoplastisches Kunststoffpulver wird durch Anlegen von Druckluft an einer porösen Bodenplatte in einer geschlossenen Kammer gleichmäßig verwirbelt. Die zu beschichtenden Bauteile werden auf Temperaturen über dem Schmelzbereich des jeweiligen Kunststoffes (100 °C bis 300 °C) vorgeheizt und in die Pulverwolke getaucht. Die Partikel bleiben an der vorher aufgerauten Bauteiloberfläche haften, schmelzen und erstarren während der Kühlung zu einem festen und gleichmäßig dicken Kunststofffilm. Die Bauteile werden vor dem Beschichtungsvorgang gestrahlt, um sie von unerwünschten Ölen, Fetten und sonstigen Ablagerungen zu befreien. Die Beschichtungen haben lange Standzeiten und verhindern das Rosten der veredelten Bauteiloberflächen.

Anwendung und Materialien
Die Technik des Wirbelsinterns dient ausschließlich der Erzeugung von Schichten aus thermoplastischen Kunststoffen (z. B. Polyamid, Polyethylen, Polyester, Zelluloseester, Polyvinylchlorid). Sie kommt meist für Kleinteile und drahtähnliche Bauteile zur Anwendung, bei denen große Schichtdicken ohne besondere Anforderungen an optische Qualitäten erforderlich sind (Pietschmann 2002). Die Schichten verbessern den Korrosionsschutz (Wetterbeständigkeit) und die Gleiteigenschaften oder werden zu dekorativen Zwecken aufgebracht. Es sind Lacküberzüge entwickelt worden, deren Farbigkeit anhand der üblichen RAL-Tabelle ausgewählt werden kann.

Typische Produktbeispiele liegen im Bereich des Haushalts (z. B. Geschirrspülkörbe), der Wasseraufbereitung und Wasserbereitstellung (z. B. Wasserarmaturen, Warmwasserbehälter, Rohrleitungssysteme). Aber auch Zaunpfähle oder Verkehrseinrichtungen werden durch Wirbelsintern beschichtet.

Schichtdicken
Die üblichen Schichtdicken beim Wirbelsintern liegen zwischen 200 Mikrometern und einem Millimeter.

Wirtschaftlichkeit
Das Wirbelsintern ist das am häufigsten eingesetzte Verfahren zur Herstellung von Kunststoffbeschichtungen und ist sowohl für mittlere als auch große Stückzahlen geeignet.

Alternativverfahren
Spritzlackieren, elektrostatisches Lackieren, thermisches Spritzen oder Galvanisieren bei Metallbauteilen, Tauchbeschichten, Pulverbeschichten für Kunststoffbeschichtungen

Foto unten: Geschirrspülkorb mit wirbelgesinterter Oberfläche.

BES 4.5
Beschichten aus festem Zustand – Beflocken

Die Beflockung bzw. der Flockdruck ist eine Beschichtungstechnik, mit der insbesondere im Textilbereich Motive und Dekore aufgebracht werden. Die Anfänge des Verfahrens liegen im alten China, wo schon vor gut 3.000 Jahren ein Harzleim auf textilen Flächen genutzt wurde, um Naturfasern zu dekorativen Zwecken fest aufzubringen. Heute erfreut sich der Flockdruck gerade unter Designern steigender Beliebtheit.

Verfahrensprinzip
Mit dem »Flock« ist eine kurz geschnittene Faser gemeint, deren Dicke in dtex (Dezitex) angegeben wird, also Gramm pro 10.000 Meter Länge. Zur Aufbringung von Millionen kleiner Fasern auf eine mit Klebstoff beschichtete Materialoberfläche dient ein elektrisches Feld. Die Fasern werden entlang der Feldlinien ausgerichtet, gleichmäßig verteilt, beschleunigt und treten nach Möglichkeit senkrecht in den Kleber ein. Die Qualität der verwendeten Klebstoffe ist neben dem Flockwerkstoff am Ende ausschlaggebend für die Strapazierfähigkeit der Beschichtung. Entsprechend der gewählten Faserlänge werden unterschiedliche Oberflächenstrukturen, von weich bis hart abrasiv, erreicht. Mit den heute zur Verfügung stehenden Klebern kann die Abriebfestigkeit über mehrere Jahre gewährleistet werden. Die ganzflächige Beschichtung einer Materialoberfläche bezeichnet man als »Ganzflächenbeflockung«. Eine »Dessinbeflockung« entsteht nach partiellem Aufbringen des Klebers.

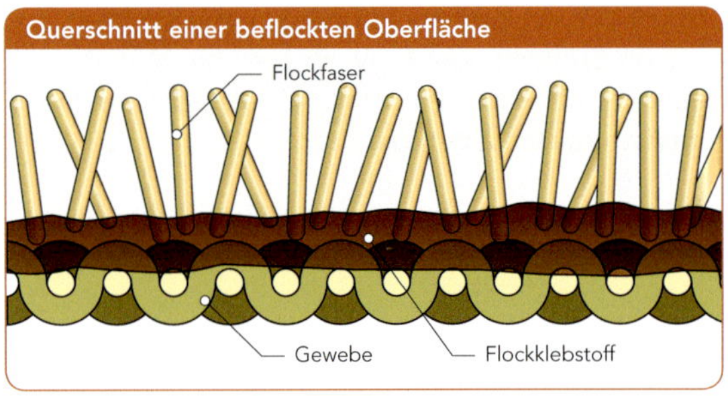

Abb. 19: nach Flock Association of Europe (FAoE) e. V. (www.flock.de)

Neben der ästhetischen Aufwertung gibt es noch eine ganze Reihe weiterer Gründe, warum Materialoberflächen heute mit Fasern beschichtet werden. Beflockte Flächen wirken wärmeisolierend, können schall- und lichtschluckende Eigenschaften aufweisen und wirken rutschhemmend. Weitere Funktionen sind der Toleranzausgleich in technischen Komponenten und Baukonstruktionen, der Berührungsschutz bei hohen Temperaturen sowie die Saugfähigkeit. Auch zeigen beflockte Oberflächen günstigere Haft- und Gleiteigenschaften. Bei der Verfahrensvariante der In-Mold Beflockung (vgl. In-Mold Decoration BES 2.3) wird eine zuvor beflockte Folie entweder direkt oder nach einem Umform-Vorgang in ein Spritzgusswerkzeug eingelegt und mit einem Polymerwerkstoff hinterspritzt. Nachteile, die sich durch eine ungleichmäßige Verteilung des Klebers oder ein nicht vollständig ausgeprägtes elektrisches Feld ergeben, werden durch die Vorkonfektionierung vermieden. Durch das abschließende Abziehen der Trägerfolie wird sichergestellt, dass alle nicht ausreichend gut verankerten Fasern entsorgt werden. Übrig bleibt eine vollkommen gleichmäßige und saubere Flockschicht auf dem Kunststoffbauteil.

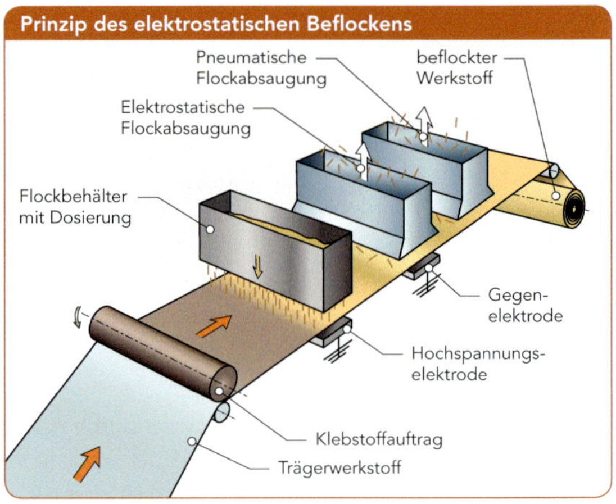

Abb. 20

Anwendung und Materialien
Die Beschichtungstechnologie der Beflockung kennt man insbesondere aus dem Textilbereich. Es können aber auch andere Werkstoffoberflächen aus Holz, Glas, Metall oder elastomeren Kunststoffen und Polymerschäumen mit beflockten Bereichen versehen werden. Beflocktes Gummi ist als Dichtung in Gebäudekonstruktionen oder als Fensterführungsprofilen in Kraftfahrzeugen gar nicht mehr wegzudenken. Es verhindert den Eintritt von Flüssigkeiten und wirkt geräuschminimierend bei dynamischen Anwendungen. Aus dem Kunststoffbereich sind uns beflockte Luftmatratzen bestens bekannt. Beflockte Handlingsysteme für den sicheren Transport von empfindlichen Gütern finden in der Verpackungsindustrie Verwendung. Im Dentalbereich und der Kosmetik kommen beflockte Applikatoren zur Aufnahme von Pasten und Flüssigkeiten zur Anwendung. Auch Brillenetuis sind häufig beflockt.

In der jüngeren Vergangenheit sind die Anwendungspotenziale des Flockdrucks vor allem durch Gestalter und Designer erweitert worden. So hat der Porzellanhersteller Kahla ganze Porzellanserien mit samtweichen Textiloberflächen versehen. Auch Glaskörper, Uhren und Schmuckstücke lassen sich mit der Technik beschichten. Die Designerin Sybs Bauer verwendete das Verfahren, um aus dem traditionellen Souvenir eines Hirschkopfs ein modisches Produkt zu machen. Dabei wurde schlagfestes Polystyrol (SB) mit festen Partikeln beschichtet. Die Beflockung von Papieroberflächen ist immer noch eine Spezialanwendung, die vor allem im Grafikdesign eine hohe Beachtung findet. So wurden in der jüngsten Vergangenheit einige Titelcover bekannter Magazine mit der Technik beschichtet. Auch zur besonderen Hervorhebung von Details im Möbelbereich ist die Beflockungstechnik schon verwendet worden. Im Bereich von Spielwaren wird sie zur Beschichtung von Puppen und Puzzeln genutzt.

Als Flockmaterialien kommen alle textilen Materialien wie Baumwolle, Kunstseide oder Acryl in Frage. Polyamid *TEX 4.4.1* ist das mit Abstand am häufigsten verwendete Fasermaterial. Für weiche Untergründe eignet sich vor allem Viskose *TEX 4.3.1*. Bei Außenanwendung finden üblicherweise Polyesterfasern *TEX 4.4.3* Verwendung.

Schichtdicken
Die erreichbare Schichtdicke bei der Beflockung ist abhängig von der verwendeten Faserlänge des Flockmaterials. Diese liegt normalerweise zwischen 0,5 mm und 2 mm. Die Oberflächenstruktur lässt sich insbesondere durch die Faserdicke beeinflussen.

Wirtschaftlichkeit
Die Beflockung ist ein sehr kostengünstiges Beschichtungsverfahren. Die Technik wird sowohl für die Massenproduktion als auch in der Einzelstückfertigung verwendet. Zahlreiche Dienstleister haben sich am Markt etabliert. Für den Modell- und Prototypenbau können Mini-Flockgeräte bezogen werden. Es sind auch beflockte Kunststofffolien im Handel erhältlich, die sich mit dem auf der Rückseite befindlichen, unter Hitze schmelzenden Klebstoff leicht verarbeiten lassen.

Alternativverfahren
Lackieren, Mattieren, Wassertransferdruck, Heißprägen, Siebdruck, Tampondruck

Bild: „Hirschkopf, Krücklein" - Souvenirs der Marke "ebos" aus dem Allgäu, schlagfestes Polystyrol (PS), Spritzguss beflockt, Design: Sybs Bauer (www.designkunst.com)

Bild: Laserstahlbeschichten./ Foto: Adelheid Peters, Fraunhofer-Institut für Produktionstechnologie IPT

BES 5
Beschichten durch Schweißen und Löten

BES 5.1
Beschichten durch Schweißen und Löten – Auftragschweißen

Schweißen wird nicht nur zum Fügen von Bauteilen eingesetzt, sondern findet auch zur Aufbringung von Schichtwerkstoffen in großen Dicken (Millimeterbereich) Anwendung.

Prinzip des Auftragschweißens

Verfahren	Eigenschaften
Metallischer Werkstoff wird mittels unterschiedlicher Schweißverfahren in mehreren, schichtweise nebeneinander liegenden Schweißraupen auf das Bautei aufgetragen.	- harte und widerstandsfähige Beschichtung - Reparatur beschädigter Bauteiloberflächen

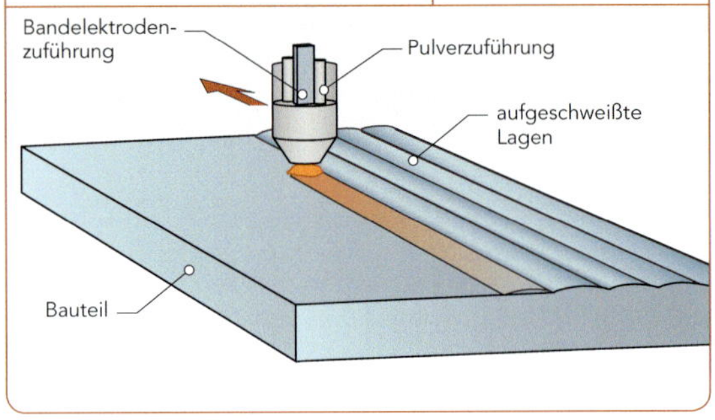

Abb. 21: nach [9]

Verfahrensprinzip

Beim Auftragschweißen wird entweder ein dem Grundwerkstoff ähnliches oder auch ein sich vollkommen unterscheidendes Material an der Bauteiloberfläche aufgeschmolzen. Infolge des gleichzeitigen Anschmelzens der oberen Werkstückbereiche kommt es zur Vermischung der beiden Materialien und zum Einbrennen des Schweißzusatzes in den Grundwerkstoff. In der Regel werden mehrere Schweißschichten aufgebracht, weshalb dem Vermischungsgrad sowie der Einbrenntiefe der untersten Materiallage eine besondere Bedeutung für die letztendliche Qualität zukommt. Das Auftragschweißen kann mit den bekannten Schweißverfahren wie Lichtbogenschweißen FUE 5.3, Laserstrahlschweißen FUE 5.7, MIG- oder MAG-Schweißen FUE 5.4 erfolgreich durchgeführt werden. Grundsätzlich wird eine geringe Einbrenntiefe und Vermischung angestrebt, damit die Eigenschaften des Grundwerkstoffs nicht verändert werden (Witt 2006).
Der Vermischungsgrad ist abhängig von der Auftragtechnik, der eingebrachten Energie und der Schweißposition sowie der Polung der Elektrode beim MIG-/MAG-Schweißen oder der Art von Lichtbogen und Schutzgas.

Anwendung und Materialien

Das Auftragschweißen dient in erster Linie zum örtlich begrenzten Aufbringen von Verschleißschutzschichten oder hitzebeständigen Schichten auf Bauteile aus Metall, um den Widerstand gegen mechanischen Abrieb zu erhöhen.

Controlled Metal Build Up (CMB)

CMB ist ein Verfahren für den schnellen Aufbau und die Reparatur von Werkzeugen. Durch Kombination von Laserauftragschweißen und Hochgeschwindigkeitsfräsen generiert es Bauteile aus Stahl mit einer Dichte von 100 %. Integriert in eine Maschine, wird der Schweiß- und Fräsvorgang intermittierend ausgeführt. Dies bedeutet, dass nach jedem Auftragschweißprozess die erzeugte Schicht plan gefräst wird, um eine definierte Fläche mit hoher Qualität für die nächste Lage zu erhalten.

Das Verfahren ist daher vor allem für hoch belastete Bauteile wie Walzen, Turbinenschaufeln, Pumpenwellen oder Baggerschaufeln von Bedeutung. Außerdem kann es auch zur Reparatur von Gesenken und Spritz- oder Druckgussformen eingesetzt werden. Standzeit und Funktionsfähigkeit kostenintensiver Werkzeuge werden entscheidend verlängert bzw. verbessert.

Schichtdicken

Die erreichbaren Schichtdicken beim Auftragschweißen liegen im Millimeterbereich in einer Größenordnung von 1–6 mm. Die Rauigkeit auftragsgeschweißter Schichten ist mit 0,5–2 mm groß (Müller 2003).

Charakteristika der Auftragschweißverfahren

Verfahren	Eigenschaften	Anwendung
Autogenhand-schweißen	Arbeitsweise: manuell Zusatzwerkstoff: Stab Auftragsleistung: ca. 1 kg/h Kosten: gering Schichtdicke: 2…4 mm	- Reparaturarbeiten - kleine Flächen - Kanten
Elektrohand-schweißen	Arbeitsweise: manuell Zusatzwerkstoff: Elektrode Auftragsleistung: ca. 1 kg/h Kosten: gering Schichtdicke: 2…4 mm	- Reparaturarbeiten - kleine Flächen - Kanten
MIG-/ MAG-Schweißen	Arbeitsweise: manuell, automatisiert, mechanisiert Zusatzwerkstoff: Draht/Fülldraht Auftragsleistung: 8…9 kg/h Kosten: erhöht Schichtdicke: 4…8 mm	- Große und kleine Flächen - Neufertigung - Reparatur
RES-Schweißen	Arbeitsweise: mechanisiert, automatisiert Zusatzwerkstoff: Band/Draht Auftragsleistung: 18 kg/h Kosten: erhöht Schichtdicke: 4…5 mm	- Große Teile - Neufertigung
Strahl-schweißen	Arbeitsweise: (manuell), automatisiert Zusatzwerkstoff: Pulver Auftragsleistung: 1…2 kg/h Kosten: hoch Schichtdicke: 1…6 mm	- Kleine bis kleinste Flächen - Neufertigung - Reparatur
Plasma-schweißen	Arbeitsweise: manuell mechanisiert Zusatzwerkstoff: Pulver (Draht) Auftragsleistung: 2…30 kg/h Kosten: erhöht Schichtdicke: 1…6 mm	- Große bis kleine Flächen - Neufertigung - Reparatur
UP-Schweißen	Arbeitsweise: mechanisiert, automatisiert Zusatzwerkstoff: Band/Draht Auftragsleistung: 10…40 kg/h Kosten: erhöht Schichtdicke: 5…8 mm	- Große Teile - Neufertigung
WIG-Schweißen	Arbeitsweise: manuell, mechanisiert Zusatzwerkstoff: Stab/Draht Auftragsleistung: 2 kg/h Kosten: gering Schichtdicke: 1,6…5 mm	- Kleine bis mittlere Flächen, Kanten, - Neufertigung - Reparatur

Abb. 22: nach [4]

Wirtschaftlichkeit

Als klassisches Nachbearbeitungsverfahren dient das Auftragschweißen zur Wirtschaftlichkeitssteigerung bearbeiteter Bauteile. Es wird sowohl in der Einzel- als auch Serienfertigung eingesetzt.

Alternativverfahren

Schmelztauchen, Auftraglöten, thermisches Spritzen, elektrochemisches Abscheiden

BES 5.2
Beschichten durch Schweißen und Löten – Auftraglöten

Löten ist das am häufigsten eingesetzte Fügeverfahren, mit dem vor allem Kontaktstellen in der Elektroindustrie aufgebracht werden können. Dass Löten auch als Beschichtungstechnologie eingesetzt werden kann, ist indes weniger bekannt.

Verfahrensprinzip
Der Beschichtungswerkstoff wird beim Auftraglöten in Form eines Vlieses zunächst auf die Größe der zu bearbeitenden Fläche vorkonfektioniert und aufgelegt. Zusätzlich wird ein ***Lotvlies*** aus Lot und Binder benötigt, damit nach Erwärmung auf eine Temperatur von mehr als 450 °C beim Hart- oder Hochtemperaturlöten *FUE 6* der Beschichtungswerkstoff in die Poren der Bauteiloberfläche eindringen kann. Voraussetzung für die optimale Benetzung des Grundwerkstoffes mit Lot ist, dass die Oberflächen gereinigt wurden und eine metallische Kontaktfläche aufweisen. Oxidierte Stellen, Oberflächenbeläge oder mit Schmiermitteln verunreinigte Bereiche müssen vorab entfernt werden. Die Metallschicht entsteht nach Erstarrung durch Legierungsbildung zwischen Lot und Grundwerkstoff.

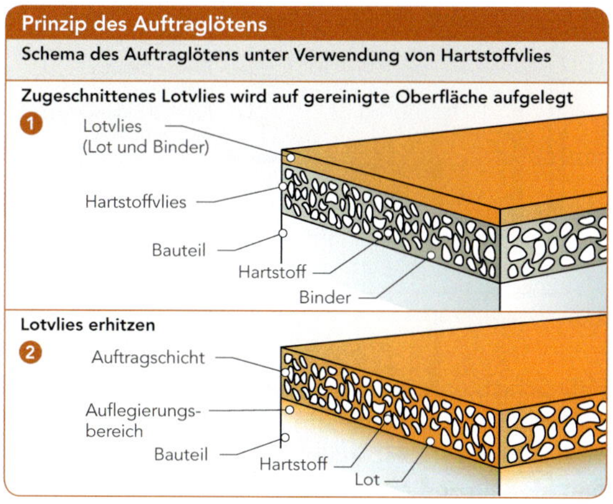

Abb. 23: nach [3]

Anwendung und Materialien
Auftraglöten dient zur Erzeugung von Verschleißschutzschichten aus Hartmetallen. Typische Beschichtungslote sind Silberhartlote, Kupferbasislote sowie Messing- und Bronzelote. Für Verarbeitungstemperaturen von über 900 °C eignen sich insbesondere Nickelbasis- oder Edelmetall-Lote auf Gold-, Paladium- oder Platinbasis (Bach et al. 2005). Die Schutzschichten dienen in der Hauptsache zur Erhöhung der Standzeiten von spanabhebenden Werkzeugschneiden wie beispielsweise Drehmeißeln, Scheibenfräsern oder Sägeblättern.

Schichtdicken
Beim Auftraglöten werden Schichtdicken von mehreren Millimetern erzielt.

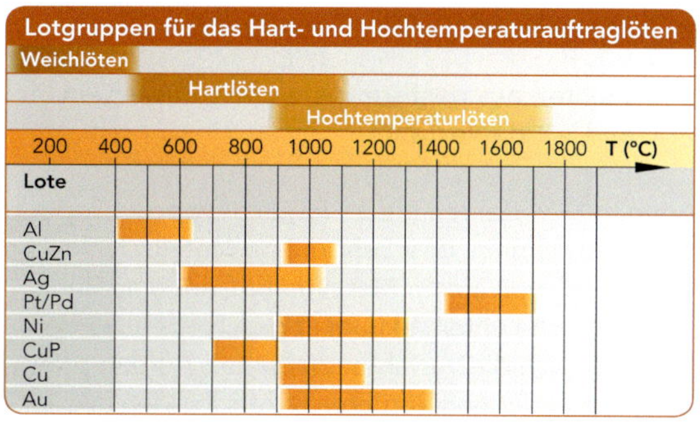

Abb. 24: nach [4]

Wirtschaftlichkeit
Wie das Auftragschweißen bezweckt das Auftraglöten eine Verbesserung der Funktionstauglichkeit von Bauteilen und gilt somit als ein die Wirtschaftlichkeit von Bauteilen förderndes Verfahren. Wegen der relativ einfachen Technologie ist das Verfahren sowohl für Arbeiten an einzelnen Bauteilen als auch für die Serienfertigung geeignet. Insbesondere Silberbasislote haben sich auf Grund der im Vergleich mit anderen edelmetallhaltigen Loten niedrigen Schmelztemperaturen für manuelles Flammlöten an der Luft bewährt.

Alternativverfahren
Auftragschweißen, thermisches Spritzen, elektrochemisches Abscheiden

BES 6
Beschichten aus gasförmigem und ionisiertem Zustand

BES 6.1
Beschichten aus gasförmigem und ionisiertem Zustand – PVD-Verfahren

Bild unten: Keypad beschichtet mit PVD-Metallisierung. Über dieser Metallisierung ist ein Zweikomponentenklarlack BERLACRYL als Schutzschicht aufgebracht/ Lack von: BERLAC AG, Lacquers & Effects, Schweiz

Allen PVD-Verfahren (PVD - ***Physical Vapour Deposition***) ist gemein, dass sehr dünne Metallschichten, ausgehend von einem ***Metalldampf***, auf eine Bauteiloberfläche unter Vakuum abgeschieden werden. Es lassen sich die Verfahrensvarianten Aufdampfen, Sputtern und Ionenplattieren unterscheiden (Müller 1996).

Verfahrensprinzip
Beim ***Aufdampfen*** wird der Beschichtungswerkstoff unter Drücken zwischen 0,01 Pa bis 1 Pa und Temperaturen von 400 °C bis 500 °C im Vakuum verdampft. Die Dämpfe kondensieren auf der vergleichsweise kühlen Bauteiloberfläche und bilden eine feste Werkstoffschicht. Die Eignung der Verfahrensvariante zur gleichmäßigen Beschichtung komplexer Formgeometrien ist auf Grund des geradlinigen Teilchenflugs als gering zu bewerten.

Zum ***Ionenplattieren*** wird das Beschichtungsmaterial positiv und das zu beschichtende Werkstück negativ geschaltet. Ionisierte Metallteilchen bilden sich an der Verdampferquelle, werden im elektrischen Feld zum Bauteil hin beschleunigt, prallen dort auf und dringen mit Geschwindigkeit in die Oberfläche hinein. Das Resultat ist eine fest mit dem Bauteiluntergrund verbundene Materialbeschichtung. Beim Ionenplattieren erreicht man Aufdampfraten von bis zu 0,01 g/cm^{2}s (Bach et al. 2005).

Im Gegensatz zum Aufdampfvorgang, bei dem Teilchen durch Verdampfen erzeugt werden, benötigt man zum ***Sputtern*** ein Prozessgas und eine Hochspannungsquelle. Das negativ gepolte Beschichtungsmaterial wird durch Argon(+)-Ionen eines Plasmastrahls als Moleküle oder Einzelatome herausgeschlagen. Nach Beschleunigung kondensieren diese im elektrischen Feld auf der Substratoberfläche und bilden eine sehr feine Metallschicht. Das Sputtern ist im Vergleich sehr flexibel anwendbar, da der Schichtwerkstoff nicht thermisch sondern durch Impulsübertragung herausgelöst wird.

Anwendung und Materialien
Sputtern kommt insbesondere in der Kunststoffindustrie zur Anwendung, um die Vorzüge geringen Gewichts und niedriger Produktionskosten von Kunststoffen mit den optischen Qualitäten von Metallen zu verbinden (z. B. Haushaltsgeräte). Außerdem können durch PVD-Verfahren beschichtete Bauteile in Bereichen der Spiegelung und Reflektion eingesetzt werden. Reflektoren in Pkw-Scheinwerfern sind dafür ein Beispiel. Optische Schichten finden auch in der Mikroelektronik Verwendung. Eine Metallisierung von Kunststoffbauteilen kann zudem der Leitung elektrischer Ströme zu Erdungszwecken dienen.

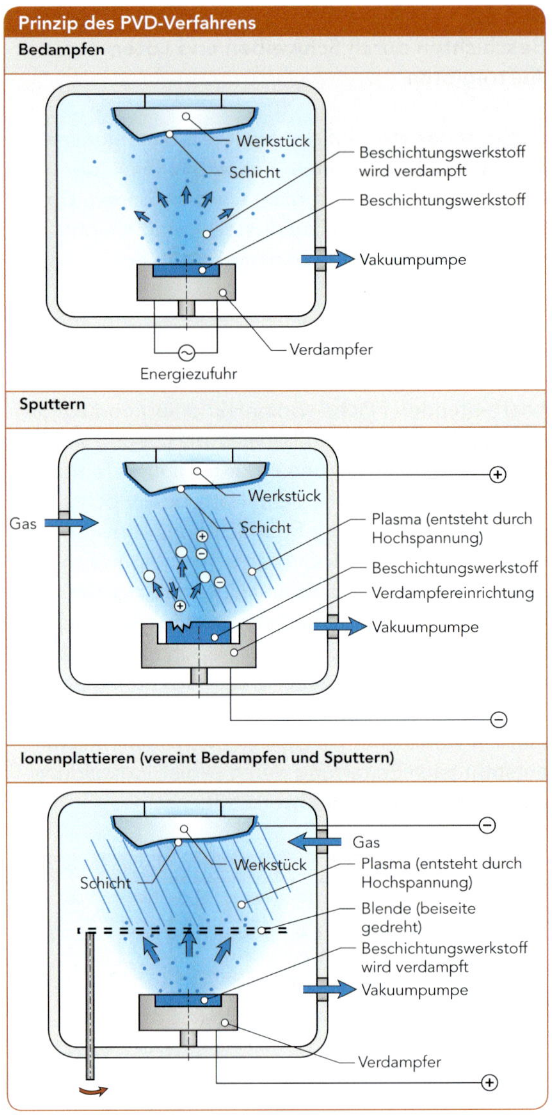

Abb. 25: nach [3, 4]

PVD-Schichten werden für den Verschleiß- und Korrosionsschutz verwendet oder dienen zur Wärmedämmung. Typische Beschichtungswerkstoffe sind Metalle und Metalllegierungen wie Aluminium, Titan, Kupfer oder Nickel. Neben Kunststoffen werden auch Gläser und Keramiken unter Vakuum bedampft. So kann unter anderem Flachglas mit einer Spiegelfläche erzeugt werden GLA 2.2.5.

Schichtdicken
Die erreichbaren Schichtdicken reichen vom Nano- bis in den Mikrometerbereich. Maximal kann etwa 80 µm Metall aufgetragen werden (Ashby, Johnson 2004).

Wirtschaftlichkeit
Die Investitionskosten für PVD-Anlagen sind sehr hoch, lassen allerdings eine Großserienproduktion zu. Vorteil der Verfahren ist unter Umweltgesichtspunkten das Nichtverwenden von Chemikalien.

Alternativverfahren
CVD-Verfahren, Elektrolytisches Abscheiden, Chemisches Abscheiden, Anodisieren, SolGel-Technik

BES 6.2
Beschichten aus gasförmigem und ionisiertem Zustand – CVD-Verfahren

Chemical Vapour Deposition (CVD) meint ein Verfahrensprinzip, das auf einer chemischen Dampfabscheidung basiert. Wie die PVD-Technik gehört es zur Gruppe der Dünnschichtverfahren. Durch das ungerichtete Verfahrensprinzip ist eine Rundumbeschichtung möglich.

Verfahrensprinzip
Gasförmiges metallisches Beschichtungsmaterial wird dem so genannten Reaktorraum zugeführt, in dem sich das zu beschichtende Bauteil befindet. Dieses wird auf eine hohe Temperatur erhitzt, die abhängig vom Schichtmaterial zwischen 500 °C und 1.100 °C liegt. In Folge der Erwärmung kommt es zu einer chemischen Reaktion zwischen dem reaktiven Gas und dem Material des Werkstücks. Die Metallverbindung zerfällt und scheidet sich als Hartstoffschicht an der heißen Bauteiloberfläche ab. Wegen des ungerichteten Werkstofftransports können komplexe Formgeometrien gleichmäßig beschichtet werden. CVD-Schichten wachsen mit einer Geschwindigkeit von etwa 1 µm in der Minute (Müller 2003). Das Verfahrensprinzip lässt sich sowohl unter Niederdruckbedingungen als auch unter Atmosphärendruck durchführen. Die Erwärmung ist auch durch einen Laserstrahl möglich, wodurch die präzise örtliche Aufbringung eines Musters erreicht werden kann.

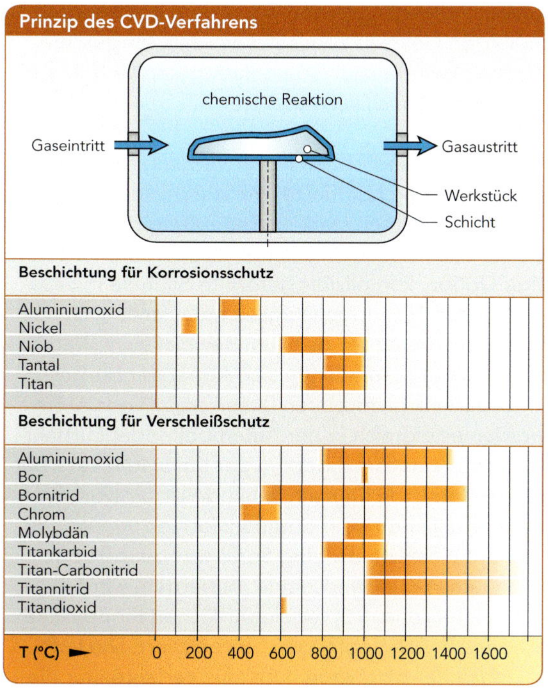

Abb. 26: nach [3, 21]

CVD-Schichten sind sehr dicht und weisen eine gute Haftfestigkeit auf. Sie haben gute mechanische Eigenschaften, bieten sehr guten Korrosionsschutz, können elektrisch isolierend wirken und sind beständig gegen organische Laugen.

Anwendung und Materialien
Im Bereich des Maschinenbaus dient das Verfahren zum Aufbringen einer Hartschicht auf mechanisch besonders stark beanspruchte Bauteile wie Werkzeuge, Schneidplatten, Führungsrollen oder Fadenführungen in Textilmaschinen. In der Elektroindustrie werden im CVD-Verfahren Halbleiter- und Isolationsschichten für elektrische Schaltkreise hergestellt. Es wird auch zur Beschichtung von Metallfäden eingesetzt. Außerdem hat das CVD-Verfahren eine große Bedeutung zur Beschichtung von Flachglas mit Metallen wie Titan, Silber oder Zinn, um die Eigenschaften zur Wärmedämmung und zum Wärmeschutz zu verbessern. Ein der CVD-Technik ähnelndes Verfahren ist der Herstellungsprozess von Keramik-Faserverbunden VER 3.2.1.

Typische Beschichtungswerkstoffe sind Aluminium, Chrom, Molybdän, Nickel, Wolfram, Titan und dessen Nitride sowie Karbide. Außerdem können durch das Verfahren Bauteile mit den typischen technischen Keramiken wie Aluminiumoxid KER 4.5, Siliziumnitrid KER 4.8 und Siliziumkarbid KER 4.7 beschichtet werden.

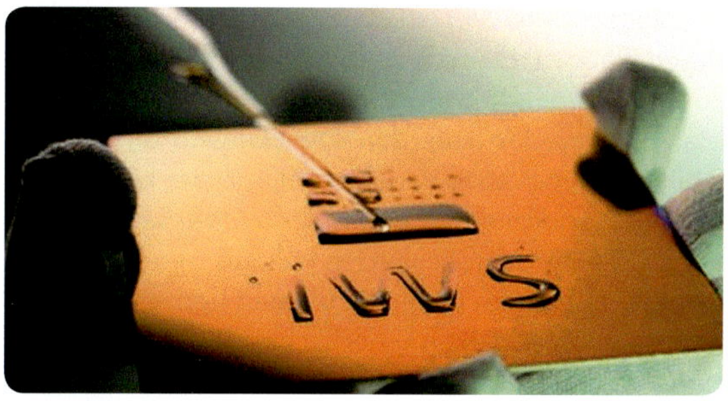

Bild: Metallblech mit wasserabweisender Nanobeschichtung (Quelle: Fraunhofer IWS)

In der Nanotechnologie hat die CVD-Technologie eine große Bedeutung bei der Erzeugung von Nanobeschichtungen BES 10. Titandioxidpartikel MET 5.4 erzeugen auf Glasoberflächen beispielsweise selbstreinigende Eigenschaften GLA 6.3. Photokatalytisch aktive Titandioxidschichten können mittlerweile auch großtechnisch in Schichtdicken zwischen 30 und 1.200 nm auf Metallbändern, -blechen oder -platten aufgebracht werden. Durch die Herabsetzung der Substrattemperatur auf bis 100 °C sind photokatalytische und superhydrophile Eigenschaften auch auf Polymerfolien umsetzbar.

Schichtdicken
Die mit dem CVD-Verfahren realisierbaren Schichtdicken liegen zwischen 30 nm und 20 µm (Westkämper, Warnecke 2004). Im Vergleich zum PVD-Verfahren haften die Schichten stärker auf der Oberfläche.

Wirtschaftlichkeit
Wirtschaftlich nachteilig im Vergleich zu den üblichen PVD-Verfahren wirken sich die für die CVD-Technik hohen Temperaturen aus.

Alternativverfahren
PVD-Verfahren, Auftraglöten, Elektrolytisches Abscheiden, Chemisches Abscheiden, SolGel-Technik

BES 6.3
Beschichten aus gasförmigem und ionisiertem Zustand – Elektrolytisches Abscheiden

Die Galvanik geht auf den italienischen Naturforscher Luigi Galvani zurück. Es ist ein seit dem Beginn des 19. Jahrhunderts bekanntes Prinzip zum Aufbringen von Metallschichten. Diese werden zu dekorativen Zwecken oder zur Steigerung der Verschleißfestigkeit genutzt. Man unterscheidet die Verfahrensvarianten Elektroplattierung und Galvanoformung.

Verfahrensprinzip
Beim ***Elektroplattieren*** wird ein Bauteil mit einer elektrisch leitenden Oberfläche in eine ***Metallsalzlösung*** gebracht und als Kathode (Minuspol) geschaltet. Nach Anlegen einer elektrischen Spannung entsteht ausgehend von einer löslichen Anode ein Strom metallischer Ionen aus dem gewünschten Beschichtungswerkstoff. Die Ionen wandern durch das ***Elektrolysebad*** zur Kathode, entladen sich dort und setzen sich als dünne Metallschicht in der Bauteiloberfläche fest. Für einen optimal verlaufenden galvanischen Vorgang sind elektrisch leitende und absolut saubere Werkstückoberflächen erforderlich. Bauteilflächen, die nicht beschichtet werden sollen, können mit einem Schutzlack oder besonderen Masken abgedeckt werden. Die ***Galvanoformung*** stellt eine innovative Variante dar, mit der komplizierte Teilegeometrien und präzise Oberflächenstrukturen hergestellt werden können. Hierbei werden von einem nach CAD-Daten hergestellten Modell mit komplexen Oberflächengeometrien (z. B. Hinterschnitte) Negativabgüsse aus Silikon erzeugt. Anschließend erfolgt die Anfertigung von Positivmodellen, die durch Aufbringen z. B. einer Silberschicht (<1 µm) elektrisch leitfähig gemacht und dann als Kathode ins Galvanobad eingehängt werden. Dort werden Schichten aus Nickel oder Nickel-Kupfer auf dem Modell abgeschieden.

Bild unten: Galvanisierte Ziffernblätter aus Messing. Dekorative Veredelung und Skalierung mit BERLAC Tampondruckfarben, Decklacken und Klarlacken.
Lacke von: BERLAC AG, Lacquers & Effects, Schweiz

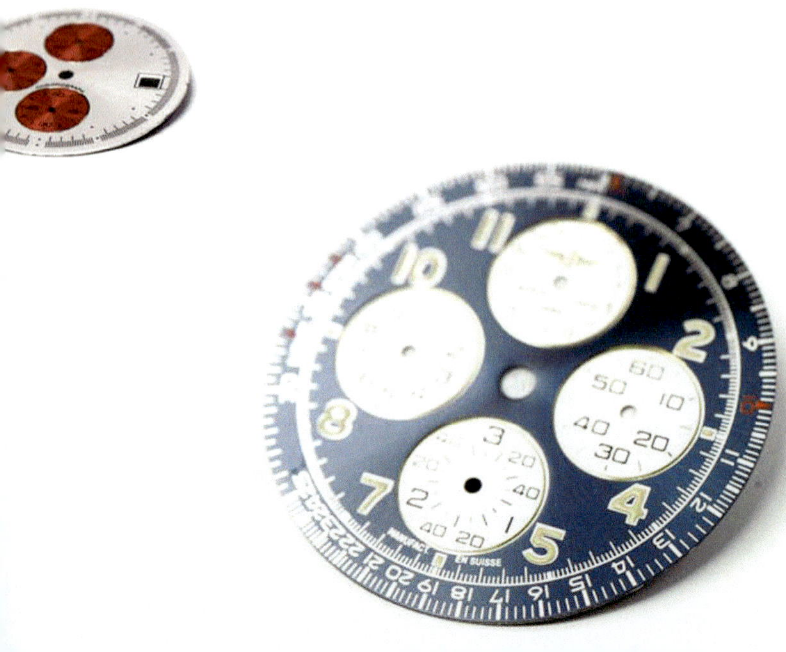

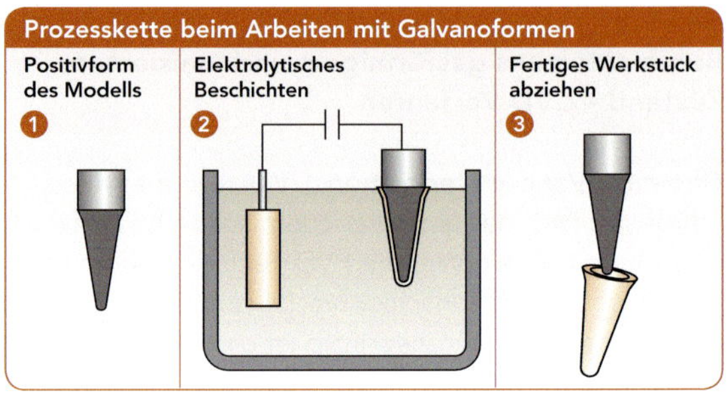

Abb. 27: nach [27]

Anwendung und Materialien
Im technischen Bereich dienen galvanisch erzeugte Beschichtungen vor allem dem Verschleiß- und Korrosionsschutz (z. B. verzinkte Eisengegenstände). Außerdem werden elektrolytisch abgeschiedene Schichten zur Verbesserung der Gleiteigenschaften eingesetzt. Für den Gestaltungs- und Produktbereich hat das Verfahren zur Herstellung von Beschichtungen für Silberbestecke, im Schmuckbereich und für Möbel eine große Bedeutung. Heute wird es für eine Vielzahl von Produkten in den unterschiedlichsten Bereichen eingesetzt. Dies liegt vor allem daran, dass nahezu jedes Metall galvanisch beschichtet werden kann. Kunststoffe und andere nicht elektrisch leitende Werkstoffe müssen vor der Verarbeitung metallisiert werden. Dies kann mittels der PVD- oder CVD-Technik erfolgen. Typische Schichtwerkstoffe in der Galvanik sind Chrom, Aluminium, Kupfer, Blei, Nickel, Kobolt, Zink, Bronze, Zinn und Silber (Ashby, Johnson 2004). Damit sehr edle Metalle wie Gold auf der Anodenseite komplikationsfrei gelöst werden, muss dem Bad kontinuierlich ein Goldsalz zugesetzt werden. Vergoldete Kontakte werden auf Grund ihrer guten Leitfähigkeit im Elektrobereich verwendet.

War das Galvanoformen in der Vergangenheit ein sehr selten durchgeführtes Verfahren, so hat es in den letzten Jahren stark an Bedeutung gewonnen. Galvanotechnische Urformverfahren sind oft die einzige Option, kompliziert geformte Bauteile mit ausreichender Abformgenauigkeit herzustellen. Durch Galvanoformung werden zum Beispiel auch Werkzeuge erzeugt, mit denen sich Armaturenbretter im Lederlook produzieren lassen (vgl. TRE 3.2). Sie werden erfolgreich in der Automobil- oder Luftfahrtindustrie eingesetzt oder in der Kunststoff verarbeitenden Industrie für nachstehende Urformverfahren wie Spritzgießen oder Rotationsformen verwendet. Weitere Einsatzfelder sind Sprühwerkzeuge oder Polyurethan-Gießwerkzeuge. Außerdem werden nanometergenaue Spiegeloberflächen für optische Systeme in Galvanoformen reproduziert. Die Luft- und Raumfahrtindustrie nutzt das Verfahren für die Produktion von Düsen, Raketen-Brennkammern, Hochfrequenz-Bauteilen und Reflektoren. Ein sehr prominentes Anwendungsbeispiel ist die Herstellung der Brennkammern der europäischen Trägerrakete Ariane.

Prinzip des elektrolytischen Abscheidens

Verfahren	Eigenschaften
In einem Galvanikbecken mit einer Metallsalzlösung wird das Bauteil eingetaucht und mit negativer Ladung beaufschlagt. Durch eine elektrochemische Reaktion bildet sich eine gleichmäßige Metallschicht auf dem Bauteil.	- für Bauteile mit dekorativer Oberfläche - gleichmäßige, glatte Metallbeschichtung (z.B. Nickel, Chrom) - umweltverträglichkeit erfordert hohen Aufwand

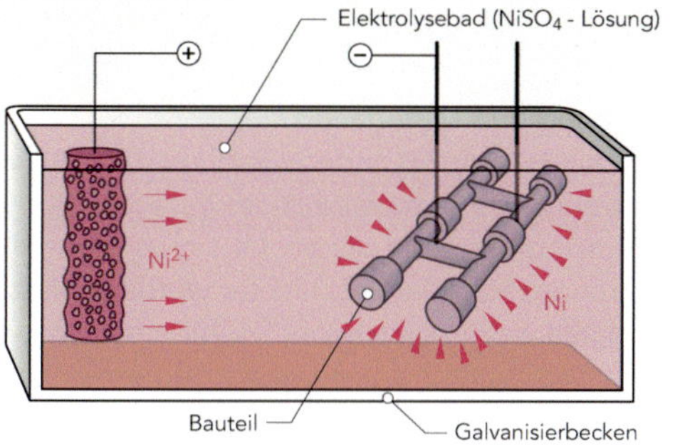

Beschichtungen (Beispiele)

Schicht	Härte [HV]	Korrosionswiderstand (auf Stahl)	Verschleißwiderstand (abrasiv)	Einfluss auf Bauteilfestigkeit	Anwendungstemperatur [max. °C]
Aluminium	50	↑	↑	●	400
Blei	5	↑	↓	●	200
Blei/ Zinn	10	↑	↓	●	100
Bronze	700	→	→		<200
Cadmium	80	↑	↓	!	220
Chrom	900	↑	↑	!	500
Kobalt	280	→	↓	!	400
Kobalt/ Chromoxid	420	→	→	● !	800
Kupfer	190	→	↓	●	350
Messing	600	→	→		<200
Nickel	250	→	↓	!	500
Nickel/ Cadmium	320	↑			500
Nickel/ Siliziumkarbid	420	→	→	!	400
Silber	60	↓	↓	●	850
Zink	80	↑	↓	●	250
Zinn	5	↑	↓	●	100
Beschichtungen/ stromlos (Beispiele)					
Nickel/ Diamant	700	→	↑	!	500
Nickel/ PTFE	280	↓	↓	!	300
Nickel/ Siliziumkarbid	650	→	↑	!	400
Nickel (1h bei 400°C)	500 900	→ ↓	→ ↑	! !	500 500

↑ hoch → mittel ↓ niedrig ● kein Einfluss ! Verschlechterung

Abb. 28: nach [9, 21]

Schichtdicken

Die gut zu steuernden Schichtdicken liegen beim Elektroplattieren zwischen 1 und 50 Mikrometern. Für besondere Anwendungen können auch Schichten bis 500 µm und 1 mm erreicht werden (z. B. Chrom oder Nickel) (Blume 1990). Galvanoformen für urformende Techniken haben Mindestschichtdicken von 2-4 mm.

Wirtschaftlichkeit

Die Existenz kostenintensiver galvanotechnischer Anlagen macht das Elektroplattieren besonders geeignet für die Mittel- und Großserienproduktion. Durch Galvanoformen lassen sich relativ einfach Werkzeuge aus preisgünstigen Werkstoffen wie Kupfer oder Nickel herstellen (Thompson 2007). Die Kosten hängen insbesondere von der Komplexität des Werkstücks ab.

Alternativverfahren

PVD-Verfahren, CVD-Verfahren, Chemisches Abscheiden, Anodisieren (Aluminium) zum Elektroplattieren, Feingießen, Laserschneiden/Gravieren, CNC-Fräsen zum Galvanoformen

Bild unten: Titan-Look eines Auto-Innentürgriffs aus Kunststoff (PA). Mit einer Chromgalvanik und anschließend mit einem eingefärbten BERLACRYL Zweikomponenten-Metalliclack beschichtet.

Lack von: BERLAC AG, Lacquers & Effects, Schweiz

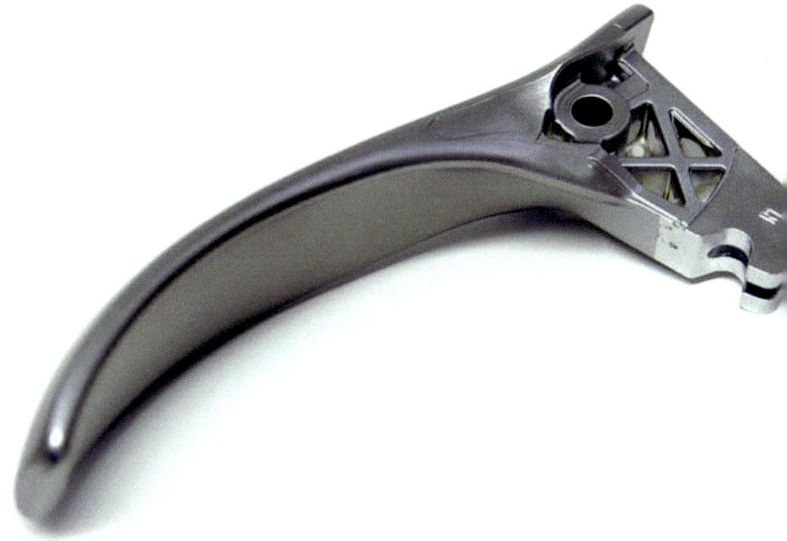

BES 6.4
Beschichten aus gasförmigem und ionisiertem Zustand – Chemisches Abscheiden

Das Beschichtungsverfahren der chemischen Abscheidung (auch chemisches Galvanisieren) ist Resultat der modernen chemischen Forschung. Schwermetalllösungen werden verwendet, um durch einen chemischen Reduktionsprozess ohne das Fließen eines elektrischen Stroms Metallschichten auf einer Bauteiloberfläche aufzubringen.

Verfahrensprinzip
Das Werkstück wird in eine ***Elektrolytlösung*** getaucht, in der sich ein Salz des zu beschichtenden Werkstoffs befindet. Dem Salz ist meist ein starkes Reduktionsmittel zugesetzt, das sich auf der Bauteiloberfläche gezielt abscheidet. Typische Reduktionsmittel sind beispielsweise (Müller 1996):

- ***Formaldehyd*** zum Versilbern oder Verkupfern
- ***Hypophosphit*** zur Abscheidung von Nickel
- ***Borwasserstoffderivate*** zur Aufbringung einer Schicht aus Nickel
- ***Hypophosphit*** zum Abscheiden von Legierungen auf Basis von Nickel-Chrom, Nickel-Eisen, Nickel-Cobalt oder Nickel-Kupfer

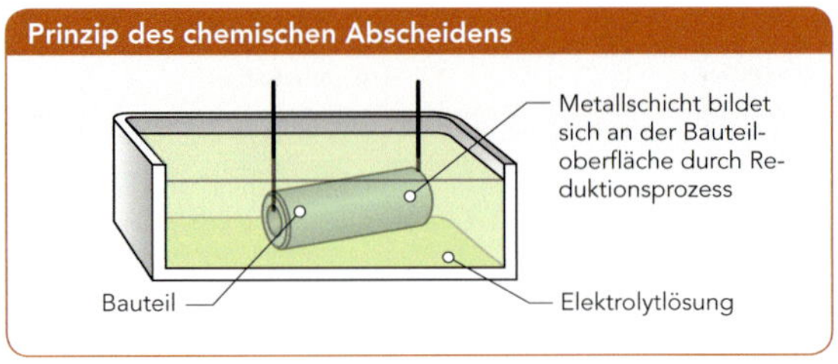

Abb. 29

Anwendung und Materialien
Das Verfahrensprinzip findet vor allem dann Anwendung, wenn zur Verbesserung des Verschleiß- und Korrosionsschutzes ein billiger Grundwerkstoff mit einem teuren Material beschichtet werden soll (z. B. bei Stählen). Es hat eine große technische Bedeutung zur Beschichtung von Kunststoffoberflächen. Typische Anwendungsbeispiele sind metallisch glänzende Gegenstände im Haushalt, bei Modeschmuck oder für Autospiegel. Typische Beschichtungswerkstoffe sind Nickel und Kupfer oder deren Legierungen. Außerdem werden Edelmetallschichten aus Silber oder Gold zu dekorativen Zwecken aufgetragen. Kunststoffe lassen sich durch chemisches Galvanisieren mit einer elektrisch leitenden Schicht versehen..

Schichtdicken
Durch chemisches Abscheiden können Schichtdicken zwischen 10 und 120 Mikrometern erzielt werden.

Wirtschaftlichkeit
Der Beschichtungsprozess der chemischen Abscheidung ist kostenintensiver als die elektrolytische Abscheidung. Der Vorgang ist im Vergleich langsam und bedarf hoher Kosten für die Bereitstellung der Chemikalien bzw. des Reduktionsmittels. Großer Vorteil ist, dass sich auch elektrisch nicht leitende Materialien beschichten lassen. Die Anwendung des Verfahrens richtet sich demzufolge nicht nach den wirtschaftlichen, sondern den physikalischen Gegebenheiten des Anwendungsfalls.

Alternativverfahren
PVD-Verfahren, CVD-Verfahren, Elektrolytisches Abscheiden

Bild: Versilberte Schiedsrichterpfeife./ Foto:Manufactum

BES 6.5
Beschichten aus gasförmigem und ionisiertem Zustand – Anodisieren

Anodisieren ist die internationale Bezeichnung des in Deutschland unter ***Eloxieren*** (Eloxal: Elektrolytische Oxidation von Aluminium) bekannten Beschichtungsverfahrens.

Verfahrensprinzip
Aluminium ist ein sehr reaktionsfreudiges Metall. Die ungeschützten Bauteiloberflächen sind in der Regel mit einer Schicht aus Aluminiumoxid versehen, da reines Aluminium sehr schnell mit dem Sauerstoff der Umgebung reagiert. Diese Reaktionsfreudigkeit wird beim Anodisieren genutzt, um dickere Schichten kontrolliert aufbringen zu können. Das Aluminiumbauteil wird dabei anodisch (Positivpol) geschaltet und in ein Bad mit saurer Schwefel-, Chrom- oder Oxalsäure-Elektrolytlösung (Negativpolung) getaucht. Durch den leichten Stromfluss bilden sich in der Lösung positiv geladene Wasserstoffionen, die eine elektrochemische Korrosion an der Aluminiumoberfläche bewirken. Reiner Sauerstoff (negativ gepolt) scheidet sich am Bauteil ab und bildet als Reaktionsprodukt eine dichte und sehr harte Schicht aus Aluminiumoxid (Al_2O_3). Diese bietet Schutz gegen mechanische Einflüsse und ist witterungsbeständig. Die Nachbehandlung erfolgt mit heißem destilliertem Wasser oder mit Wasserdampf (Westkämper, Warnecke 2004). Eloxiertes Aluminium kann problemlos zur Weiterverarbeitung zurückgewonnen werden, was das Verfahren zu einer umweltverträglichen und nachhaltigen Beschichtungstechnik macht.

Prinzip des Anodisierens

Verfahren	Eigenschaften
In einem Anodisierbecken mit einer Schwefelsäurelösung wird das Aluminiumbauteil eingetaucht und mit positiver Ladung beaufschlagt. Durch Abscheiden atomaren Sauerstoffs am Bauteil bildet sich eine gleichmäßige Al_2O_3-Schicht.	- für Bauteile mit dekorativer Oberfläche (auch farbig) - gleichmäßig durchscheinende, harte Al_2O_3-Schicht - korrosionsbeständig

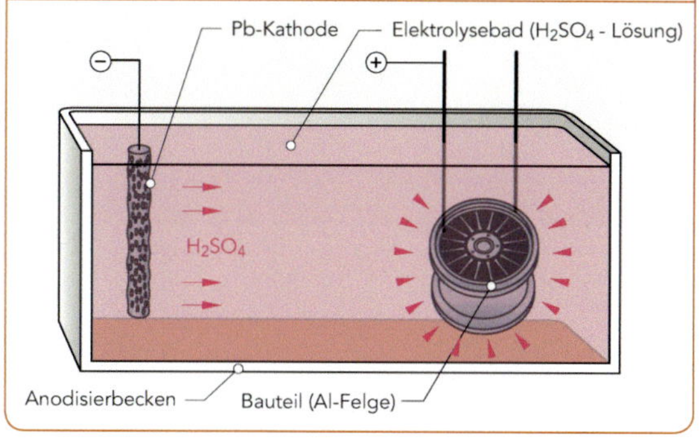

Abb. 30: nach [9]

Anwendung und Materialien
Neben Aluminiumbauteilen können auch Oberflächen von Titan und Magnesium anodisiert werden. Die aufgebrachte Oxidschicht dient als Korrosionsschutz oder zu dekorativen Zwecken. Auf Grund des durchschimmernden Charakters können Bauteile gefärbt werden, ohne dass der Metallcharakter verloren geht. Die Farblösungen (Eloxalfarbe) diffundieren dabei in die Oxidschicht hinein und bleiben vor Umwelteinflüssen geschützt. Mehrfarbeneffekte können erzielt werden, wenn nach einer ersten Färbung das Bauteil zunächst getrocknet wird. Längere Behandlungszeiten sind einzurechnen. Typische Produktbeispiele sind Autofelgen oder andere Aluminiumbauteile, die vor allem dekorativen Zwecken dienen (z. B. Gerätegehäuse der Unterhaltungsindustrie). Außerdem wird die Witterungsbeständigkeit von Gebäudefassaden mit Eloxalschichten verbessert. Zum Schutz vor Korrosion werden beispielsweise Getriebegehäuse, Kolben und Zylinder durch Hartanodisieren behandelt. Beim Anodisieren von Titan entstehen biokompatible Oberflächen.

Schichtdicken
5–25 Mikrometer dicke Schichten sind für den Korrosionsschutz üblich. Die Schichtdicken für dekorative Zwecke können bis zu 500 µm betragen. Die maximal zu bearbeitende Bauteilgröße liegt bei etwa 7.000 x 2.000 x 800 mm^3.

Wirtschaftlichkeit
Mittlere bis hohe Investitionskosten sind für die Anlagentechnologie zum Anodisieren einzuplanen. Dienstleister sind vorhanden, bei denen entsprechende Bauteilbehandlungen zu moderaten Kosten, auch bei kleinen und mittleren Serien, eingekauft werden können.

Alternativverfahren
Lackieren, PVD-Verfahren, Chemisches Abtragen, Elektrolytisches Abtragen

Bild: Anodisierte Titanbauteile./ Foto: Peter Brehm GmbH

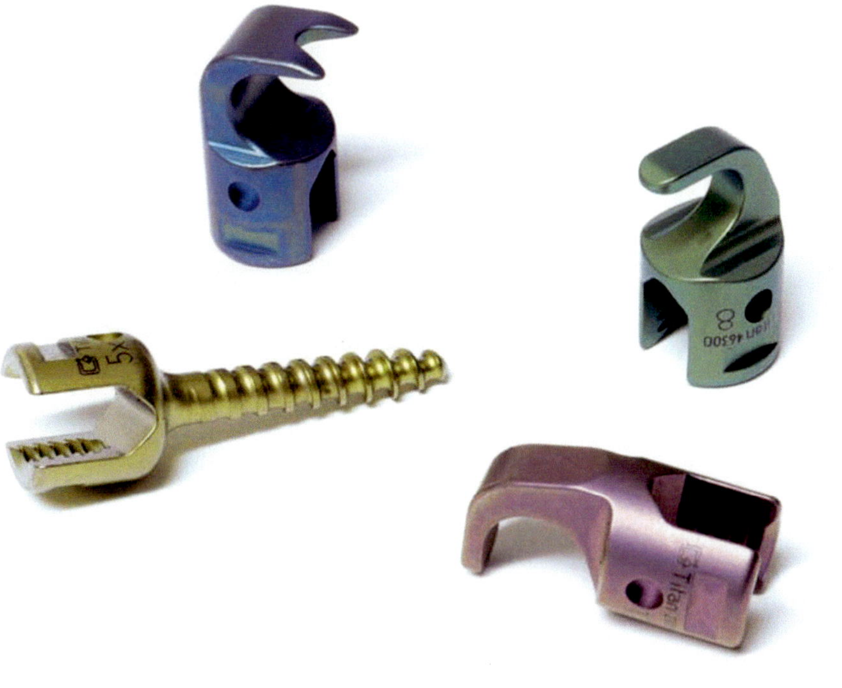

BES 7
Beschichten aus gelförmigem Zustand – SolGel-Technik

Im Rahmen der Forschungstätigkeit zur Entwicklung von funktionalen Nanobeschichtungen mit zum Beispiel selbstreinigenden oder kratzfesten Eigenschaften hat die SolGel-Technik in der jüngsten Vergangenheit an Bedeutung gewonnen.

Verfahrensprinzip
Der SolGel-Prozess basiert auf einem nasschemischen Verfahrensprinzip zur Herstellung hochreiner keramischer Werkstoffe und dünner Beschichtungen. Die Ausgangsbasis bildet eine Sol, eine flüssige Stoffmischung aus in Wasser oder einem organischen Lösungsmittel FLU 3.2 dispergierten festen Partikeln in Dimensionen zwischen 1 nm und 100 nm. Beim Übergang vom flüssigen Sol zum keramischen Werkstoff entsteht ein Gelzustand, den man allgemein als amorphes, dreidimensionales Netzwerk fester Partikel bezeichnet. Durch eine kontrollierte Wärmebehandlung bei Temperaturen zwischen 300-800 °C entsteht der keramische Werkstoff (z. B. Siliziumdioxid oder Zirkonoxid). Zur Erzeugung von Beschichtungen wird das Grundmaterial in das Sol getaucht und dann getrocknet. Anschließend wird die Temperatur erhöht. Ab etwa 500 °C beginnt ein Sinterprozess FOR 2 der sich im Materialfilm enthaltenen Partikel zu einer fest haftenden Schicht. Die Zusammensetzung des Sols, die Prozessbedingungen bei der Abscheidung sowie die Parameter der Wärmebehandlung sind die entscheidenden Einflussfaktoren für die späteren Schichteigenschaften.

Bild: Laserhärten einer Werkzeugform für ein Computermausgehäuse./ Foto: Adelheid Peters, Fraunhofer-Institut für Produktionstechnologie IPT./ Design: Dr. Sascha Peters

Anwendung und Materialien
Die SolGel-Technik ist eines der wichtigsten Verfahren zur Erzeugung von Beschichtungen mit Partikeln im Nanometerbereich MET 5.4, die teils erstaunlichen Funktionen hervorrufen. Dabei lassen sich fast beliebige Einsatzmöglichkeiten definieren und Oberflächenqualitäten einstellen: von kratzfest, korrosionsfest, entspiegelt und nicht reflektierend bis hin zu antibakteriell oder geruchshemmend BES 10. Die Lebensdauer von Kunststofflinsen wird auf diese Weise verlängert, Visiere von Motorrad- oder Feuerwehrhelmen erhalten bessere optische Eigenschaften. Beschichtungen mit Silizium- bzw. Zirkondioxid KER 4.6 sind gut erforscht. Auf Grund der hohen Prozesstemperaturen ist das Verfahren nicht für alle Kunststoffe geeignet. Neben dem Aufbringen dünner Beschichtungen wird der SolGel-Prozess auch bei der Herstellung von Keramikfasern z. B. für Keramik-Faserverbunde (CMC) VER 2.3.1, von Glas-Keramik-Kompositen oder Spezialgläsern, von Nanopulvern und Aerogelen verwendet.

Schichtdicken
Die mit dem Verfahren erreichbaren Schichtdicken liegen im Nano- und Mikrometerbereich.

Wirtschaftlichkeit
Der SolGel-Prozess ist einfach und kostengünstig durchführbar. Dabei lassen sich hohe Prozessgeschwindigkeiten realisieren. Nachteilig auf die Wirtschaftlichkeit wirkt sich die geringe Haftfestigkeit von SolGel-Beschichtungen auf dem Untergrund aus.

Alternativverfahren
PVD-Verfahren, CVD-Verfahren

BES 8
Diffusionsschichten

Neben den vorgestellten Beschichtungstechniken existieren noch Verfahren zur Wärmebehandlung von Bauteilen und Oberflächen, durch die die Werkstoffeigenschaften entscheidend beeinflusst (z. B. Oberflächenhärte) oder Spannungen abgebaut werden können (z. B. nach dem Glasblasen). Die Stoffeigenschaften an der Bauteiloberfläche werden durch das wechselseitige Eindringen und Austreten von Atomen des behandelten Werkstoffs und von Fremdatomen aus der Umgebung und durch Bildung so genannter Diffusionsschichten bestimmt. Die bedeutendsten Verfahren sind aus dem Bereich der Wärmebehandlung von Stählen bekannt und sollen im Folgenden kurz vorgestellt werden:

Glühen ist die einfachste Form der Festigkeitssteigerung von Stahlwerkstoffen. Der Werkstoff wird langsam auf die Glühtemperatur erwärmt, über eine gewisse Zeit auf dieser Temperatur gehalten und langsam abgekühlt. Eine Veränderung des Metallgefüges MET 1.1 ist die Folge. Je nach gewünschter Gefügestruktur wird in unterschiedlichen Temperaturbereichen gearbeitet. Man unterscheidet das ***Diffusionsglühen*** bei sehr hohen Temperaturen zwischen 1.100 °C und 1.300 °C, das ***Grobkornglühen*** bei 950–1.100 °C, das ***Normalglühen*** im Bereich von Werten zwischen 850 °C und 950 °C, das ***Weichglühen*** bei etwa 700 °C und das ***Rekristallisations***- und ***Spannungsarmglühen*** (Bargel, Schulze 2004; Beitz, Grote 2001).

Aufkohlen bzw. ***Einsatzhärten*** meint eine mehrstündige Wärmebehandlung eines Stahlwerkstoffs in einer Umgebung mit hohem Kohlenstoffgehalt und bei Temperaturen zwischen 900 °C und 1.000 °C. Ziel der Behandlung ist die Erhöhung der Härteeigenschaften der Randzone eines Bauteils durch Anreicherung mit Kohlenstoffatomen.

Beim ***Nitrieren*** wird eine Festigkeitssteigerung durch Aufnahme von Stickstoff in die Randzone des Werkstoffs erzielt. Die Anreicherung erfolgt durch einen Glühvorgang bei etwa 550 °C in einer Stickstoff abgebenden Salzschmelze. Es kommt zur Bildung einer sehr harten Metallnitridschicht.

Durch ***Härten*** können Festigkeit und Härte von Stahlwerkstoffen mit einem Kohlenstoffgehalt von mehr als 0,3 % zielgerichtet verbessert werden. Das Material wird zunächst auf die Härtetemperatur erhitzt, auf dieser Temperatur gehalten und dann in Wasser oder Öl abgeschreckt. Da der Werkstoff neben der gewünschten Festigkeitssteigerung durch das Abschrecken auch spröde wird, empfiehlt sich ein erneutes abschließendes Erwärmen (***Anlassen***) auf eine allerdings wesentlich geringere Temperatur. Die Erwärmung wird über eine gewisse Dauer aufrecht erhalten.

Der Härtevorgang ist auch durch Anwendung der Laserstrahltechnik möglich. Das ***Laserhärten*** wird zum präzisen Randschichthärten kleiner Bereiche eines Bauteils angewendet. Im Vergleich zum konventionellen Härten ist bei den Laserverfahren kein zusätzliches Abschreckmittel erforderlich. Die Einhärttiefe liegt zwischen 2 und 3 mm (Förster, Müller 2001).

Vergüten ist eine Wärmebehandlung aus Härten und anschließendem Anlassen auf Temperaturen zwischen 500 °C und 800 °C. Es wird eine hohe Festigkeit und große Zähigkeit erzielt. Beispiele für vergütete Bauteile sind Schrauben oder Bolzen.

Wärmebehandlungstemperaturen einiger Vergütungsstähle

Stahl	Weichglühen [°C]	Normalglühen [°C]	Vergüten: Härten in Wasser [°C]	Vergüten: Härten in Öl [°C]	Vergüten: Anlassen [°C]	Härte [HV]
C35E	650... 700	860... 900	840... 880	840... 880	550... 660	485... 650
41Cr4	680... 720	840... 880	820... 860	830... 860	540... 680	560... 720
34CrMo4	680... 720	850... 890	830... 870	840... 870	540... 680	490... 630

Auswahl aus DIN EN 10083

Abb. 31: nach [9]

Beim ***Phosphatieren*** entsteht durch Eintauchen von Stahl- und Aluminiumbauteilen in heiße Lösungen aus Phosphorsäure und Schwermetallphosphaten eine etwa 15 µm Schutzschicht, die den Verschleißschutz und die Gleiteigenschaften verbessert. Außerdem dienen Phosphatschichten als Grundierung beim Lackieren BES 1 oder als Trägerschicht von Schmierstoffen beim Umformen (z. B. Fließpressen FOR 6.5).

Durch Einbringen von Chrom in die Randzone von Stahl beim ***Chromatisieren*** MET 3.3.8 wird die Korrosionsbeständigkeit erhöht. Die Bauteile werden bis zu 10 Stunden bei 1.000–1.200 °C in einer Chrom abgebenden Atmosphäre gelagert und abschließend langsam abgekühlt. Während des Prozesses lagert sich Chrom mit einem Anteil von etwa 35 % in die Randschicht ein (Beitz, Grote 2001).

Eine ähnliche Verbesserung wird mit Diffusionsschichten aus Aluminium erreicht. Die Beständigkeit von unlegierten und legierten Stählen gegenüber atmosphärischen Einflüssen oder konzentrierter Salpetersäure wird durch ***Aluminieren*** wesentlich erhöht. Hierzu werden die Bauteile in Aluminiumpulver bei etwa 1.000 °C geglüht, wobei sich eine Schicht aus Aluminiumoxid KER 4.5 bildet.

Silizieren bezeichnet ein thermochemisches Verfahren zum Einbringen von Silizium in die Randschichten von Stahlwerkstoffen. Kohlenstoffarme Stähle werden mit einem heißen $SiCl_4$-Gas behandelt (Westkämper, Warnecke 2004). Das Resultat ist eine spröde, aber thermisch sehr beständige Oberflächenschicht mit einem Siliziumgehalt von etwa 20 %.

Lackierte Haut auf Schaumstoff
Die Möbelkollektion »The Silly Side« hat eine lackierte Haut, geschmeidig wie Latex, aber robust wie Leder.

Die Beschichtung »Mellow Face« wird direkt auf dem Schaumstoff aufgetragen. Die herkömmlichen Polstertechniken mit ihren Beschränkungen sind hierbei überflüssig. Jede Form ist möglich, ganz gleich ob rund, ob kugelförmig oder hohl./ Fotos: Leolux

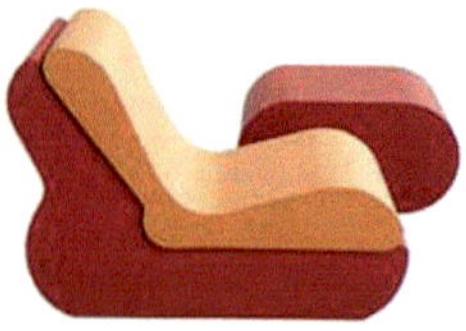

BES 9
Beschichten – Gestaltungshinweise

Wenn auch nicht auf den ersten Blick ersichtlich, so sollten auch zur Anwendung der Oberflächen- und Beschichtungstechniken Konstruktionsregeln eingehalten werden. Die Behandlung kann dadurch vereinfacht und kostengünstig durchgeführt werden. Folgende Gestaltungsregeln lassen sich nach Müller 2003 formulieren:

Als Grundregel für alle Oberflächentechnologien gilt, dass das zu behandelnde Werkstück immer so konstruiert sein sollte, dass alle festen, flüssigen und gasförmigen Medien den Oberflächenbereich auf einfachem Weg erreichen und wieder verlassen können. Für chemische Medien wie beispielsweise Beizen müssen gegebenenfalls Auslaufbohrungen vorgesehen werden.

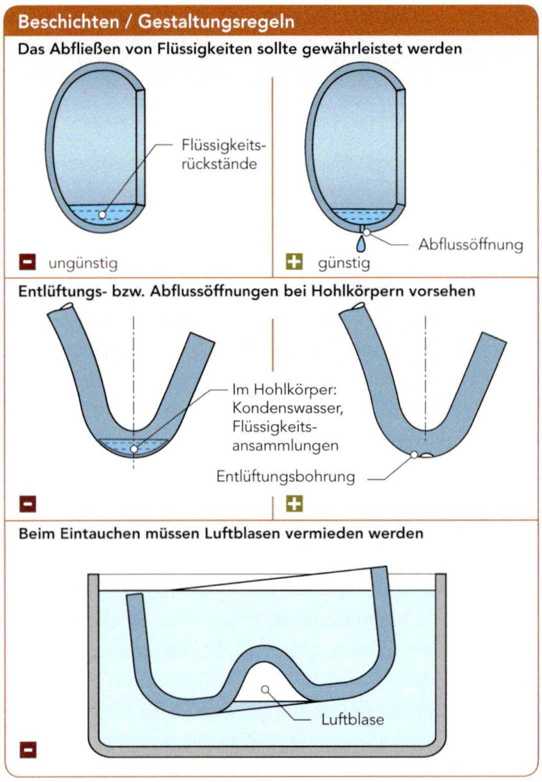

Abb. 32: nach [21]

Durchbrüche, Kerben, Vertiefungen und Bohrungen sollten so ausgelegt werden, dass beim Eintauchen in Flüssigkeiten keine Luftblasen entstehen und beim Ausleeren keine Rückstände verbleiben.

Ebenso sollte die Gestaltung von Falzen und Bördelungen die Füllung und Entleerung von Wirkmedien begünstigen. Lufteinschluss an geschlossenen Falzverbindungen kann beispielsweise beim Einbrennen von Email oder Lack zu unerwünschte Blasenbildung führen.

Idealerweise sind Bohrungen zu versenken, damit es zu keinem Materialstau an den Kanten kommen kann. Zudem ist die Anordnung von Bohrungen in Relation zur Befüllungsstrategie mit Wirkmedien so zu wählen, dass sich keine Luftblasen bilden, und vor allem auch die Innenflächen einer Bohrung vollständig benetzt werden können.

Die Gestaltung von Knotenpunkten sollte so erfolgen, dass keine Spitzen an den Ausläufen des Beschichtungsmaterials entstehen (z. B. Nasenbildung).

Erhebungen von der Werkstückoberfläche, beispielsweise durch Schweißnähte, sollten vermieden werden. Schweißnähte sollten abgeschliffen, Niet- oder Schraubköpfe versenkt werden. Gegebenenfalls können Schraubköpfe mit Kappen versehen werden.

Scharfe Kanten sind durch Rundungen und Schrägen zu ersetzen. Zudem sollten Grate an den Kanteninnenseiten liegen, damit mögliche Beschichtungsfehler nicht sichtbar werden. Spitze Ecken und Winkel sollten mit zusätzlichem Material durch Schweißauftragen aufgefüllt werden.

Bei der Weiterverarbeitung eines beschichteten Bauteils, vor allem beim Biegen, sollten die Eigenschaften des Beschichtungsmaterials und die Mindestkrümmungsradien Beachtung finden. Empfehlungen für Email, Lack oder galvanische Schichten sehen als Mindestradius 0,5 mm oder das 1,5fache der Materialstärke vor.

Sollte das Bauteil während des Beschichtungsprozesses eine starke Wärmebeanspruchung erfahren (z. B. beim Emaillieren oder Schmelztauchen), ist in den Prozessen einem möglichen Verzug entgegenzuwirken.

Vertiefungen am Rand eines Werkstücks sind mit zusätzlichen Versteifungen am Blechzuschnitt zu verstärken. Zudem sollten Bohrungen einen Mindestrandabstand des 5fachen der Materialdicke aufweisen.

Löcher sollten von Biegekanten weit genug entfernt liegen, damit in den Biegeradien keine Beschädigungen durch Befestigungselemente entstehen oder die Lochungen nicht ungewollt verformt werden.

Schlanke Versteifungsrippen können den Verzug bei einer Wärmebehandlung an Gusswerkstücken verringern.

Um ungewünschte Kapillarwirkungen zu vermeiden, sollten Schweißnähte dicht und ausgefüllt sein.

An Knotenpunkten ist darauf zu achten, dass keine spitzen Ausläufe entstehen, die eine Oberflächenbehandlung negativ beeinflussen würden.

BES 10
Nanobeschichtungen

Autos, die auf Knopfdruck die Farbe wechseln, Brillen, die nie beschlagen, oder Edelstahlküchen, auf denen keine Fingerabdrücke mehr zu sehen sind. Experten sagen der Nanotechnologie ein enormes Wachstumspotenzial voraus und sehen den nächsten Boommarkt kommen, von dem alle Branchen profitieren werden (Oesterreicher 2006). Der Verein Deutscher Ingenieure VDI schätzte den Marktumsatz von Produkten des Zukunftsbereichs in 2006 bereits auf 100 Milliarden Euro. Während sich dieser nach Aussagen einer deutschen Prognose auf 500 Milliarden Euro in 2010 erhöhen soll, gehen die Marktforscher von Lux Research sogar von einem Markt von 2,6 Billionen Dollar in 2014 aus, und das alleine für Nano-Materialien. Vor dem Hintergrund dieser Zahlen investieren die führenden Industrienationen schon jetzt hohe Summen in die Nano-Forschung. In den USA sind es 850, in Japan 800 und in Deutschland 300 Millionen Euro (Niesing 2006). Es gilt nun, die Forschungsergebnisse in marktfähige Produkte zu überführen.

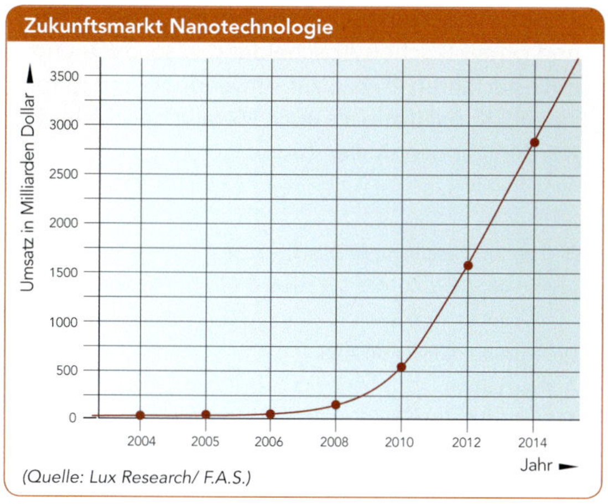

Abb. 33: nach Fraunhofer Magazin 4/2006; Zukunftsmarkt Nanotechnologie

Feinste Nanoschichten zur Veredelung von Oberflächen haben den Weg in erfolgreiche Anwendungen für Architektur und Design bereits gefunden. Beschichtungssysteme sind im Einsatz, die nahezu jede Funktion erfüllen, also kratzfest, schmutzabweisend, elektrisch leitend, antibakteriell oder geruchshemmend sein können und dabei transparent erscheinen. Die Eigenschaften des Ausgangsstoffs spielen bei den Beschichtungen eine untergeordnete Rolle. Vielmehr ruft die Dimensionierung der Nanopartikel die besonderen Effekte hervor (Leydecker 2008). Während die physikalischen Eigenschaften wie Magnetismus, Härte, Farbe, elektrische Leitfähigkeit und Transparenz im Nanobereich vollkommen umschlagen, bewirkt die enorme Vergrößerung der Oberfläche an den Partikeln eine neue Reaktivität und besondere katalytische Fähigkeiten.

Bild: Nanobeschichtungen optimieren Oberflächeneigenschaften

chemisch
- Easy-To-Clean-Eigenschaften für Scheiben, Fassaden und Dachelemente durch nanopartikuläre Beschichtungsmaterialien
- Antifingerprint für Oberflächen in Bad und Innenarchitektur
- Gezielte, selektive Löslichkeit von medizinischen Wirkstoffen und Lebensmittelzusatzstoffen
- Leistungsfähigere Batterien und Akkumulatoren durch höhere spezifische Elektrodenoberflächen

mechanisch
- Verbesserte Kratzfestigkeit von Wandbelägen, Bodenplatten und Lacken durch keramische Nanopartikel
- Verbesserte Steifigkeit von Sportgeräten durch Zusatz von Nanopartikeln (z. B. Fahrradrahmen, Surfbretter)
- Erhöhte Gasdichtigkeit von Lebensmittelverpackungen durch Nanobeschichtungen

optisch
- Spezielle Effekte bei Farben und Lacken
- Transparenter UV-Schutz in Kosmetika, Textilien und Möbeln
- Steuerung der Licht- und Wärmeleitung durch Fensterglas
- Antireflexionseigenschaften für Solarzellen

biologisch
- Antibakterielle Eigenschaften von Armaturen, Kühlschränken und Möbeln durch Silbernanopartikel
- Schadstoff mindernde Betonprodukte, Asphaltmischungen, Fassaden und Farben durch Integration von Nanopartikeln
- Erhöhte Durchlässigkeit für physiologische Barrieren in Medikamenten
- Erhöhte Biokompatibilität durch Nanostrukturierung von Knochenersatzmaterialien oder Wundverschlüssen

Easy-to-clean-Beschichtungen wirken beispielsweise hydrophob, also Wasser abweisend, und werden in der Regel nachträglich auf Sanitärkeramik, Fliesen, Autoscheinwerfer oder Druckerwalzen aufgetragen, um die Beseitigung von Schmutz zu vereinfachen (Hartmann 2006).

Hydrophile Beschichtungen mit selbstreinigenden Eigenschaften unter Verwendung von Titandioxid-Nanopartikeln *MET 5.4* werden zur Beschichtung von Glasfassaden eingesetzt um die Reinigungsintervalle zu verlängern *GLA 6.3*. Durch superhydrophil wirkende Anti-Fog-Beschichtungen wird die Neigung einer Oberfläche zum Beschlagen herabgesetzt. Dies bietet insbesondere für optische Systeme oder im Straßenverkehr erhebliche Vorteile.

Zur Herstellung von Antireflex-Beschichtungen mit kratzfesten Eigenschaften an großflächigen optischen Bauteilen aus Kunststoffen werden im AR-hard Verfahren des Fraunhofer IOF in eine Siliziumdioxidschicht SiO_2 *MIN 4.1.1* dünne Lagen aus Titandioxid eingebracht. Dank eines hohen Brechungsindizes reflektieren diese den Großteil des ankommenden Lichts, so dass Reflexionen durch Interferenz ausgelöscht werden. Beschichtungen in Dicken zwischen 0,8 und 4 µm können auf die typischen optischen Kunststoffe wie PMMA *KUN 4.1.7* und Polycarbonat *KUN 4.1.4* aufgebracht werden. Anwendungsbeispiele sind Visiere für Motorrad- oder Feuerwehrhelme. Nicht reflektierende Oberflächen können zudem zur Erhöhung der Helligkeit von Leuchtdioden beitragen oder zu effizienteren Solarzellen führen.

UV-Schutz-Beschichtungen unter Verwendung von Titandioxidpartikeln bieten Schutz vor aggressiver Sonneneinstrahlung. Helle Holzoberflächen werden vor dem Nachdunkeln und Vergilben geschützt. Kunststofffolien mit UV-Schutz sichern Lebensmitteln eine längere Haltbarkeit. Auch für die Sommerbekleidung sind entsprechende Nanobeschichtungen mit UV-Schutz auf dem Markt erhältlich.

Anti-touch-Beschichtungen verhindern unschöne Fingerabdrücke auf Edelstahloberflächen. Diese können sogar gebogen werden, so dass bei der Weiterverarbeitung von Halbzeugen der Effekt nicht verschwindet.

Für besonders bei jugendlichen Sprayern beliebte Flächen stellen Anti-Graffiti-Systeme eine Lösung dar. Diese können auf den jeweiligen Untergrund angepasst werden und selbst für poröse Flächen Schmutz abweisende Eigenschaften einnehmen. Sie sind auch für den Bodenbereich erhältlich.

Herstellung
Zur Erzeugung von Beschichtungen mit Nanopartikeln eignet sich insbesondere der SolGel-Prozess *BES 7*. Auch kommen Techniken der chemischen und physikalischen Abscheidung, also CVD- und PVD-Verfahren *BES 6*, zur Anwendung, mit denen sowohl Kunststoffe als auch Metalle beschichtet werden können (Miller 2005).

Bild unten: Beschichtete Duschbrause./
Lacke von: BERLAC AG, Lacquers & Effects, Schweiz

Untergrund: Kunststoff ABS.
Aufbau unten:
1. Schicht: Eingefärbter BERLACRYL Zweikomponenten-Metallglanzlack.
Aufbau oben:
1. Schicht: Chromgoldgalvanik.
2. Schicht: Transparenter BERLACRYL Zweikomponenten-Klarlack.

BES
Literatur

[1] **Adams, K.H.**: Oberflächenvorbehandlung. Weinheim: WILEY-VCH Verlag, 1999.

[2] **Ashby, M.; Johnson, K.**: Materials and Design. Oxford: Butterworth-Heinemann, 3. Auflage, 2004.

[3] **Awiszus, B.; Bast, J.; Dürr, H.; Matthes K.-J.**: Grundlagen der Fertigungstechnologie. Leipzig: Carl Hanser Verlag, 2003.

[4] **Bach, F.-W.; Laarmann, A.; Möhwald, K.; Wenz, T.**: Moderne Beschichtungsverfahren. Weinheim: WILEY-VCH Verlag, 2005.

[5] **Bargel, H.-J.; Schulze, G.**: Werkstoffkunde. Berlin, Heidelberg: Springer Verlag, 8. Auflage, 2004.

[6] **Beitz, W; Grote, K.-H.**: Dubbel - Taschenbuch für den Maschinenbau. Berlin, Heidelberg: Springer Verlag, 20. Auflage, 2001.

[7] **Bergmann, W.**: Werkstofftechnik 2. München, Wien: Carl Hanser Verlag, 3. Auflage, 2002.

[8] **Blume, F.**: Einführung in die Fertigungstechnik. Heidelberg: Hüthig Verlag, 9. Auflage, 1990.

[9] **Dobler, H.-D.; Doll, W.; Fischer, U.; Günter, W.; Heinzler, M.; Ignatowitz, E.; Vetter, R.**: Fachkunde Metall. Haan-Gruiten: Verlag Europa-Lehrmittel, 54. Auflage, 2003.

[10] **Eberle, H; Hermeling, H.; Hornberger, M.; Kilgus, R.; Menzer, D.; Ring, W.**: Fachwissen Bekleidung, Haan-Gruiten: Verlag Europa-Lehrmittel, 7. Auflage, 2003.

[11] **Eckhard, M.; Ehrmann, W.; Hammerl, D.; Nestle, H.; Nutsch, T.; Nutsch, W.; Schulz, P.; Willgerodt, F.**: Fachkunde Holztechnik. Haan-Gruiten: Verlag Europa-Lehrmittel, 19. Auflage, 2003.

[12] **Endlich, W.**: Fertigungstechnik mit Kleb- und Dichtstoffen. Braunschweig, Wiesbaden: Vieweg Verlag, 1995.

[13] **Förster, D.; Müller, W.**: Laser in der Metallverarbeitung. München, Wien: Fachbuchverlag Leipzig im Carl Hanser Verlag, 2001.

[14] **Gefatter, A.**: Druckreif. Stuttgart: avedition, 1996.

[15] **Giessmann, A.**: Substrat- und Textilbeschichtung. Berlin, Heidelberg: Springer Verlag, 2003.

[16] **Hartmann, U.**: Faszination Nanotechnologie. München: Elsevier, 2006.

[17] **Hofmann, H.; Spindler, J.**: Verfahren der Oberflächentechnik. München, Wien: Fachbuchverlag Leipzig im Carl Hanser Verlag, 2004.

[18] **Leydecker, S.**: Nano Architektur - Anwendungen von Nanomaterialien in Design und Architektur. Basel: Birkhäuser Verlag, 2008.

[19] **Luther, W.**: Einsatz von Nanotechnologien in Architektur und Bauwesen. Schriftenreihe der Aktionslinie Hessen-Nanotech. Band 7, 3. Auflage, Dezember 2008.

[20] **Miller, F.**: Nanoveredelte Oberflächen. Fraunhofer-Magazin 1/2005; München: Fraunhofer-Gesellschaft, 2005.

[21] **Müller, K.-P.**: Lehrbuch Oberflächentechnik. Braunschweig, Wiesbaden: Vieweg Verlag, 1996.

[22] **Müller, K.-P.**: Praktische Oberflächentechnik. Braunschweig, Wiesbaden: Vieweg Verlag, 4. Auflage, 2003.

[23] **Niesing, B.**: Zwerge mit Riesenpotenzial. Fraunhofer-Magazin 4/2006; München: Fraunhofer-Gesellschaft, 2006.

[24] **Oesterreicher, M.**: Highlights aus der Nanowelt. Freiburg, Basel, Wien: Herder Spektrum, 2006.

[25] **Pietschmann, J.**: Industrielle Pulverbeschichtung. Braunschweig, Wiesbaden: Vieweg Verlag, 2002.

[26] **Rehm, M.**: Kreative Lackiertechniken. Stuttgart: Deutsche Verlags-Anstalt, 1996.

[27] **Thompson, R.**: Manufacturing Processes for Design Professionals. London: Thames & Hudson 2007.

[28] **Westkämper, E.; Warnecke, H.-J.**: Einführung in die Fertigungstechnik. Stuttgart, Leipzig, Wiesbaden: Teubner Verlag, 6. Auflage, 2004.

[29] **Witt, G.**: Taschenbuch der Fertigungstechnik. München, Wien: Fachbuchverlag Leipzig im Carl Hanser Verlag, 2006.

Anzeige

Unsere Mitarbeiter – unsere Stärke

Wir bei Wendel Email haben stets auf das Wesentliche Wert gelegt: unsere Mitarbeiter. Ihr Einsatz, ihre jahrzehntelange Erfahrung und ihre Kompetenz haben Wendel Email einen festen Platz im Weltmarkt erobert. Heute zählt das Unternehmen mit Hauptsitz in Dillenburg zu den führenden Herstellern von Email- und Keramikfritten weltweit.

Gemeinsam sind wir groß geworden, gemeinsam möchten wir weiterwachsen. Uns sind die solide Ausbildung und die soziale Sicherheit unserer Mitarbeiter daher ebenso wichtig wie der Unternehmenserfolg. Wir suchen engagierte und motivierte Menschen, die Freude an einer fachlichen und persönlichen Qualifizierung haben. Wir bieten eine Herausforderung durch einen zukunftsorientierten Arbeitsplatz in einer starken Gemeinschaft.

In den Bereichen Entwicklung, Produktion und Vertrieb gibt es eine große Vielfalt an Ausbildungsmöglichkeiten, insbesondere als:

- **Industriekeramiker/in**
- **Stoffprüfer/in (Keramik)**
- **Chemielaborant/in**
- **Bürokaufmann/frau**
- **Fachkraft für Lagerlogistik**

Haben wir Ihr Interesse geweckt? Dann senden Sie uns Ihre Bewerbung!

Wendel Email

Wendel GmbH, Email- und Glasurenfabrik · Am Güterbahnhof 30 · 35683 Dillenburg
Telefon 02771/9060 · Fax 02771/906 160 · e-mail: info@wendel-email.de · www.wendel-email.de

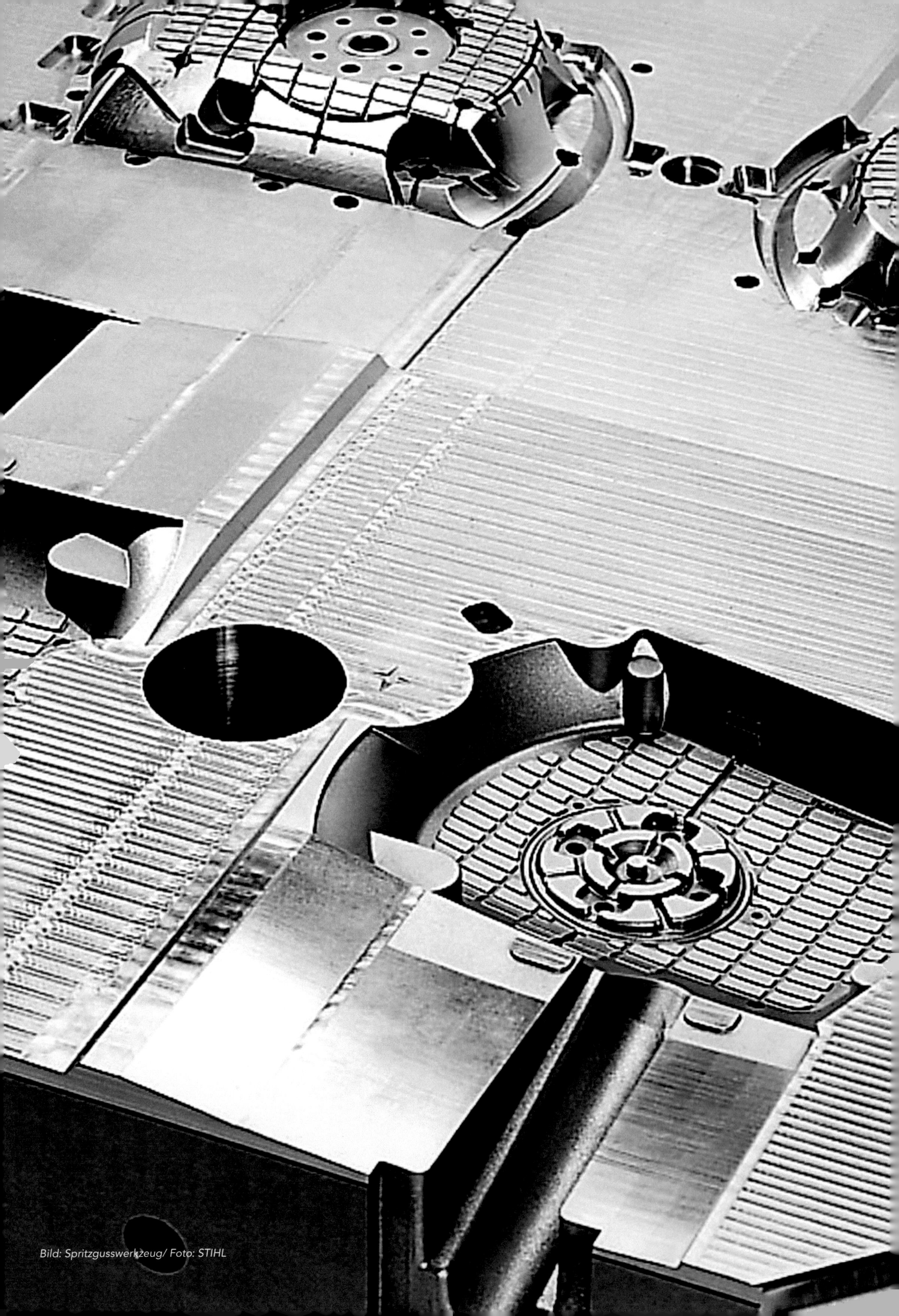

Bild: Spritzgusswerkzeug/ Foto: STIHL

GES
KOSTENREDUZIERENDES GESTALTEN UND KONSTRUIEREN

Abnutzung, AIDA, Alleinstellungsmerkmal, Anschaffungskosten, Austauschbarkeit, Bedienfreundlichkeit, Briefing, Break-Even-Point, Cash-Flow, Chemieverträglichkeit, Betriebskosten, Entsorgungsgerechtheit, Deckungsbeitrag, Demontage, Entwicklungskosten, Ergonomie, Ersatzteile, Einsparpotenziale, Fertigungsgerechtheit, Fertigungstiefe, Geräuschlosigkeit, Geräuschreduktion, Investitionen, Ist-Kosten, Kalkulation, Kosteneffizienz, Kostenplan, Lagerkosten, Lebensdauer, Materialeinsatz, Materialgerechtheit, Materialkosten, Montagegerechtheit, Nachhaltigkeit, Nutzungsgrad, Stapelbarkeit, Ökologie, Positionshilfen, Preiseffizienz, Qualität, Recycelbarkeit, Rendite, Reparaturkosten, Reproduzierbarkeit, Phasenplan, Projektmanagement, Substitution, Solidität, Soll-Kosten, Standardisierung, Transportkosten, Umweltfreundlichkeit, Werkzeugkosten, Wertanmutung, Wertschöpfung, Wiederverwertung, Zeitplan, Zerlegbarkeit, Zielgruppe, Zuverlässigkeit

In den bisherigen Kapiteln wurden in Bezug auf die Eigenheiten der unterschiedlichen Materialien und Fertigungsverfahren Anhaltspunkte gegeben, mit denen die Funktionsweise einer Konstruktion gewährleistet und die Produktion eines Bauteils komplikationsfrei durchgeführt werden kann. Durch die sich stetig verschärfenden Wettbewerbsbedingungen mit kürzer werdenden Innovationszyklen liegt ein besonderer Fokus des Gestalters und Konstrukteurs darauf, kostenoptimale Bauteile und Produkte hervorzubringen. Dabei kann er mit Blick auf den gesamten Produktlebenszyklus eine Vielzahl der Kostenfaktoren beeinflussen und die Rentabilität von Produkten entscheidend mitbestimmen. Zu den Einflussgrößen zählen insbesondere die Fertigungs-, Montage-, Material-, Lager- und Transport- sowie Recycling- und Entsorgungskosten. Auf den folgenden Seiten werden Maßnahmen für das kostenreduzierende Gestalten und Konstruieren zusammengefasst und anhand von Konstruktions- und Gestaltungsbespielen erläutert.

Kostenreduzierendes Entwerfen und Konstruieren

Entwicklungskosten	Herstellungskosten	Betriebs-, Wartungs- und Instandhaltungskosten	Recycling- und/oder Beseitigungskosten

Herstellungskosten

Fertigungsgerecht
- Standardisierung oder Reduzierung der Typenvielfalt oder Baureihen
- Reduzierung von Baugruppen oder Bauteilen (Vereinheitlichung)
- Reduzierung der Bauteile
- Intelligenter Entwurf und Konstruktion (Toleranzen, Funktionen)
- Reduzierung der Flächenzahl
- Reduzierung der Flächengröße
- Reduzierung der Fertigungsschritte
- Reduzierung der Eigenfertigung (intelligenter Zukauf von Bauteilen)
- Optimierung des Fertigungsverfahrens
- Optimierung der Oberflächengüte und Oberflächenformen
- Optimiertes Werkzeug (intelligente Werkzeugauslegung/ Funktionen)
- Einheitliches Fertigungsverfahren
- Losgrößen erhöhen (Mehrfachverwendung, Baureihen, Baukasten)
- Einheitliches Werkzeug anstreben
- Optimierter Werkstoff

Montagegerecht
- Reduzierung der Bauteile
- Intelligenter Entwurf bezüglich Toleranzen
- Intelligenter Entwurf bezüglich Fügeverbindungen (kleben, rasten)
- Kurze Wege (Produktion, Lagerung)
- Feinmotorische Arbeiten reduzieren (Entnahme, Positionierung)
- Greif- und Bewegungsräume bedenken
- Einfaches Montieren mit Montagewerkzeugen
- Kurze Fügewege anstreben
- Einfache Fügebewegungsformen
- Selbsttätiges Positionieren der Bauteile
- Mehrfache Verwendung von Montagevorrichtungen
- Bauteileordnung bei Zwischentransport aufrecht erhalten
- Ordnen von Bauteilen vereinfachen
- Fehlmontagen automatisch verhindern

Materialgerecht
- Reduzierung der Bauteile
- Optimierung der Bauteilgröße
- Optimierung der Bauteilauslegung (Wanddicke, Haltbarkeit)
- Unnötige Materialanhäufungen vermeiden
- Wiederverwertung von Abfallmaterial
- Wiederverwendung gebrauchter Produkte/ Bauteile (Recycling)
- alternative Materialauswahl prüfen

Prüfgerecht
- zufällige Prüfungen
- Automation der Prüfungen
- Beim Auftreten eines Fehlers die Folgeoperationen stoppen

Lager- und Transportgerecht
- Reduzierung der Bauteile
- Reduzierung der Typenvielfalt
- Platzsparend Entwerfen
- Leicht bauen
- Transport- und lagergerechte Gestaltung (stapelbar)

Recycling- und Entsorgungsgerecht
- Trennbarkeit der Materialien bedenken (Kennzeichnung)
- Nachhaltige Materialien verwenden
- Intelligente Verwendung von Material

Abb. 1: nach [2]

Bild: Kinderwagen »Gecko«/ Durch das schlüssige Konstruktionskonzept lassen sich alle gezeigten Varianten realisieren. Er ist somit umfangreich einsetzbar./ Hersteller: bugaboo/ Foto: bugaboo

GES 1
Fertigungsgerechte Gestaltung

Die Hinweise zu Realisierung einer kostenoptimierten Fertigung, beziehen sich im Wesentlichen auf die Reduzierung des Fertigungsaufwandes und die Möglichkeit zu einer effizienten Produktion.

Mit einer integrierten Bauweise kann die Teileanzahl und somit der Fertigungs- und Montageaufwand erheblich reduziert werden.

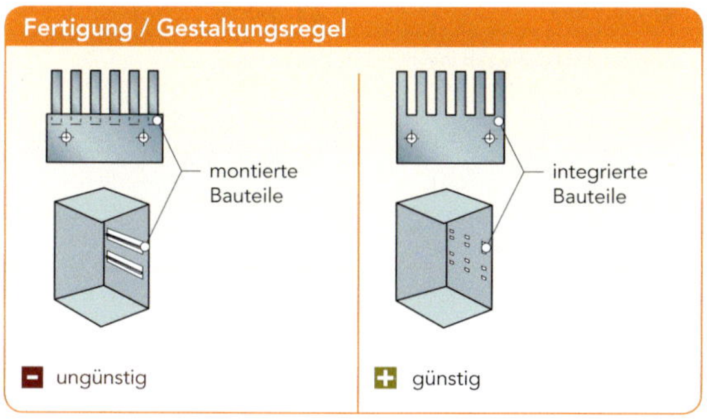

Abb. 2: nach [2]

Durch Standardisierung und Modularbauweise lassen sich Baugruppen reduzieren.

Abb. 3

Zur Realisierung einfacher Fertigungsoperationen sollten komplexe Bauteilstrukturen in mehrere einfach zu fertigende Komponenten zerlegt werden. Hierbei muss der spätere Montageaufwand in Relation zu der zu erwartenden Kostenersparnis gesetzt werden.

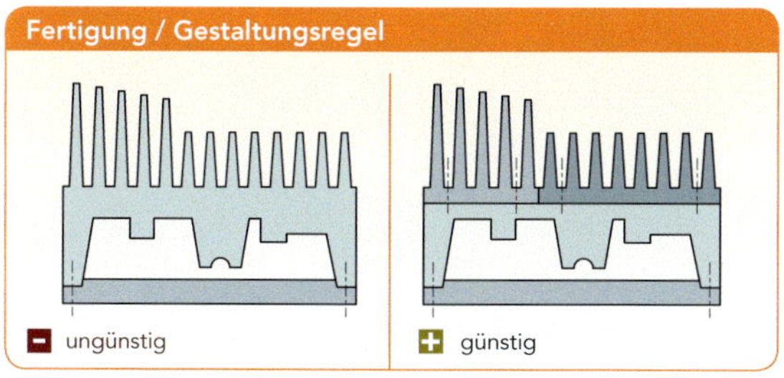

Abb. 4

Die Verringerung der Größe der zu bearbeitenden Flächen geht mit einer Reduktion des Fertigungsaufwandes einher.

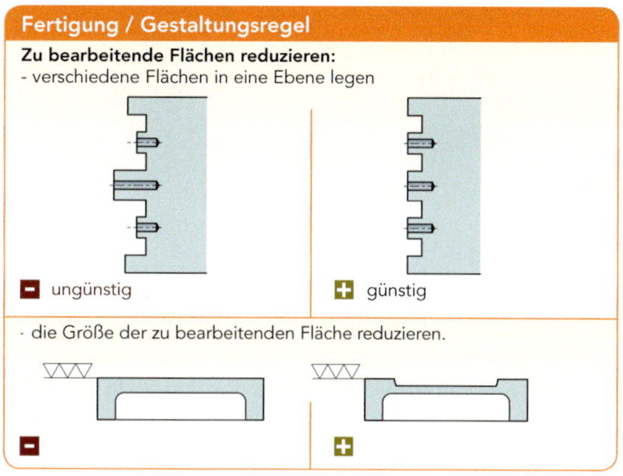

Abb. 5: nach [2]

Die Bearbeitung mehrerer Bauteile und Bauteilflächen in einem Fertigungsschritt hat einen kostenreduzierenden Effekt.

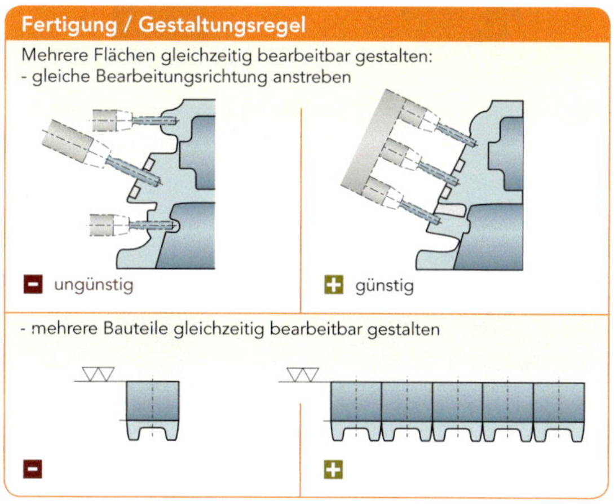

Abb. 6: nach [2]

Zur Vermeidung von Werkstückumspannungen sollten nach Möglichkeit alle Fertigungsoperation aus einer Bearbeitungsrichtung erfolgen.

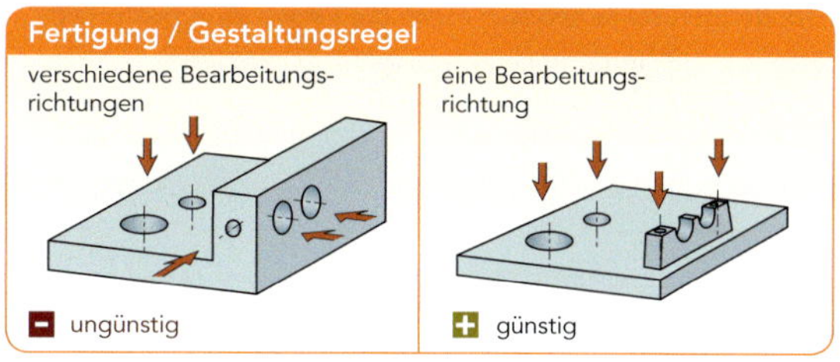

Abb. 7: nach [2]

Durch die Wahl von Schnapphaken anstelle von Schraubverbindungen kann die Anzahl der Fertigungsoperationen verringert werden.

Schnapphaken
Schnapphaken bzw. Rasthaken werden zur schnellen Anbringung oder Montage von Teilen benötigt. Die Teile werden über die Schnapphaken ohne zusätzliche Elemente miteinander gefügt. Nach dem Verbinden sollte die Fügegeometrie möglichst spannungsfrei sein.

Abb. 8: nach [2]

Einsparpotenziale können auch unter Verwendung von Standardteilen und Halbzeugen erschlossen werden, die keiner Neukonstruktion bedürfen und deren Produktion in hohen Stückzahlen kostengünstig realisiert werden kann.

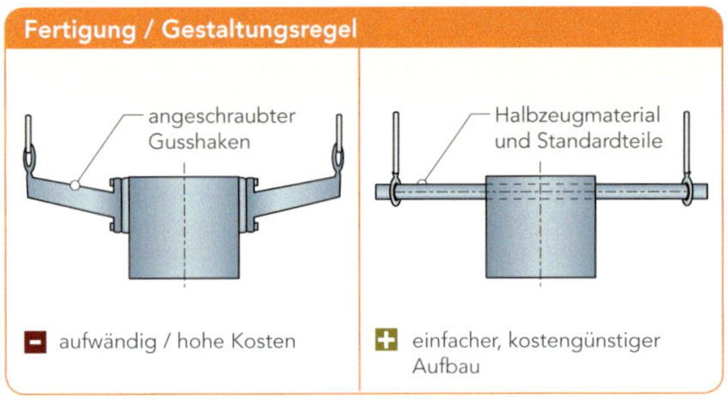

Abb. 9: nach [2]

Bild: Baugerüste lassen sich durch die Verwendung von Halbzeugen und Standardteilen kostengünstig umsetzen.

Es sollte immer darauf geachtet werden, mit Werkzeugen und Fertigungsverfahren zu produzieren, die eine kostengünstigere Produktion zulassen.

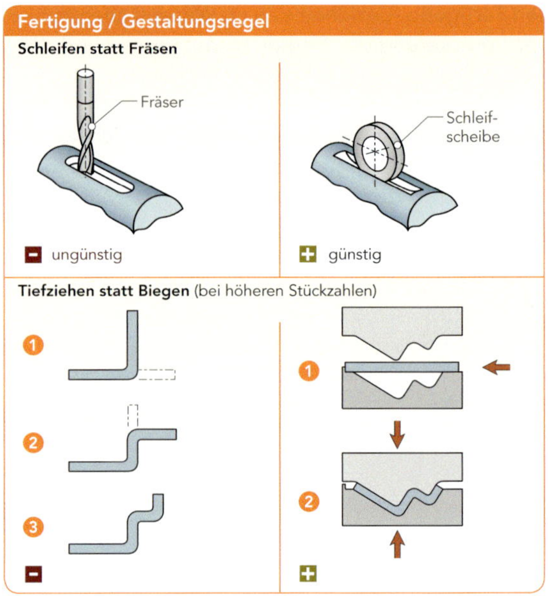

Abb. 10: nach [2]

Durch eine Fertigung von Bauteilen in hohen Stückzahlen lassen sich erhebliche Einsparpotenziale erschließen.

Bild: Stapelbare Stühle und Bänke aus Kunststoff werden in sehr hohen Stückzahlen preisgünstig hergestellt und sind weit verbreitet.

Es ist zu prüfen, ob spanlose Verfahren auf Grund der entstehenden Kosten den zerspanenden Techniken vorzuziehen sind.

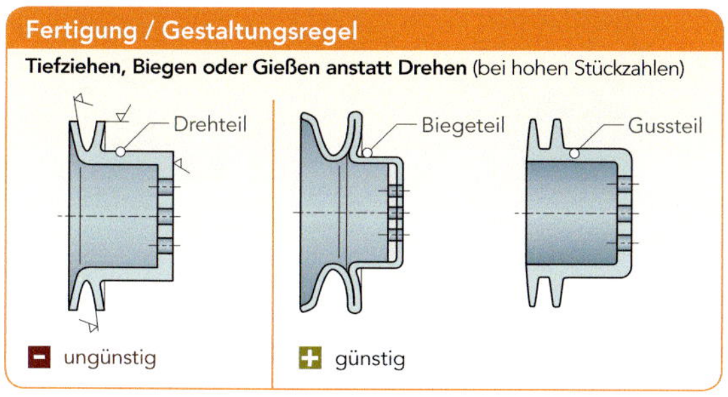

Abb. 11: nach [2]

Durch die Wahl alternativer Materialien und die Verwendung kostengünstiger Produktionsverfahren lassen sich erhebliche Einsparpotenziale erzielen.

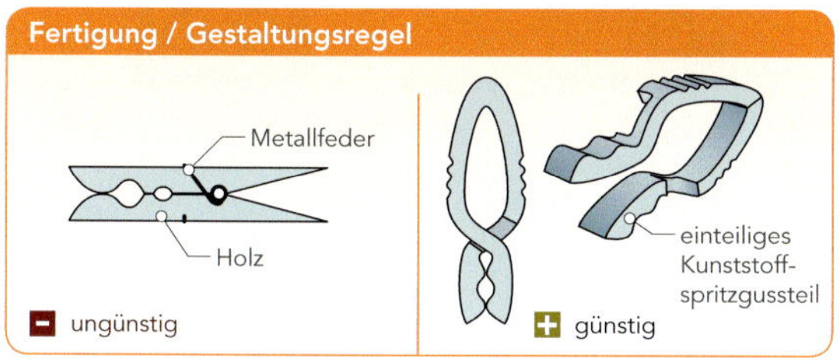

Abb. 12

Die Werkzeugkosten verringern sich meist durch Vermeidung nicht symmetrischer Bauteile. Eine Vereinheitlichung der Bemaßung wirkt sich zudem günstig auf die Fertigungskosten aus.

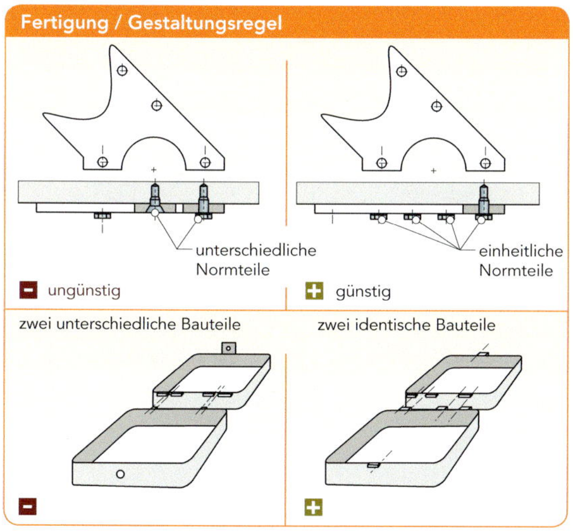

Abb. 13: nach [2]

Bild rechts: OTIS Ampelsäule/ Das Gehäuse (hier aufgeklappt) ist durch ein einziges Aluminium-Strangpressprofil und zwei Kappen aus Kokillenguss realisiert und somit sehr preisgünstig herzustellen./ Hersteller: OTIS/ Design: UNITEDDESIGNWORKERS.com

Grunsätzlich sollte die Bauteilgeometrie eine kostengünstige Fertigung zulassen. Einfache sind komplexen Formgeometrien vorzuziehen.

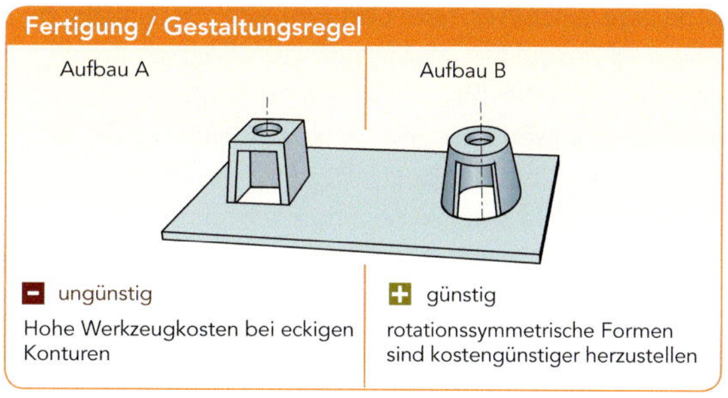

Abb. 14: nach [1]

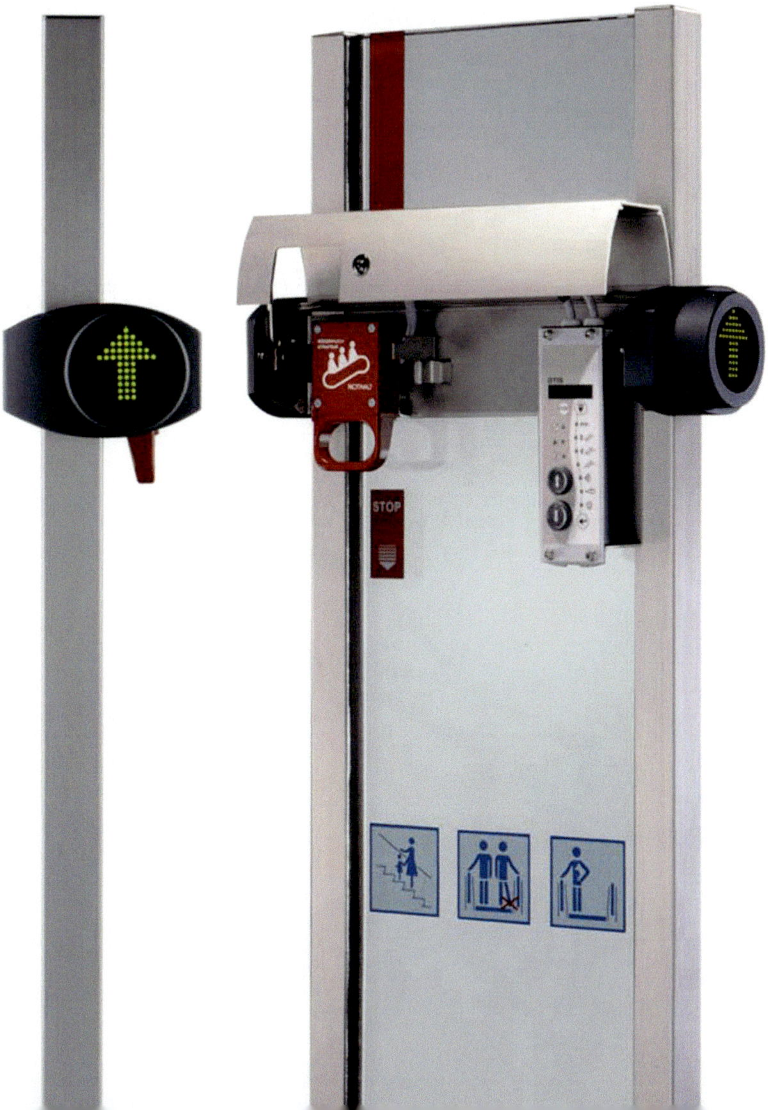

GES 2
Montagegerechte Gestaltung

Vielfach unterschätzt, können die Kosten für die Montage einzelner Teile und Einheiten zu Baugruppen und Produkten einen ganz erheblichen Anteil an den gesamten Produktkosten einnehmen. In Hochlohnländern werden meist automatisierende Montageprozesse angestrebt, die eine Beachtung der späteren Montagevorgänge schon in den frühen Konstruktionsphasen erforderlich macht.

Bei der Montage sollte auf eine einfache Zuführung der Einzelteile mit kurzen Wegen Wert gelegt werden. Verklemmen ist zu vermeiden.

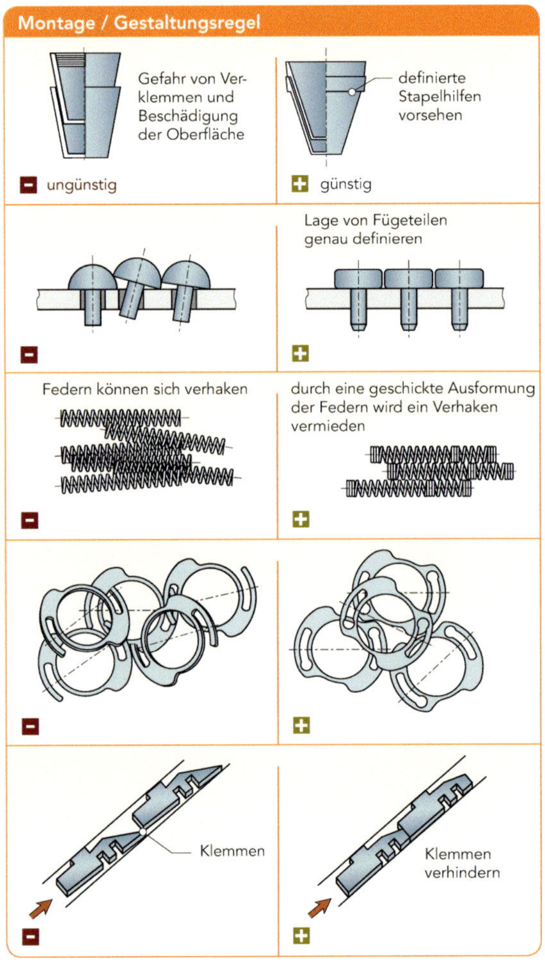

Abb. 15: nach [2]

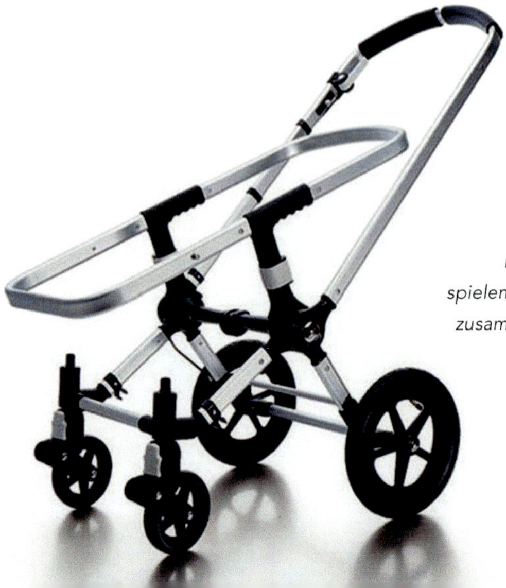

Bild: Dieser Kinderwagen lässt sich spielend leicht komplett auseinander und zusammen bauen./ Hersteller: bugaboo/ Foto: bugaboo

Durch die Bereithaltung der zu montierenden Teile in einer geordneten Anordnung kann der Aufwand zur Lageerkennung verringert werden.

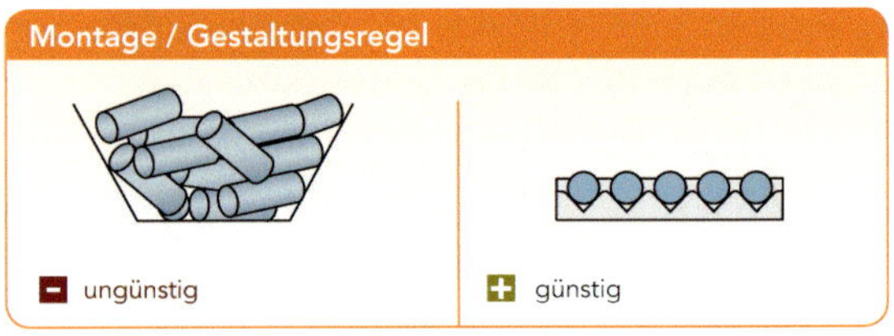

Abb. 16: nach [2]

Nach Möglichkeit ist die Konstruktion mehrfach symmetrischer Bauteile anzustreben, damit bei der späteren Montage nicht nach der richtigen Ausrichtung gesucht werden muss.

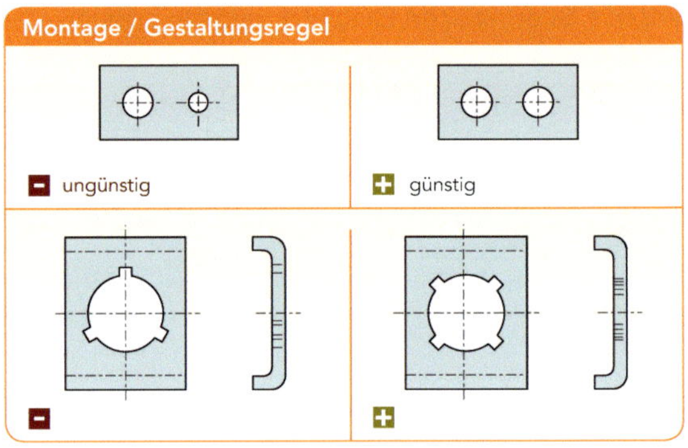

Abb. 17: nach [2]

Zur Vereinfachung der Lageerkennung sind asymmetrische Erkennungsmerkmale an die Bauteilaußenseite zu legen.

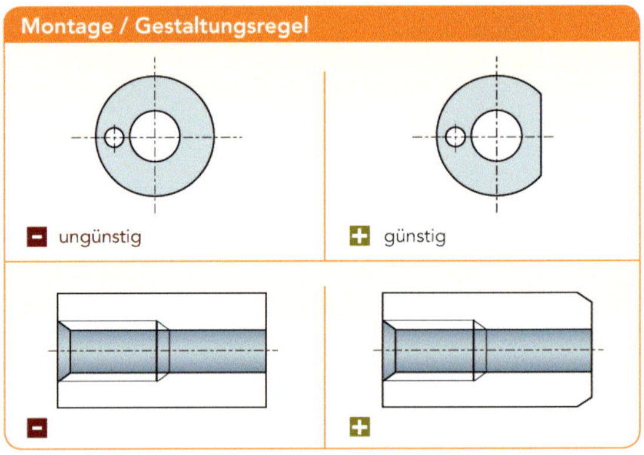

Abb. 18: nach [2]

Durch Einplanung spezieller Flächen kann manuelles oder automatisiertes Greifen vereinfacht werden.

Abb. 19: nach [2]

Durch Schrägen, Senkungen, Führungen und Positionshilfen kann die Positionierung vereinfacht werden. Idealerweise ist eine Selbstpositionierung anzustreben.

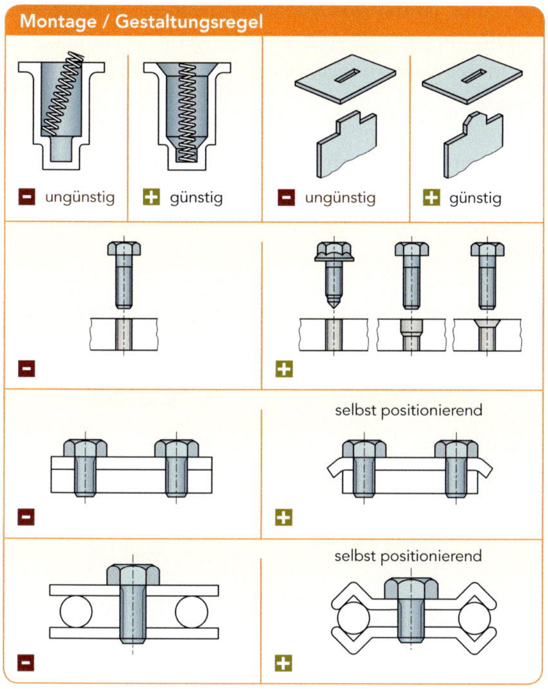

Abb. 20: nach [2]

Das gleichzeitige Montieren mehrere Einzelkomponenten sollte vermieden, Fügevorgänge gestaffelt werden. Schnappverbindungen können bei der Vorfixierung unterstützen.

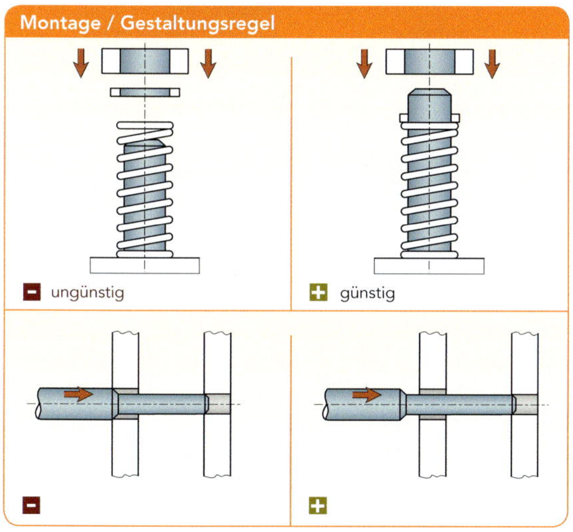

Abb. 21: nach [2]

Die Montage biegeschlaffer Bauteile wie Kabel oder textile Komponenten sollte vermieden werden, da meist ein erheblicher manueller Montageaufwand entsteht.

Endanschläge können Montagevorgänge erheblich vereinfachen.

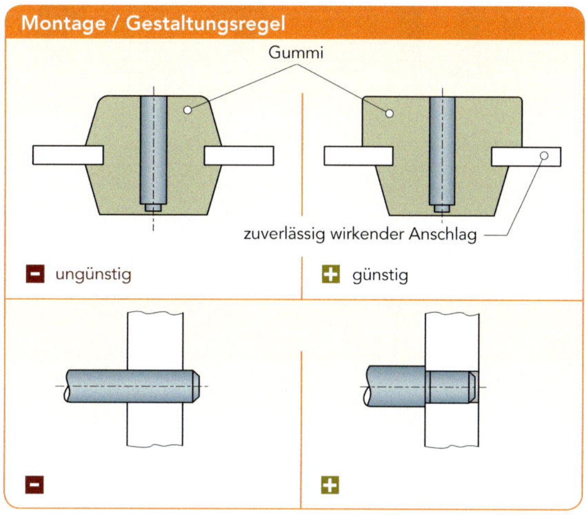

Abb. 22: nach [2]

Durch einfache Fügebewegungen kann der Montageaufwand verringert werden. Grundsätzlich sind translatorische Bewegungen rotatorischen Fügebewegungen vorzuziehen. Lange Wege sind zu vermeiden.

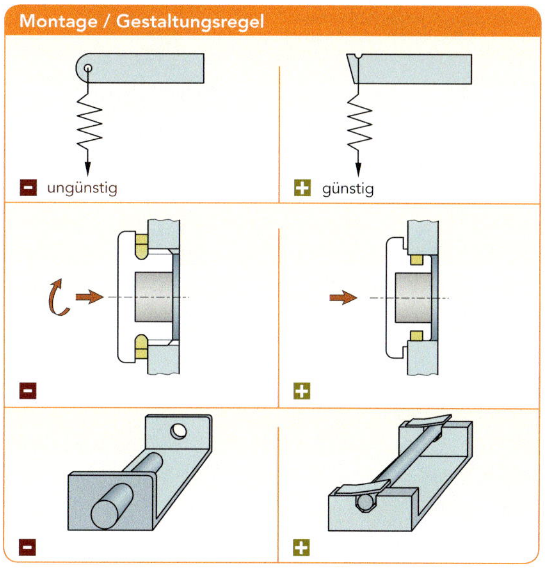

Abb. 23: nach [2]

Zu fügende Stellen sollten so gestaltet sein, dass sie vom montierenden Personal gut eingesehen und mit dem Werkzeug leicht erreicht werden können.

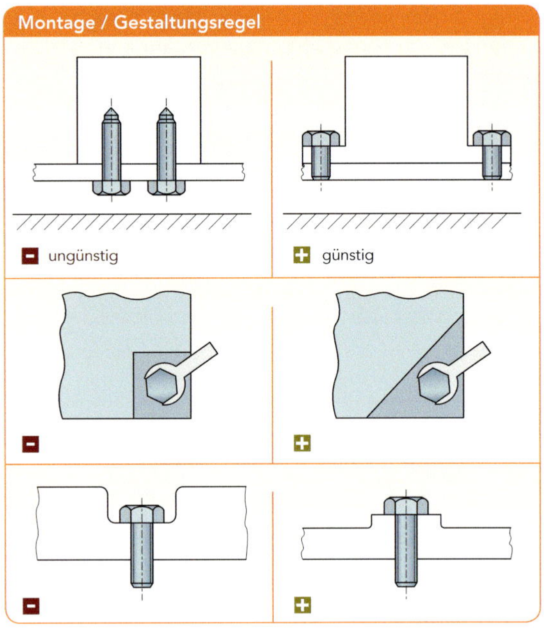

Abb. 24: nach [2]

Durch Verringerung der Anzahl der zu fügenden Einzelkomponenten und der Anzahl der Fügerichtungen kann der Montageaufwand reduziert werden.

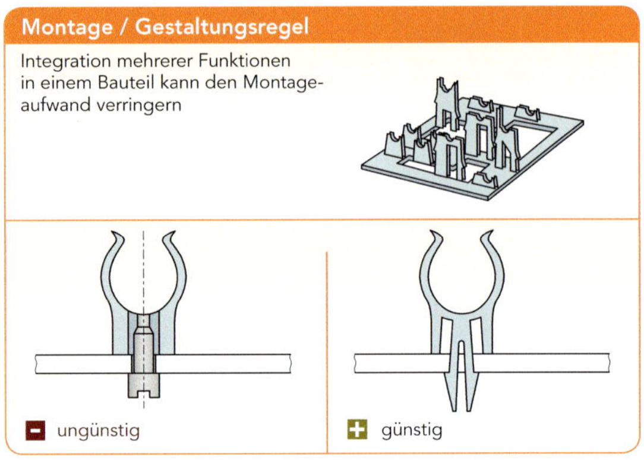

Abb. 25: nach [2]

GES 3
Materialkosten reduzierende Gestaltung

Ein weiterer Kostenfaktor, der durch eine angemessene Gestaltung kostenoptimierend beeinflusst werden kann, ist der des Materialaufwandes. Folgende Überlegungen sollten zur Senkung der Materialkosten in der Konstruktion eines Produkts Beachtung finden:

Durch eine integrierte Gestaltung und Konstruktion kann die Teileanzahl reduziert werden. Bauteilabmessungen sollten so klein wie möglich gewählt werden.

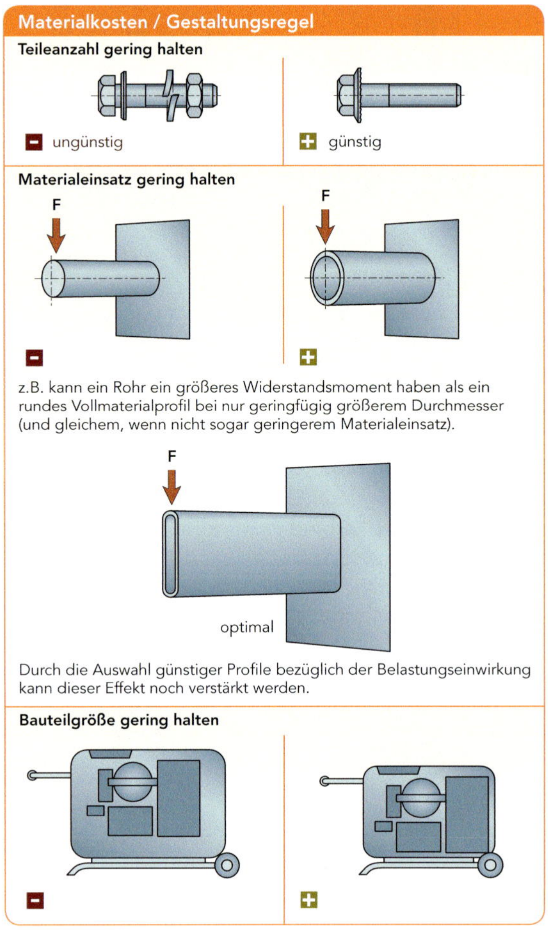

Abb. 26

Hochpreisige Materialien sollten nur dort eingesetzt werden, wo die Verwendung eines kostengünstigen Werkstoffs nicht möglich erscheint.

Bild links: Federelement aus Kunststoff des Bettensystems »Sensus«. Die Feder wird in einem einfach aufgebauten Werkzeug gespritzt. Das rote Spannkreuz in der Mitte kann zur Härteeinstellung optional ergänzt werden./ Hersteller: Froli

Um Gewicht zu senken und Materialkosten einzusparen, sollte Material nur an den Stellen eingesetzt werden, wo es aus optische Gründen oder zu Festigkeitszecken erforderlich ist. Diese Maßnahme ist immer in Relation zu den zu erwartenden Fertigungskosten zu betrachten.

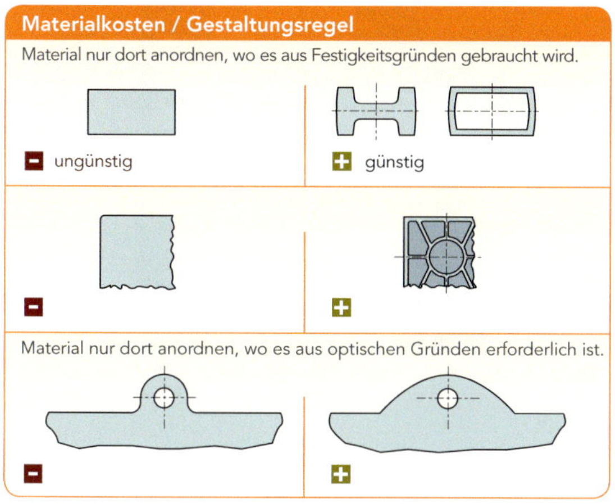

Abb. 27: nach [2]

Nach Möglichkeit sollte der Materialaufwand durch die Verwendung geeigneter Halbzeuge gering gehalten werden.

Die Möglichkeit zur Verwendung von Restwerkstoffen (z.B. Stanzabfälle) ist im Einzelfall zu prüfen. Es kann sich auch anbieten, gebrauchte Bauteile und ganze Baugruppen erneut zu verwenden.

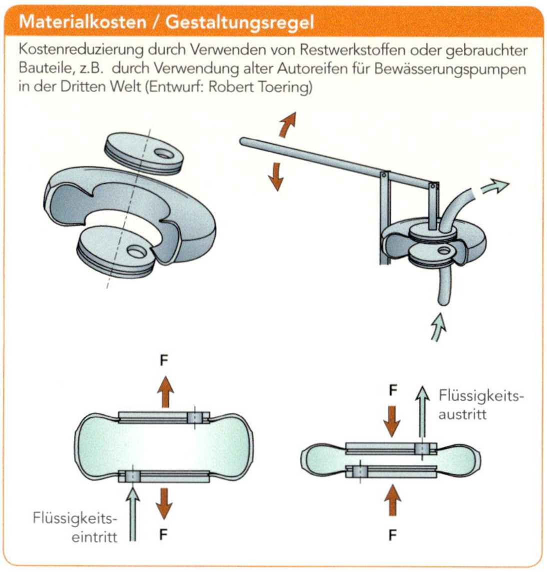

Abb. 28: nach [3]

GES 4
Recycling- und entsorgungsgerechte Gestaltung

Nicht erst die sich verschärfenden Umweltauflagen der europäischen Union machen eine recycling- und entsorgungsgerechte Gestaltung zu einem wichtigen Kostenaspekt. Produkte mit einer hohen Qualität, langen Lebensdauer und einer leichten Recyclierbarkeit werden angestrebt. Insbesondere folgende Aspekte sollten berücksichtigt werden:

Die Verwendung einer geringen Anzahl verschiedener und sortenrein zu trennender Werkstoffe ermöglicht ein einfaches Recycling.

Durch Kennzeichnung der verwendeten Werkstoffe kann eine Sortierung und Trennung im Recyclingprozess vereinfacht werden.

Die Möglichkeit zur Wiederverwendung ganzer Baugruppen sollte schon in der Konstruktionsphase bedacht werden.

Eine leichte Demontage einzelner Bauteilkomponenten fördert die Reduzierung der Entsorgungskosten (siehe auch »Montagegerechtes Gestalten«).

Bild: OTIS-Ampelsäule für Fahrtreppen und Fahrsteige, leichte Demontage der Bauteile./ Hersteller: OTIS Escalator/ Design: UNITEDDESIGNWORKERS.com

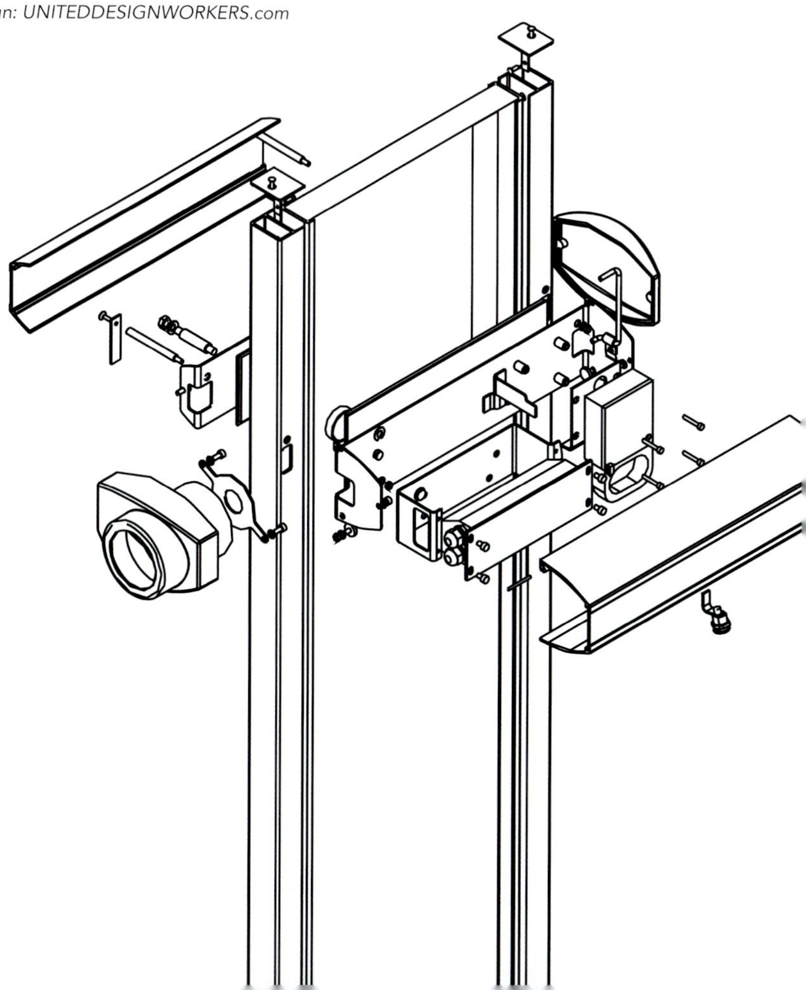

GES 5
Lager- und transportkostengerechte Gestaltung

Meist werden die Einflüsse der Gestaltung und Konstruktion auf die späteren Lager- und Transportkosten in den Entwicklungsphasen unterschätzt. In den letzten Jahren ist durch die Verstärkung der Produktion in Fernost und die hohe Variantenvielfalt der Produkte eine Kostenoptimierung in diesem Bereich in den Fokus des Interesses gerückt. Folgende Anhaltungspunkte können zur Reduzierung dieses Kostenfaktors herangezogen werden.

Insbesondere die Standardisierung eines Produktes und die Reduzierung der Typenvielfalt wirkt sich positiv auf die Lager- und Transportkosten aus.

Bild: Kunststoffprodukte, die durch ihre Form optimal zu stapeln sind, nehmen sehr wenig Lagerraum in Anspruch und sind kostengünstig zu transportieren.

Konstruktiv sollten Produkte nach einem Baureihen- bzw. Baukastenprinzip aufgebaut sein.

Lager- und transportgerechte Konstruktionen werden durch leicht stapelbare, ineinander verschiebbare oder klappbare Gestaltungsprinzipien gefördert. Die Packungsdichte erhöht.

Abb. 29

Mit der Reduzierung der Baugröße geht auch die Minimierung der Lager- und Transportkosten einher.

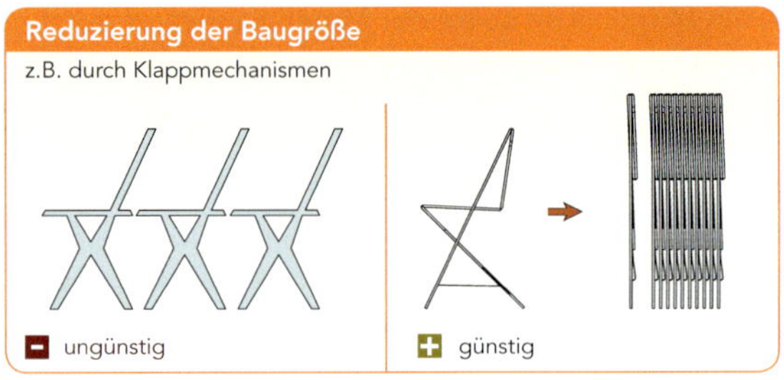

Abb. 30

Bilder unten: Stapelbarer, klappbarer Tisch aus dem Möbelprogramm »parlando«./ Hersteller: drabert/ Design: UNITEDDESIGNWORKERS.com

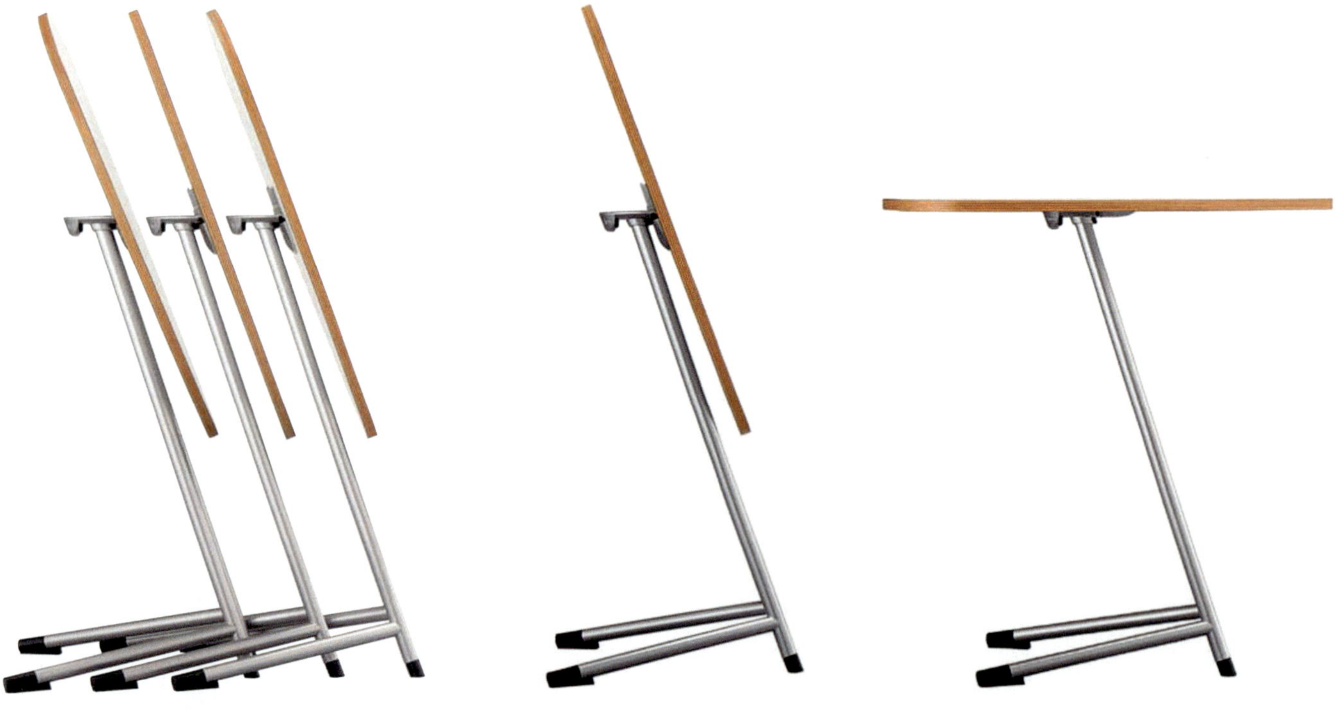

GES
Literatur

[1] **Bonten, C.:** Kunststofftechnik für Designer. München, Wien: Carl Hanser Verlag, 2003.

[2] **Koller, R.:** Konstruktionslehre für den Maschinenbau. Berlin, Heidelberg: Springer-Verlag, 3. Auflage, 1994.

[3] **Papanek, V.:** Das Papanek-Konzept – Design für eine Umwelt des Überlebens. München: Nymphenburger Verlagshandlung GmbH, 1972.

Bild: »flat_mate«, freischwingender, staffelbarer Klappstuhl./ Design: Riad Hamadmad Dipl. Des. (FH)./ Foto: Martin Hasse./ Hersteller: möbelbau kaether & weise

Anzeige

TRUMPF

Dürfen wir bekannt machen:

TruMark, Designer.

Designer, TruMark.

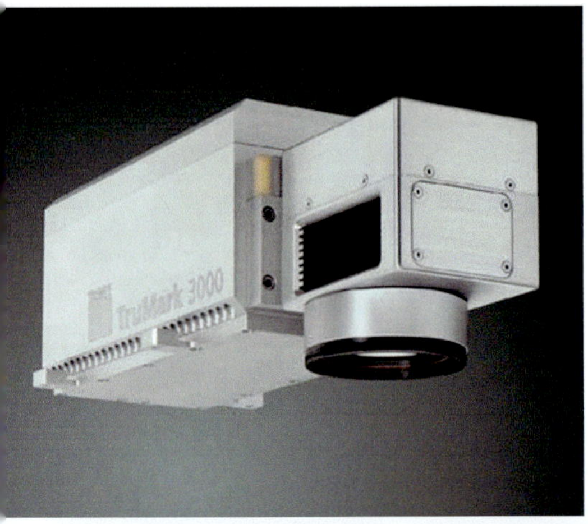

Lasermarkieren mit TRUMPF.

Für mehr kreative Freiheit.

TruMark Markierlaser veredeln für Sie Metalle, Kunststoffe, Glas, Keramik oder Lackoberflächen. Ihre Lasermarkierungen sind mit einer Strichstärke ab 20 Mikrometern konkurrenzlos filigran. Sie sind dauerhaft haltbar und flexibel individualisierbar. Darüber hinaus ermöglichen sie funktionales, technisches Design genauso wie Ornamente, die sich auch haptisch erleben lassen. Mehr Informationen erhalten Sie über design@trumpf-laser.com

www.trumpf-laser.com

BBDO

KEN
WERKSTOFFKENNWERTE

Zur Auswahl eines geeigneten Materials für eine entsprechende Produkt- und Kundenanforderung ist es notwendig, seine genauen Eigenschaften und Besonderheiten zu kennen und erfassen zu können. Um das Materialverhalten in Berechnungen berücksichtigen sowie die Eigenschaften einzelner Materialien vergleichen zu können wurden Materialkennwerte definiert und entwickelt. Die wichtigsten Kennwerte werden im Folgenden aufgeführt.

Gewicht und Dichte

Die Kenntnis des absoluten Gewichts bzw. der absoluten Masse eines Werkstoffs eignet sich nur bedingt, um das ideale Material für eine Anwendung auswählen zu können. Hierzu wurde die Dichte als vergleichender Kennwert eingeführt. Sie gibt das Verhältnis von Masse zu Volumen (g/cm^3) an und ist auch als spezifisches Gewicht eines Werkstoffs bekannt. Die ***Porosität*** eines Werkstoffs bezeichnet in diesem Zusammenhang den Anteil von Hohlräumen im Verhältnis zum Gesamtvolumen.

Härte

Unter Härte wird der Widerstand verstanden, den ein Werkstoff auf Grund seiner Molekularkräfte dem Eindringen eines Fremdkörpers entgegensetzt. Es sind verschiedene ***Härteprüfverfahren*** bekannt, bei denen die Eindringtiefe eines genormten ***Prüfkörpers*** (z.B. Pyramide oder Kegel) in einem zu prüfenden Werkstoff gemessen wird. An Hand der Abmessungen des Abdrucks wird auf die Härte geschlossen. Da das ***Eindringverhalten*** von Gestalt und Härte des eindringenden Körpers abhängt, muss bei der Angabe von Zahlenwerten auch immer das Härteprüfverfahren genannt werden. Wichtige Härtekennwerte werden in den Prüfverfahren nach ***Rockwell***, ***Vickers*** und ***Brinell*** ermittelt. Für Kunststoffe kommt auch das Verfahren nach ***Shore*** zum Einsatz.

Festigkeit

Die Festigkeit gibt den Widerstand eines Körpers gegen eine äußere Beanspruchung an. Man unterscheidet die ***Zug-***, ***Druck-***, ***Knick-***, ***Biege-***, ***Schub-***, und ***Torsionsfestigkeit***. Eine Überbeanspruchung kann zu einer Rissbildung führen. Der Festigkeitswert eines Werkstoffs wird über eine Versuchsprobe ermittelt. In dieser wird die Deformation unter Beaufschlagung mit einer bestimmten Beanspruchung gemessen. Die flächenbezogene Kraft (N/mm^2) wird in diesem Zusammenhang als ***Spannung*** bezeichnet. Mit ***Reißfestigkeit*** ist beispielsweise die Spannung gemeint, die ein Probekörper zum Zeitpunkt der Rissbildung ertrug. Die ***Biegefestigkeit*** ist die zum Bruch eines Stabes führende Beanspruchung auf Biegung. Der Biegeradius bezeichnet den maximalen Radius vor Bruch. Die maximale Spannung mit der ein Probekörper beaufschlagt werden kann, bezeichnet die ***Zugspannung***. Diese wird häufig herangezogen, um die Festigkeitseigenschaften von unterschiedlichen Werkstoffen im Vergleich darzustellen und grundlegende Aussagen ableiten zu können. Die ***Verschleißfestigkeit*** eines Materials gibt den Widerstand gegen ***Abrieb*** an. Unter ***Warmfestigkeit*** versteht man die Festigkeit eines Werkstoffs bei erhöhten Temperaturen.

Steifigkeit

Die Steifigkeit bezeichnet den Widerstand eines Werkstoffs gegen Verformung. Zur Charakterisierung der Materialsteifigkeit wurde das ***Elastizitätsmodul*** (kurz: E-Modul) eingeführt. Es gibt den Zusammenhang von Spannung und Verformung (meist ***Dehnung***) und somit das Verhalten bei mechanischer Beanspruchung eines festen Körpers an. Je größer das E-Modul desto geringer fällt die Verformung unter Belastung aus.
Die ***Elastizitätsgrenze*** beschreibt den Punkt, bis zu dem nach Belastung beim Werkstoff keine bleibende Verformung entsteht. Er verhält sich elastisch, die Deformation bildet sich bis zu seiner Ausgangsform zurück. Bei größeren Dehnungen treten auch nach Entlastung plastische Verformungen auf.

Zähigkeit

Mit Zähigkeit wird die Fähigkeit eines Materials zur Energieaufnahme und somit sein Widerstand gegen Bruch bezeichnet. Da sie von vielen Faktoren abhängt (Beanspruchungsart, Geometrie, Temperatur, usw.), ist die Zähigkeit keine eindeutig zu definierende Eigenschaft eines Werkstoffs. Als spröde wird ein Werkstoff (z.B. Keramik) bezeichnet, wenn er bei einer schlagartigen Beanspruchung zerspringt.

Dehnfähigkeit

Die Dehnfähigkeit (***Duktilität***) eines Materials beschreibt die Eigenschaft zur Formunbeständigkeit unter Krafteinwirkung. Die ***Bruchdehnung*** ist hierzu ein häufig zur Anwendung kommender Kennwert, mit dem beschrieben wird, welche plastische Verformung maximal erreicht werden kann, bevor ein Material bricht. Es wird die prozentuale Verlängerung im Augenblick des Bruches, bezogen auf die Anfangsmesslänge, angegeben. Als anisotroper Werkstoff verändert sich das Volumen von Holz im Verhältnis zur Raumfeuchte. Gibt es Feuchte an die Umgebung ab, schwindet es; die Aufnahme von Wasser, führt zum Quellen. Kennwerte zur Beschreibung dieses besonderen Verhaltens beim Holz sind das ***Schwind***- sowie das ***Quellmaß***.

Dämpfung

Unter Dämpfung versteht man die Neigung eines Materials zur Umwandlung mechanischer Belastungen insbesondere dynamischer Beanspruchungen in Wärme. Bei Materialien mit hohen Dämpfungseigenschaften kommt es zu hohen Wärmeentwicklungen, die sich auf das Eigenschaftsprofil in aller Regel negativ auswirken.

Wärmeleitfähigkeit, Wärmedämmung, Wärmeausdehnung

Die Geschwindigkeit mit der Wärme innerhalb der molekularen Struktur eines Materials weitergeleitet wird, beschreibt die Wärmeleitfähigkeit und somit den maximal möglichen Wärmeverlust. Sie hängt von der Beweglichkeit der atomaren Bindungen im Molekül und dem Vorhandensein freier Elektronen ab und gibt die Wärmemenge an, die pro Sekunde bei einer Temperaturdifferenz von 1K (=1°C) auf einer Länge von 1 m durch einen Stoffquerschnitt von 1 m^2 transportiert wird. Je kleiner die ***Wärmeleitzahl*** desto größer ist die Wärmedämmung. Mit ***Wärmeausdehnung*** wird die Formveränderung (Ausdehnung) von Materialien unter Einwirkung von Wärme beschrieben. Sie hängt entscheidend vom molekularen Aufbau ab und wird mit dem thermischen ***Wärmeausdehnungskoeffizienten*** erfasst.

Elektrische Eigenschaften

Unter der elektrischen Leitfähigkeit versteht man die Eigenschaft eines Stoffs elektrischen Strom weiterzuleiten. Wie bei der Wärmeleitfähigkeit gehen gute elektrische Eigenschaften mit dem Vorhandensein freier Elektronen einher.

Optische Eigenschaften

Die ***Lichtdurchlässigkeit*** eines Materials sowie die Eigenschaften zur Lichtreflexion sind besonders für transparente Werkstoffe (z.B. Glas) von Interesse und werden stets im Verhältnis zu einer freien Öffnung angegeben.

Chemische Resistenz und Beständigkeit gegen Umwelteinflüsse

Die Einhaltung von Materialeigenschaften unter Einwirkung von chemischen Substanzen wird als chemische Resistenz bezeichnet. Vor allem bei der Verwendung von natürlichen Materialien ist die Kenntnis der Beständigkeit gegen Umwelteinflüsse (Frost, Verwitterung) von besonderem Interesse. Diese wird auch als ***Witterungs***- oder ***Korrosionsbeständigkeit*** bezeichnet.

SACHWORTVERZEICHNIS

N

O

Artur Monse GmbH+Co. KG
Dieselstraße 3
42551 Velbert
Germany

Aeris Impulsmöbel GmbH+Co. KG
Ahrntaler Platz 2-6
85540 Haar
Germany

Algordanza AG
Alexanderstrasse 8
7000 Chur
Switzerland

Andreas Stihl AG+Co. KG
Badstraße 115
71336 Waiblingen
Germany

Argillon GmbH
Bahnhofstraße 43
96257 Redwitz
Germany

Banz+Riecks Architekten BDA
Friederikastraße 86
44789 Bochum
Germany

Bark Cloth
Talhauser Straße 18
79285 Ebringen
Germany

BASF SE
designfabrik™

BASF SE
designfabrik™
67056 Ludwigshafen
Germany
Tel.: +49/621/60-0
www.designfabrik.basf.de

BASF Polyurethanes GmbH
Elastogranstr. 60
49448 Lemförde
Germany

Bauer Engineering GmbH
Dipl.-Ing. Christoph Bauer
Wickingweg 21
49479 Ibbenbüren
Germany

BEGA Gantenbrink-Leuchten KG
P.O.Box 3160
58689 Menden
Germany

Bego GmbH+Co.
Wilhelm-Herbst-Straße 1
28359 Bremen
Germany

Berlac AG
Allmendweg 39
4450 Sissach
Switzerland

Berleburger Schaumstoffwerk GmbH
P.O.Box 1180
57301 Bad Berleburg
Germany

BIG-Spielwarenfabrik GmbH+Co. KG
P.O.Box 1238
90702 Fürth
Germany

Bodum AG
Kantonsstrasse 100
6234 Triengen
Switzerland

B.T. Dibbern GmbH+Co. KG
P.O.Box 1163
22933 Bargteheide
Germany

BT Magnet-Technologie GmbH
Forellstraße 100
44629 Herne
Germany

Bugaboo International B.V.
Paasheuvelweg 29
1105 BG Amsterdam
Netherlands

Cantera Naturstein Handel
W. Horstmann GmbH
Adolph-Brosang-Straße 32
31515 Wunstorf
Germany

CeramTec AG Innovative
Ceramic Engineering
Fabrikstraße 23-29
73207 Plochingen/Neckar
Germany
Tel.: +49/7153/611-0
info@ceramtec.de
www.ceramtec.com

CNC Speedform AG
Dammstraße 54-56
33824 Werther
Germany

Continental AG
Büttnerstraße 25
30165 Hannover
Germany

Covertex GmbH
Berghamer Strasse 19
83119 Obing
Germany

CPE Creative Precision Engineering
Am Steinbruch 26
40822 Mettmann
Germany

DaimlerChrysler AG
Mercedes Car Group
70546 Stuttgart
Germany

Danzer Furnierwerke GmbH
Weststraße 18
77694 Kehl am Rhein
Germany
Tel.: +49/7851/743-0
info@danzerkehl.de
www.danzer.de

DeguDent GmbH
Rodenbacher Chaussee 4
63457 Hanau-Wolfgang
Germany

Der Grüne Punkt
Duales System Deutschland GmbH
Frankfurter Straße 720-726
51145 Köln
Germany

Deutsche Bahn AG
Kommunikation BIB
Köthener Straße 3
10963 Berlin
Germany

Deutsche Foamglas GmbH
Landstraße 27-29
42781 Haan
Germany

Dips'n'Pieces
Werner-von-Siemens Straße 1
51674 Wiehl-Bomig
Germany

DIRAK

Dirak GmbH
Königsfelder Straße 1
58256 Ennepetal
Germany
www.dirak.com

Dr. Mirtsch GmbH
Oderstraße 60
14513 Teltow
Germany

Dürr AG
Otto-Dürr-Straße 8
70435 Stuttgart
Germany

E.L. Fielitz GmbH
Brunnhausgasse 3
85049 Ingolstadt
Germany

EMSA GmbH
Grevener Damm 215-225
48282 Emsdetten
Germany

Energy-Lab Technologies GmbH
Burchardstraße 21
20095 Hamburg
Germany

ESCHMANN TEXTURES

Eschmann Textures
International GMBH
Otto-Neumeister-Straße 17
74196 Neuenstadt a. K.
Germany
Tel.: +49/7139/93160
www.eschmanntextures.de

F.X. Nachtmann
Bleikristallwerke GmbH
Zacharias-Frank-Straße 7
92660 Neustadt a. d. Waldnaab
Germany

Fachhochschule Oldenburg/
Ostfriesland/Wilhelmshaven
Constantiaplatz 4
26723 Emden
Germany

Fecken-Kirfel GmbH+Co. KG
Prager Ring 1-15
52070 Aachen
Germany

Feinguss Blank GmbH
Industriestraße 18
88499 Riedlingen
Germany

Festo AG+Co. KG
P.O.Box
73726 Esslingen
Germany

Franz Güde GmbH
Katternberger Straße 175
42655 Solingen
Germany

Fraunhofer-Institut für Fertigungs-technik und Angewandte Material-forschung IFAM
Winterbergstraße 28
01277 Dresden
Germany

Fraunhofer-Institut für
Produktionstechnologie IPT
Steinbachstraße 17
52074 Aachen
Germany

Fraunhofer-Institut für
Siliziumtechnologie ISIT
Fraunhoferstraße 1
25524 Itzehoe
Germany

Fritz Becker KG
P.O.Box 1164
33062 Brakel
Germany

Froli

Froli Kunststoffwerk GmbH+Co. KG
Liemker Straße 27
33758 Schloß Holte-Stukenbrock
Germany
Tel.: +49/5207/9500-0
www.froli.com

Garpa Garten+Park
Einrichtungen GmbH
Kiehnwiese 1
21039 Escheburg
Germany

Gehr Vertriebsgesellschaft mbH
Kunststoffwerke
Casterfelder Straße 172
68219 Mannheim
Germany

Glas Platz GmbH+Co. KG
Auf den Pühlen 5
Tel.: 51674 Wiehl-Bomig
Germany

Glashütte Limburg
Gantenbrink GmbH+Co. KG
P.O.Box 1463
65534 Limburg
Germany
Tel.: +49/6431/204-0
info@glashuette-limburg.de
www.glashuette-limburg.de

Gregor+Strozik Design GmbH
Brückstraße 33
44787 Bochum
Germany

Gudrun Meyer Schmuck
Große Beckstraße 25
44787 Bochum
Germany

Harnischmacher

Harnischmacher GmbH
Hans-Böckler-Str. 5
58730 Fröndenberg
Germany
Tel.: +49/2373/9772-30
www.harnischmacher-gmbh.de

HAUTE INNOVATION
MATERIAL AND TECHNOLOGY

HAUTE INNOVATION
Agentur für Material und Technologie
Tempelherrenstraße 15
10961 Berlin
Germany

H.J. Küpper GmbH+Co. KG
Metallbearbeitung
Haberstraße 36
42551 Velbert
Germany

Heraeus Holding GmbH
Heraeusstraße 12-14
63450 Hanau
Germany

Heraeus Noblelight GmbH
Reinhard-Heraeus-Ring 7
63801 Kleinostheim
Germany

Heye-Glas GmbH
Lohplatz 1
31683 Obernkirchen
Germany

Hirai Photo Office
2-12-16-201 Aobadai Meguro-Ku
Tokyo 153-0042
Japan

Huber Verpackungen
GmbH+Co. KG
Otto-Meister-Straße 2
74613 Öhringen
Germany

Hydro Aluminium Extrusion Deutschland GmbH
P.O.Box 1152
28817 Achim
Germany
Tel.: +49/4202/57-0
info.haed@hydro.com
www.aluminium-uphusen.hydro.com

HydroformParts GmbH
Alter Holzhafen 19
23966 Wismar
Germany

Ingbert Brunk
Monastiri Oursoulinon, Kastro
84300 Naxos-Chora
Greek

Inglas Innovative Glassysteme GmbH+Co. KG
Im Winkel 4/1
88048 Friedrichshafen
Germany

JAB Josef Anstoetz KG
P.O.Box 100451
33504 Bielefeld
Germany

Jacob Holm Industries GmbH
Lettenweg 118
4123 Allschwil
Switzerland

Joh. Sprinz GmbH+Co. KG
Goethestraße 36
88214 Ravensburg
Germany

JongeriusLab
Eendrachtsweg 67
3012 LG Rotterdam
Netherlands

Jumbo-Textil GmbH
P.O.Box 260108
42243 Wuppertal
Germany

Kemper Digital GmbH
Königswall 6
45657 Recklinghausen
Germany

Kennametal Holding GmbH
Wehlauer Straße 73
90766 Fürth
Germany

Keppler+Fremer GmbH
Weggenhofstrasse 27
47798 Krefeld
Germany

Kerafol Keramische Folien GmbH
Stegenthumbach 4-6
92676 Eschenbach
Germany

KM Europa Metal Aktiengesellschaft
P.O.Box 3320
49023 Osnabrück
Germany

Koch+Bergfeld F. Blume GmbH+Co. KG
Kirchweg 200
28199 Bremen
Germany

Kramer Design
Grauten Ihl 26
48301 Nottuln
Germany

Kunststoff Helmbrechts AG
Pressecker Straße 39
95233 Helmbrechts
Germany

Kvadrat A/S
Lundbergsvej 10
8400 Ebeltoft
Denmark

Ledder Werkstätten gGmbH
Ledder Dorfstraße 65
49545 Tecklenburg
Germany

LehmBauWerk Jörg Depta+Dirk Homann GbR
Leydenallee 39
12167 Berlin
Germany

Lehrstuhl für Umformtechnik Universität Dortmund
Baroper Straße 301 / Campus Süd
44221 Dortmund
Germany

Leolux Meubelfabriek B.V.
Kazernestraat 15
5928 NL Venlo
Netherlands

LiTraCon Bt.
Tanya 832
6640 Csongrád
Hungary

Loick AG
Heide 26
46286 Dorsten
Germany

Lorch-Boards Deutschland Küchler Sport GmbH
Fritz-Arnold-Straße 11
78467 Konstanz
Germany

Manet beyond design GmbH
Gewerbepark 4
6142 Mieders
Austria

Manufactum Thomas Hoof Produkt GmbH
Hiberniastraße 6
45731 Waltrop
Germany

Marian De Graaff
Karel de Grotelaan 139
5615 SR Eindhoven
Netherlands

Mayser Technik GmbH+Co. KG
Bismarckstraße 2
88161 Lindenberg/Allgäu
Germany

Memory Metalle GmbH
Am Kesselhaus 5
79576 Weil am Rhein
Germany

Meyer Sintermetall AG
Worbenstrasse 20
2557 Studen (BE)
Switzerland

MMID Full Service Design Team B.V.
Westvest 145
2611 AZ Delft
Netherlands

Müller Weingarten AG
Schussenstraße 11
88250 Weingarten
Germany

Niederrheinische Formenfabrik Gerh. Janssen und Sohn
Moerser Straße 33
47798 Krefeld
Germany

Noa
Bendstrasse 50-52
52066 Aachen
Germany

P' Auer AG
Bruggacherstrasse 18
8117 Fällanden
Switzerland

Papstar Vertriebsgesellschaft mbH+Co. KG
P.O.Box
53922 Kall/Eifel
Germany

Patricia Yasemine Graf
Ungarnstraße 10
52070 Aachen
Germany

Peter Brehm GmbH Chirurgie-Mechanik
P.O.Box 62
91084 Weisendorf
Germany

Platin Gilde International GmbH
Feldbergstraße 59
61440 Oberursel
Germany

Produktgestaltung Claudia Christl
Clausewitzstraße 6
28211 Bremen
Germany

RBV Birkmann GmbH+Co. KG
Bokler Straße 5
33790 Halle/Westfalen
Germany

Reholz GmbH
Sachsenallee 11
01723 Kesseldorf
Germany

Rheinzink GmbH+Co. KG
Bahnhofstraße 90
45711 Datteln
Germany

Rhombus Rollen GmbH+Co.
P.O.Box 1550
42908 Wermelskirchen
Germany

Riad Hamadmad
Hermann-Köhl-Straße 7
28199 Bremen
Germany

RKL Ruhr Kristall Glas AG
Ruhrglasstraße 50
45329 Essen
Germany

Robu Glasfilter-Geräte GmbH
Schützenstraße 13
57644 Hattert
Germany

Röhm GmbH+Co. KG
Kirschenallee 45
64293 Darmstadt
Germany
Tel.: +49/6151/18-01
info@plexiglas.de
www.roehm.com

Rosenthal AG
Philip-Rosenthal-Platz 1
95100 Selb
Germany

Sachsenröder

Sachsenröder GmbH+Co. KG
Friedrich-Engels-Allee 143
42285 Wuppertal
Germany
Telefon +49/202/28054-0
www.sachsenroeder.com

Schneeberger GmbH
P.O.Box 70
75339 Höfen/Enz
Germany

Schott AG Advanced Materials
Hüttenstraße 1
31073 Grünenplan
Germany
Tel.: +49/5187/771-0
info.gruenenplan@schott.com
www.schott.com/architecture

Schuberth Head Protection Technologie GmbH
Rebenring 31
38106 Braunschweig
Germany

Schuler Pressen GmbH+Co. KG
Bahnhofstraße 41
73033 Göppingen
Germany

SEFAR

Sefar AG
Architecture Solutions
Hinterbissaustrasse 12
9410 Heiden
Switzerland
Te.: +41/71898/5700
www.sefar.com

Shigeru Ban Architects
5-2-4 Matsubara Setagaya
Tokyo 156-0043
Japan

Siemens AG
Wittelsbacherplatz 2
81730 München
Germany

Sol·id·ar Architekten und Ingenieure
Winzerstraße 32a
13593 Berlin
Germany

Stahl-Informations-Zentrum
P.O.Box 104842
40039 Düsseldorf
Germany

Staudt Lithographie GmbH
Kohlenstraße 34
44795 Bochum
Germany

Studio Heiner Orth
Elbuferstraße 44
21436 Marschacht
Germany

Tesa AG
Quickbornstraße 24
20253 Hamburg
Germany

Trevira GmbH
Philipp-Reis-Straße 2
65795 Hattersheim
Germany

TRUMPF

TRUMPF GmbH+Co. KG
Johann-Maus-Straße 2
71254 Ditzingen
Germany
Tel.: +49/7156/303-0
www.trumpf.com

Uvex Sports GmbH+Co. KG
Fichtenstraße 43
90763 Fürth
Germany

Villa Rocca OHG
Auerstraße 6
79108 Freiburg
Germany
www.villarocca.de

Villi Glas G.m.b.H
Sittersdorf 42
9133 Miklauzhof
Austria

Voestalpine HTI GmbH+Co. KG
In den Bruchwiesen 11-13
76855 Annweiler am Trifels
Germany

Voith Paper Fabrics GmbH+Co. KG
P.O.Box 2000
89510 Heidenheim
Germany

Weber
CNC-Bearbeitung
Am Selder 51
47906 Kempen
Germany

Weseler Teppich GmbH+Co. KG
Fusternberger Straße 57-63
46485 Wesel
Germany

Wendel Email

Wendel GmbH,
Email- und Glasurenfabrik
Am Güterbahnhof 30
35683 Dillenburg
Germany
Tel.: +49/2771/906-0

www.wendel-email.de
Wickeder Westfalenstahl GmbH
Hauptstraße 6
58739 Wickede
Germany

BÖLLHOFF
Joining together!

Wilhelm Böllhoff GmbH+Co. KG
Holding der Böllhoff Gruppe
Archimedesstraße 1-4
33649 Bielefeld
Germany
Tel.: +49/521/44 82-01
www.boellhoff.com

Wilhelm Köpp
Zellkautschuk GmbH+Co.
P.O.Box 370123
52035 Aachen
Germany

Wilhelm Mende GmbH+Co.
Thüringer Straße 106
37534 Gittelde
Germany

M.H. Wilkens+Söhne GmbH
An der Silberpräge
28309 Bremen
Germany

Wirtschaftsvereinigung Metalle e.V
Initiative Zink
Am Bonneshof 5
40474 Düsseldorf
Germany

Wirtschaftsvereinigung Stahl
Sohnstraße 65
40237 Düsseldorf
Germany

WMF Württembergische
Metallwarenfabrik AG
Eberhardstraße
73309 Geislingen/Steige
Germany

WoodWelding SA
Bundesstrasse 3
6304 Zug
Switzerland

WVS-Werkstoff-Verbund-Systeme
GmbH
Erlenweg 15
88410 Bad Wurzach-Seibranz
Germany

www.UNITED**DESIGN**WORKERS.com

Christof Paul,
Reiner Wallbaum

Brunnenstrasse 23
40223 Düsseldorf
Germany
Tel.: +49/211/302708-0
www.uniteddesignworkers.com

Xella International GmbH
Franz-Haniel Platz 6-8
47119 Duisburg
Germany

Xen GmbH
Sandkampstraße 100
48432 Rheine
Germany

Zoon Design
Robensstraße 50
52070 Aachen
Germany

VITAE

ANDREAS KALWEIT (*1968)
studierte nach seiner Betriebsschlosser-Lehre Maschinenbau und Industrie-Design an der Fachhochschule Niederrhein und Universität GH Essen und schloss beide Studiengänge mit dem Diplom ab (Maschinenbau mit Auszeichnung). Parallel zu seinem Studium Industrie-Design arbeitete Andreas Kalweit als freiberuflicher Ingenieur und Designer und spezialisierte sich im Bereich Produktplanung und -entwicklung.
Seine Mehrfachqualifikation setzte er besonders in der Vermittlung zwischen Konstruktion, Design und Fertigung in der Praxis und im Rahmen seiner mehrjährigen Lehrtätigkeit in den Bereichen Material-, Fertigungs- und Konstruktionstechnik ein. Als Partner und Mitbegründer von UNITEDDESIGNWORKERS ist er seit 1998 erfolgreich im Industrie- und Corporatedesign für namhafte Unternehmen tätig.
Ab April 2010 richten sich seine Aktivitäten im Rahmen einer Vertretungsprofessur in den Bereichen »Technischer Entwurf«, »Konstruktionstechnik«, »Fertigungsverfahren« und »Concurrent Design & Engineering« und ergänzt UNITEDDESIGNWORKERS im Bereich Forschung & Entwicklung.

andreas@andreaskalweit.com

DR. SASCHA PETERS (*1972)
ist Gründer und Inhaber von HAUTE INNOVATION – Agentur für Material und Technologie in Berlin. Mit dieser arbeitet er sowohl für multinationale Konzerne wie Bayer, Evonik oder 3M als auch für spezialisierte Technologienanbieter. Die Angebote der Agentur haben das Ziel, Entwicklungsprozesse zu verkürzen und werkstofftechnische Neuerungen schneller in marktfähige Produkte zu überführen.
Seit 1997 hat Dr. Sascha Peters zahlreiche Expertisen in Produktentwicklung und Innovationsmanagement gesammelt. Mit seiner Doppelqualifikation als Ingenieur (RWTH Aachen) und Designer (ABK Maastricht) leitete er Forschungsprojekte und Entwicklungen am Fraunhofer-Institut für Produktionstechnologie IPT, war stellvertretender Leiter des Design Zentrum Bremen und Leiter des Materialkompetenzzentrums der Modulor GmbH. Dr. Sascha Peters ist Autor zahlreicher Publikationen z.B. Fachbuch »Materialrevolution« (Birkhäuser Verlag), Schrift »Material formt Produkt« herausgegeben vom Hessischen Wirtschaftsministerium. In den letzten 10 Jahren hat er zahlreiche Lehraufträge an nationalen Hochschulen wie der Universität Bremen, der KH Berlin-Weißensee, der Universität Duisburg-Essen, der Hochschule Osnabrück oder der HTW Dresden wahrgenommen.

peters@haute-innovation.com

CHRISTOF PAUL (*1971)
ist als Partner von UNITEDDESIGNWORKERS im Bereich Industrial Design, Strategie und Brand tätig.
An der University of Applied Sciences Osnabrueck übt er eine Lehrtätigkeit im Fachbereich Industrial Design aus - bis 2008 an der Universität Essen-Duisburg (Folkwang Universität).
Vor 2003 arbeitete Christof Paul als Projektleiter und Designer mit interdisziplinären Entwicklungsteams in den Niederlanden und Deutschland. Er studierte Design an der Universität GH Essen und University of Art and Design Helsinki (UIAH), Finnland.
Durch seine Entwurfsqualität, Innovationssystematik, Material- und Fertigungskompetenz entwickelt er zahlreiche Produktneuheiten u.a. in der HealthCare-, Reha- und Konsumgüterbranche.

christof@uniteddesignworkers.com

REINER WALLBAUM (*1965)
verdankt mindestens eine seiner Ideen einem Ärgernis: Als er sich mit 21 Jahren als Möbelhersteller selbständig machte, kannte er sich zwar mit Metall aus, aber nicht mit Holz – und der erste Versuch, ein Möbelstück zu bauen, ging in die Hose. Mit einer Mischung aus Neugier und Wagemut wurde Wallbaum Experte darin, Produkte zu entwerfen, zu planen und kostengerechte Lösungen für die Herstellung zu finden. Der gelernte Werkzeugmacher (Volkswagen AG) studierte zudem Industriedesign und verbindet heute die Technik- und Designwelten als Partner von uniteddesignworkers. Er entwickelte eine Vielzahl unterschiedlicher Konsum- und Investitionsgüter. Produzenten wie Konsumenten profitieren dabei davon, dass Wallbaums Formensprache von Material und Herstellung ausgeht. Kein Wunder, dass die Idee zu diesem Fachbuch von ihm stammt.

reiner@uniteddesignworkers.com

NACHWORT

Der Abdruck von Bildern, Bildunterschriften und Anzeigen im Buch erfolgte mit freundlicher Unterstützung und Genehmigung der genannten Unternehmen, Designer, Fotografen und Institutionen. Wir haben die uns zur Verfügung gestellten Informationen mit größtmöglicher Sorgfalt behandelt und nach bestem Wissen eingepflegt. Sollte sich trotz aller Mühen und der zahlreichen Prüfungen, trotz unzähliger Telefonate und E-Mails dennoch ein Fehler eingeschlichen haben, bitten wir die Autoren und Urheber, dies zu entschuldigen und uns Ungenauigkeiten für die nächste Ausgabe mitzuteilen. Freuen Sie sich bitte mit uns darüber, dass Sie mit Ihren Produkten und Verfahren Teil dieses Fachkompendiums sein können und dazu beitragen, eine verbesserte Kooperation zwischen Designern und Ingenieuren herzustellen.

Die Herausgeber

Danke schön…

Dr.-Ing. Christoph Ader, Dipl.-Ing. Christoph Bauer, Dipl.-Des. Nico Beucker, Florian Bürkner, Einrichtungshaus Blennemann, Frank Braun, Dipl.-Des. Namik Celik, Dipl.-Ing. Dipl.-Wirt. Ing. Achim Flesser, Peter Garzke, Dipl.-Des. Petra Gersch, Prof. Dr. Dietrich Grönemeyer, Judith Haselroth, M.A., Dipl.-Ing. (FH) Arch. Markus Hermann, Gisela Heßler-Edelstein, Dipl.-Des. Sandra Hermanns, Bastian Hessler, Dipl.-Des. Johannes Hohenhaus, Dipl.-Inform. Jörg Holstein, Henner Jahns, Simon Kindler, Dipl.-Des. Ute Kranz, Dr. Burkhard Küchler, Dipl.-Des. Julia Kuhn, Dipl.-Des. Andreas Mandel, Maik Niedrau, Dipl.-Ing. Dipl.-Des. (BA) Fabian Seibert, Tobias Treude, Dipl.-Ing. (FH), Dr. Kristina Paul, M. Arch. Michael Pelken, Jasmin Peter, Lea Reck, Dipl.-Arch. Dietmar Riecks, Dipl.-Des. Marion Stolte, Thorsten Strozik, Ruhr Projekt, Dentallabor Walkowiak, Dipl.-Ing. (FH) Jens Wallbaum, Dipl.-Ing. (FH) Knuth Wallbaum, Dipl.-Betriebsw. (BA) Tina Wallbaum, Stefan Weber, Anna-Maria Wiede, Heinrich Wiede, Carsten Wischmann und an all diejenigen, die uns in den letzten Jahren so viele wertvolle Hinweise und Informationen gegeben haben.